TRAITÉ

DES

FONDATIONS, MORTIERS, MAÇONNERIES

TOURS. — IMPRIMERIE DESLIS FRÈRES, RUE GAMBETTA, 6.

ENCYCLOPÉDIE THÉORIQUE ET PRATIQUE

DES

CONNAISSANCES CIVILES ET MILITAIRES

(*Publiée sous le patronage de la Réunion des officiers*)

PARTIE CIVILE

COURS DE CONSTRUCTION

Publié sous la direction de

G. OSLET, INGÉNIEUR DES ARTS ET MANUFACTURES

TRAITÉ

DES

FONDATIONS, MORTIERS, MAÇONNERIES

PAR

G. OSLET & J. CHAIX

Ingénieurs des arts et manufactures, chefs de travaux graphiques à l'École Centrale.

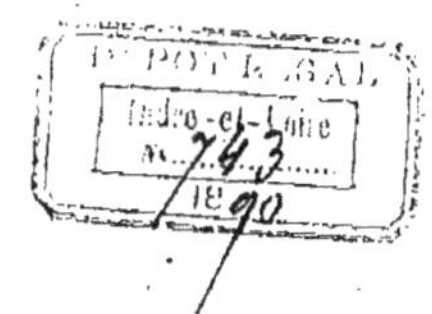

TROISIÈME PARTIE

PARIS

H. CHAIRGRASSE FILS, ÉDITEUR

25, RUE DE GRENELLE, 25

COURS DE CONSTRUCTION

TROISIÈME PARTIE

FONDATIONS. — MORTIERS. — MAÇONNERIES

I. — FONDATIONS

SOMMAIRE

CHAPITRE PREMIER

DIFFÉRENTS SOLS. — NATURE ET QUALITÉS.

§ I. — DÉFINITIONS ET NOTIONS GÉNÉRALES.

1. On désigne sous le nom de *fondation*, la partie de la construction qui doit servir de base à l'édifice à élever. La solidité des ouvrages en maçonnerie dépend naturellement des fondations sur lesquelles ils sont établis. Cette première partie du travail doit donc être l'objet de toute l'attention de l'ingénieur et de l'architecte. Le choix du système à employer, pour asseoir solidement un édifice sur le sol, est chose fort importante et souvent très difficile. C'est là que les fautes sont le plus à redouter, car c'est là qu'elles ont ordinairement les conséquences les plus fâcheuses et qu'elles sont le moins réparables. Il est nécessaire de s'assurer, avant tout, de la nature du sol sur lequel on se propose de bâtir. Lorsque l'ouvrage qu'on veut construire est destiné à supporter un grand poids, à résister à une poussée considérable, il est indispensable que la surface sur laquelle repose la première assise soit incompressible ou, du moins, que la compressibilité soit assez peu considérable et assez uniforme pour que les petits tassements qui peuvent en résulter, dans la maçonnerie, soient peu sensibles et n'occasionnent pas la moindre disjonction dans les diverses parties du travail, de telle sorte qu'on n'ait à redouter ni déchirements, ni lézardes. On ne saurait donc apporter trop de soin à cette importante partie des constructions. On peut même dire que, de tout ce qui concourt à la solidité et à la durée d'un édifice, la bonté et la fixité de la base sur laquelle il doit reposer sont les choses les plus importantes. Si le sol est solide, incompressible et inattaquable par l'eau ou par l'air, on pourra, en général, donner aux fondations la stabilité désirable. Si, au contraire, le sol est mou, compressible, spongieux et susceptible d'être désorganisé par les eaux ou par les agents atmosphériques, il faudra, ou renoncer à bâtir sur un pareil sol, ou, si on y est obligé, recourir à des travaux plus ou moins compliqués, pour remédier, autant que possible, à ces graves inconvénients. Il faut donc, avant de se décider à construire, s'assurer avec soin de la nature et de la qualité du sol.

§ II. — NATURE ET QUALITÉS DU SOL

2. Considérés sous le point de vue de l'établissement des fondations, les terrains sur lesquels on peut avoir à fonder un édifice quelconque, un pont et les ouvrages accessoires qui s'y rattachent, peuvent être divisés comme suit en trois catégories :

1° *Terrains incompressibles et inaffouillables* : Terrains de *roches* (rocher, tuf, enrochements naturels).

2° *Terrains incompressibles et affouillables* : Terrains *graveleux*, *sablonneux*, *argileux*, *limoneux* (sable, gravier, cailloux, argile compacte, certaines roches).

3° *Terrains compressibles et affouillables* : Terrains *tourbeux* (vase, tourbe, terre végétale).

La nature de chacun de ces terrains doit être connue, non seulement à sa surface, mais jusqu'à une profondeur suffisante pour qu'on soit assuré que l'ouvrage qu'on se propose d'exécuter sera solidement établi. Cette reconnaissance du sol se fait, comme nous le verrons plus loin, avec des *sondes* employées au forage des puits artésiens.

I. — Terrains de roches.

3. Les terrains de *roches* comprennent le *calcaire*, les *grès*, les *psammites*, les *quartz grenus*, les *dolomies* et les *schistes*. Toutes ces couches rocheuses n'ont pas un égal degré de résistance et de solidité. Dans certains cas, au lieu d'être *dures* et *cohérentes* elles sont *tendres* et *cohérentes* comme le *tuf*. Elles se laissent alors pénétrer, sans trop de difficulté, par un morceau de bois pointu sur lequel on frappe avec force.

Les fondations sur le rocher s'exécutent directement sur le sol sans autre précaution que de le déraser à peu près horizontalement ou par retraites horizontales, quand la construction n'est soumise qu'à des forces agissant verticalement, ou en disposant la surface du sol avivé avec une inclinaison générale dans le sens opposé à la poussée à laquelle la construction peut être exposée afin que cette construction ne tende pas à glisser sur sa base.

Quand ces couches solides sont très enfoncées dans le sol, on établit la fondation sur piliers. Si, au contraire, la couche solide est au niveau du sol, il suffit d'y creuser un petit encaissement de 0m25 à 0m30 de profondeur et de commencer la fondation dans ce petit encaissement.

II. — Terrains graveleux.

4. Les terrains *graveleux* sont composés de débris de roches solides se présentant sous la forme de dépôts de cailloux roulés, de gravier et de sable, quelquefois mastiqués ensemble par une sorte de limon qui les rend très durs et comparables, en certains cas, aux couches de roches cohérentes, tandis que d'autres fois, comme nous le verrons plus loin, on rencontre des couches de fin gravier ou de sable tellement imbibé d'eau qu'elles n'ont, pour ainsi dire, pas plus de consistance qu'une vase liquide.

Les terrains graveleux, quoiqu'on puisse les creuser sans la pioche, sont néanmoins assez résistants pour supporter des constructions dont la charge n'est pas excessive. On peut augmenter la résistance de ces terrains, soit en mettant au fond de la fouille une couche de sable de 0m25 à 0m30 d'épaisseur, soit en le couvrant d'une couche de sable de 0m50 bien pilonné et arrosé avec un lait de chaux très épais et en ajoutant au-dessus une couche de béton de 0m15 à 0m20 d'épaisseur.

III. — Terrains sablonneux.

5. Les terrains sablonneux peuvent présenter des particularités qu'il est bon de signaler. Tantôt ces terrains sont composés de débris de roches solides formant des couches de fin gravier ou de sable sans cohérence, mais qui sont souvent incompressibles lorsqu'elles sont encaissées. Il faut, dans ce cas, les battre et les niveler avec soin, au fond d'une fouille assez creuse, et dont les parois ont besoin d'être étayées.

Quelquefois, les couches sablonneuses sont tellement imbibées d'eau qu'elles n'ont pas plus de consistance que de la vase. Les terrains de cette dernière espèce ayant des propriétés caractéristiques, sont appelés *sables mouvants* et *sables bouillants*.

On appelle *sable mouvant*, un sable qui, à l'état de repos, offre une grande dureté ainsi qu'une grande compacité, mais qui se délaye en une bouillie sans consistance lorsqu'on le remue ou lorsqu'on le piétine.

On nomme *sable bouillant* ou *sable boulant*, un sable tellement imprégné d'eau, pour ainsi dire à l'état liquide, qui peut s'écouler par toutes les ouvertures qui lui sont offertes. Ce sable se rencontre dans presque toutes les localités où, à une certaine profondeur on trouve un banc d'argile tout à fait imperméable, surmonté de couches sablonneuses perméables. Le dernier banc de sable reposant directement sur la couche d'argile devient, par suite de cette disposition, le réceptacle naturel de toutes les eaux qui tombent sur le sol et en reçoit cet état de liquidité qui le distingue des autres sols sablonneux.

IV. — Terrains glaiseux ou argileux.

6. On range ordinairement dans ces terrains, les argiles plus ou moins pures, les glaises et les terres grasses ou fortes en général. Ils peuvent être :

1° Secs ou très peu humectés; ils sont alors ordinairement très durs et résistants ;

2° A l'état de pâte ferme;

3° A l'état de pâte plus ou moins molle.

Cet état de mollesse peut aller jusqu'à celui de boue liquide et savonneuse. Il suffit même d'une forte pluie pour détremper plus ou moins complètement les argiles des deux premiers états et les faire passer au troisième. Dans ce dernier cas, un pareil terrain n'a aucune consistance et fait naître de grandes difficultés pour l'établissement des fondations. Ces terrains sont souvent dangereux pour les constructions soumises à des poussées horizontales, parce qu'ils facilitent le glissement sur la base.

Ces terrains se reconnaissent, même en temps de sécheresse, par le grand retrait qu'ils prennent en se desséchant ; ils se fendillent alors très facilement.

V. — Terrains limoneux.

7. Ces terrains sont ordinairement formés de particules très tenues, meubles et qui paraissent avoir été en suspension dans l'eau.

On les classe, suivant la matière qui y prédomine, en limons *argileux*, limons *marneux*, limons *sableux* et limons *noirs* colorés par des matières végétales décomposées. Quand ces limons sont à l'état de boue liquide, on les désigne sous les noms de limons *vaseux* ou *vases*. Ces terrains ne sont pas solides et ils sont très mauvais pour construire des fondations.

VI. — Terrains tourbeux.

8. *La tourbe* est une matière spongieuse formée de végétaux en décomposition. On en distingue trois espèces, qui se rencontrent fréquemment dans les mêmes localités. Ce sont :

1° La *tourbe fibreuse ;*
2° La *tourbe brune ;*
3° La *tourbe noire.*

Cette dernière occupe la partie inférieure du dépôt. Elle présente l'aspect d'une masse spongieuse et homogène quand elle est sèche; mais, en s'imbibant d'eau, elle s'amollit et devient même tout à fait liquide. Dans cet état, la décomposition des végétaux est complète et la couleur de la tourbe complètement noire. La tourbe brune est aussi formée de végétaux en décomposition, mais on y retrouve encore quelques filaments de végétaux. Elle se trouve immédiatement au-dessus de la tourbe noire. Enfin, la tourbe fibreuse, qui occupe la partie supérieure du dépôt, offre l'aspect d'un feutre spongieux et brun. Les débris végétaux sont visibles et reconnaissables à l'œil nu. On y trouve souvent intercalés des lits de limon argileux et vaseux.

9. Les fondations sur un sol incompressible et affouillable se font ou peuvent se faire directement sur le sol ; mais il faut, pour cela, ou que ce sol soit préservé des affouillements par des ouvrages défensifs, ou que la construction soit descendue à un niveau assez considérable pour que les affouillements ne puissent pas l'atteindre. On peut remplacer la partie inférieure des fondations en maçonnerie en faisant reposer l'ouvrage sur des *pieux ;* mais il faut, ou que ces *pieux* soient garantis des affouillements, ou que la limite des affouillements possibles ne puisse les déraciner.

10. Pour les fondations sur un sol compressible et affouillable, comme les terrains tourbeux, il faut nécessairement créer une base incompressible et inaffouillable pour recevoir les fondations. Dans ces diverses circonstances, les fondations peuvent être exécutées, soit au-dessus de l'eau, soit au-dessous de son niveau. Dans ce dernier cas, de nouvelles difficultés viennent se joindre à celles que cause la nature du sol et c'est le cas ordinaire dans la fondation des ponts.

En résumé, il est difficile d'indiquer d'une manière certaine les terrains sur lesquels on peut fonder en toute sécurité sans préparation. Mais on peut considérer comme bons terrains, c'est-à-dire comme terrains sur lesquels on peut s'établir sans d'importants travaux préparatoires, les terrains de *rochers*, *graveleux*, *sablonneux* (encaissés), *argileux*, lorsqu'ils sont secs et vierges, et ranger parmi les plus mauvais, les terrains de *sable mouvant* et *bouillant*, et aussi les terrains *limoneux* et *tourbeux*. Les terrains *argileux* et *tourbeux* détrempés peuvent également être rangés dans les mauvais terrains.

§ III. — QUALITÉS SPÉCIALES DES TERRAINS.

11. Afin d'apprécier la nature des moyens à employer pour suppléer à un défaut de résistance naturelle, il faut examiner chaque sol en particulier sous le rapport des qualités spéciales qu'il est le plus important pour lui de posséder dans chaque cas déterminé. Il faut donc distinguer :

1° Si la construction à élever est placée au milieu de l'eau ou dans un endroit sec ;

2° Si l'édifice qu'on doit bâtir sera au milieu d'une plaine ou aux abords d'un escarpement.

Les qualités spéciales sur lesquelles il est bon de s'arrêter sont les suivantes : *Incompressibilité*, *compressibilité*, *dureté*, *cohérence*, *inaltérabilité*, *perméabilité* et *imperméabilité*.

Incompressibilité.

12. L'incompressibilité se place tout naturellement au premier rang. Il suffit, en effet, qu'elle soit bien constatée pour qu'on puisse immédiatement fonder sur le sol naturel dans un grand nombre de cas. La *dureté* et la *cohérence* des terrains sont les deux qualités importantes à rechercher si l'on veut construire directement sur un sol sans travaux préparatoires.

Compressibilité.

13. C'est une des propriétés les plus importantes à apprécier. On peut l'estimer, dans un grand nombre de cas, par l'affaissement que la surface du terrain éprouve sous la pression d'une charge donnée, en ayant soin, toutefois, de faire agir cette charge pendant un temps assez long. On peut, à cet effet, construire une table en chêne de 1m50 de côté (*fig.* 1). Cette table est portée sur un pied carré *a*, *b*, dont la section est, par exemple, 1000 centimètres carrés. Quand le terrain est mis à

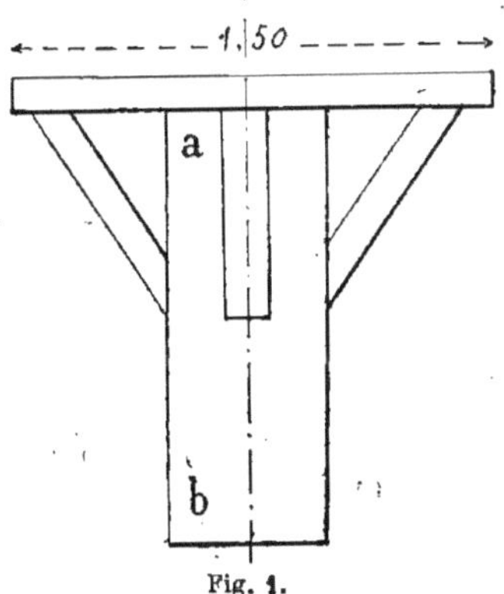

Fig. 1.

nu, c'est-à-dire lorsque la *plumée* est faite (enlèvement de la première couche de terrain arable), on place la table dans la fouille, puis on la charge avec des morceaux de fonte ou de pierres jusqu'à ce qu'il se produise un enfoncement dans le terrain. On arrête alors le chargement et, après quelques jours, si le tout est resté dans le même état, on peut, en divisant, par 1000 le poids ainsi placé sur la table, avoir la pression par centimètre carré que peut supporter le terrain. Cette charge sera la charge d'écrasement. Il faudra donc, pour être certain des fondations, prendre le 1/10 du chiffre trouvé. De ce chiffre, on déduit immédiatement l'empatement nécessaire pour établir la construction dans des conditions de bonne stabilité.

14. Ce moyen est d'une mise en pratique longue, embarrassante et difficile. On y supplée souvent par l'observation des effets du choc d'un corps dur et pesant, qui, quoique donnant des indications beaucoup moins précises, est propre néanmoins à jeter quelque jour sur la question.

15. L'affaissement d'un terrain, sous une charge ou sous un choc donné, n'indique pas toujours qu'il est compressible. Certains terrains tourbeux et vaseux, les argiles molles, etc., se conduisent, en pareil cas, à peu près comme les liquides, c'est-à-dire que, s'ils se dérobent sous la charge au point où elle agit, ce n'est pas une conséquence du rapprochement de leurs particules, mais le résultat de leur déplacement. Le terrain peut, dans ce cas, se relever autour du point chargé ou faire irruption dans les endroits qui lui offrent quelque moyen de fuir. Dans ce cas, on est obligé d'*encaisser* le terrain, opération qui consiste à entourer la base de l'édifice d'une enceinte continue en charpente remplissant ainsi l'office d'une digue qui s'oppose aux déplacements latéraux du terrain liquide.

Dureté et cohérence.

16. La *dureté* et la *cohérence* du terrain sont deux autres qualités qui sont souvent l'indice de l'incompressibilité et qui accompagnent encore fréquemment l'inaltérabilité à l'air et à l'eau, deux autres conditions indispensables dans un grand nombre de cas particuliers.

Ces deux qualités s'apprécient par la difficulté avec laquelle le terrain se laisse entamer au moyen de la pelle, de la pioche ou du pic. Certains architectes et ingénieurs l'estiment aussi par l'effort nécessaire pour y faire pénétrer une barre de fer affilée par un bout ou par la pointe d'un pieu garnie de fer.

Inaltérabilité à l'air et sous l'action de l'eau.

17. Certains terrains, même les roches dures et cohérentes, exposées aux intempéries de l'air, se décomposent rapidement : les schistes argileux et houillers, par exemple. D'autres, en très grand nombre, se laissent corroder par les eaux en mouvement. L'inspection des escarpements naturels ou artificiels, l'étude de la formation des atterrissements, de l'état d'instabilité ou de stabilité du fond du lit des cours d'eau, donneront des indications que des expériences remplaceraient difficilement.

Perméabilité et imperméabilité.

18. Un terrain est dit *perméable*, lorsque sous une certaine charge d'eau, il donne passage au liquide en plus ou moins grande quantité ; il est *imperméable* ou *étanche*, lorsqu'il se refuse à toute infiltration. La perméabilité du terrain rend très difficiles, dans un grand nombre de cas, les travaux de fondations. Les filtrations qui en sont la conséquence seraient capables, parfois, de miner dans un temps très court, les constructions les plus solides si l'on n'y obviait par des précautions spéciales.

19. Les roches compactes, les argiles plastiques et vierges sont tout à fait imperméables. Certaines terres argileuses, ainsi que le sable fin et pur, jouissent à un moindre degré de la même propriété. Il ne suffit pas que les terrains, même les plus imperméables, offrent un obstacle absolu au passage de l'eau ; il faut encore, ce qui est très rare, qu'il n'existe aucune fissure, aucun joint par lesquels l'eau pénétrerait bientôt sous forme d'infiltrations puissantes, qui augmenteraient avec d'autant plus de rapidité que la charge d'eau serait plus grande et la cohésion du terrain moins facile.

§ IV. — RECONNAISSANCE DU TERRAIN

20. Pour bien connaître un terrain, il faut non seulement se livrer aux recherches indiquées précédemment, mais encore s'assurer si le terrain qu'on rencontre à la surface ou près de la surface du sol, conserve les mêmes qualités et la même nature dans la profondeur et sur toute l'étendue que doit occuper la construction; s'il est composé de plusieurs couches, quelles en sont la nature, l'épaisseur et la résistance relatives. C'est de la reconnaissance du terrain que dépend le choix approprié des moyens dont on dispose pour établir une fondation solide, tout en évitant des travaux inutiles. Ces reconnaissances se font, le plus ordinairement, en pratiquant dans le sol soit des tranchées, soit des puits, soit des sondages suffisamment profonds. Il faut avoir soin de bien observer si les couches qui composent la croûte terrestre sont sujettes à s'amincir autant qu'à augmenter de puissance, et même à disparaître entièrement sur certains points de leur étendue; si elles peuvent varier en dureté et en cohésion d'un lieu à un autre; si elles peuvent présenter des ressauts, des failles d'une grande largeur, remplies de matières d'une nature différente et d'autres accidents qu'il faut prévenir avant de construire. Il est également utile de savoir si, à une époque antérieure, le terrain n'a pas été traversé par des fossés ou des carrières remblayées. Les vieillards habitant la localité, devront être consultés, car ils peuvent donner de bonnes indications, qu'on pourra toujours vérifier par des sondages.

S'il y a des constructions dans le voisinage, il sera bon de se renseigner auprès des maçons ou des terrassiers du pays, qui ont déjà exécuté des travaux, et qui, par conséquent, connaissent le terrain. On devra examiner ces constructions avec soin, et regarder si les murs ont conservé leur aplomb, s'ils sont lézardés, etc.

CHAPITRE II

OPÉRATIONS PRÉLIMINAIRES A L'ÉTABLISSEMENT DES FONDATIONS.

§ I. — SONDAGES.

21. La première opération à faire est le sondage des terrains.

La *sonde* est un instrument destiné à forer, dans des terrains quelconques, des trous d'un faible diamètre, servant le plus souvent à la recherche des nappes d'eau souterraines ascendantes, ou à celles de couches perméables absorbantes, permettant de se débarrasser des eaux superficielles dont on veut se défaire. On emploie aussi la sonde, soit pour l'exploitation des terrains stratifiés

Fig. 2.

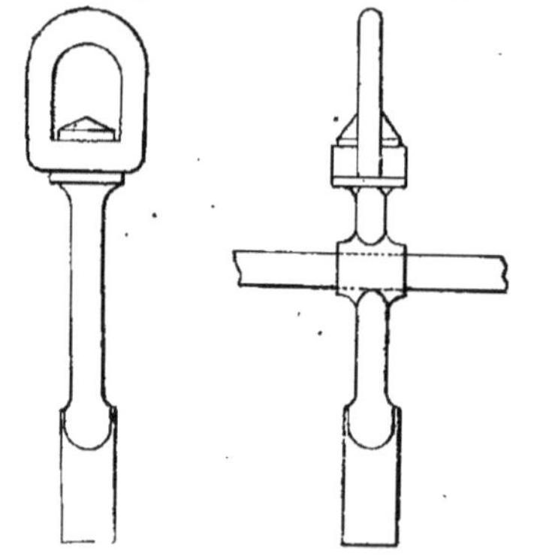

Fig. 3. Fig. 4.

et surtout des terrains houillers, soit pour forer des cheminées servant à l'écoulement des eaux ou à l'aérage d'une mine. Enfin, on se sert fréquemment de petites sondes dans les travaux publics, etc..., pour reconnaître jusqu'à une certaine profondeur la nature du sol sur lequel on doit asseoir ces travaux. C'est ce dernier cas que nous allons examiner en rappelant les appareils et procédés décrits par M. Ch. Laurent Degoussée, ingénieur distingué.

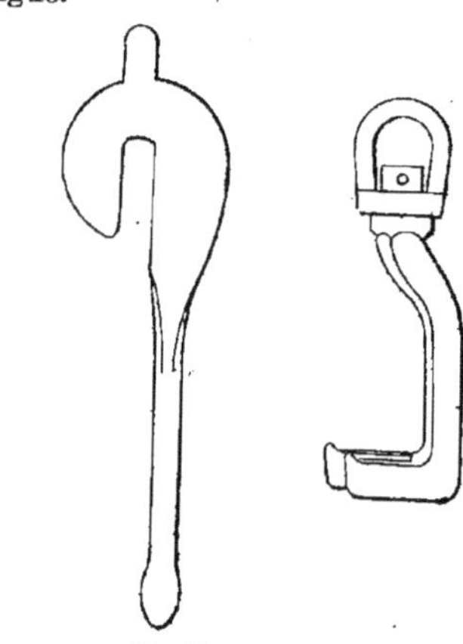

Fig. 5 Fig. 6.

Nous prendrons, comme exemple, un sondage de 10 à 15 mètres de profondeur, cas le plus ordinaire de la pratique pour l'établissement d'une fondation.

Les outils nécessaires pour ce forage sont les suivants :

1° Une S (*fig.* 2) ;

2° Une tête de sonde (*fig.* 3 et 4);

3° Une clef de retenue ou griffe (*fig.* 5);

4° Une clef de relevée ou pied-de-bœuf (*fig.* 6);

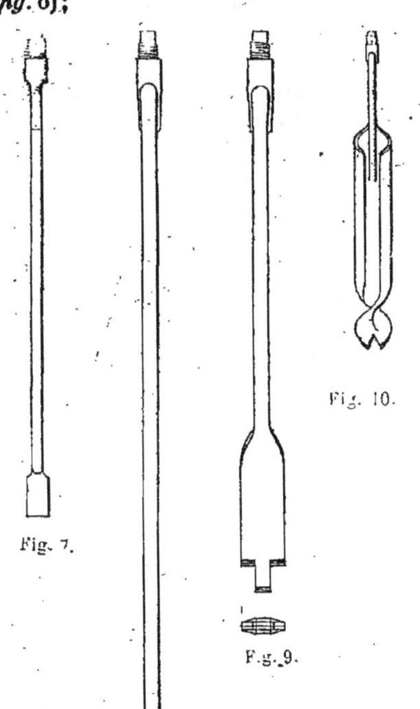

Fig. 7. Fig. 8. Fig. 9. Fig. 10.

5° Une allonge de 1 mètre (*fig.* 7);

6° Une ou plusieurs tiges de sonde de 2 mètres (*fig.* 8) ;

7° Un trépan aciéré ou casse-pierre (*fig.* 9);

8° Une tarière ouverte à mouche rubanée (*fig.* 10);

9° Une soupape à boulet ou à clapet avec ou sans mouche (*fig.* 11 et 12);

10° Un manche de manœuvre à vis de pression (*fig.* 13).

22. Dans certains terrains, très compactes, on emploie quelquefois successivement la tarière ou langue américaine (*fig.* 14), puis la tarière ordinaire (*fig.* 15). Le premier de ces instruments pratique d'une manière plus expéditive un avant-trou; mais son usage étant dangereux dans des mains inexpérimentées, il est préférable, pour ces petites sondes, de

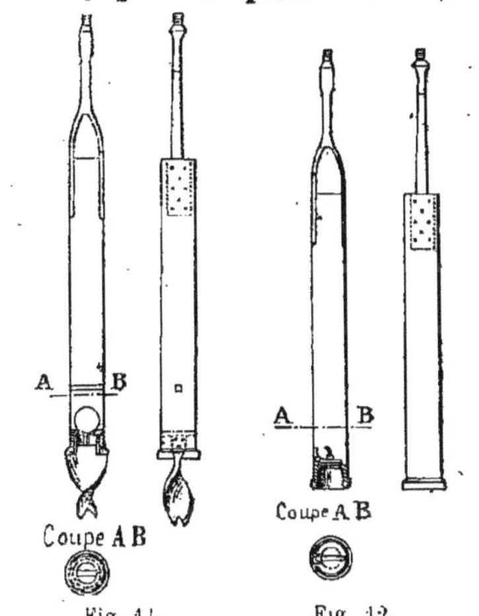

Fig. 11. Fig. 12.

combiner ces deux instruments comme l'indique la figure 10.

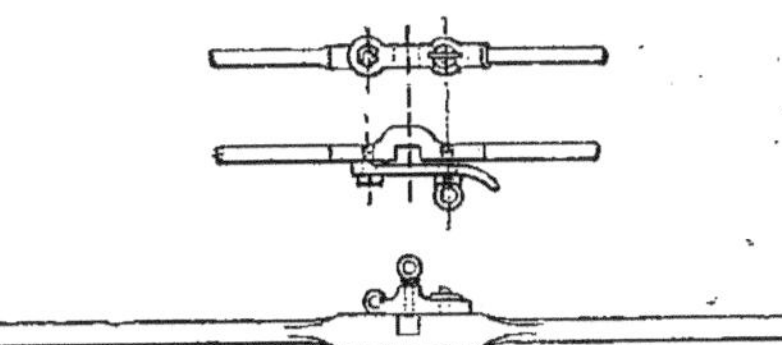

Fig. 13.

11° Deux ou trois tourne-à-gauche (*fig.* 16);

12° Une poulie à chape P (*fig.* 17);

Fig. 14.

13° Une petite chèvre à trois montants (*fig.* 17 et 18);

Fig. 15.

14° Cloche à vis taraudée (arrache-sonde) (*fig.* 19);

15° Caracole (arrache-sonde) (*fig.* 20).

Les constructeurs font usage de cette sonde pour reconnaître si le sol sur lequel ils se proposent de jeter les fondations d'un édifice de quelque importance est solide, et savoir s'ils n'auraient pas plus d'avantage à descendre de quelques mètres la base des assises de maçonnerie ou plutôt, comme cela se pratique aujourd'hui, le bétonnage en bloc.

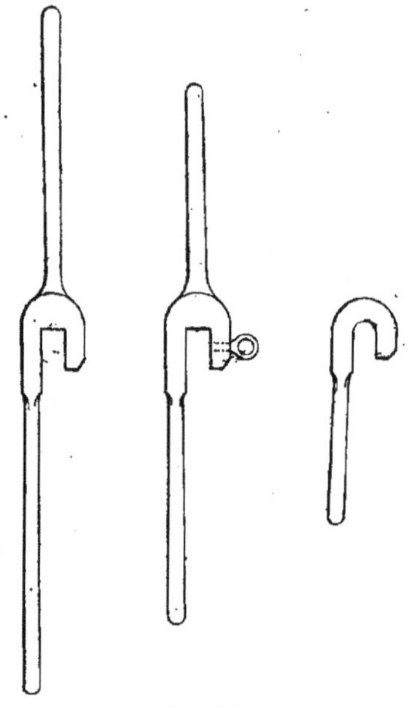

Fig. 16.

23. Dans l'énumération précédente, sont compris tous les outils indispensables pour manœuvrer, quelles que soient les petites difficultés qu'on peut rencontrer. Lorsqu'on ne veut faire que de petites reconnaissances et à peu de profondeur, on peut supprimer un grand nombre de ces outils.

Si nous supposons qu'un propriétaire veuille faire des recherches à 4 mètres de profondeur seulement, il n'aura qu'à se procurer une tête de sonde à anneau et à œil; une griffe, un tourne-à-gauche, une allonge, une tige de sonde, un trépan et une tarière. Possesseur de ces instruments, il procédera de la manière suivante :

Dans un madrier de bois un peu large, il fera pratiquer un trou du diamètre convenable pour le passage libre des outils. Ce madrier se pose à plat sur le sol au point où l'on veut pratiquer le sondage. Il est probable qu'il rencontrera au sol des terrains meubles. Vissant donc sur la tarière (*fig.* 10) la tête de sonde à anneau (*fig.* 4), et passant dans son anneau un bâton ou manche, il pourra commencer son travail en appliquant la mouche de la sonde sur le sol, puis, en pressant un peu en appuyant sur le manche, et en lui donnant un mouvement de rotation semblable à celui qu'on imprimerait à

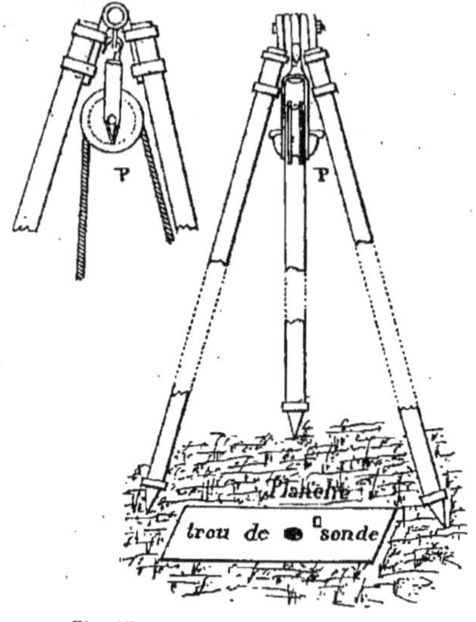

Fig. 17. Fig. 18.

une vrille ou à une tarière de charpentier, il fera entrer la sonde dans le sol. Lorsque la sonde a pénétré à 0m40 envi-

Fig. 19.

ron, on la soulève en continuant le mouvement de rotation et on la retire du

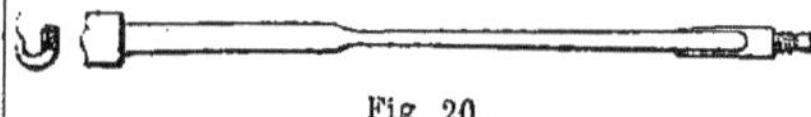

Fig 20.

trou. On examine alors la nature du terrain, souvent collé à la petite mouche ou spire, mais toujours renfermé dans le corps de la tarière; on choisit, à la partie la plus inférieure de l'instrument, l'échantillon qui semble le plus convenable et on le case avec une étiquette indiquant sa profondeur. Si le sol traversé est un peu trop sec et adhère mal aux parois de l'instrument, il suffit de jeter un peu d'eau dans le forage. On remet la sonde, et on renouvelle l'opération qu'on vient d'exécuter, ayant toujours soin de ne pas s'engager de plus de 25 à 30 centimètres, sans, par un léger effort ascensionnel, se convaincre que l'outil est toujours libre, et qu'on est maître de le retirer sans trop de difficulté. Lorsque, par la profondeur acquise, le manche sera arrivé assez près de terre pour que la manœuvre soit incommode, il dévissera la tête de sonde, et vissera sur l'outil la petite rallonge de 1 mètre (*fig.* 7); il la couronnera, comme il l'avait fait pour la tarière, par la tête de sonde. Il aura ainsi reconstitué sa sonde, mais avec une longueur de 1 mètre de plus. Pour visser et dévisser la sonde, il appuie l'épaulement inférieur du tenon sur la griffe (*fig.* 5), qu'il empêchera de tourner au moyen d'un petit taquet fixé dans le madrier. Prenant ensuite la partie supérieure de sa sonde au moyen du tourne-à-gauche (*fig.* 16), il dévissera l'emmanchement.

Il sera toujours bon de remarquer, après être descendu d'une vingtaine de centimètres, si la sonde ne s'engage pas trop, et de la soulever légèrement du fond en lui imprimant toujours un petit mouvement de rotation. Cette précaution est surtout nécessaire lorsqu'on se dispense d'une petite chèvre, et que tous les efforts de traction, pour enlever la sonde, se font avec les bras. Si on suppose de nouveau le manche arrivé près du sol, on substituera à l'allonge la tige de 2 mètres (*fig.* 8) en la recouvrant de nouveau de la tête de sonde, ce qui prolongera la sonde de 1 mètre encore; et plus tard, mettant la rallonge de 1 mètre sur la tige, la longueur totale de l'appareil sera de plus de 4 mètres, y compris l'outil et la tête de sonde, et l'on aura atteint le sol à cette profondeur.

24. S'il arrive qu'on rencontre une roche ou un terrain qui soit d'une consistance assez dure pour que les outils qu'on fait agir par rotation ne pénètrent pas dans le sol, on aura recours au trépan casse-pierre (*fig.* 9), qu'on substituera à la tarière.

Le mouvement à imprimer à la sonde sera alors la percussion, c'est-à-dire qu'on enlèvera la sonde de 25 à 30 centimètres, et qu'on la laissera retomber en l'abandonnant à son propre poids, en ayant toujours soin que chaque chute de l'outil ait lieu dans une position différente, afin de faire un trou rond avec un outil plat. Il faut généralement, pour cela, diviser la circonférence en au moins seize parties, si le terrain est dur; ou, si l'on veut, que chaque fois que la sonde aura exécuté une révolution entière, on ait frappé seize coups dans seize positions différentes. On observera toujours, comme pour la manœuvre ordinaire de la sonde, qu'il ne faut jamais pénétrer à plus de 30 ou 40 centimètres sans relever la sonde. Lorsqu'on sera descendu avec le trépan casse-pierre de 30 ou 40 centimètres, on le relèvera et on lui substituera de nouveau la tarière, afin d'enlever les détritus faits par la roche brisée.

25. Une petite sonde pouvant pénétrer à 4 mètres de profondeur peut peser environ 35 à 40 kilogrammes; elle peut donc se transporter facilement par un homme qui peut, à lui seul, la manœuvrer et creuser, par jour, si le terrain ne renferme pas de roche, quatre ou cinq trous et même plus. Si une partie du terrain est dure et de roche, le temps ne peut plus être apprécié, parce qu'il varie beaucoup suivant la dureté et l'épaisseur des bancs traversés.

Lorsqu'on veut pousser l'exploration à une profondeur plus grande, il devient nécessaire d'employer, pour la facilité des manœuvres, une petite chèvre à trois pieds.

Si le sondage ne doit atteindre qu'une

profondeur de 8 à 10 mètres, cette petite chèvre peut se former simplement de trois morceaux de bois de 3 mètres à 3m50 de longueur, qu'on réunit ensemble (*fig.* 18). On peut encore, pour plus de simplicité, réunir les trois montants au moyen d'un cordage, auquel on suspend en même temps la poulie. La grosseur des bois équarris ou ronds, à volonté, n'a besoin d'être que de 0m10.

Une corde est alors passée sur la poulie et soutient les sondes dans une position verticale par la tension qu'opère sur elle un homme qui tire dessus à l'autre extrémité, et qui n'abandonne le poids de la sonde qu'à mesure de l'enfoncement que provoque le mouvement de rotation opéré par un autre homme, si les terrains sont de nature à permettre l'emploi de ce moyen.

Si les terrains sont durs et nécessitent l'emploi du trépan, l'homme qui tient la corde opère, en tirant sur elle, un mouvement de percussion en élevant et laissant retomber la sonde, tandis que l'homme qui est au manche fixé sur celle-ci lui imprime la direction nécessaire pour obtenir un forage rond et régulier.

La sonde étant à vis, il arrive quelquefois, si l'ouvrier n'y prête attention, que le mouvement de trépidation qu'elle éprouve pendant le battage provoque le dévissage; mais s'il a le soin, tous les deux ou trois coups de sonde qu'il donne, et lorsque l'outil repose encore au fond, d'appuyer un peu sur son manche dans le sens du vissage, il évitera toujours cet accident. D'ailleurs, ce petit mouvement de rotation sur l'outil percuteur a encore l'avantage de régulariser le trou de sonde en abattant les petites aspérités qu'aurait laissées le battage.

Comme à cette profondeur on doit déjà chercher à rendre les manœuvres plus promptes, on remplace la tête de sonde à œil par une tête de sonde ordinaire (*fig.* 3) et on se sert d'un manche à vis (*fig.* 13), qui a l'avantage de pouvoir se fixer sur la sonde à une hauteur quelconque, avantage impossible avec le manche en bois passé dans l'œil de la tête de sonde dite à œil. Lorsque la sonde n'avait qu'une longueur de 4 mètres, on pouvait facilement l'enlever tout d'une pièce sans opérer le dévissage; mais, à une plus grande profondeur, cela devient impraticable. Il faut donc être outillé de manière à opérer ce vissage pour la descente et pour la remonte d'une manière commode. Pour cela, les sondes portent à l'emmanchement mâle deux épaulements l'un au-dessus de l'autre. L'épaulement inférieur sert à reposer la sonde sur la griffe ou clef de retenue pendant qu'on visse ou qu'on dévisse la tige supérieure, selon qu'on monte ou qu'on descend les tiges. L'épaulement supérieur sert d'arrêt pour prendre la tige avec le pied-de-bœuf, ou clef de relevée, afin de l'enlever ou de la laisser descendre dans le forage. Cette opération a lieu successivement pour chaque tige. La clef de relevée, ou pied-de-bœuf, se ferme au moyen d'un crochet qu'il faut toujours maintenir fermé, afin d'éviter les chutes un peu fortes qu'une secousse pourrait amener. A 6 ou 7 mètres de profondeur, il arrive quelquefois que le forage contient de l'eau en assez grande quantité, laquelle rend souvent le nettoyage du trou difficile par le lavage qu'elle opère sur les terrains contenus dans la tarière, qui, comme on le sait, est ouverte longitudinalement. Pour cette extraction, on a recours à un instrument nommé soupape (*fig.* 12). C'est un tuyau fermé à sa partie inférieure par un clapet qui s'ouvre de bas en haut. Lorsqu'on descend cet instrument dans le forage, au moment où le clapet qui le termine rencontre l'eau, la boue ou les débris qu'on a faits dans une roche, il se soulève et laisse passer au-dessus de lui toutes ces matières.

Lorsqu'on soulève la sonde, les détritus par leur poids se reposant sur le clapet, le ferment et restent dans le corps du tuyau. Pour provoquer l'introduction, on exécute quelques mouvements de percussion comme avec le casse-pierre, surtout lorsqu'on reconnaît que le terrain s'est tassé, ce qui arrive souvent lorsqu'il est marneux.

26. Quand les boues ont une tendance à être compactes, on garnit la partie inférieure de la soupape, au-dessous du clapet, d'une mouche qui, par sa disposition, pénètre dans les terrains, comme la tarière, par un mouvement de rotation. Si, au contraire, les terrains rencontrés sont des sables, on les prend au moyen d'une soupape, terminée par un boulet et une lame propre à les désagréger (*fig.* 11); elle se manœuvre de la même manière que le trépan ou casse-pierre.

A chaque chute de l'outil, le sable désagrégé par la lame s'élève au-dessus du boulet, qui retombe dans son coquetier et le retient dans l'intérieur du tuyau. Ces instruments, arrivés au jour, se vident en les renversant et en leur imprimant quelques secousses qui tendent à détasser le sable et à le laisser s'écouler par la partie supérieure, qu'on laisse aussi ouverte que possible à cet effet.

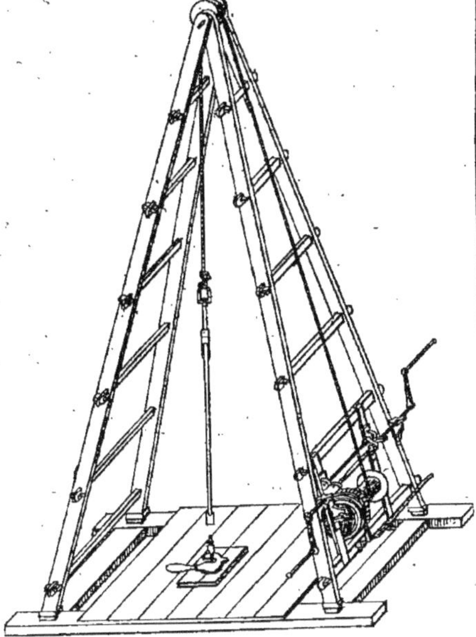

Fig. 21.

Comme on le voit, la manœuvre d'une sonde à 10 mètres de profondeur est bien simple et n'exige qu'un peu de prudence et d'attention.

27. Les sondes destinées à pénétrer jusqu'à 20 mètres et quelquefois plus loin, exigent, pour une manœuvre régulière et commode, une petite chèvre munie d'une poulie et d'un moulinet ou tambour à manivelles (*fig.* 21).

Dans certains cas, il arrive qu'un sondage de 20 à 25 mètres ne puisse atteindre cette profondeur sans un tubage qui serait nécessité par la nature des terrains, qui peut être sableuse ou peu homogène et ébouler, ou quelquefois d'une consistance trop molle et se resserrer, de manière à retenir prisonniers les outils qui ont pénétré à une profondeur qui leur est inférieure. Dans ce cas, il est nécessaire d'avoir des outils de deux diamètres, les uns pouvant ouvrir un trou assez large pour recevoir des tubes et les autres pouvant travailler dans leur intérieur.

Les manœuvres avec chaque diamètre d'outils restent les mêmes.

Tubages.

28. Le but des tubages est de masquer les parties de terrain peu solides et d'aider à les traverser. On se sert ordinairement de tubes en tôle (*fig.* 22) auxquels on donne une épaisseur de 0^m0015 à 0^m003 suivant leur diamètre. Ils se réunissent au moyen de boulons ou de ri-

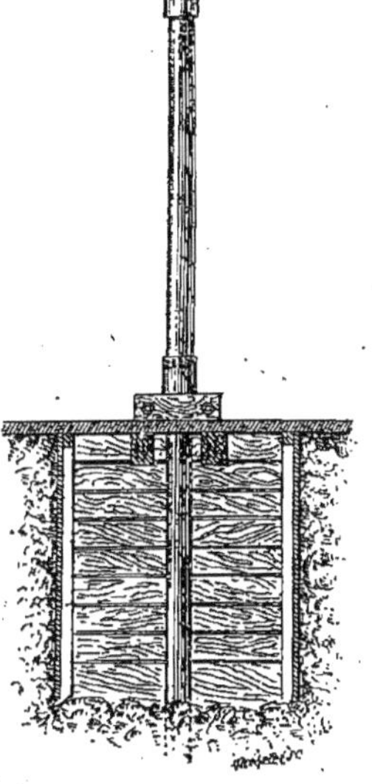

Fig. 22.

vets. Leur jonction est faite de telle façon que les tôles qui les constituent reposent exactement l'une sur l'autre et sont maintenues par une frette de jonction fixée sur l'un des bouts par moitié, de manière à laisser place au bout qui vient s'y joindre et s'y ajouter exactement.

Les tubes doivent être bien rivés ou boulonnés et être de très bonne qualité pour ne pas se briser sous le choc du mouton qui sert à les enfoncer.

Outils arrache-sonde.

29. Parmi les différents types des outils arrache-sonde, les plus fréquemment utilisés sont la *cloche à vis* et la *caracole*.

Si une sonde est cassée dans un trou assez cylindrique et qu'on suppose que la partie rompue soit restée dans une position à peu près verticale, il suffit d'ajouter à la partie retirée de la sonde la *cloche à vis* (*fig.* 19).

Cette cloche est taraudée suivant un tronc de cône, dont la base est plus grande que le tenon des tiges et le sommet plus petit que le corps de la tige. Elle est trempée de façon à être assez dure pour que le filet intérieur puisse s'imprimer, par un mouvement de rotation, sur la tige rompue avec laquelle on l'a coiffée. Il suffit de former deux ou trois traces de filet pour pouvoir remonter la partie brisée. Si le diamètre du sondage est beaucoup plus grand que celui de la cloche, il devient nécessaire de garnir celle-ci d'un entonnoir en tôle suffisamment grand pour que, l'outil étant descendu, il ne puisse facilement passer à côté de la tige rompue, mais bien coiffer celle-ci et la forcer à pénétrer dans la cloche.

30. La *caracole* (*fig.* 20) a pour but de prendre la sonde sous un épaulement qui, par le mouvement de rotation qu'on imprime à cet instrument, tend, au moyen du doigt, à venir se reposer dans le crochet et s'y asseoir lorsqu'on soulève la sonde brisée.

Sondages en rivière.

31. Pour le sondage en rivière, la première opération consiste à coupler deux bateaux de dimensions convenables suivant l'importance des sondages, le poids du matériel, le nombre d'hommes à employer et à laisser entre eux la distance voulue pour le passage des tuyaux et des outils. Ces bateaux sont fixés à l'aide d'ancres à l'endroit ou doit se faire le sondage.

Le tout ainsi préparé, on descend des tubes jusqu'à ce qu'ils touchent le fond de la rivière et qu'ils s'y implantent. On les y fixe même en frappant un peu sur la partie supérieure. On observe alors si ces tubes sont descendus verticalement. Dans le cas ou le courant aurait causé une déviation, on y remédie en faisant varier les amarres des bateaux, jusqu'à ce qu'on ait obtenu un aplomb aussi parfait que possible.

Le sondage se fait alors dans ce tube par les procédés ordinaires, c'est-à-dire que, si l'on a des sables ou des matières coulantes, on fait descendre le tubage à mesure qu'on dégage sa base, en approfondissant, et cela jusqu'à ce que l'on ait rencontré un terrain assez solide pour se maintenir seul et permettre d'atteindre le point qu'on veut reconnaître.

Notes à tenir pendant le sondage.

32. Quand on exécute un sondage il faut noter avec le plus grand soin :

1° La nature et l'épaisseur des couches traversées à partir de la terre végétale.

2° La profondeur à laquelle on perce chaque couche sur les différents points explorés, rapportée à un même plan de niveau.

3° L'espèce d'outil avec lequel chaque couche a été traversée, et l'avancement du travail par heure ou par jour.

4° Les accidents qui ont retardé le travail de la sonde.

5° Les points où l'on a rencontré des sources.

On complète ces notes par une collection d'échantillons pris dans les différentes couches traversées. On ajoute à cette collection les cailloux, les pyrites, les fossiles, etc., que la sonde peut avoir ramenés au jour en ayant soin d'indiquer qu'ils appartiennent à telle ou telle couche géologique.

§ II. — DÉBLAI DES TRANCHÉES.

Exécution des fouilles ou des déblais.

33. La méthode généralement employée pour exécuter les fouilles consiste à piocher les terres par couches successives, de 0m30 à 0m40 d'épaisseur, couches que les ouvriers appellent *plumées* et à les enlever au fur et à mesure qu'elles sont ameublies.

Lorsque la fouille a de grandes dimensions, on attaque, toutes les fois que cela est possible, les déblais par leur partie inférieure, en dressant immédiatement le fond de la fouille, afin de faciliter le *pellage* des terres. Dans ce cas, on peut employer la méthode dite d'*abattage*, qui consiste, une fois que la fouille est faite en un point, à attaquer la masse latéralement en la creusant en dessous et à la détacher par parties, en faisant tomber les portions qui ne sont plus retenues que par la cohésion des terres. Les terres en s'éboulant ainsi dans la fouille, s'ameublissent au point de pouvoir être pour ainsi dire chargées directement avec la pelle.

Quand la fouille est exécutée, on trace l'emplacement des tranchées destinées à recevoir la fondation des murs. Ces tranchées, dans les constructions ordinaires, prennent souvent le nom de *rigoles*.

La forme et l'étendue de ces rigoles dépendent de celles de la fondation ; mais il est, dans tous les cas, de la plus haute importance de ne leur donner que les dimensions strictement nécessaires pour y loger la fondation. Il ne faut laisser autour de l'espace occupé par la maçonnerie qu'une ruelle étroite où puissent se placer les maçons. Quand la profondeur de ces rigoles est grande et que le terrain ne se tient pas, il est indispensable de le soutenir au moyen de madriers maintenus par des étrésillons. Quand le mur est construit, il faut remplir la ruelle laissée pour la construction avec de la terre jetée par couches de 25 à 30 centimètres et bien damée.

Outils employés.

34. On rencontre dans l'exécution des déblais des terrains de duretés variables. Les uns sont assez facilement pénétrables pour être fouillés avec la *bêche ordinaire* ou le *louchet ;* d'autres ne peuvent être attaqués qu'avec la *pioche ;* de plus durs exigent le *pic*. Les roches forcent à employer des outils de carriers, quelquefois la poudre.

PIOCHE

35. Pour exécuter les déblais dans les terres ordinaires, les sables, les graviers, etc..., les ouvriers terrassiers commencent par les ameublir en les piochant avec une pioche ou *tournée* représentée (*fig.* 23). Cet instrument est en fer aplati et pèse environ 2k5. Ses extrémités, aciérées sur 0m06 de longueur, sont l'une à tranche plate très allongée et en forme *d'herminette*, et l'autre à pic. Il est

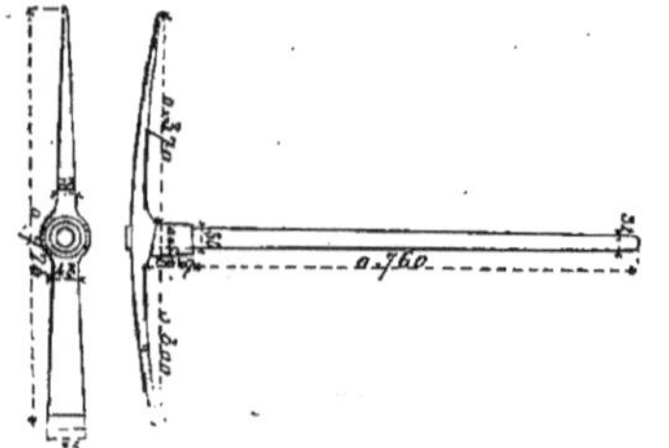

Fig. 23.

percé au milieu d'un trou circulaire pour recevoir un manche cylindrique.

PELLE

36. Pour enlever les terres au fur et à mesure qu'elles sont piochées, les ouvriers se servent de la pelle représentée (*fig.* 24), qui remplace avantageusement la bêche ou le louchet, et qui rend souvent le piochage inutile; car, en raison de sa forme, on peut, sans effort considérable, l'introduire dans les terres qui ne sont pas trop compactes. Dans les terrains humides et graveleux, sa forme ronde la fait glisser et lui fait déranger les cailloux qui se présentent sur son passage. Cette pelle doit être construite en fer battu d'au moins 3 millimètres d'épaisseur. Le manche est en bois.

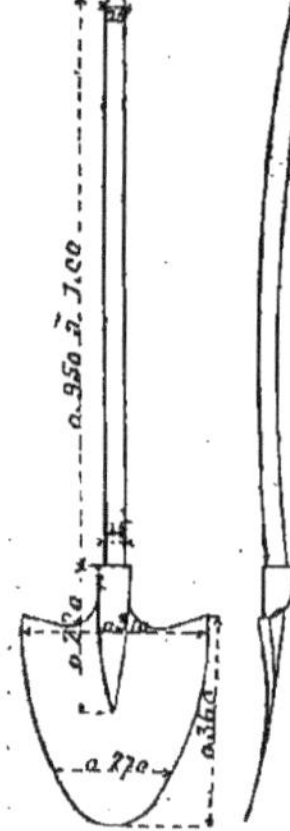

Fig. 24.

PIC

37. Le pic représenté (*fig.* 25), et les

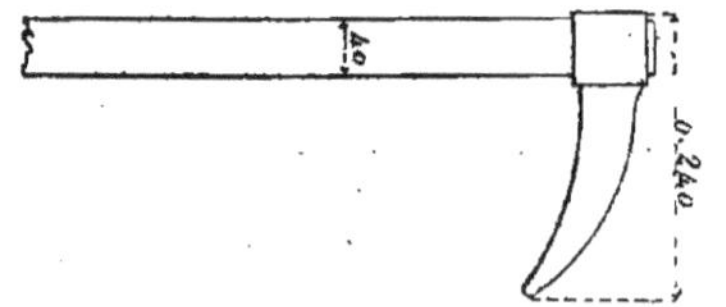

Fig. 25. — Pic de terrassier.

coins en fer aciérés s'emploient dans les roches plus ou moins décomposées ou fissurées.

Dans les roches vives, on est obligé de faire usage du pétard, comme pour l'exploitation des carrières.

Enlèvement des terres.

38. Lorsque les fouilles ont de grandes dimensions et une certaine profondeur, on réserve des rampes dans les déblais, pour pouvoir faire arriver les tombereaux au fond de la fouille et les charger directement. Lorsqu'il y a impossibilité de faire ce chargement directement, on se sert de la brouette, soit pour monter simplement les déblais au bord de l'excavation, où on les chargera ensuite en tombereaux, soit pour les conduire directement à la décharge, si celle-ci est peu éloignée. On réserve de petites rampes dans les déblais, ou on les établit à l'aide de plats-bords.

Si le fond de la fouille est inaccessible à la brouette, on établit, sur les parois de la fouille des banquettes en retraite l'une sur l'autre, sur lesquelles se placent des ouvriers qui jettent, à la pelle, sur la banquette supérieure ou sur la berge, les terres qu'on leur envoie de la banquette immédiatement inférieure ou du fond de la fouille. Ces banquettes, le plus souvent établies avec des planches, sont distantes verticalement de 1^{m}60 à 2 mètres.

Quand la fouille est trop étroite et sa profondeur trop grande, on est obligé d'établir un treuil, et les déblais s'enlèvent avec des seaux (procédé employé pour les puits).

Renseignements pratiques.

39. On admet qu'un ouvrier peut fouiller à la pelle et charger en brouette 15 mètres cubes de terre végétale, de sable ou de tourbe en 10 heures de travail.

On admet également que cet ouvrier

peut jeter ces 15 mètres cubes à 3 et 4 mètres dans le sens horizontal ou a $1^m,65$ dans le sens vertical. Cependant, on doit dire que la fatigue est plus grande dans ce dernier cas, et qu'il y aurait lieu de le payer un peu plus cher.

Dans les terrains ordinaires, lorsqu'il y a nécessité de faire usage de la pioche et qu'il y a impossibilité d'employer l'abattage, un terrassier peut fouiller et jeter à la pelle, horizontalement, à 4 mètres au plus ; ou sur une banquette élevée à 2 mètre environ 6 à 8 mètres cubes de terre en 10 heures de travail. Avant de terminer ces quelques notions sur l'enlèvement des terres, il est bon de rappeler la forme des brouettes, tombereaux et treuils les plus employés.

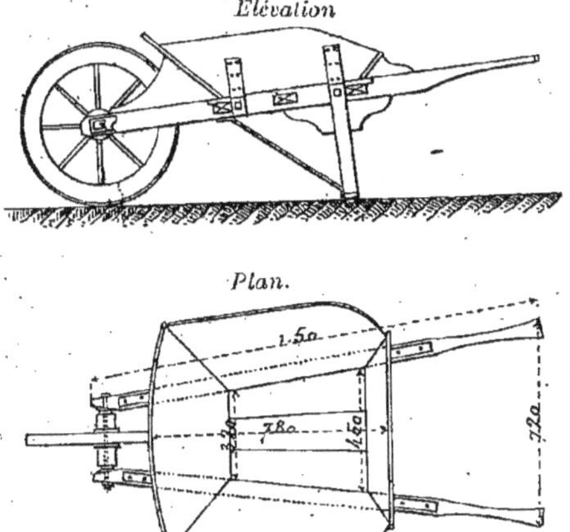

Fig. 26. — Brouette anglaise.

40. *Brouette.* Les brouettes employées dans les terrassements ont ordinairement une capacité de 1/25e de mètre cube. On en fait cependant dont le contenu atteint 1/20 et d'autres où il n'est guère que de 1/33e de mètre cube.

Outre les types donnés (*fig.* 375, 376, 377, 378 de la 1re partie), nous donnons (*fig.* 26) le type de la brouette anglaise.

41. *Tombereau.* Le tombereau, que tout le monde connaît, est représenté (*fig.* 27).

42. *Treuil ou bourriquet.* Un bourriquet est une machine composée d'une caisse d'un panier ou d'un seau qu'on remplit de terre et d'un treuil qui sert à l'élever. La disposition la plus simple est indiquée (*fig.* 28.)

Fig. 27

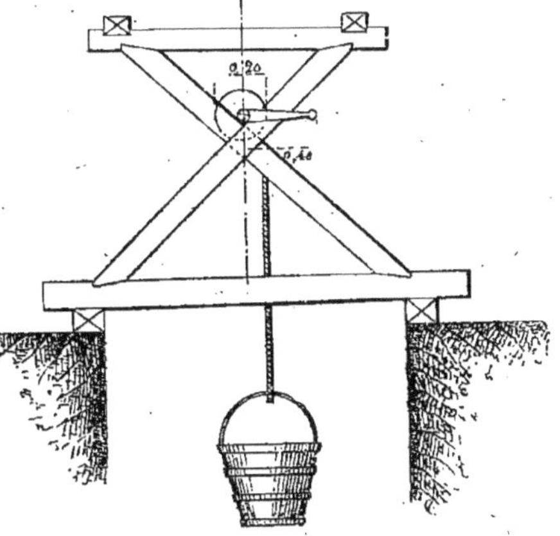

Fig. 28

Enfin, on se sert de wagons composant des trains entiers de déblais pour les grands travaux.

Dragage et régalage du fond.

43. La *drague* est un instrument qui sert pour curer le lit des rivières, le fond des ports etc... Le dragage peut s'effectuer de plusieurs manières :

1° En employant la *drague ordinaire* ou *drague à main* (dont les différents types sont représentés *fig.* 29, 30, 31 et 32). Ces dragues sont ordinairement construites en tôle. Elles présentent la forme d'une petite caisse ouverte au-dessus et en avant, quelquefois dentée comme l'indique la figure 31 et percées de quelques trous pour laisser écouler l'eau. Les dragues à main sont emmanchées dans des hampes en bois flexibles et assez longues pour atteindre le fond de la fouille. Elles sont manœuvrées par un seul homme dans les terres peu cohérentes; mais, lorsque le terrain se laisse entamer difficilement, on adjoint au dragueur un aide armé d'une *gaffe* (*fig.* 33) ou d'un *hardi* (*fig.* 34) servant à diviser le rocher et à permettre à la drague d'enlever les terres et les parties solides divisées.

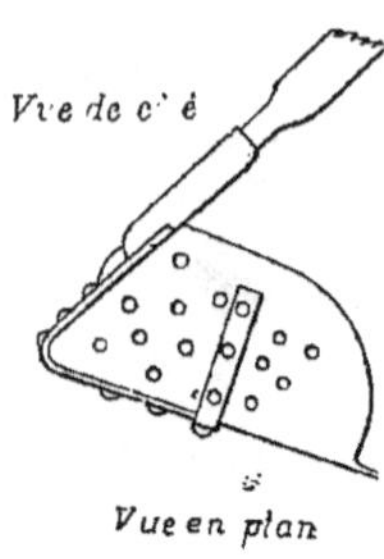

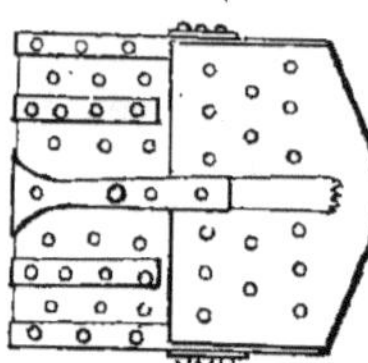

Fig. 29

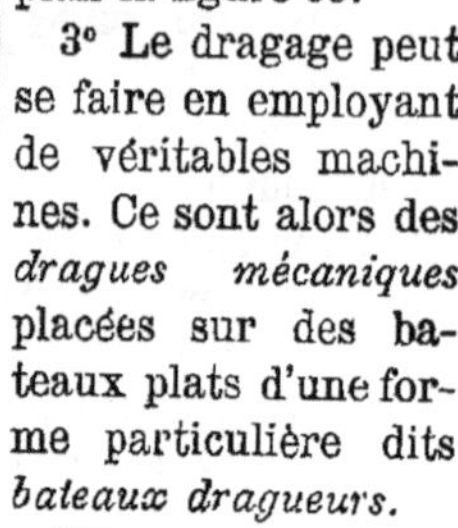

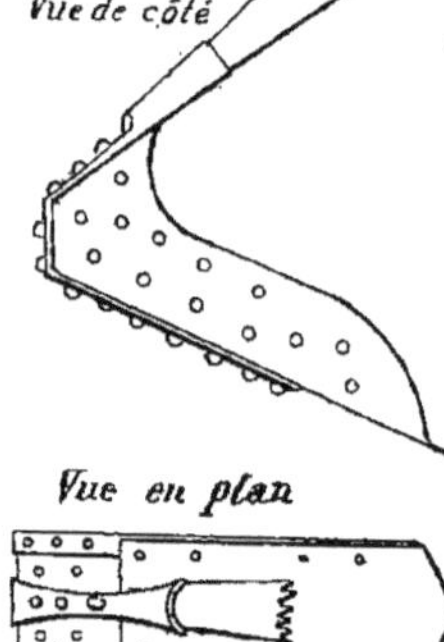

Fig. 30.

Les dragues à main servent ordinairement à draguer les fonds d'argile, de gravier ou de galets. La figure 35 donne l'idée d'un dragage effectué avec la drague à main.

2° En employant la *drague à treuil* dont nous donnons les principaux types (*fig.* 36, 37 et 38). Ces dragues ont alors de plus grandes dimensions et, comme le poids des matériaux qu'elles peuvent contenir est trop grand pour être soulevé par un seul homme, chacune d'elle porte une *anse* A à laquelle on fixe une corde qui s'enroule sur un treuil T comme l'indique en plan la figure 39.

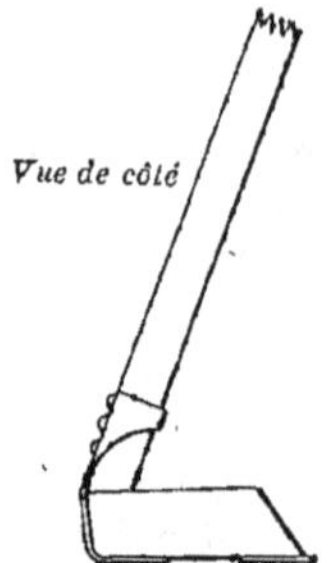

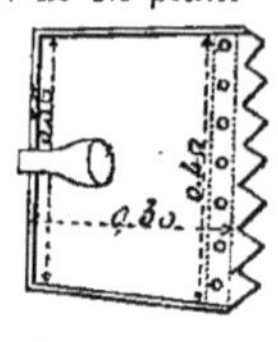

Fig. 31.

3° Le dragage peut se faire en employant de véritables machines. Ce sont alors des *dragues mécaniques* placées sur des bateaux plats d'une forme particulière dits *bateaux dragueurs*.

Elles se composent d'un système de chaînes sans fin à longues mailles pleines, égales et articulées, à peu près comme une échelle flexible. Sur leurs traverses on fixe, à des intervalles égaux, un certain nombre de *louchets* ou *hottes* en forte tôle de fer. Cette chaîne, et par conséquent les louchets qui y sont attachés,

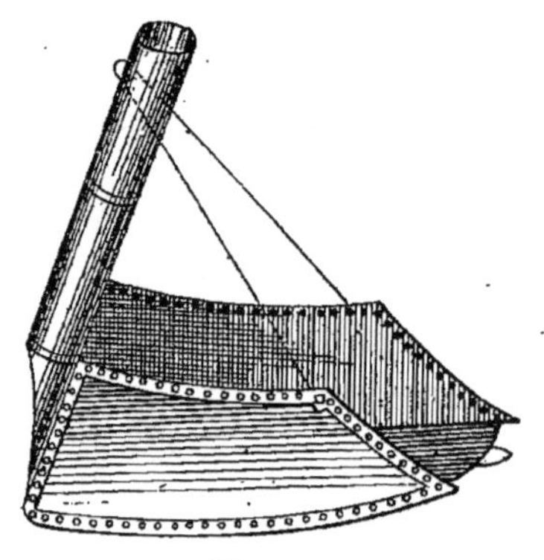

Fig. 32.

Fig. 33.

passent sur un tambour qui les fait circuler le long d'un plan qu'on est maître

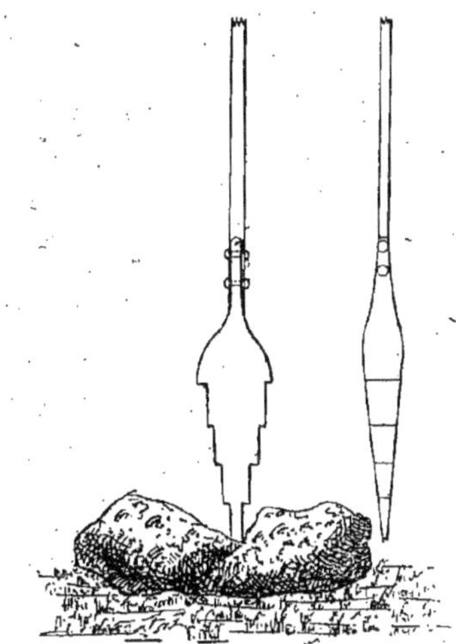

Fig. 34. — Hardi pour diviser les rochers

d'incliner plus ou moins. Ils viennent tour à tour se charger de terre ou de vase en passant près du fond et se vident ensuite à la partie supérieure dans un couloir qui les dirige dans une *Marie-salope* placée sur le bateau.

44. Dans le bateau dragueur simple, la drague est placée au milieu du bateau, dans une ouverture dont l'étendue est suffisante pour le jeu du plan incliné et de la drague.

Dans un bateau dragueur double, il y a deux dragues placées en dehors du bateau, suivant des plans verticaux parallèles aux bordages. Dans ce cas, on peut draguer au pied d'un mur de revêtement et aussi près du rivage que l'on veut ; mais alors, pour que le bateau ne dérive pas, il faut que chaque drague éprouve à peu près la même résistance, ce qui est difficile à obtenir. La distance des deux cylindres sur lesquels circulent les chaînes sans fin est un peu moindre que la moitié de la longueur de ces mêmes chaînes, de sorte que la partie inférieure de celles-ci forme une courbure qui fait plonger et

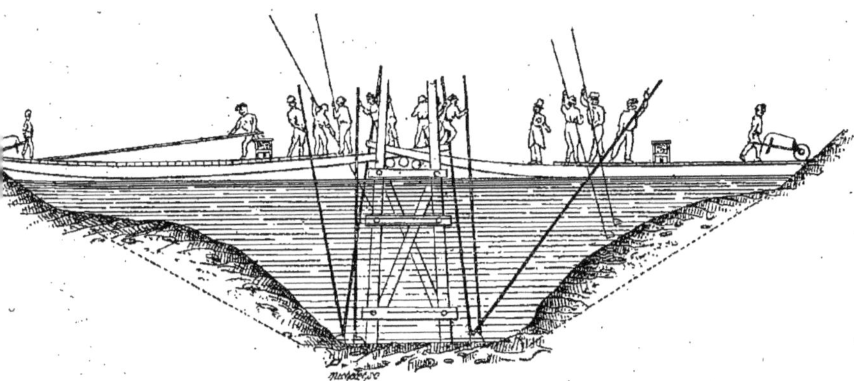

Fig. 35. — Échafaudage à chevalets et dragage sur les parois latérales de la fouille.

traîner dans le fond chaque louchet avant qu'il se redresse, et lui donne ainsi le temps de se remplir. Le bateau a aussi dans le même sens un mouvement progressif qui lui est donné au moyen d'un cabestan mû par la machine à vapeur qui dessert la drague et d'une corde de touage fixée à une ancre, ou sur le rivage. On sillonne ainsi le fond à la profondeur qu'on désire en remontant contre le cours de l'eau et en ayant soin de maintenir le bateau, à chaque voyage, dans des directions parallèles.

Lorsque le courant du fleuve est assez rapide, on peut remplacer la machine à

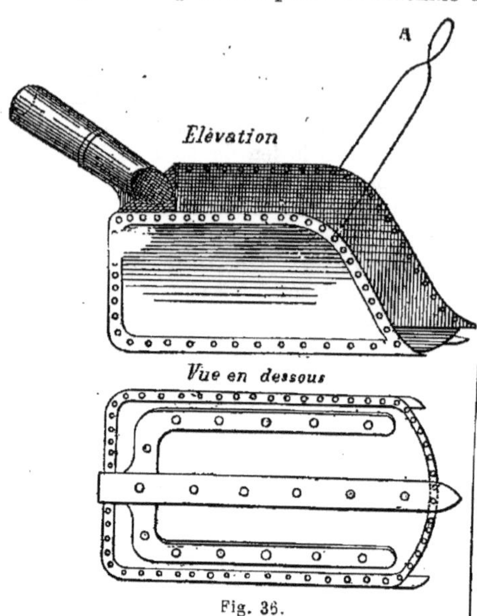

Fig. 36.

vapeur par une ou deux roues pendantes placées au milieu ou sur les côtés du bateau. Nous donnons (*fig.* 40) le croquis d'une drague à vapeur à chariot mobile, employée et construite par M. A. Castor et (*fig.* 41) l'installation complète d'une

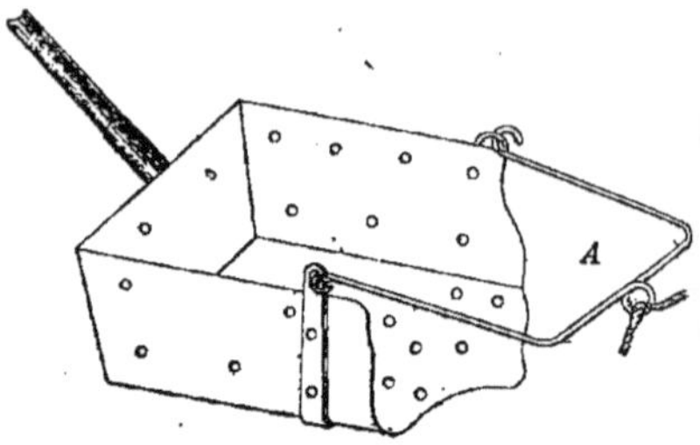

Fig. 38.

drague sur un bateau avec toute la transmission de mouvement.

45. Quand on rencontre au milieu des sables, des graviers ou des vases qu'on drague, de grosses pierres, des troncs d'arbres ou d'autres objets que les instruments dont on se sert ne peuvent enlever on emploie alors des *griffes* (*fig.* 42) et des *pinces* (*fig.* 43). On peut également se servir d'un *grand louchet* (*fig.* et d'un *rable* (*fig.* 45).

46. Les dragages doivent toujours être conduits avec une grande régularité. Il faut, en creusant des sillons accolés, enlever une épaisseur uniforme de terrain sur toute la partie à draguer.

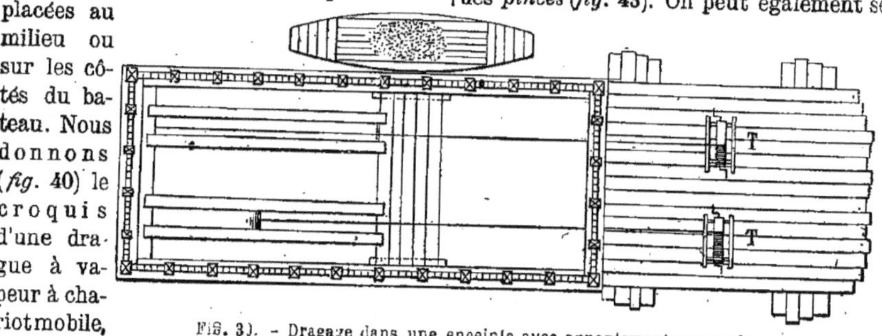

Fig. 39. – Dragage dans une enceinte avec appontements sur radeaux.

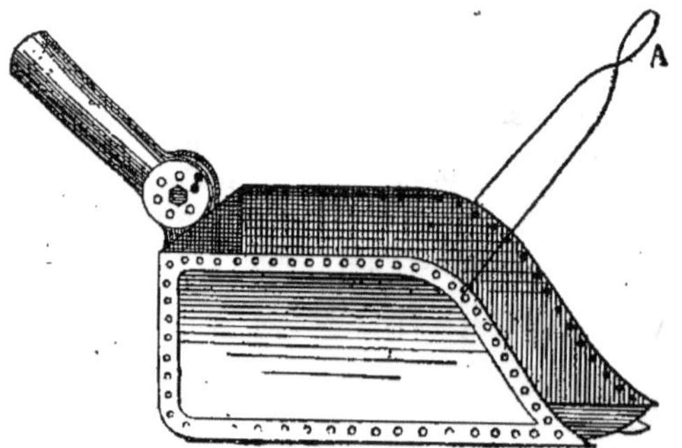

Régalage

47. Malgré tous les soins apportés au dragage, le fond présente presque toujours des inégalités qu'il est bon de faire disparaître dans certains cas pour obtenir un plan uniforme. On opère alors le *régalage* du fond.

On peut, soit remplir les inégalités par des matérianx rapportés, ou, ce qui est préférable, enlever les aspérités pour obtenir un terrain bien horizontal.

Dans certains cas, pour opérer ce régalage, on est obligé de recourir à l'emploi des *scaphandres* et des *cloches à plongeur*.

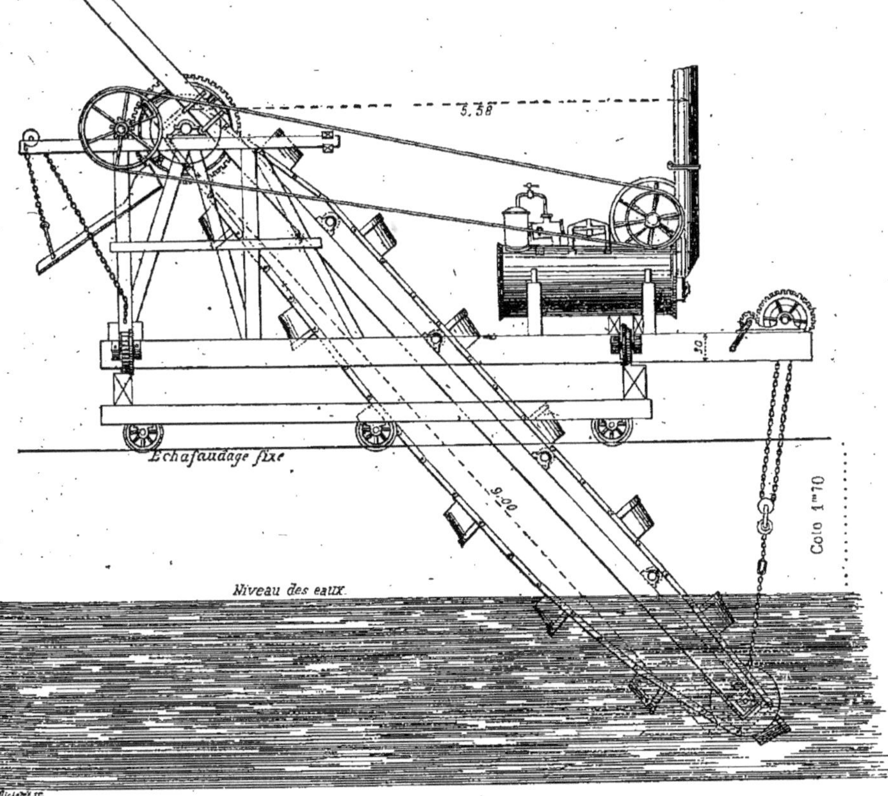

Fig. 40. — Drague à vapeur à chariot mobile.

Les *scaphandres* (*fig.* 46) consistent essentiellement en un vêtement imperméable au sommet duquel se fixe, au moyen d'écrous un grand casque en bronze muni d'oculaires, qui couvre la tête du plongeur et repose sur ses épaules. L'air nécessaire à la respiration est envoyé dans l'intérieur de ce casque, à l'aide d'une pompe foulante et d'un tuyau en caoutchouc vissé sur le sommet de l'appareil. Une soupape s'élevant du dedans au dehors sert à l'évacuation de l'air. Le plongeur est d'ailleurs chargé de poids qui lui permettent de se maintenir à la profondeur voulue.

Libre de ses mouvements, l'ouvrier muni d'un scaphandre travaille sous l'eau, comme il le ferait en plein air, mais moins

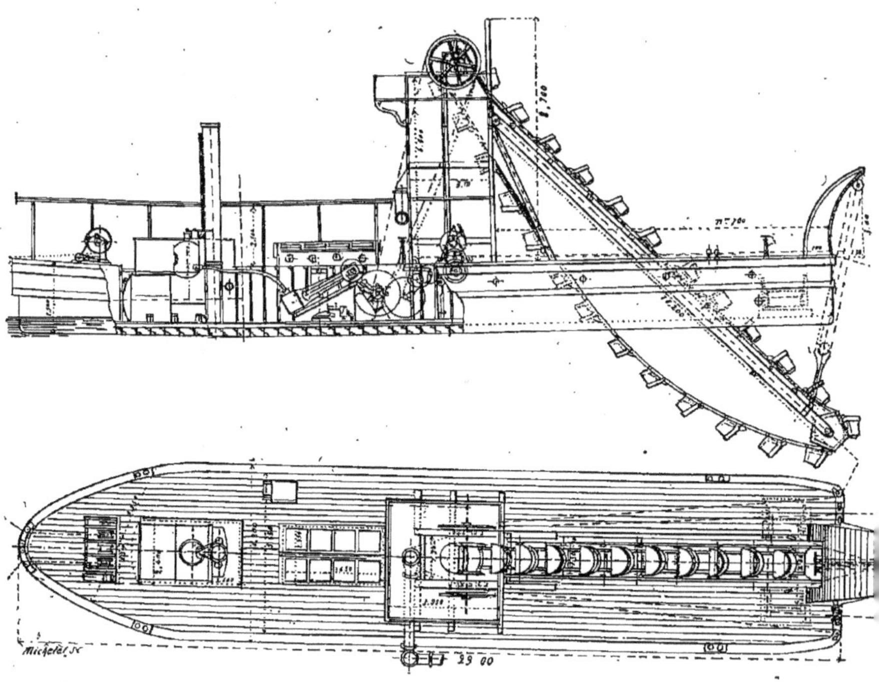

Fig 11.

longtemps et pas aussi vite. Le scaphandre Denayrouze, dont nous donnons le croquis figure 46, est aujourd'hui très employé. Il est muni d'un appareil acoustique qui permet de communiquer par la parole avec les plongeurs pour leur donner des ordres et recevoir leur réponse.

Ce système est fort dispendieux et ne doit être employé que lorsqu'il y a nécessité absolue.

Les *cloches à plongeur* sont de grandes cuves renversées, en bois, cerclées de fer, en fonte ou en forte tôle, dans lesquelles on peut descendre au fond de l'eau, un ou plusieurs hommes. Comme dans le cas précédent, une pompe placée sur un bateau ou sur le bord du fleuve permet de renouveler l'air. Les hommes peuvent travailler dans ces cuves environ deux heures sans remonter au jour.

Établissement des échafauds.

48. Les échafauds employés dans les fondations sont ordinairement de construction très simple. Ils varient suivant les cas. On ne saurait dire d'une manière générale comment les échafauds de fondation doivent être disposés quant à leur ensemble. Les opérations du dragage, du régalage, du battage des pieux, de l'échouement des caissons, de l'immersion du béton, etc..., exigent, le plus souvent, la construction

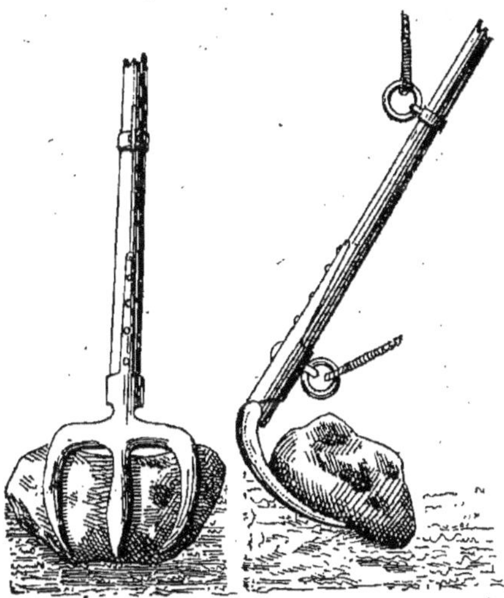

Fig. 42.

préalable d'échafaudages élevés au-dessus du niveau des eaux et sur lesquels on

Fig. 43. — Pince.

place des hommes et des machines. Ce sont presque toujours de fortes pièces de

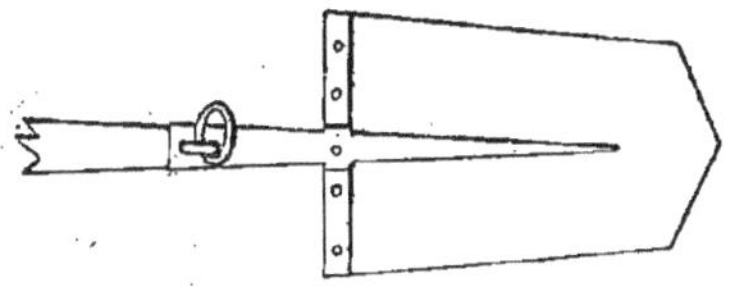

Fig. 44. — Grand louchet.

charpente assemblées comme nous le verrons plus loin, à propos du dragage pour l'enfoncement du caisson d'une pile.

Batardeaux.

49. Le but dans l'emploi des batardeaux, est d'intercepter aussi complète-

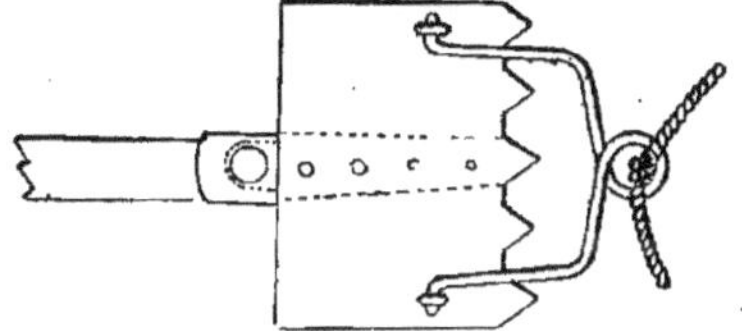

Fig. 45. — Rable.

ment que possible toute communication entre l'emplacement des fondations et les

Fig. 46. — Scaphandre Denayrouze.

[e]aux extérieures. Nous donnons plus loin, [da]ns l'article *fondations hydrauliques,*

tous les détails de leur construction pour les divers cas.

Épuisements.

50. Dans un grand nombre de travaux de fondation, on trouve l'eau avant d'avoir rencontré la couche solide sur laquelle on compte établir sa construction. Il s'agit alors de continuer la fouille à travers une couche d'eau qu'on épuisera au fur et à mesure de sa venue ou de son débit.

Les eaux qu'on rencontre dans le sol sont dues à des infiltrations, soit des cours d'eau, soit d'eaux de pluie. Considérons la coupe d'une montagne *A* (*fig.* 47)

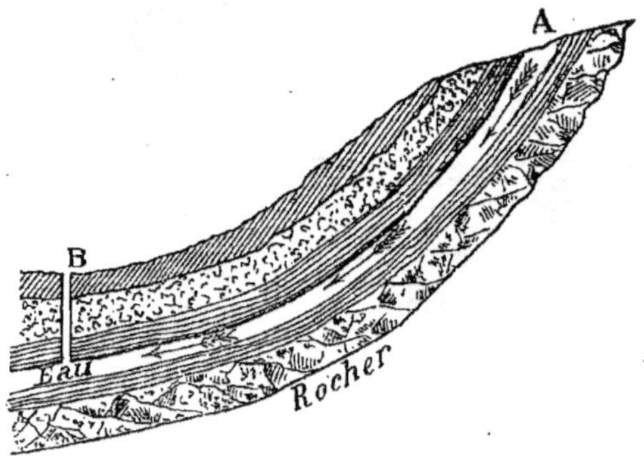

Fig. 47

et d'une vallée *B*. Les eaux de pluie qui couleront sur le versant de la montagne pénétreront dans le sol au point *A* entre deux couches de glaises par exemple. L'eau restera alors emprisonnée entre ces deux couches continues et étanches et tendra à suivre ou plutôt à couler entre elles jusque dans la vallée.

Admettons qu'au point *B*, on veuille établir une construction. Le bon sol sur lequel on pourra asseoir sans crainte les fondations, sera le rocher, car en restant au-dessus des glaises on risquerait de faire glisser toute la construction par son propre poids. Pour arriver au rocher, on devra donc traverser la couche liquide. Or cette couche est une véritable rivière souterraine; il faudra donc, pour que les ouvriers puissent continuer leur travail sans être gênés par l'eau, épuiser cette eau, qui peut se renouveler constamment.

Dans un très grand nombre de cas, l'eau se trouve à une distance du sol inférieure à 9 mètres. On se sert alors de pompes d'épuisement simplement aspirantes. Quelquefois et surtout dans les constructions nécessitant des fondations très solides et par suite profondes, on rencontre l'eau à des distances plus grandes que 9 mètres. Il faut alors employer des pompes aspirantes et foulantes.

Pompes d'épuisement simplement aspirantes. (Système Letestu).

51. Pour les épuisements, il faut un appareil solide, léger, peu encombrant et pouvant aspirer les vases, les sables et même les graviers entraînés par l'eau. La pompe Letestu réunit ces avantages. Elle

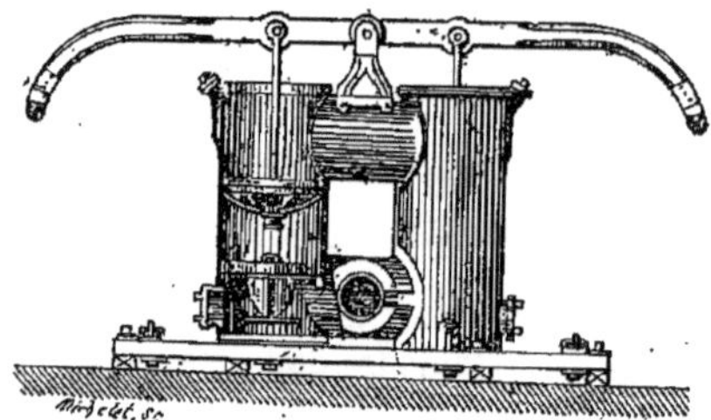

Fig. 48.

se compose essentiellement de deux corps de pompe (*fig.* 48) en tôle galvanisée réunis par deux entretoises en tôle. Les assemblages sont rivés et soudés. L'entretoise inférieure sert de tubulure d'aspiration et reçoit le tuyau d'aspiration. L'entretoise supérieure sert de déversoir aux pompes et laisse écouler l'eau par un dégorgeoir.

Chaque corps de pompe est muni d'un clapet et d'un piston et, à sa base, d'une boîte de visite. Cette boîte sert à enlever à la main toutes les vases qui se déposent dans le bas de la pompe et peuvent l'obstruer. Le clapet est garni de caoutchouc et il est à ailettes. Le piston est formé d'une grille concave d'un diamètre un peu inférieur à celui de la pompe. Sur cette grille, est maintenue, par son centre, une garniture en cuir flexible. Pendant la période d'ascension du piston ou de refoulement, la pression de l'eau applique les lèvres du cuir contre les parois et, pendant la descente du piston, l'eau, qui est passée au-dessus du clapet, refoule ces lèvres pour passer au-dessus du piston.

Ce piston offre le grand avantage de permettre à la pompe d'aspirer des eaux vaseuses et même des eaux chargées de sable.

Les pompes employées à bras ont des diamètres correspondants aux divers débits. Le plus gros modèle a $0^m,40$ de diamètre et débite 800 litres par minute.

Fig. 49.

La figure 49 donne un exemple de l'installation d'une pompe portative servant aux travaux de fondation de toute espèce d'une profondeur maxima de $9^m,50$. Cette pompe est très fréquemment employée par MM. les Ingénieurs ; elle présente le grand avantage d'être entièrement en tôle galvanisée et, par conséquent, très légère et moins susceptible de se briser que celles dont les culasses sont en fonte de fer. Les sièges des clapets sont en laiton, et les clapets n'étant pris dans aucun joint s'enlèvent à la main.

Pompes d'épuisement avec transmission.

52. Lorsque les épuisements à faire sont d'une certaine importance ou, lorsque le travail doit durer un temps assez long au même endroit, on actionne alors les pompes au moyen de machines à vapeur

Fig. 50.

comme l'indique la disposition (*fig.* 50). La pompe est alors installée sur un bâti en madriers sur lequel est montée la transmission de mouvement. La figure 50 fait facilement comprendre le mécanisme employé.

Épuisement à des profondeurs dépassant 9 mètres.

53. Pour les épuisements à faire à plus de 9 mètres de profondeur, on se sert de pompes aspirantes et foulantes. Ces pompes sont montées verticalement contre des madriers scellés dans les parois des puits, forés pour permettre d'atteindre facilement le niveau des eaux, ou, comme dans le cas qui va suivre, pour le percement des cheminées d'aération d'un tunnel.

Nous prendrons comme exemple l'installation d'une pompe de fonçage faite par M. Letestu au-dessus du tunnel de Saint-Xist (Aveyron) pour les chemins de fer du Midi et représentée (*fig.* 51). Dans le percement d'une cheminée d'aération, on rencontre souvent des couches d'eau très puissantes comme débit. On monte alors, dans le puits, une pompe à deux corps de $0^m,160$

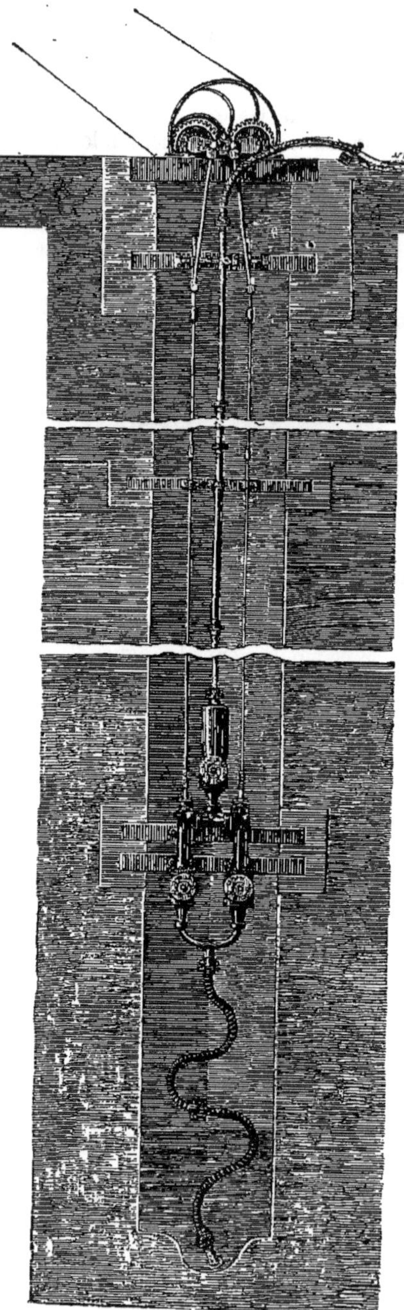

Fig. 51. — Pompe de fonçage.

de diamètre. L'aspiration se fait au moyen de tuyaux flexibles, et la crépine placée à l'extrémité de ce tuyau plonge dans un petit puisard toujours ménagé au centre du puits au fur et à mesure de l'approfondissement. En épuisant ainsi l'eau au fur et à mesure de son arrivée, les ouvriers peuvent continuer leur travail sans être trop incommodés. Lorsque le niveau de l'eau se trouve à 8 mètres ou 8m,50 au-dessous de l'emplacement de la pompe, on déplace celle-ci pour la descendre de 8 mètres en ayant soin, toutefois, de rallonger les tiges et le tuyau de refoulement d'une quantité égale. Ceci fait, on recommence le travail de pompage.

54. Il est intéressant d'exposer quelques données sur cette pompe de fonçage, laquelle peut recevoir beaucoup d'applications.

Le tunnel de Saint-Xist (Aveyron a exigé des puits de 160m de profondeur.

Élévation totale	160m,00	
Nombre de corps de pompes	2	
Diamètre des pistons	0m,160	
Course	0m,500	
Nombre de tours par minute	20	
Produit par coup de piston.	10	litres
Produit par tour	20	—
— par minute	400	—
— par heure	24000	—

Nous pouvons encore citer, comme type de pompe d'épuisement à grand débit, celles installées par M. Letestu au port du Havre pour l'épuisement des cales de radoub. Cette installation est représentée (*fig.* 52). Ces cales peuvent être mises en communication au moyen de vannes, avec la fosse dans laquelle sont montées les pompes. Ces pompes refoulent l'eau dans un grand canal indiqué à droite de la figure 52 et qui conduit cette eau à la mer. Les vannes, qui sont placées sur les tuyaux de refoulement, empêchent le retour des eaux de la mer dans la fosse des pompes à l'époque des hautes mers Ces deux pompes sont chacune à deux corps de 0m,75 de diamètre et sont actionnées directement chacune par une machine à vapeur spéciale. Elles débitent 1600 mètres cubes d'eau par heure.

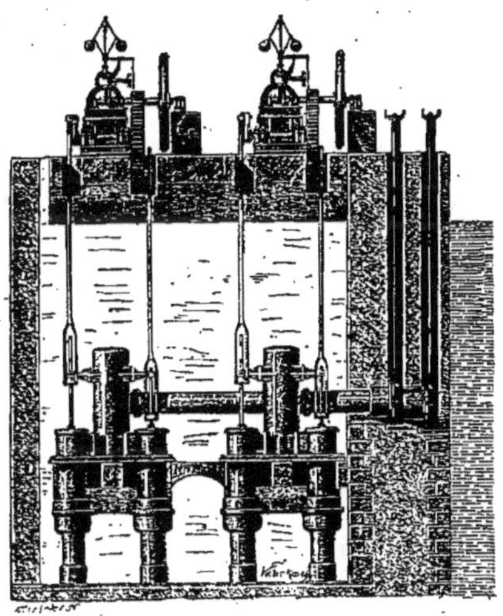

Fig. 52.

Nous donnons (*fig.* 53, 53 *bis* et 54) le croquis du piston et du clapet du système

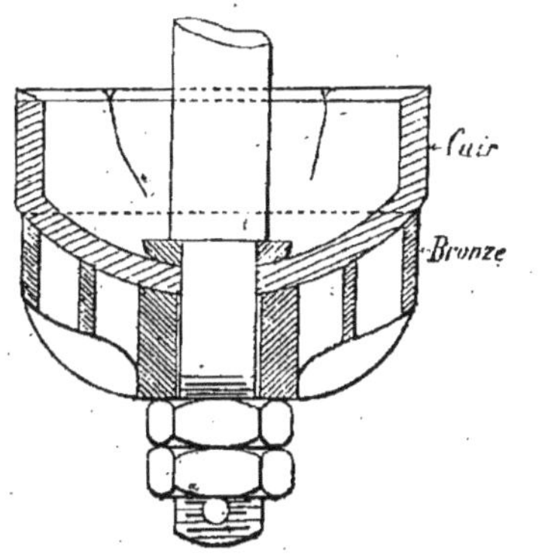

Fig. 53. — Coupe verticale du piston système Letestu.

Letestu. Le piston offre un certain intérêt; car au lieu de terminer les faces de son piston par des surfaces planes, M. Letestu le forme avec une grille concave en cuivre percée d'un grand nombre de trous et recouverte d'une garniture en cuir flexible préparée à la chaux et formant clapet.

Pompes centrifuges.

55. On donne ce nom à divers appareils

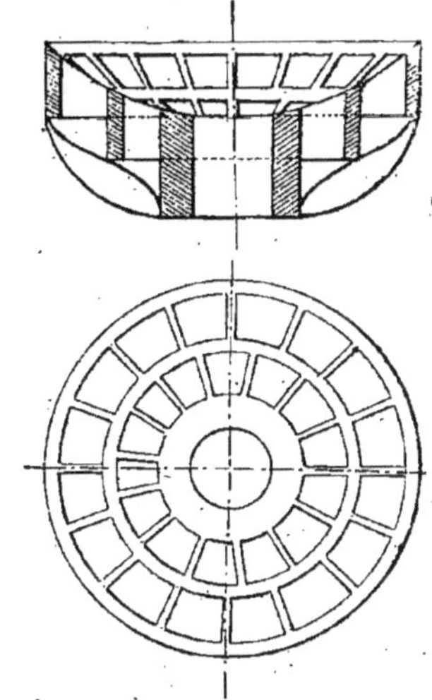

Fig. 53 *bis*. — Coupe verticale et plan de la grille concave en cuivre du piston Letestu.

à l'aide desquels on élève l'eau par l'intervention de la force centrifuge.

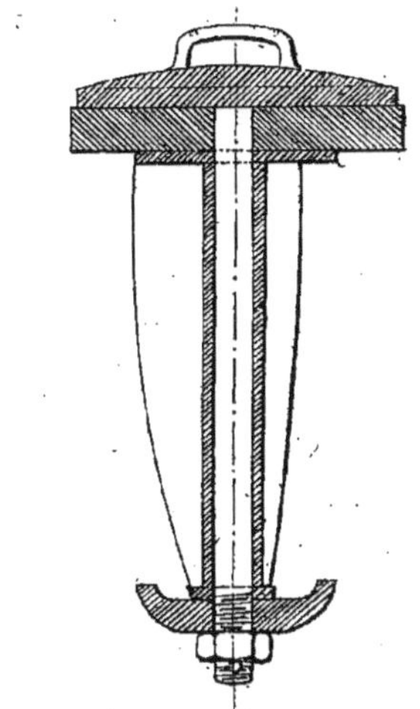

Fig. 54. — Coupe verticale du clapet système Letestu.

Il existe beaucoup de systèmes de pompes centrifuges, mais le cadre de cet ouvrage ne nous permet pas de les étudier toutes.

56. La figure 55 donne un exemple d'une pompe centrifuge ; elle est due

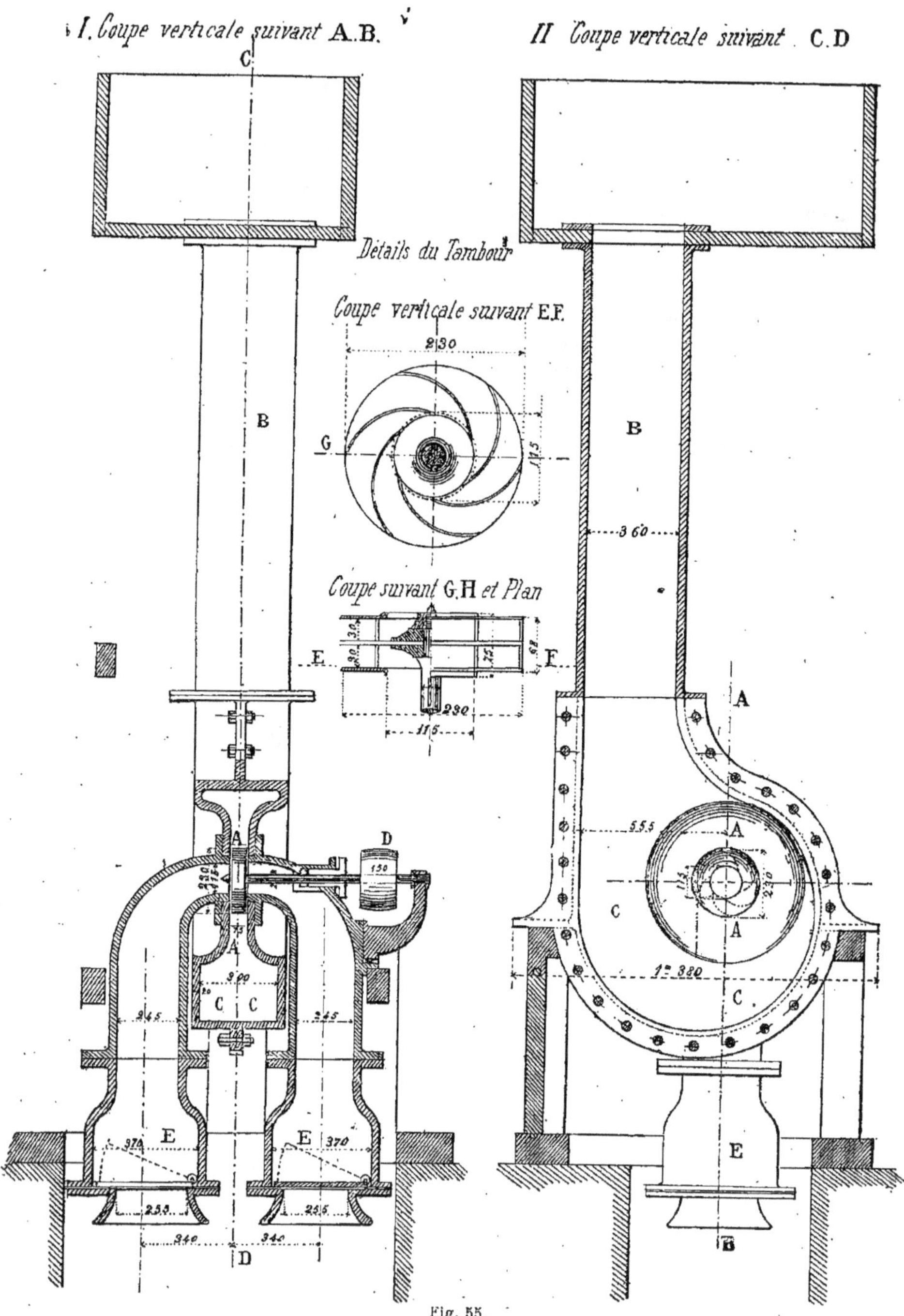
I. Coupe verticale suivant A.B.
II Coupe verticale suivant C.D
Détails du Tambour
Coupe verticale suivant E.F.
Coupe suivant G.H et Plan

Fig. 55.

au constructeur anglais Appold et consiste, comme le montre la figure, en coupes verticales faites dans deux sens rectangulaires entre eux, en une roue *A*, *A*, de la forme d'un ventilateur à ailes courbes, dans laquelle l'eau est aspirée par les deux joues, et refoulée sur tout le pourtour dans une caisse enveloppante *C*, d'où part le tuyau d'ascension *B*. Une courroie sans fin passant sur la poulie *D* montée sur l'arbre de la roue, transmet le mouvement à l'appareil. Les ailes, limitées à deux couronnes qui y sont fixées sont divisées au milieu de leur longueur par une cloison verticale : c'est ce que montre la partie gauche de la figure. La roue et son enveloppe peuvent être plongées dans l'eau du puisard, ou placées au-dessus de ce puisard avec lequel elles sont alors mises en communication au moyen des tuyaux d'aspiration *E* munis, à leur partie inférieure, de soupapes d'arrêt ou de clapets de pied. Dans l'un et l'autre cas, dès que la roue est entièrement recouverte d'eau, si on la fait tourner avec une certaine vitesse, l'action de la force centrifuge repousse vers la circonférence l'eau qui y est contenue, et il en résulte, vers l'axe, une diminution de pression d'autant plus grande que la roue marche plus vite.

L'eau du puisard est aspirée vers l'intérieur de la roue, et y pénètre en vertu de l'excès de la pression atmosphérique sur la somme de la pression intérieure et de la hauteur de laquelle l'eau est aspirée. Cet excès de pression doit toujours être suffisant pour que l'eau affluente, alimente convenablement la roue.

Outre les pompes dont nous venons de dire quelques mots, on emploie, pour les épuisements, des machines simples de diverses sortes :

Chapelet incliné.

57. Cette machine se compose d'une érie de palettes rectangulaires (*fig.* 56) fixées sur une chaîne sans fin, et se mouvant de bas en haut dans une auge en bois inclinée de 30 à 40 degrés à l'horizon. Cette auge plonge dans le puisard à vider et s'élève jusqu'à la hauteur à laquelle il convient de rejeter l'eau.

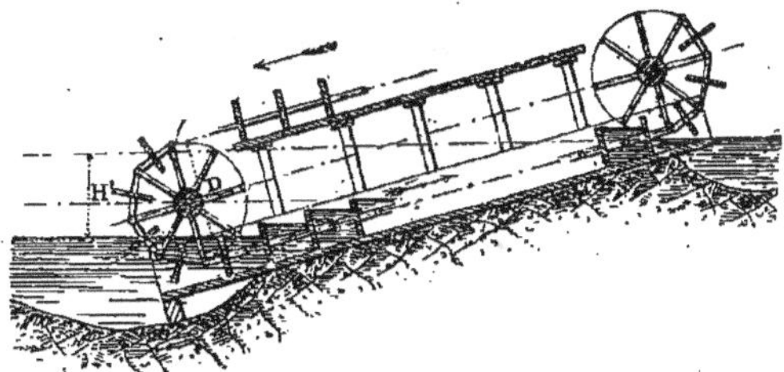

Fig. 56.

Un homme exerçant sur une manivelle un effort de 8 kilos avec une vitesse de $0^m,75$ par seconde, peut produire, en 8 heures un effet utile moyen équivalant à 80 ou 90 mètres cubes d'eau élevés à 1 mètre de hauteur ; mais il ne faut compter en général, que sur un effet utile égal aux 0,40 du travail dépensé. Vu son peu de rendement cette machine est presque abandonnée.

Chapelet vertical.

58. Le chapelet vertical convient surtout pour les épuisements où il faut élever l'eau à plus de 4 mètres de hauteur. La longueur de la buse est, en général, comprise entre 4 et 6 mètres. Ce chapelet (*fig.* 57 et 58) ne diffère du précédent qu'en ce que l'auge inclinée est remplacée par un tuyau vertical, appelé *buse*, à section carrée ou cylindrique.

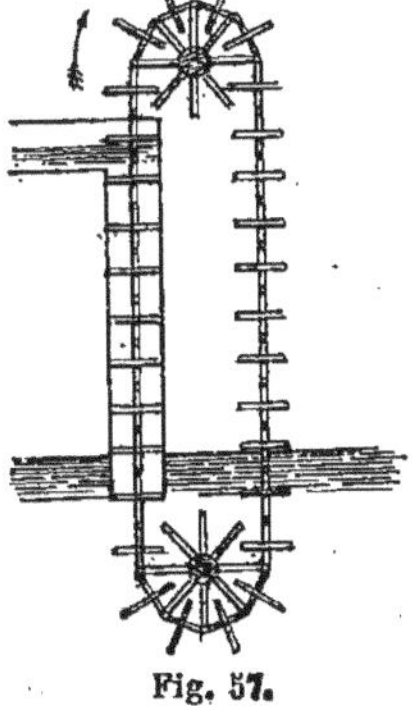

Fig. 57.

Les chapelets peuvent être mus, non

seulement par des hommes, mais aussi par des chevaux à l'aide d'un manège et

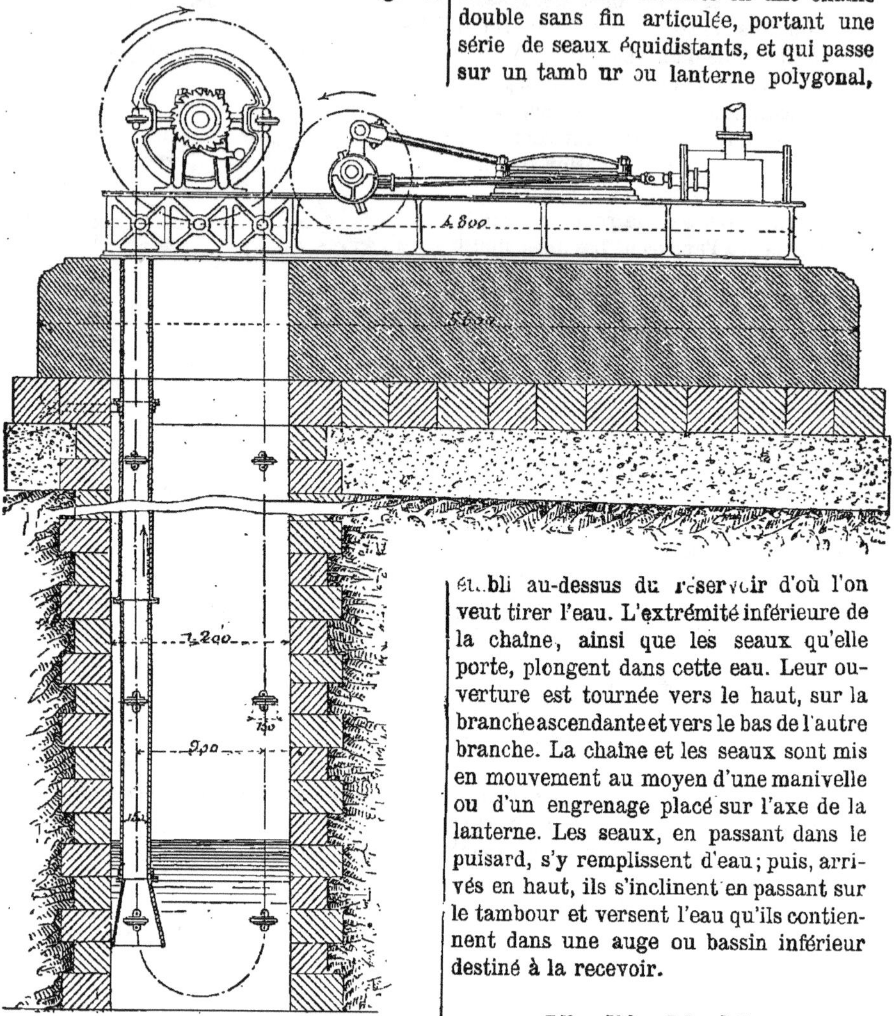

Fig. 8.

même par des roues hydrauliques ou des machines à vapeur.

Noria.

59. La noria représentée (*fig.* 59) est une machine très employée dans le Midi de la France et qui produit environ 0, 60 d'effet utile. Elle consiste en une chaîne double sans fin articulée, portant une série de seaux équidistants, et qui passe sur un tambour ou lanterne polygonal, établi au-dessus du réservoir d'où l'on veut tirer l'eau. L'extrémité inférieure de la chaîne, ainsi que les seaux qu'elle porte, plongent dans cette eau. Leur ouverture est tournée vers le haut, sur la branche ascendante et vers le bas de l'autre branche. La chaîne et les seaux sont mis en mouvement au moyen d'une manivelle ou d'un engrenage placé sur l'axe de la lanterne. Les seaux, en passant dans le puisard, s'y remplissent d'eau; puis, arrivés en haut, ils s'inclinent en passant sur le tambour et versent l'eau qu'ils contiennent dans une auge ou bassin inférieur destiné à la recevoir.

Vis d'Archimède.

60. Dans les vis ordinaires employées aux épuisements, on place trois hélices équidistantes sur le même noyau. L'eau s'élève sur la paroi hélicoïdale (*fig.* 60, 61, 62, 63), lorsqu'on imprime à l'appareil un mouvement de rotation autour de l'axe et vient se déverser d'une manière continue

Coupe verticale d'un des Godets

I. Coupe verticale Transversale

II. Coupe verticale longitudinale

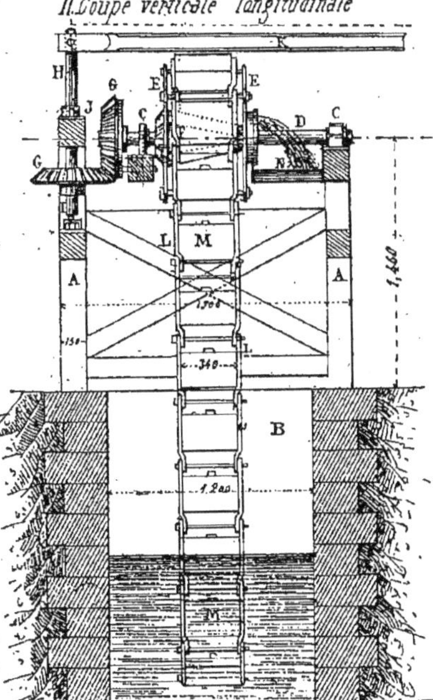

Fig. 59.

par son embouchure supérieure. L'axe de la vis d'Archimède est muni, à son extré-

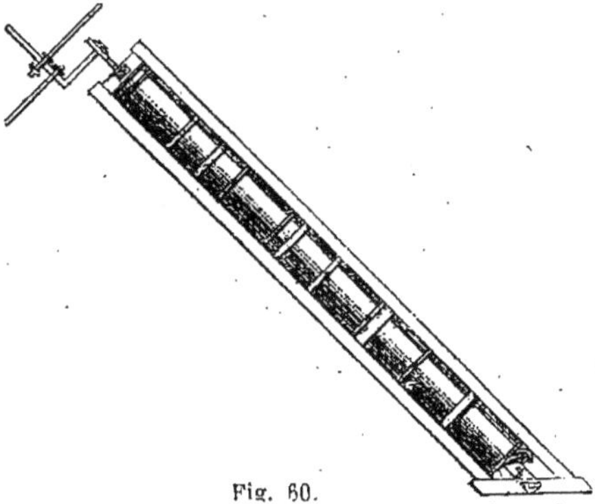

Fig. 60.

mité supérieure, d'une manivelle qui sert à la mettre en mouvement. L'inclinaison

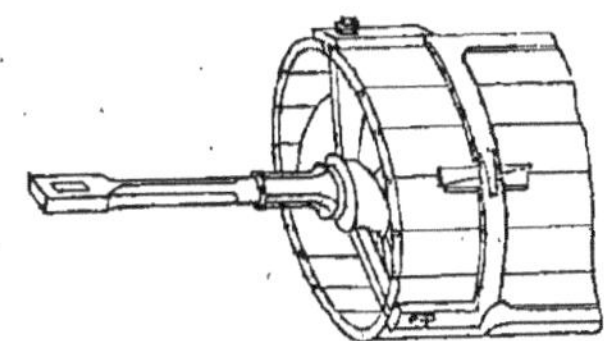

Fig. 61.

de l'axe de la vis avec l'horizon peut varier de 30 à 45 degrés et la vis fonctionne le plus avantageusement lorsque le niveau de l'eau s'élève un peu au-dessus du centre de la base du noyau, sans immerger complètement cette base.

Roue à godets ou roue élévatoire

61. Cette roue (*fig.* 64) consiste en deux

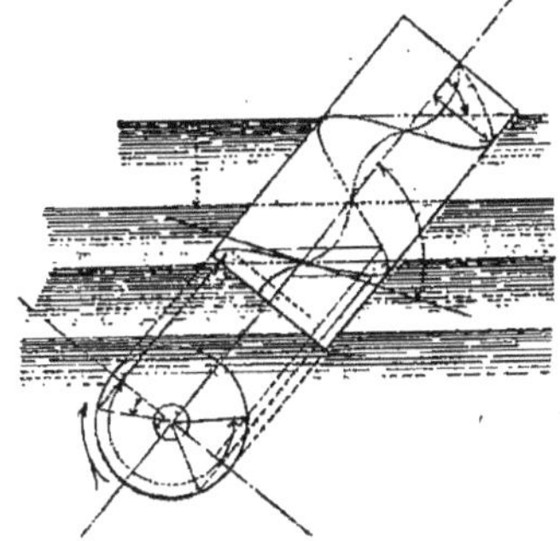

Fig. 62.

couronnes circulaires, entre lesquelles on place ou on suspend, à l'aide de traverses

Fig. 63.

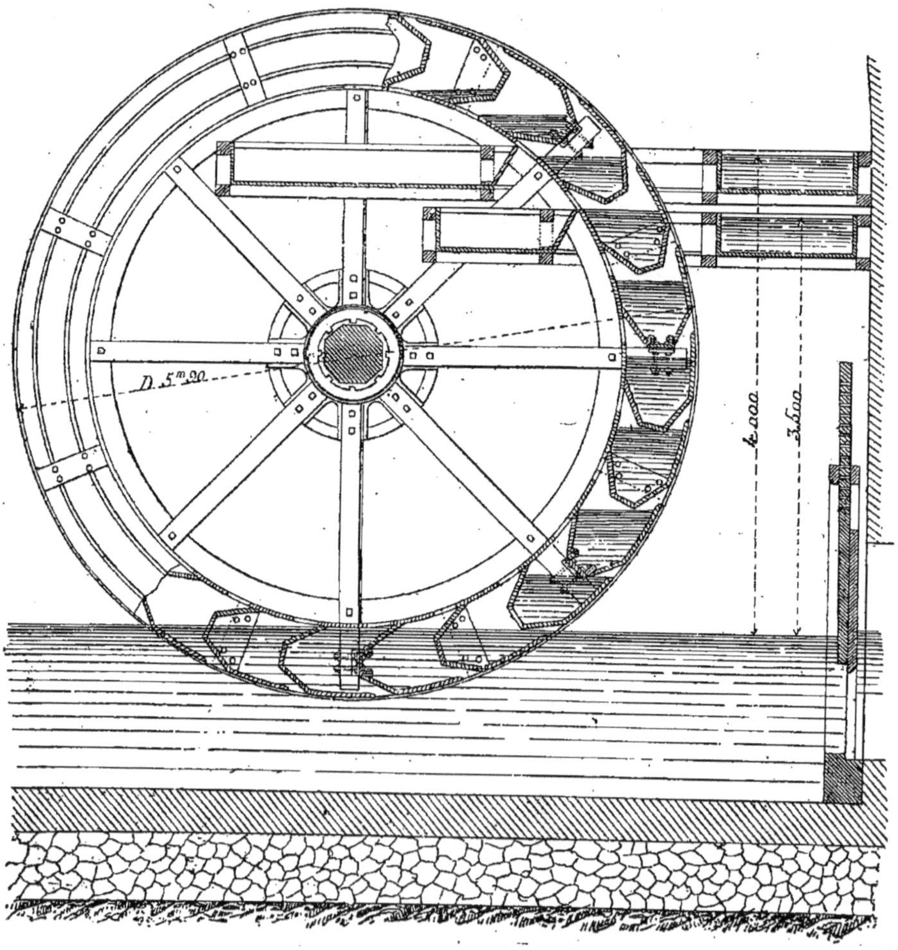

Fig. 64.

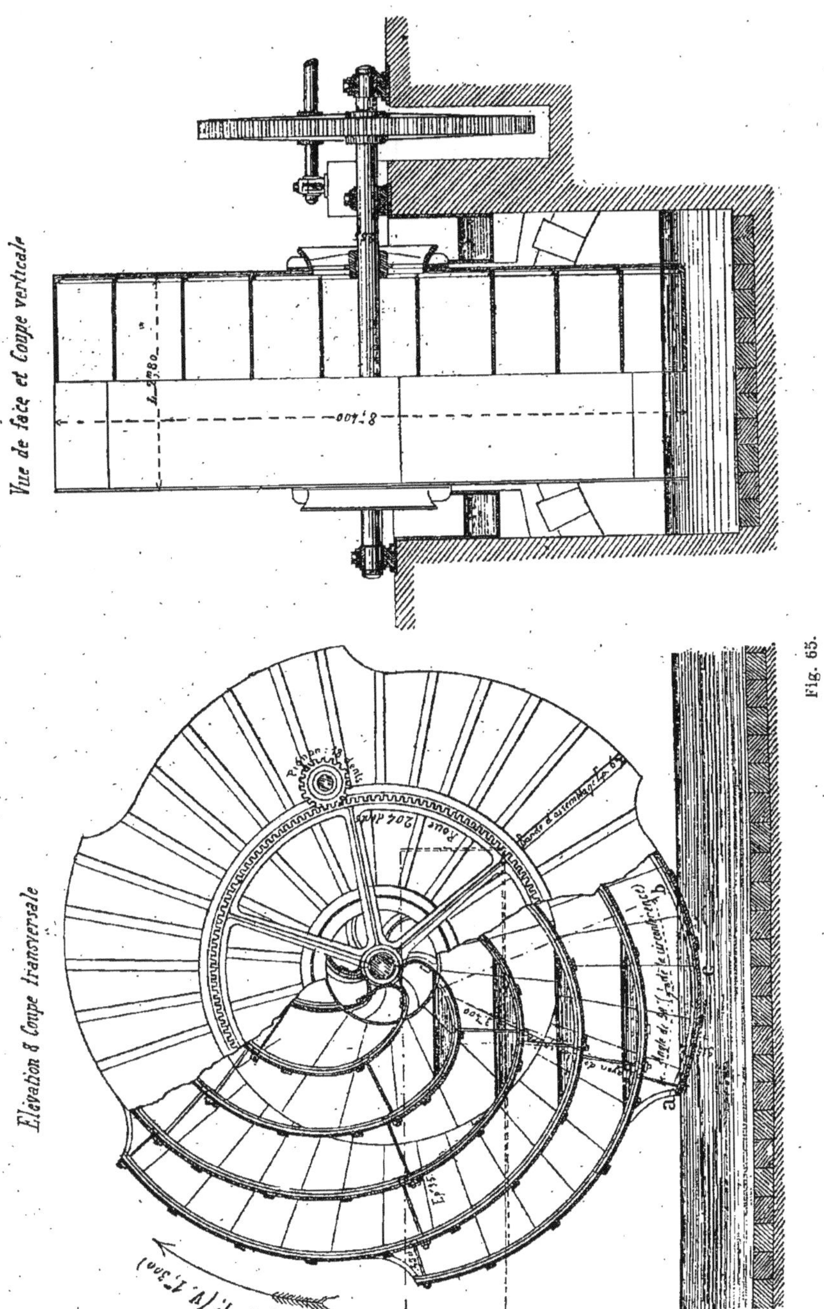
Vue de face et Coupe verticale
Elévation & Coupe transversale

Fig. 65.

horizontales, des seaux ou godets qui puisent l'eau au bas de la roue et l'élèvent jusqu'au sommet de celle-ci, où ils versent leur eau dans une auge, ou bâche destinée à la recevoir. On met la roue à godets en mouvement au moyen d'une roue montée sur le même arbre.

Roue à tympan.

62. Cette roue présente entre deux parois circulaires parallèles (*fig.* 65) un certain nombre de diaphragmes courbés en développantes de cercle et formant ainsi comme une suite de vans qui puisent l'eau d'un côté et la déversent du côté opposé dans un arbre creux qui sert en même temps d'axe de rotation.

Baquetage à bras.

63. Le baquetage à la main est le moyen le plus expéditif pour faire un épuisement dans un terrain où les sources sont abondantes et lorsque l'eau ne doit pas être élevée à plus de $1^m,50$ de hauteur.

Des épuisements de peu de durée et qui doivent être faits de suite, s'exécutent quelquefois à l'aide de *seaux* ou *baquets* manœuvrés par des hommes placés dans le bassin à mettre à sec. On estime qu'en faisant usage d'une *écope* (espèce de grande pelle creuse en bois) un homme peut élever 48 mètres cubes d'eau à 1 mètre de hauteur dans sa journée de 8 heures. Avec l'*écope hollandaise* représentée (*fig.* 66) un

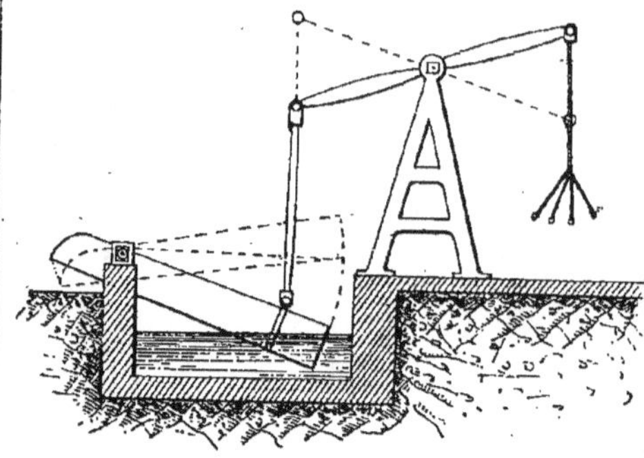

Fig. 66.

homme élève 120 mètres cubes d'eau à 1 mètre de hauteur dans une journée de travail de 8 heures.

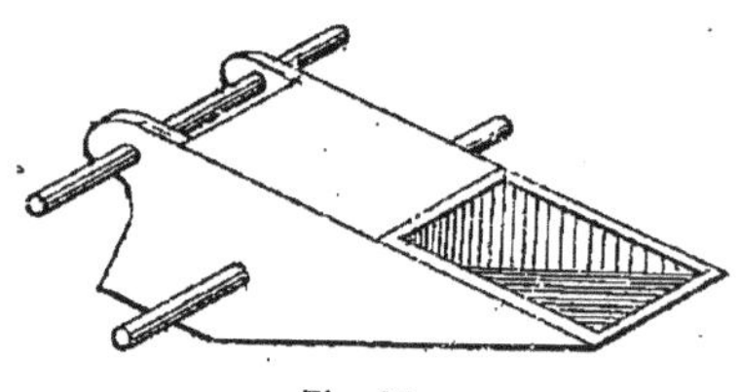

Fig. 67.

L'écope hollandaise est souvent manœuvrée par 2 hommes seulement ; elle prend alors la forme représentée (*fig.* 67).

CHAPITRE III

DIVERSES ESPÈCES DE FONDATIONS

Les fondations peuvent se diviser en deux grandes classes :
1° *Les fondations ordinaires ;* 2° *Les fondations hydrauliques.*
Chacune de ces classes peut elle-même se subdiviser de la manière suivante :

FONDATIONS ORDINAIRES

I. — *Fondations sur terrain naturel.* Ces fondations sont applicables lorsque le terrain est assez ferme et assez résistant pour recevoir directement la base d'une fondation, lors même que le terrain naturel est recouvert d'une couche peu épaisse de mauvais terrain, que l'on peut enlever à peu de frais.
II. — *Fondations sur pilotis et sur piliers.* Ce système de fondations peut être employé lorsque la couche de mauvais terrain est assez épaisse, mais cependant pas suffisamment grande, pour qu'on ne puisse atteindre le terrain solide, sur un certain nombre de points et pouvoir y enfoncer de forts piquets en bois ou y construire des puits bétonnés sur lesquels il sera facile d'installer les bases d'une construction.
III. — *Fondations sur mauvais terrain.* Dans ces fondations la couche de mauvais terrain s'étend à une profondeur presque indéfinie.
IV. — *Fondations sur terrain variable.* Dans ce cas, le terrain sur lequel on doit élever la construction présente divers degrés de dureté, de cohésion et de résistance.
Les fondations que nous désignons sous le nom de *fondations ordinaires* sont donc celles qui peuvent s'établir sur un terrain sec, qu'on peut fouiller à la profondeur voulue sans rencontrer l'eau en assez grande quantité pour arrêter la marche des travaux.
Les fondations hydrauliques sont celles qui se font sur des terrains recouverts d'eau ou tellement remplis de sources et d'infiltrations qu'il est indispensable d'employer des procédés spéciaux.

FONDATIONS HYDRAULIQUES

I — Fondations sur le rocher nu à l'aide de bâtardeaux.
II. — Fondations au moyen de caissons sans fond.
III — Fondations sans épuisement à l'aide de caissons foncés.
IV. — Fondations au moyen d'enrochements.
V. — Fondations sur un terrain incompressible, indéfini et affouillable. Pilotis et palplanches : leur construction et leur emploi.
VI. — Fondations par puits.
Nous nous occuperons donc en premier lieu des fondations ordinaires qui présentent moins de difficultés que les fondations hydrauliques.

I. — FONDATIONS ORDINAIRES

§ I. — FONDATIONS SUR TERRAIN NATUREL.

64. Le cas le plus simple consiste à fouiller le terrain jusqu'au bon sol en laissant de chaque côté un talus naturel, comme l'indique le croquis (*fig.* 68), pour une fouille à parements, ou simplement une fouille à parois verticales (*fig.* 69),

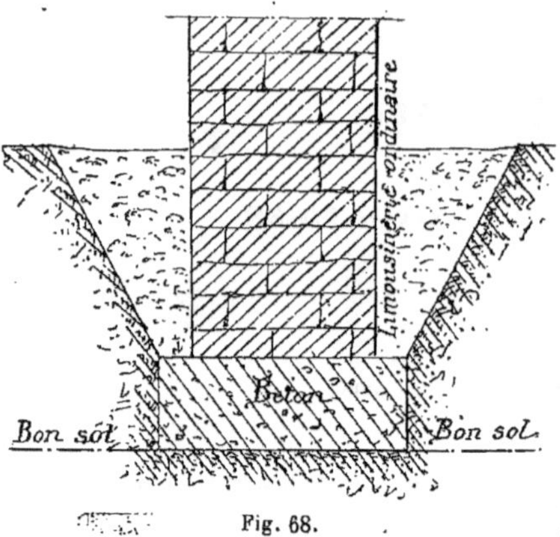

Fig. 68.

lorsqu'il s'agit d'exécuter une fouille pleine. Si le terrain est suffisamment ré-

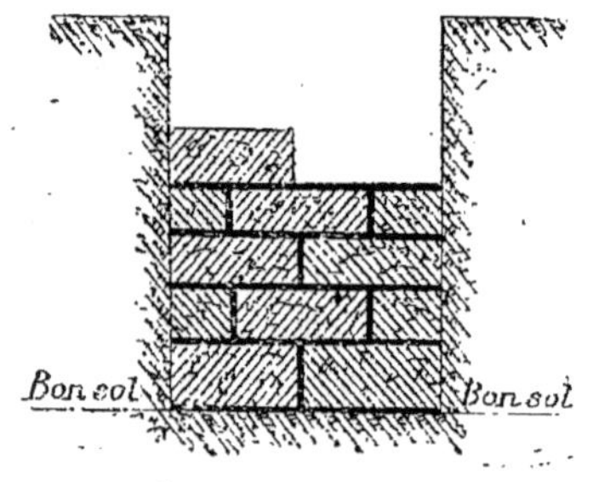

Fig. 69.

sistant pour conserver son talus sans éboulement, il sera inutile d'étayer. Si, au contraire, ce terrain s'éboule dans la fouille, il faudra alors étayer cette fouille. comme l'indiquent les croquis (*fig.* 70 et 71).

Pour étayer les terres d'une tranchée, on pose, horizontalement, contre les parois de terre de la tranchée, des *couchis* en planches, sur lesquels on appuie des *couchis* debout, maintenus de distance en distance par des *étrésillons*, inclinés alternativement en sens contraire.

65. La tranchée ainsi exécutée, on en égalise le fond bien horizontalement, et, quand ce fond est le rocher lui-même, on pique sa surface au poinçon ou à la pointerolle, afin d'augmenter la liaison du béton, qu'on va couler ou de la limousinerie, avec le sol.

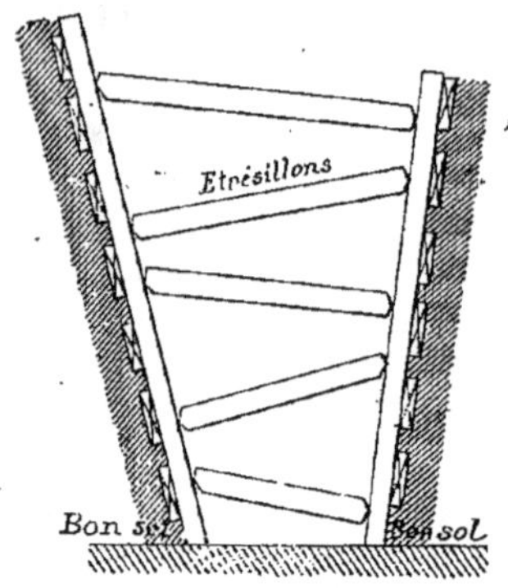

Fig. 70.

Cela fait, on peut, sur ce fond bien dresssé maçonner la première assise des maçonneries à bain flottant de mortier. Généralement, par économie, on remplit le fond de fouille sur une épaisseur de $0^m,50$ au moins avec du béton qu'on pose par couches de $0^m,10$ bien pilonnées. C'est sur ce béton qu'on monte la maçonnerie qui peut être de la meulière, du moellon, et, plus rarement, de la pierre de taille dure,

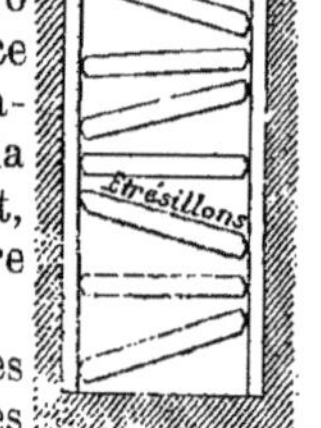

Fig 71

66. Dans la hauteur des sous-sols et des caves, les murs sont généralement beaucoup plus épais et on n'a pas l'habitude d'y descendre jusqu'au fond les piles et chaînes en pierre de taille à moins de charges exceptionnelles ou d'encoignures à soigner. Les murs en question se feront donc en petits matériaux, limousinerie de moellons et, mieux, de meulière et mortier en rapport avec l'importance du mur à élever. Il y a plus d'avantage comme prix et d'homogénéité comme construction d'augmenter les épaisseurs des murs en petits matériaux que d'y descendre des chaînes en pierre de taille. A Paris, on donne aux murs de sous-sols ou de caves de $0^m,65$ à $0^m,80$ d'épaisseur, suivant les cas. L'usage veut que les fondations d'un mur mitoyen aient 0^m 65 jusqu'au fond des caves, la fondation dudit mur ayant, au dessous du sol des caves, les empatements exigés par la nature du sol.

Lorsqu'une chaîne ou une jambe vient reposer sur un mur en limousinerie, on a l'habitude d'interposer immédiatement un *libage* sous la pile ; mais il faut que ce libage soit fait en pierre suffisamment dure.

Fondations par gradins.

67. Lorsqu'on exécute une fouille, si l'on rencontre le bon sol à différents niveaux, il n'est pas utile d'entamer ce bon sol pour avoir un fonds de fouille de

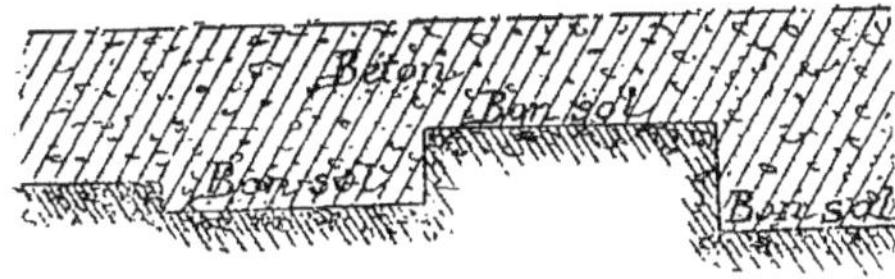

Fig. 72.

niveau sur toute la longueur du mur. On peut, comme l'indique le croquis (*fig.* 72), avoir une série de redents sur lesquels le béton ou la limousinerie pourront s'établir. Lorsque la maçonnerie de fondation repose ainsi sur des gradins horizontaux, il faut avoir soin, pour éviter les inégalités de tassement, de comprimer fortement, à mesure qu'elle s'élève, la maçonnerie destinée à racheter la différence de hauteur de ces gradins et même de l'exécuter en pierre de taille quand elle doit être soumise à des pressions considérables.

Fondations sur bon terrain au niveau du sol.

68. Lorsque le bon terrain se trouve à la surface du sol, les fondations sur le roc ou sur le tuf, par exemple, pourraient être immédiatement établies sur la surface de ces terrains. Cependant, il convient de les descendre à une certaine profondeur, soit pour s'opposer au glissement, soit surtout pour prévenir les corrosions qui pourraient les *déchausser*. Cette profondeur varie avec la nature du rocher et les circonstances dans lesquelles on se trouve placé. Elle doit être rarement inférieure à $0^m,30$, pour des constructions de quelque importance.

Empatements à donner aux fondations.

69. Lorsque le sol est de médiocre qualité et qu'on ne peut trouver à l'améliorer en profondeur, il faut élargir la base du mur de manière à augmenter l'assiette

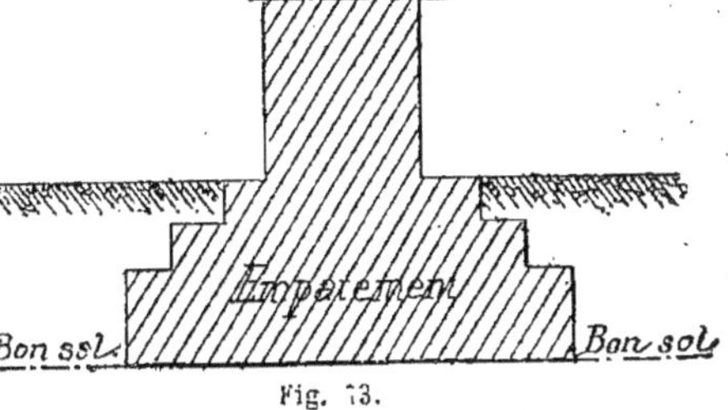

Fig. 73.

et à diminuer ainsi la pression par centimètre carré. On donne donc au mur des *empatements* successifs (*fig.* 73), pour obtenir ce résultat.

On peut ainsi établir d'excellentes fondations sur un sol médiocre. D'autres fois, comme nous le verrons plus loin, on fait le sacrifice de construire l'édifice sur un plateau général en béton qui répartit la charge sur tout le terrain occupé. Ce plateau, qui déborde les murs de tous côtés, peut avoir 1, 2 ou 3 mètres d'épaisseur, selon les cas. Suivant les circonstances locales ou les accidents de terrain, les fondations sur le terrain naturel nécessitent parfois des précautions particulières qu'il est bon de signaler.

1° Si le terrain solide n'a qu'une épaisseur limitée et recouvre une couche plus ou moins considérable de terrain meuble et compressible ; il faut alors s'assurer si la couche solide est d'une force suffisante pour supporter, sans se rompre, la charge du bâtiment. Si cette condition n'est pas remplie, il faut traiter ce sol comme un mauvais terrain.

2° Le terrain solide peut ne se montrer

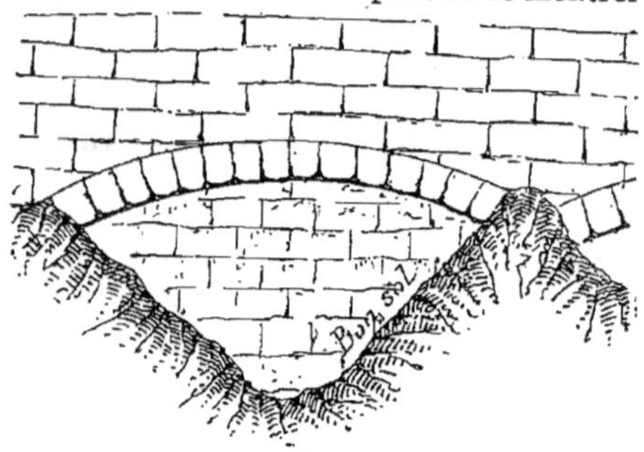

Fig. 74.

qu'en quelques points de la surface, et entre ces points avoir un terrain d'une

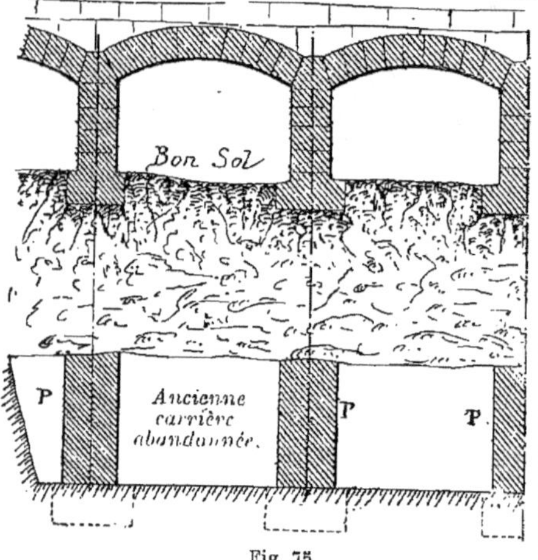

Fig. 75.

solidité douteuse. On peut, dans ce cas, jeter d'un point à l'autre des voûtes de décharge (*fig.* 74), s'appuyant sur le terrain douteux ou dont le dessous est rempli de limousinerie ou de béton

3° Le terrain sur lequel on construit peut avoir été miné par certaines exploitations. Il faut alors, comme l'indique le croquis (*fig.* 75), construire au-dessous des points d'appui de l'édifice de forts piliers *P* reportant la pression sur le fond de la carrière.

4° On peut avoir à construire sur un terrain naturel mouvant et humecté (terrains d'alluvions, tourbe, etc.) Pour construire un mur de 0m,65, par exemple, dans ces conditions, on opère ainsi : On

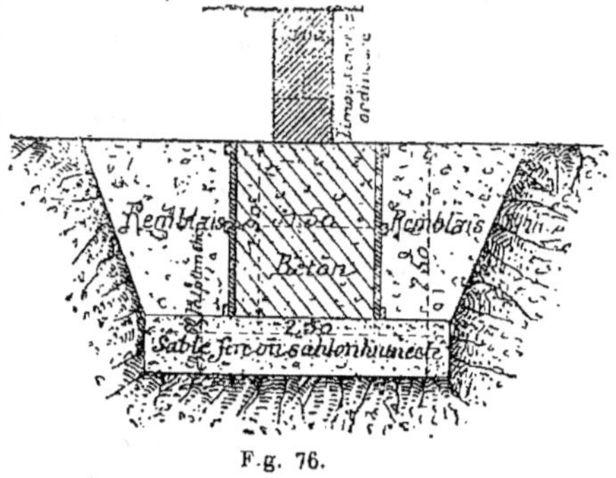

Fig. 76.

fait une tranchée de 2m,50 de profondeur dans le terrain (*fig.* 76). Au fond de cette tranchée, on pilonne une couche de sable fin ou sablon de 0m,60 d'épaisseur sur 2m,50 de largeur. Il n'est pas utile de donner au sable une forte épaisseur ; car ce sable présente bien l'avantage de répartir à peu près uniformément, sur sa base, les poids inégaux dont il peut être chargé ; mais, en même temps, il exerce latéralement une poussée qui se fait sentir à une distance qu'on a trouvée être égale à deux fois l'épaisseur de la couche. Sur la couche de sable on coule un béton de chaux hydraulique (du Teil, de Senonches, de Beffes, etc.), ainsi composé : 1 partie de chaux ; 2 parties de sable de rivière ; 3 parties de cailloux, silex ou meulières cassées, bien lavés (*point essentiel*) ; sur le béton ainsi formé, on peut construire le mur en limousinerie ordinaire ou en pierre de taille.

§ II. — FONDATIONS SUR PILOTIS ET SUR PILIERS.

Pilotis.

70. On désigne sous ce nom la réunion de plusieurs grosses pièces de bois nommées *pilots*, pointues à l'une des extrémités et enfoncées dans le sol jusqu'au terrain solide. S'agit-il d'éviter des déblais, on enfonce, dans toute l'étendue des fondations, des *pilots* qu'on distribue en quinconce et qu'on espace plus ou moins suivant la pression qu'ils ont à supporter.

Lorsque la nature du sol qu'ils doivent traverser fait craindre que les pointes des pilots ne s'émoussent, pendant l'enfoncement, il est d'usage de les garnir d'un sabot en fonte ou en fer. Les têtes des pilots portent, à fleur du fond

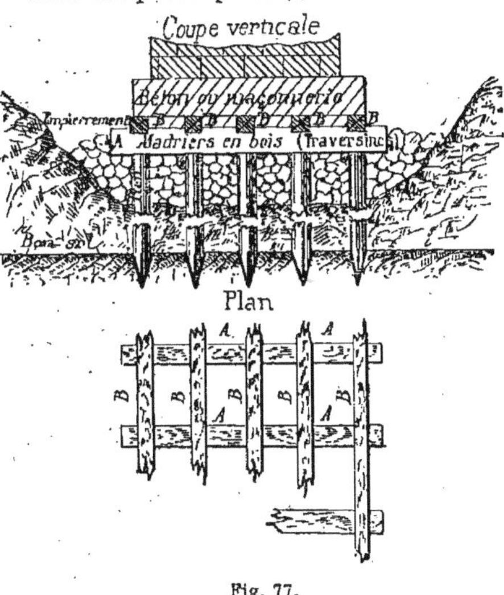

Fig. 77.

de la tranchée de fondation, un fort grillage formé de poutres ou de madriers en bois (*fig.* 77) croisés d'équerre, assemblés entre eux et avec les pilots. On forme ainsi un véritable plancher sur lequel on maçonne la première assise de la fondation.

Dans quelques mauvais terrains on a employé comme fondation, des pilots très courts qu'on rapprochait autant que possible les uns des autres, afin d'en composer un banc factice sur lequel on installait une fondation. Ce procédé est très coûteux et présente des inconvénients. On a remplacé ces pilots en bois par des pilots en sable dont nous allons parler.

Les pilotis étant plus employés dans les fondations hydrauliques, nous y reviendrons plus loin et avec plus de détails.

Pilotis de sable.

71. On remplace quelquefois, dans un but d'économie, des pilotis entièrement enfoncés dans les terres, et qui peuvent pourrir, par du sable fin et sec ou du béton de sable. On forme, au moyen d'un pieu représenté (*fig.* 78) des espèces de trous de sonde qu'on descend jusqu'à la profondeur voulue et qu'on remplit successivement après qu'il a été retiré, en ayant soin de comprimer la matière de temps à autre et d'arroser si l'on emploie du sable. On ne doit d'ailleurs se contenter de sable pur que si le terrain traversé présente une assez grande résistance et n'est pas susceptible d'être envahi par les eaux.

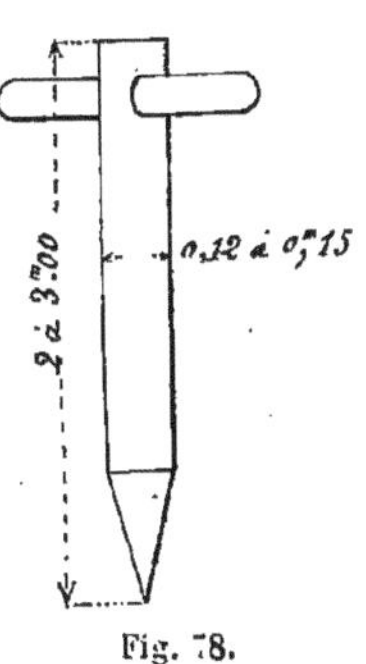

Fig. 78.

L'emploi du sable offre cet avantage qu'une partie de la pression verticale est reportée contre les parois latérales du trou. On donne aux pilots de sable une longueur maximum de 2 mètres sur un diamètre qui ne dépasse pas 0m,20.

Pilots en fer et maçonnerie.

72. Comme les pilots en bois pourrissent facilement en terre, lorsqu'ils ne sont pas constamment mouillés, on pourrait employer des pieux en fer et maçonnerie composés comme l'indique le croquis (*fig.* 79) qu'il est facile d'enfoncer dans le sol par le battage comme des pieux ordinaires en bois.

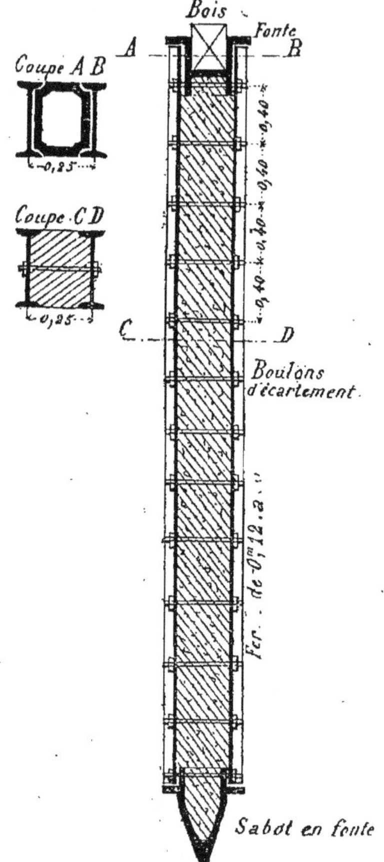

Fig. 79.

Ils se composent de 2 fers I de 0m,12 réunis de distance en distance par des boulons d'écartement. A la partie supérieure, se trouve une tête en fonte qui peut servir pour plusieurs pieux successifs. A la partie inférieure, se trouve un sabot également en fonte. Le battage se fait sur une pièce de bois placée dans la tête en fonte du pieu. Avant l'emploi, on doit remplir la carcasse en fer ainsi formée par une bonne maçonnerie de meulière et de ciment romain, ou, mieux, de ciment de Portland. (Le fer se conserve sans s'altérer dans le ciment, mais il faudra le peindre extérieurement.) Le remplissage en maçonnerie cube 30 litres par mètre courant.

Pieux à vis.

73. Un système fort ingénieux a été imaginé il y a quelques années en Angleterre pour enfoncer des pilots dans le sol : c'est celui des pieux à vis de M. A. Mitchell de Belfast.

Les pieux de cette espèce présentent une très grande résistance à l'arrachement ou à la compression et permettent d'établir des constructions solides sur des sols et dans des conditions extrêmement difficiles.

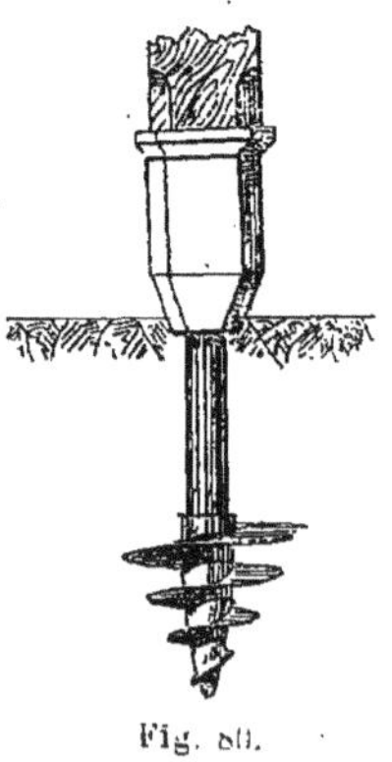
Fig. 80.

La forme des vis Mitchell, connues aussi sous le nom de *vis à terrain*, varie nécessairement beaucoup avec la nature du terrain et le but à atteindre. Comme le montrent les figures 80 et 81, la vis est large et le filet fait peu de tours pour les terrains peu résistants. Au contraire, dans les terrains très durs et dans le rocher, on le réduit à une espèce de tarière de forme conique, à filets peu saillants et faisant plusieurs tours.

Enfoncement.

74. L'enfoncement de ces vis est extrêmement simple. On place sur la tête du pieu des barres de cabestan, auxquelles on imprime un mouvement de rotation. La vis s'enfonce ainsi jusqu'à ce qu'on rencontre un terrain suffisamment résistant pour l'effort à supporter. Ces vis se fixent à la partie inférieure des pieux en bois, en fer forgé ou en fonte. Ces derniers sont creux et sont souvent ouverts à leur pied, ce qui facilite leur enfoncement.

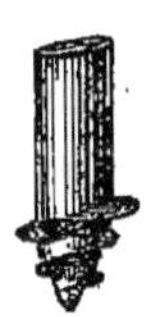

Fig. 81.

Ce système a l'avantage de ne pas ébranler le sol comme le fait l'enfoncement par le choc, de permettre de pénétrer à de grandes profondeurs, de faciliter l'enfoncement des pieux inclinés sur l'horizon, disposition à laquelle on a quelquefois recours afin d'établir la plate-forme supérieure des fondations dans un plan normal à la direction des forces qui agissent sur elle.

Les vis Mitchell s'appliquent aussi bien aux constructions les plus considérables qu'aux usages les plus ordinaires. Elles conviennent très bien, par exemple pour poser rapidement et solidement, avec peu de main-d'œuvre, des montants de grilles, des montants de barrières, des poteaux télégraphiques, des palées de ponts de service, pour fonder sur le sable des ouvrages maritimes, tels que phares, jetées, etc... (1).

Piliers.

75. Dans les villes importantes, dont, pendant de longs siècles, le sol s'est constamment élevé, ou bien encore sur l'emplacement d'anciennes carrières, il arrive souvent qu'on a à construire sur un sol de remblai uniforme sur une hauteur de 8, 10 et même 20 mètres et, dans cette hauteur, on ne peut trouver, par suite, aucun niveau qui puisse donner une fondation sûre. Il faut alors aller chercher le bon sol au fond même du remblai ou de la carrière. On le fait souvent d'une façon relativement économique par le système de puits bétonnés avec arcs plus ou moins grands.

On creuse donc, sur toute l'étendue du mur à construire, un système de puits ronds (rarement carrés) qu'on enfonce jusqu'au bon sol.

Fig. 82.

On remplit ensuite ces puits de maçonnerie ordinaire ou, le plus souvent, avec

(1) Consulter pour ce système un mémoire de M. l'ingénieur en chef Chevallier, inséré dans les *Annales des ponts et chaussées* de 1855.

du béton. On obtient ainsi une série de piliers qui servent de pieds-droits à un système de voûtes en plein cintre, comme l'indique le croquis (*fig.* 82), ou en arcs de

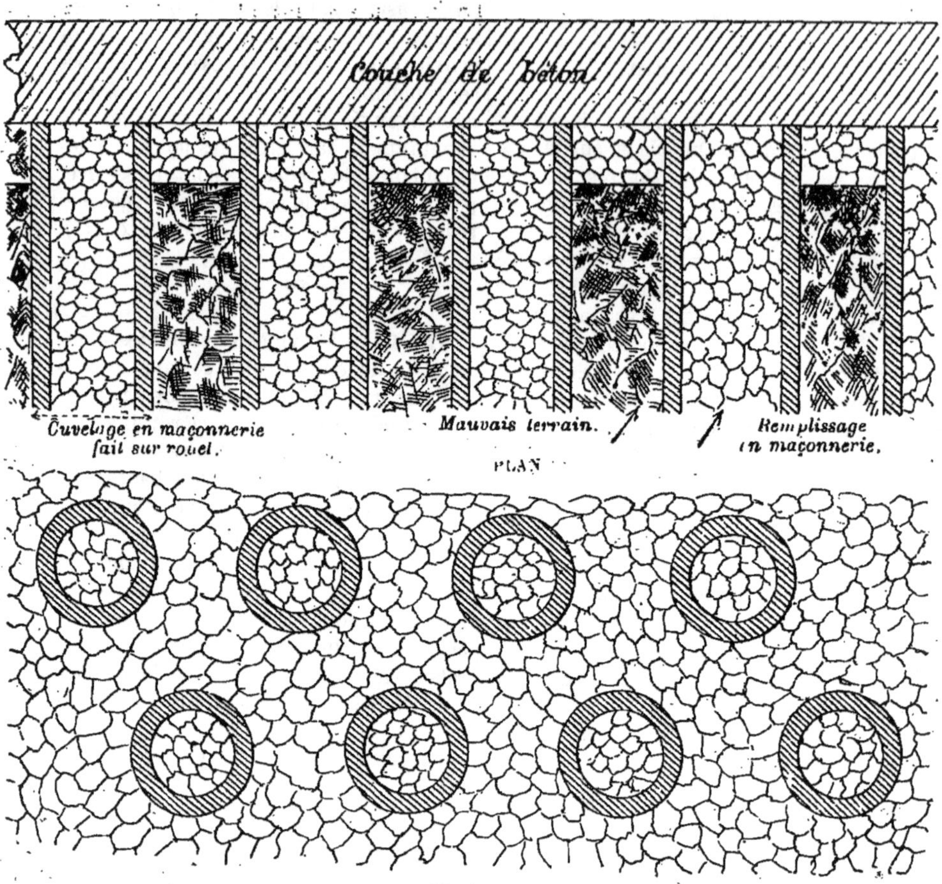

Couche de béton

Cuvelage en maçonnerie fait sur rouet.

Mauvais terrain.

Remplissage en maçonnerie.

PLAN

Fig. 83.

cercle suivant le cas. C'est sur les voûtes ainsi jetées d'un pilier à l'autre, qu'on construit la première assise de la base du mur. On peut aussi, comme l'indiquent

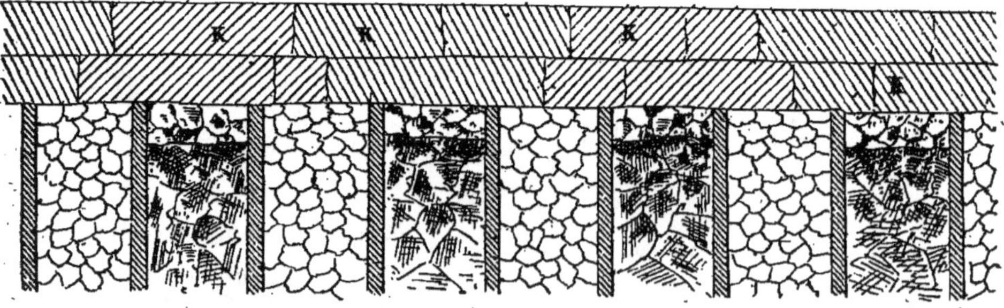

F . 84.

les figures 83 et 84, recouvrir tous les puits par une forte couche de béton ou simplement par de grosses dalles de pierre K (*fig.* 84).

Le nombre et la section des puits dépendent naturellement de la charge que chacun d'eux aura à supporter et de la nature des matériaux employés à leur construction. Nous donnons (*fig.* 85) un exemple de l'application des puits bétonnés aux murs de cave d'une maison particulière ayant une façade sur rue et une façade sur cour. Dans cet exemple, les voûtes étant comprises dans la hauteur

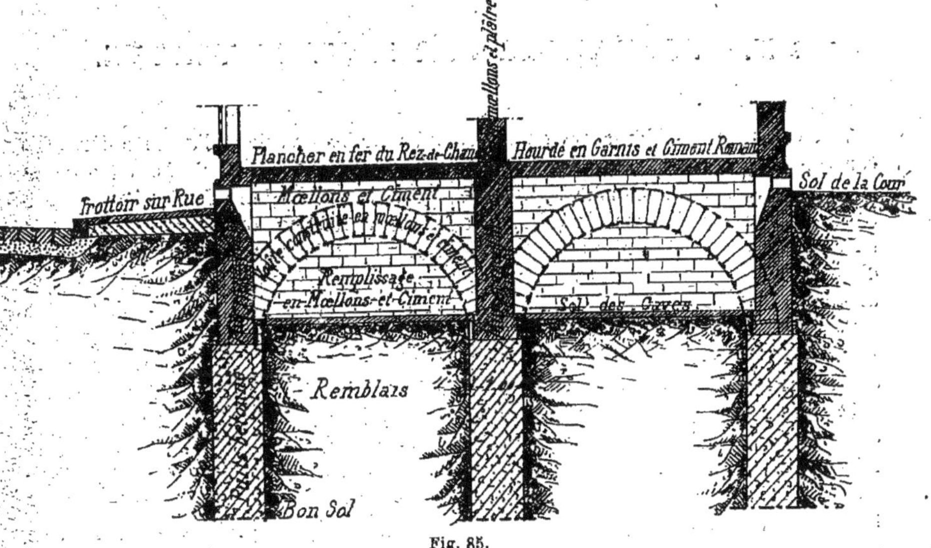

Fig. 85.

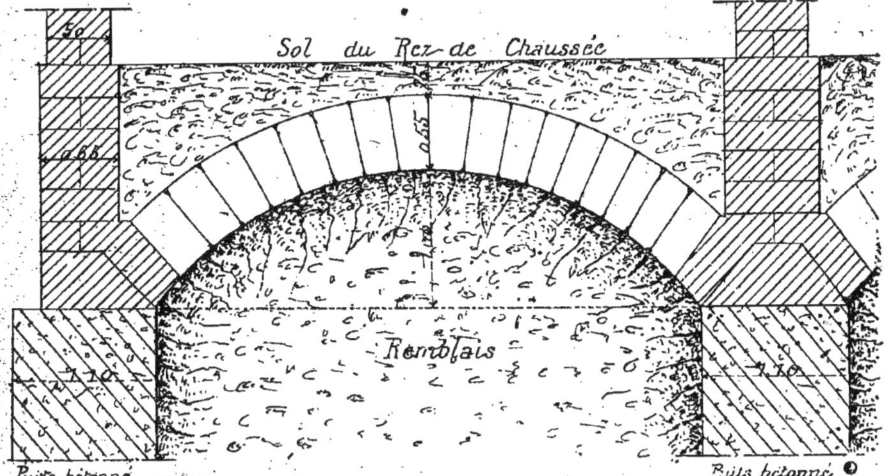

Fig 86.

des caves, il est obligatoire de construire au-dessous un remplissage formant la paroi intérieure du mur de cave.

Quand les voûtes sont construites sous le sol des caves ou quand il n'y a pas de sous-sol, on fait reposer directement la voûte sur le terrain lui-même. Ce terrain sert de cintre à la construction de la voûte, comme l'indique le croquis (*fig.* 86).

§ III. — FONDATIONS SUR MAUVAIS TERRAIN.

76. On peut considérer, par exemple, comme mauvais terrain, un terrain tourbeux recouvert d'une couche épaisse de terre franche ou de terre végétale. De même des masses de sables vaseux ou d'argile ramollie, présentant à la surface une croûte solide plus ou moins épaisse.

Ce sont, en réalité, des terrains naturels sur lesquels on peut construire en observant les précautions suivantes :

1° Entamer le moins possible la couche ou croûte superficielle, afin de ne pas diminuer sa résistance ;

2° Comprimer par le battage le fond de la tranchée, afin de resserrer le terrain et de diminuer autant que possible les tassements qui pourraient se produire ;

3° Donner à la base des fondations des empatements suffisants afin de répartir la charge sur une plus grande surface ;

4° Monter les maçonneries bien uniformément sur tous les points à la fois pour ne pas obtenir de tassements irréguliers.

Dans bien des cas, il suffira donc de donner aux murs qu'on veut construire des empatements suffisants pour diminuer autant que possible la pression par centimètre carré.

Fondations sur grillage en charpente.

77. Quand le terrain est jugé trop mauvais pour qu'on se contente de simples empatements, il faut se décider à établir la base de l'édifice sur un fort grillage en charpente, formé de poutres assemblées à angle droit et recouvert d'un plancher. Ce grillage a pour but et pour effet de répartir les pressions d'une manière plus régulière sur le sol. Mais, en prenant même la précaution d'enfoncer suffisamment ce grillage sous le sol pour qu'il ne soit pas déchaussé, il arrive que, sous l'influence de l'humidité du sol d'une part, et de celle de l'atmosphère de l'autre, ce grillage se détruit rapidement et toute la construction, reposant sur un mauvais sol, est bientôt détruite. Il faut donc, lorsque la nature du terrain fait préjuger qu'on pourra retirer quelque bénéfice de l'encaissement, ne pas négliger d'y avoir recours. Cet encaissement peut consister en une enceinte de pilots jointifs ou en

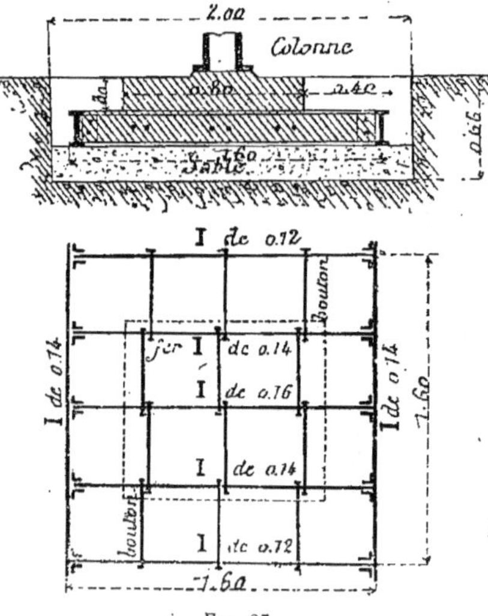

Fig. 87.

palplanches qui s'appuient contre le grillage. Pour se mettre à l'abri des accidents qui résulteraient de la pourriture du grillage en charpente, on peut exécuter comme suit la fondation d'une colonne supportant

12,000^k sur un terrain vaseux. Dans ce terrain, on fera une tranchée de 2 mètres sur 2 mètres et 0^m,66 de profondeur comme l'indique le croquis (*fig.* 87). Au fond de cette tranchée, on placera une couche de sable fin bien damé. Ce sable étant bien dressé, on construira un grillage métallique composé de fers à I réunis par des boulons. Ces fers seront hourdés, dans toute leur épaisseur en meulière et en ciment de Portland. On formera ainsi une assiette sur laquelle on placera une maçonnerie servant de base à la colonne.

D'après le croquis, la surface du patin sera 1^m,60×1^m,60 = 2^{m2},56 ou 25,600 centimètres carrés.

La charge de 12,000 kilos que porte la colonne se trouve donc répartie sur une surface de 25,600 centimètres carrés. La charge par centimètre carré sera donc $\frac{12,000}{25,600}$ = 0^{k}47 environ, charge assez faible pour être supportée par un mauvais terrain.

Fondations sur enrochements.

78. Dans le cas où les terrains vaseux offrent une trop grande liquidité, on doit souvent recourir, au milieu de ces vases liquides, à la formation de grands massifs de pierre, sur lesquels on établit ensuite la construction comme sur le terrain naturel. Ces massifs de pierre se nomment *enrochements*. On les forme en jetant pêle-mêle des blocs de pierre qui s'enfoncent, par l'effet de leur propre poids ou de celui des pierres

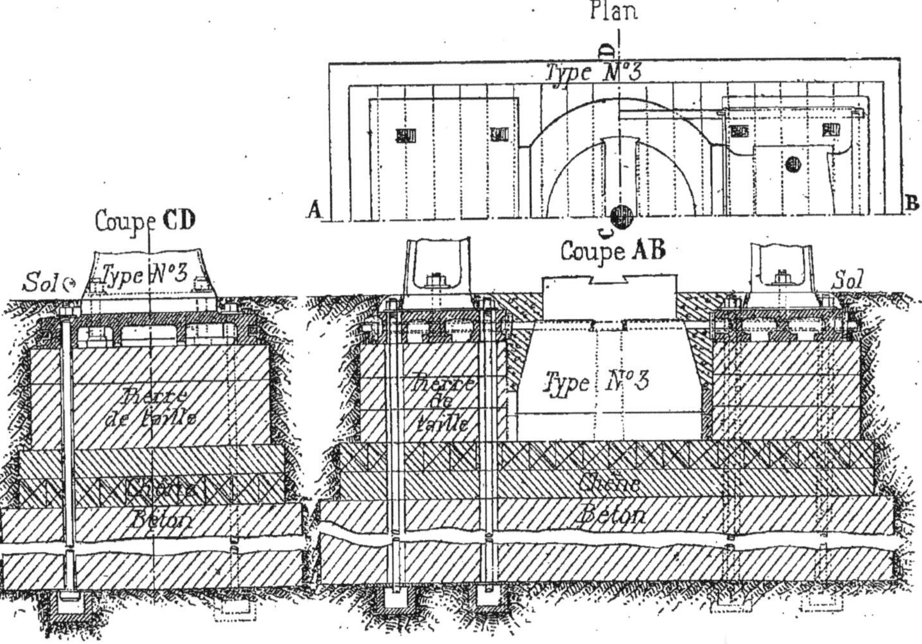

Fig. 88

dont on les charge, en déplaçant le terrain qui se trouve au-dessous. On ne cesse le chargement que lorsque la masse toute entière n'éprouve plus de tassement. On fait alors une arase de niveau sur laquelle on établit la fondation.

Dans certains cas, on a remplacé les enrochements par un massif de terre de bonne qualité, bien damée; mais ce mode de fondation est rarement employé et peut être avantageusement remplacé par un autre procédé qui consiste à faire porter la maçonnerie sur une couche épaisse de sable fin et sec, étendu et damé au fond de la tranchée de fondation.

Fondations sur massif de béton.

79. Ce mode de fondation n'est pas d'invention moderne, car Vitruve le décrit très nettement, et il paraît d'ailleurs qu'il n'a jamais cessé d'être en usage sur les bords de la Méditerranée. Les travaux de M. Vicat sur la fabrication des mortiers hydrauliques en ont généralisé les applications. Le procédé consiste à couler une forte couche de béton dans une fouille suffisamment profonde et dont les parois sont, le plus souvent, maintenues par une enceinte de pieux et de palplanches jointives. Cette enceinte formée, on drague jusqu'à ce qu'on soit arrivé à un sol suffisamment incompressible; puis on coule le béton jusqu'à la hauteur fixée pour l'établissement de la première assise de maçonnerie. Le béton une fois pris, forme une immense dalle qui, si l'épaisseur est suffisante, peut porter à elle seule tout le poids de la construction.

Nous donnons (*fig.* 88) un exemple de fondation sur massif de béton adoptée par l'usine du Creuzot pour un marteau pilon pesant 6,000 kilos.

80. Les fondations sur massif de béton s'appliquent également lorsqu'il s'agit, par exemple, d'empêcher l'entrée de l'eau dans le sous-sol d'une maison particulière. Supposons que le sous-sol d'une maison soit envahi par l'eau lorsque le niveau d'une rivière voisine se trouve élevé par une forte crue. Pour rendre ce sous-sol étanche, il faudra disposer la fondation de la manière suivante. Au fond de la fouille, on disposera une couche de béton de 0m,50 d'épaisseur occupant toute la surface du sous-sol. Cette couche de béton formant dalle ne sera pas imperméable. Elle répartira simplement les pressions sur toute la surface du terrain. Pour rendre le béton et les parois des murs imperméables, il faut faire un enduit composé de deux couches dont la première de 0m,04 d'épaisseur, s'accrochera bien avec le béton et les parois en meulière des murs de cave. Elle sera formée d'une partie de ciment de Portland pour cinq parties de sable de rivière. Sur cette première couche d'enduit on en posera une autre de 0m,03 d'épaisseur qui, étant beaucoup plus grasse, permettra d'obtenir une imperméabilité absolue, si elle est bien posée par des ouvriers cimentiers spéciaux. Cette deuxième couche sera composée d'une partie de ciment de Portland et d'une partie de sable de rivière. Le croquis (*fig.* 89) rendra compte de la disposition.

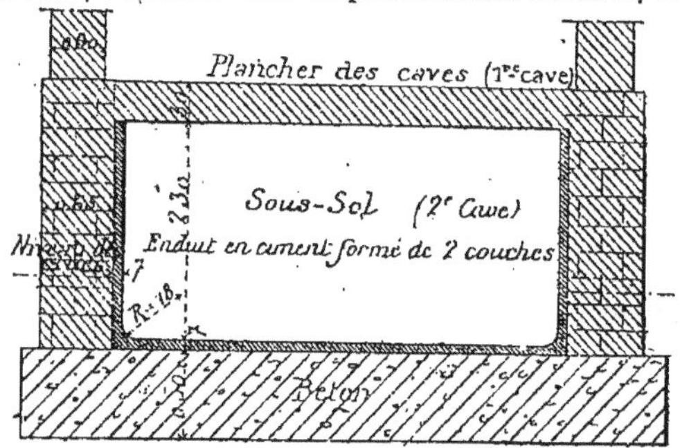

Fig. 89.

§ IV. — FONDATIONS SUR TERRAIN VARIABLE.

81. Il est impossible de donner des règles bien précises sur ce genre de fondations. Tantôt de larges empatements suffiront à un endroit; tantôt, suivant le cas, il faudra profiter des quelques points d'appuis offerts par la nature pour y lancer des voûtes sur lesquelles on construira. Dans tous les cas, on peut, à l'aide des méthodes exposées précédemment et connaissant bien la nature du terrain, arriver à une bonne solution.

II. — FONDATIONS HYDRAULIQUES

82. Les fondations hydrauliques peuvent s'exécuter de deux manières :

1° Par l'emploi des épuisements;

2° Sans l'emploi des épuisements.

83. Dans le premier cas (avec épuisements) on forme une enceinte ou espèce de digue, appelée *batardeau*, rendu étanche par divers moyens que nous examinerons. Cette enceinte formée, on vide, avec des machines d'épuisement, toute l'eau qu'elle renferme et, lorsque le terrain est à peu près mis à sec, on commence la première assise de la fondation.

§ I. — FONDATIONS SUR LE ROCHER NU A L'AIDE DE BATARDEAUX.

Définitions et notions générales.

84. Comme nous l'avons vu, cette fondation ne peut offrir de difficulté que quand la surface du rocher est au-dessous du niveau de l'eau. Les roches constituent les terrains les plus favorables qu'on puisse avoir, car elles sont incompressibles et inaffouillables.

Deux moyens sont employés pour fonder dans ce cas. Dans le premier on entoure de *batardeaux* l'emplacement de l'ouvrage à construire. Dans le second, on emploie un *caisson sans fond*. On nomme *batardeaux* des digues dont on circonscrit l'emplacement de la fondation pour épuiser l'eau, et ensuite pour établir la fondation sur le sol mis à sec. Les *batardeaux* ont donc pour objet d'intercepter, aussi complètement que possible toute communication entre l'emplacement des fondations et les eaux extérieures.

Les eaux peuvent pénétrer dans la fondation par les côtés et par le fond, d'où la nécessité d'établir deux sortes de batardeaux : les uns qu'on nomme *batardeaux d'enceintes*; les autres, *batardeaux de fond.*

Construction des batardeaux. — Différentes sortes de batardeaux d'enceinte.

85. I. *Batardeaux en terre.* Si la profondeur de l'eau est peu considérable (1 mètre environ), on peut se borner à faire des batardeaux formés d'un simple bourrelet en terre argileuse, qu'on pétrit avec les pieds ou qu'on pilonne si la saison est

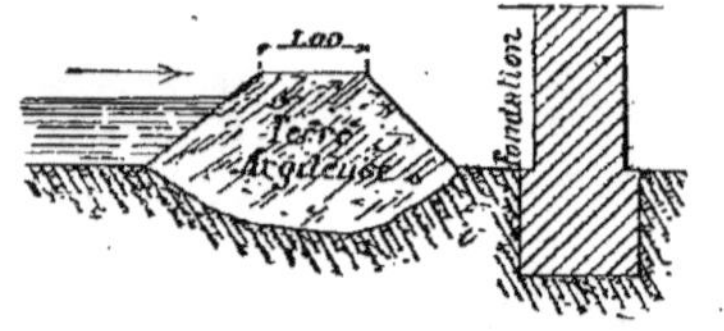

Fig. 90.

froide (*fig.* 90). L'inclinaison est souvent de 45 degrés. Cependant, lorsque les eaux frappent ces talus avec une certaine violence, on leur donne trois de base pour deux de hauteur. (Inclinaison de 37° environ.) La hauteur de ces batardeaux dépend évidemment de la profondeur de l'eau.

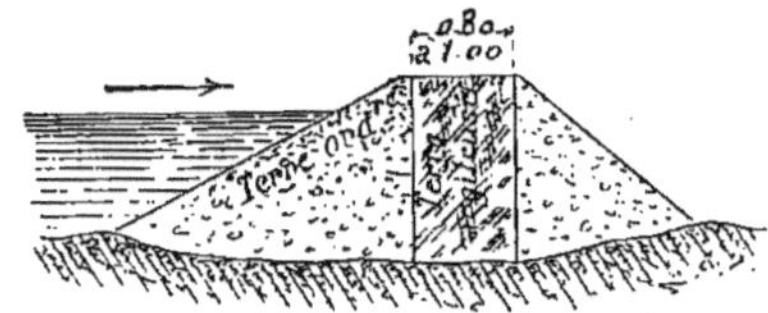

Fig. 91.

Il est bon de les faire assez hauts pour prévoir les plus fortes crues connues. On

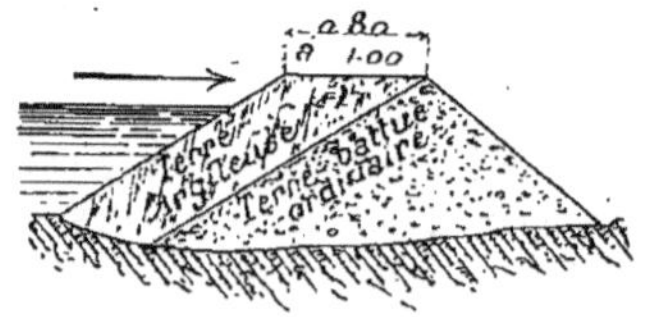

Fig. 92.

donne aussi à ces batardeaux les formes (*fig.* 91 et 92) pour économiser la terre argileuse qui peut être rare dans certains pays.

86. II. *Batardeaux à simple paroi.* Ces batardeaux représentés (*fig.* 93 et 94) ne diffèrent des précédents qu'en ce que leur paroi intérieure est soutenue verticalement ou sous un certain talus par une charpente, à laquelle on peut donner

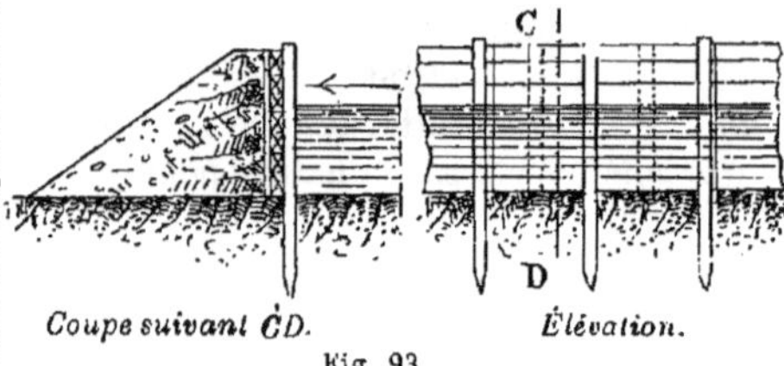

Fig. 93.

diverses dispositions. Ceux qui sont représentés (*fig.* 93), sont formés par une file de pilots enfoncés de mètre en mètre et réu-

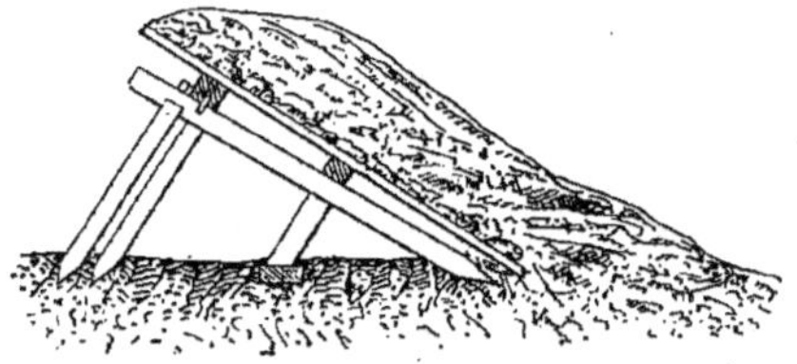
Fig. 94.

nis par des moises ou par une simple lierne. Contre ce système s'appuient des panneaux en planches qu'on nomme *vannages* et qu'on maintient provisoirement avec des clous contre les pilots. Dans les mauvais terrains, on remplace ce vannage par des files de palplanches jointives.

Le batardeau représenté (*fig.* 94) est formé de pilots inclinés et de palplanches maintenues par des pièces de bois longitudinales. Cette disposition exige moins de bonne terre que la précédente et résiste mieux à l'action d'un fort courant.

87. III. *Batardeaux à coffre* (*fig.* 95, 96, 97). Quand la profondeur de l'eau est considérable, on est obligé de construire des batardeaux qui aient une solidité suffisante pour résister et à la poussée de l'eau et à la corrosion. Dans ce cas, ils sont formés, lorsque le sol est pénétrable, par les pieux d'un coffre sans fond (*fig.* 95), ouvert par le haut et rempli de terre, de sable fin ou de maçonnerie. Ce coffre, qui renferme le batardeau, est formé de deux parois parallèles en planches $a\ b\ a'\ b$ maintenues en haut et en bas au moyen de moises fixées par des boulons à des pieux battus de distance en distance ($1^m,50$ à $2^m,00$) en dehors du batardeau. Ces pieux sont reliés entre eux par de simples liernes L assemblées avec entailles sur les moises et chevillées sur les pieux.

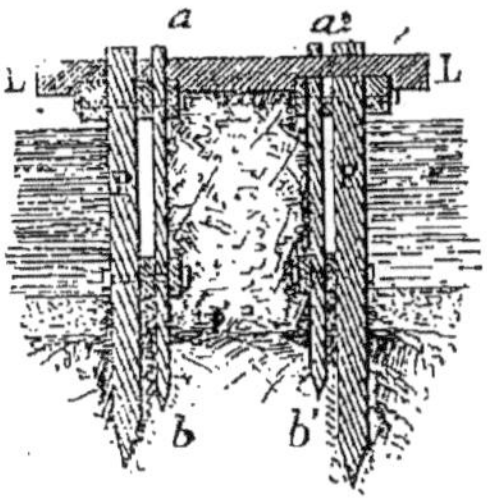

Fig. 95. — Coupe verticale d'un batardeau à coffre.

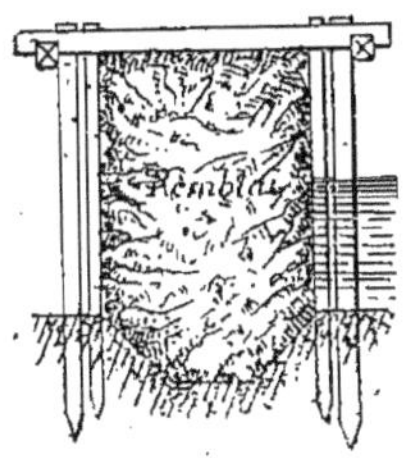

Fig. 96. — Batardeau à coffre. Coupe suivant A B de la figure 97.

On commence par draguer l'emplacement de la pile de manière à mette le sol à nu ; puis, si la roche n'est pas trop dure, on enfonce des pilotis qu'on relie comme nous venons de le dire. On place ensuite dans l'intervalle, des palplanches qui s'appuient sur le sol et qui sont fixées sur les moises ou longuerines en les disposant de manière qu'elles soient jointives. Elles ont pour but de maintenir les terres qu'on pilonne derrière elles et qui doivent achever d'empêcher l'infiltration des eaux. Lorsque l'emplacement qui doit recevoir la pile est ainsi entouré d'un mur à peu près imperméable, on l'épuise, soit au moyen de la vis d'Archimède, soit au moyen de norias ou de pompes. Ces épuisements sont poussés avec activité, jour et nuit, parce que, malgré le soin qu'on a apporté à la construction du batardeau, il y a toujours des infiltrations qui se produisent et qui, accumulées, finiraient par gêner les ouvriers. Quand la fouille est à peu près à sec, on arase le sol au moyen de coups de mine et l'on construit comme sur un terrain ordinaire. Dans certains cas, on maintient les moises par des pieux battus, l'un d'un côté, l'autre de l'autre côté de la ligne de palplanches. Par ce moyen (*fig.* 98) les deux moises ne sont pas reliées entre elles; elles présentent leur ouverture à la pose des palplanches sans qu'aucun boulon vienne gêner leur mise en place entre les moises. Quand on emploie pour pieux des bois équarris, ces pieux sont placés dans la ligne des palplanches et en tiennent lieu. Ce moyen est préférable au premier.

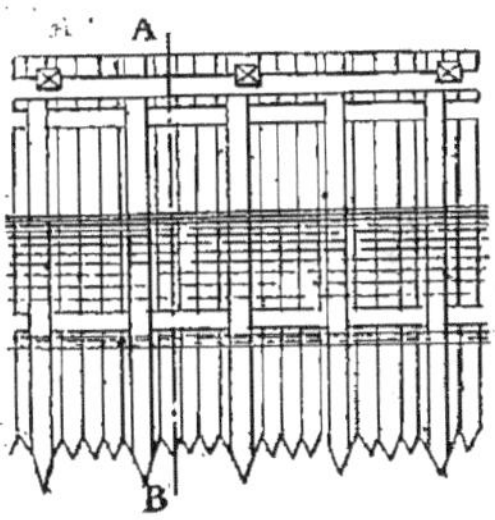

Fig. 97. — Batardeau à coffre. — Élévation de profil.

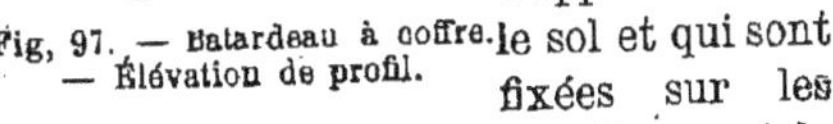

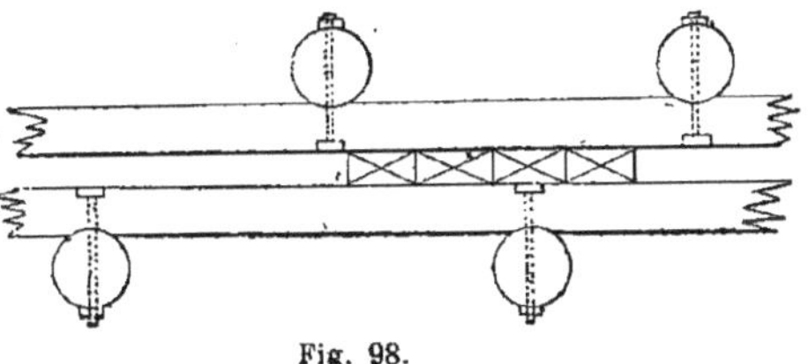

Fig. 98.

88. Quand le travail doit être fait sur un fond de rocher, il arrive souvent que la pointe des pieux, quoique armée d'un sabot en fer, ne peut pas pénétrer dans ce rocher et que, par conséquent, le batardeau ne peut pas s'enraciner dans le sol. On peut alors adopter les dispositions suivantes :

Première disposition. On construit plusieurs fermes en charpente composées chacune de deux montants $a\ b$, $a'\ b'$ (*fig.* 99) reliées à fleur d'eau par des moises doubles m, m' et à 1 mètre ou $1^m,50$ au-dessus de l'eau par une entretoise c, c'. Les fermes ainsi disposées sont placées à $1^m,50$ ou 2 mètres les unes des autres et servent à soutenir des panneaux en planches p, p', p'', p''' qui sont placés horizontalement et s'appuient intérieurement contre les montants. Les moises *m m'* empêchent l'écartement des montants, l'entretoise *c c'* empêche leur resserrement par le haut, de

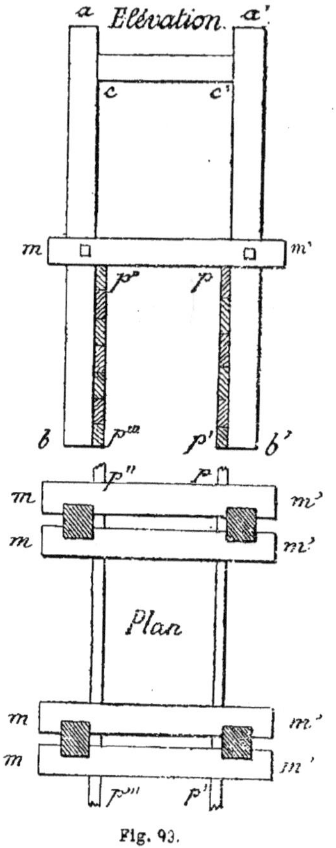

Fig. 93.

façon que l'on peut faire un remblai entre les deux parois en planches, sans craindre que le batardeau s'ouvre du pied.

Seconde disposition. Au lieu d'arrêter l'écartement du batardeau par le moyen des entretoises placées au-dessus du niveau de l'eau, on relie quelquefois les montants entre eux par des tirants en fer ou en bois ; mais ces tirants doivent nécessairement être placés au pied des montants, pour ne pas empêcher la descente des panneaux de madriers. Placés au bas des montants, ils peuvent servir de conduite aux infiltrations, à cause de la difficulté d'empêcher qu'il ne reste du vide autour des barres de fer et surtout autour des pièces de bois quand les tirants sont en bois.

Pour prévenir ces vides, il faut faire les tirants en fer plat, les clouer sur le pied des montants et les tordre ensuite pour qu'ils se présentent de champ. Si on les laissait à plat, il resterait nécessairement du vide dessous, et l'eau suivant cette voie détruirait le batardeau.

Troisième disposition. Enfin, la troisième méthode consiste à forer le rocher pour former les alvéoles des pieux à l'aide desquels on construit la carcasse du batardeau. Alors, pour maintenir le pied des palplanches, on fait descendre le long des pieux des moises embrassantes.

Pour rendre ces coffres imperméables, il faut les remblayer. Ces remblais se font ordinairement en *terre glaise onctueuse*, qu'on pétrit d'avance et qu'on comprime avec le plus grand soin. Quelquefois on les exécute en *béton* (maçonnerie formée de pierres cassées et de mortier). Enfin, on se sert, à défaut de glaise, de sable fin et bien pur. Ce terrain est aussi imperméable que la terre, mais si par hasard une source se trouve sous le batardeau et qu'elle puisse se faire jour à la jonction du sol et du remblai, tout l'ouvrage est bientôt emporté. Il faut aussi, dans ce cas, que le batardeau soit fort, épais, et que les parois latérales soient parfaitement étanches, parce que le sable coule. Pour que les batardeaux soient assez solides et résistent bien à la poussée de l'eau, on leur donne ordinairement une épaisseur égale à la hauteur de l'eau qu'ils doivent avoir à soutenir.

Batardeaux amovibles.

89. Quand la profondeur de l'eau est très petite et que le terrain offre peu de prise aux infiltrations, on peut se servir des *batar-*

deux amovibles représentés (*fig.* 100 et 101). Ces batardeaux sont, comme les pré-

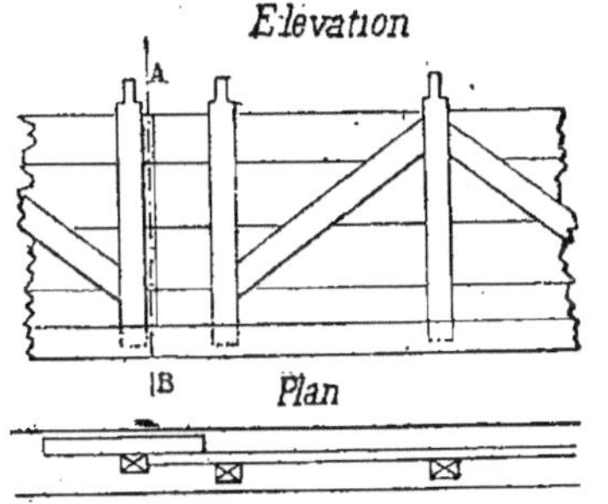

Fig. 100. — Batardeau amovible. — Élévation et plan.

cédents, composés de deux parois en charpentes, entre lesquelles on pilonne de la terre. Dans ce cas, les montants de la charpente, au lieu de prendre fiche dans le sol, sont assemblés dans une semelle horizontale *S* posée sur le fond. Cette semelle est maintenue par des crochets *C* qu'on enfonce sous l'eau.

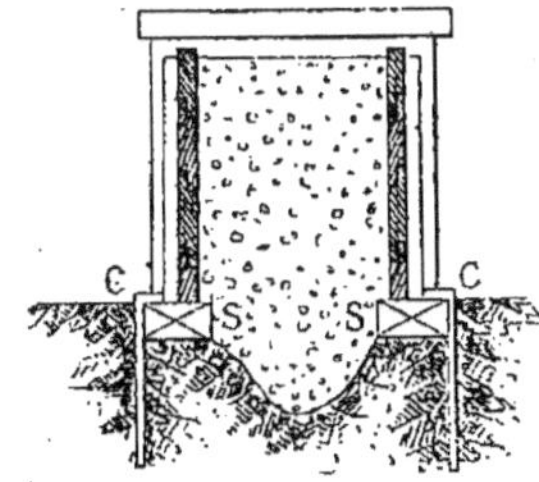

Fig. 10[illegible]. — Batardeau [illegible]ble. — Coupe suivant AB de la fig. 100.

Batardeaux en toile.

90. Dans quelques circonstances, on a exécuté des batardeaux avec de simples parois en charpente, reliées entre elles par des armatures et rendues étanches au moyen de fortes toiles en chanvre goudronnées, appliquées extérieurement sur les parois et s'étendant à $0^m,50$ ou $0^m,60$ sur le rocher et chargées de terre glaise ou de sacs de terre. Une toile ainsi posée peut résister à une charge d'eau de $1^m,50$ de hauteur en laissant à peine suinter le liquide.

Batardeaux en pieux jointifs.

91. Ces batardeaux sont entièrement en charpente, qui forme un véritable caisson sans fond dont les parois sont composées d'une muraille de pieux battus jointivement l'un contre l'autre entre des cours de moises. Des contrefiches et des étrésillons maintiennent les poussées.

Batardeaux de fond

92. Les batardeaux de fond s'exécutent le plus ordinairement en se servant de *terre glaise* ou de *béton*.

Batardeaux de fond en terre glaise.

93. Après avoir dragué et bien nivelé le fond de l'excavation, on coule une couche de glaise de $0^m,40$ d'épaisseur, qu'on pilonne pour la rendre homogène et bien combler tous les vides. Sur cette couche, on échoue un plancher de 25 millimètres d'épaisseur, dont toutes les planches sont assemblées jointivement et bien calfatées; puis on charge le tout de pierres pour empêcher le soulèvement. On emploie rarement la glaise pour les batardeaux de fond; on se sert le plus souvent de béton.

Batardeaux de fond en béton.

94. Le béton se coule sous l'eau en couches plus ou moins épaisses en se servant de machines spéciales. L'épaisseur de la couche de béton formant le batardeau de fond dépend de la force de souspression qu'elle subira au moment où elle sera mise à sec. Comme le batardeau de fond est chargé sur tout son pourtour du poids du batardeau d'enceinte, on peut le considérer, dans le calcul, comme un plancher homogène, d'épaisseur uniforme, porté par des appuis sur tout son pourtour et chargé de poids uniformément répartis. Cette couche de fond doit résister non seulement au soulèvement, mais encore à la rupture qui tend à se produire vers son milieu. Lorsqu'on emploie le béton pour faire les batardeaux de fond, il y a avantage à faire les batardeaux d'enceinte également en béton.

Les batardeaux de fond ne réussissent bien qu'autant qu'ils sont établis sur le terrain naturel ou sur un simple grillage. Il faut éviter d'établir un batardeau de fond sur un pilotis, car l'effet en serait presque nul, par suite des nombreuses pénétrations des pilots dans la couche de béton; pénétrations qui établiraient des solutions de continuité par lesquelles les sources se feraient un passage.

§ II. — FONDATIONS AU MOYEN DE CAISSONS SANS FOND.

95. Dans le second cas, lorsque le rocher se trouve à une profondeur de plus de $1^m,50$ à $2^m,00$ au-dessous du niveau de l'eau, on renonce ordinairement à fonder par épuisement, et on a recours à une caisse sans fond non étanche. Cette caisse présente sur toutes ses faces un fruit de 0,178 environ.

Caisse non étanche.

96. La caisse non étanche s'emploie lorsque la surface du rocher à pu être mise à découvert. Elle est formée de plusieurs ceintures de moises doubles qui entourent tout l'espace que doit occuper la fondation. Ces moises sont représentées en *M* (*fig.* 102, 103).

Dans chaque ceinture, elles sont séparées par un intervalle de $0^m,08$ à $0^m,10$, dans lequel on place des planches verticales destinées à former l'enceinte de la caisse. Comme il importe que ces planches reposent exactement sur le fond de la rivière, on ne les met en place qu'après l'échouement de la carcasse de la caisse, dans la position qu'elle doit occuper.

Cette carcasse se construit quelquefois au-dessus de l'emplacement qu'elle est destinée à occuper, de façon qu'avant de poser une planche, on fait descendre, à la place qu'elle devra occuper, une tringle verticale avec laquelle on mesure ainsi la longueur que chaque planche doit avoir.

Quoique les planches s'élèvent jusqu'à la partie supérieure de la caisse, assez haute elle-même pour surmonter les crues moyennes, on ferme par des planches horizontales jointives et calfatées, l'espace compris entre les deux ceintures supérieures des cours de moises.

On peut construire la caisse, soit au-dessus de l'emplacement qu'elle doit occuper, soit sur un appontement soutenu au moyen de deux bateaux reliés entre eux par de longues pièces de bois reposant sur leurs bords, comme l'indique la figure 104.

Dans le premier cas, on construit préalablement un échafaud autour de l'emplacement de la pile, et c'est sur cet échafaud que reposent les semelles qui servent à soutenir la caisse pendant le levage des pièces de charpente. Pour l'immerger, on la soulève au moyen de crics en nombre suffisant; puis, quand les semelles sont enlevées, on la descend progressivement jusqu'à son immersion complète.

Quand la caisse est construite sur un appontement flottant, on peut l'amener, après sa construction, au-dessus de son emplacement et la mettre à l'eau, en la soulevant d'abord, et en la descendant ensuite au moyen de treuils montés sur les

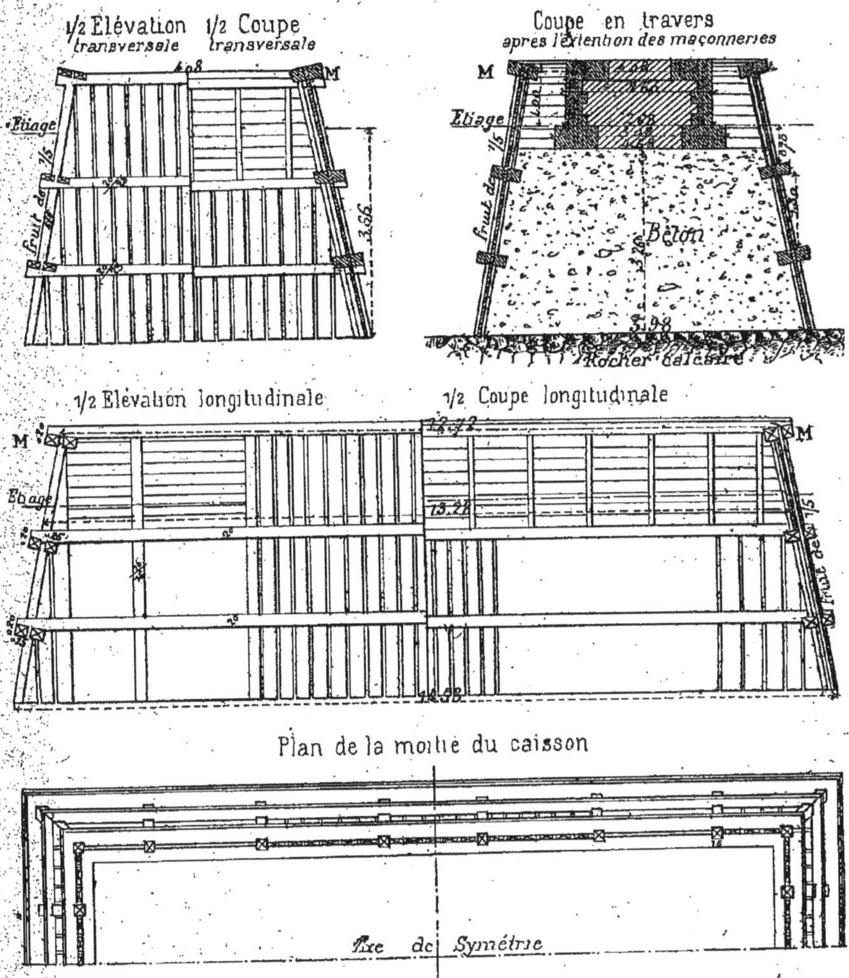

Fig. 102. — Caissons non étanches employés sur la Vienne.

bateaux, qu'on charge sur le bord opposé à la caisse avec du gravier en volume suffisant pour maintenir les bateaux dans une position horizontale.

Quel que soit le moyen employé, il faut prendre, avant l'échouement, les dispositions nécessaires pour que le caisson descende verticalement. Quand l'échouement est terminé, il n'y a plus qu'à remplir la caisse avec du béton, qu'on y coule sous l'eau au moyen de machines spéciales. On peut alors, sur cette couche de béton, établir la première assise en maçonnerie, comme on le ferait sur le terrain naturel.

Caisson étanche.

97. Lorsque le gravier ne peut être

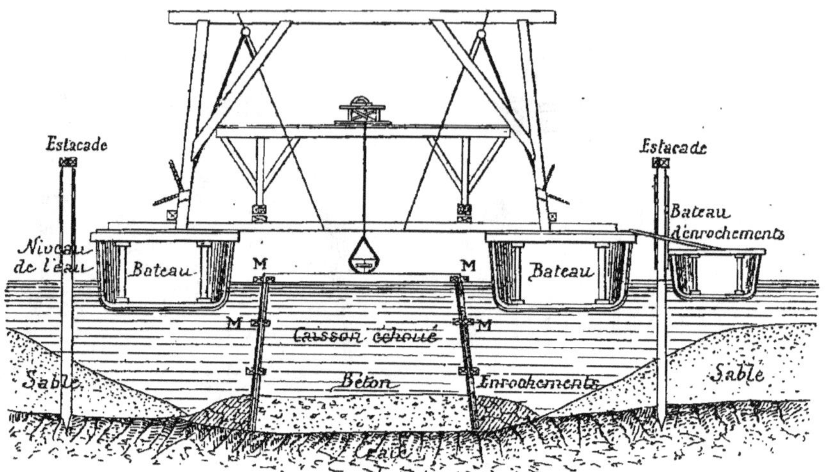

Fig. 103. — Fondations du Port-de-Piles sur la Creuse. — Échafaudage mobile pour l'immersion du beton.

dragué avant l'immersion de la caisse, on est obligé de le faire avec parois étanches. Dans ce cas, le caisson étant échoué, il faut épuiser.

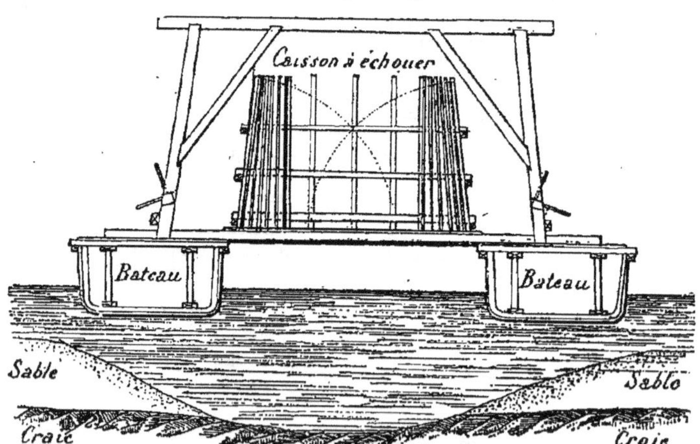

Fig. 104. — Echafaudage mobile pour la construction, le transport et l'échouement d'un caisson.

Nous donnons (*fig.* 105) les dispositions d'un caisson étanche employé pour le viaduc de Port-Launay, avec les dispositions prises pour l'épuisement de ce caisson.

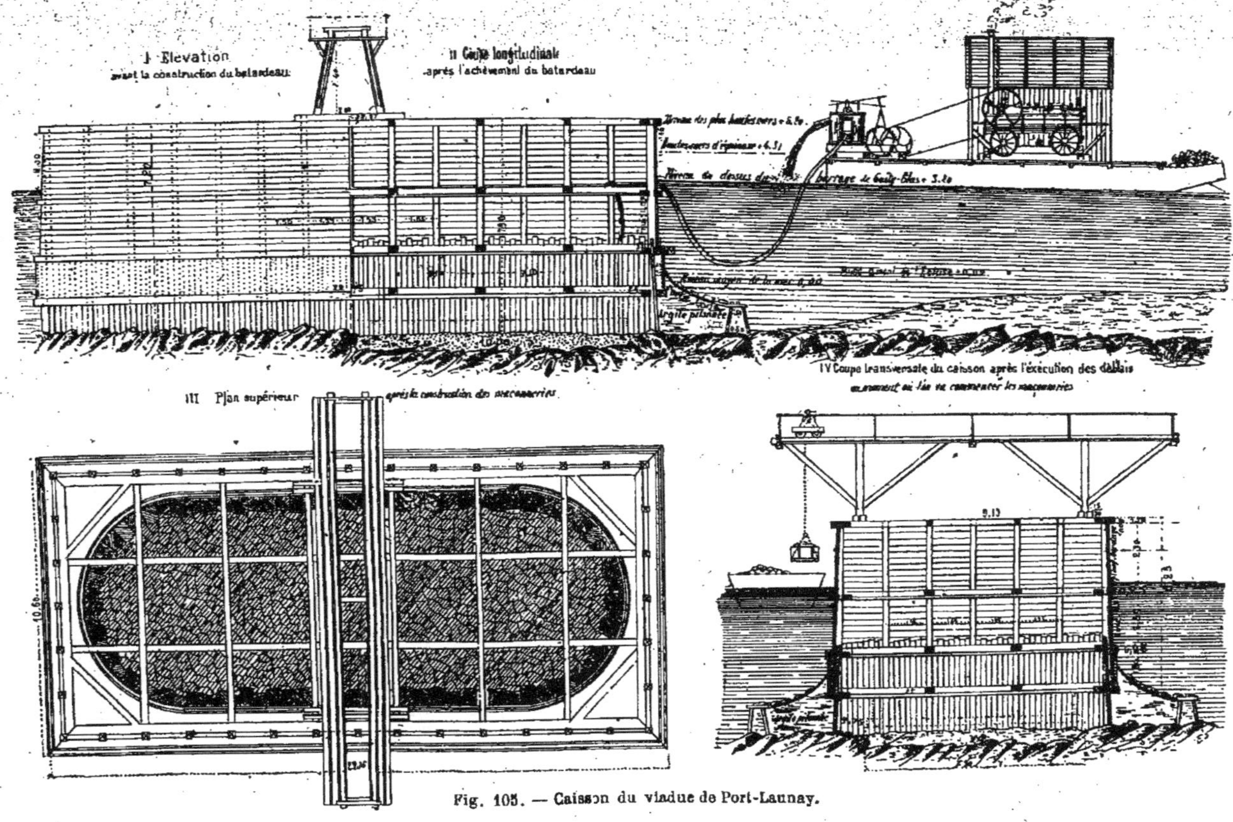

Fig. 105. — Caisson du viaduc de Port-Launay.

§ III. — FONDATIONS SANS ÉPUISEMENT A L'AIDE DE CAISSONS FONCÉS.

98. Pour employer ce procédé, il faut que le sol soit rendu parfaitement horizontal au moyen de cloches à plongeur, de scaphandres ou de dragues. Le caisson est construit sur un radeau; il est muni d'un fond solide et bien étanche. Ce caisson est amené, comme dans le cas précédent, à l'endroit où il doit être échoué et maintenu dans la position voulue à l'aide d'amarres.

Le caisson étant ainsi maintenu très solidement, on commence la maçonnerie sur le fond étanche de ce caisson, comme on le ferait sur le sol. A mesure que le poids de la maçonnerie augmente, le caisson descend, et finit par s'échouer complètement. Quand cette maçonnerie dépasse le niveau de l'eau, on peut alors démonter les côtés du caisson.

§ IV. — FONDATIONS AU MOYEN D'ENROCHEMENTS.

99. Ce procédé consiste à construire au milieu de l'eau un gros massif de pierres naturelles ou artificielles, jetées pêle-mêle et qu'on élève jusqu'au niveau du liquide. On forme ainsi un massif assez résistant pour permettre de construire

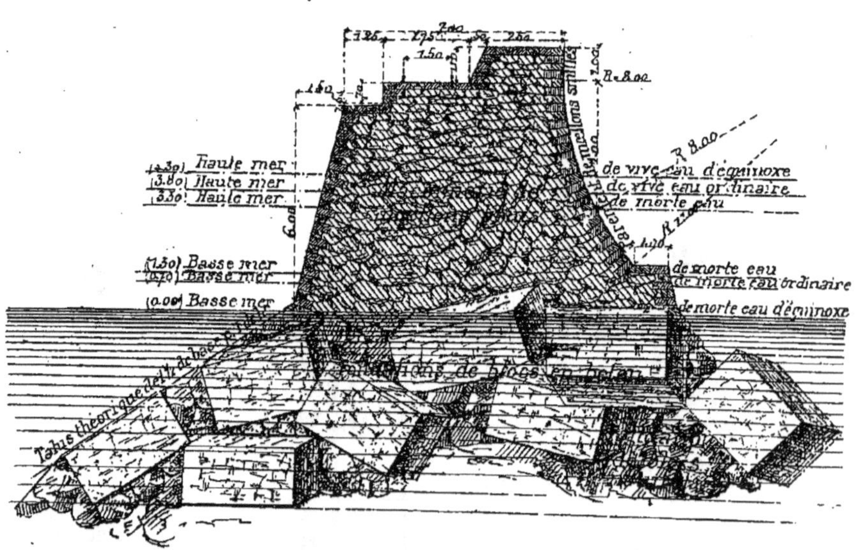

Fig. 106. — Fondation sur enrochement.

comme sur le terrain naturel. Le croquis (*fig.* 106) fera facilement comprendre les dispositions à prendre.

On peut également employer les enrochements pour consolider un pilotis. Dans ce cas, on remplira tous les intervalles laissés entre les pieux avec des blocs de pierre irréguliers jetés pêle-mêle et qu'on arase au niveau des têtes des pilots, sur lesquels on pose ensuite un grillage en charpente, que nous décrirons plus loin.

Il faut étendre suffisamment le pied de l'enrochement au delà de celui pilotis pour n'avoir rien à craindre des affouillements (*fig.* 107).

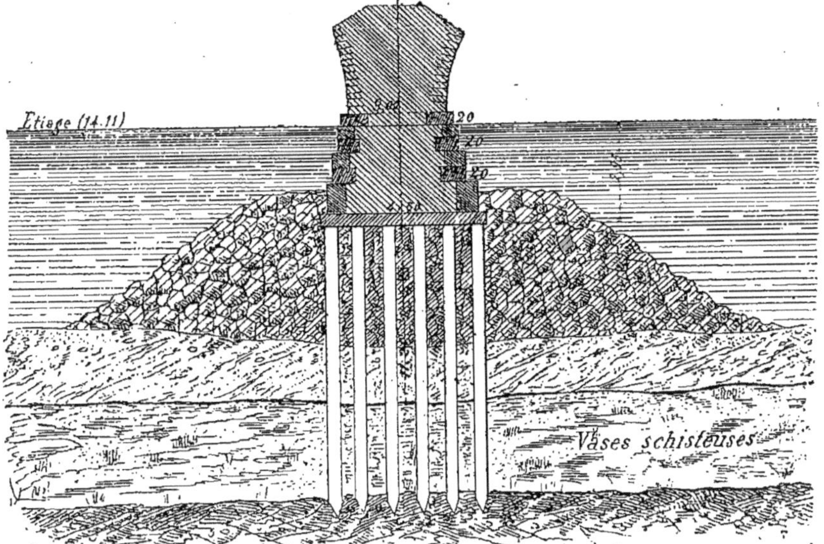

Fig. 107. — Fondation au moyen d'enrochements.

Fondation sur un terrain incompressible, indéfini et affouillable.

100. Les terrains incompressibles et affouillables sont le sable, le gravier, le caillou, l'argile compacte, les schistes, etc... Ce sont ceux qu'on rencontre le plus fréquemment.

La fondation doit être faite, dans ce cas, pour éviter d'une manière relative ou absolue les affouillements qui pourraient se produire et compromettre la solidité de l'ouvrage à construire.

101. On emploie le plus souvent le système des fondations sur *pilotis*.

Ce système consiste à enfoncer dans l'emplacement que les piles et les culées doivent occuper, un nombre de *pieux* suffisant pour supporter le poids de l'ouvrage sans fléchir et sans s'affaisser sous cette charge, et à faire reposer l'édifice sur la tête de ces pieux.

Sur les rivières à fond excessivement mobile, on crée, avec du béton, un sol de roche artificielle qui s'étend d'une rive à l'autre et sur lequel on élève le pont. Les fondations sur pilotis ayant une grande importance dans les fondations hydrauliques, il est utile de les étudier dans un chapitre spécial.

CHAPITRE IV

FONDATIONS SUR PILOTIS.

SOMMAIRE

I. — Définitions et notions générales.

102. Un *pilotis* se compose d'un certain nombre de forts piquets carrés ou ronds, appelés *pilots* ou *pieux*, enfoncés au moyen de la percussion à travers un terrain non résistant et prenant pied dans une couche de terrain solide.

Les pieux ronds ou cylindriques sont généralement préférés, parce qu'ils s'enfoncent mieux que les pieux équarris.

Les pilots sont placés par rangs et par files à une distance plus ou moins rapprochée les uns des autres. La distance minima est de $0^m,60$ d'axe en axe et le plus grand écartement ne dépasse pas $1^m,50$. Les pilots se distinguent en *pilots de rive* (ce sont ceux qui marquent le contour extérieur de la fondation), et en *pilots de remplissage* ou de *remplage* (ceux qui sont battus dans l'intérieur).

Presque toujours les pilots d'un pilotis sont battus verticalement. Ce n'est que lorsque la construction qu'ils doivent supporter est exposée à une poussée horizontale, qu'on incline légèrement le premier rang extérieur en sens contraire de la poussée.

Les têtes des pilots ou des pieux portent à fleur du fond de la tranchée de fondation un fort grillage formé de poutres croisées d'équerre, assemblées entre elles et avec les pilots et recouvertes assez souvent d'un plancher en madriers sur lequel on maçonne la première assise de la fondation.

II. — Emploi des fondations sur pilotis.

103. L'emploi du pilotis ne devrait avoir lieu que quand on peut, sans donner une longueur démesurée aux pilots, leur faire prendre pied dans une couche de terrain solide. Une longueur de 8 à 10 mètres est presque un maximun qu'on ne devrait pas dépasser. Dans les sols tourbeux et pleins d'eau, où on ne pourrait pas creuser des tranchées on fait des fondations sur pilotis. Ce système est fort employé dans les vallées et pour tous les travaux hydrauliques; il s'appuie sur ce principe que le bois constamment dans l'eau se conserve indéfiniment. Les fondations sur pilotis ne sont donc pas applicables aux mauvais terrains d'une profondeur indéfinie, mais elles peuvent s'employer, soit qu'il s'agisse de fonder sur des terrains secs qui ne sont incompressibles qu'à une certaine profondeur, soit qu'il s'agisse de fonder sous l'eau.

III. — Bois employés pour les pieux.

104. En général, toutes les essences de bois peuvent être employées pour faire des pieux, mais le chêne est considéré comme le plus durable. S'il n'est pas toujours employé, c'est à cause de son prix relativement élevé. Le *hêtre* et l'*aune* résistent bien dans les terrains humides, mais on leur préfère généralement les *bois résineux* (*melèze ou sapin non saigné*) qui se conservent bien dans tous les cas et qui, présentant une forme conique très régulière, facilitent beaucoup le battage.

On choisira toujours des bois sains, bien droits, sans nœuds et sans fentes.

IV. — Préparation des pilots.

105. Il est d'usage d'employer pour les pilots des *bois en grume*, c'est-à-dire qui n'ont pas été travaillés sur leurs faces et dont on se borne à enlever l'écorce, afin de rendre leur surface plus lisse. On se dispense généralement de les dépouiller de leur *aubier*.

Il faut avoir soin d'abattre à fleur de la surface du tronc tous les chicots de vieilles branches et autres irrégularités qui pourraient porter obstacle à l'enfoncement ou faire dévier le pilot de sa direction.

Les pilots doivent être sciés carrément à la tête. On les y amincit légèrement et on les garnit d'une frette en fer pour qu'ils ne se fendent pas pendant le battage (*fig.* 108).

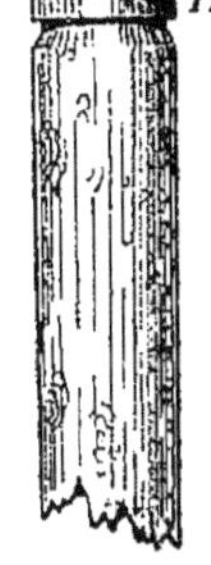

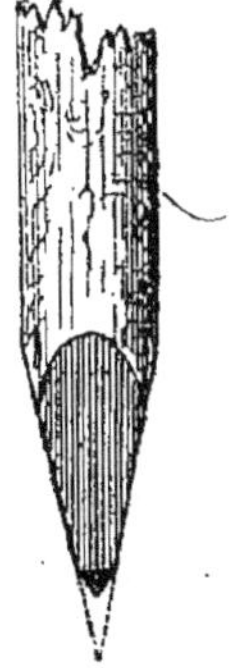

Fig. 108.

V. — Affûtage des pieux.

106. Afin de mieux traverser le terrain et d'ouvrir aux pieux un passage facile entre les pierres, on les termine ordinairement à la partie inférieure, par une pointe quadrangulaire (*fig.* 108) à laquelle on donne en hauteur une fois et demie ou deux fois et demie le diamètre du pilot, selon la plus ou moins grande résistance du terrain. La pointe ne doit pas être taillée trop aiguë, mais former presque une pyramide tronquée, à laquelle on donne 4 à 5 centimètres de côté sur autant de hauteur. Quand le terrain n'est pas trop résistant ou qu'il est mêlé de cailloux, on durcit cette pointe en la faisant roussir par un feu de copeaux.

VI. — Ensabotage.

107. Lorsque les pieux doivent traverser un terrain résistant ou entremêlé de pierres, on est obligé de les *ensaboter*, c'est-à-dire de les garnir de pointes ou de *sabots* en fer ou en fonte.

Différents types de sabots.

108. La forme primitivement adoptée consistait à garnir l'extrémité du pieu d'un sabot à quatre branches en fer, comme l'indique la figure 109, ou d'un sabot à branches avec frette et culot en fonte comme le montre la figure 110. Dans les sabots en fer à branches, les extrémités de celles-ci n'étant pas reliées entre elles, si le pieu vient à rencontrer un obstacle, la pointe du sabot rentre en dedans en brisant les fibres du bois qui l'avoisinent; et, sous les coups répétés du mouton, la pointe se refoule et se réduit en balai, comme on peut le voir dans la figure 111. Alors il n'entre plus, même avant d'avoir atteint la couche solide. De là, des mécomptes souvent funestes, et on est surpris de voir des pilotis, qu'on croyait battus au refus, tasser sous la charge qu'ils ont à supporter. Dans les sabots à branches avec culot en fonte qui relie les branches entre elles, le culot se trouve divisé en quatre parties, et comme la fonte est un métal cassant, il résiste mal au contact d'un corps dur et se brise en produisant les mêmes effets que les sabots à branches ordinaires. On a aussi employé des sabots en fonte représentés (*fig.* 112) sans obtenir de bons résultats dans les terrains résistants.

Fig. 109.

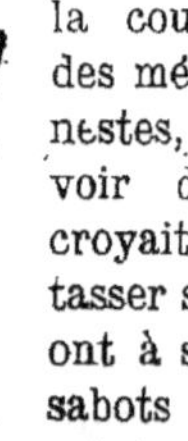

Fig. 110.

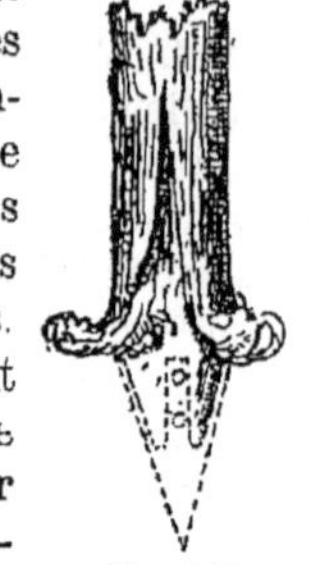

Fig. 111.

Aujourd'hui, on se sert beaucoup de sabots en tôle agrafée avec culot en fer forgé soudé à la tôle du système Camuzat, et de sabots en tôle agrafée avec culot en fonte coulé dans la tôle du même constructeur. Ce sabot en tôle enveloppant la partie antérieure du pieu, réunit avec force les fibres du bois et les tient serrées en raison de la densité du terrain dans lequel on l'enfonce. La pointe du pieu ainsi armée, présente au sol une surface lisse, qui lui permet d'entrer plus aisément. Alors le battage devient plus facile et s'exécute plus rapidement, car le sabot, ne pouvant quitter le pieu, l'accompagne toujours jusqu'à ce qu'il ait atteint la couche résistante.

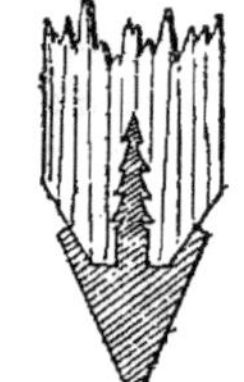

Fig. 112.

Ces sabots représentés (*fig.* 113 et 114), sont faits en tôle de deux, trois ou cinq millimètres d'épaisseur; deux à trois millimètres pour les petits pieux et les palplanches et trois à cinq millimètres et plus pour les gros pieux. Afin que la jonction ne présente pas de point faible, on a replié et agrafé les bords de la tôle, tenus assemblés par un rivet, de façon à former une couture très résistante. L'épaisseur totale à cet endroit est de quatre feuilles. Il est donc impossible, s'il doit y avoir rupture,

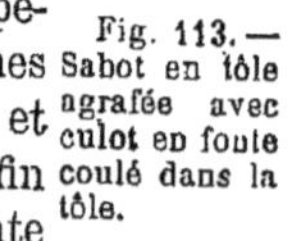

Fig. 113. — Sabot en tôle agrafée avec culot en fonte coulé dans la tôle.

qu'elle puisse se faire là. L'extrémité qui se termine en pointe est formée d'un

Fig. 114. — Sabot en tôle agrafée avec culot en fer forgé soudé à la tête.

noyau plein de dix centimètres soudé à la tôle. Il en est de même pour le sabot en tôle avec culot en fonte. C'est une masse pleine coulée dans la tôle, qui se termine en cône et qui se trouve aciérée par le coulage.

Quand on ensabote les pilots, on coupe ordinairement leur pointe carrément à une distance du bout telle, que le plan de coupe ait au moins 6 à 8 centimètres de côté ou de diamètre.

VII. — Calcul du nombre de pieux. — Résistance.

109. Quel que soit l'enfoncement des pieux, la première condition à laquelle ils doivent satisfaire est celle de pouvoir porter le poids dont ils sont chargés.

Pour déterminer cette charge d'une manière rationnelle, il faut se fonder sur les expériences faites sur la résistance des bois chargés dans le sens de leur longueur. On sait qu'une pièce de bois placée dans cette position commence à plier, puis à se rompre sous une charge qu'on évalue moyennement à 3 kilos par millimètre carré de section.

Si les pieux étaient isolés, on ne devrait leur faire porter en charge permanente, que le dixième de la force absolue ; mais, maintenus par le terrain dans lequel ils sont enfoncés, ou par les enrochements qui les enveloppent de toutes parts, on peut porter cette charge au 1/5 de la résistance absolue ou à $0^k,60$ par millimètre carré.

Donc, en multipliant par 0,60 la section des pieux évaluée en millimètres carrés, on aura la charge que chacun d'eux pourra supporter et, par suite, leur nombre.

Ordinairement, on leur assigne pour diamètre minima environ le 1/24 de leur longueur, sans descendre cependant au-dessous de $0^m,18$ de diamètre.

Problème.

110. *Quelle charge peut-on faire supporter à un pieu de dimensions données ?*

Prenons pour exemple, un pieu carré de $0^m,20$ sur $0^m,20$.

Sa section sera $0^{m2},04$, ou $40,000^{mm2}$, lesquels multipliés par $0^k,6$ donnent pour la charge qu'on peut lui faire supporter, 24,000 kilos.

Si la charge de l'édifice n'était pas répartie uniformément sur sa base, il faudrait avoir égard à cette inégalité.

111. — On peut aussi déterminer la section ou le diamètre d'un pieu au moyen d'une règle pratique donnée par Perronnet, et qui peut se traduire par la formule suivante :

(1) $D = 0^m,24 + (L - 4^m,00)\,0^m,015.$

dans laquelle D représente le diamètre du pilot et L sa longueur exprimée en mètres.

Quant à la longueur des pilots, elle est déterminée soit par les indications de sondages, soit par le battage de quelques pilots d'épreuve.

Problème.

112. *Quel diamètre doit avoir un pieu de* 8 mètres *de longueur ?*

Remplaçons dans la formule (1) L par sa valeur L = 8m,00, et nous aurons :

$$D = 0^m,24 + (8^m - 4^m)\,0,015 = 0^m,24 + 0^m,06.$$

$$D = 0^m,30.$$

Le pieu devra avoir un diamètre de 0m,30.

VIII. — *Battage des pieux.*

113. Pour enfoncer les pieux, on se sert d'une machine nommée *sonnette*, dont la pièce principale est le *mouton.*

On nomme *mouton* le corps pesant, en bois cerclé de fer ou en fonte, qui, par sa chute sur la tête des pieux, produit leur enfoncement.

Avant de décrire les types de sonnettes les plus employés, il est utile de se rendre compte de l'influence qu'exerce le poids du mouton sur l'enfoncement des pieux et d'entrer dans quelques détails.

On sait que quand un corps en mouvement d'une masse M en choque un autre en repos d'une masse m, celui-ci acquiert une vitesse qui est donnée par la formule suivante :

$$v\,(M + m) = MV$$

$$\text{d'où } v = \frac{MV}{M+m}$$

V étant la vitesse du corps choquant, v la vitesse que prend le corps en repos et m sa masse.

On sait, par des expériences, que l'enfoncement est proportionnel au produit de la masse en mouvement, laquelle est $(M + m)$ multipliée par le carré de la vitesse v ou en remplaçant v par sa valeur on a :

$$(M+m)\frac{M^2V^2}{(M+m)^2} = \frac{M^2V^2}{M+m}$$

Si l'on met au lieu de V^2 sa valeur $2gh$, h étant la hauteur de chute du mouton, on obtient :

$$(1)\quad \frac{2gM^2h}{M+m}$$

Si on divise les deux termes de cette fonction par M on aura :

$$(2)\quad \frac{2gMh}{1+\frac{m}{M}}$$

Il résulte de cette expression :

1° *Que pour un même mouton l'effet produit est proportionnel à la hauteur à laquelle on élève ce mouton ;*

2° *Que, si on combine l'élévation et le poids du mouton, de manière que le produit* Mh *soit constant pour plusieurs moutons, l'effet sera d'autant plus grand que* M, *ou la masse du mouton sera plus forte.*

On voit donc qu'il y a avantage à employer de gros moutons, parce que le produit Mh est proportionnel à la dépense, et que pour une même dépense l'enfoncement augmente avec la masse du mouton.

Par la formule (1), on voit que si l'enfoncement est simplement proportionnel à la hauteur de la chute, la dépense est aussi proportionnelle à cette chute. Ainsi, il n'y a pas d'économie à faire tomber le mouton de très haut et comme il arrive souvent que cela écrase les pieux, il est préférable, en général, de n'employer que de gros moutons et de les faire tomber d'une hauteur modérée, 2m,50 à 3 ou 4 mètres au maximum.

Différents types de sonnettes.

114. Le battage des pieux s'exécute donc à l'aide d'une masse d'un poids assez considérable, qu'on soulève à une certaine hauteur pour la laisser retomber ensuite sur la tête du pieu à enfoncer. L'élévation de cette masse pesante, qu'on nomme *mouton*, a lieu à l'aide d'un appareil appelé *sonnette.* On en distingue de deux sortes, auxquelles on a donné le nom de *sonnettes à tiraudes*, quand le mouton est soulevé par des hommes ; *sonnettes à déclic* quand le mouton, soulevé par un moyen mécanique quelconque, est ensuite abandonné tout à coup à l'action de la pesanteur. La plus simple est la *sonnette à tiraudes* que nous allons décrire.

I. — Sonnette à tiraudes.

115. La sonnette à tiraudes, représentée (*fig.* 115 et 116), se compose le plus souvent d'une semelle *A* ou patin en charpente fixé sur un bateau. Sur ce patin s'élèvent deux pièces verticales et parallèles *B*, appelées *jumelles*. Ces pièces sont assemblées à tenon et mortaise, dans la semelle *A*, et maintenues à une distance de 10 à 12 centimètres l'un de l'autre par deux contrefiches inclinées *C*, appelées *hanches*, et par des entretoises *D*, nommées *épars*. C'est devant les deux jumelles que se meut la masse qui doit produire l'enfoncement par sa chute. Entre ces jumelles et à la partie supérieure se trouve une poulie ou une roue à gorge *E*, dont l'axe roule sur des coussinets en bois dur ou en

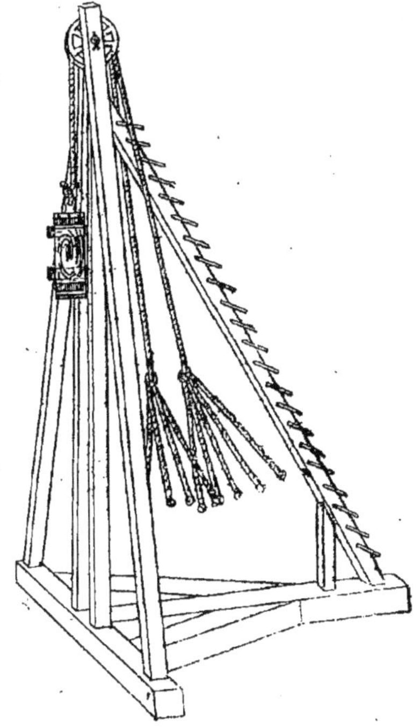

Fig. 115. — Vue perspective d'une sonnette à tiraudes.

cuivre. Sur la poulie passe un cordage attaché par une extrémité au mouton *M* et qui, à l'autre bout, se termine par un certain nombre de cordes plus petites appelées *tiraudes*, sur lesquelles agissent les manœuvres qui doivent faire fonctionner le mouton. Le nombre d'ouvriers est déterminé, lorsqu'on connaît le poids du mouton à employer, en supposant que chacun d'eux peut soulever un poids de 15 à 20 kilos.

Afin de maintenir les jumelles verticales de l'arrière à l'avant, on emploie une pièce de charpente biaise ou arc-boutant *F*. Cet arc-boutant qui est traversé par de fortes chevilles en bois servant d'échelons pour monter jusqu'au sommet de la sonnette, est assemblé, d'une part, avec les jumelles, et de l'autre avec une pièce *G*, appelée *queue de la sonnette*, réunie elle-même par un assemblage à la semelle, et maintenue par les deux contrefiches *H*.

Pour donner de la stabilité à la sonnette, on place sur l'extrémité de la queue des pierres ou une masse de fonte, mais de manière à ne pas gêner les ouvriers qui doivent manœuvrer le mouton. Ce mouton glisse le long des deux jumelles et est maintenu à l'aide de guides *g*, qui passent entre les deux pièces *B*.

Le travail du battage se fait ainsi. Les manœuvres qu'on emploie se groupent de leur mieux au-dessous de toutes les cordelles ; ils les saisissent en tenant les bras élevés au-dessus de leur tête, et en se courbant tous à la fois à un signal donné ; ils élèvent le mouton qu'ils laissent ensuite retomber.

Comme ce travail est très fatigant, on ne bat de suite que 20 à 25 coups de mouton, ce qui s'appelle une *volée*. Il faut, pour cela, une minute et vingt secondes. On se repose pendant un temps égal, ce qui fait deux minutes quarante secondes, auxquelles il faut ajouter vingt secondes pour temps perdu. On voit donc qu'il faut trois minutes par volée.

Un atelier travaillant dix heures, bat dans un jour cent vingt volées seulement, parce qu'il y a eu du temps perdu à transporter les pieux, à les mettre en fiche, à déplacer les sonnettes, etc.

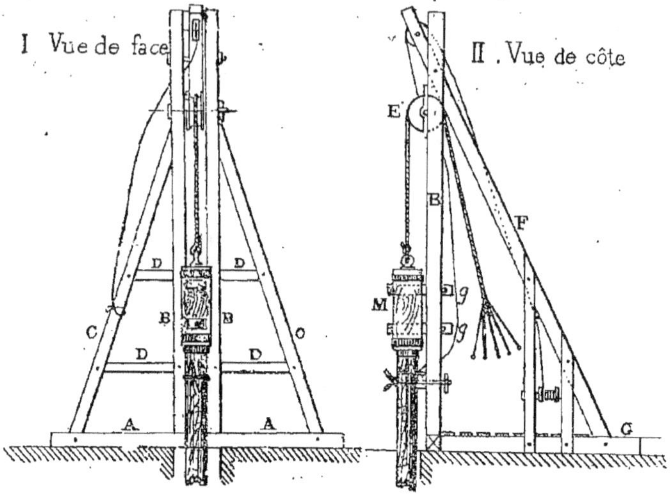

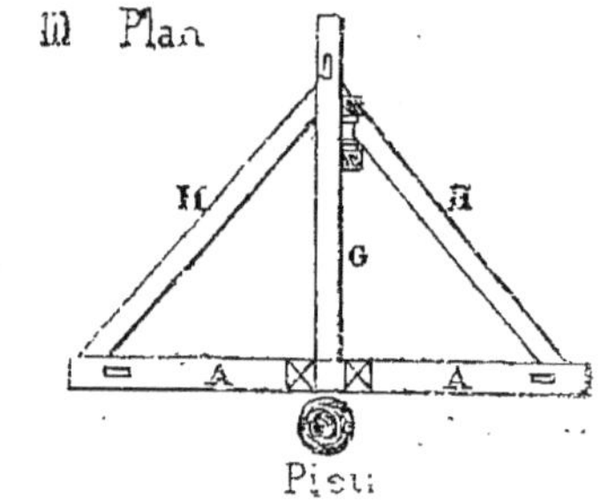

Fig. 116. — Détails d'une sonnette à tiraudes.

Il est certains terrains dans lesquels le battage se fait mieux avec une sonnette à tiraudes qu'avec une sonnette à déclic et réciproquement. L'expérience seule peut éclairer à ce sujet. En général, il est avantageux de commencer le battage avec une sonnette à tiraudes, et de terminer avec une sonnette à déclic.

Comme la glaise transmet latéralement la pression à laquelle elle est soumise, si on enfonce des pieux par le petit bout dans un sol glaiseux, l'enfoncement des derniers pieux fait remonter les premiers. On évite cet inconvénient en les enfonçant par le gros bout.

Les dispositions décrites précédemment doivent être modifiées :

1° Quand on a des pieux à battre dans l'angle d'une fouille profonde, où le patin ordinaire ne pourrait pas se loger. On fait alors un patin angulaire représenté (*fig.* 117).

2° Quand les pieux doivent être battus au-dessous de l'échafaud sur lequel repose la sonnette. Alors, il faut que les jumelles ne s'assemblent pas sur le patin, mais soient placées en avant et maintenues isolées sur trois faces au moyen de liernes fixées au patin d'une part et boulonnées sur les jumelles de l'autre, comme l'indique la figure 118.

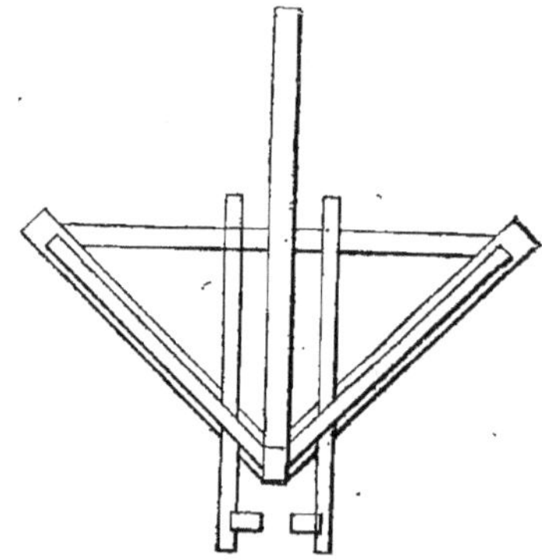

Fig. 117. — Sonnette d'angle. — Plan.

116. *Moutons.* Le mouton est le corps pesant, en bois cerclé de fer, ou en fonte, qui, par sa chute sur la tête des pieux, produit leur enfoncement.

Les moutons en bois sont formés d'un bloc rectangulaire en bois dur et de dimenions suffisantes pour peser le poids qu'on doit lui donner pour enfoncer les pieux. En général, on n'emploie pas de mouton

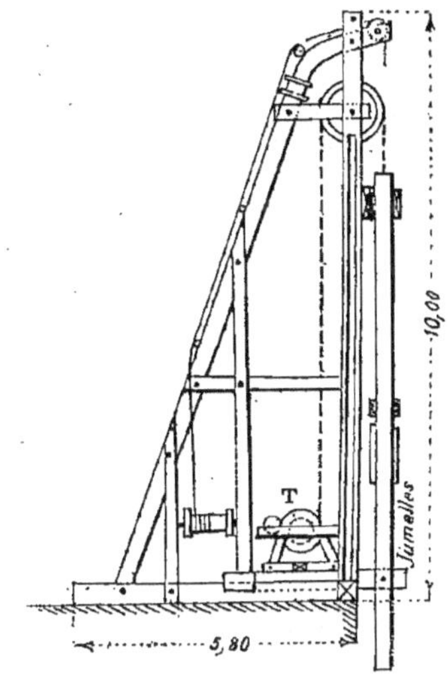

Fig. 118. — Sonnette à jumelles plongeantes.

qui pèse moins de la moitié du poids des pieux. Le plus souvent leur poids égale celui des pieux.

Les moutons en bois (*fig.* 119 et 120) sont fortement frettés du haut et du bas, ils por-

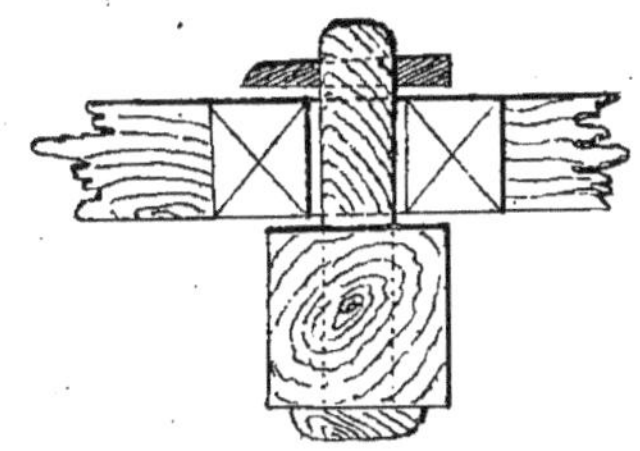

Fig. 119. — Ancien mouton en bois pour sonnette à tiraudes.

tent, sur leur face postérieure, deux oreilles qui s'engagent entre les jumelles et sont maintenues par des clefs. Sur la face supérieure, se trouve fixé un anneau auquel on attache le câble. La face inférieure est garnie de clous à tête carrée et plate qu'on enfonce régulièrement de manière à recouvrir entièrement cette face, qui doit être parfaitement plane, après la pose de cette garniture. Quand on néglige cette précaution, le mouton est promptement attaqué et, par suite, la tête des pieux se trouve elle-même fendue ou déformée, de sorte que les chocs ne produisent plus qu'une partie de l'effet qu'ils doivent donner.

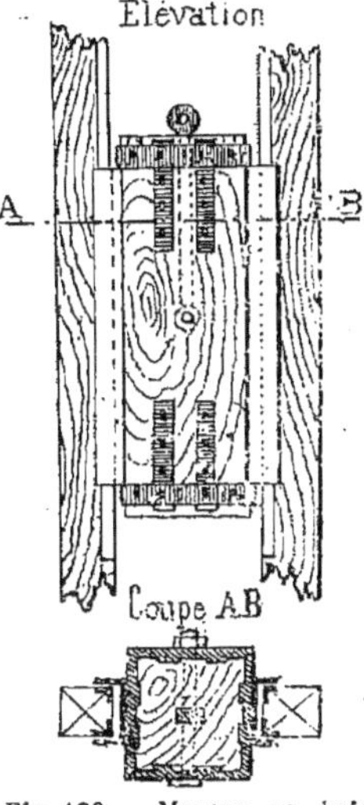

Fig. 120. — Mouton en bois avec guide en fer.

Les moutons en fonte employés avec les sonnettes ordinaires ont la forme d'une pyramide quadrangulaire tronquée. Une des faces de la pyramide, celle qui doit s'appliquer contre les jumelles, est normale aux

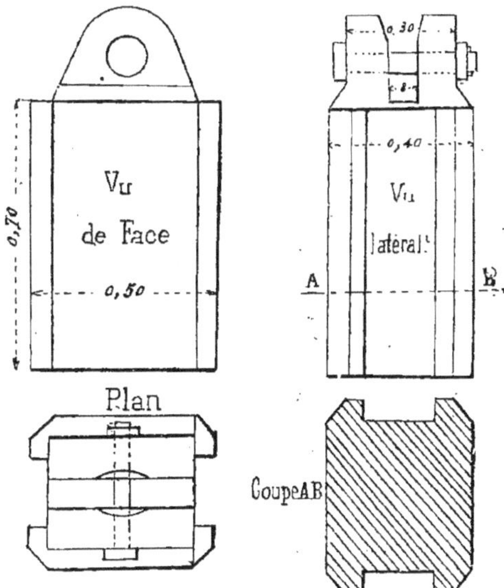

Fig. 121. — Mouton en fonte.

bases, les autres sont inclinées. On peut aussi leur donner la forme représentée par la figure 121.

II. — Sonnette à déclic.

117. Les sonnettes à déclic ne diffèrent des sonnettes à tiraudes qu'en ce que l'extrémité de la corde, au lieu d'être terminée par des cordons tirés par des hommes, est enroulée sur un treuil ou un tambour T (*fig.* 125). Une roue dentée est fixée sur l'arbre du treuil. Cette roue engrène avec un pignon, dont l'arbre porte à chaque

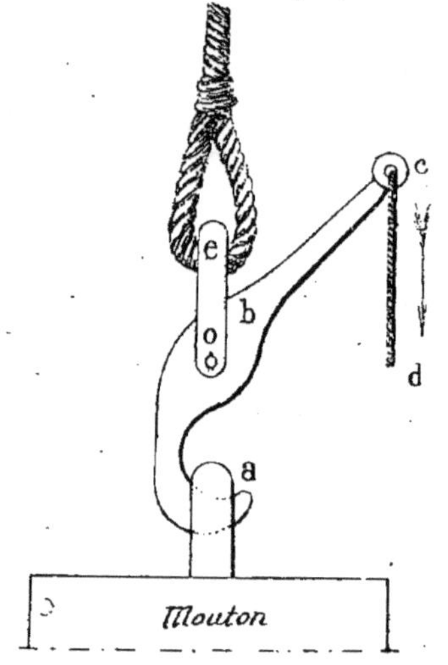

Fig. 122. — Déclic a crochet.

bout une manivelle. A l'aide de ce treuil et de ces manivelles, on peut élever le mouton à telle hauteur qu'on veut. On se sert dans ce cas, pour déterminer la chute instantanée, d'un appareil appelé *déclic*, qui peut présenter les dispositions suivantes.

Fig. 123. — Coq pour déclic de sonnette.

Le plus simple et le plus anciennement employé est représenté (*fig.* 122). Le mouton est suspendu en *a*, à un crochet auquel se trouve fixé, en *b*, un anneau placé à l'extrémité du cable, et en *c*, une cordelle *cd*, sur laquelle on fait effort pour produire le décrochement du mouton. Le crochet *a* est tracé suivant un arc de cercle dont le centre est en *o*, centre du tore de l'anneau *e*. On donne souvent à la pièce *b*, que l'on nomme le *coq*, la forme représentée (*fig.* 123).

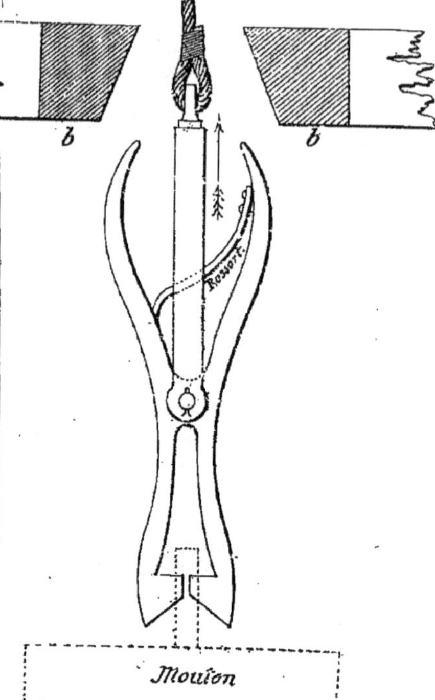

Fig. 124. — Déclic à tenaille.

On emploie plus fréquemment un autre mode de déclic représenté (*fig.* 124). Il a la forme d'une pince dont les deux mâchoires sont réunies par un axe auquel on attache un étrier en fer servant à fixer la corde qui sert à lever le mouton. Un ressort tient la pince, ou tenaille, fermée. La sonnette porte en un point déterminé de sa hauteur une pièce de bois *b* entaillée comme l'indique la figure. Les branches supérieures de la tenaille, en s'engageant dans cet intervalle, se rapprochent. Les mâchoires s'ouvrent et la chute du mouton a lieu.

Enfin on place quelquefois le déclic sur le treuil même qui sert à élever le mouton. Pour cela, on dispose ce treuil de manière qu'on puisse facilement, au moyen d'un levier à fourchette, faire échapper les dents du pignon de l'arbre à manivelle, de celle de la roue adaptée à l'arbre qui porte le cylindre sur lequel s'enroule le cable. Pour lever le mouton, on engrène le pignon P (*fig.* 125) avec la roue R, et on agit sur les manivelles M.

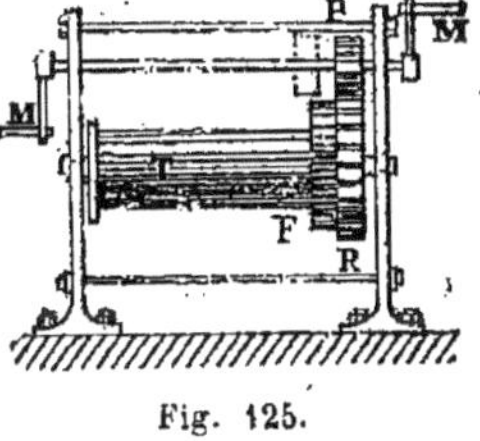

Fig. 125.

Pour opérer le déclic, on serre le frein, F, puis on désengrène le pignon. On lâche alors le frein et à l'instant même le mouton frappe. Il n'y a, ensuite, qu'à engrener de nouveau pour procéder à une nouvelle opération. Cette disposition est simple et peu coûteuse à établir, mais le mouton ne descend pas aussi rapidement que s'il était entièrement abandonné à son propre poids. Il est retenu dans sa chute par le frottement de l'arbre du treuil et par la raideur de la corde. D'un autre côté, la corde, dans ce mouvement rapide, s'use très promptement sur toute sa longueur et particulièrement près de l attache du mouton. Ce système qui, au premier abord, parait préférable par le temps qu'on gagne à ne rien accrocher, comme dans les deux systèmes précédents, a des inconvénients qui, dans certains cas, font préférer le crochet ou la tenaille comme mode de déclic.

Les moutons des sonnettes à déclic sont généralement beaucoup plus pesants que ceux des sonnettes à tiraude. Ce poids peut être de 1000 kil. avec une hauteur de chute de 3 à 5 mètres.

III. — Sonnette à vapeur.

118. La lenteur, le prix élevé et souvent la difficulté même du battage des pieux, ont conduit les ingénieurs à remplacer par des appareils mus par la vapeur les anciennes machines à bras. Les son-

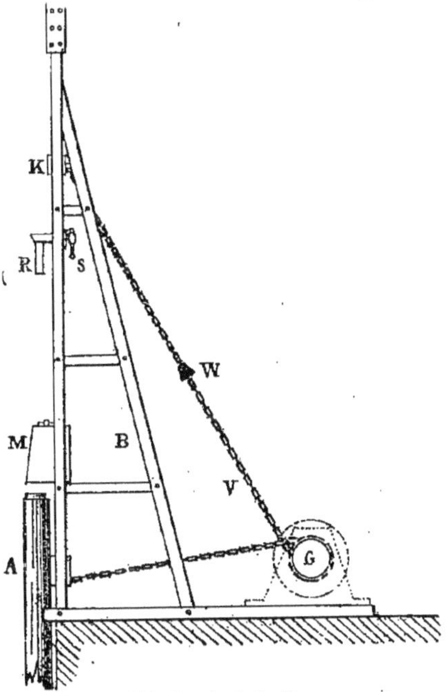

Fig. 126. — Élévation latérale d'une sonnette.

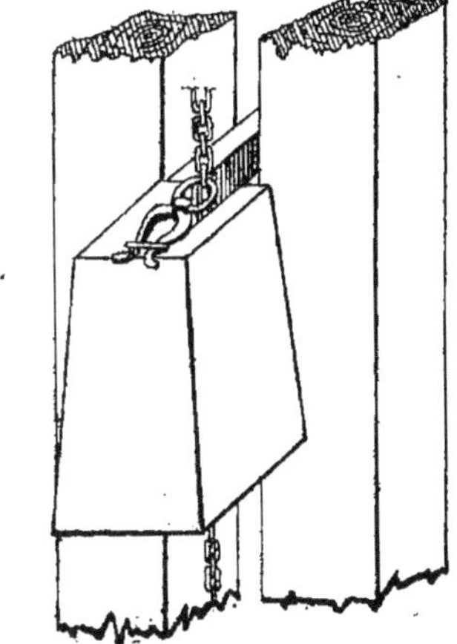
Fig. 127. — Vue du mouton et de son déclic.

nettes à tiraudes, remplacées par celles à déclic, marchant à bras, furent délaissées pour celles mues par la vapeur. Enlever le mouton au moyen d'un treuil mû par une locomobile a été le principe de presque toutes les applications.

On a imaginé un grand nombre de dispositions pour appliquer aux sonnettes ordinaires l'action d'un moteur mécanique. Parmi les nombreuses solutions de ce problème, nous citerons les plus importantes.

L'un des premiers types employés a été imaginé par M. J. Bower, et breveté en Angleterre le 3 février 1853. La disposition générale ne présente rien de particulier, mais le mouton est soulevé par des taquets fixés sur une chaîne sans fin, qui s'enroule sur une roue ou un treuil animé d'un mouvement continu de rotation.

Les croquis (*fig.* 126 et 127) feront facilement comprendre la disposition générale et les détails de cet appareil simple et ingénieux. En arrière du bâti B (*fig.* 126) de la sonnette est placé un treuil G sur lequel s'enroule une corde ou une chaîne sans fin V. Des taquets W, fixés sur cette chaîne, s'engagent successivement dans une pince placée sur la tête du mouton M et le soulèvent jusqu'à ce que la pince soit ouverte par le décliqueteur fixe R. Le mouton dégagé tombe et vient frapper la tête du pieu en fiche A. La chaîne sans fin V continue son mouvement. Un second taquet vient immédiatement s'engager dans la pince. Le mouton s'élève de nouveau jusqu'en R pour retomber sur le pieu.

Le décliqueteur R se fixe à la hauteur convenable entre les montants de la sonnette à l'aide de la vis de pression S. Ce décliqueteur, en forme de coin, s'introduit entre les longues branches de la pince, les écarte et fait ouvrir l'autre extrémité, qui laisse alors passer le taquet W, ce qui détermine la chute du mouton.

La chaîne sans fin V, V passe sur deux poulies de renvoi A et K, placées entre les montants du bâti de la sonnette. Ces poulies servent à régler la tension de la chaîne sans fin, quand la longueur se modifie, ou bien quand on change la position relative du treuil et de la sonnette. La poulie inférieure est tirée de haut en bas par le ressort à boudin, fixé au patin de la machine. La position de la poulie K est réglée à l'aide d'une vis qui traverse un écrou fixe placé entre les montants.

Une disposition plus simple encore a été imaginée par M. Janvier, ingénieur des ponts et chaussées. Les détails de cette installation sont donnés dans les annales des ponts et chaussées, 1856, t. I, pl. VI.

119. En 1857, la maison Decout et Lacour imaginait une sonnette à vapeur dans laquelle un fort cable remplaçait la chaîne de la sonnette Bower. Ce cable, fixé d'un bout à la main du mouton, passait sur la poulie de la sonnette, descendait pour envelopper le tambour de trois tours morts, et allait fixer son extrémité aux clefs du mouton, où le choc s'amortissait sur un ressort. Le tambour avait un diamètre de $0^m,80$. Il n'opérait qu'une révolution par coup de mouton, et dépensait peu de force, eu égard à son axe qui ne parcourait qu'un espace très court lors de la chute du mouton.

Ce système avait l'avantage de frapper vite et à toute hauteur.

La rupture du câble n'entraînait jamais les accidents qui arrivent avec les chaînes.

Dans toutes les sonnettes à déclic, si la transmission du mouvement du moteur au mouton variait un peu, la base de l'organisation mécanique restait la même, une machine actionnant un treuil, lequel, à son tour, actionnait le mouton. De là, chocs dans la reprise du poids à soulever, rupture des chaînes ou des câbles, bris des engrenages, encombrement des patins de sonnettes, trépidation et dislocation des charpentes.

Le travail des moteurs de ces sonnettes

:ant toujours intermittent, on voyait ɔs moteurs se ralentir sous la charge et emporter à toute vitesse alors qu'on laisit tomber le mouton et le mouvement ire osciller la sonnette de la base au ɔmmet en disjoignant ses assemblages.

Le battage en bateau donnait des résults plus mauvais, surtout quand le traail imposait le montage de la sonnette ur la lice du navire.

En effet, la tête de la sonnette, successivement et rapidement déchargée du poids u mouton, donnait des oscillations de lus en plus grandes qui forçaient à arrêer le battage, pour laisser la stabilité se établir. Les pieux sollicités par ces oscilations élargissaient leurs alvéoles et donaient moins de résistance à la charge u'ils étaient appelés à supporter.

Souvent, pour vaincre certaines couhes réfractaires à la pénétration, on lonnait au mouton des chutes de 3, 4, mètres de hauteur, qui produisaient ou a pénétration du pieu, ou son écartèlenent de haut en bas, ou l'arrachement le son sabot et le champignonnage du ied.

De ces trois cas, le premier et le derier sont le plus souvent produits par ces grandes chutes. Le deuxième se reconnaît *de visu*, mais les deux autres sont si peu faciles à constater, qu'on a souvent fait lisparaître entièrement le pieu pensant qu'il traversait des couches non solides, alors que son pied s'écartelait sur le rocher et ne présentait plus aucune résistance au choc du mouton.

Quelquefois, un pieu rencontrant un bois enfoui dans le sol, et résistant au choc, est abandonné comme au refus, alors qu'un second pieu rencontrant ce même obstacle, le déplace et laisse le premier pieu sans assise, s'enfoncer sous la charge des maçonneries.

Beaucoup de recherches ont été faites pour arriver à battre à petits coups lourds et vifs. Là était le problème, mais les sonnettes à déclic les plus rapides ne bataient que quatorze coups par minute et ne pouvaient vaincre le frottement du pieu et son adhérence au sol que par de grandes chutes.

Pilon à vapeur système Nasmyth.

120. M. Nasmyth, ingénieur anglais, pénétré des besoins dont souffraient les grands travaux de pilotis, fit une sonnette dont la base d'opération était établie sur ce principe : battre à grande vitesse avec un fort poids et une petite course. Il résolut le problème en se servant d'un pilon à vapeur enchâssé dans un cadre en tôle, vrai pilon de forge, avec son cylindre à vapeur, sa frappe attachée à la tige du piston, et tout son mécanisme.

La machine est portée sur une plateforme mobile et sur deux rails parallèles à la ligne de pieux à battre. Ces rails sont posés sur un échafaudage ou sur un bateau.

Les parties principales de l'appareil sont les suivantes :

1° Une petite machine à vapeur destinée à faire fonctionner successivement, selon les besoins, ou le treuil sur lequel s'enroule la chaîne qui supporte le pilon à vapeur, ou un tambour sur lequel s'enroule la chaîne servant à soutenir le pieu à mettre en fiche, ou enfin à faire avancer sur ses rails, dans un sens ou dans l'autre, l'ensemble du mécanisme.

2° Le pilon à vapeur proprement dit, suspendu à l'aide d'une chaîne passant sur la poulie placée au haut de la bigue, est assujetti à glisser le long de cette bigue. Cette petite machine auxiliaire et le pilon sont alimentés par une même chaudière à vapeur.

121. *Mouton.* Le mouton étant la partie importante, nous le décrirons de préférence.

Ce mouton représenté en coupe (*fig.* 128) se meut dans un étui en tôle qui enchâsse

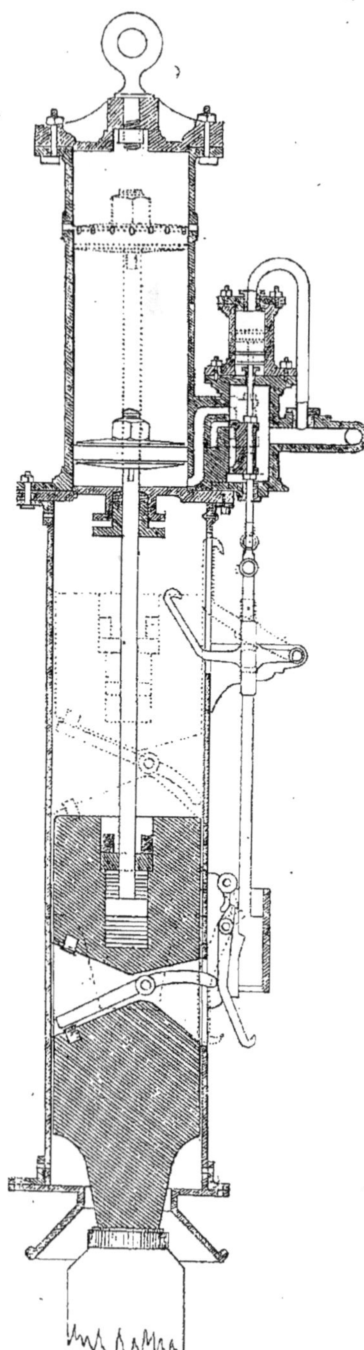

la tête du pieu et qui reçoit le cylindre à vapeur à sa partie supérieure. La tige du piston s'assemble directement avec le mouton. Des rondelles un peu élastiques empêchent les chocs de se transmettre au piston avec toute leur violence. Le cylindre porte à sa partie supérieure un anneau qui permet de le soulever au moyen d'une chaîne. Cette chaîne passe sur la poulie d'une chèvre et vient s'enrouler sur le tambour d'un treuil que l'on meut à bras.

La vapeur est introduite dans le cylindre du pilon par un tuyau en fonte de $0^{m},06$ de diamètre intérieur, articulé à l'aide de genouillères, de manière à suivre, en se développant plus ou moins, le cylindre dans toutes ses positions, depuis le sommet jusqu'au bas de la bigue.

Dans la première machine, le mouton frappait directement sur la tête du pieu et ne tardait pas à l'écraser. On était obligé de le recéper et de remettre une frette, ce qui entraînait une perte de temps considérable. L'emploi d'un faux pieu en bois de frêne placé entre le mouton et le pieu à enfoncer, a fait disparaître cet inconvénient. Ce faux pieu transmettait parfaitement les chocs et s'usait fort peu.

Ainsi que le montre la disposition du tiroir et du cylindre, la vapeur ne peut être introduite que sous le piston. Elle sert à soulever le mouton qui redescend par son propre poids, en entraînant le piston, aussitôt que l'échappement de la vapeur peut avoir lieu dans l'air extérieur.

Les ouvertures pratiquées à la partie supérieure du cylindre servent à laisser sortir l'air lorsque le piston remonte et à le laisser rentrer, lorsqu'il descend. La capacité, fermée de toutes parts, ménagée au-dessus de ces ouvertures, forme un matelas d'air qui empêche le piston de venir, en vertu de sa vitesse acquise, frapper le fond supérieur du cylindre.

DISTRIBUTION AUTOMATIQUE.

122. Le corps du cylindre porte latéralement l'appareil de distribution de vapeur, qui consiste en un simple tiroir à coquille, manœuvré par le jeu même du mouton. La tige du tiroir passe inférieurement dans un stuffing-box de la boite de vapeur. Supérieurement, elle traverse un second stuffing-box et se rend dans un petit cylindre alésé, où elle se trouve liée à la tige d'un petit piston. Ce cylindre communique inférieurement avec l'atmosphère et supérieurement, par un tuyau recourbé avec le tuyau d'arrivée de vapeur. La pression qui agit sur le dessus de ce petit piston, tend constamment à abaisser le tiroir, et c'est le jeu du mouton qui le fait remonter,

En effet, considérons le levier supérieur et le déclic inférieur qui agissent sur la tige du tiroir et suivons le mouton dans son ascension et sa descente.

Le piston étant au bas de sa course, l'orifice de vapeur est ouvert, et le piston va monter. En montant, il dégage d'abord le levier de déclic inférieur, puis, à une certaine hauteur, il soulève le levier supérieur. La tige du tiroir se soulève, et la vapeur s'échappe en même temps que le déclic inférieur s'engrène avec la tige, jusqu'au moment où le piston, ayant achevé sa course ascendante en vertu de sa vitesse acquise, retombe par son poids. Arrivé au bas de sa course, il décliquète la tige du tiroir, qui retombe par la pression même de la vapeur et ouvre de nouveau l'orifice d'entrée dans le cylindre.

L'encliquetage inférieur est disposé de telle sorte qu'il y ait une légère avance à l'introduction, de même qu'il y a une grande avance à l'échappement, avance calculée de manière que le piston arrive au haut de sa course avec une vitesse presque nulle.

Cet appareil, employé au viaduc de Tarascon, sur le Rhône, a donné des résultats qu'aucune sonnette à déclic n'avait pu produire : les pieux traversaient des couches de gravier de plus de 5 mètres d'épaisseur. De toutes parts, il fut reconnu que cette machine, même malgré son prix énorme de 39,000 francs, y compris frais de douane et de transport, était préférable à toutes les autres pour les grands travaux. Or, cette sonnette battait un pieu dans une heure en moyenne. Le poids du mouton ou pilon complet dépassait 4000 kilos, et celui de la frappe seule était de 1500 kilos, sous une chute de $0^{m},95$. Le nombre de coups frappés était, pour un pieu, de 9 mètres de fiche, de 1,500 environ, avec un générateur de 20 mètres de surface de chauffe.

Ce système cependant, n'a pas fait abandonner les autres sonnettes à déclic, quoiqu'on ait constaté sa supériorité incontestable sur tous les autres systèmes. C'est qu'en effet, quand on considère que les bonnes sonnettes à déclic à vapeur qui ne coûtent que 10, 12 et 15,000 francs grèvent déjà trop les travaux de battage, on recule, à plus forte raison, devant une dépense qui, en chiffres ronds, atteint 40,000 francs, et qui, sur un chantier où le nombre des pieux à battre serait de 1,000 ou de 2,000, ferait supporter à chacun des pieux une moins-value de 20 à 40 francs.

Un autre système a surgi : c'est le mouton balistique, actionné par la poudre; mais son prix, ses risques et la dépense de poudre sont si grands, que cet appareil doit être plutôt considéré comme scientifique que comme un outil pratique et sérieux.

123. Il y avait donc entre les machines à pilon et les machines à déclic, un écart qui paraissait considérable. Malgré la rapidité du travail de l'une, son prix trop élevé laissait aux autres la prérogative.

C'est cet écart que le mouton automateur à vapeur (système Lacour) a franchi de la manière la plus simple, la plus ingénieuse et la moins coûteuse.

Mouton automoteur à vapeur système G. Lacour.

124. La construction de la sonnette, sur laquelle ce mouton fonctionne, ne laisse rien à désirer, et résume tous les perfectionnements. De trois en trois mètres sont installés des planchers larges, com-

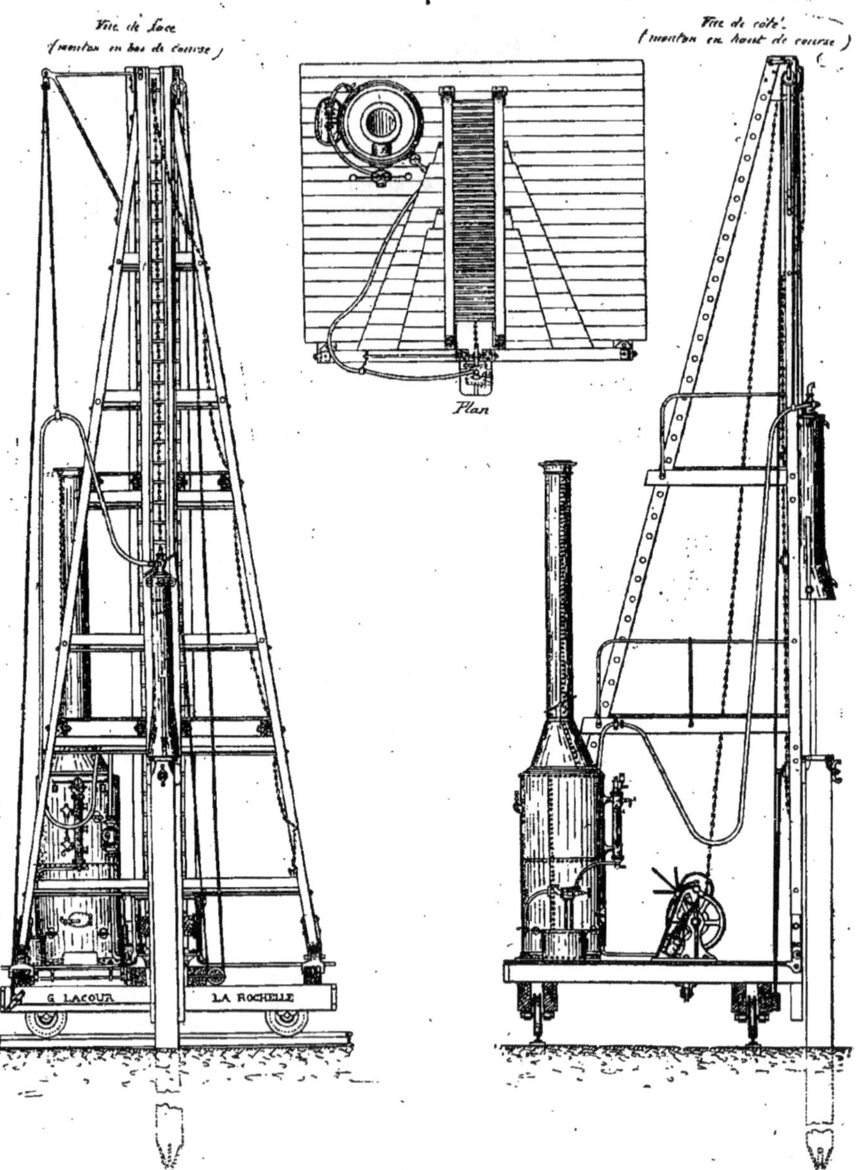

Fig. 129. — Machine à piloter à mouton automoteur à vapeur (système Lacour). — Chèvre de $10^m,00$ de hauteur et mouton de 1000 k., chaudière de 10 mètres carrés. — Treuil à bras et à vapeur a changement de marche.

modes, entourés de garde-corps, le constructeur pensant que de la sécurité pour les hommes dépend la rapidité des manœuvres. Une échelle donne accès à chaque étage de la sonnette, et au haut de cette échelle est installé un garde-corps circulaire (*fig.* 129).

Le mécanisme se compose d'un treuil mû à bras et de deux chaînes ; l'une destinée à mettre les pieux au levage, et l'autre qui n'a d'autre fonction que de déposer le mouton sur le pieu. Un petit treuil pour faire mouvoir la sonnette sur ses rails complète la partie mécanique du patin.

Pour les moutons qui dépassent 1000 kilos un treuil à vapeur remplace le treuil à bras.

La face du mouton frottant sur les montants de la sonnette porte, venues de fonte, trois parties dites guides ou galopins armés de boulons mobiles. Ces boulons font serrage sur une tôle d'acier assez légère et rigide pour retenir le mouton sur la sonnette, sans chercher à faire rompre les boulons. Des oreilles ménagées en haut du mouton servent à prendre la chaîne destinée à l'enlever.

Un levier muni d'un cordon, quand on veut manœuvrer à la main, ou d'une chaînette et d'un contre-poids, quand on veut obtenir le mouvement automoteur, fait l'introduction ou l'échappement de la vapeur.

La vapeur arrive de la chaudière au mouton par un tube en caoutchouc spécialement fabriqué à cet effet.

125. *Mouvement.* Le pieu dressé, on soulève légèrement le mouton pour le débarrasser de son taquet de retenue, et on le laisse reposer sur la tête du pieu. On ouvre légèrement le robinet de vapeur pour réchauffer le mouton et éviter la condensation par le contact du froid (opétion utile seulement après chaque arrêt prolongé), et le réchauffement fait, on ouvre complètement le robinet de la chaudière.

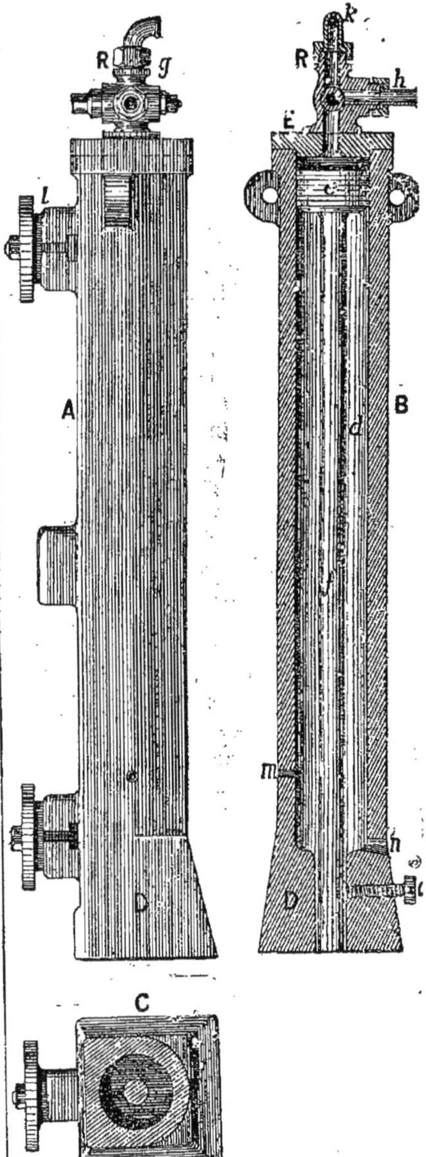

Fig. 130. — Mouton automoteur à vapeur (système G. Lacour).

Légende : A, élévation du mouton. — B, Coupe longitudinale. — C, coupe horizontale. — *d*, Cylindre. — *e*, Piston. — *f*, Tige. — *g*, Robinet de manœuvre. — *h*, Admission de vapeur. — *k*, Émission. — *l*, Guides. — *m*, avertisseur fin de course. — *n*, Purge et admission d'air. — *o*. Vis maintenant la tige dans le cylindre.

A ce moment, la vapeur se précipitant entre le couvercle et le piston, appuie la tige de ce dernier sur le pieu. Et ce point d'appui trouvé, elle enlève le corps en fonte jusqu'à ce que l'avertisseur du bas de la course lui offre passage. Alors l'orifice d'échappement du robinet est mis en communication avec l'intérieur du mouton, l'introduction se ferme et la vapeur s'échappe librement en laissant retomber le mouton sur le pieu.

Ce mouvement produit automatiquement par chaîne et contre-poids, peut donner 80 à 100 coups à la minute, mais l'expérience a démontré que la manœuvre du levier à la main, par cordeau, était préférable en ce qu'elle permettait de donner instantanément les courses jugées propres à l'enfoncement graduel du pieu. Cette conduite à la main a donné jusqu'à 50 coups à la minute.

Le treuil est alimenté de vapeur par la même chaudière qui alimente le mouton, lequel est naturellement inactif pendant tout le temps que dure la mise du pieu au levage et son assujettissement.

126. *Description du mouton.* Le mouton est formé d'un corps en fonte *A* (*fig.* 130), percé cylindriquement sur toute la hauteur que l'on veut avoir comme maximum de course, augmentée de l'épaisseur du piston et d'un jeu de 3 ou 4 centimètres.

La base du mouton porte une masselotte de fonte D servant de frappe, laquelle percée d'un trou cylindrique laisse passer la tige du piston, avec un jeu de 3 ou 4 millimètres, suivant la dimension de cette tige. A l'extrémité inférieure de la course du piston, le corps du mouton est percé de deux trous horizontaux, *m*, *n*, l'un de 10 millimètres au-dessus du piston, l'autre de 30 millimètres au-dessous. Le premier sert de purge à la condensation et d'avertisseur, alors que le mouton est au haut de sa course. Le deuxième est destiné à laisser pénétrer l'air dans le corps du mouton, au-dessous du piston, au moment de la chute, et à le laisser échapper quand le mouton s'élève. Le jeu du passage de la tige ainsi que l'avertisseur augmentent de toute leur section le passage de l'air, et empêchent la résistance qu'il opposerait au mouvement de descente ou d'ascension du mouton.

Le haut du mouton est fermé par un couvercle *E*, muni d'un robinet *R* à trois orifices, l'un en communication directe avec la conduite de la vapeur, le deuxième avec l'intérieur du mouton, et le troisième avec l'atmosphère ambiante.

Ainsi, dans ce système, point de décliquetage, point d'embrayage, pas de roues et de tambours qui tournent, pas de trépidation, pas d'oscillation, pas de châssis ni de cylindre à vapeur couplés avec un pilon, rien que la vapeur agissant directement sur un poids à soulever.

C'est le pilon Nasmyth, débarrassé de tous ses accessoires et rendu pratique par sa simplicité et son prix.

Le mouton automoteur système Lacour peut s'adapter à toutes les sonnettes et être agencé à toutes les chaudières existantes, sans que les détenteurs des sonnettes et chaudières soient tenus d'en modifier aucune partie.

Un mètre de surface de chauffe par 100 kilos du mouton, suffit pour assurer son fonctionnement à raison de 100 kilogrammètres de travail par mètre carré de surface de chauffe.

IX. — Refus.

127. Il est très important, lorsque les pieux doivent être très chargés, de s'assurer s'ils sont arrivés au refus *absolu* et non au refus *relatif*.

Le refus *absolu* est celui qui est obtenu par l'effet de la résistance naturelle du terrain, et non celui qui résulte de la compression du sol, par l'effet du battage des pieux et n'est dû qu'au frottement.

Dans quelques terrains on a remarqué que le pieu s'étant enfoncé jusqu'à une certaine profondeur, semble être arrivé au refus absolu, mais que si, après l'avoir laissé reposer huit à dix jours on recommence le battage, il s'enfonce de nouveau. Il est probable que le repos donne le temps au terrain qui avoisine le pieu de transmettre à une certaine distance la compression qu'il a éprouvée, et que, quand on recommence le battage, le sol ayant repris un peu d'élasticité, donne au pieu une nouvelle facilité pour enfoncer. On a vu souvent des pilots enfoncés à une certaine profondeur dans un terrain tourbeux, rebondir sur cette tourbe comme sur un matelas élastique et ne plus s'enfoncer. Il faut, dans ce cas, interrompre le battage et attendre quelques jours avant d'enfoncer le pieu de nouveau.

Pour ne pas arriver simplement à un refus relatif, il faut commencer le battage par le centre de la fondation et le continuer en s'avançant progressivement vers les bords, il faut aussi, dans les terrains où le sol résistant est très bas, diminuer toutes les causes de frottement et, par conséquent, dresser les pieux avec soin. On considère un pieu comme parvenu au refus absolu quand l'enfoncement n'est plus que de $0^m,003$ à $0^m,005$ par volée de trente coups d'une sonnette à tiraudes, ou par coup de mouton d'une sonnette à déclic tombant de 4 à 5 mètres, car, pour les dernier coups, on fait tomber le mouton de plus haut.

Lorsque le poids à supporter par les pieux n'est pas considérable, on n'a pas besoin d'arriver à un refus aussi absolu, on peut, quand chaque pieu ne porte que 7 à 8000^k arrêter le battage quand l'enfoncement n'est plus que de $0^m,03$ à $0^m,04$ ou $0^m,05$ par volée, si toutefois on est sûr que les pieux ont pénétré dans un terrain résistant.

Il faudra donc avoir soin, dans tous les cas, de s'assurer par des sondages préalables que le refus observé est dû principalement à la consistance du terrain dans lequel s'enfoncent les pointes des pieux. On aura ainsi la certitude d'un refus absolu et on évitera des battages inutiles.

X. — *Battage des pieux inclinés.*

128. Le battage des pieux inclinés se fait comme celui des pieux verticaux. On incline la sonnette sous l'angle convenable, et on tient compte de la moindre force du choc qu'il faut attribuer au mouton pour estimer convenablement le refus relatif.

XI. — *Faux pieux.*

129. Les faux pieux sont employés quand on est obligé d'enfoncer la tête des pilots au-dessous de la semelle de la sonnette ou quand, par accident, le pieu se casse. Le faux pieu est tout simplement une pièce de bois frettée aux deux bouts qu'on pose sur la tête du pilot et sur laquelle on fait battre le mouton. On place un goujon entre les deux parties. Il faut, autant que possible, éviter son emploi, car les trépidations qui se produisent à la jonction des deux pièces ne donnent jamais qu'un battage incertain.

130. *Pilots entés.* Les pieux *entés*, c'est-à-dire les pieux en plusieurs morceaux, doivent le plus souvent être rejetés à moins qu'il soit impossible de faire autrement. Si l'inconvénient précédent se produit, il faudra donc pour l'amoindrir faire les entures avec beaucoup de soins.

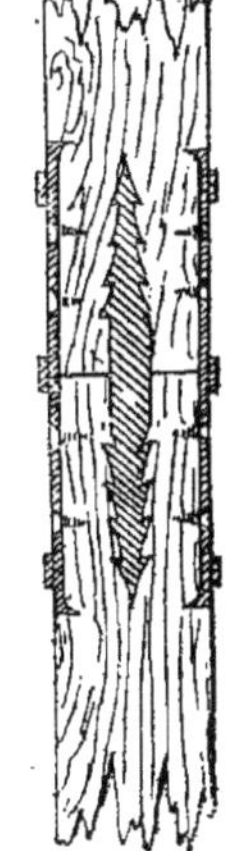

Fig. 131. — Enture de pieux.

Cette enture se fait ordinairement comme l'indique la figure **131**. Il faut couper bien carrément les deux pièces qui doivent être entées et les poser à plat joint l'une sur l'autre. On place entre les deux un double goujon barbelé qui les empêche de s'écarter. On consolide cet assemblage par des bandes de fer plat placées sur la surface des deux morceaux solidement encastrés, vissées et maintenues par un nombre de frettes suffisant pour rendre le tout solidaire. Avant de faire l'enture, il faut descendre le pieu aussi bas que possible et scier bien horizontalement toute la partie qui a souffert des chocs réitérés du mouton.

XII. — *Recépage des pieux.*

131. Presque toujours, les têtes des pilots battus à un refus déterminé se trouvent à des hauteurs très différentes au-dessus du plan fixé par le projet. Avant de procéder aux opérations ultérieures il faut les recouper tous à hauteur convenable. C'est cette opération qu'on désigne sous le nom de *recépage*.

On donne ordinairement aux pilots au moins $0^m,50$ de longueur de plus que celle qui est rigoureusement nécessaire, afin qu'il soit possible d'en retrancher, une fois le battage terminé, les parties qui ont le plus souffert du choc réitéré du mouton.

132. Nous avons à nous occuper : 1° du recépage dans des fondations ordinaires et dans les fondations hydrauliques avec épuisement ; 2° du recépage sous l'eau.

1° Dans les fondations ordinaires et dans les fondations hydrauliques avec épuisement, le recépage est une opération simple. Après avoir exactement déterminé la hauteur de la saillie de tous les pilots hors du terrain et marqué sur chacun la trace du plan coupant, on enlève l'excédent, soit avec une scie passe-partout, soit avec une forte scie de charpentier, manœuvrée par deux hommes ;

2° Lorsque le recépage doit se faire sous l'eau, on se sert de machines connues sous le nom de *scies à recéper*. On en a imaginé de beaucoup de formes différentes. Nous ne décrirons que les principales qui peuvent être considérées comme les types de toutes les autres. Dans le recépage sous l'eau, nous avons à considérer deux cas :

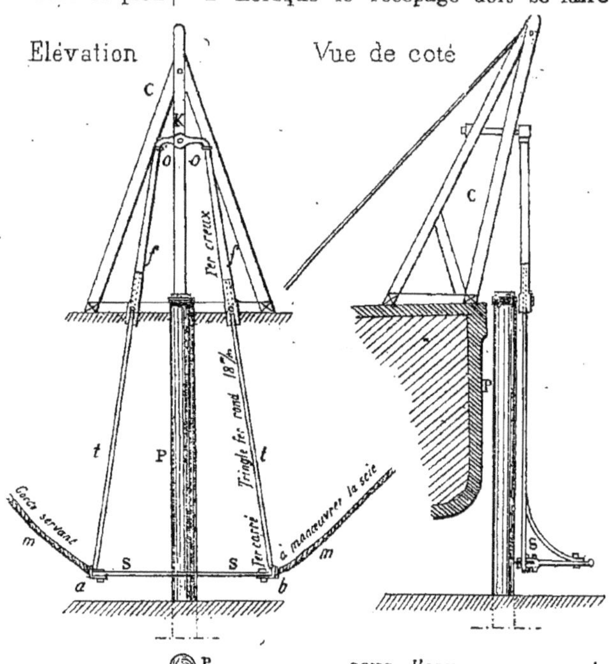

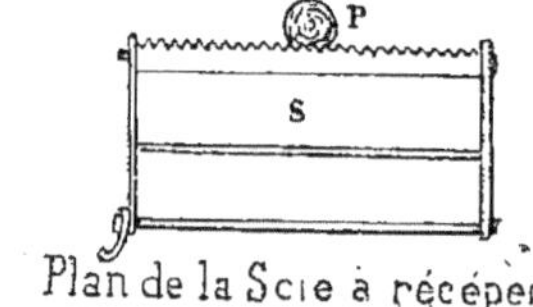

Fig. 132. — Scie à recéper les pieux dans l'eau.

1° Celui où le pilot doit être simplement coupé à une hauteur déterminée ;

2° Le cas où le pilot doit être coupe

bien horizontalement et d'une manière précise.

133. *Scie oscillante.* Quand, au lieu d'avoir à poser un caisson ou une plate-forme sur la tête d'un pilotis, ce qui exige un peu de précision, on n'a besoin que de recéper des pieux à peu près au même niveau, on se sert d'une scie oscillante représentée en croquis (*fig.* 132). La scie à recéper S est fixée à l'extrémité de deux tringles en fer rond *t*. Ces deux tringles peuvent entrer dans deux fourreaux en fer creux *f*, ce qui permet un allongement variable suivant les besoins,

Tout ce système est réuni en *o* à une pièce spéciale fixée sur un pied de chèvre C placé sur un bateau. Deux cordes *m* servent à imprimer à la scie le mouvement alternatif et en même temps à appuyer cette scie contre le pieu P, en ne les tirant pas dans un même plan vertical et en plaçant le pieu dans l'angle obtus que forment alors les cordes en projection horizontale. Cette scie est légère, solide et très résistante. Elle peut être montée sur bateau par les premiers ouvriers venus ; elle se démonte très facilement. Deux hommes montés sur le bateau ou sur un plancher *ad hoc*, même sur un radeau, la manœuvrent à la main. Le bâti entièrement dans l'eau offre une certaine résistance et rend le travail assez pénible. C'est pour éviter ce travail inutile, qu'on emploie aujourd'hui une autre scie à recéper dont nous allons parler. Avec cette scie on peut recéper jusqu'à 9 mètres sous l'eau.

134. *Scie à recéper de MM. Perdriel frères de Nantes.* Cette scie, qui résume les nombreux perfectionnements apportés depuis plusieurs années, est avantageusement employée dans le cas où toutes les têtes de pieux doivent être coupées bien horizontalement et au même niveau. Son but est de remédier aux inconvénients que présentaient les scies connues sous les noms de scies Pochets, Decessart, Darcel, etc. Ces dernières fonctionnaient relativement mal et ne pouvaient opérer à toute profondeur. Il faut, en effet, en les employant, faire mouvoir tout l'appareil qui est très lourd. D'un autre côté, à chaque mouvement des scies, il faut vaincre les résistances du bâti sous l'eau, ce qui est un grand travail perdu, notamment dans les eaux courantes. Aussi, les recépages faits avec ces outils reviennent-ils à des prix très élevés, par suite des difficultés d'exécution qu'ils présentent et du temps qu'ils exigent.

La scie à recéper à ruban et à mouvement alternatif des frères Perdriel, n'a pas ces inconvénients ; elle est généralement établie sur un pont de service ou sur deux bateaux. La figure 133 indique suffisamment la disposition pour qu'il soit nécessaire de nous y arrêter davantage. Le nombre de pieux recépés, par jour de travail, dépend du système d'installation, de l'essence des bois, de la profondeur du recépage sous l'eau, de la qualité et de l'affûtage des lames de scies.

L'installation sur pont de service est plus avantageuse. Elle permet d'obtenir un recépage presque mathématique et assez rapide. L'installation sur bateaux ne donne pas un recépage aussi correct et le travail est beaucoup plus long. En général, cinq hommes sont nécessaires pour manœuvrer la scie, soit quatres hommes à la manœuvre du balancier donnant le mouvement alternatif, et un chef charpentier dirigeant le travail et actionnant le mouvement pour l'avancement de la scie. Il faut environ une heure et demie pour recéper un pieu de hêtre de $0^m,40$ de diamètre moyen à $3^m,50$ de profondeur sous l'eau. Le prix de la scie proprement dite est d'environ 1,000 francs.

135. MM. Chalimbaud et Bridon, ont apporté une amélioration à la scie primitive dans sa partie inférieure, dont le résultat est de donner une surface de coupage parfaitement lisse.

Il arrivait, en effet, que la lame de scie se gauchissait entre les deux poulies de

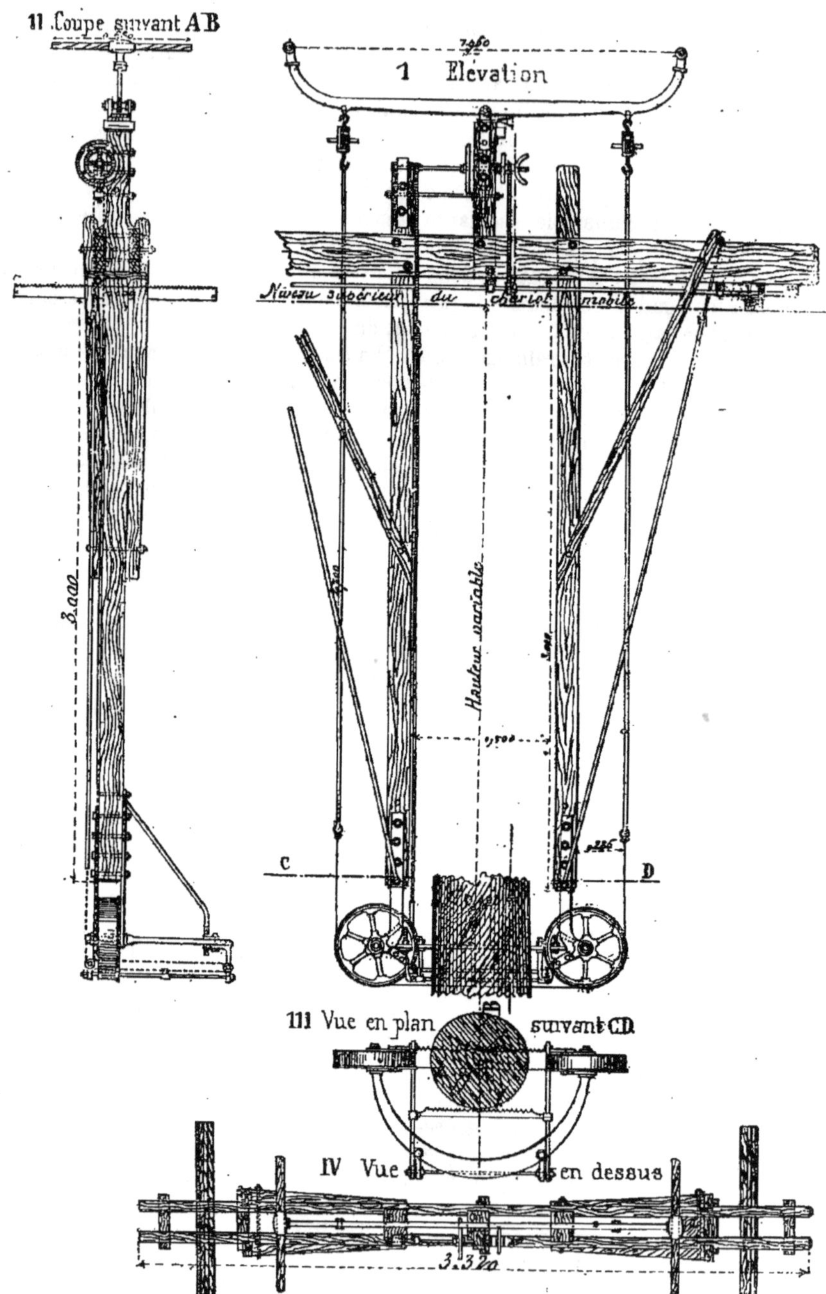

Fig. 129. — Scie à recéper de MM. Perdriel frères, de Nantes.

mouvement alternatif et que la surface sciée n'était pas toujours horizontale. Pour obvier à cet inconvénient, deux rouleaux de friction, formés de rondelles indépendantes, ont été placés au droit des guides du couteau de garde. Les points de contact de la lame de scie ont été alors plus rapprochés et, par suite, la section a été bien faite. La tolérance ordinaire pour le plan de coupe est de 3 à 5 millimètres ; pour avoir un résultat aussi complet il est bon d'essayer la scie en plein air et de bien la régler avant de la faire fonctionner dans l'eau.

XIII. — Arrachage des pilots.

136. Pour extraire un pieu enfoncé dans le sol, il faut lui faire subir un ébranlement en le frappant sur les côtés. Ensuite, il faut rendre le terrain qui l'enveloppe aussi meuble que possible. Cela fait, on se sert, pour l'arracher, de leviers, de vis, de crics, qu'on fait agir de différentes manières. Si l'emplacement est libre, on se sert d'un levier puissant dont le point d'appui est placé le plus près possible du pieu à extraire. Dans les rivières sujettes aux marées, on profite de la marée basse pour attacher fortement les pilots aux bateaux, quand la marée montante arrive, les bateaux se déplacent et entraînent avec eux les pilots.

Pour arracher les pilots, on les attache simplement à l'aide d'une corde ou d'une chaîne. On s'est aussi servi de griffes et de pinces de diverses formes, dont les mâchoires se serrent de plus en plus par suite de l'effort de tension exercé par la machine qui doit arracher le pieu.

Aujourd'hui, et pour les *cas difficiles*, on emploie la dynamite.

XIV. — Des palplanches.

137. *Définition.* On désigne sous le nom de palplanches des espèces de pieux méplats dont les dimensions varient entre les limites suivantes : épaisseur de $0^m,08$ à $0^m,10$ et largeur de $0^m,25$ à $0^m,35$. Ce sont ordinairement des madriers en chêne, en hêtre ou en sapin qu'on enfonce dans le sol à l'aide d'un mouton.

Ces palplanches, enfoncées les unes à côté des autres forment une surface qu'on désigne souvent sous les noms de *files de palplanches jointives* ; elles ont pour but de fermer tout passage à l'eau sous la base en maçonnerie ou sous le grillage en charpente qui les supportent.

138. *Assemblage des palplanches.* On peut poser les palplanches les unes à côté des autres comme l'indique le croquis

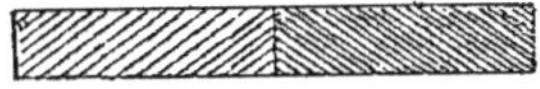

Fig. 134. — Assemblage à plat joint.

(*fig.* 134) ; cet assemblage à *plat joint* est

Fig. 135. — Assemblage à grain d'orge.

souvent insuffisant par suite des efforts

Fig. 136. — Assemblage à gorge.

que doivent supporter ces pièces. On

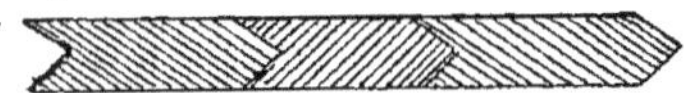

Fig. 137. — Assemblage à grain d'orge (variante).

est alors obligé de recourir aux disposi-

Fig. 138. — Assemblage à queue d'hirondelle.

tions (*fig.* 135, 136, 137), qui sont le plus

Fig. 139. — Assemblage à rainures et languettes.

en usage. On s'est également servi des

deux assemblages (*fig.* 138 et 139), mais ils tendent à disparaître.

L'assemblage à plat-joint étant le plus simple est souvent employé malgré les désavantages qu'il présente. Les palplan-

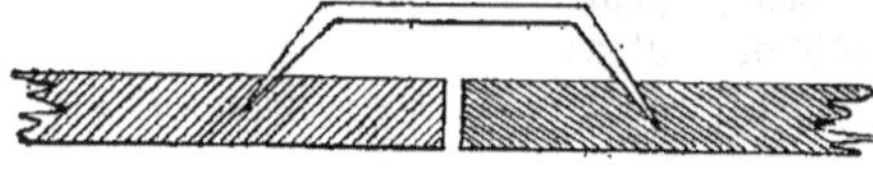

Fig. 140.

ches étant posées les unes contre les autres on se sert, pour les rendre jointives, d'un crampon à deux pointes (*fig.* 140), dans lequel les pointes sont évasées, de manière qu'à mesure qu'on l'enfonce dans les deux pièces dont on veut serrer le joint, les trous faits par les pointes sont forcés de se rapprocher.

139. *Affûtage.* L'affûtage des palplanches peut se faire comme celui des pieux. On emploie alors un sabot en fer ou en fonte comme l'indiquent les croquis (*fig.* 141 et 142). On peut aussi tailler l'ex-

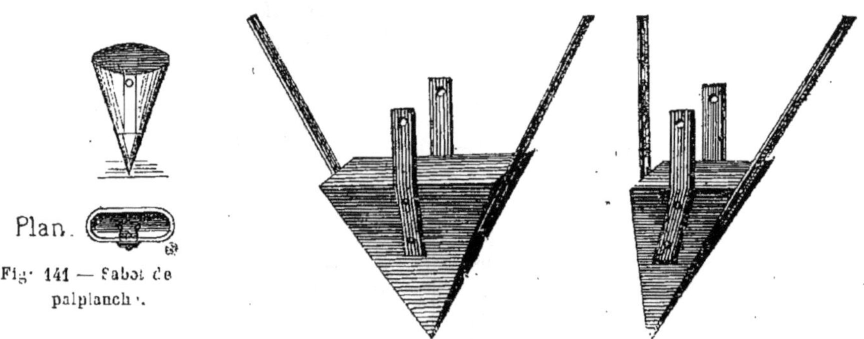

Fig. 141 — Sabot de palplanche.

Fig. 142. — Sabot de palplanche.

trémité en biseau comme l'indique la figure 143.

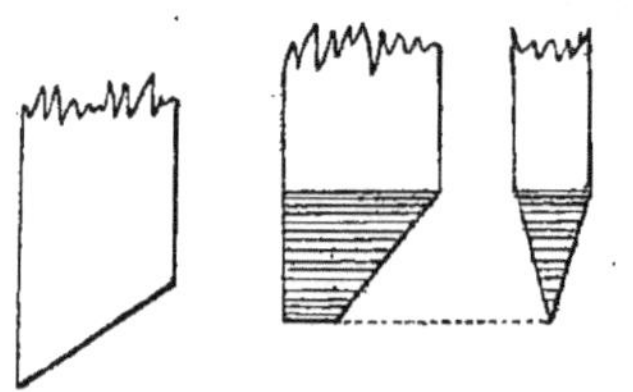

Fig. 143.

Les palplanches sont maintenues haut et bas par des moises solidement reliées et entretoisées comme l'indique le croquis (*fig.* 144).

140. *Battage.* Le battage des palplanches se fait comme celui des pieux, en ayant soin, toutefois, de mettre en fiche un certain nombre de ces palplanches puis de les battre successivement par petites quantités, mais de manière qu'elles s'enfoncent à peu près toutes en même temps.

141. *Ensabotage et frettage.* Lorsque le terrain est trop résistant, on est obligé de terminer chaque palplanche par un sabot en tôle ou en fonte. Le croquis de ce sabot est représenté (*fig.* 141). Afin d'empêcher le mouton de fendre les palplanches il est bon de mettre à leur partie supérieure une *frette* en fer pour les maintenir.

142. *Récepage.* Le recépage se fait comme celui des pilots. Lorsqu'on détermine la longueur que doivent avoir les palplanches, il faut avoir soin de les tenir de $0^m,40$ à $0^m,50$ plus longues qu'il ne faut, afin de pouvoir enlever toute la partie détériorée par le battage.

XV. — *Plates-formes et grillages sur pilotis.*

143. Comme nous l'avons déjà vu pour les fondations ordinaires, un grillage se compose d'un système de poutres croisées d'équerre et assemblées entre elles et

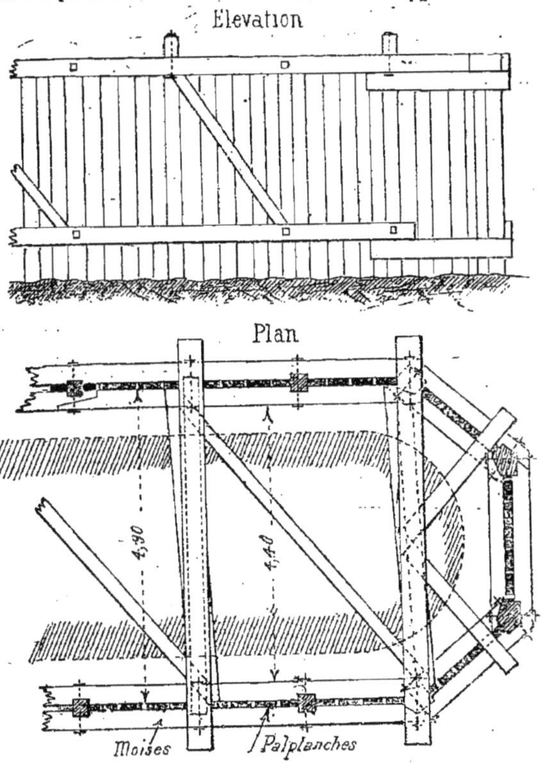

Fig. 144. — Application des palplanches à la construction d'un caisson sans fond.

avec les pilots. Les poutres qui réunissent les pilots dans le sens des files A (*fig.* 77) sont appelées *traversines* ou *raci-*

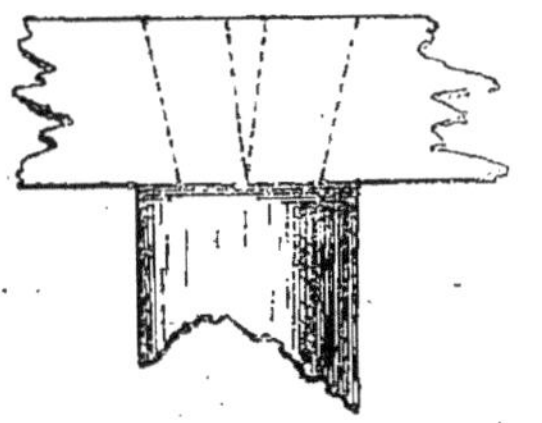

Fig. 145.

naux. Celles qui les réunissent dans le sens des rangées B sont nommées *longrines* ou *chapeaux*.

Le grillage en charpente posé sur des pieux enfoncés dans le sol est destiné à former un appui ou une base horizontale pour la maçonnerie qui doit s'élever au-dessus.

L'assemblage des longrines, traversines et chapeaux aux pilots se fait ordinairement à tenons et mortaises; mais il n'est utile d'avoir des assemblages à chaque pilot que quand les maçonneries sont soumises à de fortes poussées ou à des sous-pressions.

Une fois la mise en joint opérée, on coince tous les tenons, de manière à leur faire remplir, en serrant, tout le creux de la mortaise (*fig.* 145); dans ce cas, et lorsque les sous-pressions sont fortes, on se sert de l'assemblage à queue d'hironde (*fig.* 146).

L'assemblage des racinaux ou des longrines aux chapeaux se fait le plus souvent à mi-bois ou à tiers de bois, avec ou sans renfort (*fig.* 147.)

L'assemblage des longrines et des tra-

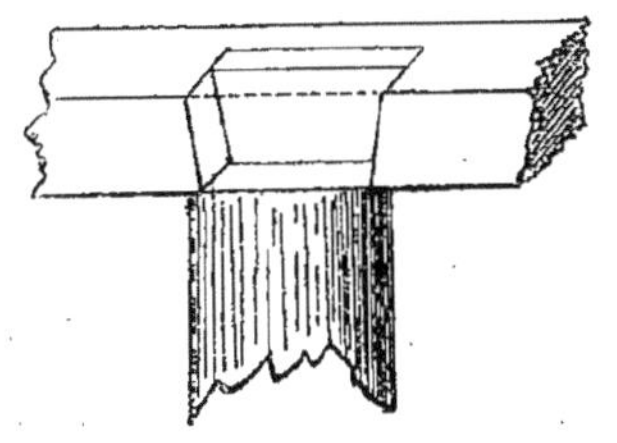

Fig. 146.

versines entre elles se fait aussi au moyen d'entailles représentées (*fig.* 148).

Lorsque l'assemblage du grillage est terminé et avant de poser le plancher, il faut enlever avec soin tout le terrain ramolli qui entoure les pilots et le remplacer par un empierrement qui peut être fait en pierres sèches, en maçonnerie ordinaire, en béton, ou en sable siliceux bien sec dans le cas d'une fondation ordinaire.

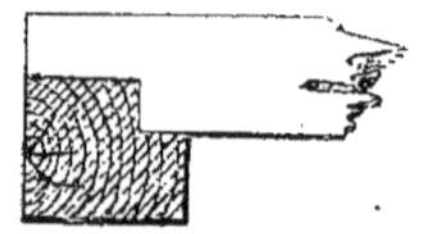

Fig. 147.

144. *Plancher. Bois employés.* Le plancher, placé sur le grillage, est le plus souvent formé par des madriers qu'on assemble à plat joint et qu'on fixe avec des clous, des chevillettes en fer ou simplement des chevilles en bois. Ce plancher en bois, qui n'est pas indiqué dans la figure 77 n'est réellement utile que dans les fondations hydrauliques. Pour les fondations ordinaires, il est supprimé. On maçonne alors immédiatement sur le grillage et sur l'empierrement.

Les bois employés sont bien équarris

Fig. 148.

et le plus possible exempts d'aubier. Le chêne est le meilleur et le plus durable. A défaut du chêne on peut également employer le hêtre et le sapin.

CHAPITRE V

FONDATIONS DIVERSES

SOMMAIRE

I. — Fondations sur plate-forme.
II. — Fondations par caissons.
III. — Fondations par encaissement.
IV. — Fondations sur un sol éminemment affouillable.
V. — Fondations sur un sol compressible et affouillable.
VI. — Fondations sur un sol indéfiniment compressible.
VII. — Fondations par puits.

I. — *Fondations sur plate-forme.*

145. Si la rivière est à son niveau le plus bas et qu'on n'ait pas à craindre une crue, on peut recéper tous les pieux à une même hauteur au-dessus de l'étiage, puis échouer sur ces pieux des longrines d'égale épaisseur et sur ces longrines un plancher. En plaçant un plancher à peu de profondeur sous l'eau, $0^{m},40$ à $0^{m},50$, il est facile de poser la première assise de la fondation sur ce plancher et d'élever ensuite le surplus de la maçonnerie qui se trouve affranchie de l'eau.

Pour échouer les longrines, on perce des trous sur le milieu de la tête des pieux, et on pose, dans chaque trou, des barres de fer rond qui s'élèvent au-dessus de l'eau et que l'on maintient dans une position verticale.

On peut ainsi relever parfaitement la position de ces espèces de jalons et préparer une pièce de bois percée de trous, disposée de telle sorte que les trous correspondent à chacun de ces jalons lorsqu'on la présentera au-dessus et qu'elle descende exactement sur la tête des pieux en faisant passer chaque barre dans son trou. Lorsqu'elle est ainsi appliquée, on fait descendre successivement, sur chaque barre un tuyau armé de pointes à son extrémité inférieure. On enfonce ces pointes légèrement dans le bois ; on enlève la barre de fer et on y substitue une broche en fer qu'on fait glisser dans le tuyau à la place de la barre et qu'il est ensuite très facile d'enfoncer sous l'eau avec un pilon en fonte.

Quand on a ainsi fixé les longrines sur les pieux, on amène dans l'emplacement de la pile le plancher, dont les madriers ne sont reliés que par quelques planches clouées sur la face supérieure. Ces madriers sont préalablement percés de trous placés de manière à répondre aux longrines, de sorte que, quand la plate-forme est arrivée à sa place, on peut, en la chargeant suffisamment, la faire appliquer sur les longrines. Alors il est facile de l'y fixer par des broches qu'on enfonce dans les trous préparés à l'avance, comme nous venons de le dire.

Si la plate-forme à placer sur la tête des pieux devait se trouver à une grande hauteur au-dessus du fond de la rivière, il y aurait à craindre que les pieux ne se déversent par l'effet d'une poussée horizontale qui ne serait pas détruite. Pour remédier à cet inconvénient, il convient, dans ce cas, de remplir avec des moellons tous les vides entre les pieux et même d'étendre l'enrochement au pourtour de la pile. Cet enrochement a le double avantage de maintenir les pieux dans leur position verticale et de défendre le sol contre les affouillements. Quand le terrain a une résistance qu'il peut être avantageux d'utiliser, au lieu de placer sur les traversines un plancher, on les relie par des longrines plus ou moins nombreuses. On forme un enrochement entre les pieux et jusqu'à fleur de ces longrines. On pilonne ces enrochements. Enfin, on coule du béton, jusqu'au niveau de l'étiage, ou au moins jusqu'à la hauteur où l'on peut poser la première assise du parement. Il faut alors, pour maintenir le béton, enceindre la fondation d'une ligne de palplanches ou de pieux jointifs suivant la profondeur du sol résistant.

II. — Fondations par caissons.

146. Quand la rivière sur laquelle on a une fondation de piles à faire est exposée à des variations de niveau fréquentes et assez considérables, mais surtout quand il y a une grande profondeur d'eau, l'emploi du procédé que nous venons d'indiquer n'est plus possible. Il faut alors recéper les pieux de niveau et leur faire supporter directement une plate-forme très épaisse et très solide, à laquelle on attache des bords mobiles assez élevés pour que le caisson ainsi fait ne soit pas surmonté par les petites crues après son échouage sur la tête des pieux.

Le caisson est formé :

1° Au fond, d'un cadre en fortes pièces autour de la plate-forme ;

2° De racinaux ou traversines jointives dirigées normalement à la longueur du caisson et assemblées aux deux extrémités dans les pièces de cadre.

Avant de mettre un caisson à l'eau, il faut que le fond et les bords soient soigneusement calfatées, afin qu'on puisse travailler à sec dans son intérieur.

III. — Fondations par encaissement.

147. Ce procédé est employé pour remplacer les fondations sur pilotis qui sont ordinairement fort coûteuses. Il consiste simplement à enfoncer, suivant le contour que doit avoir l'encaissement, des pieux P équarris et dressés (*fig.* 149), qu'on écarte

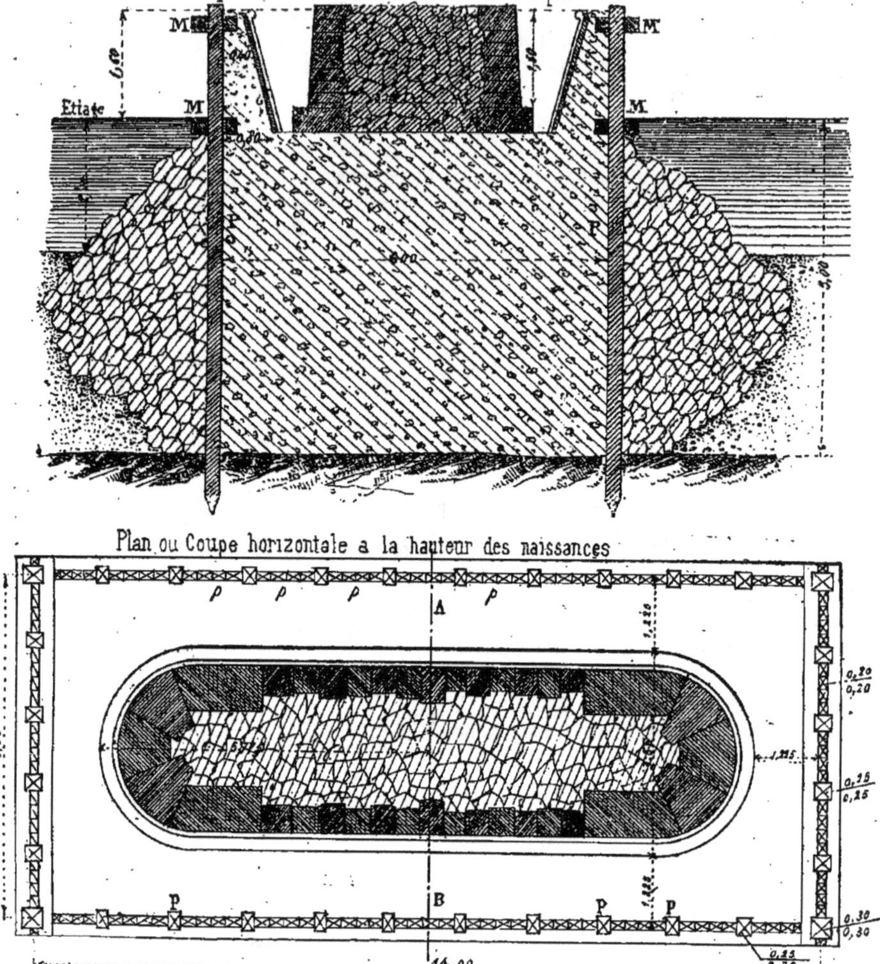

Fig. 149. — Fondation sur massif en béton dans une enceinte de pieux jointifs.

de 1 à 2 mètres. On réunit ces pieux par deux cours de moises M, laissant entre elles, un intervalle de 0^{m},10 ou 0^{m},12, suivant la profondeur de l'eau; puis on bat dans ces vides des panneaux *p* de palplanches jointives qu'on enfonce le plus profondément possible. Si le sol était difficile à pénétrer, quoique facilement affouillable, on draguerait avant de commencer le battage des pieux, mais le dragage doit s'étendre sur une surface plus grande que l'emplacement de la pile. Quand on ne drague pas avant le battage, on drague après. Dans l'enceinte ainsi creusée, on coule du béton, et on fonde la première assise, comme l'indique la figure 149.

148. *Coulage du béton.* Pour couler le béton, on se sert d'une caisse en tôle représentée (*fig.* 150). Cette caisse est suspendue par une corde, comme l'indique

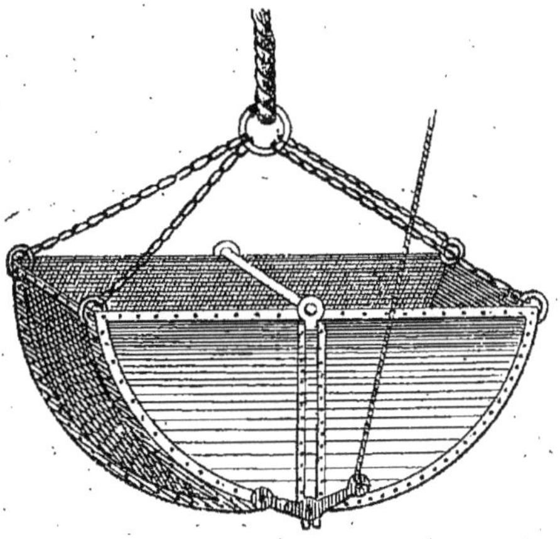

Fig. 150. — Caisse à couler le béton.

la figure ci-dessus. Lorsqu'on a un volume considérable de béton à fabriquer pour établir des fondations au-dessous du niveau de l'eau, il y a un grand intérêt à disposer le chantier dans lequel ce béton doit se préparer de manière à diminuer autant que possible les frais de cette fabrication. Le plus avantageux est donc de le fabriquer directement sur une plate-forme en madriers soutenue par deux bateaux, comme on l'indique (*fig.* 103), et de l'immerger ensuite directement dans le caisson échoué. En descendant le béton dans l'eau, il faut prévenir le délayage du mortier et la formation d'une boue calcaire incapable de durcir. Il convient donc de descendre le béton au fond de l'eau au moyen de la caisse (*fig.* 150), dont la partie inférieure s'ouvre à volonté, et dépose sur le fond le contenu du béton qu'elle renferme.

IV. — *Fondations sur un sol éminemment affouillable.*

149. Le seul moyen d'arriver à une fondation durable dans une rivière à fond mobile, est de créer sur toute l'étendue du pont et aux abords, un sol factice capable de résister à la corrosion. C'est ce qu'on nomme un *radier général.*

Sur un terrain aussi mobile, et en même temps aussi difficile à pénétrer, les fondations sur pilotis présentent très peu de sécurité à cause des affouillements certains qui viendront déraciner les pieux.

Le sol affouillable et constamment remué est, le plus souvent, formé de sable et de cailloux, car la terre végétale, l'argile et la tourbe sont entraînées.

Le procédé consiste à diviser la surface totale du radier en plusieurs parties au moyen d'un certain nombre de rangs de palplanches enfoncées de 4 à 5 mètres au-dessous du fond de la rivière. On place ordinairement deux rangs de palplanches en amont. Ces deux rangs d'amont sont nécessaires pour que, en cas d'affouillement à l'amont, le radier sur lequel reposerait le pont ne puisse pas être attaqué immédiatement, afin qu'il soit défendu par les débris de la partie comprise entre les deux rangs de palplanches. En aval on met également un certain nombre de rangs de palplanches pour éviter les

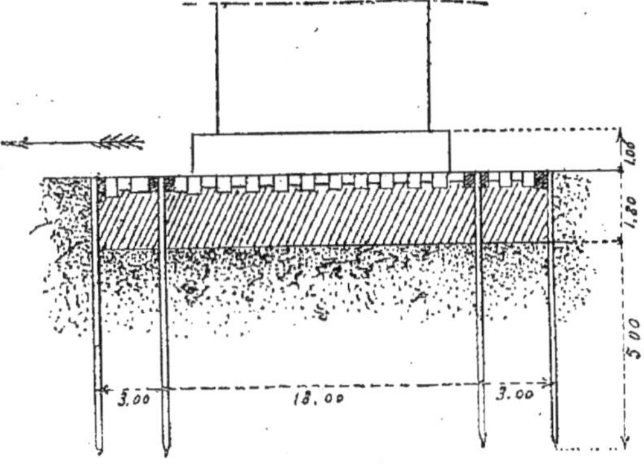

Fig. 151.

affouillements (*fig.* 151). Le fond étant dragué, on coule une couche de béton de 1^{m},80 à 2 mètres d'épaisseur, suivant les cas. C'est sur ce radier qu'on commence

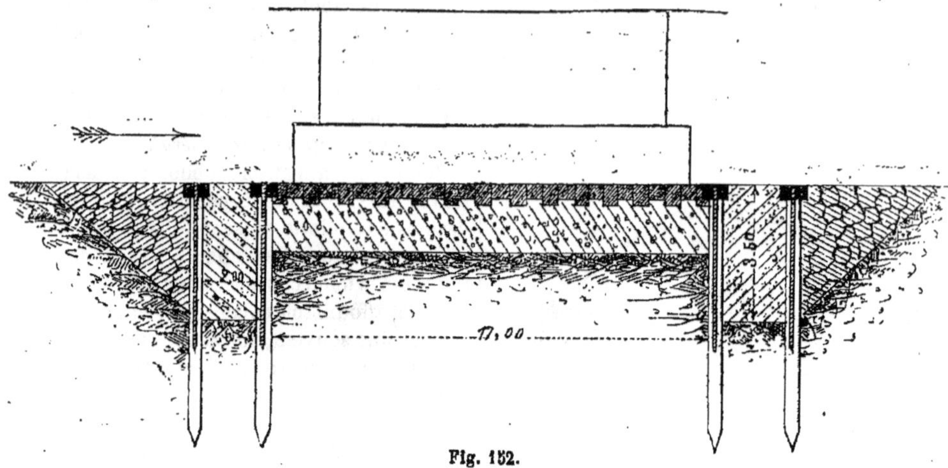

Fig. 152.

la construction du pont. Dans l'exécution du radier, le battage des palplanches et le dragage sont deux opérations difficiles.

Le pont-aqueduc du Guétin sur l'Allier

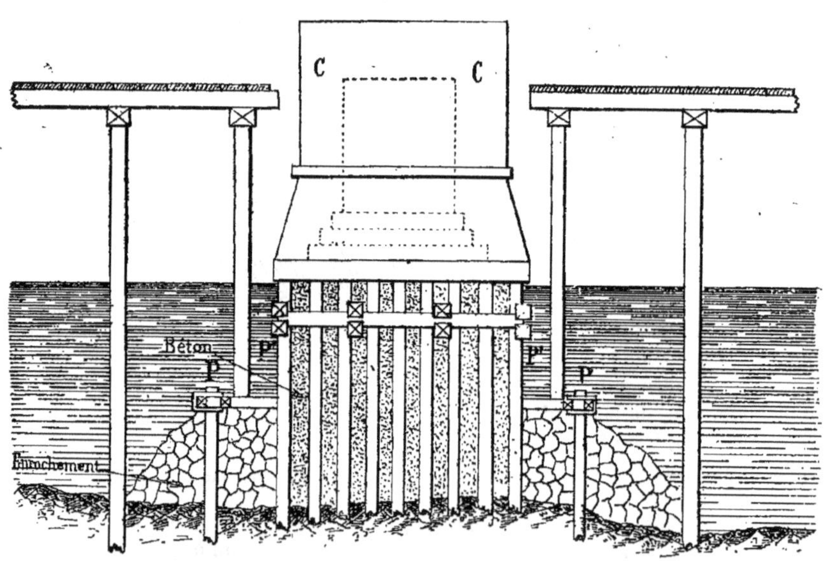

Fig. 153.

a été construit sur un radier général. Ce pont est composé de 18 arches de 16 mètres d'ouverture et de 17 piles de 3 mètres d'épaisseur. Le radier (*fig.* 152) a 485 mètres de longueur, 17^{m},00 de largeur et 1^{m},65 d'épaisseur ; à l'amont et à l'aval, et sur toute sa longueur, règnent deux murs de garde de 2 mètres de largeur et de 3m,50 de profondeur. Ces murs sont arasés, comme le reste du radier, à 0m,50 au-dessus du plan d'étiage de la rivière. Ils ont été construits, ainsi que la couche inférieure, sur 1 mètre d'épaisseur du corps du radier, en béton coulé sous l'eau. Ce mode de fondation a l'inconvénient de coûter très cher et de réduire beaucoup

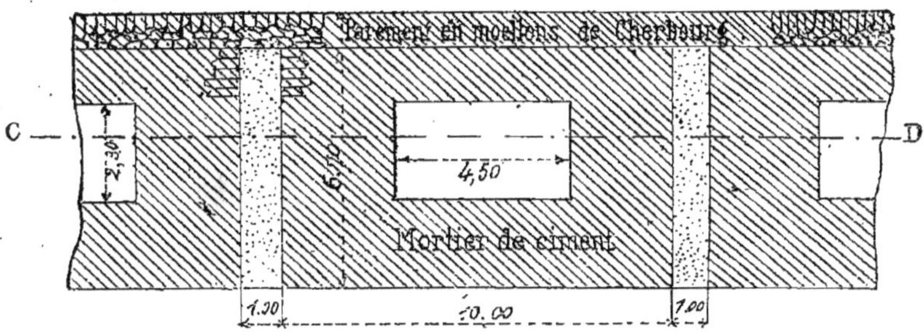

Fig. 154. Coupe suivant A B de la figure 155. — Les puits sont supposés non remplis.

le débouché du pont pendant les crues.

Il paraît donc généralement préférable de descendre les fondations des piles et culées au-dessous de la limite des affouillements possibles, soit au moyen de dragages et d'enceintes remplies de béton et protégées par des enrochements, soit par le procédé de l'air comprimé dont nous parlerons longuement.

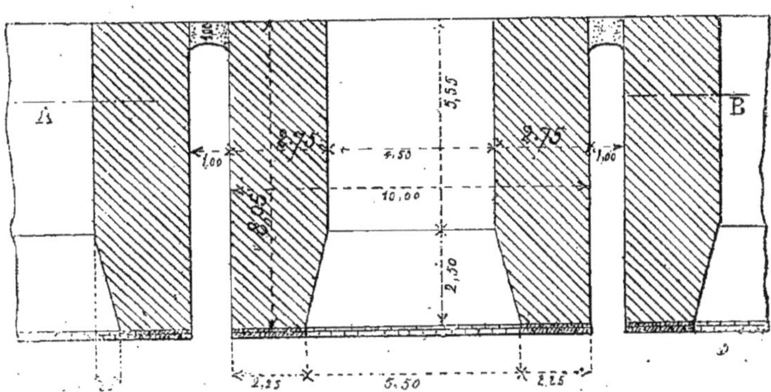

Fig. 155. — Coupe suivant C D de la figure 154.

V. — *Fondations sur un sol compressible et affouillable.*

150. Lorsque le sol compressible et affouillable n'a qu'une épaisseur limitée et que, au-dessous, se trouve un sol résistant, les fondations s'exécutent sans pilotis, en ayant soin de les descendre jusque sur le terrain résistant.

Lorsque le mauvais terrain a une grande profondeur, il est difficile de donner aux pieux la résistance nécessaire. Il faut alors prendre plus de précautions dans le battage et disposer la fondation de manière que les affouillements ne puissent pas atteindre le pied des pieux et les déraciner. Il convient surtout de limiter le terrain dans lequel s'exerce la compres-

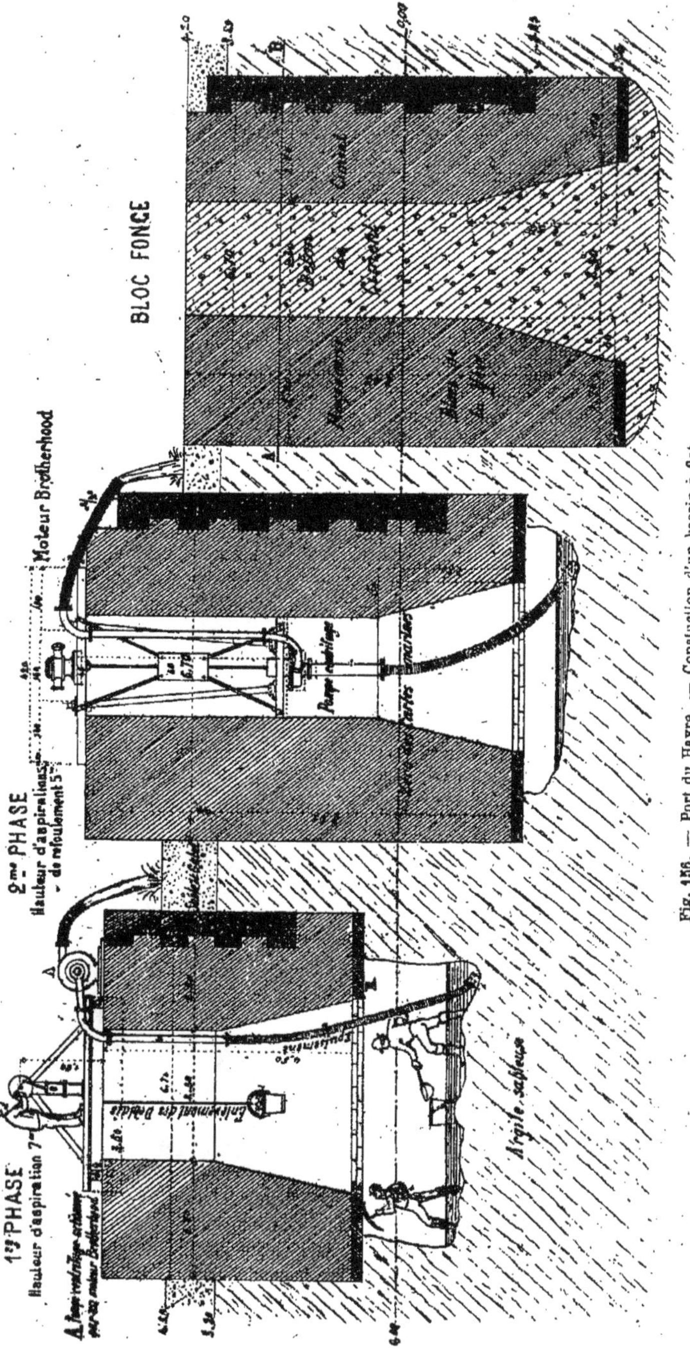

Fig. 156. — Port du Havre. — Constuction d'un bassin à flot.

sion produite par l'enfoncement des pieux, afin d'accroître la résistance qu'ils présentent.

Ces terrains sont, le plus souvent, des sols vaseux d'une épaisseur indéfinie et recouverts d'une forte couche d'eau.

On bat tout autour de l'enceinte que doit occuper la pile une série de pieux P jointifs, guidés par un grillage (*fig.* 153). Dans l'enceinte ainsi formée, on bat une autre série de pieux P' destinés à supporter la maçonnerie. Ces pieux sont descendus dans le terrain jusqu'à refus et recépés. On échoue un caisson C étanche, dans lequel on monte la maçonnerie de la pile. Autour des pieux qui supportent la maçonnerie et pour bien les maintenir on coule une forte couche de béton. Autour des pieux formant l'enceinte on place des enrochements destinés à éviter les affouillements.

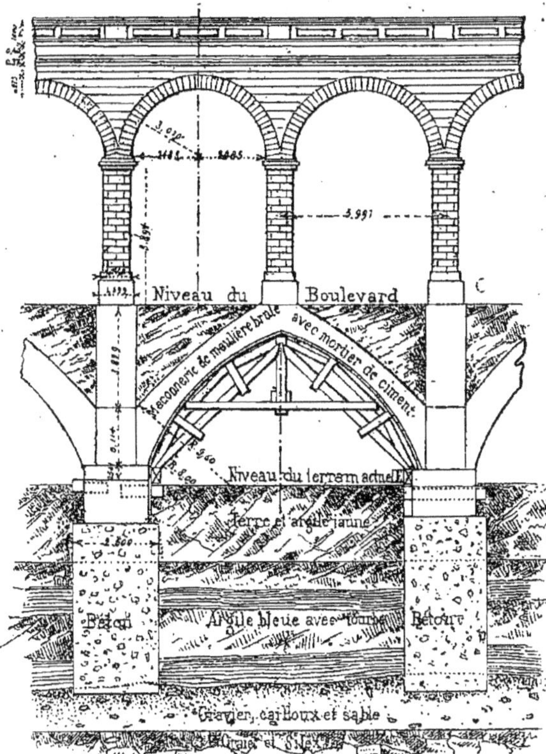

Fig. 157. — Élévation du viaduc du Point-du-Jour, à Paris.

VI. — *Fondations sur un sol indéfiniment compressible.*

151. Ce sont, en général, des terrains d'alluvion de telle nature que les pieux qu'on y enfonce ne parviennent jamais à un refus suffisant pour qu'on puisse leur faire supporter un poids considérable. On rencontre souvent, en plusieurs endroits, de la glaise molle en bancs très épais. Dans cette glaise, les pieux déjà battus se soulèvent quand on en enfonce d'autres dans leur voisinage, parce que la glaise transmet au loin la compression qu'on lui fait subir. Pour remédier à cet inconvénient, on enfonce les pieux le gros bout en bas.

Pour ces fondations, on larde le sol de pieux très longs recépés de niveau. Sur ces pieux, on fonde à l'aide d'un caisson. Il faut autant que possible diminuer la charge de chaque pieu en donnant de grands empatements à la fondation.

VII. — *Fondation par puits.*

152. Avant de terminer les fondations hydrauliques, il est bon de dire quelques mots du système employé au Havre pour la construction du IXe bassin à flot. Les fondations des murs de ce bassin ont été faites à l'aide d'une série de puits placés les uns à côté des autres comme le montrent les croquis (*fig.* 154 et 155). La coupe CD est une coupe verticale et la coupe AB une coupe horizontale.

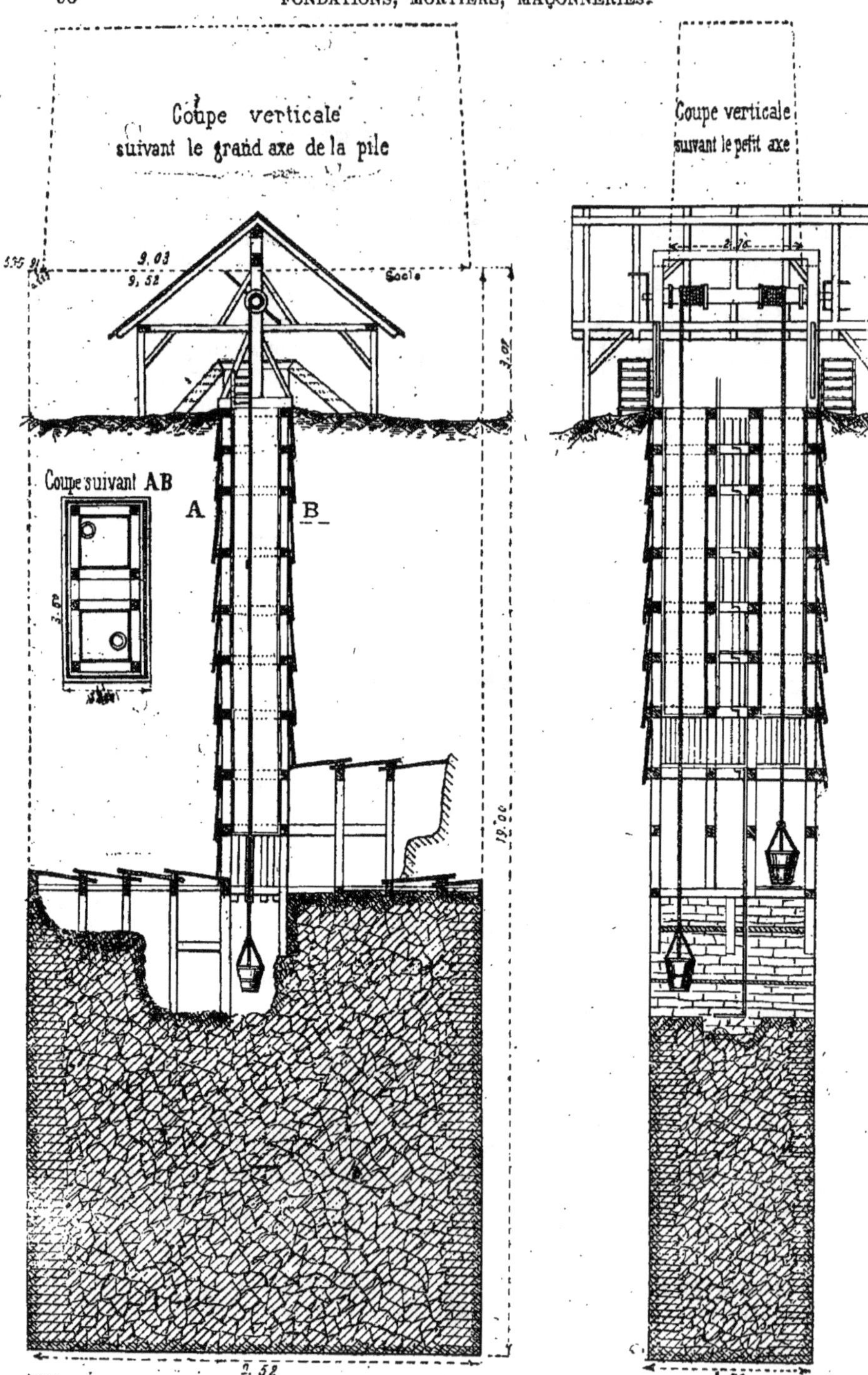

Fig. 157 *bis*. — Fondations au moyen d'un puits de mine.

Les différentes phases de constructions sont indiquées (*fig.* 156). Dans la première, après avoir enlevé le terrain de remblais, on construit sur le sable et les galets un véritable rouet R en fortes charpentes. Sur ce rouet on commence la maçonnerie. Le poids de cette maçonnerie fait descendre le rouet et si l'on a soin de laisser au milieu un vide suffisant pour que deux hommes puissent travailler et déblayer l'argile, la maçonnerie construite uniformément fera de plus en plus descendre le rouet, qui, comme l'indique la seconde phase, tend à se rapprocher du bon sol. Enfin la troisième phase indique le bloc foncé et le vide, servant de chambre de travail, remblayé d'un bon béton de ciment. Pendant tout le travail on est obligé d'épuiser.

Une partie du viaduc du Point-du-Jour a été, comme l'indique le croquis (*fig.* 157 et 157 bis), construite sur puits en béton. Dans certains cas spéciaux, on s'est servi pour la fondation des piles culées de pont d'un véritable puits de mine. Alors les fondations ont de grandes profondeurs.

CHAPITRE VI

FONDATIONS TUBULAIRES A L'AIDE DE L'AIR COMPRIMÉ

SOMMAIRE

I. — Principe de la méthode.
II. — Outillage employé ; 1° Caissons et hausses — Résistance des caissons ; 2° Refoulement de l'eau — Compresseurs à air ; 3° Extraction des déblais — Ecluses ou sas à air ; 4° Maçonneries de remplissage.
III. — Installation et fonçage.
IV. — Applications diverses des fondations à l'air comprimé.

I. — Principe de la méthode.

153. Les fondations pneumatiques sont exécutées à l'aide d'une sorte de cloche à plongeur occupant soit la surface totale, soit une surface partielle de la fondation à exécuter. Cette cloche A (*fig* 158), coupante à sa partie inférieure, est descendue au fond de la fouille ou de l'eau et à l'endroit exact où doit se monter le massif de fondation. Au-dessus de cette cloche se trouve un tube métallique B, puis une écluse cylindrique C en communication d'une part avec la cheminée B, par une porte r et d'autre part avec l'air extérieur par une porte r'.

154. Si dans l'appareil, préalablement descendu sur le terrain, nous refoulons de l'air au moyen d'une machine soufflante ou d'un compresseur d'air, il est évident que la tension intérieure augmentant, elle refoulera bientôt à l'extérieur de la cloche A toute l'eau et même les vases molles qu'elle pourrait contenir, et que, si l'excès de tension est poussé assez loin, on pourra ainsi expulser tout le liquide et mettre le fond à sec.

L'ensemble de l'appareil formera dans

cet état une véritable cloche à plongeur, au fond de laquelle on pourrait travailler si l'on pouvait aisément y atteindre. C'est dans ce but qu'on a ajouté au tube B une chambre c en fonte ou en tôle de grandeur convenable, à laquelle on a donné les noms de *chambre*, *écluse* ou *sas à air*.

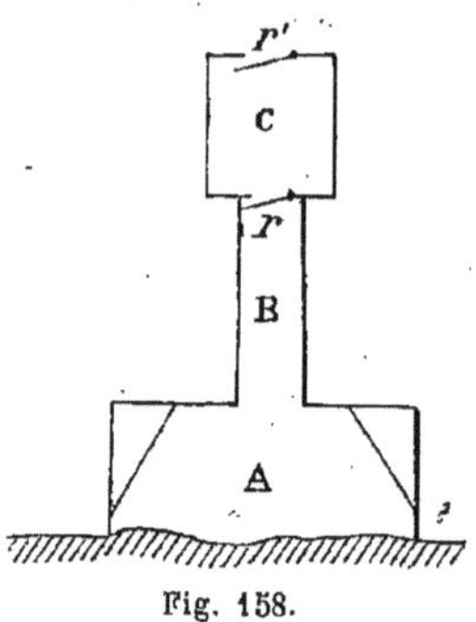

Fig. 158.

En passant, à l'aide d'écluses à air, de l'atmosphère extérieure dans l'air comprimé, les ouvriers peuvent s'introduire dans la cloche A et déblayer le sol. Au fur et à mesure de ce déblayement, le caisson A s'enfonce, ce qu'on facilite en le chargeant, sur son plafond de maçonnerie faite à l'air libre et à l'abri d'une enveloppe en tôle (hausses), qui forme le prolongement des parois du caisson.

Ce fonçage doit être continué jusqu'au sol qu'on juge assez solide pour porter le poids total de la construction et à une profondeur assez grande pour ne pas offrir de craintes d'affouillements.

Arrivé à ce terrain solide on coule alors au fond du tube un lit de mortier de ciment romain qui s'oppose à l'introduction de l'eau puis on remplit le caisson de béton et de maçonnerie, ainsi que le vide réservé jusqu'alors pour les cheminées d'accès, de façon à ne plus avoir qu'un seul bloc de maçonneries.

A des profondeurs qui dépassent 25 mètres sous l'eau, la pression de l'air est telle que les ouvriers ne peuvent plus y résister. On doit, pour faire travailler à une grande profondeur, s'assurer que les ouvriers sont convenablement nourris et bien reposés.

L'effet de l'air comprimé sur l'organisation humaine se manifeste lors de l'entrée dans l'écluse par une douleur sur le tympan des oreilles. Cette douleur dure aussi longtemps que la pression (agissant extérieurement sur cette membrane) n'est pas équilibrée intérieurement par celle de l'air comprimé qui s'introduit par les trompes d'Eustache. On avance le moment où cet équilibre est rétabli en avalant de l'air.

Le séjour dans le caisson n'implique aucune souffrance. La sortie, quoiqu'elle s'opère sans la douleur de l'entrée, exige davantage d'attention et doit s'opérer lentement pour laisser à l'air comprimé, qui remplit le corps et notamment les petits vaisseaux et membrane poreuse des poumons, le temps de se dégager sans entraîner leur rupture.

L'abaissement notable de la température dans l'écluse, au moment où l'air comprimé se détend (correspondant à l'échauffement de l'air lors de sa compression) produit immédiatement un épais brouillard et est une autre raison de ne pas accélérer l'éclusage à la sortie.

Un long séjour dans l'air fortement comprimé cause aux ouvriers des douleurs dans les articulations des genoux, des coudes et des épaules, qui se guérissent par des compresses d'eau froide et du repos. Il se présente rarement des accidents graves et seulement quand la pression dépasse 2 atmosphères. Un travail de 6 heures pour un ouvrier avec une pression de 1 atmosphère 1/2 ne cause pas d'inconvénient.

155. En résumé :

1° Le batardeau est formé par le *caisson* et les *hausses*;

2° Les épuisements sont remplacés par le refoulement de l'eau par l'air comprimé;

3° Au lieu d'un dragage, il y a extraction des terres dans l'air comprimé;

4° Les maçonneries se font pour une faible partie dans l'air comprimé et pour la plus grande partie à l'air libre.

156. Les premiers avantages de ces

modifications sur les autres procédés sont :

1° L'étanchéité absolue du batardeau ;

2° La faculté de faire les maçonneries à sec en même temps que l'extraction des terres.

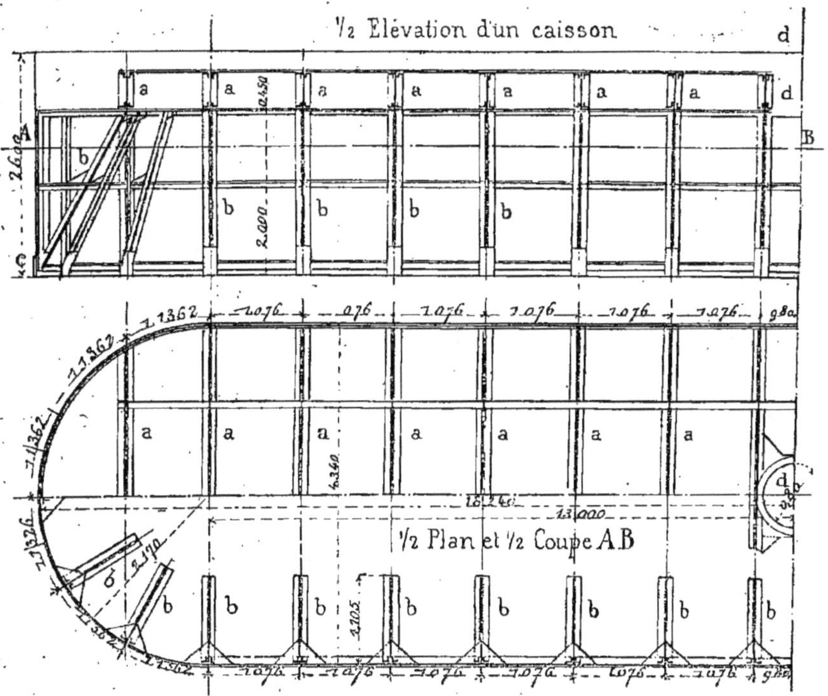

Fig 159. — Chambre de travail d'une pile. (Poids 19774 k. 80.)

II. — *Outillage employé.*

57. Nous examinerons ci-après l'outillage de chacune des quatre opérations qui constituent l'exécution d'une fondation faite à l'air comprimé, puis les installations et le fonçage lui-même (1).

I. — Caissons et hausses.

158. Le caisson qui forme la partie inférieure de la fondation doit remplir deux conditions principales :

1° Offrir une étanchéité suffisante pour permettre l'accumulation de l'air comprimé ;

2° Résister par sa construction à la charge de la maçonnerie superposée et à la poussée latérale des terres qu'il traverse.

Les caissons peuvent être, en fer, en fonte, en bois, et, pour quelques cas particuliers, en maçonnerie.

159. *Caissons en fer.* Les caissons en tôles et cornières sont ordinairement employés pour les fondations importantes. Le plafond est formé par des poutres horizontales *a* (*fig.* 159 et 160) reposant sur des consoles verticales *b*, qui servent d'armatures aux parois et consolident l'angle du plafond avec ces parois. Cette charpente est soigneusement entretoisée et

(1) Nous extrayons ces quelques renseignements sur les fondations à l'air comprimé d'une notice très intéressante de M. C. Zschokke, ingénieur distingué et spécialiste pour les travaux de ce genre.

l'étanchéité est obtenue par une enveloppe en tôle qui est renforcée au bas par un

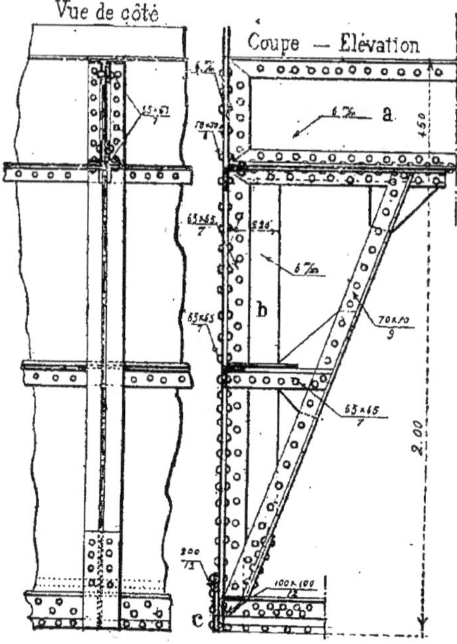

Fig. 160. — Console des chambres de travail (détail).

fer plat *c* formant tranchant et qui résiste aux détériorations que causerait, pendant la descente, la rencontre de gros déblais. Dans le plafond, une ou plusieurs ouvertures circulaires *d*, entourées d'une amorce de cheminée sont ménagées afin de permettre la communication avec l'extérieur.

Au-dessus des poutres du plafond, on prolonge la paroi du caisson par une enveloppe en tôle formée de viroles V (*fig.* 161), d'environ 1 mètre de hauteur, nommées *hausses*.

Ces hausses, qui constituent la continuation de la paroi de la chambre de travail, ont pour but :

1° De diminuer le frottement entre la maçonnerie de fondation et le sol qu'elles traversent;

2° De résister à la traction résultant de la différence existant entre les frottements du bas et du haut de la fondation ;

3° D'empêcher le contact immédiat de l'eau avec la maçonnerie encore fraîche ;

4° De servir au besoin de batardeau, quand il convient de rester avec les maçonneries de fondation, en contre-bas du niveau de l'eau, ou quand une crue subite vient à dépasser le niveau des maçonneries.

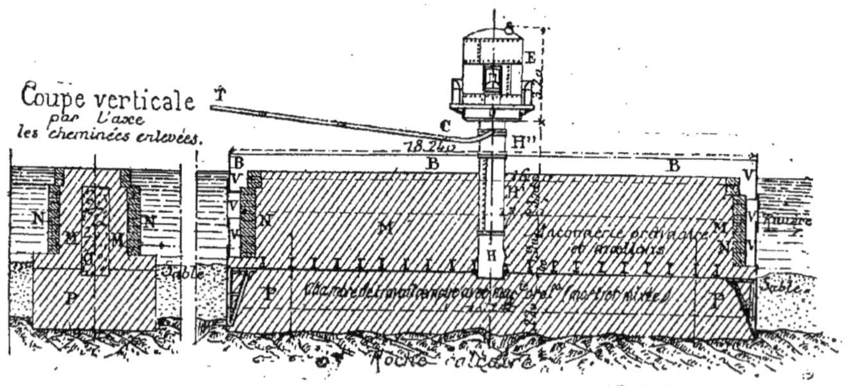

Fig. 161. — Ensemble d'installation. — Coupe horizontale d'une pile, les maçonneries montées au niveau de l'eau. — E, chambre d'équilibre. — TC, Tuyau de conduite d'air comprimé. — H, cheminée perdue. — H' H". cheminées auxiliaires. — B, batardeau. — V, Hausses. — M, maçonnerie ordinaire en moellons. — N, maçonnerie de pierre de taille. — O, beton remplissant le vide laissé par les cheminées. — P, maçonnerie ordinaire de mortier mixte.

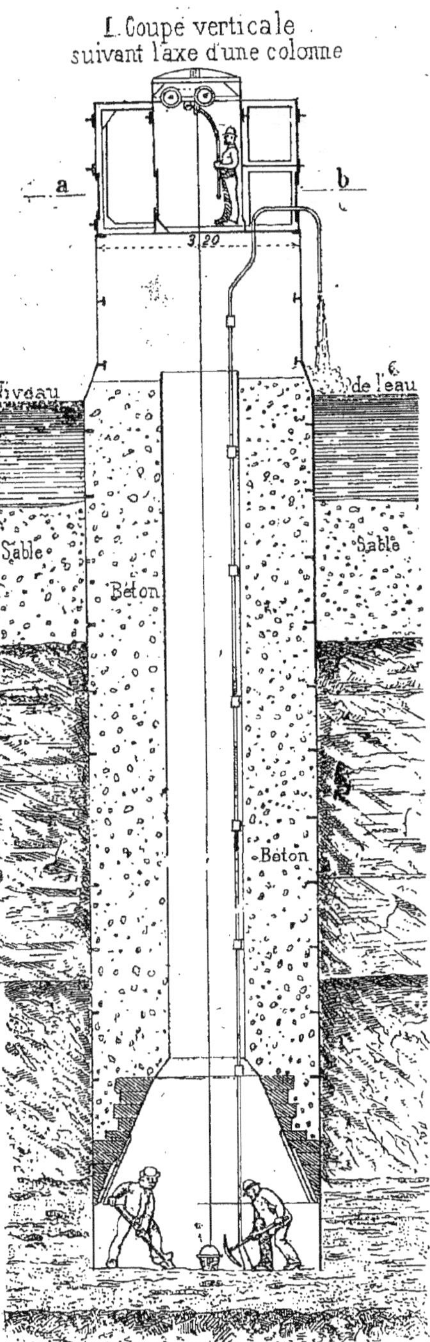

Fig. 161. — Pont d'Argenteuil. — Coupe suivant l'axe d'une colonne.

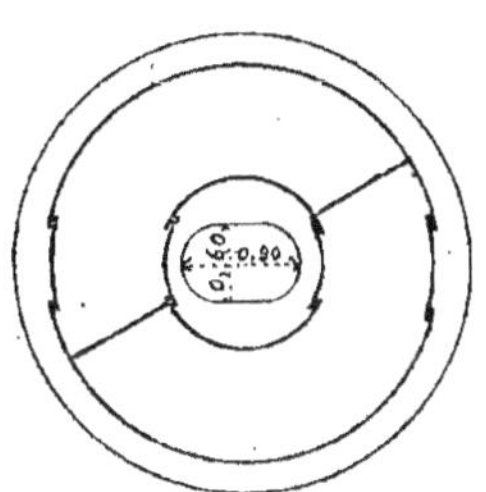

Fig. 163.

Ces hausses sont armées de distance en distance, d'une cornière horizontale, portant des entretoises destinées à maintenir l'écartement des parois.

La figure 161 donne une vue d'ensemble du caisson, de la position des hausses et de la maçonnerie montée au niveau de l'eau.

Les figures 159, 160 et 161 donnent les détails de construction d'un caisson pour une pile du pont de Gouis, près Durtal, sur le Loir (Maine-et-Loire), par M. L. Pellerin, constructeur.

160. *Caissons en fonte*. Pour des fondations rondes d'un diamètre restreint (fondations tubulaires ou tubes), on a remplacé le fer par la fonte, qui offrait sans autre armature des parois, une résistance latérale suffisante. Les *hausses* étaient également en fonte, le plafond était formé par l'écluse à air même.

Les figures 162 et 163 indiquent les dispositions des fondations tubulaires du pont d'Argenteuil sur la Seine, exécutées par M. A. Castor. La construction de la partie inférieure, formant chambre de travail, permet de charger les tubes pendant leur fonçage, d'une partie de leur maçonnerie de remplissage. L'anneau en fonte du bas porte, intérieurement, une charpente en fonte, de forme conique, composée de plusieurs barreaux en fonte, maintenus à moitié de la hauteur du cône (qui est de 2 mètres), et se termine

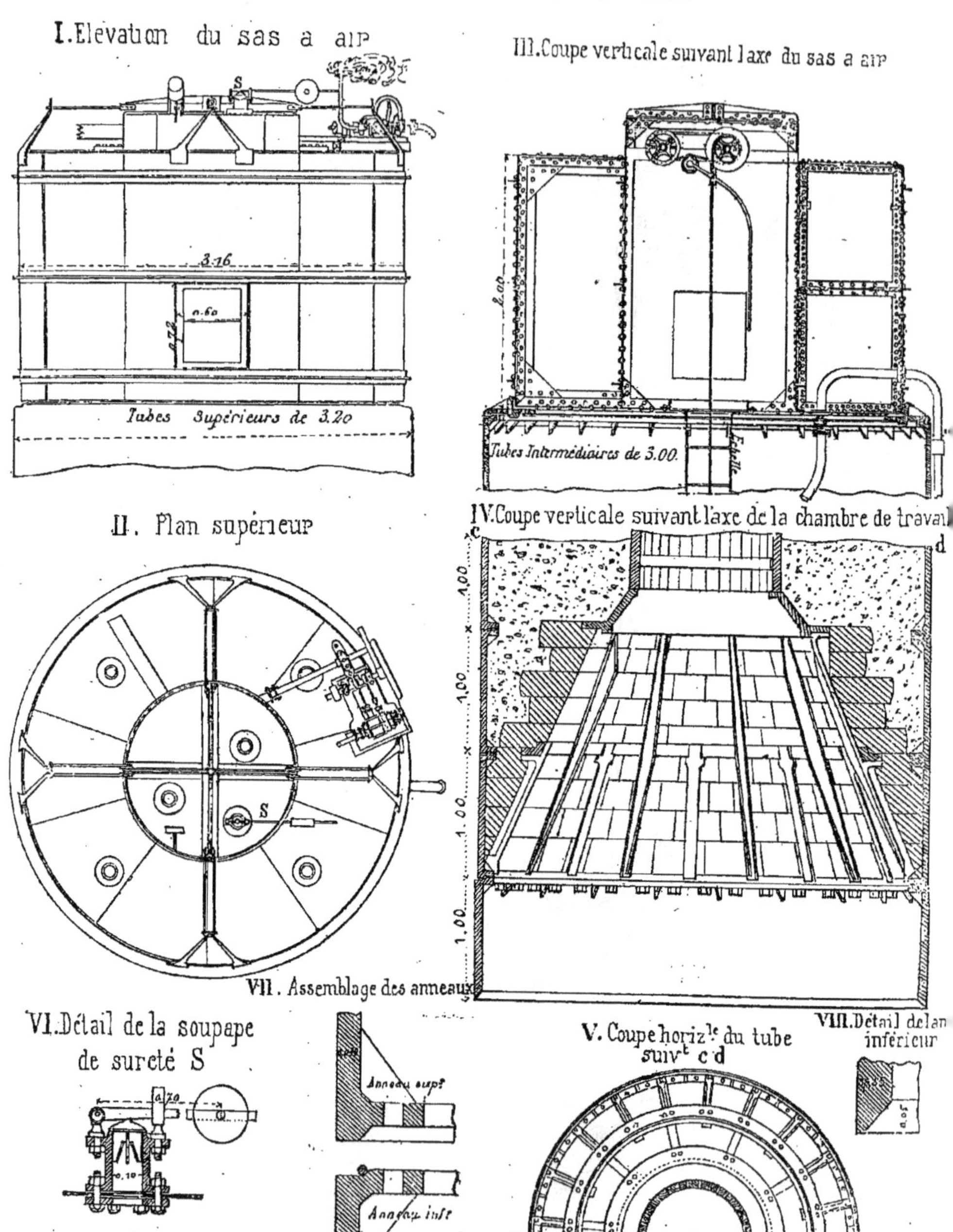

Fig. 16½. — Pont d'Argenteuil. — Sas à air et chambre de travail (détails).

par une couronne portant la cheminée d'accès. Contre ce cône, on a établi une maçonnerie en moellons derrière et au-dessus de laquelle on a coulé du béton. Ce cône, avec l'anneau du bas, forme la chambre de travail, et supporte le béton de remplissage, qu'on introduit en partie à l'air libre (lors du montage des autres viroles en fonte) et en partie par l'écluse à air. L'emploi de ces tubes en fonte a diminué :

1° Par suite de la grande difficulté de les enfoncer verticalement et sans déviation à la place désignée, à cause de leur grande hauteur par rapport à leur diamètre ;

2° Vu le prix encore assez élevé de leur enveloppe, relativement à leur petite section ;

3° Eu égard aux affouillements qui se produisent dans les forts courants entre les divers tubes constituant nne pile, affouillements qui atteignent souvent une importance dangereuse.

161. *Caissons en bois.* Les caissons en bois, remplaçant la charpente en fer d'un caisson métallique, ne peuvent convenir que dans un pays où le bois est très bon marché et dans un sol qui n'est pas très résistant. Le plafond peut se faire à l'aide de poutres en sapin ainsi que les parois du caisson. Le tranchant est formé par un sabot en fonte relié aux poutres inférieures qui sont en chêne, parfaitement boulonnées verticalement et horizontalement. L'étanchéité d'un caisson en bois peut être obtenue par un calfatage des joints et une enveloppe en tôle de zinc.

En Europe, il n'y a pas d'économie à employer ce système. La seule économie à faire dans l'emploi des caissons en tôle et cornières est de remplacer les consoles *b* (*fig.* 159) par des contrefiches en bois, qu'on peut retirer une fois le fonçage terminé, au fur et à mesure du remplissage du caisson par du béton.

162. *Caissons en maçonnerie.* Dans les fleuves traversant de grandes plaines, dont les alluvions ne se composent que de sable ou de petits graviers, on a commencé, dans ces derniers temps, à construire les chambres de travail en voûte de maçonnerie. Les pieds-droits seulement reposent sur une couronne en fer qui constitue le sabot de la fondation. L'étanchéité a été obtenue par un enduit en ciment sur l'intrados de la voûte et les hausses ont été supprimées complètement. Dans bien des cas, la construction de caissons en voûte de maçonnerie avec un simple sabot en fer ou en fonte, offre l'application la plus économique et la plus naturelle de la fondation pneumatique.

Ce procédé évite d'intercaler dans l bloc de fondation des fers qui ne constituent, dans ce système qu'un engin, sans contribuer eux-mêmes directement à la solidité de la construction. De plus, les maçonneries de remplissage de la chambre de travail se trouvent mieux reliées à celles qui sont au-dessus et on diminue beaucoup les craintes de voir des tassements se produire par suite de la destruction des fers du plafond par l'oxydation.

Afin de ne pas perdre cette grande quantité de fer noyée inutilement dans la maçonnerie, on a cherché à enlever les hausses une fois le fonçage terminé. On a étudié, pour des cas spéciaux, les moyens de retirer certaines parties métalliques qui puissent resservir, par exemple les poutres du plafond. On peut y songer et réaliser des économies notables quand il s'agit de faire des fondations dans une profondeur d'eau relativement importante par rapport à l'enfoncement de la fondation dans le sol. Ce cas peut se présenter dans la construction de murs de quai ou de jetées de ports de mer.

163. Nous donnons ci-après le tableau du poids du fer employé (caissons et hausses) par mètre cube de fondation pneumatique.

TABLEAU du poids du fer (caissons et hausses par mètre cube de fondation pneumatique.

LARGEUR	PROFONDEUR		
	6m	8m	10m
3m »	85 k°s	72 k°s	64 k°s
3 60	69	60	52
4 »	65	52	47
4 20	64	51	46
4 50	62,5	50	46

164. L'éclairage des caissons s'opère habituellement avec des bougies en stéarine au lieu d'huile, pour diminuer la production de la fumée qui fatigue beaucoup la respiration des ouvriers.

Pour de longs travaux pneumatiques sur un même chantier, on peut se servir de la lumière électrique.

165. *Résistance des caissons.* Pour se rendre compte des dimensions à donner à un caisson, il faut évaluer les différentes forces qui le sollicitent.

Le *plafond* d'un caisson doit supporter le poids de la maçonnerie supérieure et la sous-pression de l'eau ou de l'air comprimé qui agit en sens inverse. La première des deux forces est facile à déterminer à chaque instant, d'après la hauteur de la maçonnerie. La sous-pression dépend de la colonne d'eau et varie à profondeur égale, selon que la chambre de travail est remplie d'eau ou d'air comprimé.

Dans le premier cas, la sous-pression par mètre carré du plafond sera égale au poids d'une colonne d'eau ayant comme hauteur la distance entre le plafond et le niveau de la rivière; dans le second cas, au poids d'une colonne d'eau ayant la hauteur existant entre le tranchant du caisson et le niveau de la rivière.

En supposant le caisson haut de deux mètres et rempli d'air comprimé, la sous-pression sera donc de 2,000 kilos en plus par mètre carré que si le caisson était rempli d'eau.

Faute d'une théorie bien fondée, la pratique constate qu'il est admissible en toute sécurité, de construire les poutres du plafond pour une charge en maçonnerie diminuée de son déplacement d'eau, même pour le cas où cette maçonnerie dépasserait le niveau de la rivière de la moitié de la largeur de la fondation.

On écarte ordinairement les poutres du plafond d'environ 1 mètre d'axe en axe, et on leur donne comme hauteur le dixième de la portée, sans cependant descendre au-dessous de 0m,30, afin de construire d'une poutre à l'autre une voûte en maçonnerie de dimensions convenables. La tôle qui sert à établir l'étanchéité du plafond, et qui est fixée au-dessous des poutres, peut être très mince si la maçonnerie de remplissage dans la hauteur des poutres est construite en voûte.

Les *parois* du caisson subissent de l'extérieur une pression des terres et de l'eau, et de l'intérieur la transmission de la charge du plafond et la pression produite par l'air comprimé. Si le caisson est rempli d'eau, les parois ne subissent que la poussée des terres, mais la tension de l'air comprimé intérieurement est supérieure à la pression extérieure de l'eau quand le caisson est rempli d'air. Cette tension est cependant si peu importante qu'on peut la négliger. Il ne reste alors qu'à déterminer l'action de la poussée des terres et de la transmission des charges du plafond.

166. La poussée latérale des terres extérieures sur la hauteur des caissons doit être calculée, pour la profondeur maxima qu'on pense devoir atteindre, d'après les mêmes principes que pour un mur de revêtement, en tenant compte de la surcharge du prisme de terre qui pèse sur la partie agissant directement sur les parois du caisson, diminuée cependant du frottement contre l'enveloppe de tôle qui existe au-dessus du plafond.

D'après M. C. Zschokke, la formule qui donne la poussée des terres contre les parois peut être représentée par l'expression suivante :

$$Q = \frac{1}{2}\delta(h \times h')^2 tg^2 \frac{a}{2}$$

Dans laquelle :

Q représente la poussée des terres contre les parois du caisson par mètre courant de circonférence,

δ le poids du mètre cube de terre,

h la hauteur du caisson,

h' la hauteur du sol au-dessus du plafond du caisson,

a l'angle de la paroi avec le talus naturel.

Dans cette formule, on ne tient pas compte du frottement contre la paroi ni de la cohésion des terres.

Pour un sol en sable et gravier mobile, tenant compte du frottement dont M. C. Zschokke a déterminé le coefficient par de nombreuses expériences; cette formule se réduit à l'expression suivante :

$$Q = 550\ (h \times h')^2$$

h et h' étant évalués en mètres.

Il devient alors très facile de combiner cette poussée horizontale et le poids des maçonneries pour déterminer les dimensions de toutes les parties de l'armature des parois, si l'on tient compte de ce que la poussée Q agit au 1/3 de la hauteur du caisson à partir du pied, c'est-à-dire pour un caisson de $2^m,10$ de hauteur à $0^m,70$ au-dessus de son pied.

Pour les caissons de grande longueur, on dispose entre les cheminées des entretoises en fer à $0^m,50$ au-dessus du tranchant pour ne pas être obligé d'avoir des dimensions trop fortes.

Refoulement de l'eau. — Compresseurs à air.

167. Au lieu de chercher à retirer par épuisement à l'aide d'une pompe l'eau d'un caisson placé sur le fond d'une rivière, il suffit d'en fermer toutes les issues, sauf le fond et d'y introduire de l'air qui s'y comprime jusqu'à ce que sa tension soit assez grande pour vaincre la pression atmosphérique qui pèse sur la

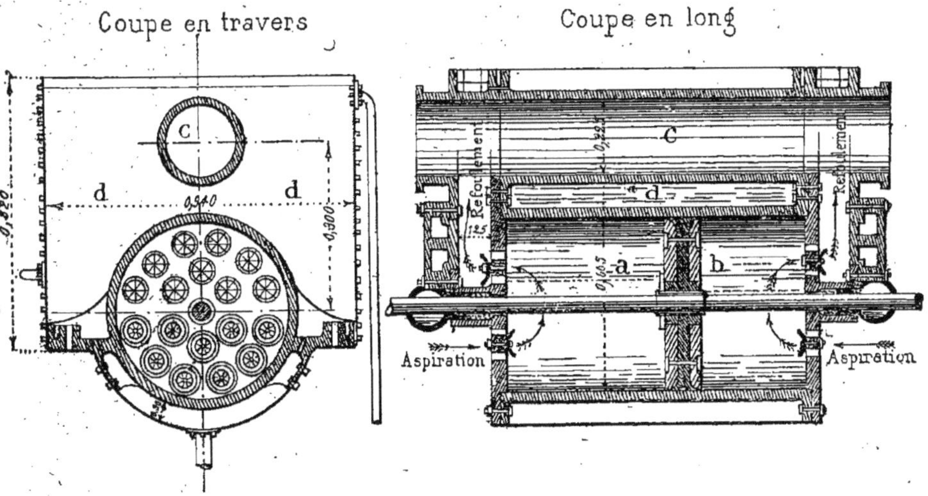

Fig. 165. Compresseur Cavé.

surface de la rivière, augmentée de celle d'une colonne d'eau, ayant pour hauteur la distance entre la surface de la rivière et le tranchant du caisson. L'air comprimé prendra alors dans le caisson la place de l'eau qui est refoulée par le fond.

168. On appelle *compresseurs à air*, les machines qui refoulent l'air et l'introduisent dans les caissons. Ces compresseurs agissent comme des pompes aspirantes et foulantes à double effet, telles que celles employées à élever l'eau. Ils se composent donc d'un cylindre dans lequel un piston reçoit un mouvement alternatif à l'aide d'une bielle attachée à un arbre, mû lui-même par un moteur à vapeur. Le mouvement des clapets a lieu comme dans une pompe destinée à élever l'eau. L'aspiration et le refoulement de l'air se produisent comme celui de l'eau.

L'air refoulé est reçu dans un réservoir en communication directe avec les tuyaux de la conduite d'air. La compression de l'air produit toujours un échauffement qu'il faut empêcher afin de conserver la machine en bon état et ne pas envoyer de l'air chaud dans les caissons.

169. Nous donnons en croquis (*fig.* 165) la disposition du compresseur Cavé employé au pont de Kehl.

Ce compresseur se compose d'un cylindre *a* avec un piston plein *b*. Les plateaux qui ferment le cylindre à chaque bout, portent dans leur partie inférieure un certain nombre de clapets d'aspiration et dans la partie supérieure le même nombre de clapets de refoulement. Les clapets de refoulement communiquent avec un second cylindre *c*, qui lui-même se trouve en communication directe avec la conduite d'air. Le jeu des clapets s'explique facilement. Les deux cylindres sont entourés d'une

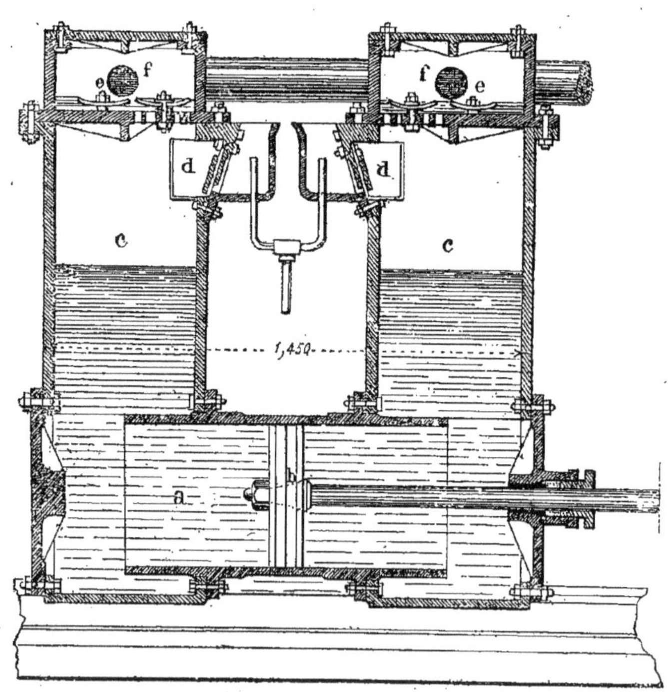

Fig. 166. — Coupe longitudinale.

bâche *d* en tôle remplie d'eau qui se renouvelle continuellement pour rafraîchir les cylindres. On a évité plus complètement l'échauffement de l'air en faisant marcher le piston *b* dans un cylindre *a* ouvert par les deux bouts, lesquels sont en communication avec deux réservoirs verticaux *c* en partie remplis d'eau (*fig.* 166). Au-dessus de cette eau se trouve latéralement, dans chacun de ces réservoirs un clapet d'aspiration *d* et dans le plafond un clapet refoulement *e*. Ce clapet de refoulement

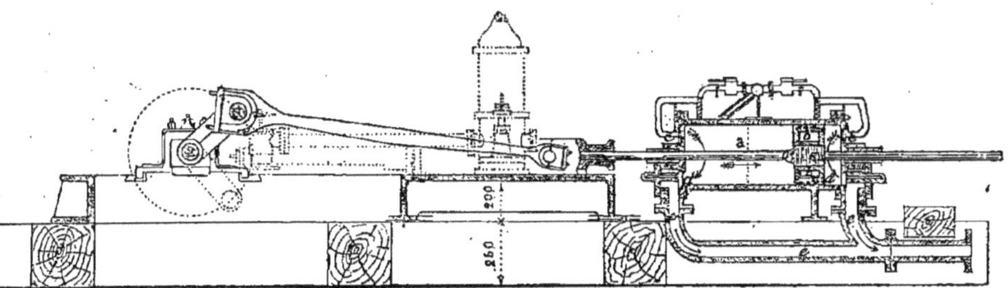

Fig 167. — Compresseur d'air. — Coupe en long.

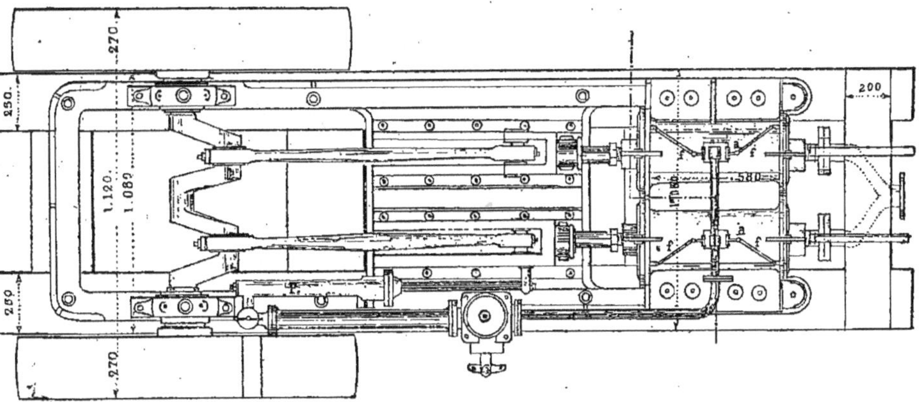

Fig. 168. — Compresseur d'air. — Plan.

communique avec un réservoir *f* qui, lui-même, est relié directement avec la conduite d'air.

L'aspiration de l'air a lieu chaque fois que le niveau de l'eau d'un réservoir baisse par suite de la marche en avant du piston, et le refoulement chaque fois que le piston revient et élève le niveau d'eau du réservoir. Les grands clapets d'aspiration et de refoulement de ces nouvelles machines offrent un certain avantage sur ceux des machines Cavé.

170. On a cherché à perfectionner les compresseurs à air, et c'est le professeur

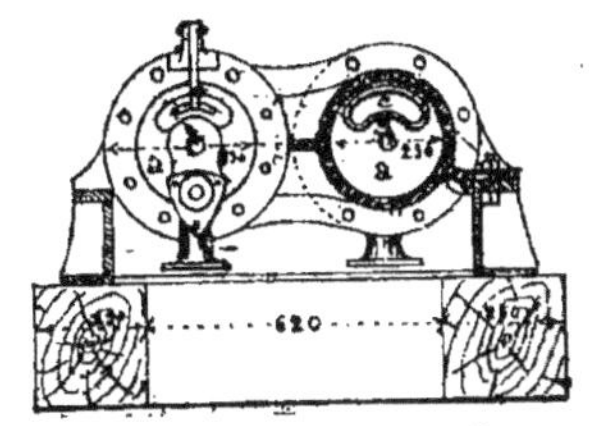

Fig. 169. — Compresseur d'air. — Coupe en travers.

Colladon de Genève qui semble avoir trouvé l'engin le plus simple, dont la première application a eu lieu pour les compresseurs fonctionnant au tunnel du Saint-Gothard.

Ce système se base sur une injection continue d'eau fraîche dans le cylindre compresseur, eau introduite, soit par la tige creuse du piston, qui est creux lui-même, et d'où elle rejaillit dans le cylindre par des orifices ménagés sur la périphérie, soit à l'aide de pulvérisateurs qui, placés dans les fonds ou dans l'enveloppe du cylindre injectent une pluie fine à chaque coup de piston. Les figures 167, 168 et 169 donnent une idée de la disposition. La machine se compose de deux cylindres *a* de 0m,25 de diamètre et 0m,50 de course dans lesquels fonctionnent des pistons *b*. Un seul grand clapet d'aspiration *c* se trouve dans la partie supérieure de chacune des plaques formant le fond des cylindres.

Les clapets de refoulement *d* se trouvent dans la partie inférieure de ces plaques et communiquent par des tuyaux *e* avec un réservoir.

Une pompe à eau P assise sur le bâti de la machine injecte dans les cylindres mêmes l'eau en pluie fine par des tuyaux *f*. Cette eau est refoulée à chaque coup de piston avec l'air comprimé dans un réservoir. L'eau tombe au fond de ce réservoir et l'air comprimé s'échappe dans la conduite qui lui est destinée.

Extraction des déblais. — Écluses ou sas à air.

171. L'outillage spécial pour opérer l'extraction des déblais consiste dans les écluses à air, les cheminées et les appareils d'extraction proprement dits. L'écluse à air est construite pour permettre le passage de l'air ambiant, ayant la tension d'une atmosphère, dans un milieu renfermant de l'air à une tension beaucoup plus forte ou inversement.

172. *Entrée et sortie des ouvriers dans les caissons.* Supposons en A (*fig.* 170) une écluse cylindrique de la forme la plus simple, en communication par une cheminée C avec un caisson D rempli d'air

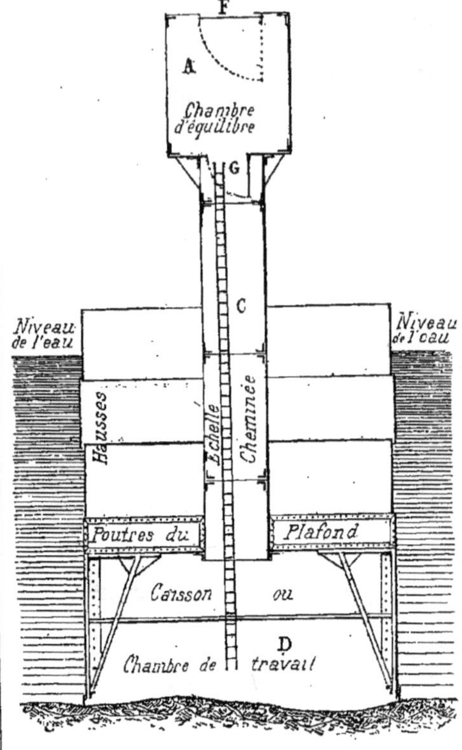

Fig. 170. — Ensemble d'installation.

comprimé, et muni de deux portes F et G, dont F permet la communication avec l'air extérieur, G avec l'air comprimé du caisson. Il en résulte que A sera rempli d'air libre chaque fois que G sera fermé et F ouvert, et vice versa.

Pour descendre dans le caisson, on entre par la porte F dans l'écluse A, on ferme la porte F, et on ouvre un robinet qui laisse entrer l'air comprimé jusqu'au moment où la tension d'air en A et C soit la même. Alors, la porte G, qui n'était fermée que par l'excédent de la pression intérieure, s'ouvre, tandis que F reste maintenant fermée sous l'influence de la même force.

173. Pour sortir du caisson, il faut

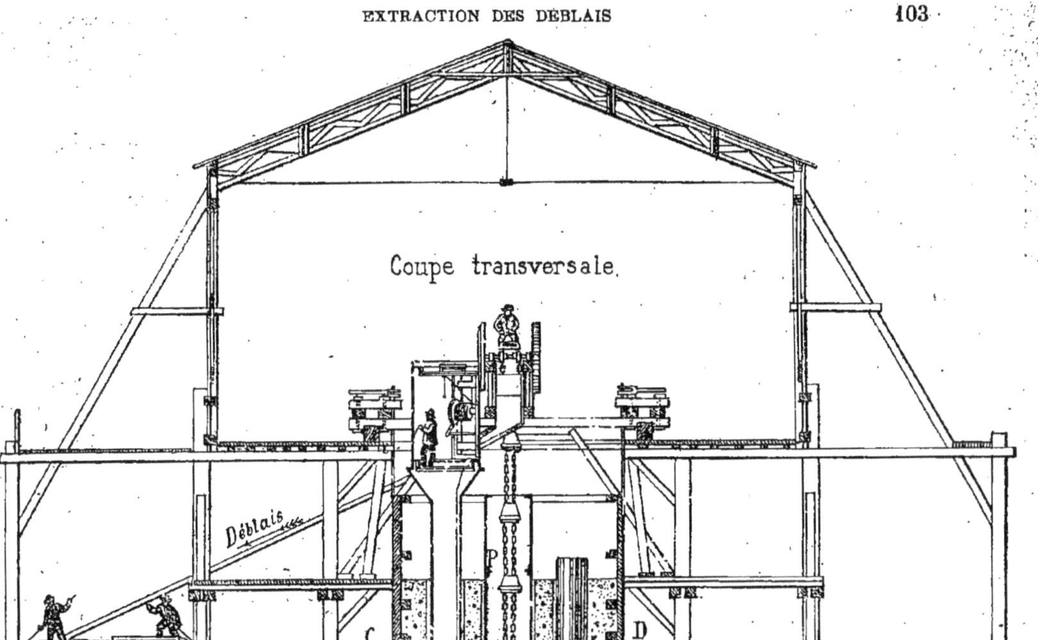

faire l'opération inverse. On entre dans l'écluse, on ferme la porte G, on ouvre un robinet qui laisse échapper au dehors l'air comprimé, jusqu'à ce que l'équilibre des pressions se soit établi et la porte F s'ouvre. Quelles que soient les différentes formes des écluses à air, elles se basent toutes sur ce principe et ne diffèrent que par les dispositions qu'on a prises par rapport à la nécessité d'écluser les déblais.

174. *Extraction des déblais à l'aide de dragues (Pont de Kehl).* Au début des fondations par caissons, l'extraction des déblais ne se faisait pas par écluses. On les enlevait avec une ou plusieurs *dragues* verticales placées dans des puits qu'on établissait en dehors des écluses ou des cheminées, dans l'axe longitudinal du caisson. Les écluses servaient alors seulement à l'entrée et à la sortie des ouvriers. Ce procédé a été employé pour la fondation des piles du pont de Kehl sur le Rhin. Nous donnons (*fig.* 171)

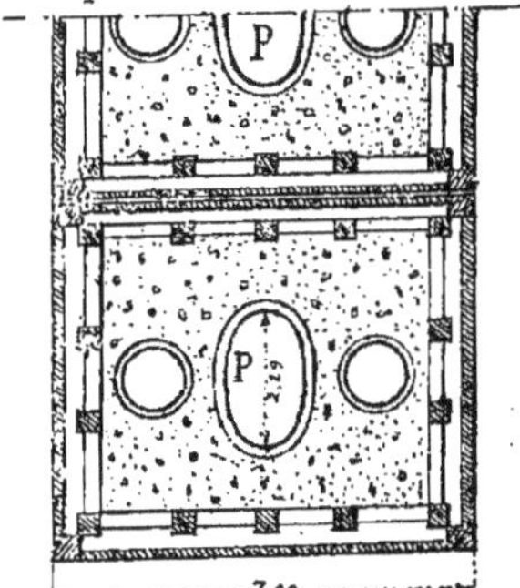

une coupe transversale et un plan de la disposition adoptée.

Les puits P dans lesquels passaient les dragues étaient fixés sur le plafond des caissons qu'ils traversaient pour descendre un peu au-dessous du tranchant des caissons. Il résultait de cette disposition que ces puits étaient remplis d'eau jusqu'au niveau de la rivière et que les ouvriers travaillant dans les caissons n'avaient qu'à jeter dans l'excavation formée par la drague les déblais qui étaient ainsi enlevés et rejetés au dehors.

175. *Inconvénients.* Ces puits prenaient beaucoup de place, et n'étaient, par suite, applicables que pour des caissons d'une grande largeur. De plus l'installation de la drague et des appareils pour sa mise en marche, les opérations nécessaires pour allonger le puits et la chaîne à godets au fur et à mesure de la descente des caissons, nécessitaient beaucoup de temps et, de plus, tout dérangement de la chaîne à godets, accidents inévitables, occasionnait de fréquents chômages.

Toutes ces raisons firent bientôt abandonner l'extraction des déblais à l'aide de la drague à air libre et conduisirent à les retirer par les cheminées et les écluses qui servent au passage des ouvriers.

176. *Extraction des déblais par l'écluse.* L'écluse qui doit servir à la fois pour le passage des ouvriers et l'extraction des déblais n'est pas plus compliquée que l'écluse qui sert simplement à l'entrée et à la sortie des ouvriers : il faut :

1° Lui ajouter un treuil pour lever les *seaux* ou les *bennes* chargés de déblais;

2° Ménager la place pour en accumuler un certain cube;

3° Étudier un moyen d'écluser évitant toute interruption du travail d'élévation des débris pendant l'éclusage.

M. Zschokke construit maintenant des écluses dont les deux *sas* à matériaux se trouvent placés l'un près de l'autre, comme le montrent les croquis (*fig.* 172), et qui sont fermés du côté extérieur par

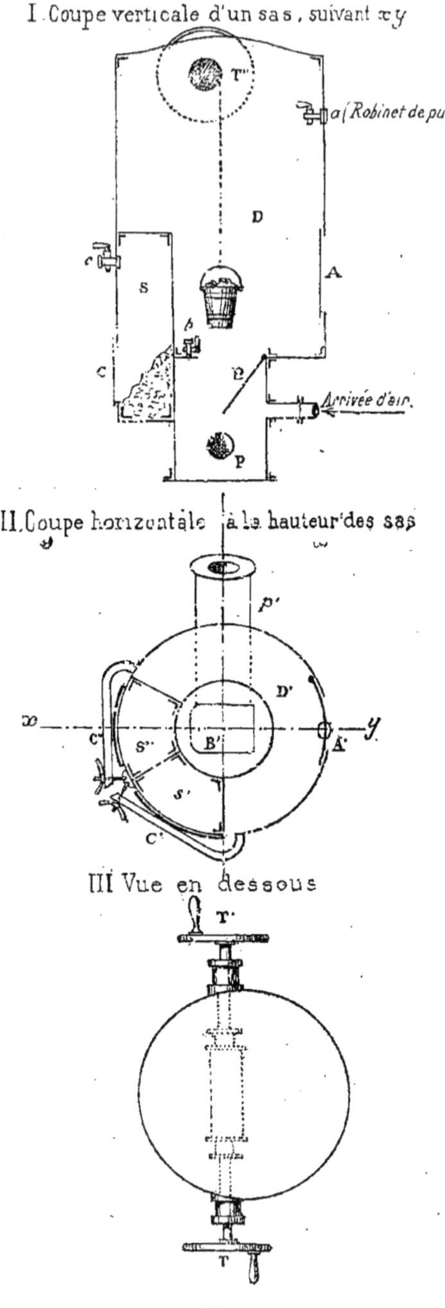

Fig. 172.

la pression intérieure elle-même, qui agit sur la porte. Cette écluse se compose de trois compartiments. Celui du milieu, DD', se trouve en communication constante avec la cheminée d'accès du caisson, par une porte BB', tandis que chacun des compartiments latéraux, SS' et S'', forme une *écluse* ou *sas* communiquant alternativement avec le dehors ou avec le compartiment du milieu à l'aide de portes rectangulaires CC'C'' dans ses parois. Un petit monte-charge TT'T'' est disposé au plafond ou sur les parois du compartiment du milieu pour enlever les déblais du caisson au moyen de seaux en tôle.

Le monte-charge est mis en mouvement, soit à la main, soit par une locomobile placée en dehors.

Parfois le moteur est fixé sur l'écluse même et reçoit sa vapeur d'une chaudière voisine à l'aide d'un tuyau flexible en caoutchouc. Il n'y a pas économie à se servir de l'air comprimé comme moteur pour effectuer cette manœuvre.

Les déblais dans l'intérieur du caisson s'exécutent en établissant sous le tranchant une fouille dans laquelle le caisson descend de 0,25 à 0,40 et en déblayant ensuite le milieu à l'abri de l'eau.

Les déblais qui montent sont versés dans les sas latéraux et éclusés au dehors, d'où on les jette à la pelle dans les couloirs. Les deux *sas* permettent de vider les déblais de l'un pendant que l'autre se remplit, et de ne pas interrompre ainsi l'extraction.

Chaque écluse doit porter : 1° un manomètre ; 2° une soupape de sûreté ; 3° une amorce pour la conduite d'air avec clapet de retenue.

177. *Cheminées.* Les cheminées qui forment la communication entre les écluses et la chambre de travail sont boulonnées ensemble par longueur de 2 à 4 mètres. Les joints sont habituellement rendus étanches par une bande en caoutchouc et l'amorce est fixée solidement au plafond ; elles portent une échelle en fer. Les cheminées varient de diamètre selon les moyens d'extraction. Il convient cependant qu'elles ne soient pas inférieures à $0^{m},65$ ou $0^{m},70$ de diamètre pour permettre la circulation facile des ouvriers sur les échelles en fer qui sont fixées contre les parois. Ce diamètre suffit aussi pour le passage d'un seau ordinaire servant pour l'extraction des déblais.

MM. Zschokke et Montagnier construisent également des écluses à un seul compartiment (*fig.* 173) muni de petits sas à déblais *S* (soit intérieurement, soit extérieurement), qui peuvent contenir 8 à 12 seaux de déblais qu'on y vide et qui se déchargent après l'éclusage par un orifice situé au bas du sas à air et ce par l'action de leur propre poids. Cette disposition exige que la porte qui ferme l'orifice du sas à déblais s'ouvre au dehors, de sorte qu'elle n'est pas maintenue fermée par l'air comprimé. Afin qu'elle puisse résister à la charge des déblais accumulés dans le sas, à la pression de l'air comprimé et néanmoins fermer d'une manière étanche, il faut la serrer avec une vis.

178. Pour terminer ces quelques renseignements sur les écluses ou chambres d'équilibre, nous donnons (*fig.* 174) les coupes de la chambre d'équilibre employée pour la construction du viaduc d'Angers sur la Maine. Les piles ont été fondées par l'air comprimé. Le terrain solide se trouvait à 10 mètres de profondeur. Cette fondadation a été faite à l'aide d'un seul caisson en tôle. Les culées, fondées aussi par l'air comprimé, reposent chacune sur deux caissons réunis par un arc en maçonnerie. Les pompes à air employées ressemblaient à des locomobiles système Thomas et Laurens. L'air a été refoulé à une atmosphère et demie. Le cube d'air soufflé par heure a été de 173 mètres cubes. L'air dépensé par mètre cube de déblais a été de $83^{m3},044$

Maçonneries.

179. Il convient de distinguer les

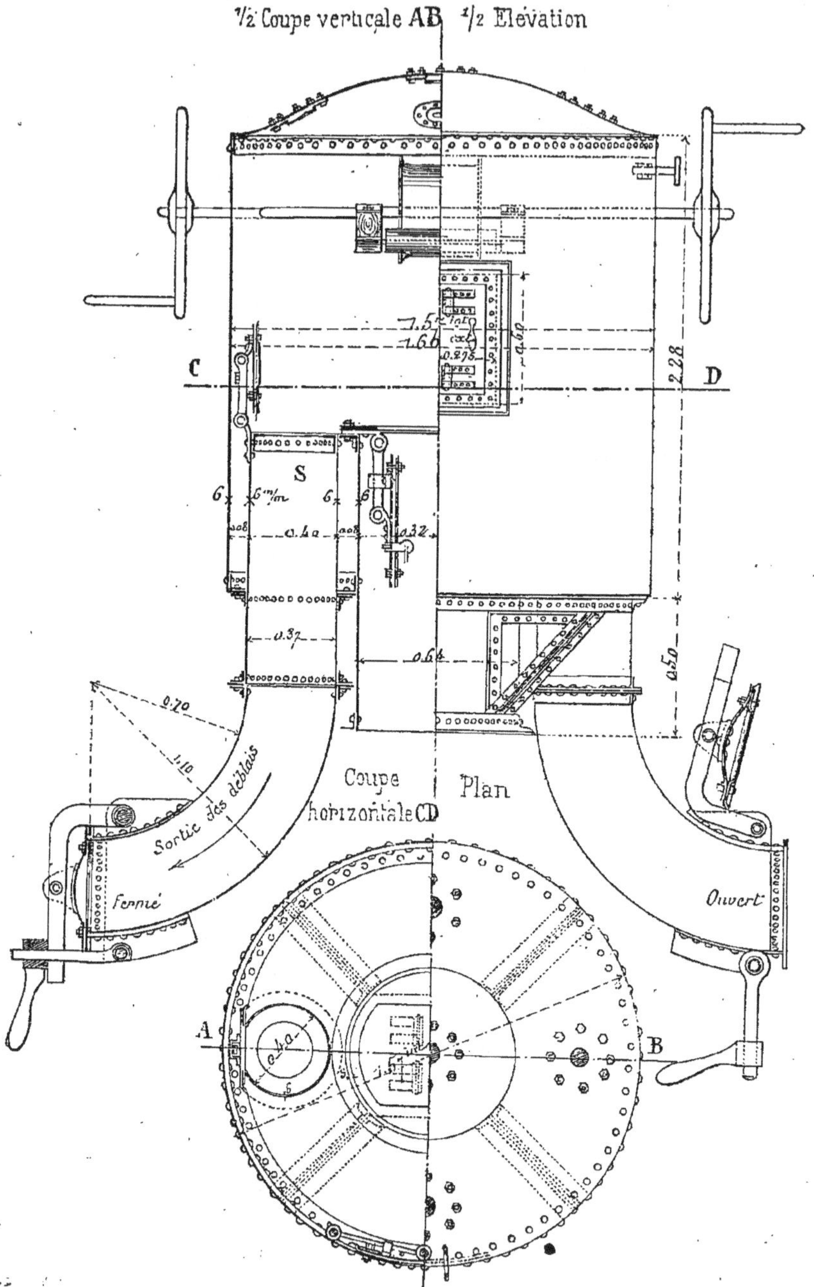

Fig. 173. — Écluse à air.

maçonneries de fondation du dessus du plafond, de celles qui forment un élément de consolidation des caissons. Les parties de maçonneries destinées à augmenter la solidité du caisson sont placées :

1° Entre les contrefiches dans la chambre de travail pour contribuer à la rigidité des tôles des parois ;

2° Entre les poutres du plafond pour entretoiser les poutres et décharger les tôles de ce plafond.

La maçonnerie entre les contrefiches a toujours été construite en maçonnerie ordinaire avec des moellons bruts choisis et disposés en forme de voûte dont les pieds-droits s'appuient sur les cornières des contrefiches. On la recouvre souvent d'un enduit de chaux hydraulique qui contribue à augmenter l'étanchéité du caisson.

180. *Maçonnerie entre les poutres.* Le plus souvent cette maçonnerie est exécutée en béton soigneusement damé. L'expérience a démontré qu'il était préférable, pour décharger la tôle qui constitue le plafond entre les poutrelles, d'établir, au lieu de béton, de petites voûtes en moellons ordinaires auxquelles on donne une flèche de 0m,10 à 0m,12 et qu'on construit sur une forme en béton portant directement sur les tôles du plafond.

181. *Maçonnerie au-dessus des poutrelles.* Au début des fondations pneumatiques, on a cru devoir lui donner un parement en libages de 0,35 à 0,40 de hauteur, derrière lequel le remplissage se faisait soit en béton, soit en maçonnerie ordinaire. On se passait alors souvent de l'enveloppe en tôle. Aujourd'hui, on conserve l'enveloppe en tôle, on supprime le parement en libage et on construit toutes les fondations en une maçonnerie ordinaire, qui a le temps de devenir très solide avant que les tôles des hausses disparaissent par oxydation.

Il est cependant de bonne précaution, dans les rivières d'une grande profondeur d'eau, de commencer un parement appareillé à partir du fond de la rivière.

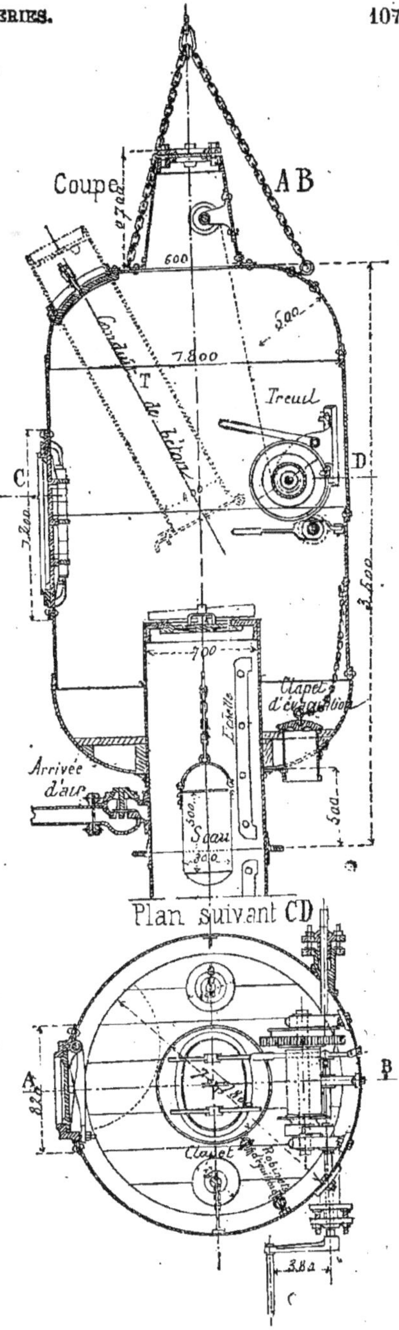

Fig. 174. — Chambre d'équilibre.

Afin de pouvoir enlever les cheminées une fois le fonçage terminé, il faut ménager dans la maçonnerie un espace de $0^m,15$ à $0^m,20$ autour des cheminées.

182. *Maçonnerie de remplissage de la chambre de travail.* Le fonçage terminé, le remplissage se fait soit en béton, soit en maçonnerie ordinaire. Dans certains cas, on met une couche de béton dans la partie inférieure et de la maçonnerie ordinaire dans le reste. Il est très important, pendant le remplissage, de maintenir jusqu'à la fin une communication entre l'air comprimé et le sol inférieur, afin de permettre l'échappement de l'air en excès.

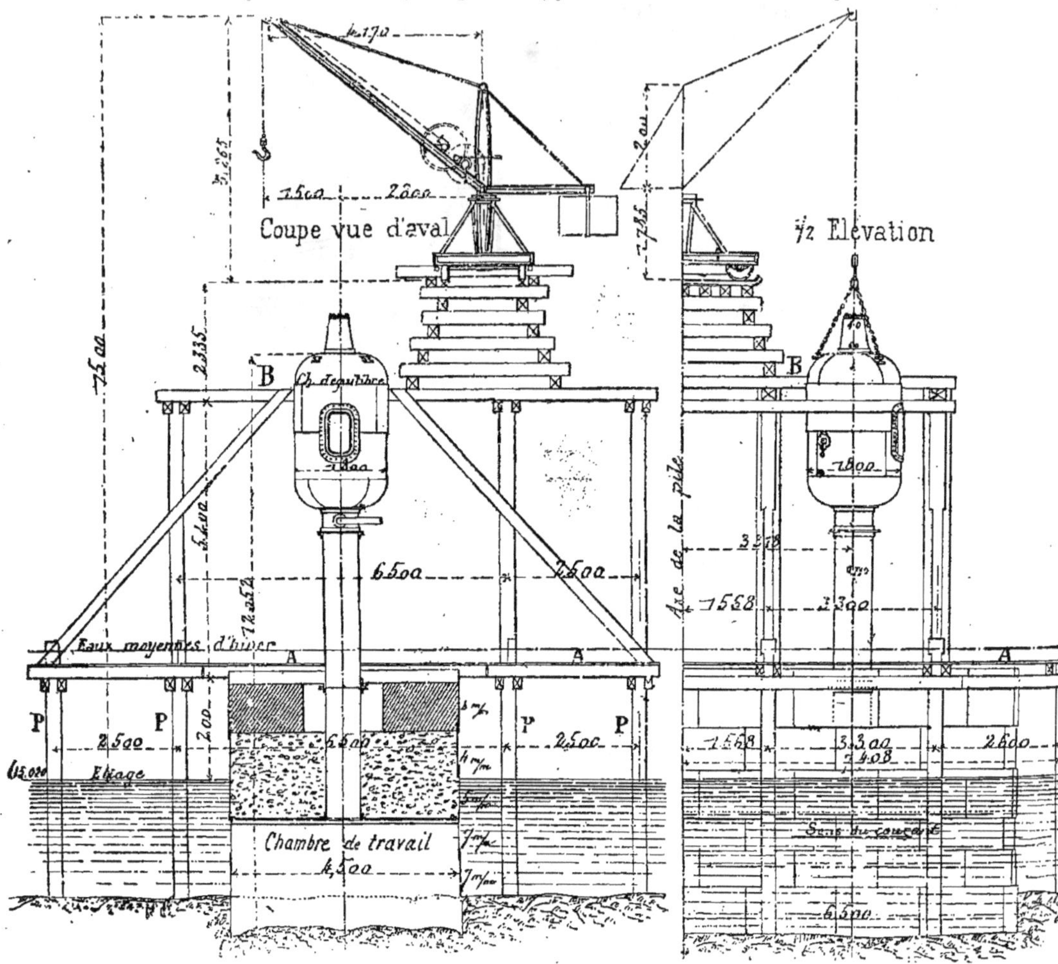

Fig. 175. — Viaduc d'Angers sur la Maine. — Enfoncement d'un caisson de pile

A cet effet, on installe près des cheminées un tuyau en bois, tôle ou fonte, placé verticalement dans la maçonnerie du remplissage et par lequel l'excédent d'air peut s'échapper à travers le sol.

Ce tuyau se remplit de béton, une fois qu'on cesse l'introduction de l'air comprimé, afin de ne pas devenir une véritable source d'eau pendant qu'on enlève les écluses et cheminées et qu'on remplit la place qu'elles occupaient. On remplit l'amorce de la cheminée de béton au ciment pour se garantir dans le puits contre l'eau qui tend à affluer et pourrait encore monter entre les parois en tôle et les maçonneries du caisson.

Pour l'introduction rapide du béton dans les caissons, on se sert d'un tuyau incliné T (*fig.* 174). On charge du dehors le béton qui se déverse, après l'éclusage, directement dans le caisson.

III. — *Installation et fonçage.*

183. Les dispositions à prendre pour le montage des caissons et leur immersion varient beaucoup d'après les lieux. Dans un cours d'eau de peu de profondeur et de peu de courant, il suffit d'établir sur l'emplacement de la fondation une petite plate-forme en gravier, qu'on assure par des fascines et des enrochements contre le courant, et qui s'élève au-dessus des eaux moyennes. On y construit le caisson et on exécute avant de commencer le fonçage, la maçonnerie entre les contre-fiches des parois et entre les poutres du plafond.

Dans le cas de forts courants, d'une grande profondeur d'eau et de rivières non navigables il faut construire un échafaudage autour de l'emplacement où la fondation doit se faire.

Cet échafaudage, comme l'indique la figure 175, se compose ordinairement de quatre rangées de pieux P dont deux sont placées de chaque côté de l'emplacement de la fondation. Ces deux rangées sont moisées ensemble et portent deux planchers A et B, distancés de $5^m,40$. C'est sur le plancher provisoire A établi sur les moises au-dessus de l'endroit où doit être la fondation, qu'on monte le caisson à foncer. Le caisson monté est suspendu de distance en distance à l'aide de grands maillons de chaîne à des *vérins* placés sur des chaînes qui reposent sur le plancher supérieur de l'échafaudage; il est ensuite soulevé pour permettre de retirer le plancher provisoire. Dans certains cas, lorsque le caisson est sur le plancher provisoire, on construit la maçonnerie entre les contrefiches et on la commence sur le plafond avant qu'il plonge dans l'eau, tout en montant les hausses. On charge ensuite suffisamment le caisson de maçonnerie, pour équilibrer la sous-pression de l'eau. Le caisson arrivé sur le fond de la rivière, on commence son fonçage après avoir monté les écluses et leurs accessoires à l'aide d'une grue.

Dans certains cas favorables, deux rangées de pieux suffisent. Dans les rivières navigables en toutes saisons et d'un faible courant, on a établi les échafaudages sur deux bateaux accouplés (*fig.* 176) en avant et en arrière. Le faux plancher se trouvait entre les deux bateaux.

Dans les rivières qui ont très peu de courant et une grande profondeur d'eau, dans la mer, ou près de l'embouchure des fleuves, on peut se passer d'échafaudage. Les caissons sont alors montés à terre auprès des travaux à construire, et lancés dans l'eau comme un bateau. Dans les rivières sans marée, il faut lancer le caisson sur des cales comme un bateau, jusqu'à la profondeur d'eau qu'il exige pour flotter. Sur le bord de la mer ou des rivières qui subissent la marée, il suffit de l'avancer à basse mer, jusqu'au point où il trouve suffisamment d'eau pour flotter à haute mer.

Le caisson à flot, il ne s'agit plus que de le conduire comme un bateau au-dessus de la place où il doit s'enfoncer, de bien l'amarrer, et de commencer à le charger en même temps qu'on monte les hausses afin d'arriver à l'échouer.

Il peut se produire pendant le fonçage des déplacements des caissons, quand ceux-ci supportent une poussée inégale des terres environnantes. Ce cas se présente près des berges des rivières, ou lorsque le courant se porte plutôt d'un côté des caissons que de l'autre et affouille le sol.

Ces affouillements se produisent ordinairement en amont du caisson, tandis qu'un atterrissement se forme en aval. Il est alors nécessaire de parer à cet inconvénient en temps utile par des enrochements.

IV. — Applications diverses des fondations à l'air comprimé.

184. Les premières fondations pneumatiques ont été effectuées pour établir les piles et culées de pont. Aujourd'hui,

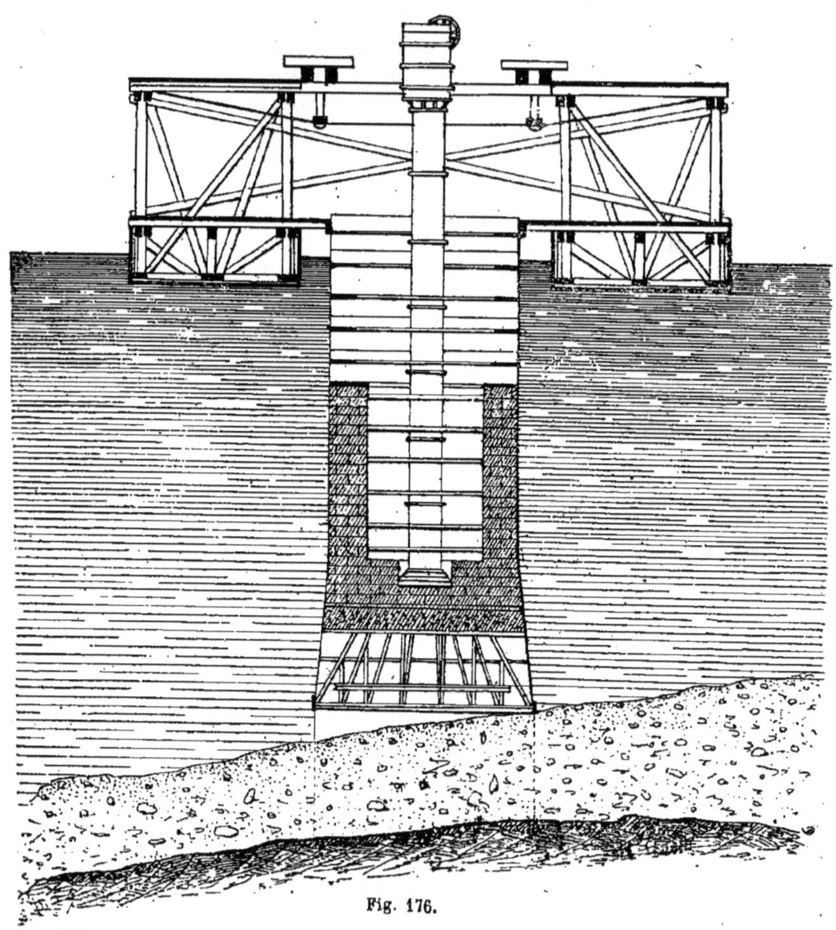

Fig. 176.

ce procédé rend de véritables services pour la construction des murs de quai ; il se prête en outre avantageusement à la fondation de grands puits avec maçonnerie circulaire, à l'établissement des sondages plus sérieux qu'avec la sonde artésienne. Dans les fleuves et à travers des nappes d'eau, les appareils pneumatiques fournissent un moyen certain et même économique. Dans ces derniers temps, on a même étendu les applications des fondations à l'air comprimé aux travaux particuliers, les grands magasins du Printemps, récemment reconstruits, ont été fondés sur puits par le procédé pneumatique.

II. — MORTIERS.

SOMMAIRE

CHAPITRE PREMIER

§ I. — DÉFINITIONS ET NOTIONS GÉNÉRALES

On donne ordinairement le nom de *mortiers* à des composés renfermant plusieurs matières et qui forment à l'emploi une pâte liquide durcissant soit par simple dessiccation, soit par combinaison chimique. Cette pâte liquide en durcissant adhère plus ou moins fortement aux matériaux de construction et doit remplir complètement les vides laissés entre ces matériaux.

Les principes essentiels les plus employés sont la *terre*, le *plâtre*, les *chaux* et les *ciments*. Ce sont ces matières que l'on amène à l'état de pâte à l'aide de l'eau, et auxquelles, excepté le plâtre, on mélange ordinairement du sable pour former les mortiers.

Les mortiers, quelle que soit leur composition, doivent satisfaire aux conditions suivantes :

1° Ils doivent être employés à l'état de pâte suffisamment molle pour que les pierres que l'on place ordinairement sur un lit de mortier, prennent par leur propre poids et au moyen d'une légère pression une bonne assiette malgré les irrégularités des plans de joint.

2° Ils doivent être susceptibles de prendre, peu de temps après leur emploi, une dureté comparable à celle de la pierre et, lorsque le durcissement est complet, former avec ces pierres une seule masse homogène et solide.

3° Ils doivent enfin conserver leurs propriétés de dureté et d'adhérence pendant un temps indéfini.

Depuis longtemps on emploie les mortiers de ciment pour les travaux destinés à résister à un grand nombre d'années et surtout pour monter les piles en maçonnerie qui doivent supporter de très fortes charges. Il est certain que l'emploi du ciment de Portland, par exemple, se généralise depuis quelques années dans la bonne construction ; il serait à désirer que les constructeurs puissent en faire usage d'une façon opportune pour en obtenir de bons résultats. La mise en pratique et l'emploi de ce produit réclament des soins particuliers et une grande prudence. Il serait très utile de connaitre cette matière, ce qu'une longue pratique et une observation soutenue peuvent à grand'peine obtenir.

La fabrication du ciment de Portland employé dans la composition des mortiers est encore imparfaite et pour des causes diverses; c'est malheureusement à l'emploi que l'homme pratique et consciencieux a lieu de s'en apercevoir, mais sans être en mesure d'en modifier les mauvais effets d'une façon certaine. Par exemple, un fabricant, de la meilleure foi, expédie au consommateur un wagon de ciment de Portland (cent ou deux cents sacs); le consommateur qui emploie ce ciment pour la fabrication des mortiers, fait gâcher ces mortiers à dosages à peu près égaux; en examinant ses travaux un mois après, il trouve à certains endroits des mortiers qui tombent en poussière au moindre contact; sur d'autres points les mortiers sont très concrets, la hachette les atteint difficilement; ailleurs les moellons réunis par ce mortier, sont éclatés en partie. Si le consommateur a fait des revêtements, il remarque, au bout du même temps, des craquelés, des fissures, dans certains cas, des gonflements qui sonnent le creux ou bien des parties sans consistance à côté d'autres parties très concrètes et fort résistantes. Les mêmes effets se produisent sur la surface des dallages, alors le consommateur un peu inexpérimenté reste étonné, car il ne sait à quoi attribuer ces divers résultats, qui souvent le mettent dans l'obligation de recommencer tout son travail ; va-t-il changer de fournisseur ? cependant c'est une des meilleures fabrications dont il s'est servi !

Heureusement les résultats obtenus ne se rencontrent pas souvent dans des conditions aussi déplorables, sans quoi il faudrait s'abstenir.

Il est certain qu'en général les entrepreneurs qui laissaient le soin de l'application des ciments de Portland aux ouvriers qui jusqu'alors n'avaient employé que le plâtre et parfois la chaux, ont éprouvé de tels déboires, qu'ils n'ont plus hésité à s'adresser à des applicateurs spéciaux de ces matières. Ces ouvriers ne connaissaient pas les divers modes d'emploi et les précautions multiples qui garantissent le succès dans une certaine mesure.

Il existe, dans la fabrication des ciments de Portland, des produits qui laissent beaucoup à désirer, car dans la même cuisson et en défournant, le chaufournier voit tomber à ses pieds des cubes de pierre cuite de formes tellement diverses, de nuances si différentes et d'un poids si inégal, sous les mêmes volumes, qu'il est astreint à faire un choix et à trier tous ces morceaux pour en faire plusieurs qualités, qu'il désignera ensuite par premier, deuxième et troisième choix. Il pourrait aller plus loin dans cette classification, car je puis affirmer avoir vu très souvent cinq sortes de cuissons, provenant de la même fournée. La pierre avait été extraite en carrière dans le même banc, cassée en petits cubes à peu près d'égales dimensions, les couches de pierre descendues dans le four par lits d'égale épaisseur, le combustible réparti uniformément entre les diverses couches et le ciment ou les cubes qui étaient descendus du four après cuisson varier de volume, de poids et de nuance.

En les expérimentant isolément on a trouvé des morceaux très légers, d'une couleur un peu jaunâtre, qui fournissaient une sorte de chaux hydraulique susceptible de foisonnement: d'autres morceaux d'un volume moindre, d'une couleur vert-grisâtre et d'un poids supérieur, fournissaient un excellent portland à prise lente, sans chauffer ni foisonner. Certains morceaux d'un ton jaune-rougeâtre, mis en poudre par le broyage et ensuite hydratés, entraient en effervescence, s'échauffaient et fournissaient une sorte de pâte; cette pâte dénotait la présence d'une grande quantité de chaux vive sans la moindre apparence d'éléments siliceux qu'une cuisson imparfaite et trop faible n'avait pu dégager de l'argile, dont les autres morceaux dénotaient la présence en très grande abondance.

Un autre morceau de la même fournée, d'un poids considérable par rapport au volume et d'une couleur bleu-verdâtre bistré présentant des parties vernies en certains points, montrait que l'action du calorique avait été excessive. Ce morceau broyé difficilement et soumis à l'hydratation, n'a pu être amalgamé; après quelques heures les diverses particules étaient entièrement séparées et ressemblaient à des grains de sable qu'aucune gangue n'eût reliés. Ces résultats confirment certainement les tristes effets que produisent les coups de feu sur les calcaires : scorification de l'argile, calcination de la silice et de l'alumine, qui sous cette forme restent neutres. Dès lors plus de formation de pâte agglutinante, produit inerte.

Enfin un dernier cube de faible volume, d'un poids assez fort, d'une nuance vert-bleuâtre, grisâtre en certains endroits, a fourni un excellent cube de ciment de Portland, d'une prise lente, sans effervescence, très résistant cinq heures après son hydratation.

Voilà donc cinq échantillons de ciment cuits dans le même four sur lesquels deux seulement justifient leur dénomination; puis deux autres échantillons qui seraient mieux dénommés chaux hydraulique. Quant au cinquième il ne saurait être désigné sous le nom de ciment ou de chaux hydraulique; ce ne peut être qu'un calcaire surcuit dont l'inertie est sans intérêt.

Ces divers résultats considérés dans leur ensemble par rapport à la fabrication du portland donnent la mesure des difficultés que rencontre le fabricant pour obtenir une bonne moyenne de ciment de Portland. Toutefois, avec un peu de bonne volonté et d'intelligence, il est très facile au fabricant, en faisant des triages à la descente des matériaux du four, d'obtenir une bonne sorte de premier choix ; il réservera le deuxième choix pour la grosse maçonnerie en ayant soin, après le broyage de ces matières, *de laisser reposer les poudres en magasin pendant une quarantaine de jours*, pour que ces poudres perdent la chaleur du broyage et que les parties de chaux vive s'hydratent et s'oxygènent en absorbant quelque peu de l'humidité de l'air.

Lorsque ces produits, ainsi reposés, sont livrés à l'industrie du bâtiment, l'entrepreneur soucieux d'une bonne fabrication pour l'application qu'il doit en faire, devra prendre la précaution d'en surveiller les divers dosages suivant l'emploi, et ne devra jamais laisser les ouvriers arroser les mortiers au delà du volume égal à la quantité de ciment employé. Si les sables ou sablons dont il se sert, pour la composition des mortiers, sont humectés, il réduira proportionnellement le volume de l'eau pour que, dans l'ensemble, le dosage du volume d'eau atteigne, comme maximum, la proportion du volume de ciment.

Dans la pratique de la trituration des mortiers, on acquiert bien vite le moment utile de l'addition d'eau, dont on doit mettre le quart environ en réserve au cas où les sables seraient plus humectés qu'on ne l'avait présumé à première vue. On doit aussi éviter de préparer un volume de mortier au delà de ce qui est présumé devoir être employé dans le délai d'une heure au plus, car ce mortier, quoique lent à se concréter, fait un commencement de prise et l'ouvrier ne le trouvant plus assez onctueux, lui ajoute une nouvelle addition d'eau. Cette eau a pour effet de diluer les parties siliceuses et alumineuses qui sont déjà, par la première hydratation, passées à l'état de silicates et d'aluminates de chaux; il s'est déjà produit une agglutination moléculaire qui est détruite par la nouvelle addition d'eau.

Il faut de même attendre le moment utile de la dessiccation des mortiers (en revêtements particulièrement), avant d'exercer de nouveaux frottements destinés à opérer le rapprochement moléculaire au fur et à mesure que l'humidité absorbée laisse des vides. On devra s'attacher d'une façon toute spéciale au nettoyage des matériaux sur lesquels on appliquera les mortiers de ciment de Portland, surtout à Paris, où il est d'usage d'élever les maçonneries en utilisant le plâtre ou sulfate de chaux. En effet, le gonflement immédiat du plâtre laisse excéder une humidité visqueuse qui nuit à la prise des ciments, dont les particules s'apposent sans s'agglutiner; l'humidité des plâtres ne peut plus s'épandre et finit par décoller les revêtements.

Malgré l'habileté des applicateurs de ciment de Portland, et les précautions du praticien, il advient souvent des déboires causés, ou par la mauvaise foi du fabricant ou par son désir, pour ne pas manquer une commande pressée, de fournir et de livrer des produits qui sortent du four et qui n'ont pas eu le temps matériel de se reposer. N'ayant plus de ciment au repos dans ses magasins, il est obligé d'expédier immédiatement après la cuisson et le broyage sans prévenir le consommateur. Ce dernier, confiant dans cette fourniture, fait l'emploi de ces produits sans prendre le temps d'en faire les essais; dans ce cas, il advient presque toujours que les travaux exécutés doivent être recommencés, car ils ne peuvent être reçus. Messieurs les ingénieurs et architectes n'ayant pas à entrer dans les détails de main-d'œuvre ou de fabrication, c'est à l'entrepreneur de prendre ses mesures contre le fabricant, s'il est certain que ses applications ne sont pas en défaut.

188. *Règles générales pour l'emploi des ciments à prise lente.* — Il existe pour l'emploi des ciments de Portland des règles générales qu'il est utile de connaître et que nous résumons ci-après :

1° Il ne faut jamais employer de suite un ciment qui vient de sortir du four, il faut le laisser reposer de trente à quarante jours.

2° Mélanger à sec aussi intimement que possible le ciment avec les sables, graviers ou autres matières.

3° Ce mélange fait, on peut ajouter l'eau nécessaire au mode d'application.

4° Il ne faut employer que des outils de bois et des truelles d'acier.

5° Ne jamais appliquer le mortier obtenu sur une surface sèche, mais toujours l'appliquer sur une surface saturée d'eau.

6° Autant que possible, ne pas procéder par application de couches successives; il n'y a aucun inconvénient à enlever l'excès employé après commencement de prise, tandis qu'il n'y a jamais adhérence parfaite entre deux couches successives; d'où découle ce principe que la seconde n'adhérera que si la première offre des rugosités ou cavités suffisantes pour qu'elle puisse s'y accrocher.

7° Ne jamais laisser sécher le ciment; tant que sa prise n'est pas suffisante, maintenir le mortier humide pendant une semaine. De là cette conséquence que les mois d'été sont infiniment moins avantageux pour ces ouvrages que les mois pluvieux et couverts de printemps et d'automne.

8° Ne pas perdre de vue que, si faible qu'il soit, un retrait se produira dans la masse et que dès lors, si cette masse doit avoir un parement vu, il faut ménager d'avance les lieux de ces retraits de façon qu'il n'en résulte pas un effet désagréable de lézardement.

9° Pour la même raison n'appliquer ces enduits, autant que possible, que sur des ouvrages n'ayant plus à craindre des effets de tassement.

189. *Règles générales pour l'emploi des ciments à prise rapide.* — 1° Il ne faut employer qu'un ciment dont les fragments ou pelottes qu'on pourrait rencontrer dans la masse pulvérulente, cèdent facilement à la pression du doigt et dont la couleur jaune terreux foncé ne soit pas devenue blanchâtre.

2° Il ne faut employer pour le gâchage qu'une quantité d'eau égale à la moitié du volume du ciment, abstraction faite du volume de matière inerte (sable ou gravier) à ajouter.

3° Appliquer le mortier sur des surfaces grattées à vif, déjointoyées, s'il s'agit de parements de murs, bien exemptes de poussière et lavées récemment.

4° A de rares exceptions près, regarder comme maximum la quantité de 5 à 6 litres de ciment à gâcher d'une fois.

5° Gâcher vigoureusement et rapidement jusqu'à ce que la matière, assez rebelle d'abord, soit transformée en une pâte grasse très molle.

6° Appliquer à la truelle par jets et, à de rares exceptions, ne jamais lisser. (Ce lissage n'est guère utile que s'il s'agit de réparations et rebouchements à faire sur une maçonnerie à paroi lisse et alors que l'aspect du travail doit se confondre avec la pierre.)

Pour ces ciments éviter l'emploi des eaux de mares, qui sont très souvent ammoniacales.

190. *Influence de la lumière sur les ciments.* — M. le docteur Heintzel a fait des expériences concernant l'action de la lumière sur les ciments.

L'expérimentateur a pris une certaine quantité de ciment. (Il est fâcheux que le docteur Heintzel n'ait pas indiqué la composition du ciment dont il s'est servi.)

Il a divisé ce ciment en trois parts égales;

1° Une part A, qu'il a exposée à l'air et à la pleine lumière; 2° Une part B, exposée à l'air et à la lumière diffuse; et 3° une part C, privée d'air et de lumière. Après six mois d'exposition dans ces conditions, il se trouva que A faisait un mortier faible, avait absorbé 38 0/0 de son poids d'eau et était devenu friable: que B avait absorbé 33 1/2 0/0 de son poids d'eau et produisait un mortier trop adhérent à la truelle, n'abandonnant rien de l'eau absorbée; enfin C, avec 33 1/2 0/0 d'eau, donnait un excellent mortier, que l'on pouvait gâcher facilement en abandonnant une partie de cette eau.

Au bout de vingt-huit jours, la force relative était :

Mortier A............ 3.
Mortier B.... .... 37,9.
Mortier C... .... 44,6.

191. *Observations.* — Les mortiers sont tous attaqués par la gelée quand ils ne sont pas encore durcis. Ce durcissement n'est, en général, complet qu'après deux ou trois mois d'âge. Les mortiers hydrauliques résistent un peu plus tôt que les autres. Il faut donc couvrir les maçonneries fraiches avec de la terre, de la paille, des bâches ou des planches, lorsqu'on craint le froid. Dans la fabrication des mortiers, il est indispensable de faire un plancher en bois, sur lequel on fera les diverses manipulations, pour empêcher le mélange avec les parties du sol.

§ II. — SABLES ET EAUX A EMPLOYER POUR LA FABRICATION DES MORTIERS

192. Dans la confection du mortier, le sable joue un rôle très important : suivant telle ou telle dose, selon sa bonne ou sa mauvaise qualité, il amoindrit ou renforce la puissance de la chaux ; il est donc absolument nécessaire de reconnaître à l'avance quelle est sa nature et quel résultat son mélange peut donner.

On distingue ordinairement deux espèces de sables : les *sables siliceux* et les *sables calcaires;* en pourrait encore ajouter les *sables argileux*. Ces sables diffèrent les uns des autres soit par la forme, soit par la grosseur des grains. Le meilleur est certainement le *sable siliceux*, c'est le seul qui doive être employé dans une construction sérieuse.

193. *Sable siliceux.* — On trouve des sables siliceux de deux sortes : le sable proprement dit, ou sable de plaines ou de carrières, et le sable de rivière.

Le sable de rivière est plus souvent employé que le sable de plaine, il est préférable surtout pour les maçonneries qui doivent porter de lourdes charges. Il a sur le sable de plaine l'avantage de durcir le mortier d'une façon plus rapide et de lui donner une résistance plus considérable. Un autre avantage qui le fait employer de préférence, c'est qu'il contient moins de terre végétale que le sable de carrière et qu'il a par conséquent, plus d'affinité avec la chaux.

Pour l'employer dans les constructions soignées, il suffira de le passer au crible.

194. *Sables de plaines ou de carrières.* — Dans certains départements de la France, on se sert souvent des sables de plaines ou de carrières. Quand on est conduit à les utiliser, il faut avoir soin de les choisir d'une nature appropriée à la chaux que l'on veut employer. Les grains doivent être anguleux et de diverses grosseurs; il faut que ces sables soient durs et en même temps spongieux sans mélange de terre; la présence de l'oxyde de fer favorise le durcissement du mortier.

195. *Sable de mer.* — Le sable de mer est généralement mauvais pour la confection des mortiers ; il a le grain trop fin et trop régulier. Si on est obligé de se servir du sable de mer, il faut s'en approvisionner assez de temps à l'avance pour que, étant mis en tas de $0^{m},30$ au plus d'épaisseur, il puisse être délavé et dessalé par les pluies. D'après les expériences du général Treussart, le sel marin, dans les sables, n'est pas nuisible à la qualité des mortiers. Toutefois nous ne saurions trop conseiller son emploi. Des enduits dans lesquels entrait du sable de mer ont donné de mauvais résultats. Certains murs de quais construits avec des mortiers faits avec du sable de mer ont cependant bien résisté. Il peut être intéressant de pouvoir constater la présence du sel dans le sable. Pour cela, il suffit de mettre une certaine quantité de ce sable avec de l'eau distillée dans un vase fermé parfaitement propre, d'agiter le mélange et de le laisser reposer ensuite. Ce repos effectué, on verse quelques gouttes d'acide nitrique pur et après quelques gouttes de nitrate d'argent. S'il se forme un précipité blanc, c'est que le sable expérimenté contenait une quantité appréciable de sel.

196. *Sables argileux.* — Les sables mélangés de matières argileuses, n'ayant par elles-mêmes aucune cohérence et étant susceptibles de former pâte avec l'eau doivent être rejetés.

197. *Sables de grès.* — Le sable provenant de la pulvérisation des grès ne doit jamais être employé, à moins d'une nécessité absolue.

198. *Grosseur du sable.* — M. Vicat a fait des expériences pour déterminer l'influence de la grosseur du sable éminemment siliceux sur la résistance des mortiers exposés à l'air, et fait avec la chaux éteinte par immersion et il présume que les résultats qu'il a obtenus s'appliqueraient à la chaux éteinte par les autres modes d'extinction. Voici l'ordre de supériorité dans lequel il classe les sables.

Pour les chaux éminemment hydrauliques : 1° les sables fins ; 2° les sables à grains inégaux, provenant du mélange, soit du gros sable avec le fin, soit de celui-ci avec le gravier ; 3° le gros sable.

Pour les chaux communes, grasses et très grasses : 1° le gros sable ; 2° les sables mêlés ; 3° les sables fins.

199. M. de Saint-Léger a trouvé, quel que soit le mode d'extinction de la chaux, que, contrairement à l'opinion commune, le sable dont on se sert ordinairement à Paris donne un meilleur mortier lorsqu'on se contente de le laver que lorsqu'on en sépare les grains très fins par le tamisage.

Dans tous les cas les sables, soit de rivière, soit de carrière, employés à la fabrication des mortiers, doivent être non terreux et entièrement dépourvus de matières animales.

Il faut donc en général recommander l'emploi de sables très purs. M. Treussart a trouvé que l'emploi d'un sable bien lavé donnait au mortier une résistance double de celle qu'il avait, quand on faisait usage du même sable non lavé.

A Paris on fait usage de deux espèces de sables : celui de la Seine, qui est le meilleur, et celui que l'on tire des carrières des Ternes, de Grenelle et de Ménilmontant ; ce dernier est le moins bon. Le sable se vend à la voie ou tombereau d'un mètre cube, rendu à pied d'œuvre. Le prix du sable de rivière, à Paris, est de 8 francs le mètre cube. Celui de rivière tamisé est de 10 fr. 50 et celui de plaine est de 6 fr. 50. Ces prix sont augmentés des faux frais, du bénéfice de l'entrepreneur, des intérêts et avances de fonds.

Eaux à employer dans la fabrication des mortiers.

200. L'eau qu'il convient d'employer pour la fabrication des mortiers simples ou composés, doit être la plus pure possible. On ne doit faire usage des eaux de mer, ou même des eaux saumâtres, qu'autant que l'expérience aura prouvé qu'elles fournissent d'aussi bons mortiers que les eaux douces.

L'eau de rivière doit être préférée à toutes celles qui filtrent dans les terres, parce que celles-ci tiennent toutes en dissolution des sels différents, dont l'eau de rivière est peu chargée.

Lorsque l'eau de rivière manque, on peut employer l'eau de source non minérale. Les eaux séléniteuses (contenant du plâtre ou sulfate de chaux) en dissolution sont mauvaises pour la fabrication des mortiers, car elles ralentissent et empêchent quelquefois leur solidification. Il faut donc éviter d'employer les eaux séléniteuses, les eaux croupissantes et les eaux sales des rues. Quant à l'eau de mer, son emploi est presque toujours défendu ; cependant ce principe ne doit pas être absolu. Il est certain que le mortier fabriqué avec cette eau a une dessiccation très lente, et produit, pendant assez longtemps, à la surface des maçonneries des efflorescences salines qui doivent en faire supprimer l'emploi dans la construction des maisons d'habitation, mais qui sont sans importance pour des murs de quais et autres travaux analogues.

L'emploi de l'eau de mer dans la fabrication des mortiers introduit, dans ceux-ci, une certaine quantité de sulfate de chaux. Si, dans l'eau de mer, on verse de l'eau de chaux, il se produit aussitôt du sulfate de chaux et du chlorure de calcium, tandis que la magnésie, rendue libre, se précipite. Le même fait s'observe lorsqu'on place dans l'eau de mer, à l'état frais ou pâteux, un mortier, un ciment ou un mortier à pouzzolane; il se produit encore, pour les mêmes composés parvenus à un degré de dureté très avancé, quand l'acide carbonique n'a pas agi sur leurs surfaces. Il résulte d'expériences faites dans différents travaux maritimes, par plusieurs ingénieurs de mérite, que dans certains cas l'emploi de l'eau de mer peut être avantageux sous le rapport de la bonté des mortiers. Nous pouvons citer comme exemple la chaux hydraulique du Teil. Cette chaux est le type des chaux siliceuses, c'est un silicate de chaux accompagné d'une certaine quantité de chaux libre; la chaux libre est regardée comme nécessaire pour former avec l'acide carbonique un bouclier protecteur de carbonate de chaux. L'analyse des blocs éprouvés à la mer a démontré qu'ils contenaient 25 pour 100 du volume du mortier en silicate de chaux hydraté. Or plus les mortiers renferment de cette substance, plus ils ont de chance de durée.

La chaux du Teil contenant de la chaux libre en assez grande quantité, il se forme donc un bouclier extérieur à la surface des mortiers dans les eaux de mer par la combinaison de cette chaux libre avec l'acide carbonique contenu dans ces eaux. L'absorption à la surface de 0,03 d'acide carbonique suffit pour protéger l'intérieur; c'est le résultat des recherches sur les matériaux employés à la mer par MM. Chatoney et Rivot. La chaux du Teil a servi dans la Méditerranée à des travaux de différents genres. Tantôt ce sont des blocs de défense immergés après plusieurs mois de dessiccation préalable; tantôt ce sont des fondations en béton immergées immédiatement. Le succès a été constant et durable dans les deux cas.

201. Nous donnons ci-après un tableau résumant la composition des eaux des principales mers d'après plusieurs chimistes dont les noms sont indiqués.

PRINCIPES CONTENUS	PRÈS DE BAYONNE — Bouillon-Lagrange et Vogel.	COTES DE LA MÉDITERRANÉE — Bouillon-Lagrange et Vogel.	COTES DE LA MÉDITERRANÉE — Laurent.	MER DU NORD — Marcet.	MANCHE — Schweitzer.
Chlorure de sodium	25,10	25,10	27,22	26,60	27,059
— de potassium	»	»	0,01	1,23	0,765
— de magnésium	3,50	5,25	6,14	5,15	3,666
Bromure de magnésium	»	»	»	»	0,029
Sulfate de magnésie	5,78	6,25	7.02	»	2,295
— de soude	»	»	»	4,06	»
— de chaux	0,15	0,15	0,10	0,15	0,033
Carbonate de chaux	0,20	0,15	0,20	»	1,406
Acide carbonique	0,23	0,11	Traces.	»	Traces.

Les proportions de chaux, de ciment et de sable à faire entrer dans la composition du mortier destiné à être employé à la mer doivent être, dans tous les cas, établis de manière que la quantité de pâte soit à très peu près égale au vide du sable quand il s'agit de mortiers ou de bétons qui ne sont immergés qu'après la prise à l'air; si, au contraire, l'immersion doit être immédiate, on augmente la quantité de pâte d'environ 15 pour 100, afin de parer à la perte de pâte produite par le délavage et la formation des laitances.

CHAPITRE II

§ I. — DIFFÉRENTES ESPÈCES DE MORTIERS

202. Il existe plusieurs espèces de mortiers que nous pouvons ranger en deux classes : 1° Les *mortiers simples*, comprenant : les *mortiers de terre;* les *mortiers d'argile;* les *mortiers de plâtre.* 2° les *mortiers composés*, comprenant : les *mortiers de chaux;* les *mortiers de ciment;* les *mortiers divers.*

I. — Mortiers simples.

203. *Mortier de terre.* — Le mortier de terre est fréquemment employé pour la construction des habitations rurales et des murs de clôture dans les pays où l'on a des matériaux offrant par eux-mêmes une certaine stabilité lorsqu'on les range les uns sur les autres. Ce mortier est considéré comme le plus simple et le plus économique; on emploie ordinairement des terres argileuses, comme la terre à briques, que l'on délaye dans l'eau. Ce mortier devient assez dur par simple dessiccation, mais il a l'inconvénient d'être attaquable par l'eau. Il faut donc l'employer dans des endroits non susceptibles d'être inondés; de plus il faut garantir la partie haute et les deux faces des murs contre l'action de la pluie par une couverture étanche formée par un enduit ou des jointoyages soit en plâtre, soit en mortier de chaux, qui puisse également résister aux intempéries de l'air. Cette couche protectrice devra être posée quand le mortier de terre sera sec et aura perdu toute son humidité. Comme la terre en se desséchant éprouve un grand retrait, il ne faut faire que de petites parties à la fois et procéder par assises horizontales.

204. *Mortiers d'argile.* — Ce que l'on désigne souvent sous le nom de mortiers d'argile sont des mortiers qui ne doivent être employés qu'à la construction de fours, de fourneaux ou d'appareils dans lesquels la chaleur est assez forte pour cuire l'argile. Si, dans ce cas, on employait d'autres mortiers, ils auraient l'inconvénient de se fondre et de provoquer la fusion des pierres adjacentes. Pour la construction des fours, on se sert également d'un mortier de terre bien passée au tamis, qu'on appelle *terre à four;* elle est composée d'un cinquième de bon sable, de deux cinquièmes de terre argileuse qui ne rougisse pas beaucoup au feu, et d'à peu près autant de terre calcaire. On peut remplacer cette dernière par du sable, surtout lorsque l'argile est très liante. On arrive même alors à faire un mortier de parties égales en argile et en sable.

205. *Mortier de plâtre.* — Avant de dire quelques mots du mortier de plâtre, il est bon de rappeler la composition et les quelques propriétés du plâtre.

Le *plâtre* ou *sulfate de chaux* a pour composition chimique CaO, $SO^3 + 2HO$: son équivalent, rapporté à l'oxygène est 1075, — et sa densité est de 2,31 environ.

Exposé au feu, il perd son eau de cristallisation, devient blanc; sa densité n'est plus que de 1,10 et son équivalent 850.

Réduit en poudre, il absorbe l'eau avec rapidité, et se solidifie en dégageant une grande quantité de chaleur.

Il sert en agriculture et dans les constructions.

Tous les plâtres sont bons pour l'agriculture.

Il n'en est pas de même pour les constructions. Plus le plâtre est pur, plus il se rapproche de l'état anhydre, moins il est convenable pour faire les enduits et même les mortiers employés comme hourdis. Il faut que, comme le *plâtre de Paris*, qui jouit *seul* de cette propriété, il retienne après la cuisson une partie de son eau de cristallisation. Ainsi le plâtre de Paris, après cuisson, est un sous-hydrate de sulfate de chaux, qui ne contient aucune proportion de sulfate anhydre, tandis que tous les autres, notamment ceux de l'Est et du Centre de la France, contiennent du sulfate anhydre ou chimiquement pur, qui nuit à leurs propriétés de faire de bons mortiers. Les enduits faits avec ces plâtres se boursouflent, se gonflent et ne tiennent pas.

Le bon plâtre, cuit dans de bonnes conditions, doit être fin, adhérer au toucher et être onctueux. Il doit être blanc et faire avec l'eau une prise qui ne soit pas trop rapide : il faut environ sept minutes pour un plâtre de bonne qualité. Sous cette forme, son poids ne doit pas excéder 1,100 à 1,200 kilogrammes au mètre cube. La fabrication du mortier de plâtre n'offre aucune difficulté. Pour obtenir ce mortier, il suffit de gâcher le plâtre préalablement broyé et tamisé avec une certaine quantité d'eau, jusqu'à ce qu'on ait obtenu une pâte homogène et plus ou moins fluide. Le gâchage du plâtre étant traité en détail page 549 de la première partie, nous croyons inutile de nous y arrêter plus longtemps.

Le plâtre réunirait toutes les qualités d'un bon mortier s'il n'avait l'inconvénient de se détériorer très rapidement surtout dans l'eau ou dans l'air humide. Le plâtre présente encore un autre inconvénient fort grave. C'est qu'il augmente de volume en vieillissant. Cette propriété remarquable que possède le plâtre d'augmenter de volume en durcissant le rend, certes, très propre au moulage d'ouvrages d'art, mais pourrait devenir nuisible dans les constructions, si on négligeait d'y avoir égard, quand des murs ou des aires de quelque étendue sont entièrement maçonnés en plâtre. Tous les constructeurs savent qu'il faut prévoir la dilatation de cette matière et lui donner toutes facilités pour se produire.

A Paris, on laisse ordinairement un jeu de $0^m,04$ à $0^m,05$ entre les maçonneries en élévation de moellons et plâtre et les chaînes verticales en pierre de taille qui les encadrent, afin d'éviter le déversement qui pourrait résulter de son expansion.

Le plâtre ne résistant pas, comme les autres mortiers, aux intempéries atmosphériques et à l'humidité, ne doit être employé que pour des travaux recouverts si l'on veut qu'il se conserve bien.

II. — Mortiers composés.

206. On désigne ordinairement sous

le nom de *mortiers composés* ou *mortiers proprement dits* ceux où il entre plusieurs éléments minéraux, qui, combinés entre eux en proportions diverses, constituent les composés connus en construction sous les noms de *chaux hydrauliques*, *ciments* et *pouzzolanes*. Ces composés ont la propriété, sous l'action de l'eau, de durcir fortement et assez rapidement, dans l'air et sous l'eau, d'unir avec force les pierres et de faire corps avec elles.

Les composés essentiels qui entrent dans la composition des mortiers composés sont la *chaux*, la *silice*, l'*alumine* et la *magnésie*, que l'on trouve dans les calcaires purs, argileux ou magnésiens, dans les argiles, les sables, les pouzzolanes, les trass, les arènes, les boues et les limons; les matériaux artificiels, tels que les débris de briques, de tuileaux, etc.

La chaux, la silice, l'alumine et la magnésie ne se présentent pas isolées et à l'état chimique dans les matériaux naturels et artificiels cités plus haut; elles y sont, au contraire, engagées par voie de combinaison ou de mélange, soit entre elles, soit avec d'autres substances dont il serait trop dispendieux de les extraire pour en disposer séparément.

Chacune de ces matières ayant été étudiée en détails dans la première partie, nous nous occuperons immédiatement des mortiers de chaux.

207. *Mortier de chaux grasse.* — Il est bon de rappeler qu'on obtient la chaux grasse en traitant par la chaleur des calcaires purs ou ne renfermant qu'une petite quantité de matières étrangères. La chaux obtenue a des propriétés qui se rapprochent de celles de la chaux chimiquement pure. Elle ne contient que du protoxyde de calcium, de l'acide carbonique et de l'eau.

La chaux grasse absorbe pour son extinction jusqu'à trois fois son poids d'eau, et elle triple et quelquefois même quadruple son volume. Employée dans les mortiers, la chaux grasse en séchant absorbe graduellement l'acide carbonique de l'atmosphère, durcit, et repasse ainsi à l'état de carbonate hydraté dont la formule est (CO^2 $CaO + HO$). Pour expliquer ce qui se passe, il faut examiner le rôle des matières qui composent le mortier et particulièrement du sable. Or ce rôle est absolument mécanique à trois points de vue : 1° il divise la chaux, et, en augmentant sa perméabilité, il multiplie les points de contact avec l'acide carbonique de l'atmosphère que la chaux tend à fixer; 2° il empêche le mortier de prendre, en séchant, un trop grand retrait qui le fendillerait et amènerait vite sa destruction ; 3° enfin, il joue le rôle de centre ou noyau de cristallisation, ce qui active la formation du carbonate. En un mot, sous ce triple point de vue, il provoque et facilite la régénération du carbonate de chaux.

Cette régénération ne se fait pas d'une manière égale dans la masse. Les parties extérieures, immédiatement au contact de l'air, passent les premières à l'état de carbonate. Mais, quant aux parties intérieures, elles forment seulement une combinaison d'hydrate et de carbonate de chaux qui peut devenir également très dure, mais seulement au bout d'un temps quelquefois très considérable.

Pour les chaux grasses, l'extinction sèche est préférable à l'extinction ordinaire ; il en résulte pour la force du mortier, une augmentation de près des deux tiers ; mais la dépense augmente en raison de la plus grande quantité de chaux introduite, quoique sous un égal volume de pâte.

En employant la chaux grasse pour la fabrication des mortiers, les gros sables sont préférables aux sables fins ; à égale grosseur de grain, on doit préférer les sables âpres et rudes aux sables arrondis.

Les mortiers de chaux grasse, sans la croûte insoluble de carbonate de chaux dont l'acide carbonique de l'air revêt leurs surfaces, et par suite, sans leur résistance superficielle à l'action détrempante de la pluie, ne vaudraient pas un bon pisé ; cependant on s'en sert dans toutes les constructions de peu d'importance, et quand il est impossible d'avoir d'autres matériaux à sa disposition. Les murs construits en employant le mortier de chaux grasse, doivent être montés très lentement pour permettre aux différentes assises de durcir assez pour supporter les parties supérieures.

M. Vicat donne, pour la fabrication des mortiers de chaux grasse, le conseil suivant : il faut, dit-il, prendre le contre-pied de ce que font les maçons, c'est-à-dire que, au lieu de noyer la chaux dans une grande quantité d'eau en l'éteignant, et de gâcher le mortier à consistance très molle, presque fluide, il faut employer la chaux en pâte ferme, et n'ajouter de l'eau que lorsque le sable, trop sec, l'exige absolument, afin d'obtenir un mortier de bonne consistance ; et avec toutes ces précautions on n'arrivera jamais, en pratique, à des mortiers dont la cohésion finale soit de plus de 3 kilos par centimètre carré.

Les expériences de M. Vicat indiquent que la résistance des mortiers de cette espèce croît à partir de 50 jusqu'à 230 parties de sable (en volume) pour 100 de chaux en pâte forte ; au delà, elle décroît indéfiniment.

En résumé, si l'on ne veut que des mortiers ordinaires de chaux grasse, il suffira de mélanger à la chaux diverses proportions de sable bien pur et inerte, et d'observer la dose qui donne le maximum de résistance. Le sable coûtant généralement moins cher que la chaux, plus il pourra en être introduit dans le mortier sans que sa résistance en souffre, plus le mélange sera avantageux.

Mortiers hydrauliques.

208. Ce sont des mortiers qui ont la propriété de prendre corps et de durcir sous l'eau et à l'air en plus ou moins de temps. Les mortiers hydrauliques sont utiles à employer partout où pénètre l'humidité, soit par l'action directe de l'eau, soit par suite des influences atmosphériques ; dans certaines parties des constructions, celles qui sont sous l'eau, par exemple, ils sont indispensables et on doit les choisir très énergiques. Dans d'autres parties, comme les fondations et les soubassements des maisons, ils devraient être uniquement utilisés, si l'on voulait assurer la durée de ces bâtiments ; mais on pourrait faire usage d'éléments moins énergiques que dans le premier cas.

On prépare des mortiers hydrauliques de deux façons principales, soit par le mélange de chaux hydraulique naturelle ou artificielle avec le sable, soit par addition à la chaux aérienne de matières qui lui donnent le caractère d'hydraulicité. Nous savons, en effet, que les pouzzolanes ont la remarquable propriété de rendre très hydrauliques les chaux grasses, quand on les mélange avec elles à froid.

Nous pouvons donc diviser les mortiers hydrauliques de la manière suivante :

1° Mortiers hydrauliques ordinaires, à base de chaux hydraulique et de sable :

2° Mortiers hydrauliques à base de chaux et de pouzzolanes naturelles ou artificielles ;

3° Mortiers de ciment.

209. *Mortiers hydrauliques de chaux et de sable.* — Les chaux hydrauliques employées pour la fabrication de ces mortiers, gagnent à être éteintes par le procédé ordinaire : il en résulte, pour l'accroissement de cohésion du mortier, une différence peu appréciable dans le cas d'exposition à l'air, mais très sensible et d'un cinquième pour le cas d'immersion constante. Il faut donc, conseille M. Vicat, toutes les fois que la chose est possible, préférer l'extinction à grande eau à l'extinction en poudre.

Ces mortiers, que l'on désigne sous le nom de mortiers hydrauliques, ne sont pas exclusivement employés sous l'eau, ils rendent aussi d'immenses services pour les maçonneries soumises aux influences atmosphériques.

Ils atteignent ordinairement la dureté des pierres calcaires tendres, c'est-à-dire une résistance de 15 kilos par centimètre carré, pour les chaux éminemment hydrauliques argileuses, de 9 kilos pour les chaux moyennement hydrauliques, et enfin, de 17 kilos pour les chaux éminemment hydrauliques siliceuses.

L'influence exercée par la nature du sable sur la bonté du mortier hydraulique n'est pas appréciable, pourvu que le grain en soit palpable, net et dur. Il n'en est pas de même de sa grosseur ; sous ce rapport M. Vicat cite comme exemple des sables convenant parfaitement aux chaux hydrauliques, ceux de la Loire, de l'Allier, de la Dordogne et de la Garonne.

Le grain de ces sables a en moyenne un peu moins d'un millimètre de grosseur.

Les sables de la Seine, dragués à Paris, sont beaucoup trop gros ; ceux désignés sous le nom de sablons sont trop fins ; le choix, malheureusement, n'est presque jamais possible.

Dans les mortiers hydrauliques, le sable, outre l'économie qu'il procure, présente l'avantage de rendre la chaux moins soluble, par suite le mortier moins susceptible d'être délayé et d'augmenter considérablement la dureté de l'hydrate dans le cas de l'exposition à l'air.

Pour les chaux éminemment hydrauliques, la matière qui convient le mieux en mélange est le sable ; pour les chaux peu hydrauliques, il y a avantage à ajouter au sable une certaine quantité de pouzzolane.

210. *Mortiers hydrauliques à base de chaux et de pouzzolanes.* — Ces mortiers diffèrent beaucoup des précédents. La chaux colle plus ensemble les grains de sable, tout en conservant leur forme et leur volume, mais elle disparait entièrement, ainsi que la pouzzolane, en formant un silicate double d'alumine et de chaux. Un mortier de ce genre, durci sous l'eau ou dans un lieu humide, possède une texture dans laquelle il est impossible de distinguer les éléments constitutifs.

Pour trouver les proportions de pouzzolane et de chaux à employer, il faut doser ces matières au poids, sauf à traduire ensuite ces poids en volume.

En eau douce on peut adopter :

18 kilos de chaux grasse

pour 100 kilos de pouzzolane, composée de 64 parties de silice et 36 parties d'alumine.

Pour des pouzzolanes renfermant des matières inertes (sables, oxydes de fer, carbonate de chaux, etc.), ces nombres peuvent se modifier comme suit :

12 à 15 parties de chaux caustique,
100 parties de pouzzolane.

Ce qui précède s'applique aux chaux grasses ; pour les chaux hydrauliques, il est impossible de fixer un dosage, car il dépend de l'énergie de la chaux d'une part, et de celle de la pouzzolane de l'autre.

M. Vicat a indiqué un procédé qui permet de trouver, dans les cas possibles, les proportions de chaux commune qui conviennent à une pouzzolane quelconque. Ce procédé consiste à mélanger une quantité connue de la pouzzolane à employer avec une quantité déterminée de chaux, et à en former une boule de béton, plutôt gras que maigre, d'environ 2 centimètres de diamètre. Cette boule est placée pendant une année sous une eau pure renouvelée fréquemment. Par l'analyse ou autrement, on cherche ensuite la quantité de chaux qui aura disparu, qu'on retranchera de la totalité de celle qu'on aura employée, et la différence donnera, relativement à la dose de pouzzolane, les proportions cherchées.

Si la chaux employée dans ces mortiers est hydraulique, on augmentera la bonté des mortiers en y ajoutant du sable.

Les mortiers à base de pouzzolane ne conviennent qu'aux travaux constamment immergés ou humides.

Les pouzzolanes à silice gélatineuse en combinaison avec de la chaux grasse, ne peuvent être utilisées qu'en massifs revêtus et dérobés à l'action de l'air et de l'eau.

211. *Mortiers dans lesquels le ciment joue le rôle de pouzzolane.* — Les ciments peuvent rendre les chaux grasses hydrauliques, c'est-à-dire jouer le rôle des pouzzolanes.

Les ciments qui sont éventés ne font plus prise employés seuls; mais si on y ajoute de la chaux grasse, ces ciments exercent sur cette chaux un pouvoir hydraulique très supérieur à ce qu'on obtient d'eux à l'état vif.

Le ciment est dans ce cas considéré comme une pouzzolane et les proportions à adopter sont les suivantes :

10 à 30 parties de chaux caustique.
pour 100 de ciment,

suivant que l'on désire une prise sous l'eau plus ou moins rapide.

212. *Mortiers de ciment.* — Lorsqu'on veut transformer les ciments en mortiers, on y ajoute toujours du sable car les ciments s'emploient rarement purs.

Nous avons donné, dans la première partie de ce cours assez de renseignements sur les mortiers de ciment, pour qu'il soit inutile d'y revenir ici.

213. *Silicatisation du mortier.* — Des expériences faites par M. Kuhlmann établissent qu'un mortier de chaux grasse se transforme en mortier hydraulique, après avoir été convenablement arrosé avec une dissolution de *silicate de potasse.*

On peut faire directement du mortier hydraulique avec de la chaux grasse, par l'introduction de 11 pour 100 environ de silicate alcalin.

§ II. — PROPORTIONS EMPLOYÉES DANS LES DIFFÉRENTS MORTIERS

Composition de quelques mortiers ordinaires.

214. 1° Le *mortier de chaux et de sable* employé pour fondations et les corps des gros murs a pour composition :

1 partie de chaux bien éteinte, en pâte épaisse,
2 parties de sable.

2° Le *mortier fin à poser*, principalement employé dans les villes de la Meuse, de la Moselle et du Rhin, pour la pose des pierres de taille, pour les parements des maçonneries de briques, les rejointoiements et les enduits, se compose de :

2 parties de chaux éteinte en bouillie épaisse,
3 parties de sable très fin, passé à la claie fine.

3° Le *mortier fin* employé pour les cheminées de brique dans l'intérieur et pour les cloisons ou refends en brique, se compose de :

1 partie de chaux mesurée vive et réduite à l'état de bouillie épaisse,
2 parties de sable très fin.

4° Le *mortier bâtard* (mortier et plâtre). Il est formé de parties égales de mortier ordinaire et de plâtre en poudre gâché avec la quantité d'eau nécessaire ; on ne doit le faire qu'au fur et à mesure de son emploi. C'est un mortier de mauvaise qualité, qui doit être proscrit pour les maçonneries exposées à l'air extérieur.

5° *Blanc en bourre.* C'est un mortier mixte, formé de chaux grasse et de sable, ou de chaux et d'argile, auquel on ajoute de la *bourre ;* il sert à faire des enduits et des plafonds dans les pays ou le plâtre manque. On choisit du mortier très fin et purgé de cailloux et de corps étrangers.

La chaux doit avoir été éteinte depuis plusieurs jours.

Composition de quelques mortiers hydrauliques.

215. Les bonnes proportions pour tout mortier hydraulique sont en moyenne de 1 volume, 80 de sable pour 1 volume de chaux en pâte. Pour les mortiers immergés à travers une eau profonde, on ne peut guère employer alors plus de 1,50 de sable pour 1 de chaux en pâte.

Quand le mortier de chaux hydraulique doit être constamment exposé à l'action de l'air, comme pour les conduits et crépis et que la chaux ne rend guère plus de 1 pour 1, il faut, au contraire, forcer la dose du sable, et ne pas s'étonner de la maigreur du mélange ; la cohésion y perd bien quelque chose, mais la résistance à la gelée y gagne beaucoup. Les meilleures proportions sont dans ce cas de 1,60, de sable (en volume) pour 1 de chaux en pâte ferme. La grosseur du sable pour cette proportion est comprise entre 15 et 7 millimètres.

Lorsque, dans les mêmes circonstances, la chaux rend moyennement 1,20 la dose de chaux restant la même, la proportion de sable doit être de 1,80; on peut la porter jusqu'à 2 pour la chaux hydraulique, qui donnerait 1,50 pour 1. Les mortiers hydrauliques pour fondations, enfouis sous une terre constamment fraîche et qui sont dans un état permanent d'humidité, peuvent être fabriqués en toutes proportions, depuis 1,00 jusqu'à 2,40 de sable pour 1,00 de chaux en pâte.

Composition de quelques mortiers de pouzzolanes naturelles.

216. Le *mortier de pouzzolane volcanique*, principalement en usage dans les villes du Midi de la France, est composé comme suit :

2 parties de chaux éteinte par immersion, mesurée en poudre,
3 parties de pouzzolane volcanique.

Ce mortier est ordinairement employé pour les constructions dans l'eau : alors il faut le laisser un peu reposer à l'air avant de l'employer; s'il doit être employé dans l'air, il faut s'en servir de suite.

2° Le *mortier de chaux hydraulique* de *pouzzolane* et de *sable* se compose comme suit :

2 parties de chaux hydraulique, éteinte par immersion, mesurée en poudre,
1 partie de pouzzolane volcanique,
1 partie de sable.

3° Le mortier de *trass* employé dans les villes de la frontière du Nord et du Rhin se compose de :

2 parties de la meilleure chaux commune du pays, mesurée en poudre et éteinte par immersion,
1 partie de trass.

Son principal emploi doit être pour les constructions dans l'eau.

4° Le *mortier de chaux hydraulique, trass* et *sable* se compose de :

4 parties de chaux hydraulique, mesurée vive et réduite en pâte ;
5 parties de trass,
5 parties de sable.

Composition de quelques mortiers de pouzzolanes artificielles.

217. 1° Le mortier de *chaux hydraulique*, de *pouzzolane d'argile cuite* et de *sable* prend très vite à la manière du plâtre ; il faut donc le gâcher en petites quantités ; il se compose de :

1 partie chaux hydraulique vive et réduite en poudre,
1 partie pouzzolane d'argile cuite,

1 partie sable fin de rivière,
2 parties eau.

Ce mortier peut être employé pour faire des enduits.

2° Mortier de *chaux hydraulique, pouzzolane artificielle* et *sable*. Ce mortier se compose de :

8 parties de chaux hydraulique éteinte par immersion, mesurée en poudre,
3 parties de schiste calciné, ou basalte, ou grès ferrugineux, ou terre ocreuse,
3 parties de sable.

3° Mortier de *chaux hydraulique, cendrée* et *sable*. Ce mortier, en usage dans le Nord et le Pas-de-Calais, se compose de :

3 parties de chaux hydraulique mesurée en pâte,
2 parties de cendrée,
1 partie de sable.

(On désigne sous le nom de cendrée, le résidu qui reste au fond des fours à chaux après que la chaux a été retirée.)

4° Mortier de *chaux hydraulique, cendres de houille* et *sable*. Il se compose de :

3 parties de chaux hydraulique mesurée en pâte,
2 parties de cendres de houille,
1 partie sable.

5° Mortier de *scories de forge* et de *ciment*.

Composition :

8 parties de chaux éteinte par immersion mesurée en poudre ;
3 parties de ciment,
3 parties de scories réduites en poudre.

Mortiers de ciment.

218. La proportion de sable à introduire dans les mortiers de ciment varie suivant les localités. A Paris on emploie couramment quatre proportions différentes définies chacunes par un numéro.

Le *mortier n°* 1 renferme : 1 partie de ciment et 5 parties de sable. Ce mortier ne s'emploie qu'avec le ciment de Portland ou bien comme massif en blocage avec des chaux.

Le *mortier n°* 2 renferme : 1 partie de chaux ou de ciment et 3 parties de sable. C'est le mortier communément employé pour les hourdis des murs.

Le *mortier n°* 3 renferme : 1 partie de chaux ou de ciment et 2 parties de sable. Ce mortier est employé pour les maçonneries soignées.

Enfin le *mortier n°* 4 renfermant 1 partie de chaux ou de ciment et 1 partie de sable est employé comme hourdis dans les maçonneries étanches ou comme enduit.

Une propriété des mortiers n°s 1, 2, 3, c'est d'être incompressibles et par suite de ne donner aucun tassement dans les maçonneries où on les fait entrer, à l'encontre des hourdis en plâtre. Il ne faudrait donc pas, sous prétexte d'économie, construire les murs extérieurs d'un bâtiment en mortier de chaux et de ciment et les murs intérieurs de ce même bâtiment, en mortier de plâtre : en raison de leur tassement ces derniers se sépareraient des murs de face et pourraient, en déterminant des surcharges locales, produire des désordres très graves dans les constructions.

219. Nous avons donné dans la première partie des renseignements assez complets sur les mortiers de ciment et en particulier sur les mortiers de ciment de Portland ; il nous suffira, pour terminer, de dire quelques mots des dosages pour les mortiers de ciment de Vassy en nous aidant du tableau suivant établi par MM. Claudel et Laroque. Quoique les nombres de ce tableau se rapportent au ciment de Vassy, en tenant compte de la différence de densité des diverses variétés de ciments, ils peuvent ordinairement, à très peu de chose près, s'appliquer à tous les ciments susceptibles de produire, avec un poids égal de poudre, le même volume de pâte que le ciment de Vassy.

NUMÉROS d'ordre.	PROPORTIONS en volume.		VOLUME de	POIDS DE CIMENT déchet compris.	
	CIMENT	SABLE	SABLE	SANS TARE	AVEC TARE
			Mètres cubes.	Kilos.	Kilos.
1	1	0	0,00	1204	1336
2	3	1	0,35	928	1030
3	2	1	0,46	843	936
4	3	2	0,55	771	856
5	1	1	0,70	651	723
6	2	3	0,84	530	588
7	1	2	0,93	451	480
8	1	2,5	1,00	390	423
9	1	3	1,00	300	325
10	1	3,5	1,00	258	280
11	1	4	1,00	235	255
12	1	4,5	1,00	205	220
13	1	5	1.00	185	200

Le mortier nº 1, c'est-à-dire celui de ciment pur, est exclusivement employé à l'étanchement des fuites d'eau et des sources ; sa solidification presque instantanée et sa grande imperméabilité le rendent très propre à ces sortes de travaux.

Les mortiers 2, 3, 4 et 5 servent à faire les enduits de réservoirs, de citernes, de fosses d'aisances, etc., pour lesquels l'imperméabilité et l'adhérence sont les principales conditions à exiger.

Les mortiers 6, 7 et 8 sont ceux qui sont employés le plus fréquemment ; ils servent à hourder toutes les maçonneries de meulières, de briques, de moellons, etc., pour faire des rejointoiements de toute nature, des chapes et des enduits de maçonneries neuves ou vieilles ; ils sont employés également pour la reprise des maçonneries en sous-œuvre, ainsi que pour la restauration des vieux parements de pierre de taille dégradés par le temps, et en général pour tous les ouvrages couverts ou continuellement exposés aux intempéries de l'air, auxquelles ils résistent très bien.

Les mortiers 9 et 10 sont employés avec de très grands avantages pour les murs, voûtes et massifs qui peuvent attendre le complet durcissement avant d'être soumis à de fortes charges ou pour lesquels la condition de parfaite imperméabilité n'est pas indispensable.

Les mortiers 11 et 12, dans lesquels les proportions de ciment sont moindres que celles du 10, commencent à être maigres et à perdre graduellement leurs qualités principales, autant sous le rapport de l'adhérence que sous celui de l'imperméabilité ; cependant ils peuvent encore être utilisés avec avantage pour la construction des massifs et les travaux de remplissage.

Le mortier nº 13, qui durcit encore presque immédiatement sous l'eau (deux heures après), peut, dans un grand nombre de cas, remplacer très utilement les mortiers de bonne chaux hydrauliques.

Dosages des mortiers. Détermination des vides du sable.

220. Le dosage des matières qui doivent entrer dans la composition d'un mortier est une chose extrêmement importante et délicate. Non seulement il faut rechercher quelle est la composition qui donnera le meilleur résultat dans les circonstances où l'on doit l'employer ; mais il faut encore obtenir ce résultat avec la moindre dépense possible.

L'opération du dosage des matières consiste à mesurer et à approcher les quantités de chaux ou de ciment et de sable qui doivent entrer dans le mortier. Les mesures les plus commodes pour effectuer ce dosage sont des brouettes fermées sur le devant par une planche mobile, et ayant une capacité déterminée de 5 à 8 centièmes de mètre cube. Les proportions des matières entrant dans la composition des mortiers doivent toujours être comptées en volume, et toutes les espèces de mortiers doivent être mesurées au mètre cube à pied d'œuvre, tout déchet compris.

Des expériences très suivies ont été faites dans le service du canal de l'Est, sur le dosage des mortiers ; de nouvelles expériences ont été conduites de 1879 à 1881, sur les chantiers des écluses de Carrière et de Bougival.

221. Les résultats de ces expériences sont indiqués dans un mémoire de M. de Préaudau (*Annales des ponts et chaussées*). C'est ce mémoire que nous allons analyser.

L'emploi des chaux de qualités supérieures ou des ciments amène à n'introduire dans les mortiers que les quantités de chaux strictement nécessaires; des mortiers même très maigres ont une résistance suffisante dans beaucoup de cas, lorsque l'étanchéité n'est pas nécessaire. Il importait donc avant tout de déterminer, pour chaque qualité de sable, et suivant l'état de ce sable, quelles quantités de chaux sont nécessaires pour produire un mortier normal, sans excès de chaux; ensuite quelle est la résistance de chaque mortier selon sa composition, son âge; il importait aussi d'étudier le degré de porosité des mortiers en vue de l'emploi dans les travaux hydrauliques.

222. *Vides des sables.* — On a déterminé le volume des vides dans un sable sec ou mouillé. On a soumis à l'expérience :

Des sables schisteux de Charleville-Givet ;

Des alluvions calcaires prises entre le canal de la Marne au Rhin et Charleville ;

Des sables siliceux de la vallée de la Moselle ;

Des sables siliceux fins provenant de grès vosgiens;

Des sables de la Saône;

Des sables de la Seine, soit d'alluvions anciennes, soit d'alluvions récentes.

Les résultats ont été très différents selon qu'on opérait sur le sable d'une provenance ou de l'autre; ce qui prouve combien il serait utile, dans la plupart des cas, de déterminer par un essai préalable et très simple, la proportion des vides d'où l'on conclut celle de la chaux nécessaire.

Voici les chiffres principaux qui ressortent des expériences :

1° Pour le sable sec, la proportion des vides au volume du sable est descendue jusqu'à 0,26, sur certains sables provenant de grès pulvérisé ; elle est montée jusqu'à 0,42 pour certains sables de la Meuse provenant de terrains ardoisiers.

La moyenne de toutes les expériences faites sur le canal de l'Est était 0,338; dans les expériences faites sur les sables de la Seine, cette moyenne est restée identiquement la même. On peut admettre 0,28 comme moyenne pour des sables d'alluvions anciennes, et 0,40 pour les sables d'alluvions récentes.

2° Lorsque le sable est mouillé, il subit, comme on sait, un certain tassement; le volume des vides comme le volume total ont diminué; ont-ils diminué l'un et l'autre dans la même proportion ou dans des proportions différentes? L'expérience montre que le rapport des vides au volume du sable mouillé a diminué; il est descendu à 0,17 pour certains sables siliceux fins, et a monté à 0,36 pour certains sables de la Meuse et de la Seine. La moyenne était de 0,27 sur des chantiers du canal de l'Est, de 0,25 sur les chantiers de la Seine.

Le volume des vides est différent suivant la provenance des sables, suivant l'état de plus ou moins grande siccité, suivant aussi le degré de finesse, car on a remarqué que les sables les plus fins présentent un moindre volume de vides; en même temps le tassement qui influe notablement sur le volume des vides, se produit bien plus facilement sur les sables fins.

Les écarts sont considérables puisque, d'après les chiffres cités, on va de 0,17 à 0,42. Il s'ensuit que le dosage doit être très différent d'un cas à l'autre.

Volume de la chaux. — Connaissant le volume des vides qui devront être exactement occupés par la chaux pour fournir le mortier normal, il faut déterminer un second élément qui intervient ici : il faut savoir quel volume de chaux en poudre est nécessaire pour que cette chaux mouillée et convertie en pâte occupe précisément le volume voulu.

On a expérimenté des chaux de :

Warcq et Bertaucourt près Charleville ;

Ville-sous-la-Ferté (Aube), marque Convert et Maugras ;

Xeuilley (Meurthe-et-Moselle), marque Weber et Nicot ;

Le Teil (Ardèche), marque Pavin de Lafarge ;

Tournay (Belgique), marque du Coucou : qualité moyennement et qualité éminemment hydraulique.

Prenant donc 1,000 kilos de chaque chaux, on note que la quantité d'eau absorbée est très variable, allant de 478 litres pour les chaux de Bertaucourt, à 810 pour les chaux de Tournay ; le volume de chaux en pâte varie de 832 litres pour Bertaucourt, à 1,220 pour Tournay.

223. *Calcul du dosage.* — Au moyen de ces données, voici comment on détermine le dosage en chaux nécessaire pour produire le mortier normal.

1° Sables d'alluvions anciennes : la moyenne des vides est de 282 litres par mètre cube de sable, ainsi que nous l'avons indiqué plus haut. Mais il se produit pendant l'opération et par suite des triturations elles-mêmes, par suite de l'introduction d'eau qui mouille le sable, un certain tassement qui est de 1/20 environ dans tous les cas, et quel que soit le sable employé, comme le montre l'expérience ; il faut donc pour obtenir finalement 1 mètre cube de mortier, calculer pour $1^{mc},05$; le volume correspondant des vides est de 296 litres. Il faut chercher quel poids de chaux en poudre fournira un volume de pâte équivalent à ce dernier chiffre.

Supposons qu'on emploie de la chaux du Teil, qui donne des résultats moyens, soit 975 litres de pâte pour 1,000 kilos de chaux ; pour obtenir 296 litres de pâte, il faut donc 304 kilos de chaux du Teil en poudre. En nombre rond, on dira que le dosage du mortier normal, avec chaux du Teil, est de 300 kilos par mètre cube de mortier.

2° Sables d'alluvions récentes : par mètre cube de sable, le volume des vides est de 405 litres ; ramenant à $1^{mc},05$, le volume à remplir est de 425 litres. Avec la même chaux, qui donne 975 litres de pâte par 1,000 kilos de chaux en poudre, il faut donc 435 kilos de chaux. Tel est le dosage du mortier.

Lorsque, au lieu d'un mortier normal, on fabriquera un mortier maigre dans lequel la chaux ne vient pas occuper tous les vides du sable, l'influence du tassement se fait sentir davantage ; aussi sera-t-il prudent de prendre pour point de départ un chiffre un peu supérieur à $1^{mc},05$.

Nous venons d'indiquer les moyennes pour deux qualités de sable ; le même calcul appliqué à des sables différents et à des chaux différentes, montre que les écarts sont considérables.

Avec le même sable et des chaux différentes, pour obtenir le mortier normal, le dosage en chaux peut varier de 250 à 350 kilos de chaux par mètre cube ;

Avec la même chaux et des sables différents, de 300 à 400 kilos par mètre cube.

On voit combien il est nécessaire, lorsqu'on n'a pas de données antérieures sur le volume final des sables et de la chaux, de faire quelques essais préalables ; pour les travaux hydrauliques dans lesquels l'excès de chaux produit de la laitance toujours nuisible, cette nécessité est absolue.

224. *Remarque.* — On peut évaluer très simplement les vides existant entre les grains de sable ; pour cela, on remplit un vase quelconque d'une capacité connue, du sable à essayer, puis on verse une quantité d'eau suffisante pour qu'elle vienne effleurer le dessus du sable : le volume d'eau versée est égal à celui des vides.

225. *Indications de M. Vicat relativement au dosage des mortiers.* — Suivant M. Vicat, pour obtenir des mortiers capables d'acquérir une grande dureté dans l'eau, ou sous terre, ou dans des lieux constamment humides, il faut combiner :

Avec les *chaux grasses*, les pouzzolanes naturelles ou artificielles très énergiques ;

Avec les chaux *moyennement hydrauliques*, les pouzzolanes naturelles ou artificielles simplement énergiques, ou bien des pouzzolanes très énergiques tempérées par un mélange d'environ moitié sable ou d'autres matières inertes ;

Avec les chaux *hydrauliques*, des pouzzolanes peu énergiques, ou des pouzzolanes énergiques tempérées par un mélange d'environ moitié sable ;

Avec les chaux *éminemment hydrauliques*, des matières *inertes* comme des sables, des laitiers, des scories de forge, etc.

En thèse générale, pour atteindre le meilleur résultat possible, il faut employer dans les mélanges des pouzzolanes d'autant plus énergiques que l'hydraulicité de la chaux est moins grande, de manière que le sable inerte corresponde au plus haut degré d'hydraulicité, et la pouzzolane la plus énergique à l'absence complète de cette qualité.

Pour obtenir des mortiers capables d'acquérir une grande dureté en plein air et de résister à la pluie, aux chaleurs et aux fortes gelées, conditions dans lesquelles sont particulièrement placés les mortiers pour rejointoiements, M. Vicat conseille de n'employer d'autres combinaisons que des mélanges de sable ou matières inertes avec des chaux hydrauliques ou éminemment hydrauliques. Pour ce cas, il est impossible d'employer des chaux grasses ou aériennes, quelles que soient les matières avec lesquelles on les mélange.

M. Vicat fait encore remarquer qu'il vaut mieux pécher par défaut de chaux que par excès, quand il s'agit de mélange de chaux grasse et de pouzzolane quelconque ; et que au contraire, il vaut mieux pécher par excès de chaux quand il s'agit de mélanges de chaux hydrauliques ou éminemment hydrauliques avec des matières inertes.

Analyse des Mortiers.

I. — ANALYSE D'UN MORTIER DE CHAUX HYDRAULIQUE.

226. Supposons que nous ayons à faire l'analyse d'un mortier de chaux hydraulique. Nous allons indiquer toutes les opérations nécessaires pour une analyse exacte et complète. On prend un poids déterminé du mortier à étudier. On le réduit en poudre, puis on le dessèche et on le pèse. On verse, ensuite, sur ce mortier de l'acide azotique ou chlorhydrique étendu d'eau. Il se produit une effervescence et l'acide carbonique se dégage. On sépare par filtration la partie liquide du résidu soluble, qu'on lave à l'eau acidulée. On réunit les eaux de lavage au liquide et on a ainsi deux parties distinctes, qu'on traite séparément, savoir :

1° Une partie soluble, qui contient la chaux, la magnésie accompagnant toujours celle-ci dans la chaux hydraulique, de l'alumine libre ou provenant d'une partie de l'argile contenue dans la chaux hydraulique, et l'oxyde de fer mêlé à cette argile : tous ces corps se trouvent dans la liqueur à l'état d'azotates ou de chlorures selon qu'on a, au début, employé l'acide azotique ou l'acide chlorhydrique.

2° Un résidu insoluble qui contient du sable, de l'argile ou silicate d'alumine et un peu de silice à l'état libre.

1° *Résidu insoluble. Silice.*

227. On traitera d'abord ce résidu. Après l'avoir séché, on le pèsera, puis on y versera de la potasse en dissolution et on fera bouillir. Une partie du résidu se dissout : c'est la silice libre qui forme du silicate de potasse. On décante le liquide, puis on sèche le résidu et on pèse de nouveau. La différence de poids correspond à la silice libre.

On reprend le nouveau résidu. On le calcine dans le creuset de platine avec quatre fois son poids de carbonate de soude. La silice du sable ou de l'argile se dissout en formant du silicate de soude. On décante la partie liquide, puis on lave le résidu. On réunit tout le liquide qu'on évapore. On dessèche, on pèse et on a le poids du silicate de soude. Sur 138 parties en poids de ce dernier, la silice contenue figure pour 45. On aura donc facilement le poids de la silice, qu'il faut ajouter à la quantité déjà trouvée pour avoir toute la *silice*.

Cet élément est intéressant à connaître surtout parce qu'il va permettre de déterminer la quantité d'alumine. En effet, ce poids total étant déduit du poids qu'avait primitivement le résidu complet, la différence représente de l'alumine qui se trouvait dans l'argile. Il sera facile de reconstituer le poids qu'avait l'argile correspondante à cette quantité d'alumine et contenue primitivement dans la chaux hydraulique, car 51,34 parties, en poids d'alumine, formaient 96,34 parties en poids de silicate d'alumine ou argile.

2° *Partie insoluble.*

228. On reprend alors la partie insoluble et on évapore, doucement d'abord, pour éviter les projections, puis on calcine dans un creuset de platine. Les azotates ou chlorures repassent à l'état d'oxydes de chaux, magnésie, oxyde de fer et alumine. Cette première opération terminée, on fait bouillir avec de l'azotate d'ammoniaque. Cela fait, la chaux et la magnésie se dissolvent, tandis que le fer et l'alumine restent à l'état de résidu insoluble. On sépare le liquide du résidu qu on lave soigneusement et on traite séparément ces deux parties.

Chaux vive. Dans la partie liquide, on ajoute de l'ammoniaque liquide ou alcali, ou bien du sel ammoniac ordinaire, puis de l'oxalate d'ammoniaque en excès. La chaux se précipite à l'état d'oxalate de chaux. On sépare ce précipité par filtration, puis on y verse de l'acide sulfurique goutte à goutte. On évapore lentement d'abord, puis on chauffe fortement et on pèse. La chaux se trouve à l'état de sulfate de chaux et, sur 68 parties de sulfate, il y a 40 parties de chaux vive.

Magnésie. Après le traitement par l'oxalate d'ammoniaque, la magnésie est restée dans la liqueur. Dans celle-ci, on verse du phosphate de soude et de l'ammoniaque. On agite fortement et on laisse le précipité se déposer pendant quelque temps. On isole, comme d'ordinaire, ce précipité et on le dessèche, puis on le calcine. Le résidu est du pyrophosphate de magnésie, qui, pour 100 parties en poids, en contient 36,68 de magnésie.

Alumine et fer. Après avoir fait bouilir avec l'azotate d'ammoniaque, nous avions un résidu insoluble contenant le fer et de l'alumine. Après l'avoir séché et pesé, on redissout ce résidu dans l'acide chlorhydrique; puis, dans la liqueur ainsi formée, on verse de la potasse. L'oxyde de fer est précipité. On le dessèche complètement, puis on le pèse et on a directement le poids de l'oxyde de fer. La différence avec le poids primitif du résidu est l'alumine. On ajoutera cette nouvelle quantité et celle qu'on avait déjà trouvée pour en déduire la quantité totale d'argile.

En résumé, on déduit de l'analyse précédente les éléments de la chaux hydraulique primitivement employée :

1° La chaux vive ;

2° La magnésie;

3° L'oxyde de fer;

4° L'argile, déduite elle-même de la quantité d'alumine.

On fera le total de ces éléments pour avoir le poids de chaux.

Si le sable employé pour la fabrication du mortier à analyser est argileux, une partie de l'argile trouvée proviendrait de ce sable et non de la chaux hydraulique. Il est facile de trouver la quantité à déduire. Pour cela, on pèsera une certaine quantité du sable employé pour le mortier, on le lavera avec soin pour lui enlever l'argile, puis on pèse de nouveau. La différence sera le poids qu'il faut déduire de l'argile totale trouvée dans l'analyse.

La somme des éléments donnés par l'analyse doit évidemment reproduire le poids du mortier soumis aux diverses manipulations ci-dessus indiquées.

II. — ANALYSE D'UN MORTIER DE CHAUX NON-HYDRAULIQUE.

229. Si la chaux n'était pas hydraulique, ou si l'on ne se préoccupait exclusivement que de la proportion de la chaux vive proprement dite, tout le traitement de la partie insoluble deviendrait inutile et, dans le traitement de la partie soluble, on s'arrêterait après la première opération qui donne la quantité de chaux. Après avoir traité par l'acide chlorhydrique ou azotique, on séparerait la partie soluble. On la traiterait, comme il a été dit, par l'azotate d'ammoniaque et on en déduirait la proprotion de chaux. On pourrait également y joindre l'opération suivante pour rechercher la magnésie.

III. — ANALYSE RAPIDE D'UN MORTIER.

230. Dans certains cas pratiques, il suffit d'avoir, pour l'analyse d'un mortier, une méthode très rapide. La méthode suivante, souvent employée, est très simple ; elle est due à M. E. Lavezzari, ingénieur distingué.

Supposons qu'il soit possible de se procurer des échantillons de la chaux et du sable mis en œuvre pour la confection du mortier proposé. On prend 10 grammes de la chaux, qu'on traite par l'acide chlorhydrique étendu de trois volumes d'eau, puis on pèse le résidu insoluble. On prend 10 grammes de sable, qu'on traite de la même manière, et on pèse la partie non dissoute. Enfin, on prend 10 grammes du mortier à analyser, qu'on traite par le même acide étendu de trois volumes d'eau. Soit :

a le poids du résidu laissé par le traitement de la chaux;

b le poids du résidu laissé par le traitement du sable;

c le poids du résidu laissé par le traitement du mortier.

Appelons x et y les quantités respectives de chaux et de sable entrant dans les 10 grammes de mortier et nous aurons :

$$(1) \quad x + y = 10 \quad \text{et}$$

$$\frac{ax}{10} + \frac{by}{10} = c \quad \text{ou}$$

$$(2) \quad ax + by = 10c.$$

Des équations (1) et (2), on tire

$$y = \frac{10\,(c-a)}{b-a} \text{ et } x = \frac{10\,(b-c)}{b-a}$$

Si l'on a eu soin de ne peser les matières que bien sèches, il n'y a aucune cause d'erreur dans cette simple manipulation, qui est très rapide.

Pour des mortiers de chaux grasse ou des mortiers de chaux hydraulique très récents, cette méthode est tout à fait applicable et donne de bons résultats si l'on a, bien entendu, des échantillons de la chaux et du sable bien conformes à ceux qui entrent dans le mortier.

En résumé, cette méthode peut se réduire à ceci :

1° Constater ce que la chaux traitée par l'acide laisse de résidu;

2° Constater ce que le sable traité de même laisse de résidu;

3° Dans le mortier, qui est le mélange de ces deux substances, on constate encore quel est le résidu.

Celui-ci est la somme des résidus laissés par la chaux d'une part, par le sable de l'autre. On répartit ce total, au prorata, sur la chaux et sur le sable et on a ainsi la composition du mortier.

CHAPITRE III

§ I. — FABRICATION DES MORTIERS

231. Nous avons fait connaître les différentes matières qui entrent dans la composition des mortiers. Nous avons ensuite indiqué les proportions dans lesquelles il convient de les mélanger pour obtenir les résultats les plus avantageux. Il nous reste encore à décrire les procédés employés pour effectuer le mélange et la trituration de ces substances d'une manière à la fois complète et économique. Cette opération peut se faire à bras ou au moyen de machines.

Les proportions de chaux et de sable étant déterminées, on fait le dosage des matières. Cette opération consiste à mesurer les quantités de chaux et de sable qui doivent entrer dans le mortier.

Les matières mélangées forment une masse plus ou moins compacte, dont le volume total est moindre que la somme des volumes mélangés; c'est ce qu'on nomme la *contraction*. Cette contraction, dans le volume total des composants, varie de 5/7

Si l'on désire avoir un mortier plein, c'est-à-dire un mortier tel que la contraction soit nulle ou presque nulle, il faut alors employer des proportions déterminées par l'expérience, mais qui varient ordinairement de 1,5 à 4 parties de sable pour une partie de chaux en pâte.

Mélange des matières. — Manipulation à bras.

232. La manipulation du mortier influe beaucoup sur sa qualité et demande, en conséquence, les plus grands soins.

MORTIER DE TERRE.

233. Pour la fabrication du mortier de terre, on étale, sur une aire convenablement préparée, une certaine quantité de terre argileuse et choisie. On jette de l'eau par-dessus la matière pour la détremper et on la réduit en une pâte plus ou moins ferme en la manipulant au moyen de la pelle et de la pioche, ou, mieux, à l'aide du rabot en fer représenté par la figure 447 de la première partie. Ce rabot en fer est quelquefois remplacé par un simple morceau de bois de $0^m,20$ de longueur sur $0^m,10$ de largeur, arrondi et aminci ; il est percé d'un trou au milieu pour fixer un manche. Le rabot en fer est de beaucoup préférable.

MORTIERS DE CHAUX.

234. Pour la manipulation à bras des mortiers de chaux, voici comment on procède. Sur une aire en planches ou en pierre dure, afin que la terre ne se mélange pas au mortier, on étale à la pelle trois brouettées de sable en forme de bassin circulaire. Dans ce bassin, on verse de la chaux en pâte, en quantité convenable, suivant le mortier qu'on désire produire. On procède ensuite au mélange de ces matières à l'aide d'un rabot en fer et on pousse avec force cet instrument en le tenant sur le plat, afin de comprimer les matières sur le plancher pour en écraser les mottes. On le retire à soi en le mettant sur le tranchant pour soulever la matière et toujours ramener un peu de sable du bassin sur la partie ramollie. Au fur et à mesure que les manœuvres étalent le tas avec des rabots, d'autres le retournent avec des pelles. Le mortier est terminé quand on n'aperçoit plus aucune particule de chaux séparée du sable.

Il arrive quelquefois que la chaux, surtout la chaux hydraulique, est trop raffermie et le sable trop sec pour permettre un mélange facile. Dans ce cas, on la ramollit avec des pilons avant de se servir de rabots, et l'on jette une certaine quantité d'eau par-dessus.

Le premier moyen est préférable ; mais, comme il est dispendieux, on emploie souvent le second, dont on peut atténuer les inconvénients en délayant un peu de chaux dans l'eau employée.

Pour les manipulations des mortiers de ciment à bras, nous avons donné, dans la première partie, les indications indispensables pour une bonne confection et un bon emploi de ces mortiers. (Gâchage des mortiers de ciment de Vassy, par exemple.)

MANIPULATIONS MÉCANIQUES.
MACHINES EMPLOYÉES.

235. Dans les grands travaux, on emploie presque toujours des procédés plus puissants, et l'on fabrique les mortiers à l'aide de machines de formes très variées, dont nous allons décrire les principales.

La plus simple, que tout le monde connaît sous le nom de *manège à roues*, est représentée (*fig.* 177). Cette machine a été employée dans presque tous les grands chantiers. Deux ou quatre roues parcourent une auge circulaire, peu profonde, écrasent et mélangent les matières. Des râteaux en fer R, solidaires avec les roues, remuent sans cesse le mortier et en amènent successivement toutes les parties sous l'action des roues. Quand le mélange est parfait, on ouvre une trappe placée au fond de l'auge, et le mortier, poussé par un râble en fer convenablement disposé, tombe en tas au-dessous du manège et peut être très facilement recueilli et transporté

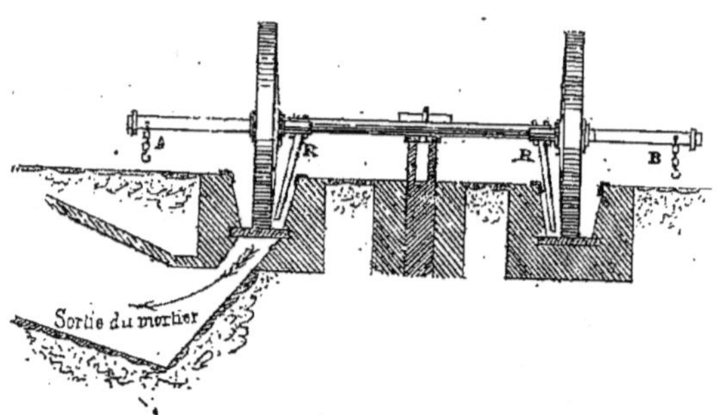

Fig. 177. — Manège à roues pour la fabrication du mortier, servant aussi pour la fabrication de la chaux hydraulique.

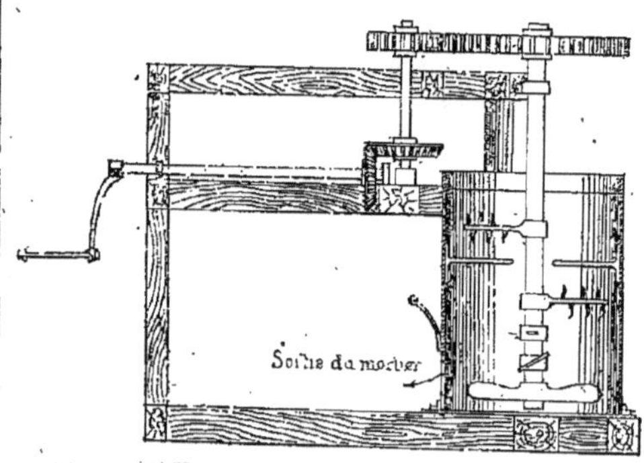
Fig. 178. — Malaxeur à bras pour mortier.

Ces manèges sont généralement mis en mouvement par deux chevaux attelés en A et en B.

Fig. 179. — Malaxeur à manège.

Ces appareils, d'une grande simplicité,

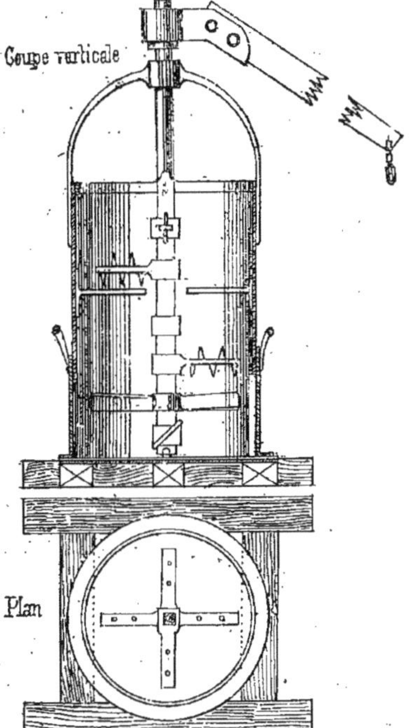

Fig. 180. — Malaxeur à manège pour la fabrication du mortier.

donnent de bons résultats ; mais, aujourd'hui, on emploie de préférence les tonneaux à mortier. Ces machines occupent peu de place, leur surveillance est facile, leurs produits sont de bonne qualité et très abondants ; de plus, le prix de fabrication d'un mètre cube de mortier est très faible.

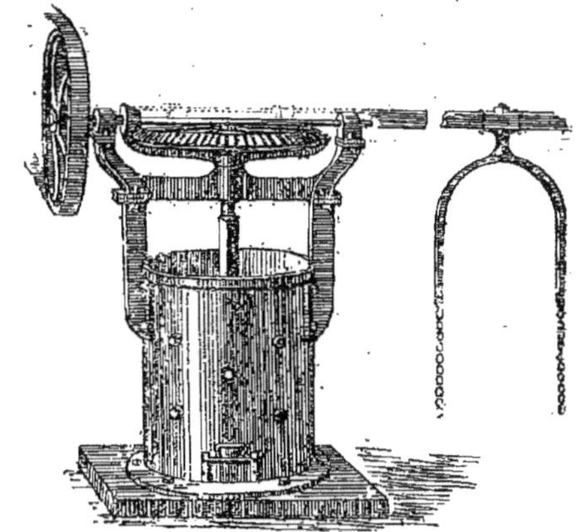

Fig. 181. — Malaxeur à vapeur ou à manège.

La forme et les dimensions des tonneaux à mortier varient beaucoup ; mais la forme la plus simple est le malaxeur à bras représenté en coupe par la figure 178. Il en existe d'autres représentés par les figures 179, 180 et 181, qui peuvent être mues par un cheval ou par l'action d'une machine à vapeur.

Ce sont toujours des cylindres en forte tôle, ouverts par le haut et fixés à la partie inférieure sur une plaque en fer, qui repose sur des madriers en bois servant d'assise. Au centre du cylindre, tourne un arbre vertical portant, à différentes hauteurs, des bras en fer disposés de manière à rayonner dans tous les sens. Des tiges de fer, fixées solidement à l'intérieur de l'appareil et sur son pourtour, occupent les places laissées par les intervalles des bras de l'arbre vertical. Une ou deux portes de sortie sont ménagées au bas du cylindre ; elles glissent dans des rainures verticales et sont surmontées de poignées à l'aide desquelles on ouvre les portes selon l'exigence du travail. Dans certains de ces appareils, il existe, vers la partie supérieure du cylindre, une ou deux portes servant au nettoyage de l'appareil.

Les matières introduites par le haut sont mélangées par le mouvement de rotation des bras et s'écoulent peu à peu par la partie inférieure.

236. *Machine spéciale à fabriquer les mortiers.* — Cette machine représentée (*fig.* 182), est formée d'une trémie A, en

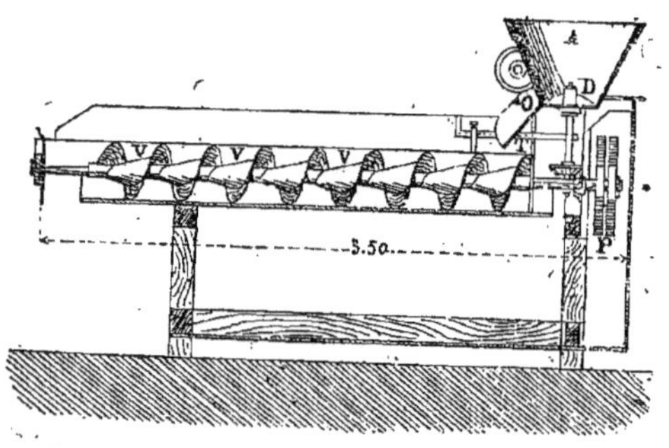

Fig. 182. — Machine à fabriquer les mortiers de ciment, — ou analogues.— 13 spires. — Force motrice 1/2 cheval à 1 cheval vapeur.

bois ou en tôle, dans laquelle on jette à la pelle le mélange, préparé à l'avance, de sable et de ciment ou de chaux éteinte en poudre. Un distributeur à axe vertical D, qui se meut sur le fond horizontal de la trémie, fait, d'une manière continue, passer la matière par une ouverture latérale O réglée par une vanne, d'où elle tombe à l'extrémité d'une auge horizontale, en bois ou en tôle, dans laquelle se meut une vis d'Archimède V dont les treize spires sont formées par une feuille de tôle. Au dessus de la même extrémité de l'auge, est disposé un tube en fer T percé de petits trous et destiné à distribuer, comme le ferait un arrosoir, l'eau nécessaire à la fabrication du mortier. La vis, en tournant, oblige la matière à suivre ses spires et l'amène à l'autre extrémité de l'auge, d'où elle tombe réduite en mortier. Deux poulies P, dont l'une est folle, sont montées sur l'axe de la vis et servent, à l'aide d'une courroie, à lui transmettre le mouvement d'une machine locomobile de la force d'un demi à un cheval vapeur, suivant l'importance de la machine. Un pignon conique, monté également sur l'axe de la vis, engrène avec une petite roue conique d'un diamètre à peu près double. Cette roue est montée sur l'axe du distributeur, qui reçoit ainsi son mouvement.

§ II. — QUALITÉS ET DÉFAUTS DES MORTIERS

237. *Action de la chaleur solaire et de la porosité des pierres sur les mortiers.* — Il est important de s'opposer à une trop prompte dessiccation du mortier après son emploi, car il se réduit en poudre si l'eau qu'il contient lui est brusquement enlevée, soit par une température élevée, soit par la porosité des pierres. On prévient cet effet en abritant le mortier des rayons solaires pendant les fortes chaleurs et en arrosant les pierres, en abreuvant même celles qui sont poreuses avant de les mettre en place.

Les mortiers faits en été sont moins bons que ceux faits en automne. Cela provient sans doute de la dessiccation trop rapide du mortier. M. Vicat assure même qu'ils perdent quatre cinquièmes de leur énergie s'ils sèchent avec trop de rapidité.

Cette dessiccation trop rapide doit être évitée quand on fait usage de mortiers non hydrauliques et même de mortiers hydrauliques, car le durcissement étant dû, dans le premier cas, à la cristallisation du carbonate calcaire recomposé, on n'obtient qu'une cristallisation confuse et du carbonate à l'état pulvérulent, si ce dépôt ne pouvait avoir lieu avec la lenteur convenable. Dans le second cas, l'eau étant la cause déterminante du durcissement, on conçoit que sa présence est nécessaire tant que ce durcissement n'est pas aussi complet que possible.

238. *Action d'une haute température sur les mortiers.* — Exposés à une haute température les mortiers se vitrifient tous.

239. *Action de la gelée.* — Nous avons déjà dit que tous les mortiers avaient l'inconvénient d'être attaqués par la gelée. Ils n'en sont à l'abri que six mois environ après leur emploi ; mais il faut un peu plus de temps pour les mortiers de chaux grasses et un peu moins pour les mortiers de chaux hydrauliques. Il en faut d'autant moins selon qu'ils renferment une plus forte proportion de sable.

Nous avons indiqué en commençant cet article les conditions auxquelles doivent satisfaire les mortiers en général ; il est donc inutile d'y revenir.

CHAPITRE IV

THÉORIE DE LA SOLIDIFICATION DES MORTIERS

Mortiers de chaux grasse.

240. Nous savons que lorsqu'on mélange de la chaux grasse avec du sable, on obtient des mortiers d'assez médiocre qualité. Comme ils sont cependant fréquemment employés, nous allons examiner comment s'opère leur solidification.

Quand on expose de l'eau de chaux au contact de l'air, l'acide carbonique de l'air se combine rapidement à la chaux et le carbonate formé se précipite en pellicules qui adhèrent fortement aux corps solides environnants. Si la chaux, au lieu d'être dissoute dans l'eau, est, au contraire, exposée à une dessiccation rapide, elle absorbe encore l'acide carbonique de l'air, mais les grains de carbonate formés restent séparés sans contracter entre eux la moindre adhérence.

Considérons maintenant un mortier composé de sable, de chaux et d'eau et constatons ce qui va se passer suivant les circonstances dans lesquelles ces trois corps se trouveront. Si le mortier ainsi composé est mouillé par de l'eau constamment renouvelée, la chaux se dissoudra entièrement et bientôt il ne restera plus que le sable. Si, au contraire, il est rapidement desséché, la chaux absorbera l'acide carbonique de l'air sans contracter d'adhérence et on n'obtiendra qu'un mélange de sable et de poussière calcaire. Enfin, si le mortier est entretenu dans un état convenable d'humidité, la chaux dissoute dans l'eau qu'il renferme absorbera l'acide carbonique de l'air et se disposera en pellicules adhérentes comme un vernis sur les grains de sable. L'eau, en présence d'un excès de chaux, dissoudra une nouvelle quantité de cette substance et de nouvelles pellicules de carbonate viendront envelopper les premières. Cette action se continue ainsi jusqu'à la solidification entière de la masse.

Le rôle du sable dans ces mortiers est donc purement mécanique. Il sert à diviser la chaux, à augmenter sa perméabilité et, par suite, à favoriser sa combinaison avec l'acide carbonique de l'air. De plus, il joue le rôle de noyaux autour desquels le carbonate de chaux formé vient se cristalliser. Enfin, il modère le retrait qui a lieu lors de la dessiccation des mortiers. La nécessité de la présence de l'air pour la solidification des mortiers de chaux grasse est démontrée par une expérience journalière. On remarque, en effet, que les parties de mortier qui sont en contact immédiat avec l'air, se transforment entièrement en carbonate de chaux, qui forme croûte, tandis que les parties intérieures passent seulement à l'état d'une combinaison de carbonate de chaux et d'hydrate de chaux, qui acquiert beaucoup de dureté. Pour que cette transformation soit complète, il faut un temps extrêmement long. En démolissant des maçonneries épaisses montées en chaux grasse, on trouve toujours, au centre, la chaux grasse aussi molle qu'au moment de l'emploi et à l'état de chaux hydratée. Aussi, ne convient-il pas de placer les mortiers de chaux grasse dans l'intérieur des constructions trop épaisses, où ils ne peuvent sécher, et doit-on s'en abstenir dans les lieux humides ou souterrains et, à plus forte raison, sous l'eau, où ils se délayent complètement. La chaux engagée dans les mortiers ne reprend jamais tout l'acide carbonique qui constituerait le carbonate pur. On conçoit, en effet, que le carbonate formé enveloppe en plusieurs points la chaux vive et la préserve d'une combinaison ultérieure.

Nous pouvons donc résumer ainsi ce qui précède. Les mortiers non hydrauliques, composés de chaux commune et de matières inertes, se solidifient par l'absorption de l'acide carbonique de l'air qui fait repasser la chaux à l'état de carbonate solide et cristallin quand le mortier se trouve placé dans des conditions favorables.

La carbonatation lente de la chaux n'est cependant pas toujours la seule cause du durcissement des mortiers à chaux grasse. On trouve, en effet, dans certaines localités dépourvues de chaux hydraulique, des mortiers de fondations, datant depuis plusieurs siècles, ne contenant que très peu d'acide carbonique et cependant d'une excessive dureté.

L'analyse accuse dans ces mortiers une notable quantité de silice combinée avec la chaux et dont la présence peut faire supposer que le sable quartzeux a pu être attaqué; mais comment ce silicate de chaux a-t-il pu se former?

La présence de la potasse dans les dissolutions salines qui imprégnent les terres des caves semble indiquer la cause de la formation de ce silicate. Les actions chimiques, inappréciables par la lenteur de leurs progrès, même après quelques années, finissent par être très sensibles après plusieurs siècles et, dans ce cas, la potasse aurait pu mettre en présence de la chaux une certaine quantité de silice naissante empruntée au quartz, c'est-à-dire au sable.

Mortiers de chaux hydraulique.

241. La théorie des durcissements des mortiers hydrauliques est toute différente de celle des mortiers de chaux grasse. Nous avons vu, en effet, que les mortiers non hydrauliques ne peuvent faire une prise solide que dans l'air et que cette prise, rapide pour les parties extérieures du mortier, se ralentit bientôt au point de devenir presque nulle pour les parties intérieures. Celles-ci sont effectivement bientôt soustraites à l'action de l'acide carbonique par l'incrustation de la surface. Les mortiers hydrauliques, au contraire, prennent tout aussi bien dans l'air humide que dans l'eau. Leur durcissement est beaucoup plus rapide et plus complet lorsqu'il est favorisé par l'eau surabondante qui existe toujours dans les mortiers.

Il est difficile de se rendre un compte satisfaisant de tous les phénomènes que présente la solidification des mortiers hydrauliques lorsqu'on entre dans le détail de leur examen; mais, si l'on veut se borner à les envisager d'un point de vue général, on reconnaît ce fait, dominant tous les autres, que la silice, dans un état tel qu'elle puisse entrer en combinaison avec la chaux, est nécessaire pour former de bons mortiers (sauf cependant le cas, assez rare d'ailleurs, de chaux dont l'hydraulicité est due à de la magnésie).

Lorsque la chaux ne contient pas de silice, la pouzzolane naturelle ou artificielle en fournit. Le mortier durcit alors par suite d'une combinaison chimique entre les éléments de la pouzzolane et ceux de l'hydrate de chaux.

Quand la chaux contient la quantité de silice qui la rend éminemment hydraulique, elle ne peut plus augmenter d'énergie par de nouvelles combinaisons, du moins avec les substances entrant dans la composition des mortiers; mais elle acquiert plus de dureté par l'addition de grains de sable à raison de l'adhérence qu'elle contracte avec eux, adhérence qui semble se manifester, non seulement au contact, mais même à distance, de telle sorte que chaque grain de sable, par une action toute mécanique, augmente la cohésion de la chaux dans une certaine étendue.

Quand une chaux est un peu hydraulique, on peut la considérer comme un mélange de chaux non hydraulique et de chaux éminemment hydraulique et il convient évidemment d'y ajouter de la pouzzolane et du sable. Les deux effets que nous venons d'indiquer se produisent simultanément. Ceci n'explique pas ce fait, si remarquable, que les chaux hydrauliques, qui acquièrent plus de dureté immergées qu'exposées à l'air, se comportent d'une manière opposée lorsqu'elles sont mélangées avec du sable, de telle sorte que cette matière ne paraît avoir aucune action sur elles dans le cas de l'immersion. L'eau contenue dans le mortier à l'état libre s'oppose-t-elle à l'attraction des grains de sable, ou l'acide carbonique est-il nécessaire pour que cette attraction puisse se manifester ? On sait que l'intervention de l'acide carbonique est aussi profitable aux mortiers hydrauliques qu'à ceux à chaux grasse en ajoutant à l'intensité des phénomènes d'adhérence; malheureusement, son introduction dans l'intérieur s'opère très lentement et le plus souvent s'arrête à une petite profondeur au-dessous des surfaces. Tout dépend de la nature du milieu dans lequel le mortier est placé.

Résistance des Mortiers.

Plâtre. — Mortier de plâtre.

242. A l'inverse de ce qui a lieu pour le mortier, le plâtre perd de sa dureté en vieillissant. L'adhésion du plâtre aux pierres et à la brique est toujours moindre que sa force de cohésion avec lui-même. Le mortier de plâtre arrive à sa cohésion finale après un mois d'exposition à l'air, sous une température de 20 à 25 degrés centigrades. Sa résistance maximum à la traction varie de 12 à 16 kilos par centimètre carré de section. Si on le mêle à moitié de son volume de gros sable, cette ténacité descend à 5 kilos et à $3^k,75$ quand le sable s'approche du menu gravier. Sa résistance à l'écrasement, dans l'état où on l'emploie habituellement, est d'environ 500,000 kilos par mètre carré. Sa résistance à l'extension est de 40,000 kilos seulement. L'adhérence aux pierres et aux briques est d'environ 3,0000 kilos lorsque la force est normale au plan de rupture et de 14,100 kilos à 17,800 kilos lorsque l'effort est parallèle à ce plan. Son adhérence au bois est facile mais faible. Son adhérence au fer s'élève à 100,000 kilos après neuf jours, à 170,000 kilos après dix-sept jours; mais, en général, l'adhérence du plâtre diminue beaucoup avec le temps. — Dans un lieu humide le plâtre n'acquiert jamais une grande cohésion.

Mortiers de chaux grasse.

243. Les mortiers de chaux grasse employés dans la construction des maisons d'habitation pour des murs en élévation au-dessus du sol, et constamment à couvert, donnent, comme plus grande résistance à la traction, $1^k,25$ à $3^k,90$ par centimètre carré.

Mortiers de chaux hydraulique.

244. La cohésion maxima qu'acquièrent les mortiers de chaux hydraulique employés dans les maçonneries exposées à toutes les intempéries varie dans les limites suivantes :

Mortiers de chaux faiblement hydrauliques, de 3 à 7 kilos par centimètre carré.

Mortiers de chaux hydrauliques ordinaires de 7 à 9 kilos.

Mortiers de chaux éminemment hydrauliques argileuses de 10 à 15 kilos, et, enfin, de 15 à 17 kilos quand la silice y domine.

Mortiers de chaux et de pouzzolane

245. La cohésion de ces mortiers, qui varie avec l'énergie des pouzzolanes et les soins apportés à la fabrication, dépasse rarement 14 kilos par centimètre carré et peut même descendre à 5 kilos. Ces nombres ne se rapportent qu'aux mortiers de pouzzolane sans sable et constamment immergés.

Mortiers de ciment de Portland.

246. Les mortiers de ciment de Portland ont donné, après cinq jours, une résistance à la traction égale à 41 kilos par centimètre carré et à 80 kilos après un mois.

Nous donnons ci-après un tableau renfermant la résistance à la traction et à l'écrasement de quelques mortiers.

Résistance des Mortiers à la traction et à l'écrasement

DESIGNATION DES MORTIERS	COHÉSION OU RÉSISTANCE à la traction par centimètre carré	RÉSISTANCE à l'écrasement par centimètre carré	POIDS du mètre cube
Chaux grasse et sable..........	1,25 à 3k.	20 à 40 k.	1,600k
Chaux grasse et ciment de tuileaux	»	47	1,460
Chaux grasse et ciment battu...	»	65	1,660
Chaux grasse et pouzzolane d'Italie	5 à 14 k.	37	1,460
Chaux grasse et grès pilé......	»	29	1,680
Chaux hydraulique ordinaire..	7 à 9 k.	74	»
Chaux éminemment hydraulique...........	15 à 17 k.	144	»
Ciment de Vassy et sable (parties égales)........	»	136	»
Ciment de Vassy gâché pur, après un et six mois.	$6^k,50$ et $15^k,20$		
Ciment de Vassy, gaché pur, après la première année...........	$17^k,70$ à $20^k,30$	»	»
Ciment romain pur ou avec parties égales de sable.	10	»	»
Portland de Boulogne, après cinq jours.....	41	»	»
Portland de Boulogne, après un mois.......	80	»	»

D'après ce tableau, il est facile de voir que la cohésion, ou résistance à la traction par centimètre carré, n'est pas considérable. Au contraire, ce tableau montre que la résistance à l'écrasement des mortiers fabriqués avec de bonnes chaux hydrauliques et les ciments est au moins égale à celle de la pierre.

Les mortiers soumis à des charges éprouvent, comme les pierres, une contraction dont il faut tenir compte dans les projets. Voici, à ce sujet, le résultat des expériences de M. Vicat.

Expériences de M. Vicat sur la résistance des mortiers à l'écrasement et sur leur tassement.

DÉSIGNATION DES MORTIERS	RÉSISTANCE par centimètre carré	TASSEMENT pour un mètre de hauteur
Mortier de chaux grasse et sable.	19 k.	0m,00497
Mortier de chaux hydraulique ordinaire........	74	0m,00607
Mortier de chaux éminemment hydraliuque.....	144	0m,00710

Mortier de ciment romain.

247. L'énergie des ciments est si inégale qu'on ne peut assigner qu'approximativement la résistance dont ils deviennent capables à des époques données. Nous pouvons diviser ces ciments en trois classes :

1° Les ciments communs :
2° Les ciments moyens ;
3° Les ciments supérieurs.

Ciments communs, immergés quelques minutes après la prise, ont :

Après un mois, une ténacité de	3 à 4k	par cm².
Après cinq mois	—	8 à 10	—
Ciments moyens, après un mois,		4 à 5	—
— après cinq mois,		10 à 16	—
Ciments supérieurs, après un mois,		17 à 20	—
— après cinq mois,		24 à 30	—

Ces ciments sont supposés employés purs.

CHAPITRE V

DES BÉTONS

I. — Définitions et notions générales.

248. On donne ordinairement le nom de *béton* au mélange d'un mortier hydraulique avec de petites pierres. Ces pierres peuvent être : des cailloux, des débris de carrière, des briques cassées, etc... C'est une maçonnerie à petits matériaux qu'on fabrique sur les chantiers et qui se solidifie plus tard en prenant les formes exactes de l'enceinte où on l'a renfermée. L'emploi du béton a rendu à l'art des constructions les services les plus importants; il a rendu facile et économique la fondation de tous les ouvrages hydrauliques et a permis d'exécuter des travaux réputés impossibles autrefois.

Il est indispensable que les matériaux employés soient durs non gélisses et que leurs dimensions ne dépassent pas 3 à 4 centimètres de côté.

La propriété essentielle du béton, c'est de durcir promptement dans l'eau. Sa bonté dépend de la qualité de la chaux et des substances qu'on y ajoute, mais il faut toujours choisir, dans chaque localité, les matières qui fournissent le meilleur mortier hydraulique pour les faire entrer dans la composition des bétons.

Quel que soit le procédé qui sera mis en œuvre pour la fabrication du béton, on devra toujours employer de la pierre cassée parfaitement débarrassée de poussière et soigneusement lavée et arrosée. L'oubli de ces précautions a souvent produit de fâcheux accidents.

II. — Proportions de cailloux et de mortier.

249. Les proportions de cailloux et de mortier qui entrent dans la composition du béton dépendent des vides qui existent entre les pierres, ainsi que de l'énergie de la prise et du degré de dureté dont on a besoin pour le travail à exécuter. On dit que le béton est *gras* ou *maigre*, selon que le mortier entre en petite ou en grande quantité dans sa composition, ou mieux, selon que le mortier remplit complètement ou seulement en partie les vides qui se trouvent entre les pierres.

250. *Volume des vides entre les cailloux.* — Pour se rendre compte de la proportion du mortier à faire entrer dans le béton, il est donc indispensable de reconnaître le volume des vides existant entre les cailloux ou les pierres cassées qu'on emploie.

Le volume des vides existant entre les pierres se détermine, comme pour le sable, en remplissant de ces pierres un vase de capacité connue et en l'immergeant dans assez d'eau pour que ce liquide affleure leur surface.

Le volume d'eau versé est égal, à très peu près, à celui des vides, si, par leur nature, les pierres ne sont pas spongieuses, ou si, dans le cas contraire, on a eu soin de les pénétrer avant l'opération de la quantité d'eau qu'elles sont susceptibles d'absorber.

De diverses expériences faites de cette manière, il résulte que, dans un mètre cube apparent de cailloux mêlés de diverses grosseurs, mais ne dépassant pas $0^m,05$ dans un sens, semblables à ceux dont on se sert à Paris, le vide est de $0^{m3},38$, et que, pour les pierres cassées et les cailloux de grosseur à peu près uniforme, et ne dépassant pas $0^m,05$, il est de $0^{m3},46$.

I. — Béton plein imperméable.

251. — Pour obtenir un béton dont les vides des cailloux soient bien remplis, il faut que le volume du mortier soit égal à celui des vides ; mais comme d'une part, le mortier ne peut pas se répartir de manière à remplir tous les vides et que, de l'autre, le sable du mortier, s'interposant entre les surfaces de contact des cailloux, augmente le volume de ces vides, on voit que, pour être certain d'obtenir un béton plein, il est nécessaire que le volume du mortier dépasse celui des vides, et il doit être au moins d'un quart plus grand. Ainsi, selon que le volume des vides sera de $0^{m3},38$ ou de $0^{m3},46$, celui du mortier employé devra être au moins de $0^{m3},48$ ou de $0^{m3},58$, pour obtenir un béton plein, propre, par exemple, à la construction des massifs, de fondations, immergés sous une eau profonde.

252. — *Béton incompressible sans être imperméable.* — Lorsque le béton n'est pas destiné à résister à la pression de l'eau ; quand, par exemple, il est employé à la construction de fondations qui se trouvent au-dessus de la nappe d'eau ; il n'y a pas nécessité qu'il soit imperméable ; il suffit qu'il soit incompressible et qu'il résiste à la rupture. Alors le volume du mortier peut être égal et même inférieur à celui des vides des cailloux ou des pierres cassées.

Il arrive quelquefois qu'on a des cailloux de très petites dimensions. Alors, au lieu d'y mélanger du mortier, on y ajoute simplement une certaine quantité de chaux éteinte, et le mélange de ces matières fournit un très bon béton. En général on obtient plus ou moins d'énergie dans la prise des bétons, selon que les mortiers employés à leur fabrication sont plus ou moins hydrauliques. On peut activer cette prise autant qu'on le désire, en mélangeant aux mortiers une quantité plus ou moins grande de pouzzolane ou de ciment romain.

253. *Composition des meilleurs bétons.* Le tableau suivant, établi par Messieurs Caudel et Laroque, donne la composition des meilleurs bétons employés dans les divers travaux hydrauliques.

NUMÉROS D'ORDRE	BÉTONS	MORTIER	CAILLOUX	EMPLOIS DE CES BÉTONS
1	Béton gras..........	$0^{m3},55$	$0^{m3},77$	Pour radiers, réservoirs, etc., soumis à une pression d'eau considérable.
2	Béton ordinaire......	0,52	0,78	Pour les ouvrages de maçonnerie des eaux et égouts de la ville de Paris.
3	Béton ordinaire.	0,48	0,84	Pour les travaux de navigation dans Paris, fondations de piles de ponts, de murs de quais, etc.
4	Béton un peu maigre.	0,45	0,90	Pour fondations d'édifices sur terrains humides et mouvants.
5	Béton maigre........	0,38	1,00	Massifs, fondations, etc., sur terrain sec et mouvant.
6	Béton très maigre....	0,20	1,00	
7	Béton ordinaire......	0,50	1,00	Pour blocs artificiels faits avec mortiers de chaux du Teil, ports de Marseille, de Toulon et d'Alger.
8	Béton moyennement gras..............	0,56	0,90	Jeté dans des enceintes asséchées.
9	Béton très gras.......	0,57	0,85	Immergé frais à la mer.

Dans ce tableau, les cailloux sont supposés de diverses grosseurs, mais inférieurs à $0^m,05$.

Le volume des vides des pierres cassées ou des cailloux de grosseur uniforme étant plus considérable que pour les mêmes matériaux de différentes grosseurs et mélangés, pour obtenir avec ces premiers des bétons jouissant des propriétés de ceux du tableau ci-dessus, on devra augmenter les volumes de mortier de ce tableau de la différence des vides. Ainsi, pour obtenir un mètre cube de béton n° 2, avec des matériaux de grosseur uniforme, le vide du mètre cube de pierre étant $0^{m3},46$ ou $0^{m3},38$, selon que la grosseur est uniforme ou non, ce qui donne une différence de vide de $0^{m3},08$, on devra employer $0^{m3},78$ de pierre, et

$$0^{m3},52 + 0,08 \times 0^{m3},78 = 0,583$$

de mortier.

CHAPITRE VI

FABRICATION DU BÉTON

254. Dans la fabrication du béton, il faut, lorsque les proportions de cailloux ou de pierres cassées et de mortier, qui doivent entrer dans la composition, sont fixés, procéder au dosage et au mélange de ces matières.

255. *Dosage et mélange des matières.* — Le dosage des matières se fait, comme pour le mortier, au moyen de brouettes fermées dont la capacité varie de 0^{m3},050 à 0^{m3},080, en prenant le nombre des brouettées de chaque matière, en rapport avec les proportions adoptées pour la composition du béton. Les brouettes pour le mesurage des cailloux diffèrent un peu de celles employées pour le mortier, en ce que le fond est percé de trous ou formé de tringles en fer espacées, afin de faciliter le passage de l'eau qu'on est obligé de jeter sur les cailloux pour les nettoyer. Le mélange des matières se fait à bras, ou mécaniquement, lorsque les quantités de béton à fabriquer sont très grandes.

256. *Manipulation à bras.* — Dans ce premier cas, on se sert de *griffes en fer* à trois dents représentées (*fig.* 448) de la première partie. Pour opérer le mélange avec la *griffe*, on établit, comme pour fabriquer le mortier avec le rabot, une plate-forme en planches; puis, en supposant qu'on veuille faire, par exemple, du béton n° 2, on commence par remplir cinq brouettes de même capacité : trois de cailloux et deux de mortier fabriqué à part. On amène alors une première brouettée de cailloux qu'on étale sur toute l'étendue de l'aire préparée. Par-dessus, afin de faciliter le mélange, on stratifie uniformément une brouettée de mortier, qu'on recouvre à son tour de la seconde brouettée de cailloux, puis de la seconde de mortier, et enfin de la troisième de cailloux, en ayant soin d'étaler toutes ces brouettées au fur et à mesure qu'on les superpose. Il faut commencer ces stratifications par une couche de cailloux ; car, si l'on versait d'abord le mortier, comme il tend toujours à retomber sur la plate-forme, son mélange avec les cailloux serait très difficile. Cela fait, on retrousse le tas à la pelle: puis, avec des griffes, on l'étale de nouveau, on retrousse la matière, puis on l'étale encore, et on continue ainsi de suite, jusqu'à ce que le mélange soit complet, ce qui a lieu quand les cailloux sont entièrement enveloppés de mortier.

257. *Manipulation mécanique.* — On a essayé de préparer le béton avec des tonneaux plus ou moins analogues à ceux que nous avons décrits pour la fabrication du mortier. On s'est aussi servi de la *machine à coffres* représentée (*fig.* 183). Sur un bâti solide A en charpente sont montés dix coffres en fonte ou en tôle X, tournant autour des tourillons *b* et armés de poignées *c* qui servent à la manœuvre. En avant et à l'arrière du bâti sont construites deux aires en planches sur lesquelles on place, d'une part les matériaux grossièrement mélangés, d'autre part le béton fabriqué. Les matériaux grossièrement mélangés sont jetés à la pelle dans le premier coffre situé à l'arrière de la machine et lorsqu'il est suffisamment rempli, les ouvriers saisissent les poignées *c*, les font tourner de manière à en déverser le contenu dans le coffre qui se trouve devant, puis remettent le coffre vide dans la première position et, tandis qu'on l'emplit de nouveau du mélange, ils déversent le contenu

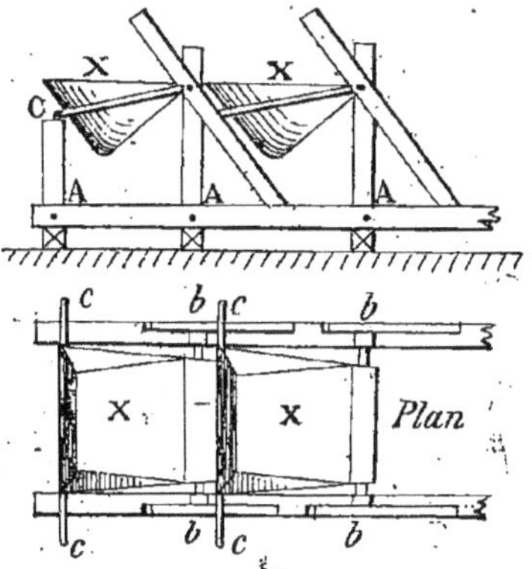

Fig. 183. — Machine à coffres.

du deuxième coffre dans le troisième et ainsi de suite. L'avantage qui résulte de l'emploi de cette machine, une des premières dont on a fait usage, consiste surtout dans le mélange très complet et rationnel des matières ; mais elle ne procure pas d'économie sensible sur l'emploi de la griffe. Pour le service de cette machine il faut 10 hommes pour fabriquer 35 mètres cubes de béton en 10 heures de travail. L'installation coûte environ 500 francs.

258. *Couloir à béton.* — Le couloir à béton de l'invention de M. Krantz, ingénieur des ponts et chaussées, est une machine d'une grande simplicité dans laquelle le mélange des matières se fait pour ainsi dire sans dépense. L'appareil se compose simplement, comme l'indique la figure 184, d'une caisse rectangulaire C, formée de madriers jointifs, renfermant une série de plans inclinés en sens inverse. La pierre cassée et le mortier sont jetés pêle-mêle dans l'ouverture supérieure de la caisse. Ces matières, en tombant sont lancées d'un plan incliné sur l'autre et le béton arrive

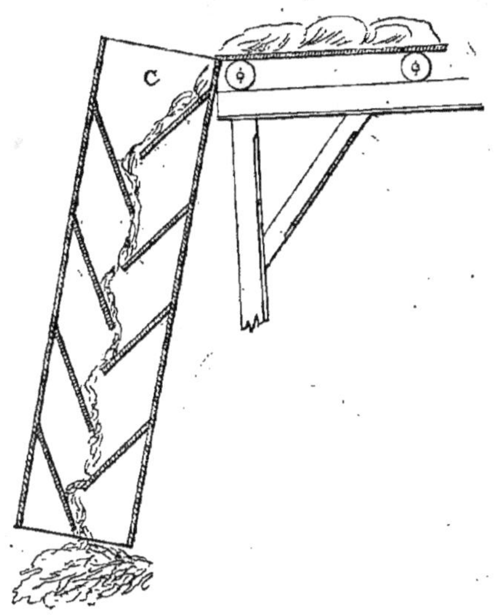

Fig. 184. — Couloir à béton, coupe verticale.

parfaitement mélangé à la partie inférieure de l'appareil. Dans les ateliers bien disposés, le mortier tombe de lui-même des tonneaux dans un *glissoir* qui l'amène au couloir.

Le prix d'un couloir à béton, y compris un léger échafaudage ou une rampe pour élever les matières, peut être estimé à 150 francs.

I. — Machines employées. — Bétonnières.

259. L'appareil de M. Krantz est avantageusement remplacé depuis quelque temps par un cylindre en tôle représenté en élévation (*fig.* 185) et en coupe (*fig.* 186) qu'on nomme *bétonnière.* Ce cylindre a 2^{m},30 à 3 mètres de hauteur et 0^{m},50 à 0^{m},60 de diamètre ; il est muni intérieurement de croisillons en fer placés dans des sens différents et espacés de 0^{m},10 en 0^{m},10. Ce couloir économique est facile à poser et à

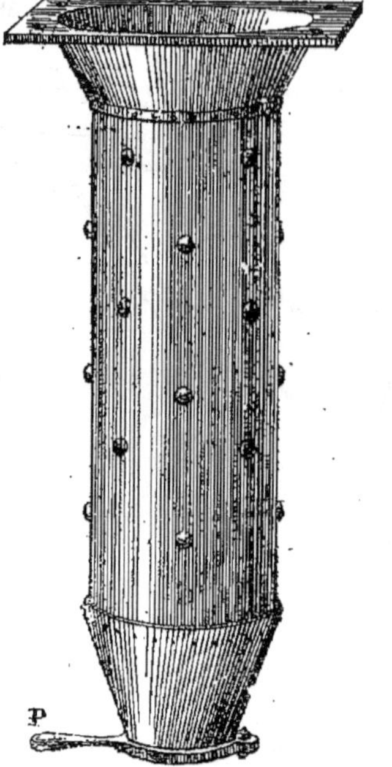

Fig. 185. — Bétonnière verticale.

transporter. Les matières, en le traversant,

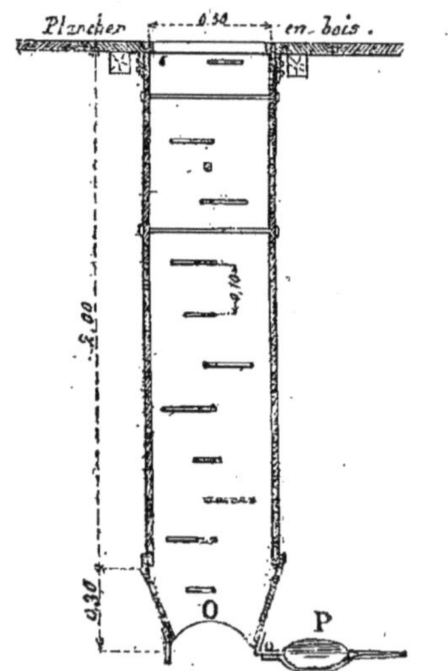

Fig. 186. — Bétonnières (coupe verticale).

sont parfaitement mélangées par les croisillons. A la partie inférieure se trouve une porte P, qu'on ouvre pour faire sortir le béton.

Cet appareil est ordinairement placé sur un plancher en bois servant de pont de service à la construction de l'édifice, comme l'indique le croquis (*fig.* 186) en coupe verticale.

Le béton fabriqué tombe par l'ouverture O directement dans des brouettes pour être mené à l'emplacement où il doit être em-

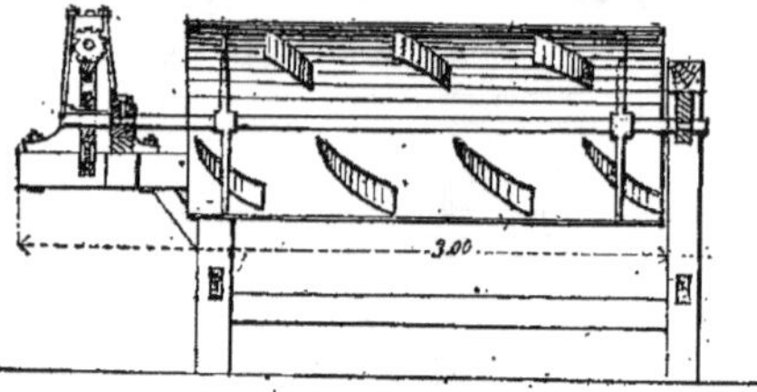

Fig. 187. — Bétonnière horizontale à hélice.

ployé. On s'est également servi, pour la fabrication du béton, d'une bétonnière horizontale à hélice représentée (*fig.* 187), qui donne d'assez bons résultats.

II. — Diverses espèces de Bétons

260. Nous avons vu qu'on pouvait activer la prise des bétons hydrauliques, en y ajoutant, soit du ciment, soit de la pouzzolane. Nous donnons ci-après la composition de divers bétons dans lesquels on fait entrer les pouzzolanes naturelles ou artificielles.

Divers emplois des bétons. — Résistance.

260 *bis*. Nous n'essayerons pas de décrire les différents ouvrages dans lesquels on peut employer le béton avec avantage, car il faudrait écrire un ouvrage spécial; il nous suffira d'indiquer l'impulsion nouvelle donnée aux grands travaux par l'application de ce précieux composé.

DÉSIGNATION DU BÉTON	COMPOSITION	
Béton de pouzzolane volcanique.	Pouzzolane Sable Chaux hydraulique mesurée vive Recoupes de pierres	12 parties. 6 — 9 — 16 —
Béton de pouzzolane volcanique.	Chaux hydraulique mesurée vive Pouzzolane Sable Recoupes de pierres (Pour 1m³,600 de mélange produisant, après manipulation, 1m³,500 de béton.)	0m³,320 0 450 0 220 0 600
Béton de trass	Trass Sable Chaux hydraulique naturelle ou artificielle mesurée vive. Gravier Recoupes de pierres (Pour 1m³,500 de mélange produisant 1m³,200 après manipulation.)	0m³,300 0 300 0 300 0 200 0 400
Béton d'argile torréfiée	Chaux hydraulique mesurée vive Argile calcaire torréfiée Sable Gravier Recoupes de pierres (Pour 1m³,500 de mélange produisant 1m³,200 après manipulation.)	0m³,300 0 300 0 300 0 200 0 400
Béton de schiste calciné	Chaux hydraulique mesurée vive Schiste calciné Sable Recoupes de pierres (Pour 1m³,600 de mélange produisant 1m³,500 après manipulation.)	0m³,420 0 420 0 210 0 550
Béton de terre ocreuse torréfiée.	Terre ocreuse torréfiée et pulvérisée Chaux éteinte par immersion Menues pierrailles	4 parties. 3 — 3 —
Béton de sable et chaux hydraulique (sans pouzzolane)	Ce béton se fait par parties égales de mortier hydraulique composé de 3 parties de sable fin, de 2 parties de chaux hydraulique mesurée en pâte, et de gros graviers ou recoupes de pierres.	

Les bétons peuvent être mis en œuvre hors de l'eau ou sous l'eau à une profondeur plus ou moins grande.

EMPLOI DU BÉTON HORS DE L'EAU

261. Le béton est utilisé dans ce cas pour faire des massifs de fondations, des blocs artificiels, etc... On peut alors le jeter directement, soit avec la griffe, soit en se servant de pelles dans l'enceinte qui doit le contenir. Dans les travaux importants, on emploie la brouette, le camion, ou le wagonnet. Quel que soit le moyen utilisé, il faut avoir soin de l'étaler au fond de la tranchée par couches horizontales de 0m,20 à 0m,25 d'épaisseur. Au fur et à mesure qu'on pose les couches, on les pilonne avec des masses en bois ou en fonte, afin de faire prendre aux cailloux les positions les plus favorables, et combler les vides en répartissant uniformément le mortier dans toute la masse. Pour les travaux très soignés, et dans le cas de fondations devant supporter de lourdes charges, il sera indispensable de réduire l'épaisseur de chaque couche. On devra donc n'étaler que des couches de 0m,10 à 0m,15, et les pilonner avec soin.

Lorsqu'on est obligé d'interrompre le travail pour une cause quelconque, on *doit toujours* terminer la dernière couche posée par des plans inclinés, afin que les parties interrompues se raccordent bien avec celles qui se feront les jours suivants. Si le travail a été assez longtemps interrompu, pour que la surface de la dernière couche posée soit sèche, il faut alors bien nettoyer le dessus du béton, et appliquer à sa surface une couche de mortier frais, sur laquelle on recommence à poser le béton.

Pour les bétonnages en élévation, il faut faire des encaissements en madriers qu'on construit sur place et qu'on dresse avec soin, surtout quand les parements qu'ils servent à former doivent rester apparents. Pour les fondations ou pour les voûtes en béton, on remplace souvent ces encaissements en bois par des cloisons provisoires en vieux matériaux hourdés en plâtre, qu'on démolit lorsque le béton a fait prise.

Pour avoir des parements pleins et unis, on relève, le long des encaissements, les parties de béton les mieux fournies de mortier, et dont les cailloux sont les plus fins. Il faut donc, dans ce cas, éviter, en un point donné, l'accumulation de nombreux cailloux avec peu de mortier. On formerait ainsi des points peu solides, qui se désagrégeraient facilement. Au lieu de construire les murs ou les voûtes en béton d'une seule pièce, on peut faire, avec le béton, des blocs réguliers plus ou moins volumineux, qu'on maçonne ensuite comme des pierres d'appareil. On peut, au moyen de moules, donner à ces blocs telle forme qu'il est nécessaire. Les maçons fabriquent assez souvent, dans les fondations, mais surtout pour le remplissage des reins de voûtes, une sorte de maçonnerie en béton qui acquiert, à la longue, une grande dureté. Ils y jettent pêle-mêle et concassent à coups de marteau des fragments de briques ou de pierre, et quand ils en ont fait une couche de $0^m,15$ à $0^m,20$ d'épaisseur, ils y coulent du mortier de chaux fort clair, et en quantité suffisante, pour affleurer la surface supérieure de la couche posée.

EMPLOI DU BÉTON SOUS L'EAU

262. — De toutes les applications du béton l'immersion en eau profonde est celle qui présente le plus de difficultés.

Le coulage du béton sous l'eau est une opération délicate qui exerce la plus grande influence sur la réussite des travaux. Le béton composé de la manière la plus convenable ne produirait absolument aucun résultat utile s'il était mal coulé.

Il y a deux méthodes principales pour le coulage du béton :

1° Le *coulage à la trémie.*

2° Le *coulage par caisses ou bacs*

Lorsque la profondeur d'eau ne dépasse pas $1^m,50$ à $2^m,00$, on se sert aussi du *coulage au talus.* Ce moyen consiste à descendre à l'aide d'une coulotte ou d'une caisse en planches une certaine quantité de béton pour former le talus naturel qu'on fait avancer ensuite progressivement en posant le béton hors de l'eau à la crête de ce talus comme s'il s'agissait d'un remblai. De temps à autre on facilite le glissement au moyen de la pelle. Le béton chasse devant lui la *laitance* qu'on enlève avec soin au fur et à mesure de sa formation, à l'aide de pompes ou de la drague à main

La *laitance* est formée, en grande partie, par la chaux que l'eau sépare du mortier et qui est délayée en une bouillie claire. C'est pour remplacer cette partie de chaux ainsi enlevée que M. Vicat recommande d'en forcer un peu la dose dans le mortier employé à la fabrication du béton destiné à être coulé.

Cette production de laitance est encore augmentée lorsque le coulage se fait dans l'eau de mer; car il se précipite une grande quantité de magnésie et de sulfate de chaux à l'état naissant, matières presque gélatineuses et facile à soulever. Il faut autant que possible faire disparaître la laitance à mesure qu'elle se forme. De là la nécessité absolue de l'enlever à l'aide de dragues à main, de pompes Letestu disposées à cet effet ou de poches en toiles montées sur un cadre en fer.

Dans certains cas l'aspiration des pompes produit des courants qui délayent le béton voisin du tuyau d'aspiration; il faudra donc, autant que possible, se servir de poches en toiles ou de dragues à main.

263. *Coulage à la trémie.* — Les trémies sont des espèces de grands tuyaux en bois ou en métal, terminés à leur partie supérieure par des entonnoirs et supportés par des bateaux ou des échafaudages. On y verse le béton qui va se répandre sur le fond et on promène la trémie sur tous les points où l'on veut établir l'aire en béton. Il arrive généralement que le béton s'accumule au bas des trémies et qu'il sort ensuite violemment quand il éprouve une pression considérable par l'addition de nouveau béton. Il se trouve ainsi animé d'une grande vitesse au moment de la sortie de la trémie. L'eau le délaye, les pierres tombent les premières, et le mortier est en grande partie entraîné. Cette méthode est donc tout à fait défectueuse; elle ne doit être employée qu'avec les plus grandes précautions et seulement lorsqu'on y est forcé par des circonstances toutes particulières.

264. *Coulage par caisses ou bacs.* — Le coulage au moyen de caisses réussit beaucoup mieux que le coulage à la trémie; c'est le procédé généralement suivi aujourd'hui. Les formes des caisses employées sont assez variables. Dans les ports de mer, où l'outillage est considérable, parce qu'il appartient à l'administration et qu'il peut servir fort longtemps, on emploie généralement des caisses en tôle ou en bois garnies de ferrures et qui ont la forme de demi-cylindres. Nous avons donné la disposition de ces caisses dans un chapitre précédent.

Chaque caisse est composée de deux parties pouvant tourner autour de l'axe horizontal du cylindre, de manière à s'ouvrir quand on veut déposer le béton renfermé dans l'appareil. Cet appareil est suspendu au moyen d'une corde à un treuil établi sur un appontement construit lui-même sur deux bateaux ou sur un échafaudage fixe. Quand la caisse est remplie de béton, on la descend au fond de l'eau au moyen d'une cordelle. On ouvre le crochet qui retient fermées les deux parties du demi-cylindre et le béton se dépose sans secousses à l'endroit désigné pour la fondation. On remonte la caisse, puis on la referme. On la remplit de nouveau et on recommence l'opération. Quand le treuil est porté par des bateaux, on les fait avancer successivement pour les amener sur les différents points de la surface qui doit être récouverte de béton. Quand au contraire, il est sur un échafaudage fixe, on le garnit de roues qui permettent de le faire mouvoir sur des longrines disposées à cet effet.

En employant ce système, l'immersion du béton doit se faire sans secousse afin d'éviter tout délayement. La caisse doit être complètement remplie; la surface du béton doit être égalisée, c'est-à-dire rendue presque lisse, et par conséquent plus propre à s'opposer à la pénétration de l'eau dans le béton. La caisse ne doit être vidée que lorsqu'elle arrive à $0^m,30$ ou $0^m,40$ du fond. Les caissées doivent être descendues les unes sur les autres, jusqu'à ce que le tas ait la hauteur qu'on veut donner à la couche. Quand un tas est formé, on avance le treuil sur l'emplacement du tas suivant et on continue ainsi, par zones de tas, en ayant soin de toujours comprimer le béton, au fur et à mesure de sa pose, avec un pilon muni d'un long manche. La laitance va se déposer entre les bases du cône, d'où il importe beaucoup de l'enlever à mesure de sa formation. Quand on a coulé une couche de caissées d'environ $1^m,00$ d'épaisseur, on en pose une nouvelle par-dessus et on continue ainsi jusqu'à l'épaisseur voulue.

Quand il reste une certaine quantité de laitance entre deux coulées successives, on peut être assuré qu'il n'y aura jamais adhérence entre ces deux parties de la masse.

265. *Résistance.* — La résistance d'un béton dépend évidemment de sa composition; il est donc difficile de fixer des chiffres bien précis. On peut admettre, pour un béton en mortier de chaux hydraulique, six mois après sa fabrication, une résistance de 4 k. 10 par centimètre carré de section, le poids de ce béton étant de 1851 kilos le mètre cube.

266. Avant de passer à l'étude des maçonneries en général, il nous reste à dire quelques mots de certains matériaux employés en construction pour remplacer la pierre, la brique ordinaire, etc., et qui, depuis plusieurs années, rendent de véritables services. Nous commencerons cette étude par les matérianx à base de chaux, de ciment, de mortier ou de béton.

CHAPITRE VII

PIERRES ARTIFICIELLES. — MATÉRIAUX FACTICES

§ I. — BÉTONS AGGLOMÉRÉS. — SYSTÈME COIGNET

267. Les bétons agglomérès, système Coignet, sont un mode de construction qui peut rendre de très grands services, surtout dans les pays où il n'existe ni pierres, ni terre à briques et où le sable est bon marché. Ce procédé mis en pratique par M. François Coignet dès 1850, a été utilisé pour des travaux publics très importants:

Plus de 300 kilomètres d'égouts à Paris, Lyon, Bordeaux, Dieppe, Mulhouse, Odessa, etc.

Près de 60 kilomètres de l'aqueduc d'amenée d'eau de la Vanne, dont cinq en arcades avec huit ponts de 30 à 40 mètres d'ouverture, la plus grande partie en sable de Fontainebleau.

Le Phare de Port-Saïd de 45 mètres d'élévation, en sable de dunes.

L'église du Vésinet, un grand nombre de maisons de rapport et de campagne à Paris et dans la banlieue, des murs de soutènement (du Trocadéro et du cimetière de Passy), des cuves de gazomètres, des dallages, conduites d'eau, massifs de machines, voûtes et hourdis de planchers, etc. etc.

Enfin ce procédé est appliqué à la fabrication de pierres artificielles remplaçant la brique et la pierre naturelle, depuis le vergelé jusqu'aux roches dures.

Malgré le nom de bétons agglomérés, il ne comporte pas l'emploi de cailloux. La maçonnerie est faite exclusivement avec du sable mélangé à une certaine proportion de chaux additionnée de ciment Portland, quand on n'emploie pas des chaux éminemment hydrauliques, comme celles du Teil, par exemple, et en quantité variable suivant les qualités des matériaux employés et la dureté à obtenir. Ce mélange est mouillé, trituré dans des appareils spéciaux. La pâte ainsi obtenue et versée dans des moules est agglomérée sous les chocs répétés de pilons mus à bras d'homme ou par l'action de presses hydrauliques puissantes.

La préparation de la pâte réalise les conditions que devrait remplir un mortier pour être parfait. La quantité d'eau ajoutée est minime. Or il est reconnu qu'une chaux ou un ciment noyé comme dans le mortier ou béton ordinaire, se trouve dans de mauvaises conditions et ne donne pas tout ce qu'il pourrait donner. Ce mélange, légèrement humide, est énergiquement trituré, malaxé dans des appareils spéciaux, ce qui peut avoir lieu parce que le mélange n'est pas fluide. Sous cette action énergique, chaque grain de sable s'enveloppe d'une pellicule de matière agglomérante et réalise ainsi l'idéal d'une maçonnerie faite avec des morceaux de pierre réunis par une matière agglutinante.

Quand la chaux et le ciment feront prise, soit par la cristallisation des différents sels de chaux, soit par la précipitation de l'argile soluble, comme le croit M. Vicat, tous les grains seront énergiquement réunis les uns aux autres pour former une maçonnerie compacte et homogène. Ce résultat est grandement facilité par la dernière opération qui a fait donner le nom de *aggloméré* et qui est le rapprochement physique des molécules de la pâte solide obtenue comme nous venons de le voir : l'enchevêtrement des grains de sable les plus petits entre les plus gros.

On voit donc, par cet exposé, que les conditions judicieuses pour l'emploi de la chaux et du ciment mélangés au sable sont observées :

Quantité d'eau strictement nécessaire;

Mélange énergique assurant l'égale répartition de la matière agglomérante et le contact intime avec les grains de sable;

Rapprochement de toutes les molécules par des chocs répétés ou par une compression puissante.

268. *Conditions à réaliser.* La qualité d'une maçonnerie de béton aggloméré dépendra donc, en principe, de deux choses.

I. *Des matériaux employés;*

II. *De leur mise en œuvre.*

I. *Matériaux employés.* — Plus les matériaux employés seront de qualité supérieure, meilleure évidemment sera la maçonnerie de béton aggloméré. Mais il est à remarquer que, même avec des matériaux médiocres ou mauvais, on obtient par suite de cette mise en œuvre spéciale, des résultats remarquables. Ainsi, l'emploi du sable de Fontainebleau est absolument proscrit pour les mortiers, et pourtant il donne une maçonnerie d'une homogénéité et d'une résistance très grandes. (Principale application : l'aqueduc de la Vanne, forêt de Fontainebleau.) Il en est de même pour le sable vaseux qui a servi à la construction du phare de Port-Saïd.

Le sable le meilleur est le même que pour la maçonnerie ordinaire : propre, les grains d'une grosseur assez régulière, pas arrondis, mais anguleux et à arêtes vives.

De même avec des chaux et des ciments de qualité médiocre, on obtient par cette mise en œuvre spéciale, des résultats bien meilleurs que dans la maçonnerie ordinaire ; mais, s'ils sont de bonne qualité, la maçonnerie acquiert des propriétés incomparables.

II. *Mise en œuvre.* — La première opération est le dosage. Il varie suivant les matériaux employés, et suivant le but à atteindre. Les chaux ordinaires n'ont pas toujours, par elles-mêmes, une prise suffisamment rapide. Aussi on ajoute souvent une certaine quantité de ciment de Portland, qui active cette prise. Mais cette addition est surtout inutile quand on peut utiliser des chaux éminemment hydrauliques comme celles du Teil (Ardèche), de Paviers (Indre-et-Loire), de Virieu-le-Grand (Ain)... etc. Le dosage varie également un peu suivant la qualité du sable.

Voici quel est celui adopté pour les travaux publics, égouts, murs de soutènement, réservoirs, etc. :

Sable de rivière ou de plaine..	1^{m3}.
Chaux du bassin de Paris....	125 k.
Ciment de Portland..........	50 k.

Ou bien :

Sable de rivière ou de plaine..	1^{m3}.
Chaux éminemment hydraulique (Teil, Paviers, etc.).......	175 k.

Avec du sable de Fontainebleau, la proportion est un peu plus forte.

Sable de Fontainebleau.......	1^{m3}.
Chaux du bassin de Paris....	150 k.
Ciment de Portland..........	60 k.

Ou bien :

Sable de Fontainebleau ou analogue........................	1^{m3}.
Chaux éminemment hydraulique (Teil, Paviers, etc.).......	210 k.

Le dosage des matériaux se fait, comme on le voit, au volume pour le sable, et au poids pour la chaux et pour le ciment. Les matières réunies sur le sol sont retournées, humectées, puis réunies dans le malaxeur.

Malaxage. — On fait les malaxeurs de deux types principaux. Pour les travaux n'ayant pas une très grande importance, on emploie un malaxeur vertical (*fig.* 188). C'est un cylindre ouvert à la partie supérieure, et présentant seulement à la partie inférieure une ouverture annulaire. Ce cylindre porte à l'intérieur de solides couteaux. Il est traversé par un arbre vertical actionné, soit au moyen d'une manvelle mue par deux hommes, soit par un manège ou par une locomobile. Cet arbre porte des bras recourbés qui viennent croiser les couteaux du cylindre.

Le mélange jeté à la pelle et plus rarement amené à l'aide d'une noria N, au sommet du cylindre, descend dans l'appareil. Pour retarder sa sortie et augmenter le malaxage, on obture plus ou moins, par un cercle de fer, l'ouverture annulaire, suivant la nature du sable employé et suivant la force motrice dont on dispose.

Quand les travaux sont importants, on emploie un malaxeur différent, connu sous le nom de bétonnière Franchot, et dont nous allons parler.

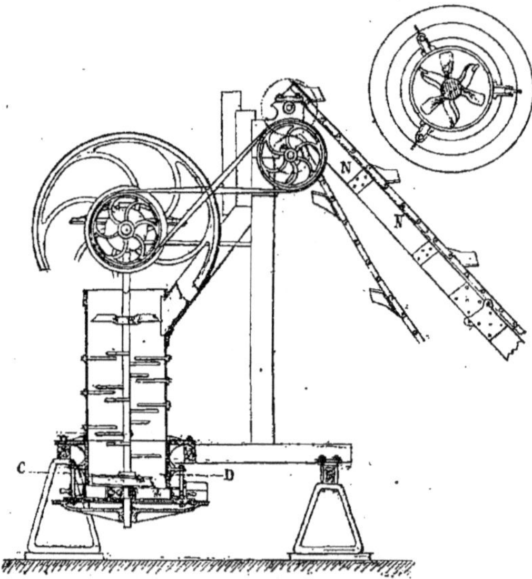

Fig. 188. — Malaxeur Coignet employé pour la fabrication du béton aggloméré.

Bétonnières Franchot.

269. Ces machines sont principalement destinées à mélanger et à triturer énergiquement des matières plastiques. Particulièrement applicables à la préparation des bétons Coignet, elles peuvent malaxer toutes matières terreuses ou pulvérulentes, sèches ou humides, graveleuses ou pâteuses, servant à faire des agglomérés de diverse nature, tels que : briquettes de charbon, terre à poteries, briques, mortiers etc... Les bétonnières Franchot dont nous donnons tous les détails (*fig.* 189, 190, 191, 192, 193, 194, 195, 196, 197), se distinguent principalement des autres malaxeurs connus par les caractères et avantages suivants, que nous rapportons d'ailleurs, pour en simplifier la nomenclature, à la fabrication des bétons Coignet, quoique les mêmes avantages s'obtiennent aussi bien dans les autres emplois précités desdites bétonnières.

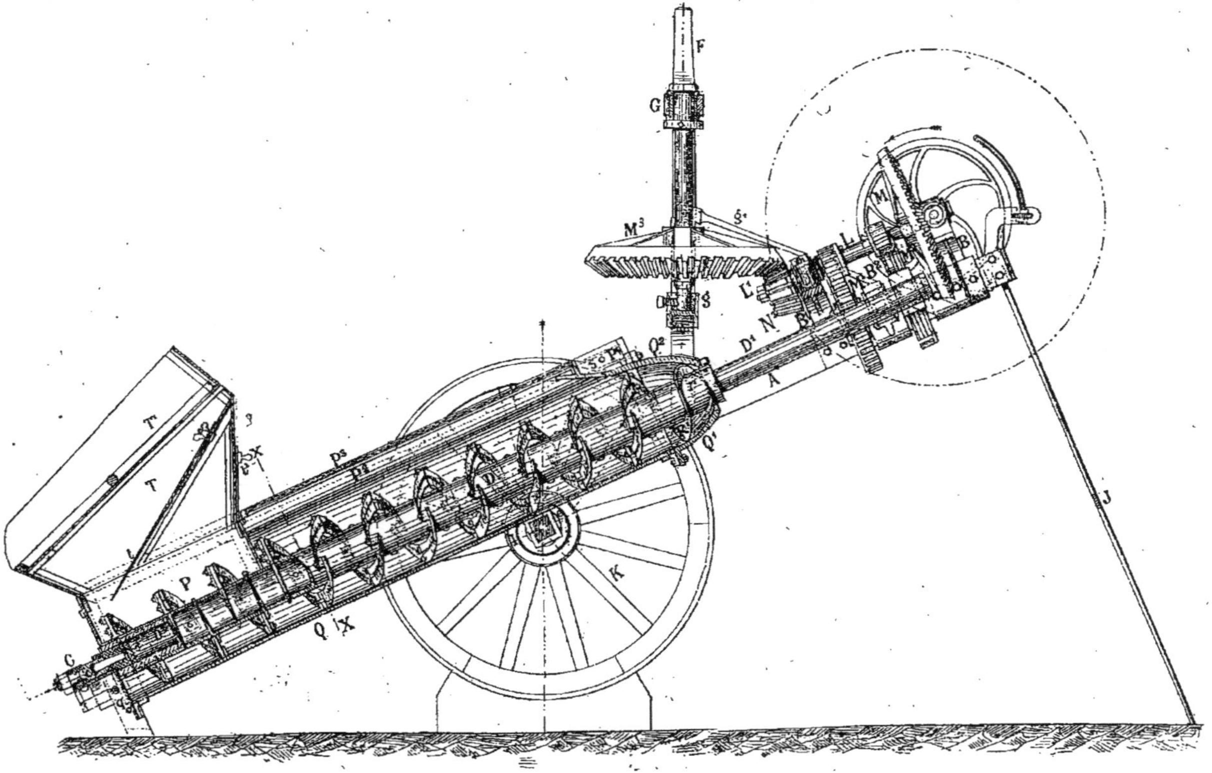

Fig. 189. — Bétonnière Franchot. — Élévation coupe suivant YY de la figure 190, installée pour la marche et munie de de son pivot d'attèle. On voit en coupe une des deux issues retréciés ou ovoïdes Q^1, à travers lesquels est pressé et comprimé le béton au moyen de l'escargot tournant Rr. On voit également la chape *p* en coupe.

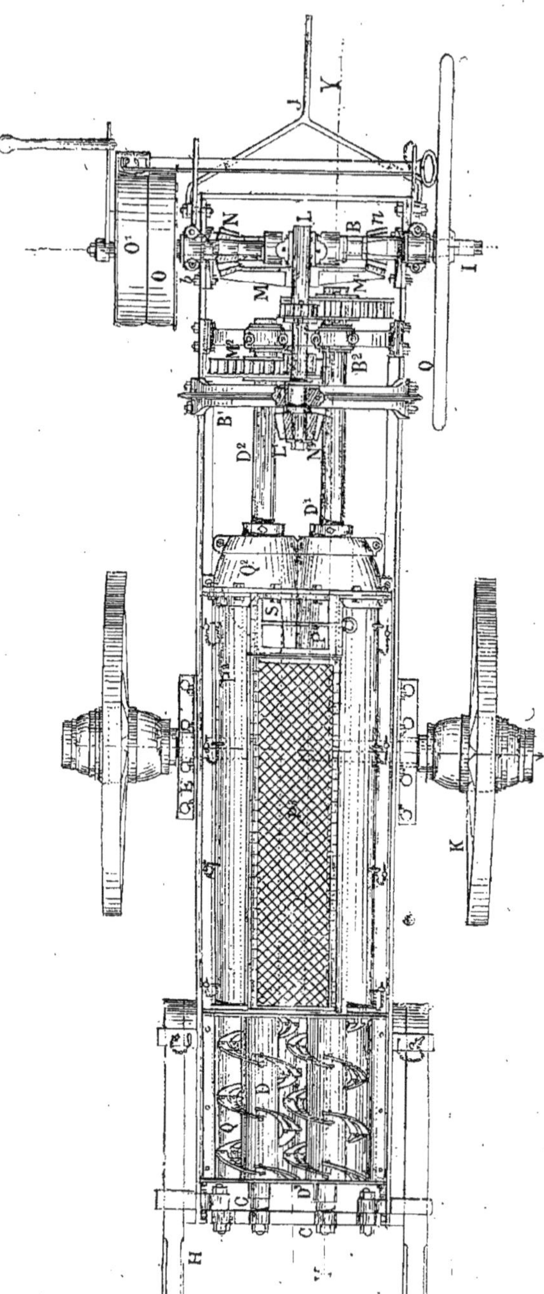

Fig. 190. — Vue en plan de la bétonnière ramenée à l'horizontalité laissant voir les hélices. — La trémie T et l'attele supposées enlevées.

1° La coupe du corps à la forme d'un *oméga* (ω); il se compose de deux *cylindres siamois* dans lesquels tournent des hélices conjuguées c'est à dire à pas enchevêtrés.

2° Le double corps est horizontal et couché sur un essieu en fer entre deux roues, comme un canon sur son affût, lorsqu'on le transporte d'un lieu à un autre, mais il est incliné comme une charrette dételée lorsqu'on l'installe sur le chantier. Cette disposition permet de charger les matières plus près du sol, tandis qu'elles sont amenées, par la trituration et par le mouvement des hélices, à l'autre extrémité du double corps et assez haut pour être déversées immédiatement dans une brouette ou du moins pour former un tas important sans gêner le service, quand même le béton ne serait pas employé de suite.

3° Une grande facilité de locomotion résultant de ce que l'appareil reste toujours monté sur ses roues. Il suffit en effet de remonter les limonières amovibles pour le déplacer.

4° L'exhaussement des organes mécani-

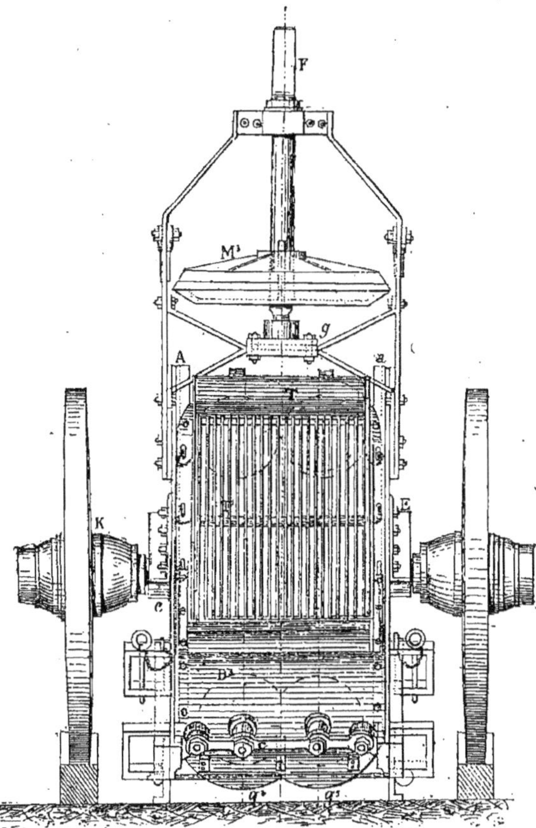

Fig. 191. — Projection d'avant en arrière faisant voir l'extrémité des axes du côté de l'avant.

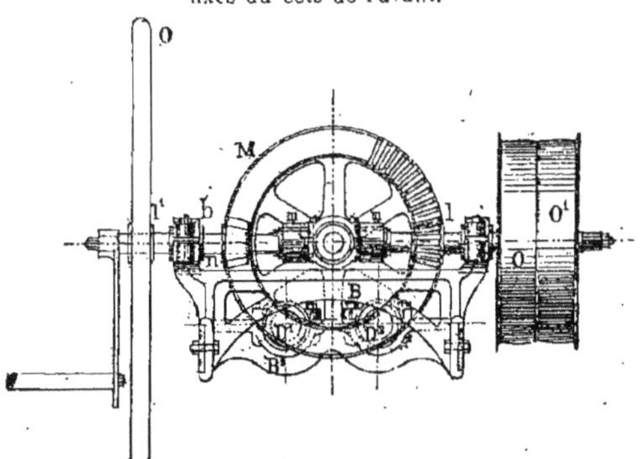

Fig. 192. — Projection d'arrière en avant des mécanismes de mouvement (perpendiculaire aux axes.)

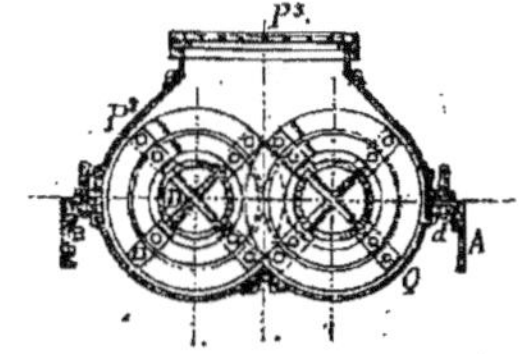

Fig. 193. — Coupe suivant XX de la figure 189 faisant voir les barrettes hélicoïdales montées sur manchon en fer creux.

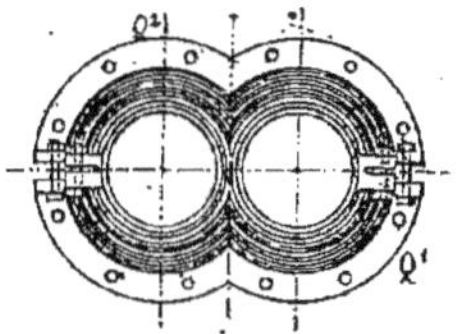

Fig. 194. — Vue de côté des cylindres jumeaux en ω des ovoïdes Q^1 Q^2 accouplés, mais divisés en deux pièces, suivant les axes.

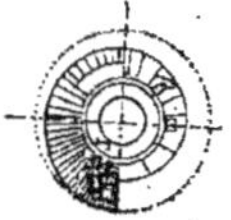

Fig. 195. — Projection de l'escargot sur un plan perpendiculaire à l'axe.

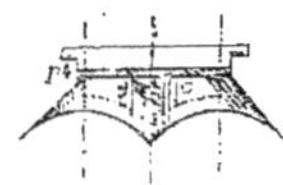

Fig. 196. — Vue en avant de la chape mobile formant double entonnoir pour faire pénétrer le béton dans les ovoïdes.

Cette plaque est montée à coulisse sur les hausses latérales P^2 pour faciliter le nettoyage ; on la fixe au moyen d'une broche transversale *s*.

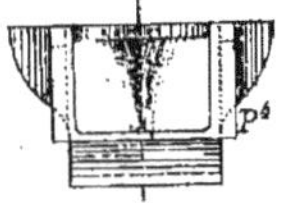

Fig 197. — La même chape, vue en plan.

ques et leur éloignement du point où s'opère le chargement des matières pulvérulentes, d'où résulte : la commodité d'installation de la courroie motrice et la conservation des organes les plus délicats.

5° La facilité de la surveillance et du nettoyage attendu que les matières se préparent en parti à découvert.

6° La simplicité et la facilité du changement des organes les plus exposés à l'usure (les hélices se composant de barrettes en fer laminé dont le remplacement peut se faire à peu de frais, sur place, sans le concours d'un mécanicien).

7° Le tamisage des matières s'opère simultanément avec le chargement au moyen d'une grille et d'une vanne régulatrice ; mais ce qu'il faut principalement remarquer, c'est la sûreté d'un bon malaxage résultant de la trituration par *ascensum*, qui reste pour ainsi dire indépendante des soins du chargeur, tandis que le malaxage par *descensum*, tel qu'il s'effectue dans les anciens appareils verticaux, peut être très négligé, et tout à fait insuffisant, si l'on ne veille pas constamment à ce que le corps vertical soit toujours à peu près rempli,

On doit ajouter que dans le malaxage par *ascensum* le béton est bon dès le début, tandis que, par *descensum*, il faut repasser une grande partie des matières dont on avait rempli le corps cylindrique vertical avant de mettre le mécanisme en mouvement.

8° La possibilité de faire servir un même type moyen, qui a été adopté de préférence sous le n° VI (ce système avec attèle et débrayage pèse environ 2,000 kilos, roues comprises), en l'actionnant soit par la vapeur, avec une dépense de force motrice de quatre à cinq chevaux ; soit par un seul cheval attelé, l'appareil recevant une attèle de manège sans modification d'installation; soit enfin par trois ou quatre hommes tournant aux manivelles.

Le produit est bon dans las trois cas, mais il reste proportionnel, comme quantité, à la force employée (la vitesse seule des hélices étant modifiée).

Dans le premier cas, on produit 6^{m3} de béton plastique par heure.

Dans le deuxième cas, on produit $1^{m3},5$ de béton plastique par heure.

Dans le troisième cas, on produit $0^{m3},5$ de béton plastique par heure.

9° La facilité d'augmenter indéfiniment la compression des matières plastiques.

Les *cylindres siamois* se terminent par deux embouchures rétrécies, ovoïdes accouplées.

Les hélices conjuguées se continuent en escargot dans l'intérieur des ovoïdes, mais escargots et ovoïdes peuvent se séparer en deux, suivant le plan des axes par une manœuvre des plus simples, ce qui donne toute facilité : 1° pour l'écart ou le rapprochement des embouchures ovoïdes par le calage. (On peut encore augmenter la résistance à la sortie des matières malaxées au moyen d'obturateurs coulissant sur les axes D^1 D^2) (*fig.* 190); 2° pour le nettoyage; 3° pour le changement des escargots en fonte de fer. D'ailleurs les ailettes extrêmes des escargots les plus exposées à l'usure peuvent recevoir des doublages de rechange en fer.

Nettoyage de la bétonnière. — Lorsque la bétonnière fonctionne par courroie ou par manivelles, on remonte, si l'on veut, légèrement la roue d'angle M^3 (*fig.* 189) pour éviter de faire tourner inutilement le pivot F.

A défaut de moteur par courroie ou par cheval, on monte une manivelle sur l'extrémité de l'axe r et une seconde en r^1 de manière à employer, au besoin, quatre hommes, deux à chaque manivelle, pour faire fonctionner la bétonnière. A la rigueur, on peut n'employer que deux hommes en réduisant un peu l'ouverture de la vanne t d'entrée au fond de la trémie T.

Il faut avoir soin de caler la bétonnière par l'arrière au moyen d'une chambrière ou d'un étai quelconque en bois, qu'on place de préférence du côté des poulies de commande afin de laisser libre à l'arrière un espace le plus large possible.

Quand on triture du béton avec chaux et ciment, il est indispensable de détruire deux fois par jour les empâtements des hélices, après en avoir ralenti le mouvement au moyen de petites bêches ou fourchettes en fer emmanchées au bout d'un bâton flexible, afin d'éviter tout accident si on laisse engager l'outil entre les hélices.

Pour opérer un nettoyage à fond de la bétonnière, après avoir détaché les empâtements des hélices, on ouvre la porte d'avant q^1, q^2, on jette de l'eau sur les hélices, qu'on fait en même temps tourner au rebours au moyen d'une manivelle.

Légende détaillée des organes d'une bétonnière représentés par les fig. 189 *à* 197.

Aa. — Longerons en fer méplat fortifiés par des cornières *d* servant de bâti général au malaxeur.

B*b*B¹B². — Chaises de l'arrière portant les mécanismes.

C. — Traverse de l'avant portant les pivots des axes. $d^1 d^2$.

c. — Crapaudine.

D. — Noyau-lanterne cylindre en fer.

D¹ D². — Arbres en fer prolongeant le noyau D du côté de la commande ou de l'arrière.

D³. — Arbre en fer prolongeant le noyau D du côté de l'avant.

d. — Pivot logé dans l'axe D³.

E. — Échantignolle.

e — Bride de l'échantignolle.

F. — Arbre vertical pouvant recevoir l'attèle du cheval et faisant avec l'axe du malaxeur un angle de 65 degrés.

G. — Bâti maintenant l'axe F.

g. — Crapaudine reliée au bâti G.

g^1. — Liens rattachant G aux longerons A.

H. — Brancards amovibles.

I. — Essieu droit.

J. — Chambrière en forme de *V* maintenant le malaxeur pendant le service dans sa position inclinée à 25 degrés.

K. — Roues montées sur l'essieu I.

LL¹. — Petit arbre horizontal intermédiaire.

Z. — Arbre horizontal primitif commandé par la poulie O.

Z¹. — Arbre symétrique pouvant recevoir une manivelle et un volant O.

M. — Roue d'angle intermédiaire montée sur l'arbre LL¹.

M¹M². — Roues droites commandant les arbres D¹D² qui tournent dans le même sens.

M³. Roue d'angle montée sur le pivot F de l'attèle.

N. — Pignon primitif commandant la roue d'angle M.

N¹N². — Pignons intermédiaires commandant les roues M¹M².

N³. — Pignon à l'extrémité de l'intermédiaire LL¹, commandé par M³ en cas d'attèle de cheval.

n. — Pignon recevant l'action de la manivelle du volant.

o. — Volant monté sur l'arbre L¹, pour faire marcher le malaxeur par manivelle.

On peut également monter une seconde manivelle sur l'arbre Z.

OO¹. — Poulies dont une folle recevant par courroie la transmission de mouvement d'un moteur extérieur.

P. — Réceptacle des matières à triturer à l'entrée et à l'origine des hélices du malaxeur.

P². — Hausses latérales ou flancs portant le grillage P³.

P³. — Couvercle à grillage placé au-dessus des matières en trituration.

P⁴. — Couvercle complétant le périmètre du malaxeur vers ses issues Q.

Q. — Bassin en forme d'ω faisant corps avec les longerons.

Q¹. — Partie ovoïde postérieure du bassin.

Q². — Partie ovoïde supérieure du bassin.

$q^1 q^2$. — Porte d'avant servant à la vidange du malaxeur.

R*r*. — Escargot tournant comprimant les matières à leur sortie par les ovoïdes Q¹Q².

T. — Trémie ou réceptacle extérieur du sable pouvant être surmonté d'une grille de tamisage T¹ et portant une coulisse *t* servant à faire varier l'ouverture de l'introduction dans le bassin inférieur P.

t^1. — Porte ou regard servant à surveiller l'introduction des matières et à désobstruer au besoin.

AGGLOMÉRATION

270. Une fois la pâte ainsi préparée, on la verse en couches minces dans les moules. Si l'on construit un égout, par exemple, on procède de la manière suivante.

La fouille des terres ayant été faite au gabarit extérieur de l'égout, on jette la pâte pour faire le radier. Au fond de la fouille, des hommes ayant en main un pilon rectangulaire en bois, représenté (*fig.* 198), cerclé de fers plat, frappent à coups répétés sur le mélange. Avant de verser la quantité nécessaire à une seconde couche, on a soin de gratter la première pour

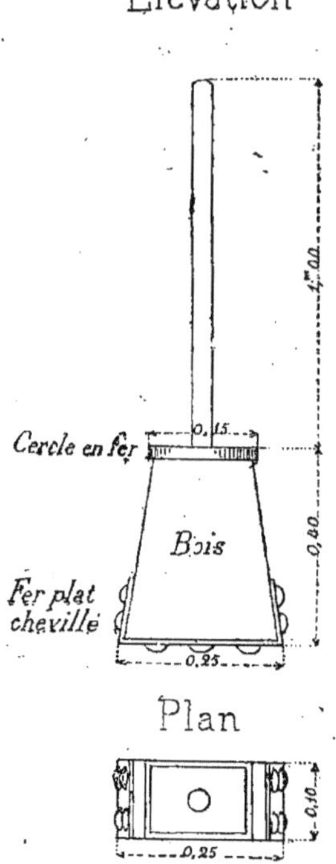

Fig. 198. — Pilon en bois.

assurer entre elles une liaison parfaite. Sous l'action de ces chocs répétés, les grains de sable, entourés de leur pellicule agglomérante, se serrent de telle sorte que la maçonnerie acquiert une dureté de 2,0 à 2,2 suivant la nature des matériaux employés.

Une fois le radier terminé, on installe les banches ou moules intérieurs ayant extérieurement le profil intérieur des piédroits. La matière versée par couches minces est alors pilonnée directement entre les terres et ces moules jusqu'aux reins de la voûte. Une fois là, on enlève les banches, on installe les cintres ayant le profil de l'intrados de la voûte, qu'on pilonne comme le reste. On enlève le cintre, on rogne les parois des piédroits. Puis à cause de la fatigue que supporte le radier dans le service courant du nettoyage des égouts, on termine par la confection sur 0m,03 d'épaisseur d'un béton fait avec un mélange plus riche. Une équipe peut faire de 20 à 30 mètres d'avancement par jour suivant le type de l'égout.

Quel que soit le genre de construction, le mode d'emploi est analogue.

Si l'on veut faire des pierres artificielles, on verse la matière dans les moules préparés d'avance. Une fois la pierre faite, marche, astragale, bandeau, corniches, balustre, etc., — on démonte le moule pièce par pièce laissant intacte la pierre fabriquée.

Qualités des bétons agglomérés comparés aux maçonneries ordinaires.

271. La maçonnerie ainsi fabriquée présente des avantages très grands.

La résistance à l'écrasement varie de 100 à 400 kilos et même plus par centimètres carrés suivant le dosage employé et l'âge de la pierre.

La résistance à l'usure est encore plus remarquable. Elle dépasse de beaucoup celle de l'Euville de choix et même du Château-Landon pour atteindre celle des petits granits belges et des marbres noirs de Givet et Tournai (Belgique).

La maçonnerie, par suite de son mode même de fabrication est très homogène et étant données les résistances indiquées ci-dessus, on conçoit qu'on puisse réduire les épaisseurs des murs puisqu'on n'a pas, comme dans la construction en moellons, deux murs parallèles réunis plus ou moins bien par du mortier et de temps en temps seulement, par un moellon faisant parpaing. De plus, il n'y a pas de tassements dans les murs et la répartition des charges se fait très bien.

La résistance à la gelée et aux intempéries est complète. Tous les travaux exécutés depuis trente ans le prouvent pleinement. Au contraire, la maçonnerie de béton aggloméré durcit pendant plus d'un an par suite de la prise de plus en plus complète de la chaux et du ciment et, après un an, le durcissement continue par suite de le carbonatation lente de la chaux en excès par l'acide carbonique de l'air.

Elle résiste mieux au feu que la plupart des pierres naturelles, calcaires ou granits. Ce fait est encore confirmé par les expériences directes faites par le professeur Bauxlunger à Munich.

Les quantités de chaux et ciments indiquées plus haut paraissent très faibles au premier abord par rapport au mètre cube de sable. En réalité, elles sont bien supérieures à celles de la chaux dans le béton ordinaire. En effet, dans un mètre cube de béton aggloméré mis en place, il entre, par suite de la réduction de volume sous l'influence de la compression, de 1100 à 1150 litres de sable et la quantité correspondante de chaux et ciment, soit au minimum $175^k \times 1,1 = 192^k,5$ de chaux, tandis que dans le béton ordinaire il n'en entre (Série de la Ville de Paris) que $0^m,165 \times 0^m,600 = 99^k$ soit à peu près la *moitié*. On voit donc la différence essentielle qui existe entre ces deux maçonneries, en dehors des conditions générales, d'emploi énumérées plus haut et assurant, dans le béton aggloméré, une prise bien meilleure des chaux et ciments et une homogénéité plus complète. De plus, la maçonnerie qui parait maigre est en réalité à peu près pleine. En effet, par suite de l'agglomération, le sable est très bien tassé et, dans ces conditions, le vide moyen (Claudel) du sable est de 200 à 220 litres. On mélange à ce sable

Chaux et ciment...........	$192^k,5$
Eau, environ...............	100^k
Total.	$292^k,5$

Le poids d'un mètre cube de chaux en pâte ferme est, d'après Claudel, 1380^k en moyenne. Donc un volume de $\frac{292^k,5}{1,38} =$ 212 litres environ.

On arrive au même résultat en considérant la densité qui varie dans le béton aggloméré de 2,05 à 2,2 suivant l'âge et la nature des matériaux car on a :

Sable (densité moyenne 1.6) soit $1600 \times 1,1$ au m. c. =	1760
Matière agglomérante.....	292,5
Total.	$2052^k,5$

L'emploi de matériaux fins fait qu'on supprime les enduits extérieurs, enduits de plâtre, de ciment, rocaillages, etc. D'un autre côté le plâtre adhère si bien pour les enduits extérieurs qu'on peut supprimer le crépi et faire directement l'enduit au plâtre fin ou plâtre au sas. Dans les égouts, le lisse des parois donné par les moules eux-mêmes est parfait. Quand on veut obtenir une étanchéité absolue dans les conduites d'eau sous pression ; par exemple, cette maçonnerie présente encore un avantage sérieux. Dans la maçonnerie ordinaire, les enduits sont de véritables placages adhérant plus ou moins bien et qui se détachent facilement sur le béton aggloméré, on n'applique à la taloche de bois, qu'une seule couche très mince (1 à 2 millimètres) de ciment Portland, un véritable vernis qui fait corps avec la maçonnerie. C'est ainsi qu'a été exécuté l'aqueduc de la Vanne.

Il a été souvent dit que la maçonnerie de bétons agglomérés nécessitait des soins tout particuliers de mise en place. Il est certain qu'elle a besoin d'être faite par des ouvriers spéciaux dirigés par un homme ayant l'habitude du travail ; mais la maçonnerie ordinaire doit être aussi l'objet de grands soins pour être bien faite. En tout cas la surveillance d'un chantier est très facile : elle n'est réellement utile qu'en un point, celui où se fait le dosage, car le malaxage et le pilonnage ne présentent pas grand alea tandis que, dans un chantier où l'on construit en meulière et ciment, il faudrait surveiller tous les hommes qui font le mortier et tous ceux qui l'emploient. C'est en raison de tous ces avantages qu'ont pu être exécutés économiquement les travaux énumérés plus haut. Leur état de conservation est parfait et les frais d'entretien à peu près nuls, ce qui complète l'économie de premier établissement.

PIERRES ARTIFICIELLES.

272. La fabrication des pierres artificielles présente également de grands avantages : seuils, marches, bordures de trottoirs, dalles, carreaux, carreaux dits mosaïques, chambranles de portes et fenêtres, chaperons de murs, tuyaux pour conduite d'eau et drainage, etc., fabriqués en sable fin présenteet le grain de la pierre et s'emploient comme les produits naturels : l'économie est très grande.

II. — Pierres artificielles de M. Darroze.

Ces pierres artificielles sont fabriquées en mélangeant de la chaux, du ciment ou un oxyde terreux, des cendres et du sable dans les préparations suivantes :

Chaux hydraulique ou autre	2 parties.
Ciment ou oxyde terreux	2 —
Cendres	1 —
Sable	5 —
Total	10 parties.

La qualité du sable et la perfection du mélange influent très sensiblement sur la qualité du produit. Les sables à employer sont : 1° les sables ferrugineux, 2° les sables de rivière. Il faut bien mélanger les différents éléments, chaux, ciment, l'oxyde terreux et les cendres ; puis on ajoute le sable en quantité déterminée suivant la pierre que l'on veut produire, et la couleur que l'on désire pour le produit. Les cendres jouent le rôle de pouzzolanes.

On obtient également un produit très dur en prenant la composition suivante :

Chaux hydraulique	2 parties.
Ciment de la pierre d'Ivry	2 —
Cendres grises	1 —
Sable jaune	5 —
Total	10 parties.

III. — Pierre factice de M. Heeren.

La composition de cette pierre est la suivante :

Chaux	10 à 15 parties.
Sable ou grès et calcaire	60 à 75 —
Litharge	5 —
Huile siccative	5 —

Les matières, broyées à la meule, passées au tamis fin, sont mélangées ensemble et pétries avec de l'huile siccative, l'huile de lin par exemple, puis moulées en blocs de $0^m,40$ à $0^m,60$ de côté. Les objets moulés sont séchés à l'étuve, dans laquelle on fait arriver un courant, sans cesse renouvelé, d'acide carbonique produit par un four à chaux. On ajoute souvent au mélange un peu de silicate d'alumine.

IV. — Briques en agglomérés de liège.

Depuis peu on se sert en construction d'un nouveau produit que nous croyons appelé à rendre de grands services. Ce sont les *agglomérés* de liège de MM. Scrivener et Gay de Rouen.

Ces agglomérés, expérimentés et employés pratiquement en Alsace depuis quelques années, paraissent donner d'assez bons résultats.

On en fait des briques dont le type mesure $0,33 \times 0,16 \times 0,06$.

Cette brique pèse 18 kilogrammes le mètre carré, soit 300 kilogrammes le mètre cube. Elle a une cohésion suffisante pour recevoir un enduit de plâtre et former les revêtements extérieurs de mansardes, refends légers, etc.

Les hourdis et briques pour parois plus résistantes sont de même nature, mais une disposition spéciale de la pâte de liège leur donne une plus grande cohésion.

Avec les planchers métalliques, dont la sonorité a souvent de graves inconvénients, le hourdis assourdissant en liège peut donner de bons résultats. En outre, la dessication presque immédiate des hourdis permet la pose des parquets à très bref délai.

En couches plus minces, avec ou sans enduit bitumineux, l'aggloméré de liège fournit un bon revêtement des murs humides.

Ces agglomérés légèrement modifiés dans leur composition et recevant des formes quelconques servent à envelopper les tuyaux de chaleur, d'eau, de vapeur, les gaines de distributions de calorifères à air chaud, les réservoirs, compteurs à eau ou à gaz, etc...

V. — Briques de plâtre.

On fabrique aussi pour les constructions des briques carrées en plâtre portant sur la tranche des rainures ou languettes pour les emboîter à l'aide de plâtre gâché très clair. Ces briques servent à faire des cloisons légères et ont l'avantage de donner très promptement des cloisons sèches. Elles sont ordinairement fabriquées avec des débris grossiers de tous plâtras, ce qui les rend très économiques.

On fait aussi des briques, avec un mélange de 1/3 de plâtre et 2/3 de débris de briques réduits en poudre très fine. On en fait une pâte, on les moule, puis on les laisse durcir.

VI. — Carreaux de plâtre.

Les carreaux de plâtre servent à construire des cloisons légères. Ces carreaux ont ordinairement 0m,48 de longueur sur 0m,32 de largeur et 0m,055 jusqu'à 0m,16 d'épaisseur.

L'épaisseur la plus usitée est de 0m,08 ; c'est celle qui est la plus conforme à l'équarissage des huisseries et des poteaux de remplissage des cloisons. Il ne faut les employer que lorsqu'ils sont bien secs, afin d'éviter les effets dangereux qui résultent de l'évaporation de l'humidité des plâtras frais. Les carreaux de plâtre se posent de champ, les joints formant l'épaisseur sont creusés dans le milieu pour recevoir le plâtre qui sert à les lier.

On fait également des carreaux de plâtre creux ayant à peu près les mêmes dimensions que les carreaux pleins.

VII. — Briques sourdes.

La brique poreuse, que l'on désigne souvent sous le nom de *brique sourde*, est un composé d'argile mélangée à un combustible quelconque, tel que : houille, tan, sciure de bois, etc... ; l'effet de la cuisson rend cette brique poreuse. La porosité rend ce produit sourd et léger ; sourd, en ce que la multiplicité des pores absorbe le son ou bruit, chaque pore étant un diviseur.

On a également fabriqué des briques en aggloméré de sable volcanique et chaux. Ce produit est léger et peut donner de bons résultats.

VIII. — Briques blanches de sable usé des fabriques de glaces.

Ce nouveau produit est une sorte d'aggloméré céramique, à base de silice, dont la matière première est tirée du sable usé des fabriques de glaces.

D'après les essais et l'étude de ce nouveau produit, il résulte que la brique en question, d'une couleur blanche uniforme se fabrique sur divers échantillons et par blocs de formes variables suivant les demandes qui en sont faites.

Le sable mis en œuvre est d'abord fortement comprimé à l'aide de la presse hydraulique, avec des pressions variant de 600 à 800 kilos par centimètre carré de section, et ensuite cuite dans des fours, à une température d'environ 1500 degrés.

Dans les pays où le calcaire manque, cette pierre factice peut être appelée à le remplacer avec certains avantages, notamment pour la décoration et le revêtement de constructions anciennes dégradées par le temps.

Au point de vue chimique, cette brique est de la silice presque pure, sable et verre pulvérisé, provenant des déchets de la fabrication des glaces. En présence des acides faibles : acide acétique, étendu d'eau, elle ne produit pas d'effervescence.

Résistance. — D'après les essais faits au Conservatoire des arts et métiers, les briques soumises à la compression ont résisté à des charges variant de 384 à 450 kilogrammes par centimètre carré pour l'écrasement complet.

Les briques laissées dans l eau pendant quinze-jours ont donné sensiblement les mêmes résultats qu'à l'état sec. De nouveaux essais faits après une immersion de quarante jours et une dessiccation ultérieure, ont également donné les mêmes résultats, ce qui montre bien qu'elles ne sont pas attaquables par la pluie.

Inaltérabilité. — Ces briques sont inaltérables aux plus grands froids, comme aux plus hautes températures, ainsi qu'aux intempéries des saisons.

L'absence d'effervescence aux faibles acides tendrait à prouver qu'en effet la brique blanche doit bien se comporter aux intempéries, ainsi qu'aux excès de chaud ou de froid.

Les essais faits à la manufacture de glaces d'Aniche sur des briques plongées lans l'acide chlorhydrique et dans l'acide sulfurique à 60° Beaumé n'ayant pas donné traces d'altération, ont prouvé qu'elles possèdent bien cette inaltérabilité. Ces briques employées dans des fours à allandiers, pour la cuisson des briques réfractaires, résistent aussi bien à ces hautes températures que les briques réfractaires ordinaires.

Légèretè

Volume de l'échantillon soumis à l'expérience :

0,224 × 0,052 × 0,108 produit	1ᵈ 258
Poids avant immersion à l'état sec......	1ᵏ830
Densité environ....................	1.500
Poids de la brique exposée à l'extérieur air humide).........................	1.957
Densité environ..................	1.600
Poids après 13 heures d'immersion.....	2.245
Densité id. id.........	1.850

Quantité d'eau absorbée en 13 heures environ 25 % par rapport au poids de la brique sèche.

De ce qui précède, il résulte que la densité à l'état sec est de 1,500, et que le poids de l'eau absorbée est de 25 % en moyenne. Quant à la beauté et à la régularité des formes, il est impossible de nier qu'à l'état neuf, c'est-à-dire avant d'avoir subi les intempéries, la brique ou pierre artificielle dont il vient d'être question, est parfaitement blanche, les arêtes en sont très vives. Ces produits fabriqués par la Société anonyme des briques et pierres blanches, dont M. J. Hignette, ingénieur, est l'administrateur délégué peuvent se prêter à toutes espèces de tailles ou sculptures, soit avant cuisson, soit après avoir subi cette dernière façon.

IX. — Sable-Mortier coloré.

Le sable-mortier coloré, système F. Fabres est un produit qui rend de véritables services à la construction en général. Il importe lorsqu'on s'en sert comme enduit de ne pas l'appliquer sur des murs salpêtrés ou atteints d'humidité permanente ; sur de pareils murs aucun enduit, même le ciment, ne peut résister. On peut appliquer ce produit sur d'anciens murs en plâtre, pourvu qu'ils soient de bonne qualité et qu'on ait soin de les dégrader convenablement.

L'application de cette matière est extrêmement facile ; elle n'exige aucun ouvrier spécial ; les ouvriers maçons et plâtriers peuvent l'employer sans apprentissage ; il suffit qu'ils apportent à leur travail un peu de bonne volonté et de soin. Le sable-mortier coloré ne craint pas la gelée ; il résiste bien à l'air de la mer, et se comporte bien à l'humidité ; cependant il faut éviter son emploi dans les murs de soubassement, où il convient de réserver la pierre dure ou le ciment.

Le sable-mortier coloré, connu sous le nom d'enduit-pierre, a toutes les qualités de la pierre dite Vergelé, dont il peut remplir tous les usages avec facilité et économie.

Il est indispensable pour avoir un bon résultat avec ce produit, de ne jamais utiliser les sables de mer ou des dunes, ainsi que l'eau de mer pour le gâchage. Les sables de rivière ou de plaine et l'eau douce doivent seul être employés.

Modes d'emploi : 1° *Sable-mortier coloré, pierre tendre* (enduit le plus usité). — On fait un premier crépi, composé pour moitié de sable de rivière ou de carrière fin, et pour l'autre moitié de sable-mortier coloré pierre, que l'on gâche dans l'auge comme le plâtre.

On dresse ce premier crépi à la taloche, sans le lisser, pour lui laisser ses aspérités naturelles ; il doit avoir un centimètre au moins d'épaisseur, sa prise étant un peu plus lente que celle du plâtre ; on pourra appliquer dessus, quelques instants après, l'enduit de sable-mortier coloré pur dont il va être parlé.

Sur ce premier crépi on applique un enduit de sable-mortier coloré pur, que l'on gâche dans l'auge, en ayant soin de le laisser prendre cinq minutes tout au plus ; cet enduit devra avoir un minimum d'un centimètre à deux d'épaisseur.

Sur cet enduit une fois fait, et lorsqu'il aura acquis une certaine dureté de prise, on passera la berclée dans tous les sens, côté des dents, comme le font les plâtriers, puis on adoucit ces coups de berclée, en passant ensuite légèrement ce même outil, côté du tranchant.

On tracera ensuite des joints creux d'environ trois millimètres de largeur, et on obtiendra ainsi, avec un très bel appareil, un enduit ayant l'aspect et le grain de la pierre dite vergelé ; on peut boucher ces joints avec du plâtre ou du sable-mortier coloré de couleur ; mais les joints non bouchés et purement tracés sont de beaucoup ceux qui présentent le plus bel effet.

Nota. — Au cas où l'enduit n'ayant pas été soigneusement gâché ou appliqué, présenterait des taches ou différences de nuances, il suffirait, après qu'il serait devenu bien sec, de le passer au papier de verre n° 4, ou simplement au chemin de fer, pour obtenir une uniformité de teinte, une pureté et une finesse de grain qui lui donneront le plus séduisant aspect.

En gâchant serré on peut augmenter la dureté de l'enduit.

Le mode d'emploi indiqué ci-dessus pour le sable-mortier coloré pierre et qui se compose d'un premier crépi moitié sable et moitié produit et d'un enduit supérieur en produit pur, est un moyen économique qu'il fallait indiquer tout d'abord.

Il est évident qu'on pourrait employer le produit pur pour ce double usage et que le résultat n'en serait que meilleur encore.

2° *Sable mortier coloré de couleurs diverses, brique ordinaire, porphyre, granit, etc.* — Le mode d'emploi est exactement le même que celui que nous venons d'indiquer pour le produit pierre ; on fait un premier crépi moitié sable de rivière fin et moitié produit, puis par dessus on applique un enduit de produit pur, le tout ayant deux ou trois centimètres d'épaisseur, ainsi que nous l'avons dit ci-dessus.

En ce qui concerne le produit brique ordinaire, voici comment il convient de procéder.

Lorsque, au toucher, on aura reconnu que l'enduit est suffisamment résistant pour supporter le grattage, on passera la berclée du côté des dents pour redresser l'enduit ; puis on ouvrira les joints pour simuler la brique, que l'on bouchera avec du plâtre et l'on passera ensuite la berclée côté des dents.

On obtiendra ainsi une surface unie et des joints de brique parfaitement corrects.

3° *Produit spécial pour briques comprimées dites à l'anglaise.* — Ce produit diffère sensiblement, dans sa composition, des autres produits; il exige aussi une application spéciale.

Il faut faire préalablement un premier crépi, composé de moitié sable de rivière ou de carrière fin, et moitié sable-mortier-coloré, produit pierre, que l'on gâche dans l'auge et que l'on applique sur le mur à l'épaisseur de deux centimètres, puis que l'on dresse à la taloche, comme on l'a vu plus haut.

Ce premier crépi une fois sec, on gâche le produit rouge en question, pour brique anglaise, dans l'auge, assez serré; puis on l'applique sur le premier crépi, que l'on a soin de mouiller préalablement avec la main, ensuite on le dresse avec la truelle d'acier, que l'on passe toujours dans le même sens, en le comprimant fortement, de manière à avoir partout une épaisseur uniforme de deux millimètres au moins et trois millimètres au plus.

Le séchage est plus long que celui des autres produits.

On tire ensuite les joints creux ou remplis, que l'on traite comme ceux des briques à l'anglaise.

4° *Moulage.* — Il faut préalablement savonner fortement le moule, puis gâcher le produit assez serré; avec un pinceau on appliquera la première couche, comme on le fait pour le plâtre.

On verse alors dans le moule le sable-mortier-coloré, en répartissant également partout ledit produit, afin de former une couche d'une épaisseur à peu près régulière.

Lorsque le produit a sa prise faite, on peut démouler et brosser ladite pièce aussitôt, avec une petite brosse à dents ou à ongles, suivant l'importance de la surface, on obtiendra par ce moyen le grain de la pierre naturelle.

5° *Sculpture.* — On peut faire des blocs avec les produits pierre, porphyre, granit, etc. etc., excepté le produit spécial pour brique à l'anglaise, et les sculpter comme des blocs de pierre naturelles.

Observations. — Il faut compter la quantité de 100 kilogrammes pour faire 4 mètres superficiels d'enduits nus, avec les produits pierre, granit, porphyre et brique ordinaire.

Jusqu'à leur emploi, les produits de sable-mortier coloré, quels qu'ils soient, doivent être tenus dans leurs sacs fermés et dans un endroit clos, à l'abri de toute humidité; ils subissent en cela la loi commune générale aux chaux et ciments; ils doivent être employés dans les deux mois qui suivent la livraison, si on veut qu'ils aient toute leur vigueur.

Les bandeaux doivent être recouverts de zinc, comme il est d'usage pour la pierre tendre.

Les moulures se traînent comme pour les plâtres, avec un calibre frété en fer ou acier, mais en recoupant, pour éviter le polissage.

Pour les moulures très saillantes, on peut encore, au moyen d'une lame détachée de la ripe, ou chemin de fer, en grattant légèrement en travers, lorsque le produit a donné toute sa prise, obtenir le grain de la pierre.

Ces produits durcissent d'une façon continue pendant plusieurs années et finissent par se silicatiser.

X. — Durcissement des matériaux de construction. Fluatation. Procédé Kessler.

Le problème du durcissement des pierres de taille intéresse à un haut degré l'art de construire.

En effet, les pierres dures coûtent énormément plus cher d'achat, de taille et de transport que les pierres tendres et comme presque toujours les pierres tendres ont une résistance à l'écrasement bien supérieure à celle qui est nécessaire, leurs seules causes d'infériorité vis-à-vis des premières se réduisent à deux: l'une consiste en ce que leurs arêtes ainsi que leur couche externe résistent moins aux chocs et à l'usure; l'autre en ce que leur surface est plus rugueuse, plus salissante, plus poreuse.

Pour pouvoir tirer des pierres tendres le même parti que des pierres dures en conservant l'avantage d'une grande économie, il suffit donc que l'on puisse arriver à peu de frais :

1° A durcir leurs parties extérieures et à boucher leurs pores ;

2° A les lisser et à les polir.

Le premier de ces deux problèmes : celui du durcissement avec obstruction des pores, a été résolu.

Quant à l'autre, le lissage et le polissage, on ne paraît pas même s'en être préoccupé.

Et cependant, si une pierre même durcie conserve l'aspect d'une pierre molle, si sa surface reste rugueuse, si elle se salit aussi vite parce que la poussière et les mousses s'incrustant dans ses pores ne peuvent plus en être chassées par des lavages ni des raclages, elle reste entachée pour l'usage et pour l'effet artistique d'une grande cause d'infériorité.

Le nouveau procédé de MM. Faure et Kessler donne une solution complète de la question.

1° Il durcit la pierre sans y rien laisser que de la pierre et aucun sel ni aucun corps soluble;

2° Il donne le moyen de la lisser et de la polir.

Ce procédé consiste dans l'emploi d'une classe de corps introduits pour la première fois dans les usages industriels : *les fluosilicates.*

Au contact des calcaires dans lesquels ils pénètrent facilement, ils se décomposent en produits complètement insolubles ou volatils : silice, spath fluor et oxyde, carbonate ou fluorure, tous insolubles. En même temps il se dégage de l'acide carbonique qui laisse ainsi quelques pores ouverts, par lesquels, en cas de gelée, l'eau contenue dans la pierre peut venir se transformer en glace à l'extérieur.

Pour les pierres qui doivent rester blanches, on emploie les fluosilicates incolores, dont quelques-uns permettent de rendre la partie injectée plus blanche que dans l'état originel.

Les plus usités sont :

Le fluosilicate double;

Le fluosilicate de zinc ;

Le fluosilicate de magnésie.

Ces sels ne pouvant former vernis en se séchant, n'exposent pas la pierre à l'érosion par la gelée. Non seulement le raisonnement, mais toutes les expériences sont concluantes sur ce point. Ils ne tachent pas les pierres ni les objets environnants.

Quant à la dureté obtenue, elle peut aller jusqu'à rendre un morceau de craie à peine attaquable par la lime d'acier. C'est donc sans rien sacrifier ni du côté de la couleur, ni du côté de la solidité, ni du côté de la pureté chimique, ni du côté du danger d'érosion par la gelée que le durcissement se trouve obtenu.

Le lissage s'obtient avec rapidité, économie et simplicité. Il permet de ne laisser à la surface de la pierre aucune cavité ou vide apparents, d'en boucher les fentes et d'en réparer les petites avaries.

La pierre ensuite peut être poncée et polie, elle devient peu ou point perméable à l'eau, en sorte quelle reste propre et facile à laver ou à nettoyer. Elle n'est plus entamée par l'ongle.

Dans tous les cas, et c'est là le caractère le plus saillant et le plus précieux des nouveaux agents employés, de quelque façon qu'on les fasse utiliser, par des mains inhabiles, ou même malveillantes, jamais ils ne peuvent occasionner d'accidents.

XI. — Mode d'emploi. Durcissement simple.

Le durcissement simple est le cas le plus général de l'emploi de ce nouveau procédé

Il s'obtient en imbibant la pierre à durcir du fluosilicate que l'on aura choisi

On prépare plus spécialement pour cet usage :

Le fluosilicate double;

Le fluosilicate de magnésie;

Le fluosilicate d'alumine;

Le fluosilicate de zinc.

Le *fluosilicate double* se livre à 40° de l'aréomètre de Beaumé, ou en cristaux.

Il est limpide comme de l'eau et se conserve dans des bonbonnes ou bouteilles en verre. Il ne se gèle qu'à des froids excessifs.

Il ne brûle ni le linge, ni les pinceaux en crin, ni le bois, ni la terre cuite.

Il n'attaque nullement la peau; cependant, comme son contact irrite les chairs qui sont au vif, il convient que les ouvriers qui auront des coupures ou des crevasses évitent de les en mouiller.

Le meilleur moyen dans ce cas est d'employer un gant en caoutchouc.

Lorsque la dissolution de ce sel imprègne un calcaire, elle s'y infiltre vivement, quelquefois avec une légère effervescence, quelquefois sans action apparente. C'est alors que commence dans l'intérieur de la pierre une décomposition qui se complète en quelques jours; mais qui le lendemain a déjà produit la majeure partie de son effet.

La seconde fois qu'on y repasse le sel, quand bien même la pierre aurait eu le temps de se sécher, il en entre beaucoup moins parce que les pores se sont en partie remplis des produits de son métamorphisme.

En répétant les couches, chacune après dessiccation, jusqu'à refus, on obtient le maximum de durcissement; mais il n'y a pas nécessité d'aller jusque-là, et une ou deux imbibitions à fond suffisent ordinairement. Quelques pierres, comme celles de l'hôtel de ville de Paris, n'en demandent qu'une.

Cette opération s'effectue le mieux avec un pinceau en crin; pour de grandes surfaces, on peut employer une pompe foulante et un pulvérisateur de liquides.

La réaction chimique produisant le durcissement avec le fluosilicate d'alumine s'exprime ainsi :

On a d'abord :

$$2\,Fl^3Si + Fl^3Al^2 + 6\,Ca\,O\,Co^2 =$$

fluosilicate d'alumine, la pierre calcaire

$$2\,Si\,O^3 + 6\,Fl\,Ca + 6\,CO^2 + Fl^3Al^2$$

silice, spath fluor, acide carb., fluorure d'al.

Le fluorure d'aluminium, au moment où il se sépare ainsi, est soluble dans l'eau et il attaque le calcaire pour produire de l'alumine et du florure de calcium (spath fluor).

$$Fl^3Al^2 + 3\,Ca\,O, CO^2 = \begin{cases} Al^2O^3 \text{ Alumine.} \\ 3\,Fl.\,Ca. \text{ Spath fluor.} \\ 3\,CO^2 \text{ Acide carbon. gazeux.} \end{cases}$$

Il peut se faire qu'un peu de fluorure d'aluminium échappe à cette décomposition, parce que très instable il passe rapidement à un état isomérique dans lequel il est insoluble et très dur; mais le résultat mécanique est le même.

On voit que le sel qu'on introduit dans la pierre à l'état extrêmement soluble s'y fixe en matériaux absolument insolubles, que ni la pluie, ni la gelée ne peuvent plus faire sortir.

Le fluosilicate double renferme une certaine quantité de fluosilicate de zinc qui en augmente la stabilité et qui a pour effet d'éloigner les mousses. Ce sel subit une décomposition semblable qui ne laisse non plus que des matériaux insolubles : silice, spath fluor et oxyde ou carbonate de zinc. Nous ne parlons pas de l'acide carbonique, parce qu'étant gazeux, il s'échappe à mesure qu'il se forme.

Le fluosilicate double pénètre plus profondément que le fluosilicate d'alumine. Si l'on veut une imbibition plus profonde ou si la pierre est peu poreuse, ou difficile à imbiber, on ajoute de l'eau à la liqueur à 40°, de façon à la ramener à 30° ou à 20°. Seulement, pour arriver au même durcissement, il faut d'autant plus de couches que la liqueur a été plus étendue.

En général, 5 à 10 millimètres de pénétration suffisent; mais on peut aller facilement à deux ou trois centimètres et même plus.

Il est bon de laisser sécher chaque couche avant d'en appliquer une autre ou tout au moins de laisser une nuit d'intervalle entre chacune.

On peut toujours terminer une imbibition par une dernière couche de liquide pur à 40°.

On a vu par la description de la réaction qu'il en résulte un dégagement d'acide carbonique. C'est ce dégagement qui empêche la pierre de devenir gélive.

En effet, il maintient ouverts un certain nombre de pores de sortie par lesquels l'eau contenue dans la pierre peut, lorsque celle-ci subit l'effet de la gelée, arriver à sa surface sans faire éclater aucune portion de sa croûte extérieure.

Le fluosilicate double cristallise par évaporation et les cristaux sont stables à l'air sec. Il suffit de les dissoudre et de les amener au degré aréométrique voulu pour les employer au lieu et place de la liqueur dont nous avons parlé. Le fer restant dans les eaux mères des cristaux, la dissolution faite avec le sel cristallisé sera d'un emploi plus sûr que celle obtenue directement quand on voudra colorer la pierre le moins possible.

Fluosilicate de zinc. — Le fluosilicate de zinc présente les mêmes avantages que le précédent. Il se livre à 40°. Il blanchit un peu plus la pierre.

Sa réaction ultime sur les calcaires laisse du carbonate de zinc qui est le corps blanchissant, du fluorure de calcium (spath fluor) et de la silice: tous insolubles, et rien d'autre.

Il y a encore le fluosilicate de magnésie que l'on peut employer avec le même succès, — il est un peu moins soluble que les deux précédents, — et le fluosilicate de plomb, qui est le plus soluble de tous. C'est ce dernier sel qui blanchit le plus; seulement exposé à l'hydrogène sulfuré, il devient noir. Le *fluosilicate d'ammoniaque*, est trop peu soluble pour présenter de grands avantages.

Fluosilicate d'alumine. — Le fluosilicate d'alumine étant plus acide que les autres, a une action spéciale qu'on pourra mettre souvent à profit. Il obstrue plus vite la surface des pierres et il les pénètre moins profondément. On doit donc recourir à ce sel, notamment lorsqu'on a affaire à un calcaire à grains tellement lâches, qu'il deviendrait presque impossible de l'abreuver avec le fluosilicate double ou avec celui de zinc. Il présente une autre particularité qui le rend précieux pour le polissage. C'est lui en effe qui sert à donner le poli.

En résumé:

1° Pour le durcissement simple sans changement de couleur, les corps les plus avantageux sont:

Le *fluosilicate double*,

Le *fluosilicate de zinc*, qui donne plus de blancheur,

Le *fluosilicate de magnésie;*

2° Pour l'abreuvement rapide et l'imperméabilité plus complète:

Le *fluosilicate d'alumine*, qu'il convient d'employer presque toujours en terminant.

3° Pour les effets de coloration, nous verrons plus loin l'emploi d'autres fluosilicates.

XII. — Lissage et polissage.

Pour qu'un procédé de durcissement permette de remplacer complètement les pierres dures par des calcaires tendres, il faut qu'il donne à ceux-ci l'apparence des premières.

Les pierres tendres, la plupart du temps, sont à gros grains lâches, qui se détachent quand on essaye de les polir, ou bien encore elles sont caverneuses, et leur coupe laisse voir des cavités où se logent les insectes, la poussière et quelquefois des végétaux.

Pour celles qui n'ont pas de cavités extérieures, mais dont le grain est sans ténacité, il suffit souvent de ne raboter ou poncer leur surface qu'après un premier durcissement plus ou moins avancé ; par exemple, soit le lendemain d'une imprégnation au fluosilicate double, soit de suite après abreuvement de fluate d'alumine.

Pour les autres : celles qui ont des vides, il faut boucher ces vides.

Le nouveau procédé offre pour cela une ressource toute particulière. Il suffit de les remplir avec une pâte formée de sciure du même calcaire imbibé soit d'eau pure, soit de fixatif étendu de une ou deux parties d'eau, et de laisser sécher, puis de passer rapidement dessus à l'aide d'un pinceau une série de couches de fluosilicate de forces graduées.

On commence par une dissolution ne dépassant pas 6° Beaumé, et on continue par d'autres à 12°, 20°, 40°, jusqu'à complet abreuvement.

La seule précaution à prendre pendant cette opération, c'est qu'à chaque couche la pierre boive instantanément le liquide et qu'il n'en séjourne pas un moment une portion à sa surface, au moins pour les deux ou trois premières couches, sans quoi, l'acide carbonique dégagé dans l'intérieur de la pâte rapportée, ne trouvant pas d'issues suffisantes puisqu'elles seraient bouchées par le liquide en excès, soulèverait en la désagrégeant la couche extérieure déjà durcie.

Si donc on s'apercevait que le liquide n'entre pas assez vite on laisserait sécher la pierre avant de continuer.

Une fois que le liquide a pénétré à travers la pâte, jusqu'à la pierre, il n'y a plus à risquer de soulèvement.

La poudre déposée dans les creux devient aussi dure que la pierre fluatée elle-même et ne se laisse plus rayer par l'ongle. Il suffit de poncer la surface de la pierre ainsi bouchée pour la rendre parfaitement lisse.

Au lieu de faire une pâte pour boucher les creux de la surface d'une pierre, il est ordinairement plus expéditif de l'imbiber d'abord d'une dissolution à 12° fixatif et de la lisser avec une pierre ponce ou avec un morceau de la même pierre. La pierre ponce fait sa pâte elle-même avec les produits de l'usure du calcaire humide, et les trous se trouvent bouchés du même coup.

L'opération du lissage demande un apprentissage *de visu*, celle du durcissement qui la suit reste également délicate, en raison du risque de soulèvement. On la facilite par l'intervention de fixatif ; mais on peut aussi dans le même but et sans recourir à son emploi, ajouter à la sciure de pierre un peu de chaux ou de ciment, et laisser durcir avant l'imprégnation.

Après le ponçage, la pierre est devenue lisse ; mais elle n'est pas polie.

Polissage. — Pour la polir on passe à sa surface une ou deux couches de fluosilicate d'alumine acide à 15° ou 20°.

Ce poli n'a pas le brillant d'un vernis ; mais il convient parfaitement pour l'extérieur, où un brillant excessif ne serait pas architectural. Pour l'intérieur, il est facile d'en rehausser l'éclat par les moyens connus.

XIII. — Imperméabilisation.

Une imperméabilisation relative est déjà obtenue partiellement par l'emploi même des fluosilicates et surtout par la couche finale de fluosilicate d'alumine acide.

Si on veut l'obtenir plus accentuée, on passe à la surface de la pierre dans le moment où elle est la plus chaude, un encaustique formé de : essence de pétrole, 1 litre, cire blanche 75 grammes ; on frotte et on passe ensuite un peu de talc.

Pour préparer cet encaustique on fond d'abord la cire, on l'éloigne du feu, puis, quand elle commence à se refroidir, on verse l'essence et l'on remue. La dissolution est limpide ; si elle dépose trop en refroidissant on ajoute un peu d'essence.

Au moment de l'emploi, il faut chauffer au bain-marie la bouteille qui la renferme jusqu'à ce que sa limpidité soit revenue.

On obtient un résultat encore plus parfait, mais moins expéditif, en imbibant la surface de la pierre de paraffine ou de cire fondue.

Pour cela on prend un de ces réchauds portatifs que les peintres emploient pour griller les peintures qu'ils veulent enlever, on chauffe la surface de la pierre à imperméabiliser en commençant par ses parties les plus élevées et on la frotte avec de la cire, qui se fond à son contact et y entre.

Une fois qu'une pierre a reçu cette préparation, l'eau n'y pénètre plus et sa surface se conserve sans altération. On peut aussi imbiber la pierre d'huile de lin en essuyant ce qui peut en rester à sa surface. C'est ce qu'il faut faire avec soin quand on a fluaté des baignoires.

XIV. — Effets décoratifs de coloration.

Quand on imbibe une pierre calcaire avec une dissolution de fluosilicate coloré, comme le fluosilicate de cuivre, le durcissement a lieu de même que pour les fluosilicates incolores, et il ne reste plus dans la pierre que des corps insolubles : de la silice, du spath fluor et un oxyde; soit ici l'oxyde de cuivre. Seulement comme dans ce cas l'oxyde est coloré, la pierre se trouve teinte d'une manière indélébile.

Cette teinture trahit son anatomie intime, qui n'était pas visible auparavant. Les parties tendres prennent une couleur vive, celles qui le sont moins restent plus pâles, et les nœuds marmoréens, compactes ou cristallins, ne se teignent pas du tout.

Ces différences de colorations, ces nuances sont ordinairement très fines de dessin et très nettes de contours, elles ne sauraient être reproduites à la main, et elles donnent le sentiment qu'on a devant soi une pierre naturelle. C'est ce qui fait leur valeur artistique. D'ailleurs elles se continuent dans la profondeur, se voient en coupe dans les angles, et une cassure ou une éraillure ne ramènent pas la couleur primitive.

On peut rehausser ces effets, qui ne passent encore que de la nuance de la pierre à celles des dégradations d'une seule teinte et les varier par des couleurs accessoires, à l'aide de certains artifices.

Un de ces moyens les plus simples est offert par le remplissage ou lissage que nous avons déjà vu. Il se lie à un travail nécessaire pour arriver au polissage, sans lequel la pierre prendrait peu de prix.

On a vu que, pour obtenir le lissage, on remplit les cavités de la surface de la pierre d'une pâte provenant de l'usure ou du sciage de la même pierre, qu'on durcit elle-même en même temps que les parties voisines en l'imprégnant de fluosilicate.

Dans cette pâte on incorpore d'autres couleurs, comme du noir de fumée, du vermillon, du bleu de Prusse ou toute autre poudre résistant aux acides, puis l'on procède à son durcissement comme il a été dit précédemment. On peut aussi continuer ce durcissement en substituant le fluosilicate coloré au fluosilicate ordinaire incolore.

On obtient ainsi une couleur qui tranche avec les autres et dont les effets plus vifs et plus variés sont souvent très agréables. Certains calcaires à coquillage et à empreintes vides, à fentes ou à grains concentriques produisent, traités ainsi, de fort jolis effets.

On emploie pour les bruns et jaune-brun : les fluosilicates de fer et de manganèse ;

Pour le bleu-verdâtre : le fluosilicate de cuivre;

Pour le vert-gris : le fluosilicate de chrome ;

Pour le violet : le fluosilicate de cuivre suivi d'une imprégnation de cyanure jaune.

On obtient les jaunes en faisant suivre les fluosilicates de zinc ou de plomb d'une imbibition de chromate et d'acide chromique;

Les noirs : en lavant avec un sulfure (le sulfhydrate d'ammoniaque) après un durcissement au fluosilicate de plomb ou de cuivre.

Etc. etc.

Enfin, on peut employer sur la même pierre divers colorants ou divers modifiants.

Le fluosilicate de fer durcissant moins que les autres, on peut après quelques jours compléter son action par une ou plusieurs imprégnations de fluosilicate double. Il en est du reste de même pour le cuivre. On doit toutefois s'arrêter dès qu'on voit la couleur pâlir.

Les fluosilicates se prêtent tout particulièrement aux phénomènes de teinture des pierres, parce que d'abord ils les pénètrent facilement et qu'ensuite ils ne se décomposent qu'en place de façon à produire par leur seule réaction sur le calcaire un corps coloré insoluble qui ne peut plus se déplacer.

Le corps qui se fixe n'est pas toujours un oxyde; c'est souvent un hydrate, un carbonate ou un fluorure susceptible lui-même de modification de couleur par un autre réactif qui, en raison de cette fixation première, ne peut le déplacer. Il n'en serait pas de même des doubles décompositions avec deux sels solubles se précipitant, qui sont en usage dans l'art de la teinture des étoffes.

On peut obtenir par les moyens que nous venons d'indiquer et à très bas prix des espèces de marbres ou pierres de prix pour cheminées, foyers, parements de vestibule ou d'escalier, fourneaux façon faïence, vases décoratifs, balustres et rampes d'escalier, socles, soubassements, frises, culs-de-lampe, mascarons, statuettes, dallages, pendules, ornements d'architecture, baignoires, pierres d'évier, carreaux imperméables pour ménagères ou protections de murs, etc.

XV. — Enduits.

Tous les enduits à base de chaux grasse ou hydraulique se durcissent comme les calcaires par la fluatation.

Il vaut toujours mieux laisser leur prise se faire d'abord seule sous les influences de l'eau et de l'acide carbonique avant de la fluater.

Ils deviennent ainsi plus durs, moins perméables à l'eau et plus tenaces.

On peut les lisser, et même s'ils sont faits avec un mélange de poussière calcaire au lieu de sable, les polir.

Dans ces derniers temps on est arrivé à faire avec certaines chaux hydrauliques des enduits décoratifs, simulant à s'y méprendre le grain de la pierre taillée et se moulurant comme le plâtre.

XVI. — Crépis.

Ce que nous venons de dire des enduits s'applique également aux crépis. Nous ferons observer pour les deux que, si leur épaisseur entière n'était pas pénétrée jusqu'à la pierre, ils pourraient encore se détacher des murs tout comme s'ils n'avaient pas été fluatés par l'action alternative de l'eau et de la gelée.

Cette observation s'applique également aux mauvais ciments.

XVII. — Ciments.

Les ciments et les pierres agglomérées par du ciment, reçoivent de précieuses modifications de la fluatation.

L'application la plus générale et la plus indiquée consiste dans leur brûlage.

On sait que tous les ciments renferment des alcalis caustiques. Les ouvriers qui les manient en reçoivent souvent des preuves cruelles. Ces alcalis n'ont pas seulement pour effet de leur enlever la peau des mains, ils empêchent le badigeon et la peinture à l'huile d'adhérer aux surfaces cimentées.

Pour obvier à ce défaut, on employait un moyen barbare : on les lavait à l'esprit de sel ou à l'acide sulfurique, afin de saturer, de neutraliser ces alcalis. Mais ces acides ne bornent pas là leur action, ils en saturent aussi la chaux et désagrègent plus ou moins profondément leur épaisseur. De plus, ils forment des sels alcalins et calcaires solubles qui restent dans leur masse et attaquent les couleurs par le dessous.

En outre, le maniement des acides expose les ouvriers, et leurs taches sont des trous.

Les véritables agents à employer, ce sont les fluosilicates ; c'est, par exemple, le fluosilicate double, qui sert le plus souvent pour les calcaires. Une seule couche à 20° ou 40°, appliquée au pinceau, suffit. Le lendemain on lave à l'eau et l'on essuie ou bien on laisse sécher. Comme le ciment boit très peu, un kilo de sel fait une vingtaine de mètres carrés.

Au lieu de désagréger le ciment il le consolide, le durcit, le rend moins perméable encore. Il insolubilise les alcalis au lieu de former avec eux des sels hygroscopiques, et il suffit souvent seul à en uniformiser la nuance.

Mais ce n'est pas seulement pour le *brûlage* que les fluosilicates doivent être employés sur les ciments, c'est aussi pour le durcissement.

Les ciments parfaitement réussis défient l'introduction de l'eau. Dans cet état, l'action sur eux des fluosilicates ne peut que demeurer superficielle et ne présente pas un caractère de nécessité. Mais il est rare que le ciment à prise prompte possède ce degré d'imperméabilité, et il peut aussi arriver que le ciment à prise lente, un peu éventé, laisse à désirer sous ce rapport, ou que certaines parties moins bien mêlées aux matières ajoutées, restent plus poreuses que l'ensemble du travail. Dans ce cas, une imprégnation de fluosilicate double à 20° ou 40°, jusqu'à refus, rétablit l'homogénéité, en même temps qu'elle contribue à en uniformiser la teinte.

Dans certaines industries on se sert de cuves cimentées pour contenir des liquides qui les attaquent plus ou moins rapidement.

Dans le Nord, ce sont des jus de betteraves en fermentation, des mélasses ; dans le Midi, ce sont des huiles d'olive.

En Algérie, ce sont des vendanges et des vins.

Ces produits dévorent le ciment, l'huile s'y infiltre et s'échappe, le vin se sature, devient plat, trouble, bleuâtre, amer.

L'emploi des fluates d'alumine et de magnésie donne plus de résistance aux revêtements en ciment, et les acides les attaquent beaucoup moins rapidement. Le vin n'est plus détérioré.

En employant avec le ciment du calcaire, ou des matériaux tendres au lieu de sable, et en les durcissant ensuite aux fluosilicates, on obtient des surfaces qui peuvent se lisser et se polir. Le spath fluor, la stéatite et le sulfate de baryte, exempts de quartz, sont tout indiqués pour cet usage.

Ces produits éminemment décoratifs ont sur le stuc le grand avantage de supporter tous les lavages et d'affronter les intempéries de l'atmosphère extérieure.

XVIII. — Terres cuites.

Les terres cuites presentent une trop grande variété de composition pour que l'application des fluosilicates puisse produire sur elles des effets toujours semblables.

Cependant toutes celles qui sont poreuses peuvent en ressentir l'effet. Il est d'autant plus sensible en général que leur texture est plus fine et qu'elles sont fabriquées avec une argile plus calcaire, ou qu'elles sont moins cuites. Le fluosilicate double fonce la couleur des carreaux rouges pour dallages, et il les rend plus durs.

Dans ces derniers temps on s'est mis à fabriquer en terres cuites moulées beaucoups d'ornements, de statuettes, de balustrades et de figurines ou de statues.

Il en est peu qui affrontent sans danger l'humidité et la gelée.

Certaines terres ont pu acquérir par l'imbibition des fluosilicates les qualités qui leur manquaient.

Pour celles qui sont mal cuites, on se sert d'un fluatant spécial : le *fluate argile*, qui les durcit non seulement quand elles n'ont pas été assez cuites, mais même quand elles n'ont pas été cuites du tout. Il est bon de faire observer que l'action de ces agents sur les terres cuites n'est plus la même que sur les calcaires. Elle dépend essentiellement de leur composition, et comme celle-ci est beaucoup plus variée, il est impossible d'en prévoir l'effet à priori.

Chaque fabricant sera donc tenu de s'en rapporter à sa propre expérience.

XIX. — Poteries creuses en plâtre.

On exécute depuis quelques années des poteries creuses en plâtre ayant les mêmes formes et les mêmes dimensions que celles en terre cuite. On les emploie à la construction des planchers en fer pour remplir les intervalles des solives, ce que l'on faisait avec des plâtras ou avec des poteries en terre cuite.

Nous donnerons en parlant des planchers et des poteries pour tuyaux de fumée toutes les indicatious relatives à leur emploi.

III. — MAÇONNERIES

CHAPITRE PREMIER

GÉNÉRALITÉS SUR LES DIVERSES MAÇONNERIES

SOMMAIRE

I. — Définitions et notions générales.
II. — Diverses espèces de maçonneries.
III. — Maçonnerie en pisé. — Définition. — Composition. — Terres bonnes à piser. — Essai de la terre. — Préparation et conditions d'une bonne terre à piser. — Outils employés. — Fabrication. — Montage du moule. — Confection du pisé. — Conservation des constructions en pisé. — Pisé en béton. — Maçonnerie en bauge ou torchis.
IV. — Maçonnerie de béton.
V. — Maçonnerie de moellons. — Définitions et notions générales. — Ébousinage des moellons. — Smillage des moellons. — Taille des moellons piqués et d'appareil. — Pose des moellons. — Mortier ou plâtre employé pour l'exécution des maçonneries en moellons. — Temps employé pour l'exécution des maçonneries en moellons. — Prix. — Déchets produits par la taille des moellons. — Emploi des maçonneries en moellons.
VI. — Maçonnerie de meulières. — Taille de la meulière. — Piquage. — Smillage. — Déchets dus au smillage et au piquage de la meulière. — Nettoyage de la meulière terreuse. — Pose de la meulière. — Temps employé à l'exécution des maçonneries de meulière. — Mortier ou plâtre nécessaire à la pose de la meulière. — Emmétrage des meulières. — Rocaillages ordinaires pour enduits d'ornementation. — Temps employés pour les rocaillages.
VII. — Maçonnerie de briques. — Leur emploi. — Détails d'exécution des murs en briques suivant leurs épaisseurs. — Précautions dans la pose. — Briques creuses. — Leur emploi. — Briques spéciales.
VIII. — Maçonneries en libage. — Définition. — Exécution. — Maçonneries sèches en libages. — Leur emploi.
IX. — Maçonneries de pierre de taille. — Définitions et notions générales. — Appareil. — Différentes manières d'appareiller. — Lit. — Parement. — Joint — assises. Queues à sec à mortier. — Taille. — Ravalement. — Rejointoiement. — Épannelage. — Bardage. — Montage. — Pose. — Temps employé. — Dépose. — Plâtre ou mortier employés pour la pose de la pierre de taille. — Déchets de la pierre de taille.
X. — Maçonneries mixtes composées de diverses manières.

§ I. — DÉFINITIONS ET NOTIONS GÉNÉRALES

273. On désigne sous le nom de *maçonnerie* l'assemblage de divers matériaux, pierres naturelles ou artificielles, plus ou moins grosses, reliées par du mortier, du plâtre, de la terre, etc..., ou simplement posées à sec en liaison les unes avec les autres, pour former les parois verticales des bâtiments qu'on appelle *murs* ou quelquefois pour former des parois horizontales qu'on désigne sous le nom de *planchers voûtes*, etc. Il existe aussi une maçonnerie économique connue sous le nom de *pisé*, qui est faite en terre battue et desséchée sur place. On distingue les maçonneries par la nature des matériaux employés pour leur exécution, soit comme éléments de résistance, les *pierres*, les *briques*, etc..., soit comme éléments d'assemblage, de hourdage, les *mortiers* qui enveloppent ces matériaux.

La maçonnerie des murs s'opère tantôt par assises régulières ou rangs superposés, dans lesquels les pierres ont une hauteur égale et où on se borne simplement à croiser les joints des diverses assises, tantôt par assises, irrégulières dans lesquelles les pierres sont simplement posées à la main, sans autres conditions que le remplissage de la masse du mur avec des morceaux qui forment parement; leur assemblage est fait de manière que les murs ne s'ouvrent pas, et la garniture des vides est exécutée avec des blocages ou éclats de pierres enveloppés de mortiers. Cette maçonnerie employée pour les fondations ou les murs adossés à un terre-plein, se nomme *maçonnerie de blocage*. On donne également le nom de *blocage* aux remplissages que l'on fait en éclats de pierre posées en tous sens dans l'intérieur des murs de grande épaisseur parementés en moellons taillés ou en pierre de taille. Il est utile dans ces maçonneries, pour avoir un bon travail, de bien proportionner les dimensions des pierres à celles des espaces qu'elles doivent remplir et que ces pierres soient entourées de mortier ou de plâtre sur toute leur surface.

Enfin la maçonnerie s'opère encore par l'agglomération des matériaux qui font prise ensemble comme le béton, le pisé, etc.

L'époque la plus convenable pour l'exécution des maçonneries, dans nos climats est comprise entre le 15 avril et le 15 octobre ; les maçonneries exécutées en dehors de ces deux époques sont, dans bien des cas, sujettes à être détériorées par les gelées.

Observations. — Il existe quelques précautions à observer dans la construction des murs ; nous allons les indiquer :

1° Lorsqu'un bâtiment est composé de plusieurs gros murs, il est très important de les monter tous à la fois et de les araser à la même hauteur : 1° pour mieux les relier entre eux, 2° pour que le terrain sur lequel ils sont montés soit à chaque instant uniformément chargé sur tous les points de la construction. On évitera ainsi, surtout si le terrain est quelque peu compressible, des tassements inégaux et finalement des lézardes. Lorsqu'il est impossible de monter tous ces murs d'un seul coup, il sera bon de ménager, à l'extrémité des maçonneries exécutées, des amorces ou harpes inclinées autant que possible à 45 degrés.

2° Il faut éviter de marcher ou de rouler des matériaux sur les murs en construction, car on salit et on casse les mortiers, qui n'ont pas encore une résistance suffisante.

Si, pour une raison quelconque, on doit marcher sur des maçonneries nouvellement exécutées, il faudra les recouvrir de planches.

3° Quand des matériaux, pierres, briques, moellons, ont été mal placés, ou se trouvent dérangés, on doit, avant de les replacer, les dégarnir du vieux mortier qui les enveloppait, et les reposer avec du mortier frais.

4° Quand une maçonnerie est abandonnée l'hiver pour être reprise au printemps suivant, il faut en abriter le sommet avec des paillassons ou des planches. Avant de remonter de nouvelles assises sur cette maçonnerie, il faut bien nettoyer toute la surface pour enlever les ordures et les parties de mortier détériorées, puis l'arroser avant de poser les premiers matériaux.

5° Quel que soit le mode utilisé pour la construction, tous les murs qui forment un bâtiment, soit de face, soit de refend, doivent être liaisonnés entre eux ou par l'assemblage des matériaux, ou par des *chaînes* et des *ancres* en fer.

Lorsque cela est possible, la solidité est plus grande, si une des assises inférieures est en pierre dure formant *parpaings*, c'est-à-dire ayant toute l'epaisseur du mur, il en est de même pour les portions d'angle, jambages de baies, chaînes, etc... Les *corbeaux* doivent toujours traverser le mur dans toute son épaisseur.

§ II. — DIVERSES ESPÈCES DE MAÇONNERIES

274. Nous étudierons les maçonneries en commençant par les plus économiques. Nous pouvons donc les classer de la manière suivante :

1° Maçonnerie en pisé;
2° Maçonnerie de béton ;
3° Maçonnerie de moellons ;
4° Maçonnerie de meulières ;
5° Maçonnerie de briques ;
6° Maçonnerie en libages ;
7° Maçonnerie de pierre de taille ;
8° Maçonneries mixtes.

§ III. — MAÇONNERIE EN PISÉ

Définitions.

275. Nous avons vu précédemment que, sous le nom général de *maçonnerie*, on comprend tous les travaux qui se font pour la construction des édifices, et dans lesquels entrent les pierres naturelles et artificielles, mises en œuvre avec des mortiers ou du sable. Par extension, on donne ce nom à une construction dans laquelle la pierre et le mortier sont remplacés par de la terre : c'est ce qu'on appelle la *maçonnerie en pisé* ou simplement *pisé*. Ce mode de construction est très employé dans le midi de la France, surtout dans les départements de l'Ain, du Rhône, de l'Isère, etc. Les climats méridionaux sont plus favorables à sa durée que ceux du nord. Il mériterait d'être répandu dans toutes les localités où l'on fait des constructions en bois et où les autres matériaux sont rares. Les constructions en pisé étaient connues des anciens Pline nous dit que ce mode de construction était employé au temps d'Annibal ; il le fait même remonter jusqu'à Noé, qui apprit à connaître cette matière en voyant faire le nid aux hirondelles.

Le pisé est de la terre comprimée dans un moule ou dans un encaissement, de manière à former un massif continu et constituant une muraille. Il faut asseoir cette maçonnerie à 1 mètre au moins au-dessus du sol sur un socle en bonne et imperméable maçonnerie.

Le pisé est applicable à presque toutes les constructions rurales, il présente même quelques avantages, ceux d'incombustibilité, de non-conductibilité, et celui d'économie. Il est précieux pour les murs de clôture ; mais, quoiqu'il devienne assez dur, il n'offre pas une résistance suffisante pour de grands bâtiments, et les animaux rongeurs s'y creusent facilement des retraites.

Composition. Terres bonnes à piser.

276. Toutes les terres qui ne sont ni

trop grasses ni trop maigres, conviennent pour les constructions en pisé. La terre franche un peu graveleuse est la meilleure; on la reconnaît lorsque en la comprimant dans la main elle conserve la forme qu'elle a reçue. Toutes les fois qu'avec une bêche, une pioche ou une charrue, on enlève des mottes de terre qu'il faut briser pour les désunir, cette terre est bonne pour piser. Les terres cultivées, les terres de jardin, les terres naturelles, formant des berges qui se soutiennent presque à plomb ou avec peu de talus, peuvent être employées avec succès.

L'argile et le sable seuls ne peuvent convenir, mais en les mélangeant ensemble, et en y ajoutant un tiers de terre franche, on réussit à faire du bon pisé. (On désigne sous le nom de *terre franche* la terre jaunâtre que l'on trouve dans la plupart des lieux immédiatement au-dessous de la terre végétale.) Lorsqu'on n'a qu'une terre sablonneuse sans argile, on l'arrose avec un lait de chaux ; lorsqu'on n'a qu'un peu d'argile et beaucoup de terre sablonneuse, on fait une bouillie d'argile et on en arrose la terre faible; ces mélanges donnent aux terres un liant qui les rend très propres à être utilisées.

Essai de la terre à piser.

277. Pour faire l'essai d'une terre à piser, on fait un moule presque cubique de $0^m,50$ de côté, mais un peu plus large du haut que du bas et on y pise ou on y tasse de la terre par couches de $0^m,10$ d'épaisseur. Quand le moule est plein, on le couvre de planches et on le met à l'abri; au bout de huit jours la terre pisée a fait retraite, on la sort du moule. Quelques mois après, on examine si elle a perdu ou augmenté de sa consistance, on juge ainsi si on doit l'employer ou la rejeter.

Préparation et conditions d'une bonne terre à piser.

278. Pour préparer la terre, on la fait passer à travers une claie, qui retient les parties de la grosseur d'une noix ; on l'humecte avec de l'eau (la terre doit être humide seulement et non mouillée), puis on la malaxe comme la terre à briques. On reconnaît qu'elle a été suffisamment travaillée lorsque en en prenant une poignée et en la jetant sur le tas, elle garde la forme primitive qui lui a été donnée. La terre ne doit contenir aucune partie végétale, qui, en pourrissant, formerait des vides, cause d'affaiblissement. On augmente souvent la résistance et la liaison en noyant dans la terre des lattes ou autres menus bois.

Outils employés.

279. Les outils employés pour le pisé sont un *pisoir* et un *moule*. 1° Le pisoir, pizon ou pilon, est l'instrument avec lequel on foule la terre dans le moule; il est formé par un morceau de bois aussi dur que possible (racines de frêne, d'orme ou de noyer) et monté sur un manche rond d'environ 1 mètre de longueur et dont le diamètre est un peu plus gros par en haut que par en bas, afin que l'ouvrier puisse le retenir fermement entre ses deux mains et le bien empoigner. Cet outil est représenté (*fig.* 199).

2° Le *moule* ou *chassis*, dont nous donnerons la description en parlant de l'exécution de la maçonnerie en pisé.

Indépendamment de ces outils, on a besoin d'une hachette bien aiguisée pour tailler les trous de boulins où l'on appuie les clefs du moule. Il faut aussi des échelles, des bottes, des échafaudages, etc...

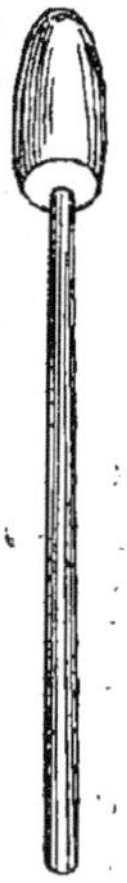

Fig. 199.

Fabrication.

280. Il y a deux manières de faire les murs en pisé. La première, et la plus simple, consiste à poser la terre dans l'emplacement du mur et à dresser le mieux possible les parements avec une fourche ordinaire.

La seconde, plus parfaite, exige un appareil spécial formé par des châssis.

Cet appareil représenté fig. 200 et 201 se compose d'un encaissement formé par deux

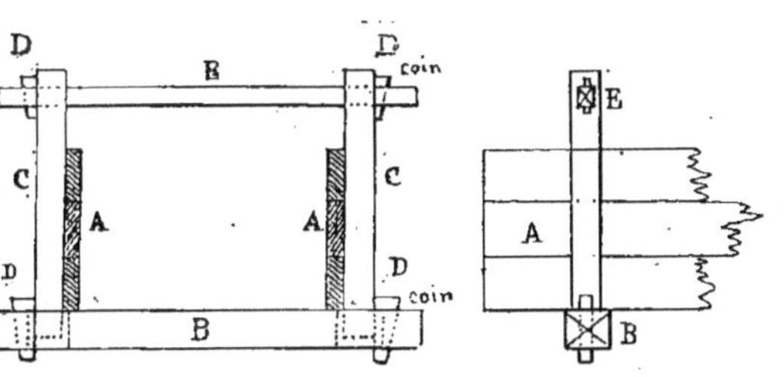

Fig. 200

tables en bois de sapin A, A, appelées *banches* ; ces banches se posent sur quatre

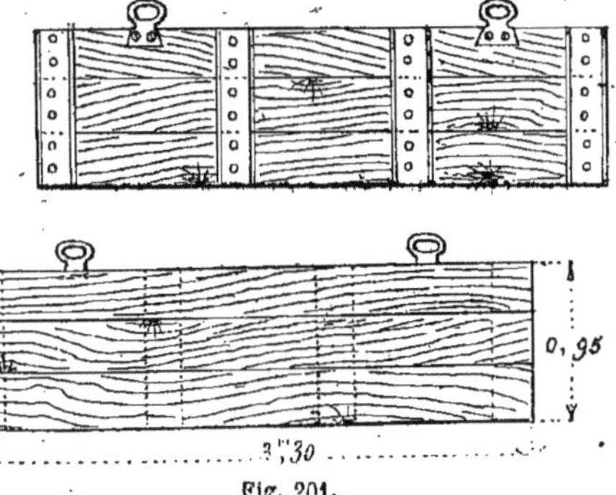

Fig. 201.

traverses B, B. Chaque traverse porte deux mortaises dans lesquelles viennent se loger les tenons des poteaux ou aiguilles C, C, réunis à leur partie supérieure par les traverses E, E. Les coins D, D servent à faire avancer ou reculer les aiguilles dans les mortaises des traverses et par suite à rapprocher ou à éloigner les banches. On laisse à l'intérieur des banches un espace égal à la plus grande épaisseur du mur ; puis, comme cette épaisseur diminue à mesure que le mur s'élève, on peut rapprocher les banches et par suite les aiguilles au moyen des coins D, D.

Montage du moule.

281. On assied les quatre clefs sur le mur à des distances égales, en prenant pour règle la longueur des banches : on les encaisse dans un trou de même diamètre qu'on a fait dans le soubassement ; on place les aiguilles, puis contre elles les grands panneaux, enfin les traverses ou étrésillons entre les panneaux. Lorsqu'on est à un angle, on se sert de petits panneaux (fig. 202) ayant la largeur du mur. Les banches ont de 3m,30 à 3m,40 de longueur sur 0m,95 de hauteur, les aiguilles ont 1m,40, les traverses 1m,15 sur 0m,10, les coins 0m,40 de hauteur, 0m,03 en bas et 0m,20 en haut.

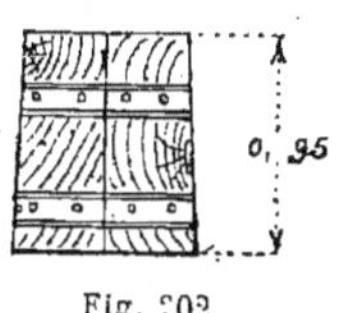

Fig. 202

Confection du pisé.

282. L'appareil étant monté, les aides apportent la terre préparée ; ils l'étalent avec leurs pieds et en forment une couche de 0m,10 d'épaisseur. Ils la battent ensuite avec un pisoir jusqu'à ce que son épaisseur soit réduite de moitié. Le pisoir doit être tourné à chaque coup, de manière à croiser les effets de la pression et les traces qu'il imprime sur la couche de terre et à la masser également dans toute son étendue. Dans quelques localités le pisoir a la forme d'un cône tronqué.

Quand la première couche a été comprimée, des aides apportent de nouveau de la terre et font une nouvelle couche. On répète cette opération jusqu'à ce que les banches soient remplies ; c'est ce que l'on appelle faire une *banchée*. Une fois arrivé à ce point, on desserre les coins, on enlève les aiguilles, on retire les crevasses et on remonte l'appareil sur la partie qu'on vient d'achever. On opère ainsi par rangs de niveau, et les parties d'un même rang se joignent suivant un plan incliné comme le montre la figure 203. Les trous laissés

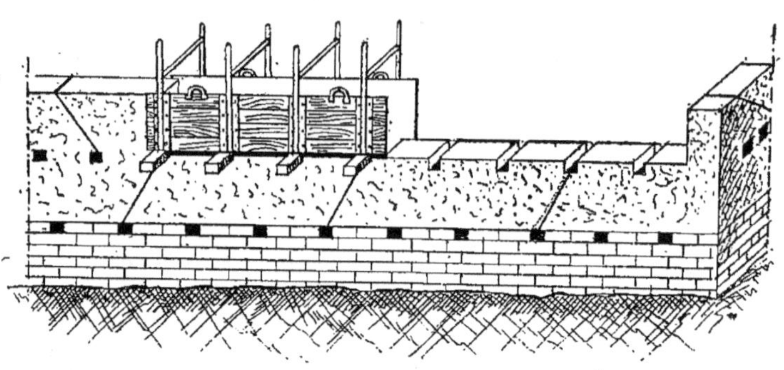

Fig. 203.

dans le mur par suite de l'enlèvement des traverses, se remplissent avec de la terre. En serrant de plus en plus les traverses à mesure que la construction s'élève, on donne un fruit convenable à ce genre de maçonnerie. Ce fruit est ordinairement de 7 à 8 centimètres par mètre de hauteur pour chaque parement. La terre étant amenée à pied d'œuvre, deux ouvriers, peuvent faire de 8 à 9 mètres cubes de maçonnerie de pisé en 12 heures de travail.

Conservation des constructions en pisé.

283. Si l'on veut qu'un mur en pisé ait de la durée, il faut le recouvrir d'un enduit de mortier ou d'un lait de chaux, afin de le mettre à l'abri de la pluie. Mais avant de mettre cet enduit, il faut s'assurer que le mur est bien sec à l'intérieur ; car, s'il en est autrement, cette humidité en s'échappant se porterait à la surface et détacherait l'enduit.

Le pisé acquiert assez de résistance lorsque au lieu d'eau pure, on emploie, l'eau de chaux pour humecter la terre. Un enduit formé d'une partie de chaux de quatre d'argile et d'une quantité de bourre suffisante pour en parsemer toute la masse, rend le pisé convenable pour résister à l'air et à la pluie.

Dans le département du Rhône, un mur de $0^m,54$ à $0^m,60$ d'épaisseur, fini au commencement de mai, est tout à fait sec à la fin de septembre ou au commencement d'octobre; ceux achevés en juillet et août peuvent encore être enduits avant l'hiver. La durée de la dessiccation varie avec les différentes localités. Il est donc difficile de donner à ce sujet des nombres exacts. Pour les murs de clôture, on les recouvre d'un toit de chaume chargé par un chaperon en terre qu'on renouvelle à mesure qu'il se détruit.

Pour les maisons on fait également les fondations et le soubassement du rez-de-chaussée en maçonnerie; de plus les jambages et les linteaux des portes et fenêtres se font souvent en bois, en pierre ou en briques. Il faut éviter de faire les angles de la construction en pierre de taille car il se produit des tassements inégaux dans les deux modes de construction.

Les lattes en bois mises dans l'intérieur d'un mur en pisé augmentent considérablement la solidité.

Pisé en béton.

284. Pour éviter les inconvénients de la propagation de l'humidité par le pisé de terre, on a essayé d'y substituer diverses compositions. Outre la précaution d'humecter la terre argileuse avec un lait de chaux, M. Coignet à proposé deux sortes de béton, qu'on utilise d'une manière analogue à celle qui a été décrite pour le pisé ordinaire.

Le premier béton, dit économique, est composé de :

Chaux non délitée. . . .	9 parties.
Terre argileuse crue.	27 —
Sable et gravier.	64 —
Total. . .	100 parties.

Ce béton se rapproche du pisé par la terre argileuse crue; il en diffère par la présence de la chaux, qui lui permet de résister beaucoup mieux à l'action de l'eau. Il a été peu employé, il faut même éviter de s'en servir dans les endroits inondés.

Il existe une autre composition dite béton économique dur, dans lequel la terre crue est remplacée par des matières calcinées, jouant le rôle de pouzzolanes artificielles et dont la composition est la suivante :

Chaux grasse ou hydraulique non délitée.	13 parties.
Cendres de houille pilées	9 —
Terre argileuse cuite et pilée. . .	8 —
Sable et gravier.	70 —
Total. . .	100 parties.

Il est facile de voir, d'après les proportions de la chaux et des matières calcinées qui lui sont ajoutées, que leur mélange doit donner un ciment énergique: le béton dur n'est donc autre chose qu'un béton de ciment; il en a les propriétés et il devient très dur au bout de quelques jours.

Maçonneries en bauge ou torchis.

285. Cette maçonnerie n'est guère utilisée que pour des murs de clôture ou des parois de bâtiments légers et très peu élevés. Ils ne coûtent pas cher à établir, mais ils ne sont pas solides ; ils sont très hygrométriques, et durent peu. Cette construction ne vaut pas le pisé, mais elle demande moins de main-d'œuvre.

Pour l'exécution de cette maçonnerie, on gâche de la terre franche humectée avec du foin ou avec de la paille ; mais, tantôt ce foin et cette paille sont laissés dans leur longueur, tantôt ils sont hachés à $0^m,10$ ou $0^m,15$ de longueur. Le foin entier est meilleur que la paille entière ou hachée, mais la paille hachée est meilleure que le foin haché.

On élève les murs en bauge le plus souvent en entassant la matière avec une fourche à dents, par couches horizontales qu'on laisse raffermir avant de poser les couches supérieures, tout en ayant soin de les rafraîchir un peu pour qu'elles se relient avec les nouvelles; on lisse ensuite les parois avec la truelle, et, quand la bauge est sèche, on y applique un enduit comme sur le pisé. Pour cette maçonnerie, il faut également un soubassement en matériaux solides, et un chaperon à la partie supérieure.

§ IV. — MAÇONNERIE DE BÉTON

286. La maçonnerie de béton s'emploie presque toujours pour former l'assise inférieure des fondations, la construction de puits, etc... Nous avons donné à l'article *Béton* tous les renseignements sur l'emploi de ce précieux composé.

§ V. — MAÇONNERIE DE MOELLONS

éfinitions et notions générales.

287. Les pierres de petites dimensions sont appelées *moellons*. L'exécution de la maçonnerie de moellons est soumise à des règles à peu près semblables à celles suivies pour exécuter la maçonnerie de pierre de taille, autant sous le rapport de la taille et de la mise en œuvre des moellons, que sous celui des dispositions à leur donner dans leur emploi. Les moellons sont formés de pierres calcaires de dimensions telles qu'un homme puisse les porter et les manœuvrer facilement. Ces dimensions sont à peu près deux fois moindres que celles des blocs dont on fait usage pour la maçonnerie ordinaire de pierre de taille.

Les moellons ont les propriétés des calcaires qui les composent. Il faut autant que possible ne les employer que débarrassés de leur eau de carrière s'ils sont gélifs et pendant l'époque de l'année qui leur permettra de sécher notablement avant l'hiver.

On classe les moellons de la manière suivante :

1° Moellons *bruts* quand ils ne sont point travaillés ;

2° Moellons *ébousinés* quand ils ont leurs parements grossièrement dressés et qu'ils sont taillés légèrement sur les lits et les joints, au fur et à mesure de leur emploi ;

3° Moellons *smillés* quand ils sont taillés proprement, c'est-à-dire que les lits et les joints sont assez profondément taillés ;

4° Moellons *piqués* quand ils sont taillés comme les précédents, mais avec plus de soin, de manière à rendre les arêtes vives et bien dressées ;

5° Moellons d'*appareil* quand ils sont mis en œuvre à la façon de la pierre de taille, les arêtes bien dressées, les angles vifs et les parements repassés après la pose, *ravalés* comme on dit.

Sous le point de vue de la résistance, les moellons se divisent encore de la manière suivante :

Les moellons *durs* ou de *roche*, employés pour les fondations, les soubassements, les travaux hydrauliques, les parties d'un bâtiment qui portent charge ;

Les moellons *traitables*, *demi-durs*, moyennement tendres ou de banc franc, employés pour former le corps des murs ordinaires, les murs de clôture et ceux des bâtiments en élévation, à cause de la légèreté qu'ils acquièrent en séchant;

Les moellons *tendres*, employés pour la partie haute des ouvrages, et pour faire à peu de frais des parements parfaitement dressés, à cause de la facilité avec laquelle ils se laissent tailler.

Ébousinage des moellons.

288. L'ébousinage des moellons se fait ordinairement sur l'échafaud même où le maçon se trouve pour exécuter sa maçonnerie. L'ouvrier, au fur et à mesure de l'emploi, leur enlève avec une hachette le *bousin* de carrière, ou les parties marneuses ; les joints et les parements sont ensuite grossièrement taillés. Lorsque ce travail est fait en dehors de la maçonnerie, l'ouvrier spécial qui en est chargé, peut *ébousiner* 6 mètres cubes de moellons en 10 heures de travail.

Smillage des moellons.

289. Le travail du smillage des moellons se fait à l'aide de la grosse *hachette* ou de la *laye* ; il consiste à dégrossir les moellons bruts et à régulariser leurs formes, en les taillant de manière que leurs joints soient plus ou moins pleins, et leurs lits à peu près parallèles entre eux et d'équerre avec le parement, lequel doit être taillé assez proprement.

Taille des moellons piqués et d'appareil.

290. Pour faire ce travail, on commence par établir un chantier, c'est-à-dire, que l'on exécute, en pierres sèches, un petit massif de $0^m,60$ de hauteur, sur lequel on pose le moellon à tailler. Ce moellon est dégrossi d'abord puis son parement est parfaitement taillé avec la laye ou la grosse hachette de maçon. On termine en coupant les lits et les joints bien d'équerre entre eux et avec le parement, de manière à obtenir des arêtes bien vives. On se sert quelquefois de l'équerre en fer pour vérifier la taille. Quand il y a peu de moellons à tailler, le travail se fait par le maçon lui-même; mais sur les chantiers importants ce travail est confié à des ouvriers spéciaux, appelés *piqueurs de moellons*.

Pose des moellons.

291. Avant de poser les moellons chacun d'eux est taillé grossièrement pour former deux faces horizontales qu'on nomme *lits;* on fait également un parement de face et on taille d'équerre, avec le parement de face le commencement des deux parois latérales qui forment les joints verticaux Chaque moellon a ainsi une forme grossièrement pentagonale et les moellons de deux parements opposés alternent et se croisent de manière à obtenir la meilleure liaison possible. De temps à autre, tous les deux mètres par exemple, dans chaque rang s'il se peut, on met un moellon A (*fig.* 204) formant toute l'épaisseur du mur et ayant par suite deux parements. Ce moellon se nomme *parpaing*.

Les moellons d'une même assise pour les murs minces doivent être réglés exac-

Fig. 204.

tement de même épaisseur, mais pour les massifs il est bon de laisser des moellons faire saillie sur le plan de l'assise, afin de relier cette assise avec celle qui sera placée dessus. On a soin, dans une même assise, de placer un moellon court à côté d'un long et de ne jamais faire correspondre les joints de deux assises en contact afin qu'il y ait liaison complète dans toute la masse.

Les moellons se posent sur mortier; quand les deux parements du mur sont exécutés, on remplit les joints avec du mortier en y assurant au besoin des déchets dits *garnis* et en ayant soin d'araser chaque assise bien horizontalement.

La pose des moellons n'offre pas les difficultés de celle des pierres de taille, les morceaux étant plus petits, ils sont moins lourds et par conséquent plus maniables, aussi les pose-t-on toujours directement sur mortier ou sur plâtre sans faire usage de cales. Les moellons d'une assise croisent constamment leurs joints avec les moellons de l'assise précédente.

Les murs en moellons se construisent entre lignes c'est-à-dire. que le pied du mur a son alignement sur chaque face, indiqué par une ficelle (dite ligne ou cordeau) tendue et une seconde ligne donne le même alignement à $0^m,50$ environ au-dessus de l'assise que l'on construit. Le plan vertical des deux lignes est le parement même du mur et l'œil amené dans ce plan juge de la position des moellons à mesure qu'on les pose et permet de les mettre en alignement.

Observations importantes à suivre quand on construit un mur. — 1° Il faut procéder autant que possible par assises horizontales;

2° Il faut mettre dans le mur, aussi souvent que possible des pierres dites *parpaing*, qui aient face sur chaque parement et prennent par suite toute l'épaisseur du mur.

3° Poser chaque pierre sur une couche de mortier que l'on vient de poser à la truelle et l'asseoir en la frappant avec la hachette.

4° Quand les pierres de chaque parement sont posées, il faut remplir les gros joints avec du mortier lancé fortement avec la truelle et y insérer au marteau de petites pierres dites *garnis* pour obtenir une arase

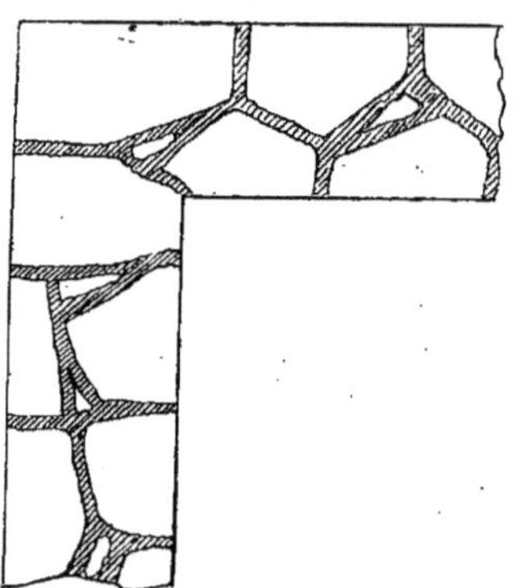

Fig. 205

bien de niveau. On opère ainsi pour poser chaque assise successive.

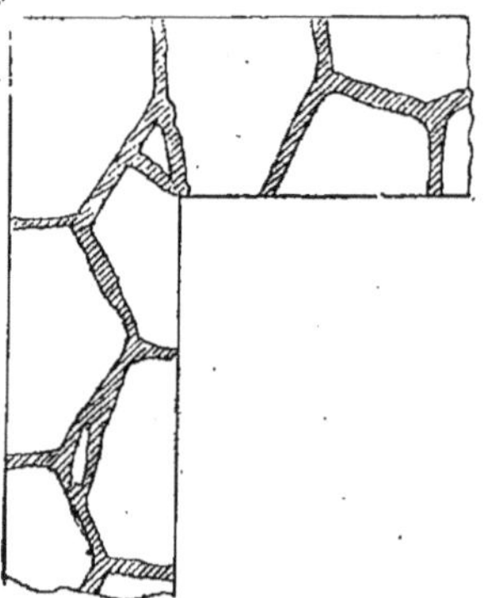

Fig. 206

5° Il faut autant que possible poser les pierres sur leur lit de carrière, la pose en délit offrant souvent des inconvénients.

6° Lorsque deux murs se rencontrent ou que l'on doit construire une encoignure on cherche et on prépare d'avance les plus gros moellons dont on dispose pour les placer, comme l'indiquent les figures 205, 206, au point de rencontre des alignements qui se croisent de manière à les lier le mieux possible.

7° On doit prendre soin de bien nettoyer chaque assise avant de passer à la suivante et de mouiller les moellons lorsqu'ils sont secs et absorbants afin de ne pas dépouiller rapidement les mortiers de leur eau qui, comme nous l'avons vu, est nécessaire à leur durcissement.

La maçonnerie de moellons hourdés en plâtre présente quelques difficultés à cause de la prise rapide du plâtre. Le maçon doit preparer d'avance les moellons qui doivent former une certaine étendue du parement de l'assise, en les mettant provisoirement en place à sec; il commande alors le gâchage d'une quantité de plâtre au plus suffisante à leur pose; il enlève les moellons préparés en les laissant dans l'ordre de leur emploi, afin de ne pas avoir à les choisir, et de pouvoir les poser avant la prise du plâtre dans l'auge. Il remue le plâtre qu'on vient de lui apporter, il en étale sur le tas avec sa truelle une quantité suffisante pour poser seulement deux ou trois moellons, lesquels étant en place, il pose de même les deux ou trois suivants, et ainsi de suite, jusqu'à ce qu'il ait employé tout le plâtre contenu dans son auge.

Il doit avoir bien soin de remplir les joints et de caler avec des éclats de pierre les moellons maigres de queue, au fur et à mesure de la pose.

Pour faire le garnissage, le maçon étale un lit de plâtre entre les moellons des parements, et dessus il pose les moellons en laissant entre eux des joints d'une largeur suffisante pour qu'on puisse bien les remplir de plâtre ; il doit de plus, avoir soin de bien poser tous les garnis à bain de plâtre.

La pose des moellons piqués demande plus de soins que celle des moellons bruts. Elle se fait ordinairement sur du mortier de chaux ou de plâtre très fin. L'épaisseur des joints ne doit pas dépasser 0m,01. Les moellons doivent être choisis tous de même hauteur pour chaque assise.

Quand une assise est posée, on l'arase avec soin en taillant les moellons qui se trouvent avoir une trop grande épaisseur.

Enfin, on pose quelquefois les moellons à sec pour des clôtures peu importantes ; on a soin alors de caler chaque moellon pour assurer sa stabilité au moyen de garnis, et de bien remplir les joints de petits matériaux.

On fait de même pour les murs hourdés en terre.

Les maçonneries sèches de moellons sont souvent employées pour faire ce qu'on appelle des *perrés*. Ces perrés se construisent exactement comme les autres maçonneries, mais comme on n'a pas la ressource du mortier pour asseoir les pierres, les unes sur les autres, il faut des précautions spéciales.

Mortier ou plâtre employé pour l'exécution des maçonneries en moellons.

292. Le mortier employé dépend de la destination du mur, le plus souvent ce sera un mortier de chaux hydraulique et de sable qui donnera un mur ne tassant pas sensiblement. D'autres fois, toute la construction sera hourdée en plâtre, il faudra alors prendre des précautions spéciales contre les tassements et contre l'humidité.

Le principal défaut de toutes les espèces de maçonnerie en moellons, est d'offrir dans le sens de l'épaisseur des murs deux sortes de maçonneries susceptibles de prendre un tassement différent. A moins que l'on n'emploie des mortiers capables de faire prise presque immédiatement, l'intérieur du mur formé d'une maçonnerie de blocage tasse beaucoup plus que les parements auxquels on a donné plus de soins et où il entre moins de mortier. Il résulte souvent de cette circontances une séparation entre les parements et la maçonnerie intérieure que l'on doit chercher à empêcher par tous les moyens, en augmentant par exemple le nombre des moellons parpaings et en ne négligeant aucune précaution pour bien asseoir et affermir les blocages de la maçonnerie

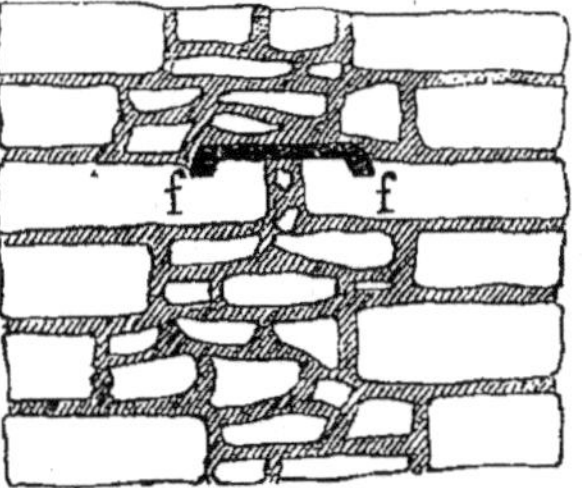

Fig. 207.

intérieure afin de réduire leur tassement au minimum. On peut aussi, de distance en distance réunir les deux pierres de parement par des agrafes en fer *f*, (*fig.* 207) scellées en plomb ou en plâtre.

Temps employé pour l'exécution des maçonneries de moellons.

293. Les ouvriers qui construisent les massifs et les gros murs en moellons ou en meulières se nomment *limousins*, du nom du pays de beaucoup d'entre eux. Les ouvrages exécutés se nomment *limousinerie.*

Chaque ouvrier est assisté d'un aide ou garçon qui lui prépare et lui monte les matériaux.

Un limousin et son aide mettent 7 heures 1/2 environ pour faire un mètre cube de maçonnerie de moellons en élévation.

L'heure des limousins et aide se paye à Paris 0 fr. 82.

Prix de la maçonnerie de moellons.

294. Les moellons se vendent au mètre cube. On livre les moellons sur les chantiers, et pour mieux se rendre compte que par le cube de la voiture de la quantité fournie, on en fait des tas réguliers de 1 mètre de hauteur que l'on range comme si on voulait construire en pierres sèches mais sans les tailler. Cette opération s'appelle *emmétrage.*

Les moellons coûtent, à Paris, 12 francs le mètre cube et l'emmétrage revenant à 0 fr. 50, on voit que cette opération augmente sensiblement le prix de la matière. On l'évite souvent en ne payant au fournisseur que le cube de maçonnerie exécutée avec ses produits; c'est une convention à faire d'avance.

Il entre, dans un mètre cube de maçonnerie de moellons et plâtre 0,20 de plâtre qui coûte 17 francs le mètre cube.

Il faut $1^{m3}09$ de moellons fournis emmétrés pour faire après taille et emploi un mètre cube de limousinerie.

Il se produit $0^{m3},12$ de déchets ou gravois qu'il faut enlever avec une dépense de 3 francs par mètre cube.

Les faux frais sont évalués 17 % de la main-d'œuvre.

Avec ces données, il est facile d'établir comme suit le prix du mètre cube de maçonnerie de moellons en élévation.

$1^{m3},09$ de moellons, à $12^{f}00$ le mètre cube. . .	$13^{f}08$
$0^{m3},20$ de plâtre, à $17^{f}00$ — — . .	3,40
$7^{h},30$ de limousin et aide $0^{f}82$ l'heure. . . .	6,00
Enlèvement des gravois $0^{m3},12$, à $3^{f}00$ le mètre cube.	0,36
Faux frais 17 0/0 sur $6^{f}00$	1,02
Prix de revient. . . .	$23^{f}86$

Si, au lieu de plâtre, le hourdis était fait en mortier n° 2 de ciment de Bourgogne, il faudrait d'abord chercher le prix de revient de un mètre cube de mortier, prix qui peut s'établir comme suit :

3^{m3} de sable de rivière, à $7^{f}00$ le mètre cube, sont mélangés avec	$21^{f}00$
1^{m3} ou 1500^{k} de ciment à 50^{f} les 0/00 kilos.	75,00
La façon de ce mortier demande 24 heures de garçon à $0^{f}36$ l'heure.	8,64
Faux frais 17 0/0 sur $8^{f}64$.	1,46
Soit en total. .	$106^{f}10$

Le tout, au lieu de 4 mètres cubes de mortier, ne fait que $3^{m3}24$, à cause du ciment entré dans les vides du sable.

Donc $3^{m3},24$ de mortier reviennent à	$106^{f}10$
1^{m3} revient à.	$33^{f}06$

Le mètre cube de limousinerie de moellons hourdés en mortier n° 2 de ciment de Bourgogne reviendra donc à

$1^{m3},09$ de moellons, à $12^{f}00$ le mètre cube. .	$13^{f}08$
$0^{m},20$ de mortier, à 33,06 — — . .	6,61
$7^{h},30$ de limousin et aide, à $0^{f}82$ l'heure .	6,00
Enlèvement des gravois $0^{m3},12$, à $3^{f}00$ le mètre cube.	0,36
Faux frais 17 0/0 sur $6^{f}00$.	1,02
Prix de revient. . .	$27^{f}07$

Si la maçonnerie est faite par l'intermédiaire d'un entrepreneur il y a lieu d'ajouter à ces prix 10 % de bénéfice et 0 fr. 80 d'avances de fonds pour avoir les prix de règlement.

Déchets produits par la taille des moellons.

295. Les déchets varient en raison de la forme plus ou moins régulière des moellons bruts et du degré de perfection apporté à la taille.

Moellons ébousinés. — Le déchet est compensé par les $0^{m},03$ que l'on donne ordinairement en plus du mètre à la hauteur du mur (dans le mesurage) et par la partie du mortier qui empêche le contact des moellons.

Moellons smillés. — Pour ces moellons le déchet varie de 1/10 à 1/5 en sus de l'excédent donné à l'emmétrage des moellons.

Moellons piqués. — Pour ces moellons le déchet varie du 1/4 au 1/3.

Moellons d'appareil. — Pour ces moellons le déchet est environ de moitié.

Emploi des maçonneries en moellons.

296. Les maçonneries en moellons servent non seulement à la construction de murs de toute espèce, mais on peut aussi les employer à la construction des voûtes de moyennes dimensions, on donne alors aux moellons la forme de voussoirs, afin de diminuer l'épaisseur des joints de mortier et les tassements qui s'ensuivent. C'est une construction assez économique.

§ VI. — MAÇONNERIE DE MEULIÈRES

Définitions et notions générales.

297. Les pierres meulières sont ainsi nommées parce qu'elles peuvent fournir d'excellentes meules. Elles se trouvent en amas considérables dans les couches de calcaires siliceux, et occupent les parties supérieures du terrain parisien. Il existe un autre gisement dans les assises supérieures du terrain de molasse. Les meulières que l'on trouve dans cette partie sont coquillières ; on y trouve comme coquilles les plus communes, les *lymnées*, les *planorbes*, les *charas* ou *girogonites*.

L'extraction de la meulière est assez difficile à cause de sa grande dureté. On arrive cependant à en détacher de forts blocs en opérant de la manière suivante : On trace sur le pourtour du bloc à détacher une rainure étroite et assez profonde; dans cette rainure on enfonce avec force des coins en chêne bien secs, puis on mouille ces coins, la force d'expansion qui résulte de leur gonflement suffit pour détacher le bloc suivant le tracé primitivement exécuté.

La meulière avec ses parements rugueux prend bien le mortier et fait d'excellentes maçonneries. On fait surtout en meulière les blocages et massifs dans les sols peu consistants en remplacement du béton; les murs de caves et à rez-de-chaussée des édifices; on fait même, dans certains cas, des murs à toute hauteur.

Dans les environs de Paris, on trouve des meulières tendres provenant des carrières de Versailles, de Buc, de Brunoy, qui ont le grave inconvénient, lorsqu'elles sont employées en parement, surtout si elles n'ont pas été préalablement nettoyées avec soin et débarrassées des terres rougeâtres qui en remplissent les cavités, de se recouvrir d'une couche verdâtre due à des mousses, lichens et autres cryptogames et de se détériorer au bout de quelques années. Il est bon de se rappeler ces graves inconvénients et de ne pas se laisser tenter par les parements d'une régularité parfaite que ces pierres peuvent donner et qui dans certains cas peuvent être employées pour remplacer la pierre.

Taille de la meulière.

298. Il est très difficile de bien tailler la meulière : sa texture caverneuse et un peu sa dureté s'y opposent; on arrive cependant à en obtenir des parements d'une assez grande perfection. Le plus souvent les meulières sont employées brutes telles qu'elles sortent de la carrière; dans d'autres cas on se contente de dégrossir simplement chaque morceau de meulière et de rejointoyer les parements vus de la construction.

Piquage et Smillage.

299. Cette opération se fait par des

ouvriers spéciaux qui sont connus sous le nom de *piqueurs de meulière*. On emploie

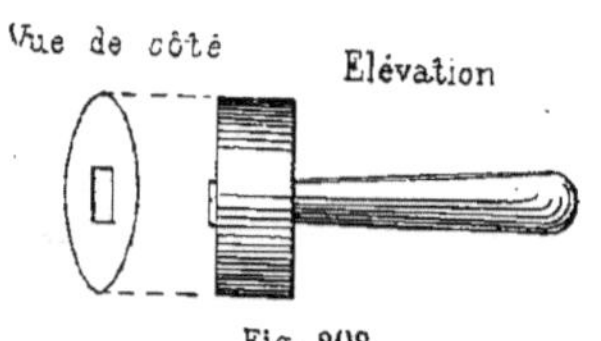

Fig. 208.

pour ces travaux le couperet et un marteau représenté (*fig.* 208). Ce marteau est celui qui sert aux paveurs pour le débit et la refente des pavés. Le maniement de ces outils exige une grande habitude pour arriver à un bon résultat.

Pour piquer un bloc de meulière, l'ouvrier le place sur le sol ou sur un chantier préparé à l'avance, comme pour la taille du moellon; il donne alors des coups de couperet très secs, de préférence sur les parties dures qu'il doit détacher et dans le sens des joints. Il faut tailler le bords des lits avec beaucoup de précautions pour ne pas épaufrer les arêtes, ce qui ferait rebuter la meulière.

L'opération du smillage consistant simplement à former les lits et les joints et à dégrossir les parements, exige beaucoup moins de précautions que la précédente.

Temps employé pour piquer et smiller la meulière. — Un piqueur peut, dans sa journée de 10 heures, tailler 25 blocs de meulière de dureté ordinaire pour faire un mètre carré de surface de parement.

Il peut, dans le même temps, smiller 160 blocs de meulière de dureté moyenne, pouvant faire de 5 à 6 mètres carrés de parements. Si le smillage s'effectue sur la caillasse, ce travail se réduit à 90 blocs au plus.

Déchets dus au piquage et au smillage de la meulière.

300. Ce déchet peut varier de 1/10 à 1/3 environ suivant la forme plus ou moins irrégulière des matériaux bruts et le degré de perfection que l'on désire obtenir pour la taille.

Nettoyage de la meulière terreuse.

301. La meulière est souvent mélangée à des argiles rougeâtres; ses cavités en sont remplies lorsqu'elle vient d'être extraite. Si l'on doit l'employer peu de temps après l'extraction il est donc nécessaire de la nettoyer et de la débarrasser de ces terres argileuses pour ne pas empêcher l'adhérence du mortier. Le nettoyage peut se faire à l'aide de petits balais en fil de fer. Les fils de fer entrent dans les cavités de chaque meulière et enlèvent ainsi la terre adhérente aux parois.

Il est préférable de n'employer la meulière que lorsqu'elle a été extraite depuis un certain temps car les dessiccations successives, la gelée et les diverses manipulations font tomber cette argile et nettoient la meulière. En général, dans toutes les constructions il faut exiger de la meulière propre. Pour des travaux importants réclamant une grande résistance et dans lesquels la meulière doit être associée à des mortiers de ciment, il faut faire la dépense d'un nettoyage supplémentaire à l'eau et à la brosse de chiendent. On obtiendra ainsi une adhérence parfaite du mortier et une construction irréprochable.

Les meulières des environs de Corbeil, de Chatillon, etc., qui sont très employées en construction à Paris, exigent rarement un nettoyage ; elles sont ordinairement assez propres pour être utilisées de suite. Un ouvrier peut nettoyer dans sa journée quatre mètres cubes de meulière.

Pose de la meulière.

302. Comme pour tous les petits matériaux, on construit les murs de meulière entre lignes en suivant les indications qui ont été données précédemment pour la maçonnerie de moellons. Les blocs de meulière étant très irréguliers et les dimensions tellement variables il est impossible d'araser chaque assise, on est donc obligé de poser les blocs dans tous les sens en ayant soin de les enchevêtrer les uns dans les autres de manière à rendre, entre chaque pierre, l'épaisseur de mortier aussi uniforme que possible. Il sera bon cependant de s'araser autant que possible tous les 0m,25 ou 0m,30, en ayant soin de bien remplir les vides laissés entre les meulières par des pierres de plus petites dimensions, posées à bain de mortier.

La pose des meulières piquées et smillées se fait comme celle des moellons piqués en observant les mêmes principes de liaison et de croisement des joints.

Temps employé à l'exécution des maçonneries de meulière.

303. Le temps employé pour l'exécution des maçonneries de meulière est sensiblement le même que pour les moellons; mais la main-d'œuvre est plus pénible, car les ouvriers se déchirent facilement les mains aux rugosités des pierres ; de plus la maçonnerie de meulière exigeant des mortiers de chaux ou de ciment, les ouvriers ont très souvent les mains brûlées en maniant les meulières imprégnées de mortier.

Mortier ou plâtre nécessaire à la pose de la meulière.

304. Les proportions de mortier ou de plâtre nécessaires pour hourder les maçonneries de meulière varient suivant la grosseur et les formes plus ou moins irrégulières des pierres utilisées Nous donnons ci-après les proportions établies par MM. Claudel et Laroque.

DÉSIGNATION DES MAÇONNERIES	MORTIER	PLATRE EN POUDRE
Maçonnerie de blocage ou garni de meulière dont le volume n'excède pas 0m 003	0m3, 450	0m3, 360
Maçonnerie ordinaire en meulière brute, telle que massifs ou murs dont les parements sont recouverts d'un enduit ou rocaillés.......	0 ,350	0 ,290
Maçonnerie de meulière piquée ou smillée pour parements de murs, de voûtes, etc.................	0 ,270	0 ,220

La maçonnerie de meulière est souvent utilisée pour construire des murs portant de lourdes charges : il ne faut donc pas conseiller l'emploi du plâtre pour hourder ces meulières ; il sera dans tous les cas préférable de prendre de bons mortiers de chaux et, pour des travaux très bien faits, des mortiers de ciment.

Emmétrage des meulières.

305. L'emmétrage des meulières se fait de la même manière que l'emmétrage des moellons : on fait des tas de pierres sèches ayant la forme de parallélépipèdes rectangles, que l'on peut cuber facilement. Afin de compenser les vides, on donne un excès de quelques centimètres à la hauteur des tas, dont il n'est pas tenu compte dans le mesurage.

Il est préférable de faire faire l'emmétrage à la journée et non à la tâche, car dans ce cas les ouvriers, pour se faire de plus fortes journées, négligent de bien ranger les meulières, et laissent souvent de grand vides, ce qui cause des mécomptes pour les entrepreneurs.

Un ouvrier sérieux peut en dix heures de travail emmétrer de dix à douze mètres cubes de meulière.

Rocaillages.

306. Lorsqu'un mur en meulière est

construit, on peut disposer ses parements de plusieurs manières : on peut l'enduire en plâtre et alors ne le faire que pour des faces intérieures ou à l'extérieur pour des façades bien abritées, en ayant soin toutefois de mettre un enduit de ciment au voisinage du sol et sur une hauteur de $1^m,00$ environ pour éviter l'humidité.

On peut simplement jointoyer les parements du mur en chaux ou en ciment, c'est-à-dire faire une dégradation complète des joints et mettre dans chacun d'eux de la chaux ou du ciment en mortier n° 4. Ces joints doivent être bien bouchés en appuyant fortement à l'aide de la truelle. Enfin on peut *rocailler* la meulière, c'est-à-dire, après une dégradation préalable des joints, les remplir avec de petits fragments de meulière posés jointifs et à bain de mortier. Les ouvriers qui exécutent ce travail, sont connus sous le nom de roçailleurs. Le rocaillage peut se faire de plusieurs manière.

1° *Rocaillages ordinaires.* — On peut l'exécuter soit en posant les éclats de meulière au fur et à mesure de l'exécution de la maçonnerie en employant pour les fixer le même mortier que celui qui servira pour le corps du mur, soit après avoir construit entièrement la maçonnerie. Dans ce dernier cas, il faut dégrader le mortier apparent des joints pour le remplacer par des rocailles ou débris de meulière entourés de mortier frais. Ce travail fait avec soin donne au mur l'aspect d'une construction rustique. Le parement de ces rocailles ou petites meulières doit plutôt rentrer comme alignement sur les grosses meulières restées apparentes. On donne souvent une couleur rosée très agréable à ces petites meulières dites rocailles en les cuisant à un feu doux.

2° *Rocaillages pour enduits.* — On fait souvent des rocaillages qui ne doivent pas rester apparents. Leur but est alors de remplir les grands joints qui existent dans les parements de meulière brute avant d'appliquer l'enduit de mortier. On rocaille souvent d'anciens parements pour faciliter l'adhérence de l'enduit. On rocaille encore certain murs neufs, parce qu'ils n'offrent pas assez d'aspérités pour retenir l'enduit, les murs en moellons par exemple. Il faut dans tous les cas que les éclats de meulière soient propres.

3° *Rocaillages d'ornementation.* — Au lieu de faire un simple rocaillage dans les joints, on fait quelquefois un rocaillage en plein, c'est-à-dire que toutes les petites rocailles se touchent, et recouvrent entièrement les parements des murs en meulières ou en moellons. Ce genre de parement s'emploie souvent pour les soubassements ou premières assises d'une construction. On peut employer pour leur exécution un mélange de coquillages, d'éclats de meulière et des morceaux de mâche-fer de 3 à 4 centimètres de côté. Ces différents matériaux sont scellés dans un crépi de mortier de plâtre teinté, de chaux ou de ciment romain.

Ce genre de rocaillage combiné avec des encadrements en pierre produit souvent de très heureux effets, et son emploi se généralise de plus en plus.

La meulière sert également à faire des rochers et des grottes dans les jardins des maisons de campagne.

Temps employé pour les rocaillages.

307. Pour les rocaillages simples, exécutés en même temps que le mur, un maçon et son aide mettent $1^{he}30^m$ pour faire un mètre carré de parement rocaillé et emploient $0^{m3},010$ de mortier. Lorsque la maçonnerie est montée et que le rocaillage se fait après, la proportion de mortier augmente, elle est de $0^{m3},025$, mais il ne faut plus que 1^h10^m pour faire un mètre carré de rocaillage.

Le rocaillage pour enduit demande $0^{m3},025$ de mortier et 0^h8^m de maçon et aide pour exécuter un mètre carré de rocaillage.

Enfin le rocaillage d'ornementation demande beaucoup plus de temps : on peut estimer à 3 heures en moyenne l'exécution de un mètre carré de rocaillage par un maçon et son aide et à $0^{m3},040$ la quantité de mortier nécessaire.

Observations sur l'emploi de la pierre meulière. — En un mot, et pour terminer ces quelques notions générales sur les maçonneries de meulière, nous pouvons ajouter que les meulières sont d'excellentes pierres à bâtir, résistantes, adhérant bien au mortier ; hourdées en mortier de ciment, elles forment des massifs presque immédiatement incompressibles. Elles sont presque exclusivement employées pour les fondations des grands édifices et les travaux hydrauliques à Paris, et en général dans les constructions les plus exposées à l'humidité, telles que les égouts, les fosses d'aisances, etc. ; la meulière résiste aussi très bien aux chocs ; c'est pour cela qu'elle a été employée exclusivement dans les fortifications de Paris.

Parmi les différentes sortes de meulière, celles qui sont connues sous le nom de *caillasses* ne sont pas à rejeter complètement. On peut, dans certains cas, les employer pour la construction de murs de fondations n'ayant pas de lourdes charges à supporter ; elles sont très bonnes pour l'empierrement des chaussées.

La meulière *plaquette*, c'est-à-dire dont les deux parements sont sensiblement horizontaux, est à préférer à la meulière plus irrégulière avec de gros morceaux arrondis qui créeraient des joints obliques dans les murs. Quand on doit employer ces gros morceaux, il est préférale de les casser pour éviter des inconvénients.

Nous croyons inutile de détailler les prix de revient des maçonneries en meulière, ils sont sensiblement les mêmes que ceux des maçonneries de moellons.

§ VII. — MAÇONNERIE DE BRIQUES

Définitions et notions générales.

308. Nous avons vu dans la première partie que l'on donne le nom générique de *briques* à une espèce de pierre artificielle composée principalement d'argile. On distingue deux sortes de briques, les *briques crues*, c'est-à-dire simplement séchées au soleil, et les *briques cuites*. Ces briques ont le plus souvent la forme d'un parallélépipède rectangle, dont les dimensions varient suivant les localités, mais de manière que leur longueur soit autant que possible égale à deux fois la largeur plus un joint ; la largeur est égale à deux fois l'épaisseur plus un joint. Nous laisserons de côté les briques crues pour nous occuper spécialement de la construction des murs avec les briques cuites.

Parmi les briques employées à Paris les meilleures sont les *briques de Bourgogne* ; viennent ensuite les briques de *Montereau* et de *Salins*, qui en apparence et en qualité se rapprochent beaucoup des précédentes ; enfin les briques dites de *pays* qui, se fabriquent à Paris et dans les environs.

Les dimensions des briques de Bourgogne sont ordinairement les suivantes : longueur $0^{m},22$, largeur de $0^{m},105$ à $0^{m},11$, épaisseur de $0^{m},054$ à $0^{m},055$. Les briques de Bourgogne sont d'une couleur rouge très pâle, elles sont chargées de petites taches brunes produites par des matières vitrifiées ; elles produisent parfois des étincelles sous le choc de l'acier. Mille de ces briques pèsent 2.250 kilogrammes. Ces briques sont poreuses, elles absorbent vite l'eau du mortier qui se trouve vivement desséché. Pour éviter cet inconvénient on les trempe dans un seau d'eau au moment de les employer, surtout l'été.

Les briques de Montereau ont des dimensions peu différentes : longueur 0m,22, largeur de 0m,105 à 0m,107, épaisseur de de 0m048 à 0m05. La couleur de ces briques est le rouge très pâle, moins chargé de taches que la brique de Bourgogne. Le poids du mille est de 2.063 kilogrammes.

Les briques de pays sont d'un rouge foncé ; en qualité, elles se rapprochent de celles de Montereau, seulement elles résistent mal aux chocs. Leurs dimensions sont les suivantes : longueur 0m,22, largeur 0m,103, épaisseur de 0m,040 à 0m045 ; le mille de ces briques pèse 1.935 kilogrammes.

Nous résumons dans le tableau suivant les principales briques classées dans la série de la ville de Paris, avec les dimensions et les prix d'achat approximatifs.

	PROVENANCE DES BRIQUES	DIMENSIONS			PRIX DU MILLE
		LONGUEUR	LARGEUR	ÉPAISSEUR	
BRIQUES PLEINES	Briques de Bourgogne : 1re qualité brune	0m22	0m11	0m054	84 f. »
	1re — grise	»	»	»	82 »
	2e — —	»	»	»	78 »
	de choix, à arêtes très vives (dites moules d'acier, employées pour la décoration)	»	»	»	90 »
	Briques de Saint-Aubin (Eure) et Eure-et-Loir (brune moule de Bourgogne)	0 22	0 11	0 054	80 »
	Briques d'Eure-et-Loir, grise	»	»	»	77 »
	Briques de Bois-Guillaume (lez-Rouen)	0 22	0 11	0 06	»
	— 1re qualité, cuite au bois	»	»	»	66 »
	— 2e qualité, cuite au coke	»	»	»	64 »
	Briques de Gournay (marquées Gy)	0 22	0 11	0 065	70 »
	— — —	0 22	0 09	0 075	70 »
	Briques de Paris, façon Bourgogne : de Vaugirard et du bassin de la rive gauche	0 22	0 11	0 06	»
	1re qualité marquée	»	»	»	66 »
	2e qualité	»	»	»	56 »
	de Belleville et du bassin de la rive droite	0 22	0 11	0 06	»
	1re qualité marquée	»	»	»	60 »
	2e qualité	»	»	»	50 »
	de Bicêtre, Montrouge, Châtillon, Villejuif, etc.	0 22	0 11	0 06	40 »

	PROVENANCE DES BRIQUES	DIMENSIONS			PRIX DU MILLE
		LONGUEUR	LARGEUR	ÉPAISSEUR	
BRIQUES CREUSES	de Paris creuses percées de un ou de plusieurs trous. Première qualité. Marque du fabricant.	0m22	0m15	0m045	62 f. »
		0 22	0 16	0 045	62 »
		0 22	0 11	0 065	62 »
		0 22	0 11	0 110	90 »
		0 22	0 12	0 100	90 »
		0 22	0 15	0 070	90 »
		0 22	0 16	0 080	90 »
		0 30	0 15	0 045	80 »
		0 30	0 12	0 100	106 »
		0 30	0 11	0 110	106 »
		0 30	0 15	0 070	106 »
		0 30	0 16	0 080	106 »
	de Paris, deuxième qualité.	Mêmes dimensions que ci-dessus. Moins-value sur les prix ci-dessus, 8 %.			
	de Gournay percées (Marque Gy).	0 22	0 15	0 040	62 »
		0 22	0 11	0 055	62 »
		0 22	0 11	0 065	62 »
		0 22	0 11	0 110	90 »
		0 22	0 14	0 080	90 »

La maçonnerie en briques est la plus facile à éxécuter, puisque les éléments des assises ont tous la même épaisseur, de plus les proportions entre les dimensions des briques sont favorables, à une bonne disposition. En raison de l'horizontalité de leurs lits et de leur enchevêtrement réguliers, les briques présentent une très grande résistance. Elles sont moins conductrices de la chaleur que la meulière et le moellon de sorte que dans les maisons d'habitation les murs peuvent avoir une épaisseur réduite de 0,25 à 0,36 alors qu'on donnerait dans les mêmes conditions 0m,50 d'épaisseur à des murs en meulière ou en moellon. La grande solidité de la brique et sa parfaite adhérence aux plâtres, mortiers et ciments permettent d'en obtenir d'excellentes constructions. Quelle que soit la provenance de la brique il faut avoir soin, avant l'emploi, de tremper chacune d'elles dans l'eau avant de la poser sur la couche de mortier, sans quoi elles absorberaient une partie de l'eau du mortier et l'adhérence ne serait pas complète. Dans les pays où la pierre est rare et coûteuse, la brique, lorsqu'elle est bien faite, bien cuite, dure et qu'elle n'absorbe pas l'humidité peut la remplacer avec avantage; en l'employant on peut diminuer très sensiblement l'épaisseur des murs.

Si dans un pays la pierre est de mauvaise qualité, si elle ne peut fournir des morceaux ayant des dimensions suffisantes, si elle est trop dure pour être taillée, si son prix de revient est trop élevé, l'emploi de la brique dans certaines parties des bâtiments vient suppléer à ces défauts; c'est ainsi, qu'elle sert souvent pour exécuter les soubassements, les baies d'ouvertures, les angles des bâtiments, les corniches et les entablements des constructions en moellons. Là ou la pierre est trop lourde, là où elle présente peu de résistance, on utilise presque exclusivement la brique.

Détails d'exécution des murs en briques suivant leurs épaisseurs. Pose des briques.

309 *Briques posées de champ.* — *Cloisons de* 0,055 *d'épaisseur* ; les briques posées de façon à former des ouvrages minces (dits cloisons) de 0m, 055 d'épaisseur sont désignées sous le nom de *galandages* ou de *cloisons en briques de champ.* La disposition est très simple, il suffit, comme l'indique les figures 209, 210 de

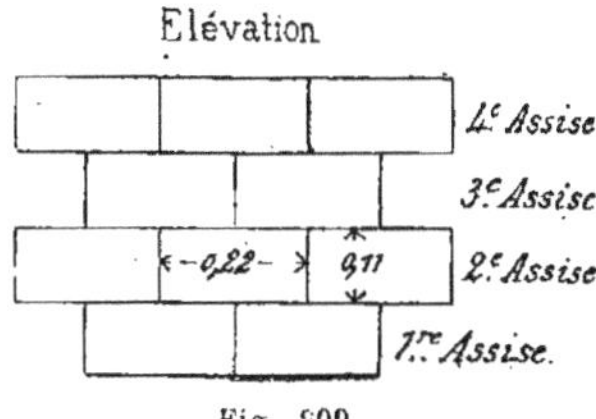

Fig. 209.

faire correspondre chaque joint vertical de l'assise que l'on pose, au milieu des briques de l'assise inférieure.

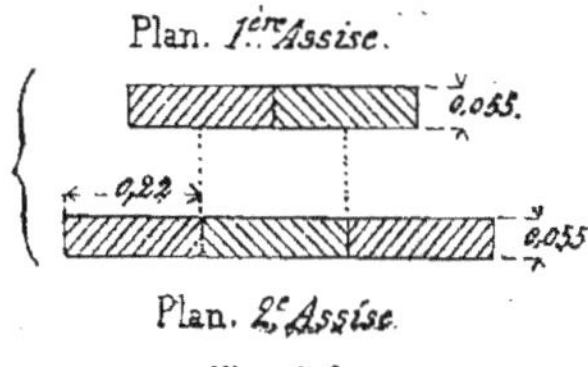

Fig 2.0.

Dans la construction des cloisons en briques de champ, l'ouvrier, au lieu de placer le mortier sur les briques déjà posées, en recouvre un lit et un joint de la brique qu'il tient à la main, et, en cet état, il la pose en la pressant fortement sur et contre les briques déjà posées et avec lesquelles elle doit rester en contact. Dans la construction des murs en briques, l'épaisseur des joints de mortier ou de plâtre ne doit pas excéder un centimètre.

Chaque face de la cloison ainsi formée est recouverte d'un enduit en plâtre de 0m,015 d'épaisseur, ces cloisons servent pour les divisions intérieures des habitations. De distance en distance, tous les deux mètres par exemple, on met des montants en bois ou en fer avec rainures,

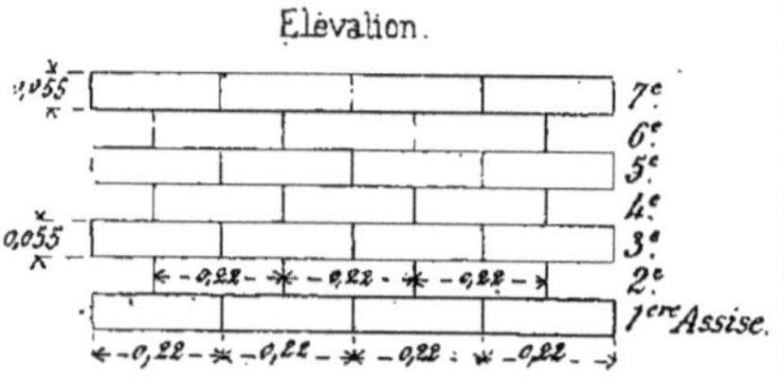

Elévation.

Fig. 211.

pour consolider ces ouvrages de mince épaisseur.

310. *Cloisons de* 0m,11 *d'épaisseur.* — sur les divisions intérieures qui ont une

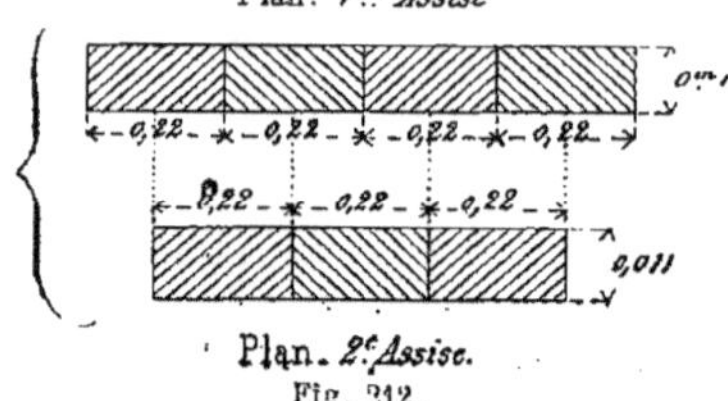

Fig. 212.

assez grande hauteur, on met les briques à plat c'est-à-dire que l'on constitue un ouvrage de 0m,105 à 0m,11 d'épaisseur sans les enduits. Dans ce cas la cloison ayant par elle-même une solidité suffisante, on supprime les poteaux qui sont indispensables

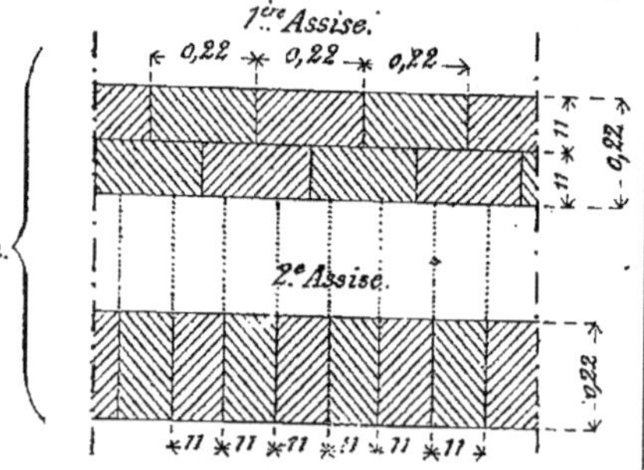

Fig. 213.

dans les cloisons de 0m,055. Il faut avoir soin de croiser les joints, les dispositions adoptées sont indiquées (*fig.* 211, 212). Les murs dont l'épaisseur est égale à la largeur des briques se désignent sous le nom de *cloisons en briques panneresses*. Les deux parements de ces cloisons peuvent être enduits et alors la cloison est dite cloison

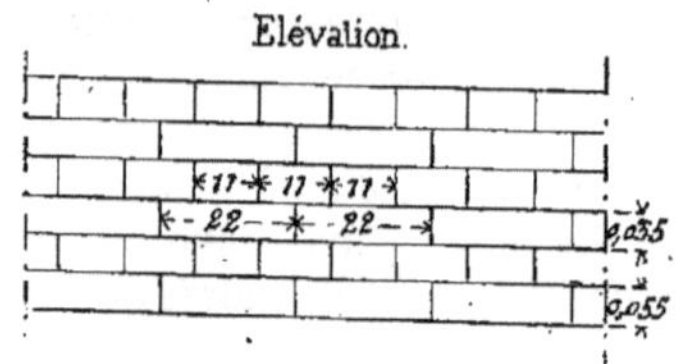

Fig. 214.

de 0m,15 en raison de la surépaisseur que les deux enduits donnent à l'ouvrage. Dans certains cas les deux parements peuvent être simplement jointoyés.

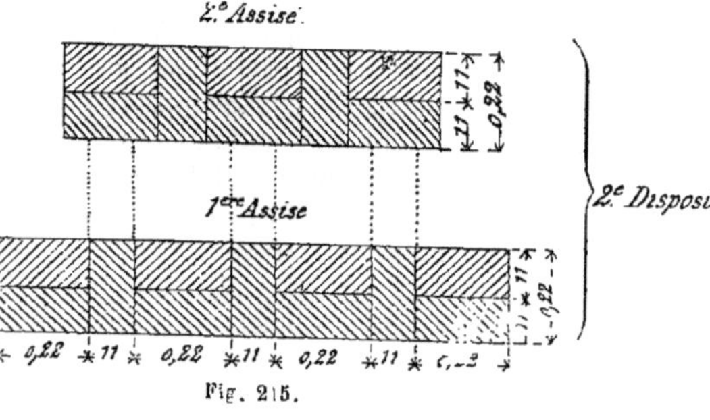

Fig. 215.

311. *Murs de* 0m,22 *d'épaisseur*. — Les murs de 0m,22 d'épaisseur s'obtiennent avec des briques posées à plat. On peut les disposer de trois manières indiquées par les figures 213, 214, 215, 216.

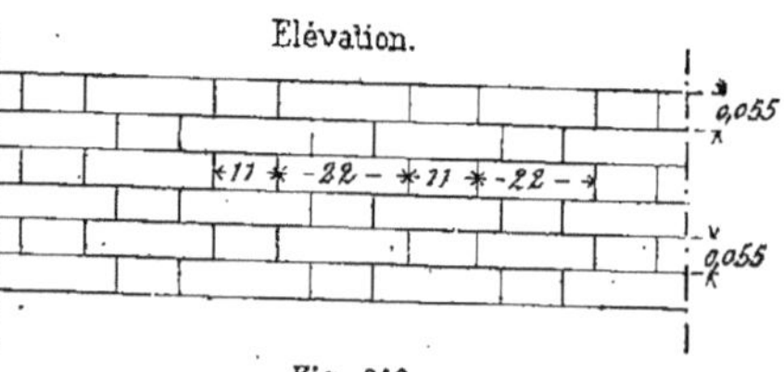

Fig. 216.

Dans la première disposition (*fig.* 213, 214), la première assise des briques forme des carreaux, et dans l'assise suivante les briques sont posées en parpaings.

Dans la deuxième disposition (*fig.* 215, 216), les briques forment successivement dans chaque assise carreau et parpaing

3e Disposition.

Élévation.

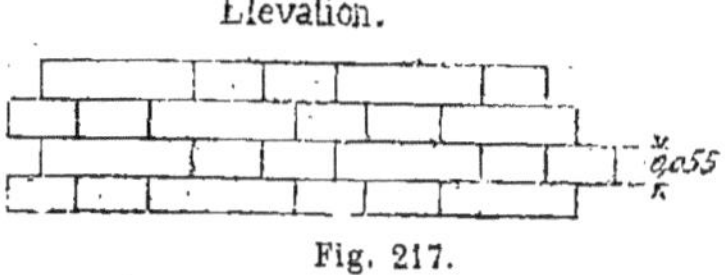

Fig. 217.

tout en croisant les joints d'une assise à l'autre.

La troisième disposition (*fig.* 217, 218) est une variante de la précédente.

Plan.

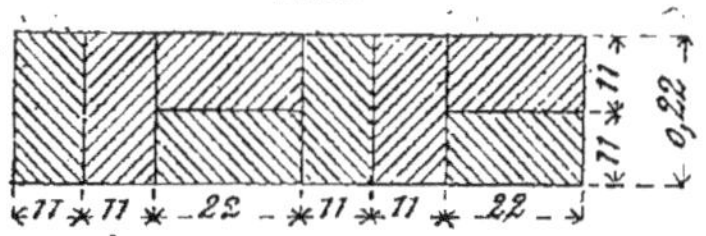

Fig. 218.

On désigne ordinairement les murs dont l'épaisseur est égale à la longueur d'une brique sous le nom de *cloisons en briques boutisses*. Ces murs, lorsqu'ils sont enduits des deux côtés, ont 0m,25 d'épaisseur en raison de la surépaisseur que les deux enduits donnent à l'ouvrage. On les désigne souvent sous le nom de cloisons en briques de 0m,25 d'épaisseur.

312. *Murs de* 0m,33 *d'épaisseur.* — La disposition généralement adoptée pour les murs en briques de 0m,33, d'épaisseur est indiquée (*fig.* 219, 220). Les joints sont al-

1ère Assise.

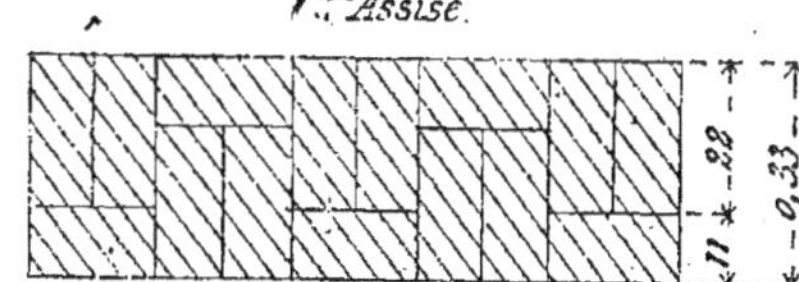

Fig. 219.

ternés d'une assise sur l'autre. Pour avoir l'épaisseur totale de ce mur, il est bien

2e Assise.

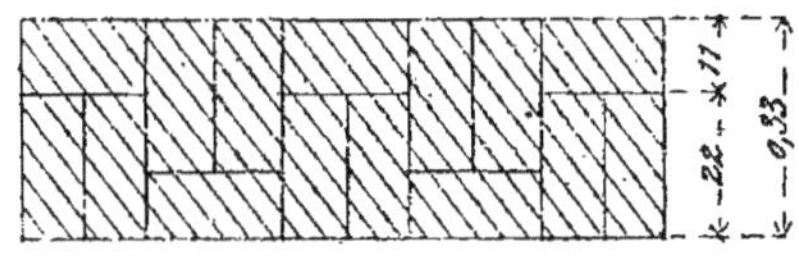

Fig. 220.

entendu que l'on doit ajouter l'épaisseur du joint plus les enduits s'il y en a.

313. *Murs de* 0m,44 *d'épaisseur.* — Les

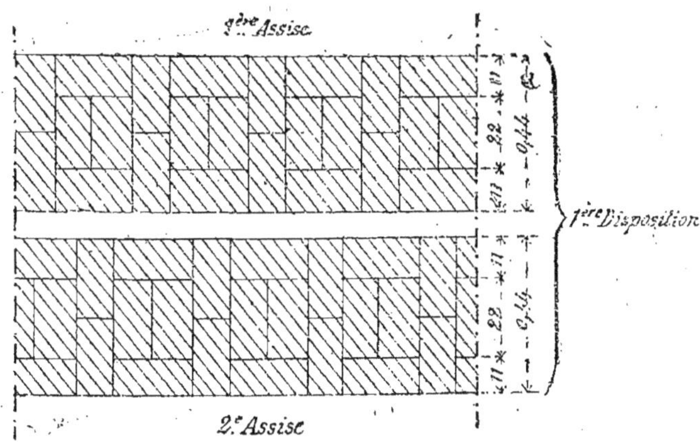

Fig. 221 et 222.

murs de 0m,44 qui, à cause de l'épaisseur de deux joints, ont en réalité 0.46, s'emploient pour la construction de murs très résistants. Pour ces murs dont l'épaisseur est égale à deux fois la longueur d'une brique, on adopte généralement les dispositions indiquées par les figures 221, 222, 223. Dans

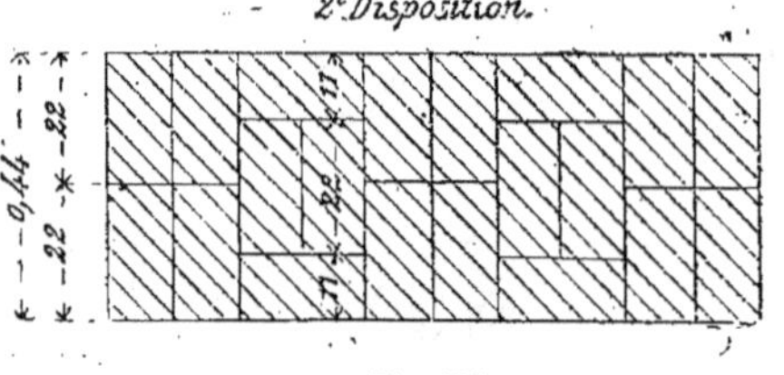

Fig. 223.

ces dispositions les briques forment alternativement boutisses et carreaux. La liaison paraît être moins complète que pour les murs de 0m,33 ; mais avec un peu d'attention à bien croiser les joints en superposant les assises, on parvient toujours à liaisonner le mur suffisamment pour faire une bonne construction.

D'après ce qui précède, il est facile de remarquer que les épaisseurs des murs en

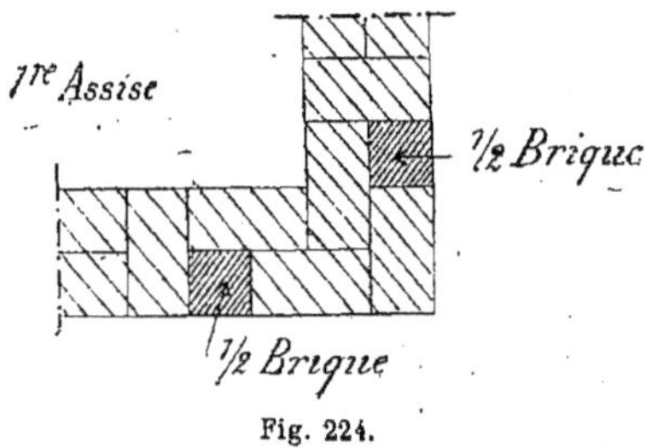

Fig. 224.

briques, au lieu d'augmenter insensiblement, varient brusquement de 0m,11 en 0m,11 plus un joint; ces dispositions sont prises pour éviter de tailler les briques. En suivant les principes précédemment indiqués, il sera facile de trouver les dispositions des assises pour des murs plus épais: 0m,58, 0m,70, etc.

314. *Rencontre de deux murs de* 0m,22 *d'épaisseur. Disposition des briques.* — Nous donnons (*fig.* 224, 225) la disposition de l'angle formé par deux murs en briques de 0m,22 d'épaisseur qui se rencontrent à angle droit. Cet arrangement exige l'emploi de demi-briques pour permettre de croiser les joints.

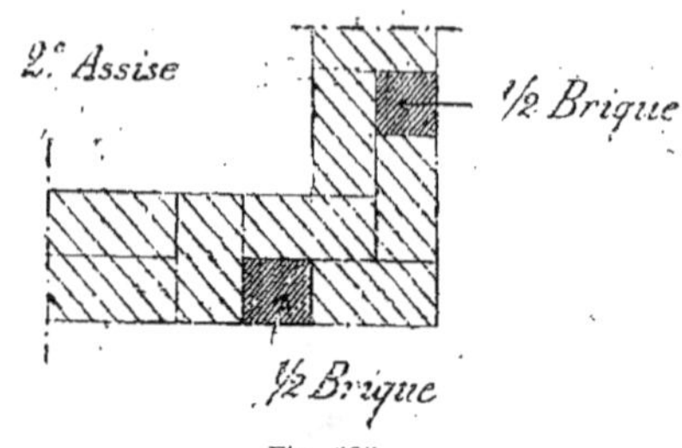

Fig. 225.

En élévation ou en coupe verticale, les murs en briques sont formés de portions d'égale épaisseur ; lorsqu'on doit faire varier cette épaisseur, il faut nécessairement la diminuer de 0m.11 au moins. Pour ne pas que cette diminution soit visible à l'extérieur, on s'arrange, dans les bâtiments, pour que les variations d'épaisseur aient lieu à la jonction des planchers.

Pose des briques. — Précautions à observer.

315. Quand l'ouvrier a mouillé sa brique, il place la couche de mortier sur laquelle il doit la poser en ayant soin que cette couche s'arrête à deux ou trois centimètres de la face du mur, afin qu'en pressant la brique dessus pour la mettre en place, le mortier ne s'échappe pas du joint pour tomber à terre ou salir le parement. Dans les maçonneries en briques, les briques doivent être posées à bain flottant de mortier, tout en réduisant les joints à leur moindre épaisseur. Pour les maçonneries soignées, l'épaisseur du joint ne doit pas dépasser 6 à 7 millimètres. Les briques doivent être affermies à la main seulement et sans les frapper avec la truelle comme le font trop souvent les maçons ; pour le parement seulement ils doivent l'appuyer avec la truelle, car il serait difficile de bien les monter autrement; mais pour l'intérieur du mur il faut les poser à la main seulement, en appuyant assez pour faire fluer le mortier de toutes parts.

Prix.—La maçonnerie de briques atteint presque toujours un prix élevé. Nous donnons ci-après le prix de revient de un mètre cube de briques de Bourgogne exécuté à Paris. En supposant le prix d'achat de la brique de Bourgogne à 80 francs le mille et sachant : 1° qu'il en faut 620 par mètre cube ; 2° qu'on emploie 0,20 de plâtre ; 3° qu'il faut 10 heures de briqueteur ; 4° que ce mètre cube construit produira 0m³,014 de gravois qu'il faut enlever. Le prix de revient de un mètre cube de briques de Bourgogne, en élévation et hourdées en plâtre, sera donc :

620 briques, à 80 fr. le mille.	49fr.60
0,20 de plâtre, à 17 fr.	3 40
10 heures de briqueteur et aide, à 1 fr. . .	10 »
Enlèvement des gravois, 0m,014, à 3 fr. le mètre cube.	0 042
Faux frais, 17 0/0 sur 10 fr.	1 70
Total. . .	64 742

A ce prix il y a lieu d'ajouter 10 °/₀ pour le bénéfice de l'entrepreneur, ce qui portera à 71 francs le prix de cette maçonnerie au mètre cube.

Si, au lieu d'employer la brique de Bourgogne, on se sert de briques façon Bourgogne, coûtant 60 francs le mille, et sachant qu'il y en a 566 au mètre cube, le prix de revient détaillé comme ci-dessus serait 48 fr. 50 + 10 °/₀.

Briques creuses. — Briques spéciales.

316. Les briques creuses sont employées pour les cloisons légères ; elles suivent les mêmes lois et réclament les mêmes précautions que les briques pleines. Elles donnent une maçonnerie meilleure marché : le prix moyen est d'environ 40 fr.

Les briques spéciales étant employées plus particulièrement pour la construction des tuyaux de fumée, etc., nous y reviendrons.

Les briques creuses sont le plus souvent hourdées en plâtre.

Les briques façon-Bourgogne sont hourdées en chaux ou en ciment à prise rapide.

Les briques de Bourgogne sont hourdées presque toujours en ciment à prise lente, pour assortir la dureté des mortiers à la grande résistance de ces briques.

§ VIII. — MAÇONNERIES EN LIBAGES

Définitions et notions générales.

317. On donne ordinairement le nom de *libages* à des blocs de pierre plus ou moins volumineux qui sont simplement dégrossis au marteau ou qui ont subi une taille grossière à l'aide du poinçon.

La taille seule des lits est suffisante pour la maçonnerie de libages. Cette maçonnerie est souvent employée dans les massifs de fondation.

Les libages doivent être posés à bain flottant de mortier; il faut pour cela que le plan sur lequel la pierre doit reposer soit bien horizontal. On peut assurer la stabilité au moyen de cales en pierre, de même nature que le libage employé. Ces cales sont placées au milieu du bain de mortier.

Maçonneries sèches en libages. — Leur emploi.

318. On désigne sous le nom de *ma-*

çonnerie sèche, celle qui se fait sans l'interposition d'une couche de mortier. Il faut, lorsqu'on emploie ce procédé, bien affermir les pierres par des cales également en pierre. Ces maçonneries sont le plus souvent employées pour les jetées, les barrages submersibles dans les fleuves, le revêtement des talus, les perrés, les digues exposées aux chocs des vagues, etc....

Les *perrés* sont les ouvrages que l'on construit le plus fréquemment en pierres sèches. Lorsque les talus d'un remblai sont exposés à de fréquentes dégradations, soit par l'action des eaux, soit par toute autre cause, on revêt en maçonnerie leur partie inférieure comme l'indique le croquis (*fig.* 226); ce revêtement porte le nom de perré.

Les perrés sont aussi employés pour maintenir les talus de certaines tranchées

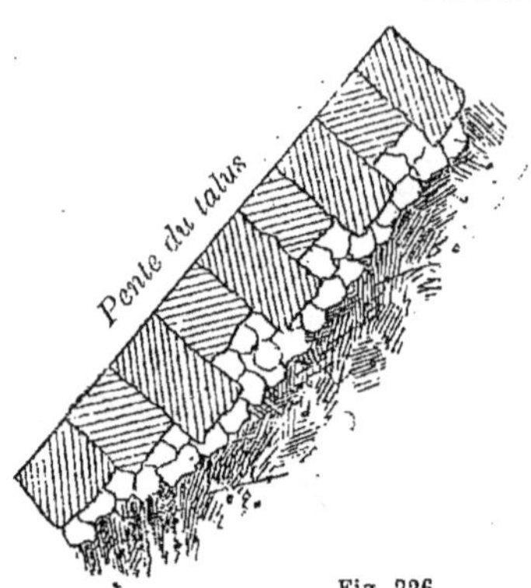

Fig. 226.

pratiquées dans des terrains glaiseux et sujets à des glissements.

§ IX. — MAÇONNERIES DE PIERRE DE TAILLE

Définitions et notions générales.

319. Nous avons vu précédemment que l'on donnait le nom de *pierre de taille* à tout bloc de pierre, taillé sous différentes formes ou destiné à l'être et dont le poids est ordinairement trop considérable pour qu'il soit possible à un homme de le porter ou de le manœuvrer. Dans le pays où la pierre de taille est très abondante et facile à travailler, il y a quelquefois économie à maçonner les murs avec elle; car la main-d'œuvre pour la pose est moins longue, la quantité de mortier employé est moindre et la solidité est généralement très grande.

La construction en pierres de taille se

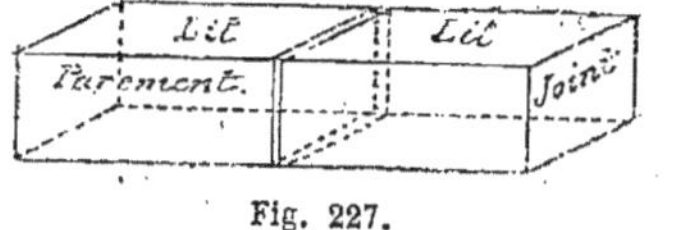

Fig. 227.

fait toujours par assises régulières. Les pierres sont toujours disposées par rangées horizontales ou *assises* dont la hauteur varie ordinairement de $0^m,30$ à $0^m,80$. Toutes les faces de la pierre doivent être dressées avec soin. Les deux faces, supérieure et inférieure, se nomment *lits* (*fig.* 227). Toutes les pierres stratifiées dans les carrières présentent deux lits; les lits de la construction doivent avoir la même direction que les lits de carrière pour faire travailler la pierre dans le sens de sa plus grande résistance. On dit qu'une pierre est posée en *délit* lorsque le lit de pose ne correspond pas avec le lit de carrière.

La pose en délit n'est permise que pour les pierres qui, comme les granits, ont à très peu de chose près autant de résistance dans un sens que dans l'autre.

Les pierres à structure schistoïde ne doivent jamais être posées en délit.

On appelle *parement* toute face apparente.

On nomme *joints* les faces latérales qui sont toujours perpendiculaires aux parements. On nomme également joint l'intervalle rempli de mortier qui sépare deux pierres contiguës. Les *joints* sont garnis, avec beaucoup de soin, de mortier fait avec du sable très fin, pour qu'il se répande uniformément sur les deux surfaces qu'il est destiné à lier entre elles. Dans la maçonnerie de pierre de taille, les joints verticaux ne doivent pas avoir plus de 5 millimètres d'épaisseur et les joints horizontaux pas plus de 3 à 4 millimètres.

Nous avons vu que chaque rangée horizontale de pierre se nomme *assise*. La hauteur d'assise est la distance verticale de deux lits successifs. Si les hauteurs d'assises successives sont égales (*fig.* 228), la

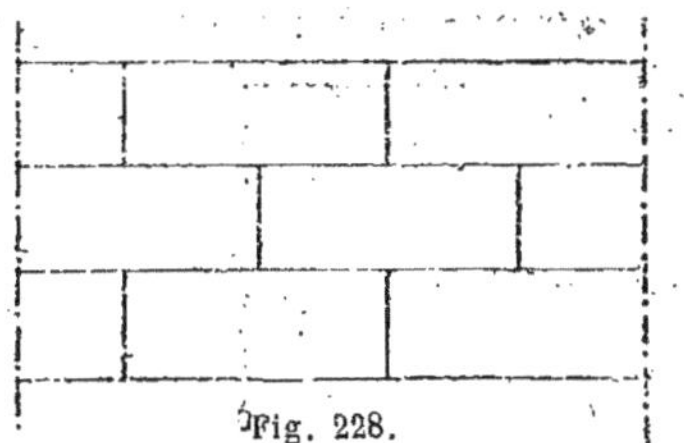

Fig. 228.

construction est dite *par assises réglées*.

Les joints verticaux de deux assises successives ne doivent pas se correspondre; ils doivent se croiser d'au moins 15 à 20 centimètres.

La dimension d'une pierre, perpendiculairement à son parement, se nomme la *queue de la pierre*.

Quand une pierre est plus longue en parement qu'en queue, c'est-à-dire dans le sens de la profondeur, elle se nomme *carreau*. Quand elle est plus longue en queue qu'en parement, elle se nomme *boutisse*.

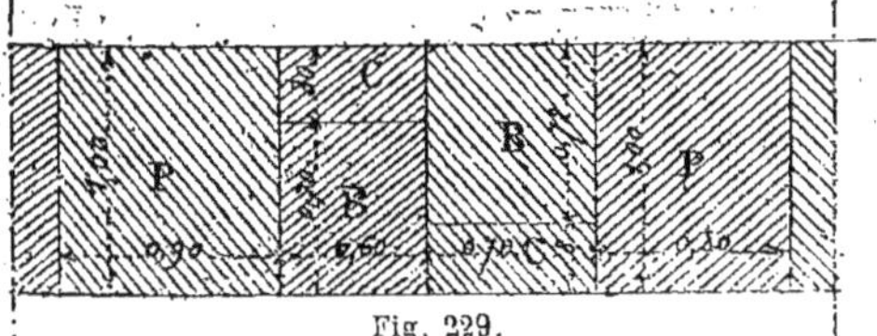

Fig. 229.

Enfin si la pierre traverse complètement le mur elle se nomme *parpaing*. Dans la figure 229 les pierres désignéas par le lettre C sont les carreaux; celles qui sont désignées par la lettre B sont les boutisses; enfin celles qui sont désignées par la lettre P sont les parpaings.

L'exécution des maçonneries de pierre de taille comprend : l'*appareil*, les *tailles* et *sciages* de toute espèce, le *bardage*, le *montage* et la *pose* de la pierre.

Il y a avantage, sous le rapport de la solidité, à employer des pierres de fortes dimensions, et il convient d'observer un certain rapport entre les dimensions horizontales et la hauteur, afin que la pierre ne soit pas exposée à se rompre, par suite des inégalités des compressions. Ce rapport dépend évidemment de la résistance de la pierre et de la pression à supporter. Ses longueurs ne dépassent pas cinq fois la hauteur pour les pierres dures et quatre fois pour les pierres tendres; on se tient généralement au-dessous de ces chiffres.

Il faut, dans toute construction, disposer les pierres, les unes par rapport aux autres, de manière à s'opposer autant que possible à leur disjonction. Il y a nécessité absolue à croiser les joints.

Appareil. — Différentes manières d'appareiller.

320. Le détail de la disposition des pierres dans une construction se nomme l'*appareil*.

Appareiller, c'est faire les tracés des formes et des dimensions des pierres d'une construction. Ce travail est confié à un ouvrier nommé *appareilleur*. Cet ouvrier doit être intelligent, connaître les principaux éléments de la géométrie pratique, connaître les différents défauts et qualités des pierres dont il aura à se servir. Il doit savoir assez de dessin et de géométrie descriptive pour pouvoir tracer, en grand, les épures suivant les dessins qui lui sont remis par l'architecte. Il doit, en outre, savoir prendre la direction d'un chantier et donner des ordres aux ouvriers qu'il est chargé de diriger.

Dispositions des pierres dans les murs.

321. Anciennement, on construisait des murs avec des pierres de fortes di-

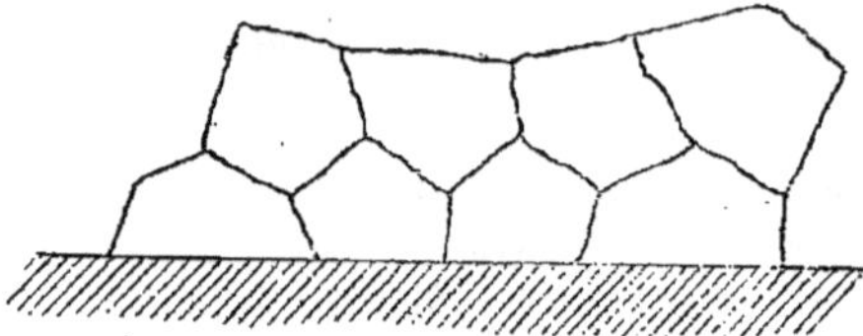

Fig. 230.

mensions, ayant ordinairement cinq faces et parfaitement juxtaposées sans interposition de mortier, ce moyen d'appareiller, représenté en élévation (*fig.* 230), était connu sous le nom d'*appareil polygonal*. Dans certains de ces murs qu'on trouve aujourd'hui dans les constructions primitives en Grèce et en Italie, il existe des pierres mesurant 5 à 6 mètres de longueur sur 2 mètres de hauteur. Maintenant on ne construit plus que par assises horizontales et joints verticaux. Chez les Grecs et les Romains, où l'appareil par assises horizontales s'est trouvé fort employé, la précision des joints des pierres juxtaposées était absolu et ils n'interposaient pas de mortier.

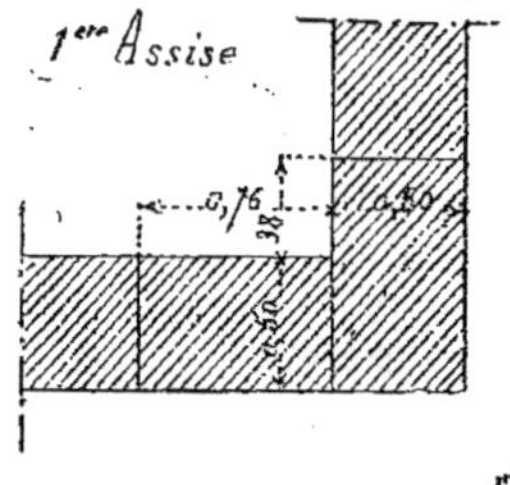

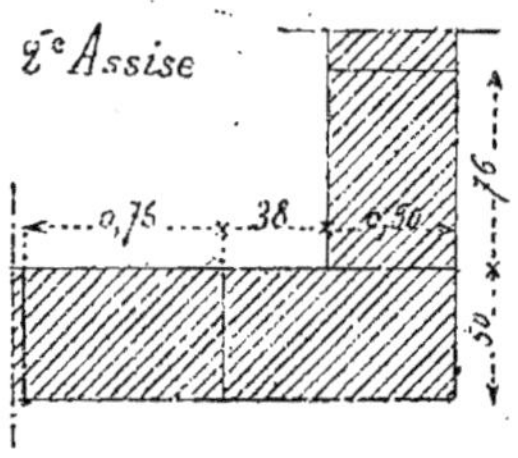

Fig. 231

La disposition des pierres dans la partie courante d'un mur étant indiquée (*fig.* 229), il nous reste à examiner le moyen d'appareiller dans les cas particu-

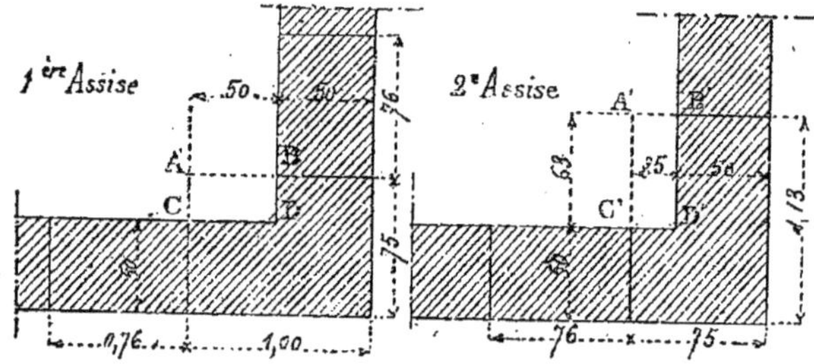

Fig. 232.

liers présentés par la rencontre de deux murs.

1er *Cas.* — Les deux murs, en ne se prolongeant ni l'un ni l'autre au delà de leur point de rencontre, forment une encoignure. On peut alors employer deux dispositions: 1° mettre les pierres en *besace* (*fig.* 231), c'est-à-dire disposer les pierres et croiser leurs joints de telle sorte que la pierre d'encoignure appartienne successivement d'une assise à l'autre tantôt à un mur, tantôt à l'autre. Les pierres dans ce cas n'ont pas besoin d'avoir plus d'épaisseur que celle de chacun des murs.

2e *Cas.* — On peut mettre des pierres d'encoignure avec *harpe*. Dans ce, cas on emploie des blocs plus gros qui font à la fois saillie sur l'un et l'autre mur. Dans ce système on emploie plus de pierre qu'il n'en faut réellement, il y a donc un déchet indiqué (*fig.* 232) par les deux rectangles ABCD, A'B'C'D'. Ce mode d'appareillage est préférable au précédent; l'encoignure est plus solide et les murs sont mieux reliés.

Ce que nous venons de dire pour la disposition de deux murs formant encoignure, peut s'appliquer au cas où deux

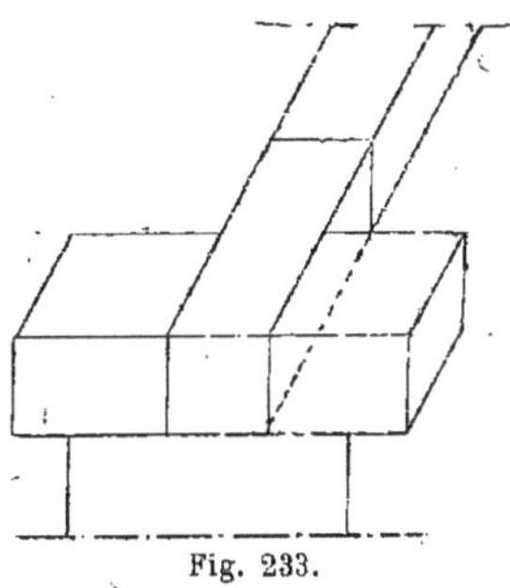

Fig. 233.

murs en pierre se rencontrent à angle droit mur de façade et mur de refend perpen-

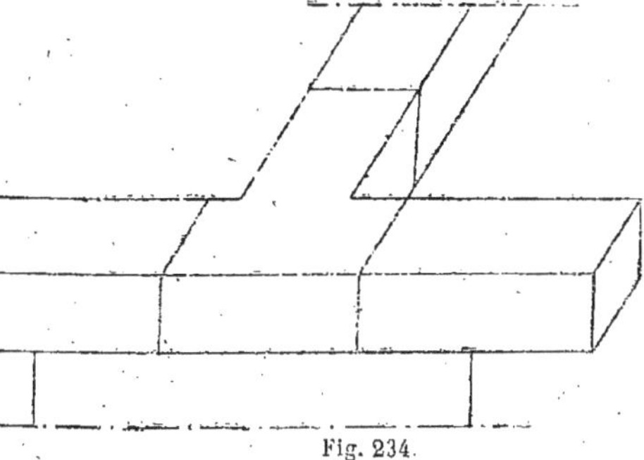

Fig. 234.

diculaire). On pourra encore employer les deux dispositions (*fig.* 233), avec pierres en

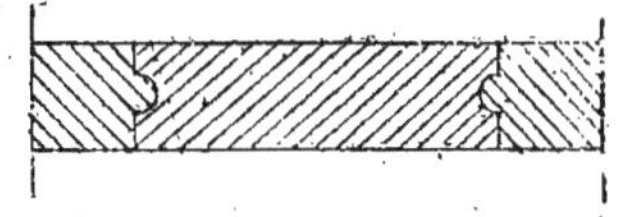

Fig. 235.

besace, et (*fig* 234), avec pierres formant phare.

Lorsque les murs sont soumis à des efforts obliques : balustrades, parapets de ponts, etc., ou à des efforts considérables ayant lieu horizontalement, comme les constructions au bord de la mer, il faut alors enchevêtrer les pierres. La figure 235 donne une disposition possible pour les pierres d'une balustrade.

Pour les phares, on prend des dispositions spéciales représentées (*fig.* 236, 237).

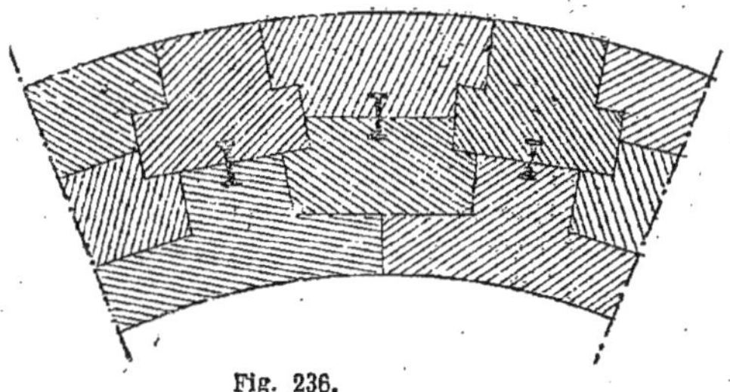

Fig. 236.

Dans ce cas, on ménage des saillies aux pierres tout en les reliant par des crampons métalliques. Avec ces dispositions et

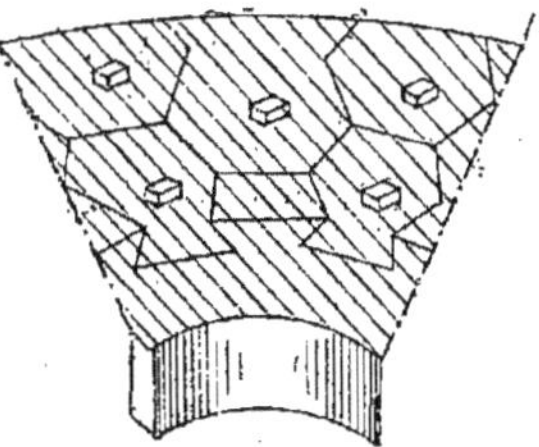

Fig. 237.

l'emploi de très bons matériaux et d'excellents mortiers, on obtient des ouvrages que l'eau de mer peut battre impunément avec la plus grande violence.

Taille de la pierre.

322. *Influence de la taille sur le choix de la pierre.* — Un point qui doit avoir beaucoup d'influence sur le choix de la pierre, quand il s'agit de tailles, c'est la faculté de lui faire prendre toutes les formes désirables, en conservant la netteté de ses arêtes et une certaine ténacité ; aussi, quelles que soient les qualités de la plupart des granits et d'un certain nombre de grès, l'impossibilité ou du moins la difficulté de leur donner une taille suffisamment soignée en a restreint l'emploi aux pays où ils sont exploités, et souvent même y a fait complètement renoncer, tandis que nos pierres blanches de France sont recherchées de très loin, comme offrant au plus haut degré la possibilité de recevoir toutes les tailles.

323. *Objet et façons de la taille.* — La taille de la pierre consiste à dresser convenablement les faces des blocs et à leur donner les formes et les dimensions de l'appareil. Cette taille se fait quelquefois en carrière, mais ordinairement elle se fait dans un emplacement appelé chantier, situé près des travaux ; elle se fait aussi, pour les parements vus de la pierre, sur le tas, c'est-à-dire quand les pierres sont posées. On fait encore sur le tas la taille qu'entraîne le ravalement, qui consiste en une taille complète des parties saillantes résultant des défauts de la taille primitive ou de la pose, afin de dresser parfaitement les parements vus de l'édifice que l'on vient de construire ; ce dernier travail se fait en même temps que le rejointoiement.

La taille des moulures, dans la pierre tendre, se fait toujours sur le tas, et il en est de même pour les pierres dures lorsque les moulures sont de petites dimensions. On exécute seulement sur le chantier la masse dans laquelle on doit les faire. Pour les pierres très dures et lorsque les moulures ont de grandes dimensions, il y a avantage d'en faire la taille au chantier et même sur la carrière quand elle est très éloignée.

La taille d'une pierre présente trois façons bien distinctes : elle passe d'abord par les tailles préparatoires, puis par celle des lits et joints et se termine par celle des parements vus.

324. *Tailles prépara oi s.* — Les tailles préparatoires sont celles qui ont pour objet de préparer les faux parements nécessaires pour l'application des panneaux et pour le tracé, ou faire droits d'une manière provisoire des parements qui doivent être circulaires.

Le dégrossissement des moulures et ornements, nommé épannelage, est une taille préparatoire ; il faut aussi y comprendre trois autres tailles, savoir :

L'abattage, qui est la partie de pierre piochée ou jetée à bas à l'extérieur de deux faces adjacentes conservées pour former les angles saillants d'avant-corps, de harpes, de crossettes, de claveaux, etc. ;

L'évidement, qui est la partie de pierre enlevée entre deux faces adjacentes pour faires des angles rentrants, d'arrière-corps, etc. etc. ;

Enfin le refouillement, qui est la partie de pierre évidée à la masse et au poinçon entre trois ou un plus grand nombre de faces.

325. *Taille des lits et joints.* — La taille des lits et joints n'est pas la moins importante de toutes, car elle s'applique à une grande surface de la pierre, c'est-à-dire sur quatre ou cinq faces sur six. Elle a pour objet de dresser toutes les faces de contact de manière que les pierres puissent s'approcher convenablement et uniformément les unes des autres, sans quoi il en résulterait des joints inégaux, qui seraient d'un aspect désagréable, tout en nuisant à la solidité.

Les lits et joints doivent être parfaitement dressés à la pointe, pour la pierre dure, mais la taille doit être assez grossière pour que le mortier adhère bien ; pour les pierres tendres ou celles qui sont sciées, en un mot celles qui présentent des faces de joints trop unis, elles doivent être légèrement creusées par des rainures en pattes d'araignée vers leur milieu, qu'on appelle abreuvoir, pour y faire pénétrer le mortier et faciliter ainsi l'union de deux pierres contiguës.

La taille des lits est suffisante pour les pierres de libages, c'est-à-dire pour les gros blocs de formes irrégulières et grossièrement dressés employés en fondation.

326. *Taille des parements vus.* — Pour toutes les pierres en général, la taille des parements vus est d'un fini plus parfait que celles des faces noyées dans l'épaisseur de la maçonnerie.

Les pierres tendres diffèrent très peu dans la manière d'être taillées, il en résulte que la façon du parement vu est réduite au plus ou moins de soins mis à faire disparaître les inégalités ou aspérités produites par la scie ou le marteau bretté, et on y arrive au moyen du grattage à la ripe (*fig.* 411 et 412 de la première partie), ou du chemin de fer, espèce de rabot à lames dentelées (*fig.* 418 de la première partie).

Il n'en est pas de même pour les pierres dures ; elles ne peuvent être travaillées que par des moyens plus énergiques, longs et progressifs ; il s'ensuit qu'on n'obtient le fini du parement qu'en passant par les intermédiaires de la taille la plus grossière à la plus fine. Selon la délicatesse de la taille à effectuer on emploie différents outils.

Si l'on ne veut qu'une taille grossière, on se contente d'abattre les principales aspérités avec un poinçon ou la pioche moyenne grosseur, puis avec des pointes moins grosses on parvient à donner à la pierre une surface plus égale. Il faut faire en sorte que toutes les traces des coups de poinçons soient parallèles entre elles.

D'autres fois on emploie la boucharde (*fig.* 407, 409 de la première partie). Dans certains cas, la boucharde ne sert qu'à préparer le parement à recevoir une taille plus soignée. On n'emploie dans ce cas qu'une boucharde à fortes pointes, à l'aide de laquelle on écrase les aspérités les plus saillantes. Lorsqu'on veut avoir la face entièrement travaillée par cet outil, on en emploie successivement plusieurs dont les dimensions de pointes décroissent en raison de la délicatesse de la taille. On ne peut guère se servir avec avantage de la boucharde que pour les variétés de pierres qui présentent de la dureté et de la résistance.

On se sert également pour préparer et achever la face de la pierre d'un ciseau à plusieurs dents, en forme de peigne, appelé gradine (*fig.* 396 de la première partie), ou de la laye brettée (*fig.* 404, 405, 406 de la première partie).

Les parements vus qui sont terminés à l'aide du poinçon, de la boucharde, de la laye ou de la gradine, sont dits poinçonnés bouchardés, layés ou gradinés.

Ces diverses tailles n'étant pas susceptible de donner des arêtes bien vives, les bords du parement sont encadrés d'une ciselure taillée au ciseau plat. Cette ciselure présente encore l'avantage d'éviter de frapper trop près de l'arête, qui autrement pourrait éclater sous le choc de la pointe ou de la boucharde.

327. *Travail de l'ouvrier.* — Pour tailler sa pierre, l'ouvrier commence à la mettre en chantier, en la soulevant d'un côté jusqu'à ce que la face à tailler soit inclinée en arrière du tiers environ de sa hauteur, mais cette inclinaison n'est pas absolue, elle doit varier suivant la nature de la pierre et l'outil qu'on emploie, tant pour faciliter le dégagement des débris de la taille que pour permettre à l'ouvrier de frapper aisément la face à tailler, obliquement ou d'aplomb. Il maintient sa pierre en position au moyen d'une cale en pierre placée dessous et d'un tasseau derrière, formé de plusieurs moellons ou déchets de pierres.

Sauf quelques exceptions, la marche toujours suivie pour tailler une pierre est de commencer par un des lits : l'ouvrier trace sur une des faces latérales une ligne droite qui limite ce qu'il faut enlever sur le lit à tailler ; alors il fait avec le ciseau une plumée ou faux trait de la largeur de cet outil le long de la face du lit correspondant à la ligne tracée ; tout en suivant exactement ce trait, il vérifie de temps en temps si la ciselure est droite en appliquant une règle dessus. Cette première ciselure terminée, il en fait une semblable sur la même face le long de l'arête opposée. Pour arriver à mettre cette seconde ciselure dans un même plan avec la première il applique contre celle-ci une régle dont le champ l'affleure bien dans toute sa longueur, et contre la face opposée il en place une seconde qu'il dégauchit avec la première, c'est-à-dire il l'amène dans une position telle, que le plan passant par son œil contienne l'arête du prolongement de la règle qui coïncide avec la première ciselure; la seconde règle dans cette position sert à tracer le trait qui doit être suivi pour tailler la seconde ciselure; on exécute celle-ci de la même façon que la première. Mais le plus souvent un bon ouvrier n'a pas besoin de deux règles pour faire ce tracé, car ayant, comme il est dit plus haut, dressé sa première ciselure et posé le champ d'une règle le long de cette ciselure, il lui est très facile, sans avoir recours à une seconde règle, d'indiquer pour chaque bout de la ciselure à faire du côté opposé les deux points où elle doit passer. Il commence à marquer sur la face latérale de la pierre, à la craie noire, un de ces points convenablement choisi pour y faire passer le plan du lit destiné à redresser toutes les sinuosités de la pierre. Ceci fait, il ne lui reste plus qu'à viser de ce point le champ de la règle posée comme il vient d'être dit. L'œil dans cette position aperçoit nettement les traces du plan passant par ces points, se dessiner sur le côté latéral de la pierre, ce qui permet d'y marquer le second point qui, réuni au premier par un trait, donne exactement le tracé de la nouvelle ciselure à faire.

Ces deux premières ciselures achevées, l'ouvrier en fait une semblable le long de chacune des autres arêtes de la face du lit; le trait qui détermine la position de chacune d'elles se trace en faisant simplement passer par les deux extrémités des deux ciselures faites l'arête d'une règle droite appliquée contre la face latérale de la pierre.

La face étant entièrement encadrée de ciselures, l'ouvrier achève de la dresser en faisant sauter toutes les parties de la pierre qui dépassent le plan de ciselures. Pour cela, il commence à dégrossir à la pioche, en ayant soin de ne pas atteindre au-dessous du plan des ciselures ; puis il termine de dresser le lit au moyen du rustique ou de la boucharde.

Le premier lit étant bien dressé, on trace dessus la base des côtés latéraux, ce qui se fait au moyen de l'équerre, pour une base rectangulaire, ou de panneaux et de fausses équerres pour des bases de formes particulières. Ce tracé terminé, on met la pierre en chantier pour tailler le parement, puis on fait successivement la taille des joints, celle des autres parements, s'il y a lieu, et enfin celle du second lit.

Ravalement, ragréement et rejointoiement de la pierre de taille.

328. Lorsque la pose, dont nous allons parler, est achevée pour l'ensemble de l'édifice, on procède au ravalement, ragréement et rejointoiement des surfaces apparentes.

329. *Ravalement et ragréement de la pierre neuve.* — Ces deux opérations sont les dernières façons données sur le tas, à la taille des parements vus : c'est tailler ou retoucher et unir dans leur ensemble les moulures et les raccordements des surfaces et des lignes ; en un mot, c'est l'exécution des parties de détail composant l'architecture. Elle est la partie artistisque de l'œuvre, celle qui frappe la vue au premier abord. Elle doit être très soignée, car c'est elle qui fait remarquer et apprécier le talent du constructeur, en faisant ressortir les qualités ornementales de ton et de finesse de grain des pierres employées dans l'édifice.

Les lignes doivent avoir une rectitude irréprochable, surtout pour les parties à hauteur de l'œil, telles que : vestibules, passages de portes cochères, cages d'escaliers, etc.

L'ouvrier, pour bien conduire son travail, doit le tracer sur les plus grandes surfaces et longueurs possible; il débute en posant des repères sur l'ensemble de la façade ; puis il ravale le nu du mur, et procède ensuite à l'exécution de toutes les saillies, en commençant au sommet et en descendant graduellement jusqu'à la base. Les profils des moulures doivent lui être remis en grandeur naturelle.

Il résulte du ravalement sur le tas une rectitude et un fini d'exécution qu'on n'obtient pas en taillant définitivement chaque pierre avant sa pose, car dans ce dernier cas il y a toujours des raccords qui laissent à désirer et qui choquent la vue.

L'ouvrier ravaleur, quoique tailleur de pierres, est spécialiste ; son outillage se compose d'un certain nombre de pièces, répondant aux membres des diverses moulures qu'il doit reproduire.

Outre les outils employés à la taille ordinaire de la pierre, le ravaleur possède un outillage spécial, qui se compose de différentes espèces de rabots en bois garni d'une ou de plusieurs lames d'acier de formes appropriées aux usages qu'il doit en faire ; ces outils sont de deux sortes bien distinctes, qu'on nomme guillaumes et chemin de fer.

330. *Ravalement des vieilles maçonneries de pierre de taille.*— La manière d'exécuter ce travail offre beaucoup d'intérêt au point de vue de l'altération qu'il peut occasionner à la pierre, principalement aux pierres calcaires tendres, dont la plupart jouissent de la propriété de former naturellement à leur surface en contact avec l'air une croûte plus dure et protectrice, leur donnant ainsi un certain degré de permanence qu'il serait peu judicieux de leur enlever. On voit déjà combien il est prudent de toucher légèrement et avec précaution à cette partie de la pierre pour ne pas lui ôter complètement une qualité qu'elle a acquise en vieillissant.

Le travail du ravalement des vieilles maçonneries consiste le plus souvent dans le grattage, le piquage ou le lavage du parement de la pierre pour lui donner autant que possible son ton primitif ; ou par la retaille et le masticage rétablir les formes dégradées par la gelée ou d'autres causes, et enfin refaire au besoin les rejointoiements.

En ce qui concerne le travail du grattage ou du lavage des pierres tendres, on ne peut assez porter l'attention du constructeur sur les inconvénients de ces deux opérations. Le grattage à vif ouvre les pores de la pierre à l'action décomposante, chimique ou mécanique des agents atmosphériques, et forme pour ainsi dire des surfaces labourées qui retiennent à elles les poussières et entretiennent l'humidité en propageant le développement des mousses. En outre, le grattage est généralement confié à des ouvriers ignorant les premiers principes de la taille des pierres, et qui, sans mesure, usent la pierre jusqu'au moment où ils lui ont donné sa teinte primitive, et arrivent ainsi quelquefois à faire d'une moulure convexe une moulure concave, en déformant à peu près complètement les petits ouvrages d'ornementation ; dommages irréparables.

Le lavage a non seulement l'inconvénient de pénétrer la pierre tendre et de la teinter d'une couche plus faible des poussières qu'elle avait à sa surface, mais il a encore l'inconvénient plus sensible de dissoudre les parties de la pierre attaquables par l'eau et de former ainsi un très grand nombre de petits trous, qui sont autant de nouvelles causes de dégradations ultérieures, suivant le milieu ambiant où se trouve l'édifice. Le lavage des pierres dures ne présente pas ces inconvénients et peut souvent être utilement appliqué.

Les pierres tendres, par exemple les vergelés, les pierres grasses de Saint-Leu et le parmain, employées dans les conditions ordinaires d'une façade de bâtiment, prennent toutes, en vieillissant, une teinte plus ou moins foncée ; le Saint-Leu conserve mieux sa teinte primitive, mais ces teintes plus ou moins foncées, loin d'être désagréables, lorsqu'elles sont régulièrement réparties sur l'ensemble de l'édifice ne font que lui donner un ton plus permanent et un caractère de solidité qui convient parfaitement à une construction importante. On en trouve l'exemple dans certains monuments de Paris où l'on n'a jamais touché à la façade par le grattage.

En disant que toutes les fois qu'on enlève aux pierres la surface durcie qui s'est formée naturellement pour les protéger on facilite leur décomposition, il est permis de conclure qu'en prescrivant le grattage à vif des monuments anciens on ferait disparaître une des causes qui ont déterminé bien des dommages. On ne peut donc trop insister près des architectes pour supprimer cet usage, qui d'ailleurs dans bien des cas, peut être remplacé par des mesures de prévoyance ; car une construction dont les saillies ont été bien ménagées par des revers d'eau, au besoin recouverts de zinc et des larmiers bien faits, de manière à ne pas déverser ou accumuler sur certains points des eaux ou y entretenir une humidité plus grande qu'ailleurs, il est rare de la voir arriver en état d'exiger un grattage énergique.

On peut conclure qu'un petit entretien consistant dans l'enlèvement assez fréquent de la poussière qui pourrait s'attacher aux parois de la pierre et au besoin un léger passage au grès à sec pour donner à l'ensemble d'une façade le même ton sont les deux opérations suffisantes dans la majorité des cas.

331. *Rejointoiements.* — Au fur et à mesure de l'avancent du ravalement, on exécute les rejointoiements. Cette opération consiste à enlever le mortier de pose dans les joints, sur environ $0^m,02$ de profondeur, au moyen d'un crochet en fer, puis à bien laver les joints ainsi dégradés, pour les remplir de nouveau d'un mortier ferme et plus fin, que l'on presse fortement avec la truelle ou spatule, pour le faire penétrer et adhérer, en ayant soin d'enlever toutes les bavures qui pourraient se former et nuire à la régularité du joint. Quand il s'agit de pierres dures ou d'ouvrages qui n'exigent pas de retouche importante, il est quelquefois préférable de faire les joints en employant le mortier qui a déjà servi à la pose, tout simple ment en le comprimant, au fer rond, au moment où il commence à prendre une certaine consistance ; cette méthode a l'avantage de conserver, dans toute l'étendue de la couche de mortier qui forme le joint, une plus grande homogénéité et partant plus de cohésion avec sa partie extérieure.

Suivant le caractère des ouvrages, la partie apparente des joints doit recevoir des formes plates, creuses ou bombées. Le joint plat qui affleure le nu du parement est généralement usité toutes les fois qu'il s'agit de maçonnerie de pierre tendre, dont les arêtes sont susceptibles de s'épaufrer facilement ; les joints creux ou en boudin conviennent parfaitement aux pierres dures, ils résistent bien aux actions de la pluie et de la gelée, et en dégageant les arêtes ils donnent aux parements un aspect de solidité et de régularité en rapport avec ce genre de pierre. Une quatrième forme de joint est parfois employée. Elle consiste à lui donner une très légère saillie sur le parement de la pierre, en découpant dans le sens du joint une bande uniforme de $0^m,005$ à $0^m,006$ de largeur, destinée à reproduire le plus exactement possible l'appareil de la pierre ; dans ce cas les joints sont généralement faits en mortier de ciment.

Dans le cas des joints plats affleurant le nu de la pierre, on les trace souvent sur un mortier lissé, en se guidant avec une règle au moyen d'un outil appelé tire-joints (*fig.* 433 de la première partie). On presse la partie arrondie de cet outil sur le mortier, jusqu'à ce que le joint soit noirci suivant une ligne régulière. Ce travail assez minutieux doit contribuer au bon effet de la maçonnerie.

Bardage de la pierre de taille.

332. On désigne sous le nom de *bardage*, l'opération qui consiste à transporter la pierre à pied d'œuvre. Ce bardage s'opère au moyen de rouleaux, de plats bords, de civières ou bards, de binards ou petits trucs à chemin de fer.

Quand la distance à faire parcourir à la pierre est petite, on se contente très souvent de faire avancer la pierre sur des rouleaux en bois (*fig.* 443 de la première partie), que l'on fait rouler sur des madriers ou plats-bords placés sur le sol et qui sont destinés à rendre le sol uni et à éviter les inégalités. On garantit les faces taillées ou les arêtes des pierres tendres en plaçant ces pierres sur un madrier qui s'avance avec elles. Quand la distance est plus grande, on se sert de la civière (*fig.* 379 de la première partie) et du chariot. Enfin si la distance augmente, on est obligé de se servir du binard (*fig.* 381, 383, 384, 385 de la première partie) et d'atteler des chevaux pour les conduire.

Le bardeur doit prendre les plus grandes précautions pour éviter de détériorer les pierres taillées; ainsi, quand il les transporte, les roule sur plats-bords, ou leur fait faire quartier, il doit placer dessous, et principalement sous les arêtes, des paillassons ou des torches ou bouchons de paille.

La manœuvre des pierres de taille, tant pour les mettre en position d'être travaillées que pour être bardées, exige l'emploi du *cric*, instrument d'une grande puissance et d'une utilité journalière.

Quand on emploie la pince pour soulever un côté de la pierre pour en faciliter la manœuvre, il faut avoir soin de placer un petit morceau de bois entre la pince et la pierre, si on ne veut pas écorner les arêtes ou dégrader la surface.

Brayage.

333. Après le bardage, il existe encore une autre manœuvre à faire quand il s'agit d'élever la pierre à différentes hauteurs, qu'on appelle brayage; elle consiste à relier la pierre au câble ou à l'accrocher à la louve, à la recevoir sur l'échafaud quand elle est élevée à son niveau, à la séparer du câble et à l'amener à l'endroit où elle doit être posée.

Montage de la pierre de taille.

234. On désigne sous le nom de *montage* ou de *levage* d'une pierre l'opération qui consiste à attacher solidement cette pierre à l'aide de cordes, de chaînes ou d'autres engins et à la monter à la hauteur de l'assise dont elle fait partie en se

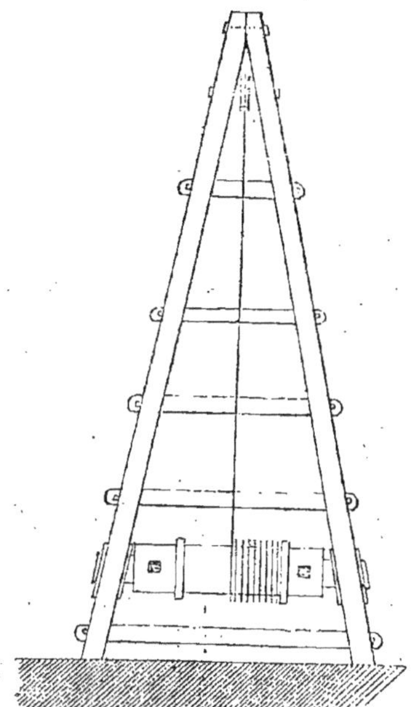

Fig. 238.

servant d'appareils élévateurs connus sous les noms de *treuils*, *chèvres*, *bigues*, *grues*, *poulies*, *moufles*, etc... Le montage de la pierre se compose donc simplement du travail nécessaire au fonctionnement des machines ou appareils employés à élever les matériaux aux différents niveaux de l'édifice où ils doivent être employés.

La *chèvre*, dont nous donnons un croquis (*fig.* 238), est d'un usage continuel sur les chantiers de maçonnerie, elle sert à élever les gros fardeaux. Elle se compose le plus souvent de deux pièces de bois appelées *bras*, ces deux pièces forment entre elles un angle aigu. Pour réunir ces deux bras on place sur la hauteur et régulièrement espacées des entretoises qui s'assemblent à tenons et mortaises. A la partie inférieure se trouve un *tambour* placé à $1^m,60$ du sol, ce tambour ou treuil est garni de parties carrées dans lesquelles sont percés des trous destinés à recevoir les bouts des leviers servant à la manœuvre.

A la partie supérieure de la chèvre, se trouve une *poulie* mobile autour d'un axe, formé le plus souvent par un boulon qui traverse les deux bras et qui sert à maintenir leur écartement. Pour éviter que les fardeaux en montant, ne touchent au treuil et aux entretoises, on est obligé de placer la chèvre dans une position inclinée ; il faut donc la maintenir à l'aide de cordages qui, partant du sommet de la chèvre, viennent s'attacher sur le sol à des objets présentant une très grande fixité. Les deux cordages disposés pour empêcher la chèvre de tomber en avant se nomment *haubans;* le troisième que l'on dispose en sens contraire des deux premiers pour éviter le renversement de la chèvre, s'appelle *contre-hauban* (*fig.* 239). Pour une hauteur ordinaire de chèvre 4 mètres à $4^m,50$, les points d'amarrage ne doivent pas se trouver à moins de 7 à 8 mètres de distance de la chèvre, quand ils sont au niveau des pieds de celle-ci ; ce qui correspond à un angle de 30 degrés environ du câble avec l'horizon. L'inclinaison de la chèvre, du côté où elle prend les fardeaux, ne doit pas dépasser le cinquième de sa hauteur

Lorsque la chèvre ne doit pas avoir une très grande hauteur, on se sert fréquemment d'une chèvre qui s'appuie sur un troisième pied nommé *bicoque* ou *pied de chèvre*. On évite ainsi l'emploi des haubans.

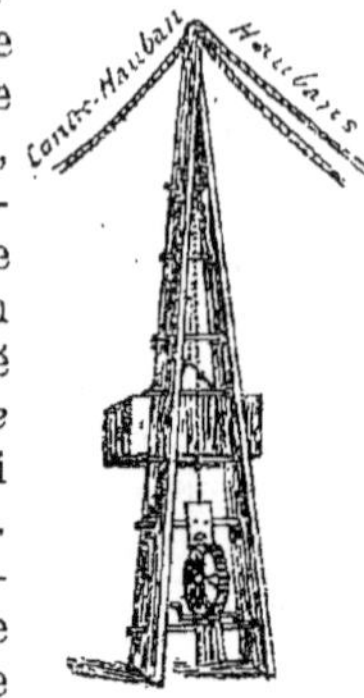

Fig. 239.

Au lieu de faire monter la pierre comme nous venons de le dire en faisant tourner le tambour à l'aide de morceaux de bois introduits dans des trous réservés à cet effet, on ajoute aux deux extrémités du tambour des manivelles sur lesquelles peuvent agir deux hommes; l'usage de ces manivelles a nécessité l'usage de freins, d'où une modification complète de cet appareil. On se sert aujourd'hui de véritables treuils que l'on place sur les traverses basses de la chèvre comme l'indique la figure 239.

Pilones ou sapines.

335. On désigne sous ces noms une grande charpente en bois représentée (*fig.* 240) et qui sert au montage de tous les matériaux lourds utilisés dans un bâtiment. Ces sapines ou pilones sont formés par quatre grandes pièces de bois de sapin scellées fortement dans le sol aux sommets d'un carré dont un des côtés est parallèle à l'édifice à construire. Sur des pièces de bois qui relient les sommets de ces pièces verticales, on en pose deux autres entre lesquelles on place la poulie sur laquelle passe une chaîne ou un câble en fer manœuvré par un treuil placé à la partie basse de l'appareil.

Entre la partie basse et la partie haute se trouvent une série de moises et de croix de Saint-André pour consolider et rendre invariable tout l'appareil.

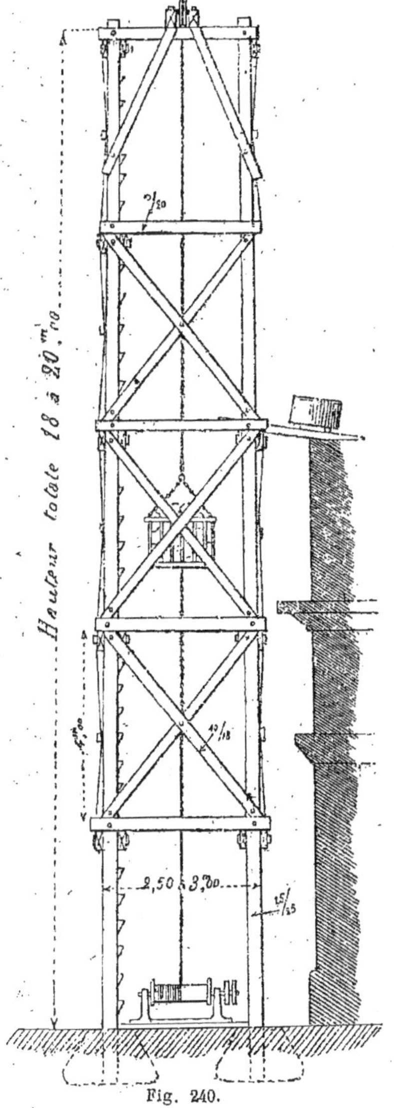

Fig. 240.

Sur l'un des montants verticaux se trouvent clouées de petites pièces de bois servant d'échelons et sur lesquels un homme peut monter pour les réparations et pour le montage. Ces sapines sont aujourd'hui employées dans presque toutes les constructions, elles présentent en effet de grands avantages.

Lorsque les matériaux sont arrivés à la hauteur voulue, on fixe aux deux pièces verticales voisines de l'édifice, une traverse horizontale sur laquelle on place des plats-bords, dont l'une des extrémités repose sur la maçonnerie déjà construite. On constitue ainsi en un point quelconque un chemin de roulement, qui permet de décharger, de manœuvrer les matériaux, avec plus de sécurité qu'avec la chèvre ordinaire.

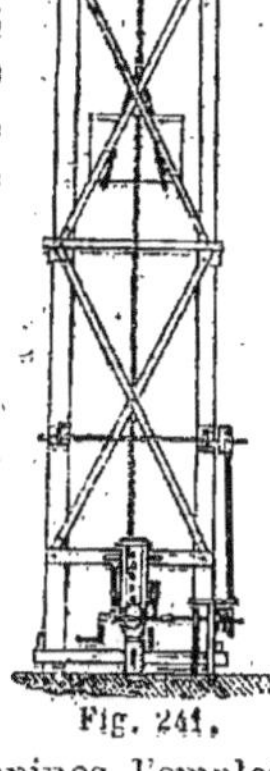

Fig. 241.

La figure 240 indique ce chemin de roulement et la position d'une pierre qui au moyen de rouleaux se place directement à l'endroit qui lui est désigné.

Quand on se sert de ces sapines, l'emploi de treuils est indispensable ; ces treuils peuvent être manœuvrés soit à la main, soit à l'aide d'une locomobile.

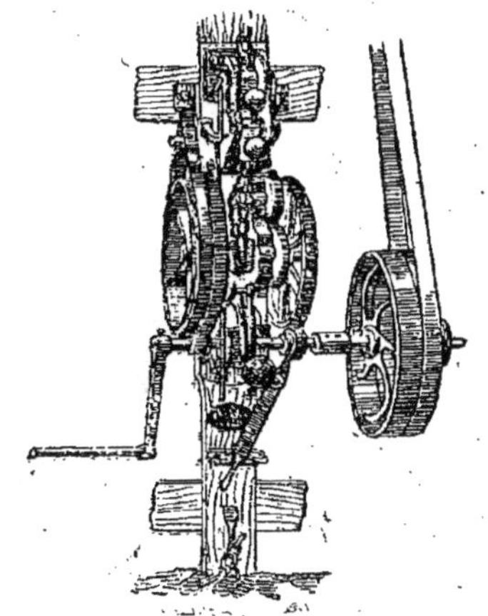

Fig. 242.

La figure 241 représente une sapine avec un treuil (*fig.* 242) fixé à la partie inférieure sur une traverse.

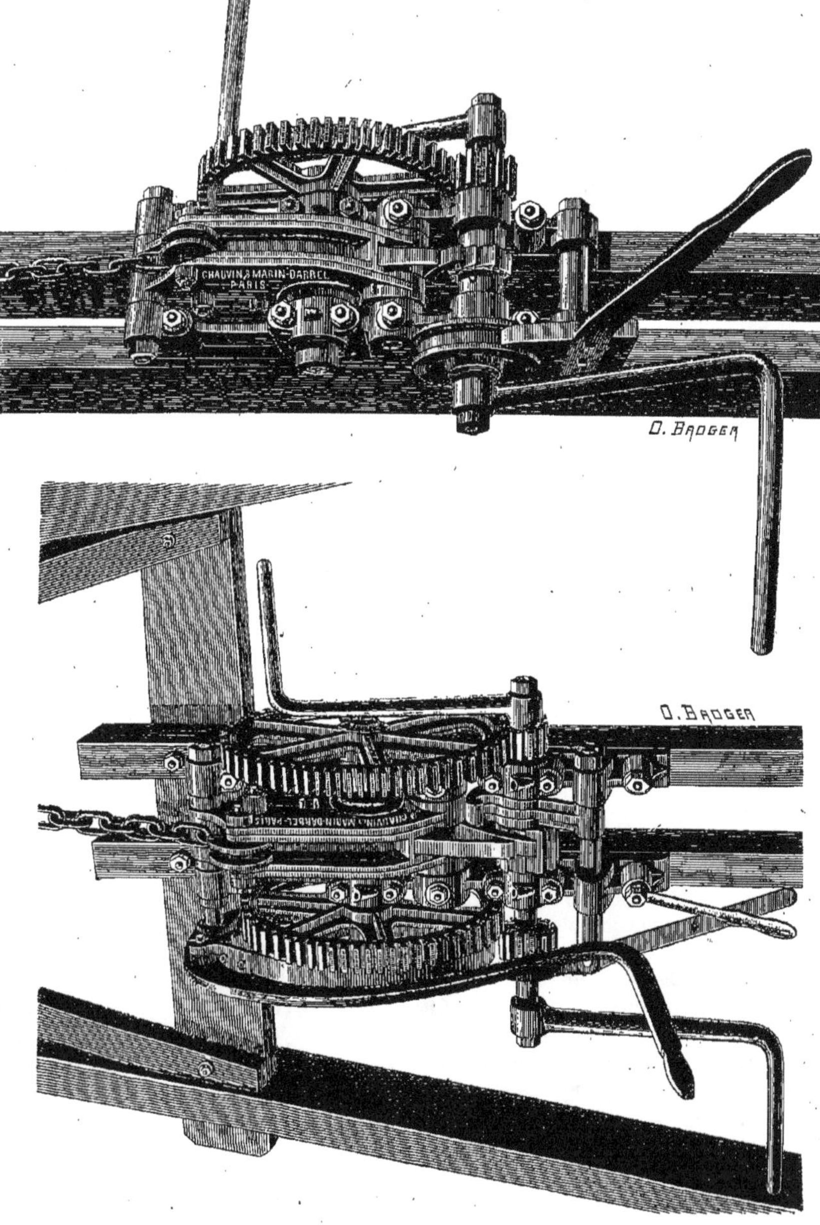

Fig. 243. Treuil appliqué à simple vitesse.

Fig. 244. Treuil appliqué à double vitesse.

La figure 245 donne la vue perspective d'une sapine et la position de treuils puissants construits par MM. E. Chauvin et Marin Darbel, et dont nous donnons les croquis (*fig.* 243, 244). La figure 247, indique la manière dont les ouvriers se servent d'une chèvre pour le montage d'une sapine. Les sapines sont ordinairement placées à 1 mètre environ du nu du mur en construction, et le plus ordinairement, comme l'indique le croquis (*fig.* 248), elles sont inscrites dans

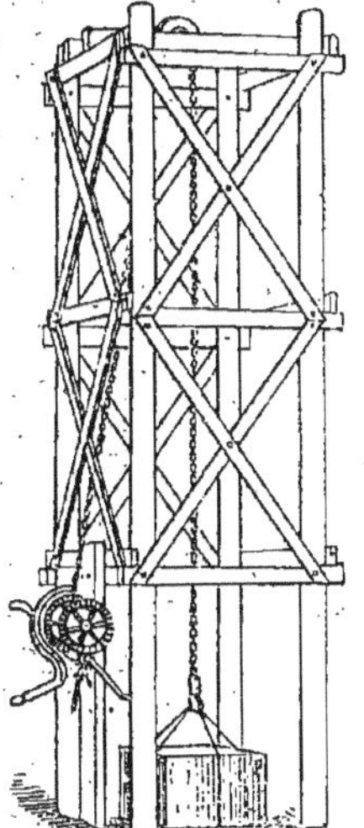

Fig. 245.

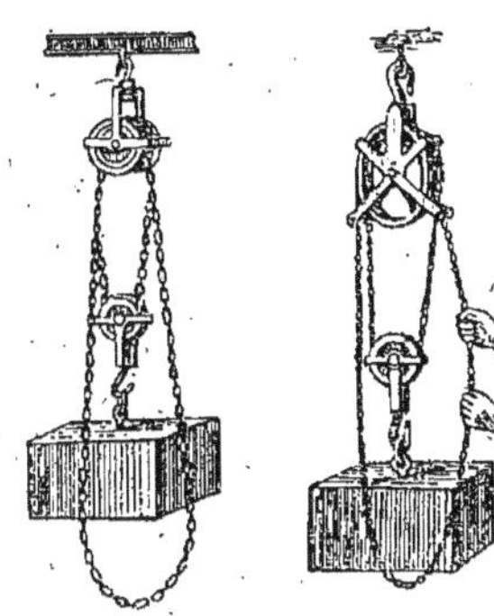

Fig. 246

un carré de $2^{m},60$ de côté. Les poulies différentielles représentées (*fig.* 246), servent également au montage des pierres lorsque la hauteur n'est pas trop grande. On se sert également, pour élever les matériaux, d'un appareil élévatoire représenté (*fig.* 249). Il se compose de deux plateaux qui se meuvent de bas en haut et sur lesquels on place les matériaux à élever. Deux hommes agissant sur deux manivelles suffisent pour le fonctionnement. Cet appareil rend

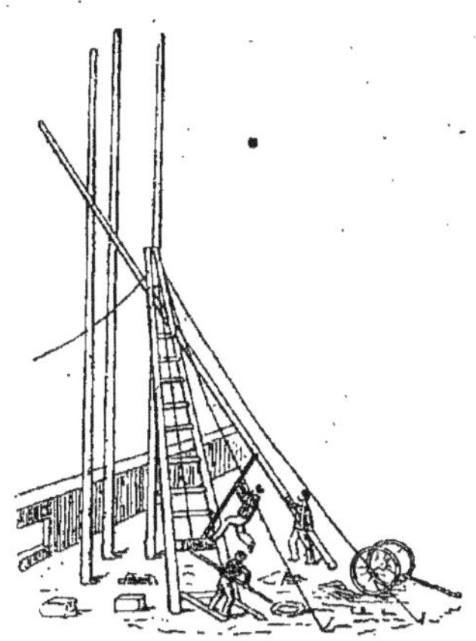

Fig. 247

de véritables services surtout dans les

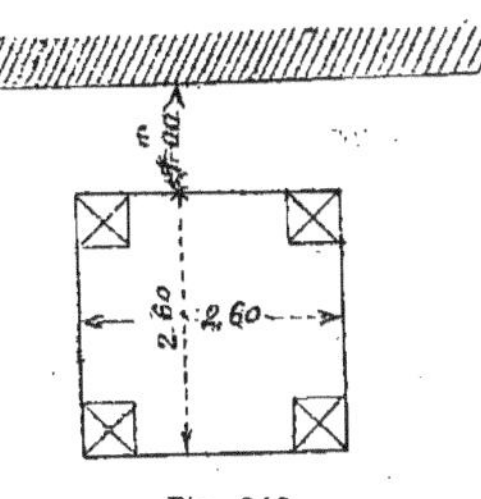

Fig. 248.

endroits où l'emplacement est restreint, dans les petites cours par exemple.

Grues.

336. On se sert également de grues pour le montage des matériaux ; nous donnons ci-après quelques renseignements sur une nouvelle grue à balancier qui est appelée à rendre de très grands services dans les grands chantiers.

337. *Grue roulante à balancier* (Système A. Bonnet). — Cet appareil est destiné au bardage et à la pose des pierres de taille.

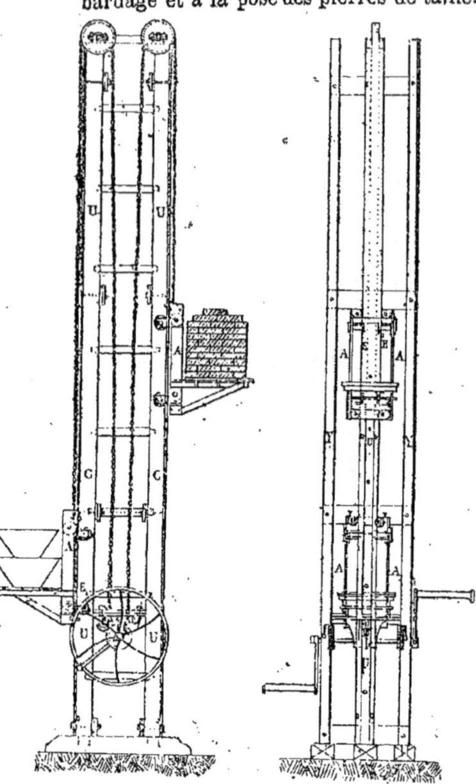

Fig. 249.

Il est représenté (*fig.* 250) et les pièces principales dont il est composé sont indiquées dans la légende suivante :

LÉGENDE :

α Treuil Bernier commandant le levier L ;
AA' Poulies de transmission du treuil *a* ;
a,a Chaînes commandant le levier ;
β Treuil Bernier commandant la chaîne ;
BB' Transmission du treuil *b* ;
bb' Chaîne de montée ;
CC' Transmission pour la translation ;
yy' Mécanisme de la translation ;
D Moteur Hermann-Lachapelle ;
DD' Transmission en colimaçon ;
V Volant.

Une voie ferrée de 1^{m},760 d'écartement d'axe en axe des rails, est installée à proximité et parallèlement à l'alignement du mur à construire ; c'est sur cette voie que se déplace la grue. Les pierres déposées par les bardiers le long de la voie, soit à l'extrémité du mur à construire, soit en des points de dépôt intermédiaires, sont prises par la machine qui les transporte au point voulu, les monte et les pose.

Cette grue roulante se distingue :

1° Par ses dimensions restreintes ; la largeur totale que nécessite son passage est de 2^{m},10 entre le mur à construire et la clôture du chantier ;

2° Par la facilité d'exécution qu'elle présente : la charpente est composée de bois qui se trouvent sur tous les chantiers. Les fers de la charpente sont également les fers que l'on trouve dans le commerce. Les mécanismes sont d'une simplicité qui rend leur exécution et leur réparation faciles.

La machine présente la disposition suivante :

Un truc, dont un des essieux sert au mouvement de translation et dont les longerons sont formés par des poutres armées, porte une charpente triangulaire, analogue à celle d'une sonnette.

Au sommet de cette charpente vient s'articuler en son milieu le balancier, composé de deux poutres armées, entretoisées.

A l'extrémité du balancier, du côté de la construction, une poulie ; sur l'axe d'articulation, seconde poulie. La chaîne, à laquelle est suspendu le fardeau à manœuvrer, est renvoyée par ses deux poulies à un treuil Bernier placé à la partie inférieure de la charpente.

L'extrémité opposée du balancier est amarrée à une chaîne commandée par un deuxième treuil Bernier, placé vis-à-vis du premier, et qui sert à donner une portée plus ou moins grande au balancier.

Une machine Hermann-Lachapelle, de 4 chevaux, donne le mouvement à un arbre, établi au milieu de la charpente. Sur cet arbre sont calées les poulies nécessaires à la commande des diverses parties du mécanisme.

L'embrayage de la translation se fait par un double cône de friction, pour que

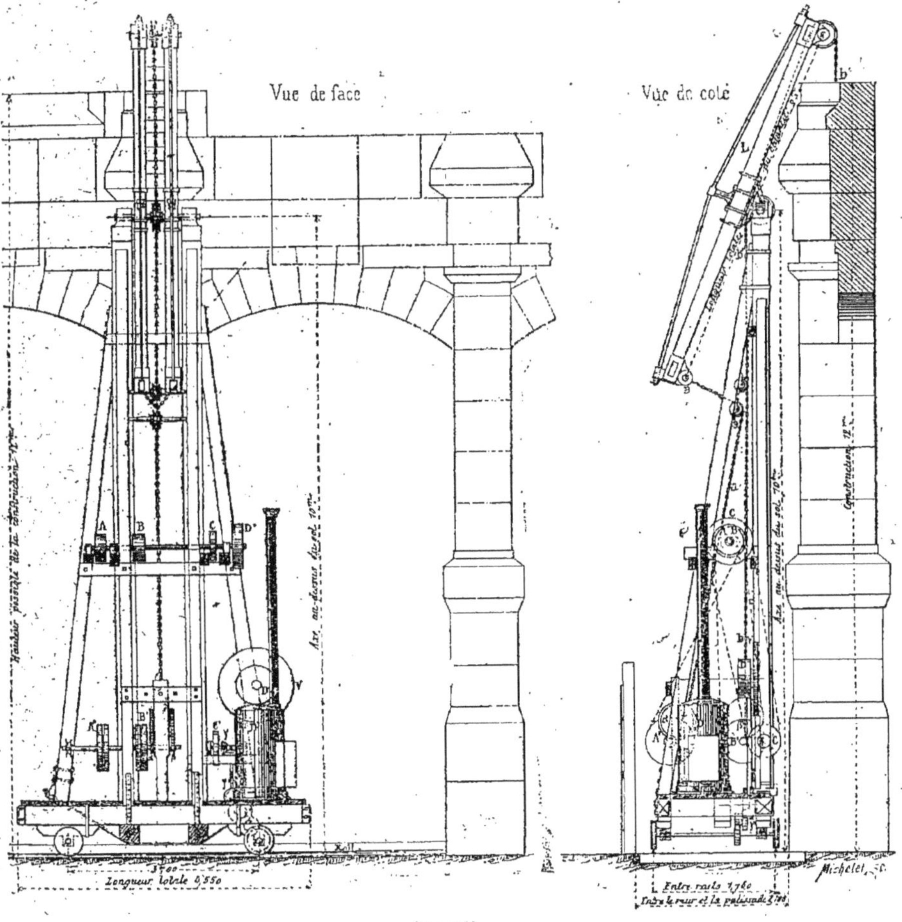

Fig. 250.

la mise en marche se fasse progressivement. La transmission aux treuils est faite par une courroie placée sur une poulie, soit folle, soit fixe ; de la sorte, en cas de fausse manœuvre, les courroies glissent ou tombent, et les parachutes des treuils fonctionnant, toute avarie est évitée.

On obtient ainsi le déplacement de la pierre, suivant trois axes rectangulaires.

La grue peut monter à 12 mètres de hauteur des blocs de pierre de 1 mètre cube 750, pesant 3000 kilogrammes.

A l'hôtel des postes, elle a servi à monter les façades sur les rues Jean-Jacques-Rousseau, aux Ours et du Louvre.

Les plaques tournantes P,P' (indiquées *fig.* 251) dans le croquis de l'installation générale de l'hôtel des postes à Paris), placées aux extrémités du chantier renvoyaient la grue sur les voies situées rue Jean-Jacques Rousseau et rue du Louvre.

Les parties teintées en noir du petit plan d'ensemble (*fig.* 251) ont été montées par la grue dont nous donnons le croquis ; sur la rue Gutemberg l'existence de l'ancien hôtel des postes en a empêché l'emploi.

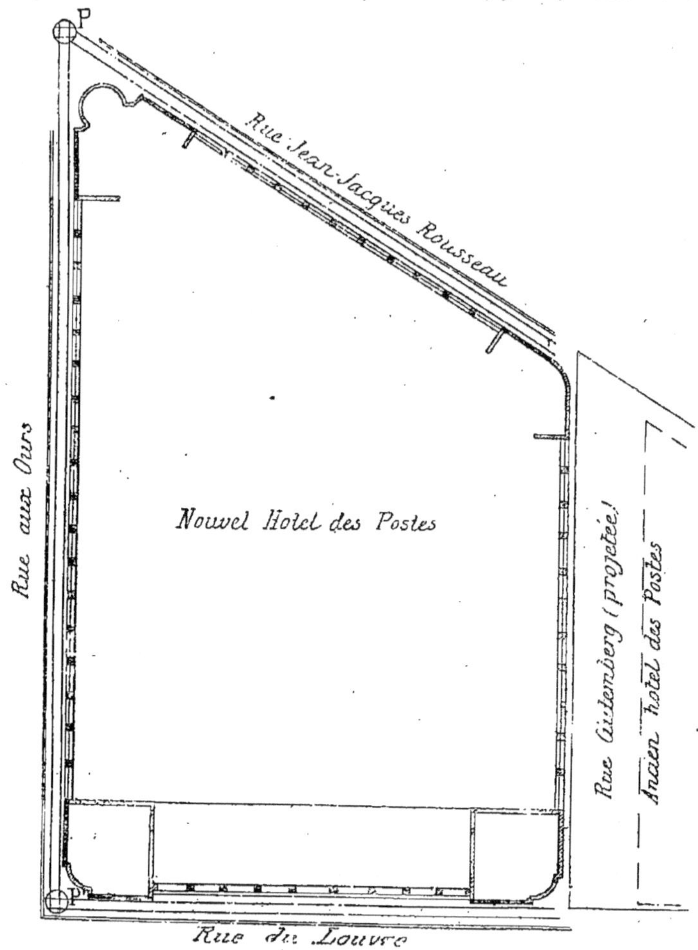

Fig. 251.

La manœuvre de cette grue nécessite un seul mécanicien.

M. Bonnet a composé, avec la même simplicité, les plaques tournantes qui permettent à la grue de se transporter sur toutes les faces de la construction à édifier.

Après avoir étudié et fait construire deux appareils comme celui que nous venons de décrire, M. Bonnet a abordé et résolu le problème beaucoup plus hardi de l'établissement d'un appareil capable de permettre la pose des assises des voûtes à l'église du Sacré-Cœur à Montmartre, les clefs de ces voûtes étant situées à une hauteur de 27 mètres au-dessus du sol de la nef. La grue se compose encore d'un pylone en charpente au sommet duquel oscille un balancier supportant les poulies sur lesquelles passe la chaîne de charge et la chaîne de retenue mues par des appareils mécaniques.

Le pylone est composé de deux montants verticaux de 25 mètres de hauteur au dessus des rails et de $0^m,35$ d'équarrissage. Ces deux montants sont fortement entretoisés. Comme ces pièces ne travaillent qu'à la compression ou à la traction elles ont été exécutées en pitchpin, bois qui joint aux qualités du sapin celle de se fendre moins facilement. Ces différentes pièces viennent s'assembler à leurs parties inférieures, dans un châssis supportant le plancher sur lequel sont installés la machine et les treuils.

Le balancier oscillant en haut du pylone a une longueur de 11 mètres. Il est formé de deux poutres en treillis parallèles, armées de tirants en fer à la partie supérieure et solidement reliées entre elles au moyen d'entretoises. Elles ont $0^m,41$ de hauteur au milieu et 0,25 aux extrémités.

Tout cet appareil, repose sur des essieux munis de roues qui permettent le déplacement de la grue dans les alignements droits d'une voie placée dans la nef, sur un plancher provisoire élevé de $1^m,40$ au-dessus du sol futur de la nef ; mais sa translation dans le pourtour du chœur a nécessité, à cause du faible rayon de ce pourtour, l'emploi d'un chariot transbordeur.

Moyens employés pour soutenir la pierre pendant le montage.

338. Après avoir étudié les appareils qui servent à monter la pierre au point où elle doit être utilisée, il nous reste à dire quelques mots des moyens employés pour suspendre la pierre au câble ou à la chaîne de la chèvre ou de la sapine. Ce travail doit être fait par des ouvriers en ayant bien l'habitude et dont la prudence a été souvent constatée, car il arrive malheureusement trop souvent des accidents. Il existe plusieurs procédés que nous allons décrire.

1° *Montage d'une pierre en se servant de l'élingue ou braye.* — Dans presque tous les cas ordinaires de la pratique, pour monter une pierre, on l'enveloppe d'une corde sans fin, dont on écarte les brins afin que la pierre ne puisse glisser ni tourner. Aux points où la corde porte sur les arêtes, on empêche celles-ci de s'épaufrer en les garnissant de petits paillassons très épais. Cette corde, appelée *élingue ou braye,* a ses extrémitées réunies solidement par une épissure; une esse (S), ou un fort crochet, fixé directement à l'extrémité de la chaîne ou du câble de la sapine ou à la chape d'une poulie mobile, manœuvrée par cette chaîne ou par cette corde, sert à accrocher la braye. Nous donnons (*fig.* 252) le croquis de la disposition adoptée.

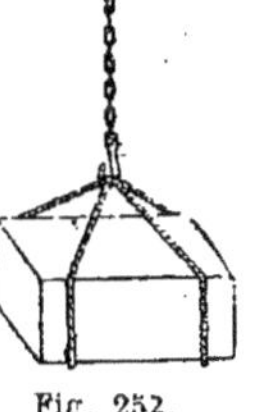

Fig. 252.

2° *Montage d'une pierre en se servant de la louve.* — Quand les pierres qu'on doit monter sont taillées ou qu'elles doivent faire partie d'ouvrages délicats dont les arêtes doivent rester bien vives, le procédé décrit précédemment n'est plus applicable, car l'emploi de l'élingue détériore presque

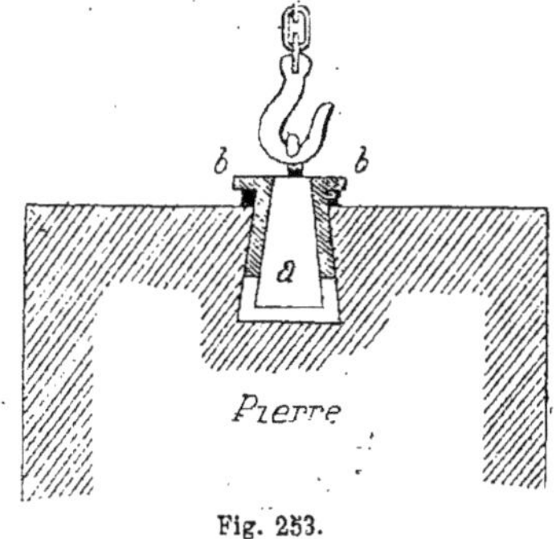

Fig. 253.

toujours les arêtes ; on se sert alors d'un petit instrument connu sous le nom de *louve*, représenté (*fig.* 253) et qui se compose :

1° D'une partie centrale *a* taillée en queue d'aronde à sa partie inférieure, et dont la tête porte un anneau qui s'accroche à l'esse ou au crochet du câble de la chèvre ou de la sapine ;

2° De deux parties latérales *b* d'épaisseur uniforme, recourbées d'équerre par le haut, et retenues contre la pièce centrale par un anneau horizontal qui leur permet tout mouvement longitudinal quand la louve n'est pas chargée.

Pour se servir de cet instrument, on fait dans le lit supérieur de la pierre un trou que l'on creuse en queue d'aronde de même inclinaison que la louve. Dans ce trou, on introduit le bas de la pièce centrale, en tenant les parties latérales soulevées de toute la longueur de la queue ; on fait alors descendre ces pièces latérales dans le trou, et la louve, se trouvant ainsi emprisonnée, permet de soulever la pierre.

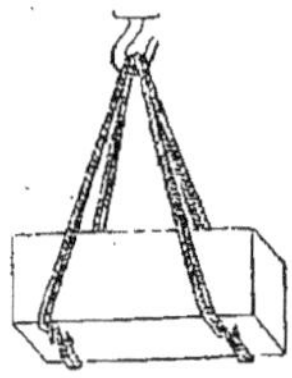

Fig. 254.

Le trou dans lequel se place la louve, devant être percé avec soin, l'emploi de ce procédé est dispendieux et est exclusivement réservé aux pierres dures ou moyennement dures.

3° *Montage d'une pierre en se servant du piton à vis*. On remplace assez souvent la louve

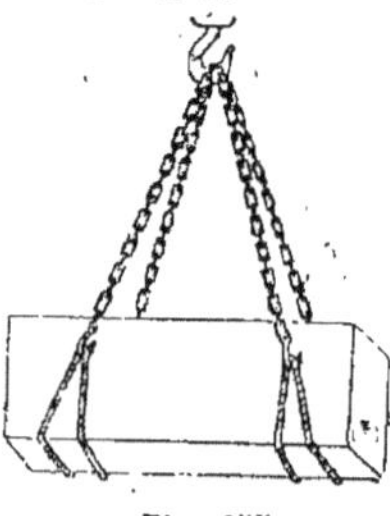

Fig. 255.

par un simple piton à vis, que l'on fait pénétrer dans un trou creusé dans le milieu du lit de la pierre. Ce trou, que l'on fait au trépan, ayant le diamètre de l'âme de la vis, les filets triangulaires de celle-ci se noient complètement dans la pierre. Ce dernier moyen de suspension est préférable à celui de la louve en ce qu'il est plus expéditif et partant moins coûteux. D'ailleurs, ces deux derniers systèmes présentent un grand avantage en permettant, au moyen d'appareils mobiles, de suspendre la pierre au-dessous du point où elle doit être posée, de la mettre exactement en place et de la soulever ensuite pour la ramener en position autant de fois qu'il est nécessaire de le faire pour obtenir une pose parfaite. On évite ainsi des manœuvres qui entraînent souvent des écornures.

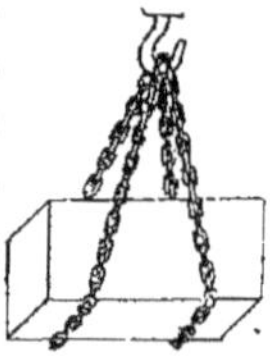

Fig. 256.

On emploie également pour soulever les pierres les trois dispositions indiquées *fig.* (254, 255, 256).

Pose de la pierre de taille.

339. La pose des pierres de taille est sans contredit la partie la plus délicate de ce genre de construction. Il est nécessaire d'y apporter beaucoup d'attention.

Parmi les procédés employés pour ce travail le meilleur est le suivant :

Lorsque la pierre à poser est approchée à pied d'œuvre, on commence d'abord par la présenter dans la place qu'elle doit occuper, en la faisant reposer sur des cales en bois, ayant une épaisseur égale à celle qu'on veut donner au joint de mortier, c'est-à-dire 0m,004 à 0m,010 au maximum. Ces cales se placent aux angles de la pierre, à peu de distance des arêtes, afin d'éviter les écornures.

Lorsque le poseur s'est ainsi assuré que la pierre a bien toutes les dimensions voulues, il la soulève et lui fait faire quartier sur le côté ; puis il nettoie et arrose l'assise inférieure et la pierre qu'il pose : il étend ensuite sur toute la surface que doit couvrir la pierre une couche de mortier fin, d'une épaisseur un peu plus forte que celle des cales; il met la pierre en place, et il la frappe dessus avec un pilon ou un maillet en bois, jusqu'à ce que le mortier reflue dans tous les sens, que la pierre repose sur les cales. Il convient d'enlever les cales quand la pierre occupe sa position définitive, et que le mortier a pris une consistance suffisante pour ne pas s'affaisser sous le poids de la pierre.

Il arrive souvent qu'on pose les pierres de chaînes d'angles, de tablettes de couronnement, etc., en étendant de suite la couche de mortier fin, sans mettre de cales, et en réglant son épaisseur avec la truelle. Il faut, dans ce cas, que le mortier soit assez ferme, sans quoi le poids de la pierre le ferait couler, et l'on obtiendrait des joints d'une épaisseur trop faible et irrégulière.

Dans tous les cas, avant de poser la pierre, il faut s'assurer avec soin que le mortier ne contient pas de gravier d'une grosseur excédant l'épaisseur que doivent avoir les joints, ce qui obligerait, pour les retirer, de soulever la pierre déjà mise en place, et ralentirait l'exécution.

Quelquefois les lits des pierres sont flacheux sur le derrière, c'est-à-dire que la queue se termine plus ou moins en pointe. Pour remédier à cet inconvénient, on remplit les flaches avec les éclats de pierre dure noyés dans le mortier et bien serrés au marteau.

Comme il a été déjà dit, dans cette pose l'ouvrier doit autant que possible, rendre nul l'effet des petits défauts de la taille des parements ou des lits et joints; il doit apporter une grande attention à éviter les balèvres ou fausses tailles, qui nécessitent ordinairement un ravalement dispendieux. En se servant de la pince pour faire abattage, il doit, pour éviter les écornures, placer un bout de latte ou de planche sur le bord des arêtes de la pierre, au point où porte la pince.

Une fois que la pierre est bien en place sur un bon lit de mortier, il ne reste plus, pour terminer la pose, qu'à remplir les joints montants, ce qu'on fait ordinairement à l'aide de la fiche à dents en fer, représentée (*fig.* 451 de la 1re partie).

Un autre moyen de poser la pierre consiste à placer les pierres à sec sur des cales en bois, puis à remplir les lits et les joints en y coulant du mortier liquide ou en l'y introduisant avec la fiche à dents. Par ce procédé il y a souvent impossibilité de faire pénétrer le mortier sur toute l'étendue des joints, alors les pierres n'adhèrent pas parfaitement les unes aux autres, elles ne portent bien que sur leurs cales, et la pression, au lieu d'être répartie sur toute la surface des lits, est concentrée sur quelques points seulement, ce qui ne manque presque jamais d'amener de l'instabilité, des tassements inégaux. Malgré ces inconvénients, cette manière d'opérer est fréquente, parce qu'elle est plus facile et gêne moins la pose que la première, qui doit toujours lui être préférée. L'emploi de la fiche à dents n'est réellement d'un bon effet que pour les joints montants. Un ouvrier qui emploie la fiche, lorsqu'il n'est pas habile et patient, laisse souvent les joints incomplètement remplis de mortier : dans ce cas la surveillance et de grandes précautions sont utiles.

Dans presque toutes les localités où l'emploi du plâtre est commun, on fait généralement usage d'un troisième moyen pour poser les pierres et principalement les pierres tendres. Ce moyen consiste encore à poser les pierres sur cales, comme il a été indiqué ci-dessus, et à couler ensuite, c'est-à-dire à remplir les lits et les joints avec du plâtre gâché très clair ou coulis; on fait même quelquefois du coulis avec du mortier de chaux ou du ciment. Pour faire ce remplissage, on ferme tout le contour des lits et des joints avec du plâtre ou du mortier d'une consistance suffisante; on peut également employer des étoupes en laissant libre, à la partie supérieure des joints, une petite étendue sur laquelle on fait un godet dans lequel on verse le coulis ; on a soin de remuer constamment celui-ci en le versant, afin qu'il reste bien homogène et que l'eau ne s'introduise pas seule dans les joints.

Il faut bien tenir compte qu'en introduisant le coulis de mortier dans les joints, on en chasse l'air qui y est contenu et qu'il faut lui ménager un passage possible sans quoi il peut se former des bulles d'air interposées dans l'étendue du joint, qui sont autant de vides. Il faut donc que le bouchage provisoire des contours des lits et des joints ne soit pas assez parfait pour qu'il ne laisse pas échapper l'air comprimé par l'introduction du coulis. Le bouchage à l'étoupe présente des avantages à ce point de vue.

Lorsque les pierres sont posées sur le plâtre, la prompte solidification de cette matière oblige d'avoir recours à ce troisième moyen, surtout pour les pierres tendres ; on n'aurait pas le temps, avant la prise, de placer convenablement la pierre sur lit de plâtre d'abord étendu.

Il n'en est pas de même du mortier de chaux, et comme son coulis donne toujours de mauvais résultats, il convient de n'en pas faire usage. L'eau qu'il contient étant absorbée par la pierre, il se forme presque toujours des vides qu'on remplit difficilement, malgré tous les soins apportés à faire ce remplissage au fur et à mesure de l'absorption de l'eau ; et, comme de la dessiccation du coulis du mortier de chaux, il résulte encore un retrait qui augmente ces vides, il arrive très souvent que la pierre repose entièrement sur les cales, lesquelles, en pourrissant, occasionnent des tassements considérables dans les maçonneries.

Lorsque la pose de la pierre se fait dans l'eau, il y a impossibilité de faire usage de mortier, qui serait délayé et lavé : alors on se contente de poser simplement les pierres sur cales, qui doivent être en plomb, de préférence au bois. Un mortier à prise rapide et énergique, comme celui du ciment romain, par exemple, peut cependant être employé pour poser la pierre sous l'eau.

Quand toutes les pierres d'une assise sont posées, il arrive presque toujours que quelques-unes sont plus élevées que les autres ; il y a alors nécessité d'araser c'est-à-dire de dresser le lit supérieur de l'assise, en enlevant toutes les saillies, avant de poser les pierres de l'assise qui doit les couvrir ; sans cette précaution. il est impossible d'obtenir une belle et solide maçonnerie.

La pose de quelque importance, comme celle des pierres d'assises, de claveaux, de voussoirs, etc., doit, autant que possible, être confiée à des ouvriers qui s'occupent spécialement de ce genre de travail.

Epannelage.

340. On désigne comme nous l'avons déjà dit, sous le nom d'*épannelage* une taille préparatoire et grossière qui s'exécute dans les chantiers. On prépare la masse

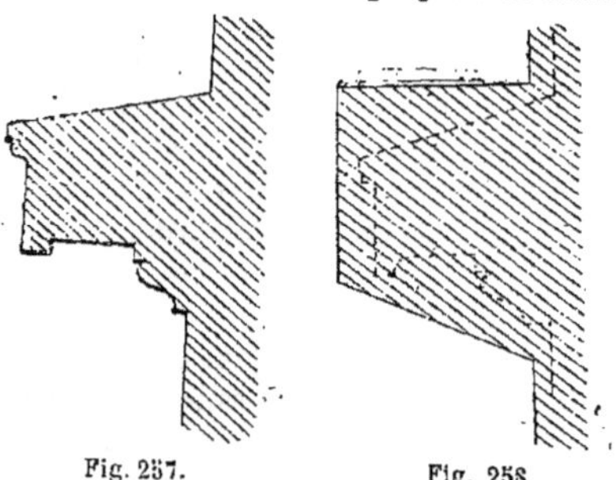

Fig. 257. Fig. 258.

dans laquelle on doit faire les moulures ; ces moulures s'exécutent une fois la pierre posée. Si l'on a par exemple à exécuter la corniche représentée (*fig.* 257), on taille une pierre (*fig.* 258) dans laquelle on pourra, en enlevant très peu de la matière en excès, profiler la corniche représentée (*fig.* 257). La figure 258 représente une *pierre épannelée.*

Pour les pierres tendres, l'épannelage se fait toujours sur le chantier et le *ravalement* s'exécute la pierre étant posée. Pour les pierres très dures, dont les arêtes résistent beaucoup mieux, il y a avantage à terminer complètement le ravalement sur le chantier et à poser cette pierre toute taillée. Il y a économie de transport et le travail est plus soigné. Aujourd'hui, les carriers envoient, des carrières mêmes, des pierres toutes taillées et prêtes à être posées, telles que marches, balcons, balustrades, etc.

Temps employé pour la pose de la pierre de taille.

341. Le temps employé pour poser la pierre de taille varie évidemment avec le genre d'ouvrage et suivant les difficultés qui peuvent se présenter sur le chantier ou sur l'emplacement où la pierre doit être posée. La pose des massifs de maçonnerie, des libages, des seuils, des bornes, etc., se fait ordinairement par un maçon et son aide ; la pose dans les travaux importants est confiée à des ouvriers spéciaux formant une brigade composée comme suit : un poseur, un contre-poseur et deux garçons, qui servent le poseur et fichent les pierres.

NATURE DES OUVRAGES	NOMBRE D'HEURES
Pose par une équipe	
Ouvrages ordinaires, parements de murs, chaînes, parpaings, parapets, cordons, etc.	4,00
Assises en reprises, plates-bandes droites-voûtes en berceau	5,00
Assises en reprise par petites parties dans l'embarras des étais	7,50
Voûtes en arc de cloître, voûtes d'arête, voûtes sphériques ou calottes	10,00
Morceaux posés par incrustement	15,00
Pose par un maçon avec son garçon	
Libages, auges, bornes et autres ouvrages semblables	11,00
Seuils, marches, appuis, caniveaux	27,00
Dalles de $0^m,08$ à $0^m,10$ d'épaisseur par mètre superficiel	1,25

Nous donnons dans le tableau ci-dessus (Claudel) le temps que met une telle équipe pour poser un mètre cube de diverses maçonneries de pierre de taille.

Dépose de la pierre de taille.

342. Le temps réclamé pour déposer une pierre de taille varie suivant le plus ou moins de soins que l'on doit apporter à ce travail. Il faut en moyenne $3^h 50^m$ de maçon ou de déposeur, et $10^h 50^m$ de garçon pour faire la démolition d'un mètre cube de maçonnerie de pierre de taille en prenant toutes les précautions possibles. Ce temps comprend le bardage de la pierre à une distance de 10 mètres et son rangement.

Plâtre ou mortier employé pour la pose de la pierre de taille.

343. Nous donnons dans le tableau suivant (Claudel) la quantité de plâtre ou de mortier employée pour poser la pierre de taille ; ces chiffres sont des moyennes déduites d'un grand nombre d'expériences.

TABLEAU du VOLUME DE MORTIER OU DE PLATRE EMPLOYÉ PAR MÈTRE CUBE DE DIFFÉRENTES MAÇONNERIES DE PIERRE DE TAILLE

	M. C.
Libages ordinaires	0,090
Assises ordinaires de $0^m,30$ à $0^m,50$ de hauteur	0,075
Assises ordinaires de $0^m,50$ à $0^m,80$ de hauteur	0,065
Parpaings et assises de 0,25 à 0,30 d'appareil	0,080
Claveaux de plates-bandes droites	0,085
Voûtes en berceau et en arc de cloître	0,100
Voûtes d'arêtes et sphériques	0,105
Marches, seuils et appuis, pour garnissage et coulement	0,175
Dalles de $0^m,06$ à $0^m,10$ d'épaisseur, 0,023 par mètre superficiel	0,290

Déchet de la pierre de taille.

344. Ce déchet varie en raison : 1° de la forme plus ou moins régulière des blocs bruts; 2° de la hauteur et de la longueur de l'appareil; 3° de la manière dont les blocs ont été équarris et ébousinés sur la carrière; 4° de la qualité de la pierre; 5° de ce que l'appareil est ou non réglé en hauteur, longueur et largeur.

En moyenne, pour la taille des parements, des lits et des joints on peut admettre que le déchet varie de 1/18 à 1/3, suivant la nature des ouvrages.

§ X. — MAÇONNERIES MIXTES COMPOSÉES DE DIVERSES MANIÈRES

345. On désigne sous le nom de *maçonnerie mixte* celle dont le parement et l'intérieur sont construits d'une manière différente. Les maçonneries mixtes sont employées comme décoration, mais le plus souvent c'est par raison d'économie et lorsque l'épaisseur des murs est grande (murs de quais, murs de soutènement, piles de pont, etc.) qu'il y a avantage à employer la pierre de taille en parement et la brique, le moellon ou la meulière à l'intérieur.

Précautions à observer pour la construction des murs en maçonnerie mixte.

346. Ce mode de construction exige de très grandes précautions pour éviter les tassements. En effet, si nous employons, par exemple, la pierre de taille et la brique: la pierre de taille en parement et la brique à l'intérieur, il n'y aura pas dans le parement autant de joints que dans l'intérieur du mur. Or, plus il y a de joints, plus aussi le tassement est sensible, tandis qu'il est moindre dans la partie élevée en pierre de taille. Il faudra donc : 1° employer des pierres de taille dressées bien carrément et telles que leur hauteur corresponde à un certain nombre d'assises de briques; 2° que ces pierres soient dans chaque assise alternativement longues et courtes c'est-à-dire donner aux pierres plus ou moins de queue pour bien les relier avec la maçonnerie de briques; 3° qu'il y ait uniformité de construction dans toute l'épaisseur du mur; 4° croisement des joints dans la pierre de taille et dans le remplissage en briques; 5° distribution uniforme de la charge à supporter; 6° employer, pour ce genre de construction, des mortiers incompressibles de sable et de chaux, ou mieux de ciment.

Dans le cas où l'on emploie les maçonneries mixtes, on nomme *appareil réduit* l'épaisseur moyenne de la maçonnerie en pierre de taille, épaisseur qu'on obtient en divisant la surface totale du parement par la queue moyenne des assises.

Les Grecs ont souvent fait usage, dans leurs monuments, de ce genre de maçonnerie, qu'on emploie très fréquemment de nos jours.

Dans les constructions rurales, on allie souvent des matériaux de diverses grosseurs; ainsi on forme dans les bâtiments des chaînes verticales ou horizontales avec des pierres de taille, ou avec des moellons smillés ou avec des briques, et l'intervalle est rempli en petits moellons. Les chaînes horizontales, comme les soubassements, les corniches, les bandeaux, n'exigent d'autre précaution pour leur pose que le parfait nivellement de l'assise qui doit les supporter. Quant aux chaînes verticales, à cause de l'inégalité du tassement qui peut s'opérer, il faut forcer un peu en mortier les parties en petits matériaux, comprises dans les interstices des chaînes: on recommande d'employer pour ces parties, du mortier dont la prise soit un peu plus lente que celle du reste de la construction.

Différentes applications des maçonneries mixtes.

347. Une des applications les plus im-

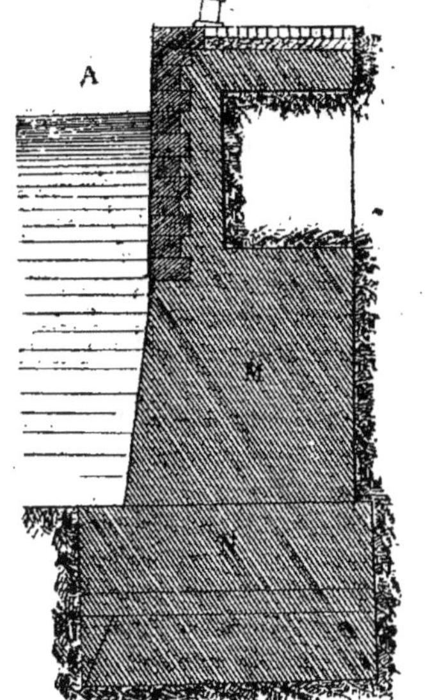

portantes des maçonneries mixtes est celle

Fig. 259.

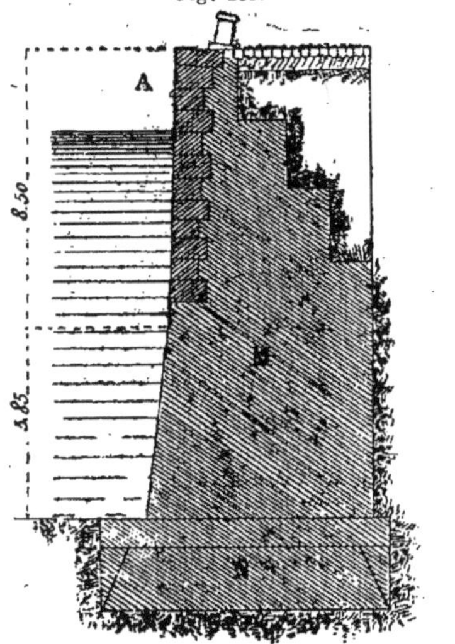

Fig. 260.

qu'on exécute tous les jours pour la con-struction des murs de quai, des murs de soutènement et des piles de pont. En général, ces maçonneries sont applicables et elles donnent de véritables économies dans la construction des murs très épais, où l'emploi de la pierre de taille est impossible, vu le prix élevé de ce genre de construction.

Nous donnons (*fig.* 259 et 260) la coupe de deux murs de quai dans lesquels le pare-

Coupe transversale AB

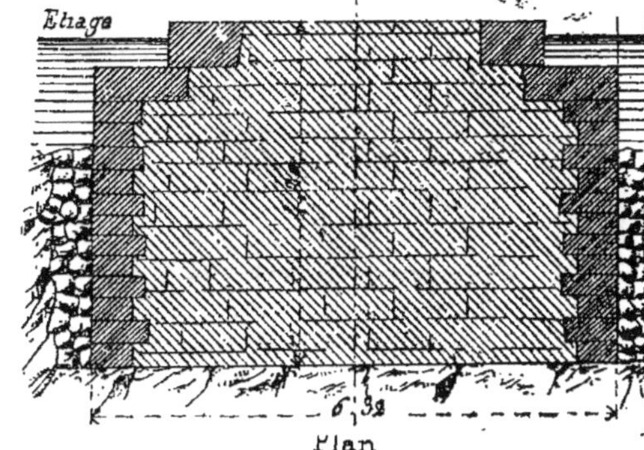

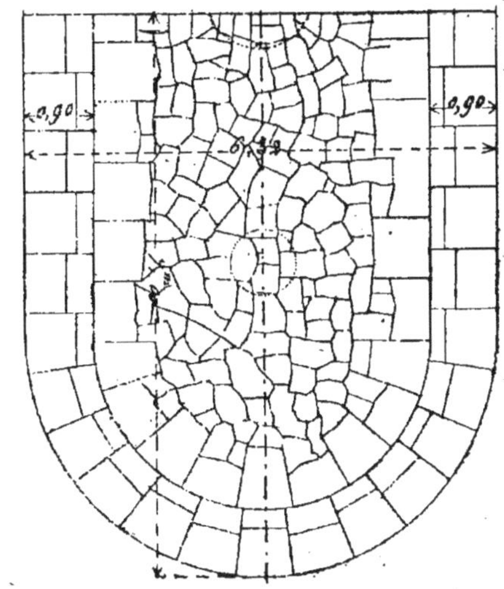

Fig. 261 et 262

ment A est seul en pierre de taille, et le reste de la maçonnerie M est en petits matériaux, moellons ou meulières. La partie inférieure en N est construite en béton. Il faut, comme nous l'avons déjà dit, employer de bons mortiers de sable et chaux hydraulique ou de ciment.

Les figures 261 et 262 représentent une autre application des maçonneries mixtes pour la construction d'une pile de pont. Le parement seul de cette pile est construit en pierre de taille, et le remplissage est exécuté en bonne maçonnerie de meulière et ciment.

Nous ne nous arrêterons pas plus longtemps sur les applications diverses qui sont faites des maçonneries mixtes dans les travaux importants de ponts, viaducs, etc., nous aurons l'occasion de les traiter dans un chapitre spécial avec beaucoup de détails.

Maçonneries mixtes employées dans la construction des maisons d'habitation.

348. Dans ce genre de construction, la pierre de taille peut s'employer de deux manières différentes : 1° par assises horizontales ; chaînes horizontales, bandeaux, etc ; 2° par assises verticales, jambes de pierre, etc.

1° Emploi de la pierre par assises horizontales.

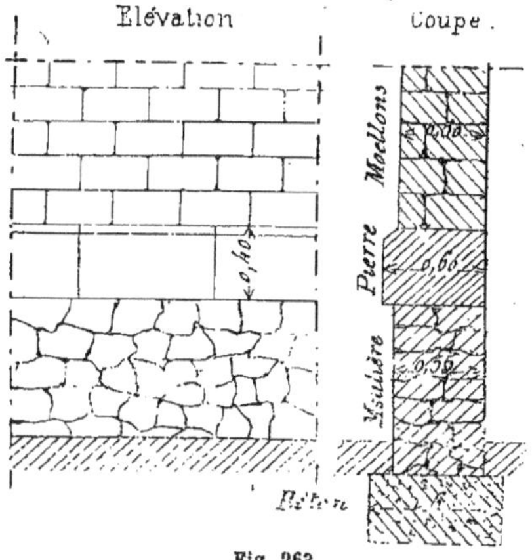

Fig. 263.

L'exemple le plus simple que nous puissions donner de l'emploi de la pierre par assises horizontales est représenté (*fig.* 263) en élévation et en coupe. Le mur repose sur un massif en béton posé directement sur le bon sol ; au-dessus de ce massif on construit un mur de soubassement en meulière ayant $0^m,55$ d'épaisseur. Ce mur en meulière est recouvert par une série de pierres posées horizontalement, et dont l'ensemble forme ce que l'on nomme un *bandeau*. On obtient ainsi un soubassement solide contruit en bons matériaux ; c'est sur ce soubassement que l'on monte le mur en moellons du reste de la construction.

Il faut observer, pour la construction de ce bandeau, certaines précautions qu'il est bon de connaître.

Ce *bandeau*, formant le couronnement de la meulière, a non seulement un but décoratif, mais il sert aussi à abriter le mur en meulière contre l'humidité de l'eau qui, ayant coulé le long de la façade, viendrait, en suivant le soubassement, donner une humidité constante.

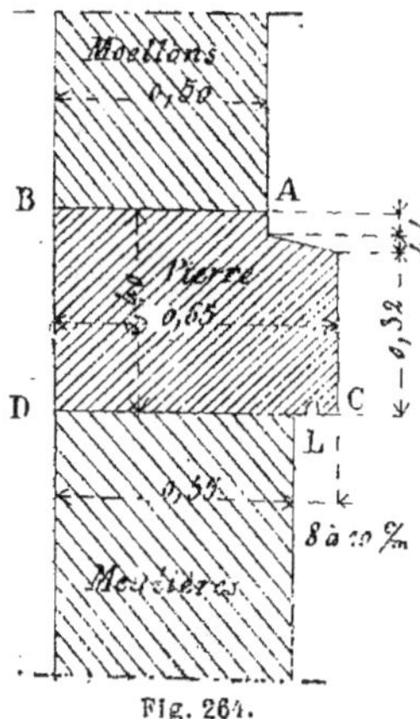

Fig. 264.

Il faut en construisant ce bandeau remonter la pierre ABCD (*fig.* 264), au moins de $0^m,04$ au-dessus du joint, et de plus donner une pente de $0^m,04$ à cette pierre pour permettre à l'eau de tomber au dehors. Le *larmier L* indiqué est dans tous les cas indispensable pour éviter de mouiller constamment le mur de soubassement. Dans

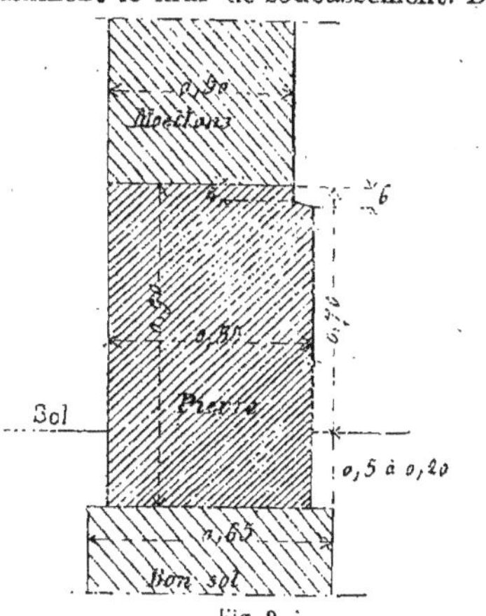

Fig. 265.

certains cas, l'on fait en pierre tout le mur de soubassement, comme l'indique le croquis (*fig.* 265). Les mêmes précautions sont encore à observer; il faut remonter le joint entre la pierre et la maçonnerie d'au moins $0^m,04$, donner une pente de $0^m,02$ et enfin enterrer la pierre do $0^m,15$ à $0^m,20$ dans le sol pour que cette pierre ne soit pas déchaussée.

Une autre application de la pierre par assises horizontales est représentée (*fig.* 266), pour la construction d'un mur de clôture. Ce mur, dont le soubassement *B* est en pierre, est posé sur une fondation faite avec de petits matériaux (moellons ou meulières) hourdés en bon mortier hydraulique. Le corps du mur est construit en moellons et le haut est formé par une pierre *P* à deux pentes que l'on nomme *chaperon.*

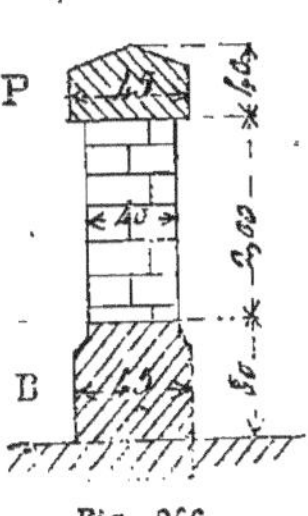

Fig. 266.

Les figures 267, 268 représentent un mur de clôture dans lequel on a ajouté à l'angle des pierres de taille en saillie pour obtenir un effet décoratif et une plus grande résistance. Le chaperon est à deux pentes

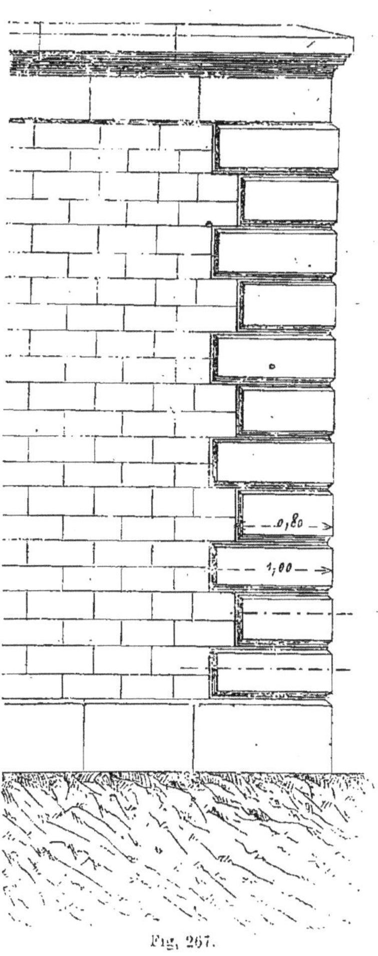

Fig. 267.

et chacune d'elles porte en-dessous un larmier dont nous avons vu l'usage précédemment.

2° *Emploi de la pierre de taille par assises verticales.*

L'emploi de la pierre de taille par assises

verticales dans les maçonneries mixtes fournit beaucoup d'exemples ; nous allons en examiner quelques-uns.

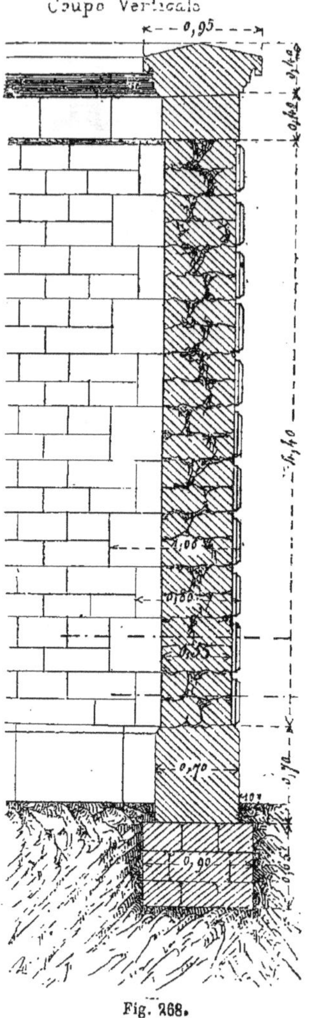

Fig. 268.

La pierre dans les cas que nous allons citer s'étend dans toute la hauteur du mur, elle donne par suite au mur dans lequel elle se trouve incorporée une grande solidité et une grande stabilité. Elle est surtout employée aux angles et à la rencontre de deux murs.

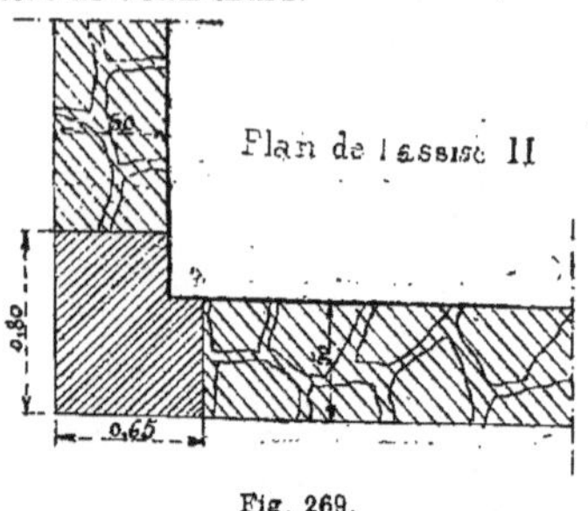

Fig. 269.

1° *Emploi de la pierre à l'angle de deux murs.* Les figures 269, 270, 271, donnent un

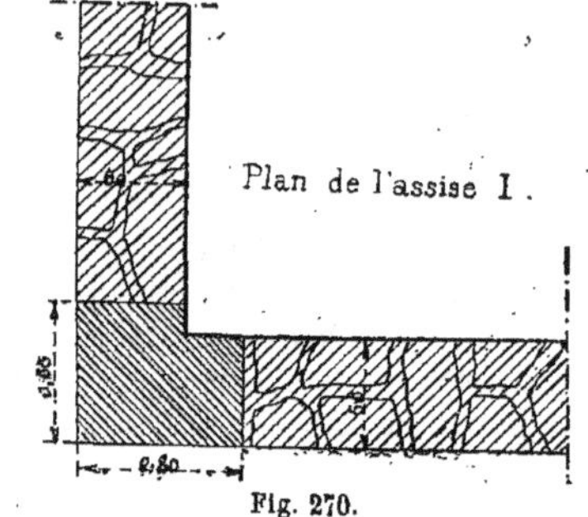

Fig. 270.

exemple d'une chaîne verticale en pierre formant l'encoignure de deux murs à angle droit. Les pierres ont toutes 0m,50 de

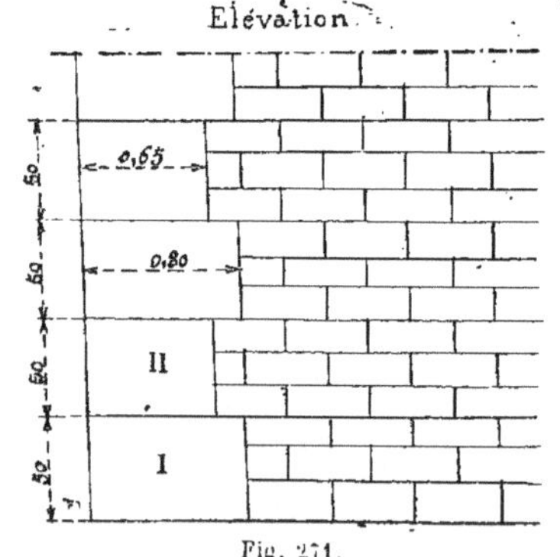

Fig. 271.

hauteur d'assise, et comme la largeur diffère d'une assise à l'autre, il est facile de voir que la liaison de ces pierres avec les petits matériaux qui, dans ce cas, sont des moellons, est facile à faire. Les décrochements successifs d'une pierre sur l'autre forment ce que l'on désigne sous le nom de *harpe*.

Dans certains cas, pour donner plus de solidité on emploie la disposition représentée

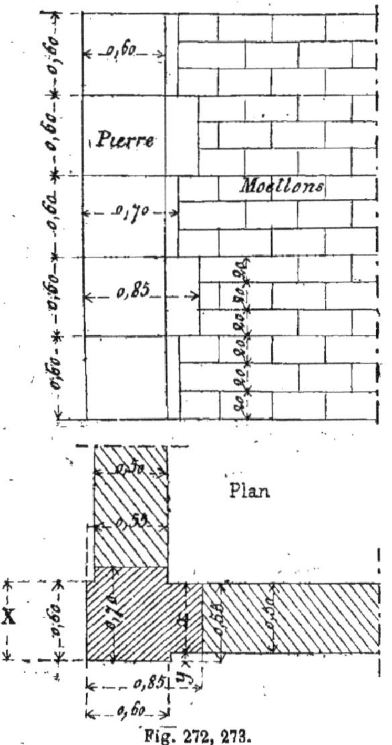

Fig. 272, 273.

sentée (*fig.* 272, 273), c'est-à-dire que l'on donne à la pierre une saillie en dehors du mur de manière à former un *pilastre d'angle*. Il faut disposer ce pilastre de manière que l'on ait $X > x + y$.

2° *Chaînes verticales dans le courant d'un mur*. Dans certains cas, lorsqu'en un point donné d'un mur on a une forte charge à supporter, charge qu'il ne serait pas prudent de placer sur de petits matériaux, on monte une chaîne verticale se reliant à droite et à gauche avec les petits matériaux.

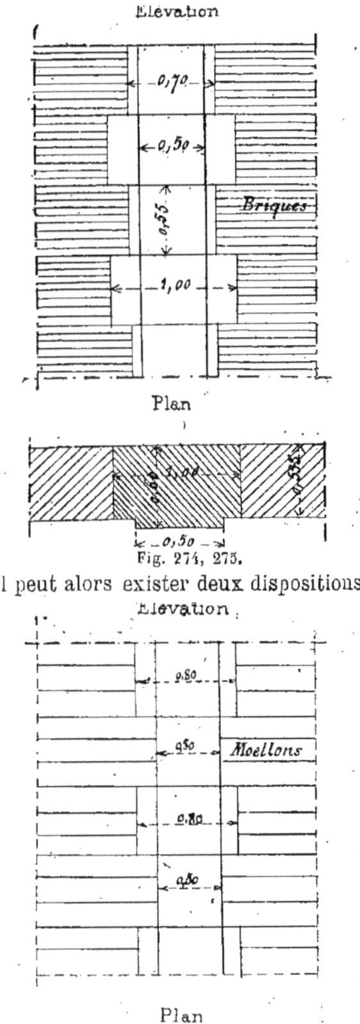

Fig. 274, 275.

Il peut alors exister deux dispositions

Fig. 276, 277.

représentées par les figures 274, 275 276, 277.

Dans la première disposition (*fig.* 274, 275) la pierre, tout en se reliant avec les

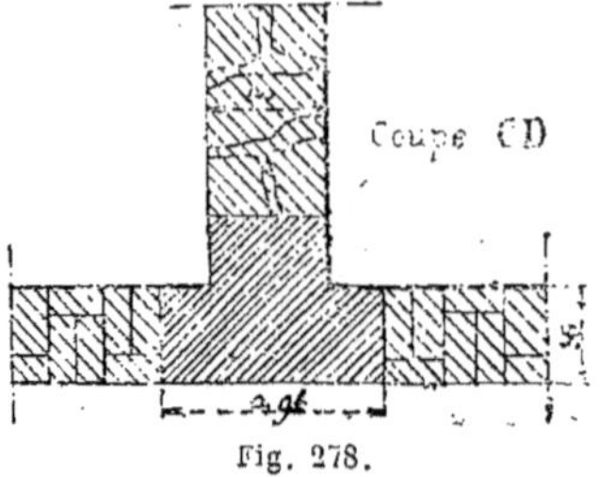

Fig. 278.

petits matériaux, peut former au dehoas une saillie de quelques centimètres

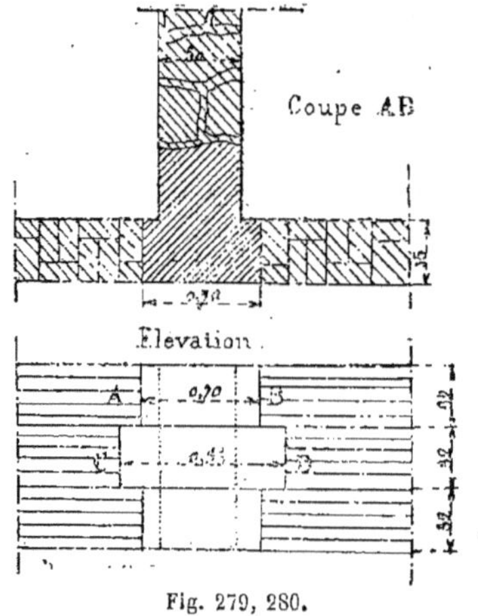

Fig. 279, 280.

Cette saillie forme un pilastre saillant que

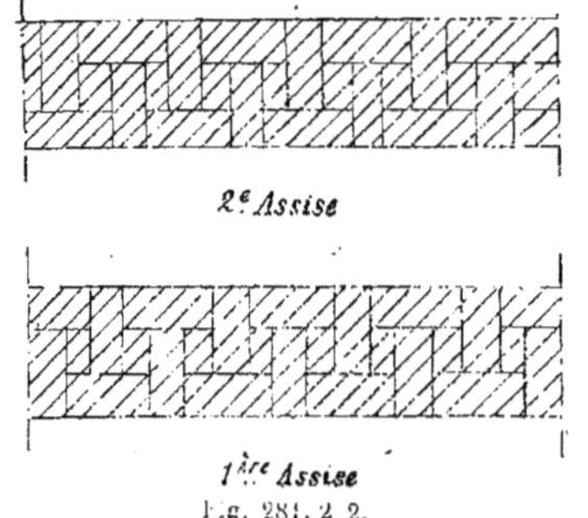

Fig. 281, 282.

l'on désigne souvent sous le nom de *dosseret.*

Dans la deuxième disposition (*fig.* 276, 277), les pierres sont posées en besace et ne forment harpe que de deux en deux assises.

3° *Chaine verticale à la rencontre de deux murs à angle droit.*

Les figures 278, 279, 280 donnent en plan et en élévation la disposition à adopter pour une chaîne verticale en pierre reliant deux murs se rencontrant à angle droit. Il faut dans ce cas, pour bien se relier avec la brique, décrocher les pierres par des harpes ayant un nombre exact d'assises de briques. Lorsque le mur est enduit en plâtre la disposition des briques

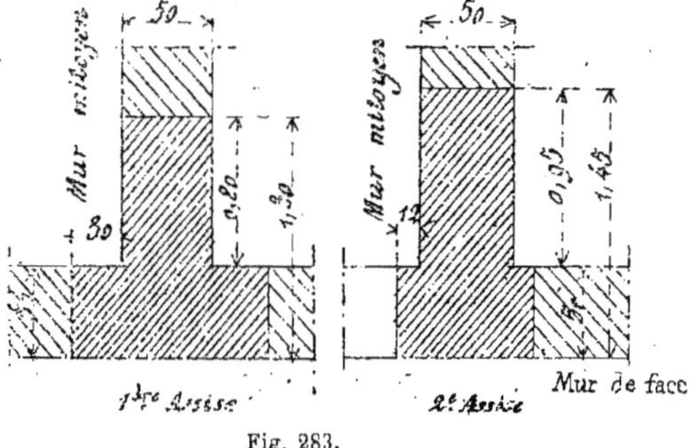

Fig. 283.

représentée (*fig.* 278, 279), peut être suivie, mais si les briques du mur doivent

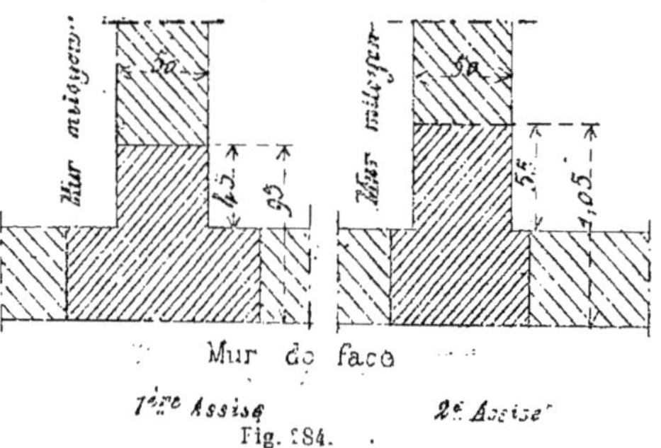

Fig. 284.

rester apparentes et être rejointoyées, il faut, pour avoir des joints présentant une bonne disposition, disposer les briques comme l'indiquent les figures 281, 282. Dans ce cas il faut couper les briques ou employer des déchets de briqueteaux.

Nous pouvons encore citer comme exemple de chaînes verticales à la rencontre de deux murs à angle droit le cas des *jambes étrières* que l'on exige à Paris dans la construction des murs mitoyens.

Ces jambes étrières peuvent se faire de deux manières différentes comme il est indiqué (*fig.* 283, 284): elles se relient ordinairement avec de petits matériaux, surtout pour le mur mitoyen.

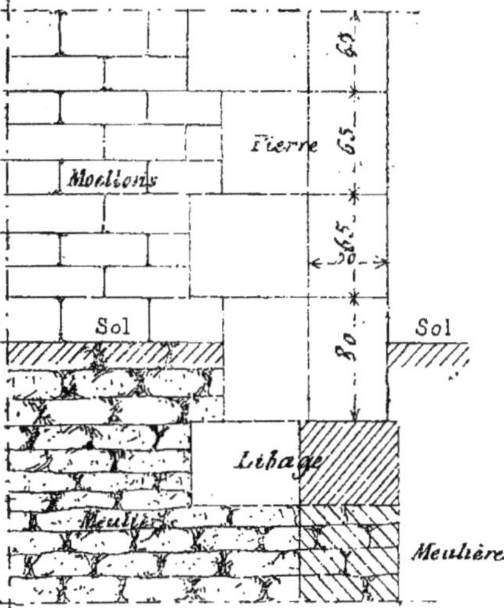

Fig. 285.

La figure 285 représente en élévation une jambe étrière se reliant avec un mur mitoyen en moellons.

La jambe étrière est posée sur une pierre grossièrement taillée que l'on nomme *libage;* ce libage repose sur le mur de fondation construit en meulière.

Nous aurons dans la suite l'occasion de revenir sur la construction des jambes étrières ; c'est pourquoi il est inutile de nous y arrêter plus longuement.

Maçonnerie de pierre de petit appareil.

349. Avant de terminer ces quelques généralités sur les maçonneries, il nous reste à dire quelques mots des maçonneries de pierre de petit appareil.

On appelle pierre de *grand* ou de *haut appareil*, toute pierre de taille extraite d'un banc de plus de 0m,30 d'épaisseur, et pierre de *petit* ou de *bas appareil*, toute pierre provenant d'un banc de moins de 0m,30.

La pierre de taille de petit appareil coûte moins cher que la pierre de taille ordinaire.

L'exécution de cette maçonnerie est soumise aux mêmes règles que celles de la pierre de taille ordinaire, autant sous le rapport de la taille et de la mise en œuvre que sous celui des dispositions architecturales ; la seule différence existant entre ces deux sortes de maçonnerie consiste en ce que les dimensions des pierres de petit appareil permettent de les manutentionner à bras d'homme, sans avoir besoin de recourir aux machines spéciales, si ce n'est en élévation pour le montage seulement. Il s'ensuit un travail plus facile à exécuter, par suite plus rapide et plus économique.

350. *Smillage de la pierre tendre.* — Le smillage est un travail préparatoire pour la pierre tendre de petit appareil, qui se fait en carrière au moyen d'une laye ; il consiste à dégrossir les pierres en régularisant leurs formes, de manière que les joints soient plus ou moins pleins, les lits à peu près parallèles entre eux, et d'équerre au parement qui doit être taillé assez proprement. La taille définitive se fait quelquefois aussi en carrière, mais le plus souvent près du lieu d'emploi.

351. *Taille de la pierre dure.* — Presque toujours la pierre dure se taille en carrière ; on commence par établir un chantier, c'est-à-dire un petit massif en pierres sèches de 0m,50 à 0m,60 de hauteur, sur lequel on pose chaque bloc pour le tailler et le dégrossir ; on dresse le parement en n'y laissant aucune flache, et on coupe les lits et les joints d'équerre entre eux et le parement, en faisant des arêtes vives qu'on trace au moyen d'une petite équerre en fer.

Pose de la pierre. — Comme pour la pierre de taille, il faut avoir soin, dans une même assise, de placer un morceau court à côté d'un morceau long et de ne jamais faire correspondre les joints de deux assises en contact, afin qu'il y ait liaison parfaite entre les pierres.

La pose de cette petite pierre ne présente pas les difficultés qu'on éprouve pour la pierre de taille : les morceaux étant moins lourds se posent toujours directement sur plâtre ou sur mortier de chaux, sans faire usage de cales ; l'ouvrier doit avoir soin de placer en dessous le plus beau des lits de chaque bloc et de caler ceux qui sont maigres en queue, en noyant des éclats de pierre dans la couche du mortier ; sans cette précaution les vides qui pourraient rester dans la maçonnerie, occasionneraient des tassements, qui nuiraient considérablement à la solidité de la construction.

La pierre de petit appareil est une des améliorations apportées aux grands travaux de maçonnerie, surtout depuis l'emploi des ciments à prise lente, qui en a rendu l'usage beaucoup plus sûr et plus facile. Aussi est-elle employée dans un grand nombre de cas par le constructeur, soit pour varier l'effet de son appareil, soit par économie ou pour donner un caractère spécial à ses ouvrages. Elle s'encadre très bien dans la pierre de taille ordinairement d'un ton différent. La pierre dure peut faire des socles d'écoles, d'usines, de villas et de maisons particulières et la pierre tendre est employée en élévation.

Mortiers employés pour le rejointoiement des pierres de taille de grand et de petit appareil.

352. Les maçonneries de pierres de taille tendres, posées avec du mortier de plâtre, sont, dans les conditions ordinaires des ouvrages en élévation, rejointoyées avec le plâtre, auquel on ajoute, suivant le cas, une coloration semblable à la couleur de la pierre; mais souvent les maçonneries de pierres dures et quelquefois celles de pierres tendres sont exposées à être dégradées sous les influences de l'air, de l'eau et de l'humidité : alors il est important de n'employer aux rejointoiements que des mortiers susceptibles de résister énergiquement à tous ces agents de destruction, si on ne veut pas être obligé de recommencer plus tard ce travail qui deviendrait alors très coûteux.

Dans la plupart des cas, il suffit pour faire des joints assez résistants et de longue durée, d'employer simplement, soit un mortier de ciment pur ou mélangé de sable, soit un mortier fin de chaux hydraulique ; mais lorsque les joints sont exposés à la présenee prolongée de l'humidité, ou de l'eau, tels que pour les chéneaux, gargouilles, dallages, vasques, etc., il devient indispensable de rendre les joints très étanches : alors on emploie des mastics qui ont une adhérence plus intime avec la pierre. Ces mastics ont été étudiés avec beaucoup de détails dans la première partie de ce cours, il est donc inutile d'y revenir.

Le mortier de chaux hydraulique employé à faire les joints, se compose ordinairement de *trois parties de sable* assez fin, broyées avec *deux parties* de chaux hydraulique, mesurée en pâte ferme sans addition d'eau. Il est essentiel que le sable soit pur, c'est-à-dire non limoneux. Les joints confectionnés avec ce mortier demandent à sécher lentement, on augmente leur résistance en prenant les mesures nécessaires pour les mettre à l'abri des influences dessiccatives de l'atmosphère.

CHAPITRE II

DÉTAILS D'EXÉCUTION DES GROS OUVRAGES EN MAÇONNERIE

PREMIÈRE PARTIE

SOMMAIRE

§ I. — DES ÉGOUTS ET DES FOSSES D'AISANCES

I. — Égouts. — Définitions et notions générales.

353. On désigne sous le nom d'*égouts* des canaux souterrains destinés à l'évacuation des eaux pluviales, et de toutes celles employées aux services publics et privés d'une ville. Les égouts se classent en deux catégories : les égouts publics et les égouts particuliers.

II. — Égouts publics.

354. Les divers types d'égouts publics adoptés à Paris peuvent se classer comme suit :

1° *Les collecteurs principaux*, dont la cunette a $1^m,00$ de profondeur au moins. Le curage de ces égouts se fait au moyen de bateaux-vannes. La section intérieure varie de $11^{m2},40$ à $18^{m2},70$. La pente du ra-

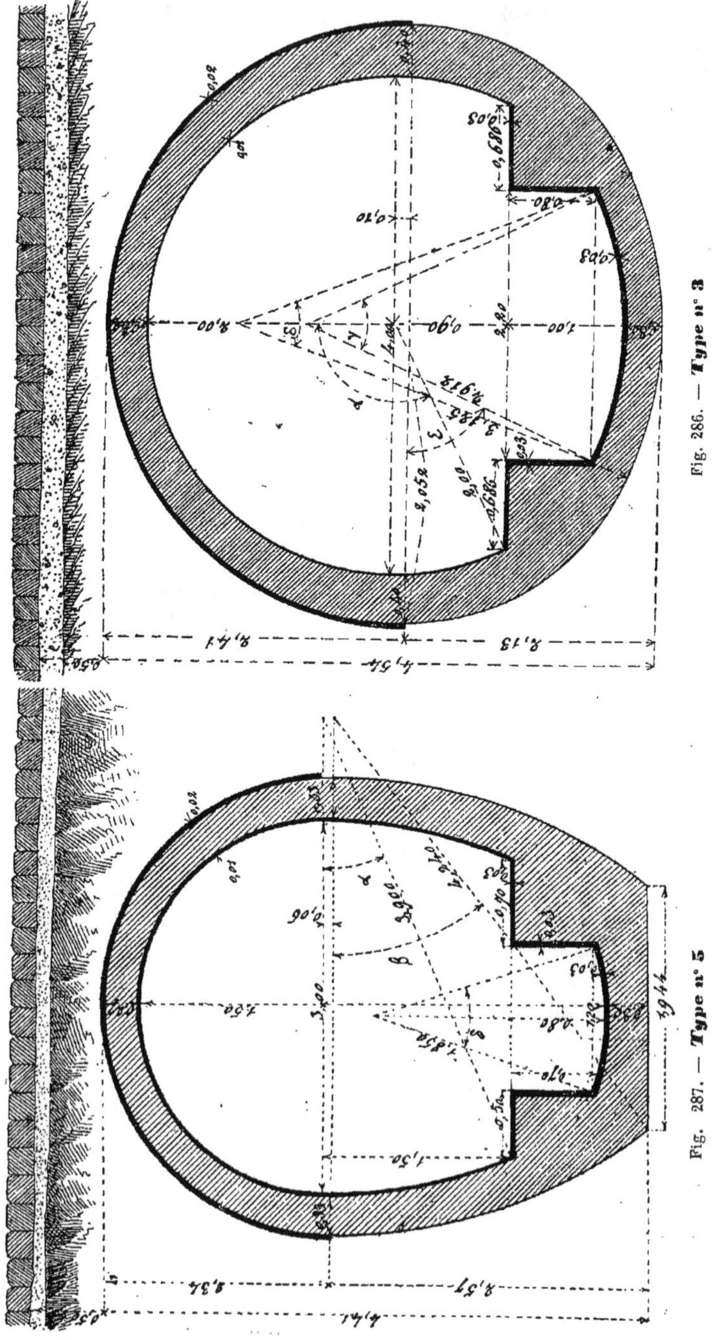

Fig. 286. — **Type n° 3**

Fig. 287. — **Type n° 5**

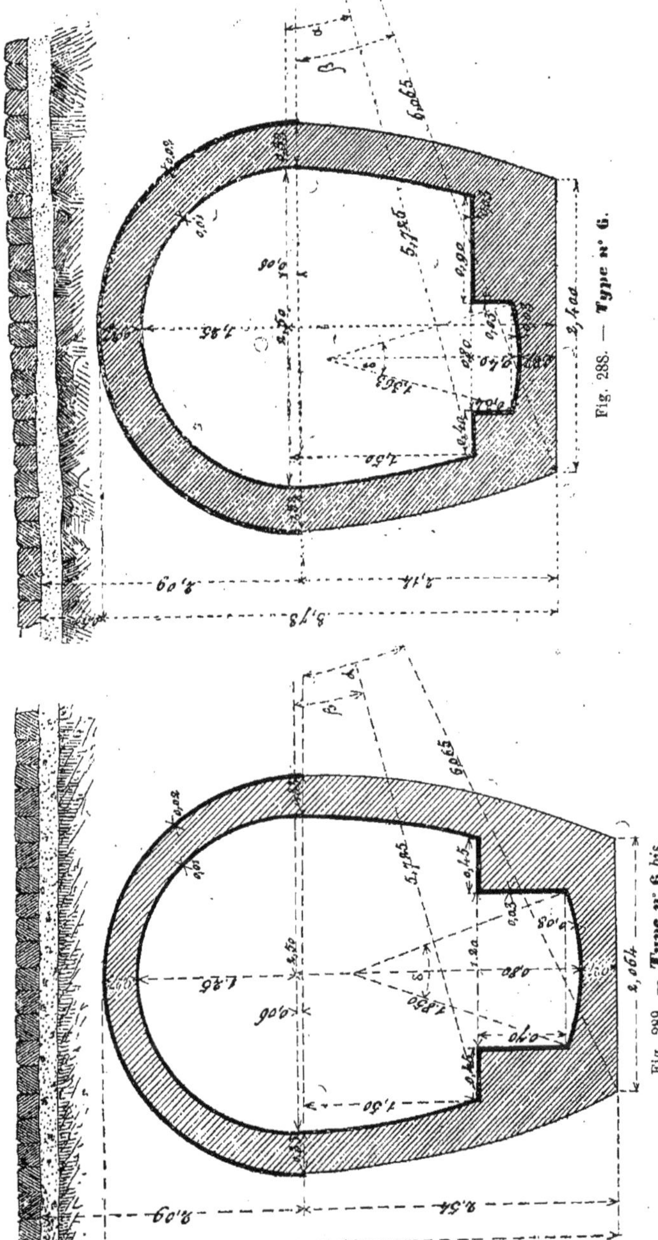

Fig. 288. — **Type n° 6.**

Fig. 289. — **Type n° 6 bis.**

dier varie de $0^m,30$ à $0^m,50$ par kilomètre.

2° *Les collecteurs ordinaires*, dont la cunette à $0^m,80$ de profondeur au moins. Le curage de ces égouts se fait au moyen

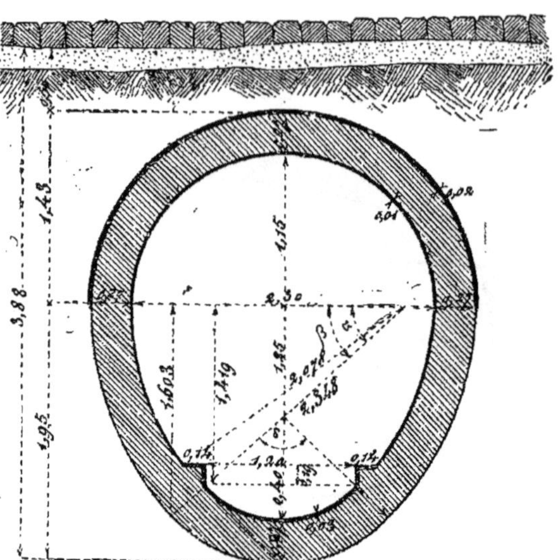

Fig. 290.— **Type n° 8.**

de wagons-vannes guidés par des rails fixés sur les bords de la cunette. La section intérieure varie de $4^{m2},25$ à $11^{m2},40$. La pente du radier varie de $0^m,50$ à $5^m,00$ par kilomètre.

3° *Les égouts sans cunette*, dont la sec-

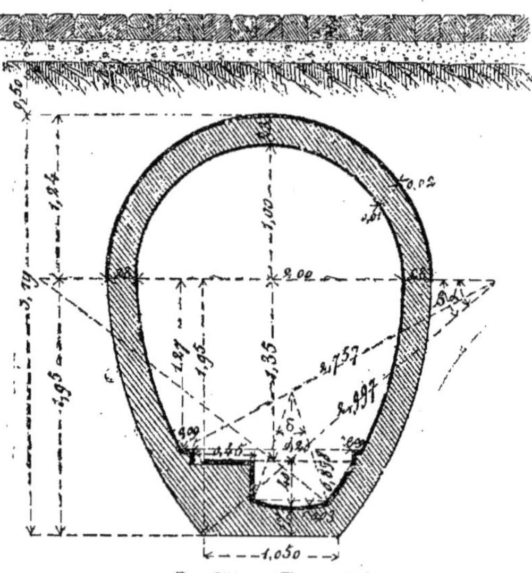

Fig. 291. — **Type n° 9.**

tion intérieure varie de $2^{m2},45$ à $3^{m2},30$ et dont la pente du radier, qui est de $1^{m},50$ au moins par kilomètre, pour les égouts qui reçoivent peu d'eau, peut être portée

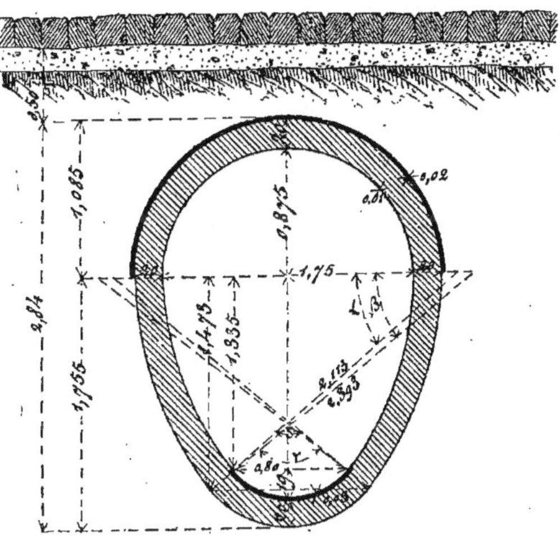

Fig. 292. — ***Type n° 10.***

jusqu'à 50 mètres, et même jusquà 80 mètres par kilomètre pour les galeries de peu de longueur.

Les principaux types d'égouts employés pour le service de la ville de Paris sont reprensentés (*fig.* 286, 287, 288, 289, 290,

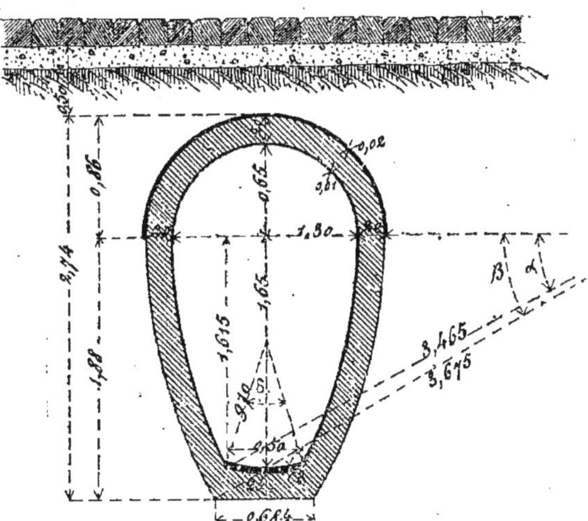

Fig. 293. — ***Type n° 12.***

291, 292, 293, 294, 295, 296.) Il existe une autre série de quatre types d'égouts plus petits qui servent pour les branchements particuliers et qui sont représentés (*fig.*

297, 298, 299, 300). Enfin les branchements de bouche et les branchements de regard dont nous allons parler.

Nous résumons dans le tableau ci-après les dimensions principales de chacun des types et les données indispensables pour leur construction.

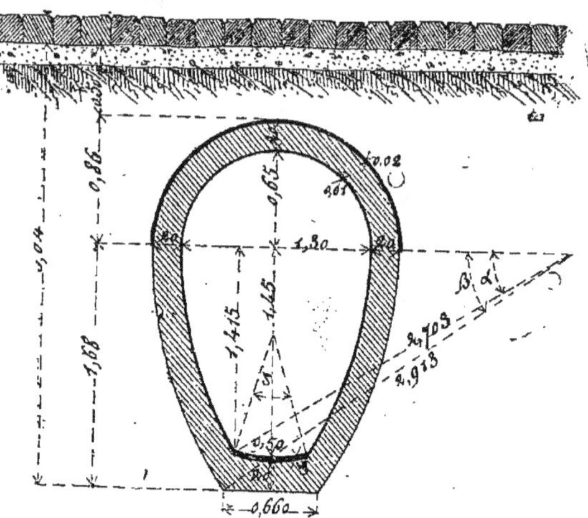

Fig. 294. — **Type n° 13.**

III. — Branchements de bouche.

355. Les eaux qui s'écoulent dans les rues par des ruisseaux ou par des caniveaux se réunissent en certains points bas pour se rendre dans les égouts. A chacun de ces points bas on place ce que l'on

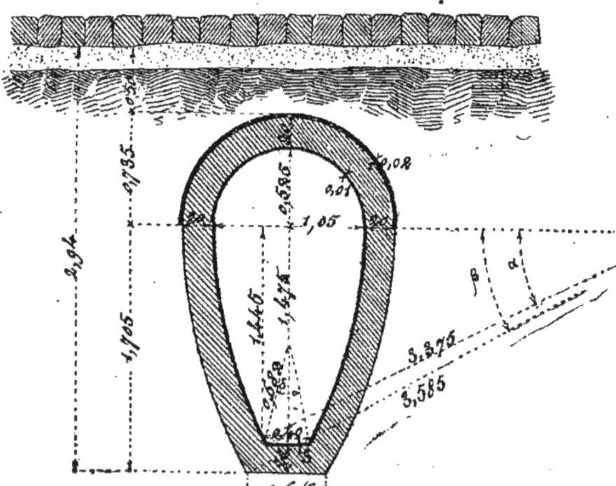

Fig. 295. — **Type n° 13** *bis*.

appelle une *bouche d'égout*. Ces bouches communiquent par un branchement spécial avec l'égout public placé sous la chaussée.

TABLEAU DES TYPES D'ÉGOUT DE LA VILLE DE PARIS

DIMENSIONS PRINCIPALES DES DIFFÉRENTS TYPES D'ÉGOUTS

Désignation	Numéro du Type	Hauteur sous clef	Largeur aux naissances	Largeur du radier	Flèche du radier	Profondeur normale de fouille	ANGLES CALCULÉS α	β	γ	δ	ε
Branchements particuliers	1	$1^{m},80$	$0^{m},90$	$0^{m},50$	$0^{m},035$	$2^{m},74$	17° 17′ 44″	19° 56′ 21″		31° 52′ 42″	
	2	$1^{m},40$	$0^{m},60$	$0^{m},40$	$0^{m},030$	$2^{m},34$	10° 40′ 42″	12° 50′ 26″		34° 7′ 35″	
	3	$1^{m},20$	$0^{m},60$	$0^{m},40$	$0^{m},030$	$2^{m},14$	13° 6′ 50″	16° 13′ 26″		34° 7′ 35″	
	4	$1^{m},00$	$0^{m},60$	$0^{m},40$	$0^{m},030$	$1^{m},94$	16° 58′ 40″	21° 47′ 52″		34° 7′ 35″	
Branchement de regard		$2^{m},00$	$1^{m},00$	$0^{m},50$	$0^{m},035$	$2^{m},94$	19° 22′ 6″	21° 57′ 13″		31° 42′ 52″	
Types des égouts de Paris	3	$3^{m},90$	$4^{m},00$	$2^{m},20$	$0^{m},200$	$5^{m},04$	233° 29′ 20″		49° 21′ 50″	41° 13′ 10″	65° 16′ 58″
	5	$3^{m},80$	$3^{m},00$	$1^{m},20$	$0^{m},100$	$4^{m},91$	22° 37′ 11″	37° 18′ 37″		37° 50′ 57″	
	6	$3^{m},15$	$2^{m},50$	$0^{m},80$	$0^{m},060$	$4^{m},23$	15° 11′ 21″	20° 39′ 41″		34° 7′ 26″	
	6 *bis*	$3^{m},55$	$2^{m},50$	$1^{m},20$	$0^{m},100$	$4^{m},63$	15° 11′ 21″	24° 45′ 31″		37° 50′ 57″	
	8	$2^{m},80$	$2^{m},30$	$1^{m},20$	$0^{m},231$	$3^{m},88$	36° 59′ 4″	43° 4′ 24″		94° 3′ 24″	
	9	$2^{m},75$	$2^{m},00$	$0^{m},53$	$0^{m},040$	$3^{m},69$	27° 25′ 53″	40° 35′ 41″		34° 20′ 4″	
	10	$2^{m},40$	$1^{m},75$	$0^{m},80$	$0^{m},190$	$3^{m},34$	39° 10′ 17″	37° 58′ 23″	104° 3′ 14″	101° 39′ 26″	
	12	$2^{m},30$	$1^{m},30$	$0^{m},50$	$0^{m},035$	$3^{m},24$	27° 46′ 50″	30° 46′ 5″		31° 52′ 42″	
	13	$2^{m},10$	$1^{m},30$	$0^{m},50$	$0^{m},035$	$3^{m},04$	31° 24′ 10″	35° 13′ 24″		31° 52′ 42″	
	13 *bis*	$2^{m},00$	$1^{m},05$	$0^{m},40$	$0^{m},030$	$2^{m},94$	25° 21′ 9″	28° 24′ 2″		34° 7′ 35″	
	14	$2^{m},00$	$0^{m},90$	$0^{m},40$	$0^{m},030$	$2^{m},94$	18° 40′ 48″	21° 2′ 58″		34° 7′ 35″	

Elles se composent ordinairement comme l'indique la figure 301 d'un couronnement en granit A évidé et qui continue la bordure du trottoir et d'une bavette. également en granit, qu'on pose à la hauteur des caniveaux sur la partie supérieure des murs d'une cheminée verticale de chute C. La largeur de cette cheminée est de $0^{m},45$ et sa hauteur $1^{m},00$ environ ; elle communique avec l'égout

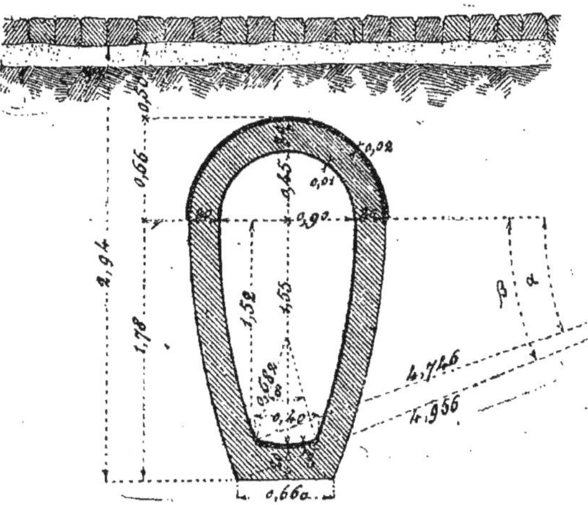

Fig. 296. — **Type n° 14.**

public E à l'aide d'une galerie D que l'on désigne sous le nom de *branchement de bouche*. Les dimensions de cette galerie sont de $1^{m},40$ de hauteur moyenne sous clef et $0^{m},80$ de largeur aux naissances de la voûte, qui est un plein cintre. La largeur du radier est de $0^{m},50$.

IV. — Branchement de regard.

356. Quand les égouts sont placés sous les chaussées, on établit, pour avoir une communication avec ces égouts, des *regards* placés sur les trottoirs. La disposition

BRANCHEMENTS PARTICULIERS.

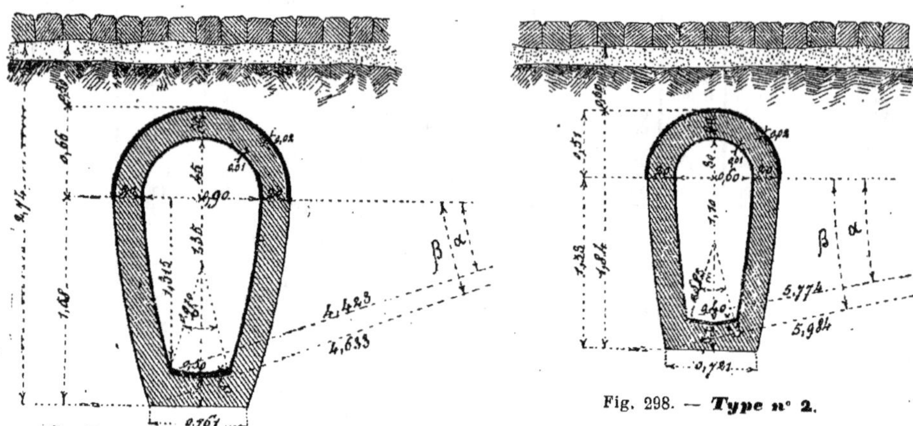

Fig. 297. — **Type n° 1.**

Fig. 298. — **Type n° 2.**

généralement adoptée est représentée (*fig.* 302). Ces regards sont en communication avec l'égout public par une galerie ou *branchement de regard* dont les dimen-

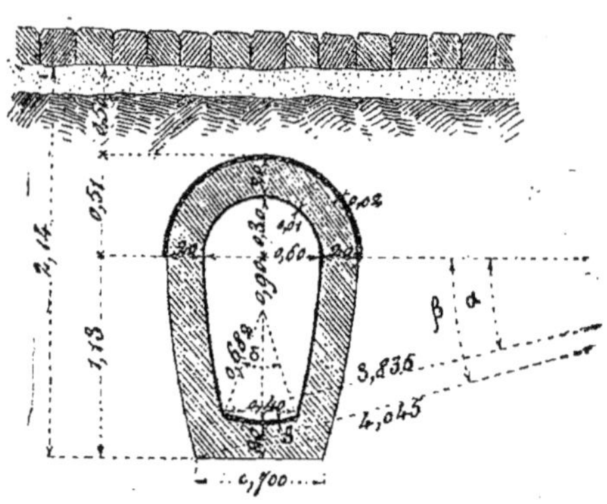

Fig. 299. — **Type n° 3.**

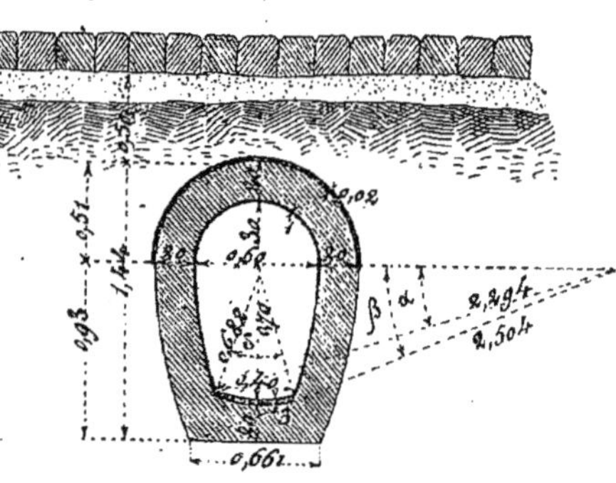

Fig. 300. — **Type n° 4.**

sions sont ordinairement 2^m,00 de hauteur sous clef, 1^m,00 de largeur aux naissances et un radier de 0^m,50 de largeur. Lorsque l'égout public est construit directement sous le trottoir, ces regards se composent simplement de cheminées verticales établies sur l'axe de l'égout.

Ces cheminées, qui se terminent à la surface du sol par une trappe en fonte composée d'un châssis fixe et d'un tampon mobile de 0^m,80 de diamètre, ont moyennement 0^m,90 de côté. Entre le branchement de regard et l'égout public on place deux marches de 0m,15 de hauteur. Les ouvriers après avoir soulevé le tampon descendent dans le branchement de regard par des échelons scellés dans le mur vertical.

Données générales sur la construction des égouts.

357. La maçonnerie des égouts se fait en meulière et mortier de chaux hydraulique, ou mieux en meulière et mortier de ciment. Les blocs de meulière qui forment le corps de l'égout doivent être disposés normalement à la surface de la paroi intérieure de l'égout. Les blocs qui forment le radier doivent être posés sur champ et non à plat, il en est de même des blocs qui forment la dernière arase des banquettes. On emploie le ciment Garriel de Vassy ou analogue dans les proportions suivantes : 2 parties de ciment pour 5 parties de sable, ou 2 parties de ciment et 6 parties de sable. Lorsqu'on désire une résistance plus grande, on peut admettre 2 parties de ciment pour 4 de sable, et même mélanger ces deux matières par moitié. L'emploi du ciment pur est interdit. Les épaisseurs à la clef des différents types d'égouts varient de 0m,20 à 0m,40.

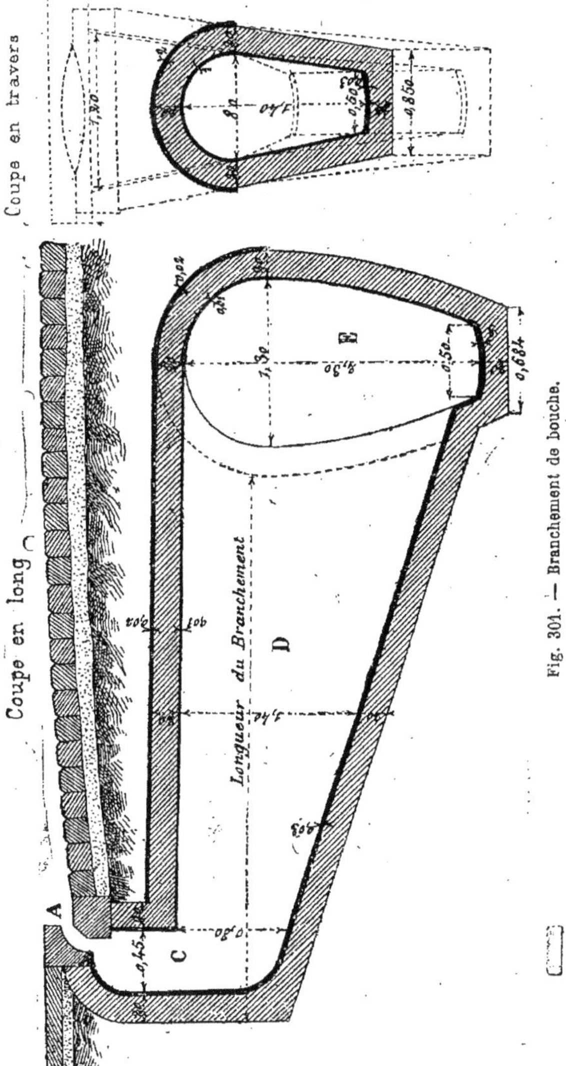

Fig. 301. — Branchement de bouche.

Les enduits intérieurs et les chapes de l'extrados des voûtes se font en ciment Garriel de Vassy ou analogue. Les enduits intérieurs se font à 0m,01 d'épaisseur et les chapes à 0m,02 d'épaisseur. Les radiers devant offrir une plus grande résistance à l'usure sont enduits en ciment de Portland sur une épaisseur de 0m,03 Les enduits sont presque toujours posés sur un rocaillage en mortier de ciment. Le mortier de rocaillage est composé en volume de deux parties de ciment et de cinq de sable.

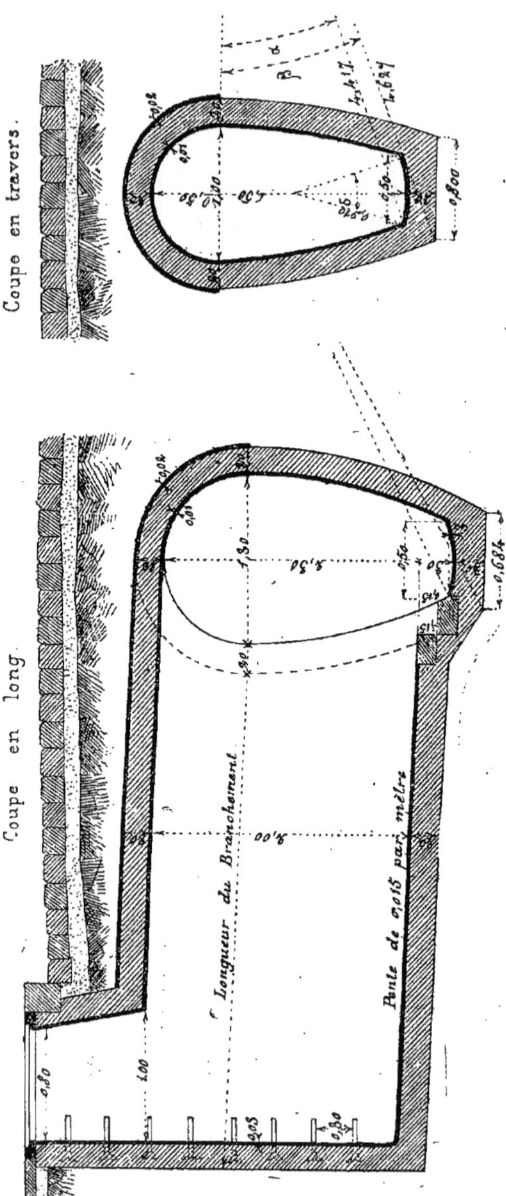

Fig. 202. — Branchement de regard.

Les égouts se font tous d'après des gabarits ; pour les plus simples on creuse la fouille de la forme même de l'égout et l'on monte la maçonnerie jusqu'au cintre directement contre les parois de la terre puis on met un cintre en bois pour construire la voûte en plein cintre.

Autant que possible, il faut construire les égouts de manière à placer l'extrados des voûtes à $1^m,00$ au moins au-dessous de la face inférieure des pavés ou du macadam formant la chaussée ; dans tous les cas la cote de $0^m,50$ indiquée dans les croquis précédents est un minimum.

Le service des égouts se fait au moyen de regards établis à 50 mètres de distance l'un de l'autre et placés autant que possible sous les trottoirs afin de supprimer les trappes sous chaussées.

Les égouts servent non seulement de récipient aux eaux de pluie et aux eaux ménagères, ils servent aussi pour l'installation des conduites des eaux d'alimentation.

V. — Différents types d'égouts à employer suivant la largeur des rues.

358. La section des égouts doit être d'autant plus grande que la rue dans laquelle ils sont placés est plus large; pour les rues de 20m,00 et plus de largeur il est utile de construire un égout sous chaque trottoir; le parement extérieur des maçonneries, aux naissances de la voûte, doit être à 0m,60 de l'alignement des constructions. Pour les rues ayant moins de 20m,00 de largeur, on ne construit ordinairement qu'un seul égout, que l'on place le plus souvent dans l'axe de la rue.

359. *Choix du type.* — Quand la pente est considérable et lorsqu'elle dépasse 10 mètres par kilomètre, les égouts de petite section nos 10 et 12 (*fig.* 292, 293) sont presque toujours suffisants pour débiter l'eau du bassin.

Lorsque les pentes sont faibles, la détermination du type est faite au moyen de la formule suivante : (Claudel)

$$S = \frac{\omega \sqrt{RI}}{0,0239} \quad (1)$$

Dans laquelle

S représente la surface du bassin en hectares ;

ω représente l'aire de la section de l'égout en mètres carrés ;

$R = \frac{\omega}{X}$, X étant le périmètre de la section ω ;

I représente la pente du radier en mètres par kilomètre. Cette formule est extraite de celle de Prony $0,32v^2 = RI$; on a supposé que la plus grande quantité de pluie qui tombe par seconde et par hectare à Paris, est de 0m³,125, et que le temps de l'écoulement dans les égouts est trois fois plus long que la durée de la pluie.

La formule beaucoup plus simple

$$\omega = 0,1 \frac{S}{\sqrt{I}}$$

qui a été proposée, donne des débouchés de 3 à 6 fois plus grands.

Au moyen de la formule (1), on a dressé le tableau suivant, qui donne les surfaces normales des bassins de chaque type d'égout pour les pentes faibles.

Numéros des types d'égout	Aire ω	Périmètre X	Superficie normale S du bassin pour des pentes I par kilomètre de				
			0m 50	1m 00	1m 50	2m 00	2m 50
1	18m 67	16m 60	585h	828h	»	»	»
2	16 59	16 11	496	701	»	»	»
3	11 37	12 99	316	447	»	»	»
5	8 65	11 61	220	311	379	439	491
6 modifié.	6 98	10 47	169	239	292	337	377
6	6 30	9 83	149	211	257	298	333
7	6 18	9 62	146	207	252	292	327
8	5 06	7 93	120	170	207	240	269
9	4 24	7 78	93	132	161	186	209
10	3 31	6 56	70	99	121	140	156
12	2 42	5 94	44	63	77	89	100

VI. — Egouts particuliers. Branchements d'égouts.

360. Les propriétaires qui doivent faire exécuter des branchements d'égouts, doivent en faire la demande à la préfecture de la Seine. Lorsqu'ils auront reçu l'autorisation, ils pourront faire procéder par un entrepreneur de leur choix à l'établissement du branchement d'égout nécessaire pour conduire à l'égout public les eaux pluviales et ménagères de leur maison. Pour l'exécution ils devront se conformer aux règlements de voirie; ils doivent de plus avoir fait achever toute opération sur la voie publique dans un délai de vingt jours francs à partir du jour où ils auront reçu l'autorisation de construire, le travail étant supposé suspendu les dimanches et jours de fête. A défaut d'achèvement dans ledit délai, il y sera pourvu d'office par les soins de l'Administration.

La dépense des travaux sera payée à l'entrepreneur par le propriétaire, directement et sans intervention, ni garantie de la part de l'Administration, à l'exception toutefois des frais de raccordements qui seront payés à la ville pour être versés aux entrepreneurs ordinaires du service.

Nous avons donné (*fig.* 297, 298, 299, 300) les différents types des branchements particuliers, il nous reste à dire quelques mots des règlements de voirie sur leur construction.

Règlement pour les égouts particuliers isolés et les branchements dans Paris.

(19 *décembre* 1854)

Article premier. — L'entreprise a pour objet les travaux à exécuter dans l'intérieur de la ville de Paris, pour la construction, sous la voie publique, d'un certain nombre de branchements particuliers d'égouts isolés.

Art. 2. — L'entreprise comprendra les branchements dont la désignation suit :

Description des Travaux

Art. 3. — Le branchement d'égout particulier sera construit entre l'égout public et le mur de face de la propriété. Il aura 2m,30 de hauteur sous clef, 1m,30 de largeur aux naissances, et sera entièrement conforme dans ses dispositions à l'égout type n° 12 de la Ville. Le radier sera disposé suivant le maximum de pente disponible, de manière à se raccorder avec l'égout public. à 0m,15 au moins en contre-haut du radier de ce dernier.

Il sera construit en se conformant aux clauses et conditions du devis d'entretien et de son adjudication.

Art. 4. — Les conduites des eaux ménagères seront en tuyaux de fonte mince assemblés à emboîtement et cordon avec joint et collet fait en ciment ou en mastic de fontainier. Elles pourront être terminées, à leur arrivée dans le branchement, par un tuyau en fonte épaisse ayant 2m,50 de longueur, et déboucheront bien horizontalement au-dessus du radier dans une cuvette en maçonnerie ou en fonte, formant fermeture hydraulique.

Les cuvettes en fonte seront fournies à pied-d'œuvre en régie ; elles seront mises en place par l'entrepreneur, qui ne recevra pour cette pose que le prix du support en maçonnerie de ciment.

Art. 5. — La conduite de descente des eaux pluviales sera aussi en tuyaux de fonte mince assemblés à emboîtement et cordon avec joint et collet en ciment ou en mastic de fontainier. Elle sera complètement isolée du tuyau des eaux ménagères, et débouchera de la même manière dans la cuvette hydraulique dont il vient d'être parlé. Les tuyaux de descente éloignés du branchement peuvent être prolongés sous le trottoir jusqu'audit branchement, à la condition qu'ils aient au moins une pente de 0m,20 par mètre.

Art. 6. — Le branchement d'égout particulier peut, à la volonté du propriétaire, être prolongé sous la maison pour faciliter l'écoulement des eaux et des immondices ; il est nécessaire, dans ce cas, d'établir à l'aplomb du mur de façade une grille en fer avec une serrure à deux clefs pour intercepter la communication de la maison avec l'égout public.

Art. 7. — La ventilation permanente du branchement se fera au moyen d'une cheminée d'appel s'ouvrant à l'intrados de la voûte et débouchant au-dessus des combles ; la section de cette cheminée sera de 3 décimètres carrés au moins. Dans les branchements construits pour le service des anciennes maisons, on placera seulement le premier tuyau de la cheminée dans la voûte de l'égout.

Les travaux mentionnés dans les articles 7 et 8 ne seront point exécutés sous la direction des ingénieurs.

Art. 8. — Les conduites de gaz rencontrées par le branchement seront isolées de la maçonnerie par des demi-manchons en fonte qui seront établis aux frais du propriétaire, si la conduite préexiste et, aux frais de la Compagnie d'éclairage, si la pose de la conduite est postérieure à l'établissement du branchement.

Art. 9. — On placera dans l'égout public, au débouché du branchement, un numéro exactement semblable à celui de la maison, dans l'emplacement qui sera désigné par les agents du service municipal. Ce numéro sera fourni en régie et sera posé par l'entrepreneur ; en faisant l'enduit, aucune plus-value ne sera payée pour cette pose.

Mode d'exécution des travaux.

Art. 10. — La longueur du branchement sera mesurée sur l'axe depuis le derrière du mur de fond qui termine, jusqu'au parement intérieur du pied-droit de l'égout public, à la hauteur de la naissance de la voûte.

Les tuyaux en fonte, soit pour les eaux ménagères soit pour les eaux pluviales, seront payés au mètre courant, mesurés sur l'axe des tuyaux.

Les crochets et crampons en fer qui pourront être nécessaires pour maintenir en place ces conduites seront payés au poids et les scellements à la pièce.

Les ponts de piéton, qui auront été exécutés suivant les indications de l'ingénieur, ne sont pas compris dans les prix du mètre courant d'égout ou de conduite.

Arr. Préf Seine, 9 juin 1863; 25 février 1870; 14 février 1872, limitant les dimensions de la galerie à 1m.80 de hauteur minimum, 0m,90 de largeur aux naissances de la voûte, et 0m,60 de largeur au radier :

Arr. Préf. Seine (2 juillet 1879) :

« Art. 1er. — Les dimensions des branchements particuliers d'égout d'une longueur inférieure à 6 mètres sont réduites aux minima suivants : hauteur sous clef, 1 mètre; largeur aux naissances, 60 centimètres; largeur au radier, 40 centimètres.

« Art. 2. — L'écoulement direct dans l'égout public des eaux pluviales et ménagères des propriétés d'un revenu inférieur à 3.000 francs, situées en dehors des voies publiques de grande circulation, pourra être autorisé au moyen de tuyaux résistants, en fonte ou en grès, d'un diamètre minimum de 30 centimètres, et placés en ligne droite suivant une pente de 75 millimètres au moins par mètre. »

Permission de voirie, Préfect. Seine :

« Toute construction, dans une rue pourvue d'égout, sera disposée de manière à conduire dans l'égout les eaux pluviales ou ménagères, conformément aux prescriptions de la permission qui sera délivrée sur une demande spéciale. — Un tuyau de ventilation d'au moins 4 décimètres carrés de section partant de l'égout et s'élevant au-dessus du comble sera établi, soit sur le parement intérieur, soit sur la tête du mur mitoyen.

Nota. — L'une des conditions de salubrité essentielles consiste à surveiller d'une manière toute spéciale le raccordement des maisons avec les égouts ou avec les conduits d'eau ménagère.

Si cette jonction est mal faite, il peut s'établir, entre l'égout et la maison, un courant d'air qui attire dans celle-ci les gaz et les miasmes de l'égout.

Il est nécessaire d'établir, à cet effet, des siphons au haut des tuyaux, et des cuvettes hydrauliques au bas, à l'entrée de l'égout. Les trappes mobiles ou clapets ont été reconnus insuffisants.

Ces fermetures hydrauliques sont indispensables dans tous les conduits, ceux de l'évier, des eaux de toilette ou de ménage, des cabinets d'aisances, et doivent exister en double : à la jonction de l'égout, d'abord, pour empêcher les gaz de remonter, et au haut des conduits ensuite, pour éviter que l'odeur du conduit lui-même ne pénètre dans l'appartement. Ces tuyaux doivent eux-mêmes être ventilés.

Branchements d'égouts. — Modification.

Vu les arrêtés préfectoraux, en date des 2 juillet 1879 et 14 janvier 1880, qui ont fixé les dimensions réduites des branchements particuliers d'égout pour le drainage des maisons aux proportions suivantes :

1° Pour les branchements d'une longueur inférieure à 2 mètres, savoir :

Hauteur sous clef.	1m,00
Largeur aux naissances. . .	0m,60
— au radier.	0m,40

2° Pour les branchements d'une longueur supérieure à 2 mètres, savoir :

Hauteur sous clef.	1m,40
Largeur aux naissances. . .	0m,60
— au radier.	0m,40

Vu le procès-verbal de la séance du 22 mai 1884, dans lequel la commission d'études pour la ventilation et l'assainissement des égouts expose les inconvénients de l'application de ce nouveau type d'égout, qui ne permet, ni de curer complètement ces galeries, ni de les réparer en cas d'engorgement ou de dégradations, ni de poser ou de réparer les conduites d'eau ou autres ouvrages qu'elles doivent renfermer;

Vu le rapport de l'inspecteur général des ponts et chaussées, directeur des travaux de Paris, en date du 20 juin;

Vu la déclaration du conseil municipal, en date du 6 août 1881, portant qu'il y a lieu, pour remédier aux inconvénients signalés, de donner aux branchements particuliers d'égout une section minima de 2 mètres de hauteur et de 1m,30 de largeur;

Vu la déclaration rectificative du conseil municipal, en date du 22 de ce mois, ramenant la section des branchements particuliers d'égout à une hauteur de 1m,80 et une largeur de 0m,90;

Vu le décret du 25 mars 1852 sur la décentralisation administrative et la loi du 24 juillet 1867 sur les conseils municipaux;

Arrête :

Art. 1er. — La délibération sus-visée du conseil municipal de Paris, en date du 22 octobre 1881, est approuvée. En conséquence, les arrêtés des 2 juillet 1879 et 14 janvier 1880 sont rapportés dans celles de leurs dispositions qui sont contraires aux dimensions prescrites par les articles qui suivent.

Art. 2. — Les branchements particuliers d'égout desservant les propriétés devront désormais avoir, quelle que soit leur longueur, une section minima de 1m,80 de hauteur et de 0m,90 de largeur.

Art. 3. — Les propriétaires d'immeubles d'un revenu imposable inférieur à 3,000 francs et situés en bordure sur les voies de petite communication, continueront à bénéficier de la faculté de poser des tuyaux en grès ou en fonte pour l'écoulement de leurs eaux.

Art. 4. — L'inspecteur des ponts et chaussées, directeur des travaux de Paris, est chargé de l'exécution du présent arrêté.

Application à un cas particulier

361. Supposons que nous ayons (*fig* 303) une série de bâtiments n°s 1, 2, 3, 4, 5, 6, 7, 8, 9, 10. dont deux seulement n°s 1. et 6. sont sur rue et les autres ayant vue sur une grande cour. Nous indiquons, dans cette figure, les branchements d'égouts à

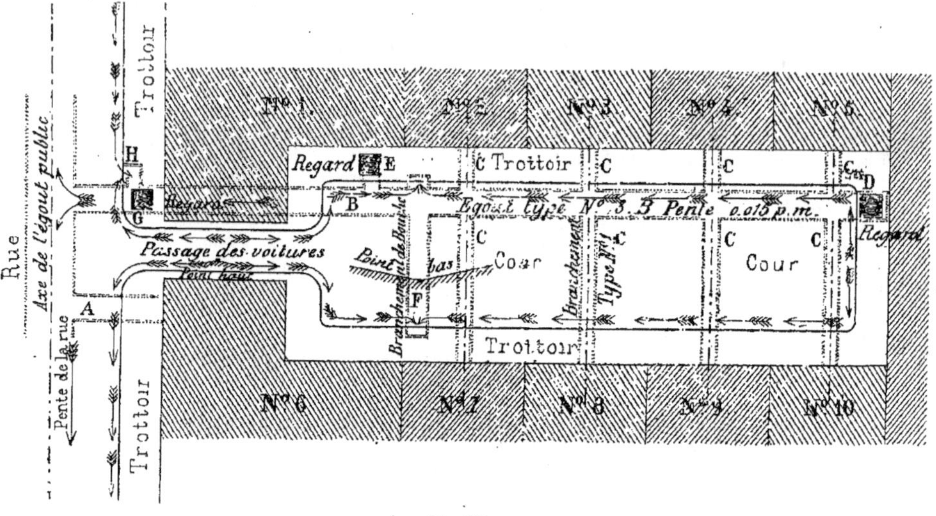

Fig. 303.

établir pour l'enlèvement des eaux pluviales et ménagères. La maison n° 1 peut déverser ses eaux directement dans l'égout qui passe au dessous. La maison n° 6 peut à l'aide d'un branchement direct A déverser ses eaux dans l'égout public ; chacune des autres maisons déversera ses eaux dans un égout B du type n° 13, à l'aide d'un branchement spécial pour chacune d'elles et désigné par la lettre C. Dans la cour nous placerons pour le service de l'égout B deux regards, l'un D placé directement au dessus de l'égout ; l'autre E qui constitue un branchement de regard. Si au point F nous supposons un point bas, nous placerons en cet endroit deux branchements de bouche. Enfin en G un regard sur le trottoir de la rue, et en H un branchement de bouche qui peut déboucher soit dans l'égout public directement soit dans l'égout B. Ce branchement de bouche H est ainsi placé pour éviter que toutes les eaux de la rue n'entrent dans la cour par le passage. Ce croquis nous montre l'application que l'on peut faire des différents types étudiés précédemment. Les flèches indiquent l'écoulement à l'égout des eaux de pluie qui s'écoulent par les ruisseaux.

VII. — Fosses d'aisances.

362. Lorsque, dans un bâtiment, la fouille est terminée on procède ordinairement à la construction des *fosses d'aisances.*

Définitions et notions générales.

363. On désigne sous le nom de fosses d'aisances des récipients maçonnés destinés à contenir momentanément les déjections humaines. On en distingue deux espèces : les fosses fixes et les fosses mobiles que l'on désigne souvent sous le nom de chambre à tinettes.

Nous nous occuperons en premier lieu des fosses fixes et de leur construction.

364. 1° *Fosses fixes*. Les fosses fixes doivent autant que possible, être placées plus bas que le sol des caves, de manière que l'extrados de leur voûte se trouve au niveau du sol de celle-ci ; on peut éviter par ce moyen les infiltrations dans les caves. Cependant ce n'est pas toujours possible de les placer ainsi, on prend alors toutes les précautions pour éviter les fuites. Les fosses d'aisances doivent être construites avec le plus grand soin. Les murs, dont l'épaisseur minimum doit être de 0m,45 à 0m,50 et les voûtes dont l'épaisseur la plus réduite est de 0m,30 à 0m,35, doivent, autant que possible, être hourdées en mortier hydraulique et les parois intérieures recouvertes d'un enduit en mortier de *chaux hydraulique*, ou mieux de *ciment romain*, de 0m,03 d'épaisseur au moins.

On se sert ordinairement pour faire cet enduit en ciment des proportions suivantes :

	Volume de Ciment	Volume de Sable
1° —	3 parties	1 partie
2° —	2 parties	1 partie
3° —	3 parties	2 parties

En employant l'une ou l'autre de ces trois proportions on obtient une imperméabilité suffisante, propriété importante lorsque la fosse est construite au voisinage de caves, de puits ou de citernes.

Nous verrons, dans un chapitre spécial que l'on cherche presque toujours dans l'étude d'un bâtiment, à placer les cabinets d'aisances à proximité des cages d'escalier ; on trouve ainsi dans la partie arrondie de ces cages un emplacement pour loger facilement les tuyaux de chute et les tuyaux de ventilation qui doivent monter verticalement ou à peu près afin d'éviter autant que possible les engorgements.

365. *Dimensions des tuyaux de chute et de ventilation*. — Les tuyaux de descente, qui correspondent aux cabinets de chaque étage au moyen des coudes en terre cuite ou en fonte et sur lesquels on pose les cuvettes, doivent avoir un diamètre intérieur de 0m,20 à 0m,22, il est préférable, lorsque l'emplacement le permet, de porter ces dimensions à 0m,25 de diamètre et même 0m,27 si cela est possible.

Les tuyaux de ventilation ou tuyaux d'évent, se placent presque toujours à côté des tuyaux de chute; ils partent du sommet de la fosse et montent jusqu'au-dessus du comble. On leur donne un diamètre de 0m,25 au moins.

366. *Avantages des tuyaux en fonte sur les tuyaux en poterie*. — Dans certains bâtiments on fait quelquefois les tuyaux de ventilation et quelquefois les tuyaux de chute tout en poterie, en ayant soin de mettre en fonte les premiers mètres au départ de la fosse. Dans les bâtiments un peu importants, il faut mettre les tuyaux de chute et de ventilation en fonte dans toute la hauteur du bâtiment, on évite ainsi bien des désagréments et bien des réparations. La dépense première est plus forte que pour les tuyaux en terre cuite ou en grès, mais la plus grande résistance, la plus longue durée et le peu de réparations nécessitées par les tuyaux en fonte les font préférer dans presque toutes les constructions.

Les tuyaux en fonte sont emboités les uns dans les autres et le joint entre deux tuyaux se fait, soit simplement avec du ciment romain, soit avec du mastic de fontainier, dont nous avons donné la composition dans la première partie à l'article Mastics.

367. *Dimensions à donner aux fosses d'aisances*. — Les dimensions à donner aux fosses d'aisances, varient selon les quantités de matières qu'elles doivent recevoir dans un temps donné. On pourrait dire que la grandeur des fosses en maçonnerie est arbitraire parce qu'on les vide lorsqu'elles sont remplies. Cependant il serait avantageux de ne faire cette opération que pendant les temps froids, c'est-à-dire une fois par an. Ces récipients pourraient être calculés sur une production annuelle de matière s'élevant à trois hectolitres par habitant ; mais à ce chiffre il faut ajouter l'eau de lavage des cuvettes. On peut donc calculer la capacité à donner à une fosse en comptant un demi-mètre cube par habitant et par an.

Il ne faut pas donner aux fosses moins de $2^m,00$ de côté; on en fait jusqu'à 7 et même $8^m,00$ de côté. Quelle que soit leur capacité, on ne doit jamais leur donner moins de $2^m,00$ de hauteur sous clef pour qu'un homme puisse y descendre et y travailler facilement.

368. *Règlement sur la construction des fosses fixes à Paris.* — La construction des fosses fixes est soumise à un règlement qu'il est utile de connaitre; ce règlement est applicable non seulement à Paris mais peut être encore étendu, par l'autorité municipale, aux villes, bourgs et gros villages.

A Paris, une ordonnance du 24 septembre 1819, suivie d'une ordonnance de police du 23 octobre de la même année, remplacée elle-même par une ordonnance du 23 octobre 1850, veulent que chaque maison soit pourvue de fosses d'aisances suffisantes et proportionnées au nombre des personnes qui doivent en faire usage, de telle sorte qu'il n'y ait pas besoin de les vider trop souvent. Cette obligation a été étendue aux communes rurales du ressort de la préfecture de police par une ordonnance du 1er décembre 1853.

369. *Observation.* — Avant d'établir des fosses d'aisances dans une localité, le constructeur doit se renseigner sur les divers règlements de voirie, relatifs à ces fosses, en vigueur dans la localité.

1° On ne pourra employer pour fosses d'aisances des puits, puisards, égouts, aqueducs ou carrières abandonnées sans y faire les constructions prescrites par le nouveau règlement

2° Lorsque les fosses seront placées sous le sol des caves, ces caves devront avoir une communication immédiate avec l'air extérieur.

3° Les caves sous lesquelles seront construites des fosses d'aisances devront être assez spacieuses pour contenir quatre travailleurs et leurs ustensiles et avoir au moins $2^m,00$ de hauteur sous voûte.

4° Les murs, la voûte et le plafond des fosses seront entièrement construits en pierre meulière maçonnée avec du mortier de chaux maigre et sable de rivière bien lavé. Les parois des fosses seront enduites de pareil mortier (ciment romain presque toujours) lissé à la truelle. On ne pourra donner moins de 30 à 35 centimètres d'épaisseur aux voûtes et moins de 45 à 50 centimètres d'épaisseur aux massifs et aux murs.

5° Il est défendu d'établir des compartiments ou divisions dans les fosses, d'y construire des piliers et d'y faire des chaînes ou des arcs en pierre apparente.

6° Le fond des fosses sera fait en forme de cuvette concave, tous les angles intérieurs seront effacés par des arrondissements de $0^m,25$ de rayon.

7° Autant que les localités le permettront, les fosses seront construites sur un plan circulaire, elliptique ou rectangulaire. On ne permettra pas la construction de fosses à angles rentrants, hors le seul cas où la surface de la fosse serait au moins de 4 mètres carrés de chaque côté de l'angle, et alors il sera pratiqué de l'un et l'autre côté une ouverture d'extraction.

8° Les fosses, quelle que soit leur capacité, ne pourront avoir moins de $2^m,00$ de hauteur sous clef.

9° Les fosses seront recouvertes par une voûte en plein cintre ou qui n'en différera que d'un tiers de rayon.

10° L'ouverture d'extraction des matières sera placée au milieu de la voûte autant que les localités le permettront ; la cheminée de cette ouverture ne devra pas excéder $1^m,50$ de hauteur, à moins que les localités n'en exigent impérieusement une plus grande.

11° L'ouverture d'extraction correspondant à une cheminée de $1^m,50$ au plus de hauteur, ne pourra avoir moins de $1^m,00$ sur $0^m,65$. Lorsque cette ouverture correspondra à une cheminée excédant $1^m,50$, les dimensions ci-dessus spécifiées seront augmentées de manière que l'une d'elles soit égale aux $^2/_3$ de la hauteur de la cheminée.

12° Il sera placé, en outre, à la voûte, dans la partie la plus éloignée du tuyau de chute et de l'ouverture d'extraction, si elle n'est pas dans le milieu, un tampon mobile, dont le diamètre ne pourra être moindre de 50 centimètres. Ce tampon sera en pierre, encastré dans un châssis également en pierre, et garni, dans son milieu, d'un anneau en fer.

13° Néanmoins ce tampon ne sera pas exigible pour les fosses dont la vidange se fera au niveau du rez-de-chaussée et qui auront une superficie moindre de 6 mètres dans le fond, et dont l'ouverture d'extraction sera dans le milieu.

14° Le tuyau de chute sera toujours vertical, son diamètre intérieur ne pourra avoir moins de $0^m,25$ s'il est en terre cuite, et de $0^m,20$ s'il est en fonte.

15° Il sera établi, parallèlement au tuyau de chute, un tuyau d'évent, lequel sera conduit jusqu'à la hauteur des souches de cheminée de la maison, ou de celles des maisons contiguës, si elles sont plus élevées. Le diamètre de ce tuyau d'évent sera de $0^m,25$ au moins ; s'il passe cette dimension, il dispensera du tampon mobile.

16° L'orifice intérieur des tuyaux de chûte et d'évent ne pourra être descendu au-dessous des points les plus élevés de l'intrados de la voûte.

Des reconstructions de fosses d'aisances dans les maisons existantes.

17° Les fosses actuellement pratiquées dans des puits, puisards, égouts anciens, aqueducs ou carrières abandonnées, seront comblées ou reconstruites à la première vidange.

18° Les fosses situées sous le sol des caves, qui n'auraient point communication immédiate avec l'air extérieur, seront comblées à la première vidange, si l'on ne peut pas établir cette communication.

19° Les fosses actuellement existantes, dont l'ouverture d'extraction, dans les deux cas déterminés par l'article 11, n'aurait pas et ne pourrait avoir les dimensions prescrites par le même article, celles dont la vidange ne peut avoir lieu que par des soupiraux ou des tuyaux, seront comblées à la première vidange.

20° Les fosses à compartiments ou étranglements seront comblées ou reconstruites à la première vidange, si l'on ne peut pas faire disparaître ces étranglements ou compartiments, et qu'ils soient reconnus dangereux.

21° Toutes les fosses des maisons existantes, qui seront reconstruites, le seront suivant le mode prescrit par la première partie du présent règlement. Néanmoins le tuyau d'évent ne pourra être exigé que s'il y a lieu à reconstruire un des murs en élévation au-dessus de la fosse, ou si ce tuyau peut se placer intérieurement ou extérieurement sans altérer la décoration des maisons.

Des réparations des fosses d'aisances.

22° Dans toutes les fosses existantes, et lors de la première vidange, l'ouverture d'extraction sera agrandie, si elle n'a pas les dimensions prescrites par l'article 11 de la présente ordonnance.

23° Dans toutes les fosses dont la voûte aura besoin de réparations, il sera établi un tampon mobile, à moins qu'elles ne se trouvent dans les cas d'exception prévus par l'article 13.

24° Les piliers isolés, établis dans les fosses, seront supprimés à la première vidange, ou l'intervalle entre les piliers et les murs sera rempli en maçonnerie, toutes les fois que le passage entre ces piliers et les murs aura moins de 70 centimètres de largeur.

25° Les étranglements existants dans les fosses, et qui ne laisseraient pas un passage de 70 centimètres au moins de largeur, seront élargis à la première vidange, autant qu'il sera possible.

26° Lorsque le tuyau de chute ne communiquera avec la fosse que par un couloir ayant moins d'un mètre de largeur, le fond de ce couloir sera établi en glacis jusqu'au fond de la fosse, sous une inclinaison de 45 degrés au moins.

27° Toute fosse qui laisserait filtrer ses eaux par les murs ou par le fond sera réparée.

28° Les réparations consistant à faire des rejointoiements, à élargir l'ouverture d'extraction, placer un tampon mobile, rétablir des tuyaux de chute ou d'évent, reprendre la voûte et les murs, boucher ou élargir des étranglements, réparer le fond des fosses, supprimer des piliers, pourront être faites suivant les procédés employés à la construction première de la fosse.

29° Les réparations consistant dans la reconstruction entière d'un mur de la voûte ou du massif du fond des fosses d'aisances, ne pourront être faites que suivant le mode indiqué ci-dessus pour les constructions neuves.

30° Les propriétaires des maisons dont les fosses seront supprimées en vertu de la présente ordonnance seront tenus d'en faire construire de nouvelles, conformément aux dispositions prescrites par les articles relatifs à la construction des fosses neuves.

31° Ne sont pas astreints aux constructions ci-dessus déterminées les propriétaires qui, en supprimant leurs anciennes fosses, y substitueront les appareils connus sous le nom de *fosses mobiles inodores*, ou tous autres appareils que l'administration publique aurait reconnu par la suite pouvoir être employés concurremment avec ceux-ci.

32° En cas de contravention aux dispositions de la présente ordonnance, ou d'opposition de la part des propriétaires aux mesures prescrites par l'administration, il sera procédé, dans les formes voulues, devant le tribunal de police ou le tribunal civil, suivant la nature de l'affaire.

Dipositions diverses des fosses d'aisances.

370. Il existe plusieurs dispositions de fosses d'aisances, nous donnerons les croquis des principales. Les figures 304, 305, représentent la coupe et le plan d'une fosse d'aisances avec l'indication des principales dispositions exigées par le règlement. La fosse dont nous donnons le croquis serait suffisante pour une maison habitée par sept ou huit personnes. Ses dimensions principales sont : 3 mètres de largeur, $4^m,50$ de longueur et 3 mètres de hauteur sous clef. La légende suivante en fera comprendre les diverses parties.

C. — Tuyaux de chute des matières.

V. — Tuyau de ventilation.

O. — Ouverture ou cheminée d'extraction des matières.

T'. — Fermeture de la cheminée d'extraction ; elle est formée d'une pierre de 0m,10 à 0m,15 d'épaisseur, que l'on garnit en son milieu d'un anneau en fer, dans lequel on passe un boulin ou une pince quand on veut soulever la pierre.

O'. — Châssis en pierre dans lequel s'emboîte la pierre de fermeture ; ce châssis porte une feuillure comme l'indique la coupe verticale de la fosse.

T. — Tampon mobile en pierre. Lorsque le tuyau d'évent ou de ventilation a un diamètre suffisant (0m,25 et au-dessus) on se dispense de mettre ce petit tampon mobile.

On peut établir les fosses d'aisances soit dans les cours au dehors des caves, soit

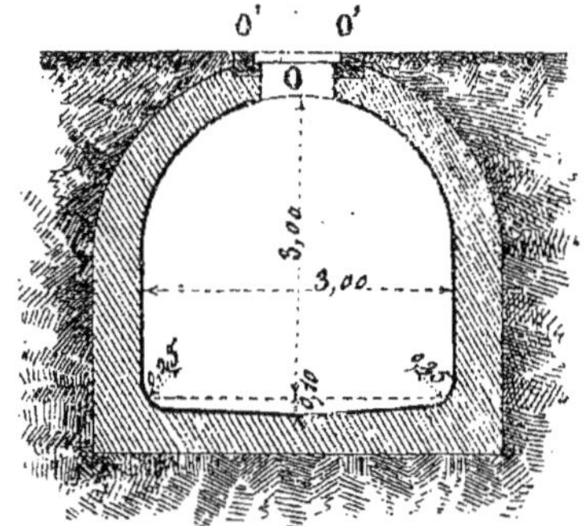

Plan.

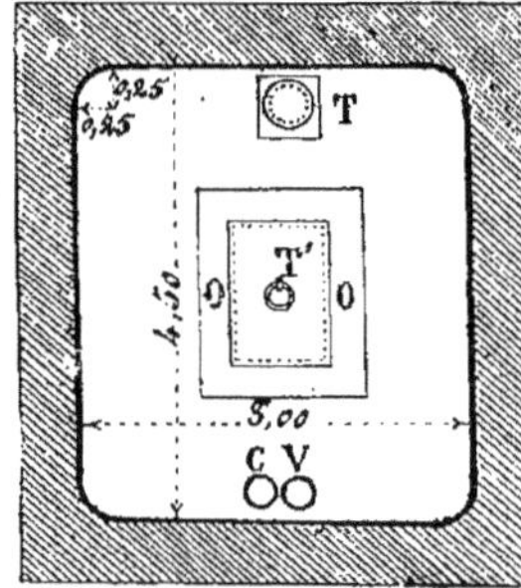

Fig. 304 et 305.

au niveau même des caves et sous les bâtiments, soit enfin en contrebas du sol des caves.

Généralement on les dispose au niveau des caves et dans les cours quand il s'agit de fosses fixes pour avoir le tampon d'extraction au dehors.

1re *Disposition.* La première disposition est indiquée (*fig.* 306, 307); la fosse est adossée à un mur ayant 0m,65 d'épaisseur. Il suffit dans ce cas de construire du côté de ce mur un contre mur ayant 0m,25 d'épaisseur. Le tampon d'extraction est placé au milieu de la voûte de la fosse; l'inclinaison du tuyau de chute à l'arrivée dans la fosse doit être au moins de 45 degrés. Le tuyau de ventilation est parallèle au tuyau de chute.

2e *Disposition.* Lorsque la fosse est sous le bâtiment comme le montrent les croquis (*fig.* 308, 309), il faut mettre le tampon d'extraction dans la cour. Pour arriver à ce tuyau d'extraction, il faut construire un couloir et une cheminée de 1 mètre. Dans ce cas, le mur de face du bâtiment sert pour l'un des murs de la fosse.

3e *Disposition.* — Lorsque les fosses fixes ont de grandes dimensions, la voûte en plein cintre n'est plus applicable, car la hauteur sous clef serait beaucoup trop grande ; on donne alors aux fosses la forme représentée par les croquis (*fig.* 310-311). Elles reposent sur un radier général en béton ayant 0m,30 d'épaisseur, le reste est construit en bonne maçonnerie de meulière comme les fosses ordinaires.

371. *Tampon d'extraction en fonte.* — Dans tout ce que nous avons dit des fosses fixes, nous avons toujours supposé le tampon d'extraction en pierre. Depuis quelques années on exécute des tampons en fonte semblables à ceux qui sont employés pour fermer les regards d'égouts. Ces tampons en fonte, dont nous donnons le plan et la coupe (*fig.* 312), sont formés par un cadre en fonte portant des feuillures ; dans ce cadre, qui est fortement scellé dans la maçonnerie de la cheminée d'extraction, se placent deux plaques de fermeture, ayant chacune $0^m,75$ de longueur sur $0^m,55$ de largeur ; dans l'une d'elles et en son milieu, on place un petit regard qui sert à se rendre compte si la fosse est pleine de matière. Ces deux plaques se recouvrent, et une fois posées on met sur leur pourtour un peu d'argile ou de terre grasse pour empêcher les mauvaises odeurs de s'échapper au dehors.

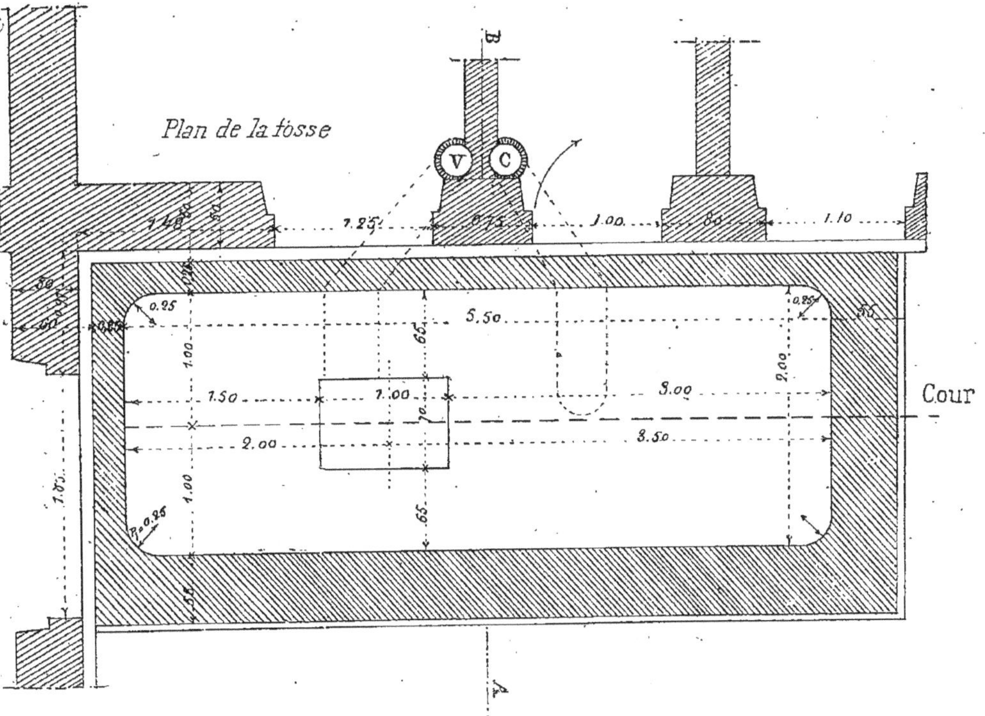

Fig. 306.

Fosses mobiles

372. On désigne sous le nom de *fosses mobiles* des récipients qu'on enlève avec les matières qu'ils contiennent. Ce sont en général des tonneaux en tôle qui retiennent les parties solides et laissent échapper les parties liquides qui se rendent dans les égouts. Ces tonneaux sont aussi connus sous le nom de *tinettes* ; ils sont placés dans les sous-sols et dans un endroit spécial désigné sous le nom de *chambre à tinettes*. Nous étudierons la disposition et la construction de ces chambres en parlant des caves et des sous-sols. Ces chambres à tinettes servent aussi pour placer la robinetterie d'eau qui sert à l'alimentation d'une maison.

Les fosses mobiles sont, comme les fosses fixes, soumises à certains règlements qu'il est utile de connaître.

La fosse mobile doit avoir une surface minimum de 2 mètres, une hauteur sous clef de 2 mètres et une largeur minimum de 1 mètre. Les murs de ce caveau seront construits en maçonnerie étanches. Si la voûte est remplacée par un plancher, ce plancher sera en fer hourdé en maçonnerie. Le sol sera imperméable et disposé en forme de cuvette. Si le caveau est compris dans la hauteur des caves, il devra être éclairé par un soupirail.

Lorsque le caveau sera en sous-sol, l'ouverture en sera fermée au moyen d'une trappe en bois, suffisamment solide, d'une manœuvre facile et munie d'un anneau en

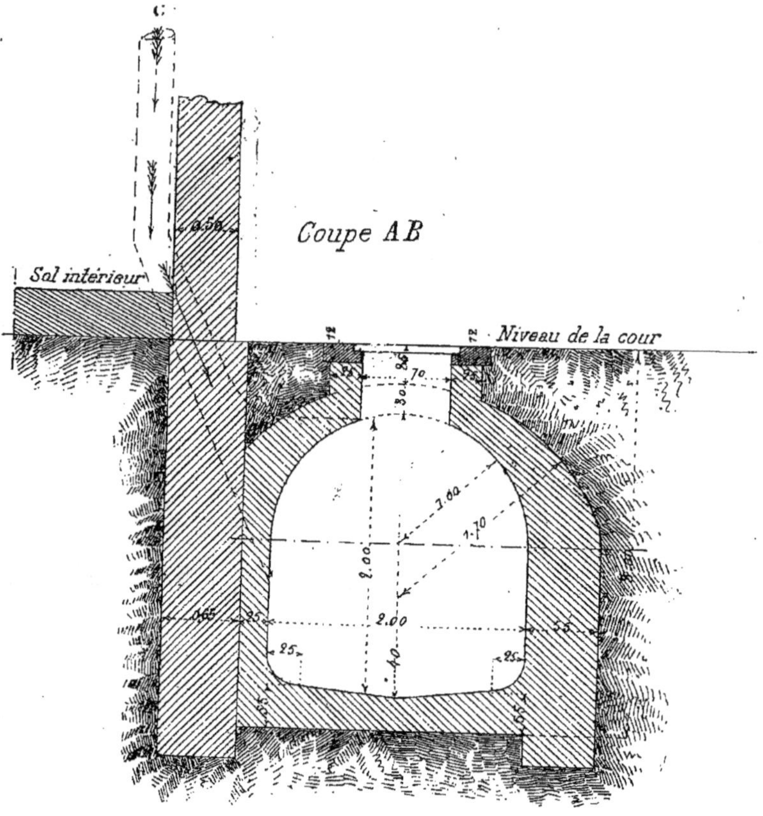

Fig. 307.

fer. Cette fermeture sera toujours placée en dehors du cabinet d'aisances.

Le tuyau d'évent est nécessaire comme pour les fosses fixes, mais son diamètre est indéterminé.

D'après l'ordonnance de police du 5 juin 1834 :

1° Il ne pourra être établi dans Paris, en remplacement des fosses d'aisances en maçonnerie, ou pour en tenir lieu, que des appareils approuvés par l'autorité compétente.

2° Aucun appareil de fosses mobiles ne pourra être placé dans toute fosse supprimée dans laquelle il reviendrait des eaux quelconques.

3° Aucun appareil de fosse mobile ne pourra être placé dans Paris sans une déclaration préalable. (Les déclarations, soit pour l'établissement d'une fosse fixe, soit pour l'installation de tinettes, seront faites par écrit sur feuille de papier timbré et remises à la direction du service municipal des travaux publics, bureau de l'inspecteur des égouts et vidanges). Il sera joint à cette déclaration un plan de la localité où l'appareil devra être posé ou construit, et l'indication des moyens de ventilation.

4° Les appareils devront être établis sur un sol rendu imperméable jusqu'à 1 mètre au moins au pourtour des appareils, autant que les localités le permettront et disposé en forme de cuvette.

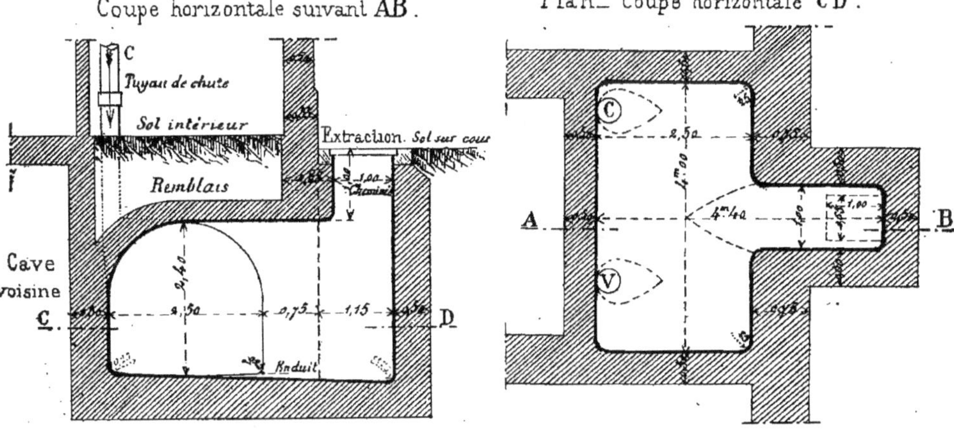

Fig. 308.

Fig. 309.

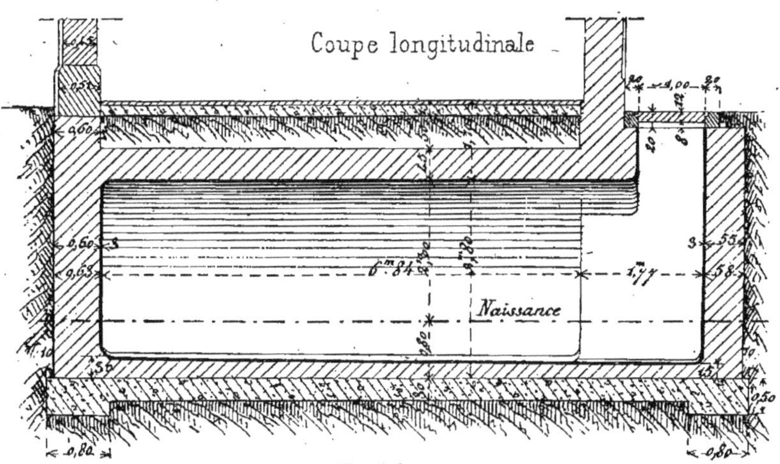

Fig. 310.

§ II. — DES RÉSERVOIRS, CITERNES, CUVES DE GAZOMÈTRE, PUITS, PUISARDS, GLACIÈRES

Réservoirs

373. On désigne sous le nom de réservoirs des constructions destinées à rassembler ou à conserver l'eau, que l'on y met en réserve pour divers besoins. Cette eau peut arriver au réservoir de plusieurs manières : soit directement, soit élevée par

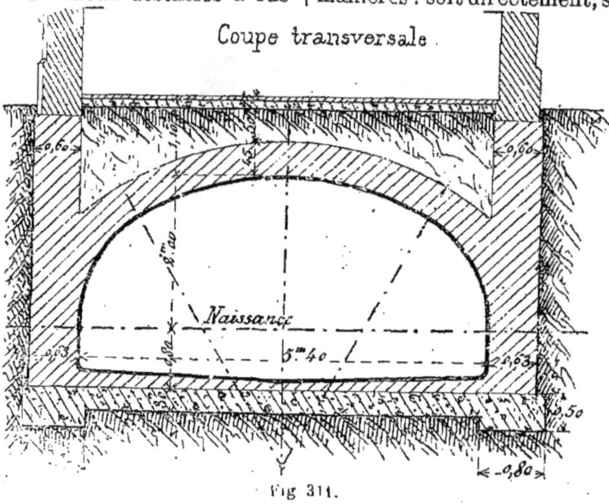

Fig 311.

des machines ou amenée par des aqueducs. Les réservoirs servent aussi à compenser les irrégularités de l'approvisionnement et de la consommation ; ils accumulent, pendant la nuit ou pendant les interruptions du service, les eaux amenées par les aqueducs ou élevées par les machines. Ils fournissent au besoin en cas d'incendie un volume d'eau qui peut être supérieur à celui que fournissent régulièrement les machines ou la source de dérivation. Leur capacité doit donc être déterminée dans chaque cas particulier d'après les éventualités auxquelles ils ont à répondre, et l'on ne saurait donner de règle fixe à cet égard.

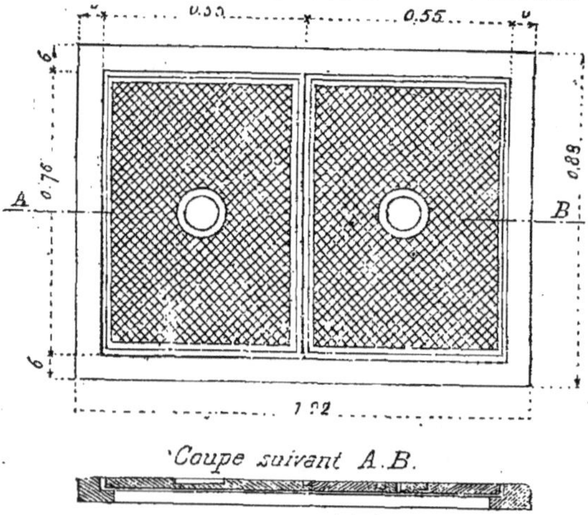

Coupe suivant A.B.

Fig. 312.

Les réservoirs sont presque toujours construits en tôle ou en maçonnerie, nous dirons seulement quelques mots des réservoirs en maçonnerie; les réservoirs en tôle seront étudiés dans un chapitre spécial de distribution des eaux. Ces derniers sont le plus souvent réservés pour les volumes peu considérables, à moins que les difficultés particulières de fondation ne les rendent plus économiques que ceux en maçonnerie qui sont généralement employés dans les travaux un peu importants.

Il existe des réservoirs naturels, ce sont les lacs et flaques d'eau : on les imite dans l'établissement des étangs.

Les réservoirs qui se rapprochent le plus de ces amas d'eau naturels sont les réservoirs sur terre ou découverts, comme les étangs, viviers, canaux, bassins, mares ; viennent ensuite les réservoirs buttés, dont les côtés sont élevés à une certaine hauteur au-dessus du sol sur lequel ils s'appuient ; enfin les réservoirs souterrains non couverts, couverts ou voûtés. Dans ces derniers on peut comprendre les citernes, dont nous dirons quelques mots.

Les meilleurs réservoirs artificiels sont les bassins et les viviers, surtout quand on peut les faire traverser par la dérivation d'un ruisseau ou y amener les eaux d'une fontaine.

Les *lacs* sont de grandes étendues d'eau environnées par les terres et presque toujours sans écoulement ; leurs rives sont le plus souvent marécageuses ou abruptes, et il faut y ménager des moyens d'accès ou consolider les bords. Le plus souvent on exécute sur les bords des pentes pavées dans lesquelles, en certains endroits, on ménage des escaliers pour qu'on y puise de l'eau. La consolidation des rives, peut aussi s'obtenir à l'aide de revêtements en pierres maçonnées ou simplement superposées, ou reliées entre elles par de la mousse, soit à l'aide de pieux retenant des fascines en bois ou des planches.

On désigne sous le nom de *flaques d'eau*, de petits lacs formés en certains endroits par la dépression du sol. Ces dépressions peuvent provenir d'anciennes carrières qui se sont effondrées en plusieurs points ou d'un travail exécuté spécialement pour les former.

On désigne sous le nom *d'étang* un amas d'eau contenu dans une dépression du sol naturelle ou artificielle, et retenu par une digue. L'eau y est amenée, soit par des fossés qui recueillent les pluies, soit par des rigoles conduisant des flux de sources, soit par la dérivation d'une rivière.

On désigne sous le nom de *vivier*, une espèce de petit étang creusé de main d'homme ; il est entouré de parois droites ou en talus, recouvertes de gazon ou de pierres sèches ou garnies de mousse, ou d'un revêtement en terre glaise retenu par des redans creusés dans le talus. Sur les côtés du vivier, il existe une bonde avec un petit déversoir ou une vanne qui fait office de déversoir, les eaux surabondantes ayant la facilité de couler par dessus la vanne.

Un *canal* ne diffère d'un vivier qu'en ce que sa forme est ordinairement rectangulaire et très allongée. Il faut, sur les bords d'un canal, établir des pentes d'accès cailloutées et, s'il est possible, des escaliers en pierre.

On désigne sous le nom de *bassins*, de petits réservoirs creusés par les mains de l'homme, généralement peu profonds et dont les côtés sont revêtus de maçonnerie. Le fond peut aussi être construit en maçonnerie ; dans certains cas et par économie, on exécute le fond soit en le couvrant d'une couche de terre, franche, foulée et battue, soit d'un lit d'argile fortement corroyée, ou mieux d'une couche de mortier de chaux et d'argile.

Quand le terrain est très perméable on est obligé d'exécuter une véritable maçonnerie solide et rendue étanche par un fort enduit de ciment. Les angles doivent toujours être arrondis pour éviter les infiltrations, le fond doit présenter une pente vers un point bas où se fera la vidange. L'eau est amenée dans les bassins au moyen de tuyaux souterrains en métal ou en poterie.

Les *mares* sont des bassins creusés dans la terre, ou plutôt de simples trous, que viennent remplir les eaux pluviales amenées par des fossés.

374. Les *réservoirs buttés* sont ceux dont les côtés sont élevés à une certaine hauteur au-dessus du sol sur lequel ils s'appuient; ils servent beaucoup pour la distribution des eaux dans les divers bâtiments d'une exploitation agricole.

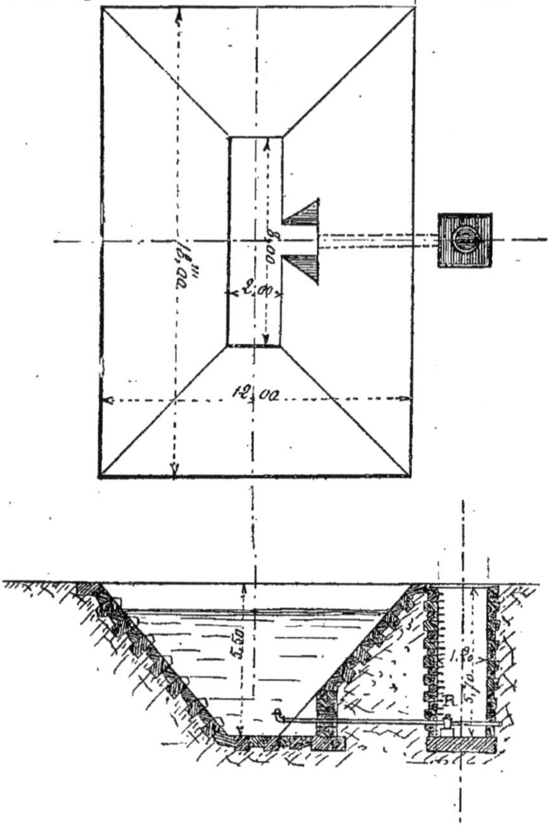

Fig. 313, 314.

Leur construction consiste en un revêtement horizontal du sol et en des parois verticales en maçonnerie hydraulique parfaitement étanche. La résistance des côtés doit être calculée de manière à supporter l'effort des eaux qui tend à les faire glisser; on les consolide en les buttant à l'aide d'une levée en terre disposée en talus. Les eaux arrivent à ces réservoirs soit par des rigoles, soit par des tuyaux en poterie. Il faut établir un déversoir pour le trop-plein des eaux, et une vanne avec canal de vidange pour les nettoyer.

375. *Réservoir découvert.* — Nous donnons (*fig.* 313 et 314) un croquis d'un réservoir creusé dans le sol et d'une construction facile. Quand le terrain est fouillé suivant la forme que l'on désire donner au réservoir, on recouvre les parois de la fouille avec de grosses meulières bien encastrées dans le sol et ayant une épaisseur moyenne de $0^{m},30$ à $0^{m},35$. Ces meulières sont rejointoyées avec du bon ciment. Sur le côté, il existe un puits dans lequel on place le robinet R servant au départ de l'eau; ce puits est recouvert par un tampon en fonte; on y descend à l'aide d'échelons en fer scellés dans les parois du puits; ces parois peuvent être exécutées en pierres sèches. De distance en distance on place, dans le réservoir, des pierres meulières en saillie; ces pierres faisant l'office de marches, permettent de descendre facilement au fond du réservoir et, lorsqu'il est vide, de pouvoir le nettoyer. Ce réservoir placé en un point haut, peut être utilisé pour l'alimentation d'une usine.

376. *Grands réservoirs couverts en maçonnerie.* — Lorsqu'on exécute de grands réservoirs en maçonnerie, il convient de les recouvrir d'une voûte ou au moins d'une toiture. Les réservoirs établis à ciel ouvert gèlent en hiver, reçoivent les poussières et les impuretés que le vent entraîne toujours, et se remplissent en été de plantes et d'animaux aquatiques qui altèrent la qualité de l'eau. La forme des réservoirs dépend essentiellement de l'emplacement

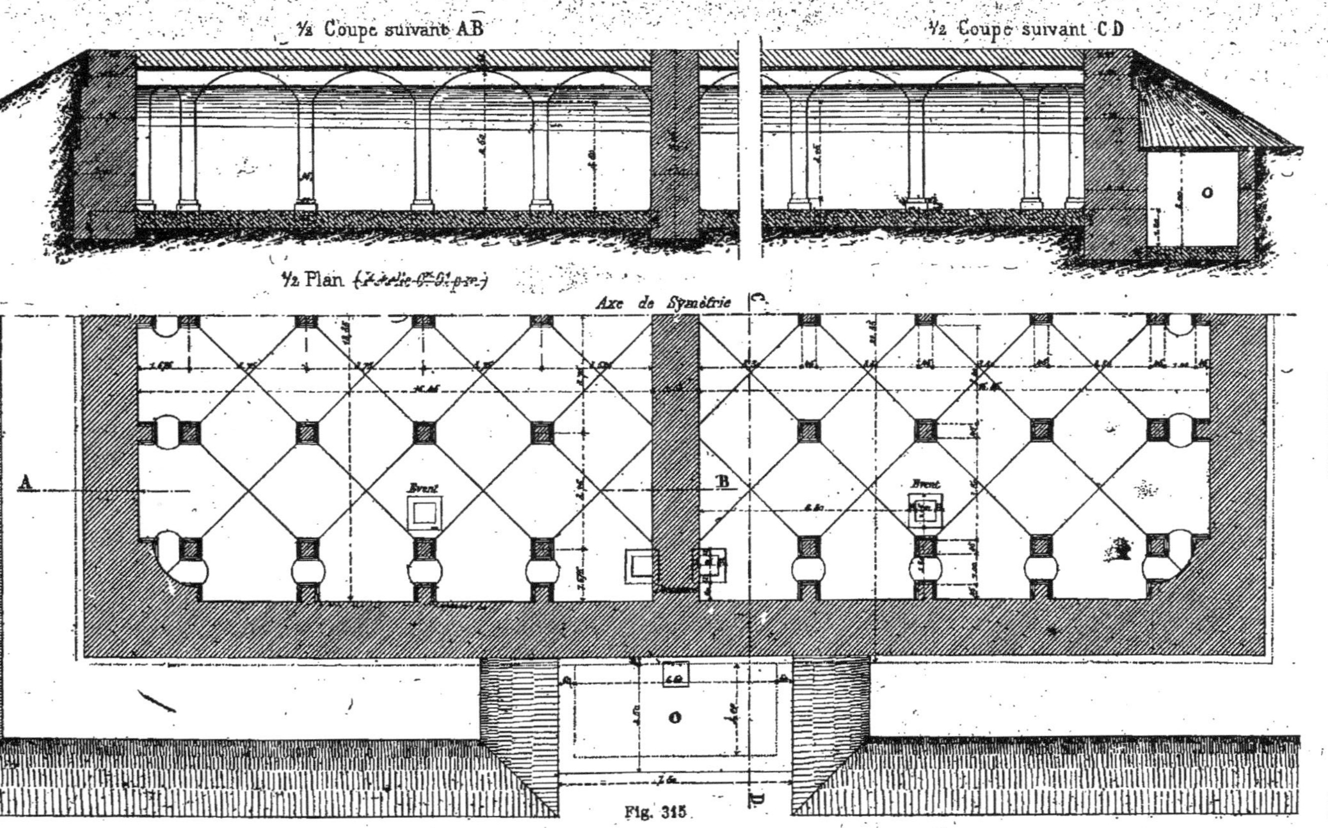
½ Coupe suivant AB
½ Coupe suivant CD
½ Plan
Axe de Symétrie
A
B
C
D
Event
Event

Fig. 315

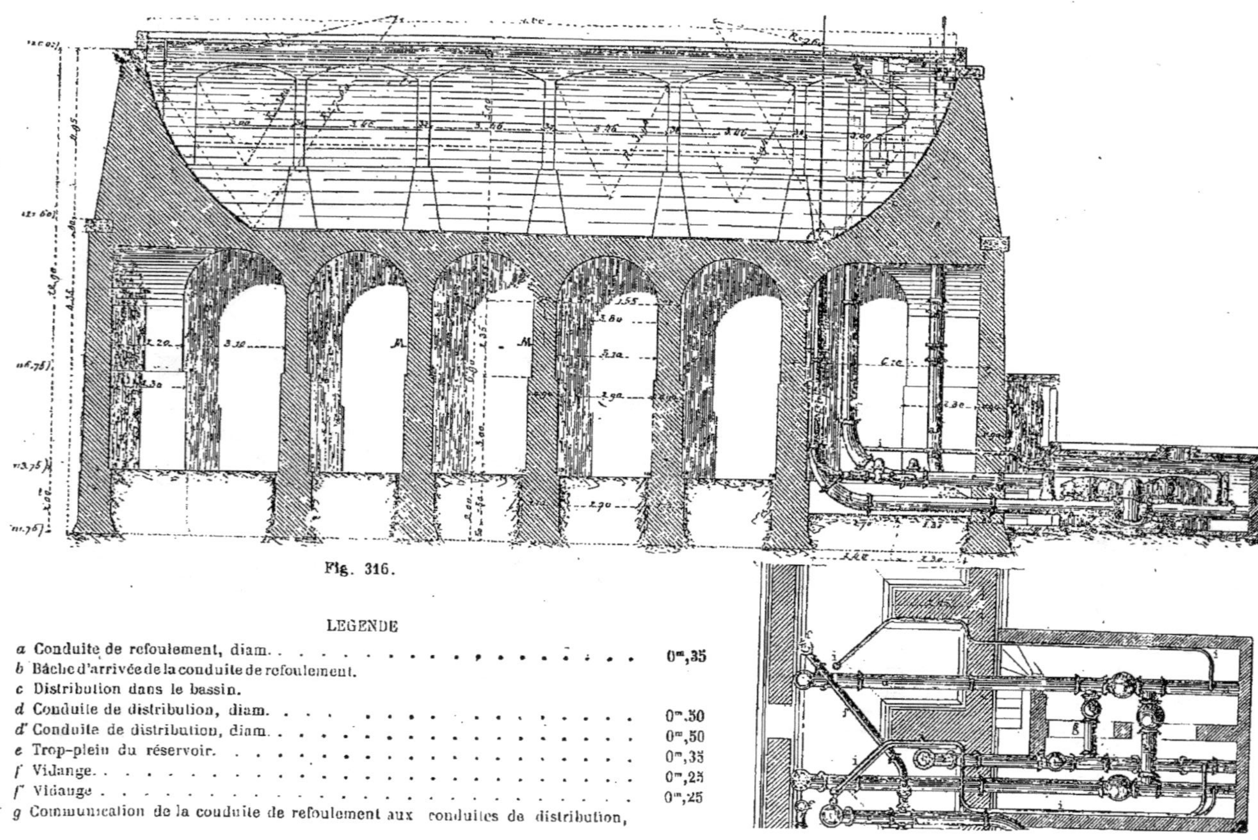

Fig. 316.

LEGENDE

a Conduite de refoulement, diam.	0m,35
b Bâche d'arrivée de la conduite de refoulement.	
c Distribution dans le bassin.	
d Conduite de distribution, diam.	0m,50
d' Conduite de distribution, diam.	0m,50
e Trop-plein du réservoir.	0m,35
f Vidange.	0m,25
f' Vidange.	0m,25
g Communication de la conduite de refoulement aux conduites de distribution,	

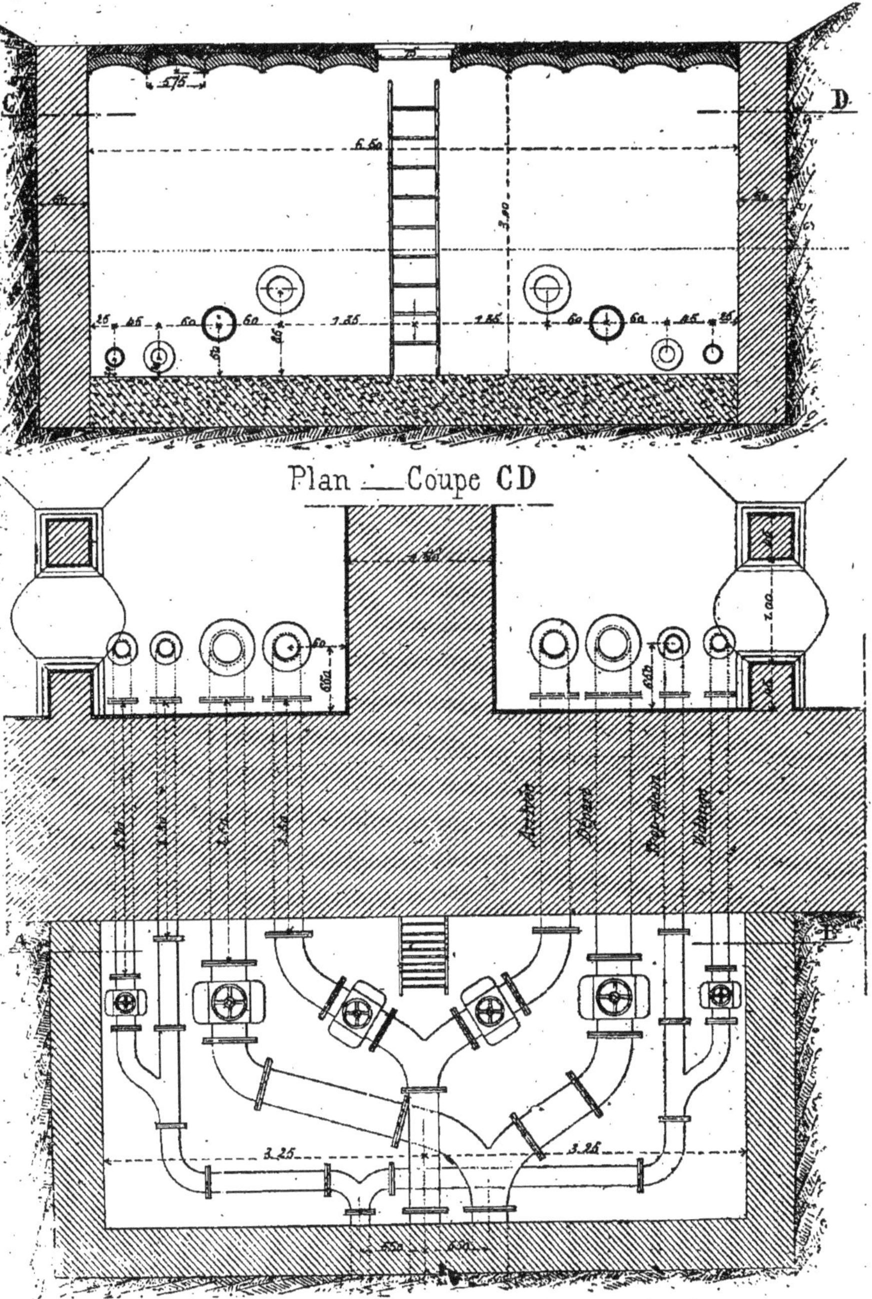
Coupe verticale A B
C
D
1.75
6.50
3.90
1.35
1.35
Plan _ Coupe CD
Arrivée
Départ
Trop-plein
Vidange
3.25
3.25
A
B

Fig. 317

dont on dispose, mais les parties essentielles de leur construction sont toujours à peu près les mêmes. Les figures 315 et 316 indiquent deux dispositions de réservoir souvent employées.

La première disposition (*fig.* 315) représente en plan et en coupe le réservoir établi pour la distribution d'eau de Châlons-sur-Marne. Ce réservoir, de forme rectangulaire, est divisé en deux compartiments par un mur ayant 1m,50 d'épaisseur, les murs qui en ferment le contour ont 1m,55 d'épaisseur à la partie haute et par des redans successifs atteignent 2 mètres d'épaisseur à la base. Dans l'intérieur de ce réservoir, il existe une série de piliers réunis par des voûtes ; ces piliers ont 0m,45 sur 0m,45, ils sont espacés de 3m,75 d'axe en axe. Le fond du réservoir est formé par une couche de béton hydraulique de 0m,50 d'épaisseur. Ce fond et les parois du réservoir sont enduits avec un bon ciment hydraulique.

Quant au mode de recouvrement, le meilleur est assurément celui qui est représenté par les deux coupes du réservoir de Châlons-sur-Marne. Ce sont de petites voûtes cylindriques légères et supportées par des rangées d'arcades reposant elles-mêmes sur de petits piliers isolés. Toute la tuyauterie de ce réservoir se trouve réunie dans une petite chambre O. Les tuyaux de départ et d'arrivée sont en fonte, leur diamètre intérieur est de 0m,30. Les tuyaux de trop-plein et de vidange sont également en fonte, leur diamètre n'est plus que de 0m,15.

Nous donnons (*fig.* 317) le plan et la coupe verticale de cette petite chambre que l'on désigne souvent sous le nom de fosses des vannes.

Comme deuxième exemple, nous donnons (*fig.* 316) la coupe verticale d'un grand réservoir en maçonnerie établi pour la distribution d'eau de la ville d'Orléans. Ce réservoir qui, comme le précédent, est de forme rectangulaire, n'est pas posé directement sur le sol ; il est supporté par une série de murs longitudinaux M sur lesquels reposent des voûtes formant le fond. La disposition intérieure et la couverture restent les mêmes que dans le cas précédent. La forme du mur formant le contour n'est plus la même, ce réservoir n'étant plus enterré, il a fallu étudier spécialement les supports et les murs du pourtour. Il existe également sur l'un des côtés du réservoir une petite chambre dans laquelle se trouvent réunis tous les tuyaux. La légende, annexée à la figure 316, fera comprendre facilement la dénomination de chacun des tuyaux et, de plus, fera connaître le diamètre de chacun d'eux.

Il existe beaucoup de ces types de réservoir, nous pouvons encore citer celui qui a été construit sur les hauteurs de Passy. Il occupe 6,000 mètres de superficie environ partagée en trois bassins contenant ensemble 25,200 mètres cubes. Des piliers, élevés sur le radier des deux compartiments principaux, portent au moyen d'arcs de 3m,20 d'ouverture une voûte en meulière et ciment de 0m,33 d'épaisseur qui forme le fond d'un second étage de bassin cubant 11,900 mètres cubes.

La capacité totale du réservoir est de 37,100 mètres cubes, le plan d'eau des bassins inférieurs est à la cote 72 mètres au-dessus du niveau de la mer et celui des bassins supérieurs à 75,m33.

Citernes.

377. On désigne sous le nom de citernes des réservoirs souterrains dans lesquels on emmagasine les eaux provenant de la pluie. Ces eaux peuvent être amenées par des ruisseaux, mais le plus souvent elles tombent directement des tuyaux de descente des toits dans les citernes. Dans la construction des citernes, il faut prévoir des parois bien étanches, et, dans le cas où elles ne sont pas situées immédiatement sous les bâtiments, prévoir une couverture suffisamment épaisse pour protéger l'eau contre la gelée ou contre l'échauffement; des rigoles propres

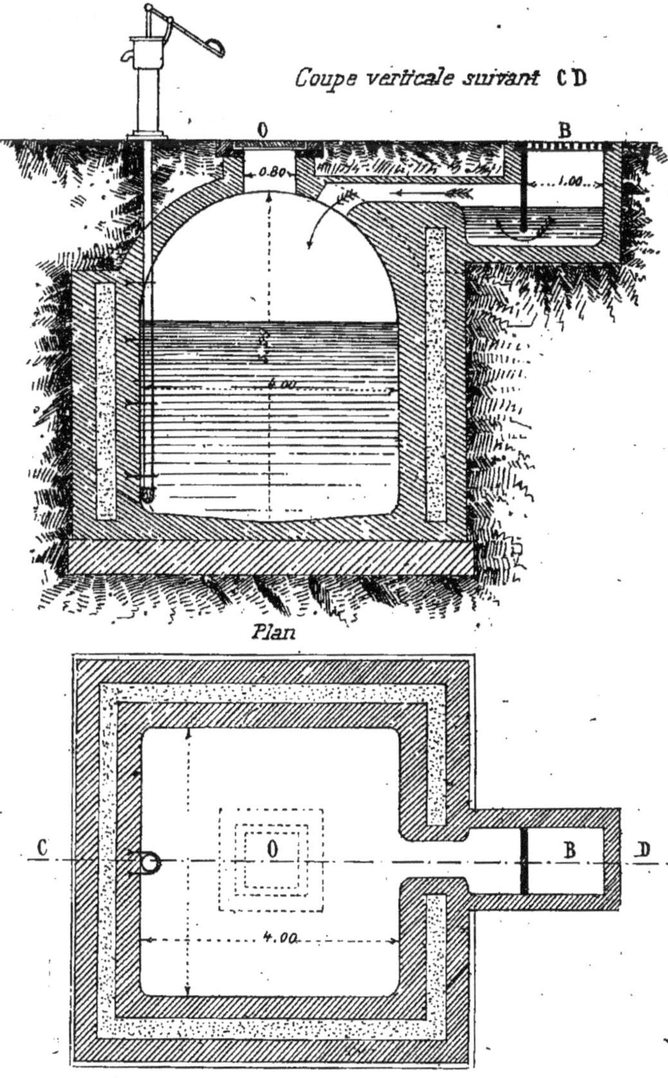

Fig. 318.

pour l'aménagement, un dégorgeoir, un orifice commode pour le puisement et un autre pour le nettoyage. Enfin, dans le cas où l'eau est amenée aux citernes par des ruisseaux, il faut encore prévoir une cavité préliminaire d'introduction où se dépose la plus grande partie des impuretés qu'amènent les eaux. Nous avons déjà indiqué plusieurs fois les conditions pour obtenir une maçonnerie étanche, nous savons que le béton et une bonne maçonnerie hourdée en ciment sur laquelle on met un enduit, présentera toutes les garanties d'imperméabilité que l'on peut attendre.

Il est préférable de couvrir la citerne par une voûte assez épaisse ou par un plancher en fer hourdé en ciment, car le plancher en bois sur lequel on dépose de la terre serait défectueux et pourrait, à un moment donné, causer des accidents. Il faut, avant de remplir une citerne s'assurer que la maçonnerie est bien sèche ; ce n'est qu'après quelques mois qu'il faut laisser arriver l'eau.

Les eaux qui coulent dans des caniveaux en pierres creusées, en briques ou en tuiles arrondies sont ordinairement moins chargées de matières étrangères que celles qui sont amenées par les ruisseaux en pavés de grès, en cailloutis ou en béton; il en est de même de celle provenant des toits

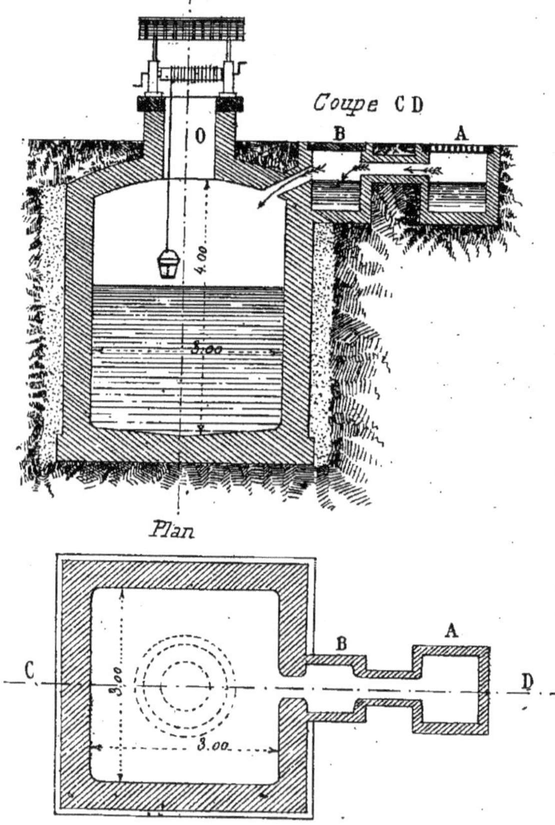

Fig. 319.

voisins par les tuyaux de descente. Il faut disposer les conduits amenant l'eau aux citernes, de manière que l'on puisse, à un moment donné, lorsque les eaux sont sales, de mauvaise nature ou qu'elles proviennent de pluie d'orage, faire dévier leur direction et les envoyer en d'autres endroits ; on peut disposer, à cet effet, une petite vanne à l'entrée de la citerne. Il faut aussi établir un tuyau de trop-plein placé à quelques décimètres au-dessous de la clef de la voûte; ce dégorgeoir correspond à un fossé d'écoulement ou à un puits perdu.

378. *Diverses dispositions des citernes.* — Supposons, comme premier exemple, que nous établissions une citerne en dehors d'un bâtiment et que nous désirions en extraire l'eau à l'aide d'une pompe. On dispose le tout comme l'indique le croquis (*fig.* 318). Cette citerne peut avoir ses parois latérales formées par deux murs parallèles entre lesquels on place une couche de terre glaise fortement pilonée; les deux murs intérieurs sont surmontés d'une voûte dans laquelle on ménage un orifice O destiné au nettoyage de la citerne. Cet orifice est couvert par une dalle en pierre ayant 0m,85 sur 0m,85 et 0m,12 d'épaisseur. L'eau, après avoir déposé une grande partie de ses impuretés dans un fossé placé à proximité de la citerne, se rend dans une cavité B, désignée sous le nom de *citerneau ;* ce citerneau précède la grande citerne et lui sert de vestibule. La profondeur du citerneau est de 1m00 environ, et sa surface est de 1 mètre carré au minimum; il est ordinairement rempli de gros graviers ou de petits cailloux siliceux à travers lesquels l'eau se filtre avant de se rendre dans la citerne. On recouvre le citerneau avec une dalle en fonte percée de trous pour livrer passage à l'eau ; cette dalle peut s'enlever pour le nettoyage. Pour mieux dégager les impuretés des eaux, on place une plaque de fonte qui forme siphon renversé et qui oblige l'eau à traverser le citerneau du haut en bas. L'eau de la citerne est extraite à l'aide d'une pompe. Pour installer cette pompe, on perce dans la voûte un trou de 0m,20 de diamètre, par lequel passera le tuyau d'aspiration. Lorsque ce tuyau est fixé aux parois, comme dans cet exemple, il faut avoir soin de sceller les colliers qui doivent le soutenir au fur et à mesure qu'on monte la maçonnerie de la citerne, on évite ainsi les fissures qui pourraient se former si l'on faisait ces scellements après coup. Les citernes peuvent être circulaires, rectangulaires ou carrées, il est, dans tous les cas, préférable d'augmenter la profondeur en réduisant la surface de base.

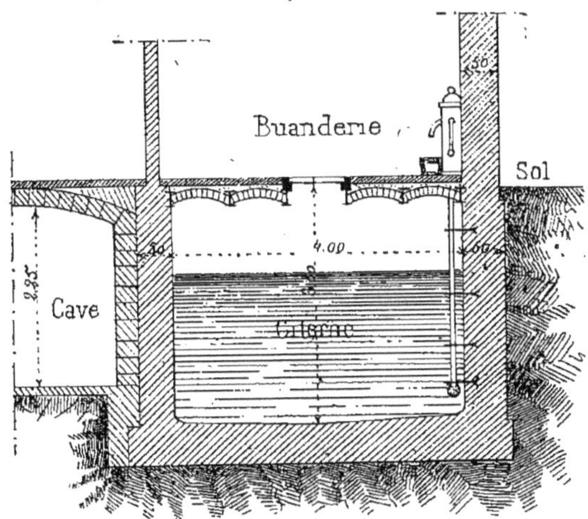

Fig 320.

Les citernes doivent, autant que possible, être rapprochées des bâtiments dont les toits lui fournissent la plus grande partie de l'eau qui doit les remplir. Il faut les éloigner des fumiers, fosses d'aisances, des puits et des puisards.

La figure 319 représente un autre type de citerne; dans cette dernière, on peut extraire l'eau comme on le ferait dans un puits ordinaire. Les parois de cette citerne sont en bonne maçonnerie hydraulique doublée à l'extérieur d'une couche de terre glaise fortement pressée.

Cette citerne est précédée de deux citerneaux A et B; le premier reçoit les eaux du dehors; ces eaux se déposent une première fois, puis une seconde dans le citerneau B avant de passer dans la citerne. La figure 320 donne l'exemple d'une citerne établie sous une buanderie et dans l'intérieur des bâtiments.

379. *Dimensions des citernes.* — La capacité d'une citerne peut être calculée d'après la donnée approximative qu'il tombe annuellement sur terre, dans notre climat, une quantité d'eau égale à une colonne de 0m50 de hauteur. Par exemple, une surface d'alimentation de 1 mètre

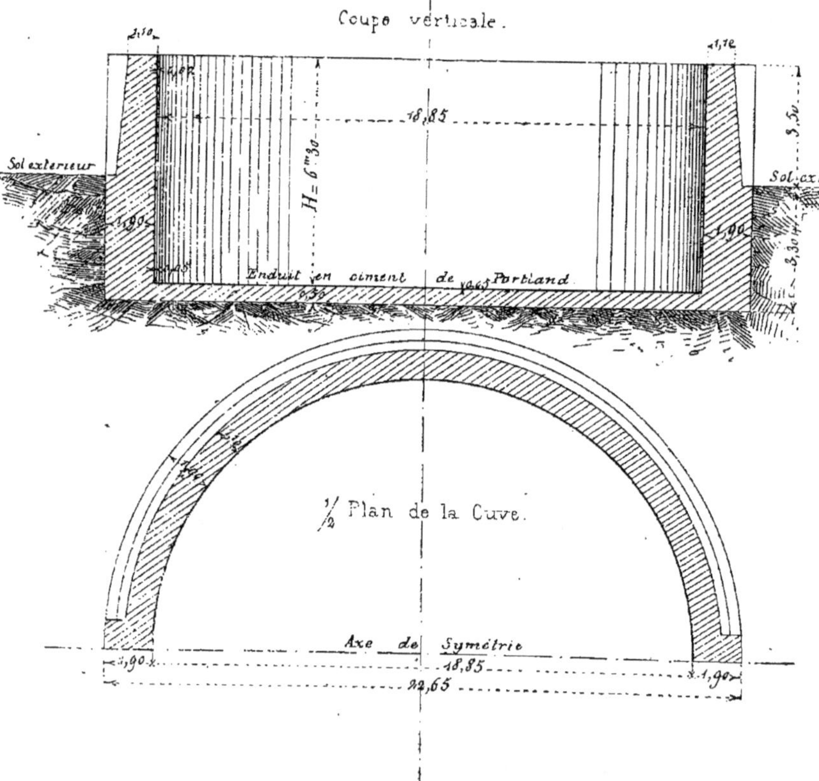

Fig. 321, 322 — Cuve de gazomètre.

carré fournit au réservoir $^1/_2$ mètre cube d'eau. Comme il y a différentes causes qui peuvent modifier ce chiffre, on adopte généralement la moitié et même le tiers pour la capacité de la citerne.

Cuves de gazomètre.

380. Après avoir parlé des citernes, nous devons dire quelques mots des cuves de gazomètre, qui sont de véritables citernes. Les cuves en maçonnerie sont gé-

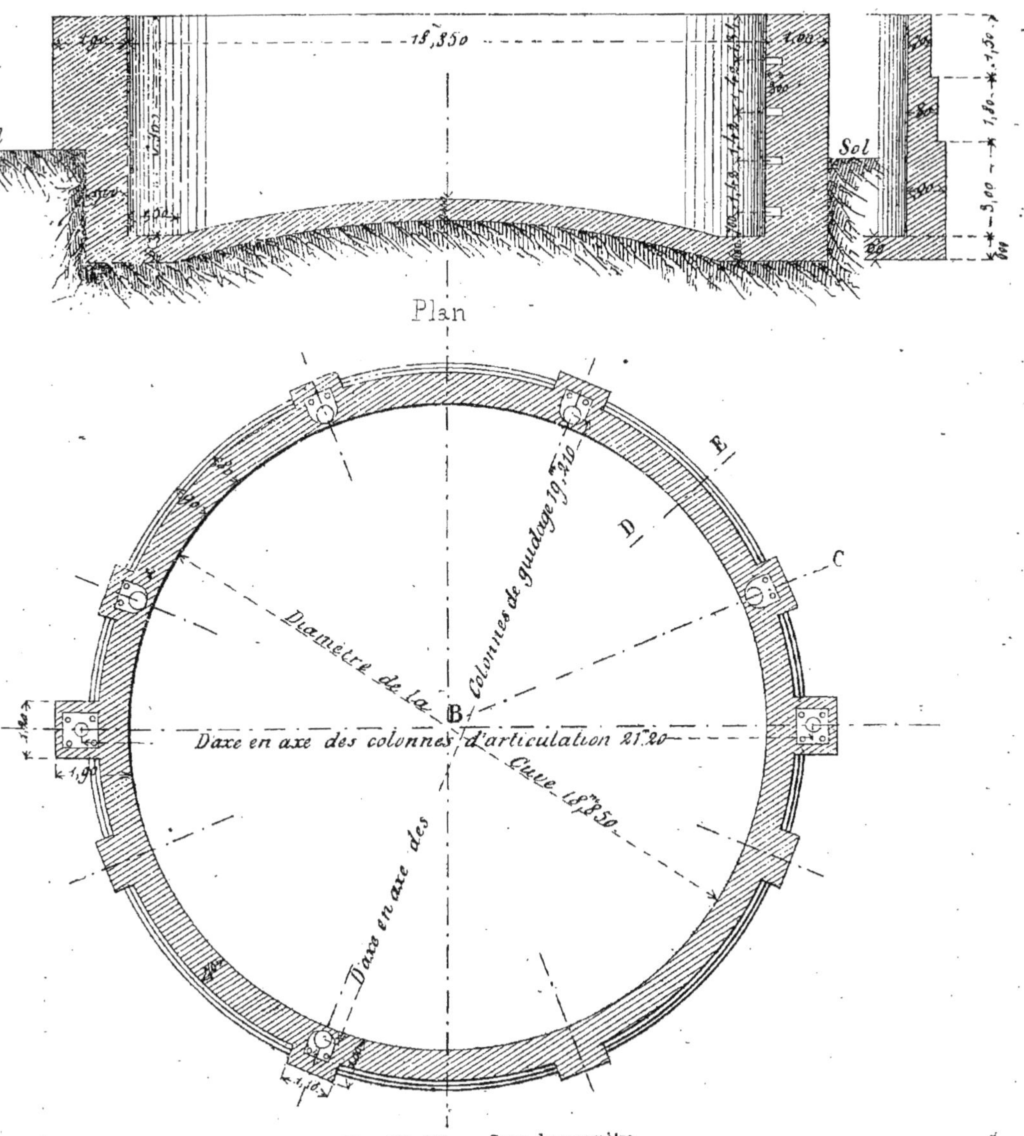

Fig. 323, 324. — Cuve de gazomètre.

néralement les plus employées et doivent l'être. En effet, ce sont ces cuves que l'on construit avec le plus de solidité et le plus de sûreté. Les matériaux qui les composent, et qui varient du reste avec les localités, sont toujours reliés avec un mortier hydraulique de la meilleure qualité. Nous donnons en croquis (*fig.* 321, 322) la coupe et le plan d'une cuve de gazomètre ayant 6m,30 de hauteur, et un diamètre de cuve de 18m,85. Cette cuve est entièrement construite en meulière et mortier de chaux hydraulique, sur les murs en meulière et sur le radier du fond on met un enduit en ciment de Portland ayant 0m,02 d'épaisseur en haut de la cuve et 0m,05 en bas et au fond. Le calcul a donné comme épaisseur en haut 1m,10 d'épaisseur pour le mur et en bas 1m,90.

On peut diminuer beaucoup le cube de maçonnerie et, en conservant les mêmes données, c'est-à-dire 6m,30 de hauteur et 18m,85 de diamètre, arriver à un cube moins grand. La disposition représentée (*fig.* 323, 324) donne l'exemple d'une cuve de gazomètre exécutée en béton aggloméré et ciment de Portland. La cuve est construite partie dans le sol et partie en dehors du sol. L'épaisseur des murs varie de 0m,700 en haut à 0m,900 en bas, comme l'indique la coupe DE de la partie courante. Le fond est en forme de voûte reposant sur le sol naturel, l'épaisseur de cette voûte est de 0m,450. Comme dans le cas précédent l'intérieur de la cuve est enduit en ciment de Portland.

Il existe un moyen employé avec succès pour empêcher l'eau des citernes de gazomètre d'être en partie absorbée, et par l'enduit et par la maçonnerie ; absorption qui se produit à cause de la porosité, surtout si la maçonnerie de la cuve est en briques. Lorque l'enduit est bien sec, avant d'introduire l'eau dans la citerne, on le recouvre d'une couche de goudron chaud dans lequel on a fait fondre 10 à 15 0/0 d'une matière grasse, huile ou suif de qualité inférieure

Emplissage de la cuve.

381. Pour opérer le remplissage de la cuve il sera bon de ne pas oublier quelques recommandations et de procéder comme nous allons le dire.

1° Il faut faire un premier emplissage jusqu'à deux mètres de hauteur puis interrompre pendant trois ou quatre jours ;

2° Reprendre l'emplissage et mettre à nouveau deux mètres de hauteur d'eau, puis interrompre pendant trois ou quatre jours ;

3° Reprendre l'emplissage et mettre à cette troisième reprise un mètre d'eau, ce qui portera la hauteur d'eau à 5m,00 puis interrompre encore quelques jours et laisser même à cette hauteur pendant un mois si c'est possible et tant que l'emplissage complet de la cuve ne deviendra pas nécessaire pour les besoins du service.

Ces temps d'arrêt pour l'emplissage ont pour but de permettre aux laits de chaux qui résulteront de l'absorption de l'eau par la maçonnerie et qui se formeront intérieurement de s'épaissir, de se cristalliser, de se durcir, et de boucher les pores en restant à l'intérieur des bétons. Cette cristallisation se fera plus vite et dans de meilleures conditions que sous une pression d'eau plus forte.

Les bétons durciront également et prendront de la force après quelques jours. du fait même de l'absorption de l'eau.

Puits.

382. On donne le nom de *puits* à un trou profond creusé verticalement dans le sol, revêtu de maçonnerie et qui est destiné à fournir de l'eau. Il y a donc pour la construction d'un puits plusieurs opérations ; la première est la recherche d'un endroit convenable et l'appréciation de la profondeur que l'on sera obligé de donner à la fouille ; la seconde consiste à exécuter cette fouille, la troisième consiste à revêtir en maçonnerie les parois intérieures, enfin, la construction d'un garde-corps surmonté d'une margelle et d'un appareil de puisement.

Emplacement. — Il faut, autant que possible, que le puits que l'on construit se trouve à proximité des auges et abreuvoirs qu'il est destiné à alimenter. Les dispositions du terrain ne le permettent pas toujours ; il faut alors avoir recours aux indications hydroscopiques et creuser le puits dans l'endroit le plus proche de l'exploitation où ces données semblent le mieux assurer le succès. En général, l'emplacement le plus utile pour l'usage d'un puits est à égale distance de la maison d'habitation, des étables et du jardin.

On trouve de l'eau presque partout sur notre globe, mais elle est parfois à une si grande profondeur, que les difficultés, les frais de creusage et ceux de puisement rendent impossible le percement d'un puits. Le plus ordinairement on cherche à établir un puits sur une source que l'on reconnaît la plus proche, la plus abondante et la moins profonde. Il faut alors chercher la direction de cette source et placer le centre du puits sur la ligne que suit la source en terre.

Profondeur. — Quand il existe des puits à proximité de l'endroit où l'on veut en creuser un, il est très facile de se rendre compte de la profondeur qu'il faudra lui donner, en tenant compte de la profondeur de celui qui existe et de la pente des couches géologiques entre le puits construit et le point où l'on désire en construire un. Lorsque le terrain est très incliné et qu'il n'existe aucun puits dans les environs, il est plus difficile de savoir à quoi s'en tenir. Quand le point choisi est sur le versant d'un coteau ou d'une montagne, ou vers le fond d'une vallée, il y a des chances de réussir, à moins que le sol ne soit très poreux comme le sont les sables et plusieurs calcaires ; mais souvent, sous de pareils sols, il existe une couche imperméable sur laquelle coulent des eaux pouvant alimenter un puits.

Construction. — La forme généralement adoptée pour la construction des puits est la forme circulaire ; on donne aux plus petits 1 mètre de diamètre intérieur. Lorsqu'on se sert de la pierre pour leur construction, il faut que ces pierres soient taillées en voussoirs, comme les pierres d'une voûte. Les puits doivent être construits en pierres sèches, c'est-à-dire en maçonnerie exécutée sans mortier, car si l'on employait du mortier ou du ciment pour la construction entière d'un puits, on empêcherait l'eau d'y arriver, et celle qui pourrait y entrer aurait souvent un mauvais goût. On met du mortier dans la maçonnerie d'un puits lorsqu'on arrive à environ 1 mètre du sol et pour la construction de la *margelle*, construction faite en dehors du sol à environ 1 mètre d'élévation.

Les matériaux qui servent le plus souvent à la construction d'un puits sont, suivant les localités : la pierre, la meulière, le moellon, la brique ; on peut aussi employer le béton moulé.

Le creusage d'un puits s'opère par des ouvriers spéciaux appelés *puisatiers*; le mode de fonçage varie suivant les localités et surtout suivant la nature du terrain. Le plus souvent un ouvrier ou deux au plus creusent le puits, tandis que deux autres retirent les résidus de la fouille à l'aide d'un treuil provisoire sur lequel s'enroule une corde à l'extrémité de laquelle on place un seau ou un baquet. Quand le terrain est assez résistant et peut se maintenir, les ouvriers creusent jusqu'à ce qu'ils rencontrent l'eau, ils descendent même un peu au-dessous de cet endroit, à moins qu'ils ne se trouvent sur une couche de glaise ou de roc qu'il serait dangereux de percer.

Lorsque le terrain offre peu de consistance, il faut étayer au fur et à mesure que l'on creuse ; dans certains cas, il faut faire cet étaiement dans toute la profondeur du puits, quelquefois pendant la traversée de certaines couches seulement. On étaye, soit avec des planches étrésillonnées, soit avec des cercles analogues aux cercles de tonneaux maintenus contre la fouille. Lorsque le terrain est très coulant, on est obligé de garnir les joints entre les planches ou les cercles avec des bruyères, des fougères, de la paille, etc.

Lorsqu'on est arrivé à la couche aquifère, on cesse la fouille et on pose sur le fond un cercle en charpente, appelé *rouet*. On installe dessus une maçonnerie circulaire en pierres sèches, puis en pierres hourdées en bon mortier hydraulique dans la partie haute du puits.

Il faut avoir soin, en montant la maçonnerie, de remplir l'intervalle entre le revêtement et le terrain. Lorsque le puits traverse des couches rocheuses, il est inutile d'y appliquer le revêtement,

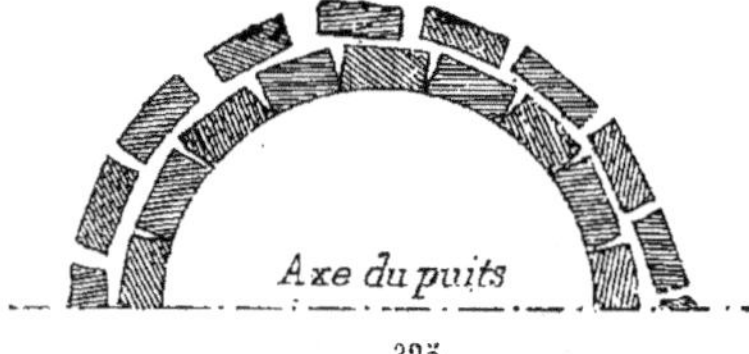

325.

ces roches servent de revêtement et de support à la maçonnerie qu'on établit au-dessus.

Le sol qui environne le puits doit être pavé jusqu'à une distance de 2 mètres au moins de son orifice. Une pente conduira les eaux dans un ruisseau d'écoulement.

La construction des puits en meulière ou en moellons n'offre rien de particulier La construction des puits avec des briques peut se faire de plusieurs manières Lorsque le puits a un diamètre peu considérable, les briques peuvent être posées à plat comme l'indique le croquis (*fig.* 326), il faut croiser les joints d'une assise sur l'autre.

Lorsque le diamètre atteint 1m,20 ou 1m,50, on place les briques à plat comme l'indique la figure 325, le revêtement au lieu d'avoir 0m,11 d'épaisseur a, dans ce cas, 0m,22. On peut encore employer la disposition de la figure 327.

En arrivant à une certaine profondeur les ouvriers qui creusent un puits se trouvent souvent incommodés par l'air irrespirable. L'acide carbonique qu'ils dégagent en respirant étant plus lourd que l'air s'accumule au fond du puits ; on peut détruire l'effet de ce gaz en descendant au fonds de la fouille de l'eau de chaux destinée à l'absorption de l'acide carbonique. On peut aussi descendre de l'air frais en se servant de pompes.

Arrivé au sol le puits peut être disposé pour rester découvert ; dans ce cas, le

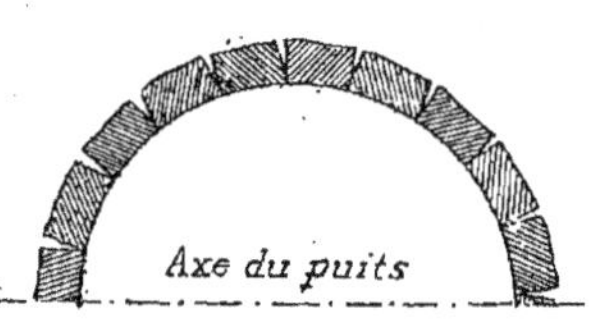

Fig. 326.

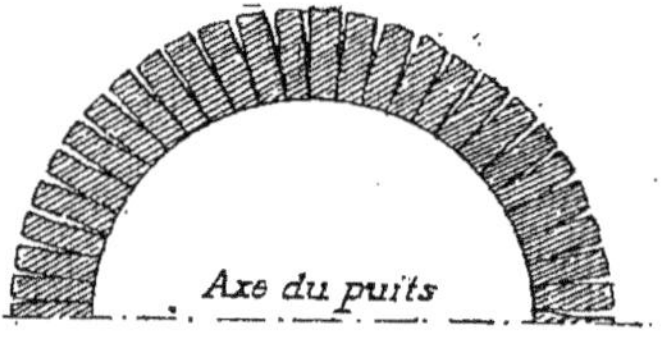

Fig. 327.

revêtement intérieur est prolongé par une muraille analogue, mais à laquelle on donne deux parements jusqu'à environ 0m75 au-dessus du sol. Le plus souvent, on y place une margelle formée par une pierre dure percée dans son milieu, ou par des portions de pierre solidement assemblées entre elles avec des crampons en fer bien scellés, ou par des briques posées sur champ et maintenues avec un cercle en fer. Il faut que la margelle soit construite très solidement car elle reçoit souvent des chocs.

Sur cette margelle on installe un appareil destiné à tirer la corde qui soutient les seaux. On se sert, soit d'une poulie, soit d'un treuil, comme l'indiquent les figures 328 et 329. Dans certains cas, pour éviter les accidents, on recouvre le puits avec des portes en planches.

Il est presque toujours plus économique, au point de vue de la main-d'œuvre,

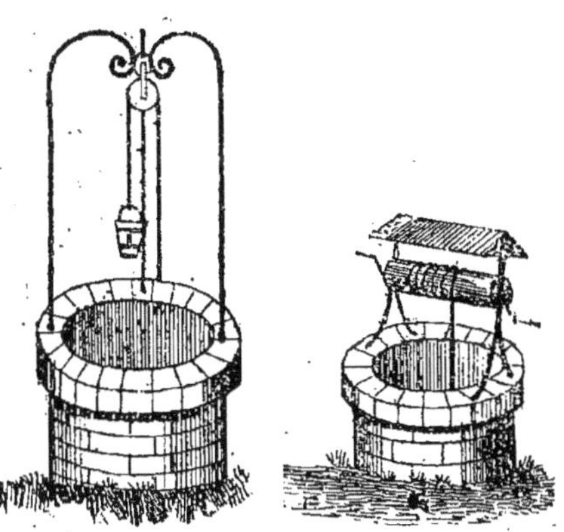

Fig. 328. Fig. 329.

d'installer une pompe sur un puits ; alors la maçonnerie s'arrête au niveau du sol; pour faciliter le nettoyage et les réparations du puits et de la pompe, on ferme l'orifice par une dalle mobile avec anneau, ou, mieux encore, par un grillage en fonte. Nous donnons (*fig.* 330) la coupe verticale d'un puits sur lequel on a installé une pompe mue par une manivelle. Cette pompe est très douce à manœuvrer, un seul homme peut la faire fonctionner jusqu'à une profondeur de 50 à 60 mètres.

On établit encore, sur des sources où l'on a beaucoup à puiser, des appareils plus compliqués, des norias, des chaines à godet, des pompes à chapelet mus à bras ou par un manège. Nous donnons (*fig.* 331) l'installation d'une pompe à chapelet construite par M. Beaume et posée sur l'orifice d'un puits. Cette pompe peut débiter de 3,000 à 12,000 litres à l'heure; elle peut fonctionner dans des puits de 3 à 20 mètres de profondeur; elle est manœuvrée par un ou deux hommes.

On installe souvent, pour élever l'eau d'un puits, des pompes à trois corps. Ces

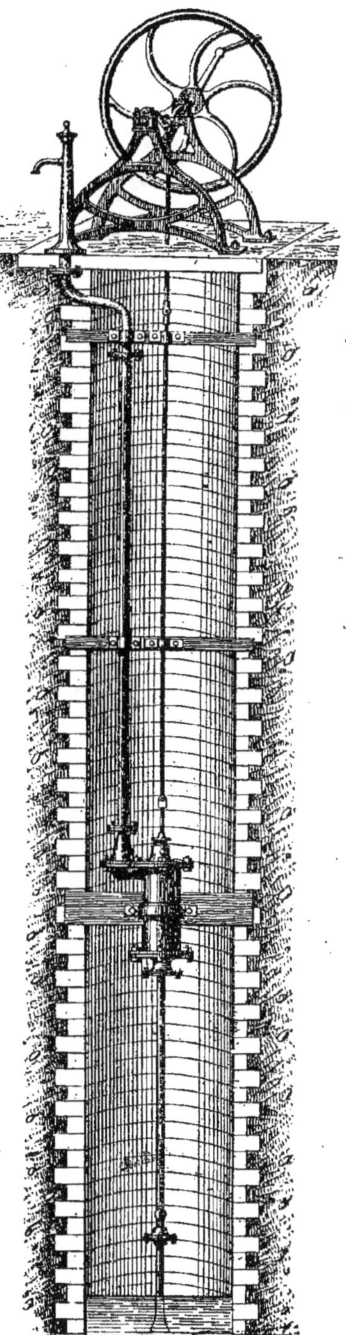

Fig. 330.

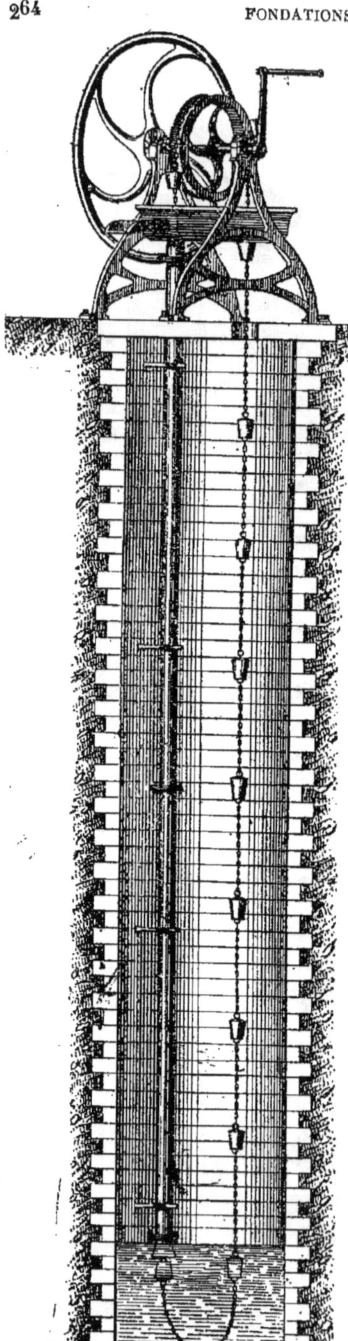

Fig. 331.

pompes, par leur disposition spéciale et par leur débit régulier, sont celles qui fonctionnent le mieux avec un manège. Ces pompes se construisent avec un débit de 3,000 à 30,000 litres à l'heure. Elles peuvent être mues par un âne ou par un cheval et fonctionner dans des puits ayant jusqu'à 300 pieds de profondeur.

Les corps de pompe et les pistons sont en cuivre, ainsi que les soupapes. Les manèges sont construits en fer et en fonte. Nous donnons (*fig.* 332), l'ensemble d'une installation de pompes à trois corps destinées à l'alimentation d'un réservoir.

Dans l'installation d'une pompe mue par manège sur un puits, on adopte souvent la disposition représentée (*fig.* 333). On creuse le puits jusqu'à une certaine profondeur de manière à pouvoir installer au fonds la pompe à trois corps, puis, au lieu de continuer le puits, on enfonce un tubage à travers le terrain solide; l'eau traversant ce tubage arrive dans le puits lorsque le niveau de cette eau est élevé. On emploie ce moyen pour augmenter le débit d'un puits.

383. *Puisards.* — On désigne sous le nom de puisard un petit puits creusé pour l'absorption des eaux surabondantes qui peuvent gêner dans une localité. Ils ont souvent la forme d'une petite citerne. Dans certains cas, on les construit sans fond, le sol se charge d'absorber les eaux qui se rendent dans ces puisards. Dans le premier cas, il faut vider assez fréquemment les puisards comme des fosses d'aisances; dans le second, cette opération n'a pas besoin d'être faite aussi souvent, car il ne reste au fond du puisard qu'une boue épaisse qu'on enlève à l'aide d'écopes et de seaux. Les inconvénients de ce second genre de puisard à fond perdu sont nombreux; le principal est l'infection du terrain environnant, qui finit par se manifester au dehors; le sol se graisse pour ainsi dire, et bientôt ne laisse plus passer l'eau, l'appareil ne fonctionne plus. L'emplacement de pareilles con-

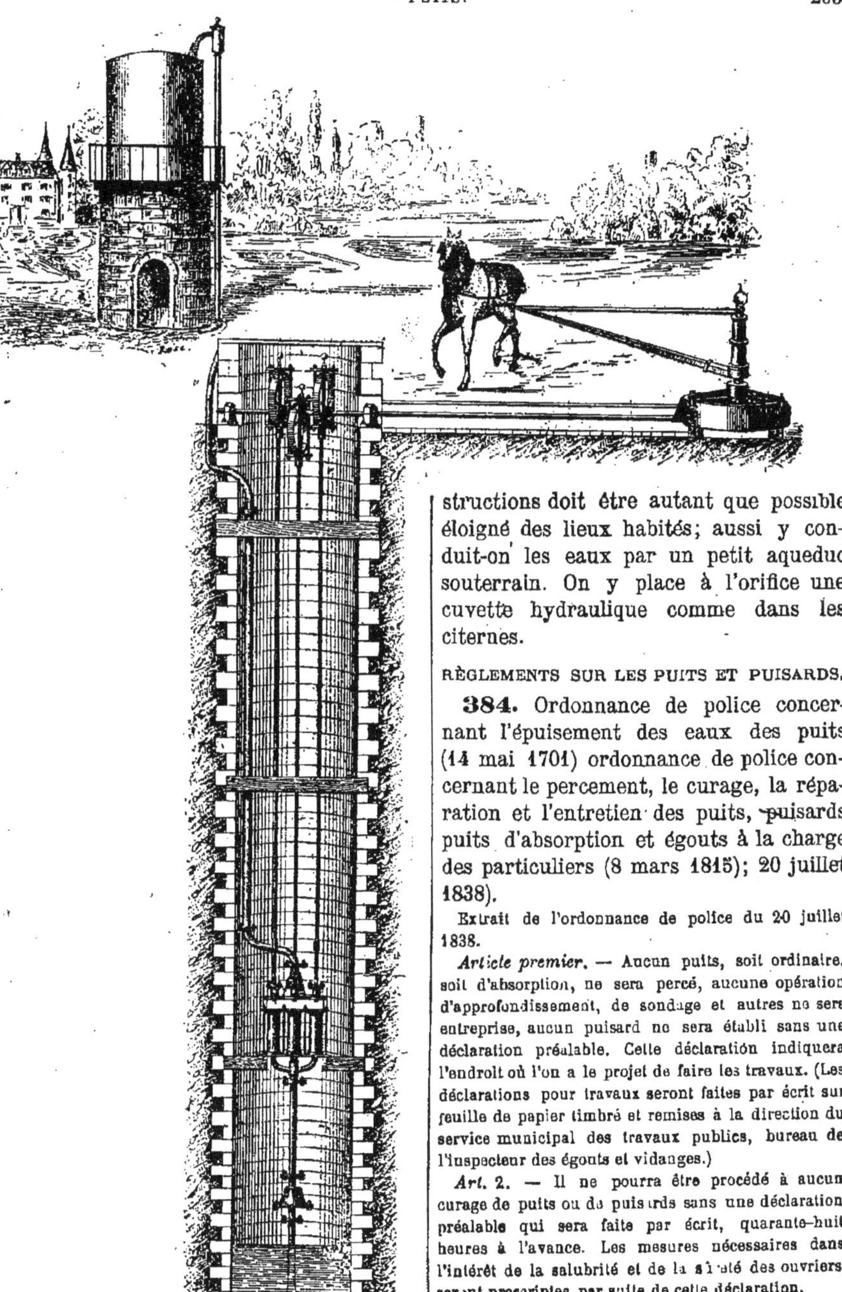

Fig. 332.

structions doit être autant que possible éloigné des lieux habités; aussi y conduit-on les eaux par un petit aqueduc souterrain. On y place à l'orifice une cuvette hydraulique comme dans les citernes.

RÈGLEMENTS SUR LES PUITS ET PUISARDS.

384. Ordonnance de police concernant l'épuisement des eaux des puits (14 mai 1701) ordonnance de police concernant le percement, le curage, la réparation et l'entretien des puits, puisards puits d'absorption et égouts à la charge des particuliers (8 mars 1815); 20 juillet 1838).

Extrait de l'ordonnance de police du 20 juillet 1838.

Article premier. — Aucun puits, soit ordinaire, soit d'absorption, ne sera percé, aucune opération d'approfondissement, de sondage et autres ne sera entreprise, aucun puisard ne sera établi sans une déclaration préalable. Cette déclaration indiquera l'endroit où l'on a le projet de faire les travaux. (Les déclarations pour travaux seront faites par écrit sur feuille de papier timbré et remises à la direction du service municipal des travaux publics, bureau de l'inspecteur des égouts et vidanges.)

Art. 2. — Il ne pourra être procédé à aucun curage de puits ou de puisards sans une déclaration préalable qui sera faite par écrit, quarante-huit heures à l'avance. Les mesures nécessaires dans l'intérêt de la salubrité et de la sûreté des ouvriers seront prescriptes par suite de cette déclaration.

Art. 3. — Nul ne pourra exercer la profession de cureur de puits ou de puisards s'il n'est pourvu d'une permission de l'Administration.

385. Nota. — Tout puisard, qu'il soit absorbant ou étanche, doit : être construit et voûté en maçonnerie, avec au moins

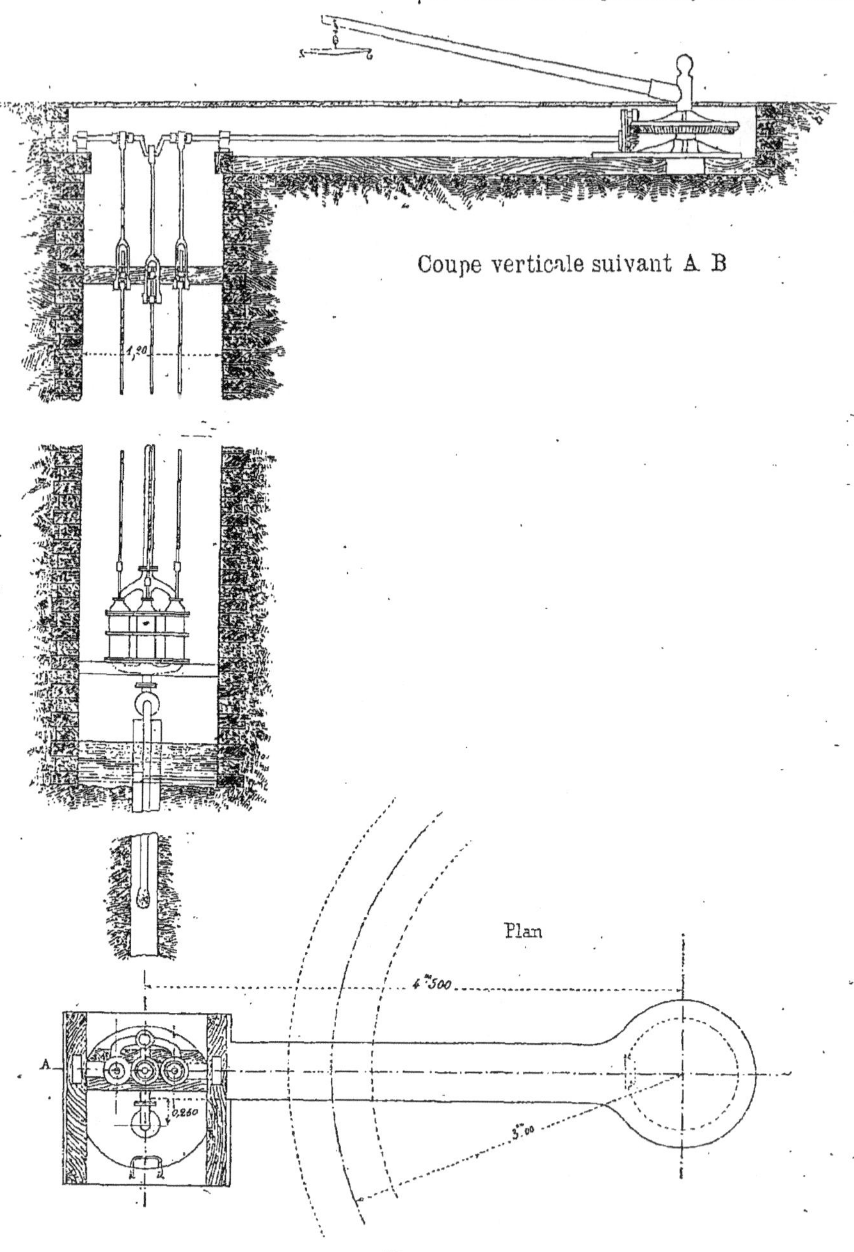

Fig. 333.

2 mètres de profondeur sous clef; être pourvu d'une ouverture d'extraction de 1 mètre de longueur sur $0^m,65$ de largeur et avoir son entrée d'eau munie d'un

appareil quelconque formant siphon. Chacun peut, sur son héritage, encore bien que la source, la fontaine ou le puits du voisin en souffrirait, creuser un puits de telles dimensions qu'il lui plaît, pourvu qu'il prenne les précautions nécessaires et qu'il observe les distances et les règles voulues. Ainsi celui qui veut creuser un puits à la proximité soit d'un mur appartenant au voisin, soit d'un mur mitoyen ou susceptible de le devenir, soit de la cave, soit du puits, soit de la fosse d'aisances du voisin, est tenu de faire un contre-mur fondé plus bas que le sol et montant jusqu'au niveau du terrain, comme la maçonnerie sur laquelle se pose la margelle. Ce contre-mur, dont l'épaisseur se détermine par les statuts locaux ou à dire d'expert et est assez généralement fixée à 1 mètre, compris l'épaisseur du mur et du contre-mur, doit avoir une largeur telle qu'on ne puisse craindre l'infiltration des eaux ou des matières au delà de ses extrémités. Le plus sûr est de le faire circulairement, selon la circonférence du puits.

Les engagements relatifs au creusement des puits ont une grande importance. S'il est dit dans les conventions intervenues que le puits sera creusé jusqu'à telle profondeur, l'ouvrier a rempli ses engagements lorsqu'il a mis le puits à cette profondeur, encore bien qu'il n'y ait pas une goutte d'eau. S'il est dit que les travaux se continueront jusqu'à ce qu'il y ait dans le puits une suffisante quantité d'eau, les travaux se faisant en hiver, le puits sera creusé aussi bas que les eaux le permettront, sans que l'ouvrier soit tenu à aucune garantie pour ce qui en résultera lorsque les eaux seront basses. Si les travaux ont lieu en été, l'obligation de l'ouvrier sera remplie lorsqu'il aura obtenu au-dessus du rouet 1 mètre de hauteur d'eau de source ou provenant d'une grande nappe d'eau souterraine et non de pleurs ou de veines qui tarissent presque aussitôt.

A moins d'impossibilité absolue, l'établissement d'un puits dans chaque maison de ville est obligatoire; c'est une sorte de servitude d'utilité publique.

Celui dont le puits se trouve à moins de 2 mètres de distance de l'héritage du voisin ne peut convertir ce puits en cloaque ou y laisser couler les eaux des toits, des cours, des fumiers, des cuisines.

L'intérêt public exige que les propriétaires et principaux locataires tiennent le puits de leurs habitations dans un tel état qu'on puisse toujours y trouver de l'eau en cas d'incendie.

386. *Puits artésiens.* — On désigne sous le nom de puits artésien un simple trou circulaire fait dans la terre avec une sonde ; son diamètre ordinaire et de 1 décimètre à 15 centimètres, et sa profondeur de 30 à 3 ou 400 mètres et quelquefois davantage. Quand la sonde est parvenue à la profondeur du cours d'eau souterrain, on la retire ; l'eau monte alors par le trou et continue de couler, tantôt au-dessus du sol, tantôt à sa surface, et d'autres fois elle reste au-dessous.

Si par ce procédé l'on n'obtient pas d'eau jaillissant au niveau du sol, au moins peut-on en faire monter à une hauteur qui permet de la puiser par les moyens ordinaires. Nous allons dire quelques mots des puits instantanés qui reposent sur le principe des puits artésiens.

387. *Puits instantanés.* — Il y a quelques années l'idée d'un forage économique, dont nous allons donner l'origine, a été reprise à Bruxelles, par M. Jobard ; à Londres, par M. Norton, et enfin amenée chez nous à son dernier degré de perfectionnement par M. Clark. Les Chinois, il y a deux mille ans, se servaient, dès cette époque, d'un appareil rudimentaire, mais fort ingénieux d'ailleurs, pour se procurer de l'eau. Ils mettaient ce moyen en usage toutes les fois que le sol ne devait présenter qu'une résistance médiocre et que la source se trouvait à une faible profondeur.

Choisissant une longue perche de bambou creuse à l'intérieur, ils appliquaient une pointe en fer à l'une des extrémités, et perçaient, au-dessus de cet éperon quelques trous à travers le bois, afin d'établir une communication de l'extérieur avec l'intérieur. La tige de bambou ainsi préparée s'enfonçait en terre à coups de massue. Quand on supposait que son extrémité trouée était descendue au niveau d'une source souterraine, on s'assurait de la présence de l'eau au moyen d'une petite pierre attachée au bout d'une ficelle qu'on faisait descendre dans les profondeurs du tube en bois. Lorsque la pierre revenait mouillée, on adaptait à la partie supérieure du bambou un appareil aspirateur, et l'eau montait à la surface. Ce procédé a été repris avec succès par M. Clark, ingénieur.

Voici la manière d'opérer :

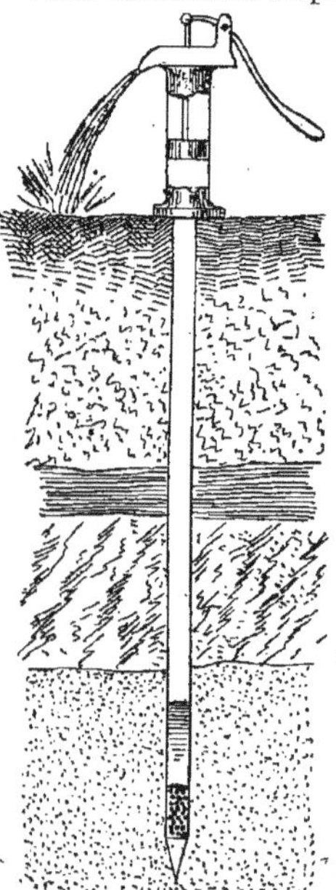
Fig. 334.

A l'endroit choisi pour l'installation d'un puits, on enfonce en terre un tube en fer creux, à parois très épaisses, muni à son extrémité inférieure d'une pointe en acier, effilée, présentant une grande solidité. Au-dessus de ce cône, le tube est percé de trous, comme la crépine d'une pompe, ces trous sont destinés à faire communiquer l'eau souterraine avec l'intérieur de l'appareil comme nous l'avons déjà indiqué pour le tube en bambou. Le tube s'enfonce à l'aide d'un mouton qui vient frapper à coups redoublés non sur ce tube lui-même, manœuvre qui pourrait le fausser, mais sur un manchon adapté vers sa partie supérieure. Lorsque le premier tube entré dans la terre se trouve de longueur insuffisante, on l'allonge avec un second qui se raccorde par un pas de vis. On enlève le manchon, et l'opération se continue rapidement.

Dans un temps très court, de une heure à trois heures, selon les résistances du sol, le puits est établi. Si lorsqu'on enfonce le tube on rencontre une masse trop dure comme un rognon de silex, par exemple, on est obligé d'enlever le tube et de recommencer le travail à côté.

Il arrive fréquemment ce fait remarquable que la nappe d'eau, resserrée dans un conduit étroit, possède une force ascensionnelle assez puissante pour remonter à la surface et jaillir en abondance au-dessus du sol. Lorsque cette circonstance heureuse fait défaut, on a recours, comme l'indique le croquis (*fig.* 334), à l'établissement d'une pompe pour laquelle les tubes en fer ont été disposés.

Ce procédé est avantageux si la nappe d'eau n'est pas à plus de 8 mètres du sol. La pompe élève l'eau et le sable aussi, quand ce dernier est fin et par conséquent susceptible d'être entraîné sous une faible vitesse. Il faut, pour l'application de ce procédé, connaître à l'avance la nature du sol et la position de la nappe souterraine; de plus, il faut des terrains peu résistants pour faire pénétrer le tube, ce qui ne rend pas ce procédé d'une application générale.

Néanmoins ce système est économique, facile à établir et peut rendre de très grands services.

Glacières.

388. Depuis quelques années, on se sert beaucoup de glace, non seulement pour les besoins domestiques, mais encore pour les besoins des sciences, de la médecine et de l'hygiène publique. Il est donc très important de pouvoir se procurer de la glace en tout temps et à bas prix. Le procédé le plus économique et le plus usité surtout dans les pays éloignés des centres industriels, où l'on ne peut facilement fabriquer la glace artificielle, consiste dans l'emploi des *glacières*. Les glacières sont d'énormes caves où l'on entasse de la glace pendant l'hiver, en quantité suffisante pour la consommation d'une année.

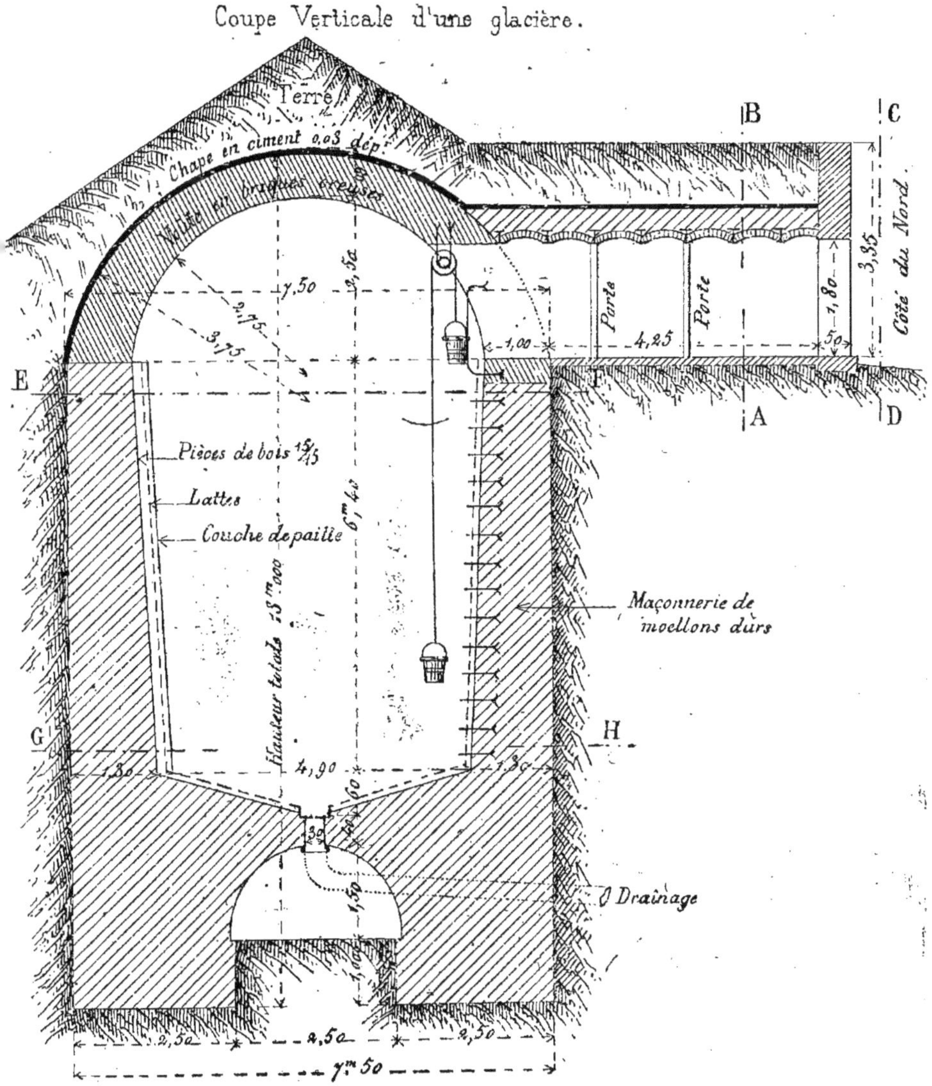

Coupe Verticale d'une glacière.

Fig. 335.

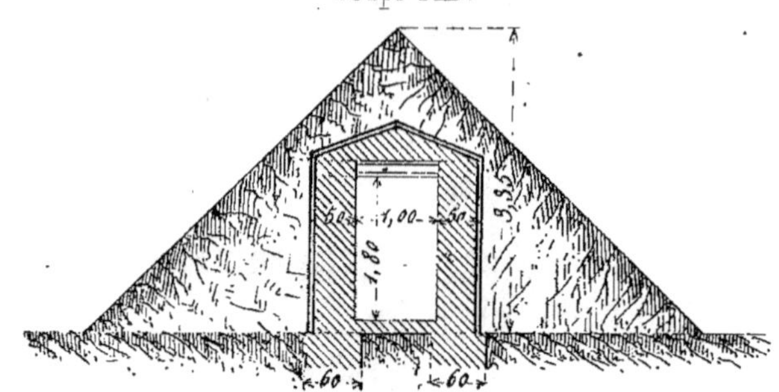
Coupe AB.
50
1,00
50
3,35
1,80
60
60

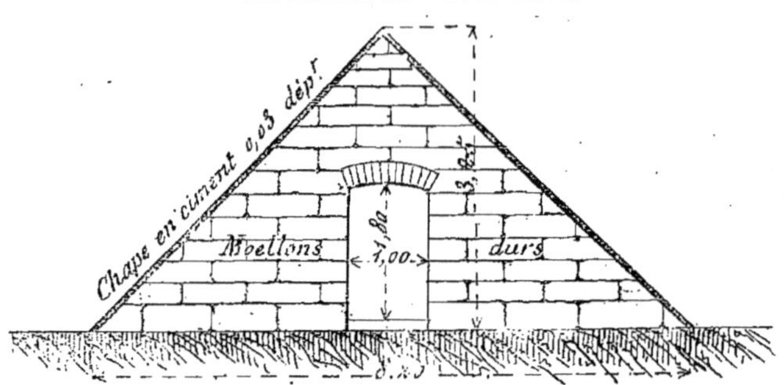
Elévation CD_ Côté Nord.
Chape en ciment 0,03 dép.t
Moellons
durs
1,80
1,00
3,85

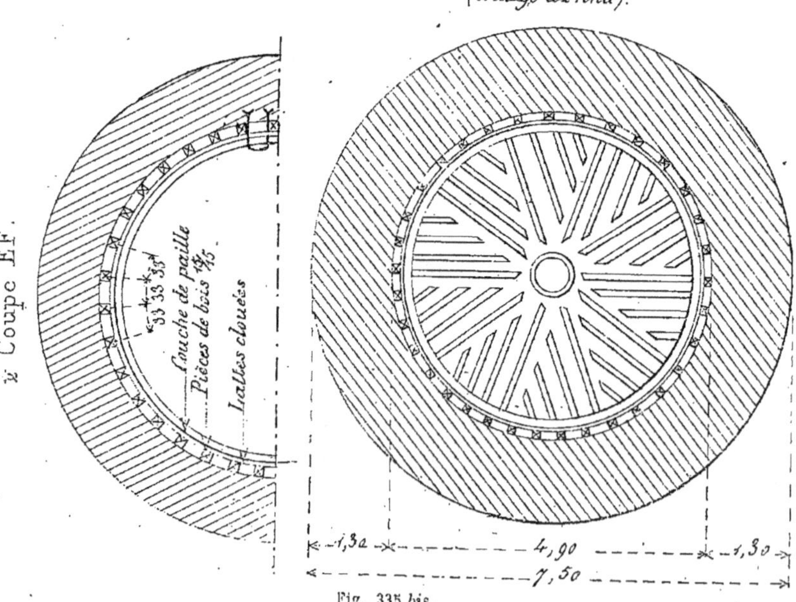
Plan suivant GH
(Grillage du fond).
½ Coupe EF.
33 33 33
Couche de paille
Pièces de bois 10/15
Lattes clouées
1,30
4,90
1,30
7,50

Fig. 335 *bis*.

Ces caves doivent être construites dans les conditions convenables pour que la fusion ne s'y fasse pas ou au moins soit assez lente pour que la perte ne soit pas trop grande. C'est surtout en ayant soin de protéger par des couches d'air stagnant les masses de glace contre l'action de la chaleur solaire qu'on y parvient.

La figure 335 représente la coupe verticale d'une glacière construite d'après les règles ordinaires et dont les dimensions peuvent varier suivant la quantité de glace qu'on désire conserver. Cette glacière, de forme circulaire en plan, est construite en moellons durs, la partie haute est cintrée, et, pour la rendre moins conductrice, la voûte supérieure est construite en briques creuses. Il existe à l'intérieur un revêtement destiné à empêcher le contact de la glace avec la maçonnerie, ce revêtement est formé d'une série de pièces de bois de $0^{m},15$ sur $0^{m},15$; sur ces pièces de bois on cloue des lattes et enfin sur ces lattes on place une couche de paille. Le fond de la glacière est formé par une grille, comme l'indique la coupe GH (*fig.* 335 *bis*). On arrive à la glacière par un couloir fermé par trois portes, la première donnant accès à l'extérieur doit être autant que possible au nord. Le dessus de la voûte de la glacière et du passage est recouvert par une couche de ciment de $0^{m},30$ d'épaisseur. La glace est posée sur la grille du fond et empilée jusqu'en haut, la grille laisse passer l'eau par une ouverture de $0^{m},30$ de diamètre ; cette eau, si le sol est perméable, est absorbée; si le sol n'est pas très perméable, on est obligé d'établir un drainage pour l'emmener au dehors. On retire la glace à l'aide d'un seau suspendu à une corde qui passe sur une poulie fixée à la partie supérieure de la voûte.

La glacière doit être protégée du soleil par une plantation d'arbres ou par un abri en chaume.

On remplit la glacière pendant les jours les plus froids de l'hiver, soit avec de la glace, soit, à son défaut, avec de la neige bien tassée, et l'on arrose aussitôt avec un peu d'eau glacée qui se congèle, et qui, en réunissant toute la glace en une seule masse, empêche l'air de circuler aussi aisément dans son intérieur et retarde ainsi sa fusion. On recouvre la glace de paille, par-dessus laquelle on met des planches que l'on charge de pierres. Aux États-Unis, pays où la glace forme un article de consommation très important, on élève quelquefois les glacières au-dessus du sol, en plein air, en les composant de bâtiments en madriers à claire-voie, recouverts de tous côtés de plusieurs couches de paille.

389. *Des glacières dans les constructions rurales.* — Nous avons donné précédemment l'installation d'une glacière, il nous reste à dire quelques mots des glacières établies pour les exploitations rurales. Dans ces exploitations les glacières ne doivent pas être considérées comme un objet de luxe ; elles constituent un très utile accessoire aux locaux qui servent à la conservation des substances alimentaires, et principalement des viandes et du laitage. Les conditions nécessaires à la conservation de la glace sont une température constante et aussi basse que possible, l'abri de l'humidité, l'isolement complet de tout corps qui pourrait lui transmettre de la chaleur ou de l'humidité, enfin l'absence de lumière solaire ; c'est pourquoi l'installation des glacières se fait presque toujours dans le sol. On pourrait arriver à un bon résultat avec des glacières établies en dehors du sol, seulement la dépense serait très grande ; il faudrait établir des murs d'une grande épaisseur et bien les garantir à l'extérieur.

Dans un terrain bas, humide ou trop argileux, il faudra souvent renoncer à la construction d'une glacière. Si la maçonnerie n'est pas bien sèche, il est rare que la glace ne fonde pas la première fois qu'on la remplira.

Position de la glacière. — Comme dans le cas examiné précédemment, la glacière devra être placée au nord, et son ouverture d'accès percée de ce côté ; il faut, en outre, avoir soin d'entourer la glacière d'un épais bosquet d'arbres à feuilles persistantes qui empêchent les rayons du soleil d'arriver à la maçonnerie. La croupe d'une montagne ou d'une colline exposée au nord peut être un endroit favorable. Le terrain dans lequel on établira la glacière doit être sec ; il doit aussi être éloigné des mares, des fosses à fumier et des latrines.

Ouverture. — Une glacière ne doit pas avoir d'autre ouverture que celle qui est nécessaire à l'accès. Il faudra établir des doubles et même des triples portes, comme nous l'avons déjà indiqué de manière qu'en entrant on puisse ouvrir la première porte, qui doit être très épaisse et à panneaux pleins, et la refermer avant d'ouvrir la seconde et qu'en sortant on ait refermé la seconde porte avant d'ouvrir la première. On ne doit entrer dans une glacière qu'avant et après le coucher du soleil, on peut s'y conduire en se servant d'une lanterne.

390. *Chambre pour conserver les aliments.* — La différence qui existe entre une glacière qui sert simplement à conserver de la glace et une glacière établie dans une construction rurale, c'est que dans cette dernière on construit entre les diverses portes une ou plusieurs chambres donnant accès dans le couloir commun. Ces chambres sont garnies de tablettes au pourtour pour le dépôt des vases contenant les aliments à conserver. Au plafond de ces chambres sont scellés de forts crochets pour y suspendre les morceaux de viande. Dans le cas où la glacière est très enfoncée dans le sol on établit, dans l'une de ces chambres, un escalier permettant de descendre dans la glacière.

Construction. — Si la glacière est située dans le sol, on pourra adopter le mode de construction décrit précédemment.

Dimensions.—Pour calculer la contenance d'une glacière, on peut compter 500 kilogrammes de glace par mètre cube. Pour que la glace se conserve bien, il faut au moins que la glacière renferme un amas de glace de 4,000 kilogrammes; plus la quantité de glace enfermée sera grande, plus il y aura chance d'obtenir un bon résultat.

CHAPITRE III

DES MURS

DEUXIÈME PARTIE

SOMMAIRE

I. — Division des murs. — Diverses espèces de murs.
II. — Construction des murs de clôture. — Mur de clôture en pierres sèches. — Murs de clôture en terre et maçonnerie. — Murs de clôture en meulière et mortier. — Murs de clôture en moellons et plâtre. — Murs de clôture en matériaux mixtes. — Murs de clôture en fer et briques. — Murs de clôture séparant des cours et construits à Paris.
III. — Couverture des murs. — Chaperons. — Chaperons en plâtre. — Chaperons en mortier. — Chaperons en tuiles. — Chaperons en pierre.
IV. — Règlements sur les murs de clôture et leur construction. — Leur hauteur. — Leur épaisseur. — Surélévation d'un mur de clôture. — Clôture forcée, cas particuliers. — Plantations d'arbres à proximité d'un mur de clôture.
V. — Murs des maisons d'habitation. — Règlements sur la hauteur des maisons, les combles et les lucarnes dans la ville de Paris. — Murs de fondation. — But des fondations. — Fouille et tranchées. — Plantation d'un bâtiment. — Côtes de nivellement. — Exécution des murs de fondation d'un bâtiment.
VI. — Murs de face. — Leur construction. — Murs d'allège. — Épaisseur des murs dans les maisons d'habitation. — Espace occupé par les murs. — Murs sur cour.
VII. — Murs de refend, leur construction. — Murs de refend sans tuyaux de cheminée. — Murs de refend avec tuyaux de cheminée. — Divers types.
VIII. — Murs mitoyens. — Règlements relatifs à la construction des murs mitoyens. — Jambes étrières. — Règlements sur leur construction. — Piles intermédiaires. — Diverses remarques sur les murs mitoyens. — Reconstruction d'un mur mitoyen. — Etaiements.
IX. — Echafaudages employés pour la construction des murs. — Divers types.
X. — Divers types de murs. — Murs de soutènement. — Contre-murs. — Obligation de les construire. — Règlement. — Murs pignons. — Murs dosserets. — Murs d'appui et murs de parapet. — Murs de quai etc...

§ I. — DIVISION DES MURS. — DIVERSES ESPÈCES DE MURS

391. On distingue plusieurs espèces de murs qui, suivant leur destination ou leur situation, suivant qu'il y a ou non pour les propriétaires voisins obligation de les établir, suivant qu'ils sont la propriété d'un seul ou celle de deux propriétaires limitrophes, sont appelés : murs de *simple clôture*, murs de *fondation*, murs *séparatifs*, murs de *face*, murs de *soubassement* ou *allèges*, *gros murs*, murs de *refend*, murs de *soutènement*, *contre-murs*, murs *pignons*, murs *dosserets*, murs de *parapet et murs d'appui*, murs *mitoyens*.

1° *Murs de simple clôture.* — Les murs que l'on désigne sous le nom de simple clôture ont pour but de séparer deux héritages contigus, sans supporter de constructions ni d'un côté ni de l'autre.

2° *Murs de fondation.* — Les murs de fondation sont les murs épais que l'on construit dans le sol pour soutenir toute la partie des constructions élevée en dehors du sol. Ces murs reposent sur le bon sol.

3° *Murs séparatifs ou mur de séparation.* — Le mur qui, en même temps qu'il sépare deux héritages contigus, supporte des bâtiments de part et d'autre, est celui que l'on nomme mur de séparation. Si ce mur ne supporte de bâtiments que d'un côté seulement, il est réputé mur de séparation par rapport à l'héritage dont il soutient les constructions, et mur de simple clôture, par rapport à celui qui n'y a point de bâtiments appuyés.

4° *Murs de face.* — On désigne sous le nom de mur de face celui qui est au-devant du bâtiment, et qui très fréquemment donne sur la rue ou sur quelque autre emplacement public. Ces espèces de murs sont soumis à certains règlements de voirie qu'il sera utile d'étudier ; ils ne peuvent être construits, réparés, ni démolis, sans alignement et permission ; ils sont dans certains cas assujettis à recevoir les supports ou poteaux des réverbères.

5° *Murs de soubassement ou allèges.* — Ce sont des murs de peu d'épaisseur qui supportent ordinairement les appuis des croisées.

6° *Gros murs.* — On désigne ordinairement sous le nom de gros murs ceux qui forment l'entourage et pour ainsi dire l'enveloppe des bâtiments, murs de face et de derrière et murs latéraux avec leurs pignons ; on y comprend aussi les *murs de refend*, ou murs séparatifs des diverses pièces du bâtiment lorsqu'ils sont en même temps *murs de fond*, c'est-à-dire reposant sur des fondations et y prenant naissance et généralement tous les murs contenant les jambes de pierre et tous les pans de bois ; enfin les cloisons séparatives des appartements, bien qu'elles ne soient pas de fond, lorsqu'elles réunissent ces deux conditions de porter des planchers et d'être formées de poteaux assemblés par le haut à tenons et mortaises et par le bas dans des sablières stables et destinées à maintenir la construction.

Les murs de clôture, de séparation, de soutènement, sont aussi compris sous la dénomination générale de gros murs.

7° *Murs de refend.* — On désigne ainsi des murs qui divisent la longueur et quelquefois la largeur d'un bâtiment, ordinairement ils réunissent les murs de face en allant de l'un à l'autre.

8° *Murs de soutènement.* — Les murs de soutènement sont des espèces de contre-murs qui soutiennent et fortifient une terrasse, une chaussée, et plus généralement un terrain plus élevé que celui qui l'avoisine, ou un édifice, une construction établis sur un terrain qui se trouve dans ces conditions. Le mur de soutènement est, jusqu'à preuve du contraire, la propriété exclusive de celui dont il soutient les terres ou les bâtiments.

9° *Contre-murs.* — On désigne sous le nom de contre-mur un petit mur que l'on élève contre un mur construit ou en construction pour le garantir ou le fortifier.

10° *Murs pignons.* — Les murs pignons sont ceux qui réunissent les extrémités de deux murs de face, et dont la partie supérieure, qui a la forme du comble, sert de support au faitage et aux pannes.

11° *Murs dosserets.* — Les murs dosserets sont ceux que l'on construit en exhaussement des pignons, pour y adosser les tuyaux de cheminée qui s'élèvent au-dessus de ces derniers.

12° *Murs d'appui et murs de parapet.* — Les murs d'appui sont ceux qui servent d'appui ou de garde-corps dans un pont, un mur de quai ou une terrasse ; ils s'élèvent à environ 1 mètre de hauteur au-dessus du sol, on les nomme aussi *murs de parapet.*

13° *Murs mitoyens.* — On nomme mur mitoyen, celui qui, placé sur la ligne séparative de deux héritages limitrophes, appartient par moitié aux propriétaires de ces héritages.

Un mur peut se trouver mitoyen dès le principe, de même que, ne l'étant pas dans le principe, il peut ensuite le devenir.

§ II. — CONSTRUCTION DES MURS DE CLOTURE

Murs de clôture en pierres sèches

392. On construit assez souvent des murs de clôture et de soutènement en pierres sèches, c'est-à-dire sans employer aucune substance pour les lier entre elles. Lorsqu'on dispose des matériaux de fortes dimensions, ces murs présentent une solidité suffisante ; mais lorsqu'on y emploie des pierres de faible échantillon, comme cela se pratique souvent pour les murs de clôture, ces murs sont sujets à de fré-

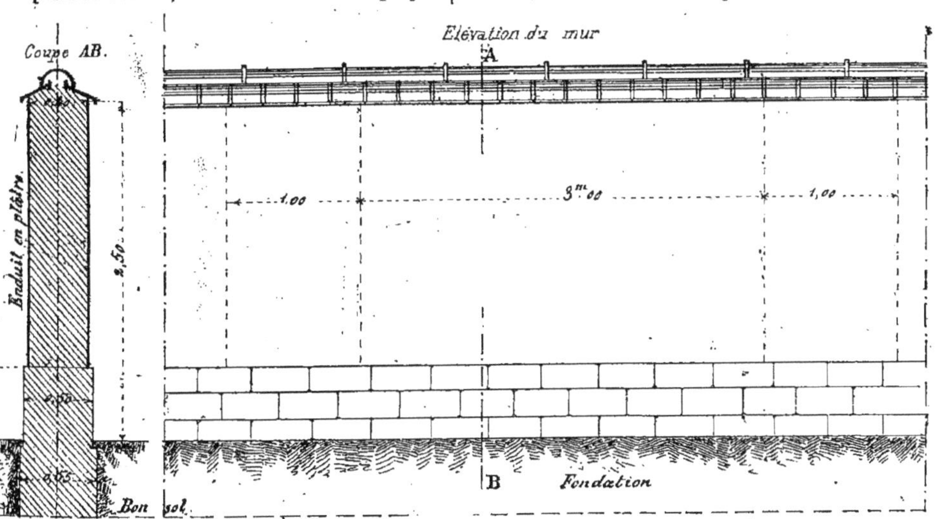

Fig. 336.

quentes dégradations, ce qui est facile à concevoir, du reste, puisque les diverses parties de la construction n'ayant aucune liaison entre elles, il suffit d'un effort peu considérable pour les déplacer.

Murs de clôture en terre et maçonnerie.

393. On emploie souvent dans la construction des murs de clôture la terre au lieu de mortier ; on peut alors construire le mur de la manière suivante : On exécute la fondation du mur en maçonnerie de petits matériaux et mortier de chaux hydraulique comme l'indique la figure 336, il faut continuer cette maçonnerie en employant la chaux hydraulique jusqu'à 0m,50 en contrehaut du sol pour empêcher l'humidité de monter dans le mur. et aussi

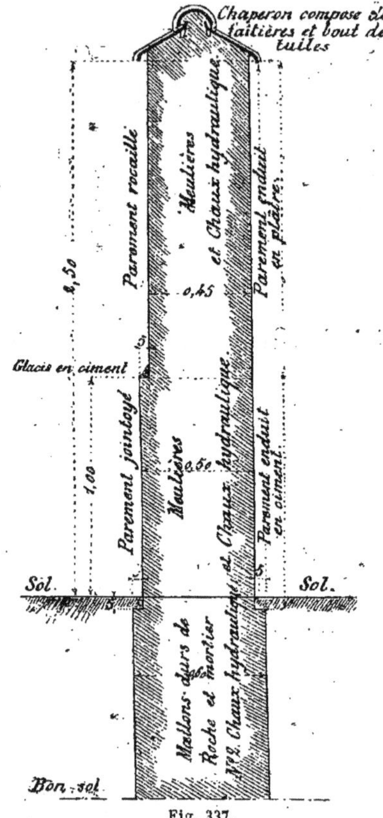

Fig. 337.

pour empêcher les animaux de s'y creuser trop facilement une retraite. Dans cette hauteur il faut employer des matériaux non gélifs, faire un léger rejointement et ne pas mettre d'enduit. On peut donner de 0m,50 à 0m,55 d'épaisseur à la fondation, de 0m,45 à 0m,50 au soubassement du mur et enfin terminer ce mur à 0m,40 d'épaisseur en haut, en lui donnant de chaque côté un léger fruit. Au-dessus du soubassement en petits matériaux le mode de construction, qui, tout en étant économique, résiste assez bien, consiste à faire des chaînes dans le mur hourdées en chaux hydraulique ou en plâtre et ayant 1 mètre de largeur puis entre deux chaînes construire sur 3 mètres de longueur en employant la terre comme mortier et répéter cette construction jusqu'au bout du mur. Les murs en terre doivent être ensuite enduits sur les deux faces, soit en chaux, soit en plâtre ; le plâtre est préféré pour palisser les espaliers. Les matériaux à employer sont les moellons, la meulière et dans certains cas simplement les platras. Le mur étant construit il faut le recouvrir d'un *chaperon* dont nous verrons plus loin la destination.

De semblables modes de constructions sont toujours très imparfaits et doivent, le plus souvent, être exclus des travaux de quelque importance.

Murs de clôture en meulière et mortier.

394. Si nous supposons un mur de clôture sur rue, nous pouvons le construire en bonne maçonnerie de meulière et mortier n° 2, de chaux hydraulique. Par économie on peut exécuter la fondation soit en béton soit en moellons durs de roche hourdés en chaux hydraulique et lui donner 0m,60 d'épaisseur.

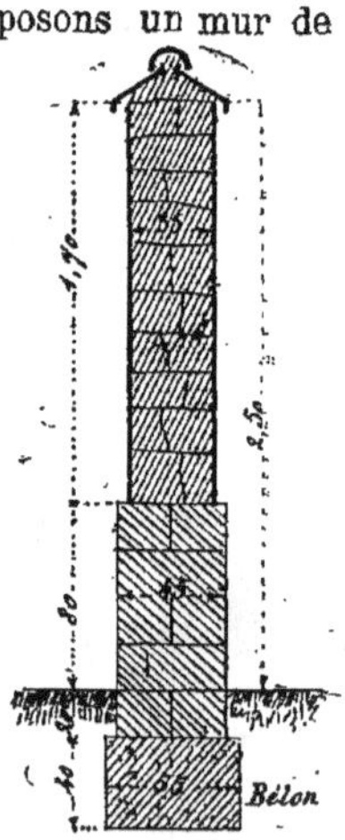

Fig. 338.

Au-dessus, on construit un soubassement ayant 1 mètre de hauteur au-dessus du sol et ayant 0m,50 d'épaisseur. Pour ce soubassement, il faut choisir de grosses meulières et faire un parement jointoyé. Au-dessus, le mur sera monté en 0m,45 d'épaisseur et le parement vu sur rue sera rocaillé. Pour rattrapper la différence d'épaisseur entre le soubassement qui a 0m,50 d'épaisseur et le mur qui n'a que 0m,45, on fait un petit glacis en ciment. La coupe de ce mur est indiquée *fig.* 337.

Les murs ainsi construits présentent une très grande solidité et ont en outre l'avantage de ne pas permettre aux personnes mal intentionnées et aux enfants d'écrire ou de dessiner sur le mur, ce dernier ne présentant en aucun endroit de partie lisse. Il faut également mettre un chaperon servant de couverture.

Murs de clôture en moellons et plâtre.

395. On exécute aussi des murs de clôture en moellons hourdés en plâtre. Le soubassement peut se faire en moellons piqués présentant l'aspect de petites pierres de taille et le dessus en moellons ordinaires hourdés en plâtre et enduit des deux côtés.

Le soubassement peut avoir 0m,45 d'épaisseur et le mur 0m,35, comme l'indique la figure 338.

Murs de clôture en matériaux mixtes.

Nous donnons (*fig.* 339) les détails d'un mur de clôture en élévation et en coupes. Nous supposons d'un côté le mur recouvert par une dalle en pierre à deux pentes et de l'autre une couverture en tuiles. Les matériaux employés sont : la pierre, la meulière, le moellon et la brique pour la construction des piliers devant recevoir la grille.

Murs de clôture en fer et briques.

396. Le fer, étant aujourd'hui très bon marché, il est possible de l'employer

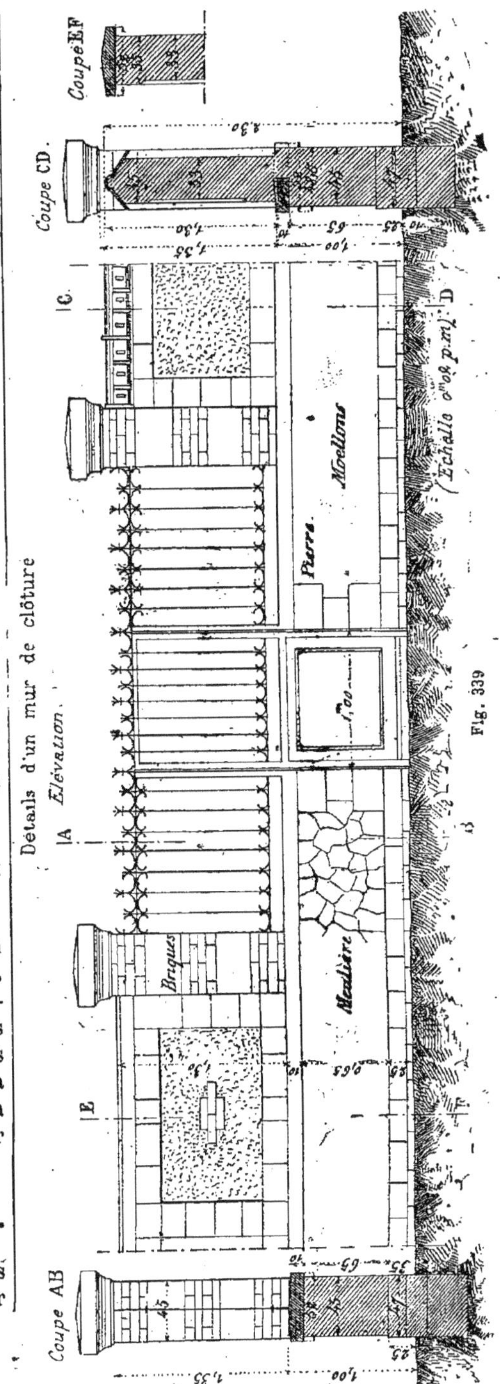

Fig. 339

pour la construction des murs de clôture et d'exécuter en l'associant avec la brique des murs économiques très solides et résistant longtemps sans se détériorer. Après avoir creusé la fondation du mur on remplit la fouille avec du béton et, tous les deux mètres par exemple, on scelle dans ce béton un fer I placé verticalement comme l'indique la figure 340. Comme le fer se conserve très bien dans le ciment, il sera avantageux de l'employer pour faire ces scellements. Ce fer doit avoir une hauteur telle qu'on puisse placer entre ses ailes une brique à plat. Dans la hauteur qui est de 2^{m},50 par exemple, on place deux rangées de boulons dissimulés dans la brique et qui servent à maintenir l'écartement des fers. On monte ensuite la brique d'un fer à l'autre et lorsque cette brique est montée, on peut la rejointoyer en la

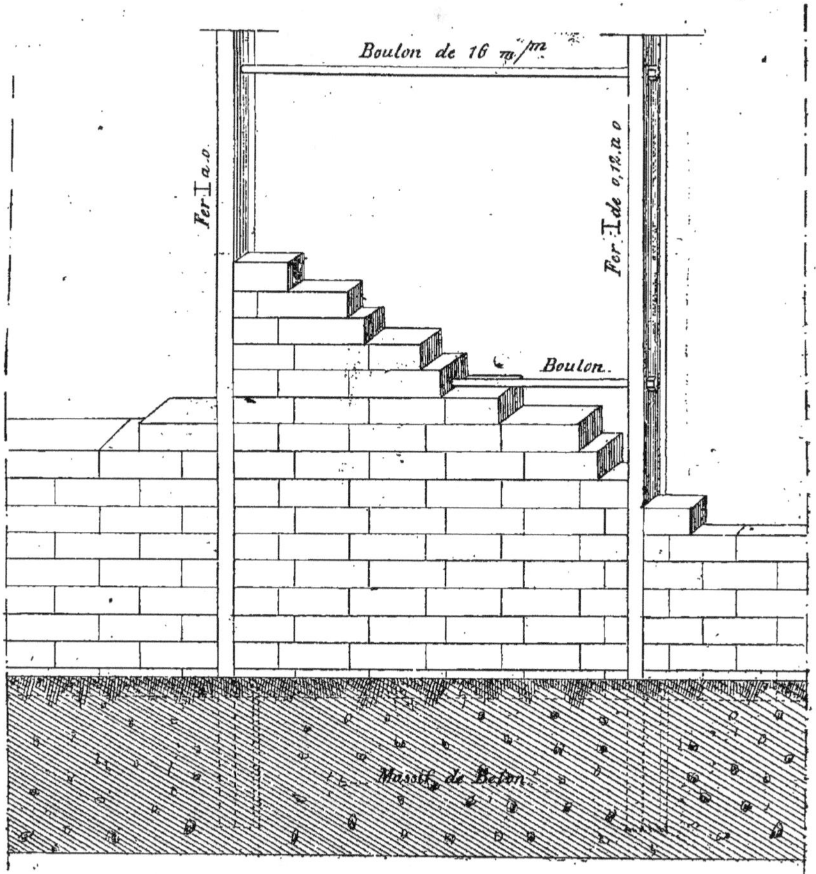

Fig. 340.

laissant apparente, ou l'enduire en plâtre des deux côtés. On forme ainsi un véritable pan de fer que l'on recouvre en tuiles comme les murs de clôture ordinaires.

Murs de clôture séparant des cours.

397. A Paris, les cours des différentes

maisons sont séparées par des murs de clôture que l'on peut construire de différentes manières : 1° Soit en construisant

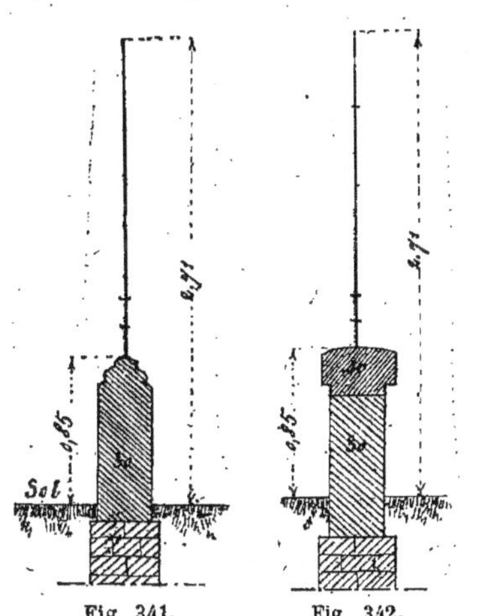

Fig. 341. Fig. 342.

un bahut en pierre de taille, recouvert ou non d'une dalle en pierre comme le montrent les figures 341, 342, et reposant sur

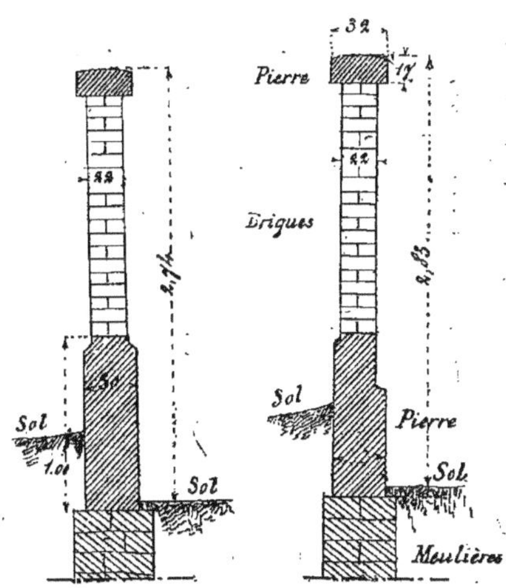

Fig. 343.

une bonne fondation de moellons ou de

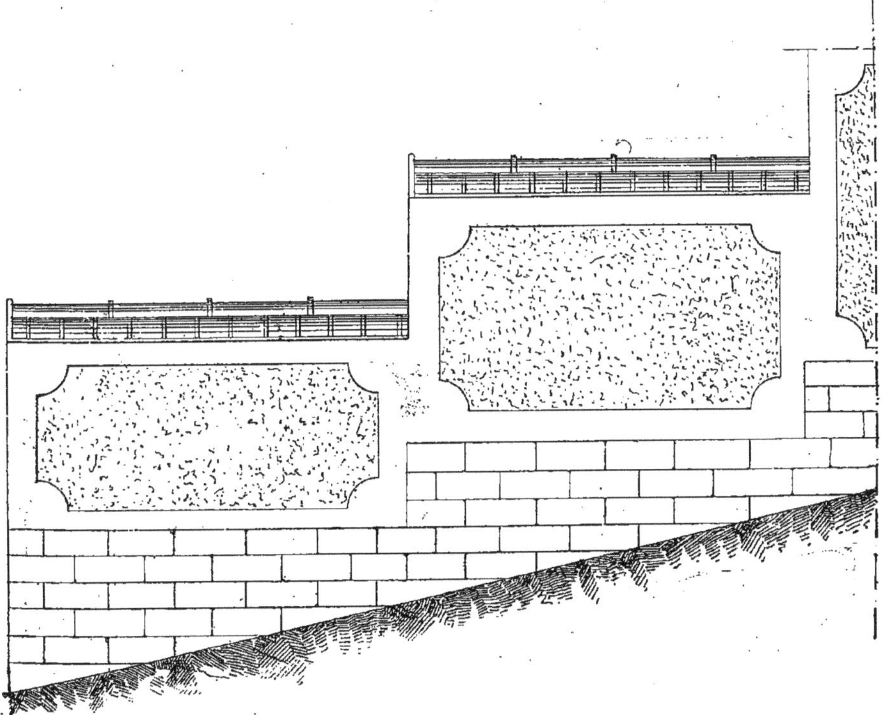

Fig. 344

meulières hourdées en mortier de chaux hydraulique, ce bahut étant surmonté d'une grille ; 2° soit en construisant un soubassement en pierre comme l'indique la figure 343; sur ce soubassement un mur en moellons, en meulière ou en briques, et le tout recouvert d'un chaperon, soit en pierre, soit en tuiles. Dans le cas où l'on emploie la brique comme l'indique la figure 343, on peut donner au mur de clôture l'épaisseur réduite de 0m,22. Les bahuts et les couronnements sont en pierre d'Euville, les briques employées sont des briques de Vaugirard ou analogues ; les fondations sont en meulières et mortier.

Nota. — Les murs de clôture n'ayant ordinairement aucune charge à supporter. une profondeur de 0m,50 à 0m,80 est ordinairement suffisante pour les fondations, dont l'épaisseur est de 0m,10 à 0m,15 supérieure à celle des murs en élévation, afin qu'il y ait un empatement de chaque côté de ceux-ci.

Lorsqu'un mur de clôture est construit sur un terrain incliné dans le sens de sa longueur, on fait la fondation par gradins, dont la hauteur varie selon l'inclinaison du sol, afin qu'elle ne tende pas à glisser sur sa base vers la partie inférieure. Lorsque le terrain et le sol extérieur sont très en pente, on accuse cette pente dans l'élévation du mur de clôture en faisant des décrochements comme l'indique la figure 344. Ces décrochements peuvent s'arrêter sur un pilastre comme le montre la figure 345, sur ce pilastre on place ordinairement un vase.

Fig. 345.

398. *Reprise en sous-œuvre d'un mur de clôture.* — Supposons que nous ayons un mur de clôture (*fig.* 346) construit en moellons et plâtre et que, pour une raison quelconque, on soit obligé de surélever ce mur de clôture pour en faire un mur de bâtiment à un ou à plusieurs étages. Les fondations de ce mur n'étant pas construites pour supporter de grands efforts, il faudra, si l'on veut conserver la partie haute, du mur, reprendre les fondations en sous-œuvre et les descendre beaucoup plus bas. Après avoir étayé convenablement la partie du mur à conserver, on opère la reprise des fondations par petites parties,

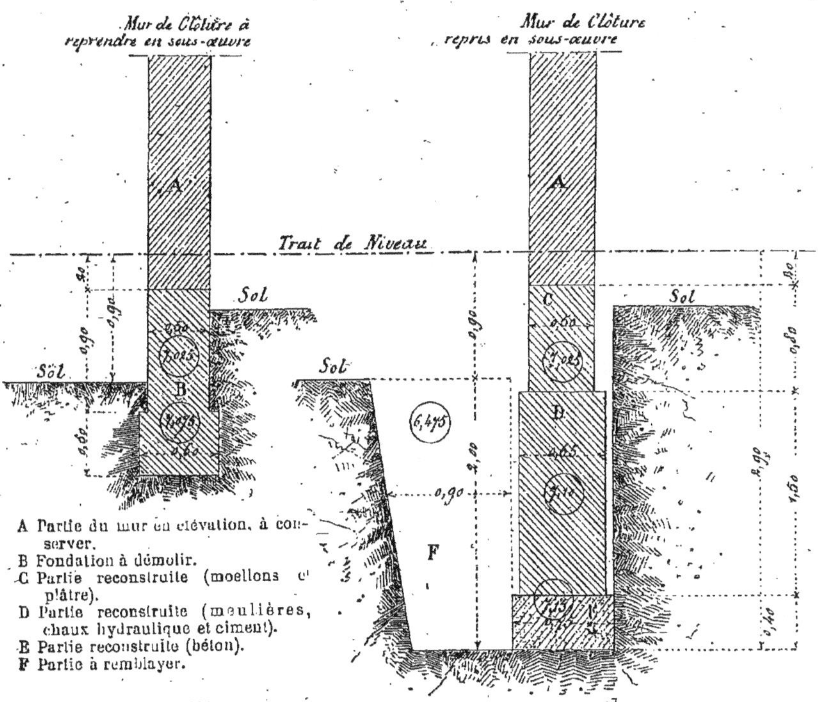

Fig. 346. Fig. 347.

c'est-à-dire que l'on fouille le sol comme l'indique la figure 347, sur $1^{m},00$ de largeur par exemple en laissant un talus suffisant au terrain et un emplacement également suffisant pour qu'un maçon puisse y travailler. La fouille exécutée, le maçon pourra démolir le mur sur une petite largeur, faire pour ainsi dire une tranchée assez peu large pour ne pas compromettre la solidité du mur en élévation. Quand il aura descendu cette tranchée jusqu'au fond de fouille il pourra commencer à construire la fondation du mur en meulières neuves et mortier de chaux hydraulique de Beffes par exemple, en y mélangeant un peu de ciment surcuit du bassin de Paris ou analogue. Arrivé à une certaine partie au dessus du fond de fouille, il changera les matériaux pour employer le moellon et le plâtre afin de se raccorder avec le mur en élévation.

On pourrait encore, si la reprise peut se faire sans craintes sur une assez grande largeur, remplacer la fondation basse de meulière par une couche de béton de $0^{m},40$ d'épaisseur.

Les cotes placées dans des cercles indiquent les longueurs des murs.

§ III. — COUVERTURE DES MURS. — CHAPERONS

399. Pour conserver les murs de clôture et pour éviter que les eaux pluviales ne s'infiltrent dans la maçonnerie, on les recouvre toujours de *chaperons* qui sont à un seul ou à deux égouts, selon que les murs sont mitoyens ou non.

Pour des murs de peu d'importance, pour clôture de vergers, de marais, etc., on fait des chaperons en terre, en paille, en fougères et autres matières analogues.

Pour les murs de clôture ordinaires séparant deux terrains, les chaperons se font en plâtre, en mortier de chaux, en pierres factices, en tuiles ou en faîtières à recouvrement et dans certains cas en pierre de taille.

Chaperons en plâtre.

400. Les chaperons en plâtre sont simplement des enduits de forte épaisseur que l'on exécute lorsque la maçonnerie du mur est terminée et quand on achève le ravalement des deux faces du mur. Ces chaperons, si le mur n'est pas mitoyen, s'exécutent comme l'indique la figure 348, avec une seule pente. Si le mur est mitoyen il faut alors deux pentes et les chaperons peuvent prendre les formes représentées par les figures 349, 350. Nous savons que le plâtre est soluble dans l'eau donc, au bout d'un certain temps, les chaperons se dégradent, se corrodent par l'eau de pluie et finissent par disparaître au bout de quelques années ; dans tous les cas, ces chaperons demandent à être réparés tous les ans.

Fig. 348.

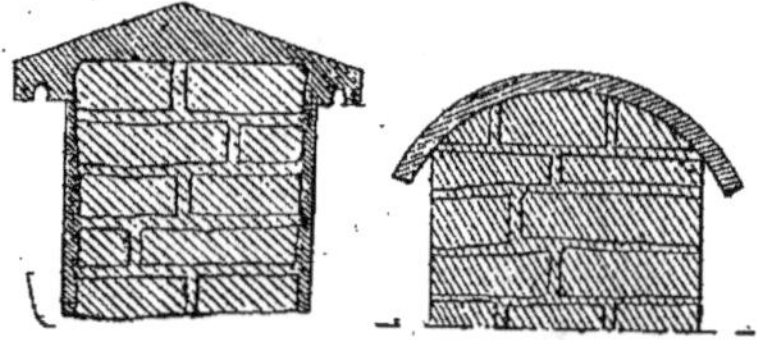

Fig. 349. Fig. 350

Chaperons en mortier.

401. Afin de remédier aux inconvénients du plâtre, on exécute souvent des chaperons avec du mortier de chaux ou du mortier de ciment. Dans ces derniers temps, on a également employé les chaperons en pierres factices qui paraissent donner de bons résultats.

Les chaperons en plâtre ou en mortier font ordinairement une saillie d'environ 0m,05 sur le nu du mur ; ils évitent ainsi que les paremenis de ces murs soient lavés par l'eau de pluie.

Chaperons en tuiles.

402. Les chaperons en tuiles sont de beaucoup les plus employés. Nous en donnerons plusieurs types fabriqués à l'usine de MM. Muller et Cie et extraits de leur album.

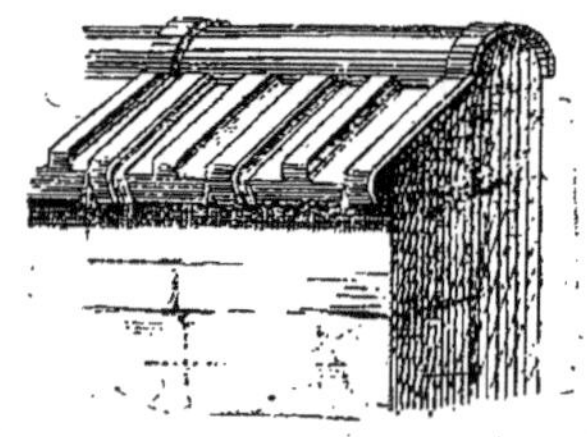

Fig. 351.

Nous distinguerons, comme précédemment, les chaperons à un égout et les chaperons à deux égouts.

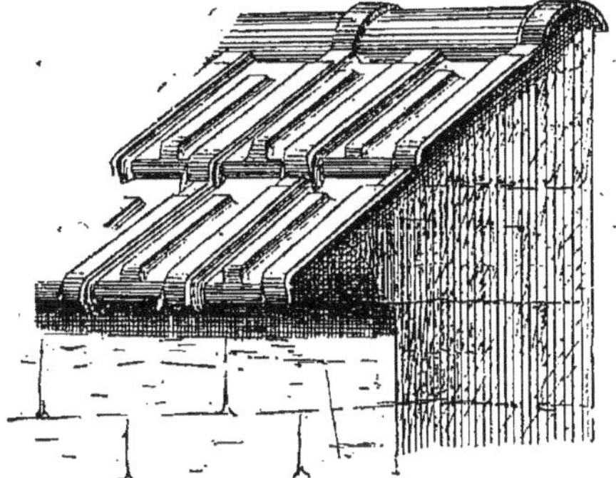
Fig. 352.

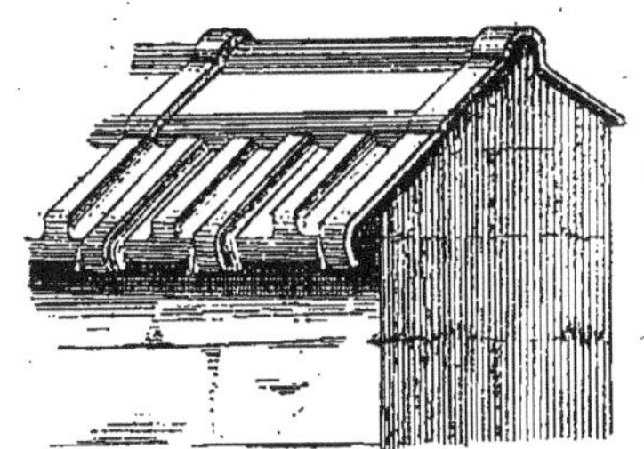
Fig. 353.

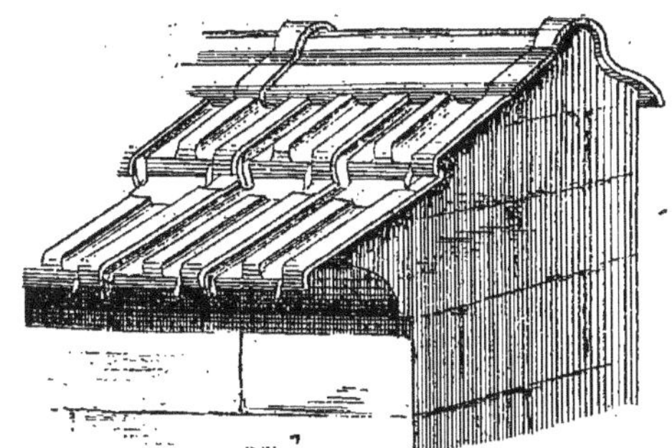
Fig. 354.

Fig. 355.

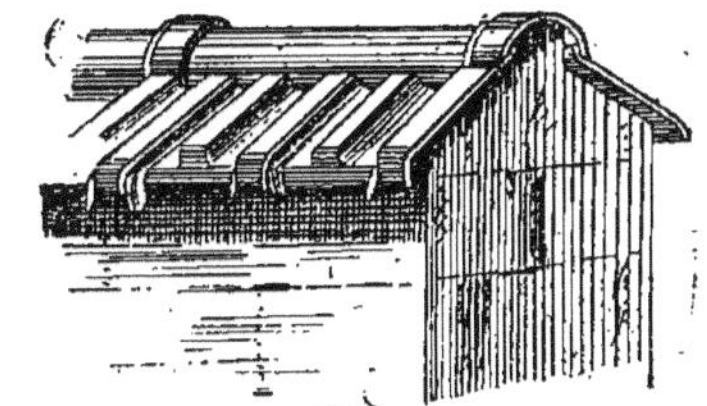
Fig. 356.

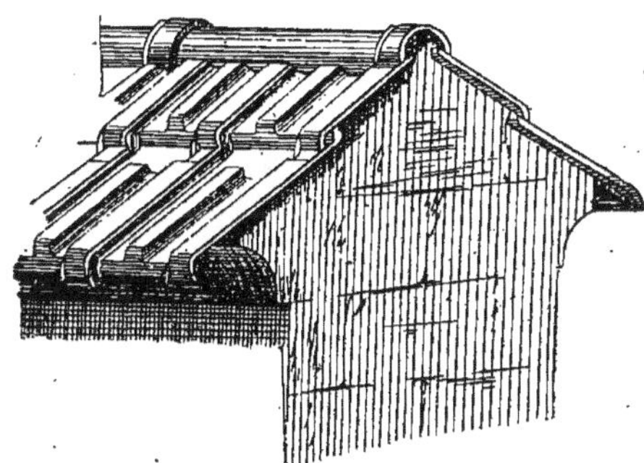
Fig. 357.

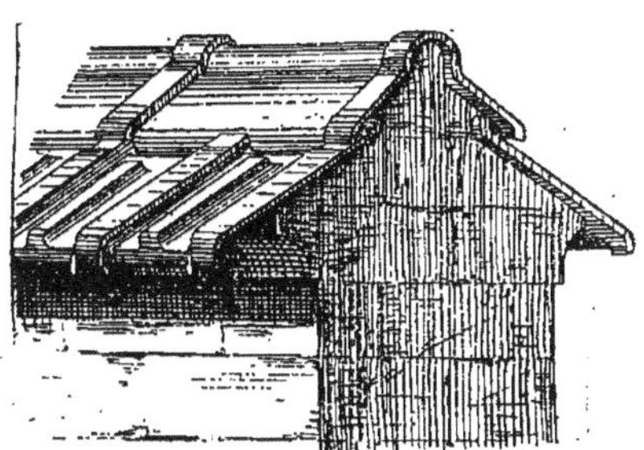
Fig. 358.

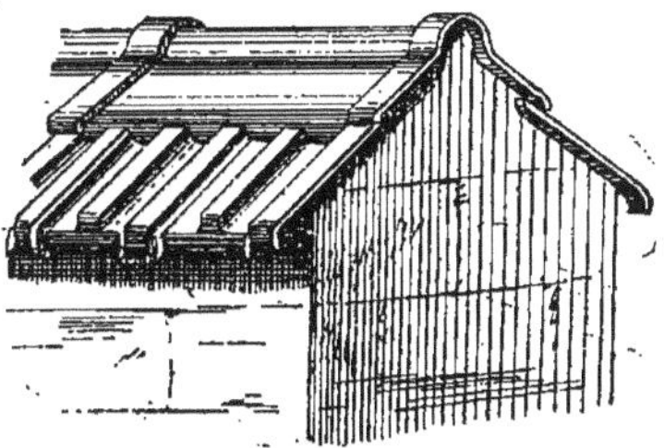
Fig. 359.

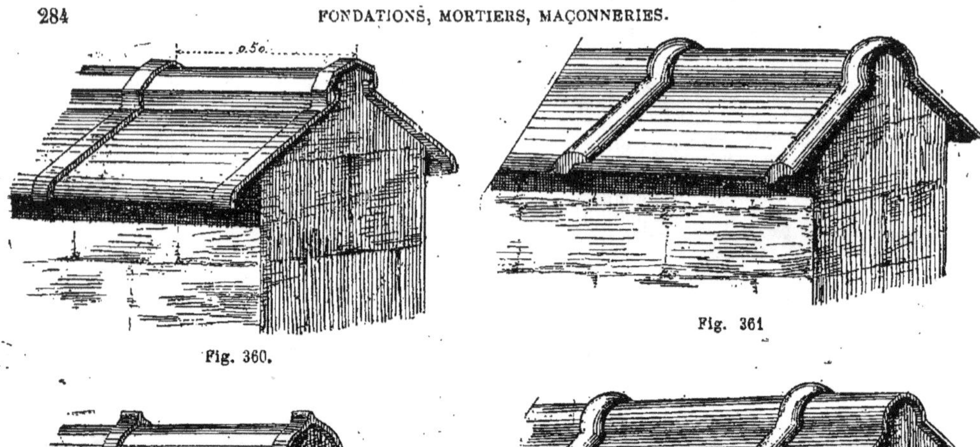

Fig. 360.

Fig. 361

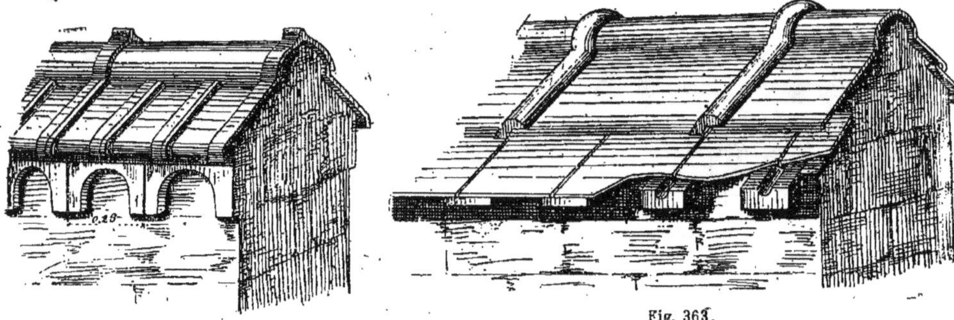

Fig. 362.

Fig. 363.

Fig. 364.

Fig. 366.

Fig. 365.

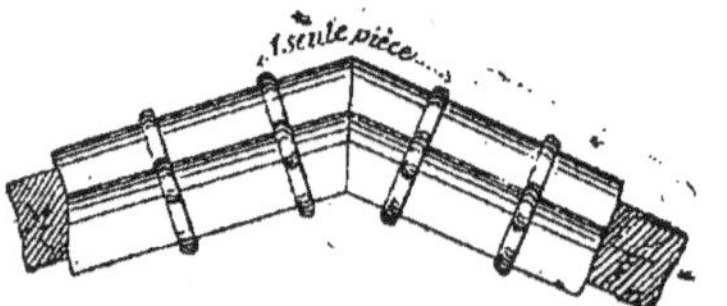

Fig. 367.

Pour les chaperons à un égout, la disposition adoptée de préférence est représentée (*fig.* 351) pour les murs peu épais et (*fig.* 352) pour les murs d'une plus forte épaisseur. Dans ce dernier cas, on fait dépasser assez fortement les tuiles pour garantir les murs contre l'eau de pluie et en même temps pour protéger les plantations adossées à ces murs.

Dans la première disposition il faut cinq tuiles en largeur par mètre linéaire. Dans la seconde disposition, les chaperons sont composés de bouts de tuiles, de tuiles entières et de faîtières de $0^m,22$ de largeur à recouvrement et à échancrures. Les largeurs que l'on peut couvrir avec ces deux types, sans avoir égard à l'épaisseur des murs, sont : avec une faîtière et des bouts de tuiles $0^m,45$; avec des faîtières et des tuiles entières $0^m,50$; avec des faîtières, des bouts de tuiles et une tuile $0^m,70$; enfin avec des faîtières et deux tuiles $0^m,80$. On peut exécuter les mêmes chaperons d'une manière plus économique avec des faîtières sans recouvrement avec ou sans échancrures, pour des largeurs couvertes de $0^m,40$, $0^m,45$, $0^m,65$, $0^m,75$.

La figure 353 donne un exemple de chaperon composé de faîtières à boudins de bouts de tuiles ou de tuiles pouvant recouvrir des surfaces ayant une largeur maxima de $0^m,50$ avec faîtières et bouts, et de $0^m,60$ avec faîtières et tuiles.

La figure 354 donne la disposition à adopter pour les chaperons composés de faîtières à boudins de bouts de tuiles et de tuiles entières. La largeur maxima que l'on obtient est de $0^m,85$.

Enfin, pour terminer les chaperons à une pente, nous donnons (*fig.* 355) l'exemple d'un chaperon d'une seule pièce avec joint à emboîtement. Ce chaperon coûte plus cher que les précédents, mais peut, dans certains cas, donner des avantages. La largeur maxima que l'on obtient est de $0^m,60$.

La disposition des chaperons à deux égouts est encore plus variée. Avec les dispositions représentées (*fig.* 356, 357) et en composant les chaperons de faîtières de $0^m,22$ de largeur extérieure avec ou sans échancrure et de tuiles ou bouts de tuiles de chaque côté on peut obtenir : une largeur maxima de $0^m,45$ avec faîtières et bouts de tuiles ; $0^m,80$ avec faîtière et une tuile; enfin $1^m,10$ avec faîtière, une tuile et un bout de tuile. Les mêmes chaperons peuvent s'exécuter d une manière plus économique en employant des faîtières sans recouvrement avec ou sans échancrures de $0^m,17$ de largeur extérieure On obtient alors des largeurs couvertes de $0^m,40$, $0^m,75$ et $1^m,05$.

La figure 358 donne l'exemple d'un chaperon composé de faîtières à boudins et bouts de tuiles de chaque côté. Largeur maxima $0^m,60$.

La figure 359 donne l'exemple d'un chaperon composé de faîtières à boudins et de tuiles entières de rebut de chaque côté. Largeur maxima $0^m,95$.

La figure 360 représente un grand chaperon composé de faîtières à pans et de pièces plates à recouvrement. Largeur maxima $0^m,85$.

La figure 361 représente de grands chaperons d'une seule pièce avec joint à emboîtement couvrant une largeur de $0^m,50$.

La figure 362 donne un exemple d'un chaperon composé de faîtières ogives à recouvrement, de tuiles petit moule (7 au mètre linéaire) et de modillons en terre cuite.

La figure 363 donne un exemple d'un chaperon composé de grands chaperons à emboîtement, de tuiles plates et de tuiles à rigoles formant modillons pour espaliers.

Les figures 364, 365 donnent l'exemple de chaperons courbes; l'un (*fig.* 364) en tuiles creuses s'emboîtant à rainures et languettes, l'autre (*fig.* 365) à joints à emboîtements.

Enfin nous donnons (*fig.* 366) un exemple de chaperon orné étudié par M. Chipiez, architecte.

Lorsque les murs de clôture se rencontrent en formant des angles, il faut alors commander des pièces spéciales (*fig.* 367) qui sont d'une seule pièce et qui se raccordent bien avec la partie courante.

Tous ces chaperons sont posés sur la partie supérieure du mur, soit en employant le plâtre pour les sceller, soit en employant le mortier.

Chaperons en pierre.

403. Les chaperons en pierre sont formés par des dalles que l'on place sur la partie supérieure des murs. Ces dalles présentent deux pentes si le mur est mitoyen et une seule si le mur ne l'est pas. On peut faire des chaperons en pierre moulurées ou de simples dalles avec larmier posées

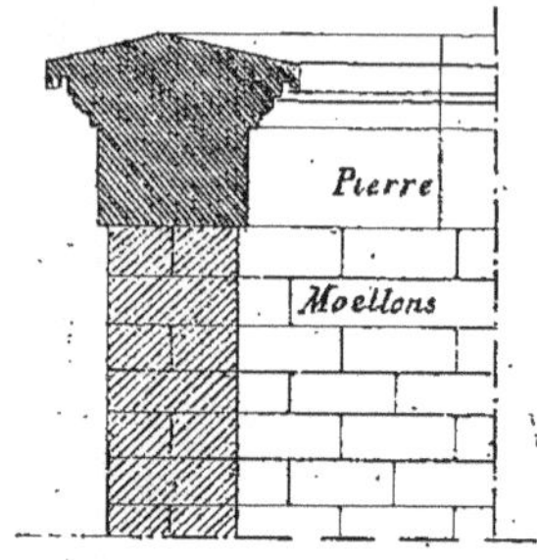

Fig. 368.

sur le mur. La figure 368 donne un exemple d'un chaperon mouluré.

§ IV. — RÈGLEMENTS SUR LES MURS DE CLOTURE. — LEUR HAUTEUR. — LEUR ÉPAISSEUR

404. Tout propriétaire peut clore son héritage (Code civil, 657) sauf toutefois les droits des propriétaires enclavés.

Chacun peut contraindre son voisin, dans les villes et faubourgs, à contribuer aux constructions et réparations de la clôture faisant séparation de leurs maisons, cours, jardins, etc.

Les voisins sont libres de s'entendre pour donner à ce mur de clôture telle hauteur qu'il leur convient. Ils pourraient même convenir qu'ils n'en élèveront aucun et qu'ils sépareront leurs terrains, situés dans une ville, par une simple haie vive. L'obligation écrite en l'article 663 du Code civil n'est pas de droit public, mais de droit privé; il est donc permis aux particuliers d'y déroger, ainsi que bon leur semble.

Pour les murs de clôture entre bâtiments, cours, jardins et enclos, l'usage à Paris, est de construire le mur de clôture avec des chaînes d'environ $1^m,00$ de largeur, espacées de 3 à $4^m,00$ d'axe en axe, en moellons hourdés en plâtre ou mortier; le reste du remplissage hourdé en terre.

Le mur de clôture est présumé mitoyen, s'il n'y a titre ou marque du contraire (Code civil, article 653).

405. *Marque de non-mitoyenneté.* — 1° Sommité du mur droite et à plomb de son parement d'un côté, et présentant de l'autre un plan incliné (pour l'égout); 2° lorsqu'il n'y a que d'un côté ou un chaperon ou des filets et corbeaux de pierre, mis en bâtissant le mur (article 654). Peut-être rendu mitoyen (article 661).

Dans le cas où la clôture est forcée: « la hauteur de la clôture sera fixée suivant les règlements particuliers ou les usages constants et reconnus; et, à défaut d'usages et de règlements, tout mur de séparation entre voisins, qui sera construit ou rétabli, doit avoir au moins 32 décimètres (10 pieds) de hauteur, compris le chaperon dans les villes de 50,000 âmes et au-dessus, et 26 décimètres (8 pieds) dans les autres villes (article 663). »

Le mur de clôture forcée doit être posé sur la ligne séparative des deux héritages, de manière que chaque voisin fournisse, en terrain, moitié de l'épaisseur du mur; l'un des voisins ne peut en aucun cas, même moyennant indemnité, être contraint à fournir plus de moitié du terrain sur lequel repose le mur, cette concession parût-elle utile pour la solidité de la construction. Partout ailleurs que dans les villes et leurs faubourgs, la clôture est purement facultative ; l'un des voisins peut bien y enclore son héritage, mais il doit prendre sur lui seul tout le terrain nécessaire à la clôture, et ne pourrait forcer le voisin limitrophe à y contribuer.

La clôture forcée doit être en pierres et maçonnerie, et non en bois ou en pierres sèches. On doit suivre dans sa construction l'usage de chaque localité; il faut se servir des matériaux qui y sont en usage et consulter la nature du fonds, de manière à faire une séparation suffisamment solide et susceptible d'être approuvée par les gens de l'art.

L'épaisseur du mur et la profondeur de ses fondations se règlent de même suivant les localités. Mais partout on prend en considération l'élévation du mur, la charge qu'il doit supporter, la nature des matériaux et celle du terrain.

406. *Surélévation d'un mur de clôture.* — Le mur de clôture est un mur spécial construit généralement pour cette seule destination : clore; on le fait en conséquence avec les matériaux les plus défectueux et sans apporter dans la main-d'œuvre le soin qu'on accorde toujours à la construction des murs devant recevoir une surcharge. Pour tout constructeur sérieux, le mur de clôture bâti selon les usages ne peut donc jamais servir de mur de construction; sa destination ne peut être changée sans transformation et reconstruction. Cependant si l'un des propriétaires, pour une raison quelconque, a besoin de surélever le mur de clôture en ne changeant pas sa destination il peut le faire; il peut même faire cette surélévation avec une épaisseur moindre que celle qui est obligatoire pour la construction du mur dans la hauteur légale et mettre ce mur surélevé sur l'axe de la mitoyenneté, tout ceci en admettant que la surélévation exécutée n'occasionnera pour le mur de clôture aucune détérioration ou surcharge qu'il ne pourrait pas supporter.

407. *Construction d'un mur de clôture forcée entre deux propriétés séparées par un fossé et dont les niveaux sont différents.* — Supposons que deux propriétés soient séparées par un fossé et que les propriétaires aient à élever un mur de clôture. Le mur de clôture à construire entre deux propriétés qui sont déjà séparées par un fossé doit être élevé de la hauteur légale à compter du fond du fossé, pourvu que de l'un et l'autre talus la vue droite sur la propriété voisine satisfasse aux prescriptions de l'article 680 du Code civil, c'est-à-dire pourvu que l'horizontale partant de l'arête du chaperon ait au moins $1^m,90$, soit qu'elle rencontre le talus, soit qu'elle

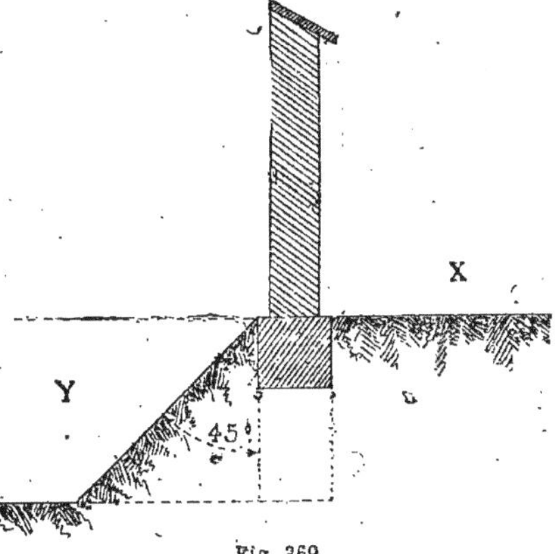

Fig. 369.

rencontre la crête de ce talus ou la perpendiculaire élevée sur cette crête.

Supposons un autre cas de deux propriétés n'étant pas au même niveau par suite d'une fouille opérée par l'un des propriétaires.

Soient deux terrains X et Y (*fig* 369)

appartenant à deux propriétaires; l'un des propriétaires Y a fouillé son terrain jusqu'à une certaine profondeur à partir de la ligne mitoyenne, en laissant, pour soutenir les terres un talus à 45 degrés. La clôture n'étant pas obligatoire si le propriétaire X désire se clore il sera obligé de le faire à ses frais sur son terrain sans que Y lui doive aucune indemnité. Il devra de plus descendre les fondations assez profondément pour que le mur qu'il construira ait la stabilité suffisante. S'il trouve qu'il faut descendre les fondations trop profondément il pourra réserver entre le mur et la ligne séparative des propriétés sur son terrain, une banquette suffisante pour résister à la poussée qui peut être exercée par ses terres ou plutôt pour éviter le déchaussement dudit mur.

Si le propriétaire Y avait fouillé son terrain à pic, il devrait un contre-mur dans la hauteur de la fouille pour supporter les terres de X; en réservant un talus à 45 degrés, il satisfait à la loi et il ne peut rien lui être réclamé, la clôture n'étant pas forcée.

408. *Plantations d'arbres à proximité d'un mur de clôture.* — Il n'est permis de planter des arbres de haute tige qu'à la distance prescrite par les règlements particuliers actuellement existants, et à défaut de règlements et usages, qu'à la distance de 2 mètres de la ligne séparative des deux héritages, pour les arbres à haute tige, et à la distance de 0m,50 pour les autres arbres et haies vives (article 671 du Code civil.) Le voisin peut exiger que les arbres et haies plantés à une moindre distance soient arrachés (article 72 du Code civil).

§ V. — MURS DES MAISONS D'HABITATION

409. Avant de commencer l'étude des murs qui entre dans la construction des maisons d'habitation et qui sont: 1° Murs de fondation, comprenant les massifs exécutés dans le sol et les murs dans la hauteur des caves; 2° les murs de face sur rue et sur cour; 3° les murs mitoyens que l'on désigne aussi sous le nom de murs pignons; 4° les murs de refend qui sont le plus souvent parallèles aux murs de face ou perpendiculaires à ces murs; nous devons indiquer les règlements sur la hauteur possible des maisons dans Paris; règlements desquels nous pourrons déduire les hauteurs respectives qu'il convient de donner à chaque étage.

RÈGLEMENT SUR LA HAUTEUR DES MAISONS, LES COMBLES ET LES LUCARNES DANS LA VILLE DE PARIS.

TITRE Ier. — *De la hauteur des bâtiments.*

(Extrait du décret du 23 juillet 1884.)

Première section. — De la hauteur des bâtiments bordant les voies publiques.

Article 1er. — La hauteur des bâtiments bordant les voies publiques dans la ville de Paris est déterminée par la largeur légale de ces voies publiques pour les bâtiments alignés et par la largeur effective pour les bâtiments retranchables.

Cette hauteur, mesurée du trottoir ou du revers pavé au pied de la façade du bâtiment, et prise au point le plus élevé du sol, ne peut excéder, y compris les entablements, attiques et toutes les constructions à plomb des murs de face, savoir:

Douze mètres (12m) pour les voies publiques au-dessous de sept mètres quatre-vingts centimètres (7m,80) de largeur;

Quinze mètres (15m) pour les voies publiques de sept mètres quatre-vingts centimètre (7m,80) à neuf mètres soixante-quatorze centimètres (9m,74) de largeur;

Dix-huit mètres (18m) pour les voies publiques de neuf mètres, soixante-quatorze centimètres (9m,74), à vingt mètres (20m) de largeur;

Vingt mètres (20m) pour les voies publiques (places, carrefours, rues, quais, boulevards, etc.) de vingt mètres de largeur et au-dessus.

Le mode de mesurage indiqué au paragraphe 2 du présent article, ne sera applicable pour les constructions en bordure des voies en pente que pour les bâtiments dont la longueur n'excède pas 30 mètres; au-delà de cette longueur, les bâtiments seront abaissés suivant la déclivité du sol.

Si le constructeur établit plusieurs maisons distinctes, la hauteur sera mesurée séparément pour chacune de ces maisons, suivant les règles énoncées ci-dessus.

Article 2. — Les bâtiments dont les façades seront construites partie à l'alignement, partie en arrière de l'alignement, soit par suite du retrait à n'importe quel niveau d'une partie du mur de face, soit à fruit ou de toute autre manière, devront être renfermés dans le même périmètre que les bâtiments construits entièrement à l'alignement.

Article 3. — Tout bâtiment situé à l'angle de voies publiques d'inégale largeur, peut être élevé sur les voies les plus étroites jusqu'à la hauteur fixée pour la plus large, sans que, toutefois, la longueur de la partie de la façade ainsi élevée sur les voies les plus étroites puisse excéder deux fois et demie la largeur légale de ces voies.

Cette disposition ne peut être invoquée que pour les bâtiments construits à l'alignement déterminé par ces voies publiques.

Si ces voies communiquant entre elles, sont placées à des niveaux différents, la cote qui servira à déterminer la hauteur de la construction sera la moyenne des cotes prises au point le plus élevé sur chaque voie, à la condition qu'en aucun point la hauteur réelle de la façade ne dépasse de plus de 2 mètres la hauteur légale.

Article 4. — Pour les bâtiments autres que ceux dont il est parlé en l'article précédent, et qui occupent tout l'espace compris entre des voies d'inégales largeurs ou de niveaux différents, chacune des façades ne peut dépasser la hauteur fixée en raison de la largeur ou du niveau de la voie publique sur laquelle elle est située.

Toutefois, lorsque la plus grande distance entre les deux façades d'un même bâtiment n'excède pas 15 mètres, la façade bordant la voie publique la moins large ou de niveau le plus bas, peut être élevée à la hauteur fixée pour la voie la plus large du niveau le plus élevé.

Deuxième section. — De la hauteur des bâtiments ne bordant pas les voies publiques.

Article 5. — Les bâtiments dont toute la façade est établie en retrait des voies publiques pourront être élevés, soit à la hauteur de quinze mètres (15^{m}), soit à celle de dix-huit mètres (18^{m}), soit à celle de vingt mètres (20^{m}), mesurée du pied de la construction, à la condition que le retrait sur l'alignement, ajouté à la largeur de la voie, donnera au moins une largeur de 7^{m},80 dans le premier cas, de 9^{m},74 dans le second cas, et de 20 mètres dans le troisième cas.

Les bâtiments situés en retrait de l'alignement dans les voies publiques de 20 mètres ne pourront pas être élevés à une hauteur supérieure à 20 mètres.

Article 6. — Les hauteurs des bâtiments établis en bordure des voies privées, des passages, impasses, cités et autres espaces intérieurs, seront déterminées d'après la largeur de ces voies ou espaces, conformément aux règles fixées à l'article 1er pour les bâtiments en bordure des voies publiques.

Troisième section. — Du nombre et de la hauteur des étages.

Article 7. — Dans les bâtiments, de quelque nature qu'ils soient, il ne pourra, en aucun cas, être toléré plus de sept étages au-dessus du rez-de-chaussée, entre-sol compris, tant dans la hauteur du mur de face que dans celle du comble, telles que ces hauteurs sont déterminées par les articles 1, 9, 10 et 11.

Article 8. — Dans les bâtiments, de quelque nature qu'ils soient, la hauteur du rez-de-chaussée ne pourra jamais être inférieure à 2^{m},80 mesurés sous plafond. La hauteur des sous-sols et des autres étages ne pourra être inférieure à 2^{m},60 mesurés sous plafond.

Pour les étages dans les combles, cette hauteur de 2^{m},60 s'applique à la partie la plus élevée du rampant.

TITRE II. — *Des combles au-dessus des façades.*

Article 9. — Pour les bâtiments construits en bordure des voies publiques, le profil du comble, tant sur les façades que sur les ailes, ne peut dépasser un arc de cercle dont le rayon sera égal à la moitié de la largeur légale ou effective de la voie publique, ainsi qu'il est dit à l'article 1er, sans toutefois que ce rayon puisse être jamais supérieur à huit mètres cinquante centimètres (8^{m},50). Si la largeur de la voie est inférieure à 10 mètres, le constructeur aura cependant droit à un rayon minimum de 5 mètres. Quelles que soient la forme et la hauteur du comble, toutes les saillies qu'il pourrait présenter devront être renfermées dans l'arc de cercle considéré comme un gabarit dont on ne devra pas sortir.

Le point de départ de l'arc de cercle sera placé à l'aplomb de l'alignement des murs de face et le centre à la hauteur légale du bâtiment, telle qu'elle est déterminée par l'article 1er.

Article 10. — Les dispositions de l'article 9, sauf en ce qui concerne la détermination du rayon du comble, sont applicables :

1° Aux bâtiments construits en retrait des voies publiques, ainsi qu'il est dit à l'article 5.

2° Aux bâtiments situés en bordure des voies privées, des passages, impasses, cités et autres espaces intérieurs.

Dans ce cas, le rayon du comble sera calculé d'après la largeur moyenne de l'espace libre au droit de la façade du bâtiment et égal à la moitié de cette largeur dans les conditions déterminées par l'article 9.

Toutefois, les cages d'escaliers pratiquées sur les cours pourront sortir du périmètre indiqué ci-dessus, de manière à pouvoir s'élever jusqu'au plafond du dernier étage desservi par lesdits escaliers.

Article 11. — Pour les constructions situées à l'angle des voies publiques d'inégales largeurs dont il est parlé à l'article 3, le comble pour le bâtiment en façade sur la voie publique la plus large sera déterminé d'après les bases indiquées à l'article 9 et pourra être retourné avec les mêmes dimensions sur toute la partie du bâtiment en façade sur la voie la plus étroite dans les limites déterminées par l'article 3.

Article 12. — Les murs de dossier et les tuyaux de cheminée ne pourront percer la ligne rampante du comble qu'à un mètre cinquante centimètres ($1^m,50$) mesurés horizontalement du parement extérieur du mur de face à sa base, ni s'élever à plus de soixante centimètres ($0^m,60$) au-dessus de la hauteur légale du sommet du comble.

Article 13. — La face extérieure des lucarnes et œils-de-bœuf peut être placée à l'aplomb du parement extérieur du mur de face donnant sur la voie publique, mais jamais en saillie.

Le couronnement des lucarnes ou œils-de-bœuf établis soit en premier, soit en second rang, ne pourra faire saillie de plus de cinquante centimètres ($0^m,50$) sur le périmètre légal, mesurés suivant le rayon dudit périmètre.

L'ensemble produit par des largeurs cumulées des faces de lucarnes d'un bâtiment ne pourra pas excéder les deux tiers de la longueur de face de ce bâtiment.

Article 14. — Les constructeurs qui n'élèvent pas leurs bâtiments à toute la hauteur permise jouiront de la faculté d'établir les autres parties de leurs bâtiments suivant leur convenance, sans pouvoir toutefois sortir du périmètre légal, tel qu'il est déterminé, tant pour les façades que pour les combles, par les dispositions des Ire et IIe sections du titre Ier et du titre II.

Article 15. — Les dispositions du présent titre sont applicables à tous les bâtiments situés ou non en bordure des voies publiques.

TITRE III. — *Des cours et courettes.*

Article 16. — Dans les bâtiments, de quelque nature qu'ils soient, dont la hauteur ne dépasserait pas 18 mètres, les cours sur lesquelles prendront jour et air des pièces pouvant servir à l'habitation n'auront pas moins de 30 mètres de surface, avec une largeur moyenne qui ne pourra être inférieure à 5 mètres.

Article 17. — Dans les bâtiments élevés sur la voie publique à une hauteur supérieure à 18 mètres, mais dont les ailes ne dépasseraient pas cette hauteur, les cours devront avoir une surface minima de 40 mètres, avec une largeur moyenne qui ne pourra être inférieure à 5 mètres.

Lorsque les ailes de ces bâtiments auront également une hauteur supérieure à 18 mètres, les cours n'auront pas moins de 60 mètres de surface, avec une largeur moyenne qui ne pourra être inférieure à 6 mètres.

Article 18. — La cour de 40 mètres ne sera pas exigée pour les constructions établies sur des terrains prenant façade sur plusieurs voies et d'une dimension telle qu'il ne puisse y être élevé qu'un corps de bâtiment occupant tout l'espace compris entre ces voies.

Article 19. — Toute courette qui servira à éclairer et aérer des cuisines devra avoir au moins neuf mètres (9^m) de surface et la largeur moyenne ne pourra être inférieure à un mètre quatre-vingts centimètres.

Article 20. — Toute courette sur laquelle seront exclusivement éclairés et aérés des cabinets d'aisances, vestibules ou couloirs, devra avoir au moins quatre mètres (4^m) de surface, avec une largeur qui ne pourra, en aucun point, être moindre de $1^m,60$.

Article 21. — Au dernier étage des corps de logis, on pourra tolérer que des pièces servant à l'habitation prennent jour et air sur les courettes, à la condition que lesdites courettes aient une surface de 5 mètres au moins.

Article 22. — Il est interdit d'établir des combles vitrés dans les cours ou courettes, au-dessus des parties sur lesquelles sont aérés et éclairés soit des pièces pouvant servir à l'habitation, soit des cuisines, soit des cabinets d'aisances, à moins qu'ils ne soient munis d'un châssis ventilateur à faces verticales dont le vide aura au moins le tiers de la surface de la cour ou courette, et quarante centimètres ($0^m,40$) au minimum de hauteur, et qu'il ne soit établi à la partie inférieure des orifices prenant l'air dans les sous-sols ou caves et ayant au moins 8 décimètres carrés de surface.

Le châssis ventilateur ne sera pas exigé pour les cours ou courettes sur lesquelles ne seront ni aérés ni éclairés soit des pièces pouvant servir à l'habitation, soit des cuisines, soit des cabinets d'aisances, mais les courettes dont la partie inférieure ne sera pas en communication avec l'extérieur devront être ventilées.

Article 23. — Lorsque plusieurs propriétaires auront pris par acte notarié l'engagement envers la ville de Paris de maintenir à perpétuité leurs cours communes, et que ces cours auront ensemble une fois et demie la surface réglementaire, les propriétaires pourront être autorisés à élever leurs constructions à la hauteur correspondant à ladite surface réglementaire. En cas de réunion de plusieurs cours, la hauteur des clôtures ne pourra excéder cinq mètres (5^m).

Article 24. — Dans aucun cas, les surfaces des courettes ne pourront être réunies pour former, soit une courette, soit une cour d'une dimension réglementaire.

Article 25. — Toutes les mesures des cours et courettes seront prises dans l'œuvre.

TITRE IV. — *Dispositions diverses.*

Article 26. — Les dispositions qui précèdent ne sont pas applicables aux édifices publics.

L'administration pourra, pour les constructions

privées ayant un caractère monumental ou pour des besoins d'art, de science ou d'industrie, autoriser des modifications aux dispositions relatives à la hauteur des bâtiments, après avis du Conseil général des bâtiments civils et avec l'approbation du ministre de l'intérieur.

Article 27. — Les décrets des 27 juillet 1856 et 18 juin 1872 sont rapportés.

NOTA. — *Nouveau règlement sur les constructions dans Paris.*

A l'avenir, le faitage devra présenter un chemin plat d'au moins $0^m,70$ de largeur et parfaitement praticable tant pour les ouvriers, en cas de réparations, que pour les sapeurs-pompiers, habitants ou sauveteurs, en cas d'incendie.

Ce chemin sera bordé d'un côté d'une lisse en fer, placée à $0^m,44$ de hauteur ; il sera installé, en outre, un garde-corps fixe en fer avec montants et traverses, dont les intervalles seront grillagés assez fortement pour arrêter la chute des sapeurs-pompiers, des ouvriers ou des matériaux en cas de réparations. La hauteur de ce garde-corps ne pourra être moindre de $0^m,80$; il pourra être formé d'ornements ajourés, mais toujours être pourvu au sommet d'une lisse à main courante. Le long des murs mitoyens et de ceux de refend perpendiculaires aux façades sur rues, cours et jardins, il devra être scellé des échelons en fer formant escaliers, avec support et main courante ; le tout indépendant et sans appui sur le comble. Il sera prévu une sortie facile sur le comble, soit par une lucarne, soit par une trappe dans le comble même, de manière à permettre d'atteindre aisément les échelons des murs mitoyens et de refend.

Relevons encore parmi les nouvelles mesures de ce règlement, attendu depuis si longtemps, l'établissement de deux escaliers offrant une double issue, surtout aux étages supérieurs.

Murs de fondation. — But des fondations.

410. Nous avons déjà vu, en parlant des fondations, que le sol sur lequel on se propose de construire peut être formé, jusqu'à une certaine profondeur, de terres végétales qui ont été remuées, ou de matières rapportées. Comme ces sols n'offrent pas assez de résistance pour supporter, sans affaissement, les charges auxquelles on doit les soumettre, on est obligé de les déblayer et de descendre la fouille jusqu'au terrain solide. Lorsque ce terrain solide se trouve à une trop grande profondeur, il faut employer des moyens spéciaux pour assurer la stabilité dont on a besoin. Ces moyens ont été étudiés, dans la partie traitant des *Fondations*, il est donc inutile d'y revenir. Nous avons donné précédemment des renseignements suffisants sur la connaissance des matériaux, et sur leur mise en œuvre, pour pouvoir nous occuper non seulement des murs peu chargés, comme les murs de clôture, mais aussi des murs ou des constructions soumises à des efforts considérables.

Le but des fondations est de créer sur un sol, qui peut être peu solide, une base offrant une résistance suffisante et uniforme dans toute l'étendue d'une construction.

411. *Alignement.* — Avant d'exécuter une fouille, il faut avoir l'alignement suivant lequel on doit élever la construction.

On désigne sous le nom d'*alignement*, la ligne convenue entre voisins ou tracée par l'autorité, afin qu'une construction, qu'un mur, qu'un chemin, qu'une rue, qu'une entreprise quelconque suive une direction déterminée et ne dépasse pas la limite marquée.

412. *Alignements entre particuliers* (Code Perrin). — Les lois du voisinage s'opposent à ce que l'un des voisins construise, démolisse ou reconstruise à l'extrémité de son terrain, sans avoir préalablement fait fixer l'alignement, contradictoirement, avec l'autre voisin limitrophe ; le maçon, l'entrepreneur, l'ouvrier qui travaillerait à un ouvrage touchant à l'extrémité d'un héritage, sans s'être assuré que cette obligation du voisinage a été remplie, serait personnellement garant des changements, usurpations, entreprises et généralement de tous préjudices que ces ouvrages pourraient causer au voisin ; car, si le propriétaire ignore ses obligations à cet égard, c'est à l'entrepreneur ou à l'ouvrier à l'en instruire. Sauf convention ou titres contraires, l'alignement se prend de la ligne séparative des deux héritages. Si donc il s'agit de reconstruire un mur, on doit d'abord s'assurer de son assiette ancienne au rez-de-chaussée, et prendre ensuite l'alignement en cet endroit.

L'alignement d'un mur mitoyen que l'on veut reconstruire doit être pris avant la démolition, afin que la nouvelle construction soit précisément établie sur les anciennes fondations. C'est de l'ancien sol au rez-de-chaussée que cet alignement doit partir, directement au-dessus de l'empatement de la fondation sans égard à l'aplomb ni à l'alignement de l'élévation du haut.

Si le mur forme des plis ou coudes au-dessus de sa fondation, il faut suivre soigneusement l'alignement de l'ancien mur en y observant les plis et coudes, à moins que les deux voisins ne s'accordent pour les supprimer et les remplacer par une ligne droite, beaucoup plus favorable à la construction.

Si, depuis la construction de l'ancien mur, le rez-de-chaussée a été rehaussé par des terres rapportées, il faut faire des tra chées jusqu'à l'empatement de l'ancienne fondation, pour avoir l'alignement et l'épaisseur du mur, précisément au-dessus de cet empatement.

Si le mur avait été reconstruit depuis le rehaussement du rez-de-chaussée, et qu'il fût au même niveau, des deux côtés l'alignement s'en prendrait de même au rez-de-chaussée, au-dessus de la retraite de l'empatement de sa fondation.

Pour savoir autant que possible, si le mur a primitivement été construit en ligne droite, si le déversement en élévation a fait changer son alignement, ou si, au contraire, ce mur a été bâti avec des plis ou des coudes, on observe si les endroits où il y a des plis ou des coudes font un a gle, ou si le parement du mur forme une ligne courbe. Si les plis ou les coudes forment u angle au droit du rez-de-chaussée et que les portions entre les angles ou coudes et les extrémités du mur soient en ligne droite, c'est une preuve que le mur a été originairement construit avec plis ou coudes ; si au contraire son alignement est en courbière et que le parement des pierres soit taillé droit à la règle, c'est l'indice que le mur était primitivement en droite ligne d'une extrémité à l'autre, et que l'alignement nouveau doit également se prendre en ligne droite.

Lorsqu'il y a des caves creusées également des deux côtés du mur en fondation, faisant parement dans la profondeur de ces caves, si ce mur est déversé, étant en surplomb d'un côté et à fruit de l'autre, l'alignement doit se prendre au rez-de-chaussée.

413. *Alignement sur la voie publique.* — On ne peut faire le long d'une voie publique quelconque, ni construction nouvelle, ni travaux confortatifs des constructions existantes, sans avoir préalablement sollicité et obtenu un alignement de l'autorité compétente.

Cette prohibition existe aussi bien quand il n'a pas été dressé de plans généraux d'alignement que quand il en existe, aussi bien pour la petite voirie que pour la grande voirie.

Ce n'est pas à l'autorité administrative d'enjoindre directement à celui qui veut construire sur la voie publique de se conformer à l'alignement, mais bien à ce dernier de demander l'alignement avant de commencer ses travaux.

414. *Permission de construire.* — Pour obtenir un alignement, ou une permission de construire, ravaler, percer, réparer, exhausser et changer d'une manière quelconque les murs de face sur la voie publique, ou encore d'établir de grands balcons, etc., la demande doit être adressée, sur papier timbré, à M. le Préfet de la Seine. Pour établir des devantures, des montres, des tableaux, des enseignes, des petits balcons, etc., la demande s'adresse, sur timbre, à Monsieur le Préfet de police.

Toutes les charges et conditions énoncées dans la permission sont de rigueur; si elles n'étaient pas exactement remplies, des poursuites seraient dirigées contre les propriétaires, les architectes et les entrepreneurs qui, dans aucun cas, ne pourraient se prévaloir de ce que les plans et les élévations soumis par eux à l'administration ne seraient pas conformes aux dites conditions. Ces plans devront toujours être signés par les propriétaires. Des poursuites seraient également exercées si les travaux étaient commencés avant la délivrance de la permission.

La permission est délivrée sous toutes réserves des droits des tiers et de ceux qui pourraient constituer en faveur de la ville de Paris, les clauses des contrats par lesquels elle aurait cédé une partie ou la totalité des terrains sur lesquels doivent être élevées les constructions projetées. Elle n'est valable que pour un an à partir de ce jour. En exécution de la loi du 14 brumaire an VII (3 novembre 1798) et de la décision du ministre des finances, en date du 14 février 1809, l'impétrant supportera les frais de timbre de l'extrait qui lui sera remis. En cas d'incertitude au sujet de l'application des termes de la présente permission, le propriétaire, l'architecte ou l'entrepreneur devront s'adresser au commissaire voyer de l'arrondissement, qui donnera toutes les explications nécessaires, même sur les lieux, s'il en est besoin.

Nota : En cas de construction non autorisée, procès-verbal de contravention est dressé et sommation de démolir est faite.

Décret relatif aux rues de Paris (26 mars 1852).

Article 1er. — Les rues de Paris continueront à être soumises au régime de la grande voirie.

Article 2. — Dans tout projet d'expropriation pour l'élargissement, le redressement ou la formation des rues de Paris, l'administration aura la faculté de comprendre la totalité des immeubles atteints, lorsqu'elle jugera que les parties restantes ne sont pas d'une étendue ou d'une forme qui permette d'y élever des constructions salubres.

Elle pourra pareillement comprendre dans l'expropriation, des immeubles en dehors des alignements, lorsque leur acquisition sera nécessaire pour la suppression d'anciennes voies publiques jugées inutiles.

Les parcelles de terrain acquises en dehors des alignements et non susceptibles de recevoir des constructions salubres, seront réunies aux propriétés contiguës, soit à l'amiable, soit par l'expropriation de ces propriétés, conformément à l'article 33 de la loi du 16 septembre 1789.

La fixation du prix de ces terrains sera faite suivant les mêmes formes, et devant la même juridiction que celle des expropriations ordinaires.

L'article 58 de la loi du 3 mai 1841 est applicable à tous les actes et contrats relatifs aux terrains acquis pour la voie publique par simple mesure de voirie.

Article 3. — A l'avenir, l'étude de tout plan d'alignement de rue devra nécessairement comprendre le nivellement; celui-ci sera soumis à toutes les formalités qui régissent l'alignement.

Tout constructeur de maison, avant de se mettre à l'œuvre, devra demander l'alignement et le nivellement de la voie publique au-devant de son terrain et s'y conformer.

Article 4. — Il devra pareillement adresser à l'administration un plan et des coupes cotés des constructions qu'il projette, et se soumettre, aux prescriptions qui lui seront faites dans l'intérêt de la sûreté publique et de la salubrité

Vingt jours après le dépôt de ces plans et coupes au secrétariat de la préfecture de la Seine, le constructeur pourra commencer les travaux d'après son plan, s'il ne lui a été notifié aucune injonction.

Une coupe géologique des fouilles pour fondation

de bâtiments sera adressée par tout architecte-constructeur et remise à la préfecture de la Seine.

Article 5. — Les façades des maisons seront constamment tenues en bon état de propreté. Elles seront grattées, repeintes ou badigeonnées, au moins une fois tous les dix ans, sur l'injonction qui sera faite au propriétaire par l'autorité municipale. Les contrevenants seront passibles d'une amende qui ne pourra excéder 100 francs.

Article 6. — Toute construction nouvelle dans une rue pourvue d'égout devra être disposée de manière à y conduire les eaux pluviales et ménagères.

La même disposition sera prise pour toute maison ancienne, en cas de grosses réparations, et en tous cas avant dix ans.

Article 7. — Il sera statué par un décret ultérieur, rendu dans la forme des règlements d'administration publique, en ce qui concerne la hauteur des maisons, les combles et les lucarnes.

Article 8. — Les propriétaires riverains des voies publiques empierrées supporteront les frais de premier établissement des travaux d'après les règles qui existent à l'égard des propriétaires riverains des rues pavées.

Article 9. — Les dispositions du présent décret pourront être appliquées à toutes les villes qui en feront la demande par des décrets spéciaux rendus dans la forme des règlements d'administration publique.

Décret portant règlement d'administration publique pour l'exécution du décret du 26 mars 1852, relatif aux rues de Paris (27 décembre 1858).

Permission de voirie, Préfet, Seine.

« Au moment de poser la première assise de retrait, ils (les constructeurs) donnent avis de l'état des travaux au géomètre en chef du service du plan de Paris, à fin de vérification de l'alignement de ladite assise. »

415. *Avancement.* — Si, par l'effet de l'alignement, le propriétaire est obligé d'avancer sur la voie publique, il doit payer la valeur du terrain que cet alignement lui attribue. La valeur de ce terrain est ou amiablement convenue entre le propriétaire et l'administration, ou déterminée par le jury conformément aux règles suivies en matière d'expropriation pour cause d'utilité publique.

Si le propriétaire qui reçoit de l'arrêté d'alignement la faculté de s'avancer sur la voie publique, ne peut ou ne veut acquérir le terrain nécessaire pour se conformer à l'arrêté, l'administration a le droit de le déposséder de la totalité de sa propriété; mais il faut, pour arriver à ce résultat, une cession amiable ou un jugement d'expropriation.

416. *Reculement.* — Si pour obéir à l'alignement, le propriétaire est tenu de reculer, indemnité lui est due, à raison du terrain qui lui est enlevé pour être ajouté à la voie publique. Si l'indemnité n'est pas amiablement convenue, c'est au jury qu'il appartient de la régler comme au cas d'avancement. Cette indemnité n'est due que pour la valeur du terrain retranchée et non pour la dépréciation causée au terrain restant.

417. *Constructions le long des chemins ruraux.* — La jurisprudence de la Cour de cassation décide qu'aucune autorisation n'est nécessaire pour construire le long de ces chemins, à moins qu'il n'existe un règlement de l'autorité municipale soumettant de tels travaux à la condition d'une autorisation ou d'un alignement.

En matière de grande voirie, c'est au préfet qu'il appartient de donner l'alignement; c'est de lui qu'il faut requérir et l'obtenir par l'intermédiaire du sous-préfet.

Toutefois, lorsque, pour les routes nationales et départementales et les chemins vicinaux de grande communication, il existe un plan régulièrement approuvé, le sous-préfet délivre les alignements conformément à ce plan.

En matière de petite voirie, c'est au maire qu'il appartient de donner l'alignement; c'est donc du maire et non du préfet, ni du conseil municipal, qu'il faut solliciter et obtenir l'alignement.

L'alignement ne peut être refusé à celui qui le réclame. En cas de refus ou de retard abusif, celui qui a demandé l'alignement peut, s'il s'agit de l'alignement de la compétence du maire, s'adresser au préfet pour obtenir de lui l'alignement que le maire ne veut pas lui donner ou néglige de lui donner.

Dès que le propriétaire a recu de l'autorité compétente l'alignement sollicité par lui, il peut en général commencer ses constructions.

Fouilles et tranchées.

418. En prenant des précautions telles que le voisin ne puisse en souffrir, et en respectant les servitudes légalement acquises, tout propriétaire a le droit de faire des fouilles sur son terrain, sans que le propriétaire voisin puisse s'en plaindre. Le voisin ne serait pas écouté encore, bien qu'il alléguerait que les fouilles ont eu pour résultat de le priver de la jouissance des eaux d'une source, à moins qu'il n'établit en même temps qu'il y avait pour lui droit acquis, par titre ou par prescription à la jouissance de la source. Le propriétaire du terrain supérieur peut aussi couper les veines d'une source au préjudice du terrain inférieur, encore bien que ce dernier aurait joui de la source de temps immémorial ; la faculté de couper les veines de la source ne cesserait qu'en présence, soit d'un titre prohibitif, soit d'une convention portant fixation des droits respectifs des contractants à la jouissance des eaux, soit d'ouvrages apparents pratiqués depuis plus de trente ans par le propriétaire inférieur.

Celui qui fait des fouilles, sur son propre fonds doit prendre toutes les précautions exigées par la nature du sol pour empêcher le fonds du voisin d'éprouver des ébranlements, sous peine d'être responsable de ces éboulements. Et le propriétaire inférieur est responsable de l'affaissement du sol supérieur, alors même que cet accident a été déterminé par un cas de force majeure, tel qu'une pluie d'orage, s'il a eu pour cause originaire, les fouilles exécutées imprudemment par le propriétaire inférieur sur son propre terrain.

Si, par inadvertance, un propriétaire fouillait dans le terrain de son voisin, soit en y ouvrant la fouille, soit en y prolongeant celle pratiquée sur son propre fonds, et si, par ces travaux, il dégradait le fonds voisin, ou en extirpait des matières telles que pierres, glaise, terre ferme, etc., il serait tenu de réparer le préjudice, de restituer les objets par lui enlevés, ou d'en payer la valeur.

Le voisinage des routes impose aux propriétaires l'obligation de souffrir les fouilles et les extractions de matériaux nécessaires à l'établissement desdites routes.

419. *Fouilles dans le voisinage d'un établissement thermal.* — Pour les fouilles faites dans le voisinage des établissements d'eaux, la jurisprudence s'était prononcée en ce sens, que les voisins des établissements d'eaux thermales ou minérales ont le droit de fouiller sur leurs terrains dans le but d'y rencontrer une source, à moins qu'il n'existe d'anciens règlements prohibitifs ; que l'autorité municipale ne peut, par un arrêté nouveau interdire ces fouilles et ces recherches. Mais le gouvernement reconnut que ce droit compromettrait gravement la conservation et l'aménagement des eaux. Divers projets destinés à protéger les établissements thermaux furent étudiés et présentés aux Chambres de 1837 à 1847, mais sans succès. Un décret fut enfin porté sur cet objet par le Gouvernement provisoire le 8 mars 1848 ; il a depuis été remplacé par une loi du 14 juillet 1856.

D'après cette loi, les sources d'eaux minérales peuvent, après enquête, être déclarées d'intérêt public par décret délibéré en Conseil d'État. Autour de la source déclarée d'intérêt public, est établi un rayon de protection, dans l'étendue duquel il ne peut être pratiqué aucun sondage ni aucun travail souterrain sans autorisation préalable, dans lequel même il peut être défendu de pratiquer des fouilles, tranchées ou autres travaux à ciel ouvert, sans en avoir fait à l'avance la déclaration au Préfet.

420. *Actions, compétence.* — Les difficultés qui peuvent s'élever entre les voisins, à l'occasion d'une fouille, sont de la compétence des juges de paix ou des tribunaux d'arrondissement, selon l'objet du litige.

Le conseil de préfecture est compétent, sauf le pourvoi au Conseil d'État, pour connaître des contestations relatives aux fouilles, extractions de matériaux et dégradations faites, pour le service des routes, dans le terrain des riverains.

Pour les fouilles dans Paris, d'après une ordonnance de police concernant la sûreté et la liberté de la circulation (8 août 1820):

« Article 56. — Il est défendu à qui que ce soit de faire aucune fouille ni tranchée dans le sol de la voie publique, sans une autorisation spéciale du Préfet de police. »

Ordonnance de police concernant la sûreté, la liberté et la commodité de la circulation (25 juillet 1862) :

Article 1er. — Il est défendu aux particuliers et à leurs entrepreneurs de faire aucunes fouilles ni tranchées dans le sol de la voie publique sans une permission spéciale du Préfet de police.

Toutefois cette permission n'est point exigée pour les travaux d'établissement, de renouvellement ou de réparation des conduites d'eau ou de gaz dont la durée ne devra pas excéder quarante-huit heures. Il suffira, dans ce cas, de prévenir le commissaire de police du quartier, au commencement des travaux.

Aucune fouille ni tranchée, même autorisée par le Préfet de police, ne pourra être commencée avant qu'il en ait été donné avis au commissaire du quartier.

Décret relatif aux rues de Paris (25 mars 1852), article 4 ; coupe géologique des fouilles pour fondations de bâtiment.

Tracé des fouilles. Implantation d'un bâtiment.

421. Avant de faire commencer le tracé des fouilles et l'implantation d'un bâtiment, il est indispensable de remettre à celui qui sera chargé de ce travail un plan des fondations bien coté et à une échelle déterminée, le plus souvent $0^m,02$ pour mètre. La connaissance du tracé et de l'implantation des ouvrages en maçonnerie étant indispensable à la bonne exécution de ces ouvrages, les conducteurs, chefs d'ateliers et même les ouvriers, doivent s'appliquer à l'acquérir, soit en étudiant les règles que la géométrie leur offre, soit en s'initiant aux moyens pratiques ordinairement en usage pour faire ces opérations.

On doit, dans tous les cas, faire ces opérations en suivant avec une grande exactitude les cotes des plans des constructions à ériger ; des erreurs à cet égard sont toujours préjudiciables ou à la solidité ou à l'économie.

Pour implanter une construction, un bâtiment, par exemple, l'alignement principal étant déterminé, ainsi que la cote de nivellement, on procède d'abord au tracé des fouilles de fondations tracé qui, comme nous allons le voir, se fait sur le terrain à l'aide de cordeaux retenus par des piquets et placés dans la direction des murs, d'après les indications du plan. Ces cordeaux donnent les limites de la fouille et guident pour établir les fondations.

Il peut se présenter plusieurs cas : le plus simple est celui d'une construction isolée, dont le tracé sur le sol n'est pas déterminé par des considérations particulières et dont la position est indépendante de ce qui peut exister autour. Ce premier exemple peut lui-même se subdiviser en deux types de bâtiments ; 1° bâtiment de forme carrée ou rectangulaire ; 2° bâtiment avec un ou plusieurs avant-corps.

Dans le cas simple d'un bâtiment rectangulaire, on procède de la manière suivante : avant de commencer le tracé de la fouille, il faut niveler grossièrement le sol. Ce travail fait, il faut tracer sur ce sol, à l'aide d'un cordeau une ligne AB figure 370, suivant la direction qu'on veut donner à la façade principale. Supposons qu'on désire construire un bâtiment ABCD, figure 370, dont la façade principale soit parallèle à la rue et renfermé dans un terrain limité par des murs de clôture dont

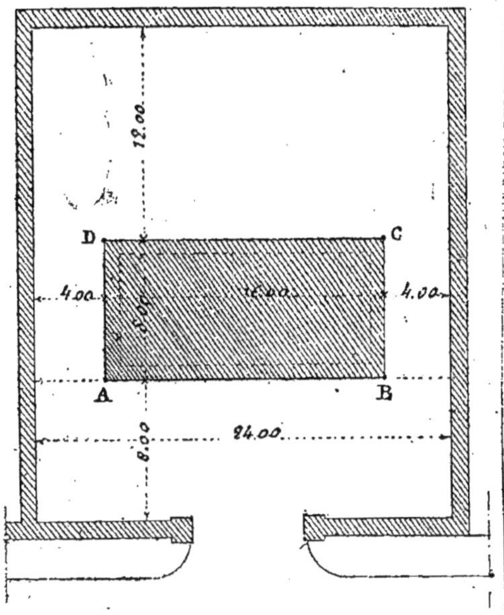

Fig 370.

deux sont perpendiculaires à la rue et deux autres parallèles. L'alignement des murs de clôture étant supposé tracé par les lignes mitoyennes qui séparent la propriété des autres propriétés voisines, on tracera à 8^{m},00 du mur de clôture sur rue une ligne AB parallèle au mur de clôture de face. Sur cette ligne et au point A, angle du bâtiment, on enfoncera dans le sol un piquet d'un mètre environ de longueur, et à partir de ce piquet, on mesurera, en se servant d'un mètre ordinaire ou d'un décamètre une longueur de 16^{m},00 représentant la longueur de la façade principale. Arrivé au point B, on enfoncera un autre piquet semblable au précédent. Quand la position de cette première ligne sera bien arrêtée et vérifiée, on tracera les deux lignes perpendiculaires AD et BC sur lesquelles on portera 8^{m},00 largeur des façades latérales du bâtiment; on enfoncera deux piquets aux points D et C, et, si l'on a bien opéré, en joignant ces deux points par un cordeau, on devra trouver une ligne DC parallèle à AB et d'une longueur de 16^{m},00.

Si le bâtiment ABCD ne doit pas avoir de caves, il suffira de faire, à l'emplacement des murs, la fouille des rigoles devant recevoir les fondations.

Si le mur en fondation a 0^{m},50 d'épaisseur par exemple, il faudra tracer sur le terrain des lignes parallèles aux côtés du rectangle et ayant entre elles un écartement de 0^{m},50.

Afin de ne pas entraîner dans la fouille les piquets qui seraient plantés au bord de cette fouille les ouvriers ont l'habitude de prolonger d'un mètre toutes les lignes sur les quatre faces du bâtiment et de planter

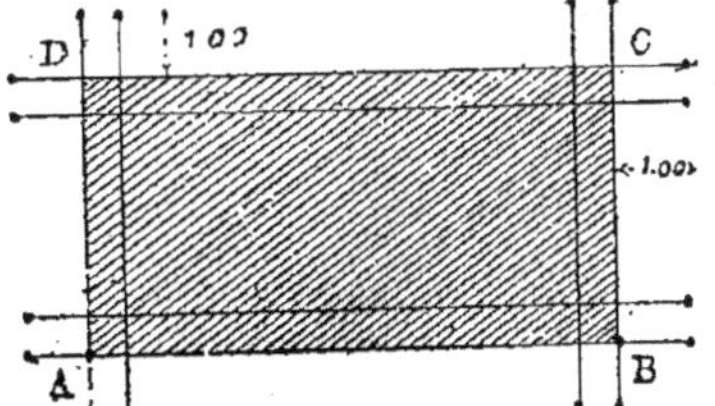

Fig. 371.

les piquets en cet endroit. Les piquets ainsi fixés à 1 mètre en dehors du tracé permettent d'y fixer des cordeaux, comme l'indique la figure 371 ; ces cordeaux servent à guider les terrassiers dans la fouille qu'ils ont à faire. Dans la largeur de fouille il faudra tenir compte des empatements exigés par la fondation, et de plus réserver de chaque côté quelques centimètres en plus pour la commodité du travail des maçons.

On tracera de la même manière les murs de refends et les cloisons dans l'intérieur des bâtiments.

Les piquets servant de repère étant bien fixés et de plus bien garantis, les terrassiers pourront commencer le piochage, le pelletage et exécuter tout le travail qui précède l'exécution de la maçonnerie de fondation.

Les cordeaux étant tendus et maintenus par les piquets sont souvent enlevés quand le terrassier commence à piocher ; avant d'enlever ces cordeaux, on fera une raie sur le sol avec une bêche ou une pioche, pour maintenir la direction des lignes que les cordeaux indiquaient lorsqu'ils étaient tendus.

Si le bâtiment ABCD doit avoir des caves dans toute sa surface, il faudra fouiller tout le rectangle jusqu'à la profondeur indiquée par la coupe du bâtiment.

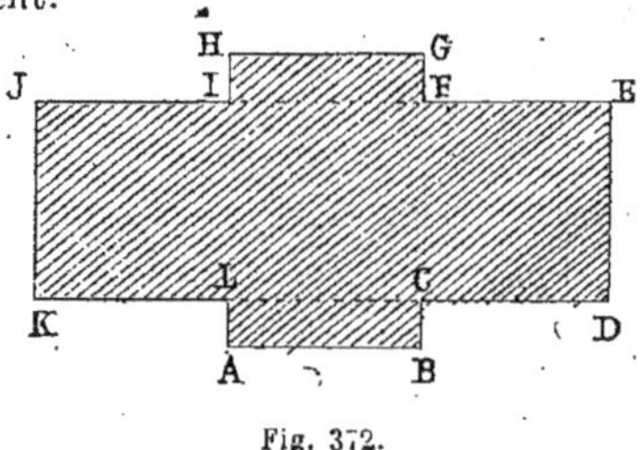

Fig. 372.

Si le plan du bâtiment à élever présente des avant-corps comme l'indique la figure 372, il faut en premier lieu tracer le rectangle KDEJ et ajouter ensuite les deux petits rectangles ABCL et IFGH. Il faut avoir soin de bien vérifier la plantation de telle sorte que l'on ait les distances KL et JI égales aux distances CD et EF.

A tous les points déterminés par ces alignements et en ayant soin de prolonger les lignes de 1 mètre comme dans le cas précédent, on placera des piquets enfoncés dans le sol pour guider les terrassiers.

S'il y a des caves sous toute la surface, on fouillera jusqu'à profondeur suffisante pour avoir la hauteur de ces caves, puis le fond de la fouille étant bien nivelé, c'est sur ce fond que l'on tracera à l'aide de piquets et de cordeaux les emplacements des murs de face, murs de refends cloisons, etc.

Nous avons déjà vu que lorsque la fouille est profonde, qu'elle dépasse 1m50, hauteur du jet vertical à la pelle, il faut où établir des banquettes sur lesquelles les ouvriers déposent les terres et où d'autres les reprennent une seconde fois pour les jeter sur le sol, ou installer dans la fouille même des tréteaux portant des planches qui servent de banquettes. On peut aussi, lorsque les fouilles sont grandes, établir des rampes sur lesquelles les brouettes peuvent circuler. Le plus économique est l'établissement de rampes assez larges pour que les voitures pénètrent au fond de la fouille. Dans le cas où les terres ne peuvent se soutenir d'elles-mêmes en leur donnant un talus suffisant, il faut étayer les fouilles à l'aide de fortes pièces de bois.

Plus le terrain est ferme et convenable, plus on peut et on doit procéder avec exactitude dans le tracé de la fouille ; car il ne faut pas la faire faire plus grande qu'il ne faut.

Moins on rapporte plus tard de terres contre les murs en fondation et mieux cela vaut.

Lorsque les fondations sont achevées, ou au fur et à mesure de leur construction on doit faire le remplissage des vides laissés d'un côté ou des deux côtés du mur à l'aide de petites portions de déblais (terre ou sable, de préférence) que l'on a eu soin de réserver à cet effet. Ces terres rapportées doivent être pilonées avec le plus grand soin, de manière à faire appui pour la maçonnerie. A propos des terres pilonées, il est bon de rappeler les expériences faites par M. Arson à l'occasion des travaux exécutés pour la construction des grands gazomètres des Ternes et de Belleville ; ces expériences avaient pour but la recherche de la résistance à la compression des divers terrains pilonés. Dans ces expériences, la compression s'exerçait au moyen de presses hydrauliques ou de leviers ; les moyens de mesure étaient établis avec une précision toute scientifique. On pilonait par couches de 5 centimètres, ce qui donne le maximum de tassement.

Par ce pilonage, la densité de la terre végétale augmente de 33 %, celle du sable de rivière de 20 %. Ce dernier, après ce pilonage contient encore 20 %, de vides, qu'on peut faire disparaître presque entièrement en mêlant du sable fin au sable de rivière. Mais les eaux de pluie enlèveraient rapidement, le sable fin; le mieux, pour obtenir un remblai compact et stable, est d'employer l'arrosage à grande eau, concurremment au pilonage, en évitant autant que possible la présence de l'argile. Les résultats d'expérience ont été les suivants :

1° Le sable de rivière arrosé et pilonê résiste jusqu'à 100 kilogrammes par décimètre carré ; au delà, il se produit un très léger défoncement. Le sable pilonê transmet très mal la pression et constitue d'excellents remblais, de même que d'excellentes fondations de bâtiments, ses molécules s'arc-boutant les unes contre les autres.

2° Le tuf blanc, humide, mais non arrosé, résiste jusqu'à 80 kilogrammes par décimètre carré ; au delà et jusqu'à 184 kilogrammes, l'équilibre se maintient avec une légère dépression de $^1/_4$ de millimètre.

3° La terre végétale humide pilonée résiste à 44 kilogrammes ; à 47 kilogrammes il se produit une dépression de $^1/_2$ millimètre et à 90 kilogrammes un enfoncement de un millimètre.

Quand on exécute une fouille, il faut avoir soin d'enlever la terre végétale, s'il y en a, et la conserver pour le jardin. Si l'on trouve du sable ou du gravier pouvant être employé pour la confection des bétons et des mortiers, on les fera mettre à part ; s'ils ne peuvent servir à cet usage on pourra les utiliser pour ensabler les chemins. On fera bien d'utiliser le plus possible ce que l'on trouve dans les fouilles afin de diminuer autant qu'on peut les enlèvements aux décharges publiques.

Nous avons examiné précédemment le cas de bâtiments construits à la convenance du propriétaire dans un terrain, lui appartenant, il nous reste à dire quelques mots du tracé des fouilles pour un bâtiment bordant la voie publique. Trois dispositions peuvent se présenter : 1° la maison peut être construite isolément dans un terrain ; 2° la maison peut venir s'enclaver entre deux autres maisons construites ; 3° la maison peut s'enclaver entre deux maisons construites et faire l'angle de deux rues.

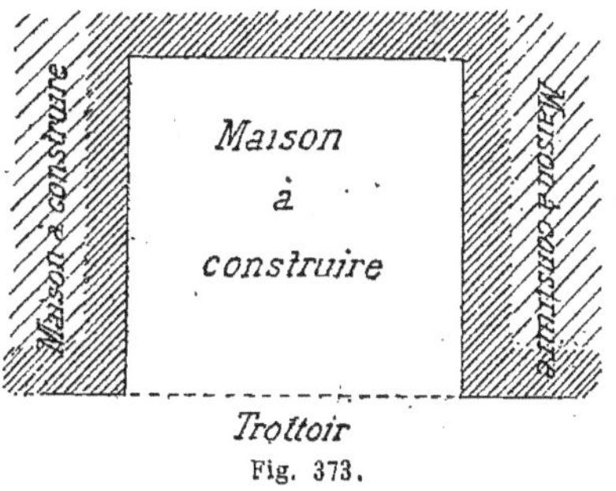

Fig. 373.

Dans le premier cas, il faudra demander l'alignement et se conformer à tous les règlements de la voirie. Dans le second, figure 373, l'alignement sur rue peut être obtenu en prolongeant la ligne qui joint les deux propriétés construites. Dans le troisième cas, on obtiendra l'alignement en continuant celui des deux maisons construites figure 374, et en faisant à l'an-

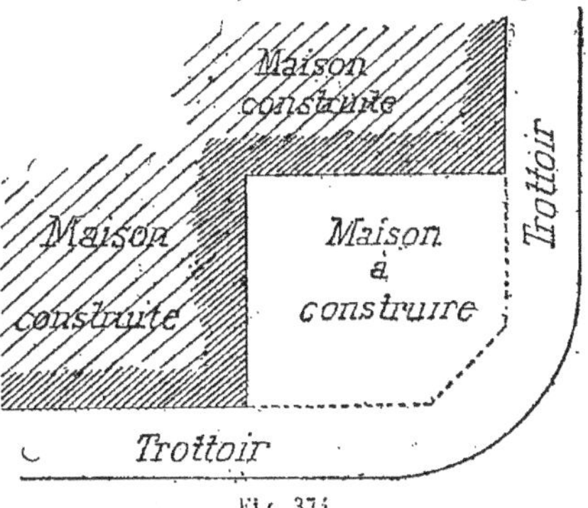

Fig. 374.

gle le pan coupé réclamé pour la libre circulation sur le trottoir. Dans ces trois cas la demande d'alignement doit être faite pour satisfaire aux exigences de la voirie.

Le tracé des fouilles se fera comme nous l'avons indiqué précédemment; seulement, comme cette fouille borde la voie publique, il y a nécessité d'établir une barrière pour la sécurité des passants.

Lorsqu'il y a lieu d'établir une barrière provisoire au devant des constructions, le constructeur doit se soumettre aux prescriptions du préfet de police pour la saillie de cette barrière.

Il existe encore un cas particulier d'une fouille à faire, pour la construction d'un bâtiment, c'est celui d'un bâtiment neuf construit sur l'emplacement d'un bâtiment ancien que l'on doit démolir. Il y a, pour cette démolition, des règlements et des ordonnances de police qu'il est utile de connaître.

Ordonnance de police sur la démolition et concernant la sûreté, la liberté et la commodité de la circulation (*8 août* 1829, *et* 25 *juillet* 1862).

Article 67. — Il est défendu de procéder à la démolition d'aucun édifice donnant sur la voie publique, sans l'autorisation du préfet de police.

Article 68. — Avant de commencer une démolition, le propriétaire et l'entrepreneur feront établir les barrières et échafauds, qui seront jugés nécessaires, et prendront toutes les autres mesures que l'administration leur prescrira dans l'intérêt de la sûreté publique.

Ces barrières seront disposées, éclairées et pourvues d'un écriteau, suivant les prescriptions des articles 49 et 50, concernant les barrières pour constructions.

Article 69. — Lors des démolitions qui pourront faire craindre des accidents sur la voie publique, indépendamment des ouvriers munis d'une règle qu'on sera tenu de faire stationner pour avertir les passants, la circulation au pied du bâtiment sera encore défendue par une enceinte de cordes portées sur poteaux qui comprendra toute la partie de la voie publique sur laquelle les matériaux, pourraient tomber. Chaque soir, ces cordes et ces poteaux seront enlevés et les trous dans le pavé bouchés avec soin.

Article 70. — La démolition s'opérera au marteau, sans abatage, et en faisant tomber les matériaux dans l'intérieur des bâtiments.

Il est défendu de déposer sur la voie publique des matériaux provenant de la démolition, sauf dans le cas de nécessité reconnue par le commissaire de police du quartier, et à la charge de les enlever au fur et à mesure du dépôt et de n'en jamais laisser la nuit.

Il est également défendu d'opérer le chargement des tombereaux sur la voie publique à l'aide de trémies.

Article 71. — Les prescriptions de l'article 58, concernant les voitures de transport de matériaux employés dans le cas de construction, sont applicables aux tombereaux et autres voitures mis en œuvre pour les démolitions.

Article 72. — Dans le cas où il deviendrait indispensable d'interdire la circulation au droit d'un bâtiment en démolition, le barrage ne pourra avoir lieu sans l'autorisation du préfet de police.

Toutefois, en cas d'urgence, l'autorisation pourra être accordée par le commissaire de police du quartier, qui devra en informer immédiatement le préfet de police.

Article 73. — Les travaux de démolition devront être poursuivis sans interruption. Dès qu'ils seront terminés et les remblais nécessaires achevés, la barrière sera enlevée, et il sera immédiatement pourvu, par les soins et aux frais du propriétaire ou de l'entrepreneur, à la réparation des dégradations du pavé résultant de la pose de ladite barrière ou des travaux de démolition.

Le terrain mis à découvert par la démolition sera clos à l'alignement par un mur en maçonnerie ou par une barrière en charpente et planches jointives, solidement établie, ayant au moins $2^m,50$ de hauteur.

Article 74. — Pendant toute la durée des travaux, les entrepreneurs devront tenir la voie publique en état constant de propreté aux abords des démolitions et sur tous les points qui auront été salis par suite de leurs travaux, et pourvoir au libre écoulement des eaux des ruisseaux.

422. *Attachements.* — Lorsqu'une fouille est terminée l'entrepreneur doit en faire prendre de suite l'*attachement*.

On entend, par le mot *attachement* la constatation écrite ou figurée des objets qui doivent être cachés quand la construction sera complètement terminée. On peut, soit inscrire et figurer ces attachements sur des feuilles volantes ou sur un registre, comme cela se fait dans les travaux publics, ou faire de véritables dessins représentant l'ensemble de la

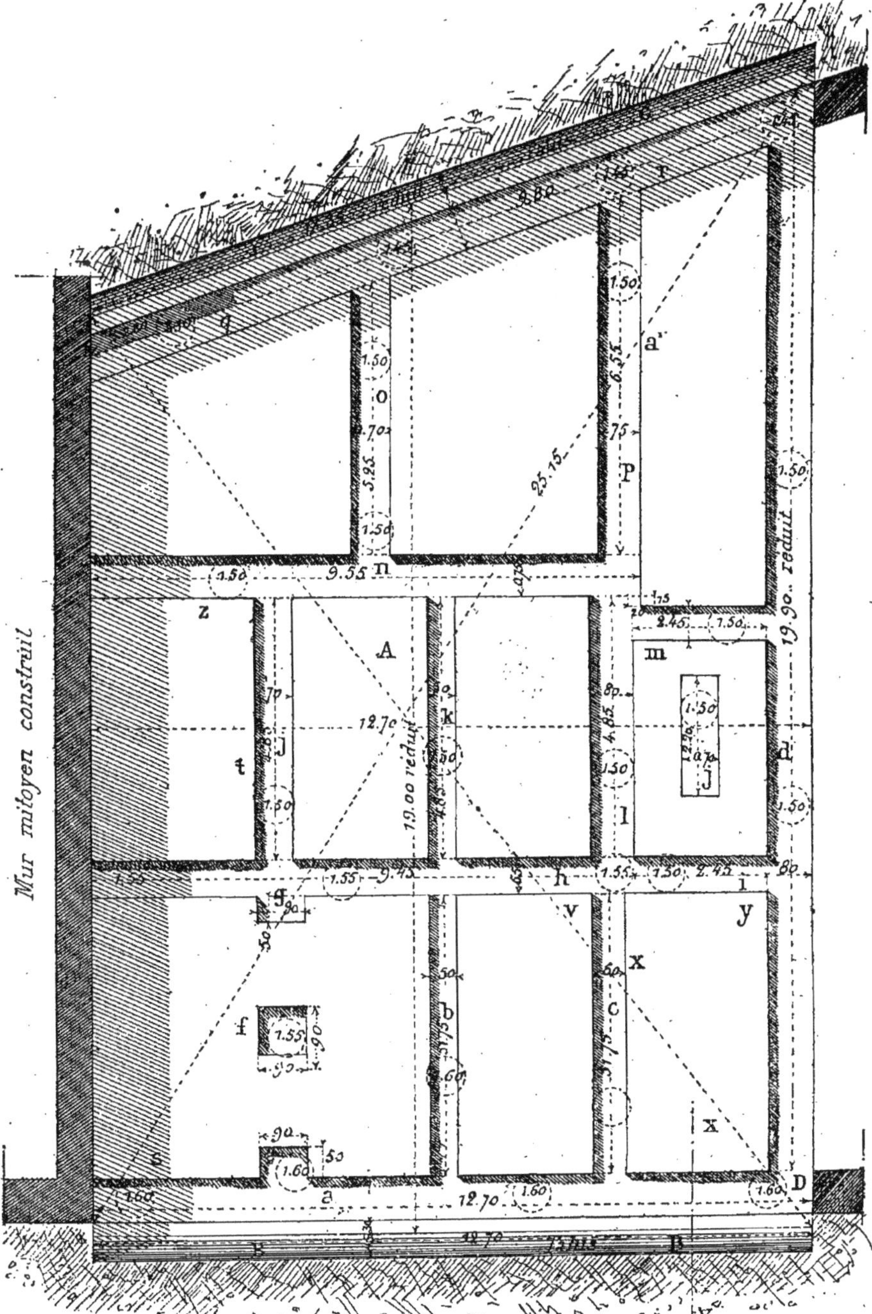
Mur mitoyen construit
A
9.55
12.70
25.15
19.00 reduit
19.90 reduit
D

Fig. 375.

fouille avec toutes les cotes indispensables pour la vérification des mémoires. Ces attachements doivent être faits en double expédition qui serviront, l'une pour l'architecte, l'autre pour l'entrepreneur. Ces deux expéditions doivent être signées par l'entrepreneur.

La figure 375 représente en croquis le plan d'une fouille relevé pour servir d'attachement pour la vérification du mémoire.

Lorsque l'on fait une fouille, il faut avoir soin de faire porter les terres qui en proviennent à quelques mètres de distance du vide creusé, afin que ces terres ne puissent pas occasionner d'éboulement par leur poids. Il y a encore un autre motif pour éloigner les terres du bord de la fouille : le tracé des murs demande un espace libre et convenable, il faut au moins un ou deux mètres du sol naturel tout au pourtour de la fouille pour pouvoir opérer facilement le tracé horizontal de la maçonnerie.

A Paris, les terres sont immédiatement enlevées aux décharges publiques. Dans l'exemple d'attachement que nous donnons (*fig.* 375) d'une fouille en excavation et des rigoles, nous supposons le mur mitoyen de gauche construit, il n'y a donc rien à prévoir pour cette partie. La fouille en plein, c'est-à-dire sur toute la surface du bâtiment est souvent comprise dans un forfait, de même le tracé des rigoles à 0m 60, en contre-bas du sol. C'est pour cette partie que l'entrepreneur convient avec l'architecte d'un prix moyen d'enlèvement des terres, au mètre cube, soit par exemple 3 fr. 85. Comme le terrain peut être mauvais et nécessiter l'approfondissement des rigoles, tout ce qui sera fait en plus de ce que nous venons d'indiquer sera compté comme travail supplémentaire et réglé à la série de la ville de Paris avec un rabais de 10 p. 0/0 par exemple.

Avant de commencer la fouille, il faut se rendre compte de l'état du sol et faire un avant-métré. Pour cela, on trace un profil d'opération représenté figure 376 ; ce profil peut être tracé sur le mur mitoyen existant ou en tout autre point fixe qui sera choisi. Il faut prendre un trait de niveau d'avant-métré, et d'après ce trait de niveau en déduire un nivellement moyen réduit qui servira de base pour la suite. Pour obtenir ce nivellement moyen il faut prendre en plusieurs points les cotes de hauteur du terrain, avant la fouille au trait de niveau choisi ; supposons que nous prenions 12 points sur toute la surface du terrain et que, en ces douze points nous ayons trouvé les hauteurs suivantes : 1m,14, 1m,21, 1m,46, 1m,28, 1m,30, 1m,39, 1m,37, 1m,40, 1m,40, 1m,47, 1m,45, 1m,35, si nous prenons la moyenne de tous ces

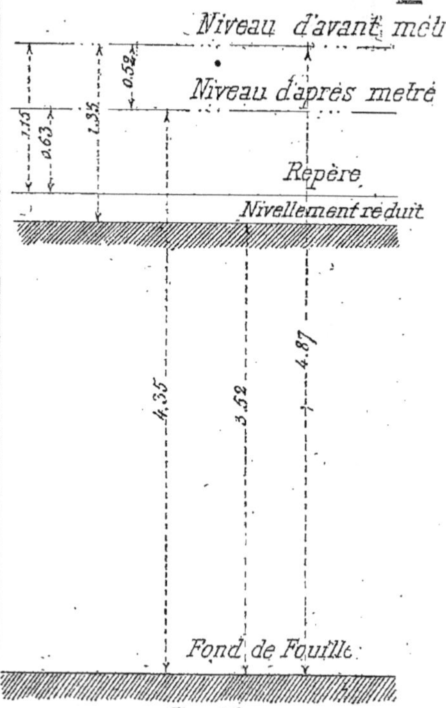

Fig. 376

chiffres en les additionnant et en divisant par 12, nous aurons une hauteur réduite de 1m,35. En portant cette cote de 1m,35

au-dessous du niveau d'avant-métré (*fig.* 376), nous aurons sensiblement le nivellement réduit du terrain avant la fouille. Il sera ensuite facile de refaire un nouveau métré, la fouille étant terminée, et de se rendre bien compte des terres enlevées.

En fouillant les terres, il peut arriver des éboulis qui doivent être comptés en plus puisqu'il faut enlever la terre qui s'éboule dans la tranchée. Ainsi dans l'exemple que nous donnons, il s'est produit de petits éboulements en divers points : au droit du point *t* il s'est produit un éboulement de $2,00 \times 1^{m},55 \times 0,35$; en *u* un autre éboulis évalué $0^{m3},250$, en *v* un autre de $0^{m},450$, en *x* un de $0^{m},{}^{3}\,800$ en *y* un autre de $1^{m},00 \times 1,20 \times 0,25$; en *z* un de $1^{m},50 \times 0,75 \times 0,30$; enfin en *a'* un éboulis de $1^{m},50 \times 0,80 \times 0,20$. Outre les éboulis, il peut se présenter des difficultés dans la fouille, c'est ce qui s'est produit au point *s*. En ce point et sur une longueur de $2^{m},00$, il a fallu étayer, donc compter dans le mémoire, une plus-value de fouille faite dans l'embarras des étais, avec chargement au seau et montage à la corde.

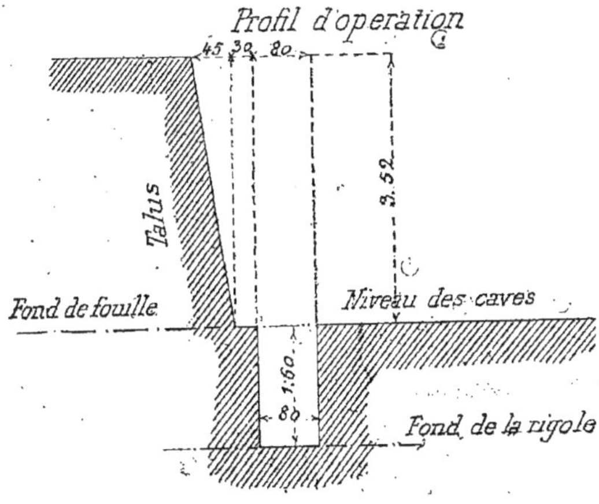

Fig. 377. Coupe suivant XV.

Dans la figure 375 les deux lettres B et C indiquent le talus qu'il a fallu réserver pour maintenir les terres la coupe X Y (*fig.* 377) rendra bien compte de la disposition en cet endroit.

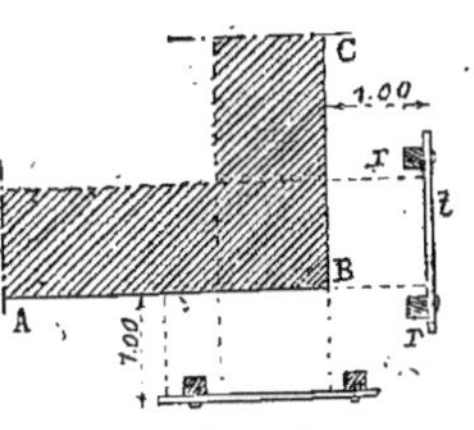

Fig. 378.

Les largeurs des rigoles sont cotées partout avec une dimension un peu plus

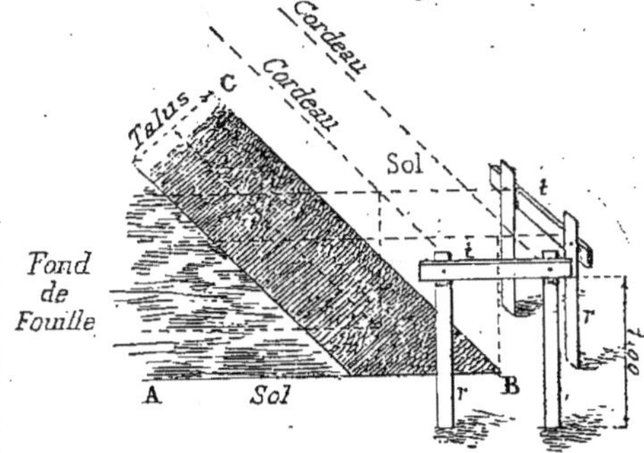

Fig. 379.

rande que la largeur des fondations pour permettre aux maçons de travailler facilement.

Les cotes placées dans des cercles indiquent les profondeurs des rigoles au-dessous du fond de fouille.

Quand la fouille est achevée, on peut retendre les cordeaux et vérifier si la plantation est bien faite.

A l'angle D (*fig.* 375), par exemple, on enfoncera quatre piquets *r* comme l'indiquent les figures 378 et 379. Sur ces piquets, on cloue en travers et à une hauteur d'environ $1^{m},00$ à $1^{m},40$, une petite traverse *t* qui peut être une simple volige dont on aura dressé la face supérieure. C'est sur cette face des traverses qu'on recommencera le tracé du périmètre de la construction et qu'on tracera aussi l'épaisseur des murs.

Les maçons, en se servant de fils à plomb, pourront reporter les dimensions au fond de la fouille. Ces dimensions sont celles des murs au rez-de-chaussée, et il faudra donc, en descendant ces mesures sur le sol des fondations avoir soin de tenir compte des différences d'épaisseur des murs, car les murs du sous-sol ou des caves doivent être plus épais que ceux du rez-de-chaussée. C'est l'excédent d'épaisseur d'un mur sur un autre qu'on nomme *empatement.*

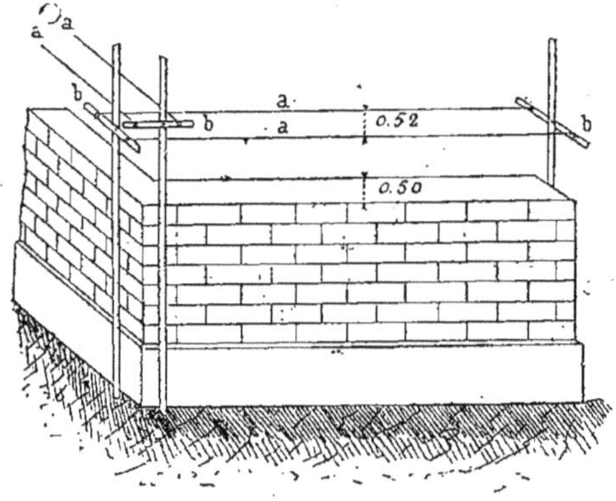

Fig. 380.

Quand les fondations sont arrivées à la hauteur du sol, on dresse, comme l'indique la figure 380 à l'extrémité de chaque mur, et au milieu de son épaisseur, une perche verticale; sur ces perches, on fixe horizontalement des broches *b* (planchettes minces) sur lesquelles, après y avoir indiqué par des entailles les directions et les épaisseurs des murs, on tend les lignes *a* qui doivent servir à élever les murs d'aplomb et à dresser leurs parements.

Pour qu'on puisse dresser avec facilité le parement d'un mur, il doit se trouver une ligne à 0m,25 environ au-dessus du sol ou de l'échafaud sur lequel l'ouvrier travaille, et une autre à 1m,25 environ au-dessus de la première; ces positions, en gênant peu la pose des matériaux, permettent de bien vérifier, et d'une manière continue, si le parement ne gauchit pas, c'est-à-dire, si les matériaux que l'on pose pour le former sont placés à une distance bien uniforme du plan des lignes. Cette distance, qui est celle du parement au plan des lignes, est ordinairement d'un centimètre pour les maçonneries brutes destinées à recevoir un enduit, et de 5 millimètres pour les parements soignés. Il est évident que l'on doit tenir compte de cette distance en fixant les lignes sur les broches; ainsi, pour un mur brut de 0m,50 d'épaisseur, la distance des deux lignes placées sur la même broche doit être de 0m,52.

On change les broches et par suite les lignes de place à chaque étage de l'échafaud. En faisant ce travail, on doit relever avec soin les aplombs ou les talus des lignes inférieures afin de continuer les parements dans le même plan.

Les perches sur lesquelles on fixe les broches n'ont quelquefois pas assez de hauteur pour atteindre le dessus de la construction. Alors on remédie à cet inconvénient en en posant de nouvelles à un niveau supérieur; on les fixe aux extrémités des murs, ou on les pose sur des chevillettes sur lesquelles on les scelle au moyen de forts patins en plâtre.

423. *Installation d'un pont de service.* — Dans toutes les constructions, il est indispensable, pour faciliter le transport des matériaux, d'établir, lorsque la fouille est terminée, un pont de service différemment construit suivant l'importance de la construction.

Le cas le plus simple, lorsqu'il y a peu de largeur de bâtiment, consiste à placer de grandes planches épaisses que l'on nomme plat-bords d'un bord de la fouille à l'autre.

Ces planches disposées jointivement forment un véritable plancher sur lequel peuvent circuler les brouettes et amener les matériaux en chaque point de la construction.

Si la largeur du bâtiment est plus grande, il faut alors construire un véritable pont en bois, et nous conseillons la disposition suivante pour une grande fouille.

Soit un terrain (A,B,C,D) représenté en

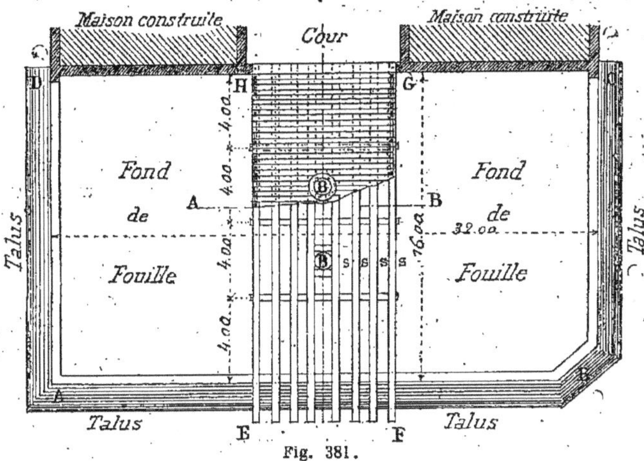

Fig. 381.

plan (*fig.* 381) ayant 32m,00 de longueur sur 16m,00 de largeur; il s'agit, la fouille étant faite, d'établir un pont de service pour desservir facilement toutes les parties de la construction. A cet effet, on placera, dans la partie E, F, G, H, une série de sapines S appuyées du côté de la rue sur le bord de la fouille et de l'autre sur un mur de soutènement construit entre G et H pour soutenir les terres des cours des propriétés voisines. Ces sapines seront supportées tous les 4 mètres par exemple par une charpente formée de madriers, de boulins et de contre-fiches comme l'indique la coupe représentée (*fig.* 382). Sur les sapines, il suffira de clouer des planches et au besoin de mettre de chaque côté un garde-corps en bois pour obtenir un pont de service bien établi et dans de bonnes conditions d'économie. En deux points il sera bon de réserver l'espace suffisant pour placer deux bétonnières B pour le service et la fabrication du béton à mettre dans la fondation.

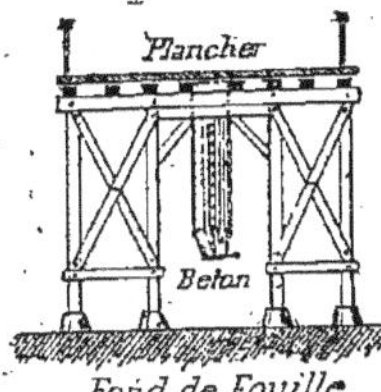

Fig. 382.

Nivellement. — Cotes de nivellement.

424. — Il existe un règlement applicable aux travaux publics et particuliers sur le nivellement dans Paris; ce règlement a pour but de rattacher les cotes d'un plan, au niveau de la mer pris comme terme de comparaison (arrêté préfectoral du 31 mai 1865).

Article 1er. — A l'avenir, les nivellements pour les travaux publics et privés dépendant de la préfecture de la Seine seront rapportés au niveau moyen de la mer; en conséquence, les cotes de nivellement exprimeront la distance ou ordonnée de chaque point considéré à ce niveau, pris pour zéro.

La vérification des cotes sera rapportée à des repères de fonte, aux armes de la ville, placés aux carrefours, aux angles des rues, sur les soubassements des monuments, sur les murs de quais et sur les autres points jugés nécessaires ; ces repères indiqueront les ordonnées de comparaison, savoir : la cote relative au niveau de la mer, et deux autres cotes se rapportant, l'une au zéro du pont de la Tournelle, l'autre au plan de comparaison passant à 50 mètres au-dessus du niveau légal des eaux, du bassin de la Villette. (Ces repères sont en fonte et de forme carrée, aux armes de la ville, mais il en existe d'un autre type ne portant d'indication que d'un seul côté, qui sont cylindriques ; ces derniers se rencontrent notamment dans les voies nouvelles. Pour éviter toute méprise ou complication, il est à désirer que ces repères soient établis sur le même modèle, c'est-à-dire sur le nouveau, car les trois côtés des anciens repères ne peuvent que donner lieu à des erreurs.)

Article 2. — Les projets de premier pavage des rues anciennes ou nouvelles devront toujours être accompagnés de plans et profils de nivellement avec cotes indiquant les ordonnées du sol actuel et celles du sol futur. Il en sera de même des projets de remaniement de pavages anciens pour l'amélioration des pentes. Les nivellements pour les constructions particulières seront déterminés conformément à ces projets dûment approuvés.

Article 3. — Les propriétaires, les architectes et les entrepreneurs qui voudront bâtir dans les rues non pavées devront, avant de poser les seuils des portes, et sous peine d'une amende de 50 francs prononcée par les lettres patentes de 1725, ci-dessus visées, demander l'indication du nivellement de la voie publique.

Article 4. — Ceux qui bâtiront dans les rues pavées, mais dont les pentes mal réglées seraient susceptibles d'améliorations, sont invités à demander pareillement ce nivellement, et à disposer leurs constructions nouvelles en vue de ces améliorations ultérieures.

Article 5. — Toute construction nouvelle dans une rue pourvue d'égout, doit être disposée de manière à y conduire les eaux pluviales et ménagères, ainsi que toute maison ancienne, en cas de grosses réparations.

Les ingénieurs des divers services ressortissant à la préfecture de la Seine sont chargés, chacun en ce qui le concerne, d'assurer l'exécution du présent règlement.

Permission de voirie, Préfecture. Seine :

Les constructeurs devront, avant de se mettre à l'œuvre, adresser une demande spéciale pour obtenir le nivellement de la voie publique au devant des constructions projetées, et les cotes de ce nivellement, délivrées par les soins de MM. les ingénieurs du service municipal, feront l'objet d'un arrêté spécial.

Les cotes de nivellement s'indiquent sur les plans, comme le montre la figure 383 en plaçant ces cotes dans un cercle. Lorsque la demande de nivellement a été faite pour cette maison les deux cotes données ont été 35,08 pour la cote d'intersection du mur mitoyen de droite avec le trottoir et 35,19 pour la cote d'intersection du mur mitoyen de gauche avec le trottoir. Connaissant ces deux cotes et la largeur de façade qui est de 12 mètres, il nous sera facile de connaître combien il y a de pente par mètre. En effet, 35,19 — 35,08 = 0,11. Entre les deux points extrêmes il y a une différence de $0^m,11$. Comme la façade a 12 mètres en divisant $0^m,11$ par 12 mètres nous aurons la pente par mètre qui est sensiblement de $\frac{0,11}{12} = 0^m,009$.

Connaissant la pente par mètre, nous pouvons de suite déterminer la cote du trottoir à l'endroit de la porte d'entrée. L'axe de cette porte se trouve à une distance de $3^m,82$ de l'axe du mur mitoyen de gauche ; comme la pente est de $0^m,009$ par mètre, en multipliant $3^m,82$ par $0^m,009$ nous aurons $0^m,034$.

Donc l'intersection de l'axe de l'entrée avec le dessus du trottoir se trouve en contre-bas de 0m,034 du point d'intersection du mur mitoyen de gauche et du trottoir. Si donc nous retranchons 0m,034 de la cote 35,19 nous aurons la cote 35,156,

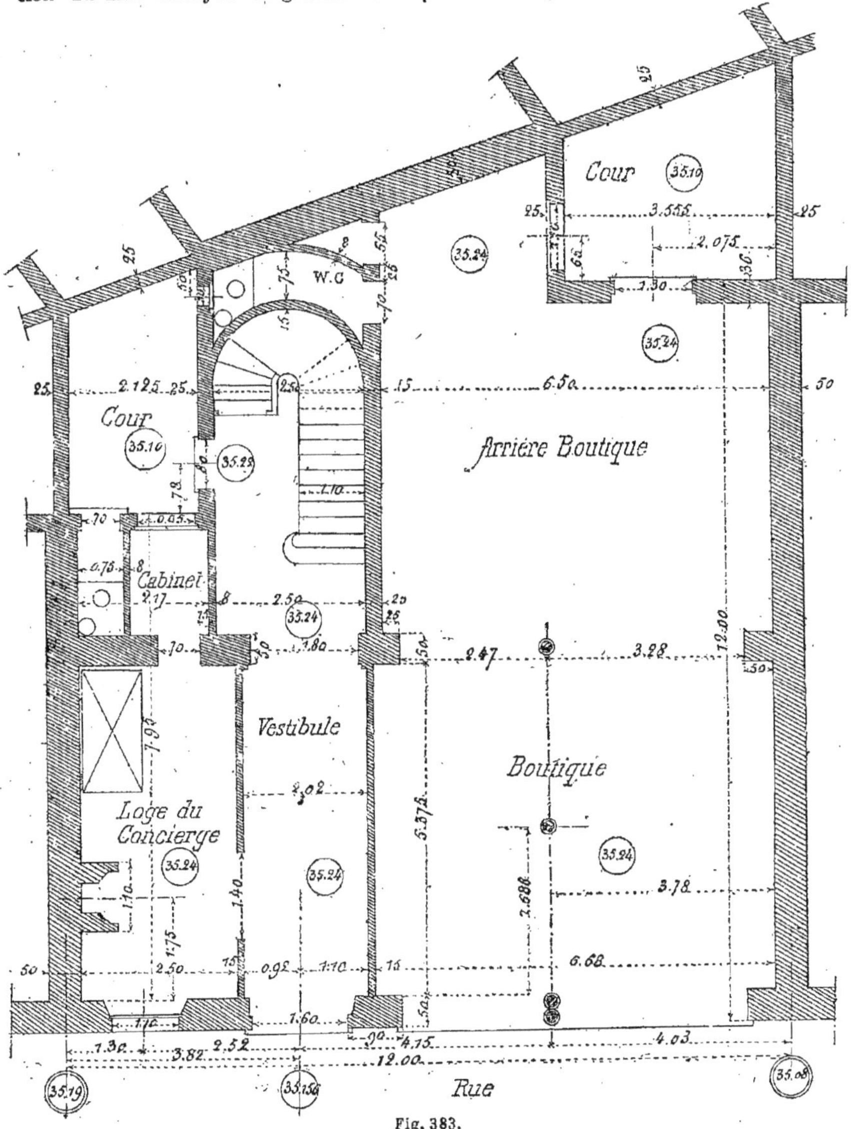

Fig. 383.

qui est celle de la porte d'entrée. Cette cote de 35,156 nous servira de point de départ pour coter les niveaux intérieurs. Nous mettons, du dessus du trottoir, une marche pour entrer dans le vestibule ; cette marche est nécessaire pour éviter les rentrées d'eau du trottoir dans ce vestibule. Si, à l'intérieur nous mettons la cote 35,24 par exemple, la différence 35,24 moins 35,156 nous donnera la hauteur de cette marche, qui sera 35,24 — 35,156 = 0m,084. Dans la cage d'escalier nous mettons la cote 35,24 vers le vestibule et la cote 35,22 vers la porte de sortie sur cour, nous obtenons ainsi une différence de 0m,02 qui est indispensable pour forcer les eaux de lavage à se rendre dans la cour par la porte de service. Les deux petites courettes sont à la cote 35,10. Si nous retranchons 35,10 de 35,22, nous aurons 0m,12 pour la hauteur de la marche de la porte sur la courette de gauche, et en retranchant 35,10 de 35,24, soit 0,14, nous aurons la hauteur de la marche pour descendre dans la courette de droite.

Les cours ou courettes ne doivent pas être de niveau, il faut choisir un point bas pour y amener les eaux de pluie et les eaux de lavage. En ce point, qui sera choisi lorsqu'on fera le pavage ou le cimentage de la cour, il y aura lieu de modifier la cote 35,10 pour avoir assez de pente pour éviter le séjournement de l'eau dans la cour.

En même temps que les cotes de nivellement, l'administration indique au propriétaire où sera mesurée la hauteur de sa maison pour se conformer aux règlements de voirie. Si, par exemple, il est dit que la hauteur de la maison sera mesurée au milieu de la façade sur rue, il est alors intéressant de connaître la cote en cet endroit afin de pouvoir coter les planchers par rapport à ce point. Cette cote est facile à déterminer, il nous suffira en effet de prendre la moyenne des deux cotes extrêmes pour avoir la cote milieu, nous aurons donc $\frac{35,19 + 35,08}{2} = 35,035$.

Dans toute construction, il est d'usage de tracer un trait de niveau servant de repère. Ce trait de niveau se trace ordinairement à 1 mètre au-dessus du plancher du rez-de-chaussée, il sera donc dans le cas qui nous occupe à la cote 35,24 + 1,00 = 36,24.

Ce trait de niveau doit être tracé par les maçons, soit sur les murs mitoyens s'ils existent, soit en tout autre endroit ; il suffit de choisir un point ne pouvant pas changer pendant tout le temps de la construction.

Les hauteurs des planchers s'indiquent aussi par des cotes de niveau. Si nous supposons par exemple pour les différents étages les hauteurs suivantes :

Rez-de-chaussée..............	2m,80
Entresol....................	2m,60
1er Étage..................	2m,75
2e Étage..................	2m,65
3e Étage..................	2m,60
4e Étage..................	2m,60
5e Étage..................	2m,60

Il faut ajouter à ces cotes l'épaisseur de chacun des planchers que nous supposons être de 0m,30 car les cotes de niveau se donnent toujours au-dessus de chaque plancher.

Les cotes de niveau seront les suivantes :

Rez-de-chaussée.	35,24.
Entresol.	35,24 + 2,80 + 0,30 = 38,34.
1er Étage.	38,34 + 2,60 + 0,30 = 41,24.
2e Étage.	41,24 + 2,75 + 0,30 = 44,29.
3e Étage.	44,29 + 2,65 + 0,30 = 47,24.
4e Étage.	47,24 + 2,60 + 0,30 = 50,14.
5e Étage.	50,14 + 2,60 + 0,30 = 53,04.

Exécution des murs de fondation d'un bâtiment.

425. *Murs de fondation des bâtiments sur terre-plein.* — Nous commencerons cette étude par les murs de fondation d'un bâtiment n'ayant pas de caves. Nous pouvons alors adopter les deux dispositions représentées par les figures 384, 385. Dans la première, figure 384, après avoir fouillé le terrain jusqu'au bon sol et tracé les rigoles sous les murs, on remplira ces rigoles en béton sur une largeur de 0m,60 et sur une hauteur de 0m,70 par exemple ; au-dessus, et sur une hauteur de 0m,75, on montera un mur en meulières, de 0m,50 d'épaisseur ; dans ce mur, on placera un petit bandeau en pierre B servant de couronnement au soubassement. Au-dessus

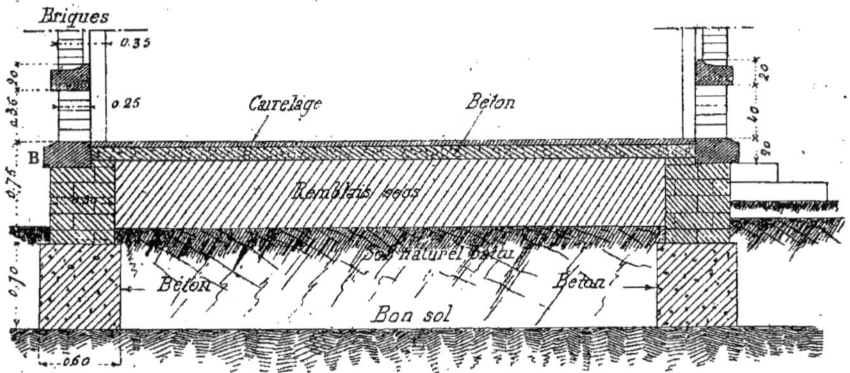

Fig. 384

de ce soubassement, on monte la maçonnerie du mur en élévation. Entre les murs, il faudra battre très fortement le sol naturel pour éviter les affaissements, puis mettre une assez grande épaisseur de remblai sec; enfin sur ce remblai une couche de béton de 0m,10 à 0m,15 d'épaisseur, sur laquelle on pourra mettre un carrelage. On peut aussi mettre sur cette couche de béton un parquet posé sur une couche de bitume comme le montre la figure 386.

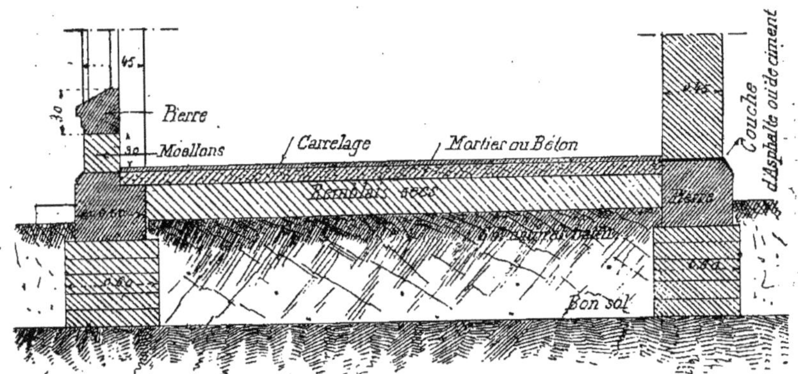

Fig. 385.

Les lambourdes sont scellées au bitume sur un lit de béton de 0m,20 d'épaisseur dans le cas de fondations sur terre-plein et de 0m,10 d'épaisseur lorsqu'il existe une voûte formant le plafond d'une cave.

La figure 385 représente une seconde disposition dans laquelle les rigoles de fondation sont remplies directement avec des meulières ou des moellons hourdés en bon mortier hydraulique ; sur ces meulières, on placera une pierre de taille de 0m,50 d'épaisseur formant soubassement.

Entre cette pierre et la maçonnerie en élévation, on dispose, pour éviter l'humidité, une couche d'asphalte ou une couche de ciment.

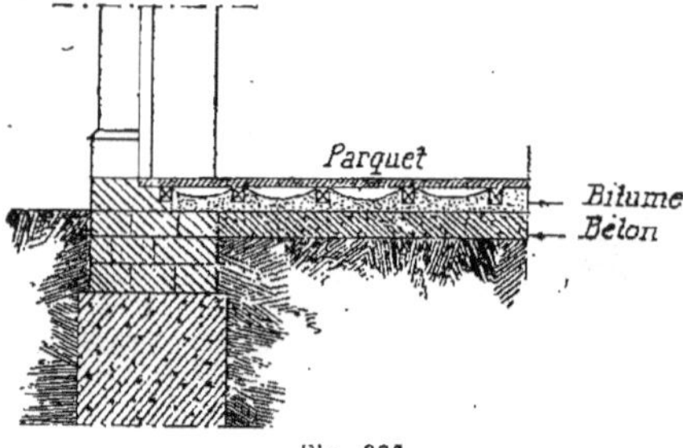

Fig. 386.

426. *Humidité dans les murs, moyens employés pour y remédier.* — Le grave inconvénient des bâtiments posés sur terre-plein est de présenter une humidité constante dont il est très difficile de se débarrasser. Avec l'humidité se multiplient, dans les habitations, les décompositions qui ont pour effet de mêler à l'air respirable des vapeurs d'acide carbonique, d'acide sulfhydrique, d'ammoniaque (alcali volatil). L'humidité engendre aussi les miasmes, gaz mal définis par la science, et qui sont reconnus aujourd'hui comme la cause de maladies épidémiques. Plus la température s'élève, plus l'humidité est nuisible ; c'est pour cette raison que les contrées intertropicales, dans lesquelles la saison des chaleurs coïncide avec celle des pluies, sont des plus malsaines.

Dans tout appartement humide et froid règne une odeur désagréable. Les murs sont visqueux, le parquet est glissant, la poussière et les moisissures se collent aux meubles, aux papiers de tenture, etc. L'insalubrité et le malaise se manifestent partout, et principalement sur la figure des habitants. C'est surtout sur les enfants que l'air humide exerce ses effets meurtriers : il produit les scrofules et le rachitisme. Des murs en bois, corps mauvais conducteur de la chaleur, et peu avide d'humidité, seraient donc les plus avantageux s'ils n'avaient pas l'inconvénient de manquer de durée, de propager les insectes et de faciliter les incendies.

Les murs des maisons sont souvent humides, ou parce que, à cause de la capillarité, ils absorbent l'humidité du sol, ou parce qu'ils sont exposés au vent d'ouest ou de sud-ouest, et souvent battus par les pluies. A l'intérieur, on cherche à remédier à cette grande cause d'insalubrité en doublant les murs avec des planches de bois, des plaques de plomb ou de zinc, ou en les enduisant de bitume ou d'huile siccative.

On a cherché par beaucoup de moyens à éviter l'humidité dans le rez-de-chaussée des maisons d'habitation. On s'est servi à cet effet d'enduits hydrofuges décrits par M. Château dans sa technologie du bâtiment et connus sous le nom de *glu marine, bitume de Judée et mastic Machabée.*

Glu marine. — Le composé bitumineux appelé glu marine est liquide ; il est formé d'huile de goudron, de brai (goudron de gaz purifié) et de blanc de zinc.

Lorsque la glu est noire, son prix est d'environ 50 centimes le kilogramme, et elle sert surtout à enduire les murs ; lorsqu'elle est blonde, son prix s'élève à 11 francs ; celle-ci est ordinairement réservée pour les bois, auxquels elle conserve leur couleur.

Il faut environ 1 kilogramme de glu marine pour recouvrir de deux couches 1 mètre superficiel.

La glu marine sert à garantir de l'humidité les murs construits en plâtre ou en pierre ; elle peut même être immédiatement appliquée sur le plâtre encore humide, et recevoir ensuite une peinture ou un papier sans qu'il y ait altération dans les couleurs.

La glu marine a été employée au grand hôtel du Louvre pour combattre l'humidité des parties inférieures.

Mastic Machabée. — Inventé et fabriqué par M. L. Machabée. Ce mastic se compose de :

Poix grasse de Bordeaux	60
Gallipot	2
Bitume de Bastennes	19
Cire vierge	4
Suif de Russie	3
Chaux hydraulique fusée à l'air	6
Ciment romain	6
	100

Ce mastic est un excellent antidote contre l'humidité ; aussi ses applications sont-elles nombreuses. On l'applique sur les plâtres, sur les murs anciens et nouveaux, sur les bois de charpente ou de menuiserie, et en général sur toutes les constructions ou sur les objets exposés à l'humidité.

Il faut 1 kilogramme pour enduire 4 mètres carrés de maçonnerie. Appliqué sur des murs unis, il coûte 2 francs le mètre carré ; sur des murs à surfaces courbes ou à moulures, son prix est de 2 fr. 50.

Le prix de vente de ce mastic, il y a quelques années, était de 120 francs le quintal.

Bitume de Judée. — Le bitume connu sous ce nom dans le commerce, est fabriqué par MM. Charton et Hund. Ce bitume est liquide ; il s'applique en enduits avec le pinceau ; il ne répand pas d'odeur et sèche très rapidement. Il ne se laisse pas attaquer par le salpêtre, comme cela a lieu quelquefois pour les goudrons de gaz qu'on emploie contre l'humidité.

Il se compose de :

Bitume de Judée naturel	25
— de Bastennes	20
Asphalte de Seyssel	25
Cire vierge	1
Coke réduit en poudre impalpable	29
	100

Le bitume de Judée, on le voit, diffère du mastic Machabée en ce qu'on n'y introduit pas de matière grasse ou résineuse. Il ne renferme pas non plus de ciment ni de chaux caustique. Les matières destinées à le rendre moins fluide sont le coke et le carbonate de chaux de l'asphalte.

Ce bitume peut être employé à peu près aux mêmes usages que le mastic Machabée ; il adhère sur les murs, le plâtre, le bois, les métaux et même sur le verre. Il permet de combattre les effets de l'humidité et d'assainir les habitations. Il sert notamment à recouvrir les plâtres, les murs et toutes les parois humides ; à conserver le tain des glaces ; à préserver les bois de la décomposition sèche ou humide.

Il faut 2 kilogrammes de bitume de Judée pour enduire 1 mètre carré de construction.

Le mélange hydrofuge suivant, composé par M. Rey, réussit parfaitement bien dans les lieux humides, sous les peintures à l'huile:

Bitume de Seyssel ou de Lobsann	8	parties.
Huile de lin	4	—
Sous-acétate de plomb	1	—
Oxyde de manganèse	1	—

Lorsque le tout est fondu et retiré du feu, on y ajoute quatre parties d'essence de térébenthine, que l'on pourrait remplacer par une quantité équivalente d'huile de pétrole, rendue siccative par la litharge.

Parmi les autres enduits proposés et employés comme antidotes de l'humidité et du salpêtre, nous citerons : 1° l'enduit hydrofuge de M. Fulgens ; 3° l'enduit Michel Rondeau ; 3° le ciment antinitreux de M. Candelot père ; 4° l'enduit Ruolz ; 5° l'enduit caoutchouc Viard.

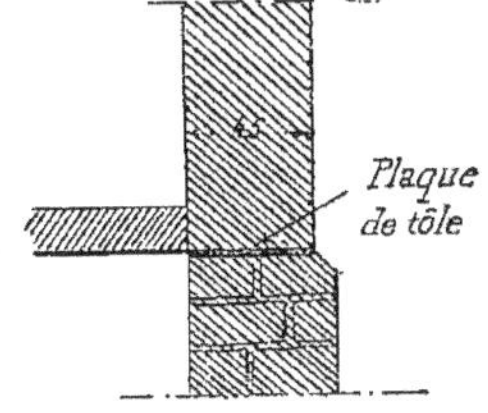

Fig. 387.

On a aussi employé les revêtements en métal, le plomb, le zinc, etc.

Aujourd'hui on se sert de plaques de

tôle noyées dans un bain de ciment et interposées, comme l'indique la figure 387, entre deux assises de maçonnerie. Nous savons que le fer se conserve très bien dans le ciment à la condition de ne pas laisser arriver l'air sur sa surface. Le mieux sera encore d'employer pour les fondations une bonne maçonnerie, hourdée avec du bon ciment et de ne rien économiser pour avoir des matériaux de première qualité, on évitera ainsi bien des désagréments pour l'avenir.

Du salpêtre sur les parois des murs. — Dans les bâtiments, nous entendons souvent dire qu'un mur est *salpêtré*, il n'est donc pas inutile de dire quelques mots du salpêtre, de son mode de formation et de son action sur les murs.

Dans les endroits humides, les murs se recouvrent souvent d'une substance cristalline d'apparence laineuse et blanchâtre, d'une saveur légèrement acidulée que l'on désigne sous le nom *d'azotate de potasse*, *nitre* ou *salpêtre*. Cette substance cristallise en longs prismes à six pans, terminés par des pyramides à six faces: ces cristaux s'accolent quelquefois de manière à former des cannelures. Quand un terrain humide contient tout à la fois des carbonates de chaux, de magnésie ou de potasse dans un grand état de division et des matières organiques azotées en décomposition, il se forme des azotates des bases qui existent dans le sol. On retrouve les mêmes azotates dans les murs des étables, des caves et dans les rez-de-chaussée où règne toujours une certaine humidité. Le temps devient-il sec, le salpêtre amené à la surface par l'action de la capillarité vient s'y effleurir. L'Inde, l'Égypte, l'Espagne, etc., nous offrent des quantités plus ou moins considérables de ce sel, effleuries à la surface du sol, surtout dans les temps de sécheresse qui succèdent aux pluies.

Cette matière peut traverser n'importe quelle couche de peinture, et comme dans son efflorescence cette substance absorbe l'humidité de l'atmosphère, elle rend les parois des murs humides et fait tomber la peinture en écailles plus ou moins grandes. Les murs couverts de cette substance sont vulgairement dits *salpêtrés*.

Le salpêtre ou nitrate de potasse ne se forme pas toujours seul, on rencontre souvent du nitrate de soude et le chloride de potassium en connexion avec le salpêtre lui-même.

Comment les azotates se forment-ils dans les lieux dont nous venons de parler? C'est ce qu'on n'a pas encore expliqué d'une manière complète. On remarque que ces sels prennent d'ordinaire naissance en présence de matières organiques en décomposition. Cependant il n'est pas encore démontré que celles-ci soient indispensables à la nitrification.

Plusieurs chimistes ont expliqué de diverses manières la production du salpêtre. M. Longchamps cherchait l'explication du phénomène de la production du nitre en supposant que les carbonates de chaux et de magnésie, suffisamment pulvérisés et humectés, pouvaient absorber l'air, le condenser et le transformer en acide nitrique avec le temps, ou après condensation le mettre dans un état qui pourrait le forcer à s'allier avec la chaux et la magnésie, faisant naître ainsi les nitrates de ces deux substances, en le rendant d'autant plus apte à se combiner avec le potassium s'il existe surtout sous la forme de carbonate.

Quoi qu'il en soit, on a étudié les circonstances qui accompagnent d'ordinaire la nitrification, et l'on a reconnu que l'existence de bases puissantes, comme la craie et la magnésie ou le potassium, semble indispensable, et ces bases demandent à être dans un haut degré de pulvérisation. Plus la pierre calcaire sera poreuse, plus elle sera favorable à l'action du nitre. Les marbres, pierres de chaux, plus compacts, se nitrifient très difficilement. Un certain degré d'humidité favorise la production du salpêtre. La formation des azotates est favorisée par la présence de matières organiques en décomposition. Enfin, on a remarqué que la production de ces sels n'a lieu qu'à une certaine température ; la plus favorable paraît être, de 15 à 25 degrés. Il n'y a point de nitrification à 0 degré centigrade.

Murs de fondation des bâtiments montés sur caves.

427. Nous avons déjà donné, en parlant des fondations, diverses dispositions des murs en sous-sol; il nous reste à examiner quelques types en donnant les dimensions ordinaires de ces murs.

Les fondations des murs d'une construction sont à déterminer avec le plus grand soin, car la loi rend les architectes et les entrepreneurs responsables des vices du sol qu'ils choisissent pour les fondations de leurs ouvrages, ainsi que de toutes les conséquences des mauvaises fondations. Or, une mauvaise fondation peut non seulement entraîner à des dépenses matérielles dépassant la valeur même des bâtiments mais encore à des chômages et à des dommages qui peuvent être très considérables. La responsabilité de l'architecte et de l'entrepreneur, en matière de construction, dure dix années. La largeur des fondations d'un bâtiment dépend évidemment de la charge apportée par la construction en élévation, de la position, de la direction et de la résultante de ces charges; enfin de la résistance que peut offrir l'unité de surface du terrain sur lequel on construit.

L'épaisseur des murs de cave dépendra évidemment de l'épaisseur des murs du rez-de-chaussée. Dans les maisons ordinaires où les murs de face ont $0^m,50$ d'épaisseur on donne aux murs de fondations dans la hauteur des caves de $0^m,60$ à $0^m,70$ d'épaisseur et encore davantage si ces murs doivent recevoir des voûtes qui exercent toujours une poussée sur les piédroits. Lorsqu'une fondation repose sur le sol naturel, il suffit de lui donner de $0^m,05$ à $0^m,10$ d'empatement, c'est-à-dire de saillie, sur chaque face du mur qu'elle doit supporter; cela suffit pour que l'on soit sûr que la fondation sera pleine sur une épaisseur au moins égale à celle du

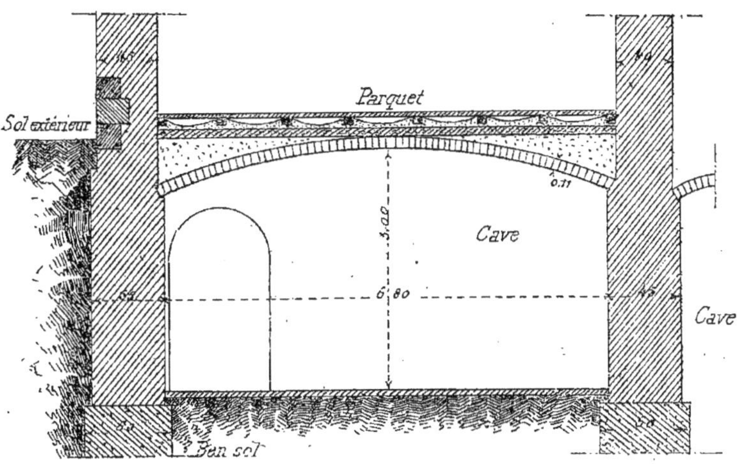

Fig. 388.

mur et qu'il n'y aura pas de porte à faux.

Pour les murs de refend situés dans la hauteur des caves, on leur donne de $0^m,55$ à $0^m,60$ d'épaisseur s'ils servent seulement à porter les murs des étages et le poids des planchers et une épaisseur plus grande s'ils doivent recevoir la retombée de voûtes. Cette épaisseur sera évidemment en rapport avec la poussée exercée par ces voûtes.

Une disposition assez simple est représentée *fig.* 388. A gauche un mur de face d'une petite construction ; ce mur, construit en moellons, aura 0m,45 d'épaisseur au rez-de-chaussée et 0m,55 dans la hauteur des caves ; il repo-

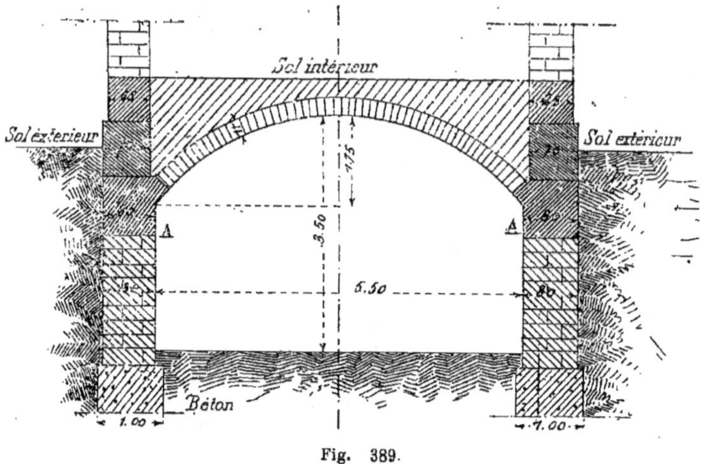

Fig. 389.

sera sur une couche de béton posée sur le bon sol. A une distance de 6m,80 de ce mur en fondation se trouve un mur de refend ayant 0m,45 d'épaisseur et destiné

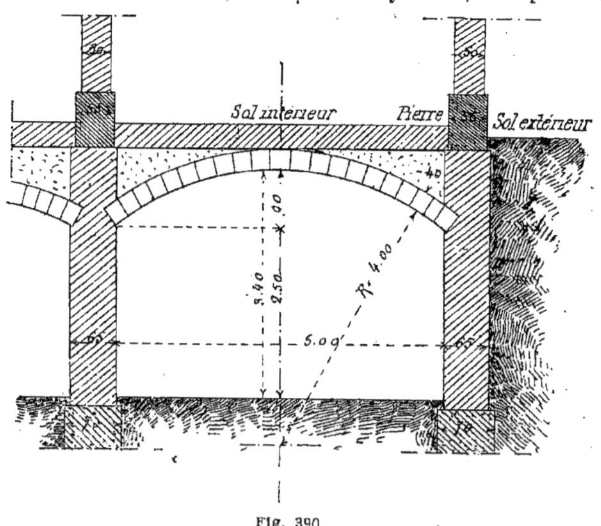

Fig. 390.

à supporter un mur de refend de 0m,40 au-dessus du rez-de-chaussée. Entre ces deux murs, pour soutenir le plancher du rez-de-chaussée, on peut établir une petite voûte en briques de 0m,11 d'épaisseur, dont les reins seront remplis en matériaux secs capables de recevoir une couche de béton de 0m,10 et, sur cette couche de béton, des lambourdes scellées dans le bitume et destinées à supporter le parquet en bois.

On pourrait également employer un plancher en fer mais qui serait peut-être moins économique.

Lorsque les charges à supporter sont plus considérables, on peut adopter la disposition représentée *fig.* 389. La voûte est en briques et a 0m,11 ou 0m,22 d'épaisseur. Les rigoles de fondation des murs sont exécutées en béton; au-dessus de cette couche de béton, on construit en meulières et mortier de chaux hydraulique avec une épaisseur de 0m,80. Aux retombées de la voûte, on place une assise de pierre de taille *A* avec sommier de retombée de la voûte. Les reins de cette voûte sont remplis en béton de cailloux et chaux hydraulique. La voûte étant à l'intérieur, il est inutile de mettre une chape en ciment au-dessus.

On peut également relier les murs de face et de refend en se servant d'une voûte en moellons. La figure 390 représente la coupe d'un mur de face relié à un mur de refend par une voûte en moellons ayant 5m,00 de portée. L'épaisseur de la voûte est de 0m,40, épaisseur minima que l'on puisse donner aux voûtes construites avec ces matériaux. Les reins de la voûte sont remplis en béton.

Quand on désire que des caves aient une température presque constante en

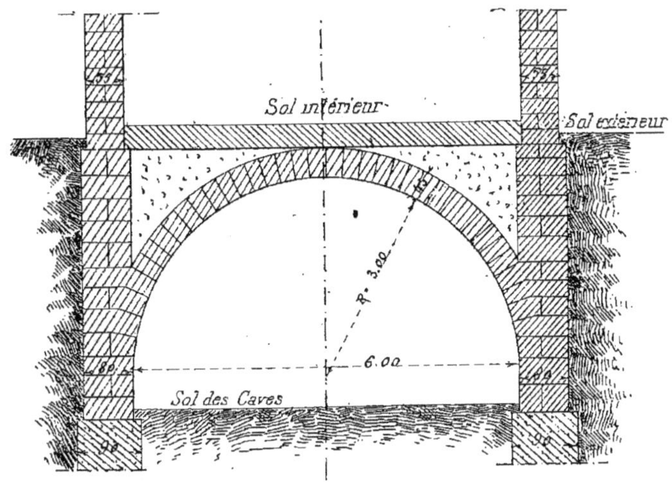

Fig. 391.

hiver et en été, ce qui est la condition la plus favorable à la conservation des vins, il faut donner aux voûtes une plus grande épaisseur et mettre un remblai au-dessus. Les deux dispositions représentées par les figures 391 et 392 sont alors applicables. La première, figure 391, donne un exemple de voûte en plein cintre construite en moellons ayant 0m,45 d'épaisseur et 6 mètres de portée. La figure 392 donne un exemple d'une voûte construite tout en meulières et se reliant avec le mur de face qui est également construit en meulières dans la hauteur des caves. Nous ne donnons ici ces quelques exemples de voûtes que pour montrer comment elles se relient avec les murs en fondation, nous y reviendrons dans un chapitre spécial.

428. *Ordonnance de police concernant les caves.* — Il existe des ordonnances de police relatives aux caves qui sont les suivantes : Ordonnance de police concernant l'épuisement des eaux des caves et de puits (14 mai 1701).

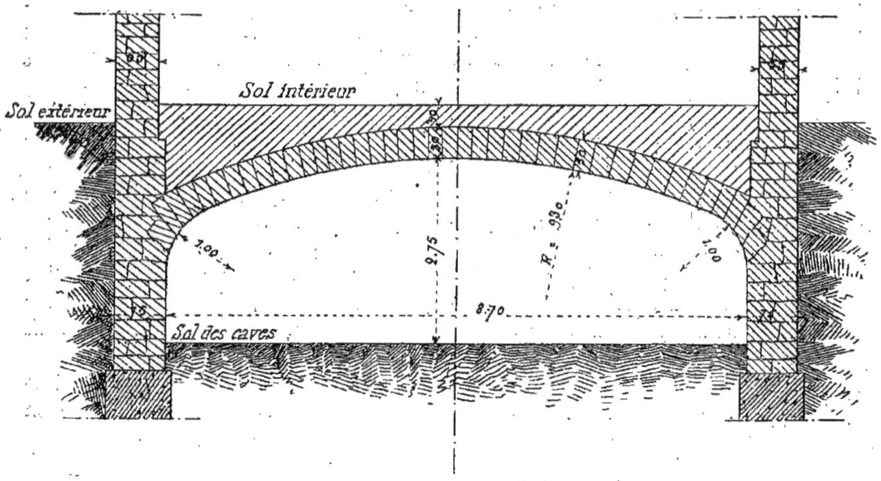

Fig. 392.

Ordonnance du lieutenant de police sur l'épuisement des eaux dans les caves (28 janvier 1741). Ordonnance de police du (13 février 1802).

Article 1er. — Les propriétaires feront épuiser l'eau qui serait encore dans les caves et souterrains de leurs maisons ; ils feront aussi enlever les vases et limons qui s'y trouveront, le tout sous peine de 400 francs d'amende.

Article 2. — Autorisons les locataires, à défaut du propriétaire, à faire épuiser l'eau de leurs caves et à retenir sur leurs loyers le prix de l'épuisement.

Article 3. — Les réparations seront faites sans délai en cas de péril imminent, le tout à peine de 400 francs d'amende.

Il nous reste, pour terminer ces quelques notions générales sur les murs de fondation d'un bâtiment à donner la disposition de ces murs lorsqu'au lieu d'être réunis par des voûtes, ils sont réunis par un plancher en fer.

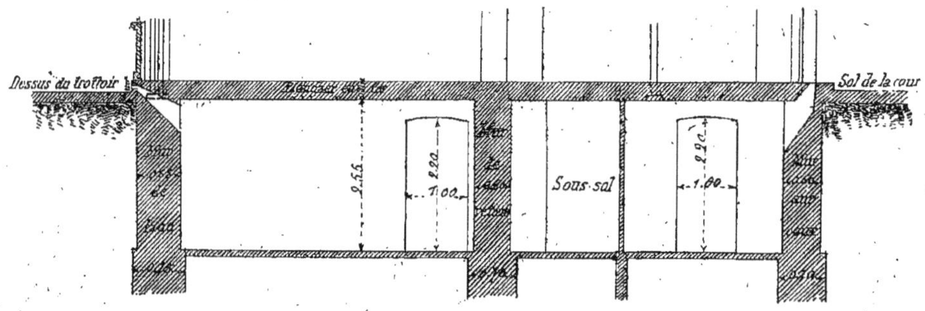

Fig. 393.

La figure 393 donne en coupe la disposition des murs de fondation d'un bâtiment de cinq étages construit à Paris. Cette coupe nous donne un exemple de fondation d'un mur de face, d'un mur de refend, et d'un mur sur cour. Ces murs peuvent être construits soit en moellons, soit en meulières.

La figure 394 donne un exemple de mur

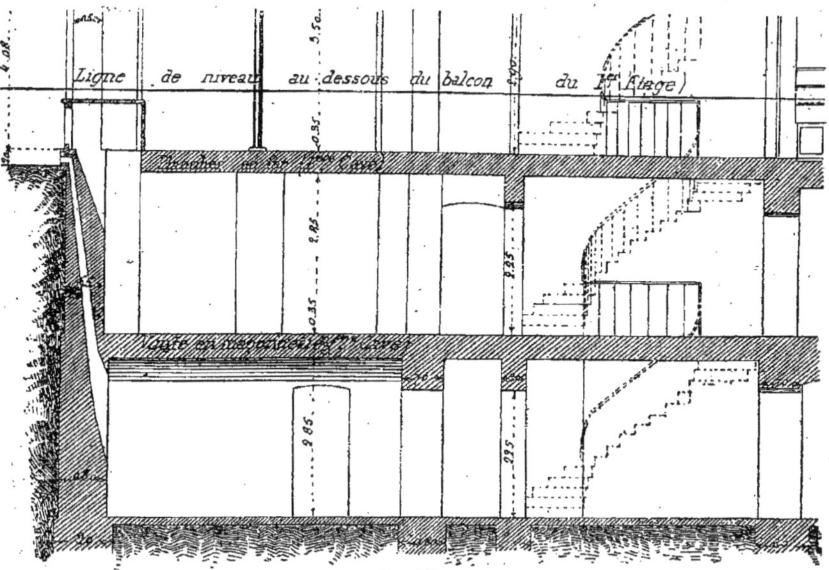

Fig. 394.

de fondation d'un bâtiment de cinq étages avec doubles caves. Les premières caves sont fermées par un plancher en fer, les deuxièmes sont fermées par une série de voûtes en maçonnerie. Les murs et les voûtes sont construits en meulières.

§ VI. — MURS DE FACE. — LEUR CONSTRUCTION. — RÈGLEMENTS

429. Les murs de face des édifices se font le plus souvent en pierres de taille. Par économie, on exécute quelquefois les jambes étrières, les jambages, les linteaux et les appuis de croisée, les cordons, la corniche et le soubassement en pierre de taille, le reste en petits matériaux, moellons ou briques. A cause de la poussée au vide, toujours causée par les planchers ou les voûtes légères, on reporte le fruit du mur à l'extérieur et on fait le parement intérieur vertical. Ce fruit est ordinairement de 0m,002 pour mètre.

Un mur ayant 0m,60 d'épaisseur au-dessus de la fondation, n'aura que 0m,59 à une hauteur de 5 mètres, 0m,58 à 10 mètres, et ainsi de suite.

Dans les murs d'édifices importants, on distingue plusieurs parties : Le soubassement, que l'on fait ordinairement en pierre dure pour mieux résister aux chocs et aux dégradations, comme les piédestaux.

Il peut y avoir une base et une corniche ; il peut être à talus, à redents et reposer sur un ou plusieurs socles, etc., c'est la partie du mur, qui, supportant tout le reste, doit avoir le caractère de solidité le plus marqué. Les angles sont souvent indiqués par des chaînes de pierre avec refends et bossages ; ceux-ci peuvent être les mêmes dans toute la hauteur ou varier à chaque étage ; dans ce cas le travail le plus rude doit se trouver en bas, et les ciselures ou profils de bossages devenir plus délicats en haut. Les bandeaux horizontaux doivent accuser les planchers.

Dans notre climat pluvieux, il est d'usage de couvrir les murs par des corniches qui éloignent plus ou moins la pluie des parements. Ces corniches, doivent être faites en pierre de taille ayant une queue au moins égale à leur saillie ; cette prescription, établie pour les maisons de Paris ne peut toujours s'exécuter pour les grands édifices ; on doit alors charger la queue des pierres par un mur en moellons sur lequel porte le toit. C'est ainsi qu'on a fait pour les corniches très saillantes de certains palais de Rome et de Florence, figure 395. En Orient, où la pluie est moins

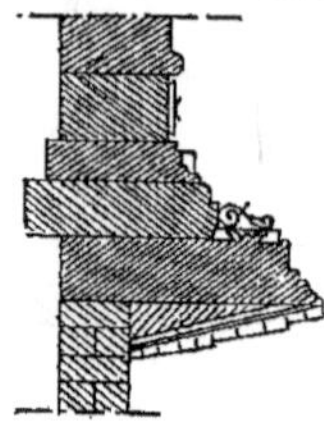

Fig. 395.

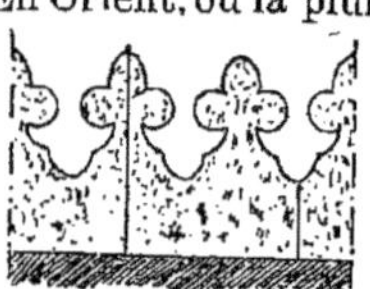

Fig. 396.

à redouter, on termine souvent les murs par des ornements en pierres découpées figure 396, qui se silhouettent sur le ciel et servent en même temps de balustrades pour les terrasses. On rencontre ce genre de couronnement à Venise, en Espagne, en Sicile, partout où l'influence de l'art arabe s'est fait sentir.

Règlements. — Les murs de face sur la voie publique sont soumis à certains règlements de voirie qu'il est utile de connaître. Ces règlements sont détaillés dans l'*Aide-mémoire du constructeur*, par M. J. Perrin (*Agenda spécial des architectes*, publié par la maison Morel et Cie) auquel nous les empruntons.

Boutiques. — Ordonnance portant règlement sur les saillies, auvents et constructions semblables à permettre dans la ville de Paris (23 janvier 1824).

Article 13. — Il est défendu de construire des auvents et corniches en plâtre au-dessus des boutiques. Il ne pourra en être établi qu'en bois, avec la faculté de les revêtir extérieurement de métal; toute autre manière de les couvrir est prohibée, etc.

Ordonnance de police concernant la réduction des devantures de boutiques et autres objets de petite voirie, excédant la saillie légale (14 septembre 1833).

Décision de la préfecture de police (16 février 1850) :

« La hauteur maximum des devantures de boutique est fixée à 5 mètres. Cette hauteur ne pourra être dépassée que dans des cas exceptionnels et en vertu d'une autorisation spéciale du préfet de police. »

Décision de la préfecture de police (15 février 1850).

« Il pourra être établi des barres de fer ou de cuivre ne dépassant pas plus de 3 centimètres la saillie des devantures. »

430. *Travaux de construction exécutés dans les propriétés riveraines de la voie publique.*

Ordonnance de police concernant les échelles employées sur la voie publique et les ouvriers travaillant sur les toits (29 avril 1704).

Ordonnance de police concernant la commodité et la liberté de la voie publique (1er décembre 1755 ; 28 janvier 1786).

Ordonnance de police concernant la sûreté et la liberté de la circulation (8 août 1829, chap. I).

Ordonnance concernant les travaux exécutés sur la voie publique et dans les propriétés qui en sont riveraines (29 mai 1837).

Ordonnance de police concernant la sûreté, la liberté et la commodité de la circulation (25 juillet 1862) :

Article 48. — Il est défendu de procéder à aucune construction ou réparation des murs de face ou de clôture des bâtiments et terrains riverains de la voie publique, sans avoir justifié, au commissaire de police du quartier où se feront les travaux, de la permission qui aura dû être délivrée à cet effet par M. le préfet de la Seine.

Article 49. — Dans les cas de construction, on ne devra commencer les travaux qu'après avoir établi une barrière en charpentes et planches jointives ayant au moins 2 mètres 25 centimètres de hauteur.

Cette barrière ne pourra être posée qu'avec l'autorisation du préfet de police.

Elle sera placée de manière à ne pas gêner le libre écoulement des eaux de la rue, disposée à ses deux extrémités en pans coupés de quarante-cinq degrés, et pourvue dans sa partie la plus apparente, d'un écriteau fixe portant en lettres noires de 8 centimètres de haut, peintes à l'huile sur fond blanc, le nom et la demeure de l'entrepreneur de la construction.

Article 50. — Les portes pratiquées dans les barrières devront, autant que possible, ouvrir en dedans. Si l'on est forcé de les faire ouvrir en dehors, on sera tenu de les appliquer contre les barrières.

Elles seront garnies de serrures ou cadenas pour être fermées chaque jour, au moment de la cessation des travaux.

Article 51. — A moins de circonstances particulières, il ne sera point établi de barrières devant les maisons en réparation.

On devra, pour ces réparations, faire usage d'échafauds volants ou à bascule, sans points d'appui directs sur la voie publique et de 1 mètre 25 centimètres au plus de saillie sur le mur de face, de telle sorte que la circulation puisse continuer sur le trottoir au pied de la maison.

Pour prévenir la chute des matériaux ou autres objets sur la voie publique, le premier plancher au-dessus du rez-de-chaussée sera, pendant toute la durée des travaux, formé de planches jointives et avec rebords.

Si l'échafaud doit avoir plus de deux étages, on sera tenu de garnir de planches l'étage d'échafaud au-dessous de celui sur lesquels les ouvriers travailleront.

Article 52. — Lorsque des circonstances particulières exigeront des points d'appui directs, ces points d'appui seront des sapines de toute la hauteur de la façade à réparer, afin d'éviter des entes de boulins les uns sur les autres.

Dans aucun cas, il ne pourra être établi d'échafauds de cette espèce sans la permission du préfet de police.

Article 53. — Lorsque l'administration aura autorisé la pose d'une barrière pour des travaux de réparation, cette barrière sera établie conformément aux prescriptions des articles 49 et 50 ci-dessus.

Article 54. — Les échafauds servant aux constructions seront établis avec solidité, et disposés de manière à prévenir la chute des matériaux et gravois sur la voie publique.

Ils devront monter de fond, et, si les localités ne le permettent pas, ils seront établis en bascule, à 4 mètres au moins du sol de la rue.

Il est défendu de les faire porter sur des écoperches ou boulins arcboutés au pied des murs de face dans la hauteur du rez-de-chaussée.

Les engins et appareils servant à monter et à descendre les matériaux devront, autant que possible, être enfermés dans les barrières.

Article 55. — Les barrières et les échafauds montant de fond au devant desquels il n'existera pas de barrières seront éclairés aux frais et par les soins des propriétaires et des entrepreneurs.

L'éclairage sera fait au moyen d'un nombre suffisant d'appliques, dont une à chaque angle des extrémités, pour éclairer les parties en retour.

Les heures d'allumage et d'extinction de ces appliques seront celles fixées pour l'éclairage public.

Article 56. — Toutes les fois que l'autorité le jugera convenable, il sera établi au devant de la barrière posée au droit des bâtiments en construction, et à la hauteur ordinaire des trottoirs, un plancher de bois solidement assemblé, d'un mètre au moins de largeur, et soutenu par une bordure en charpente solidement fixée, ayant 16 centimètres au moins de relief au-dessus du pavé.

Ce plancher sera disposé de manière à ne pas gêner le libre écoulement des eaux. Il devra se raccorder avec les trottoirs adjacents, s'il y en a, ou être prolongé jusqu'au mur de face des maisons voisines. Il sera entretenu en bon état et propre par l'entrepreneur qui aura obtenu la permission de poser la barrière, et ne sera enlevé qu'avec ladite barrière.

Article 57. — Les travaux de construction ou de réparation seront entrepris immédiatement après l'établissement des barrières et échafauds et devront être continués sans interruption, à l'exception des jours fériés.

Dans le cas où l'interruption durerait plus de huit jours, les propriétaires et entrepreneurs seront tenus de supprimer les échafauds et de reporter les barrières à l'alignement des maisons voisines, ou de se pourvoir d'une autorisation du préfet de police pour les conserver.

Article 58. — Les voitures destinées aux approvisionnements ou à l'enlèvement des terres et gravois entreront dans l'intérieur de la propriété, toutes les fois qu'il y aura possibilité. Dans le cas contraire, elles se placeront toujours parallèlement à la maison et jamais en travers de la rue.

Article 59. — Aussitôt le déchargement des voitures sur la voie publique, des ouvriers en nombre suffisant seront employés à rentrer sans interruption les matériaux dans l'enceinte de la barrière ou dans la maison.

Le sciage et la taille de pierre sur la voie publique sont expressément défendus.

Article 60. — Si, par suite de circonstances imprévues, des matériaux devaient rester pendant la nuit sur la voix publique, les propriétaires seront tenus d'en donner avis au commissaire de police du quartier, de pourvoir à l'éclairage, et de prendre toutes les mesures de précaution nécessaires.

Article 61. — Il est défendu à tous carriers, voituriers et autre de décharger sur la voie publique, après la retraite des ouvriers, aucune voiture de pierres de taille ou de moellons.

Article 62. — L'entrepreneur des travaux de construction ou de réparation est spécialement tenu de maintenir la propreté de la voie publique, dans toute l'étendue de la façade en construction ou en réparation, pendant toute la durée des travaux et jusqu'après la suppression de la barrière et des échafauds.

Article 63. — Il est défendu aux entrepreneurs, maçons, couvreurs, fumistes et autres, de jeter sur la voie publique les recoupes, plâtres, tuiles, ardoises, et autres résidus des ouvrages.

Article 64. — Tous entrepreneurs, maçons, couvreurs, fumistes, badigeonneurs, plombiers, menuisiers et autres exécutant ou faisant exécuter aux maisons et bâtiments riverains de la voie publique des ouvrages pouvant faire craindre des accidents, ou susceptibles d'incommoder les passants, seront tenus, s'il n'y a point de barrières au devant des maisons et bâtiments, de faire stationner dans la rue pendant l'exécution des travaux, un ou deux ouvriers âgés de dix-huit ans au moins, munis d'une règle de 2 mètres de longueur, pour avertir et éloigner les passants.

Article 65. — Dans le cas de construction, la barrière sera supprimée aussitôt que le bâtiment sera couvert.

Pour les cas de réparation, les échafauds et les barrières, s'il en a été posé, seront enlevés immédiatement après l'achèvement des travaux.

Article 66. — Dans les quarante-huit heures qui suivront la suppression des échafauds et barrières, les propriétaires et entrepreneurs feront réparer à leurs frais les dégradations du pavé résultant de la pose des barrières et échafauds, et seront tenus provisoirement de faire entretenir les blocages et de prendre les mesures convenables pour prévenir les accidents. Ils requerront l'entrepreneur du pavé de la ville de procéder auxdites réparations, lorsque le pavé sera d'échantillon et à l'entretien de la ville.

431. *Balcons.* — Ordonnance royale portant règlement sur les saillies, auvents et constructions semblables, à permettre dans la ville de Paris (24 décembre 1823).

« Article 10. — Les permissions d'établir de grands balcons ne seront accordées que dans les rues de 10 mètres de largeur et au-dessus, ainsi que dans les places et carrefours.

« Dans aucun cas, les balcons ne pourront être établis à moins de 6 mètres du sol de la voie publique. »

Ordonnance de police, rendue pour l'exécution de l'ordonnance précédente (9 juin 1824).

SAILLIES LÉGALES DE PETITE VOIRIE

Ord. roy. portant règlement sur les saillies, auvents et constructions semblables à permettre dans la ville de Paris (24 déc. 1823).

Ord. pol. rendue pour l'exécution de l'ordonnance roy. du 24 déc. 1823 sur les saillies (9 juin 1824).

Instr. Préf. pol. concernant les établissements, réparations et suppression des saillies (18 juin 1824).

Ord. pol. concernant la réduction des devantures de boutique et autres objets de petite voirie, excédant la saillie légale (14 sept. 1833).

Permission de voirie. Préf. Seine :

« Toutes les saillies devront être conformes aux prescriptions de l'ordonnance du 25 déc. 1823. »

Déc. sur les saillies (22 juillet 1882) :

Sur le rapport du ministre de l'intérieur,

Vu l'ordonnance royale du 24 décembre 1823, portant règlement sur les saillies, auvents et constructions semblables à permettre dans la ville de Paris ;

Vu les décrets des 27 octobre 1808 et 28 juillet 1874, concernant le tarif des droits de voirie à percevoir dans la ville de Paris ;

Vu l'avis émis par le Conseil municipal de la ville de Paris, dans sa séance du 9 avril 1881, sur un projet de règlement relatif aux saillies à permettre dans cette ville ;

Vu l'avis du préfet de police ;

Vu la proposition du sénateur, préfet de la Seine, en date du 3 mai 1881 ;

Le Conseil d'État entendu,

Décrète :

TITRE Ier

DISPOSITIONS GÉNÉRALES

Art. 1er. — A l'avenir, il ne pourra être établi, sur les murs de face des constructions alignées ou non alignées de la ville de Paris, aucune saillie sur la voie publique autre que celle autorisée par le présent décret.

Art. 2. — Pour les constructions alignées, les jambes étrières ou boutisses au droit des murs séparatifs devront toujours être sur l'alignement et ne pourront recevoir sur toute la hauteur du rez-de-chaussée, à compter du niveau du trottoir, aucune saillie inhérente au gros œuvre du mur de face.

Art. 3. — Toute saillie sera comptée à partir de l'alignement pour les constructions alignées, et à partir du nu du mur de face pour les constructions non alignées et joignant la voie publique.

Art. 4. — Les saillies dont les dimensions sont variables suivant la largeur des voies seront déterminées d'après la largeur légale de la voie pour les constructions alignées ou en retraite de l'alignement, et d'après la largeur effective pour les constructions en saillie sur l'alignement.

Art. 5. — Les saillies autorisées ne pourront excéder les dimensions fixées aux tableaux annexés au présent décret et devront satisfaire aux conditions qui y sont déterminées.

Ces dimensions pourront être restreintes pour les constructions en saillie sur l'alignement.

Art. 6. — L'administration pourra autoriser, après avis du Conseil général des bâtiments civils et avec l'approbation du ministre de l'intérieur, des saillies exceptionnelles pour les constructions ayant un caractère monumental.

TITRE II

SAILLIES AUTORISÉES A TITRE PROVISOIRE AU-DEVANT DES CONSTRUCTIONS

Barrières provisoires, étais, échafauds.

Art. 7. — La saillie des barrières provisoires, étais, échafauds, engins et appareils servant à monter et à descendre les matériaux sera fixée, dans chaque cas particulier, suivant les localités et les circonstances, de manière à ne pas gêner la circulation.

Les constructeurs devront en outre se soumettre, sauf en ce qui touche la pose des étais, aux prescriptions du préfet de police.

Constructions provisoires, échoppes.

Art. 8. — Il pourra être permis de masquer par des constructions provisoires ou des appentis les renfoncements n'ayant pas plus de 8 mètres de longueur et ayant au moins un mètre de profondeur.

Ces constructions provisoires ne devront, dans aucun cas, excéder la hauteur du rez-de-chaussée, et elles seront supprimées dès qu'une des constructions attenantes subira retranchement.

Il pourra de même être permis de masquer par des constructions provisoires en forme de pan coupé les angles de toute espèce de renfoncement, mais sous la même condition que ci-dessus, pour leur établissement et leur suppression.

Le préfet de police sera consulté sur ces demandes.

TITRE III

DISPOSITIONS SPÉCIALES ET TRANSITOIRES

Entablements, corniches.

Art. 9. — Les entablements et corniches existant actuellement et dépassant les saillies fixées à l'article 9 ne pourront être réparés, même en partie, et ils devront, dans leurs portions mauvaises, être reconstruits sans excéder la saillie réglementaire.

Marches, perrons, bancs.

Art. 10. — Il est interdit d'établir, de remplacer ou de réparer des marches, bancs, pas, perrons, entrées de cave ou tous ouvrages en saillie sur les alignements et placés sur le sol de la voie publique.

Néanmoins, il pourra être fait exception à cette règle pour ceux de ces ouvrages qui seraient la conséquence de changements apportés au niveau de la voie.

En outre, les marches, pas, perrons et entrées de cave, qui appartiendraient à des immeubles atteints par l'alignement au moment de la promulgation du présent règlement et qui feraient eux-mêmes saillie sur l'alignement pourront être entretenus et, au besoin, reconstruits tels qu'ils existaient jusqu'à l'époque où seront réédifiés les bâtiments dont ils dépendent.

Bornes.

Art. 11. — Il est interdit d'établir des bornes en saillie sur les murs de face ou de clôture, et celles qui existent actuellement devront être enlevées partout où un trottoir sera construit

Conduits de fumée.

Art. 12. — Aucun conduit de fumée ne pourra être appliqué sur le parement extérieur des murs de face ni déboucher sur la voie publique.

Cuvettes.

Art. 13. — Aucune espèce de cuvette pour l'écoulement des eaux ménagères ou industrielles ne pourra être établie en saillie sur la voie publique.

Constructions en encorbellement.

Art. 14 — Aucune construction en encorbellement sur la voie publique ne sera permise.

Art. 15. — Les objets énumérés dans les articles 12, 13 et 14, qui existent actuellement, ne pourront être réparés et devront être supprimés dès qu'ils seront en mauvais état.

Contrevents, persiennes.

Art. 16. — Les contrevents et persiennes existant actuellement au rez-de-chaussée et se développant à l'extérieur pourront être conservés, mais ils ne pourront être remplacés.

Art. 17. — L'ordonnance royale du 24 décembre 1823 est rapportée.

Art. 18. — Le ministre de l'intérieur est chargé de l'exécution du présent décret.

DIMENSIONS ET CONDITIONS DES SAILLIES

Objets inhérents au gros œuvre des bâtiments

NUMÉROS DES ARTICLES	DÉSIGNATION DES OBJETS	SAILLIES AUTORISÉES	
		Jusqu'à 2m60 au-dessus du trottoir	A plus de 2m60 au-dessus du trottoir
	§ 1er. — SOCLE ET OBJETS DE DÉCORATION	m.c.	m.c.
1	Socles ou soubassements des maisons et murs	0 04	
	Les socles ou soubassements pourront faire ressaut avec la même saillie de 0m04 au droit des pilastres, colonnes, chaînes, chambranles et pieds-droits. La hauteur des socles et soubassements mesurée au milieu de la façade, ne devra pas excéder 1m20 au-dessus du trottoir.		
2	Pilastres, colonnes, chaînes, cham-		

		m.c.	m.c.
	branles, pieds-droits, appuis de croisées et barres d'appui.		
	Dans les voies ayant moins de 12 mètres de largeur..........................	0 04	0 06
	Dans les voies de 12 mètres de largeur et au-dessus..........................	0 10	0 15
	Les bases des pilastres, colonnes, chaînes, chambranles, pieds-droits, etc., ne pourront dépasser les saillies autorisées pour les ressauts du socle ; par conséquent les saillies totales ne pourront excéder :		
	Dans les voies ayant moins de 12 mètres de largeur, $0^{m}08$		
	Dans les voies de 12 mètres de largeur et au-dessus, $0^{m}14$.		
	La largeur de chaque pilastre, colonne, chaîne en refend ou bossage, chambranle, pied-droit, ne devra pas excéder $1^{m}20$.		
	Leur largeur cumulée ne pourra excéder le tiers de la largeur totale de la façade et, pour chaque trumeau ou partie pleine, le parement devra être aligné sur un quart au moins de sa largeur totale.		
	L'appareil continu formé par des refends ou bossages ne devra faire aucune saillie sur l'alignement.		
	Lorsque les pilastres, colonnes, etc., auront une épaisseur plus considérable que les saillies permises, l'excédant sera en arrière de l'alignement de la propriété et le nu du mur de face formera arrière-corps à l'égard de cet alignement. Dans ce cas, la retraite du mur formant arrière-corps ne pourra être établie à moins de $0^{m}80$ de hauteur au-dessus du trottoir.		
3	Bandeaux, corniches, entablements, attiques, consoles, clefs, chapiteaux et autres objets de décoration analogues.		
	Dans les voies ayant moins de $7^{m}80$ de largeur..........................	0 04	0 25
	Dans les voies de $7^{m}80$ à 12 mètres de largeur..........................	0 04	0 50
	Dans les voies de 12 mètres de largeur et au-dessus..........................	0 10	0 50
	Les bandeaux, corniches, clefs, chapiteaux et autres objets de décoration analogues ayant plus de $0^{m}16$ de saillie ne pourront être qu'en pierre, en bois ou en métal.		
	La saillie des corniches, ou entablements en maçonnerie de plâtre ne pourra en aucun cas excéder $0^{m}16$.		
	La saillie des corniches ou entablements en bois, sur pans de bois, ne pourra en aucun cas excéder $0^{m}25$.		
	La saillie des corniches ou entablements en pierre de taille, en bois ou en métal sur façades en pierre, moellons ou briques, ne pourra excéder l'épaisseur du mur à son sommet, excepté dans les voies de 20 mètres de largeur et au-dessus, et sous les conditions suivantes : 1° le mur n'aura pas à son sommet plus de $0^{m}45$ d'épaisseur; 2° la saillie de l'entablement ne dépassera pas $0^{m}65$; 3° les assises en pierre composant l'entablement auront, en arrière du parement extérieur du mur, une longueur au moins égale à leur saillie.		

NUMÉROS DES ARTICLES	DÉSIGNATION DES OBJETS	SAILLIES AUTORISÉES à $2^{m}60$ au moins au-dessus du trottoir	à 4 m. au moins au-dessus du trottoir	à $5^{m}75$ au moins au-dessus du trottoir
	§ 2. — BALCONS ET ACCESSOIRES	m.c.	m.c.	m.c.
	Les hauteurs de $2^{m},60$, 4 mètres, $5^{m},75$ fixées ci-contre, seront mesurées pour les balcons jusqu'au parement inférieur de l'aire de ces balcons.			
4	Grands balcons (aires et garde-corps compris):			
	Dans les voies de $7^{m},80$, $9^{m},75$ de largeur..............	»	»	0 50
	Dans les voies de $9^{m},75$ de largeur et au-dessus............	»	0 60	0 80
	Les consoles et autres supports des grands balcons de 80 centimètres de saillie pourront avoir cette même saillie, mais seulement dans une hauteur de 80 centimètres en contre-bas du parement inférieur de l'aire.			
5	Petits balcons, dans les voies de toute largeur................	0 22	»	»
	Il pourra être établi sur les grands et petits balcons des constructions légères qui ne dépasseront pas la saillie de ces balcons, à la condition que ces constructions présenteront toutes les garanties désirables de solidité.			
6	Herses, chardons, artichauts et autres objets analogues destinés à servir de défense sur les balcons, corniches et entablements.			
	En sus de saillie permis pour lesdits objets..........	»	0 25	»
	Les parties de ces objets excédant la saillie de leurs supports ne pourront être qu'en fer forgé, sans partie pleine.			

Objets ne faisant pas partie intégrante de la construction.

NUMÉROS DES ARTICLES	DÉSIGNATION DES OBJETS	SAILLIES AUTORISÉES jusqu'à $2^{m}60$ au-dessus du trottoir	de $2^{m}60$ à 3 m. au-dessus du trottoir	à plus de 3 m. au-dessus du trottoir
		m.c.	m.c.	m.c.
7	Seuils ou socles de devanture de boutique.	0 20	»	»
	La hauteur des seuils ou socles de devanture, mesurée, en cas			

		m.c.	m.c.	m.c.
	de déclivité de la voie, au point le plus haut du trottoir, ne devra excéder $0^m,22$.			
	En cas de suppression de la devanture, le seuil ou socle devra être également enlevé.			
	Lorsque, entre deux devantures consécutives dont la distance n'excédera pas 2 mètres, il existera une baie de porte, les seuils ou socles de ces devantures pourront être prolongés au-devant de l'intervalle, mais à la condition d'être enlevés dans le cas où l'une de ces devantures serait supprimée.			
8	Devantures de boutiques entre le socle et le tableau, tous ornements compris............	0 16	0 16	0 16
	Les devantures de boutique ne pourront pas s'élever au-dessus de l'entre-sol.			
9	Tableaux de devanture sous corniche..........................	0 16	0 16	0 16
10	Ornements pouvant être appliqués sur lesdits tableaux y compris la saillie des tableaux.	0 16	0 30	0 50
11	Corniches de devanture de boutique en bois ou en métal....	0 16	0 30	0 50
12	Grilles de boutique............	0 16	0 16	0 16
	Les grilles de boutique ne pourront pas s'élever au-dessus du rez-de-chaussée.			
13	Volets ou contrevents pour fermeture de boutiques..........	0 16	0 16	0 16
14	Pilastres, colonnes, chambranles, caissons isolés en applique...	0 16	0 16	0 16
	Ces objets ne seront permis qu'en rez-de-chaussée et à l'étage immédiatement au-dessus.			
15	Parements de décoration........	0 06	0 06	0 06
	Les parements de décoration ne sont permis qu'au rez-de-chaussée et à l'étage immédiatement au-dessus.			
16	Moulures formant cadres........	0 06	0 06	0 06
17	Enseignes, tableaux-enseignes, attributs, écusson, grands tableaux (frises courantes portant enseignes)...............	0 16	0 30	0 50
	Les enseignes et les tableaux-enseignes et grands tableaux ne devront, en aucun cas, être suspendus ni appliqués, soit aux balcons, soit aux marquises.			
	Il pourra néanmoins être appliqué sur les garde-corps des balcons sans pouvoir en dépasser la hauteur des attributs et des lettres dont l'épaisseur n'excédera pas 0^m10.			
18	Montres et vitrines.............	0 16	0 30	0 50
	Les montres et vitrines ne seront permises que dans la hauteur du rez-de-chaussée et de l'entre-sol.			
	Pour ceux de ces objets qui seraient appliqués sur une devanture de boutique, leur saillie, cumulée avec celle de la devanture, pourra, dans la hauteur de 2^m60, atteindre 0^m20.			
19	Horloges........................	»	»	1 00
	La saillie de 1 mètre n'est accordée qu'aux horloges donnant l'heure; ces horloges ne devront être accompagnées d'aucune espèce d'enseigne.			
	Étalages sur les façades..	0 16	0 16	0 16
20	Aucun étalage ne sera permis au-dessus de l'entresol. Tous étalages de viande, volaille ou abats ou autres objets de nature à salir ou à incommoder les passants, sont formellement interdits.			
21	Baldaquins, marquise et transparents (supports compris)....	»	»	0 16
	La hauteur de ces objets, non compris les supports, n'excédera pas 1 mètre.			
	Aucune partie des supports, consoles ou accessoires ne devra être établie à moins de 3 mètres au-dessus du trottoir.			
	Aucun de ces objets ne pourra être autorisé sur les façades au droit desquelles il n'y a pas de trottoir; ils ne pourront recevoir de garde-corps ni être utilisés comme balcons.			
	Leur saillie devra, dans tous les cas, être limitée à $0^m,50$ en arrière de l'arête de la bordure du trottoir.			
	L'administration pourra autoriser l'établissement de grandes marquises excédant la saillie de $0^m,80$, au-devant des édifices publics, théâtres, salles de réunion, de concert, de bal, ainsi qu'au-devant des établissements particuliers, hôtels, maisons d'habitation. Elle restera libre d'apprécier, dans chaque cas, la saillie qui pourra être permise suivant la largeur des voies et des trottoirs et les besoins de la circulation.			
	Bannes:			
22	Le trottoir ayant moins de 5 mètres de largeur.............	»	1 50	1 50
	Le trottoir ayant de 5 à 8 mètres de largeur.................	»	2 00	2 00
	Le trottoir ayant 8 mètres de largeur et au-dessus...........	»	3 00	3 00
	Les bannes ne seront permises qu'au rez-de-chaussée.			
	Les branches, supports, coulisseaux, en un mot toutes les parties accessoires de bannes ne pourront descendre à moins de $2^m,50$ au-dessus du trottoir; la saillie des bannes devra être limitée, dans tous les cas, à $0^m,50$ en arrière de la bordure du trottoir.			
	Les bannes ne pourront pas être garnies de joues, à moins d'une permission spéciale qui ne sera accordée qu'autant qu'il n'en résulterait aucun inconvénient pour la circulation ou pour les voisins et qui sera d'ailleurs toujours révocable.			
	Les bannes devront être essentiellement mobiles et ne pourront, en aucun cas, être établies à demeure.			

		m.c.	m.c.	m.c.
23	Stores développés:			
	A l'étage immédiatement au-dessus du rez-de-chaussée	»	»	1 50
	Aux étages supérieurs	»	»	0 80
	Pavillons des stores	»	»	0 16
	Les stores ne pourront régner au droit de plusieurs baies que dans le cas où ils seraient posés au-dessus de grands balcons et à la condition de ne pas dépasser la longueur desdits grands balcons.			
	Il pourra être posé des stores au-devant de l'étage d'attique, à la condition que leur saillie n'excédera pas celle du grand balcon d'entablement et que les appareils sur lesquels ils seront établis ne seront pas construits et fixés, de manière à constituer une sorte d'étage dépassant la hauteur légale.			
24	Grilles et croisées:			
	Dans les voies ayant moins de 12 mètres de largeur	0 04	0 04	0 10
	Dans les voies ayant 12 mètres de largeur et au-dessus	0 10	0 10	0 10
25	Persiennes, volets et contrevents de croisées	»	»	0 10
	Dans la hauteur de 3 mètres au-dessus du trottoir, les persiennes, volets ou contrevents devront être placés sans saillie dans l'épaisseur des tableaux des baies et ouvrir à l'intérieur. Tout développement à l'extérieur est interdit.			
	Dans la hauteur des étages, tous châssis vitrés, toutes croisées, simples ou doubles devront de même ouvrir à l'intérieur; il est interdit de les développer extérieurement, hormis le cas où ils se trouveraient au-dessus d'un grand balcon.			
26	Jalousies	»	0 16	0 16
27	Abat-jours et réflecteurs	»	0 50	0 50
28	Lanternes fixes à bras ou à consoles	»	»	1 50
29	Lanternes mobiles, transparents en forme d'applique, vitrines lumineuses	»	0 50	0 50
30	Rampes d'illumination	»	»	0 50
	Les lanternes ou tous autres appareils d'éclairage ou d'illumination autorisés à n'importe quelle saillie devront toujours être placés à 0m,50 au moins en arrière de l'arête de la bordure du trottoir.			
	Dans les rues de 12 mètres de largeur et au-dessus, les lanternes mobiles, dites réflecteurs, servant à l'éclairage des devantures de boutiques, pourront descendre jusqu'à 2m,20 au-dessus du trottoir, mais à la condition qu'elles ne seront posées qu'au moment de leur allumage et retirées au moment de leur extinction.			
31	Tuyaux de descente	0 16	0 16	0 16
32	Cuvettes de dégorgement des eaux pluviales sous l'entablement	»	»	0 35

Nous étudierons dans un chapitre spécial les ouvertures à percer dans les murs de face ; dans ce chapitre nous donnerons des détails sur les devantures de boutiques, portes cochères, balcons, etc. il est donc inutile de donner ici la coupe verticale de ces murs que nous serions obligés de répéter.

432. *Murs d'allège.* — Les murs d'allège sont le plus souvent construits quand les gros murs de face ou sur cour sont montés, ce sont pour ainsi dire des remplissages exécutés soit dans le tableau des baies, soit dans toute l'épaisseur du mur, ils forment alors soubassement; nous nous occuperons de la manière de les construire en étudiant les murs de face et les murs sur cour.

Épaisseur des murs dans les maisons d'habitation

433. Nous ne donnerons ici que les épaisseurs ordinairement adoptées pour les différents murs d'une habitation, en nous réservant de reprendre la question dans le chapitre suivant et d'étudier la résistance de ces différents murs dans le cas d'une construction quelconque.

Pour une maison de cinq étages sur rez-de-chaussée et entresol, c'est-à-dire pour une maison de grande ville montée à toute hauteur, le mur de face est généralement en pierres de taille de $0^m,50$ d'épaisseur jusqu'à la corniche.

La fondation de ce mur est ordinairement de $0^m,65$ à $0^m,70$ dans la hauteur des caves. Si le mur était construit en briques de bonne qualité, on pourrait mettre à l'entresol, au premier et au deuxième étage $0^m,36$ d'épaisseur, et souvent cette épaisseur se continue jusqu'à la corniche. Cette faible dimension est suffisante pour la résistance et aussi pour résister au froid, étant donné que la chaleur traverse aussi difficilement un mur en briques de $0^m,36$ qu'un mur en moellons ou en meulières de $0^m,50$.

Si la construction est plus légère et plus économique on pourra construire les derniers étages en 0m,25 d'épaisseur.

Le mur de refend longitudinal et parallèle à la façade est plus chargé du poids des planchers dont il porte deux 1/2 travées, il est de bonne construction de le monter en briques de 0m,36 d'épaisseur jusqu'au plafond du premier étage, et en 0m,25 d'épaisseur au-dessus.

Le mur de face sur cour peut se construire soit en maçonnerie de 0m,50 d'épaisseur, soit comme un mur de refend longitudinal et parallèle à la façade sur rue.

Les murs de refend renfermant des cheminées auront au moins 0m,40 à 0m,45 d'épaisseur pour pouvoir contenir les tuyaux de fumée : ces dimensions doivent être maintenues dans toute la hauteur du bâtiment. Lorsque les tuyaux doivent recevoir de la fumée très chaude, il faut augmenter l'épaisseur de leurs parois, et le mur arrive à avoir 0m,50 et même 0m,60 d'épaisseur. Les murs de refend mitoyens ne doivent pas contenir de tuyaux de fumée, on doit les fonder sur le bon sol avec un béton en rapport avec la résistance de ce sol.

L'épaisseur du mur de refend mitoyen doit être de 0m,65 en fondation et l'épaisseur du corps du mur jusqu'au-dessus de la plus haute des toitures doit être de 0m,50. Le mur doit être partout symétrique par rapport à la ligne séparative des deux propriétés.

Pour les hôtels particuliers où les hauteurs d'étage sont plus considérables que dans les maisons à loyers, on augmente les dimensions ci-dessus indiquées, surtout pour les murs de face que l'on porte à 0m,50, 0m,55, 0m60 et même 0m,65. Dans les édifices, les épaisseurs sont encore plus considérables et en rapport avec la hauteur, l'isolement, les charges, les poussées horizontales des voûtes et autres, enfin avec les motifs décoratifs.

434. *Espaces occupés par les murs.* — Rondelet, dans son traité sur l'art de bâtir a déterminé le rapport de l'espace occupé par les murs et points d'appui, déduction faite de l'espace occupé par les portes et les fenêtres, à l'espace total recouvert par les édifices ; il a trouvé :

1° Pour les palais de Rome, dont les pièces du rez-de-chaussée sont voûtées.............. $\frac{2}{9} = 0,222$

2° Pour les bâtiments avec planchers, du siècle de Louis XIV.............. $\frac{1}{6} = 0,166$

3° Pour les bâtiments du siècle de Louis XV et ceux faits depuis..... ... $\frac{1}{8} = 0,125$

4° Pour les bâtiments actuels en briques.............................. $\frac{2}{17} = 0,117$

En ne déduisant pas les vides des portes et croisées ce rapport est 1/4 pour les palais de Rome; 1/4 pour ceux avec planchers construits sur la fin du règne de Louis XIV ou au commencement de celui de Louis XV, et 2/15 dans les bâtiments en briques.

Dans plusieurs bâtiments de Paris bâtis depuis le règne de Louis XV, les murs et points d'appui sont le 1/5, en ne déduisant pas les vides, et les 2/15 en les déduisant ; c'est à peu près les proportions que donne la règle des moindres épaisseurs proposée par Rondelet, c'est-à-dire les 3/16 sans déduction des vides et les 2/16 avec déduction des vides.

Dans les palais de Paris et des environs, tels que le Louvre, les Tuileries, le Luxembourg, Versailles, les murs et points d'appui occupent les 7/18 et les 5/18 en déduisant les vides des portes, croisées, arcades et autres.

A Paris dans les bâtiments actuels, le rapport de la superficie occupée par les murs, déduction faite des vides, à celle des appartements qu'ils embrassent est d'environ 1/8.

435. *Murs sur cour.* — Les murs sur cour s'exécutent presque toujours avec de petits matériaux, on peut même les faire soit en pans de bois, soit en pans de fer lorsque la place est restreinte ; il est préférable, cependant, de les exécuter en briques. Dans ce cas, on leur donne 0m,36 d'épaisseur jusqu'au plancher haut du premier étage et $0^m,25$ d'épaisseur au-dessus. Ils sont enduits en plâtre sur les deux faces.

§ VII. — MURS DE REFEND. — LEUR CONSTRUCTION

436. Rien de précis n'est prescrit pour les murs de refend, mais ils doivent être en nombre suffisant et placés à une distance convenable les uns des autres pour relier entre elles les différentes parties de la construction.

Les murs de refend sont destinés non seulement à recevoir une partie des constructions supérieures et à en déverser un certain poids sur les murs de pourtour et de fondation, mais ils servent aussi à l'établissement des voûtes de cave et au maintien des planchers et de la charpente. Ils doivent donc être construits avec les mêmes soins que les murs de face ; on doit toujours les asseoir sur des fondations reposant sur le sol résistant et parfaitement arasées de niveau. Il est très important qu'ils soient établis dans les mêmes conditions de solidité et de tassement que les murs de face. Ils servent aussi à contenir dans certains cas les tuyaux de fumée.

437. *Murs de refend ne renfermant pas de tuyaux de fumée.* — Les matériaux employés pour leur construction peuvent être les mêmes que ceux qui sont utilisés pour les murs de face, c'est-à-dire la pierre, la brique, le moellon ou la meulière. Dans certains cas, lorsqu'ils ne doivent pas recevoir de tuyaux de fumée, on peut les exécuter en pans de bois ou en pans de fer.

Nous étudierons les pans de bois et les pans de fer dans un chapitre spécial.

Ces murs se construisent ordinairement d'aplomb sur les deux faces, et s'ils diminuent graduellement en épaisseur depuis les fondations jusqu'au sommet, on donne le même fruit aux deux parements, et on le prend à peu près égal à celui du parement extérieur du mur de face ; ainsi, un mur de refend qui aurait, comme celui de face, $0^m,60$ d'épaisseur à sa base sur la fondation, l'épaisseur du mur de face diminuant de $0^m,002$ par mètre de hauteur, celle du mur de refend diminuerait de $0^m,004$; ainsi, à 5 mètres au-dessus de la fondation, le mur de refend n'aurait plus que $0^m,58$ d'épaisseur, et non $0^m,59$.

On diminue ordinairement l'épaisseur des murs de refend, non en donnant un fruit à leurs parements, mais en faisant des retraites à chaque hauteur de plancher.

On exécute les murs de refend en tenant compte de toutes les précautions qui ont été prescrites en parlant de la construction des murs en moellons, briques, meulières, etc.

C'est par économie qu'on exécute les murs de refend avec des petits matériaux ; dans ce cas, ils sont enduits en plâtre sur les deux faces.

438. *Murs de refend dans lesquels on place des tuyaux de fumée. Divers types de tuyaux employés.*

Avant de donner les différents moyens de placer des tuyaux de fumée dans les murs de refend il est utile de connaître les règlements relatifs à l'installation de ces tuyaux.

Arrêté du préfet de la Seine concernant l'établissement des tuyaux de fumée dans l'intérieur des maisons de Paris. (15 janvier 1881.)

Vu la loi des 16 et 24 août 1790 sur l'organisation judiciaire, portant titre XI, article 3 :

« Les objets de police confiés à la vigilance et à l'autorité des corps municipaux sont : 1° Tout ce qui concerne la sûreté et la commodité du passage dans les rues, quais, places et voies publiques,.. 2° Le soin de prévenir par les précautions convenables les accidents et fléaux calamiteux, tels que les incendies... ; »

Vu le décret du 26 mars 1852, relatifs aux rues de Paris ;

Vu l'arrêté préfectoral du 8 août 1874, concernant la construction des tuyaux de fumée dans l'intérieur des maisons de Paris ;

Vu les procès-verbaux des séances de la Commission chargée d'examiner les modifications qu'il y aurait lieu d'apporter à l'arrêté sus-visé :

Vu le projet de règlement adopté par ladite Commission ;

Vu l'avis du préfet de police, en date du 12 août 1880 ;

Vu l'avis émis par le Conseil municipal de la ville de Paris, dans sa séance du 2 décembre 1880 ;

Sur la proposition de l'inspecteur général des ponts et chaussées, Directeur des travaux de Paris ;

ARRÊTE :

ARTICLE 1er. — L'établissement des foyers et des conduits de fumée dans les murs mitoyens et dans les murs séparatifs de deux maisons contiguës, qu'elles appartiennent ou non au même propriétaire, ne pourra être autorisé que sous les conditions suivantes :

1° Les languettes de contre-cœur au droit des foyers devront être en briques de bonne qualité et avoir au minimum 22 centimètres d'épaisseur sur une hauteur de 80 centimètres et une largeur dépassant celle du foyer d'au moins 16 centimètres de chaque côté ;

2° Les conduits de fumée devront être construits exclusivement en briques à plat, droites ou cintrées;

3° Ces murs ne pourront recevoir de poutres ni solives que lorsqu'ils seront entièrement pleins dans la partie verticale au-dessous des scellements de ces solives ;

4° Les parties supérieures de ces murs constituant souches de cheminées porteront un couronnement en pierre devant servir de plate-forme et faisant saillie d'au moins 15 centimètres sur chaque face. Elles devront, en outre, être munies d'une main courante en fer.

ART. 2. — Il est permis d'établir des conduits de fumée dans l'intérieur des murs de refend, sous la double condition :

1° Que ces murs auront une épaisseur de 40 centimètres, s'ils sont construits en moellons, ou de 37 centimètres, s'ils sont construits en briques, enduits compris ;

2° Que les conduits de fumée seront exécutés en briques de bonne qualité, droites ou cintrées, ou en wagons de terre cuite.

ART. 3. — L'adossement des tuyaux de fumée à des pans de fer ne pourra être autorisé qu'après que l'Administration aura reconnu que ces pans de fer, dont les dispositions devront lui être soumises, sont établis dans des conditions satisfaisantes de solidité, et en outre, à charge de maintenir un renformis de 5 centimètres en plâtre, non compris l'épaisseur du tuyau, entre les pans de fer et les tuyaux de fumée.

ART. 4. — Entre la paroi intérieure des tuyaux engagés dans les murs et le tableau des baies pratiquées dans ces murs, il sera toujours réservé un dosseret de maçonnerie pleine ayant au moins 45 centimètres d'épaisseur, enduit compris.

Cette conduite pourra être réduite à 25 centimètres, à la condition que le dosseret soit construit en pierre de taille ou en briques de bonne qualité.

ART. 5. — Tout conduit de fumée présentant une section intérieure de moins de 60 centimètres de longueur sur 25 centimètres de largeur devra avoir au minimum une section de 4 décimètres carrés; le petit côté des tuyaux rectangulaires n'aura pas moins de 20 centimètres et le grand côté ne pourra dépasser le petit de plus d'un quart.

ART. 6. — Les tuyaux de cheminée non engagés dans les murs ne seront autorisés que s'ils sont adossés à des piles en maçonnerie ou à des murs en moellons ayant au moins 40 centimètres d'épaisseur, enduits compris, ou à des murs en briques ayant au moins 22 centimètres d'épaisseur, ou, dans le dernier étage, à des cloisons en briques de 11 centimètres d'épaisseur.

Ils devront être solidement attachés au mur tuteur par des ceintures en fer dont l'espacement ne dépassera pas 2 mètres.

Les tuyaux qui présenteront une section de 60 centimètres de longueur sur 25 centimètres de largeur pourront être en plâtre pigeonné à la main.

Ceux de dimensions moindres devront, à moins d'une autorisation spéciale, être construits soit en briques, soit en terre cuite et recouverts en plâtre.

ART. 7. — Les boisseaux en terre cuite employés comme tuyaux adossés, seront à emboitement et formeront, avec l'enduit en plâtre, une épaisseur totale de 8 centimètres.

ART. 8. — L'épaisseur des languettes, parois et costières des tuyaux engagés dans les murs ou adossés ne pourra jamais être inférieure à 8 centimètres, enduits compris.

ART. 9. — Les tuyaux de cheminée ne pourront dévier de la verticale de manière à former avec elle un angle de plus de 30 degrés.

Ils devront avoir une section égale dans toute leur hauteur, et seront facilement accessibles à leur partie supérieure.

ART. 10. — Ne sont pas assujettis aux prescriptions de construction indiquées dans les articles précédents, notamment en ce qui concerne la nature des matériaux à employer :

1° Les tuyaux de fumée placés à l'extérieur des habitations ;

2° Les tuyaux des foyers mobiles ou à flamme renversée, pourvu que les tuyaux ne sortent pas du local où est le foyer;

3° Enfin les tuyaux de fumée d'usine autant qu'ils ne traversent pas d'habitation.

Art. 11. — L'arrêté préfectoral sus-visé du 8 août 1874 est et demeure abrogé.

Art. 12. — Le directeur des travaux de Paris est chargé de l'exécution du présent arrêté, qui sera publié et affiché, et, en outre, inséré au *Recueil des actes administratifs du département de la Seine.*

Fait à Paris, le 15 janvier 1881.

Signé : HEROLD.

Des modèles grandeur naturelle de tuyaux adossés et incorporés, établis conformément aux prescriptions ci-dessus, ont été construits par l'administration dans la cour du Carrousel, près le pavillon de Flore.

Le public est admis librement à les examiner.

Disposition des tuyaux de fumée.

439. Les tuyaux de fumée s'établissent généralement le long des murs de refend ou des pignons, de manière à réserver les murs de façade pour les ouvertures destinées a introduire l'air et la lumière. Ils peuvent s'appuyer sur ces murs ou être incrustés dans leur épaisseur :

Tuyaux de fumée appuyés contre un mur. — Dans le premier cas, on peut les construire en pierre de taille, en plâtre, en briques ou en poteries spéciales. Leur section peut être rectangulaire ou circulaire. Les dimensions à leur donner ne sont pas indifférentes : trop larges, il peut s'établir dans leur intérieur des courants d'air ascendants et d'autres descendants, dont le résultat est de faire fumer la cheminée ou d'apporter du froid dans la pièce qu'elle doit échauffer ; trop petits, ils ne peuvent être ramonés ni réparés facilement. Les dimensions dans œuvre des tuyaux rectangulaires sont à peu près de 0m,22 à 0m,25 sur 0m,50 à 0m,60 ; des proportions moindres rendent difficile le passage d'un ramoneur lors du nettoyage. Aujourd'hui, par suite de l'emploi de poteries en terre cuite, ces dimensions sont modifiées ; nous les indiquerons plus loin.

1° *Coffres en pierre de taille.* — Pour construire un coffre de cheminée en pierre de taille il faut employer, autant que possible, des pierres tendres, que l'on pose avec du plâtre ou du mortier. On peut placer de distance en distance et principalement aux angles du coffre, des crampons en fer pour assurer la fixité des pierres. L'épaisseur des costières et des languettes de face construites en pierre varie de 0m,12 à 0m,25. Il faut pour la construction de ces coffres suivre les mêmes règles que pour toute construction en pierre de taille ; ces règles ont été résumées à l'article appareillage et taille de la pierre. Le coffre est ordinairement couronné par une pierre dure.

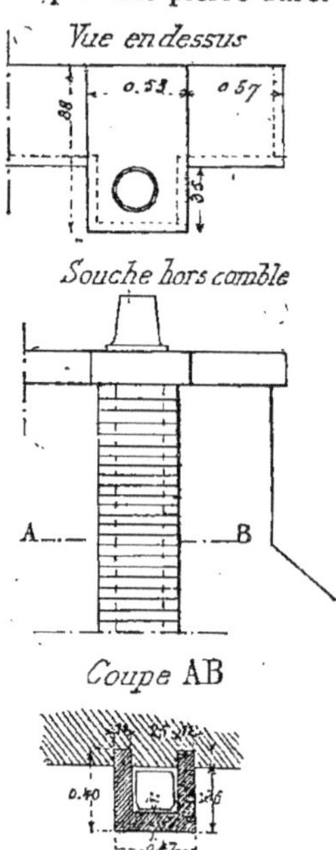

Fig. 397.

Tuyaux de cheminée en plâtre. — Les tuyaux de cheminée en plâtre doivent être *pigeonnés.* Sous le nom de pigeonnage en plâtre, on désigne ordinairement une espèce de cloison de 0m,08 d'épaisseur faite en plâtre pur, et dressé à la main au fur et à mesure avant la prise. Nous reviendrons sur l'exécution des pigeonnages dans un article spécial sur l'étude des légers ouvrages.

Le pigeonnage doit être légèrement enduit à l'intérieur, au fur et à mesure de son exécution, afin de diminuer l'adhérence de la suie; il doit en être de même du mur contre lequel on applique les tuyaux; ce mur est souvent enduit avant de commencer le pigeonnage. C'est sur l'enduit de ce mur que l'ouvrier trace la position des languettes costières et de refend, où on doit faire les arrachements. On fait ordinairement les enduits de l'intérieur des coffres en plâtre au panier et les crépis et enduits extérieurs en plâtre au sas. Les têtes de cheminées et les portions de tuyaux qui se trouvent dans les greniers sont enduites en plâtre au panier il en est de même pour la partie du coffre qui sort du comble, le plâtre au panier résiste mieux aux intempéries que le plâtre au sas. Le couronnement se fait en plâtre, il consiste en une simple moulure ou un bandeau de 0m,12 à 0m,15 de hauteur. Dans ce couronnement, le maçon scelle une mitre en grès ou lorsqu'elle doit être en plâtre il est obligé de la faire lui-même.

Tuyaux de fumée construits en briques. — Dans certains cas, au lieu de monter les coffres adossés, soit en plâtre, soit en pierre on les exécute avec des briques posées à plat comme le montrent les figures 397, 398; la figure 397 donne l'exemple d'un seul tuyau adossé, la figure 398 donne l'exemple d'une série de tuyaux adossés. Les cloisons ou languettes séparatives doivent

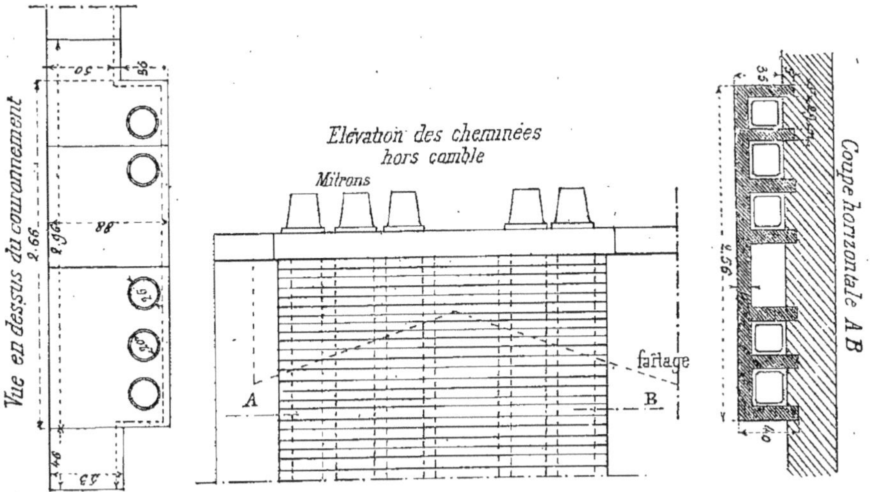

Fig. 398.

avoir au moins l'épaisseur d'une brique ordinaire; pour bien les relier au mur, il faut, à l'endroit où chacune d'elle rencontre ce mur, faire une tranchée de 0m,05 pour former liaison. L'enduit intérieur est arrondi aux angles pour que la suie ne s'attache pas trop. Le coffre est également enduit en plâtre à l'extérieur. Nous donnons en même temps l'élévation des souches, hors comble et la vue en dessus des pierres de couronnements.

Tuyaux adossés construits avec des boisseaux Gourlier. — C'est aujourd'hui la manière la plus généralement adoptée pour construire les tuyaux de fumée adossés à un mur. Nous avons donné, dans la première partie de cet ouvrage, page 483, un tableau résumant les dimensions des boisseaux les plus employés; nous avons également donné le mode de fabrication de ces boisseaux. Il nous reste à dire comment on les pose. Les boisseaux étant faits à la filière et coupés à 0m,33 de longueur sont munis d'un emboîtement *E*; *fig.* 399, servant à les maintenir les uns au-dessus des autres. On applique les boisseaux contre le mur d'ados en les scellant, soit au plâtre, soit au mortier; on les maintient tous les 2 mètres par exemple en se servant d'une ceinture en fer scellée dans le parement du mur, *fig.* 400.

Il faut avoir soin de croiser les joints dans le sens de la hauteur et de recouvrir les boisseaux, après la pose d'un renformis et d'un enduit en plâtre, le tout ayant au moins 0m,04 d'épaisseur. Cet enduit et ce renformis s'accrochent facilement après

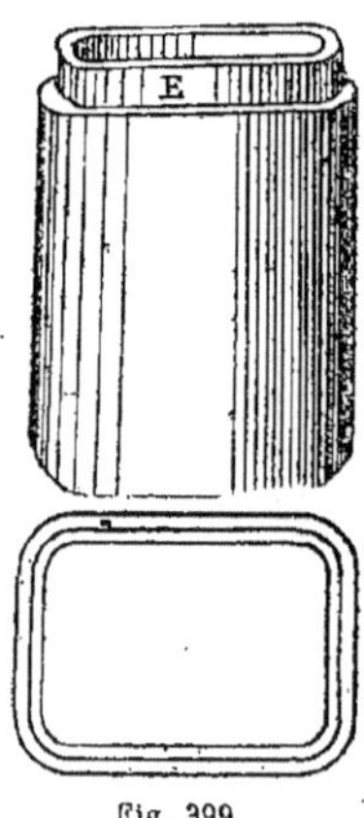

Fig. 399

les boisseaux qui présentent une surface striée à l'extérieur. Les boisseaux sont montés jusqu'au faitage du bâtiment; hors comble, on les continue par des souches construites en briques qu'on laisse apparentes.

Tuyaux de fumée dans l'intérieur des murs. — Il est indispensable pour étudier les murs de refend d'étudier en même temps les dispositions adoptées pour les conduits de fumée placés dans les murs.

Dans les bâtiments secondaires, constructions rurales, on fait souvent les

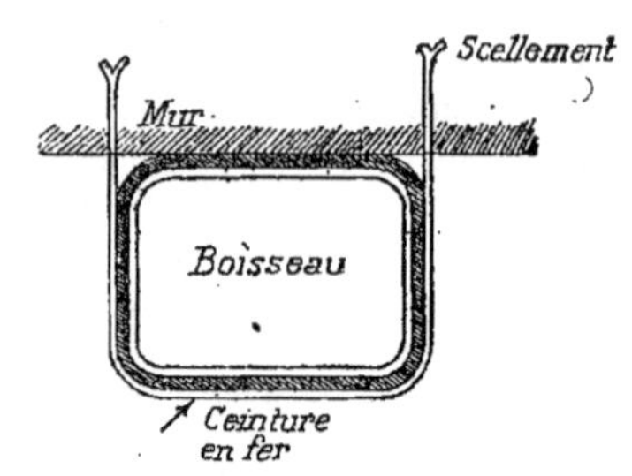

Fig. 400.

tuyaux de fumée des cheminées, qui chauffent très peu en raison de leur grand tirage, en les ménageant dans la construction des murs à l'état de trous ronds. On construit ces tuyaux au moyen d'un man-

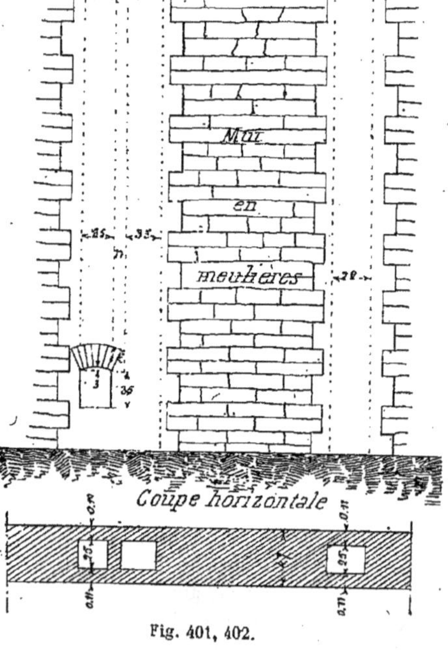

Fig. 401, 402.

drin cylindrique d'un mètre environ de longueur; le maçon place le mandrin dans l'épaisseur du mur, suivant la direction que le tuyau de cheminée doit avoir, et l'ayant entouré d'une couche de plâtre, il applique contre cette couche les meulières destinées à la formation du mur. Ce cylindre se séparant par parties, cela permet à l'ouvrier de le remonter successivement au-dessus de la portion de tuyau déjà faite et au fur et à mesure de la construction du mur ; il recommence ainsi jusqu'à la fermeture du tuyau.

Aujourd'hui on remplace le mandrin par une feuille de zinc que l'on ploie en tuyau suivant le diamètre voulu. Ce tube est placé sur la portion de tuyau de fumée qui est amorcée et y est maintenu à la partie inférieure au moyen de bouts de lattes formant étrésillons, la partie supérieure de la feuille est maintenue au diamètre choisi à l'aide d'une ficelle. Quand ce

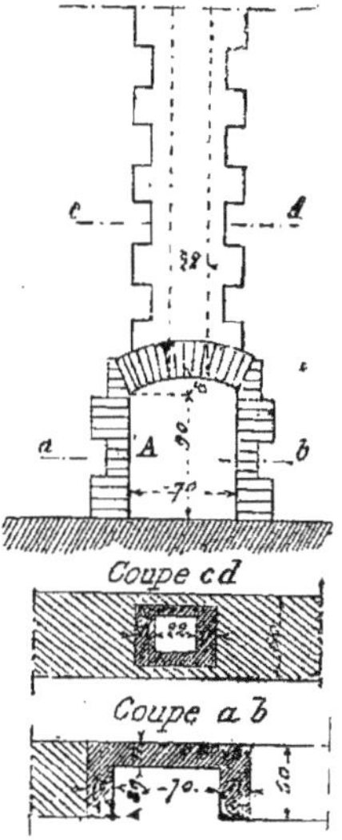

Fig. 403

tuyau est garni de plâtre et de meulières dans toute sa hauteur l'ouvrier fait tomber le bout de latte de la partie inférieure et, comprimant le cylindre par le haut, il peut le retirer facilement et le replacer pour recommencer son travail jusqu'à ce que la cheminée soit montée au sommet du comble.

On emploie les deux procédés que nous venons d'indiquer toutes les fois que les murs sont en meulières ou pierrailles peu sensibles à la chaleur et on les revêt en montant d'un enduit intérieur en plâtre. On a également employé ces deux procédés dans les murs en moellons, mais lorsque la cheminée chauffe trop, il peut y avoir des inconvénients, on peut transformer les moellons en chaux et désagréger ainsi en très peu de temps une grande partie des murs.

On a aussi essayé, la multiplicité des appartements réclamant très souvent un grand nombre de tuyaux de fumée et pour que ces tuyaux occupent le moins de place possible, de les construire en employant des tuyaux de grès ou de fonte de fer, ronds ou ovales, de $0^m,21$, $0^m,24$ ou $0^m,27$ de diamètre que l'on plaçait dans les murs ;

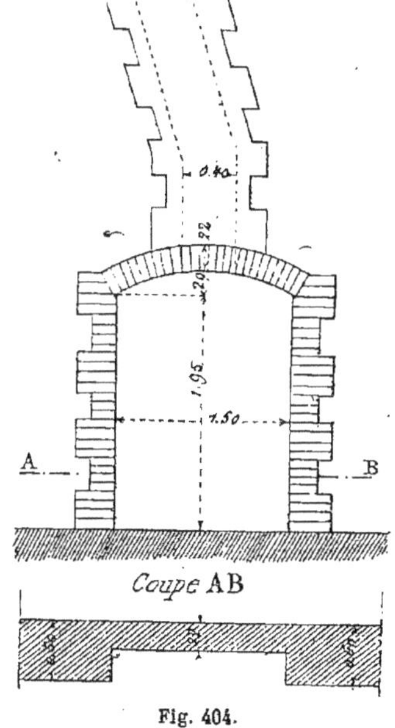

Fig. 404.

on y a renoncé depuis l'emploi des poteries en terre cuite.

Tuyaux de fumée construits en briques. — Aujourd'hui, dans les constructions soignées, les parois des cheminées se font en produits céramiques, l'argile cuite résistant mieux à la chaleur que la plupart des matériaux. Les produits céramiques

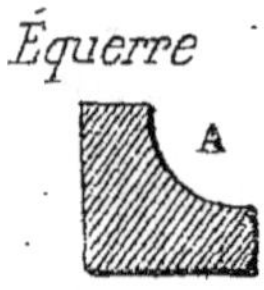

Équerre A

Fig. 405.

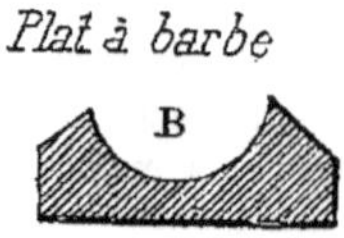

Plat à barbe B

Fig. 406.

que nous avons à notre disposition pour exécuter les tuyaux de fumée dans les murs sont : 1° les briques ordinaires ; 2° les briques cintrées ; 3° les wagons.

1° *Les tuyaux en briques ordinaires.* — On peut très bien exécuter dans les

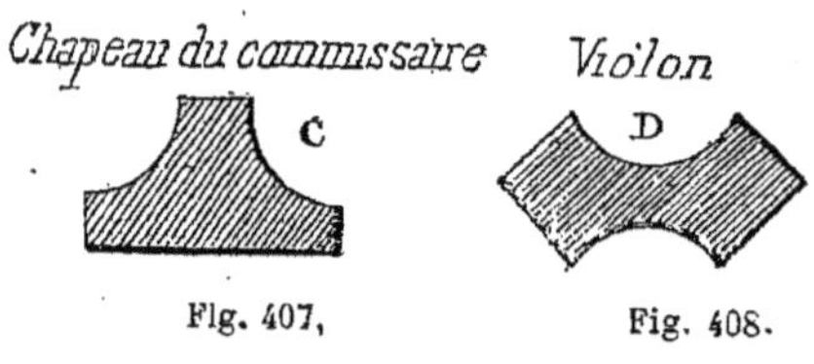

Fig. 407. Fig. 408.

murs les tuyaux de fumée en se servant des briques ordinaires.

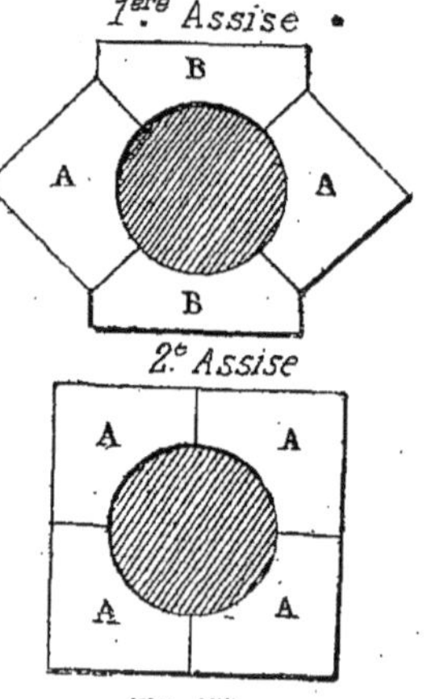

Fig. 409.

Il faut alors que le mur ait au moins de 0m,50 à 0m,55 d'épaisseur parce que les parois des tuyaux étant construites en briques à plat ont au moins 0m,11 d'épaisseur, plus les enduits.

Les banquettes, ou cloisons séparatives de deux tuyaux voisins ont également

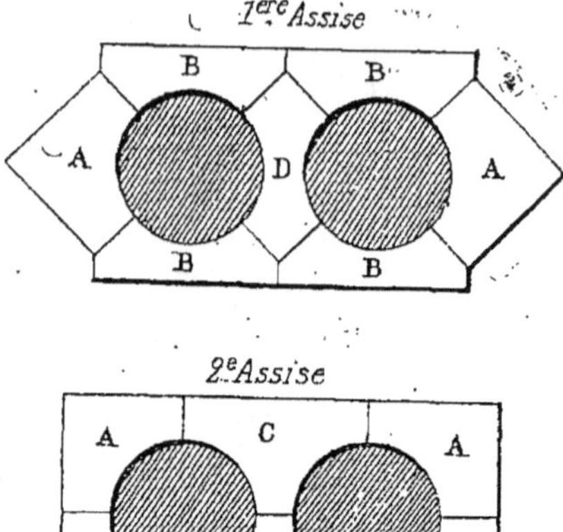

Fig. 410.

0m,11 d'épaisseur, et le principe de construction est de disposer les parois et les lanquettes pour que la liaison des matériaux soit parfaite. Les tuyaux exécutés en briques ordinaires sont rectangulaires, on les enduit généralement en plâtre à l'intérieur en ayant soin d'arrondir les angles pour que la suie déposée à la longue par la fumée s'y arrête moins. Les briques sont disposées pour former harpe de liaison avec les autres matériaux et chaque harpe a pour hauteur 3, 4, 5 ou 6 assises successives de briques comme le montre la figure 401, pour un seul tuyau construit en briques ordinaires dans l'intérieur d'un mur et la figure 402 pour deux ou plusieurs tuyaux.

Lorsque avec les briques ordinaires ou les briques cintrées dont nous allons parler, on veut incliner un tuyau, on avance les assises successives de briques en gradins les unes sur les autres et l'enduit en plâtre vient corriger les irrégularités d'une pareille construction.

Lorsqu'on veut ménager dans un mur au niveau du plancher l'emplacement d'un foyer de cheminée et que le tuyau de fumée au-dessus est construit en

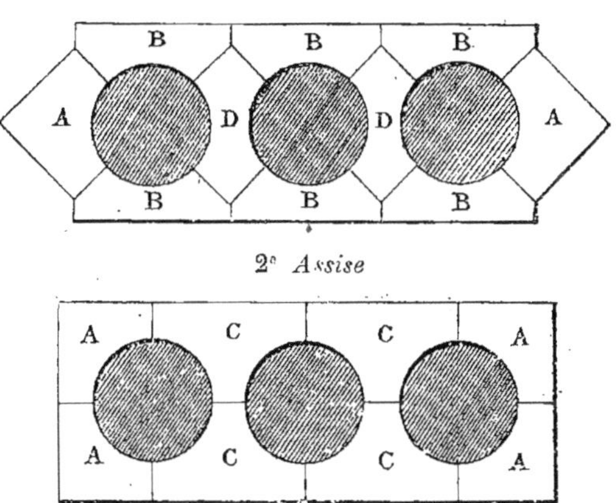

Fig. 411.

briques ordinaires et par suite à 0m,11 comme paroi de gros œuvre on laisse de chaque côté du renfoncement réservé pour le foyer une paroi ou jambage au-dessus duquel on construit une voûte en briques destinée à supporter les tuyaux au-dessus.

La figure 403, représente l'installation

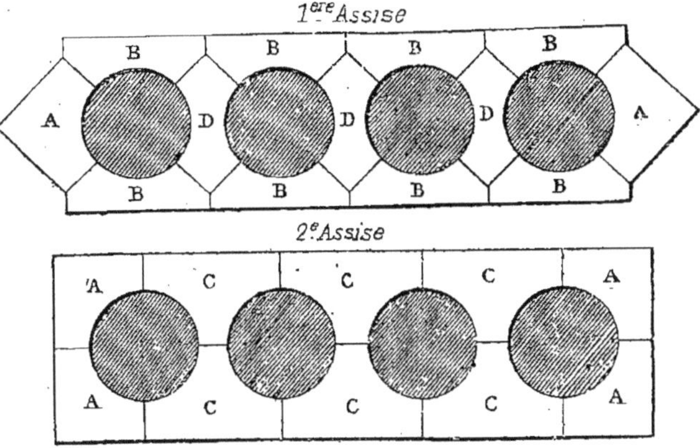

Fig. 412.

d'une cheminée d'appartement dont le tuyau de fumée est exécuté en briques ordinaires. En *A* une espèce de niche de 0m,70 à 0m,75 de largeur et de 0m,39 de profondeur sert à loger l'appareil de chauffage ou une simple grille.

La figure 404 donne la disposition pour une très grande cheminée, le fond du foyer au lieu d'avoir 0m,11 d'épaisseur comme dans le cas précédent est augmenté et a 0m,22.

2° *Tuyaux de fumée en briques cintrées.*

— Les briques cintrées sont généralement exécutées suivant les dimensions les plus ordinaires des murs, soit 0m,40, 0m,45 et 0m,50, ravalement compris. Pour chacune

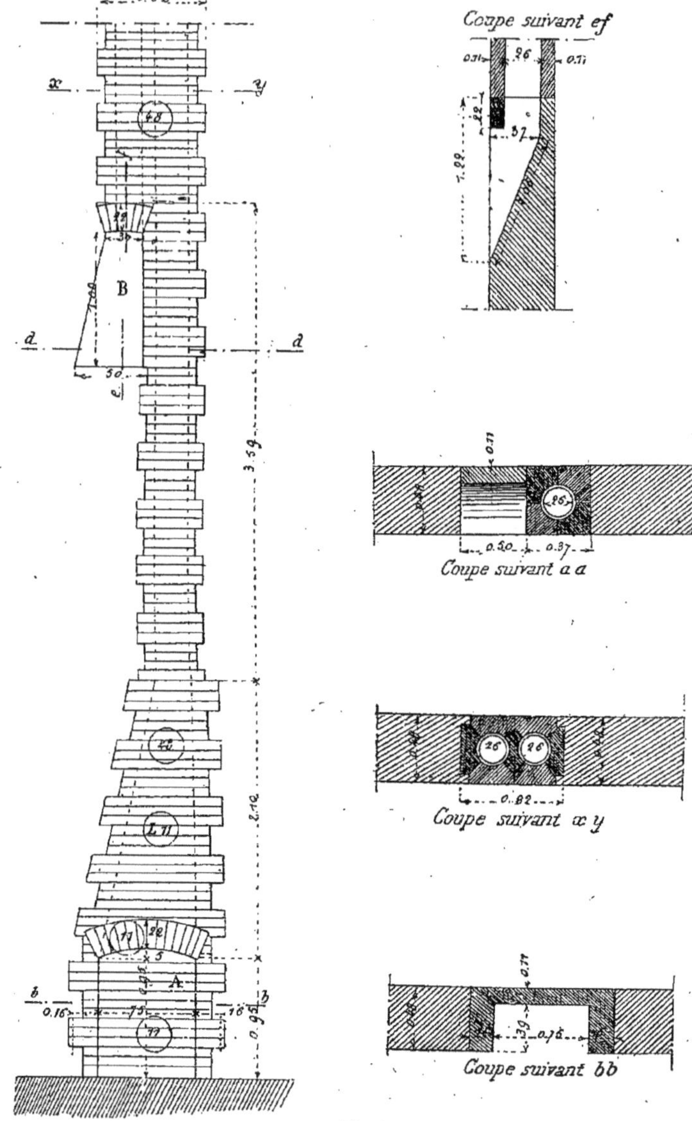

Fig. 413

de ces dimensions, il existe quatre formes de briques que nous désignerons par les lettres ABCD et qui sont représentées figures 405, 406, 407, 408. Ces briques, suivant leurs formes, sont désignées par les ouvriers sous les noms ci-après :

Les briques représentées par la lettre *A* se nomment *équerres ;* les briques représentées par la lettre *B* se nomment *plat à barbe ;* les briques représentées par la lettre C se nomment chapeau de commissaire ; enfin celles qui sont désignées par la lettre *D* sont connues sous le nom de violon.

En associant ces briques de différentes façons on obtient les dispositions représentées par les figures 409, 410, 411, 412, pour 1, 2, 3 et 4 tuyaux de fumée. Ces croquis indiquent la disposition de deux assises successives. Les tuyaux ainsi formés se relient par les harpes avec les petits matériaux du mur, moellons, pierrailles, meulières, briques, etc. Le nombre de ces briques à employer par mètre de hauteur est résumé dans le tableau ci-dessous.

Tableau du nombre de briques cintrées à employer par mètre de hauteur de tuyau de fumée.

Désignation des Briques	1 Tuyau	2 Tuyaux	3 Tuyaux	4 Tuyaux
A	36	36	36	36
B	12	24	36	48
C		12	24	36
D		6	12	18
Totaux.	48	78	108	138

Nota. — 30 briques en plus pour chaque tuyau ajouté. Ces briques cintrées se font pour des murs de $0^m,40$, $0^m,45$, $0^m,50$ ravalement compris. L'épaisseur de ces briques est de $0^m,075$.

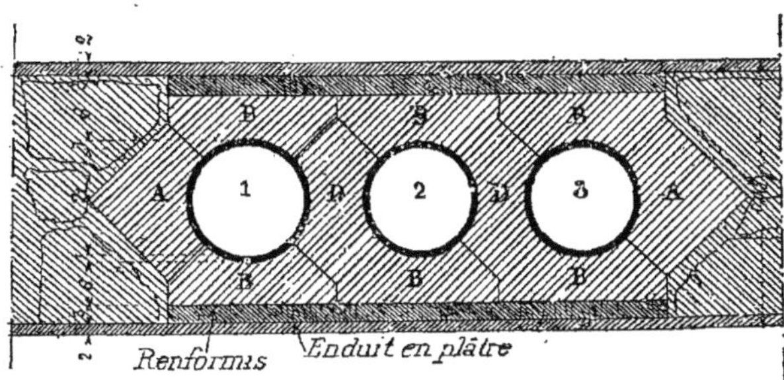

Fig. 414.

Le croquis figure 415, indique la construction d'une cheminée dans un mur de refend en se servant des briques cintrées. A l'étage inférieur, le mur est disposé pour recevoir une cheminée d'appartement. En *A* une niche de $0^m,75$ de largeur et de $0^m,39$ de profondeur permet d'installer un appareil de chauffage ; en *B* la disposition adoptée pour recevoir le tuyau de fumée d'un poêle de construction.

A l'intérieur de ces tuyaux on met un enduit en plâtre d'environ $0^m,01$ d'épaisseur pour obtenir une surface lisse, plus $0^m,06$ d'épaisseur de paroi de brique, plus $0^m,03$ de renformis, plus $0^m,02$ d'enduit extérieur, ce qui fait un total de $0^m,12$. Si le mur a $0^m,45$ d'épaisseur, on prendra des briques cintrées pour mur de $0^m,40$, de manière à obtenir le renformis nécessaire, ce qui donne un isolement meilleur de la paroi.

Si le mur a $0^m,50$ d'épaisseur, on prendra des briques cintrées pour mur de $0^m,45$ et ainsi de suite. Le croquis fig. 414 représente la disposition des tuyaux, des enduits et du renformis.

3° *Tuyaux de fumée en wagons.* — Ce sont des tuyaux de fumée de forme spéciale dont nous avons donné le détail dans la première partie de cet ouvrage. Ils sont, comme les boisseaux, passés à la filière et coupés en tronçons de 0m,16 à 0m,20 de longueur. Leur épaisseur est d'environ 0m,06. Ces wagons ont la forme d'un *D*, les branches saillantes du *D* permettent une liaison facile avec la maçonnerie du mur.

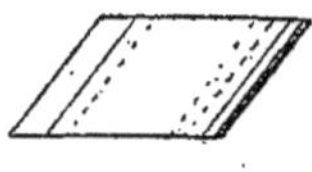

Fig. 415.

Pour croiser les joints, on met les crochets de ces tuyaux alternativement à droite et à gauche ; il est aussi très bon de croiser les joints dans le sens de la hauteur et de bien garnir ces joints ainsi que les intervalles avec du bon mortier pour que la fumée ne passe pas d'un tuyau dans l'autre.

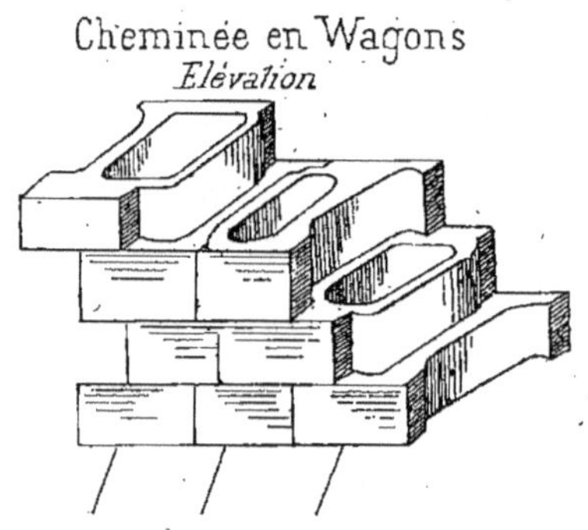

Fig 416.

Ces types de tuyaux de fumée dont M. Gourlier est l'inventeur, se font de plusieurs modèles pour murs de 0m,25, 0m,34, 0m,40, 0m,45 et 0m,50. Il faut, suivant l'épaisseur du mur, choisir le tuyau convenable pour avoir un renformis d'au moins 0m,03 d'épaisseur, plus un enduit de 0m,02. Lorsqu'on étudie la position des tuyaux de fumée dans un mur, on peut compter que l'on peut mettre trois tuyaux par mètre de longueur de mur. Les parements extérieurs des wagons sont striés pour mieux retenir les renformis et les enduits.

On fait aussi des wagons dévoyés (*fig.* 415) pour les tuyaux de fumée inclinés.

Les intervalles laissés entre les wagons sont construits, soit en meulières ou moellons, soit de préférence en briques.

Nous donnons, figure 416 la manière de poser les tuyaux Gourlier en élévation. Il existe un autre modèle de wagons pour tuyaux de fumée dans les murs ; ce modèle, dû à M. Courtois, est représenté en élévation et en plan (*fig.* 417).

Dans le cas où l'on emploie les wagons pour construire les tuyaux de fumée, on

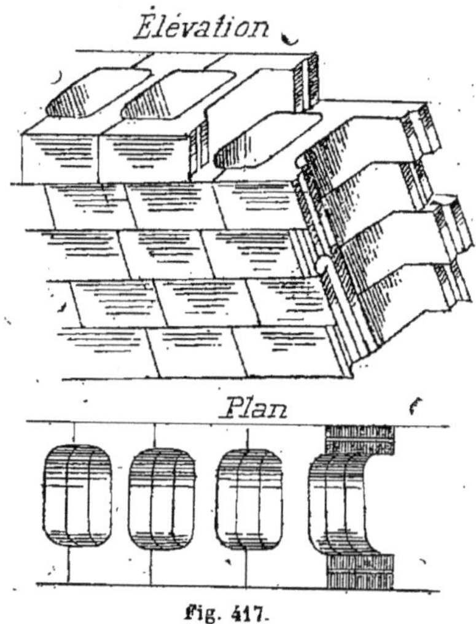

Fig. 417.

ne peut plus se servir de voûtes en briques pour les soutenir, il faut, dans ce cas, supporter les tuyaux placés au-dessus de l'espace réservé pour la cheminée par des fers carrés de 0m,025 à 0m,030 comme l'indique la figure 418. Les souches de cheminée sortant du comble doivent être construites en briques apparentes de 0m,11 d'épaisseur.

Dans la figure 418, il existe, au-dessus du fer carré de 0m,030, deux tuyaux de fumée montés en wagons il y a donc en ce point deux cheminées adossées ; l'autre tuyau T vient d'un étage inférieur. Lorsqu'il existe des tuyaux de fumée près d'une baie comme l'indique la figure 419, on exécute un *dosseret* en briques D entre

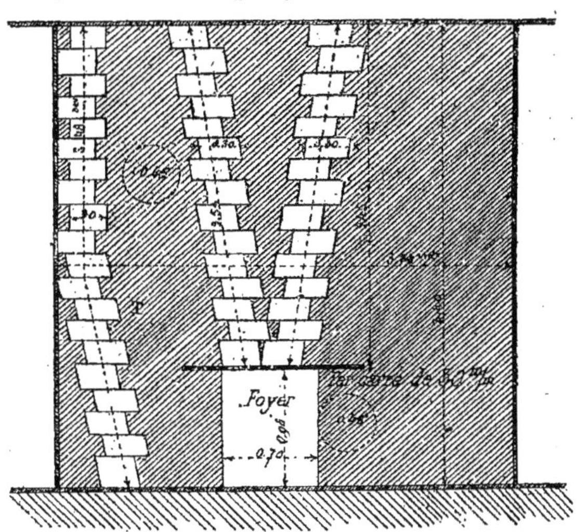

Fig. 418.

la série de tuyaux et le jambage de la baie. L'autre dosseret D' est en pierre de taille comme le mur de face.

Dans certains cas par exemple entre

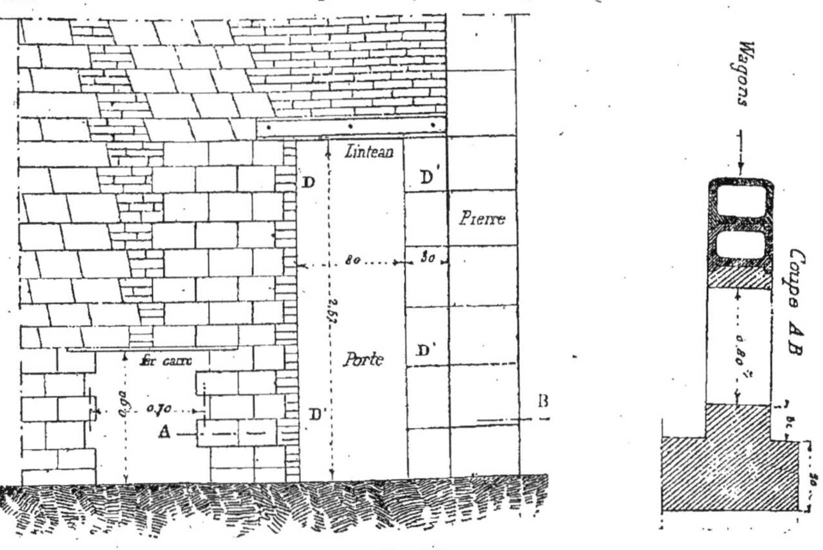

Fig. 419.

un grand et un petit salon, il existe au-dessus de la cheminée une glace sans tain;

il faut alors prendre une disposition spé- | ciale pour placer les tuyaux de fumé

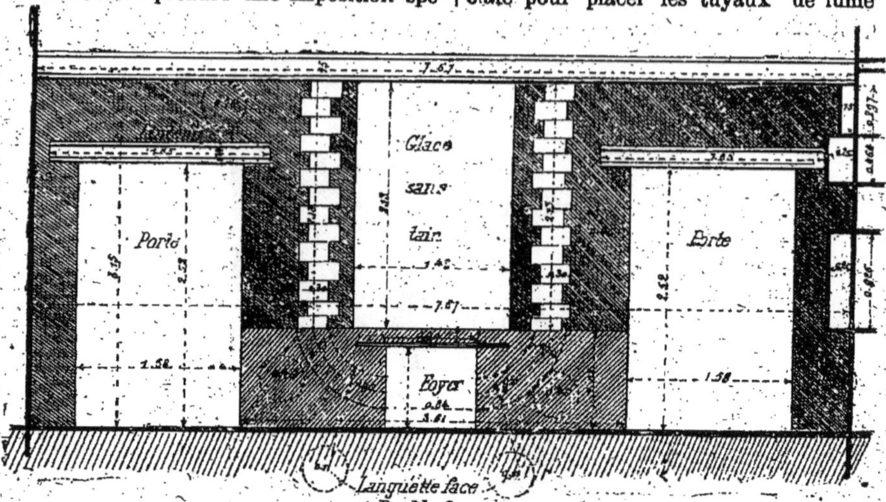

Fig. 420.

des deux cheminées. La disposition géné- | ralement adoptée est représentée figure

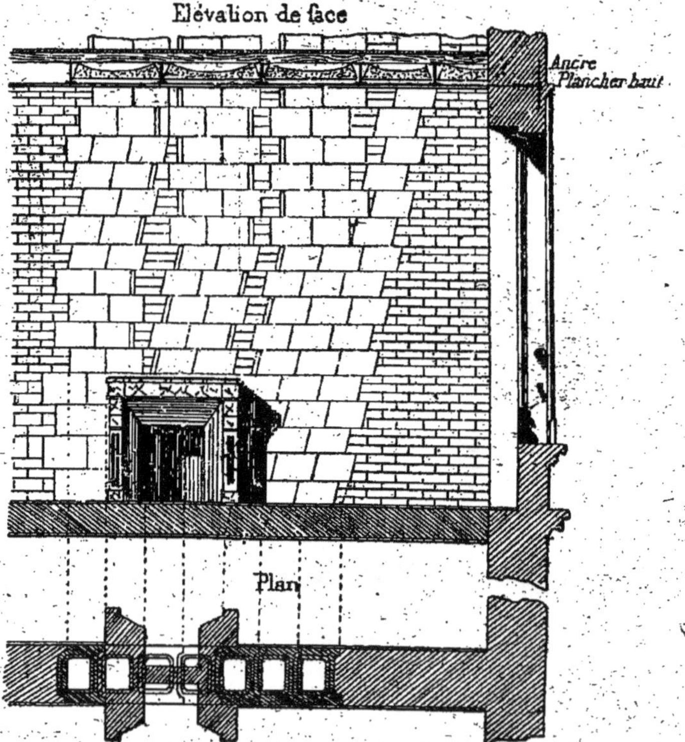

Fig. 421.

les conduits de fumée sont recourbés pour monter ensuite verticalement dans les murs.

On se sert aujourd'hui, dans les constructions ordinaires, de wagons en plâtre ferrugineux ; ces wagons ne valent pas à beaucoup près les wagons en terre cuite.

Un autre produit de wagons et boisseaux pour conduits de fumée en alunoxium a été trouvé par M. G. Richerol et se répand aujourd'hui dans certaines constructions.

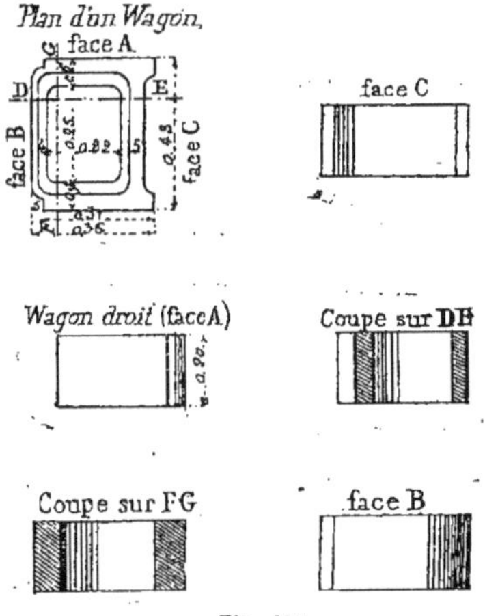

Fig. 422.

Les matières premières qui entrent dans la composition de ce produit sont :

1° Minium de fer de première qualité ;

2° Albatrine spécialement préparée ;

3° Scories pures concassées ;

4° Eau préparée aux agglomérants : le tout trituré ensemble avec dosage régulièrement mesuré ;

5° Des cercles en fer feuillard de 14 millimètres de large et de 1 millième d'épaisseur, spécialement fabriqués pour chaque type et rivés, sont placés dans les tuyaux de manière à laisser le maximum de la force à l'intérieur. Il en existe un par wagon de 0m,20 de hauteur et deux par boisseau de 0m,50 de hauteur. Les cercles plongés dans la composition sont préservés de l'oxyde par le minium de fer et conservent indéfiniment leur force primitive.

Nous donnons figure 421 une élévation et un plan d'un mur de refend construit avec ces wagons, et par la figure 422, les différentes vues d'un wagon.

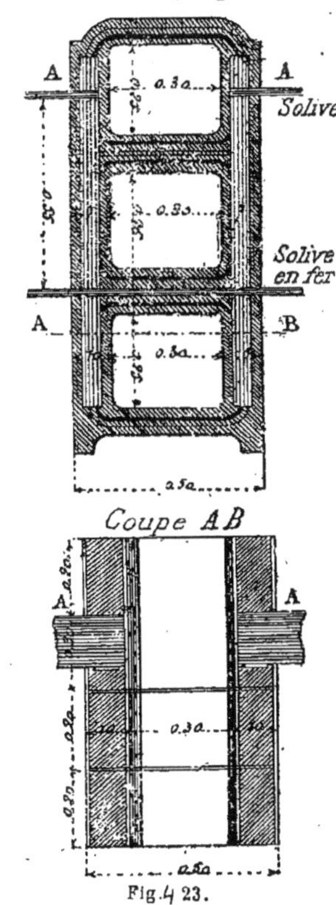

Fig. 423.

D'autres types de wagons représentés figure 423 sont spécialement fabriqués pour porter un plancher en fer. Les solives A reposent sur une semelle en fer placée dans les wagons, ces solives peuvent même traverser complètement le mur comme l'indique le croquis.

Divers types de murs de refend

440. Pour terminer ce qui est relatif aux murs de refend, il nous reste à donner

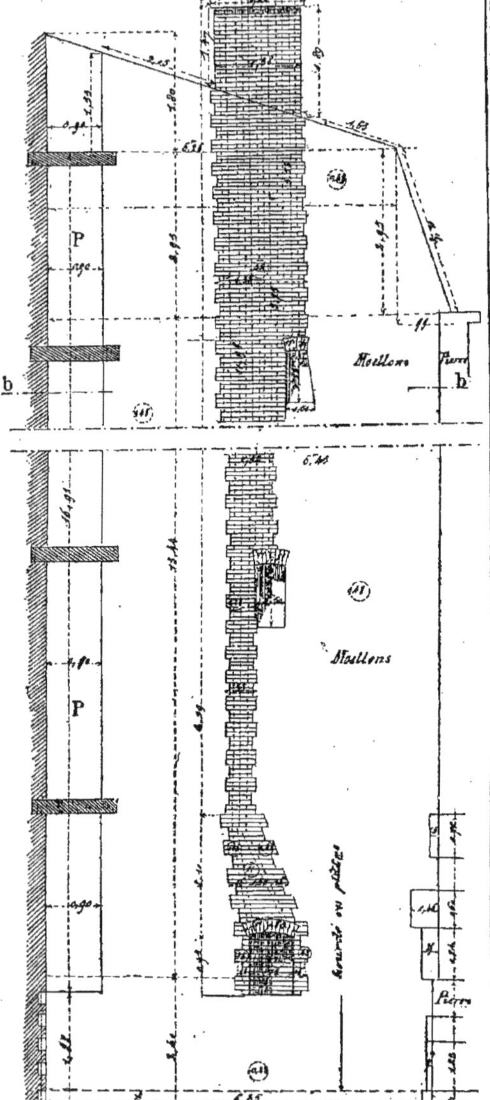

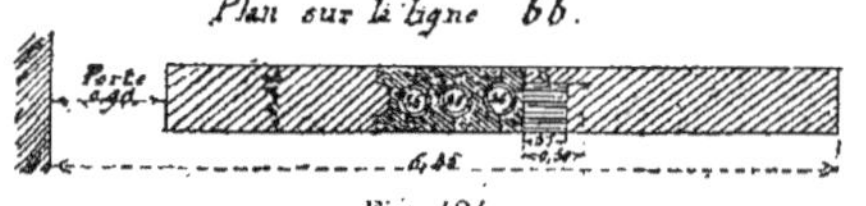

Fig. 424.

quelques détails d'ensemble sur leur construction. La figure 424 représente l'élévation d'un mur de refend de $0^m,48$ d'épaisseur, construit en moellons et, dans lequel sont placés une série de tuyaux de fumée, construits avec des briques cintrées. Au niveau du rez-de-chaussée, il existe une niche pour une grande cheminée, au-dessus une série d'autres petites niches pour des tuyaux de poêle de salle à manger. Dans ce mur de refend se trouvent percées une série de portes P avec des linteaux en bois à la partie supérieure. Cette figure montre également comment on termine les tuyaux de fumée à leur sortie du toit en les recouvrant d'une dalle en pierre de $0^m,20$ d'épaisseur que l'on nomme *couronnement*.

La figure 425 donne un exemple de mur de refend de $0^m,50$ d'épaisseur construit en moellons et dans lequel sont placés des tuyaux de fumée construits avec des briques ordinaires. A chaque étage se trouve une niche, de $0^m,60$ de largeur sur $0^m,97$ de hauteur, destinée à recevoir l'appareil de chauffage. La disposition en élévation serait la même si l'on employait les wagons, il est donc inutile d'y revenir; la seule différence est, comme nous l'avons déjà dit, le remplacement des voûtes en briques par des fers carrés. Enfin, comme dernier exemple, nous donnons (*fig.* 426) tous les détails d'un mur de refend, en briques, de faible épaisseur, et contre lequel on adosse des boisseaux servant de tuyaux de fumée.

On désigne souvent, dans les constructions, les tuyaux de fumée par des lettres ou des chiffres pour bien se rendre compte de leur direction et pouvoir, d'après un plan, retrouver à un moment donné la position de tel ou tel tuyau. Le tuyau du rez-de-chaussée s'indique en plaçant la lettre R dans son intérieur, le sous-sol par la lettre S, l'entresol par la lettre E, enfin les autres tuyaux des étages par les chiffres 1, 2, 3, 4, 5, 6, comme le montrent les coupes horizontales de la figure 426.

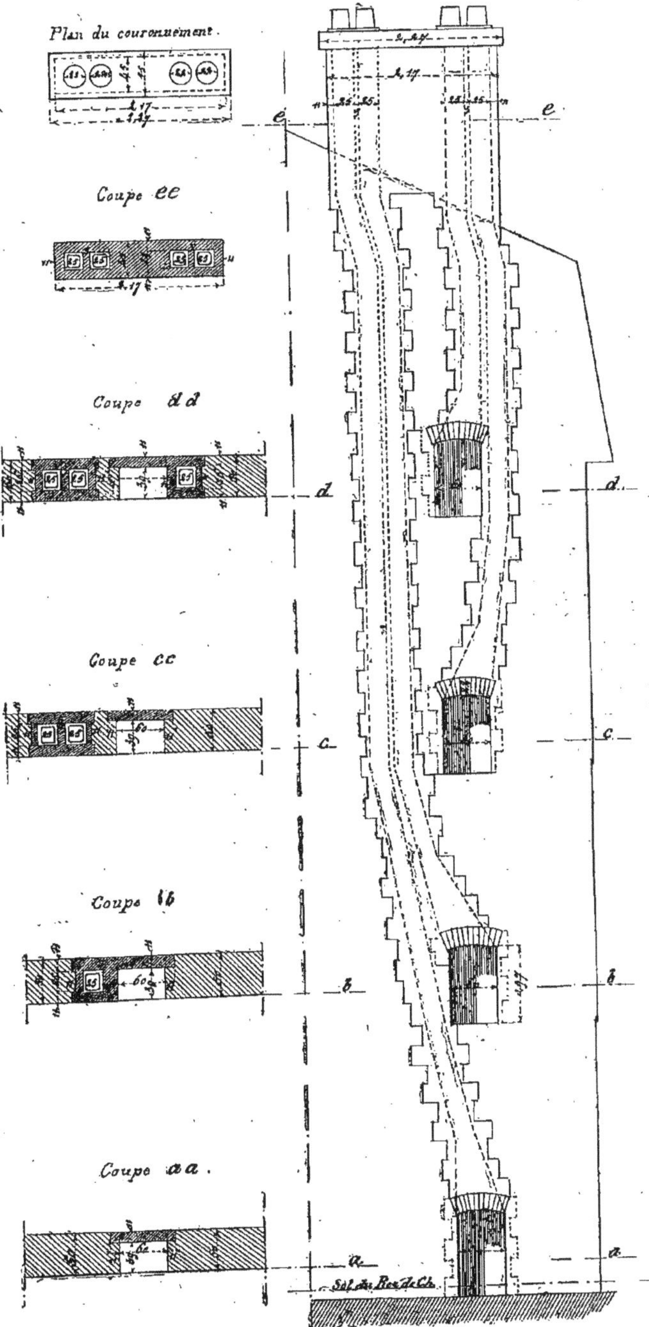
Plan du couronnement.
Coupe ee
Coupe dd
Coupe cc
Coupe bb
Coupe aa.
Sol du Rez de Ch.

Fig. 415.

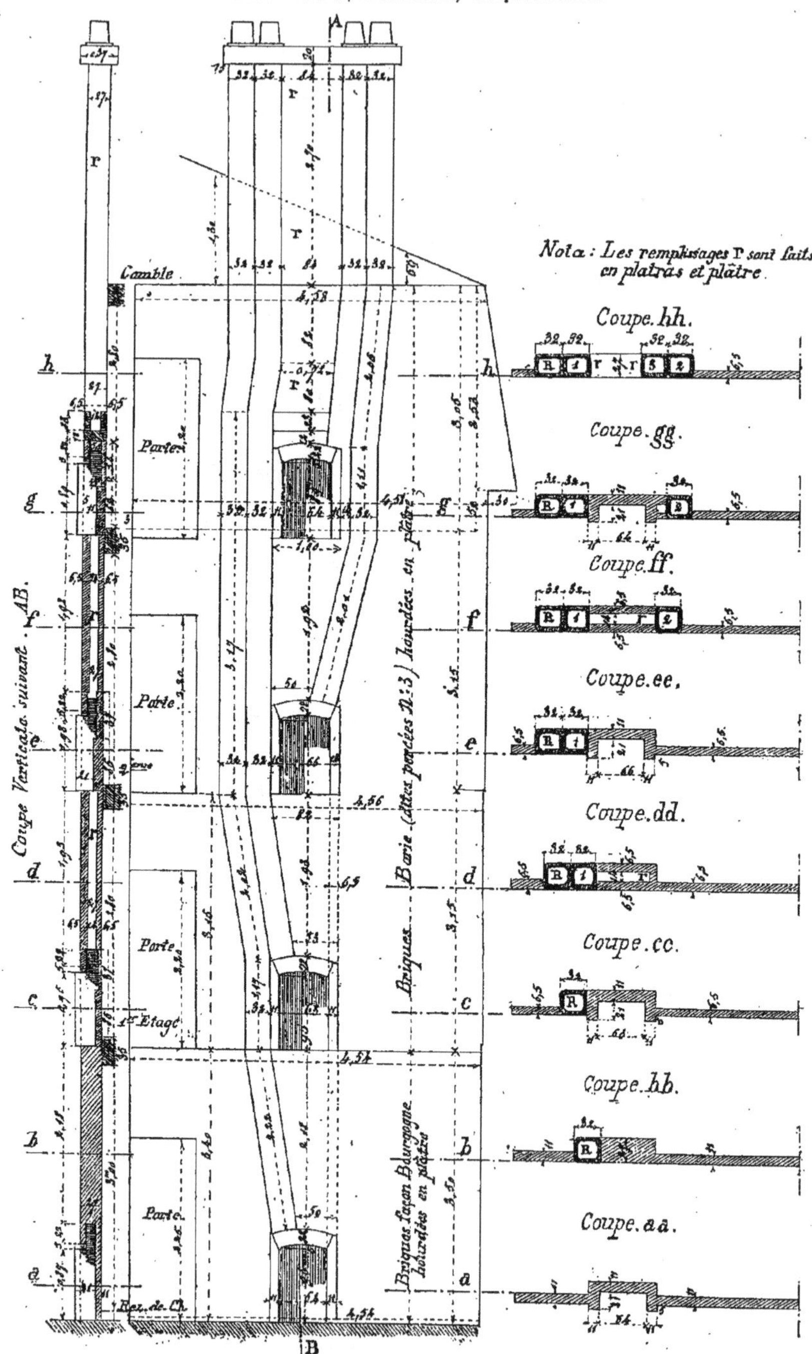
Nota : Les remplissages r sont faits en platras et plâtre.
Coupe. hh.
Coupe. gg.
Coupe. ff.
Coupe. ee.
Coupe. dd.
Coupe. cc.
Coupe. bb.
Coupe. aa.
Coupe Verticale suivant . AB.
Comble
Porte
1er Etage
Rez. de Ch.
Briques (dites perçées n° 3) hourdées en plâtre
Briques façon Bourgogne hourdées en plâtre

Fig. 426.

§ VIII. — MURS MITOYENS. — RÈGLEMENTS RELATIFS A LA CONSTRUCTION DE CES MURS

441. *Définitions.* — On nomme mur mitoyen, celui qui, placé sur la ligne séparative de deux héritages limitrophes, appartient par moitié aux propriétaires de ces héritages.

Un mur peut se trouver mitoyen dès son origine, de même que, ne l'étant pas à ce moment, il peut ensuite le devenir. Le mur est mitoyen dès son origine, lorsque, pour le construire, ses fondations ont été prises, moitié sur l'un et moitié sur l'autre héritage qu'il sépare, et lorsque les propriétaires de ces héritages ont fait la clôture à frais communs.

Il peut arriver que l'un des voisins ait fait seul les frais de la construction du mur placé sur la ligne séparative des deux héritages. Ce mur n'en est pas moins mitoyen, sauf convention contraire ; et si celui qui a fait les frais de la construction n'y a pas formellement renoncé, il peut, pendant trente ans, réclamer du voisin ou des tiers détenteurs de l'immeuble le remboursement de la moitié de ses frais. Le mur non mitoyen dans l'origine, peut le devenir : 1° s'il plaît au voisin contigu d'en achever la mitoyenneté ; 2° par la volonté du père de famille ; 3° par l'effet d'un partage ; 4° par la prescription, si, pendant trente ans, le propriétaire voisin a constamment fait sur le mur séparatif des actes apparents de copropriété.

Présomption de mitoyenneté. Tout mur qui sépare immédiatement deux bâtiments quelconques est, s'il n'y a titre ou marque du contraire, présumé mitoyen jusqu'à l'*héberge*, c'est-à-dire jusqu'à la hauteur de celui des bâtiments qui supporté par le mur se trouve le moins élevé. Tout mur qui fait séparation entre cour et jardin et même entre enclos dans les champs est également réputé mitoyen. Le mur qui sépare un bâtiment d'un jardin, n'est pas, en général réputé mitoyen. Le mur séparant deux fonds qui ne sont ni l'un ni l'autre cour, jardin ou enclos, doit, à défaut de titre ou de marque contraire à la mitoyenneté, être réputé mitoyen.

Sauf des preuves ou des marques du contraire, dans les villes et faubourgs, la mitoyenneté se présume dans toute la hauteur légale.

Si le mur sépare et supporte deux constructions de même dimension en hauteur et en longueur, il est réputé mitoyen dans sa totalité. Si le mur excédait la hauteur des deux bâtiments qu'il sépare, l'excédent de hauteur serait également mitoyen, à moins qu'il n'existât des marques de non-mitoyenneté qui dussent faire attribuer en entier la propriété de l'excédent au propriétaire du côté duquel se trouveraient ces marques.

Si la construction de l'un des voisins avait moins de hauteur, moins d'étendue que la construction de l'autre, la présomption de mitoyenneté n'existerait, que dans la proportion de la construction la moins élevée ou la moins étendue. Si le mur dépasse la construction la plus élevée, l'excédent de hauteur appartient, sauf titre contraire, au propriétaire du bâtiment le plus élevé.

Preuve contraire. — La présomption de mitoyenneté disparaît devant la preuve contraire. Cette preuve résulte, soit d'un titre, soit de signes ou marques spécialement déterminées par le législateur, soit de l'origine même du mur, soit enfin d'une possession suffisante pour prescrire.

Il y a signe de non-mitoyenneté lorsque

le *chaperon* ou le sommet du mur, au lieu de présenter des deux côtés un plan incliné, n'en présente que d'un côté seulement, tandis que, de l'autre côté, la sommité du mur est droite et à plomb du parement; le mur est alors sensé appartenir exclusivement à celui du côté duquel se trouve le plan incliné qui détermine l'égout.

A défaut de titres, les corbeaux en pierre scellés dans le mur en bâtissant font cesser la présomption de mitoyenneté, et considérer comme propriétaire exclusif celui des deux voisins dont ils regardent l'héritage.

Quant aux murs mitoyens construits avant le Code Napoléon, on doit considérer comme signes de non-mitoyenneté les signes qui, à l'époque de leur construction, étaient réputés tels d'après la coutume du lieu. Le Code n'a pas d'effet rétroactif.

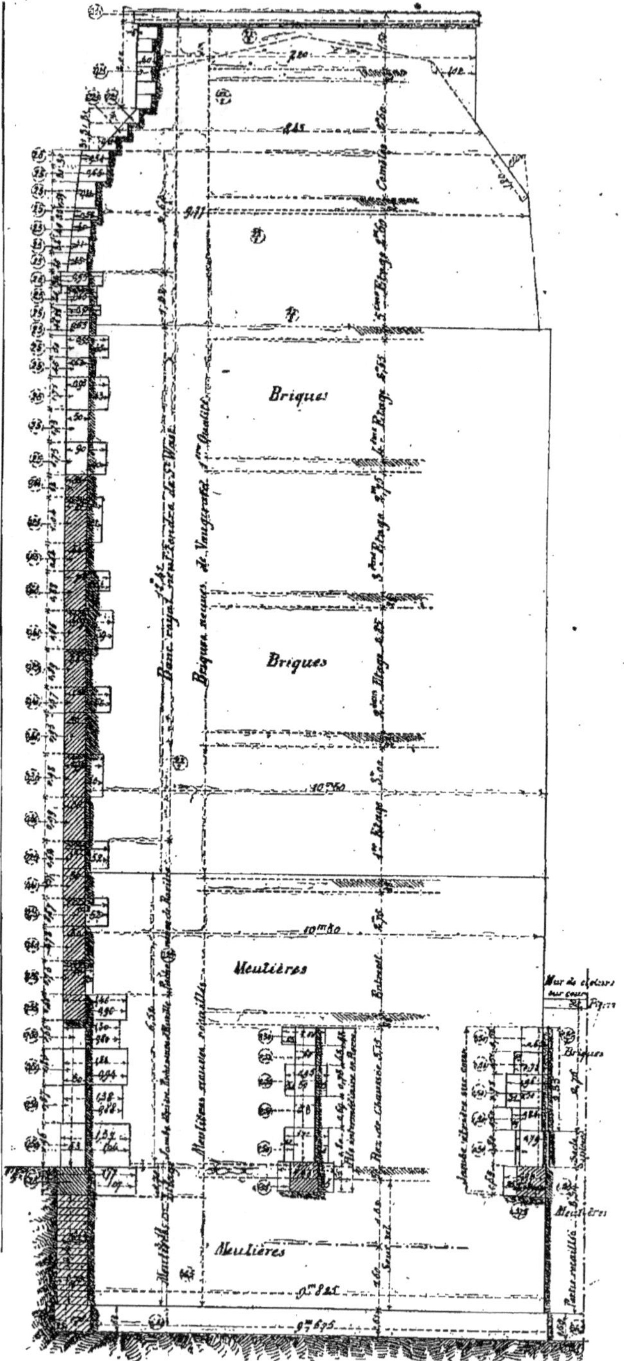

Mode de construction d'un mur mitoyen.

442. Un mur mitoyen doit être construit conformément aux conventions des deux voisins, s'il en est intervenu, ou, à défaut de conventions spéciales, conformément à l'usage du lieu, qu'il faut suivre pour la détermination de l'épaisseur, de l'élévation, de la profondeur à donner aux fondations, de l'espèce de matériaux à employer. On aura d'ailleurs égard au plus ou moins de solidité du sol, et à la charge plus ou moins forte que le mur paraît destiné à supporter.

Les murs mitoyens ne peuvent être montés en pans de bois ; d'après l'usage à Paris ils sont montés en moellons, en meulières ou en briques, et ont $0^m,50$ d'épaisseur, enduits compris, plus les empatements de $0^m,15$, soit ensemble de $0^m,65$ d'épaisseur pour les fondations. Ils ne doivent recevoir ni tuyaux de cheminées, ni encastrement de solives de planchers, ni ouvertures d'armoires et doivent se continuer dans toute leur hauteur avec la même épaisseur uniforme, sauf, comme nous venons de le dire, convention entre les deux propriétaires voisins. Nous donnons, par exemple (*fig.* 427), un exemple de mur mitoyen construit à Paris et dont les propriétaires se sont entendus pour les matériaux à employer et les épaisseurs à donner à leur mur. Les fondations sur le bon sol sont faites en maçonnerie de meulières neuves hourdées en mortier de ciment surcuit du bassin de Paris (1/4 de ciment et 3/4 de sable) dans la hauteur des rigoles, soit $0^m,55$ de hauteur avec une épaisseur de $0^m,80$. Cette maçonnerie est continuée, jusqu'à la hauteur du rez-de-chaussée, avec les mêmes matériaux, mais l'épaisseur est réduite à $0^m,65$. Depuis le rez-de-chaussée jusqu'au plancher haut de l'entresol, mêmes matériaux avec une épaisseur de $0^m,50$. Depuis le plancher haut de l'entresol jusqu'au faîtage, y compris les souches de cheminées ; ce mur est construit en briques neuves de Vaugirard, première qualité, hourdées en mortier de ciment surcuit du bassin de Paris (1/4 de ciment, 3/4 de sable) ; ce mur en briques n'a plus que $0^m,22$ d'épaisseur dans toute la hauteur.

Les libages en pierre sous les piles intermédiaires et sous la jambe étrière sont en roche neuve de Lérouville. La jambe étrière et les piles sont montées en roche neuve d'Euville. Les cinq assises de pierre placées au-dessus de la jambe étrière et qui occupent la hauteur de l'entresol sont en roche neuve de Ravière. Enfin le reste de la pierre jusques et y compris les souches de cheminées est exécuté en banc royal neuf tendre de Saint-Waast.

Comme nous pouvons le remarquer, ce mur est construit dans d'excellentes conditions, avec de bons matériaux, et cependant l'épaisseur de $0^m,50$ n'est pas observée dans toute la hauteur.

443. *Droits et obligations des copropriétaires.*— L'un des propriétaires du mur mitoyen peut, en certains cas, sans avoir besoin du consentement de son copropriétaire, et à la seule condition de l'avertir à l'avance, se servir, suivant ses besoins, ses goûts et ses fantaisies, du mur et du parement qu'il lui présente ; mais il ne peut agir ainsi qu'autant qu'il s'agit d'une entreprise qui n'intéresse en rien la solidité du mur.

Pour faire des entreprises sérieuses sur le mur, il faut, ou le consentement préalable du copropriétaire, ou, sur le refus de celui-ci, l'autorisation de justice.

Lorsqu'un mur mitoyen menace ruine, et que l'un des copropriétaires est absent, l'autre copropriétaire peut, sans sommation préalable ni autorisation judiciaire, faire mettre à ce mur des étais et contrefiches de son côté ; mais s'il était indispensable d'étayer de l'autre côté, il faudrait l'autorisation de justice.

Le copropriétaire d'un mur mitoyen

peut, mais à la condition alors, non plus seulement d'avertir le voisin, mais de requérir de lui un consentement écrit, établir toute espèce de construction contre ce mur; en tenant compte bien entendu des lois et règlements qui régissent ces diverses constructions. Chaque copropriétaire est tenu de veiller à la conservation du mur commun, de n'en jouir qu'en droit soi et sans nuire aux intérêts du voisin; d'en respecter l'indivisibilité; d'en supporter les charges, de quelque genre et de quelque nature qu'elles soient; de n'y travailler ou faire travailler qu'après consentement du voisin, ou autorisation de justice; de n'y rien faire qui soit contraire aux lois du voisinage et à la sûreté publique; de n'y rien enfoncer, appuyer ou adosser sans laisser les distances voulues, et sans faire le contre-mur ou les ouvrages nécessaires; de contribuer aux réparations et reconstructions, en proportion de son droit; de réparer seul, et à ses dépens, les dégradations qui proviennent de son propre fait ou de celui des personnes dont il est responsable; d'indemniser le voisin du préjudice que ces personnes ou lui-même auraient pu lui occasionner; de garantir le mur, de bornes ou de trottoirs, des dégradations que pourraient y faire les voitures ou charrettes qui passent sur son fonds au long de ce mur; de le garantir de l'infiltration des eaux au moyen de gargouilles, ou d'un revers de pavé.

444. *Acquisition de la mitoyenneté.* — On peut acquérir la mitoyenneté en payant au maître (du mur) la moitié de sa valeur (actuelle) ou la moitié de la portion qu'on veut rendre mitoyenne, et la moitié de la valeur du sol sur lequel le mur est bâti. (Code civil, article 661-663.)

Lorsqu'il s'agit d'adossement de cheminées, il faut rembourser au voisin la moitié de la valeur du mur dans la largeur à occuper par le tuyau de fumée, et d'un pied d'aile au delà, soit 0m,32 de chaque côté du tuyau, dans toute la hauteur. (Code civil, article 657.) Lorsqu'il s'agit de surcharge ou charge d'exhaussement, une indemnité, variant du sixième au douzième de la valeur de l'exhaussement est due. (*Manuel des lois du bâtiment*, art. 658.) (La société centrale des architectes n'a pas maintenu le dixième pour la surcharge. Elle admet le sixième, jusqu'à ce qu'il n'excède pas le neuvième de la mitoyenneté du mur surchargé.) Cette règle n'est pas fixe et invariable, car il faut tenir compte de la nature et de l'état de la partie inférieure, ainsi que de ceux de l'exhaussement.

445. *Effets de la mitoyenneté.* — 1° Bâtir contre le mur mitoyen; 2° y appliquer et même y appuyer des ouvrages; 3° y faire des enfoncements à 54 millimètres près (article 657); 4° l'exhausser (article 658-662).

Acquisition de l'exhaussement par le voisin qui n'a pas contribué à la surélévation : en payant la moitié de la dépense qu'il a coûtée, et la valeur de la moitié du sol fourni par l'excédent d'épaisseur, s'il y en a (article 660); mais il est juste de tenir compte de la valeur au moment de la prise en possession.

A ces mots de *jambe étrière* se rattachent d'autres mots tels que *chaînes*, *dosseret*, *parpaing*, *piédroit*, *pile*, dont il est utile de donner la définition et les principales dimensions :

Chaînes de pierre. Les chaînes de pierre sont ordinairement formées d'assises alternées, dont les plus courtes ont 0m,50, et les plus longues dépassent de 0m,11 de chaque côté.

Les grandes assises des chaînes peuvent être en deux morceaux, si le joint se trouve placé dans le sens de la longueur et sur l'axe de la chaîne.

Dosseret. On désigne sous le nom de *dosseret*, une jambe qui, établie dans un mur, fait saillie sur son parement. Le dosseret doit avoir environ 0m,25 de saillie sur le nu du mur dont il remplit l'épaisseur; les petites assises peuvent ne pas faire parpaing.

Parpaing. Jambe qui remplit toute l'épaisseur du mur auquel elle appartient, dite *Jambe parpaing*.

On désigne encore sous le nom de parpaing les pierres ou seuils qui supportent la menuiserie d'une devanture de boutique.

Piédroit. On désigne sous le nom de piédroit une jambe formant tête d'une baie. Les piédroits sont formés d'assises alternées de longueurs différentes; les longues ayant $0^m,70$, les courtes $0^m,50$. Elles doivent faire parpaing.

Pile. On désigne ordinairement sous le nom de pile une jambe isolée sur toutes ses faces. Les piles en pierre peuvent être remplacées par des colonnes en fonte, simples ou accouplées, pourvu qu'elles soient établies de façon à assurer la solidité de la construction. Les piles peuvent, à l'intérieur, être formées de poteaux en bois, pourvu qu'ils reposent sur un dé en pierre et présentent des conditions de solidité suffisantes.

Pile intermédiaire. On désigne ainsi une pile en pierre montée dans un mur construit en petits matériaux. Cette pile est placée le plus souvent pour soutenir une poutre ou un filet en fer recevant eux-mêmes de fortes charges.

Jambes étrières. — Règlement sur leur construction.

La *jambe* est un point d'appui isolé ou non.

A Paris, l'usage est de mettre à la tête des murs mitoyens sur la rue, à l'étage du rez-de-chaussée, une jambe étrière ou boutisse, en pierre de taille.

La *jambe étrière* est celle qui, placée à la tête d'un mur mitoyen, entre deux bâtiments, fait tableau sur un ou deux de ses côtés.

Jambe boutisse est le nom sous lequel on désigne une jambe étrière, lorsqu'au lieu de faire tableau sur un ou deux de ses côtés, elle se liaisonne avec le mur de face.

Mode de construction. Dimensions. La jambe étrière doit être faite de grands quartiers de pierre dure. Elle doit être descendue en pierre jusqu'aux fondations. On tolère cependant l'emploi du moellon jusqu'à $0^m,90$ en contre-bas du sol de la rue.

Des assises en pierre doivent être d'un seul morceau, en liaison les unes sur les autres par leurs queues dans le corps du mur mitoyen.

Il peut exister sur l'assise du socle d'une jambe étrière une saillie de $0^m,03$ sur l'alignement.

Cette saillie est variable selon les largeurs des voies publiques.

De 10 mètres	$0^m,03$
De 10 à 12 mètres.	$0^m,04$
Au-dessus de 12 mètres. . . .	$0^m,05$

La hauteur des assises du socle est de $0^m,80$ dans les rues de 10 mètres de largeur et au-dessous; 1 mètre dans celles de 10 à 12 mètres, et $1^m,15$ dans celles de 12 mètres et au-dessus. L'assise placée directement au-dessus du socle ne doit pas avoir moins de $0^m,55$ de hauteur et les autres moins de $0^m,40$, selon toutefois la nature de la pierre employée.

L'appareil dit à besaces est interdit pour les jambes étrières, dont les assises doivent avoir les dimensions suivantes :

La grande assise, compris queue dans le mur mitoyen, $1^m,45$ de longueur.

La courte assise, compris queue dans le mur mitoyen, $1^m,30$ de longueur (1).

Chaque côté doit avoir un dosseret de $0^m,12$ de saillie au moins.

Le parement des jambes étrières et boutisses doit rester vu du côté de la voie publique et complètement libre de bandeaux et corniches.

Les scellements de plus de $0^m,10$ de profondeur, les refouillements ou encastrements autres que ceux nécessaires à la pose des poitrails ne peuvent être pratiqués sur une jambe étrière.

Les arases sont interdites sur une jambe étrière; la pierre doit monter jusque sous le poitrail.

Les *jambes boutisses* sont formées d'assises alternées de dimensions différentes.

Les plus longues ont, à partir du parement du mur de face, compris leur queue dans le mur mitoyen . . . . $1^m,00$

Les plus courtes, id . . . . $0^m,85$

Desgodets prescrivait ces grandes mesures (de $1^m,30$ et $1^m,45$), que l'on a exigées pendant un certain temps; mais on reconnaît actuellement que les mesures de $0^m,98$ et $1^m,15$ (indiquées par Davenne et suivies par la voirie) sont préférables.

Les harpes latérales dans le mur de face doivent avoir alternativement $0^m,30$ et $0^m,15$.

Les jambes boutisses peuvent être appareillées en besace, lorsqu'elles ne portent ni poitrails ni filets.

Constructions qui doivent être munies de jambes étrières. Toute construction neuve en bordure de la voie publique, élevée de plus d'un étage au-dessus du rez-de-chaussée, doit être munie de jambes étrières ou boutisses en pierre dure.

(1) Ces grandes mesures sont indiquées par Desgodets, mais la voirie ne les impose que de $1^m,15$ et de $0^m,98$.

Lorsque les constructions s'élèvent à l'intérieur ou dans une voie privée, l'obligation des jambes étrières n'en existe pas moins, mais l'Administration se montre dans ce cas plus tolérante.

S'il s'agit, non d'une construction nouvelle, mais d'un exhaussement, les jambes étrières ne sont demandées même pour un bâtiment élevé de plus d'un étage au-dessus du rez-de-chaussée que si la solidité du bâtiment et la sécurité publique les font juger nécessaires.

Jambes obligatoires en pierre. Dans tout bâtiment élevé, soit à l'intérieur, soit en bordure d'une voie, les jambes portant poitrails et filets sont seules obligatoires en pierre. Il en est de même pour les piédroits d'un arc ayant plus de 2 mètres de portée.

Distance maximum entre deux points d'appui. Est de 3 mètres ; lorsqu'un poitrail doit franchir un espace de moins de 2 mètres, il est considéré comme linteau et les points d'appui qui le supportent ne sont pas obligatoires en pierre.

Jambe étrière ancienne défectueuse. Lorsqu'un propriétaire élève ou exhausse une maison à côté d'une construction ancienne dont la jambe étrière n'est pas réglementaire ou est absente, ce propriétaire est, vis-à-vis de l'Administration, tenu de la mettre en état, sauf son recours contre le voisin, s'il y a lieu. Si le dosseret seul était défectueux, on pourrait y suppléer par une colonne en fonte.

Nous donnons (fig. 428) le croquis d'une jambe étrière posée sur un libage en pierre dure de Lérouville. Ce libage couronne un mur en meulières servant de fondation ; ce mur en meulière est lui-même posé sur une couche de béton qui occupe le fond de fouille. La même figure donne un exemple d'une pile intermédiaire en pierre reliée et posée sur de petits matériaux (meulières), formant la masse du mur mitoyen.

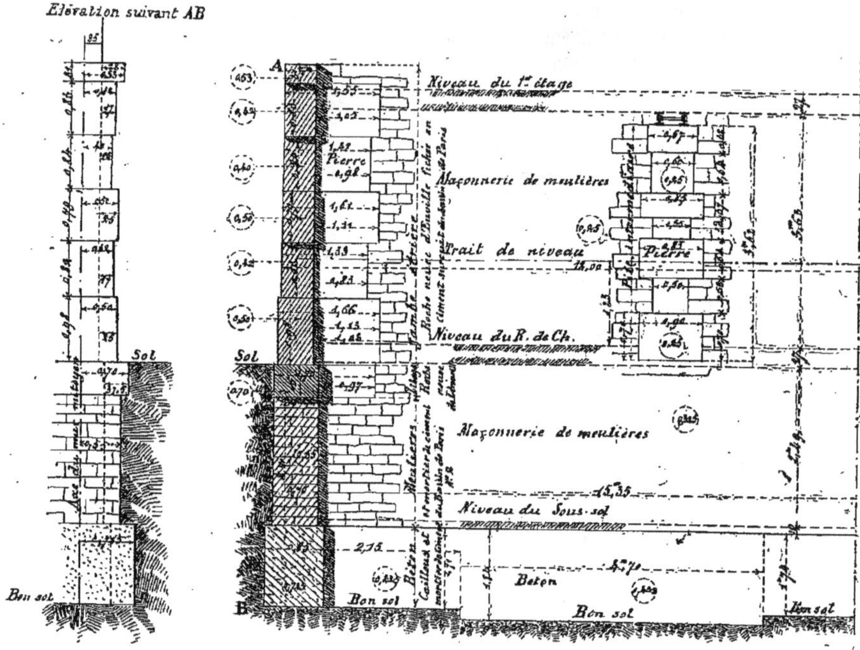

Fig. 428.

Dans l'exemple que nous donnons (*fig.* 428) la pile intermédiaire commence un peu au-dessous du sol du rez-de-chaussée, elle repose dans toute la hauteur du sous-sol et des fondations sur des meulières et du béton. Dans le cas d'un mur mitoyen construit en moellons, il est prudent de descendre la pile en pierre jusqu'au fond de fouille, car si l'entrepreneur, par mégarde ou par économie, employait des moellons tendres, il se produirait, par suite d'une forte charge, des tassements qui pourraient avoir des suites fâcheuses.

Remarques sur les murs mitoyens. Tuyau de fumée dans un mur mitoyen. La Société centrale des Architectes dit, dans son *Manuel des lois des bâtiments*, relativement aux tuyaux de fumée incorporés dans un mur mitoyen : « Il n'est pas permis de faire dans les murs mitoyens des tranchées horizontales ou verticales pour y encastrer des pièces de bois en longueur et en hauteur ; à plus forte raison ne peut-on faire dans les murs mitoyens des tranchées devant demeurer vides (car qu'est-ce qu'une cheminée dans un mur, si ce n'est une tranchée?) et devant encore servir de conduit pour l'émission de la fumée d'un foyer quelconque dont l'action destructive est patente, sans compter le danger d'incendie qui résulte d'une disposition semblable. Il est donc évident d'après ce qui précède, qu'il ne faudra pas laisser établir de tuyau de fumée dans un mur séparatif devenu mitoyen par l'un des propriétaires. »

Tuyau de chute dans un mur mitoyen. L'encastrement d'un tuyau de chute dans un mur mitoyen est une contravention à la loi, et le voisin est fondé à demander la suppression de ce tuyau dont les inconvénients peuvent d'ailleurs être très grands, si les collets viennent à se dégrader pour une cause quelconque, soit par suite d'un effet de tassement, soit par suite d'une exécution défectueuse.

Mur mitoyen repris en sous-œuvre. Lorsqu'un propriétaire veut établir une cave sous sa maison et que le mur séparatif d'avec le voisin doit être repris en sous-œuvre pour l'établissement de cette cave, tous les travaux nécessaires à la reprise: maçonnerie, charpente et autres s'il y a lieu, doivent être payés par celui qui fait la cave.

Si en découvrant les fondations du mur mitoyen avant de faire la reprise, il est reconnu que ce mur est assis sur un sol insuffisant, les deux voisins doivent participer, chacun pour moitié, dans les travaux de reprise du dit mur jusqu'au sol qui aurait été suffisamment solide dans le cas où l'un des voisins n'aurait pas fait de cave. Si les voisins sont contraires en fait, une expertise est nécessaire. Lorsqu'un propriétaire se trouve dans l'obligation de reconstruire le mur mitoyen à ses frais exclusifs, il doit réparer chez le voisin les dégâts causés par le fait de cette reconstruction, rétablir les lieux chez le voisin dans leur état primitif, et le garantir des indemnités qui peuvent être dues à ses locataires aux termes de l'article 1724 du Code civil.

Mur mitoyen. — Reconstruction dans l'intérêt d'un des copropriétaires. — Étais et raccords.

446. Un mur mitoyen, non conforme aux usages, même défectueux, mais qui est suffisant cependant pour les deux constructions existantes qu'il sépare, ne peut être démoli et reconstruit à la charge des deux propriétaires, lorsque la démolition et la reconstruction n'ont lieu que dans l'intérêt exclusif de l'un des deux copropriétaires qui fait élever un bâtiment plus important. Dans ce cas, tous les frais d'étais et de raccords, dans la propriété voisine, sont à la charge du copropriétaire qui fait construire (article 659 du Code civil).

447. *Réparations et reconstruction d'un mur mitoyen.* — En tous lieux, villes, faubourgs et campagnes, le copropriétaire d'un mur ne peut réparer ou reconstruire ce mur sans le consentement de l'autre copropriétaire : mais il a action contre lui pour le contraindre à y coopérer, si le mur est mauvais ; et il peut, après sommation, et si le refus est jugé mal fondé, être autorisé par justice à faire faire les travaux et à en répéter le coût contre l'autre copropriétaire, en proportion de l'intérêt que chacun a au mur, sauf la faculté d'abandonner la mitoyenneté.

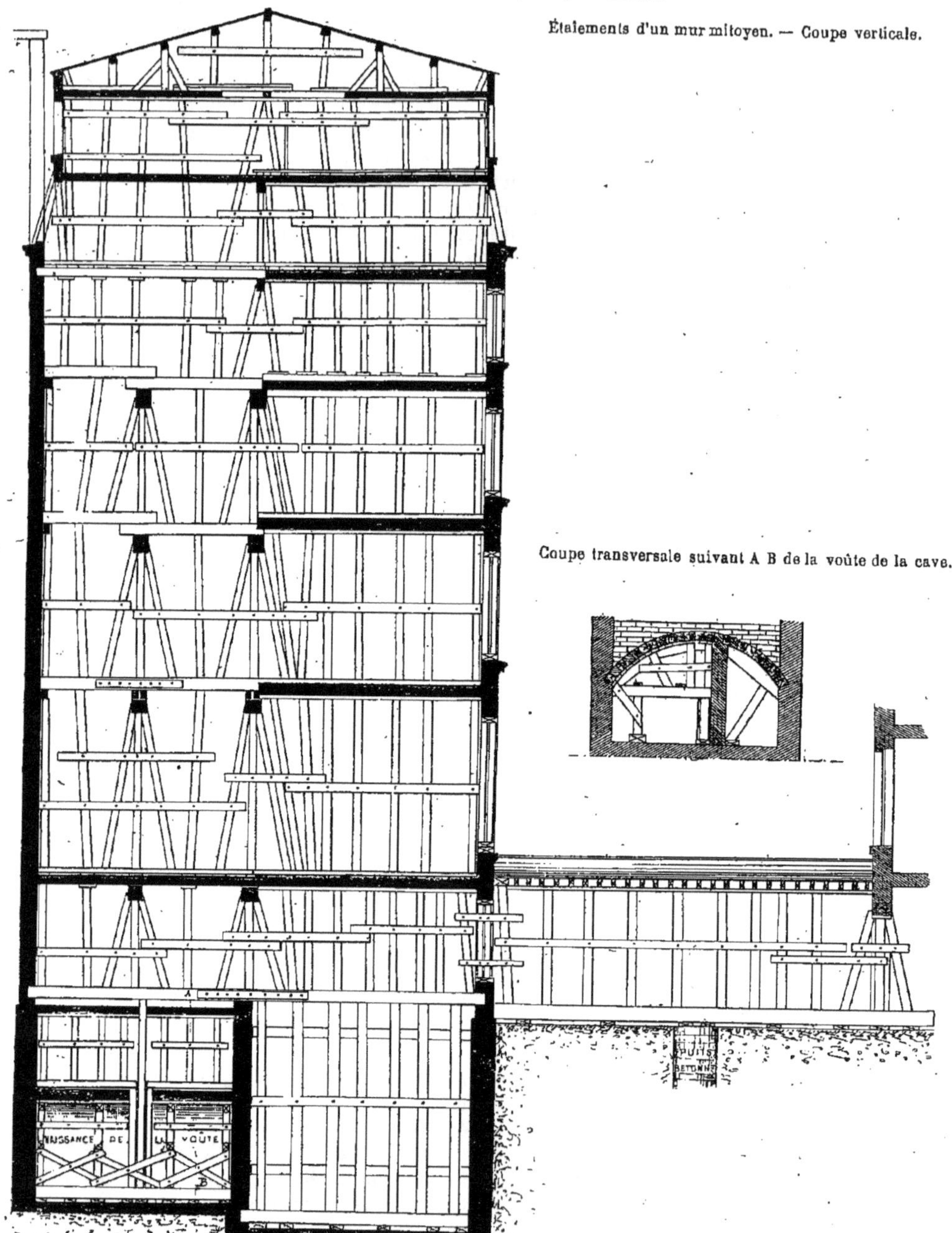
Étaiements d'un mur mitoyen. — Coupe verticale.
Coupe transversale suivant A B de la voûte de la cave.
NAISSANCE DE LA VOUTE
A
B
PUITS BETONNÉ

Fig. 429.

Si la nécessité de réparer ou de reconstruire provenait du fait de l'un des voisins, les frais des travaux seraient entièrement à sa charge, et il pourrait, suivant les circonstances, être tenu d'indemniser son copropriétaire. Si, sur la sommation à lui faite, il n'exécutait pas les travaux nécessaires, la justice l'y contraindrait et lui assignerait un délai, passé lequel, le copropriétaire serait autorisé à y procéder et à en répéter le prix contre lui, sur la présentation des mémoires. Les frais de réparation et de reconstruction du mur mitoyen sont supportés par tous les cointéressés, chacun en proportion de son droit. Les portions de mur non communes sont à la charge de celui qui en a la propriété exclusive.

Si l'intérêt des deux voisins exigeait que le mur fût fortifié, l'excédent d'épaisseur serait fourni et payé par moitié entre eux. Mais, si, assez bon pour l'usage qu'on en fait, ce mur ne se trouve pas assez fort pour y construire, celui qui en a besoin peut le démolir, le reconstruire et le fortifier, mais à ses frais.

Celui qui veut démolir et reconstruire doit se munir pour cela du consentement du copropriétaire ou d'une autorisation de justice, et toutes les indemnités, toutes les dépenses occasionnées par cette entreprise, doivent être supportées par lui seul, y compris les frais d'étaiement chez le voisin et ceux de clôture provisoire.

Celui qui démolit ou reconstruit est tenu de hâter l'exécution des travaux de manière que le voisin en souffre le moins longtemps possible. Il est bon que le temps nécessaire pour l'exécution des travaux soit préalablement fixé par experts. Si ce temps est excédé, il y a lieu à dommages-intérêts à raison de la prolongation de privation de jouissance qui aurait pu être évitée.

La reconstruction d'un mur mitoyen peut être exigée, lorsque ce mur se trouve ou menace de se trouver prochainement hors d'état de servir à l'usage auquel il est destiné.

Charges de la mitoyenneté. Réparation et reconstruction du mur mitoyen à la charge de tous ceux qui y ont droit, et proportionnellement au droit de chacun (art. 655 et 659). Bien qu'un mur soit construit avec des matériaux défectueux et sans aplomb régulier, si néanmoins il est suffisant pour les constructions existantes, celui des copropriétaires qui le fait démolir et reconstruire dans son intérêt personnel doit supporter seul les frais de ces travaux. (Cassation civile, 18 mars 1872.) L'excédent d'épaisseur se prend du côté du propriétaire qui reconstruit. (Code civil, art. 659.)

L'abandon du droit de mitoyenneté est facultatif pour se dispenser de contribuer aux réparations ou reconstruction d'un mur mitoyen (art. 656), à la condition d'abandon par le voisin de la moitié du mur, même à l'égard des murs de clôture forcée. (Cassation civile, 3 décembre 1862.)

Étaiements. Nous donnons (*fig.* 429) la disposition des étaiements à faire pour la reconstruction d'un mur mitoyen. Il est évident que chaque mur réclamera un étaiement différent et étudié spécialement suivant les planchers et les charges à soutenir, nous ne donnons celui de la figure 429 que comme renseignement et comme une disposition possible.

§ IX. — ÉCHAFAUDAGES EMPLOYÉS POUR LA CONSTRUCTION DES MURS. — DIVERS TYPES

448. Nous ne donnons dans ce court exposé, que les types simples d'échafaudages construit par les maçons eux-mêmes en réservant les échafaudages plus compliqués, et dans lesquels il entre des assemblages, pour les traiter au chapitre *Charpente*. Les échafaudages établis sur la voie publique sont assujettis à certaines formalités qu'il est utile de connaître.

ORDONNANCE CONCERNANT LES ÉCHAFAUDAGES FIXES OU MOBILES ÉTABLIS SUR LA VOIE PUBLIQUE.

Paris, le 1er décembre 1878.

Nous, préfet de police;

Vu : 1° la loi des 16-24 août 1790 ;

2° L'arrêté des consuls du 12 messidor an VIII ;

3° L'ordonnance de police du 25 juillet 1862, concernant la sûreté, la liberté et la commodité de la circulation.

Échafaudages fixes scellés ou non dans les murs de face.

ARTICLE 1er. — Tout échafaudage fixe, scellé ou non dans un mur de face, et portant sur le sol, aura ses planchers garnis de garde-corps, sur les trois côtés faisant face au vide.

ART. 2. — Les planches placées en travers des boulins horizontaux pour former plancher, devront être posées jointives et être assez longues pour porter au moins sur trois boulins.

ART. 3. — Les garde-corps auront, 0m,90 de hauteur au moins ; ils seront ou pleins ou composés d'une traverse d'appui solidement fixée : quand ils ne seront pas pleins ; le plancher devra être entouré d'une plinthe ayant au minimum 0m,35 de hauteur.

ART. 4. — Tout échaufaudage fixe dont la hauteur au-dessus du sol dépassera 6 mètres, sera muni d'un plancher de sûreté construit dans les conditions indiquées à l'article 2 ci-dessus, et posé à 4 mètres environ au-dessus du sol de la rue.

ART. 5. — Partout où travailleront des ouvriers sur un échafaudage fixe, il sera disposé des toiles pour arrêter les poussières et empêcher la chute sur la voie publique des éclats de pierre ou de plâtre.

Échafaudages fixes en bascule

ART. 6. — Les pièces posées en bascule pour recevoir l'échafaudage seront de fort équarrissage, si elles sont en charpente; de gros échantillon, si elles sont en fer. Elles recevront un plancher de madriers qui reposeront sur trois traverses au moins.

Les dispositions des articles 1, 2, 3 et 5 ci-dessus sont applicables aux échafaudages établis en bascule.

Échafaudages mobiles suspendus

ART. 7. — Tout échafaudage mobile aura son plancher garni d'un garde-corps sur ses quatre faces et sera suspendu par trois cordages au moins.

ART. 8. — Le plancher; qu'il soit en métal ou en bois, sera composé de fortes pièces solidement assemblées.

ART. 9. — Les garde-corps seront composés d'une traverse d'appui posée à la hauteur de 0m,90 sur les trois côtés faisant face au vide, et de 0m,70 sur le côté faisant face à la construction. Cette traverse sera portée par des montants espacés de 1m,50 au plus, et solidement fixés au plancher. En outre, il y aura par le bas une plinthe de 0m,25 de hauteur au moins.

Cet ensemble de plancher et de garde-corps formant ce qu'on appelle *la cage* devra être assemblé et rendu fixe dans toutes ses parties avant la suspension.

ART. 10. — Les cordages de suspension s'adapteront à des étriers en fer passant sous le plancher, garni en haut d'un crochet en spirale, et établis de manière à supporter par un épaulement externe la traverse supérieure du garde-corps.

Ils se manœuvreront par des moufles amarrées ou fixées aux parties résistantes de la construction, telles que murs-pignons ou de refend, souches de cheminées, arbalétriers et pannes des combles, etc. Les chevrons, balcons, barres d'appui ou autres parties légères de la construction ne pourront, dans aucun cas, servir à cet usage.

Dispositions générales

ART. 11. — Les dispositions qui précèdent ne modifient en rien les prescriptions du titre II de l'ordonnance de police du 25 juillet 1862 relatives aux travaux exécutés dans les propriétés riveraines de la voie publique.

ART. 12. — La présente ordonnance sera imprimée, publiée et affichée.

Le chef de la police municipale, les commissaires de police et les agents sous leurs ordres, ainsi que les architectes de la préfecture de police, sont chargés, chacun en ce qui le concerne, d'en assurer l'exécution.

Définitions. — On donne ordinairement le non d'*échafauds* à des espèces de planchers provisoires supportés par une charpente légère, que l'on établit sur les ateliers de maçonnerie, pour faciliter le travail, et qu'on élève au fur et à mesure que la construction monte. Il faut veiller scrupuleusement à ce que les échafauds soient combinés et établis avec la plus grande solidité. Cette solidité doit être suffisante pour supporter les ouvriers qui travaillent sur ces échafauds, plus les matériaux qui peuvent y être accumulés. La vie des ouvriers dépend du soin apporté à ces détails, qui semblent secondaires ; la jurisprudence rend l'entrepreneur responsable des accidents dus à l'imperfection des échafaudages. Il n'est malheureusement pas rare de voir des ouvriers tués ou blessés par suite de l'insouciance apportée à l'établissement de ces planchers auxiliaires sur lesquels les ouvriers exposent leur vie pendant la plus grande partie de la durée des travaux.

Les échafaudages qui réclament l'emploi de bois de charpente avec des assemblages et maintenus par des boulons en fer sont réservés pour les monuments et les édifices publics qui demandent toujours plusieurs années pour leur complet achèvement.

Dans ces grands ouvrages, la dépense des bois est considérable; des dispositions intelligentes peuvent amener des économies notables non seulement sur le cube de la matière première employée, mais encore sur la main-d'œuvre, en rendant plus accessibles toutes les parties du chantier, et plus faciles toutes les manœuvres. C'est par là que commence tout œuvre de construction; c'est d'après ce premier échantillon de son savoir faire que les agents et les ouvriers conçoivent de leur chef cette première impression, qui, en toutes choses, a une grande importance et aplanit pour l'avenir bien des difficultés, si elle est favorable.

Pour les maisons particulières et les petites constructions en général on peut donner une grande légèreté aux échafauds tout en les construisant suffisamment solides pour éviter tout accident. C'est sur ces derniers que nous donnerons quelques détails dans ce chapitre.

Diverses espèces d'échafauds construits par les maçons

449. On peut diviser les échafauds en trois types qui sont les plus souvent employés :

1° *Les échafauds sur plans verticaux*, servant à construire les murs, les pans de bois, les cheminées et qui servent aussi à faire les ravalements de toute nature ;

2° *Les échafauds sur plans horizontaux*, pour construire les plafonds et faire les rejointoiements et enduits de voûtes ;

3° *Les échafauds volants*, employés pour faire les ravalements partiels ou autres ouvrages qui n'ont pas besoin d'être échafaudés de fond.

Avant de commencer l'étude de ces trois espèces d'échafauds il est utile de dire quelques mots des matériaux nécessaires à leur établissement et qui sont : les *cordages ou troussières*, les *échasses* ou *écoperches*, les *boulins*, les *planches*, les *échelles*, les *chevalets*.

Cordages. Les cordages employés sur les chantiers de maçonnerie sont désignés sous différents noms, suivant leur grosseur.

Par exemple : les *câbles*, les *câbleaux*, les *cordages à main ou troussières*, et les *lignes* ou *cordeaux* dont nous avons déjà parlé.

Câbles. Ce sont de gros cordages destinés à élever les matériaux à l'aide de chèvres, de treuils, etc. ou qui servent à fixer ces appareils et à les attacher solidement. Le diamètre des câbles varie de $0^m,025$ à $0^m,05$.

Câbleaux. Ce sont des câbles d'un petit diamètre qui servent ordinairement pour les treuils ou les moufles.

Cordages à main ou troussières. Ce sont des cordes de $0^m,01$ à $0^m,015$ de diamètre et de 2 à 5 mètres de longueur qui sont employées pour relier entre elles les différentes pièces des échafauds. On a cherché à remplacer ces cordages par des appareils formés par des pièces en fonte et des chaînes, mais les maçons préfèrent encore le vieux système, qui consiste à retenir les échafauds avec des cordages.

Lignes et cordeaux. Ce sont de petites cordes de 2 à 5 millimètres de diamètre dont se servent les maçons pour implanter les murs et dresser les parements. Le petit cordeau retors employé pour le *plomb* se nomme *fouet*.

Échasses ou écoperches. — On désigne sous ces noms des pièces de bois de brin (aune ou sapin) assez légères pour être manœuvrées facilement. Elles ont de 5 à 10 mètres de longueur, de $0^m,15$ à $0^m,25$ de diamètre au pied et se terminent en haut par une pointe. Le diamètre utilisé ne doit pas avoir moins de 7 à 8 centimètres. Ces échasses sont dressées verticalement et servent à supporter les planches des échafauds.

Boulins. — On désigne sous le nom de boulins des morceaux de bois rond (aune ou chêne) de $2^m,50$ de longueur, de $0^m,10$ à $0^m,15$ de diamètre, que l'on emploie pour former les traverses horizontales des échafauds. Les boulins en chêne sont préférables et résistent bien, ceux en aune se cassent quelquefois très facilement sous de faibles charges. On désigne sous le nom de *morizets*, des boulins de $4^m,00$ de longueur qui servent à exécuter les échafauds pour faire les plafonds. Avant de se servir des boulins et des échasses il faut s'assurer de leur solidité et bien éviter de se servir de bois pourris ou échauffés.

Planches. — Les planches que l'on emploie à la construction des échafauds ont ordinairement 4 mètres de longueur, $0^m,30$ à $0^m,35$ de largeur, et $0^m,04$ à $0^m,05$ d'épaisseur. Pour les empêcher de se fendre, on cloue en trois points de leur longeur des bandelettes en fer feuillard.

Échelles. — Les échelles peuvent à elles seules constituer des échafaudages, on peut même dire que de tous les échafaudages, les plus simples et les plus usuels sont les échelles. Elles sont trop connues pour que nous ayons de longs développements à donner à ce sujet.

Elles se construisent avec des dimensions très diverses ; les montants des plus grandes dont on se sert dans les chan-

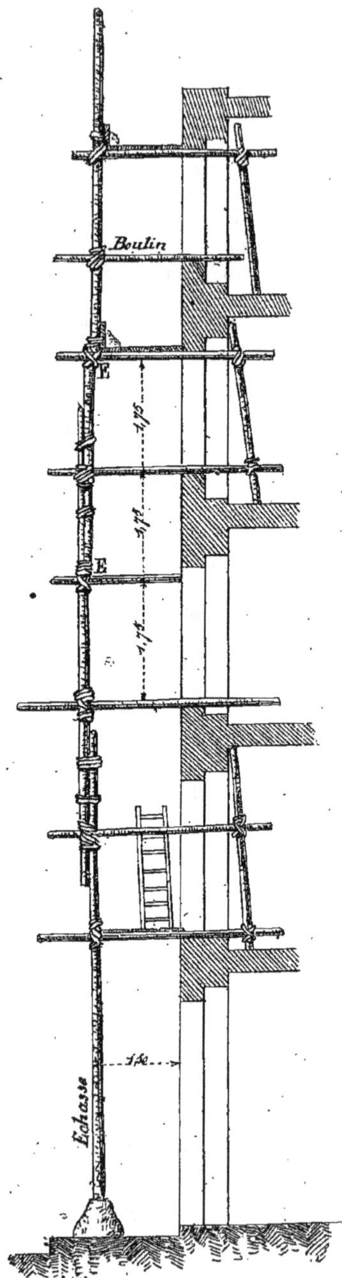

Fig. 430.

tiers de construction sont en bois de brin. Les échelons, écartés les uns des autres de $0^m,28$, sont en bois de charme ou d'aune renflés au milieu et amincis aux extrémités pour se fixer dans les deux montants ; ces derniers sont maintenus à un écartement invariable par des boulons en fer. L'inclinaison minimum à donner aux échelles pour faciliter le montage est environ le 1/4 de leur longueur. Lorsque les échelles sont longues et que les charges qu'elles ont à supporter sont grandes, on les étançonne en leur milieu à l'aide de deux écoperches, qu'on relie et qu'on dispose en arcs-boutants derrière les échelles.

Chevalets. Les chevalets sont de petits appareils très simples, avec lesquels on peut installer rapidement des échafaudages considérables, pourvu qu'on en ait un nombre suffisant à sa disposition. Tels sont les ponts de chevalets qui servent au passage des armées sur les cours d'eau de moyenne profondeur.

Ces appareils suffisent aux maçons, plâtriers et plafonneurs dans les habitations ordinaires, pour atteindre toutes les parties d'une pièce. Ils emploient aussi des montants à patins percés de mortaises ou munis de taquets pour supporter leurs planchers provisoires. On peut établir des échafauds très élevés au moyen des chevalets, à la condition de les consolider avec des cales, des liens de corde et des entretoises ; autrement ils manqueraient de stabilité.

1° *Échafauds sur plans verticaux.* La construction de ces échafauds est très simple ; on commence par placer verticalement, comme l'indique la figure 430, à $1^m,50$ du pied du mur, à construire des échasses espacées entre elles de 2 mètres ; on scelle leur pied, soit dans le sol ou simplement au-dessus du sol au moyen de petits massifs en moellons et plâtre que l'on désigne sous le nom de *patins.* Tous les $1^m,75$ de hauteur environ et au fur et à mesure que la construction s'élève, on place horizontalement des boulins, qu'on lie d'un bout aux échasses au moyen de cordages à mains, et que, de l'autre, on scelle de $0^m,10$ au moins dans le mur. Sur ces boulins, on place des planches en évitant des bascules ; l'échafaud se monte ainsi successivement transportant les planches d'un étage à l'autre à mesure que la maçonnerie s'élève, mais ayant soin de laisser tous les boulins en place pour consolider les écoperches. On fera bien de réserver à chaque étage de boulins un rang de planches pour faciliter le travail si l'on a des alignements ou des aplombs à relever.

Quand les échasses sont trop courtes on les prolonge par d'autres reliées solidement aux premières et dont les pieds doivent autant que possible reposer sur des boulins horizontaux.

En E (*fig.* 430), nous voyons un exemple de deux échasses assemblées. On peut, sur ces nouvelles échasses, continuer l'échafaud comme si elles étaient d'une seule pièce.

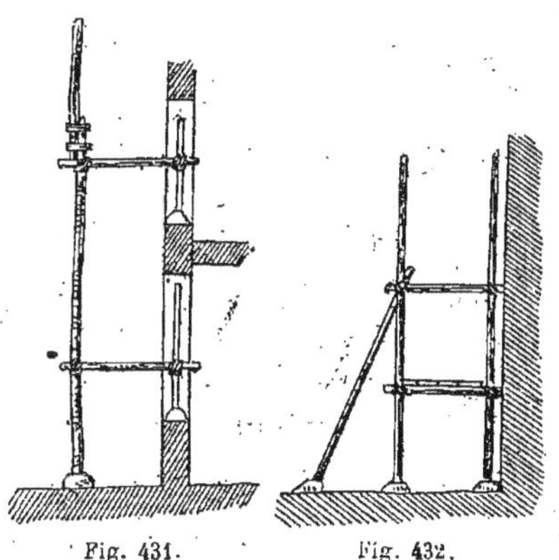

Fig. 431. Fig. 432.

Si la maçonnerie qu'on élève est en pierre de taille, il est impossible de sceller les boulins directement dans le mur comme on le fait pour des murs en moellons, briques ou meulières, il faut alors adopter d'autres dispositions. On place les écoperches en face des fenêtres, et sur les appuis de celles-ci (*fig.* 431) on place fixés dans des patins des boulins verticaux sur lesquels on lie les boulins horizontaux. Si les fenêtres sont trop espacées on met deux rangs d'écorperches et les boulins vont d'un rang à l'autre comme l'indique la figure 432 ; on maintient alors par des étais.

2° *Échafauds sur plans horizontaux.* Pour faire les plafonds, on se sert d'échafauds horizontaux, on pourrait aussi se servir de chevalets. Pour établir un échafaud sur plan horizontal, pour un plafond par exemple, on place debout des boulins le long de deux murs opposés de la pièce à plafonner, en les espaçant de 2 mètres environ l'un de l'autre ; à ces boulins et au point *a*, comme le montre la figure 433, on lie des traverses horizontales, sur lesquelles on pose le plancher de l'échafaud. Ces traverses sont le plus souvent formées par des écoperches ou des morizets que l'on assemble lorsqu'elles sont trop courtes, comme l'indique la figure 433 au point *b*.

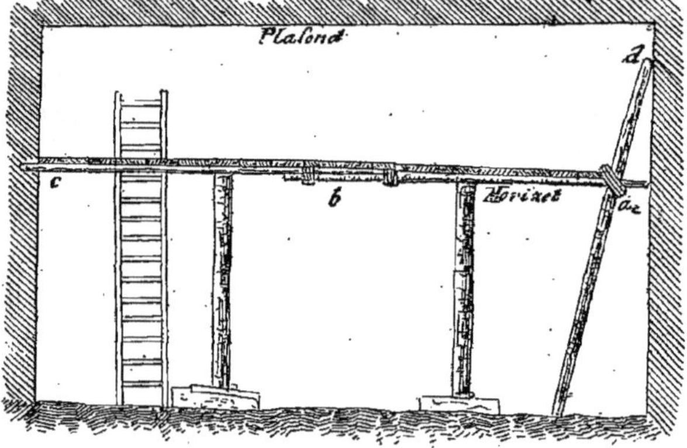

Fig. 433.

Il faut soutenir ce plancher par des boulins verticaux pour lui donner une solidité suffisante et en rapport avec le travail qu'on doit exécuter dessus.

L'échafaud est placé de manière que le plafond soit à une distance maxima de 6 à 7 centimètres au-dessus de la tête des hommes ; un plus grand intervalle rendrait le travail fatigant et difficile, surtout pour faire les enduits de plafonds. Quand le mur est construit en petits matériaux, il est préférable de sceller les morizets dans ces murs comme nous l'indiquons en *c* (*fig.* 433), on évite ainsi les raccords d'enduit que l'on doit faire en *d* sur une certaine hauteur, car on se trouve gêné par les boulins tous les 2 mètres.

Le plancher placé sur les boulins horizontaux doit être assez soigné et sans ressauts pour que les ouvriers puissent courir dessus sans danger, la prise rapide du plâtre exigeant de la part des ouvriers toute leur attention.

3° *Échafauds volants.* Lorsqu'il n'y a pas de place pour mettre les écoperches sur la rue ou sur le trottoir, dans une rue étroite et très fréquentée par exemple, si on peut disposer du premier étage, on établit un échafaud en bascule (*fig.* 434). On se sert, pour la construction de cet échafaud, de fortes pièces de bois P posées horizontalement sur les appuis des fenêtres. On s'oppose à leur mouvement de

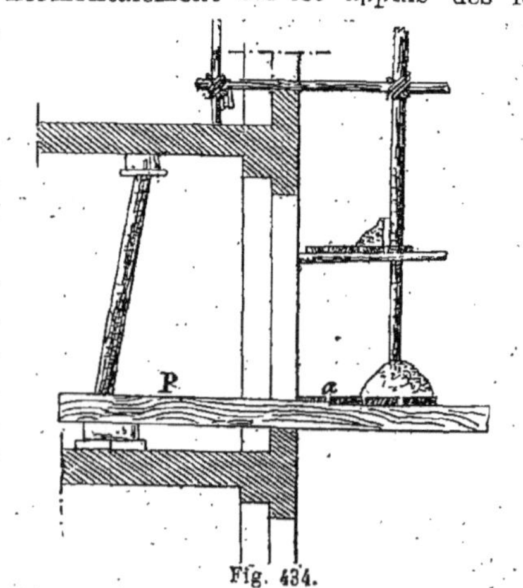

Fig. 434.

bascule en les calant sur le plancher et en les serrant au-dessus à l'aide d'un boulin ou d'un poteau dont l'extrémité supérieure s'appuie sous le plafond. En *a*, on peut établir un premier plancher; puis, à une distance convenable du mur, on scelle les pieds des échasses avec de forts patins en plâtre, comme on le ferait sur le sol. S'il n'y a qu'un seul plancher à établir, pour une réparation, par exemple, on peut remplacer les pièces de bois P par de forts morizets, dont on empêche le mouvement de bascule en les attachant simplement après un boulin vertical s'appuyant sur le plancher et sous le plafond.

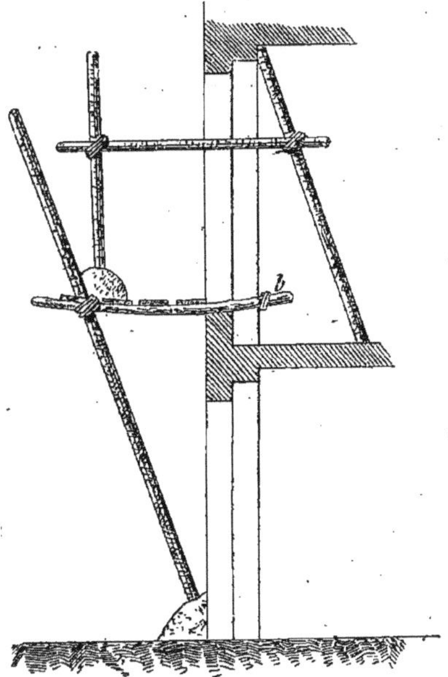

Fig. 435.

Deux autres dispositions employées pour les échafaudages volants sont indiquées *fig.* 435 et *fig.* 436. On supporte la partie extérieure des premiers boulins horizontaux par des boulins inclinés dont les pieds peuvent être ou enfoncés dans le sol ou scellés dans des patins en plâtre.

Les boulins *b* (*fig.* 435) peuvent aussi être simplement scellés dans la maçonnerie, comme dans cette disposition il y aurait une force qui tendrait à détacher l'échafaud du mur, pour éviter tout mouvement, on scelle avec le plus grand soin, dans le mur, les boulins du premier rang, et il convient même de fixer à chacun une patte en fer qui tienne dans le scellement.

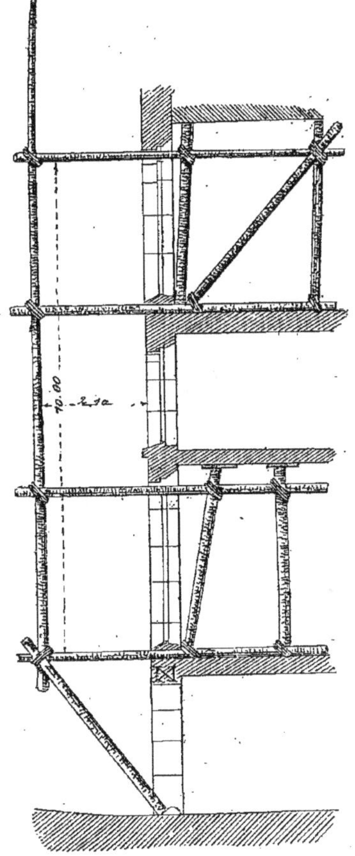

Fig. 436.

Comme exemple de l'application des échafaudages à une construction, nous donnons (*fig.* 437) une vue d'ensemble des échafaudages employés pour une maison

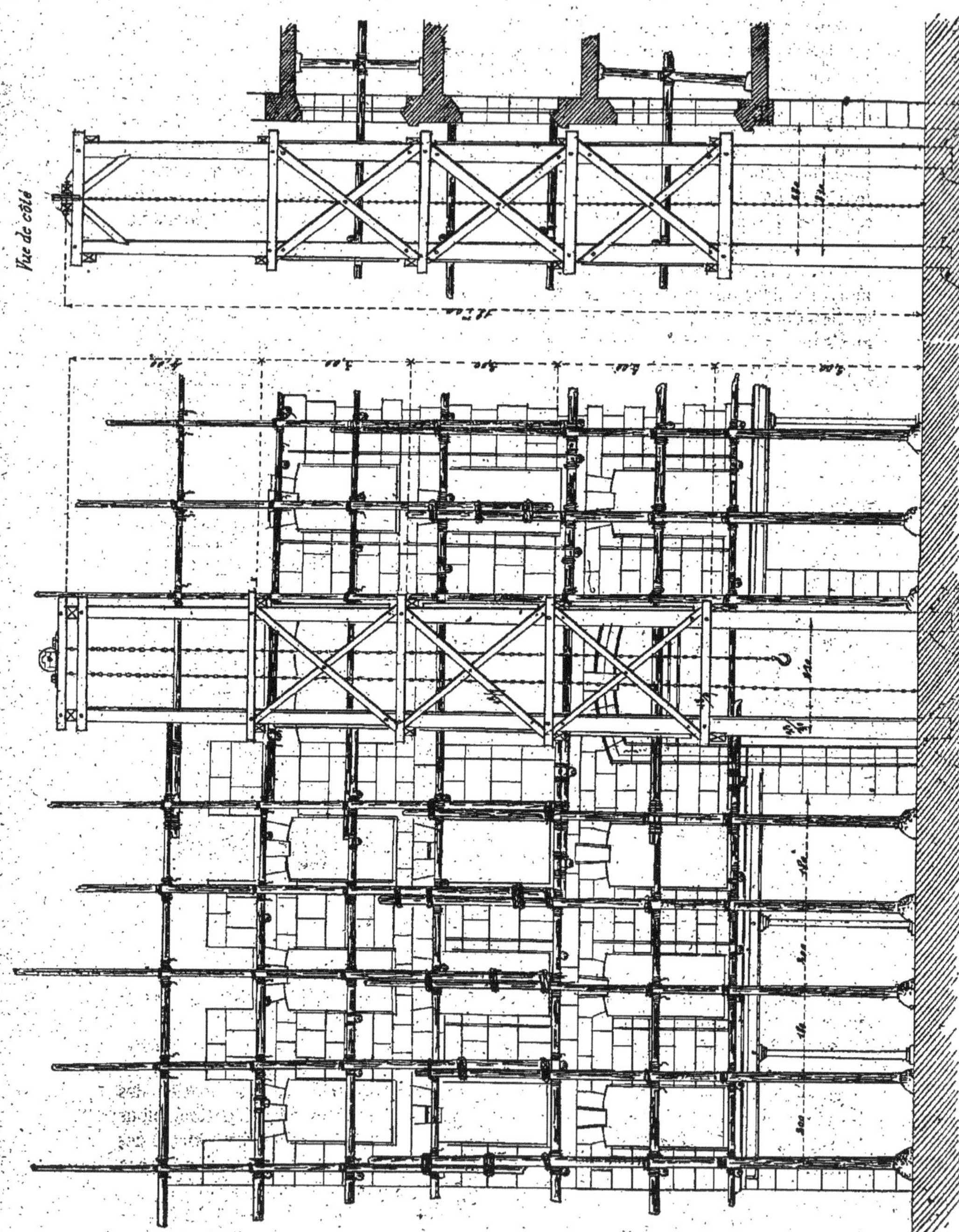
Vue de côté
Élévation

à plusieurs étages, avec la position de la sapine destinée à monter les matériaux.

Pour terminer les échafaudages volants, il nous reste à dire quelques mots de la *corde à nœuds* que l'on fixe à la partie supérieure d'un mur en la laissant pendre sur le parement à réparer. L'ouvrier se place sur une petite sellette en bois, garnie de deux bretelles qui passent une de chaque côté de l'ouvrier pour venir s'accrocher à la corde à l'aide d'agrafes en fer dont elles sont garnies; au-dessous des genoux se trouvent fixées des lanières, également armées d'agrafes qui s'accrochent aussi à la corde. Le diamètre de la corde est de 34 millimètres la distance d'axe en axe des nœuds varie de $0^m,30$ à $0^m,40$.

Les maçons se servent peu de la corde à nœuds, les badigeonneurs et les fumistes l'emploient plus souvent. Pour des réparations de peu d'importance on se sert également de boulins liés aux extrémités de deux cordages, comme le montre la figure 438, et réunis par des planches; les cordes s'amarrent solidement à leur autre extrémité sur un corps rigide quelconque. On se sert aussi d'un plancher

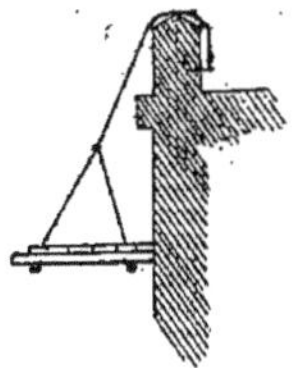

Fig. 438.

mobile suspendu par deux palans à deux poutrelles placées en saillie au haut de la construction; les ouvriers placés sur le plancher le montent ou l'abaissent eux-mêmes.

Dans l'établissement de tout échafaud, on doit éviter d'employer de trop vieux cordages, des cordages usés ou trop minces. Ces cordages devant rester aux intempéries de l'atmosphère pendant des mois entiers doivent pouvoir résister afin d'éviter de fâcheux accidents.

§ X. — DIVERS TYPES DE MURS. — MURS DE SOUTÈNEMENT

450. On donne ordinairement le nom de *mur de terrasse* ou *de soutènement* à tout mur destiné à soutenir la face verticale ou biaise d'un sol naturel.

En général, les terres situées derrière un mur de soutènement sont des terres rapportées qui, mises en tas, prendraient naturellement des inclinaisons variables, suivant leur nature ou leur état, et dépendant uniquement du coefficient de frottement des molécules les unes sur les autres. Ces inclinaisons avec l'horizontale sont les suivantes (on désigne ces angles du talus naturel des terres par α. Contamin, *Résistance des matériaux*) :

Sable fin et sec	$\alpha = 21°$
Sable très fin..............	30 à 33°
Sable de rivière............	33
Terre incohérente très sèche.	39
Terre ordinaire sèche et pulvérisée.....................	47
Même terre légèrement humectée.....................	54
Sol très dense et très compacte.	55

451. Il est également utile de connaître la valeur de l'angle de frottement des terres sur la maçonnerie du mur. Cet angle a une valeur peu différente de α, et, en général, on le suppose égal. On devrait aussi tenir compte de la cohésion des terres, mais elle est loin d'être constante. Les alternatives de sécheresse et d'humidité de froid et de chaud provoquent des gerçures, des fendillements qui modifient constamment la cohésion. On préfère donc ne pas la faire entrer dans les calculs et un mur capable de résister à des terres sans cohésion devra à fortiori résister si elles en ont.

452. Les murs de soutènement peuvent prendre différentes formes. Les plus usitées sont représentées (*fig.* 439, 440, 441, 442.) La figure 439 représente un mur de soutènement dont les parois intérieures et extérieures sont parallèles. La figure 440 donne un exemple de mur de soutènement à paroi verticale d'un côté et à fruit à l'extérieur. La figure 441 montre un mur de soutènement avec fruit à l'extérieur et avec des gradins successifs à l'intérieur. Enfin, la figure 442 donne un exemple de mur de soutènement avec parois courbes.

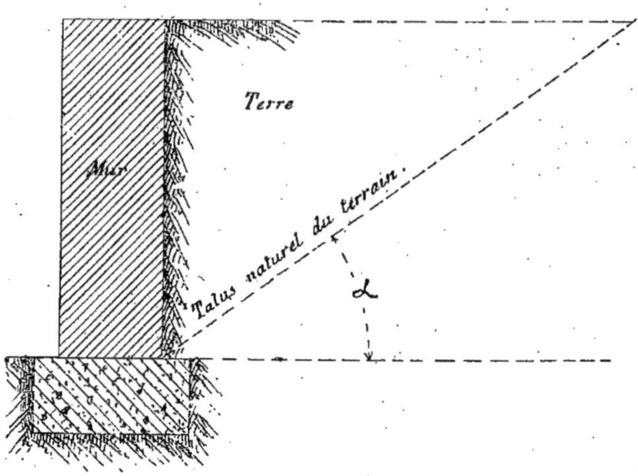

Fig. 439.

453. *Barbacanes.* — Un mur destiné à soutenir de l'eau doit être plus épais que pour soutenir de la terre. Conséquemment, si des eaux de pluie ou autres venaient à délayer la terre derrière un mur de soutènement, elles pourraient, en augmentant la pression, compromettre la solidité du mur. Aussi on prend des précautions pour empêcher les eaux de s'accumuler derrière les murs. On leur facilite l'écoulement en faisant le long du mur des remblais en pierre et, de distance en distance, on laisse, dans le bas du mur, des ouvertures étroites de 0m,50 à 0m,60 de hauteur qui donnent passage à l'eau. Ces ouvertures sont connues sous le nom de *barbacanes*. Quelquefois, on en ouvre à divers points de la hauteur où on peut craindre l'accumulation de l'eau.

454. *Contreforts.* — On consolide souvent les murs de soutènement par des *contreforts* qui sont extérieurs ou intérieurs. Ceux qui sont extérieurs sont plus résistants pour un même cube; ils sont mieux placés au point de vue de la stabilité et ont, de plus, l'avantage d'offrir un motif de décoration. Ceux qui sont à l'intérieur sont plus économiques, les parements restant sans être taillés; ils ne forment pas de saillie à l'extérieur, mais ils ont besoin d'être reliés aux murs d'une façon plus complète.

Les contreforts ont comme résultat de

diminuer le cube de la maçonnerie en augmentant le bras de levier de la résistance. Pour assurer plus de liaison entre le mur et les contreforts, on les réunit fréquemment par un ou plusieurs arcs.

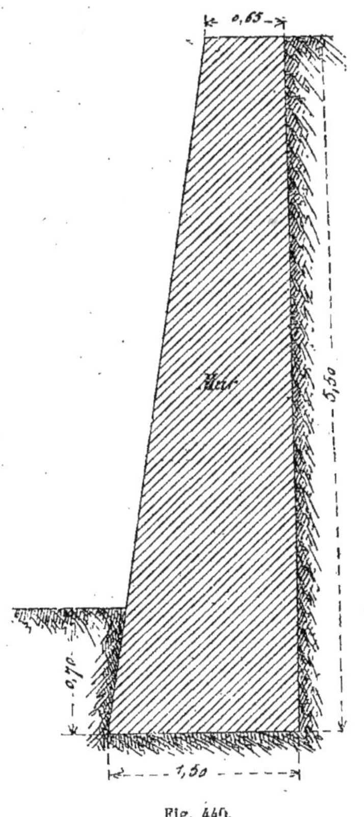

Fig. 440.

Ces arcs sont apparents ou cachés, selon que les contreforts sont intérieurs ou extérieurs. On donne souvent aussi au mur placé entre les contreforts, la forme d'un arc qui lui permet de mieux résister à la poussée des terres.

455. Nous donnons (*fig.* 443) la coupe verticale et le plan d'un contrefort placé à l'extérieur.

Figure 444, la coupe et le plan d'un contrefort placé à l'intérieur.

Figure 445, le plan d'un mur de soutènement ayant la forme de voûtes maintenues par des contreforts.

Il peut arriver que la terre monte plus haut que le mur de soutènement, comme les murs de fortifications (*fig.* 446). Alors il existe une surcharge de terre qui exige une surépaisseur dans le mur de soutènement. Dans certains murs de bâtiments, on place quelquefois des contreforts, par exemple, lorsqu'un pilastre est soumis à des efforts obliques ou horizontaux. On donne alors à la saillie plus de force en

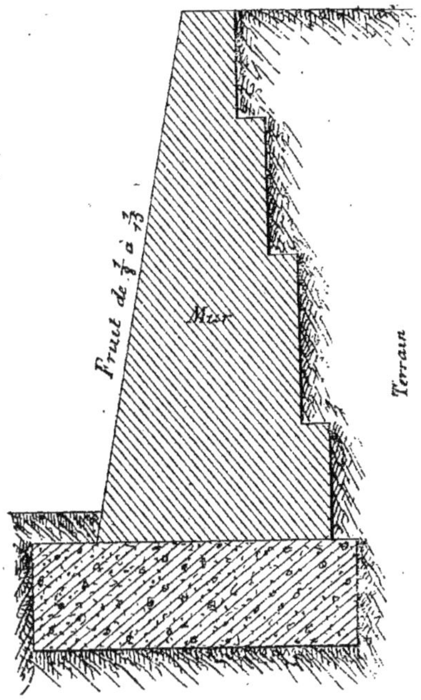

Fig. 441.

bas qu'en haut et on la dispose avec pente (*fig.* 447), ou bien avec des redans successifs comme l'indique la figure 448. Lorsqu'on renforce ainsi un mur par des contreforts, il faut avoir soin de relier le tout le plus intimement possible pour qu'il n'y ait pas séparation. Il faut aussi rapprocher assez les contreforts pour que le mur ne cède pas dans l'intervalle. Ce n'est pas, du reste, le procédé le plus économique, car les contreforts augmentent notablement les angles et les parements, et cela revient souvent plus cher que de donner partout au mur une épaisseur plus considérable. Les contreforts n'ont véritablement leur raison d'être que lorsqu'il y a des points déterminés soumis à des pressions obliques et que le reste n'est qu'un remplissage.

456. *Contre-murs. Obligation de les*

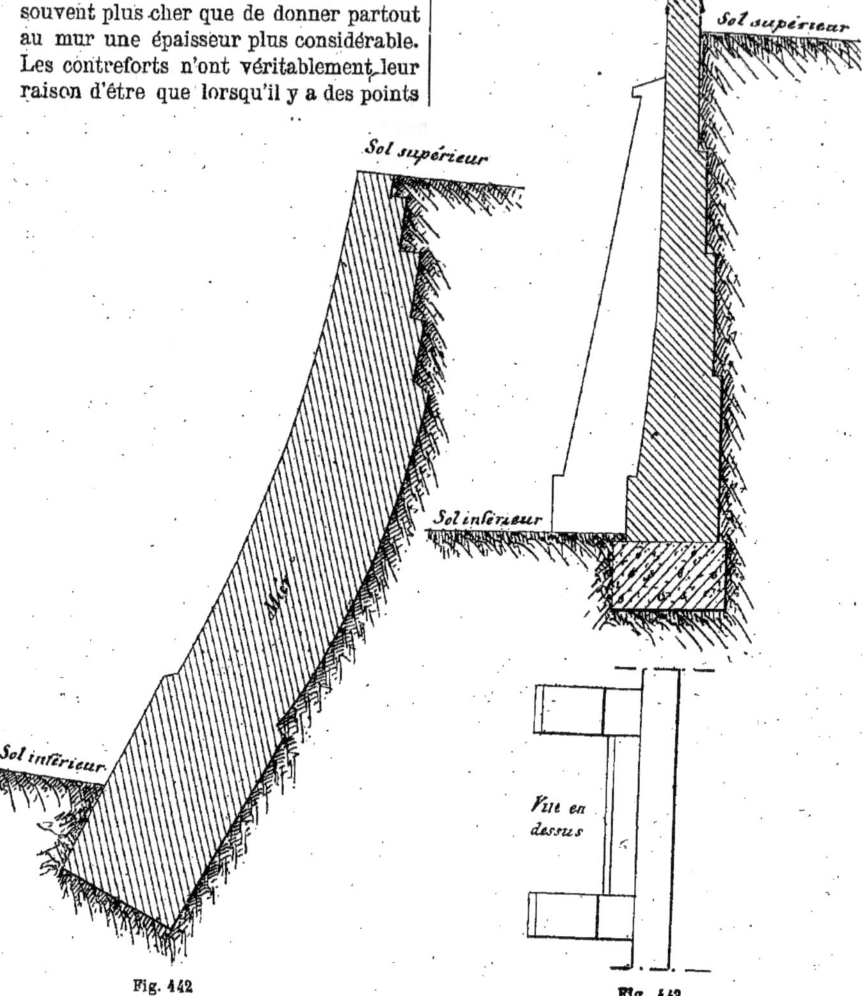

Fig. 442

Fig. 443.

construire. Règlements. — On désigne sous le nom de *contre-mur* un petit mur qu'on construit contre un autre mur pour garantir et fortifier celui-ci.

Le contre-mur n'est exigé qu'autant qu'on veut établir près du mur de clôture ou de séparation, à une distance moindre que celle prescrite par les usages ou les règlements, des ouvrages qui, sans les précautions convenables, pourraient fatiguer ou endommager le mur. Il y a nécessité de faire un contre-mur, toutes les fois que, à proximité d'un mur de clôture, mitoyen ou non, on veut faire des puits, fosse d'aisances, fosse à chaux ou à fumier,

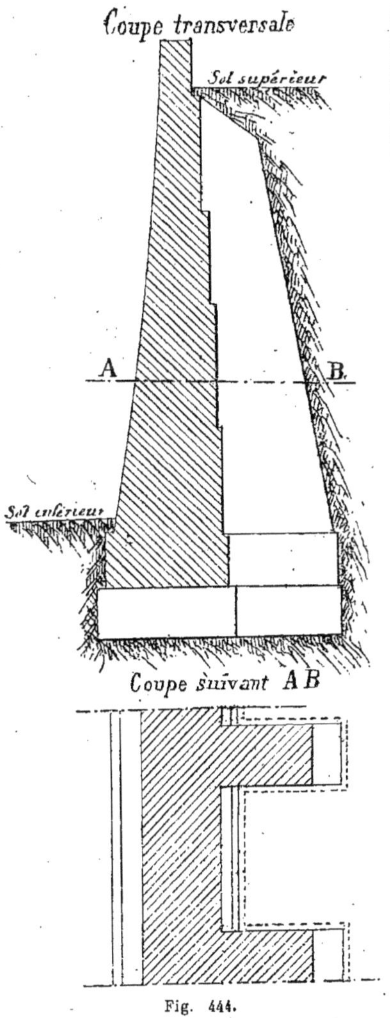

Fig. 444.

cave, cheminée, âtre, four, forge, fourneau, écurie, étable, bergerie, magasin de sel ou salaison de poisson, etc.

Le contre-mur est également indispensable lorsqu'on veut faire passer un aqueduc le long d'un mur, y adosser ou amonceler des terres, des fers, pierres, bois, fumier, salpêtres, débris d'animaux pour les manufactures et toutes autres matières qui sont ou corrosives, ou susceptibles d'engendrer l'humidité, ou capables par leur poussée, de charger et endommager le mur.

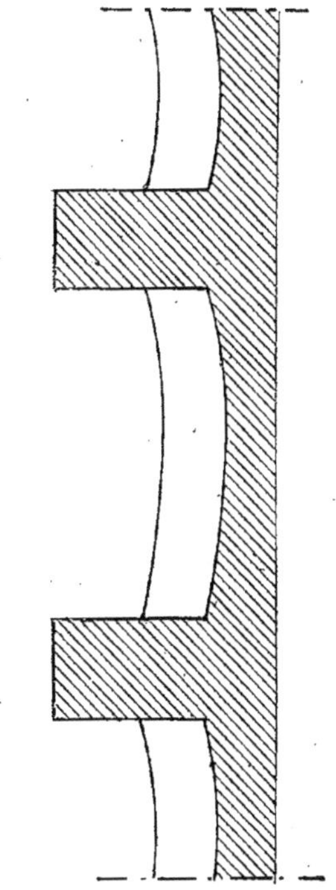

Fig. 445. — Contrefort avec voûtes, vue en plan.

Il faut également faire un contre-mur lorsqu'on veut construire à la limite de deux héritages qui ne sont pas de même niveau.

457. *Règles de la construction d'un contre-mur.* L'épaisseur, l'élévation, la composition, les fondations, en un mot toutes les conditions d'établissement d'un contre-mur dépendent de sa destination. On doit se conformer aux coutumes, usages et règlements de chaque lieu. On admet généralement 0m,21 à 0m,25 d'épaisseur pour des fondations de 0m,60 à 0m,65 de profondeur et une élévation égale à celle de la masse des objets que le contre-mur doit soutenir ou écarter du mur.

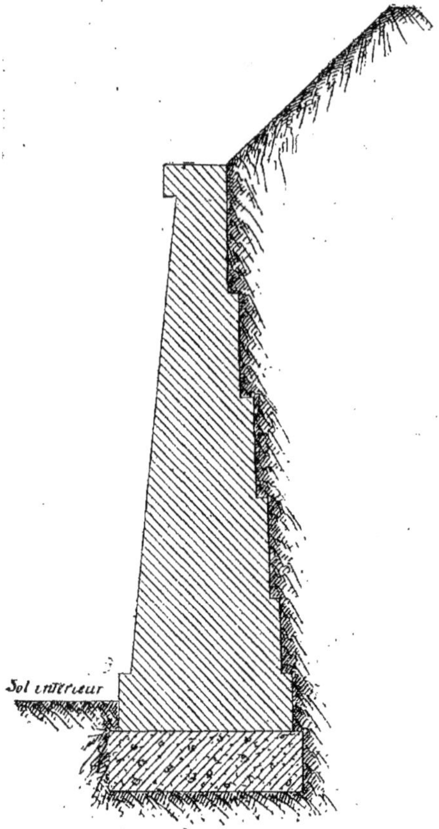

Fig. 446.

Les frais de la construction du contre-mur sont en entier à la charge de celui qui établit l'ouvrage, qui rend cette construction nécessaire. Le voisin n'y doit contribuer en aucune façon, lors même que l'ouvrage lui profiteraient directement.

Lorsque le contre-mur est rendu nécessaire par inégalité du sol, le terrain, pour le contre-mur, doit être fourni et la construction du contre-mur doit être supportée en entier : si l'inégalité du terrain est

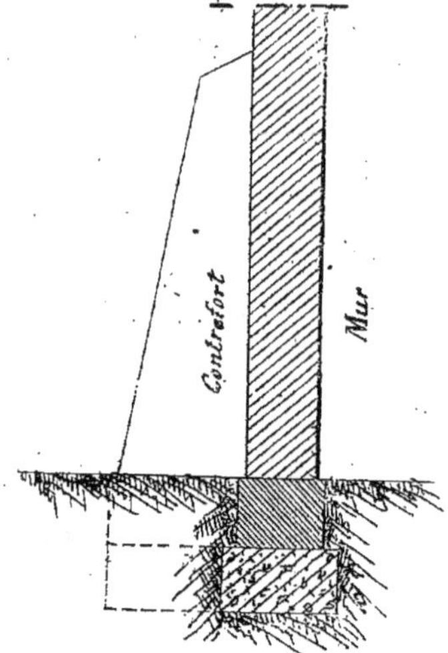

Fig. 447.

naturelle, par le propriétaire le plus élevé; si elle provient du fait de l'homme, par celui qui l'a occasionnée.

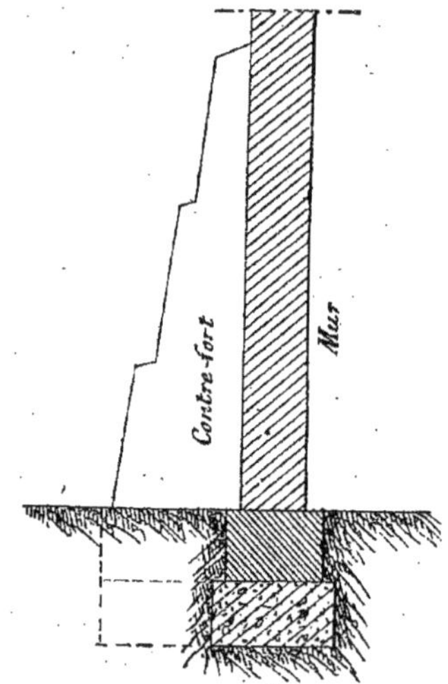

Fig. 448.

Le propriétaire d'un ouvrage qui a été

placé sans contre-mur près de l'héritage | voisin sur lequel il n'existait aucune construction, est tenu de faire un contre-mur dès que le voisin construit près de cet ouvrage. Il sera donc avantageux, en général, d'établir le contre-mur dès l'origine, pour échapper à l'obligat on de pratiquer cet ouvrage plus tard, avec de nouveaux dérangements et de plus grandes dépenses.

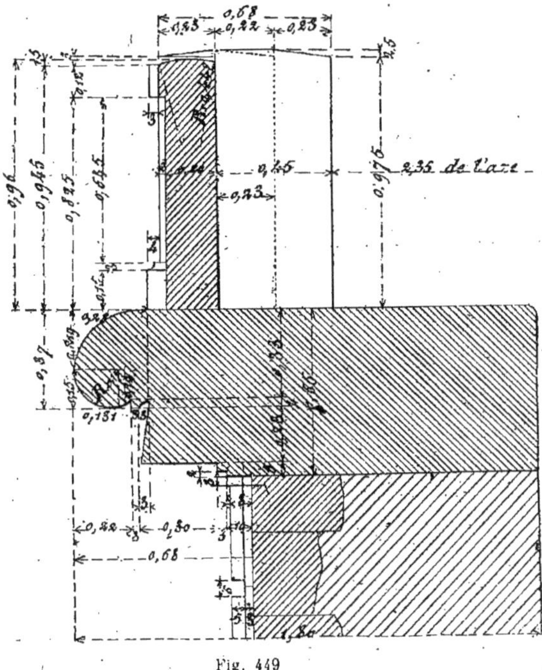

Fig. 449

458. *Murs pignons.* — Les murs pignons sont le plus souvent des murs mitoyens et suivent les mêmes règles que ces derniers. Dans le cas de constructions isolées, les murs pignons forment de véritables murs de face et sont également traités comme ces derniers.

459. *Murs dosserets.* — Les murs dosserets n'offrent rien d'intéressant dans leur construction. Nous aurons l'occasion d'y revenir dans l'étude complète d'un bâtiment.

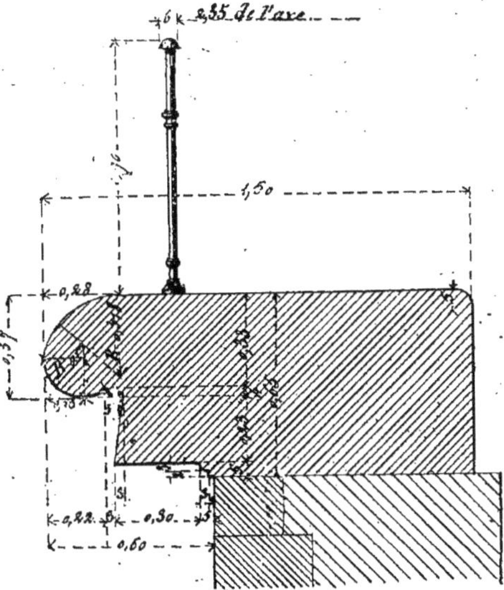

Fig 450.

460. *Murs d'appui. — Murs de parapets et murs de quai.* — Ces différents murs ont été placés ici comme mémoire, car nous y reviendrons dans l'étude spéciale des ponts et ouvrages d'art qui s'y rattachent. Nous avons déjà donné la coupe d'un mur de quai et nous donnons, pour terminer ce chapitre, la coupe d'un mur de parapet (*fig.* 449). Dans certains cas, le mur en pierre représenté (*fig.* 449) est remplacé par une balustrade en fer ou en fonte. (*fig.* 450).

CHAPITRE IV

STABILITÉ ET RÉSISTANCE DES CONSTRUCTIONS EN MAÇONNERIE

PAR J. CHAIX, INGÉNIEUR DES ARTS ET MANUFACTURES

PREMIÈRE PARTIE

§ I. — RÉSISTANCE DES MATÉRIAUX EMPLOYÉS DANS LES CONSTRUCTIONS EN MAÇONNERIE

SOMMAIRE

I. — Notions générales.

461. — Pour qu'une construction en maçonnerie ait une grande durée, il faut qu'elle remplisse plusieurs conditions essentielles, savoir :

1° Les matériaux employés à la confection de la maçonnerie devront résister aux agents atmosphériques ou autres qui tendent à les détruire ;

2° Ces mêmes matériaux ne devront pas être soumis à des efforts supérieurs à ceux qu'ils peuvent supporter en toute sécurité;

3° Enfin, la construction, devant être invariable de forme, devra remplir toutes les conditions désirables de stabilité.

462. — La première de ces conditions, c'est-à-dire celle pour laquelle les matériaux doivent parfaitement résister aux agents destructeurs est très importante. On conçoit, en effet, qu'une pierre trop gélive employée dans un climat où les gelées sont souvent répétées pendant la mauvaise saison, finirait par se désagréger sur une épaisseur assez considérable pour mettre en danger la résistance et la stabilité de la construction. De même, une maçonnerie à la mer qui serait faite avec un mortier non suffisamment hydraulique et ne contenant pas l'élément qui lui permet de résister à l'action destructive de l'eau de mer, serait bientôt complètement détruite.

Nous ne nous occuperons dans ce chapitre que des deux dernières conditions qui sont relatives à la résistance et à la stabilité.

On verra par la suite ce qu'il faut entendre par résistance et par stabilité d'une construction.

463. — Dans les constructions en maçonnerie, les matériaux employés sont presque toujours soumis à des efforts de compression. Cependant, dans quelques cas, on se trouve en présence de constructions soumises à des efforts d'extension et de flexion. Ainsi, une grande cheminée d'usine se déforme sous l'action du vent; elle oscille comme ferait un solide encastré à l'une de ses extrémités, libre à l'autre et ayant à résister à des efforts transversaux. Il se produit une flexion. Lorsqu'on se trouve placé au sommet d'une telle cheminée, même par un vent d'intensité relativement faible, on sent très bien ces oscillations qui peuvent prendre parfois une assez grande amplitude.

Si l'on considère, dans une maçonnerie supposée homogène, c'est-à-dire, de même densité en tous ses points; une série de sections horizontales à des hauteurs différentes, en chacune de ces sections, la compression des matériaux sera proportionnelle au poids de la maçonnerie placée au-dessus, de sorte que la compression augmente du sommet à la base.

La maçonnerie ne recevant aucune surcharge, cette compression varie de 0 à une quantité égale, par unité de surface, au poids total de la maçonnerie divisé par la surface comprimée.

S'il y a surcharge, la variation commence à cette valeur de la surcharge et finit à la compression due au poids de la maçonnerie augmenté de la surcharge.

II. — Résistance des pierres à la compression

464. On sait que lorsqu'un corps est soumis à un effort de compression, ce corps en vertu de son élasticité, se déforme et subit un raccourcissement. En même temps, il résulte de cette déformation un déplacement des molécules du corps, lesquelles ont tendance à revenir à leurs positions primitives et y reviennent en effet lorsque les forces extérieures cessent d'agir.

465. Ces *forces intérieures ou moléculaires* qui se développent dans la masse font équilibre à chaque instant aux forces extérieures tant que celles-ci ne dépassent pas certaines limites.

Si les forces extérieures, qui sont ici des charges verticales, augmentent de plus en plus, il arrive un moment où les forces moléculaires ne peuvent plus faire équilibre aux premières, et alors une rupture se produit.

La charge qui provoque *la rupture ou l'écrasement* est très variable suivant la nature des corps.

Pour les pierres, la période de déformation dont il vient d'être question n'existe pour ainsi dire pas. On peut donc, en pratique, considérer les pierres comme des corps à peu près incompressibles, qui se désagrègent brusquement dès que la *charge de rupture* est atteinte.

466. On a fait un grand nombre d'expériences pour déterminer les charges qui produisent l'écrasement de divers échantillons des pierres les plus fréquemment employées dans les constructions. On trouvera ces charges dans un tableau que nous donnons plus loin. Mais avant, nous ferons quelques remarques importantes.

Lorsque les expériences portent sur les *pierres dures*, on remarque que rien d'anormal ne s'aperçoit dans l'aspect de l'échantillon tant que la charge qui doit produire la rupture n'est pas atteinte. Mais, dès qu'on arrive à cette charge limite, la pierre part tout à coup en éclats nombreux et peu résistants, ayant la forme d'aiguilles ou de lamelles.

467. Les *pierres tendres* se comportent autrement. A mesure qu'on approche de la charge de rupture, une désagrégation des molécules se produit à l'intérieur de l'échantillon en affectant une forme particulière, laquelle devient très apparente quand l'écrasement a lieu.

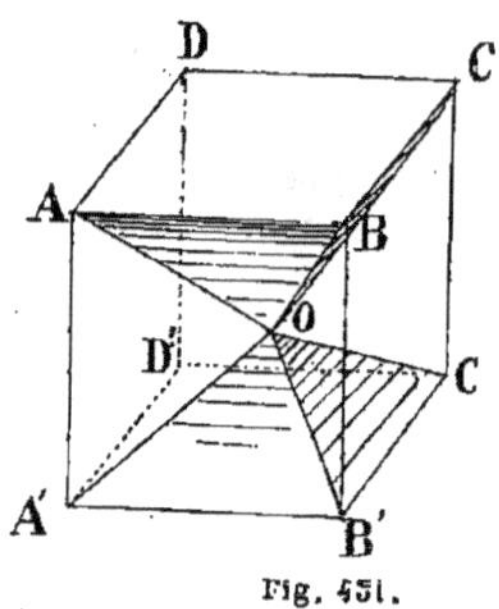

Fig. 451.

Soit par exemple (*fig.* 451) un petit prisme à base carrée ABCD, A'B'C'D' soumis à l'expérience et recevant par conséquent une pression sur ses deux faces opposées ABCD et A'B'C'D'.

Au moment de l'écrasement, il s'est formé dans le prisme, deux pyramides OABCD, OA'B'C'D' opposées par le sommet O.

Les parties latérales sont refoulées et réduites en petits morceaux. Ces pyramides n'ont généralement pas une forme géométrique aussi parfaite que l'indique la figure ci-contre.

468. Une autre remarque importante à faire est la suivante :

La résistance d'un prisme de pierre varie avec la forme de sa section. Ainsi, trois prismes pris dans la même pierre et ayant même hauteur, auront des résistances différentes si les sections de ces prismes sont, par exemple, respectivement rectangulaire, carrée, ou circulaire.

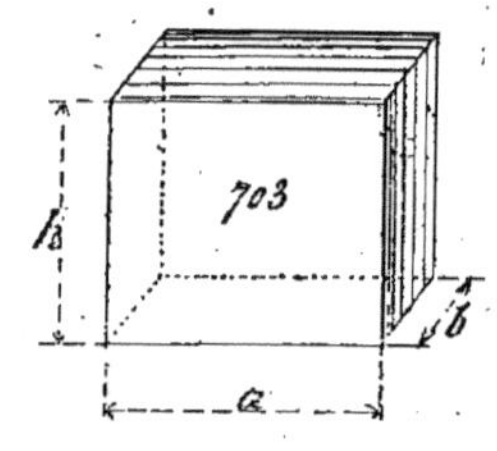

Fig. 452.

Si la résistance du prisme à base rectangulaire (*fig.* 452) est représentée par 703, celle du prisme à base carrée (*fig.* 453) sera représentée par 806 et celle du

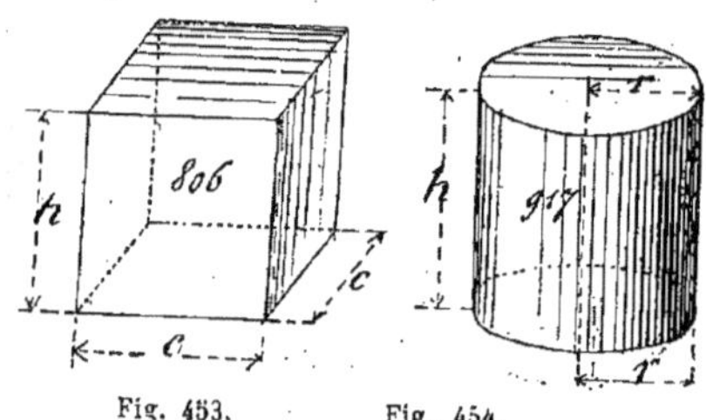

Fig. 453. Fig. 454.

cylindre (*fig.* 454) par 917, à la condition, toutefois, que toutes les sections soient équivalentes comme surface, c'est-à-dire qu'on ait, pour les trois figures :

$$a \times b = c^2 = \pi r^2,$$

on voit que c'est la section circulaire qui

se trouve dans les conditions les plus avantageuses, au point de vue de la résistance.

Nous ajouterons que les parties les plus denses d'une pierre sont aussi les plus résistantes, comme nous le verrons bientôt, et que dans une même carrière les couches supérieures et les couches inférieures sont souvent moins résistantes que celles qui occupent une position intermédiaire.

Il est indispensable de connaître les charges qui produisent l'écrasement afin de pouvoir déterminer les dimensions à donner aux maçonneries, quand on connaît les efforts qu'elles doivent supporter, ou bien les charges qu'elles peuvent supporter, quand on connaît leurs dimensions.

469. Comme, dans ces déterminations, le poids du mètre cube est un élément important du problème, nous donnons ci-dessous, pour une série de corps, le poids du mètre cube en même temps que la charge produisant l'écrasement.

Ce tableau donne, d'après Poncelet, les résultats en nombres ronds, des principales expériences faites par divers auteurs sur l'écrasement de petits cubes de pierre de 3 à 5 centimètres de côté et contient, en outre, les résultats (marqués d'un astérisque) obtenu par Claudel et Laroque sur des cubes de 1 à 2 centimètres de côté.

470. *Tableau des poids du mètre cube de différents matériaux employés dans les ouvrages de maçonnerie et des charges,* par centimètre carré *de section, qui écrasent ces matériaux après un temps très court.*

DÉSIGNATION DES MATÉRIAUX	POIDS DU MÈTRE CUBE	CHARGE PRODUISANT L'ÉCRASEMENT
Pierres volcaniques, granitiques, siliceuses et argileuses.		
Basaltes de Suède et d'Auvergne	2950 k	2000 k
Porphyre	2870	2470
Granit vert des Vosges	2850	620
Granit gris de Bretagne	2742	650
Granit de Normandie (Flamanville)*	2711	707
Granit gris des Vosges	3643 k	420 k
Grès dur de Fontainebleau*	2570	895
Grès tendre	2491	4
Pierre porc ou puante (argileuse)	2663	680
Pierre grise de Florence (argileuse à grain fin)	2561	420
Pierre meulière de Châtillon, près Paris (compacte)	2423	»
Pierres calcaires.		
Marbre noir de Flandre	2722	790
Marbre blanc veiné, statuaire	2694	310
Pierre noire de Saint-Fortunat, très dure et coquilleuse	2653	630
Roche de Châtillon, près Paris, dure et peu coquilleuse	2292	170
Roche de la Butte-aux-Cailles*	2400	325
Liais de Bagneux, près Paris, très dur, à grain fin	2443	440
Roche douce de Bagneux, près Paris	2085	130
Roche d'Arcueil, près Paris	2304	250
Roche de Saint-Nom, près Versailles*	2391	263
Pierre de Saillancourt, près Pontoise, 1re qualité	2413	140
Pierre de Saillancourt, près Pontoise, 2e qualité	2101	90
Pierre ferme de Conflans, employée à Paris	2077	90
Pierre tendre (lambourde et vergelet) employée à Paris, résistant à l'eau	1822	60
Pierre tendre de Carrières-sous-Bois, près Saint-Germain, remplaçant le vergelet*	1791	58
Lambourde de qualité inférieure, résistant mal à l'eau	1564	20
Calcaire dur de Givry, près Paris	2362	310
Calcaire tendre de Givry, près Paris	2070	120
Calcaire jaune oolithique de Jaumont, près Metz, 1re qualité	2201	180
Calcaire jaune oolithique de Jaumont, près Metz, 2e qualité	2009	120
Calcaire jaune d'Amanvilliers, près Metz, 1re qualité	2001	120
Calcaire jaune d'Amanvilliers, près Metz, 2e qualité	2007	100
Pierre de roche de Château-Landon*	2632	350
Roche vive de Saulny, près Metz (non rompue)	2481	300
Roche jaune de Rosérieulle, près Metz	2400	180
Calcaire bleu à gryphite, donnant les chaux hydrauliques de Metz (non rompu)	2600	300
D'après les expériences de Vicat sur des cubes de 1 centimètre de côté.		
Pierre calcaire à tissu arénacé (sablonneuse)	»	94
Pierre calcaire à tissu oolithique (globuleuse)	»	106
Pierre calcaire à tissu compact (lithographique)	»	285
Brique crue ou argile séchée à l'air libre	»	33

DÉSIGNATION DES MATÉRIAUX	POIDS DU MÈTRE CUBE	CHARGE PRODUISANT L'ÉCRASEMENT
D'après Claudel et Laroque		
Briques bien cuites de Bourgogne*	2195 k	150 k
Briques bien cuites de Sarcelles. *	1997	125
Briques d'une cuisson ordinaire de Montereau *	1780	110
Briques rouges de pays (Paris). *	1520	90
D'après les expériences de M. Michelot		
Château-Landon	2558	397
Cliquart de Créteil	2235	179
Liais de maisons	2208	194
Cliquart de Vaugirard	1967	220
Liais de Bagneux	2228	260
Cliquart de Fleury	2298	440
Roche de Nanterre	2051	157
Liais de Conflans	2126	570
Liais de Senlis	2272	352
Banc franc de Saint-Maur	2107	103
Banc franc de Gournay	2114	129
Pierre rustique de Saint-Frambourg	2177	199
Banc franc de Saint-Frambourg	1729	78
Pierre de Saillancourt	1837	102
Lambourde blanche de Créteil	1609	52
Lambourde blanche de Vichy	1644	42
Lambourde blanche de la Glacière	1631	43
Vergelet grossier de Conflans	1870	78
Vergelet de Parmain	1600	46
Vergelet ordinaire de Laigneville	1678	81
Vergelet de Verneuil (ordinaire)	1570	37
Pierres douces de Pont-Saint-Maxence (blanc fin)	1601	60
Liais de carrières	2225	330
Liais de Courville	2160	382
Banc royal dur de Méry	2122	232
Banc franc de Vitry	1988	251
Banc franc du Moulin	1886	98
Banc franc de la plaine de Châtillon	2198	191
Roche de St-Leu	1728	113
Roche de Lavasine	2266	239
Roche de l'Ambition	1989	336
Roche de Sèvres	1975	165
Roche de Puiseux	2067	171
Vergelet de Nucourt	1629	85
Pierre franche de Neuilly-sur-Suize (Hte-Marne)	2174	282
Pierre d'Enville (Meuse)	2535	468
à	2186	210
Pierre de Boncourt (Meuse)	2264	206
Pierre de Lérouville (Meuse)	2483	390
à	2186	154
Roche de l'Échaillon (Isère)	2650	914
Échaillon blanc de St-Quentin (Isère)	2445	581
Échaillon rosé de St-Quentin (Isère)	2472	606
Pierres marbres de Sampas (Jura)	2580	815
Pierres marbres de Damparis (Jura) dites de Ste-Ylie et de l'Abbaye	2551	635
à	2725	962
Pierre de Grenant (Hte-Marne)	2467	858
Pierre dure d'Arc-en-Barrois (Hte-Marne)	2617	811
Pierre de Vélesme (Doubs)	2541	698
Pierre de Crançot (Jura)	2614	771

DÉSIGNATION DES MATÉRIAUX	POIDS DU MÈTRE CUBE	CHARGE PRODUISANT L'ÉCRASEMENT
Pierre dure de Bugnières (Hte-Marne)	2317 k	475 k
Pierre dure de Biesles	2353	302
Pierre de Longeville (Meuse)	2140	150
Banc franc de Chevillon (Hte-Marne)	1937	186
Pierre de Rebeuville (Vosges)	2381	328
Grès vosgien de Ribeauville (Ht-Rhin)	2096	401
Granit de Servance	2685	983
à	2642	715
Porphyre vert de Ternay (Hte-Saône)	2845	1363
Granit porhyroïde brun du bois de St-Martin-du-Puy (Nièvre)	2691	1077

471. M. de Perrodil, ingénieur en chef des Ponts et Chaussées, a indiqué, dans les *Annales des Ponts et Chaussées*, comment on pouvait répartir les pierres de construction en un nombre limité de nature ou des catégories pour chacune desquelles la force portante peut être évaluée en fonction du poids spécifique. Il est arrivé à donner ainsi une solution approximative du problème posé par M. Michelot à la suite des études très complètes faites par ce dernier sur les pierres de construction du bassin de Paris et des départements de l'est.

POIDS SPÉCIFIQUES	CHARGES D'ÉCRASEMENT
1k500	50k
1 700	100
1 900	150
2 100	200
2 250	300
2 350	400
2 450	600
2 600	1000
2 650	1400
2 700	1800

Si l'on remarque, en effet, que les pierres calcaires (non compris les marbres statuaires saccharoïdes), dont les poids spécifiques sont indiqués dans la première colonne du tableau ci-dessus, s'écrasent sous une charge, par centimètre carré, inscrite en regard dans la deuxième colonne, il suffira, pour trouver immédiatement la charge d'écrasement approximative d'une pierre dont on connait le poids spécifique ou réciproquement, de tracer une courbe ayant pour abscisses les nombres de la première colonne et pour ordonnées ceux de la seconde.

472. A Paris, dit M. de Perrodil, les pierres de construction sont classées en huit catégories, suivant le temps qu'un tailleur de pierre, payé 6 fr. 50 met à tailler un mètre carré de parement vu de de chacune de ces pierres, ainsi que l'indique le tableau suivant :

LIMITE DE CHARGES D'ÉCRASEMENT DES PIERRES D'UNE MÊME CATÉGORIE	TEMPS EXIGÉ EN MOYENNE PAR LA TAILLE D'UN MÈTRE CARRÉ DE PAREMENT NU	NUMÉROS DES CATÉGORIES ET NATURE DES PIERRES	
kilogr.	heures		
50 et 100	3,20 min.	8ᵉ	Pierres dures se sciant à l'eau et au grès avec la scie sans dents.
100 et 105	4,20	7ᵉ	
150 et 200	6,00	6ᵉ	
200 et 300	8,30	5ᵉ	
300 et 400	11,30	4ᵉ	
400 et 600	14,00	3ᵉ	Pierres tendres se sciant avec la scie à dents.
600 et 1000	20,00	2ᵉ	
1000 et 1300	22,50	1ᵉ	

473. — A l'aide du tableau suivant, qui donne les poids spécifiques et les charges d'écrasement correspondantes de diverses pierres de taille de grès,

POIDS SPÉCIFIQUES	CHARGES D'ÉCRASEMENT
1^k870	150^k
1 950	200
2 500	300
2 100	400
2 200	500
2 300	700
3 570	900

on peut tracer une courbe ayant pour abscisses les nombres de la première colonne et pour ordonnées ceux de la deuxième colonne. Cette courbe permettra de connaître immédiatement le poids spécifique d'un grès dont on connaît la charge d'écrasement et réciproquement.

Enfin, M. de Perrodil, résumant les derniers travaux de M. Michelot, dit qu'il résulte des nombreuses opérations faites par cet ingénieur :

Que la charge d'écrasement des granits est d'autant plus grande que leur grain est plus fin ;

Que cette charge diminue rapidement à mesure que le feldspath contenu dans leur masse se décompose au contact de l'eau.

D'où résulte la possibilité de classer les granits, suivant les quatre catégories indiquées ci-dessous :

DÉSIGNATION DES GRANITS	LIMITES DES CHARGES d'écrasement
1° Granits inaltérés à grains fins...	1000 à 1500 k.
2° Granits inaltérés à gros grains.	700 à 1000 k.
3° Granits plus ou moins altérés à grains fins.................	600 à 900 k.
4° Granits plus ou moins altérés à gros grains................	400 à 600 k.

Quant aux porphyres, leur poids spécifique est généralement compris entre 2^k600 et 2^k850 et leur charge d'écrasement entre 1000 kil. et 1300 kil.

474. Dans un bloc monolithe et dans un bloc composé de plusieurs éléments, les résistances ne sont pas semblables.

Ainsi, dans un bloc composé de plusieurs pierres, plus les éléments constitutifs sont petits et nombreux, moins est grande la résistance du bloc à l'écrasement.

Des expériences de Rondelet et de Vicat mettent en évidence cette diminution de résistance. Rondelet, en opérant sur trois cubes superposés, a constaté que la résistance était réduite aux deux tiers environ.

Vicat a montré qu'un cube de $0^m,03$ de côté, perd 1/5 de sa force s'il est composé de quatre prismes égaux posés à joints recouverts, et 1/6 s'il est composé de huit petits cubes.

Ces résultats d'expérience montrent qu'il est prudent, dans la pratique, de ne compter, comme *charge limite offrant toute sécurité*, que sur le 1/10 environ des chiffres contenus dans la deuxième colonne du tableau de la page 369, surtout si l'on veut tenir compte des imperfections presque inévitables d'exécution, et cela pour des matériaux ayant des dimensions moyennes.

Pour des matériaux de petites dimensions des moellons par exemple, il est bon de ne compter que sur 1/15 et même 1/20 des charges produisant l'écrasement. On prend aussi ces derniers chiffres quand il s'agit de piliers dont le rapport de la longueur à la plus petite largeur est assez important, sans cependant dépasser la valeur 12.

III. — Résistance des pierres à la traction.

475. Pour compléter ce qui est relatif à la résistance des pierres, nous donnons (477), un tableau indiquant les poids nécessaires pour rompre, dans un temps très court, diverses pierres soumises à un effort de traction par centimètre carré de section.

Les résultats, accompagnés d'un astérisque, ont été obtenus par Claudel et Laroque, en opérant sur des sections rectangulaires de 4 centimètres carrés de surface.

Ce n'est qu'accidentellement que les pierres ont à résister à des efforts de traction. Elles se comportent d'ailleurs à la rupture comme pour la compression. Elles se rompent brusquement, sans allongement sensible, dès que la charge suffisante pour produire la rupture est atteinte.

476. *Tableau indiquant les poids nécessaires pour rompre, dans un temps très court, diverses pierres soumises à un effort de traction, par centimètre carré de section.*

DÉSIGNATION DES MATÉRIAUX	CHARGE PRODUISANT LA RUPTURE
	kil
Basalte d'Auvergne	77,0
Calcaire de Portland	60,0
Calcaire blanc d'un grain fin et homogène.	14,4
Calcaire à tissu compacte (lithographique).	30,8
Calcaire à tissu arénacé (sabloneux)	22,9
Calcaire à tissu oolithique (globuleux)	13,7
Roche de Bagneux, près Paris.*	15,1
Pierre tendre, dite vergelet.*	7,3
Briques de Provence, très bien cuites et d'un grain très uni	19,5
Briques de Bourgogne, très dures.*	20,7
Briques de Paris, bien cuites.*	11,9

Dans la pratique, on ne doit pas dépasser 1/10 des chiffres contenus dans la colonne du tableau ci-dessus, pour les tractions permanentes à faire subir aux pierres.

IV. — Résistance des mortiers

477. Les mortiers servent à produire la liaison des matériaux qui doivent constituer une maçonnerie. Il y a donc lieu d'étudier la résistance des mortiers, non seulement au point de vue de la compression, mais aussi au point de vue de la cohésion et de l'adhérence qu'ils produisent.

On obtient la résistance des mortiers, soit en brisant des prismes des mortiers à essayer, de dimensions données, et dans des circonstances déterminées, soit en comparant les enfoncements d'une aiguille chargée d'un même poids dans les différents échantillons.

Pour les *mortiers de chaux grasse*, la cohésion finale, c'est-à-dire la plus grande résistance à la traction qu'ils peuvent prendre, varie de $1^k,25$ à $2^k,50$ par centimètre carré.

La cohésion maxima qu'acquièrent les *mortiers de chaux hydraulique* peut varier de 15 à 2 kilogrammes par centimètre carré, selon que la chaux employée à la confection du mortier est plus ou moins hydraulique :

Mortiers de chaux éminemment hydraulique	15 à 9 k.
Mortiers de chaux hydraulique ordinaire.	9 à 5 k.
Mortiers de chaux faiblement hydraulique.	5 à 2 k.

478. Les *mortiers de ciment* ont une grande résistance lorsqu'ils ont acquis leur dureté finale. Leur ténacité par traction peut atteindre, dans ce cas, 20^k par centimètre carré.

Il est important de remarquer que les chiffres que nous venons de donner s'appliquent à des mortiers dont la dureté finale est obtenue. Avant cette dureté finale, la cohésion du mortier est évidemment beaucoup moindre.

Ainsi, Claudel et Laroque ont observé que la ténacité d'un mortier de ciment Gariel gâché pur, avait atteint $6^k,50$ par centimètre carré après le premier mois d'immersion en eau de mer, $14^k,20$ après le sixième et $17^k,70$ après la première année ; enfin $20^k,30$ après dix-huit mois.

V. — Cohésion du plâtre

479. Il résulte d'expériences de plusieurs architectes et notamment de Rondelet que le plâtre perd de sa force à mesure qu'il vieillit, tandis que celle du mortier de chaux va en augmentant.

Le mortier de plâtre peut prendre une résistance à la traction qui varie de 12 à 16 kilogrammes par centimètre carré, mais qui diminue beaucoup si on le mélange à du gros sable en assez grande proportion.

Les tableaux ci-dessous donnent : le premier, les charges produisant l'écrasement des mortiers ; le deuxième, celles qui produisent la rupture à la traction.

480. *Tableau des poids du mètre cube de différents matériaux employés dans les ouvrages en maçonnerie, et des charges, par centimètre carré de section, qui écrasent ces matériaux après un temps très court.*

DÉSIGNATION DES MATÉRIAUX	POIDS DU MÈTRE CUBE	CHARGE PRODUISANT L'ÉCRASEMENT
	kil.	kil.
Mortier ordinaire de chaux et sable, après six mois d'emploi	1651	35
Mortier ordinaire de chaux et ciment de tuileaux	1465	48
Mortier ordinaire de chaux et de grès pilé	1683	29
Mortier de pouzzolane de Naples ou de Rome	1462	37
Mortier en ciment des démolitions de la Bastille	1491	55
Mortier en ciment de Vassy avec moitié sable, quinze jours après le gâchage	2110	155
Béton en mortier de chaux hydraulique, six mois après la fabrication	1851	41
Plâtre au panier, gâché très serré, trente heures après l'emploi	1571	52
Plâtre au panier, gâché avec du lait de chaux	»	73
D'après les expériences de Vicat.		
Mortier en chaux grasse et sable ordinaire, âgé de quatorze ans.	»	19
Mortier en chaux hydraulique ordinaire	»	74
Mortier en chaux éminemment hydraulique	»	144
Plâtre ordinaire, gâché ferme	»	90
Plâtre moins ferme que le précédent	»	42
Expériences faites sur des cubes artificiels en plâtre et silice.		
Plâtre silicaté sans cailloux (cubes pleins de 0^m 20 de côté)	»	49, 50
Plâtre silicaté avec cailloux (cubes pleins de 0^m 20 de côté)	»	64, 32
Plâtre silicaté sans cailloux (cubes de 0^m 20 de côté évidés de manière à diminuer de 1/4 la section résistante)	»	58, 38
Plâtre silicaté avec cailloux (cubes de 0^m 20 de côté évidés de manière à diminuer de 1/4 la section résistante)	»	66, 77

Nous ajouterons, pour terminer ce qui est relatif à la résistance des mortiers, que, d'après Rondelet, la force de cohésion des mortiers et ciments est le 1/8 environ de leur résistance à l'écrasement et leur adhérence, pour les pierres et pour les briques, surpase leur force de cohésion. Ce qui donne, comme chiffre pratique pour la cohésion : $4^k,35$ par centimètre carré si l'on admet que la résistance à l'écrasement du mortier ordinaire est par exemple de 35 kilogrammes.

VI. Résistance des maçonneries

481. Voici enfin quelques chiffres qui peuvent donner une idée de la *résistance des maçonneries.*

D'après Vicat, on peut, en toute sécurité, faire supporter 200,000k, par mètre carré à une maçonnerie de pierres de taille et 40,000k seulement en moyenne à une maçonnerie de moellons bien gisants liés avec un mortier médiocrement hydraulique.

Dans les maçonneries qui peuvent être adoptées dans l'établissement des voûtes, Dujardin, ingénieur des ponts et chaussées, donne les chiffres pratiques suivants de leur résistance à l'écrasement par mètre carré :

Maçonnerie en moellons informes, en béton	5000 k.
Maçonnerie en moellons dits pendants	10000 k.
Maçonnerie en moellons équarris, bien posés	20000 k.
Maçonnerie en moellons appareillés en coupe	30000 k.
Maçonnerie en pierres de taille, appareillées	50000 k.

482. *Tableau des résistances,* cohésion ou adhérence *moyennes, par mètre carré, de quelques maçonneries, d'après les expériences de Boistard et Morin.*

NATURE DES MATÉRIAUX SUPERPOSÉS ET DE L'ENDUIT	OPÉRATEURS	SURFACE EN DÉCIMÈTRES CARRÉS	JOURS DE CONTACT A L'AIR OU DANS L'EAU	RÉSISTANCE MOYENNE PAR MÈTRE CARRÉ
Calcaire bouchardé fiché sur calcaire bouchardé, avec mortier de chaux grasse et sable fin	Boistard	1 à 2	17 à l'air	6 600k
		3 à 5	id.	9 400
		47	48 à l'eau	1 200
Le même, avec mortier en chaux grasse et ciment	id.	1 à 2	17 à l'air	3 200
		3 à 5	id.	5 300
Le même, avec mortier en chaux grasse et ciment non rompu	id.	47	48 à l'eau	1 100
Calcaire tendre de Jaumont fiché sur calcaire tendre de Jaumont, avec mortier de chaux hydraulique de Metz et sable fin	Morin	1 à 3	83 à l'air	18 000
		2 à 3	48 id.	12 000
		id.	43 id.	10 100
		4 à 6	48 id.	10 000
		7 à 8	48 id.	9 400
Briques ordinaires fichées avec le même mortier	id.	1, 3	48 id.	14 000
		2, 6	48 id.	10 000
Calcaire de Jaumont fiché sur calcaire de Jaumont, avec plâtre ordinaire	id.	2, 0	48 id.	22 000
		8, 0	48 id.	28 000
Calcaire bleu à gryphyte très lisse, sur lui-même, avec plâtre	id.	2, 5	48 id.	11 000
		4, 5	48 id.	20 000

483. Nota. — La résistance est due à la cohésion lorsque la rupture a lieu dans l'intérieur de la couche du mortier et à l'adhérence lorsqu'elle a lieu à la jonction de la couche de plâtre avec la pierre. Donc les chiffres ci-dessus représentent la cohésion dans les cas de mortier, et l'adhérence dans les cas de plâtre, selon que l'un ou l'autre est employé à la liaison des matériaux composant la maçonnerie.

Cette cohésion ou adhérence doit s'opposer au glissement d'une partie de la maçonnerie sur la partie adjacente. Nous nous occuperons plus spécialement de ce glissement dans une autre partie de ce chapitre.

484. Navier donne les chiffres suivants de la *résistance des maçonneries à l'écrasement* pour des monuments existants :

Piliers du dôme des Invalides à Paris	14 k 76
Piliers de Saint-Pierre de Rome	16 k 36
Piliers de Saint-Paul de Londres	19 k 36

Colonne de Saint-Paul-hors-les-murs à Rome	19 k 76
Piliers de la tour de l'église Saint-Merri à Paris	29 k 40
Piliers du dôme du Panthéon à Paris	29 k 44

Le chiffre de 30k, par centimètre carré paraît donc être une limite qui n'a pas été dépassée jusqu'à présent et qui ne devrait pas l'être comme étant dangereuse pour un grand ouvrage.

Cependant, M. Bourdais, architecte du palais du Trocadéro à Paris et auteur d'un projet de tour de 300 mètres en maçonnerie pour l'exposition universelle de 1889, pense qu'avec des pierres exceptionnellement résistantes, telles que les granits et les porphyres qui ne s'écrasent qu'à 2,000 et 2,800 kilogrammes, on peut doubler ce chiffre de 30 kilogrammes.

De plus, d'après les résultats de ses expériences récentes, cet architecte ne tient plus compte dans ses calculs, de la résistance des mortiers interposés à l'écrasement; il considère le mortier comme un coussin emprisonné qui ne peut pas plus céder que de l'eau comprimée dans un cylindre fermé sous l'action d'un piston. Nous pensons qu'il faut attendre confirmation de ces résultats d'expériences, avant de faire travailler les maçonneries à des chiffres aussi élevés.

A propos de ce projet de colonne de 300 mètres de hauteur, M. Bourdais a fait un calcul pour résoudre la question intéressante suivante :

Quelle est la limite de hauteur à laquelle on peut élever un pylône de différents matériaux sans que ceux-ci s'écrasent sous leur propre poids?

Il est arrivé aux chiffres du tableau ci-dessous dans lequel R est la résistance pratique par mètre carré, δ le poids du mètre cube et H la hauteur cherchée.

DÉSIGNATION	R	δ	H
Porphyre	2 470 000	2 870	2 550m
Fer	6 000 000	7 800	2 280
Granit	8[illegible]0 000	2 700	900
Liais de Bagneux	440 000	2 400	540
Roche de Saint-Nom	230 000	2 300	300
Banc-Royal	60 000	1 700	100
Vergelé	30 000	1 500	60

485. — Les chiffres de ce tableau s'appliquent à la forme pyramidale. Pour la forme prismatique, ils devraient être réduits au tiers puisque le poids de la construction triplerait pour une même base.

Il est bien entendu que le calcul dont il vient d'être question ne tient pas compte de l'action du vent qui ferait encore réduire ces hauteurs par la condition de satisfaire à la stabilité.

Nous nous occuperons plus loin de cette action du vent sur les ouvrages en maçonnerie et nous verrons comment on doit en tenir compte dans la détermination de leurs épaisseurs.

§ II. — OUVRAGES AYANT UNIQUEMENT A RÉSISTER A DES CHARGES VERTICALES

SOMMAIRE

I. — Formules empiriques données par Rondelet pour déterminer l'épaisseur des murs : 1° murs d'enceintes non couvertes; 2° murs isolés; 3° murs circulaires; 4° murs des bâtiments couverts d'un simple toit; 5° murs des maisons d'habitation.

I. — Formules empiriques données par Rondelet, pour déterminer l'épaisseur des murs.

1° MURS D'ENCEINTES NON COUVERTES

486. — Voici le tracé indiqué pour déterminer l'épaisseur du mur :

Mener la droite AB (fig. 455) *égale à la longueur du mur, à une échelle déterminée, élever au point* A *une perpendiculaire* AC *qui représentera, à la même échelle, la hauteur du mur, joindre CB, hypothénuse du triangle rectangle* ABC.

Du point C, avec une ouverture de compas égale à 1/8 ou 1/10 ou 1/12 de AC, selon qu'on veut un mur ayant une forte, moyenne ou faible stabilité, décrire un arc de cercle *mn*, qui coupe l'hypoténuse CB au point D. Du point D, ainsi obtenu, abaisser une perpendiculaire DE sur AC. Cette perpendiculaire DE représente, à l'échelle du dessin, l'épaisseur à donner au mur de longueur AB et de hauteur AC.

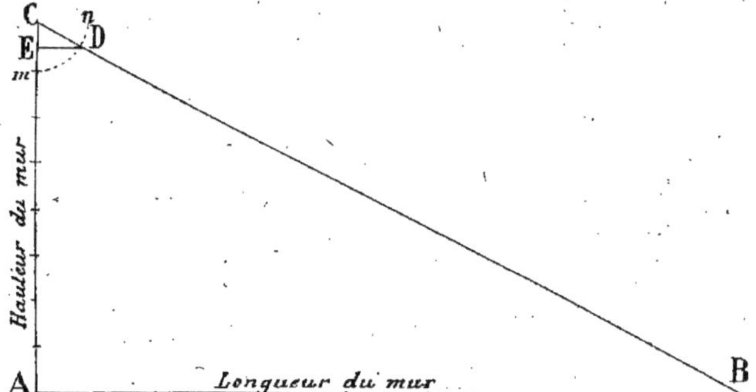

Fig. 455.

D'après la figure ci-dessus, le mur d'épaisseur DE jouira d'une forte stabilité, puisqu'on a pris le rayon C*m* égal à $\frac{1}{8}$ de la hauteur AC.

Il est facile de traduire ce tracé par une formule. En effet, dans le triangle rectangle BAC, on a :

$$BC = \sqrt{\overline{AB}^2 + \overline{AC}^2}$$

Les deux triangles BAC, DEC sont semblables et donnent :

$$\frac{DE}{DC} = \frac{BA}{BC}$$

et comme $BC = \sqrt{\overline{AB}^2 + \overline{AC}^2}$ la proportion précédente peut s'écrire :

$$\frac{DE}{DC} = \frac{BA}{\sqrt{\overline{AB}^2 + \overline{AC}^2}}$$

Si l'on fait maintenant, dans cette formule, $DC = \frac{1}{8^e}$ de AC, par exemple, il viendra :

$$DE = \frac{AC}{8} \times \frac{BA}{\sqrt{\overline{AB}^2 + \overline{AC}^2}}$$

Désignant ensuite par *e* l'épaisseur cherchée DE, par *h* la hauteur AC du mur et par *l* la longueur AB, on pourra écrire enfin :

$$e = \frac{h}{8} \times \frac{l}{\sqrt{l^2 + h^2}}$$

Tout ce qui précède du procédé de Rondelet s'applique évidemment à des murs non isolés, mais reliés à d'autres murs par leurs extrémités. On fait également abstraction de l'action du vent, comme aussi d'ailleurs dans les formules du même auteur qui vont suivre.

Problème

487. — *Soit à trouver l'épaisseur d'un mur d'enceinte, non couverte, qui aurait 10 mètres de longueur et 2 mètres de hauteur.*

On aura, en appliquant la formule précédente :

$$e = \frac{2}{8} \times \frac{10}{\sqrt{100 + 4}} = 0^{m},245$$

2° MURS ISOLÉS

488. — Si, au lieu d'un mur d'enceinte, on avait un mur isolé, celui-ci se trouverait dans les mêmes conditions qu'un mur d'enceinte très long puisqu'il ne serait maintenu qu'en deux points très éloignés. On voit, d'après le tracé graphique précédent, que l'hypoténuse BC se rapprocherait de l'horizontale, et que, par suite, la perpendiculaire DE tendrait à devenir égale au rayon CD. Donc, dans ce cas, il y a lieu de prendre l'épaisseur e égale à $\frac{1}{8} \times h$, $\frac{1}{10} \times h$, ou $\frac{1}{12} \times h$, suivant le degré de stabilité qu'on désire obtenir.

On verra plus loin que les dimensions ainsi obtenues sont généralement trop faibles si l'on veut tenir compte de l'action du vent sur la surface verticale du mur.

3° MURS CIRCULAIRES

489. — Dans ce cas particulier, on remplace, pour le calcul, le mur circulaire par un mur dont la base serait un polygone régulier de 12 côtés et on considère une face du prisme remplaçant ainsi le cylindre. Cette face a une longueur égale sensiblement à la moitié du rayon. Dès lors, si, dans la formule établie pour les murs d'enceintes non couvertes, on remplace l par r, cette formule, qui était

$$e = \frac{h}{8} \times \frac{l}{\sqrt{l^2 + h^2}}$$

devient

$$e = \frac{h}{8} \times \frac{\frac{r}{2}}{\sqrt{\frac{r^2}{4} + h^2}}$$

L'expression ci-dessus s'applique au cas d'une forte stabilité, puisque c'est le facteur $\frac{1}{8}$ qui a été employé.

Le facteur $\frac{1}{10}$ donnerait l'épaisseur correspondante à une stabilité moyenne et le facteur $\frac{1}{12}$ correspondrait à une faible stabilité.

Problème

490. — *Soit une tour à section circulaire, ayant une hauteur égale à 10 mètres et un rayon égal à 4 mètres.*

Il suffira, pour trouver l'épaisseur à donner au mur, de faire, dans la formule précédente : $h = 10^{m}\ 00$ et $r = 4^{m}\ 00$, puis on aura :

$$e = \frac{10.00}{8} \times \frac{\frac{4.00}{2}}{\sqrt{\frac{4,400^2}{4} + 10,00^2}} = \frac{20}{8\sqrt{104}} = 0^{m},245$$

4° MURS DES BATIMENTS COUVERTS D'UN SIMPLE TOIT

491. — Il s'agit ici de murs qui ne reçoivent pas d'autres charges et qui ne sont pas maintenus ni liés sur leur hauteur, si ce n'est par les entraits des fermes composant le comble. Dans ce cas, Rondelet indique, pour la détermination de l'épaisseur à donner à ces murs, le même tracé que pour les murs d'enceintes non couvertes en le modifiant comme il suit :

Tracer, à une certaine échelle, la droite AB (*fig.* 456) égale à la *largeur du bâtiment* (et non plus à la longueur du mur). Élever la perpendiculaire AC égale à la hauteur du mur. Décrire l'arc mn avec un rayon toujours égal à $\frac{1}{12}$ de cette hauteur et, de l'extrémité C de la perpendi-

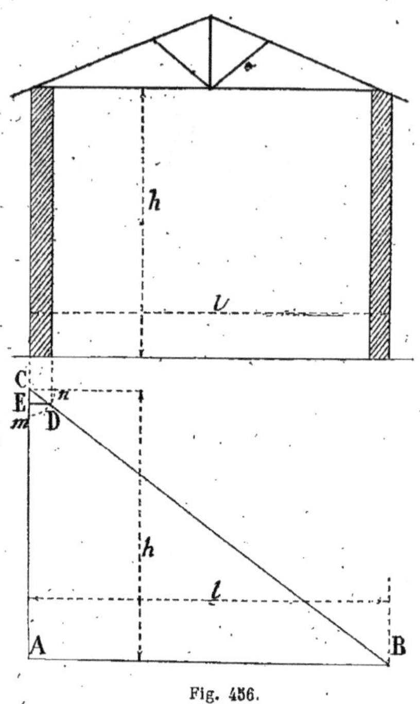

Fig. 456.

culaire AC comme centre. Mener l'hypoténuse CB. La perpendiculaire DE, abaissée du point D, intersection de CB et de l'arc mn, sur AC, représente l'épaisseur du mur.

Cette construction se traduit par la formule suivante :

$$e = \frac{h}{12} \times \frac{l}{\sqrt{l^2 + h^2}}$$

en observant bien qu'ici l représente la largeur du bâtiment, ou espacement des murs qui reçoivent la toiture et que, de plus, c'est toujours le facteur $\frac{1}{12}$ qu'il faut employer.

CAS D'UN MUR RECEVANT SUR SA HAUTEUR L'APPUI D'UN AUTRE TOIT

492. *Soit, par exemple, le cas d'un mur recevant l'appui d'un appentis.*

Dans cette hypothèse, la perpendiculaire AC de la figure 456 devrait être prise égale à la hauteur h du mur considéré, ajoutée à la hauteur h' qui sépare le faîte de l'appentis de la naissance du mur qui reçoit la toiture, en ayant soin toujours de donner à AB une longueur égale à la distance l des murs qui supportent le comble. Mais ici, l'arc mn serait décrit avec un rayon égal à $\frac{1}{24^e}$ de la somme $h + h'$, au lieu de $\frac{1}{12^e}$.

La formule qui traduirait ce nouveau tracé serait alors

$$e = \frac{h + h'}{24} \times \frac{l}{\sqrt{l^2 + (h + h')^2}}$$

Problème

493. *Soit un bâtiment composé de quatre murs* AB, CD, AC, BD, (*fig.* 457). *parallèles deux à deux, supportant une toiture et recevant le long du mur* AB *un appentis dont la distance du faîte à la naissance des fermes du bâtiment est* $h' = 2^m,00$.

Soit la hauteur $h = 4^m,50$
— la largeur $l = 10^m,00$
— la longueur $L = 20^m,00$

Calcul des murs AC *et* BD. Ces murs se trouvent dans les conditions de murs d'enceintes non couvertes, puisque ce sont seulement les murs AB et CD qui reçoivent tout le poids des fermes. Il en résulte que l'épaisseur de ces murs de pignon AC et BD sera donnée par la formule

$$e = \frac{h}{8} \times \frac{l}{\sqrt{l^2 + h^2}}$$

Comme $h = 4^m,50$, l = longueur du mur = 10,00, il viendra :

$$e = \frac{4,50}{8} \times \frac{10,00}{\sqrt{\overline{10,00}^2 + \overline{4,50}^2}}$$

$$e = 0,^m513.$$

Calcul du mur CD. — Ce mur supporte la toiture et se trouve dans les conditions que nous avons examinées tout à l'heure, c'est-à-dire que, dans ce cas, la formule à employer est :

$$e = \frac{h}{12} \times \frac{l}{\sqrt{l^2 + h^2}}$$

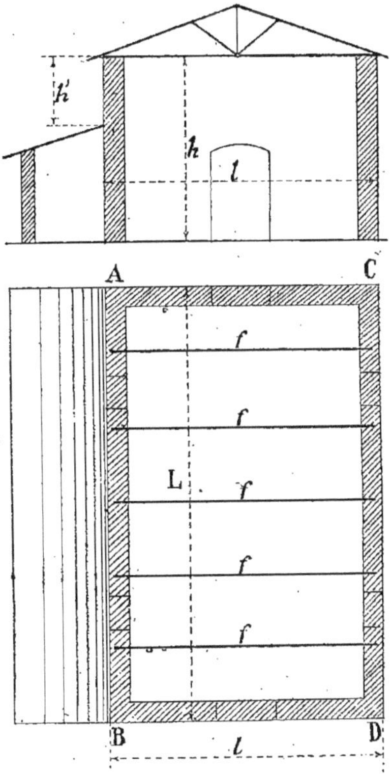

Fig. 457.

Avec les données numériques précédentes, il vient :

$$e = \frac{4,50}{12} \times \frac{10,00}{\sqrt{10^2 + 0,54^2}}$$

$$e = 0^m,342$$

Ici, l représente la distance des deux murs AB et CD. Cet exemple montre que le mur CD qui supporte la toiture est moins épais que le mur AC qui ne la supporte pas. A première vue, cela peu paraître une anomalie, mais il faut remarquer que les murs CD et AB sont pour ainsi dire fortement entretoisés à leur partie supérieure par les fermes du comble, tandis que les murs AC et BD se trouvant abandonnés en haut entre les points A et C, B et D, doivent, par cela même, avoir une épaisseur plus forte pour se trouver dans les mêmes conditions de stabilité.

Calcul du mur AB. — Ce mur, recevant un appentis sur toute sa longueur, la formule à employer devra tenir compte de la charge supplémentaire transmise au mur par cet appentis. Il faudra donc calculer l'épaisseur de ce mur par la dernière formule,

$$e = \frac{h + h'}{24} \times \frac{1}{\sqrt{l^2 + (h + h')^2}}$$

qui donne, en remplaçant les lettres par leurs valeurs :

$$e = \frac{4,50 + 2,00}{24} \times \frac{10,00}{\sqrt{10^2 + (4,50 + 2)^2}}$$

$$e = 0^m,23.$$

Ce résultat montre que le mur AB se trouve dans des conditions de résistance meilleures que le mur CD. Cela était à prévoir, puisque le mur AB est maintenu en un point de sa hauteur par le faitage de l'appentis. Cependant, dans la pratique, on lui donnerait la même épaisseur qu'au mur CD.

5° MURS DES MAISONS D'HABITATION.

494. I. — *Soit une maison d'habitation*

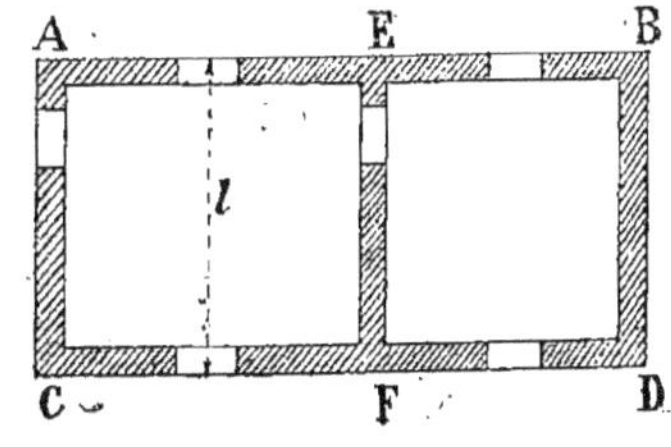

Fig. 458.

composée de deux murs de face AB *et* CD

(*fig.* 458), *et de murs* BD, EF, AC, *perpendiculaires aux premiers.*

Epaisseur des murs de face. — Dans le cas particulier du croquis ci-contre, où les pièces tiennent toute la profondeur, c'est-à-dire la largeur l du bâtiment, pour avoir l'épaisseur d'un mur de face AB ou CD, on doit, d'après Rondelet, ajouter à la largeur l la moitié de la hauteur h du bâtiment sous la naissance du toit, et prendre le $\frac{1}{24}$ de cette somme. La formule à employer est donc :

$$e = \frac{l + \frac{h}{2}}{24}$$

Lorsqu'on désire avoir une construction un peu moins légère, on ajoute $0^m,027$ à l'épaisseur e, ou $0^m,054$ lorsqu'on veut une construction solide.

Problème

495. *Soit un bâtiment ayant une largeur de* $8^m,00$ *entre les faces et une hauteur de* $4^m,50$ *entre le sol et la naissance du toit*

L'épaisseur à donner aux murs de face, si l'on veut une construction solide, sera, d'après la formule précédente

$$e = \frac{l + \frac{h}{2}}{24} + 0,054 = \frac{8,00 + \frac{4,50}{2}}{24} + 0,054$$

$$e = 0^m,48.$$

496. II. — *Soit maintenant un bâtiment ayant, dans sa largeur totale, deux largeurs de pièces.*

Epaisseur des murs de face. — Lorsque, comme dans le croquis ci-contre, (*fig.* 459), l'espace compris entre les deux murs de face AB et CD, est divisé en deux parties par un mur parallèle EF, Rondelet donne la règle suivante pour déterminer l'épaisseur à donner aux murs de face AB et CD.

Ajouter à la largeur totale l = AC, *la hauteur h du bâtiment depuis le sol jusqu'à la naissance du toit et diviser cette somme par 48, règle qui revient à la formule* :

$$e = \frac{l + h}{48}$$

Épaisseur des murs de refend. — *Mur de refend GH.*

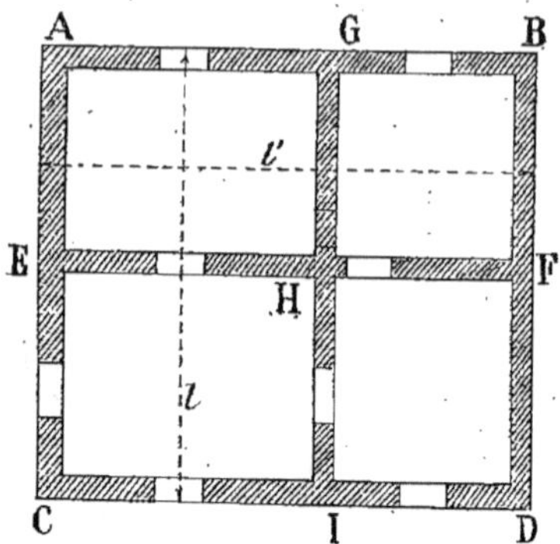

Fig. 459.

Voici la règle à suivre pour calculer l'épaisseur d'un mur de refend tel que GH. On ajoute à la longueur l' = AB de l'espace que le mur GH doit diviser, la hauteur h' de l'étage et on divise par 36. La formule à employer est donc :

$$e = \frac{l' + h'}{36}$$

A mesure qu'on descend d'un étage, l'épaisseur donnée par la formule ci-dessus doit être augmentée de 0,0135.

Cette surépaisseur s'applique aux constructions en briques ou en pierres de dureté moyenne ; mais, pour des constructions en pierres tendres, il est bon d'augmenter l'épaisseur de $0^m,027$ par étage au lieu de $0^m,0135$.

Problème

497. *Soit une maison de trois étages, ayant une largeur totale* L = $9^m,00$ *et soit* $l' = 12^m,00$, *la longueur de l'espace que le mur de refend* GH *doit diviser*

Les étages ayant chacun une hauteur égale à $h' = 3^m,80$, la hauteur des trois étages plus le rez-de-chaussée sera :

$$h = 4 \times 3^m,80 = 15^m,20.$$

C'est la hauteur totale h depuis le sol jusqu'à la naissance de la toiture.

On déterminera les épaisseurs comme il suit :

Épaisseur des murs de face.

$$e = \frac{l + h}{48}$$

Comme $l = 9^m,00$ et $h = 15,20$ (hauteur totale), on aura

$$e = \frac{9,00 + 15,20}{48} = 0^m,50$$

Épaisseur des murs de refend.

Mur de refend à l'étage supérieur (3ᵉ)

$$e = \frac{l' + h'}{36}$$

Ici $l' = 12,00$ et $h' = 3^m,80$ (hauteur d'un étage)

$$e = \frac{12,00 + 3,80}{36} = 0^m,439$$

Au 2ᵉ étage, l'épaisseur sera :

$$0,439 + 0,0135 = 0^m,4525$$

Au 1ᵉʳ étage :

$$0,4525 + 0,0135 = 0^m.466$$

Au rez-de-chaussée :

$$0,466 + 0,0135 = 0^m,4795 \text{ soit } 0^m,48.$$

Pour les autres murs de refend tels que EF, on opère de la même manière que pour GH.

II. — Épaisseurs en usage dans la pratique

498. Les épaisseurs obtenues par les formules empiriques de Rondelet ne diffèrent pas beaucoup, le plus souvent, des épaisseurs généralement en usage aujourd'hui et généralement, on se contente d'adopter les dimensions des tableaux suivants qui correspondent à des murs de maisons d'habitation de largeur moyenne et d'une hauteur de trois ou quatre étages.

499. *Tableau des épaisseurs en usage pour les murs de maisons d'habitation de largeur moyenne et d'une hauteur de trois ou quatre étages.*

DÉSIGNATION DES PARTIES DES MURS	MURS		HAUTEUR D'ÉTAGE
	DE FACE	DE REFEND	
Aux fondations	$0^m,75$ à $1^m,00$	$0^m,70$ à $0^m,85$	
Au niveau du sol des caves	0 55 à 0 80	0 50 à 0 65	
Au niveau du sol du rez-de-chaussée	0 50 à 0 65	0 35 à 0 40	
Au-dessus du plancher du 1ᵉʳ étage	0 45 à 0 [illegible]5	0 35 à 0 40	$3^m,25$ à $5^m,00$
— — 2ᵉ étage	0 40 à 0 50	0 30 à 0 35	3 00 à 4 25
— — 3ᵉ étage	0 32 à 0 40	0 25 à 0 30	2 80 à 3 50

DÉSIGNATION DES BATIMENTS	ÉPAISSEURS AU REZ-DE-CHAUSSÉE. — MURS		
	DE FACE	MITOYENS	DE REFEND
Bâtiments plus importants que les maisons d'habitation	$0^m,65$ à $1^m,00$	$0^m,55$ à $0^m,65$	$0^m,40$ à $0^m,55$
Palais ou édifices avec voûtes au rez-de-chaussée	1 20 à 2 50	1 00 à 1 50	0 70 à 1 20

III. — Calcul de l'épaisseur à donner à un mur ayant à résister seulement à des charges verticales.

500. Dans certains cas particuliers de murs supportant des charges exceptionnellement grandes, il est évident qu'il serait imprudent d'employer les formules de Rondelet pour déterminer les épaisseurs à donner à ces murs. Les formules précédentes ne sont applicables, en effet, qu'à des murs se trouvant dans les conditions ordinaires de charges pour les toitures et les planchers. Ainsi, dans les magasins destinés à recevoir de lourds fardeaux, tels que de la farine, par exemple, les planchers sur lesquels on empile la marchandise transmettent aux murs qui les supportent des charges considérables. Il faut donc donner à ces murs une épaisseur suffisante pour que, en aucun point de la construction, les matériaux employés ne puissent être comprimés au-dessus du chiffre qui offre toute sécurité,

Problème

501. *Soit un mur de refend* AB (*fig.* 460) *qui reçoit la surcharge des planchers par l'intermédiaire des poutrelles cd, ef, gh...*

Soient L, *la longueur du mur de refend AB,*

l *et* l', *les longueurs des poutrelles de chaque côté du mur considéré,*

p, *la charge totale par mètre superficiel de plancher (poids propre du plancher et surcharge)*

P_1, *le poids total supporté par le mur,* AB *sur toute sa longueur* L.

Cherchons d'abord la valeur de ce poids total P_1.

Chaque poutrelle de longueur l' reporte sur le mur AB la moitié de la charge qu'elle reçoit. Toutes les poutrelles de longueur l' reporteront donc, sur la longueur AB = L, la moitié de la charge totale qui s'exerc sur le rectangle EABF. De même, toutes les poutrelles de longueur l, reporteront, sur le même mur, la moitié de la charge totale qui s'exerçe sur le rectangle ACDB.

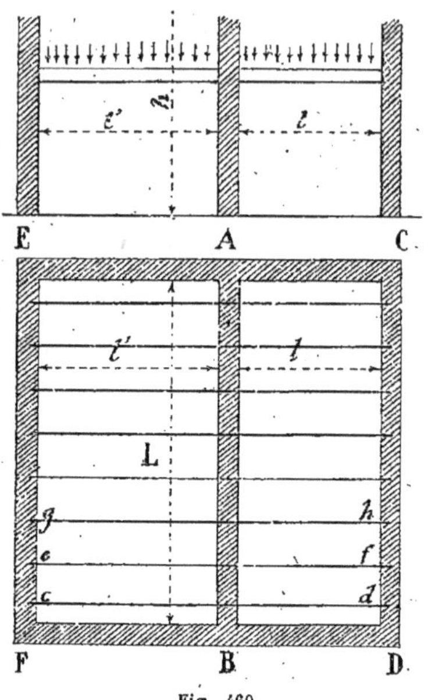

Fig. 460.

La charge transmise par les poutrelles de longueur l' a pour expression

$$p \times \frac{l'}{2} \times L$$

et celle transmise par les poutrelles de longueur l

$$p \times \frac{l'}{2} \times L$$

La somme P_1 sera donc représentée par

$$P_1 = p \times L \, \frac{l + l'}{2}$$

Soient maintenant :

R, la valeur limite de la compression par unité de surface, relative à la nature des matériaux employés,

e, l'épaisseur cherchée du mur AB.

La partie la plus comprimée du mur se trouve à sa base, puisque, en ce point, l'assise de la construction doit supporter le poids total P_1 (charges transmises par les planchers), plus le poids de la maçonnerie elle-même.

Soit π le poids du mètre cube de cette maçonnerie. Si h est la hauteur du mur, le poids de la maçonnerie sera, pour la longueur L du mur AB :

$$P_2 = \pi \times h \times L \times e.$$

Donc, à la base du mur de refend, la charge totale, sur toute la longueur, sera

$$P = P_1 + P_2 = p \times L \left(\frac{l + l'}{2}\right) + \pi \times h \times L \times e$$

Évaluons cette charge par unité de surface, par mètre carré par exemple. Il faudra pour cela diviser P_1 et P_2 par la surface en mètres carrés de la section horizontale du mur, c'est-à-dire diviser P_1 et P_2 par $L \times e$. On aura ainsi :

$$P = \frac{P_1}{L \times e} + \frac{P_2}{L \times e} = \frac{p \times \left(\frac{l + l'}{2}\right)}{e} + \pi \times h$$

Or, nous nous imposons la condition que cette charge totale ou compression ne dépasse pas, par unité de surface, la valeur limite de R, qui offre toute sécurité. On devra donc avoir enfin :

$$R = \frac{p\,(l + l')}{2\,e} + \pi \times h$$

Problème

502. *Dans un bâtiment* CDFE (*fig.* 460) *le mur de refend* AB *a une longueur* L $= 8^m,00$ *une hauteur* $h = 16^m,00$. *Le mur est distant des deux murs de face* CD *et* EF *de* $l = 8^m,00$ *et* $l' = 10^m,00$.

Le mur AB *supporte les solives d'un plancher dont la charge totale (poids propre du plancher et surcharge) doit être de* 3500^k *par mètre carré. Il est en maçonnerie de briques dont le poids du mètre cube est* $\pi = 1900$ *kilogrammes et pour laquelle la résistance à la compression sera prise égale à* $R = 80000$ *kilogrammes par mètre carré* (8^k *par centimètre carré*).

Reprenons la formule précédemment établie :

$$R' = p\,\frac{(l + l')}{2\,e} + \pi \times h$$

de laquelle nous tirons :

$$2\,e\,(R - \pi h) = p\,(l + l')$$

$$e = \frac{p\,(l + l')}{2\,(R - \pi\,h)}$$

Si nous faisons maintenant, dans cette formule,

$p = 3500^k$, $l + l' = 8^m,00 + 10^m,00 = 18^m,00$.

$R = 80000^k$, $\pi = 1900^k$, $h = 16^m,00$, il viendra :

$$e = \frac{3500 \times 18,00}{2\,(80000 - 1900 \times 16,00)} = 0^m,635$$

IV. — Empâtement des maçonneries aux fondations.

503. La pression produite par une maçonnerie sur le sol doit rester dans certaines limites pour que des tassements ne puissent se produire. On conçoit, en effet, que ces tassements, se produisant inégalement à la base de la maçonnerie, celle-ci se trouverait disloquée, des fissures graves ne tarderaient pas à apparaître et mettraient en danger la stabilité même de la construction. — Il est donc absolument nécessaire, toutes les fois qu'on peut le faire, de descendre les murs jusqu'au bon sol, c'est-à-dire jusqu'au sol qui offre suffisamment de résistance pour supporter les charges qu'il doit recevoir.

La difficulté avec laquelle s'opère la fouille qui doit recevoir la maçonnerie donne généralement une première idée de la dureté du terrain et de sa plus ou moins grande aptitude à supporter les charges de la construction. On s'assure d'ailleurs de la dureté du sol au moyen de la *table de pression* dont il a été parlé dans un autre chapitre.

Cette table se compose d'un montant à section carrée, surmonté d'une table horizontale sur laquelle on met des poids jusqu'à ce que le montant vertical commence à s'enfoncer. On cesse d'ajouter des poids et ceux qui ont déjà été mis sur la table permettent d'évaluer, par centimètre carré, la charge qui a produit le tassement.

Pour les constructions ordinaires, la pression par centimètre carré, qu'il ne faut pas dépasser, varie de 2 à 6 kilogrammes. Quand on ne craint pas les tassements, on peut aller jusqu'à 7 et 8 kilogrammes par centimètre carré.

Il arrive fréquemment que, dans une fouille, le terrain n'a pas partout la même résistance à la même profondeur. Dans ce cas, il est nécessaire d'établir des plans de fouilles qui seront à des niveaux différents, mais qui présenteront partout sensiblement la même résistance. La maçonnerie de fondation présente alors des redans successifs dans le sens de sa longueur.

La conclusion de ce que nous venons de dire est que, lorsque la fondation devra, par exemple, être établie sur un sol ne pouvant supporter que 5 kilogrammes par centimètre carré et que la compression des matériaux à la base de la maçonnerie sera de 7 kilos par centimètre carré, il y aura nécessité absolue à augmenter la surface de transmission des pressions de manière à passer de la compression 7 kilogrammes à celle, moins élevée, de 5 kilogrammes par centimètre carré.

Lorsque la différence entre la pression que le sol peut supporter et celle que la maçonnerie reçoit à sa base est importante, on ne peut pas arriver à passer de l'une à l'autre par une seule augmentation de surface. On fait alors une série de redans ayant chacun une saillie de quelques centimètres sur le précédent, jusqu'à ce que la base inférieure ait les dimensions suffisantes pour que la transmission de la pression au sol se fasse dans de bonnes conditions.

Problème

304. *Soit par exemple un mur ayant* 0m,80 *d'épaisseur et dont la hauteur* = 10m,00. (*fig.* 461).

Le poids du mètre cube de la maçonnerie est de 2000k.

Ce mur reçoit une surcharge *verticale* de 4000k par mètre de longueur.

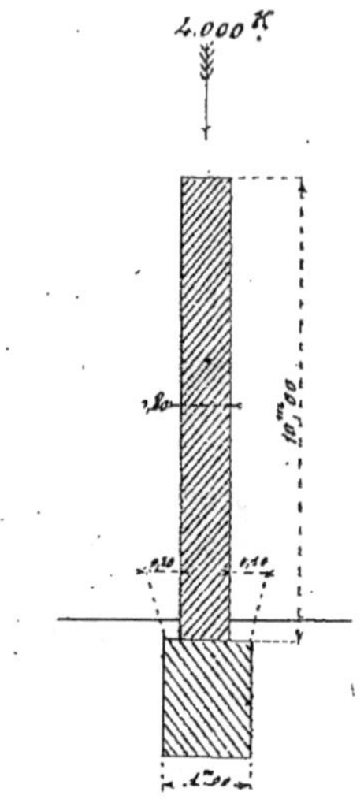

Fig. 461.

Considérons un mètre de développement de ce mur et cherchons quelle est la compression des matériaux à sa base.

Le poids de la maçonnerie sur la longueur considérée d'un mètre sera :

$P_1 = 2000^k \times 10^m00 \times 1^m00 \times 0\ 80 = 16000^k.$

Et la surcharge P_2 est :

$$P_2 = 4000^k$$

La charge totale à la base du mur est donc, pour un mètre de longueur,

$P = P_1 + P_2 = 16000 + 4000 = 20000^k$.

Cette pression s'exerce sur une surface de

$100 \times 80 = 8000$ centimètres carrés.

La compression par centimètre carré sera donc :

$$R = \frac{20000}{8000} = 2^k,5$$

Supposons maintenant que ce mur doive reposer sur un terrain qui ne peut recevoir une charge supérieure à deux kilogrammes par centimètre carré. Il faudra donc donner à la fondation une surépaisseur qui se déterminera de la manière suivante.

La surface de transmission des pressions devra être égale à autant de centimètres carrés qu'il y a de fois deux kilogrammes dans la charge 20000 kilogrammes à supporter, c'est-à-dire :

$$\frac{20000}{2} = 10000 \text{ centimètres carrés.}$$

Or, la longueur considérée du mur qui correspond à cette transmission d'une pression de 20000 kilogrammes étant de 1 mètre ou 100 centimètres, il en résulte que l'épaisseur à donner au mur sera

$$\frac{10000}{100} = 100 \text{ centimètres carrés ou } 1^{m},00$$

On donnera donc au mur un empâtement de $0^{m},10$ de chaque côté, comme l'indique le croquis.

§ III. — STABILITÉ D'UN SYSTÈME DE MATÉRIAUX JUXTAPOSÉS

SOMMAIRE

I. — Notions générales. — Stabilité d'un corps. — Définitions.
II. — Du frottement de glissement.
III. — Stabilité d'un système de matériaux juxtaposés. — Définitions. — Principe général de Moseley. — Conditions de stabilité.
IV. — Répartition des pressions entre deux corps pressés l'un contre l'autre (Loi du trapèze.)

I. — Notions générales

505. Dans la première partie, nous nous sommes occupés des constructions qui ne reçoivent que des efforts verticaux : poids propre de la maçonnerie et surcharges verticales. Une maçonnerie, placée dans de telles conditions de forces extérieures, est calculée pour résister aux efforts de compression. C'est donc seulement au point de vue de la résistance à l'écrasement que cette maçonnerie est considérée et calculée.

Dès qu'on fait intervenir une force extérieure ayant une direction autre que la verticale, cette force tend plus ou moins à déplacer le massif soumis à son action, soit en le faisant tourner autour d'une arête, soit en le faisant glisser sur sa base.

Il faut s'opposer absolument à ce déplacement, en donnant au massif des dimensions convenables, lesquelles dimensions doivent tenir compte aussi de la compression des matériaux. Nous verrons d'ailleurs, dans les développements qui vont suivre, comment la tendance au déplacement du massif, sous l'action de forces extérieures, a pour résultat d'augmenter la compression des matériaux en certains points de ce massif. Le problème à résoudre est donc celui-ci :

Déterminer les dimensions à donner à un massif de maçonneries, soumis à l'action de forces verticales et de forces ayant des directions autres que la verticale, pour que, en aucun point de ce massif, la compression ne dépasse la limite de sécurité admise, relative à la nature des matériaux employés et pour qu'un déplacement quelconque, si petit soit-il, ne puisse absolument pas se produire.

STABILITÉ D'UN CORPS — DÉFINITIONS

506. Considérons un corps ABCD (*fig.* 462) ayant, par exemple, la forme d'un prisme droit à base rectangulaire et reposant sur un autre corps dont la face supérieure SS est plane. Ce corps s'applique sur la face SS en produisant, entre cette face et la base AB du prisme, une pression égale à son poids p, qui est représenté dans la figure par la droite GP, verticale, passant à une distance $NB = \frac{e}{2}$ de l'arête B et dont le point d'aplication est au centre de gravité G.

Supposons maintenant qu'une force extérieure horizontale F vienne opérer sur le corps, au point M, une poussée qui aura évidemment pour tendance de détruire l'équilibre du corps et soit h la hauteur de cette force au-dessus de l'arête B.

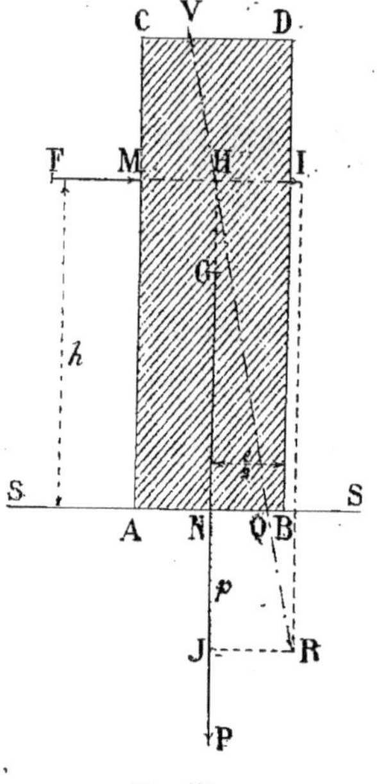

Fig. 462.

Si, entre la base AB du corps ABCD et la face supérieure SS du corps sur lequel le premier repose, il ne pouvait se produire aucune résistance, il est certain que le corps ABCD se déplacerait horizontalement de gauche à droite en glissant sur la face SS. — Si, au contraire, une résistance pouvait prendre naissance à la base AB du corps, qui serait suffisante pour l'empêcher de glisser, on voit aisément que ce corps, sous l'influence de la force F, aurait alors tendance à être renversé en tournant autour de l'arête B. C'est, en effet, ce qui se passe en réalité. La résistance qui se développe entre la base AB et la face SS, lorsqu'on essaie de faire glisser le corps, ne peut pas être nulle ;

Cette résistance de glissement à la base AB est souvent très importante et alors le glissement ne pouvant se produire, la poussée de la force F tend à faire tourner le corps autour de son arête B pour le renverser.

Plaçons-nous dans cette dernière hypothèse et voyons ce qui se passe. — Supposons donc que le corps ne puisse se déplacer qu'en tournant autour de l'arête B comme charnière. — La force F tend à faire tourner le corps autour de la charnière B avec une certaine intensité. La force F restant à la même hauteur h de la face SS, si elle augmente ou diminue, la tendance au renversement augmente aussi ou diminue en même temps. De même, si la force F conservant la même grandeur, sa distance h augmente ou diminue, la tendance au renversement augmente ou diminue.

Cette tendance au renversement est donc variable proportionellement aux variations de la grandeur de la force F et de sa distance h à l'arête de rotation.

Le produit de la force F par son bras de levier h est le moment de la force F par rapport à l'axe de rotation. Ici ce moment prend le nom de *moment de renversement* et s'écrit

$$M.^{(1)}R = F \times h.$$

On voit que ce moment de renversement varie proportionnellement à F et à h.

Le moment de renversement sera donc d'autant plus grand que la force F et la distance h seront plus grandes et d'autant plus petits que ces deux quantités seront elles-mêmes plus petites.

Nous venons de voir que la force F engendre un moment de renversement autour d'une arête B. Pour que ce renversement ne puisse pas avoir lieu, il faut qu'une autre force, telle que le poids p

(1) Dans les formules qui vont suivre, les moments seront marqués par *M.*

produise un effet contraire à celui de la force F.

C'est ce qui se passe ici, car si le corps pouvait tourner autour de B sous l'action de F, le poids p tendrait à le ramener à sa position première, c'est-à-dire à le faire tourner de droite à gauche. En tous cas, le poids p s'oppose à la rotation autour de B avec d'autant plus d'énergie que le poids p est plus grand, et la distance NB de la force à l'axe B plus grande aussi.

Le produit du point p du corps par son bras NB est le moment de la force p par rapport à l'axe B. Ici ce moment prend le nom de *moment de stabilité* et peut s'écrire :

$$M.S. = p \times NB$$

Dans le cas particulier de la figure 462, $NB = \frac{e}{2}$. Donc, dans ce cas :

$$M.S = p \times \frac{e}{2}$$

Comme ces deux moments, *moment de renversement* et *moment de stabilité*, agissent en sens contraire sur le corps ABCD, s'ils sont égaux, ils se feront équilibre et et il n'y aura aucune tendance au renversement. Si le moment de renversement augmente pendant que le moment de stabilité conserve la même valeur, il y a tendance au renversement Si, au contraire, c'est le moment de stabilité qui devient plus grand que le moment de renversement, la résistance que le corps oppose au renversement est augmentée. Cette résistance au renversement est d'autant plus grande que le moment de stabilité est plus grand par rapport au moment de renversement. — Nous arrivons ainsi à pouvoir définir la *stabilité* d'un corps : le *rapport du moment de stabilité au moment de renversement.*

507. La stabilité est représentée par $\frac{M.S}{M.R}$. Vauban qui a été, comme on sait, l'auteur d'un très grand nombre d'ouvrages en maçonnerie, surtout pour la défense des places fortes, profilait ses murs de manière à leur donner une stabilité égale à 2 ou

$$\frac{M.S}{M.R} = 2$$

Aujourd'hui, on se contenterait d'une stabilité beaucoup moindre, mais Vauban voulait tenir compte des malfaçons qui se produisaient forcément dans les travaux dont il ne pouvait souvent suivre l'exécution.

508. Nous venons de dire que la tendance au renversement est nulle lorsque les deux moments M.S. et M.R. sont égaux et qu'il y a, au contraire, tendance au renversement lorsque le moment M.R. est plus grand que le moment M.S. Mais il faut bien remarquer que le renversement ne se produit pas pour cela. Il ne peut avoir lieu qu'autant que le moment M.R. atteint une certaine valeur limite dont nous allons chercher l'expression.

Reprenons la figure 462 et transportons les deux forces F et p au point de rencontre de leurs directions prolongées en HI et HJ (on a admis que ces deux forces se trouvaient dans un même plan).

Leur résultante est HR, laquelle coupe la base AB au point Q.

L'expérience montre que, pour cette position de la résultante, le corps ABCD reste en équilibre. Il faut donc, pour cela, que la réaction QV que le corps SS exerce sur le corps ABCD soit égale et opposée à la résultante HR. Son point d'application est au point de contact Q ; elle est donc en position suivant QV.

Prenons maintenant les moments des trois forces QV, HI et HJ par rapport au point Q.

Le moment de QV est égal à 0 puisque cette force passe par le point C.

Le moment de HI est

$$-\ HI \times HN \text{ ou } -\ F \times h$$

Il est négatif, si l'autre est considéré comme étant positif.

Le moment de HJ est

$$HJ \times NQ \text{ ou } p \times NQ$$

Et, comme il y a équilibre, la somme de

ces moments doit être égale à O, c'est-à-dire qu'on devra avoir

$$- F \times h + p \times NQ = 0$$

$$\text{D'où, } NQ = \frac{F\,h}{p} \text{ ou } h \times \frac{F}{p}$$

Dans cette dernière relation, le poids p du corps est constant. Si, de plus, on suppose que la hauteur h ne varie pas, mais que la force F augmente, on voit que la valeur correspondante de NG augmentera. Or, il est clair que si le point Q d'application de la réaction de la face SS sur la base AB tombait en dehors de cette base, il n'y aurait plus de réaction pour équilibrer la résultante HR : Conséquemment, lorsque la résultante HR coupera le plan de la base au delà du point B, le corps tournera autour de l'arête B. La distance NB est donc la limites supérieure que NQ ne peut dépaser sans que, aussitôt, un mouvement de rotation se produise.

Portons cette valeur limite NB dans la formule précédente en remplacement de NQ et il viendra :

$$M.\ R \text{ ou } F \times h = p \times NB.$$

et, dans le cas particulier de la figure 462 :

$$F \times h = p \times \frac{e}{2}$$

Telle est la valeur du moment résistant pour laquelle l'équilibre du corps sera détruit.

II. — Du frottement de glissement

509. Dans ce qui précède, nous admettons que le corps peut tourner autour de l'arête B, grâce à une résistance qui se développe au contact de la base AB et de face SS, laquelle empêche tout glissement de l'un des corps sur l'autre. Souvent cette résistance est insuffisante et le corps ABCD glisse sur la face SS au lieu de tourner autour de B. La résistance qui s'oppose au glissement est appelée *frottement de glissement*. Remarquons que cette résistance ne prend naissance qu'autant que le corps est sollicité par une force qui tend à le faire glisser. Que se passe-t-il alors physiquement ?

Examinons un corps quelconque à la loupe, un corps dont les faces nous paraissent parfaitement unies et nous apercevrons une quantité de petites aspérités. Plus le corps sera poli, plus les aspérités nous paraîtront petites, mais elles existeront néanmoins toujours.

Mettons maintenant deux corps en contact en les pressant l'un contre l'autre. Les aspérités de l'un se logeront en partie entre les aspérités de l'autre et lorsque nous voudrons faire glisser le premier sur le second, cet enchevêtrement d'aspérités s'opposera au mouvement : c'est alors que le frottement de glissement prend naissance. Il existe tant que les corps sont en mouvement l'un sur l'autre.

Voyons ce qui se passe mécaniquement.

Soit un corps *abcd* (*fig.* 463) en mouvement uniforme sur la surface AB et F la force appliquée au point O dirigée suivant OF et qui produit le mouvement.

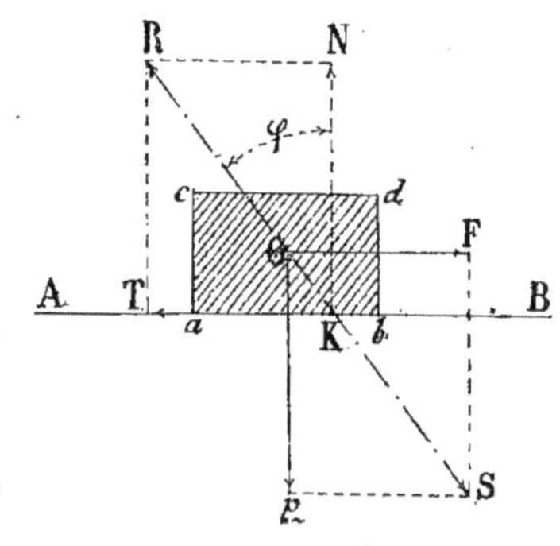

Fig. 463.

Le mouvement étant uniforme, toutes les forces qui agissent sur le corps *abcd* se font équilibre. Quelles sont ces forces? C'est d'abord F qui fournit le mouvement uniforme, puis le poids p du corps, qui le maintient en contact de la face AB; enfin, la réaction KR de la face AB sur la base *ab* du corps. Cette réaction est égale et opposée à la résultante OS, puisqu'il y a équilibre. Elle peut être considérée comme la résultante d'une multitude de forces partielles dont chacune serait normale à la surface de l'aspérité qui la produit.

La réaction KR peut se décomposer en deux forces, dont l'une, KN, normale aux surfaces en contact et l'autre, KT, tangentielle à ces surfaces et opposée au mouvement. Les deux rectangles OFSp et KNRT étant égaux, on voit que KN est égale et opposée au poids Op et que KT est égale et opposée à la force F qui entretient le mouvement uniforme. C'est la composante KT qu'on appelle le *frottement*.

L'angle que la normale N fait avec la réaction R s'appelle *l'angle de frottement*. On le désigne par la lettre φ.

510. On appelle *coefficient de frottement*, le rapport du frottement à la pression des deux corps en contact. D'après cette définition, on aurait ici, en désignant par f le coefficient de frottement; par N, la normale KN; par R, la réaction KR, et par F, le frottement KT :

$$f = \frac{F}{p}$$

et comme

$$F = R \sin. \varphi ; N = R \cos. \varphi ; R = \frac{N}{\cos. \varphi}$$

il en résulte que

$$F = \frac{N}{\cos. \varphi} \times \sin. \varphi \text{ ou } F = N \times \text{tang. } \varphi$$

et comme N = P, il vient

$$\frac{F}{p} \text{ ou } f = \text{tang. } \varphi$$

Le coefficient de frottement est donc égal à tang. φ, tangente de l'angle par laquelle il faut multiplier la pression p pour avoir le frottement F.

511. D'après de nombreuses expériences de Coulomb, répétées et étendues à un plus grand nombre de corps par le général Morin, les lois fondamentales du frottement sont :

1° *Le frottement est proportionnel à la pression normale;*

2° *Le frottement est indépendant de l'étendue des surfaces en contact;*

3° *Le frottement est indépendant de la vitesse.*

On peut conclure de la première loi que, puisque le frottement F est proportionnel à la pression normale p ou N, le rapport de ces deux quantités sera invariable, c'est-à-dire, qu'on aura :

$$\frac{F}{p} = f = \text{constante.}$$

Le coefficient de frottement f varie suivant la nature des corps; mais, pour un même corps, il est constant, quelles que soient l'étendue des surfaces en contact, la vitesse et la valeur de la pression normale.

On voit, en effet, sur la figure 463 que si KT et NK varient proportionnellement, le triangle RKN restera toujours semblable à lui-même et l'angle φ ne variera pas. Donc tang. φ ou f est constant.

Pour obtenir le coefficient de frottement f relatif à un corps, il suffit de déterminer expérimentalement la valeur de F et de diviser F trouvé par la pression p qui existait pendant l'expérience. C'est ce qu'ont fait Coulomb et le général Morin avec des appareils que nous ne décrivons pas ici. Nous nous bornerons à donner les coefficients, qui nous intéressent plus particulièrement au point de vue de la stabilité des constructions en maçonnerie.

512. *Tableau des valeurs du coefficient f pour quelques matériaux de construction*

NATURE DES MATÉRIAUX ET ENDUITS	OPÉRATEURS	RAPPORT f	
		au départ, après quelque temps de contact	pendant le mouvement
Calcaire tendre, dit calcaire oolitique, bien dressé sur lui-même, sans enduit	Morin	0,74	0,64
Calcaire dur, dit muschelkalk, bien dressé sur calcaire oolitique, sans enduit	—	0,76	0,67
Brique ordinaire sur calcaire oolitique, sans enduit	—	0,67	0,65
Muschelkalk sur muschelkalk, sans enduit	—	0,70	0,38
Calcaire oolitique sur muschelkalk, sans enduit	—	0,75	0,65
Brique ordinaire sur muschelkalk, sans enduit	—	0,67	0,60
Calcaire oolitique sur calcaire oolitique, enduit de mortier de trois parties de sable fin et une partie de chaux hydraulique, après dix à quinze minutes de contact	—	0,74	»
Grès uni sur grès uni, à sec	Rennie	0,71	»
— avec mortier frais	—	0,66	»
Granit bien dressé sur granit bouchardé	—	0,66	»
Granit avec mortier frais sur granit bouchardé	—	0,49	»
Calcaire dur poli sur calcaire dur poli	Rondelet	0,58	»
Calcaire bouchardé sur calcaire dur bouchardé	Boistard	0,78	»
Pierre de libage sur un lit d'argile sèche	Lesbros	0,51	»
— — l'argile étant humide et ramollie	—	0,34	»
Pierre de libage sur un lit d'argile, l'argile pareillement humide, mais recouverte de grosse grève	—	0,40	»

En examinant ce tableau, on peut voir que les coefficients les plus élevés sont 0,78 et 0,76. Ordinairement, on prend, comme coefficient de frottement d'une maçonnerie sur elle-même, le chiffre 0,76. On peut néanmoins porter ce chiffre à 1,00 lorsque le mortier a parfaitement fait prise et l'on doit, au contraire, le réduire à 0.57 quand le mortier est encore frais.

Pour le glissement d'une maçonnerie sur sa fondation, on prend les coefficients suivants :

0,76 quand la fondation est en béton ou un rocher naturel ;

0,57 quand elle est le sol naturel (terre ou sable) ;

0,30 quand elle est un fond argileux sujet à être détrempé par les eaux

III. — Stabilité d'un système de matériaux juxtaposés et définitions.

513. Pour bien comprendre ce qui va suivre, il est essentiel de faire une remarque importante sur la grandeur de l'*angle de frottement* φ.

Nous avons vu que p étant la pression exercée par le corps *a b c d* (*fig.* 463) sur la face A B, et F la force qui procure à ce corps un mouvement uniforme pendant qu'il glisse sur la face A B, il résulte de ce que le mouvement reste uniforme, c'est-à-dire ne se modifie pas, que les forces qui agissent sur le corps en mouvement se font équilibre.

On en a conclu que la résultante de toutes les réactions que la face A B produit sur la base *a b* est égale et opposée à la résultante O S de O p et O F. La résultante K R des réactions fait avec la normale K N au point K l'angle φ qu'on appelle *l'angle de frottement*. —

Modifions maintenant la grandeur de la force F. Si nous l'augmentons, par exemple, le mouvement du corps qui était uniforme prendra une accélération, mais la résultante OS sera plus inclinée qu'avant et l'angle φ correspondant sera plus grand. On voit donc que l'angle φ augmentant, l'équilibre n'a plus lieu et le mouvement ne reste plus uniforme. Cela revient à dire que si le corps *abcd*, au lieu d'être en mouvement, se trouvait au repos, cet état de repos ne serait pas modifié tant que l'angle φ resterait égal à l'angle de frottement qui correspond à la nature des surfaces en contact et, à fortiori, tant que cet angle resterait plus petit que l angle de frottement. Mais supposons que l'angle φ devienne plus grand que l'angle de frottement; aussitôt l'équilibre n'existe plus entre la pression p, la force F et la réaction totale R et le corps cesse de rester au repos pour se mettre en mouvement.

Nous ne tenons pas compte ici de l'adhérence qui prend naissance entre les surfaces en contact depuis un certain temps. Cette adhérence a pour effet de retarder un peu l'instant de mise en mouvement qui correspond alors à un angle légèrement plus petit que l'angle de frottement.

On voit donc que:

Pour que le corps abcd (fig. 463) soit stable sur une face AB *d'un autre corps, il ne suffit pas que le moment de la force F ne puisse le faire tourner autour d'une arête b, mais qu'il faut en outre que la résultante des forces* F *et* p *fasse, avec la surface de contact* a b, *un angle égal ou plus petit que l'angle φ de frottement qui est relatif à la nature des surfaces en contact.*

PRINCIPE GÉNÉRAL DE MOSELEY.

514. Considérons un massif composé de parties distinctes séparées par des joints. Ce sera, par exemple, un mur en pierres de taille. Pour donner plus de généralité à ce que nous allons dire et afin de pouvoir l'appliquer plus loin à la stabilité des voûtes, nous supposerons que les joints d'assises ne sont pas horizontaux, mais ont des directions quelconques et que chaque pierre est soumise à l'action de forces quelconques, plus ou moins inclinées sur la verticale.

Soit donc un massif ABCD (*fig.* 464) composé des blocs N_1 N_2 N_3 et N_4 séparés par les joints J_1 J_1, J_2 J_2, J_3 J_3. Soit F une première force agissant sur le massif et dont le point d'application est au point m, sur la face supérieure CD du bloc N_1.

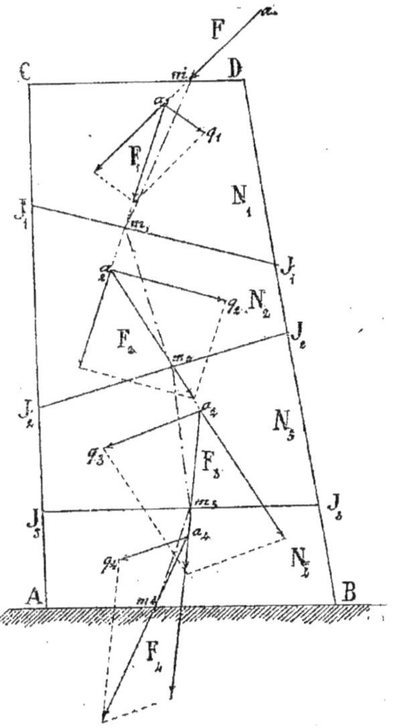

Fig. 464.

Nous supposons que le bloc N_1 est soumis à l'action d'un certain nombre de forces dont la résultante est représentée par a_1 q_1. En transportant la force F à son point de rencontre avec a_1 q_1 en a_1 et en la composant avec celle-ci, on obtient une résultante F_1 qui est l'action que le bloc N_1 exerce sur le bloc N_2. Pour que le bloc N_1 soit stable sur le bloc N_2, il faudra donc que l'angle de F_1 avec la normale au joint J_1 J_1 au point m_1 soit plus petit que l'angle de frottement afin que le glissement ne puisse avoir lieu. Il faut, en outre, que le point m_1 de rencontre du joint J_1 J_1 avec la résultante F_1 prolongée tombe dans l'intérieur du solide, c'est-à-dire entre les points J_1 et J_1.

Cette résultante F_1 se composera avec la résultante a_2 q_2 des forces qui s'appliquent au bloc N_2 et on obtiendra une nouvelle résultante F_2 qui rencontrera le joint J_2 J_2 en un point m_2. En opérant de la même manière pour les autres blocs, on tracerait ainsi une série de résultantes qui couperaient les joints successifs en des points m_3 m_4, etc. Tous ces points devront se trouver dans l'intérieur des joints et toutes les résultantes devront faire, avec les normales aux joints, des angles plus petits que l'angle φ si l'on veut que le massif soit stable.

En joignant tous les points m, m_1, m_2 m_3... par une ligne, on a ce qu'on appelle la *ligne des pressions*.

En prenant la ligne brisée $aa_1 a_2 a_3 a_4$... formée par les directions des résultantes F_1 F_2 F_3... on a ce quon appelle la *ligne des directions*.

Supposons maintenant que la grosseur des blocs $N_1 N_2 N_3$... diminue de plus en plus. Leur nombre, compris entre les faces CD et AB, augmentera indéfiniment. Les joints se rapprocheront sans cesse et, à la limite, la ligne brisée m_1 m_2 m_3... deviendra la *courbe des pressions*.

On appelle *centres de pression*, les intersections de cette courbe avec les joints.

Les points a a_1 a_2 a_3... de la ligne des directions se rapprocheront aussi pour former une *courbe des directions* enveloppant la courbe des pressions, et alors les résultantes F_1 F_2 F_3... seront tangentes à cette courbe. De sorte que, en un point quelconque de la courbe des pressions, la direction de la pression est donnée par la tangente menée par ce point à la courbe des directions.

515. *Conditions de stabilité.* — D'après ce qui précède, on peut énoncer le principe général de Moseley de la manière suivante:

Pour qu'un système de matériaux juxtaposés et sans liaison entre eux soit complètement stable, il faut :

1° *Que la courbe des pressions coupe tous les joints à l'intérieur du massif;*

2° *Que toute tangente menée à la courbe des directions par un point quelconque de la courbe des pressions fasse, avec la normale au joint en ce point, un angle plus petit que l'angle du frottement;*

3° *La pression ne doit dépasser en aucun point la limite indiquée par l'expérience pour la résistance des matériaux.*

Les deux premières conditions viennent d'être examinées. Quant à la troisième condition relative à la résistance des matériaux, nous allons nous en occuper. Mais, avant, nous indiquerons la simplification de l'épure précédente, qui se présente dans la pratique pour les murs

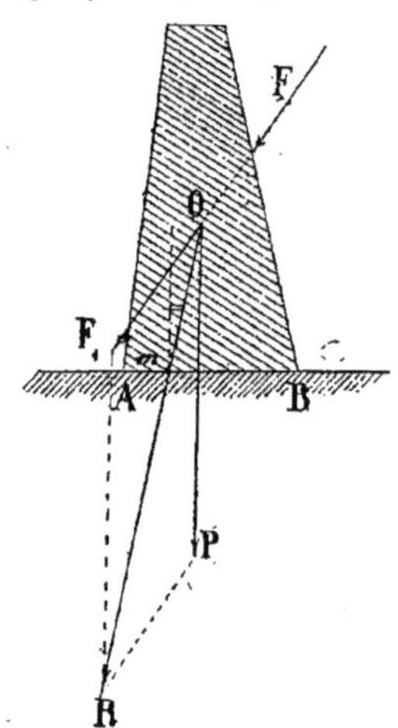

Fig. 465.

On connaît la force F ou, plutôt, le résultante F de toutes les forces extérieures qui agissent sur le massif. On connaît également les poids p_1 p_2 p_3, etc... des blocs ou parties du massif. Au lieu de composer successivement la force F avec p_1 pour avoir une première résultante F_1, puis cette résultante F_1 avec p_2 pour avoir une deuxième résultante F_2 et ainsi de suite, jusqu'à la dernière, on transporte de suite au centre de gravité de la section, le poids total $P = p_1 + p_2 + p_3 \ldots$ et on obtient immédiatement, en composant P avec F, au point de rencontre de leurs directions, la résultante définitive OR (*fig.* 465) sans passer par les résultantes intermédiaires. Cette dernière résultante OR doit remplir les mêmes conditions de stabilité que les résultantes partielles tracées dans la figure 464, par rapport à la base AB ; c'est-à-dire qu'elle doit rencontrer la ligne AB en un point *m*, centre de pression situé à l'intérieur de AB, et que l'angle formé par la résultante OR et la normale à AB menée par le point *m* doit être plus petit que l'angle de frottement correspondant à la nature des surfaces en contact suivant AB.

Nous allons voir que la position du centre de pression *m* sur la base AB n'est pas indifférente au point de vue de la résistance des matériaux. C'est ce qui constituera l'examen de la troisième des conditions de stabilité qui ont été énoncées précédemment.

IV. — Répartition des pressions entre deux corps pressés l'un contre l'autre (loi du trapèze).

516. Soient deux corps ABCD, EFAB (*fig.* 466) pressés l'un contre l'autre. Sur la face supérieure CD s'exerce une force N, normale à cette face au point *n*, qui produit la pression entre les deux corps suivant le joint AB. Comment cette pression va-t-elle se répartir sur le joint? Il est d'abord facile de voir que si le point *n* est très rapproché de l'arête C, la pression transmise par la force N sera plus grande sur l'arête A que sur l'arête B.

Représentons par la longueur AA' l'intensité de la pression sur l'arête A et par la longueur BB' l'intensité de la pression sur l'arête B lorsque la force N est appliquée au point *n* à une distance *d* de l'arête supérieure C. Joignons les deux points A'B' par une droite, et nous formerons ainsi un trapèze ABA'B'.

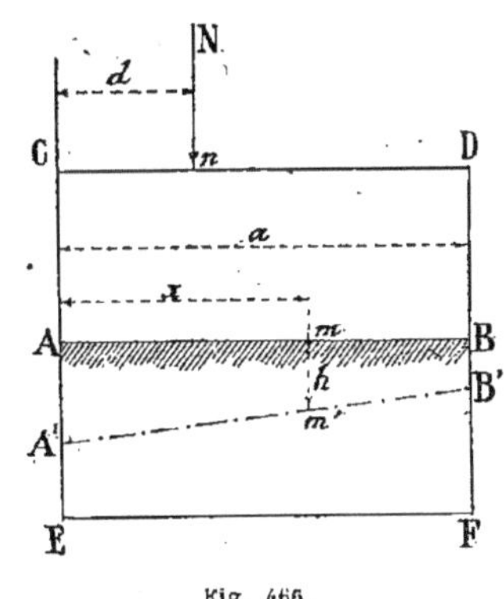

Fig. 466.

517. La *loi du trapèze* consiste à admettre que, entre les points A et B, la pression varie comme les hauteurs successive du trapèze ABA'B', c'est-à-dire que, au point *m*, par exemple, la pression en ce point est représentée par la longueur de la hauteur $mm' = h$.

D'autre part, de la théorie de la flexion d'un solide court, chargé parallèlement à sa longueur, on déduit la formule générale suivante :

$$R = \frac{2N}{\omega}\left[\left(\frac{6d}{a^2} - \frac{3}{a}\right) \times x + \left(2 - \frac{3d}{a}\right)\right] \quad (1)$$

dans laquelle :

R représente la limite admise pour la résistance des matériaux par unité de surface, au point considéré *m* ;

N, la pression normale totale ou la résultante des pressions normales qui s'exerce au point *n* ;

ω, la surface de contact suivant le joint AB ;

d, la distance du point d'application *n* à l'une des arêtes C ;

a, la largeur du solide ;

x, la distance de l'arête AC au point *m* considéré du joint AB.

Examinons les valeurs que la limite R

peut prendre en différents points du joint AB lorsque la force N se déplace sur la face CD.

1° Supposons d'abord que le point d'application n de la force normale N soit placé au milieu de CD. Alors, la distance d a pour valeur

$$d = \frac{1}{2} a.$$

En portant cette valeur de d dans la formule (1), il vient :

$$R = \frac{N}{\omega}$$

ce qui montre que, dans ce cas, la valeur de R est indépendante de la distance x du point m au point A et que la pression N est uniformément répartie sur toute la surface du joint AB.

2° Si la distance d est comprise entre 1/3 de a et 1/2 de a, la formule montre que pour $x = o$, *on a*

$$R = \frac{2\,N}{\omega}\left(2 - \frac{3\,d}{a}\right)$$

c'est la pression sur l'arête A ;

Pour

$$x = \frac{1}{2} a, \qquad R = \frac{N}{\omega}$$

C'est la pression sur le milieu du joint AB ; et pour

$$x = a, \qquad R = \frac{2\,N}{\omega}\left(\frac{3\,d}{a} - 1\right)$$

c'est la pression sur l'arête B.

On voit donc que la plus grande pression se produit au point A et que la plus petite se produit au point B. Au milieu de AB, on a une pression moyenne $\frac{N}{\omega}$.

3° Faisons maintenant $d = \frac{1}{3} a$.

La formule (1) donne :

pour $x = o$, $\quad R = \frac{2\,N}{\omega}$

pour $x = \frac{1}{2} a$, $\quad R = \frac{N}{\omega}$

pour $x = a$, $\quad R = o$.

Ces derniers résultats sont très importants dans l'étude de la stabilité d'un massif en maçonnerie.

Ils montrent que lorsque la force normale N est appliquée en un point n dont la distence d de l'arête voisine est égale au tiers de la largeur a :

1° La pression sur l'arête A est égale à $\frac{2\,N}{\omega}$, c'est-à-dire, à deux fois la pression $\frac{N}{\omega}$ qui serait uniformément répartie,

2° La pression sur i'arrête B est égale à O ;

3° Le trapèze ABA'B' se réduirait alors à un triangle.

4° Continuons à faire mouvoir la force N, de manière à rapprocher davantage son point d'application n de l'arête C. Alors la formule donne encore, comme pression sur l'arête A, une valeur égale à $\frac{2\,N}{\omega}$, mais la pression sur l'arête B serait négative, ce qui est inadmissible.

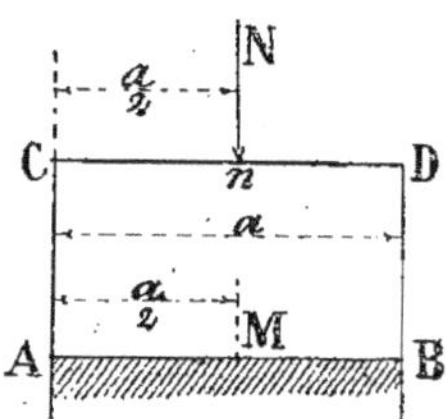

Fig. 467.

En examinant de plus près ce qui se passe, on peut se rendre compte par le calcul que la valeur de la pression qui est $\frac{2N}{\omega}$ en A va en décroissant quand on s'éloigne de A jusqu'à devenir égale à zéro en un certain point qui est précisément éloigné de A d'une longueur égale à trois fois la distance d. La partie du joint située au delà de ce point est considérée comme ne recevant aucune pression. On pourrait donc la supprimer sans nuire à la stabilité ou plutôt, à la condition de résistance des matériaux.

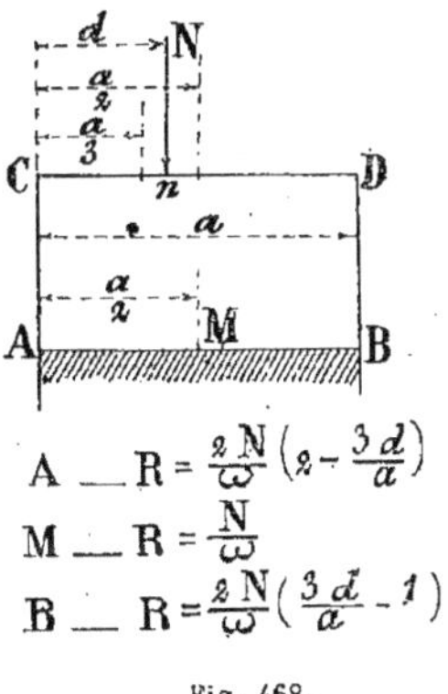

Fig. 468.

518. Nous résumons par des croquis (*fig.* 467, 468, 469, 470) et les formules

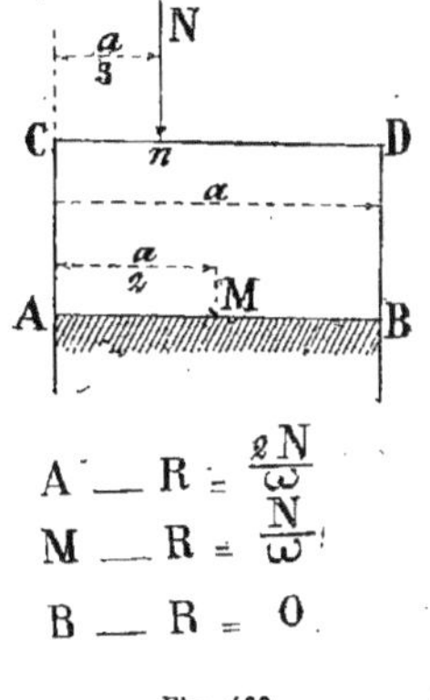

Fig. 469.

correspondantes ce que nous venons d'obtenir en discutant la formule générale (1).

519. De la discussion précédente, on conclut que :

Les centres de pressions, c'est-à-dire les intersections de la courbe des pressions avec les joints doivent être éloignés des extrémités de ces joints d'au moins le tiers de leurs largeurs.

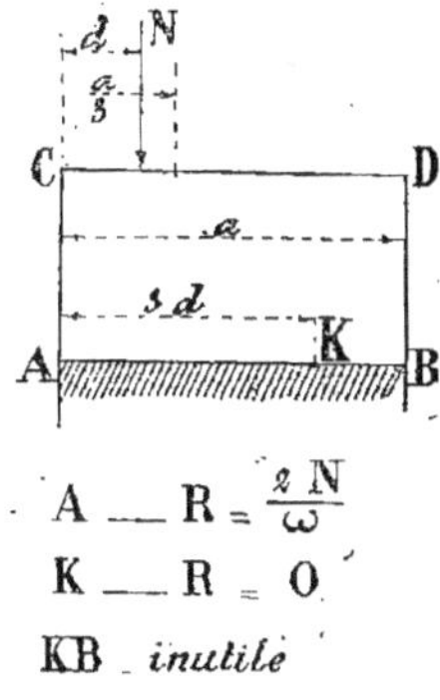

Fig. 470.

Si cela n'avait pas lieu, d'après la troisième remarque précédente, une partie du joint ne recevrait et ne transmettrait pas de pression. Cette partie serait donc inutile. On doit d'ailleurs prendre les dispositions nécessaires pour que le centre de pression se rapproche le plus possible du milieu du joint. En tous cas, *il doit toujours être compris entre le milieu du joint et le* $\frac{1}{3}$ *de sa largeur à partir de son extrémité.*

Il doit donc se trouver dans l'un des trois premiers cas précédemment examinés.

§ IV. — OUVRAGES AYANT A RÉSISTER A LA PRESSION DU VENT

SOMMAIRE

I. — Pression du vent.

II. — Stabilité d'un mur isolé ayant à résister à la pression du vent.

1° Le mur a une section rectangulaire;

I. — Pression du vent

520. Voici quelles sont les pressions que le vent exerce contre une surface d'un mètre carré, choquée directement, à différentes vitesses.

Les chiffres ci-dessous résultent, soit d'expériences directes, soit de calculs faits au moyen de la formule

$$P = d \times s \times 2\ h$$

dans laquelle les lettres ont la signification suivante :

P, pression en kilogrammes;

d, poids d'un mètre cube de l'air en mouvement ;

choquée en mètre carré;

v, vitesse du vent en mètres par seconde ;

$h = \frac{v^2}{2g}$ hauteur génératrice de la vitesse *v*.

521. *Tableau des pressions exercées par le vent contre une surface d'un mètre carré, choquée directement, à différentes vitesses.*

DÉSIGNATION DES VENTS	VITESSE par SECONDE	PRESSION par MÈTRE CARRÉ
	3m	1k,0
Vent frais, convenable pour les moulins......	4	2,2
	5	2,9
	6	4,9
	7	6,0
	8	7,5
	10	13,5
	12	19,5
Vent très fort.........	15	30,5
	20	54,0
Tempête	24	78,0
	30	122,0
Ouragan...............	36	177,0
Grand ouragan..........	45	278,0

522. La pression de 278 kilogrammes par mètre carré, qui correspond à la vitesse du vent pendant un grand ouragan, est généralement admise comme le maximum des pressions qui peuvent se produire. Cependant les expériences faites jusqu'à présent avec les instruments anémométriques ordinaires laissent dans l'indécision. On peut supposer que les vitesses maxima et les pressions correspondantes sont supérieures à celles admises, ce qui expliquerait bien des accidents survenus à des ouvrages qui paraissaient bien établis au point de vue de la résistance des matériaux.

M. Baker, ingénieur des travaux de construction d'un grand pont à travées gigantesques, sur le Firth-of-Forth, a fait, sur une petite île rocheuse appelée Inchgowrie, les expériences suivantes pour se rendre compte de la pression du vent sur de grandes surfaces. Il a exposé au vent une surface mesurant près de 28 mètres carrés avec un enregistreur de pression et, à côté de cette surface, une autre beaucoup plus petite, ayant seulement $0^{m2},1394$.

La plus grande pression enregistrée par la grande plaque a été de 172 kilogrammes par mètre carré et celle enregistrée par la petite plaque a été de $317^{k},4$ par mètre carré. Ce dernier chiffre est donc supérieur à celui qui est admis. De plus, les expériences de M. Baker montrent que la pression maximum est beaucoup plus grande sur une petite surface que sur une grande.

M. le contre-amiral P. Serre explique ce fait de la manière suivante. L'espace est rempli d'une infinité de petits cyclones qui se nouent et se dénouent incessamment, qui marchent tous ensemble dans une direction donnée avec une vitesse moyenne et dont les branches, à certains moments, ont une vitesse très supérieure à cette vitesse moyenne. Un corps mis en observation dans un pareil courant recueille nécessairement les maxima du lieu qu'il occupe. Moins il est étendu, plus ces maxima diffèrent de la moyenne, de sorte que, pour deux raisons, la résistance spécifique des surfaces exposées au vent doit diminuer avec leur étendue.

Le maximum auquel on peut s'attendre varie aussi, sans doute, avec les localités et avec la hauteur au-dessus du sol.

A la suite de la chute d'un grand pont sur la Tay, en Angleterre, que beaucoup d'ingénieurs attribuèrent à la pression d'un vent très violent qui régnait le jour de l'accident, une commission spéciale fut chargée par le gouvernement anglais de lui préparer un *rapport et des conclusions sur l'importance qu'on devait attribuer aux effets du vent dans les calculs relatifs à la stabilité des constructions.*

523. Nous reproduisons ce rapport *in-extenso*, car tout ce qui est relatif aux effets du vent est d'une grande impor- pour les calculs de stabilité.

Pour répondre aux instructions que nous a données le ministère et qui ont pour objet l'étude de la pression que le vent peut exercer sur les ouvrages d'art des chemins de fer, nous avons fait les recherches et réuni les renseignements qui nous ont semblé nécessaires pour traiter la question, et nous avons aujourd'hui l'honneur de vous faire connaître les conclusions auxquelles nous avons été conduits.

Tout d'abord il était nécessaire de déterminer aussi exactement que possible, en nous adressant aux sources à notre portée, quelles sont les pressions maxima que le vent peut développer dans ce pays. A cet effet, nous avons recueilli, dans les observatoires et stations météorologiques où l'on mesure la pression ou la vitesse du vent, les éléments que nous consignons dans l'appendice annexé au présent rapport.

Pour faire ressortir l'action du vent dans les orages violents, nous y avons joint des copies lithographiées des diagrammes du vent déterminées au moyen d'appareils enregistreurs à Bidston, Glascow et Greenwich. Dans quelque-unes des stations qui nous ont fourni leurs renseignements, les pressions du vent sont mesurées directement au moyen des anémomètres d'Osler qui enregistrent ces pressions ; dans d'autres, on constate seulement la vitesse du vent au moyen des anémomètres à rotation de Robinson, et l'on estime que la vitesse réelle du vent est le triple de celle des godets tournants; enfin, dans d'autres stations, le seul renseignement qu'on nous ait donné est la vitesse du vent (exprimée en milles) à chaque heure de la journée. Dans ce dernier cas, il ne peut évidemment exister qu'un rapport général entre cette vitesse et la pression maximum produite pendant le même temps. Pour pouvoir nous servir des observations faites aux stations où l'on mesure seulement la vitesse du vent, nous avons eu recours aux observations de l'observatoire de Bidston, où l'on tient compte en même temps des deux éléments, pression et vitesse, et nous les avons utilisées pour établir une liaison entre eux. Dans le cas de vents violents, qui sont les seuls dont nous ayons à nous occuper, nous avons trouvé que la plus grande pression constatée dans la durée d'une heure est sensiblement proportionnelle au carré de la vitesse moyenne pendant ce temps, et que la formule empirique $\frac{V^2}{100} = P$ représente sensiblement la plus grande pression, déduite de la vitesse moyenne. Dans cette formule, V est la vitesse maximum du vent en milles (1609 mètres) et P la pression maximum en livres par pied carré. D'après cela, nous avons donné dans l'appendice une table, calculée d'après la formule précédente, qui fait connaître les pressions maxima en fonction des vitesses observées. En outre des tables qui nous ont été envoyées des stations anglaises, irlandaises et écossaises, et qui seules peuvent s'appliquer strictement à nos recherches, nous ajoutons comme complément un résumé des vents les plus violents mesurés aux stations du continent et de l'Inde.

Les tables montrent que les pressions exercées par le vent varient notablement en des stations différentes. Sans nul doute, ces variations résultent principalement des différences d'exposition des stations au vent et des circonstances locales de leur position; mais, dans certains cas, elles peuvent être causées en partie par des différences dans les instruments employés pour les mesures. Par exemple, la plus forte pression enregistrée à Glascon est de 229 kilogrammes par mètre carré, tandis qu'à Bidston, près de Liverpool, on a constaté des pressions de 390 et 440 kilogrammes par mètre carré. Ces derniers chiffres semblent toutefois anormaux et dépassent de beaucoup tout ce que l'on a constaté ailleurs ; la conformation du sol en cet endroit est telle en effet qu'elle peut donner une plus grande intensité à l'action réelle du vent. On peut remarquer que les diagrammes reproduits par la lithographie font voir que les pressions intenses durent en général peu de temps. Nos investigations nous ont donné la certitude que ces valeurs extraordinaires ne proviennent pas d'erreurs dues aux dérangements des instruments sur l'action momentanée du vent, mais qu'elles correspondent bien à un phénomène réel.

L'expérience a été toutefois impuissante à nous montrer si la zone des vitesses exceptionnellement élevées s'étend transversalement sur une grande largeur, ou si elle est purement locale.

Les différences que l'on constate entre les pressions du vent à différentes stations nous ont conduits à rechercher s'il n'y aurait pas d'autres modes de déterminer ces pressions d'une manière utile pour l'objet que nous avons eu vue. Il existe un grand nombre d'édifices, de cheminées élevées, de hangars employés pour la construction des navires, etc., qui ne résisteraient probablement pas à des pressions aussi considérables que celles que nous avons rapportées ; mais, dans la plupart des cas, les résultats déduits de ces exemples n'auraient pas de valeur, parce que la force du vent se trouve atténuée par la forme du terrain, le voisinage d'autres bâtiments d'arbres, de constructions adjacentes, etc. Nous avons pensé que nous pourrions tirer des renseignements utiles d'une autre source ; des chemins de fer eux-mêmes. Il est clair que, sur les voies depuis longtemps en service, on a effectué, si l'on peut s'exprimer ainsi, toute une série d'expériences depuis de longues années; car les trains ont passé nuit et jour sur des remblais élevés et sans abri et dans d'autres endroits exposés dans bien des cas à des vents très violents.

Or, une pression du vent variant entre 146 et 195 kilogrammes par mètre carré suffit (?) pour renverser les voitures qui ont été en service durant les vingt-cinq ou trente dernières années ; aussi avons-nous pensé utile de nous enquérir près des compagnies des cas où des wagons auraient été culbutés par le vent. Nous rapportons dans l'appendice les seuls cas qu'on ait portés à notre connaissance.

Comme conséquence des renseignements que nous avons recueillis, des enquêtes que nous avons faites et de notre examen en général, nous sommes d'avis que les règles suivantes seront suffisantes dans tous les cas qui nous ont été soumis :

1° Dans le *calcul des ponts et viaducs de chemins de fer*, on comptera la pression maximum du vent à raison de 273 kilogrammes par mètre carré.

2° Si le pont du viaduc est formé de poutres pleines et si leur sommet est aussi haut ou plus haut que la partie supérieure des wagons constituant les trains qui passent sur le pont, on déterminera la pression totale du vent en la calculant à raison de 273 kilogrammes par mètre carré de la surface verticale tout entière d'une seule des poutres. Mais, si le train dépasse le sommet des poutres, on déterminera la pression totale en la calculant à raison de 273 kilogrammes par mètre carré de la surface comprise entre le bas des poutres et le sommet du train passant sur le pont.

3° Si le pont ou viaduc se compose de poutres à treillis, on estimera la pression de la poutre située sous le vent en la calculant à raison des 273 kilogrammes par mètre carré, comme s'il s'agissait d'une poutre pleine, depuis le niveau des rails jusqu'au sommet du train passant sur l'ouvrage en question ; on y ajoutera la pression exercée sur tout le treillis en dessous des rails et au-dessus du train, en supposant que le vent détermine un effort de 273 kilogrammes par mètre carré de surface métallique effective.

Pour ce qui regarde la seconde poutre, qui n'est pas directement opposée on vent, on calculera la pression qui s'exerce sur elle en relevant la surface métallique située en dessous des rails et au-dessus du train, et en supposant qu'elle supporte un effort par mètre carré déterminé comme il suit.

a) 137 kilogrammes par mètre carré, si la surface des vides ne dépasse pas les deux tiers de la surface totale comprise dans l'élévation de la poutre.

b) 205 kilogrammes si cette surface est comprise entre les $\frac{2}{3}$ et les $\frac{3}{4}$ de la surface totale.

c) 273 kilogrammes si cette surface dépasse les $\frac{3}{4}$ de la surface totale de la poutre en élévation.

4°. On déterminera les *pressions sur les voûtes les piles des ponts et viaducs* en se conformant autant que possible aux règles qui viennent d'être posées.

5° Pour assurer aux ponts et viaducs un *coefficient de sûreté* suffisant en ce qui regarde les efforts intérieurs développés par la pression du vent, on leur donnera une résistance suffisante pour supporter un effort quadruple de celui qui sera déterminé par les règles précédentes.

Dans le cas où la tendance des constructions au renversement est combattue par la seule action de la gravité, un facteur de sûreté égal à 2 sera suffisant.

« Pour ce qui regarde le huitième paragraphe du rapport de la commission parlementaire sur le North-British-Railway, sur lequel vous avez attiré notre attention, nous vous ferons remarquer, que, si les trains passent *entre* les poutres, le degré de protection contre la pression du vent qui est dû à la présence des poutres dépend de la surface des vides présentée par ces poutres. Quand les poutres offrent des vides tels que leur protection est insuffisante, ou quand les trains roulent sur la partie supérieure des poutres, comme cela arrive souvent, l'ingénieur aura à prévoir un parapet suffisamment solide ; mais nous ne croyons pas devoir nous étendre plus en détail sur ce point, parce que nous aurions l'air de conseiller un mode de constructions qui ne nous paraît pas recommandable.

En terminant, nous ferons remarquer que la vitesse du vent, comme celle de tout corps en mouvement, est plus ou moins diminuée par les frottements et dépendra par conséquent des surfaces sur lesquelles il passera et de leur état physique, suivant qu'elles seront rugueuses, unies ou irrégulières. Il résulte de là que, toutes choses égales d'ailleurs, les vitesses du vent seront plus grandes aux altitudes élevées que dans les emplacements plus bas, parce que, dans le premier cas, le vent éprouve moins de retards dus aux frottement. Nous pensons que vraisemblablement on ne bâtira jamais de pont ou de viaduc dans une situation telle qu'il puisse être exposé à des pressions égales à celle qu'ont enregistrées les appareils de l'observatoire de Bidston ; si cependant cela était possible, un pont ou viaduc construit suivant les règles que nous venons d'indiquer ne supporterait pas de ce fait d'efforts se rapprochant de ceux de sa résistance théorique.

D'autre part, il y aura beaucoup d'ouvrages construits à une altitude peu élevée ou dans des situations abritées qui ne seront jamais exposés à la pression que nous avons admise et pour lesquels l'application des règles que nous avons posées serait susceptible de modifications. Il pourra en être de même pour les ponts suspendus ou à travées de très grandes dimensions ; mais ces cas seront rares et nous demandons qu'ils soient l'objet d'une étude spéciale quand ils se rencontreront.

Nous avons l'honneur d'être, etc.

Nous, soussignés, acceptons toutes les conclusions du rapport qui précède; mais nous pensons qu'il conviendrait d'ajouter le paragraphe suivant :

Les renseignements que nous avons recueillis ne nous permettent pas de juger de l'étendue transversale de la zone des pressions élevées accusées par les anémomètres, et nous pensons qu'il y a lieu d'instituer des expériences pour élucider cette question. S'il était démontré que les ouragans violents s'étendent sur une faible largeur normalement au sens de leur translation, il y aurait lieu d'examiner s'il ne convient pas d'adoucir les stipulations du rapport précédent.

W.-G ARMSTRONG. G.-G. STOKES.

On voit donc que pour être certain du maximum que la pression du vent peut atteindre, de nouvelles expériences seraient nécessaires.

Dans ce qui va suivre, nous ferons les calculs et les épures en prenant pour maximum de la pression du vent contre une surface normale à la direction de sa vitesse 300^k par mètre carré. On pourra évidemment modifier ce chiffre suivant les cas.

Lorsque la surface choquée par le vent n'est pas normale à la direction de celui-ci, on peut réduire le chiffre de 300^k. Ainsi, lorsque la surface sera ronde comme par exemple dans le cas d'une cheminée d'usine, nous prendrons la pression égale à 150^k seulement par mètre carré de projection sur un plan normal à la direction du vent.

II. — Stabilité d'un mur isolé ayant à résister à la pression du vent.

1er Problème

524. *On veut construire un mur isolé à section transversale rectangulaire de longueur L et de hauteur h. On demande de déterminer l'épaisseur à lui donner pour qu'il soit parfaitement stable.*

Le mur dont nous voulons déterminer l'épaisseur n'a à résister, dans le cas présent, qu'à son propre poids et à l'effort latéral du vent. Nous admettons que cet effort latéral est horizontal. C'est d'ailleurs pour cette direction qu'il peut prendre sa plus grande valeur, puisqu'alors, la surface choquée lui est normale.

Nous considérons une tranche du mur Le poids P (*fig.* 471) de la maçonnerie est appliqué au centre de gravité G de la section ABCD. La pression que le vent exerce sur la face du mur a un résultante F dont le point d'application est situé à la moitié de la hauteur *h*. Les deux forces F et P se composent pour donner une résultante R qui coupe la base AB du mur.

La condition nécessaire pour que le mur soit stable est qu'il ne puisse tourner autour de son arête B. Il suffirait pour cela que le moment de P par rapport à B fût au moins égal au moment de F par rapport au même axe. Mais alors la résultante passerait par le point B et la condition relative à la résistance des matériaux ne serait pas satisfaite, puisque toute la surface AB ne serait pas intéressée dans la transmission des pressions aux fondations. Il faut, comme nous l'avons vu, que le point de rencontre de R avec la base AB se trouve à une distance KB de l'arête B au moins égale au $\frac{1}{3}$ de la largeur AB. Soit e l'épaissur cherchée. On devra avoir :

$$KB = \frac{1}{3} e$$

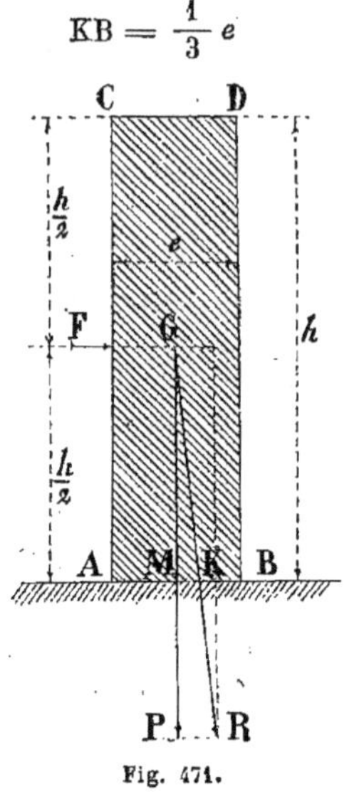

Fig. 471.

(La section transversale du mur est restangulaire.)

Comme M est le milieu de AB, la distance MK sera égale à $\frac{1}{6} e$

$$MK = \frac{1}{6} e$$

De plus, l'équilibre donne :

$$P \times KM = F \times GM$$

ou bien

$$P \times \frac{1}{6} e = F \times \frac{h}{2}$$

Or le poids P d'un mètre de longueur du mur est :

$$P = \pi \times e \times h \times 1{,}00$$

en désignant par π le poids du mètre cube de maçonnerie. L'effort total F est égal à la pression du vent par mètre multipliée par la surface choquée.

Sur un mètre de longueur du mur, la valeur de F sera :

$$F = q \times h \times 1{,}00$$

en désignant par q la pression par mètre carré.

Donc la formule précédente devient :

$$\pi \times e \times h \times \frac{1}{6} e = q \times h \times \frac{h}{2}$$

$$\text{D'où, } e = \sqrt{\frac{3\,q\,h}{\pi}}$$

Exemple. — Le mur dont on cherche l'épaisseur doit avoir $6^m,00$ de hauteur. Il peut être soumis à la poussée maximum du vent, soit 300^k par mètre carré de surface latérale. La maçonnerie pèse par exemple 2200^k le mètre cube

On fera, dans la formule précédente :

$$q \times 300^k;\ h \times 6^m,00;\ \pi = 2{,}200^k$$

et on aura.

$$e = \sqrt{\frac{3 \times 300 \times 6{,}00}{2200}} = 1^m,56$$

Cette épaisseur, par la manière dont nous l'avons calculée, satisfait à la stabilité proprement dite. Il faut maintenant s'assurer que la condition relative à la résistance des matériaux est également satisfaite. Or, nous savons (loi du trapèze) que la résultante R passant au 1/3 de AB, la plus grande compression des matériaux se produira sur l'arête B, où elle aura pour expression

$$R = \frac{2\,N}{\omega}$$

Dans cette expression, R représente la compression par mètre carré, ω, la surface de transmission AB en mètres carrés, et N la charge totale qui comprime la surface AB.

Dans l'exemple présent, le poids total de la maçonnerie pour un mètre de longueur du mur est :

$$N = \pi \times h \times e \times 1{,}00 = 2200^k \times 6^m,00 \times 1^m,56$$

$$N = 20{,}592^k$$

La surface ω pour un mètre de longueur du mur est :

$$\omega = e \times 1^m,00 = 1^m,56$$

Donc

$$R = \frac{2\,N}{\omega} = \frac{2 \times 20592}{1,56} = 26400^{k}$$

par mètre carré. Soit $2^{k}.64$ par centimètre carré. Cette compression n'est donc pas trop forte et la largeur calculée $e = 1^{m},56$ peut être admise.

La formule empirique de Rondelet donnerait, dans ce cas de mur isolé :

$$e = \frac{1}{8}\,h = \frac{6,00}{8} = 0^{m},75$$

épaisseur deux fois trop petite. On voit donc qu'il ne faut pas employer les formules empiriques de Rondelet quand on veut calculer l'épaisseur à donner à un mur qui reçoit la pression du vent.

2e Problème

525. *On propose de construire un mur isolé se trouvant dans les mêmes conditions de hauteur, de longueur et de pression du vent que dans le premier problème, mais dont la section transversale sera un trapèze régulier dont la largeur à la base sera égale à trois fois, par exemple, la largeur au sommet.*

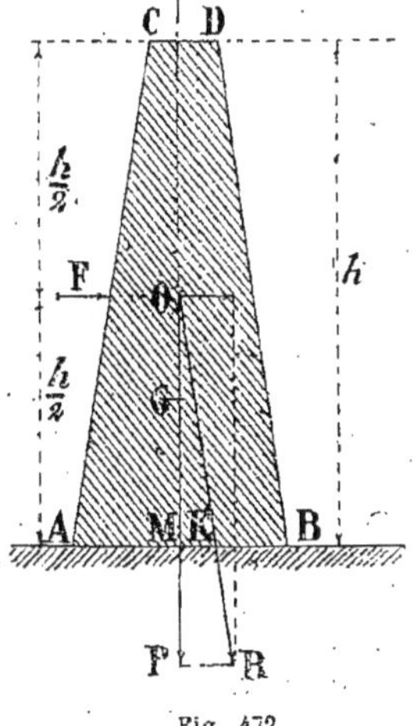

Fig. 472.

Nous nous proposons, en nous posant ce problème, de montrer que cette dernière section trapézoïdale est plus économique que la section rectangulaire, comme quantité de maçonnerie exécutée.

Pour que toute la surface de base AB (*fig.* 472) soit intéressée dans la pression transmise aux fondations, nous faisons passer la résultante à une distance de l'arête B égale à $\frac{1}{3}$ de AB. Nous aurons donc, comme précédemment :

$$MK = \frac{1}{6}\,e$$

en appelant e l'épaisseur à la base.

L'équilibre donnera en outre :

$$P \times MK = F \times OM$$

ou

$$P \times \frac{1}{6}\,e = F \times \frac{h}{2}$$

Nous devons faire observer ici que la pression du vent conserve sa même intensité sur la face AC quoique, en réalité, cette pression pourrait être diminuée un peu, puisqu'elle s'exerce obliquement sur cette face. Si nous prenions un effort latéral F, perpendiculaire au milieu de CA le point d'application de cet effort serait transporté sur la verticale OM en un point un peu au-dessous de O. Son moment, par rapport à l'axe K, serait donc plus petit et puisque nous prenons un moment $F \times OM$ plus grand que le précédent, la stabilité sera assurée à fortiori.

Ici :

$$P = \pi \times \frac{e + \frac{e}{3}}{2} \times h = \pi \times \frac{2}{3}\,e \times h$$

$$\text{et } F = q \times h.$$

La formule

$$P \times \frac{1}{6}\,e = F \times \frac{h}{2}$$

devient alors

$$\pi \times \frac{2}{3}\,e \times h \times \frac{1}{6}\,e = q \times h \times \frac{h}{2}$$

$$\text{D'où, } e = 3\sqrt{\frac{q\,h}{2\,\pi}}$$

Exemple. Pour comparer le résultat

obtenu avec cette formule et celui obtenu avec la formule du premier problème (section transversale rectangulaire), nous prendrons, dans cet exemple, les mêmes données que dans le précédent. Soient donc,

$q = 300^k$ par mètre carré,
$h = 6^m,00$
$\pi = 2200^k$ le mètre cube.

La formule précédente donnera :

$$e = 3\sqrt{\frac{q\,h}{2\,\pi}} = 3\sqrt{\frac{300 \times 6,00}{2 \times 2200}} = 1^m,31$$

C'est l'épaisseur à la base.

L'épaisseur au sommet sera :

$$e_1 = \frac{e}{3} = 0^m,44$$

La surface de la section transversale du mur aura pour valeur :

$$S_2 = \frac{1,31 + 0,44}{2} \times 6,00 = 5^{m2},25$$

Dans le cas de la section rectangulaire, cette surface était :

$$S_1 = 1,56 \times 6,00 = 9^{m2},36.$$

On voit donc quelle énorme économie on réalise en employant une section ayant la forme d'un trapèze symétrique au lieu d'une section rectangulaire.

Dans les exemples précédents, il y aurait à voir, pour compléter l'étude de la stabilité des murs dont on a déterminé l'épaisseur, si la composante horizontale F est impuissante à faire glisser le massif sur sa fondation. — Il faudrait donc mesurer l'angle que la résultante R fait avec la normale à AB menée par le point K et vérifier si cet angle est inférieur à l'angle de frottement ou bien si la tangente de cet angle est inférieur à tang. φ ou à f (510)

Mais ici, comme l'effort latéral est toujours très faible, relativement au poids du mur, cette condition est certainement remplie. Nous verrons, par la suite, qu'il n'en est pas toujours ainsi lorsque les murs reçoivent de très grandes poussées latérales, comme, par exemple, les murs des barrages-réservoirs.

III. — Vérification de la stabilité d'un mur isolé

3e Problème.

526. *Vérifier la stabilité d'un mur dont on connaît le profil de forme rectangulaire.*

Soit ABCD (*fig.* 473) le profil du mur dont on veut vérifier la stabilité. La section est rectangulaire. Sa hauteur $h = 5^m,00$; son épaisseur $e = 0^m,60$ et le poids du mètre cube de maçonnerie, $p = 2200^k$.

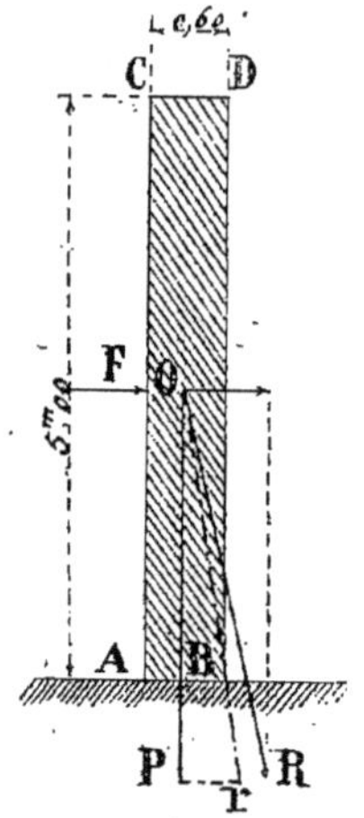

Fig. 473.

Considérons un mètre de longueur de ce mur. Le poids P de la partie considérée est :

$$P = 2200^k \times 0^m,60 \times 5^m,00 = 6600^k.$$

La pression du vent sur la même longueur du mur est :

$$F = 300^k \times 5^m,00 = 1500^k$$

Son point d'application est au milieu de AC. Tracer une verticale passant par le centre de gravité de la section ABCD, transporter l'effort latéral au point O de rencontre de F prolongé et de la verticale. Porter, à partir de O et à la même échelle, sur la verticale, une longueur égale à P. Tracer la résultante OR.

D'après le croquis (*fig.* 473), cette résultante OR rencontre le plan de base AB en dehors de cette base. Donc le mur ABCD ne serait pas stable et serait renversé par un vent dont la pression serait de 200^k par mètre carré.

On pourrait, sur la même figure, déterminer quelle pression le vent ne devrait pas dépasser pour que le mur fût stable. Il suffirait, pour cela, de mener la droite BO et de la prolonger jusqu'à l'horizontale PR. La distance Pr, divisée par la surface $5^m,00 \times 1^m,00$, donnerait la pression cherchée. Ce n'est que très rarement qu'on a une pareille recherche à faire.

4e Problème

527. *Vérifier la stabilité d'un mur dont on connaît le profil en forme de trapèze.*

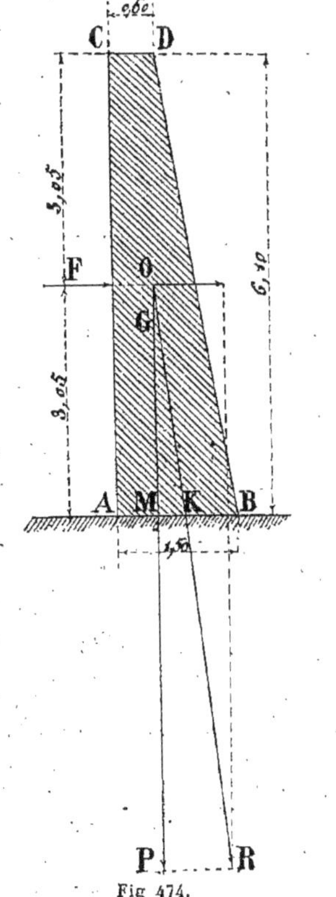

Fig 474.

La section transversale du mur dont il s'agit de vérifier la stabilité est le trapèze ABCD (*fig.* 474) dont les dimensions sont :

largeur à la base, AB $= 1^m,50$,
largeur au sommet, CD $= 0^m,60$,
hauteur $= 6^m,10$.

La résultante de la pression du vent a son point d'application situé au milieu de la hauteur AC. Sa valeur, sur une longueur de mur de $1^m,00$, est :

$$F = 300^k \times 6^m,10 \times 1^m,00 = 1830^k.$$

Le poids total de la maçonnerie, pour une même longueur de mur, est :

$$P = S \times 1^m,00 \times p.$$

S étant la surface de la section transversale et p le poids du mètre cube de maçonnerie.

Soit $p = 2400^k$. Alors,

$$P = \frac{1,50 + 0,60}{2} \times 6^m,10 \times 2400 = 15372^k$$

Ce poids P a son point d'application placé au centre de gravité G du trapèze ABCD.

Pour composer ces deux forces P et F, nous les transportons à leur point de rencontre O et nous traçons leur résultante R. — Nous constatons que cette résultante OR coupe la base AB à l'intérieur des points A et B et à une distance de B comprise entre le $\frac{1}{3}$ et la $\frac{1}{2}$ de AB. Le mur est donc stable si les autres conditions de stabilité sont remplies. Or, comme la distance KB est très rapprochée de $\frac{1}{3}$ de AB, il en résulte que la compression de la maçonnerie sur l'arête B est presque égale à $\frac{2\,N}{\omega}$ et sur l'arête A légèrement supérieure à 0. Calculons $\frac{2\,N}{\omega}$.

Pour un mètre de longueur du mur, $\omega = 1^m,50 \times 1^m,00 = 1^{m^2},50$ et la pression totale N $= 15372$ kilogrammes. Donc

$$\frac{2\,N}{\omega} = \frac{2 \times 15372}{1,50} = 20496^k$$

par mètre carré

ou $2^k,05$ par centimètre carré.

La condition relative à la résistance des

matériaux est donc satisfaite. Quant au glissement du mur sur sa base AB, il est évident, d'après le croquis ci-contre, qu'il ne pourra pas se produire, car l'angle de la résultante OR avec la verticale au point K est bien inférieur à l'angle de frottement. Cela tient à la grandeur relativement très faible de la force F par rapport au poids P. Nous aurons à nous préoccuper du glissement quand nous étudierons la stabilité des murs de soutènement, par exemple, parce qu'alors la poussée latérale prend une plus grande importance.

IV. — Stabilité d'un mur de clôture.

528. Un mur de clôture est relié à d'autres murs à ses extrémités. Il se trouve donc dans de meilleures conditions de stabilité qu'un simple mur isolé. Dans ce cas, on admet que la résultante de P et de F peut passer très près de l'arête autour de laquelle le mur tend à tourner.

Il est évident que les murs qui maintiennent le mur considéré à ses extrémités produisent sur lui des actions contraires à celles du vent et, en réalité, la résultante qui passerait par l'arête B si le mur était isolé passe à une certaine distance de cette arête. C'est pour cela qu'on admet, dans la stabilité des murs de clôture, l'égalité des moments de stabilité et de renversement :

$$M.\ S. = M.\ R.$$

Il sera donc facile de déterminer l'épaisseur à donner aux murs de clôture ou de vérifier si l'épaisseur d'un mur existant satisfait aux conditions de stabilité. On opérerait d'ailleurs de la même manière que pour les murs isolés.

V. — Stabilité d'une tour supportant un réservoir métallique pour alimentation d'eau.

529. Pour l'alimentation d'eau d'une gare de chemin de fer, notamment, on a souvent à installer des réservoirs métalliques qui doivent être portés à une certaine hauteur au-dessus du niveau du sol pour que, en tous les points de la distribution, la pression de l'eau soit suffisante à sa sortie des orifices.

Lorsque les surfaces que la tour et le réservoir métallique offrent à la pression du vent sont assez considérables, on doit s'assurer si l'ouvrage satisfait aux conditions de la stabilité.

Soit, par exemple, le réservoir de 20 mètres cubes de capacité que la Compagnie des chemins de fer du Nord emploie pour ses stations. Ce réservoir, dont l'installation et les dimensions sont indiquées (*fig.* 475), est le plus petit dont la compagnie du Nord fait usage. Il sert à alimenter simplement les locomotives de passage. Pour des distributions de gares, on emploie des réservoirs de capacités plus grandes ; de 50, 75, 150 mètres cubes, par exemple. Ce que nous allons dire des réservoirs de 20 mètres cubes s'applique évidemment aux réservoirs de plus grandes contenances, lorsqu'ils sont installés de la même manière sur tour en maçonnerie.

Le réservoir de 20 mètres cubes est en tôle et à fond sphérique. Les dimensions de la cuve sont : $3^m,92$ de hauteur et $2^m,50$ de diamètre. Cette cuve repose sur la maçonnerie par l'intermédiaire d'une couronne en fonte qui a pour but de répartir la pression sur une surface annulaire suffisante au sommet de la tour. Celle-ci a un diamètre extérieur égal à $2^m,83$ et une hauteur de $5^m,23$, comptée de la fondation au couronnement sur lequel s'appuie la couronne en fonte. (Cette couronne a $0^m,12$ de hauteur.) L'épaisseur du mur circulaire est de $0^m,33$, de sorte que le diamètre intérieur de la tour est égal à $2^m,83 - 0,66 = 2^m,17$.

Le socle a, sur une hauteur de $1^m,23$ au-dessus de la fondation, une surépaisseur de $0^m,11$, ce qui porte son épaisseur à $0^m,44$. Enfin, la fondation a extérieurement et

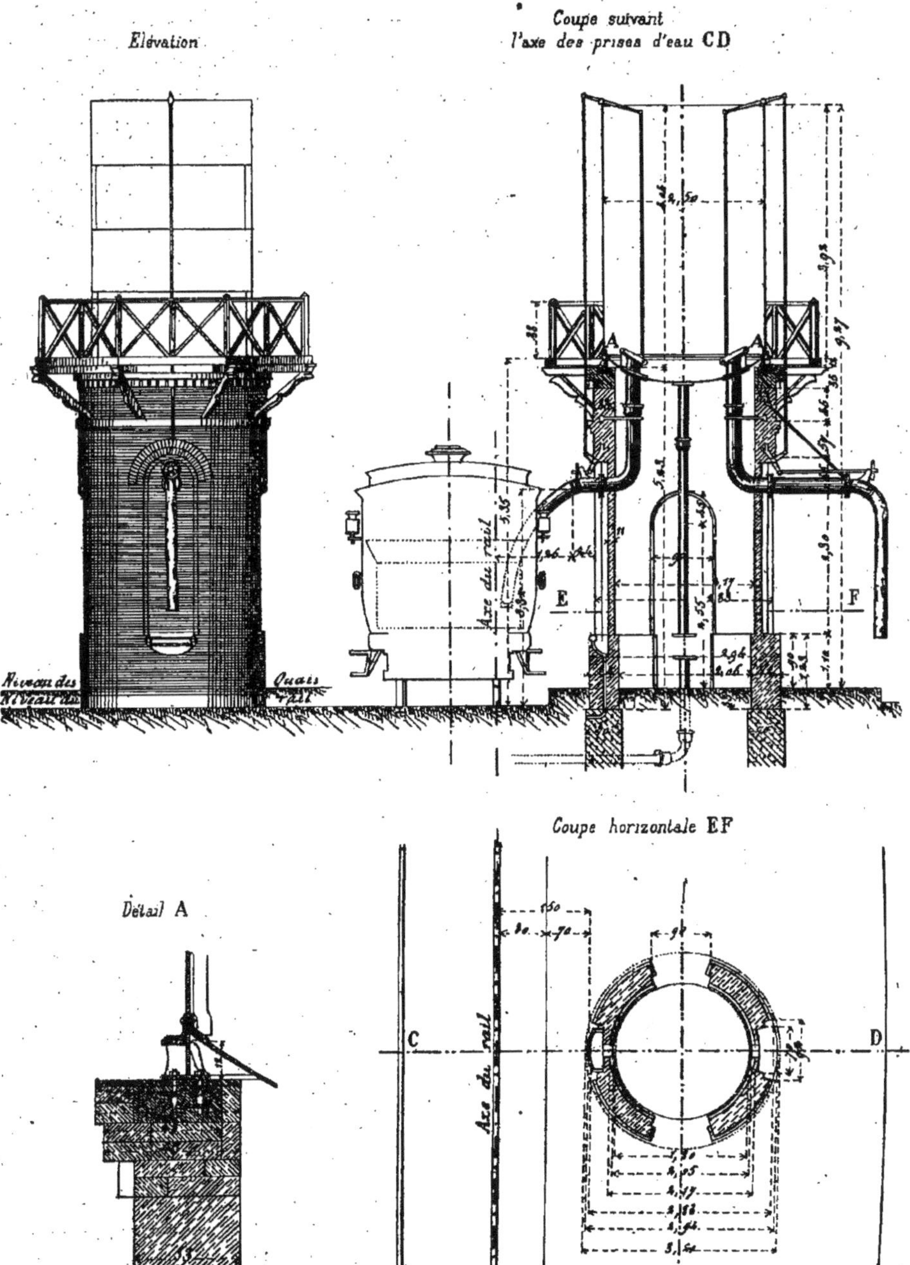

Fig. 475. — Alimentation des gares et stations du Chemin de fer du Nord. — Type de réservoir de 20 mètres cubes, à fond sphérique.

intérieurement, un empâtement de $0^m,13$: son épaisseur est donc de $0^m,70$. La tour est en maçonnerie de briques, la fondation est en béton et la couronne en fonte, qui transmet la pression à la maçonnerie, repose sur une couche annulaire de ciment de Portland.

Le poids de la cuve (tôles et cornières), est de 920 kilog. Dans nos calculs, nous porterons ce poids à 1200 kilog pour tenir compte de tous les accessoires du réservoir, tels que tuyaux de refoulement et d'alimentation, leviers de manœuvre, garde-corps, etc.

Le poids de la couronne en fonte est de 250 kilogrammes. On suppose que la tour et le réservoir qu'elle supporte peuvent être exposés aux vents les plus violents. On demande de vérifier la stabilité de l'ouvrage.

MOMENT DE RENVERSEMENT

530. La pression du vent s'exerce sur des surfaces cylindriques. On a vu que le maximum de cette pression sur des surfaces planes normales à sa direction est de 300^k par mètre carré. Pour des surfaces cylindriques, il convient de réduire cette pression à 150^k par mètre carré de projection verticale de surface.

Dans l'évaluation des pressions du vent, nous négligerons les saillies de la corniche supérieure de la tour, ainsi que la surépaisseur du socle. Nous ne considérons, en somme, que deux cylindres superposés. Le premier ayant $4^m,04$ de hauteur (y compris la hauteur de la couronne en fonte), et $2^m,50$ de diamètre ; le deuxième placé au-dessous ayant $4^m,90$ de hauteur (non compris la partie placée dans le sol) et $2^m,83$ de diamètre.

Les projections verticales de ces deux cylindres sont deux rectangles ABCD, GHSS' (*fig.* 476).

La pression totale du vent sur le premier de ces rectangles ABCD a pour valeur

$$P_1 = 150^k \times 4^m,04 \times 2^m,50 \times 1515^k$$

Son point d'application est au centre de gravité G_1, au milieu de la hauteur du rectangle et, par suite, à une hauteur au dessus de la fondation, égale à :

$$h_1 = 4,90 + \frac{4,04}{2} + 0,33 = 7^m,25$$

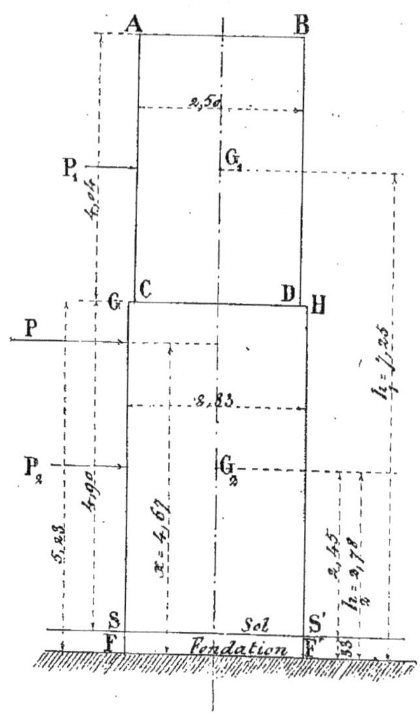

Fig. 476.

Sur le deuxième rectangle GHSS', la pression totale du vent a pour valeur

$$P_2 = 150^k \times 4^m,90 \times 2^m,83 = 2073^k$$

La hauteur du point d'application G_2 de cette pression P_2 au-dessus de FF' est égale à

$$h_2 = \frac{4,90}{2} + 0,33 = 2^m,78$$

Supposons maintenant que les rectangles ABCD, GHSS' de la figure 476 représentent les cylindres soumis à l'action du vent et que la direction des pressions P_1

et P_2 est celle indiquée par les flèches, c'est-à-dire de gauche à droite. C'est alors autour du point F' que l'ouvrage tendra à être renversé.

Les *moments de renversement* autour de ce point F' seront :

Pour la pression P_1 :

$M_1 R_1 = P_1 \times h_1 = 1515 \times 7{,}25 = 10\,984$

Pour la pression P_2 :

$M_2 R_2 = P_2 \times h_2 = 2073 \times 2{,}78 = 5\,763$

Le moment de renversement total aura pour expression :

$$M.\ R. = P \times x$$

P étant la résultante des deux pressions parallèles P_1 et P_2 ($P = P_1 + P_2$), et x, la hauteur du point d'application de cette résultante P au-dessus de FF'.

Le moment de renversement total, ou le moment de la résultante P, est égal à la somme des moments de renversement produits par les pressions P_1 et P_2

$$P \times x = P_1 \times h_1 + P_2 \times h_2$$
$$\text{ou} \quad M.\ R. = M_1 R_1 + M_2 R_2$$

Donc :

$M.\,R.$ ou $P \times x = 10\,984 + 5\,763 = 16\,747$

et comme

$P = P_1 + P_2 = 1515 + 2073 = 3588$

on peut écrire que

$$3\,588 \times x = 16\,747. \quad \text{D'où}$$

$$x = \frac{16\,747}{3\,588} = 4^m,6675\ldots \text{ soit } 4^m,67$$

Le *moment de renversement total* autour du point F' est donc

$$M.\ R. = 16\,747$$

et son point d'application se trouve placé à $4^m,67$ au-dessus de FF'.

MOMENT DE STABILITÉ

531. Le moment de stabilité est fourni par le poids total de l'ouvrage. Il est égal à ce poids total multiplié par la distance de la verticale qui passe par son application, au point F'.

Le poids total π se compose de poids partiels qui sont :

1° Poids du réservoir et de ses accessoires :

$$p_1 = 1200^k$$

2° Poids de la couronne en fonte :

$$p_2 = 250^k$$

3° Poids de la maçonnerie, (poids du mètre cube $= 1850^k$) (*fig.* 475) partie cylindrique au-dessus du socle :

Volume : $3{,}1416\,(\overline{1{,}41}^2 - \overline{1{,}08}^2) \times 4{,}00 = 10^{m3},321$

Poids : $10{,}321 \times 1{,}850 =$ .... 19094^k

Socle : volume : $3{,}1416(\overline{1{,}47}^2 - \overline{1{,}03}^2) \times 1{,}23 = 4^{m3},248$

Poids : $4{,}248 \times 1850 =$ .... 7859^k

Total......... 26953^k

A déduire, les vides des ouvertures :

2 portes : volume :

Au-dessus du socle : $2 \times \left(0{,}90 \times 1{,}65 + \dfrac{3{,}14 \times \overline{0{,}45}^2}{2}\right) \times 0{,}33 = 1^{m3},190$ } $1^{m3},903$

Dans le socle : $2 \times (0{,}90 \times 0{,}90) \times 0{,}44$ .... $= 0^{m3},713$ }

2 fausses-portes : volume :

Au-dessus du socle : $2\left(0{,}90 \times 1{,}65 + \dfrac{3{,}14 \times \overline{0{,}45}^2}{2}\right) \times 0{,}22 =$ .... $0^{m3},793$

volume total à déduire............ $2^{m3},696$

Poids à déduire : $2{,}696 \times 1850$ .... 4989^k

Reste pour le poids de la maçonnerie au-dessus de la fondation........... 21964^k

Soit $p_3 = 22000^k$ pour tenir compte des moulures.

4° Poids de l'eau contenue dans le réservoir :

20 mètres cubes d'eau à 1000^k le mètre cube :

$$p_4 = 20000^k.$$

Au point de vue de la stabilité, l'ouvrage se trouvera dans les conditions les plus défavorables, lorsque le réservoir sera vide et alors on ne devra pas tenir compte du poids $p_4 = 20\,000^k$, de sorte que le poids total à considérer sera :

$$\pi_1 = p_1 + p_2 + p_3 = 1200 + 250 + 22\,000 = 23\,450^k$$

Au contraire, la plus grande compression de la maçonnerie à la base de la tour se produira probablement lorsque le réservoir sera plein et alors, au point de vue de la résistance des matériaux, le poids total à considérer sera

$$\pi_2 = p_1 + p_2 + p_3 + p_4 = 1200 + 250 + 22\,000 + 20\,000$$

$$\pi_2 = 43\,450^k$$

Nous disons probablement. On verra, en effet, comment il faut interpréter les résultats obtenus suivant l'inclinaison de la résultante de π et de F.

Nous pouvons, dès à présent, voir si l'ouvrage sera stable en comparant le moment de renversement au plus petit moment de stabilité. Celui-ci est égal à π_1 multiplié par sa distance au point autour duquel la tour tend à tourner. Cette distance est ici égale au rayon extérieur de la tour à sa base, soit $1^m,47$.

Le *plus petit moment de stabilité* a donc pour valeur :

$$\pi_1 \times 1,47 = 23\,450 \times 1,47 = 34\,471$$

Or, le moment de renversemen total est égal à 16 747 seulement.

Donc l'ouvrage sera stable.

Nous supposons, dans ce qui précède, que le réservoir est fixé sur le sommet de la tour assez fortement pour qu'il ne puisse tourner lui-même autour d'un point de sa circonférence de base.

Le *plus grand moment de stabilité* a pour valeur :

$$\pi_2 \times 1,47 = 43\,450 \times 1,47 = 63\,871$$

532. Pour juger du degré de stabilité, il faut faire une épure et voir à quelle distance du point F' la résultante des efforts vient couper la base FF'. — Nous faisons cette épure (*fig.* 477) dans deux cas :

1° Le réservoir est vide ;

2° Le réservoir est plein d'eau.

1° Dans le cas du réservoir vide, la résultante R de P et de π_1 coupe la base FF' au point K, dont la distance KF' au point F' est plus petite que le $^1/_3$ de FF'. Si nous appliquions ici la loi du trapèze, on verrait que la pression totale π_1 ne se répartirait que sur la partie de la base qui se projette suivant LF' dont la longueur est égale à trois fois la distance KF' et que, alors, la pression serait nulle au point L et égale au point F' à

$$R = \frac{2\,N}{\omega},$$

N étant égal à π_1 et ω étant la surface annulaire qui se projette verticalement suivant LF'.

2° Dans le cas du réservoir plein d'eau, la résultante R de P et de π_2 coupe la base FF' au point K. Ce point est compris entre le $^1/_3$ et le $^1/_2$ de FF', c'est-à-dire entre les points H et M. D'après la loi du trapèze, toute la surface de base serait intéressée dans la transmission de la pression totale et le maximum de cette pression a pour valeur, au point F,

$$R = \frac{2\,N}{\omega}\left(2 - \frac{3\,d}{a}\right)$$

N était égal à π_2, ω est la surface annulaire totale de base, d est la distance KF' et a le diamètre FF'.

En calculant ces valeurs de R, nous saurons si la *condition relative à la résistance des matériaux* est remplie.

1° *Réservoir vide:*

$$R = \frac{2\,\pi_1}{\omega} \qquad \pi_1 = 23\ 450^k$$

La surface annulaire totale de base a pour valeur,

$$S = 3{,}14\left(\frac{\overline{2{,}94}^2 - \overline{2{,}06}^2}{4}\right) = 3^{m2},46$$

En en retranchant le segment annulaire qui a FL pour hauteur, on obtient:

$$3^{m2},46 - 0^{m2},86 = 2^{m2},60 \text{ environ.}$$

En retranchant encore le vide d'une ouverture, c'est-à-dire $0,90 \times 0,44 = 0^{m2},40$, il reste $2^{m2},20$.

Dans le cas du réservoir vide, la plus

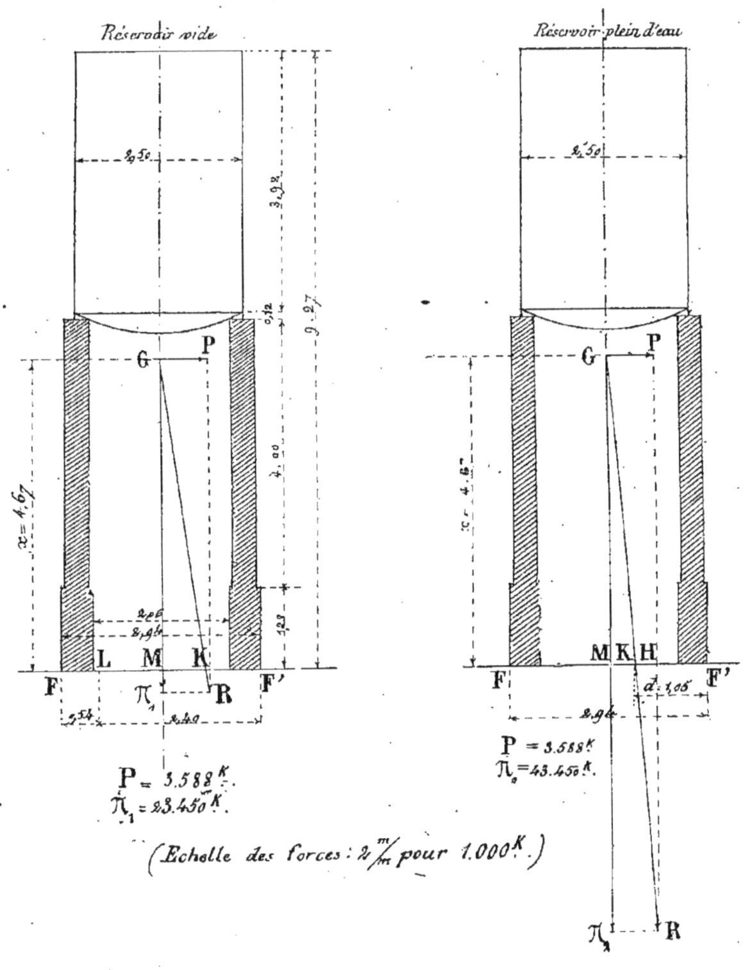

Fig 477

grande compression des matériaux à la base de la tour est donc

$$R = \frac{2 \times 23450}{2{,}20} = 21318^k$$

par mètre carré, soit $2^k,1$ par centimètre carré.

2° *Réservoir plein d'eau :*

$$R = \frac{2\,N}{\omega}\left(2 = \frac{3\,d}{a}\right)$$

Dans cette formule, les lettres ont les valeurs suivantes :

$$N = \pi_2 = 43\,450^k$$
$$\omega = S = 3^{m2},46$$
$$d = KF' = 1^m,05$$
$$a = FF' = 2,94$$

De $\omega = 3^{m2},46$ nous retranchons la surface des vides (2 portes à $0^{m2},40$ chacune) Il reste 3, 46 — 0, 80 = 2^{m2}, 86. Donc

$$R = \frac{2 \times 43450}{2,86}\left(2 - \frac{3 \times 1,05}{2,94}\right) = 28\,227^k$$

par mètre carré ;
soit $2^k,8$ par centimètre carré.

Ces résultats montrent que, dans le cas du réservoir plein, la compression de la maçonnerie ne dépasse pas de beaucoup celle qui se produit lorsque le réservoir est vide.

Si l'on ne tenait pas compte de l'inclinaison de la résultante GR ou de l'influence de la distance KF' sur la répartition des pressions à la base de la tour, on aurait, dans le premier cas, une compression de

$$\frac{23450}{28600} = 0^k,82 \text{ par centimètre carré,}$$

et, dans le cas du réservoir plein d'eau,

$$\frac{43450}{28600} = 1^k,52 \text{ par centimètre carré.}$$

On doit tenir compte de l'hypothèse faite dans la loi du trapèze, même pour des corps qui ne sont pas à base rectangulaire ; mais, ici, comme les arêtes sur lesquelles les pressions s'exercent vont en diminuant de longueur du centre à F', au lieu de rester toujours égales, il y aurait lieu de tenir compte de cette diminution qui a pour effet de produire des compressions plus grandes que celles obtenues en appliquant la loi du trapèze.

VI. — Stabilité d'une cheminée d'usine

533. Comme dernière application de ce que nous avons dit sur la stabilité des ouvrages soumis à l'action du vent, nous nous proposons de vérifier la stabilité d'une cheminée d'usine.

Les cheminées d'usine se font en briques ou en métal. Nous n'avons à nous occuper ici que des premières. Elles se composent presque toujours d'un *fût* surmonté d'un *couronnement* et supporté à sa partie inférieure par un *soubassement*. On peut donner au fût une section carrée, rectangulaire, polygonale ou circulaire. Cette dernière est généralement préférée aux autres parce que, pour une même section libre, le cube de la maçonnerie est moindre. De plus, la forme circulaire oppose au vent une résistance deux fois plus petite qu'une surface plane et elle offre un aspect extérieur plus agréable. — On donne au contraire au soubassement une section polygonale.

Voici comment on trace le profil d'une cheminée dont on connait la hauteur et la section.

Porter sur l'axe vertical une longueur *xy* (*fig.* 478) égale à la hauteur à une certaine échelle. Prendre *aa'* égal au diamètre intérieur de la section au sommet et *am*, *a'm'* égaux à l'épaisseur qu'on veut donner au premier rouleau. Cette épaisseur est quelquefois de $0^m,11$; mais, plus souvent, de $0^m,22$ ou de $0^m,33$, lorsque la cheminée est très haute et qu'elle doit être exposée à des vents très violents. Tracer une horizontale *nn'* à une hauteur au-dessus du sol égale à celle que le socle doit avoir. Généralement, on prend, pour cette hauteur de socle, la racine carrée de la hauteur totale. Ainsi, si la cheminée doit avoir une hauteur totale de 36 mètres, le socle aura une hauteur d'environ $6^m,00$. Cette proportion n'a rien d'absolu et nous ne l'indiquons que pour fixer les idées.

L'horizontale nn' tracée, mener par les points m et m' deux droites inclinées sur la verticale ms, $m's'$. L'inclinaison de ces droites varie de $0^m,025$ à $0^m,030$ par mètre. C'est le fruit reconnu le plus convenable pour le fût de la cheminée. Prendre $sn = s'n' =$ l'épaisseur d'une brique $= 0^m,11$ et mener les verticales nr, $n'r'$ qui représentent les parements du soubassement.

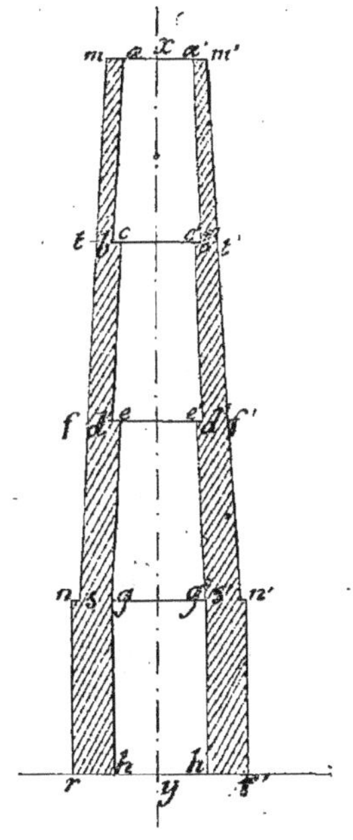

Fig. 478.

On a ainsi le *profil extérieur* de la cheminée $r\ n\ s\ m\ m'\ s'\ n'\ r'$, auquel on pourra ajouter les saillies telles que les corniches du sommet et du socle.

Pour tracer le *profil intérieur*, diviser le fût entre les plans supérieur mm' et inférieur ss' en parties qui doivent avoir $4^m,00$ au minimum et $7^m,00$ au maximum.

Par les points a et a', tracer les parallèles ab, $a'b'$ aux droites extérieures ms, $m's'$ jusqu'à l'horizontale tt'. Augmenter alors l'épaisseur de l'anneau en portant intérieurement les épaisseurs bc, $c'b'$ égales à $0^m,11$ (épaisseur d'une brique) et, par les points c et c' ainsi obtenus, tracer les parallèles cd, $c'd'$ aux droites extérieures ms, $m's'$ et opérer de la même manière pour les autres anneaux en augmentant chaque fois l'épaisseur.

Lorsqu'on arrive aux points g, g situés sur l'horizontale supérieure du socle, tracer les deux verticales gh, $g'h'$.

La cheminée, ainsi tracée, se compose d'une succession de rouleaux tronc-coniques ayant pour épaisseurs $0^m,11$, $0^m,22$, $0^m,33$, $0^m,44$, etc., plus les joints.

Il faut avoir grand soin, en traçant le profil d'une cheminée, d'éviter les étranglements. Toutes les sections telles que cc', ee', ... doivent être au moins égales à la section aa' du sommet. Il est bon de les tenir un peu plus grandes. C'est même cette condition qui permet de déterminer à peu près la hauteur des rouleaux lorsqu'on se donne approximativement le fruit que le fût doit avoir.

Soit ay (*fig.* 479) la ligne inclinée intérieure d'un rouleau. Du point a, mener la verticale av. Si l'on veut avoir la même section pour tous les rouleaux, on prendra, sur cette verticale, un point c tel que l'horizontale bc soit égale à $0^m,12$ (0,11 plus le joint) et ac sera la hauteur à donner au rouleau. Si l'on veut augmenter un peu les sections en allant du sommet à la base, on prendra, au contraire, un point c'

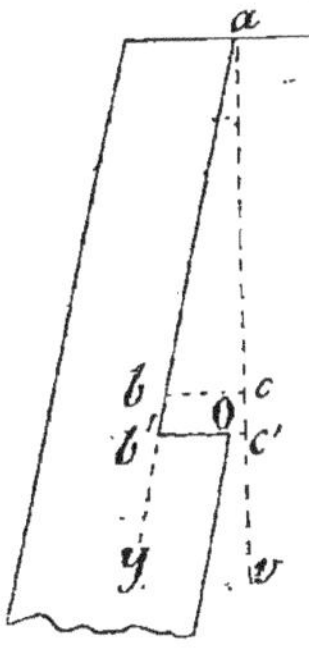

Fig. 479.

tel que l'horizontale $c'b'$ soit égale à $0^m,12$, plus la quantité dont on veut augmenter le rayon de la section, c'est-à-dire à $b'c = 0^m 12$, plus oc' et ac' représentera alors la hauteur que les rouleaux devront avoir.

Nous n'insistons pas sur la construction des cheminées dont on s'occupera d'ailleurs dans un autre chapitre. Nous dirons seulement qu'il faut avoir soin de croiser les joints et de tailler un certain nombre de briques en forme de trapèze si l'on n'a pas de briques spécialement fabriquées, afin de gagner la différence des développements des cercles extérieurs et intérieurs.

La hauteur des cheminées est ordinairement de 20 à 30 mètres. Assez souvent, on va jusqu'à 40 mètres. Ce n'est qu'exceptionnellement qu'on dépasse cette hauteur.

Le soubassement d'une cheminée descend d'une certaine profondeur dans le sol et c'est dans ce vide souterrain que les carneaux de fumée débouchent. Une ouverture à hauteur du sol est pratiquée dans l'une des faces du socle. Elle est formée par une murette en brique ou une plaque de fonte qu'on enlève lorsqu'on veut pénétrer dans la cheminée pour nettoyage ou réparation.

Le sommet de la cheminée, profilé en forme de chapiteau, se fait en général en briques comme le fût et, pour éviter la dégradation qui ne tarderait pas à se produire sous l'action des eaux de pluie, on recouvre le chapiteau d'une plaque de fer ou de plomb.

L'intérieur de la cheminée est muni d'une échelle en fer composée d'échelons scellés dans la maçonnerie, L'ouvrier fixe ces crampons à mesure qu'il monte la cheminée en construction. Ils lui servent à monter et descendre pendant le travail et, ensuite, ils peuvent être utiles pour les nettoyages et les réparations s'il y a lieu.

STABILITÉ DUNE CHEMINÉE

534. — Nous prenons, comme exemple, la cheminée de la manufacture des tabacs de Dijon (*fig.* 480).

Cette cheminée a $35^m 250$ de hauteur du sol à la face supérieure du couronnement. Elle est composée de cinq rouleaux de 6 mètres de hauteur chacun dont les épaisseurs varient de $0^m,22$ à $0^m,68$.

L'ensemble des cinq rouleaux est supporté par un soubassement ayant $5^m,250$ de hauteur.

Le diamètre extérieur est de $1^m 560$ au sommet de la cheminée et il est de $3^m,160$ à la naissance du socle. Le fût a donc un fruit extérieur égal à

$$\frac{\frac{1}{2}(3,160 - 1,560)}{30,00} = 0,0266 \text{ par mètre.}$$

Pour étudier la stabilité de cette cheminée, nous considérons séparément chacune des six parties qui la composent : les cinq rouleaux et le soubassement. Chacune de ces parties devra être stable sur la partie placée au-dessous.

Prenant, par exemple, le premier rouleau, celui du sommet, nous évaluerons son poids p et la pression du vent F, qui s'exerce sur lui. Nous composerons ces deux forces et leur résultante ira couper le plan de base du rouleau en un point dont la distance au parement extérieur nous montrera le degré de stabilité. Nous opérerons de même pour les autres rouleaux et le soubassement et, finalement, l'intersection de la dernière résultante avec le plan des fondations donnera le degré de stabilité de l'ensemble de la construction.

En traçant une courbe continue passant par les points de rencontre successifs des résultantes et des plans de séparation des diverses parties, on aura ce que nous avons appelé la *courbe des pressions*.

Nous commencerons par l'évaluation des poids et des pressions du vent. Nous admettrons que la maçonnerie de briques,

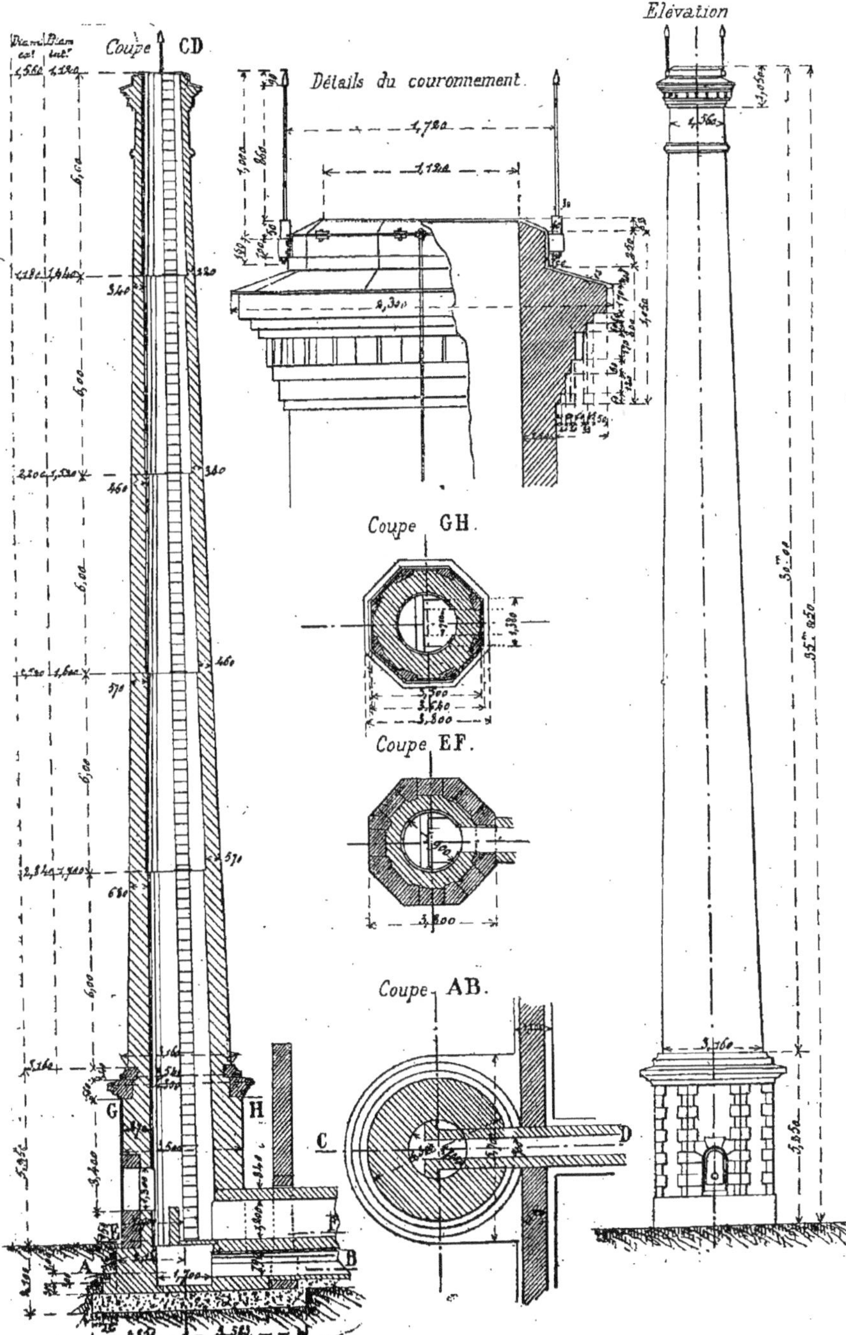

Fig. 480. — Cheminée de chaudières. — Manufacture des tabacs de Dijon.

qui constitue la cheminée, pèse 1880k le mètre cube et que la pression maximum du vent peut atteindre 150k par mètre carré de projection verticale.

POIDS

1er *anneau.* (*fig.* 481)

$$p = 1880 \times \frac{\pi h}{3}\left[(R^2 + R_1{}^2 + RR_1) - (r^2 + r_1{}^2 + rr_1)\right]$$

$h = 6^m,00$ $R = 0,780$ $r = 0,560$

$R_1 = 0,940$ $r_1 = 0,720$

$$p_1 = 1880 \times \frac{3,14 \times 6.00}{3}\left[(\overline{0,78}^2 + \overline{0,94}^2 + 0,78 \times 0,94) - (\overline{0,56}^2 + \overline{0,72}^2 + 0,56 \times 0,72)\right]$$

$$p_1 = 1880^k \times 5^{m3}\,589 = 10507^k$$

Nous ajoutons à ce poids p_1 le poids du couronnement et de la corniche du sommet que nous évaluons approximativement à 493 K, ce qui fait que p_1 est égal à

$$10507 + 493 = \underline{11000^k}$$

2me *anneau*

$h = 6^m,00$ $R_1 = 0,940$ $r_1 = 0,720$

$R_2 = 1,100$ $r_2 = 0,760$

$$p_2 = 1880 \times \frac{3,14 \times 6,00}{3}\left[(\overline{0,94}^2 + \overline{1,10}^2 + 0,94 \times 1,10) - (\overline{0,72}^2 + \overline{0,76}^2 + 0,72 \times 0,76)\right]$$

$$p_2 = 1880 \times 9,295 = \underline{17475^k}$$

3me *anneau*

$h = 6^m,00$ $R_2 = 1,100$ $r_2 = 0,760$

$R_3 = 1{,}260$ $r_3 = 0,800$

$$p_3 = 1880 \times \frac{3,14 \times 6,00}{3}\left[(\overline{1,10}^2 + \overline{1,26}^2 + 1,10 \times 1,26) - (\overline{0,76}^2 + \overline{0,80}^2 + 0,76 \times 0,80)\right]$$

$$p_3 = 1880 \times 14,808 = \underline{27839^k}$$

4me *anneau.*

$h = 6^m,00$ $R_3 = 1,260$ $r_3 = 0,800$

$R_4 = 1,420$ $r_4 = 0,850$

$$p_4 = 1880 \times \frac{3,14 \times 6,00}{3}\left[(\overline{1,26}^2 + \overline{1,42}^2 + 1,26 \times 1,42) - (\overline{0,80}^2 + \overline{0,85}^2 + 0,80 \times 0,85)\right]$$

$$p_4 = 1880 \times 21,042 = \underline{39559^k}$$

5me *anneau*

$h = 6^m,00$ $R_4 = 1,420$ $r_4 = 0,850$

$R_5 = 1,580$ $r_5 = 0{,}900$

$$p_5 = 1880 \times \frac{3,14 \times 6,00}{3}\left[(\overline{1,42}^2 + \overline{1,58}^2 + 1,42 \times 1,58) - (\overline{0,85}^2 + \overline{0,90}^2 + 0,85 \times 0,90)\right]$$

$$p_5 = 1880 \times 28,01 = \underline{52659^k}$$

Soubassement

$$p_6 = 1880 \times 5,\ 250\left[8 \times 1,380 \times \frac{1,75}{2} - 3,14 \times \overline{0,85}^2\right]$$

$$= 1880 \times 38,80 = 72\,944^k$$

Nous admettons ici que les vides pratiqués dans le soubassement sont compensés par les saillies des corniches et par la plus grande densité de la pierre employée dans les bandeaux et les chaînes d'angles et nous adoptons ce poids de 72 944ᵏ. On pourrait le calculer plus exactement, mais nous ne croyons pas utile de faire ici ce calcul qui ne présenterait d'ailleurs aucun intérêt.

Les poids à considérer sont donc :

A la base du 1ᵉʳ anneau :

$$P_1 = \underline{11000^k}$$

A la base du 2ᵉ anneau :

$$P_2 = 11\ 000 + 17\ 475 = \underline{28475^k}$$

A la base du 3ᵉ anneau :

$$P_3 = 28\ 475 + 27\ 839 = \underline{56314^k}$$

A la base du 4ᵉ anneau :

$$P_4 = 56\ 314 + 39\ 559 = \underline{95873^k}$$

A la base du 5ᵉ anneau :

$$P_5 = 95\ 873 + 52\ 659 = \underline{148532^k}$$

A la base du soubassement :

$$P_6 = 148532 + 72\ 944 = \underline{221476^k}$$

Pression du vent.

Sur le premier anneau :

$$F_1 = 150 \times \frac{1.880 + 1.560}{2} = 6,00 \times 1548^k$$

Sur les deux premiers anneaux :

$$F_2 = 150 \times \frac{2.200 + 1,560}{2} \times 12,00 = 3384^k$$

Sur les trois premiers anneaux :

$$F_3 = 150 \times \frac{2,520 + 1,560}{2} \times 18,00 = 5.08^k$$

Sur les quatre premiers anneaux :

$$F_4 = 150 \times \frac{2,840 + 1,560}{2} \times 24,00 = 7920^k$$

Sur les cinq anneaux :

$$F_5 = 150 \times \frac{3,160 + 1,560}{2} \times 30,00 = 10,620^k$$

Sur la surface totale :

$$F_6 = 10620 + 150 \times 3,50 \times 5,25 = 13376^k$$

On aura les points d'application de ces pressions du vent en déterminant graphiquement, sur l'épure, les centres de gravité des trapèzes sur lesquels les pressions s'exercent.

Épure de stabilité

535. Afin que l'épure de stabilité soit plus facile à tracer et plus claire comme résultat, on prend des échelles différentes pour les hauteurs et les largeurs.

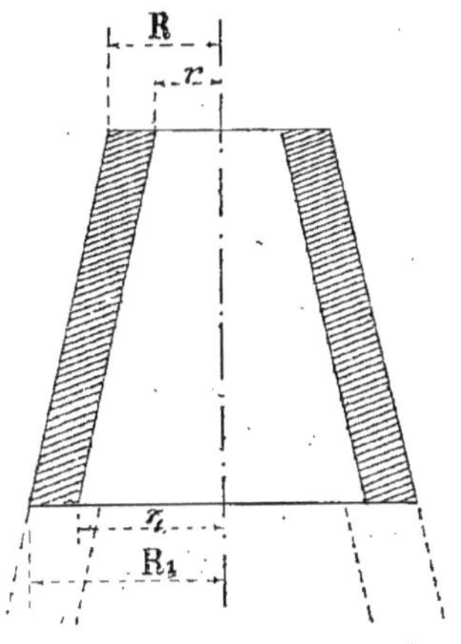

Fig. 481.

Les échelles adoptées sur l'épure (*fig.* 482) sont :

pour les hauteurs : 0ᵐ,003 pour mètre,
pour les largeurs : 0ᵐ,03 id.
pour les poids : 0ᵐ,0002 pour 1,000 kilog.
pour les pressions du vent : 0ᵐ,002 pour 1,000 kilog.

Il faut d'abord tracer le profil de la section verticale de la cheminée aux échelles ci-dessus. Pour cela, tracer l'axe xx, porter sur cet axe les longueurs : $xx_1 = x_1 x_2 = x_2 x_3 = x_3 x_4 = x_4 x_5 = 6^m,0$ et $x_5 x_6 = 5^m,250$.

Par les points de divisions ainsi obtenus, mener des horizontales $x_1 m_1$, $x_2 m_2$, etc.

Prendre $xa = \frac{1,560}{2}$ $x_5 a_5 = \frac{3,160}{2}$ et joindre aa_5 qui représente la droite extérieure du profil.

Sur les horizontales déjà tracées, porter les longueurs : $ab = 0,22$, $a_1 b_1 = 0,34$, $a_2 b_2 = 0,46$, $a_3 b_3 = 0,57$, $a_4 b_4 = 0,68$.

Des points bb_1, b_2, b_3, b_4 mener des parallèles à aa_5, on aura ainsi le profil intérieur de la section.

Détermination des centres de gravité.

536. Cette détermination se fera graphiquement de la manière suivante.

Tous les points d'application des poids P_1, P_2 etc., sont placés sur la verticale xx (*fig.* 482). Il n'y a donc pas lieu de les déterminer, puisque la composition des forces F et P se fera aux points de ren-

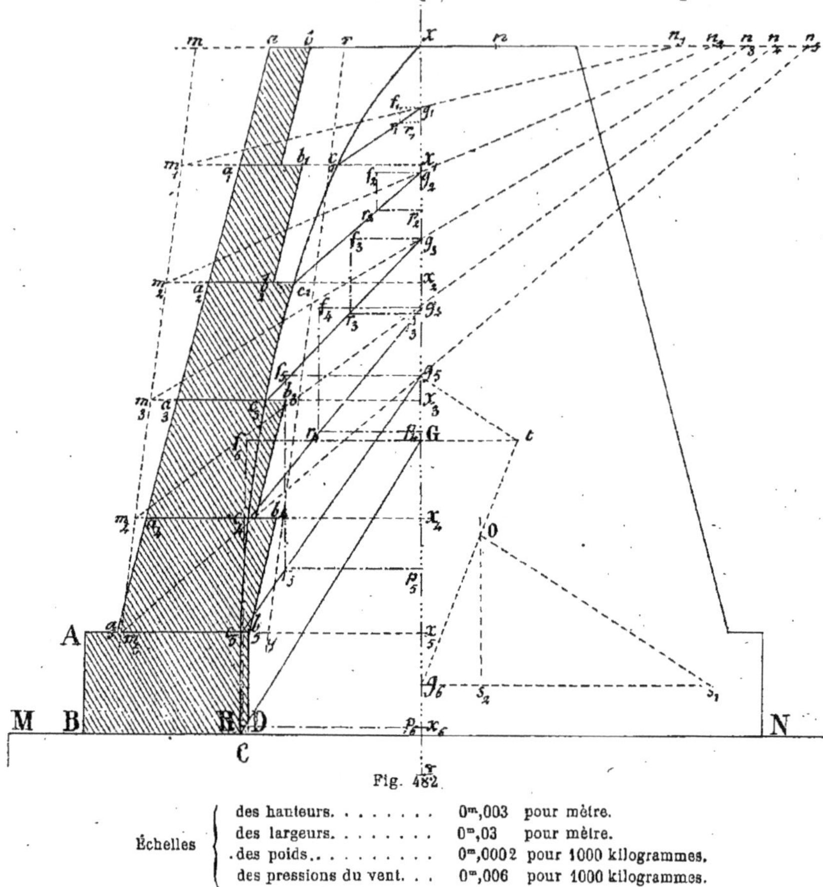

Fig. 482.

Échelles		
des hauteurs.	0m,003	pour mètre.
des largeurs.	0m,03	pour mètre.
des poids.	0m,0002	pour 1000 kilogrammes.
des pressions du vent. . .	0m,006	pour 1000 kilogrammes.

contre de cette verticale avec les directions des pressions F_1 F_2..... Déterminer la position des centres des pressions du vent revient à trouver les centres de gravité des trapèzes, tels que ABCD (*fig.* 483). On sait que, pour avoir le centre de gravité G du trapèze ABCD, il suffit de prolonger, d'un côté, la base supérieure AB d'une longueur BL égale à la base inférieure CD et de prolonger celle-ci, du côté opposé, d'une longueur CM égale à la base supérieure AB et de joindre LM. La ligne LM rencontre la ligne médiane XY en un point G qui est le centre de gravité cherché.

On aurait le même point G en opérant

sur le trapèze EFHI obtenu en joignant les points E et F aux points H et I, milieux de AX, XB, CY et YD. Dans ce cas, on porterait FK = HI = CY et HN = EF = AX et on joindrait KN. C'est ce que nous avons fait sur l'épure (*fig.* 482) afin de réduire ses dimensions en largeur.

Tracer la droite rq (*fig.* 482) qui joint le point r milieu de ax au point q, milieu de a_5x_5.

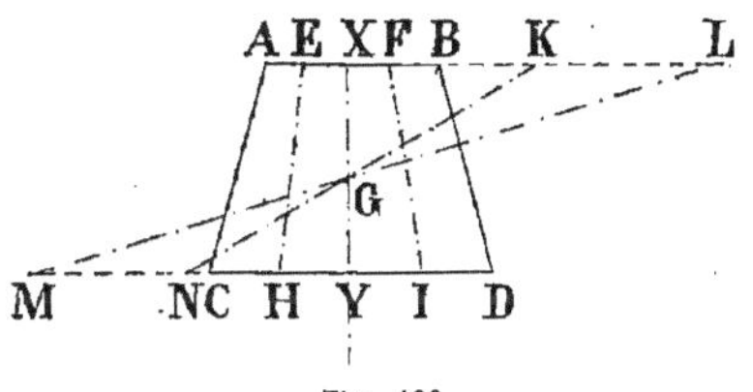

Fig. 483.

A partir de q, prendre $qm_5 = ax$ et, par le point m_5 tracer la droite m_5m parallèle à rq.

Du point n, symétrique de p, porter à droite les longueurs : $nn_1 = a_1x_1$, $nn_2 = a_2x_2$, $nn_3 = a_3x_3$, $nn_4 = a_4x_4$, $nn_5 = a_5x_5$.

Joindre les points m_1n_1, m_2n_2, m_3n_3, m_4n_4, m_5n_5 par des droites qui rencontrent l'axe xx aux points g_1 g_2 g_3 g_4 g_5.

Ces points sont les centres de gravité des trapèzes formés par le premier rouleau, les deux premiers, les trois premiers rouleaux...

Les compositions de force se feront donc en ces points.

Composition des forces, centres des pressions et courbe des pressions

537. Au point g_1, porter horizontalement $g_1f_1 = F_1 = 1548^k$ et verticalement $g_1p_1 = P_1 = 11000^k$. Tracer la résultante de ces deux forces en construisant le rectangle $g_1f_1r_1p_1$. Prolonger cette résultante g_1r_1 jusqu'à sa rencontre c_1 avec la base x_1a_1 du premier rouleau. On obtient ainsi un premier centre de pression C_1, qui est un point de la courbe des pressions

En prenant successivement :

$g_2f_2 = F_2 = 3384^k$ $\quad g_2p_2 = P_2 = 28475^k$
$g_3f_3 = F_3 = 5508^k$ $\quad g_3p_3 = P_3 = 56314^k$
$g_4f_4 = F_4 = 7920^k$ $\quad g_4p_4 = P_4 = 95873^k$
$g_5f_5 = F_5 = 10620^k$ $\quad g_5p_5 = P_5 = 148532^k$

et, composant ces forces, on obtient par les intersections, des résultantes succesives g_2r_2, g_3r_3, g_4r_4, g_5r_5, avec les bases a_2x_2, a_3x_3, a_4x_4, a_5x_5 les centres de pression c_2 $c_3c_4c_5$.

En joignant les points $xc_1\,c_2c_3c_4\,c_5$ par une courbe continue, on a la *courbe des pressions* du fût de la cheminée. Cette courbe montre le degré de stabilité de chaque partie du fût sur la partie placée au-dessous et, enfin, du fût tout entier sur son soubassement. — A l'inspection de la courbe de stabilité, on voit que la partie la plus fatiguée de la maçonnerie se trouve sur le troisième rouleau.

Compression de la maçonnerie

538. La courbe des pressions restant complètement située à l'intérieur de la droite extérieure du profil, on en conclut que la première des conditions de stabilité est satisfaite, c'est-à-dire qu'il n'y aura pas renversement si la deuxième condition est remplie. Il est, de plus, facile de voir que la valeur de tang. φ reste toujours inférieure à 0,75 et que, par suite, il ne se produira pas non plus de glissement.

Il reste donc à vérifier la deuxième condition, celle relative à la compression des matériaux.

Si l'on admet que la loi du trapèze est applicable dans le cas présent, on pourra calculer la plus grande compression qui se produit à la base de chaque rouleau au moyen de la formule

$$R = \frac{2\,N}{\omega}$$

dans laquelle N représente le poids total au-dessus de la base considérée et ω la partie de cette base qui est intéressée à la transmission de la pression.

Nous ne ferons le calcul que pour la base du deuxième rouleau. On opérerait de même pour les autres.

Compression maximum à la base du deuxième rouleau.

539. Cette compression est produite par la composante verticale de la résultante g_2r_2, c'est-à-dire par le poids P_2 des deux premiers rouleaux. Donc

$$N = P_2 = 28475^k$$

Pour avoir la surface ω, traçons le plan de la base du deuxième rouleau (*fig.* 484) et, sur ce plan, mettons en place le centre de pression c_2. Prenons $a\,{}^2k = 3 \times a_2c_2$ et menons, par le point k, la perpendiculaire AB au diamètre a_2s. Nous admettons que, sur cette droite AB, la pression est égale à zéro et que, au point a_2 la compression est deux fois plus grande que celle qui se produirait si la surface était rectangulaire.

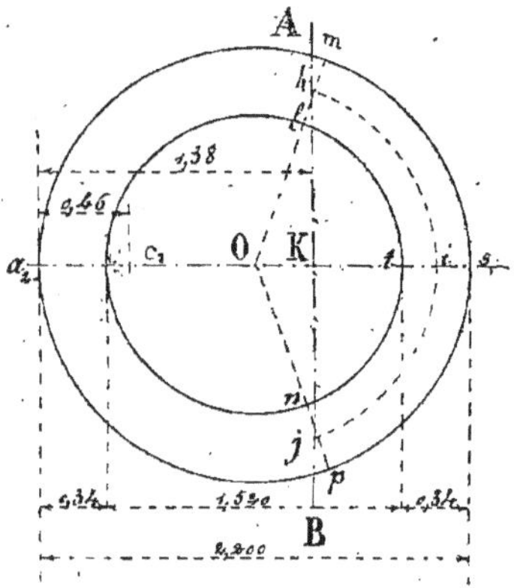

Fig. 484.

La surface annulaire totale a pour valeur

$$S - S' = \frac{3,14}{4}(\overline{2,20^2} - \overline{1,52^2}) = 1^{m2},98$$

Il faut en retrancher la surface *llnpsm*.

L'angle *mop*, mesuré sur le plan, est d'environ 145°. Le développement de l'arc *hij* est donc

$$\pi D \frac{145}{360} = 3,14 \times \frac{2,20 + 1,52}{2} \times \frac{145}{360} = 2^m,35$$

La surface annulaire à retrancher s'obtiendra en multipliant ce développement par l'épaisseur de l'anneau.

$$2,351 \times 0,34 = 0^{m2},80.$$

Il reste pour la surface ω :

$$\omega = 1,98 - 0,80 = 1^{m2},18.$$

La plus grande compression cherchée sera donc :

$$2\,R = 4 \times \frac{28475}{1,18} = 96525^k \text{ par mètre carré,}$$

Soit, 9k, 65 par centimètre carré.

Cette compression peut être admise, quoique un peu forte, car elle ne se produira que lorsque le vent exercera, sur la surface de la cheminée, une pression de 150 kilogrammes, c'est-à-dire rarement et pendant un temps très court. Il s'agit ici, en effet, d'une compression tout à fait accidentelle. La compression permanente serait bien moindre. Elle a pour valeur le poids total 28,475 k, divisé par la surface annulaire totale 1m2,98.

$$\frac{28475}{1,98} = 14380^k \text{ par mètre carré,}$$

Soit, 1k.44 par centimètre carré.

Reprenons l'épure pour terminer la courbe de stabilité. Nous avons arrêté cette courbe au centre de pression C_5 du fût. Il faut trouver le centre de pression C à la base du soubassement. Pour cela, on déterminera d'abord la position du centre de gravité de l'ensemble formé par le trapèze du fût et le rectangle du soubassement, soit par le calcul, soit graphiquement.

Par le calcul, on opérera de la manière suivante :

Le centre de gravité g_5 du trapèze est à une hauteur au-dessus de la base MN égale à 18m,33, mesurée sur l'épure.

Le centre de gravité g_6 du rectangle est à une hauteur au-dessus de la même base égale à $\frac{5,25}{2} = 2^m,625$

Désignant par S_1 la surface du trapèze par S_2 celle du rectangle et par H la hauteur du centre de gravité G cherché, au-dessus de la base considérée, on aura :

$$(S_1 + S_2)\,H = S_1 \times 18,33 + S_2 \times 2,625$$

$$\text{Or, } S_1 = \frac{3,160 + 1,560}{2} \times 30,00 = 70^{m2},80$$

$$S_2 = 5,250 \times 3,50 = 18^{m^2},38$$

$$S_1 + S_2 = 70,80 + 18,38 = 89^{m^2},18$$

Donc

$$89,18 \times H = 70,80 \times 18,33 + 18,38 \times 2,625 = 1346$$

et $H = \dfrac{1346}{89,18} = 15^m,00$

En portant au-dessus de la base une longueur $x_6G = 15^m,00$, on aura la position du centre de gravité G.

Pour déterminer graphiquement ce point G, on tracera un *polygone des forces* et le *polygone funiculaire* correspondant. Dans le cas particulier qui nous occupe, on pourra prendre, sur l'horizontale passant par g_6, les longueurs $g_6 s_2$, $s_2 s_1$, respectivement proportionnelles aux surfaces S_2 et S_1 et, d'un point o pris sur la verticale au point s_2, mener les droites os_1 et og_6 qu'on prolongera jusqu'à sa rencontre en t avec la droite g_5t tracée du point g_5, parallèlement à os_1.

En ramenant le point t, par une horizontale tG, sur la verticale xx, on aura, au point G, le centre de gravité cherché.

En ce point, nous porterons $Gf_6 = F_6 = 13376^k$, et $Gp_6 = P_6 = 221,476^k$. La résultante GR de ces deux forces rencontre la base MN au point C, qui est le centre de pression à la base du soubassement.

Pour les parties situées en dessous de la base MN, on continuerait le tracé de la courbe des pressions en opérant comme ci-dessus. On verrait ainsi si toute la construction satisfait bien aux conditions de stabilité.

Nous terminons ce qui est relatif aux cheminées, en donnant ci-dessous deux tableaux extraits de l'ouvrage de Claudel.

540. *Tableau des dimensions des cheminées adoptées par un grand établissement de construction de machines à vapeur.*

(L'épaisseur en haut est de $0^m,11$ dans toutes les cheminées.)

	FORCE EN CHEVAUX	CHEMINÉES RONDES — DIAMÈTRE INTÉRIEUR en bas	CHEMINÉES RONDES — DIAMÈTRE INTÉRIEUR en haut	CHEMINÉES CARRÉES — COTÉ A L'INTÉRIEUR en bas	CHEMINÉES CARRÉES — COTÉ A L'INTÉRIEUR en haut	ÉPAISSEUR AU BAS au-dessus de la base	HAUTEUR AU-DESSUS de la base	HAUTEUR de la base
1 seul bouilleur	1	0m,24	0m,20	0m,22	0m,18	0m,33	8m	2m,50
	2	0 41	0 25	0 38	0 22	0 33	10	3 00
	3	0 56	0 28	0 53	0 25	0 33	12	3 20
	4	0 60	0 30	0 67	0 27	0 33	14	3 40
	6	0 65	0 35	0 60	0 30	0 44	16	3 60
	8	0 74	0 40	0 77	0 35	0 44	18	3 80
	10	0 82	0 42	0 70	0 38	0 55	20	3 90
	12	0 88	0 44	1 04	0 40	0 55	22	4 00
2 bouilleurs	15	1 04	0 48	1 035	0 425	0 55	24	4 20
	20	1 16	0 54	1 10	0 48	0 55	25	4 30
	25	1 22	0 60	1 15	0 53	0 55	25	4 30
	30	1 36	0 66	1 38	0 58	0 55	28	4 60
	35	1 40	0 70	1 32	0 62	0 66	30	4 80
	40	1 45	0 75	1 37	0 67	0 66	30	4 80
	45	1 50	0 80	1 42	0 72	0 66	30	5 00
	50	1 57	0 85	1 57	0 75	0 66	32	5 00
	60	1 62	0 90	1 52	0 80	0 77	34	5 20
	70	1 80	0 96	1 69	0 85	0 77	36	5 40
	80	1 84	1 04	1 76	0 92	0 77	35	5 40
	90	1 88	1 10	1 72	0 98	0 88	38	5 60
	100	2 01	1 15	1 88	1 02	0 88	40	5 80
	120	2 11	1 25	1 96	1 10	0 88	40	5 80
	150	2 16	1 40	1 98	1 22	0 99	42	6 00
	180	2 38	1 50	2 23	1 35	0 99	44	6 20
	200	2 60	1 60	2 40	1 40	0 99	46	6 40
	250	3 04	1 80	2 82	1 58	0 99	50	6 60
	300	3 32	2 00	3 07	1 75	1 10	55	7 00

541. *Tableau des épaisseurs et des hauteurs des diffèntes zones verticales composant les cheminées. La 1re zone forme le sommet de la cheminée et a 0^m,11 d'épaisseur ; au-dessous est la 2e zone, qui a 0^m,22 d'épaisseur ; puis la troisième qui a 0^m,33, et ainsi de suite.*

HAUTEUR TOTALE de la cheminée	1re 0^m,11	2e 0^m,22	3e 0^m,33	4e 0^m,44	5e 0^m,55	6e 0^m,66	7e 0^m,77	8e 0^m,88	9e 0^m,99	10e 1^m,10
8^m	1^m,50	2^m,65	3^m,85							
10	1 80	3 30	4 90							
12	2 00	4 00	6 00							
14	2 50	4 50	7 00							
15	2 50	3 50	4 50	4^m,50						
16	2 50	3 50	4 50	5 50						
18	3 00	4 00	5 00	6 00						
20	2 80	3 40	4 00	4 60	5^m,20					
22	3 00	3 70	4 40	5 10	5 80					
24	3 20	4 00	4 80	5 60	6 40					
23	3 30	4 15	5 00	5 85	6 70					
28	3 60	4 60	5 60	6 60	7 60					
30	3 00	3 80	4 60	5 40	6 20	7^m,00				
32	3 30	4 10	4 90	5 70	6 50	7 50				
34	3 00	3 60	4 20	4 80	5 40	6 00	7^m,00			
35	3 00	3 50	4 50	5 00	5 50	6 00	7 50			
36	3 00	3 70	4 40	5 10	5 80	6 60	7 40			
38	3 00	3 50	4 00	4 50	5 00	5 50	6 00	6^m,50		
40	3 00	3 55	4 10	4 65	5 20	5 80	6 50	7 20		
42	3 00	3 40	3 80	4 20	4 60	5 00	5 50	6 00	6^m,50	
44	3 00	3 45	3 90	4 35	4 80	5 30	5 80	6 40	7 00	
46	3 00	3 50	4 00	4 50	5 00	5 60	6 20	6 80	7 40	
50	3 20	3 70	4 20	4 80	5 40	6 00	6 70	7 50	8 50	
55	3 20	3 70	4 20	4 70	5 20	5 70	6 20	6 70	7 40	8^m,00

542. Dans ces deux tableaux, les épaisseurs sont données en multiples de la largeur 0^m,11 d'une brique ; mais il faut tenir compte de l'épaisseur des joints, qui est de 0^m,005 environ. Ainsi, la 3e zone, qui est formée d'une brique et demie, a 0^m,34 d'épaisseur ; la 4e a 0^m,46 ; la 5e 0^m,575 ; la 6e 0^m,69, etc.

543 *Remarque.* — La répartition des pressions à la base des solides courts s'applique, suivant la loi du trapèze, à des solides ayant une base rectangulaire. Les pressions se répartissent alors sur une suite de lignes parallèles et égales en longueur. Dans le cas d'un solide à base circulaire, la répartition se fait suivant des lignes qui vont en diminuant de longueur, depuis celle qui passe par le centre, dont la longueur est égale au diamètre, jusqu'à celle de l'arête dont la longueur est égale à zéro. On conçoit que, dans ce cas, la compression sur l'arête doit être plus grande que celle qui résulte de l'application de la loi du trapèze. C'est pour cela que, dans un exemple précédent, nous avons doublé la compression obtenue ; mais celà n'est évidemment pas parfaitement exact. Aussi, calcule-t-on quelquefois les cheminées d'usine en tenant compte de l'adhérence du mortier dans la maçonnerie.

On considère alors une cheminée comme un solide encastré à sa base, libre à l'autre extrémité et soumis, sur toute sa longueur, à une charge de 150^k par mètre carré de projection verticale. Pour obtenir le résultat cherché, on détermine le centre de la pression totale produite par le vent, ce qui est facile en opérant comme nous l'avons indiqué dans la recherche des centres de gravité au moyen d'un polygone des forces et du polygone funiculaire correspondant ou par le calcul. Soit d la distance de ce centre de pression à la section d'encastrement considérée.

On calcule ensuite le moment fléchissant, produit par cette pression dans la section en question, en multipliant la pression F par son bras de levier d, et on a :

Moment fléchissant $\mu = F \times d$.

On se sert alors de la formule générale de la flexion plane

$$R = \frac{V\mu}{I} \pm \frac{N}{\omega} \qquad (1)$$

dans laquelle :

R représente la compression ou la traction par unité de surface ;

μ, est le moment fléchissant dans la section considérée ;

I, le moment d'inertie de la même section ;

V, la distance du plan neutre à l'arête la plus fatiguée ;

$\frac{N}{\omega}$, la compression ou la traction par unité de surface dans le sens de la longueur du solide.

Ici, c'est une compression et $\frac{N}{\omega}$ doit se prendre avec le signe $+$.

N représente alors le poids total P de la maçonnerie au-desssus de la section et ω la surface de cette section. Soient :

r, le rayon extérieur de la section pour laquelle on veut se rendre compte du travail R de la maçonnerie ;

r', le rayon intérieur.

On aura :

$$I = \frac{1}{4}\,\omega\,(r^2 + r'^2)$$

$$V = r$$

$$\omega = \pi\,(r^2 - r'^2).$$

La formule (1) deviendra :

$$R = \frac{r \times F \times d}{\frac{1}{4}\pi\,(r^2 - r'^2)\,(r^2 + r'^2)} + \frac{P}{\pi\,(r^2 - r'^2)}$$

Il faut remarquer qu'on ne peut plus compter ici, pour R, sur une valeur aussi élevée que si la maçonnerie ne travaillait qu'à la compression, car R représente également, dans cette formule, le travail de la maçonnerie à la traction. On ne devra donc pas dépasser, pour R, les valeurs pratiques que nous avons données lorsque nous nous sommes occupé de la résistance des mortiers à la traction (page 372).

§ V. — OUVRAGES AYANT A RÉSISTER A LA PRESSION DE L'EAU

SOMMAIRE

I. — Pression de l'eau.

544. — On sait que lorsqu'un liquide quelconque est maintenu en équilibre par une paroi, la pression totale exercée par le liquide sur cette paroi est égale au poids d'une colonne liquide qui aurait la paroi pour base et, pour hauteur, la distance de son centre de gravité au-dessous du niveau supérieur.

Soit, par exemple, un mur dont le parement AB (*fig.* 485) reçoit la poussée de l'eau. Sa largeur est égale à b.

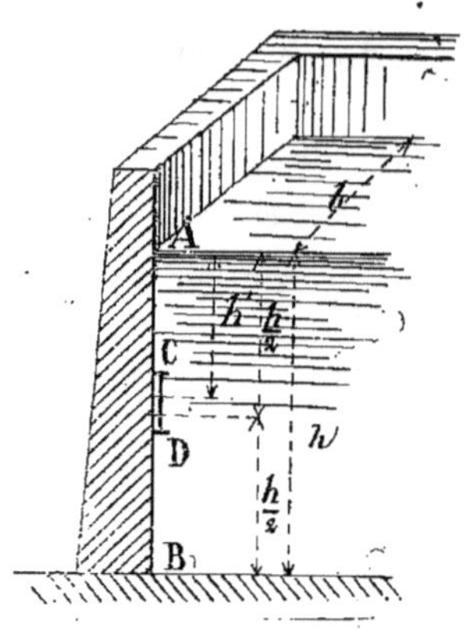

Fig. 485.

Considérons une bande horizontale de ce mur dont la hauteur sera CD et la largeur égale à b. La pression qui s'exerce sur cette surface rectangulaire est, d'après ce que nous venons de dire, égale au poids d'une colonne liquide qui aurait pour base le rectangle et pour hauteur la distance de son centre de gravité au-dessous du niveau supérieur. Si π représente le poids du mètre cube du liquide, la pression aura donc pour valeur :

$$\pi \times CD \times b \times h$$

Cherchons maintenant la pression qui s'exerce sur la surface totale du mur, c'est-à-dire sur la hauteur $AB = h$. C'est le poids d'une colonne liquide qui a pour base le rectangle dont la hauteur est égale à AB et la largeur égale à b et, pour hauteur, la distance du centre de gravité du rectangle au-dessous du niveau supérieur.

La surface du rectangle pressé a pour valeur,

$$h \times b$$

Le centre de gravité de ce rectangle est situé au milieu de sa hauteur. La distance du centre de gravité au niveau supérieur est donc égale à $\frac{h}{2}$. Il en résulte que la pression totale sur le parement du mur considéré a pour expression :

$$F = \pi \times h \times b \times \frac{h}{2} = \frac{1}{2} \pi bh^2$$

Problème.

545. *Soit un mur de réservoir d'eau ayant* $6^m,00$ *de longueur et* $2^m,00$ *de hauteur. Le niveau de l'eau au-dessus du fond peut atteindre* $1^m,80$. *Quelle est la poussée totale de l'eau contre ce mur?*

Le rectangle sur lequel la poussée s'exerce a $1^m,80$ pour hauteur et $6^m,00$ pour largeur. La pression totale sera donc :

$$F = \frac{1}{2} \times 1000^k \times 6^m,00 \times \overline{1,80}^2 = 9720 \text{ kilos.}$$

Reprenons la formule précédente

$$F = \frac{1}{2} \pi bh^2.$$

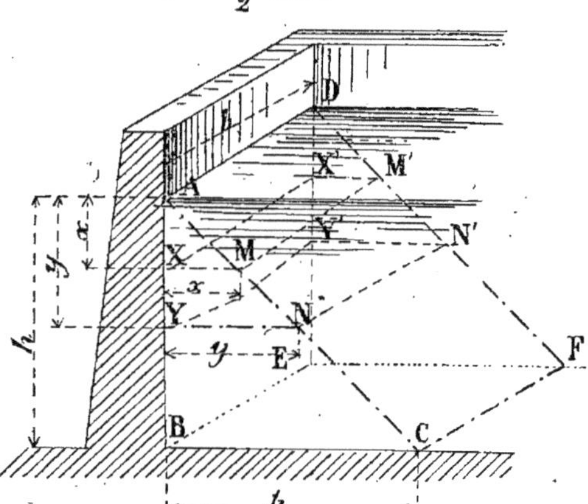

Fig. 486.

Elle représente la pression totale de l'eau sur le paroi ABDE (*fig.* 486) pour une hauteur du liquide égale à h. Sur l'arête AD, la pression du liquide est égale à O puisque, pour cette arête, la hauteur

$h = o$. Donc, depuis l'arête AD, jusqu'à l'arête inférieure BE, la pression de l'eau varie de zéro à $\frac{1}{2} \pi b h^2$.

Cette variation de pression se fait d'après une loi parfaitement déterminée. La pression sur le rectangle ADXX' aura pour expression, d'après la loi que nous avons précédemment énoncée :

$$F' = \frac{1}{2} \pi b x^2.$$

De même, la pression sur le rectangle ADYY' pourra s'écrire :

$$F'' = \frac{1}{2} \pi b y^2.$$

Sur le rectangle total ADBE, la pression est

$$F = \frac{1}{2} . \pi b h^2.$$

Nous pouvons écrire : $F = \pi b \frac{1}{2} h^2$.

Or, $\frac{1}{2} h^2$ peut se mettre sous la forme

$$\frac{1}{2} h^2 = h \times \frac{1}{2} h.$$

Ce terme représente alors la surface d'un triangle qui aurait h pour base et h pour hauteur. — C'est la surface du triangle ABC. Si nous multiplions cette surface $\frac{1}{2} h^2$ par la largeur b, nous aurons $\frac{1}{2} b h^2$ qui représentera le volume du prisme ABCDEF dont le triangle ABC serait une section droite et b la longueur commune des arêtes. En multipliant enfin $\frac{1}{2} b\, h^2$ par π, nous obtenons le poids du prisme. Sur ADXX' la pression est :

$$F' = \frac{1}{2} \pi b x^2.$$

Or, comme précédemment, $\frac{1}{2} x^2$ représente la surface du triangle AXM ayant x comme base, x comme hauteur et $\frac{1}{2} \pi b x^2$ représente le poids du prisme qui aurait le triangle AXM pour base et b pour longueur des arêtes. De même,

$$F'' = \frac{1}{2} \pi b y^2$$

représente le poids du prisme qui aurait le triangle AYN pour base et b pour hauteur.

Cette manière d'interpréter la formule montre bien comment varie la *pression totale* du liquide sur une surface lorsque la hauteur de celle-ci varie de zéro à la hauteur totale du liquide au-dessus du fond.

Centre de pression

546. Dans l'étude de la stabilité d'une paroi soumise à l'action de la poussée d'un liquide, ce qui intéresse surtout, c'est la valeur de cette poussée, sa direction et la position de son point d'application. Nous venons de voir quelle est la pression totale de l'eau sur la surface ABDE : c'est

$$F = \frac{1}{2} \pi b h^2$$

poids du prisme ABCDEF.

Quant à la direction de la pression, on sait qu'elle est toujours normale à la surface pressée. La poussée du liquide sera horizontale si, comme dans le croquis (*fig* 486), la paroi est verticale.

Nous connaissons donc la grandeur de la poussée et sa direction ; il nous reste à déterminer son point d'application. C'est ce point d'application de la pression totale qu'on appelle le *centre de pression*.

Dans la pression du liquide sur la face ABDE, tout se passe comme si le prisme ABCDEF agissait seul horizontalement avec une intensité égale à son poids. La résultante de toutes les actions parallèles de l'eau contre la face est égale à leur somme et passe par le centre de gravité du prisme. Elle est donc située à une hauteur au-dessus du fond égale à $\frac{1}{3} h$. Le point d'application de cette résultante, ou le *centre de pression*, est donc à cette hauteur $\frac{1}{3}h$ au-dessus du fond ou à $\frac{2}{3}h$ au dessous du niveau supérieur.

II. Réservoirs en maçonnerie.

547. Lorsqu'on veut alimenter une grande ville, il est nécessaire d'enmagasiner un volume d'eau considérable dans des réservoirs convenablement placés. Nous extrayons du cours de constructions civiles professé à l'école centrale des arts et manufactures, par M. E. Muller, les quelques renseignements suivants qui montrent les conditions qu'un réservoir doit remplir.

On ne peut, en général, assurer le service d'une distribution d'eau qu'autant qu'on fait partir cette distribution d'un réservoir dans lequel on recueille, pendant la nuit et pendant les intermittences du service de jour, le produit des sources, des machines ou de tout autre mode d'alimentation. Ce réservoir doit avoir au moins une capacité suffisante pour prévenir toute déperdition d'eau, c'est-à-dire pour qu'il s'y trouve toujours un vide dans lequel puisse être reçu le produit non utilisé des sources où des machines.

Lorsque la distribution est alimentée par des machines, la capacité déterminée par la condition qui vient d'être énoncée ne serait pas suffisante. Il faut prévoir le cas de chômage dans la marche de ces machines et, par conséquent, faire des réservoirs assez vastes pour contenir le volume d'eau dépensé pendant un ou même deux jours afin qu'on puisse faire des réparations sans interrompre le service.

La disposition du réservoir n'est pas indifférente au succès de la distribution, parce que cette disposition peut avoir de l'influence sur la qualité des eaux et sur la charge avec laquelle elle sera distribuée.

Un réservoir peu profond, creusé dans la terre, ne pourrait pas se nettoyer; l'eau s'y échaufferait, se remplirait d'insectes et de plantes aquatiques et finirait par se corrompre. Si on lui donnait de la profondeur, on atténuerait ces inconvénients, sans les prévenir entièrement, à moins que cette profondeur ne fut très grand et alors on créerait un nouveau et très grave inconvénient, celui de perdre une partie de la charge lorsque le niveau de l'eau s'abaisserait beaucoup.

Pour une distribution d'eau salubre, il faut nécessairement des réservoirs en maçonnerie d'une surface suffisante pour que les oscillations produites par le service ne soient pas assez considérables pour modifier sensiblement la charge de l'eau dans les conduites et cependant assez profonds pour former une réserve en cas d'interruption dans les moyens d'alimentation. Il faut, également, s'il n'y a qu'un seul réservoir, qu'il soit divisé en deux compartiments ou bassins qui puissent être rendus indépendants l'un de l'autre. Le choix de l'emplacement des réservoirs a une grande importance sur le succès de la distribution et sur la dépense qu'elle nécessite. La question de savoir si l'on en établira un seul ou si l'on en construira plusieurs n'en a pas moins.

On place les réservoirs, en général, au point le plus élevé de la ville, ou même en dehors de son enceinte, si, dans son intérieur, on ne trouve pas un terrain dont le niveau naturel domine tous les points auxquels les eaux doivent parvenir. Mais, dans le choix à faire, il convient d'avoir égard à la position de l'emplacement relativement aux points à alimenter. Ainsi, quand deux localités sont dans les mêmes conditions sous le rapport de l'altitude, de la nature du terrain, des facilités de construction, on doit donner la préférence à celle qui est le plus rapprochée du centre de la distribution, afin de réduire autant que possible la longueur des conduites principales et de diminuer le diamètre des conduites de distribution.

Lorsque la ville qu'il s'agit d'alimenter est assise à la fois sur les deux flancs d'une vallée, il faut placer des réservoirs sur les deux versants, même quand l'un ne pourrait être alimenté que par l'autre. Il résulte de cette disposition que le réservoir établi sur le flanc du coteau opposé à l'arrivée directe des eaux se remplit la nuit pendant les intermittences du service et que, dans les moments de débit, il restitue aux conduites ce qu'elles lui ont fourni, de sorte que les deux parties de la ville sont à peu près aussi bien servies l'une que l'autre.

Il est utile, soit pour conserver aux eaux leur pureté et leur fraîcheur, soit pour les rafraîchir quand elles ont coulé à l'air libre, de couvrir les réservoirs par un toit ou par des voûtes. Le second moyen est préférable au premier, parce qu'on obtient plus de fraîcheur sous une voûte que sous un toit

Les réservoirs en maçonnerie d'une certaine importance coûtent proportionnellement moins cher que les réservoirs métalliques et ils ont une durée à peu près illimitée. Dès lors, ils doivent être seuls employés quand on veut approvisionner une grande masse d'eau.

Comme nous l'avons déjà dit, ils peuvent être couverts ou découverts. Dans ce dernier cas, les mousses et les plantes aquatiques s'y développent rapidement et forcent à des nettoyages fréquents. Les insectes y abondent; les eaux, exposées à l'air et à toutes les variations de la température, se refroidissent en hiver, s'échauffent en été; elles sont alors désagréables pour la boisson et comme elles peuvent subir des variations depuis 0° jusqu'à 20 ou 25°, les conduites éprouvent des allongements ou des raccourcissements assez considérables pour produire des mouvements sur les joints et même leur rupture. Ainsi, sur 100 mètres, il peut y avoir jusqu'à 0m,027 de variation dans la longueur et cette variation, même avec des conduites bien assemblées, peut, à la longue, amener des fuites par les joints. On doit, en général, proscrire les réservoirs à ciel ouvert

Avec les réservoirs couverts, l'égalité de température se maintient. Les eaux qu'ils fournissent, coulant souterrainement, conservent, à deux ou trois degrés près, une température à peu près égale à celle de leur point de départ et les conduites demeurent en meilleur état. Il n'y a donc pas à hésiter; il faut couvrir les réservoirs d'eau destinés à alimenter des conduites, surtout quand cette eau doit servir aux usages domestiques.

Les réservoirs en maçonnerie peuvent être établis, soit dans le sol, soit au-dessus. Quelquefois, ils sont enterrés à moitié et, alors, les terres provenant de la fouille étant déposées au pourtour achèvent de les appuyer latéralement. Dans le premier cas, ils peuvent être limités latéralement par des talus ou par des murs. Le premier système est le plus économique, puisqu'il suffit alors de recouvrir les talus de l'excavation par une couche de béton dont l'épaisseur, de 0,m12 à 0,m15 au niveau supérieur de l'eau, croît en descendant jusqu'au fond de 0m,05 à 0m,08 par mètre, suivant la qualité du mortier employé à la fabrication du béton.

De sorte que, pour un réservoir de 5m de profondeur, le radier et les parois latérales à leur partie inférieure auraient 0m,35 avec du mortier très énergique et 0m,50 avec du mortier ordinaire.

Les murs latéraux sont applicables d'abord quand les réservoirs sont enterrés seulement sur une partie de leur hauteur, puisqu'on ne pourrait, sans danger, appuyer un corroi en béton, partie sur un talus creusé dans le terrain naturel, partie sur un sol rapporté. Ils peuvent l'être aussi quand ils sont creusés dans un rocher à assises puissantes qui se creuserait difficilement en talus. On pourra alors tailler les parois de la fouille verticalement et y appuyer les murs dont l'épaisseur devra être calculée pour prévenir les infiltrations, c'est-à-dire depuis 0m,20 jusqu'à 0m,30 ou 0m,40, suivant la nature des matériaux employés à la construction des murs et en ayant soin d'augmenter l'épaisseur à la base en leur donnant un fruit progressivement croissant.

548. A Amiens, en 1844, on a construit un réservoir à demi enterré, qui se trouve dans les conditions qui viennent

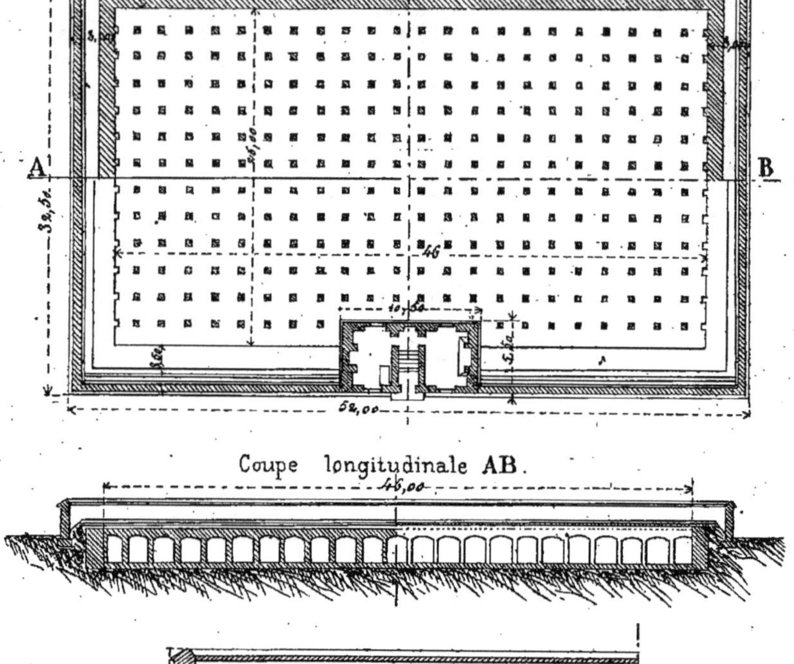

Fig. 487. — Réservoir en maçonnerie de la ville d'Amiens.

d'être indiquées, il contient 2300 mètres cubes d'eau, avec une profondeur de deux mètres et à été couvert par des voûtes en briques de 0m,11 d'épaisseur, supportées par des piliers également en briques de 0m,35 de côté, espacés de deux mètres les uns des autres (*fig.* 487). Ces piliers sont réunis dans un sens par des arcs doubleaux extradossés à deux mètres au-dessus du fond pour recevoir à cette hauteur les voûtes en berceau qui forment la couverture. Ces voûtes, de 0m,30 de flèche, sont recouvertes d'une couche de sable à 0m,15 au-dessus de l'intrados.

549. A Besançon, ville de guerre, enfermée dans des fortifications et où tous les terrains son bâtis, les réservoirs ne pouvaient être établis que sur les places

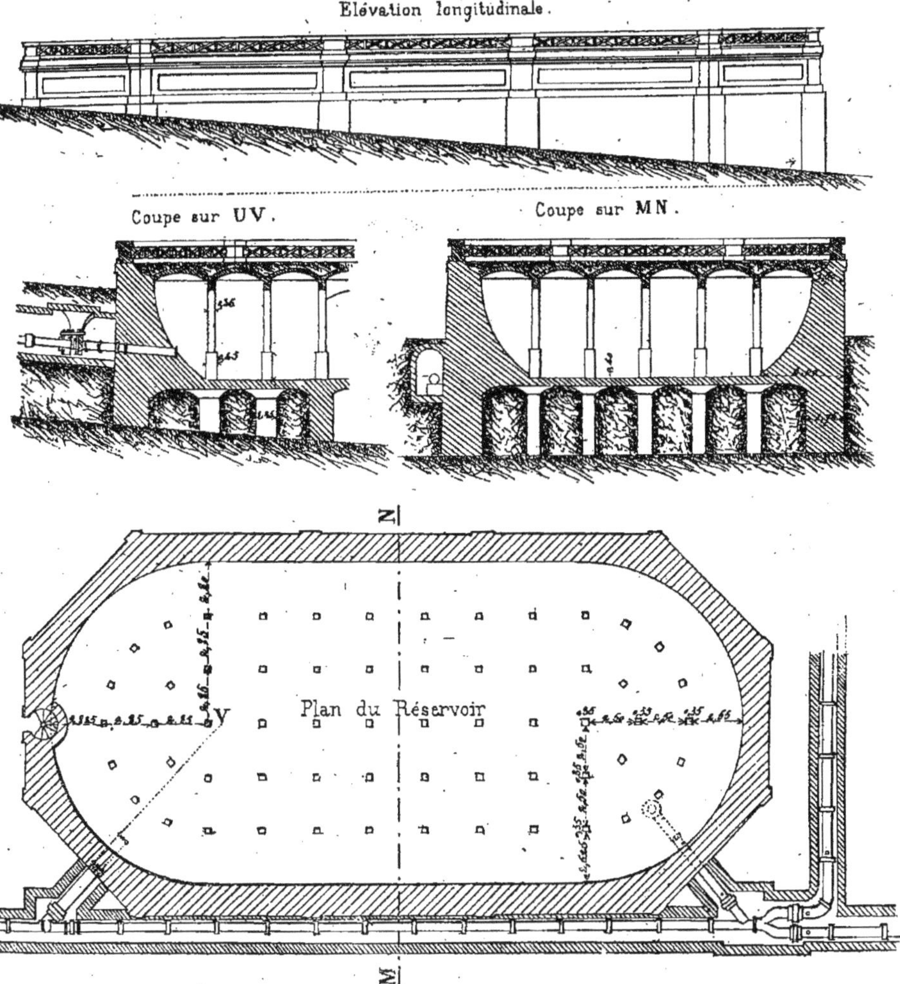

Fig. 488. — Distribution d'eau de Besançon. — Réservoir en maçonnerie.

publiques. M. Muller a disposé l'un d'eux avec une forme octogonale dans le milieu de la place où il s'élève à des hauteurs inégales et il l'a fondé sur des piliers et sur un mur extérieur continu, descendus jusques sur le rocher (*fig.* 488).

Le radier, porté sur ce mur et sur ces piliers, a été moulé en béton sur le sol de remblai disposé en forme de voûte d'arête. Les voûtes de recouvrement

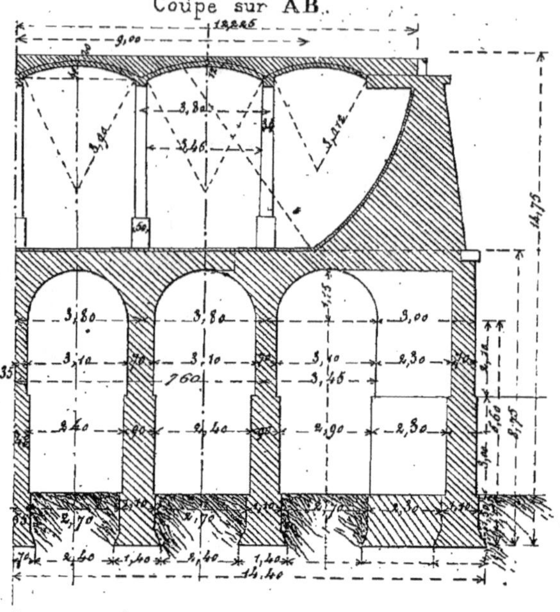

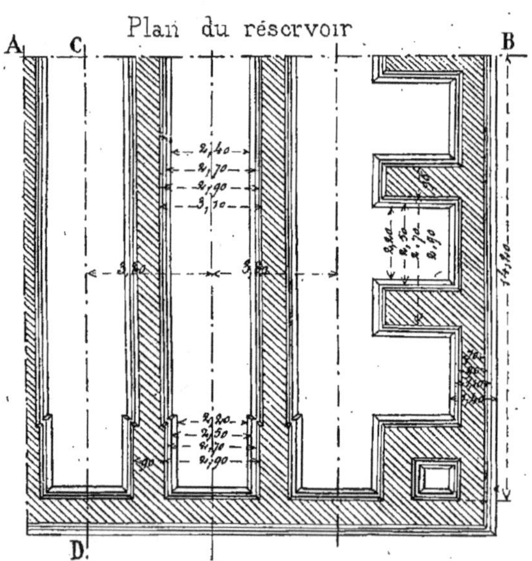

Fig. 489. — Distribution d'eau d'Orléans. — Réservoir en maçonnerie.

sont annulaires et reposent, comme dans le réservoir d'Amiens, sur l'extrados des voûtes qui relient les piliers parallèlement au mur extérieur. Les poteaux, dirigés suivant l'axe longitudinal, sont reliés entre eux par des voûtes en arc doubleau qui s'étendent jusqu'au mur extérieur.

L'autre réservoir est établi sous une place très fréquentée. Les voûtes de recouvrement, devant supporter des charges très considérables, ont été construites en plein cintre d'une brique entière d'épaisseur ($0^m,22$) et elles reposent sur des piliers de $1^m,00$ sur $0^m,35$, reliés à un niveau inférieur par des voûtes de $1^m,00$ d'une tête à l'autre.

550. Lorsque les réservoirs doivent être entièrement élevés au-dessus du sol, il faut se préoccuper des dangers qu'entraînerait leur rupture et on ne saurait prendre trop de précautions pour prévenir toute espèce de disjonction dans les maçonneries. Pour cela, il convient, non seulement de donner aux murs et aux voûtes des dimensions suffisantes pour assurer leur *stabilité*, mais encore d'en relier les différentes parties par des tirants en fer de dimensions suffisantes pour résister aux efforts que la poussée de l'eau et des voûtes peut produire.

551. Parmi les ouvrages de cette nature qui ont été exécutés, celui d'Orléans a présenté d'assez grandes difficultés. Le niveau de l'eau s'élève à 13^m au-dessus du sol environnant.

Il est de forme carrée (*fig.* 489). Il repose sur un mur extérieur continu et sur cinq murs transversaux qui s'y rattachent à leurs extrémités où ils sont renforcés sur $3^m,70$. Ces murs et ces contreforts sont reliés par des voûtes en plein cintre de $3^m,10$ de diamètre, qui sont extradossées horizontalement pour former le radier du réservoir ; elles ont $0^m,60$ d'épaisseur à la clé.

Le bassin qui contient $5^m,00$ de profondeur d'eau est renfermé entre quatre murs d'une épaisseur de $5^m,00$ à la base et de $0^m,60$ au sommet dont le parement extérieur a un fruit de $0^m,90$, tandis que le parement intérieur est décrit d'un arc de cercle de $7^m,60$ de rayon. Il est recouvert de voûtes plates en berceau s'appuyant, comme dans les exemples précédents, sur l'extrados horizontal de voûtes inférieures reposant sur les piliers.

Les berceaux et les voûtes inférieures qui s'appuient sur les murs n'exercent aucune poussée sur les dits murs parce que, pour les voûtes en berceau, elle est détruite par des tirants en fer noyés dans ces voûtes.

Les travées des arcs doubleaux joignant les murs sont soutenues par des cloisons en briques de $0^m,22$ d'épaisseur percées seulement en leur milieu d'une arcade de $1^m,00$ d'ouverture et $4^m,50$ de hauteur, lesquelles suppriment ainsi toute la poussée de ces arcs sur les murs et les transforment en contreforts dont le poids vient concourir à la stabilité des murs.

Mais il ne suffisait pas d'avoir détruit la poussée de ces voûtes, il fallait encore empêcher que, en se dilatant l'été, sous l'influence de la température, elles n'exerçassent un effort d'écartement indépendant de la poussée proprement dite. Pour cela, on a laissé une lacune verticale de $0^m,04$ dans les piédroits et dans les voûtes. Ce vide est masqué à sa partie supérieure par une plaque en tôle sous laquelle les mouvements de dilatation et de contraction peuvent se faire librement.

Pour que la poussée de l'eau sur les murs inférieurs ne puisse jamais compromettre la solidité du réservoir, on a d'abord placé dans les voûtes des tirants horizontaux espacés à $1^m,90$ de distance les uns des autres et assez forts pour ne pas rompre sous l'effort de 12500 kilos qu'exerce cette eau par mètre courant de mur. On a ensuite donné, à ce mur, comme aux constructions inférieures, une force suffisante pour que la maçonnerie ne soit pas soumise à une pression de plus de 4 kilos 54 par centimètre carré.

Nous donnerons plus de détails sur la construction et la stabilité des réservoirs en maçonnerie pour distribution d'eau dans une autre partie de l'ouvrage et nous pourrons parler alors avec tous les détails nécessaires de ces immenses réservoirs qui ont été établis pour l'alimentation de Paris et de quelques autres grandes villes de France et de l'Étranger. Nous ne pourrons, en effet, étudier complètement ces réservoirs au point de vue de leur stabilité qu'après avoir traité de la stabilité des voûtes. Pour le moment, nous nous occuperons seulement des murs latéraux comme s'ils ne recevaient que la poussée latérale de l'eau.

III. Stabilité d'un mur ayant une section rectangulaire.

552. On peut avoir à calculer directement l'épaisseur a donner à un mur pour qu'il remplisse toutes les conditions de stabilité; ou bien, un mur étant donné, on peut avoir à vérifier sa stabilité.

Dans le premier cas, c'est-à-dire lorsqu'on a à calculer l'épaisseur du mur, on peut se donner, à priori, soit le degré de stabililé qu'on veut obtenir, soit la compression limite qu'on ne veut pas dépasser pour les matériaux employés dans la construction. Nous allons examiner successivement les différents cas qui peuvent se résenter.

Premier problème.

553 *Déterminer l'épaisseur à donner à un mur de section rectangulaire pour que le centre de pression à la base soit situé au 1/3 de cette base à partir de l'arête extérieure.*

Nous avons vu que, d'après la loi du trapèze, pour que la pression totale se répartisse sur toute la surface de transmission, il faut que le point d'application de cette pression soit placé entre le tiers et la moitié de la largeur de la base. Quand il est placé exactement au tiers de la largeur, toute la surface est encore intéressée à la transmission de la pression. La valeur de cette pression, par unité de surface, est zéro sur l'arête la plus éloignée du centre de pression et $\frac{2N}{\omega}$ sur l'arête la la plus rapprochée.

Si la distance du centre de pression à l'arête extérieure était moindre que le tiers de la largeur de base, une partie de la surface ne transmettrait aucune pression et deviendrait inutile au point de vue de la résistance des matériaux. C'est pour cela que nous nous imposons, dans ce problème, comme distance limite du centre de pression à l'arête extérieure, un tiers de la largeur de base.

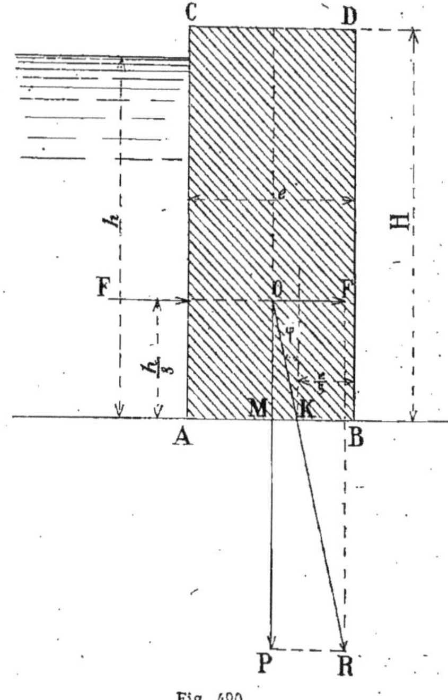

Fig. 490.

Soit ABCD (*fig.* 490) un rectangle représentant la section du mur dont on veut déterminer l'épaisseur e. Sa hauteur H est connue; elle dépend de la capacité que doit avoir le réservoir. De cette capacité dépend aussi la hauteur h de l'eau au-dessus du fond,

Nous calculerons d'abord la pression F que l'eau exerce contre le parement intérieur sur une longueur de mur égale à $1^m,00$, puis le poids P du mur pour une même longueur de $1^m,00$. Nous composerons ces deux forces F et P au point O de rencontre de leurs directions et la résultante OR rencontrera la base AB en un centre de pression K qui doit être placé à une distance KB de l'arête extérieur B égale au tiers de la largeur de base AB.

Pour avoir la valeur de l'épaisseur cherchée e en fonction des données, nous écrirons que les moments de F et de P, par rapport au centre de pression K, sont égaux.

Moment de F par rapport au point K.

Nous savons que la pression F de l'eau sur la paroi du mur est normale à cette surface. Elle est donc ici horizontale et a pour valeur le poids d'une colonne liquide qui aurait pour base la surface pressée et, pour hauteur, la distance du centre de gravité de la surface au niveau supérieur de l'eau. Le poids de l'eau est de 1000^k le mètre cube, la surface pressée est égale à $h \times 1^m,00$ pour un mètre de longueur de mur et la distance du centre de gravité de la surface au niveau supérieur est égale à $\frac{h}{2}$. Donc

$$F = 1000 \frac{h^2}{2}.$$

Le point d'application de cette pression est situé à $\frac{h}{3}$ au-dessus du fond. Il en résulte que le moment de F, par rapport au point K. a pour valeur :

$$M.F = 1000 \frac{h^2}{2} \times \frac{h}{3} = 500 \frac{h^3}{3}.$$

Moment de P par rapport au point K.

Ce moment a pour valeur :

$$M.\ P = P \times MK.$$

Or, le poids P d'un mètre de longueur du mur est

$$P = pHe.$$

p étant le poids d'un mètre cube de maçonnerie.

La distance MK du poids P au centre de pression K est

$$MK = MB - KB = \frac{e}{2} - \frac{e}{3}$$

puisque $KB = \frac{e}{3}$ est une condition du problème.

Donc $\quad MK = \frac{e}{6}.$

On peut donc écrire

$$M.P = pHe \times \frac{e}{6} = \frac{pH}{6} e^2$$

Et, en égalant les deux moments précédents, il vient :

$$M.F = M.P,$$

ou, $\quad 500 \frac{h^3}{3} = \frac{pH}{6} e^2$

D'ou, $\quad e^2 = \frac{1000\, h^3}{pH}$

et, $\quad e = \sqrt{\frac{1000\, h^3}{pH}} \qquad (1)$

554. La formule précédente nous donnera, par suite de la manière dont nous l'avons établie, la valeur de l'épaisseur du mur pour laquelle la résultante de la poussée F et du poids P viendra couper la base AB en un point K situé à $1/3\ e$ de l'arête B. Nous serons ainsi certain que le mur ayant une telle épaisseur sera stable ou du moins qu'il ne pourra être renversé. La position du point K étant ainsi bien définie, la loi du trapèze nous donne la facilité de calculer immédiatement la plus grande compression de la maçonnerie qui se produit sur l'arête B et qui a pour valeur $\frac{2N}{\omega}$. La condition de stabilité relative à la résistance des matériaux sera ainsi vérifiée.

Il nous restera enfin, pour être complètement édifié sur la stabilité du mur dont on aura calculé l'épaisseur par la formule précédente, à voir si le glissement de ce mur sur sa base n'est pas possible, c'est-à-dire si le coëfficient de frottement f ou la valeur de tang. φ ne dépasse pas la limite qui convient à la nature des matériaux en contact.

En résumé, il y a trois choses à faire :

1° Calculer l'épaisseur e du mur par la formule que vous venons d'établir, épaisseur qui nous donnera la certitude de l'impossibilité du renversement ;

2° Vérifier ensuite l'impossibilité de l'écrasement des matériaux au moyen de la formule $\frac{2N}{\omega}$;

3° Enfin, vérifier l'impossibilité du glissement en examinant la valeur de tang. φ.

Voici d'ailleurs un exemple qui fera comprendre ce que nous venons de dire.

555. *Exemple.* — Le réservoir en maçonnerie dont on veut calculer l'épaisseur des murs doit recevoir une hauteur d'eau de 3^m80 au-dessus du fond. La hauteur des murs depuis le fond jusqu'au sommet est de $4^m,00$ et le poids du mètre cube de maçonnerie est de 2000^k. Enfin, la section transversale du mur doit être rectangulaire.

En portant dans la formule (1) qui donne l'épaisseur e en fonction de h, p et H, les valeurs représentées par ces lettres

$$h = 3^m,80 ;\ p = 2000^k ;\ H = 4^m,00,$$

il vient :

$$e = \sqrt{\frac{1000\,h^3}{pH}} = \sqrt{\frac{1000 \times \overline{3,80}^3}{2000 \times 4,00}}$$

$$e = 2^m,62.$$

Cette épaisseur est celle pour laquelle le centre de pression sera placé à une distance $\frac{e}{3} = 0^m,87$ de l'arête extérieure de la base. Le renversement du mur ne pourra donc se produire et la première condition de stabilité est satisfaite. Il faut maintenant voir si les autres conditions sont également satisfaites. Et d'abord, en ce qui concerne la compression des matériaux à la base du mur, on sait que la plus grande compression se produit sur l'arête extérieure ou elle a pour expression :

$$R = \frac{2N}{\omega} \text{ par unité de surface.}$$

Ici, $N = P = pHe$ et la surface $\omega = e \times 1^m,00$. Donc

$$R = 2pH = 2 \times 2000 \times 4,00$$

$$R = 16000 \text{ K. par mètre carré.}$$

Soit $1^k,6$ seulement par centimètre carré.

Quand à la troisième condition de stabilité, c'est à dire celle qui est relative à l'impossibilité du glissement du mur sur sa fondation, voici comment on la vérifie.

Supposons que le mur repose directement sur le terrain naturel. Le coëfficient de frottement de la maçonnerie sur le sol est généralement pris égal à 0,57.

$$f = \text{tang } \varphi = 0,57.$$

Or, dans le triangle rectangle MOK (*fig.* 490), l'angle $\widehat{MOK}$ est égal à l'angle φ et on a

$$\text{tang } \varphi = \frac{MK}{OM}.$$

et, comme $MK = \frac{e}{6}$ et $OM = \frac{h}{3}$, on pourra écrire :

$$\text{tang } \varphi = \frac{e}{2h}.$$

Nous pouvons donc calculer la valeur de tang φ qui résulte de l'épaisseur e du mur et voir si elle ne dépasse pas la valeur limite $f = 0,57$. Nous avons

$$e = 2^m,62$$

$$2h = 7^m,60$$

Donc, $$\tan \varphi = \frac{2,62}{7,60} = 0,34.$$

Valeur inférieure à celle du coëfficient $f = 0,57$. Donc le mur ne glissera pas sur sa base et, par suite, les trois conditions de stabilité sont satisfaites avec l'épaisseur trouvée $e = 2^m, 62$. On devrait même dire quelles sont largement satisfaites, car on pourrait, sans inconvénient, avoir une compression des matériaux supérieurs à $1^k,6$ par centimètre carré.

Nous avons supposé que le mur reposait directement sur le sol. Dans ce cas, il n'existe aucune cohésion entre la base du mur et le sol sur lequel elle repose ; par conséquent, la seule résistance au déplacement latéral du mur, à considérer ici, est le frottement dont le coefficient est égal à 0,57.

Deuxième problème.

556. *Déterminer l'épaisseur à donner à un mur de section rectangulaire pour que le centre de pression à la base soit situé à une distance de l'arête extérieure égale à* $\frac{e}{n}$.

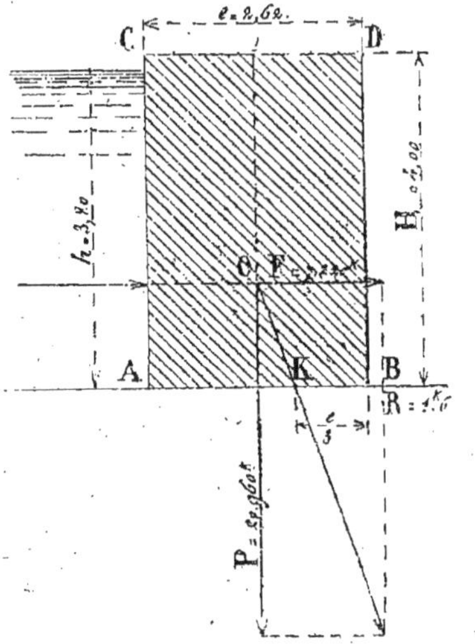

Fig. 491.

La section obtenue (*fig* 491) avec cette condition de faire passer la résultante des forces F et P par le tiers de la base peut paraître trop forte. On peut dire, en effet, que les maçonneries ne travaillant à la compression qu'à $1^k,6$ par centimètre carré, leur résistance n'est pas suffisamment utilisée, surtout si le mur repose sur une fondation en maçonnerie au lieu de reposer sur le terrain naturel, comme nous l'avons supposé dans l'exemple précédent.

Pour donner au mur une épaisseur telle que la compression des matériaux soit supérieure à celle trouvée précédemment, on peut opérer de deux manières.

1° S'imposer la condition que le centre de pression K soit à une distance de l'arête extérieure égale à $\frac{e}{n}$ et donner ensuite à la lettre n des valeurs supérieures à 3. Ainsi, on pourra calculer l'épaisseur e en s'imposant la condition $KB = \frac{e}{4}$ ou $\frac{e}{5}$, etc ;

2° S'imposer la valeur R que devra prendre, sur l'arête extérieure, la compression de la maçonnerie. Pour résoudre ce deuxième cas, on cherche une formule qui donne l'épaisseur e du mur en fonction de la valeur R et, en remplaçant, dans cette formule, R par les valeurs qu'on veut lui attribuer, on a les valeurs correspondantes de l'épaisseur e.

Le présent problème a pour but de résoudre la question de la première manière, c'est-à-dire en s'imposant la distance $\frac{e}{n}$ du centre de pression K à l'arête extérieure B (*fig.* 460).

Le *moment de F par rapport au point K* a encore ici pour valeur :

$$M.F = 500\,\frac{h^3}{3}.$$

Le *moment de* P *par rapport au même point* a pour expression,

$$M.\,P = P \times MK.$$

La valeur du poids P est encore

$$P = pHe$$

mais celle de MK est

$$MK = \frac{e}{2} - \frac{e}{n} = \frac{en - 2e}{2n} = e\,\frac{(n-2)}{2n}$$

Le moment de P devient

$$M.P = pHe \times e\,\frac{(n-2)}{2n}.$$

Ecrivons que les deux moments sont égaux et nous aurons :

$$500\,\frac{h^3}{2} = pH\,\frac{(n-e)}{2n}\,e^2.$$

D'ou,

$$e^2 = \frac{1000\,h^3 n}{3pH\,(n-2)}$$

et

$$e = \sqrt{\frac{1000\,h^3 n}{3pH\,(n-2)}} \qquad (2)$$

La formule (1), déjà obtenue, est un cas particulier de la formule (2) ci-dessus. Il suffit de faire, dans celle-ci, $n = 3$ pour obtenir la première.

Si, dans cette formule (2), nous faisons $n = 4$, $n = 5$, etc., nous obtiendrons des épaisseurs correspondantes e pour lesquelles la résultante de la pression F et du poids P rencontrera la base en un point situé à une distance $\frac{e}{4}, \frac{e}{5}$, etc...., de l'arête extérieure.

557. *Exemple.* — Dans les exemples numériques que nous traiterons successivement, nous prendrons, autant que possible, les mêmes données afin de pouvoir comparer les résultats obtenus dans chaque cas. Nous aurons donc encore ici :

Hauteur du mur : $H = 4^m,00$,

Hauteur de l'eau : $h = 3^m,80$,

Poids du mètre cube de maçonnerie : $p = 2000^k$.

Enfin, nous nous imposons la condition que la résultante coupe la base du mur au quart de sa largeur : $n = 4$.

La formule (2) nous donnera :

$$e = \sqrt{\frac{1000 \times \overline{3,80}^3 \times 4}{3 \times 2000 \times 4,00 \times 2}} = 2^m,138.$$

La section obtenue (*fig.* 492) est donc plus faible que celle obtenue avec la condition $n = 3$ (*fig.* 491).

Compression de la maçonnerie. — La plus grande compression de la maçonnerie, par unité de surface, a lieu sur l'arête la plus rapprochée du centre de pression. Sur cette arête, elle a pour expression,

$$R = \frac{2N}{\omega}.$$

Elle diminue ensuite à mesure qu'on s'éloigne de cette arête et elle devient égale à zéro lorsqu'on arrive à une distance de l'arête égale à trois fois la distance du centre de pression, c'est-à-dire à une distance égale à

$$\frac{3e}{n}$$

et ici, en particulier,

$$\frac{3e}{n} = \frac{3 \times 2,138}{4} = 1^m,60.$$

La surface ω, suivant laquelle la pression se transmet, est donc égale, pour un mètre de longueur de mur, à

$$\omega = 1^m,60 \times 1^m,00$$

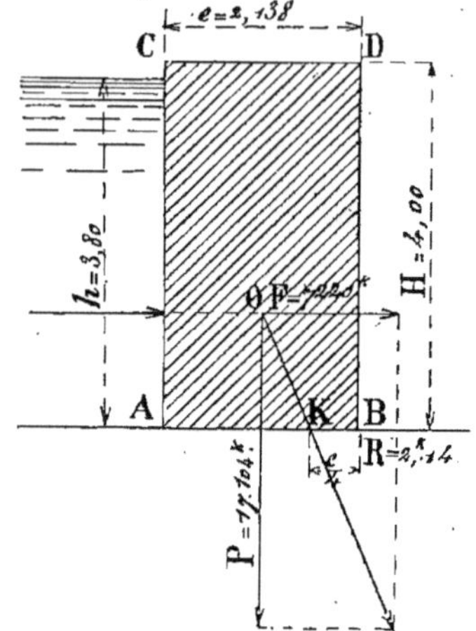

Fig. 492.

Quant à la pression N, elle est égale au poids P :

$$N = P = pHe. \qquad \text{Donc,}$$

$$R = \frac{2N}{\omega} = \frac{2pHe}{\omega} = \frac{2 \times 2000 \times 4 \times 2,138}{1.60}$$

$R = 21380$ K par mètre carré.

Soit $2^k,138$ par centimètre carré. La condition de stabilité, relative au glissement, se vérifierait de la même manière que dans le premier problème n° 554.

Avec $n = 5$, on aurait, pour l'épaisseur e,

$$e = \sqrt{\frac{1000 \times \overline{3,80}^3 \times 5}{3 \times 2000 \times 4,00 \times 3}} = 1^m,952$$

Section ci-contre (*fig.* 493).

La plus grande compression des matériaux serait alors

$$R = \frac{2pHe}{\omega} = \frac{2 \times 2000 \times 4,00 \times 1,952}{\frac{3 \times 1,952}{5}}$$

$R = 26667$ K par mètre carré.

Soit R = 2ᵏ,67 par centimètre carré.

Si l'on compare les résultats obtenus dans les trois cas : $n = 3$, $n = 4$ et $n = 5$, on a :

Pour $n=3$: $e = 2^m,62$, $R = 1^k,6$ par c. carré.
— $n=4$: $e = 2^m,138$, $R = 2^k,138$ —
— $n=5$: $e = 1^m,952$, $R = 2^k,67$ —

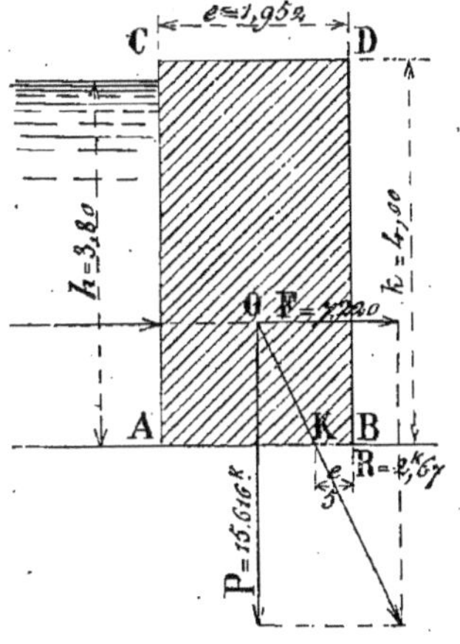

Fig. 493.

On voit donc que, dans le cas $n = 5$, l'économie réalisée sur le cube des maçonneries est considérable, puisque l'épaisseur est $1^m,952$ au lieu de $2^m,62$, obtenue dans le premier cas. D'autre part, le chiffre $R = 2^k,67$ n'a rien d'exagéré. On pourrait, au contraire, l'avoir plus élevé sans inconvénient. Mais, pour arriver au chiffre qu'on voudrait avoir pour R, on devrait, avec cette méthode de calcul, continuer à essayer des valeurs successives de n dans la formule (2), ce qui serait assez long. Il vaut mieux faire le calcul directement comme nous allons l'indiquer dans le problème suivant.

Troisième problème.

558. *Calculer l'épaisseur d'un mur à section rectangulaire en se donnant d'avance la plus grande compression R à laquelle la maçonnerie doit résister.*

Nous composons la pression de l'eau F avec le poids P de la maçonnerie. La résultante OR (*fig.* 490) vient rencontrer la base AB au centre de pression K dont la distance à l'arête extérieure B est égale à $\frac{e}{n}$. Nous écrivons d'abord que les moments de F et de P, pris par rapport au point K, sont égaux. Le moment de F est, comme nous l'avons déjà vu,

$$M.F = 500\frac{h^3}{3}$$

Le moment de P a pour expression :

$$M.P = P \times MK = P\left(\frac{e}{2} - \frac{e}{n}\right) = Pe\frac{n-2}{2n}$$

Donc, $500\frac{h^3}{3} = Pe\frac{n-2}{2n}$, ou

$$1000\frac{h^3}{3}n = Pne - 2Pe \qquad (1)$$

Nous connaissons la valeur de P qui est

$$P = pHe$$

Nous allons chercher celle de n. Pour cela, écrivons la condition que nous nous sommes imposée relativement à la valeur de la plus grande compression de la maçonnerie,

$$R = \frac{2N}{\omega}$$

La pression N est ici égale au poids P. Donc, $2N = 2pHe$

La surface ω est celle suivant laquelle se fait la transmission de la pression. C'est $3 \times \frac{e}{n}$, si $\frac{e}{n}$ est la distance du centre de pression à l'arête extérieure, en ne considérant toujours que $1^m,00$ de longueur de mur. Donc,

$$R = \frac{2pHe}{3\frac{e}{n}}$$

D'où $$n = \frac{3R}{2pH}$$

En portant les valeurs de P et de n dans la formule (1), il vient :

$$1000\frac{h^3}{3} \times \frac{3R}{2pH} = pHe \times \frac{3R}{2pH} \times e - 2pHe^2$$

$$1000\,h^3\,\frac{\mathrm{R}}{p\mathrm{H}} = e^2\,[3\mathrm{R} - 4p\mathrm{H}].\quad \text{D'où,}$$

$$e^2 = \frac{1000\,h^3\,\frac{\mathrm{R}}{p\mathrm{H}}}{3\mathrm{R} - 4p\mathrm{H}} = \frac{1000\,h^3}{p\mathrm{H}\left(3 - \frac{4h\mathrm{H}}{\mathrm{R}}\right)}$$

et enfin :

$$e = \sqrt{\frac{1000\,h^3}{p\mathrm{H}\left(3 - \frac{4p\mathrm{H}}{\mathrm{R}}\right)}} \qquad (2)$$

559. *Exemple.* — Le mur sur lequel nous opérons a toujours une hauteur $\mathrm{H} = 4^{\mathrm{m}},00$. La hauteur de l'eau contre sa paroi intérieure est $h = 3^{\mathrm{m}},80$. Le poids de la maçonnerie est $p = 2000^{\mathrm{k}}$ le mètre cube; et, enfin, nous nous imposons la condition que la plus grande compression de la maçonnerie soit, sur l'arête extérieure de la base du mur, de $\mathrm{R} = 4^{\mathrm{k}}$ par centimètre carré, par exemple, ou 40000^{k} par mètre carré. En appliquant ces chiffres à la formule (2) ci-dessus, il vient :

$$e = \sqrt{\frac{1000 \times \overline{3,80}^3}{2000 \times 4,80\left[3 - \frac{4 \times 2000 \times 4,00}{40000}\right]}}$$

$$e = 1^{\mathrm{m}},765 \ (\textit{fig. } 494).$$

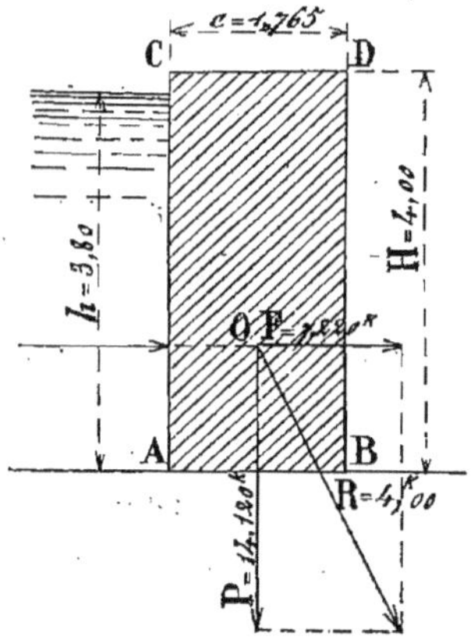

Fig. 494.

Il ne resterait maintenant qu'à vérifier la valeur de l'angle de frottement. Or,

$$\operatorname{tang}\varphi = \frac{\mathrm{F}}{\mathrm{P}} = \frac{500\,h^2}{p\mathrm{H}e}.\qquad \text{Donc}$$

$$\operatorname{tang}\varphi = \frac{500 \times \overline{3,80}^2}{2000 \times 4,00 \times 1,765} = 0,51.$$

Si le mur reposait directement sur le terrain naturel à sa base, on voit que le coefficient de frottement, qui est alors de 0,57, serait ici presque atteint. Il serait, par suite, imprudent d'attribuer, à la plus grande compression R, une valeur supérieure à 4^{k} par centimètre carré, car l'épaisseur e serait alors encore réduite et la valeur de tang φ serait augmentée et dépasserait le coefficient généralement admis de 0,57.

Quatrième problème.

560. *Calculer l'épaisseur à donner à un mur de section rectangulaire quand on connaît le degré de stabilité du mur.*

La plus ou moins grande stabilité d'une construction en maçonnerie se mesure au rapport du *moment de stabilité* au *moment de renversement.*

$$\frac{\mathit{M}.\mathrm{S}}{\mathit{M}.\mathrm{R}}$$

Ainsi, un mur aura une stabilité égale à 2 lorsqu'on aura :

$$\frac{\mathrm{M.S}}{\mathit{M}.\mathrm{R}} = 2$$

ou,

$$\mathit{M}.\mathrm{S} = 2 \times \mathit{M}.\mathrm{R}.$$

Cette stabilité 2 était employée par Vauban dans presque toutes ses constructions. Adoptons, pour résoudre le présent problème, une stabilité égale à s.

Le moment de stabilité, a pour valeur :

$$\mathit{M}.\mathrm{S} = \mathrm{P} \times \frac{e}{2} = p\mathrm{H}\,\frac{e^2}{2}$$

et le moment de renversement

$$\mathit{M}.\mathrm{R} = \mathrm{F} \times \frac{h}{3} = 500\,\frac{h^3}{3}.$$

Donc, si l'on veut une stabilité égale à s, il faudra écrire :

$$p\mathrm{H}\,\frac{e^2}{2} = 500\,\frac{h^3}{3} \times s,$$

d'où l'on tire :

$$e = \sqrt{\frac{1000\,h^3 \times s}{3\,p\mathrm{H}}} \qquad (1)$$

Il est facile de voir que ce quatrième problème peut se ramener au deuxième qui consiste à déterminer l'épaisseur à donner à un mur de section rectangulaire pour que le centre de pression à la base soit situé à une distance de l'arête extérieure égale à $\frac{e}{n}$. En effet, en comparant la formule (1) ci-dessus, à la formule (2) du deuxième problème, on voit qu'elles ne diffèrent que parce que le facteur $\frac{n}{n-2}$ est remplacé ici par le facteur s. Or, ces deux facteurs sont égaux et

$$s = \frac{n}{n-2}$$

En effet, pour avoir une stabilité égale à s, on écrit que

$$M.S = s \times M.R \text{ ou } M.R = \frac{M.S}{s}.$$

Dans le deuxième problème, on écrit que

$$M.R = M.\ P$$

Et comme, dans les deux cas, le moment de renversement $M.$ R est le même, on devra avoir

$$\frac{M.S}{s} = M.P$$

Or, $M.S = P \times \frac{e}{2}$ et $M.P = P \times e\frac{n-2}{2n}$

Donc, $$\frac{P e}{2 s} = Pe\frac{n-2}{2n}$$

ou, $$\frac{1}{2s} = \frac{n-2}{2n}, \text{ ou } s = \frac{n}{n-2}$$

Ce qu'il fallait démontrer.

Ainsi, si l'on veut calculer l'épaisseur à donner à un mur pour que sa stabilité soit égale à 2, par exemple, on remplacera s par 2 dans la formule (1) ci-dessus. Cela revient au même que si l'on employait, pour le calcul, la formule (2) du deuxième problème en y remplaçant n par 4, car on a alors :

$$\frac{n}{n-2} = s = \frac{4}{4-2} = 2.$$

En remplaçant n par 3, on aurait une stabilité égale à

$$s = \frac{3}{3-2} = 3$$

Avec $n = 4$, on aurait $s = \frac{4}{4-2} = 2$

Avec $n = 5$, on aurait $s = \frac{5}{5-2} = \frac{5}{3} = 1,67$

Avec $n = 6$, on aurait $s = \frac{6}{6-2} = \frac{6}{4} = 1,50$ etc.

Et, inversement, lorsqu'on voudra une stabilité égale à 3 ou 2 ou 1,67 ou 1,50, il faudra remplacer n par 3 ou 4 ou 5 ou 6..., ce qui signifie que, alors, le centre de pression sera à une distance de l'arête extérieure égale à $\frac{e}{3}$ ou $\frac{e}{4}$ ou $\frac{e}{5}$ ou $\frac{e}{6}$...

Les exemples numériques donnés au deuxième problème s'appliquent donc complètement à celui-ci.

Cinquième problème.

561. *Vérifier la stabilité d'un mur dont on connaît la section transversale.*

1° VÉRIFICATION PAR LE CALCUL

Le moment de la pression F (*fig.* 490) est connu ; c'est $F \times \frac{h}{3}$ pris par rapport à un point K situé sur la base AB, mais dont on ne connaît pas la position par rapport aux points A et B. Appelons d la distance KB qui sépare ce point de l'arête extérieure. Le moment du poids P par rapport à ce point K sera

$$P \times \left(\frac{e}{2} - d\right)$$

et comme les moments de F et de P doivent être égaux, on peut écrire

$$F \times \frac{h}{3} = P \times \left(\frac{e}{2} - d\right)$$

et on a, en remplaçant F et P par leurs valeurs :

$$500\frac{h^3}{3} = pHe\left(\frac{e}{2} - d\right) = \frac{pH}{2}e^2 - pHed$$

$$\text{D'où,} \quad d = \frac{\frac{pH}{2}e^2 - 500\frac{h^3}{3}}{pHe} \qquad (1)$$

Cette formule montre qu'on devra toujours avoir

$$\frac{pH}{2} e^2 > 500 \frac{h^3}{3}, \qquad (2)$$

Car d ne peut être ni négatif, ni même égal à zéro. L'inégalité (2) ayant lieu, on a, pour la valeur de d (1), une quantité positive et le mur ne pourra donc tourner autour de l'arête extérieure B. La première des conditions de stabilité sera satisfaite.

Pour vérifier la deuxième condition, celle relative à la compression des matériaux, nous prendrons la formule

$$R = \frac{2N}{\omega}$$

dans laquelle R représente la compression par unité de surface sur l'arête extérieure, N le poids du mur et ω la surface de transmission des pressions à la base. Donc, $N = P = pHe$

$$\omega = 3d \times 1^m,00 = 3\, \frac{\frac{pH}{2} e^2 - 500 \frac{h^3}{3}}{pHe}$$

$$\text{Et} \quad R = \frac{2N}{\omega} = \frac{2p^2H^2e^2}{3\left(\frac{pH}{2} e^2 - 500 \frac{h^3}{3}\right)} \qquad (3)$$

En remplaçant, dans cette expression (3) p, H. e, h par leurs valeurs, on obtiendra celle de la plus grande compression R. On verra alors si cette valeur de R ne dépasse pas celle qui convient à la nature des matériaux en contact à la base du mur.

Ceci suppose que la distance d est égale ou inférieure au tiers de la largeur de la base. Si le centre de pression tombait, au contraire, entre le tiers et la moitié de cette largeur, la valeur de R ne serait plus $R = \frac{2N}{\omega}$, mais celle qui a été donnée lorsqu'on s'est occupé de la répartition des pressions à la base des solides courts (loi du trapèze).

Il restera enfin à vérifier la troisième condition de stabilité : celle relative au glissement du mur sur sa base. Pour cela, on cherchera la valeur de tang. φ, et on aura :

$$\text{Tang. } \varphi = \frac{F}{P} = \frac{500\, h^2}{pHe} \qquad (4)$$

Cette valeur ne devra pas dépasser $0^m,76$ si le mur repose sur une fondation en même maçonnerie ; $0^m,57$, s'il repose sur le terrain naturel, etc.

Nous ne tenons pas compte ici de la cohésion de la maçonnerie sur sa fondation. Cette cohésion a évidemment pour effet d'augmenter beaucoup la résistance au glissement latéral. Mais les valeurs à attribuer à cette cohésion n'étant pas parfaitement déterminées, et des malfaçons pouvant se produire dans l'exécution des maçonneries, qui la réduiraient presque à rien, il est prudent de ne pas en tenir compte dans les ouvrages de la nature de ceux que nous étudions et pour lesquels une simple fissure peut avoir les plus graves conséquences.

Si les trois conditions exprimées par les formules (2), (3) et (4) sont satisfaites, le mur sera stable.

562. *Exemple.* — Soit un mur ayant une hauteur $H = 5^m,50$ et une largeur $e = 2^m,40$. La hauteur d'eau dans le réservoir est $h = 5^m,10$, le fond du réservoir étant au même niveau que la base du mur. Le poids du mètre cube de maçonnerie est $p = 2200^k$. On veut savoir si ce mur remplit bien toutes les conditions de stabilité (*fig.* 495.)

1° *Renversement.* — Le renversement ne pourra se produire, si l'on a

$$\frac{pH}{2} e^2 > 500 \frac{h^3}{3}$$

$$\text{Or, } \frac{pH}{2} e^2 = \frac{2200 \times 5,50}{2} \times \overline{2,40}^2 = 34848$$

$$\text{et} \quad 500 \frac{h^3}{3} = 500 \times \frac{\overline{5,10}^3}{3} = 22108,$$

Comme 34848 > 22108, le renversement ne pourra pas se produire, si la seconde condition est également remplie.

2° *Compression de la maçonnerie.* —

Cette plus grande compression a, pour expression (3),

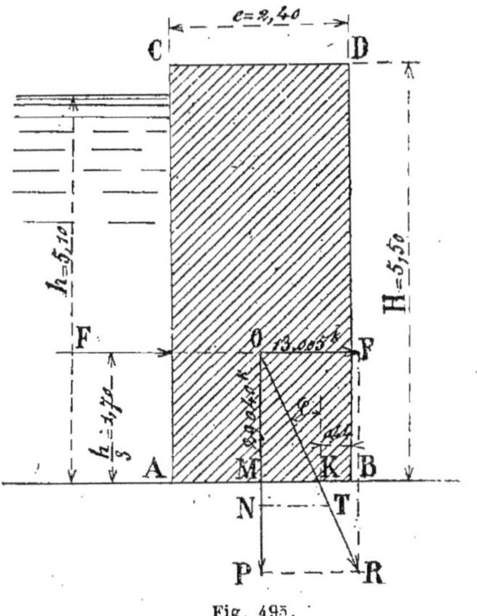

Fig. 495.

$$R = \frac{2\ p^2H^2e^2}{3\left(\frac{pH}{2}e^2 - 500\ \frac{h^3}{3}\right)}$$

et, pour valeur,

$$R = \frac{2 \times \overline{29040}^2}{3\ (34848 - 22108)} = 44129 \text{ k. par}$$

mètre carré, soit $4^k,41$ par centimètre carré.

La plus grande compression ne dépasse donc pas la limite admise

3° *Glissement.* — Nous savons que

$$\text{tang}\ \varphi = \frac{500\ h^2}{pHe}. \qquad \text{Donc,}$$

$$\text{tang}\ \varphi = \frac{500 \times \overline{5,10}^2}{2200 \times 5,50 \times 2,40} = \frac{2601}{5808}$$

$$\text{tang}\ \varphi = 0,45$$

Cette valeur de tang φ étant bien inférieure à celle du coefficient de frottement 0^m, 76, par exemple, si le mur repose sur une fondation en maçonnerie, le glissement ne pourra se produire. Le mur sera donc stable puisqu'il remplit parfaitement toutes les conditions de stabilité.

2° VÉRIFICATION GRAPHIQUE

La section du mur, dont nous voulons vérifier la stabilité, est connue. Elle est représentée par le rectangle ABCD (*fig.* 495) dont les dimensions sont :

Hauteur $H = 5^m,50$;

Épaisseur $e = 2^m,40$.

La hauteur de l'eau au-dessus du fond du réservoir doit être $h = 5^m,10$. Enfin, le poids du mètre cube de maçonnerie est $p = 2200^k$.

Les résultats obtenus, dans cette vérification graphique, devront être identiques à ceux obtenus dans l'exemple numérique précédent, puisque nous opérons sur les mêmes données. La marche générale à suivre est toujours de mettre les forces en place et de tracer leur résultante qui permet de voir si les conditions de stabilité sont satisfaites. Calculons d'abord les valeurs de F et de P :

$$F = 500\ h^2 = 500 \times \overline{5,10}^2 = 13005 \text{ k.}$$
$$P = pHe = 2200 \times 5,50 \times 2,40 = 29040 \text{ k.}$$

La pression F est horizontale à une hauteur au-dessus du fond égale à $\frac{h}{3}$. Le poide P est vertical ; il passe par le centre de gravité du rectangle ABCD. Sa direction se confond donc avec l'axe de symétrie vertical de ce rectangle. Au point de rencontre O des deux forces F et P, portons les valeurs de ces forces à l'échelle de $0^m,001$ pour 1000 kilogrammes et traçons la résultante OR qui coupe la base au point K.

1° *Renversement.* — Le renversement du mur est impossible puisque le centre de pression K est placé entre les extrémités A et B de la base.

2° *Compression des matériaux.* — La plus grande compression se produit sur l'arête extérieure B, où elle a pour valeur :

$$R = \frac{2\ P}{3\ d}$$

Nous mesurons, sur l'épure, KB = d et nous trouvons $d = 0^m,44$. On a alors

$$R = \frac{2 \times 29040}{3 \times 0,44} = 44000 \text{ k. par mètre carré}$$

soit $4^k,40$ par centimètre carré.

3° *Glissement.* — Il faut mesurer tang φ. Nous prenons, sur OP, une longueur ON = 20 millimètres et nous mesurons la tangente de l'angle NOT, c'est-à-dire la longueur NT. Nous trouvons que cette tangente NT est de 9 millimètres pour un rayon ON = 20 millimètres. Pour un rayon de 1 mètre, elle serait donc de $0^m,45$. Donc, tang $\varphi = 0,45$.

Ce sont bien les résultats que nous avions obtenus par le calcul. On peut conclure de cette vérification graphique, comme de la précédente, que le mur est parfaitement stable.

Formules simplifiées pour les cas usuels de la pratique.

563. Les deux cas principaux qu'on a à résoudre dans la pratique sont les suivants :

1° On veut donner au mur des dimensions telles que le centre de la pression à la base soit situé au tiers de l'arête extérieure, afin d'utiliser toute la surface de la base à la transmission des pressions ;

2° On trouve que, avec les dimensions obtenues dans les conditions précédentes, le travail de la maçonnerie à la compression est trop faible et on veut donner au mur des dimensions telles que la compression maxima soit égale à un chiffre connu d'avance.

Dans les formules que nous avons précédemment établies, h représente la hauteur de l'eau dans le réservoir, H la hauteur de la maçonnerie qui résiste à la pression de l'eau. La hauteur h est toujours un peu plus petite que la hauteur H, grâce au déservoir que le réservoir possède. Cependant, pour simplifier les calculs, on peut supposer que le niveau supérieur de l'eau peut atteindre l'arête supérieure du mur et faire, dans les formules,

$$h = H.$$

Cette hypothèse conduit à donner au mur des dimensions légèrement plus fortes, mais la différence est vraiment si petite qu'on peut admettre l'égalité ci-dessus sans erreur sensible pour les résultats.

Les formules contiennent, en outre, le poids p du mètre cube de maçonnerie. Ce poids est variable dans de certaines limites. Il descend rarement au-dessous de 1900^k et, le plus souvent, ne s'élève pas au-dessus de 2500^k.

En prenant les trois valeurs 2000, 2200 et 2400 et en les portant successivement dans les formules, on aura celles-ci dans trois cas moyens auxquels on pourra rapporter les cas de la pratique avec une approximation très satisfaisante.

Problème.

564. *Déterminer l'épaisseur à donner à un mur de section rectangulaire pour que le centre de pression à la base soit situé au tiers de cette base à partir de l'arête extérieure.*

La formule qui donne l'épaisseur du mur dans ce cas est

$$e = \sqrt{\frac{1000\, h^3}{pH}}$$

Si nous faisons l'hypothèse $h = H$, comme nous venons de l'expliquer, la formule précédente deviendra

$$e = H \sqrt{\frac{1000}{p}}$$

En donnant enfin à p les valeurs 2000^k, 2200^k et 2400^k, on aura les épaisseurs correspondantes qui seront :

Pour :

$$\mathbf{p = 2200^k \qquad e = 0,707 \times H}$$
$$\mathbf{p = 2200^k \qquad e = 0,674 \times H}$$
$$\mathbf{p = 2400^k \qquad e = 0,645 \times H}$$

Problème.

565. *Calculer l'épaisseur d'un mur à*

section rectangulaire en se donnant d'avance la plus grande compression R à laquelle la maçonnerie doit résister.

En se reportant au troisième problème (page 435), on voit que l'épaisseur du mur est donnée, dans ce cas, par la formule :

$$e = \sqrt{\frac{1000\,h^3}{pH\left(3 - \frac{4\,pH}{R}\right)}},$$

En faisant d'abord l'hypothèse $h = H$ il vient :

$$e = \sqrt{\frac{1000\,H^2}{p\left(3 - \frac{4\,pH}{R}\right)}} = \sqrt{\frac{1000}{p}} \times \frac{H}{\sqrt{3 - \frac{4\,p}{C} \times H}}$$

Nous donnerons ensuite à p, comme précédemment, les valeurs 2000 k, 2200k et 2400k, mais dans trois cas différents, selon qu'on voudra faire travailler les maçonneries à 4, 6, ou 8 kilogrammes par centimètre carré.

COMPRESSION MAXIMA DES MAÇONNERIES

R = 4k par cent. carré.

Pour :

$$\mathbf{p = 2000^k \ldots e = \frac{0{,}707 \times A}{\sqrt{3 - 0{,}2 \times H}}}$$

$$\mathbf{p = 2200^k \ldots e = \frac{0{,}674 \times H}{\sqrt{3 - 0{,}22 \times H}}}$$

$$\mathbf{p = 2400^k \ldots e = \frac{0{,}645 \times H}{\sqrt{3 - 0{,}24 \times H}}}$$

COMPRESSION MAXIMA DES MAÇONNERIES

R = 6k par cent. carré.

Pour :

$$\mathbf{p = 2000^k \ldots e = \frac{0{,}707 \times H}{\sqrt{3 - 0{,}133 \times H}}}$$

$$\mathbf{p = 2200^k \ldots e = \frac{0{,}674 \times H}{\sqrt{3 - 0{,}147 \times H}}}$$

$$\mathbf{p = 2400^k \ldots e = \frac{0{,}645 \times H}{\sqrt{3 - 0{,}16 \times H}}}$$

COMPRESSION MAXIMA DES MAÇONNERIES

R = 8k par cent. carré.

Pour :

$$\mathbf{p = 2000^k \ldots e = \frac{0{,}707 \times H}{\sqrt{3 - 0{,}10 \times H}}}$$

$$\mathbf{p = 2200^k \ldots e = \frac{0{,}674 \times H}{\sqrt{3 - 0{,}11 \times H}}}$$

$$\mathbf{p = 2400^k \ldots e = \frac{0{,}645 \times H}{\sqrt{3 - 0{,}12 \times H}}}$$

Exemple. — On veut construire un mur de réservoir ayant 6m,00 de hauteur avec une maçonnerie pesant 2200 k le mètre cube. La section du mur doit être rectangulaire et la plus grande compression des maçonneries ne doit pas dépasser 6k par centimètre carré.

La formule simplifiée qui correspond aux deux données du problème : $R = 6^k$ et $p = 2200^k$ est :

$$e = \frac{0{,}674 \times H}{\sqrt{3 - 0{,}147 \times H}}$$

Puisque le mur doit avoir une hauteur de 6m,00, on fera H = 6,00 dans cette formule qui donnera alors pour l'épaisseur cherchée :

$$e = \frac{0{,}674 \times 6{,}00}{\sqrt{3 - 0{,}147 \times 6{,}00}} = 2^m{,}78$$ (environ le tiers de la hauteur).

Ces calculs sont simples et rapides lorsqu'on a à sa disposition les tables de carrés de Claudel.

Remarque. — Lorsque la quantité sous le radical $\left(3 - \frac{4p}{R} \times H\right)$ est égale à 1, le centre de pression est situé au tiers de la base ; lorsque cette quantité est égale à 0 ou négative, le centre de pression tombe sur l'arête extérieure ou en dehors de cette arête et alors l'épaisseur correspondante serait infinie ou imaginaire.

IV. — Stabilité d'un mur ayant une section en forme de trapèze rectangle (parement intérieur

vertical, parement extérieur incliné.)

566. On donne généralement aujourd'hui aux murs qui forment le pourtour des réservoirs une section transversale en forme de trapèze. Nous avons déjà vu que, pour les murs ayant à résister à la pression du vent, cette forme était bien préférable à la section rectangulaire au point de vue de la stabilité et de la résistance des matériaux. Ici, la section trapézoïdale doit aussi toujours être préférée à la section rectangulaire, quand cela se peut.

Lorsque le trapèze, section transversale du mur, est un trapèze rectangle, c'est presque toujours le parement intérieur qui est vertical, le parement extérieur seul ayant un fruit qui augmente l'épaisseur du mur à sa base.

Premier problème.

567. *Déterminer les dimensions à donner à un mur dont la section est un trapèze rectangle à parement intérieur vertical, pour que le centre de pression à la base soit situé au tiers de cette base à partir de l'arête extérieure.*

Les données du problème sont :

La hauteur h de l'eau dans le réservoir;

La hauteur H du mur;

Le poids p du mètre cube de maçonnerie;

Et, enfin, le fruit $i = \frac{1}{m}$ du parement extérieur. L'inconnue est la largeur b du mur à sa base, la largeur b' au sommet se déduisant facilement de b, puisqu'on connaît le fruit i. Nous nous imposons, en outre, la condition que le centre de pression K (*fig.* 496) soit situé à une distance de l'arête extérieure B égale à $\frac{b}{3}$, car nous désirons que toute la surface de base soit intéressée à la transmission de la pression.

Comme, pour le problème analogue résolu dans le cas d'une section rectangulaire, nous écrirons que les moments de la poussée horizontale F de l'eau sur $1^m,00$ de longueur de mur et du poids P de la maçonnerie également pour $1^m,00$ de longueur

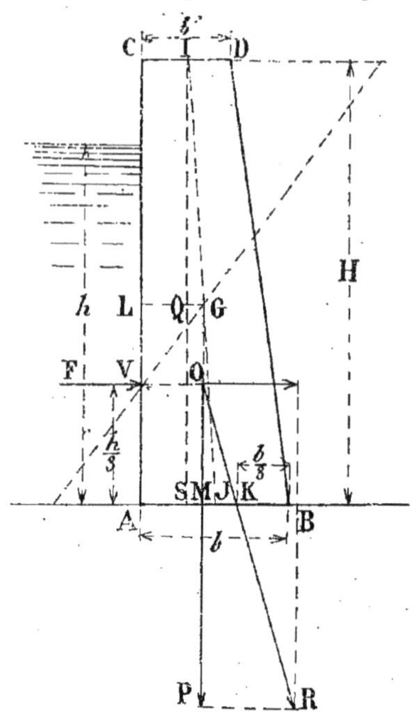

Fig. 496.

de mur, pris par rapport à un point K de la base, situé à une distance $KB = \frac{b}{3}$ de l'arête extérieure, sont égaux. La pression F de l'eau contre $1^m,00$ de longueur du mur est horizontale et elle a pour valeur

$$F = 1000\, h \times \frac{h}{2} = 500\, h^2$$

Soit P, le poids d'un mètre de longueur du mur et p, le poids du mètre cube de maçonnerie. La valeur de P sera :

$$P = p \times H \times \frac{b + b'}{2} \times 1^m,00$$

Or, $b' = b - Hi$. Donc, en remplaçant b' par sa valeur en fonction de b et de i dans la valeur de P, il vient :

$$P = pH\,\frac{2b - Hi}{2} = pH\left(b - \frac{Hi}{2}\right)$$

Moment de la pression F. — La pression F de l'eau qui produit ce moment de renversement a, pour valeur, comme on l'a vu précédemment,

$$F' = 500 \times h^2$$

Son point d'application étant situé à une hauteur égale à $\frac{h}{3}$ au-dessus du plan de base AB, le moment de renversement autour du poids K aura pour valeur

$$M.R. = F \times \frac{h}{3} = 500 \times \frac{h^3}{3}.$$

Moment du poids P. — Ce moment est égal au poids P multiplié par sa distance à l'axe K considéré. Nous connaissons déjà la valeur de P; il nous reste donc à déterminer celle de MK en fonction des autres dimensions qui entrent dans les équations du problème.

$$MK = AB - KB - AM$$

et puisque KB doit être égal à $\frac{1}{3}b$, afin que la stabilité que nous désirons soit obtenue, on a :

$$MK = b - \frac{1}{3}b - AM = \frac{2}{3}b - AM.$$

Pour avoir le bras de levier MK du moment de stabilité, il faut donc évaluer AM. Or, la verticale GP du poids P passe par le centre de gravité du trapèze ABCD et nous savons que la hauteur GM du centre de gravité, au-dessus de la base AB, a pour expression :

$$GM = \frac{1}{3}H\frac{b+2b'}{b+b'}$$

ce qui va nous servir à calculer la largeur GL = AM. En effet, le centre de gravité G est placé sur la ligne IJ qui joint les milieux des bases AB et CD et si nous menons la verticale IS, les deux triangles semblables IQG, ISJ donnent :

$$\frac{IQ}{IS} = \frac{QG}{SJ}. \text{ D'où, } QG = \frac{IQ \times SJ}{IS}$$

Or, $IQ = IS - QS = IS - GM$

$$= H - \frac{1}{3}H\frac{b+2b'}{b+b'} = \frac{1}{3}H\frac{b'+2b}{b+b'}$$

$$SJ = AB - JB - AS = b - \frac{1}{2}b - \frac{b'}{2} = \frac{b-b'}{2}$$

et enfin, IS = H. Donc

$$QG = \frac{\frac{1}{3}H\frac{b'+2b}{b+b'} \times \frac{b-b'}{2}}{H} = \frac{(b'+2b)(b-b')}{6(b+b')}$$

et, comme $AM = LG = LQ + QG = \frac{b'}{2} + QG$, on aura, en portant dans la valeur de MK précédemment écrite :

$$MK = \frac{2}{3}b - AM = \frac{2}{3}b - \frac{b'}{2} - \frac{(b'+2b)(b-b')}{6(b+b')}$$

Enfin, le moment de P, qui est égal à P multiplié par MK, pourra s'écrire :

$$M.S = P \times MK = p \times H\frac{b+b'}{2} \times \left(\frac{2}{3}b - \frac{b'}{2} - \frac{(b'+2b)(b-b')}{6(b+b')}\right)$$

en remplaçant, dans cette formule, b' par sa valeur en fonction du fruit i, c'est-à-dire $b' = b - Hi$ et en réduisant, il vient :

$$M.S = \frac{pH}{6}\left[b^2 + Hib - H^2i^2\right] \quad (*)$$

Tel est le moment produit par le poids P par rapport au point K.

(*) $$p \times H\left(b - \frac{Hi}{2}\right)\left[\frac{2}{3}b - \frac{b}{2} + \frac{Hi}{2} - \frac{(3b - Hi) \times Hi}{6(2b - Hi)}\right]$$

La parenthèse peut s'écrire :

$$\left[\frac{b}{6} + \frac{Hi}{2} - \frac{(3b - Hi) \times Hi}{6(2b - Hi)}\right] \text{ ou}$$

$$\left[\frac{6\left(\frac{b}{6} + \frac{Hi}{2}\right)(2b - Hi) - (3b - Hi) \times Hi}{6(2b - Hi)}\right] \text{ ou}$$

$$\left[\frac{b^2 + Hib - H^2i^2}{3(2b - Hi)}\right]$$

et la formule deviendra :

$$p \times H\left(\frac{2b - Hi}{2}\right)\left[\frac{b^2 + Hib - H^2i^2}{6\left(\frac{2b - Hi}{2}\right)}\right] = \frac{pH}{6}\left[b^2 + Hib - H^2i^2\right]$$

Nous écrivons maintenant que ce moment est égal au moment de renversement pris par rapport au même point K, c'est-à-dire

$$\frac{pH}{6}\left[b^2 + Hib - H^2i^2\right] = 500 \times \frac{h^3}{3}.$$

De cette relation, nous tirons :

$$b^2 + Hib = H^2i^2 + \frac{1000\ h^3}{p\ H},$$

équation du deuxième degré par rapport à l'inconnue b. Il nous sera donc facile maintenant de trouver la valeur à attribuer à la base b en résolvant cette équation. On sait que lorsque l'équation du deuxième degré est de la forme $x^2 + px = q$, les racines ont pour valeur :

$$x = -\frac{p}{2} \pm \sqrt{\frac{p^2}{4} + q}$$

Ici, $p = Hi$ et $q = H^2i^2 + \dfrac{1000\ h^3}{p\ H}$.

Donc, les valeurs de b qui satisfont à l'équation précédente sont

$$b = -\frac{Hi}{2} \pm \sqrt{\frac{H^2i^2}{4} + H^2i^2 + \frac{1000\ h^3}{p\ H}}$$

$$b = -\frac{Hi}{2} + \sqrt{\frac{5\ H^2i^2}{4} + \frac{1000\ h^3}{p\ H}}$$

Nous remarquons, en effet, que la quantité placée sous le radical étant positive nous devrons rejeter le signe — devant ce radical; car, autrement, la valeur de b serait négative, solution qui ne peut être acceptée.

La formule précédente nous donnera donc, par suite de la manière dont nous l'avons établie, la valeur de la largeur b du mur à sa base pour laquelle la résultante de la poussée F et du poids P viendra couper la base AB en un poids K situé à $\frac{1}{3}\ b$ de l'arête B.

Cette base b une fois calculée, il restera à vérifier les autres conditions de stabilité. On devra, en effet, s'assurer que la plus grande compression de la maçonnerie ne dépasse pas le chiffre adopté pour la nature des matériaux employés et que, de plus, l'angle que fait la résultante OR avec la base AB est assez petit pour que le glissement latéral du mur ne puisse pas se produire. Pour faire ces vérifications, on opèrera comme cela a été indiqué dans le cas d'une section rectangulaire.

568. *Exemple.* — On a à établir un réservoir en maçonnerie dont on connaît la capacité et la surface utile. Il résulte de ces données que l'eau doit avoir, dans ce réservoir, une hauteur maximum de $3^m,80$ et que les murs dont on veut calculer les dimensions transversales auront une hauteur de $4^m,00$, comptée du fond du réservoir au sommet On se propose de donner aux murs une section en forme de trapèze rectangle, la face extérieure ayant un fruit de $\frac{1}{6}$, et on veut déterminer les dimensions de la section à la base et à la crête.

1° *Impossibilité du renversement.*

Cette condition sera obtenue en calculant la base b au moyen de la formule

$$b = -\frac{Hi}{2} + \sqrt{\frac{5\ H^2i^2}{4} + \frac{1000\ h^3}{pH}},$$

puisque la résultante de la poussée de l'eau et du poids de la maçonnerie devra passer à une distance de l'arête de renversement égale au tiers de la largeur de la base

$H = 4^m,00$; $h = 3,80$; $i = \frac{1}{6}$; $p = 2000^k$

Donc :

$$b = -\frac{4,00}{12} + \sqrt{\frac{5 \times 16,00}{4 \times 36} + \frac{1000 \times 54,872}{2000 \times 4,00}}$$

$$b = 2^m,39$$

La largeur du mur au sommet sera

$$b' = b - Hi = 2,39 - \frac{4,00}{6}$$

$$b' = 1^m,72$$

La section ainsi obtenue est celle qui est indiquée dans le croquis (*fig.* 497). Cette section a un aspect de très forte résistance. On aurait pu l'amincir du haut en prenant un fruit plus grand que celui avec lequel les calculs ont été faits. On verra d'ailleurs, plus loin, que, sur l'arête B, la compression de la maçonnerie est seulement de $1^k,37$ par centimètre carré.

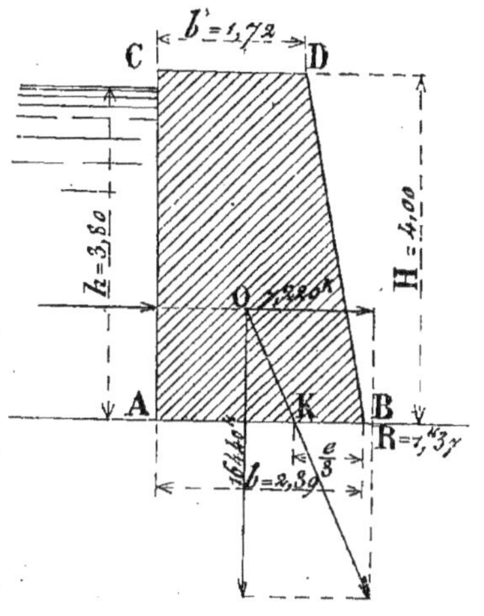

Fig. 497.

2° *Vérification de la plus grande compression.*

La plus grande compression se produit sur l'arête inférieure et extérieure B; elle a pour valeur

$$R = \frac{2\,N}{\omega}$$

$$N = P = p \times \frac{b + b'}{2} \times H$$

$$\omega = b \times 1{,}00. \text{ Donc}$$

$$\frac{2\,N}{\omega} = \frac{2000\,(2{,}39 + 1{,}72) \times 4{,}00}{2{,}39} = 13757^k$$

par mètre carré. Soit seulement $1^k\,37$ par centimètre carré.

3° *Vérification de l'impossibilité du glissement.*

Supposons que le coefficient de frottement f de la base du mur sur la maçonnerie placée au-dessous soit $f = 0{,}76$. C'est le coefficient généralement adopté pour le frottement d'une maçonnerie sur elle-même, lorsque le mortier a fait prise.

Donc, $\text{tang}\ \varphi = f = 0{,}76$.

L'angle φ qui correspond à cette valeur de tangente est égal à 37° 15'. C'est l'angle que ferait la direction de la résultante OR avec la normale à la base AB menée par le point K, si la valeur de f était atteinte. L'angle de frottement est, sur l'épure (*fig.* 496), égal à POR. On pourra donc le mesurer et s'assurer qu'il est inférieur à 37° 15'. Dans ce cas, on pourra dire que le glissement ne peut avoir lieu.

On peut d'ailleurs opérer autrement en prenant la mesure directe de l'angle sur l'épure. On a, en effet, tous les éléments pour le déterminer par le calcul. Le triangle rectangle OPR donne

$$\text{tang}\ \varphi = \frac{PR}{OP} = \frac{F}{P}$$

$$F = 500\,h^2$$

$$P = pH\left(b - \frac{Hi}{2}\right)$$

On aura :

$$\text{tang}\ \varphi = \frac{500\,h^2}{pH\left(b - \frac{Hi}{2}\right)}$$

$$= \frac{500 \times \overline{3{,}80}^2}{2000 \times 4{,}00\left(2{,}39 - \frac{4{,}00}{2 \times 6}\right)}$$

$$\text{tang}\ \varphi = \frac{7220}{16480} = 0{,}43$$

valeur bien inférieure à celle du coefficient $f = 0{,}76$. Donc le mur ne glissera pas sur sa base. Il se trouvera dans de bonnes conditions de stabilité.

Deuxième problème.

569. *Déterminer les dimensions à donner à un mur dont la section est un trapèze rectangle à parement intérieur vertical, pour que le centre de pression à la base soit situé à une distance de l'arête extérieure égale à $\frac{b}{n}$.*

Comme pour le cas du mur à section rectangulaire, on peut trouver que la section obtenue est trop forte lorsqu'on s'impose la condition de faire passer la résultante OR par le point K distant de $\frac{b}{3}$ de l'arête extérieure. On a vu, dans l'exemple précédent, que la compression des maçonneries n'est que de $1^k,37$ par centimètre carré. Il est évident qu'on peut faire travailler la maçonnerie à un chiffre plus élevé. Nous allons donc généraliser le problème, en nous imposant, cette fois, comme distance du centre de pression à l'arête extérieure, la quantité $\frac{b}{n}$, fraction quelconque de la largeur de base b. Nous écrirons encore que les moments de F et P, pris par rapport à un point K placé à une distance $KB = \frac{b}{n}$ de l'arête B, sont égaux (*fig.* 496)

$$M.F = M.P.$$

$$M.F = 500\,\frac{h^3}{3}$$

$$M.P = P \times MK = P\left(b - \frac{b}{n} - AM\right)$$

Or, $\quad AM = \frac{b'}{2} + \frac{(b' + 2b)(b - b')}{6(b + b')}$

ou, en remplaçant b' par sa valeur

$$b' = b - Hi:$$

$$AM = \frac{b}{2} - \frac{Hi}{2} + \frac{(3b - Hi) \times Hi}{6(2b - Hi)}.\ \text{Donc,}$$

$$P \times MK = P\left[b - \frac{b}{n} - \frac{b}{2} + \frac{Hi}{2} - \frac{(3b - Hi) \times Hi}{6(2b - Hi)}\right]$$

$$P \times MK = P\left[b\,\frac{n-2}{2n} + \frac{Hi}{2} - \frac{3Hib - H^2i^2}{6(2b - Hi)}\right]$$

$$\times 500\frac{h^3}{3} = \frac{pH}{2}(2b - Hi)\ \text{ou}$$

$$\left[\frac{3b\,\frac{n-2}{n}(2b - Hi) + 3Hi(2b - Hi) - 3Hib + H^2i^2}{6(2b - Hi)}\right]$$

En effectuant les opérations indiquées et en ordonnant par rapport à b, il vient:

$$b^2 + \frac{Hi}{n-2}\,b = \left(H^2i^2 + \frac{1000\,h^3}{pH}\right)\frac{n}{3(n-2)}$$

Équation de la forme $x^2 + px = q$, dont la racine positive a pour valeur

$$b = -\frac{Hi}{2(n-2)} + \sqrt{\frac{H^2i^2}{4(n-2)^2} + \left(H^2i^2 + \frac{1000\,h^3}{pH}\right)\frac{n}{3(n-2)}}$$

Il est facile de voir que si l'on fait, dans cette formule, $n = 3$, elle se réduit à celle qui donne la valeur de b lorsque le centre de pression est au tiers de la largeur de la base (premier problème).

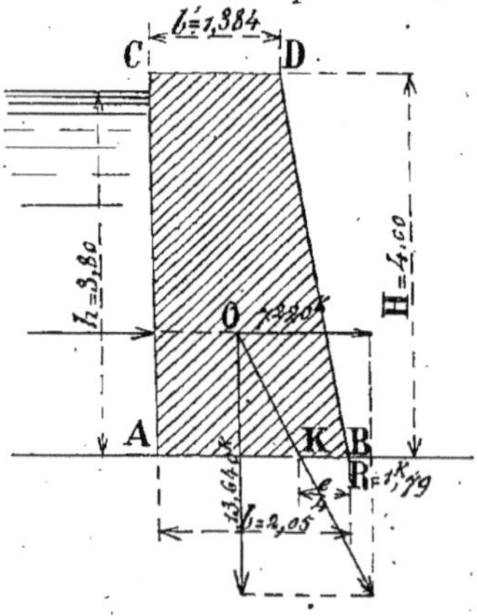

Fig. 498.

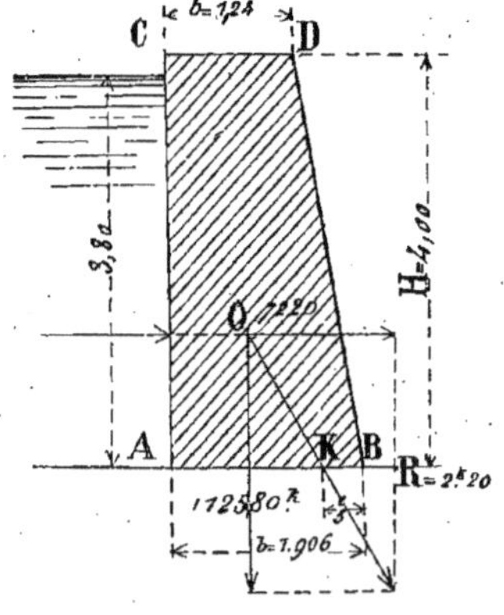

Fig. 499.

570. *Exemple.* — Nous prenons encore les mêmes données que dans l'exemple du premier problème afin de pouvoir comparer les résultats obtenus. Donc

$H = 4^m,00$; $h = 3^m,80$; $i = \frac{1}{6}$ et $p = 2000^k$.

Nous voulons enfin que le centre de pression (*fig.* 498) soit à une distance de l'arête extérieure égale à $\frac{b}{4}$. Nous porterons toutes ces valeurs dans la formule que nous venons d'établir en y faisant $n = 4$ et on aura

$$b = -\frac{4,00}{24} + \sqrt{\frac{\overline{4,00}^2}{\overline{24}^2} + \left(\frac{\overline{4,00}^2}{36} + \frac{1000 \times \overline{3,80}^3}{2000 \times 4,00}\right)\frac{2}{3}}$$

$$b = 2^m,05 \qquad b' = 2,05 - \frac{4,00}{6} = 1^m,384$$

La plus grande compression des matériaux a pour valeur,

$$R = \frac{2\ P}{3\ \frac{b}{4}} = \frac{4\ pH\ (2\ b - Hi)}{3\ b}$$

$$R = \frac{4 \times 2000 \times 4,00\left(2 \times 2,05 - \frac{4,00}{6}\right)}{3 \times 2,05} = 17863^k$$

par mètre carré, soit $1^k,79$ par centimètre carré. On vérifierait la condition relative au glissement comme on l'a déjà fait plusieurs fois.

Si, au lieu de faire $n = 4$ dans la formule qui donne la valeur de b, on faisait $n = 5$, on aurait :

$$b = -\frac{4,00}{36} + \sqrt{\frac{\overline{4,00}^2}{\overline{36}^2} + \left(\frac{\overline{4,00}^2}{36} + \frac{1000 \times \overline{3,80}^3}{2000 \times 4,000}\right)\frac{5}{9}}$$

$$b = 1^m,906$$

$$b' = 1,906 - \frac{4,00}{6} = 1^m,240$$

La plus grande compression de la maçonnerie (*fig.* 499) a pour valeur,

$$R = \frac{5\ pH\ (2\ b - Hi)}{3\ b}$$

$$R = \frac{5 \times 2000 \times 4,00\left(2 \times 1,906 - \frac{4,00}{6}\right)}{3 \times 1,906} = 22008^k \text{ par mètre carré,}$$

soit $2^k,20$ par centimètre carré.

Les résultats obtenus dans les trois cas : $n = 3$; $n = 4$ et $n = 5$, sont donc les suivants :

pour $n = 3$, $b = 2^m,39$, $b' = 1^m,72$, $R = 1^k,37$ par cent. carré.
$n = 4$, $b = 2^m,05$, $b' = 1^m,384$, $R = 1^k,79$ —
$n = 5$, $b = 1^m,906$, $b' = 1^m,240$, $R = 2^k,20$ —

Comparons maintenant ces résultats avec ceux obtenus dans les mêmes conditions, lorsque la section du mur est rectangulaire. Dans ce cas, on a trouvé :

pour $n = 3$, $e = 2^m,62$, $R = 1^k,60$ par cent. carré.
$n = 4$, $e = 2^m.138$, $R = 2^k,138$ —
$n = 5$, $e = 1^m,952$, $R = 2^k,67$ —

Il résulte d'abord de cette comparaison que la valeur de la plus grande compression est plus petite dans le cas de la section trépézoïdale que dans le cas de la section rectangulaire. Mais si l'on compare les surfaces des sections obtenues, on verra quelle grande économie de maçonnerie il y a à employer la forme trapézoïdale de préférence à la forme rectangulaire. Les surfaces des sections sont en effet,

	AVEC LA SECTION rectangulaire	AVEC LA SECTION trapézoïdale
Pour $n = 3$	$10^{m2},48$	$8^{m2},22$
$n = 4$	8 55	6 87
$n = 5$	7 81	6 29

Même problème lorsqu'on se donne la largeur b' du mur à son sommet au lieu du fruit i.

571. On a souvent à résoudre le problème dans ces conditions. Le fruit du parement extérieur importe peu, mais on veut donner au mur, à son sommet, une largeur minimum de $0^m,60$, par exemple, et il s'agit de déterminer la largeur de sa base. On a toujours :

$$M.F = 500 \frac{h^3}{3} \text{ et}$$

$$M.P = P\left[b - \frac{b}{n} - \frac{b'}{2} - \frac{(b' \times 2b)(b - b')}{6(b + b')}\right]$$

En égalant ces deux moments :

$$500 \frac{h^3}{3} = pH \frac{b + b'}{2} \times \left[b - \frac{b}{n} - \frac{b'}{2} - \frac{(b' + 2b)(b - b')}{6(b + b')}\right]$$

En effectuant les calculs, réduisant et ordonnant par rapport à b, il vient :

$$b^2 + b'b = \left(b'^2 + \frac{1000\, h^3}{pH}\right)\frac{n}{2n - 3}$$

On retombe d'ailleurs exactement sur cette formule en remplaçant dans celle précédemment établie, Hi par $b - b'$. On en tire

$$b = -\frac{b'}{2} + \sqrt{\frac{b'^2}{4} + \left(b'^2 + \frac{1000\, h^3}{pH}\right)\frac{n}{2n - 3}}$$

572. *Exemple.* — On veut donner au mur une épaisseur à son sommet égale à $0^m,60$ (*fig.* 500). On a d'autre part

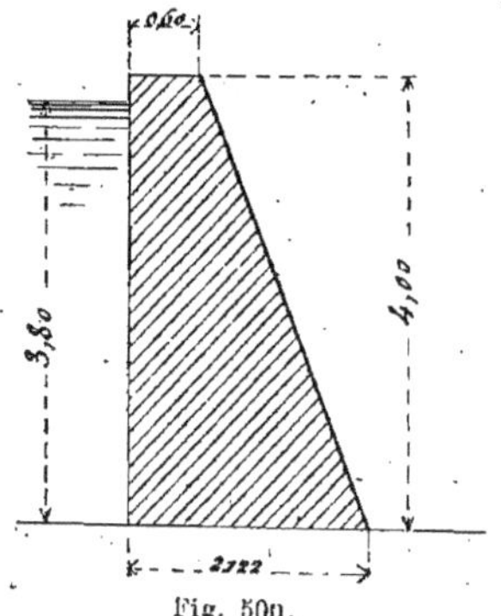

Fig. 500.

$H = 4^m,00$; $h = 3^m,80$; $p = 2000^k$; $n = 4$.

La valeur de la largeur à la base s'obtiendra en portant, dans l'expression ci-dessus, les valeurs représentées par les lettres.

$$b = -\frac{0,60}{2} + \sqrt{\frac{\overline{0,60}^2}{4} + \left(\overline{0,60}^2 + \frac{1000 \times \overline{3,80}^3}{2000 \times 4,00}\right)\frac{4}{8 - 3}}$$

$$b = -0,30 + 2,422 = 2^m,122.$$

Vérification de la plus grande compres-

sion. — Le poids P se répartit sur une surface égale à $3 \times \frac{2,122}{4}$, puisque $n = 4$.

Donc, $R = \frac{2N}{\omega}$ devient :

$$R = \frac{2\,000 \times 4,00 \times (2,122 + 0,60)}{3 \times 0,5305} = 13\,682^k$$

soit $1^k,37$ par centimètre carré.

Vérification du glissement.

$$\text{tang}\,\varphi = \frac{F}{P} = \frac{500 \times \overline{3,80}^2}{2\,000 \times 4,00 \left(\frac{2,122 + 0,60}{2}\right)}$$

$$\text{tang}\,\varphi = 0,67$$

Valeur acceptable, si le mur repose sur une fondation en maçonnerie.

Cet exemple montre que le mur ainsi calculé, en se donnant une faible épaisseur au sommet, se trouve dans des conditions de stabilité aussi favorables que celui calculé avec un fruit égal à $\frac{1}{6}$. La compression R est même plus faible dans le second cas que dans le premier et la section présente une grande économie de maçonnerie puisqu'elle est ici

$$S = 4,00 \times \frac{2,122 + 0,60}{2} = 5^{m2},444$$

au lieu de $6^{m2},87$.

C'est donc ainsi qu'on devra calculer la section du mur lorsqu'on se donnera la largeur au sommet et qu'on s'imposera la distance $\frac{b}{n}$ du centre de pression à l'arête extérieure la plus rapprochée.

Troisième problème.

573. *Déterminer les dimensions d'un mur ayant une section en forme de trapèze rectangle, lorsqu'on s'impose la valeur de la plus grande compression à la base du mur.*

Le mur dont on veut déterminer le profil sera construit en maçonnerie dont on connaît d'avance la résistance à l'écrasement. On sait qu'on peut, en toute sécurité, faire travailler cette maçonnerie à R kilogrammes par centimètre carré.

La résultante des efforts qui s'exercent sur le mur, c'est-à-dire de la poussée horizontale de l'eau et du poids de la maçonnerie, viendra couper la base AB (*fig.* 503) en un point K dont la distance KB de l'arête B sera, en général, plus petite que le tiers de la largeur AB. Dans ces conditions, le poids total de la maçonnerie, qui est la composante verticale de la résultante, se répartit sur une longueur égale à trois fois la distance KB. La compression est égale à zéro au point ou cette longueur égale à $3 \times$ KB commence et à $\frac{2\,N}{\omega}$ au point B. La plus grande compression aura donc pour valeur

$$R = \frac{2N}{\omega}$$

Or, $\quad N = P = pH\frac{b + b'}{2}$

et $\quad \omega = 3d \times 1^m,00$

d étant la distance du centre de pression K à l'arête B et les autres lettres ayant les mêmes significations que dans les problèmes précédents, donc :

$$R = \frac{(b + b')}{3d}$$

D'où, $$d = \frac{pH\,(b + b')}{3R} \qquad (1)$$

D'autre part, nous pouvons écrire que les moments de F et de P, par rapport au centre de pression K, sont égaux, c'est-à-dire que

$$F \times \frac{h}{3} = P \times MK$$

ou, $$500\,\frac{h^3}{3} = pH\,\frac{b + b'}{2} \times MK. \qquad (2)$$

Calculons le bras de levier MK du poids P.

$$MK = AB - AM - KB = b - AM - d$$

Nous savons que :

$$AM = \frac{b'}{2} + \frac{(b' + 2b)\,(b - b')}{6\,(b + b')}. \text{ Donc :}$$

$$MK = b - \frac{b'}{2} - \frac{(b' + 2b)\,(b - b')}{6\,(b + b')} - d$$

En portant cette valeur de MK dans la relation (2) et en remplaçant d par sa valeur (1), il vient :

$$500\frac{h^3}{3}=\frac{pH}{2}(b+b')\left[b-\frac{b'}{2}-\frac{(b'+2b)(b-b')}{6(b+b')}-\frac{pH(b+b')}{3R}\right]$$

$$500\frac{h^3}{3}=\frac{pH}{2}(b+b')\left[\frac{2}{3}b-\frac{b'^2}{3(b+b')}-\frac{pH(b+b')}{3R}\right]$$

$$1\,000\,h^3=pH\,[2b^2+2bb'-b'^2]-\frac{p^2H^2(b+b')^2}{R}$$

Le fruit du parement incliné étant i, on a $b'=b-Hi$. En remplaçant dans la formule précédente, b' par sa valeur ci-dessus, on a :

$$1\,000\,h^3=pH\,(3b^2-H^2i^2)-\frac{p^2H^2\,(2b-Hi)^2}{R}$$

En effectuant et ordonnant par rapport à b, il vient :

$$\left(3pH-\frac{4p^2H^2}{R}\right)b^2+\frac{4p^2H^3i}{R}b=\frac{p^2H^4i^2}{R}+1\,000\,h^3+pH^3i^2 \quad (3)$$

Équation de la forme

$$ax^2+bx=c$$

dont les racines sont :

$$x=\frac{-b\pm\sqrt{b^2+4ac}}{2a}$$

On arrive ainsi à une formule avec laquelle on peut calculer la largeur b du mur à sa base pour laquelle la plus grande compression de la maçonnerie est égale à R. Nous allons donner un exemple numérique de cette formule, en l'appliquant au cas déjà traité dans le premier problème, afin de comparer les sections obtenues.

574. *Eexmple.* — La hauteur de l'eau dans le réservoir doit être égale à $h=3^m,80$. Le mur a une hauteur $H=4,00$. Le fruit du parement extérieur est $\frac{1}{m}=\frac{1}{6}$. Le poids de la maçonnerie employée à la construction du mur est $p=2\,000$ kilogrammes le mètre cube. Enfin, on désire que la plus grande compression de la maçonnerie soit égale à $R=5$ kilogrammes par centimètre carré ou 50 000 Kilos par mètre carré.

Reprenons la formule (3) et calculons les valeurs de a, b et c.

$$a=3pH-\frac{4p^2H^2}{R}$$

$$a=3\times 2\,000\times 4,00-\frac{4\times\overline{2\,000}^2\times\overline{4,00}^2}{50\,000}=18\,880$$

$$b=\frac{4p^2H^3i}{R}=\frac{4\times\overline{2\,000}^2\times\overline{4,00}^3}{50\,000\times 6}=3\,413$$

$$c=\frac{p^2H^4i^2}{R}+1\,000\,h^3+pH^3i^2=\frac{\overline{2\,000}^2\times\overline{4,00}^4}{50\,000\times 36}+1\,000\times\overline{3,80}^3+\frac{2\,000\times\overline{4,00}^3}{36}=58\,996$$

En portant ces valeurs de a, b et c dans

$$x=\frac{-b\pm\sqrt{b^2+4ac}}{2a},$$ on a

$$x=\frac{-3\,413\pm 66\,835}{2\times 18\,880}$$

La valeur de x ne pouvant pas être négative, c'est le signe + qu'il faudra prendre devant le radical et on aura enfin

$$x=\frac{63\,422}{37\,760}=1^m,68$$

C'est la largeur b du mur à sa base et $b=1^m,68$.

Comme $b'=b-Hi$, la largeur du mur à son sommet sera :

$$b'=1,68-\frac{4,00}{6}=1^m,02.$$

La section obtenue est celle indiquée (*fig.* 501). On voit que cette section est bien plus faible que celle de la (*fig.* 497) pour laquelle, d'ailleurs, la plus grande compression n'est que de $1^k,37$ par centimètre carré, tandis que, pour celle que nous venons de calculer, la plus grande compression est de 5^k par centimètre carré. Il resterait à calculer la valeur de $\tang \varphi = \frac{F}{P}$ pour savoir si la condition de stabilité relative au glissement est satisfaite. Ce calcul se ferait sans aucune difficulté.

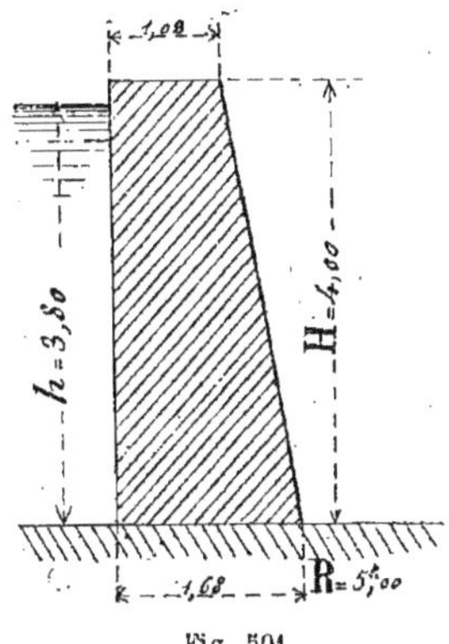

Fig. 501.

575. Si l'on veut construire un ouvrage ayant une très grande solidité, pour lequel on ne regarde pas à la dépense, on pourra calculer ses dimensions par la formule établie au premier problème. Alors, la résultante de la poussée horizontale de l'eau et du poids de la maçonnerie passera en un centre de pression situé au tiers de la largeur de la base à partir de l'arête la plus comprimée. La pression se transmettra sur toute la surface de base et la plus grande compression sera faible. Si, au contraire, on veut établir un ouvrage parfaitement stable, mais dont le cube de la maçonnerie soit juste celui qui est nécessaire, on calculera ses dimensions par la formule que nous venons d'établir dans le troisième problème. Les dimensions, ainsi calculées, seront plus faibles que les précédentes. Toute la surface de base ne sera pas, en général, intéressée à la transmission de la pression ; mais, néanmoins, la plus grande compression de la maçonnerie ne dépassera pas le chiffre qu'on s'est imposé pour R. Lorsqu'on prend, pour R, une valeur un peu élevée, il est prudent de surveiller avec soin le travail afin d'être certain qu'il est parfaitement exécuté.

Même problème lorsqu'on se donne l'épaisseur du mur à son sommet.

576. — On veut que le mur ait, à son sommet, une largeur égale à b' et que la plus grande compression de la maçonnerie soit égale à R. Le moment de la pression de l'eau est :

$$M.F = 500 \frac{h^3}{3}$$

Le moment du poids P est $M.P = P \times MK$ (*fig.* 503). Or,

$$P = pH \frac{b + b'}{2} \text{ et } MK = b - d - AM.$$

$$\text{et comme } d = \frac{pH(b + b')}{3R}$$

$$\text{et } AM = \frac{b'}{2} + \frac{(b' + 2b)(b - b')}{6(b + b')},$$

le moment de P devient :

$$M.P = \frac{pH}{2}(b + b')\left[b - \frac{pH(b + b')}{3R} - \frac{b'}{2} - \frac{(b' + 2b)(b - b')}{6(b + b')}\right]$$

En égalant les moments $M.F$ et $M.P$, effectuant, réduisant et ordonnant par rapport à b, il vient

$$(2R - pH)b^2 + b'(2R - 2pH)b = \frac{1\,000 h^3 R}{pH} + b'^2(pH + R),$$

formule qu'on retrouverait facilement d'ailleurs, en remplaçant dans l'expression (3) précédemment établie, Hi par $b - b'$. L'équation est de la forme $ax^2 + bx = c$ dans laquelle on a

$$a = 2R - pH$$
$$b = b'(2R - 2pH)$$
$$c = \frac{1\,000 h^3 R}{pH} + b'^2(pH + R)$$

La racine positive est :

$$x = \frac{-b + \sqrt{b^2 + 4ac}}{2a}$$

577. *Exemple.* — On veut avoir

$b' = 0^m,60$ et $R = 5$ K par centimètre carré. D'autre part, $h = 3,80$; $H = 4,00$ et $p = 2\,000$ K le mètre cube. L'expression précédente donnera

$$a = 2 \times 50\,000 - 2\,000 \times 4,00 = 92\,000$$

$$b = 0,60\,(2 \times 50\,000 - 2 \times 2\,000 \times 4,00) = 50\,400$$

$$c = \frac{1\,000 \times \overline{3,80}^3 \times 50\,000}{2\,000 \times 4,00} + \overline{0,60}^2 \times (2\,000 \times 4,00 + 50\,000) = 363\,830$$

D'où : $x = \dfrac{-b + \sqrt{b^2 + 4ac}}{2a}$

$$x = \frac{-50\,400 + \sqrt{\overline{50\,400}^2 + 4 \times 92\,000 \times 363\,830}}{2 \times 92\,000} = 1,733$$

Donc $b = 1^m,733$.

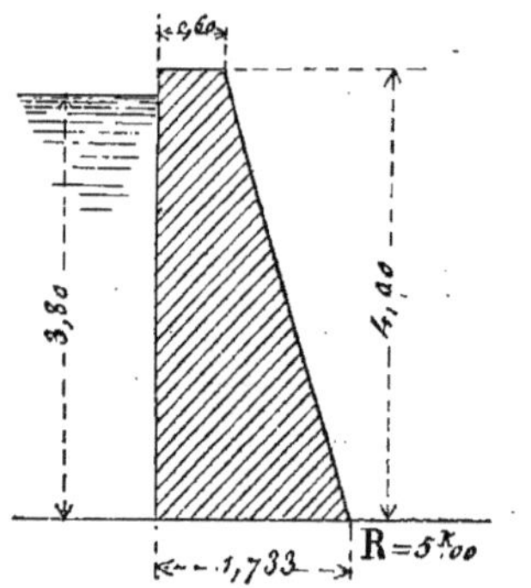

Fig. 502.

La section obtenue est celle représentée dans le croquis ci-dessus (*fig.* 502). Elle réalise sur celle de la figure 501, obtenue en se donnant un fruit de $\frac{1}{6}$, une notable économie de maçonnerie. C'est toujours en opérant ainsi qu'on devra déterminer le profil d'un mur dont on s'imposera la largeur au sommet et la plus grande compression des maçonneries à la base.

Quatrième problème.

578. — *Déterminer les dimensions à donner à un mur dont la section a la forme d'un trapèze rectangle, à parement intérieur vertical, lorsqu'on se donne le degré de stabilité du mur.*

Quand nous nous sommes occupé de la détermination de l'épaisseur à donner à un mur de section rectangulaire, nous avons montré que ce quatrième problème pouvait se ramener au deuxième pour lequel on se donne la distance du centre de pression à l'arête extérieure. Il n'y a donc rien de particulier à dire ici. D'ailleurs, les trois premiers problèmes répondent aux cas les plus fréquents qui peuvent se présenter dans la pratique.

Cinquième problème.

579. — *Vérifier la stabilité d'un mur dont on connaît la section en forme de trapèze rectangle à parement intérieur vertical.*

1° *Vérification par le calcul.* — On pourrait faire une vérification par le calcul en opérant comme nous l'avons indiqué pour la section rectangulaire. Pour cela, on écrirait l'égalité des moments de F et de P par rapport à un centre de pression placé à une distance égale à d de l'arête extérieure et on aurait

$$\frac{500\,h^3}{3} = \frac{pH}{2}(2b - Hi)\left[b - \frac{b - Hi}{2} - \frac{(3b - Hi)\,Hi}{6\,(2b - Hi)} - d\right],$$

d'où l'on tirerait la valeur de d qui serait

$$d = \frac{b}{2} + \frac{Hi}{2} - \frac{(3b - Hi)\,Hi}{6\,(2b - Hi)} - \frac{1\,000\,h^3}{3pH\,(2b - Hi)}$$

$$d = b^2 - \frac{H^2 i^2}{3} - \frac{1\,000 h^3}{3pH} \quad (1)$$

On verrait, en remplaçant, dans cette expression (1), les lettres par leurs valeurs si d est une quantité positive, ce qui est nécessaire pour que la condition de stabilité relative au renversement soit satisfaite. On vérifierait ensuite la condition relative à la compression des matériaux en prenant la formule $R = \frac{2P}{3d}$, dans laquelle on remplacerait le poids P et la distance d par leurs valeurs calculées. Enfin, il resterait à voir si

$$\text{tang } \varphi = \frac{F}{P} < f.$$

Le lecteur pourra facilement, s'il le désire, faire, avec les formules que nous venons d'indiquer, la vérification de la section (*fig.* 503) dont nous allons étudier graphiquement la stabilité.

2° *Vérification graphique.* — Soit à vérifier la stabilité d'un mur dont la section transversale est donnée dans la figure 503

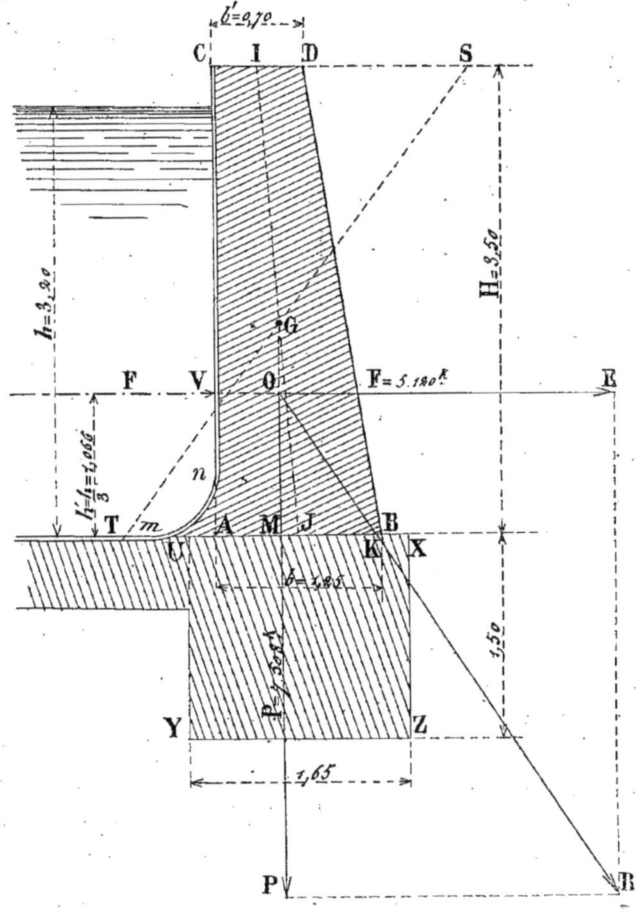

Fig. 503.

ci-contre. La section transversale a 3m50 de hauteur depuis le fond du réservoir jusqu'à son sommet ; 0m,70 de largeur en haut et 1m,25 de largeur à sa base en ne tenant pas compte du triangle curviligne Amn qui raccorde le trapèze de la section avec le fond. La hauteur d'eau dans le réservoir est de 3m,20. Le mur repose sur une fondation en béton ayant 1m,65 de largeur et 1m,50 de profondeur. Le poids du mètre cube de maçonnerie du mur est de 2 200ᵏ et le poids du mètre cube de béton de la fondation, 1 850ᵏ.

Il faut chercher d'abord le centre de gravité de la section ABCD. Pour cela, joindre les milieux I et J des bases CD et AB par la droite IJ ; puis porter à droite de CD, sur l'horizontale CS, une longueur DS égale à la base inférieure AB, et, à gauche de la base AB, une longueur AT égale à la base supérieure. Joindre les deux points S et T. L'intersection G des deux droites IJ et ST est le centre de gravité du trapèze ABCD. La verticale qui représentera le poids du mur passera par ce centre de gravité.

Calculer la poussée F et le poids P.

$F = 500\ h^2$

$= 500 \times \overline{3,20}^2$

$F = 5\ 120$ k. sur un mètre de longueur du mur.

$$P = p \times H \times \frac{b + b'}{2}$$

$$= 2\ 200 \times 3,50 \times \frac{1,25 + 0,70}{2}$$

$P = 7\ 508$ K, pour un mètre de longueur du mur.

La poussée F a son centre de pression situé à une hauteur $h' = \frac{h}{3} =$ 1ᵐ,066 au-dessus du fond. Il est par conséquent placé sur l'horizontale VO. Transporter les valeurs de F et de P, à partir du point de rencontre O de leurs directions, en OE = F et en OP = P. Tracer la résultante OR, diagonale du rectangle construit sur les valeurs de F et P. Cette résultante rencontre la base AB en un point K très rapproché de l'arête B. Ce point K étant situé à l'intérieur de AB, on peut dire que le mur ne tournera pas autour de B pour être renversé, si, toutefois, les matériaux ne s'écrasent pas sur cette arête B. La première des conditions de stabilité est satisfaite. Voyons si la seconde condition relative à la compression des matériaux l'est aussi. En mesurant sur l'épure, on trouve que la distance KB est égale à 4 centimètres environ. Toute la pression due au poids du mur se reportera donc, d'après la loi du trapèze, sur une largeur de la base égale à $3 \times 0,04 =$ 0ᵐ,12 c'est-à-dire, pour un mètre de longueur du mur sur une surface de $0,12 \times 1,00 =$ 0ᵐ²,12.

Dans la relation $R = \frac{2N}{\omega}$ qui représente la plus grande compression sur l'arête B, on a donc

$$\omega = 0^{m2},12$$
$$N = P = 7\ 508 \text{ kil.}$$

Il en résulte que $R = \frac{2 \times 7\ 508}{0,12} = 125\ 133^k$ par mètre carré.

soit 12ᵏ.51 par centimètre carré.

Si la maçonnerie du mur s'écrase sous une charge de 80 kilogrammes par centimètre carré, il n'y aurait pas écrasement puisque le chiffre 12,51 est bien inférieur à 80. Mais il ne peut être adopté néanmoins ; car, pour avoir toute sécurité, il est bon de ne prendre que le $\frac{1}{10}$ et même souvent que le $\frac{1}{20}$ du chiffre qui représente la charge d'écrasement. Ici, il faudrait donc que la valeur de R ne dépassât pas 4 à 8 kilogrammes par centimètre carré. Donc la section ABCD du mur est trop faible ; il est nécessaire de l'élargir à sa base. Nous augmentons cette base de 0ᵐ,25 en la portant à 1ᵐ,50 et nous refaisons l'épure (*fig.* 503 *bis*) en opérant comme il a été expliqué précédemment et en remarquant que le poids P de la maçonnerie à porter sur la verticale à partir de O est modifié en même temps que la largeur de la base, tandis que la valeur de F reste la même. La nouvelle valeur de P est :

$$P = 2\ 200 \times 3,50 \times \frac{1,50 + 0,70}{2} = 8\ 470^k$$

En composant $F = 5\ 120$ K. avec $P = 8\ 470$ K., on trouve une résultante OR qui coupe la base AB au point K distant de 0ᵐ,30 de B. La compression totale s'exerce donc sur une surface ω ayant pour valeur

$\omega = 3 \times 0^m,30 \times 1^m,00 = 0^{m^2},90.$

La plus grande compression qui se produit sur l'arête B a, alors, pour valeur :

$R = \frac{2P}{\omega} = \frac{2 \times 8\,470}{0,90} = 18\,822$ kil. par mètre carré.

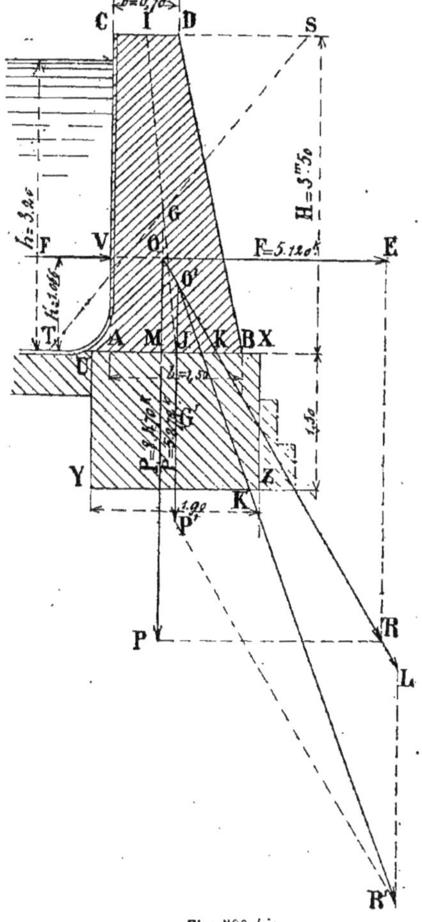

Fig. 503 *bis*.

Cette compression maximum de 1^k, 88 par centimètre carré est bien au-dessous de celle que nous pourrions avoir, c'est-à-dire de 4 à 8^k. La base de 1^m,25 nous donne une compression trop forte, celle de 1^m,50 une compression trop faible. Nous aurions donc pu prendre, comme base, une dimension comprise entre 1^m,25 et 1^m,50 ; 1^m,35 par exemple. On conçoit que, en agissant de la même manière sur une suite de largeurs plus ou moins grandes, on arriverait à trouver celle pour laquelle la compression sur l'arête B serait exactement égale à la compression limite qu'on ne veut pas dépasser pour les matériaux dont on fera usage.

Le mur dont nous étudions la stabilité remplit donc les deux premières conditions de la stabilité, conditions relatives au renversement et à la compression des matériaux Remplit-il la troisième relative au glissement ? La valeur de tang φ est ici

$$\text{tang } \varphi = \frac{F}{P} = \frac{5\,120}{8\,470} = 0,604$$

comme cette valeur est inférieure à 0,75, qui est le coefficient généralement adopté, on peut dire que le mur ne pourra glisser sur sa fondation en béton.

580. *Fondation.* — La fondation est en béton, elle a 1^m,50 de profondeur et $1^m,50 + 2 \times 0,20 = 1^m,90$ de largeur. Pour se rendre compte de la stabilité de l'ensemble de l'ouvrage, mur et sa fondation, on composera le poids P' de celle-ci avec la résultante OR déjà obtenue. Or, le poids P' de la fondation est $P' = 1^m,90 \times 1^m,50 \times 1^m,00 \times 1\,850^k = 5\,272^k$. Son point d'application est le centre de gravité G' du rectangle UXYZ (*fig.* 503 *bis*). On transporte ce poids à son point de rencontre O' avec la résultante OR, dont le point d'application est également transporté en O', et on trace le parallélogramme des forces O'LR'P' dont la diagonale O'R' est la résultante cherchée. O'R' rencontre la base YZ de la fondation au point K' distant de l'arête Z de 0^m,13 environ. La compression à la base de la fondation s'exerce donc sur une surface égale à $3 \times 0^m,13 \times 1^m,00 = 0^{m^2},39$. Le poids total qui produit cette compression est égale à

$$P + P' = 8\,470 + 5\,272 = 13\,742 \text{ kil.}$$

La plus grande compression de la maçonnerie sur l'arête Z a, par suite, pour valeur,

$$R = \frac{2N}{\omega} = \frac{2 \times 13\,742}{0^{m2},39}$$

$$R = 70\,472 \text{ kil. par mètre carré.}$$

Soit 7 k,05 par centimètre carré.

Cette compression entre la maçonnerie de fondation et le sol sur lequel elle repose est un peu trop forte. Il y aurait lieu d'élargir la base du massif en béton en lui donnant un plus grand empatement au moyen de redans successifs comme cela est indiqué (*fig.* 503 *bis*). Il y aurait enfin à voir si la valeur limite de tang φ n'est pas dépassée en remarquant ici que cette valeur limite du coefficient de frottement est généralement prise égale à 0m,76 pour le rocher naturel ; à 0,57 pour le sol naturel (terre ou sable) et à 0, 30 seulement pour un sol argileux sujet à être détrempé par les eaux.

Si l'on trouvait, pour l'angle que fait la résultante avec la base de la fondation, une quantité dépassant l'angle φ, il faudrait alors augmenter les poids du mur et de la fondation pour ramener la résultante à se rapprocher davantage de la verticale. Cette augmentation porterait surtout sur la fondation qu'on descendrait à une plus grande profondeur et qu'on élargirait au moyen de redans successifs.

Formules simplifiées pour les cas usuels de la pratique

Problème

581. — *Déterminer les dimensions à donner à un mur dont la section est un trapèze rectangle à parement intérieur vertical, pour que le centre de pression à la base soit situé au tiers de cette base à partir de l'arête extérieure.*

1° *On donne le fruit i du parement extérieur incliné*

On a trouvé que la valeur de la base b était, dans ce cas :

$$b = -\frac{Hi}{2} + \sqrt{\frac{5H^2i^2}{4} + \frac{1\,000h^3}{pH}}$$

En faisant d'abord, dans cette formule, $h = H$, il vient :

$$b = -\frac{Hi}{2} + H\sqrt{\frac{5i^2}{4} + \frac{1\,000}{p}}, \text{ ou :}$$

$$b = \left(\sqrt{\frac{5i^2}{4} + \frac{1\,000}{p}} - \frac{i}{2}\right) \times H$$

En attribuant au fruit i et au poid p des valeurs différentes on aura des formules simplifiées qui donneront des valeurs correspondantes de la base b.

Poids du mètre cube de la maçonnerie,
p = 2000k

Fruit $i = \frac{1}{5}$	$b = 0,640 \times H$
« $i = \frac{1}{6}$	$b = 0,648 \times H$
« $i = \frac{1}{8}$	$b = 0,658 \times H$
« $i = \frac{1}{10}$	$b = 0,666 \times H$

Poids du mètre cube de la maçonnerie.
p = 2200k

Fruit $i = \frac{1}{5}$	$b = 0,610 \times H$
« $i = \frac{1}{6}$	$b = 0,616 \times H$
« $i = \frac{1}{8}$	$b = 0,626 \times H$
« $i = \frac{1}{10}$	$b = 0,633 \times H$

Poids du mètre cube de la maçonnerie.
p = 2400k

Fruit $i = \frac{1}{5}$	$b = 0,583 \times H$
« $i = \frac{1}{6}$	$b = 0,589 \times H$
« $i = \frac{1}{8}$	$b = 0,598 \times H$
« $i = \frac{1}{10}$	$b = 0,605 \times H$

582. *Remarque.* — La largeur b' au sommet se déduira facilement de la largeur b à la base, obtenue au moyen des formules précédentes, puisqu'on a :

$$b' = b - Hi$$

Problème

583. — *Déterminer les dimensions à donner à un mur dont la section est un trapèze rectangle à parement intérieur vertical, pour que le centre de pression à la base soit situé au tiers de cette base à partir de l'arête extérieure.*

2° *On donne la largeur b' du mur à son sommet.*

On a vu que, dans ce cas, l'expression de la largeur b à la base est :

$$b = -\frac{b'}{2} + \sqrt{\frac{5b'^2}{4} + \frac{1\,000h^3}{pH}}$$

Si nous faisons toujours l'hypothèse $h = H$, cette formule deviendra :

$$b = -\frac{b'}{2} + \sqrt{\frac{5b'^2}{4} + \frac{1\,000}{p}H^2}$$

La largeur minimum du mur à son sommet est de $0^m,50$. Nous donnons ci-dessous les formules simplifiées pour quatre valeurs de b', savoir : $b' = 0,50$; $b' = 0,60$; $b' = 0,80$; $b' = 1,00$.

Poids du mètre cube de la maçonnerie

$$\mathbf{p = 2\,000^k}$$

Pour,

$b' = 0,50$, $b = \sqrt{0,31 + 0,50 \times H^2} - 0,25$

$b' = 0,60$, $b = \sqrt{0,45 + 0,50 \times H^2} - 0,30$

$b' = 0,80$, $b = \sqrt{0,80 + 0,50 \times H^2} - 0,40$

$b' = 1,00$, $b = \sqrt{1,25 + 0,50 \times H^2} - 0,50$

Poids du mètre cube de la maçonnerie.

$$\mathbf{p = 2\,200^k}$$

Pour,

$b' = 0,50$, $b = \sqrt{0,31 + 0,45 \times H^2} - 0,25$

$b' = 0,60$, $b = \sqrt{0,45 + 0,45 \times H^2} - 0,30$

$b' = 0,80$, $b = \sqrt{0,80 + 0,45 \times H^2} - 0,40$

$b' = 1,00$, $b = \sqrt{1,25 + 0,45 \times H^2} - 0,50$

Poids du mètre cube de la maçonnerie.

$$\mathbf{p = 2400^k}$$

Pour,

$b' = 0,50$, $b = \sqrt{0,31 + 0,42 \times H^2} - 0,25$

$b' = 0,60$, $b = \sqrt{0,45 + 0,42 \times H^2} - 0,30$

$b' = 0,80$, $b = \sqrt{0,80 + 0,42 \times H^2} - 0,40$

$b' = 1,00$, $b = \sqrt{1,25 + 0,42 \times H^2} - 0,50$

584. *Remarque.* — On se donne la largeur b' au sommet du mur et on calcule la largeur b à la base. Il en résulte, pour le parement extérieur incliné, un certain fruit qu'on peut avoir intérêt à connaître. Ce fruit s'obtiendra facilement au moyen de la relation

$$i = \frac{b - b'}{H}$$

Problème

585. *Déterminer les dimensions d'un mur ayant une section en forme de trapèze rectangle, lorsqu'on s'impose la valeur de la plus grande compression R à la base du mur.*

1° *On donne le fruit i du parement extérieur incliné.*

En écrivant l'équation d'équilibre autour du centre de pression, on est arrivé à la formule suivante (page 450)

$$\left(3pH - \frac{4p^2H^2}{R}\right)b^2 + \frac{4p^2H^3i}{R}b = \frac{p^2H^4i^2}{R} + 1\,000h^3 + pH^3i^2 \qquad (1)$$

De la forme $ax^2 + bx = c$ dont la racine positive est

$$x = \frac{-b + \sqrt{b^2 + 4ac}}{2a} \qquad (2)$$

Si nous faisons $h = H$ dans la formule (1) ci-dessus, tous les termes sont divisibles par H et on a :

$$a = 3p - \frac{4p^2H}{R}$$

$$b = \frac{4p^2i}{R} H^2$$

$$c = \frac{p^2i^2}{R} H^3 + (1\,000 + pi^2) H^2$$

En portant ces valeurs *a*, *b* et *c* dans la formule (2), en effectuant les opérations et en simplifiant le plus possible, on arrive finalement à l'expression suivante :

$$x \text{ ou } b = \frac{R\sqrt{3\left(\frac{1\,000 + pi^2}{p}\right) - \left\{\frac{4\,(1\,000 + pi^2) - 3pi^2}{R}\right\} \times H} - 2piH}{\frac{3R}{H} - 4p.}$$

Nous allons maintenant remplacer, dans la formule précédente, R, *p*, et *i* par les valeurs qui s'emploient le plus souvent dans la pratique. Nous aurons ainsi les formules à utiliser dans chaque cas pour calculer la largeur *b* du mur à sa base. Nous faisons, successivement, R égal à 4, 6 et 8ᵏ par cent. carré ; *p* égal à 2 000, 2 200 et 2 400ᵏ le mètre cube et, enfin, *i* égal à $\frac{1}{5}$, $\frac{1}{6}$, $\frac{1}{8}$ et $\frac{1}{10}$.

Remarquons que ces fruits correspondent à des inclinaisons sur la verticale, inclinaisons qui sont respectivement égales à :

0ᵐ,20 par mètre pour le fruit de $\frac{1}{5}$,

0ᵐ,167 » » $\frac{1}{5}$,

0ᵐ,125 » » $\frac{1}{8}$,

0ᵐ,10 » » $\frac{1}{10}$,

R = 4ᵏ par cent. carré. — p = 2 000ᵏ

fruit $i = \frac{1}{5}$ $\quad b = \frac{40\sqrt{1,62 - 0,102 \times H} - 0,8 \times H}{\frac{120}{H} - 8}$

fruit $i = \frac{1}{6}$ $\quad b = \frac{40\sqrt{1,584 - 0,1014 \times H} - 0,666 \times H}{\frac{120}{H} - 8}$

fruit $i = \frac{1}{8}$ $\quad b = \frac{40\sqrt{1,5465 - 0,1008 \times H} - 0,5 \times H}{\frac{120}{H} - 8}$

fruit $i = \frac{1}{10}$ $\quad b = \frac{40\sqrt{1,53 - 0,1005 \times H} - 0,4 \times H}{\frac{120}{H} - 8}$

R = 4ᵏ par cent. carré. — p 2 200ᵏ

fruit $i = \frac{1}{5}$ $\quad b = \frac{40\sqrt{1,4835 - 0,1022 \times H} - 0,88 \times H}{\frac{120}{H} - 8,8}$

fruit $i = \frac{1}{6}$ $\quad b = \frac{48\sqrt{1,4466 - 0,1015 \times H} - 0,734 \times H}{\frac{120}{H} - 8,8}$

fruit $i = \frac{1}{8}$ $b = \dfrac{40\sqrt{1,41 - 0,1003 \times H} - 0,55 \times H}{\frac{120}{H} - 8,8}$

fruit $i = \frac{1}{10}$ $b = \dfrac{40\sqrt{1,3935 - 0,1005 \times H} - 0,44 \times H}{\frac{120}{H} - 8,8}$

R = 4ᵏ par cent. carré. — p. 2 400ᵏ

fruit $i = \frac{1}{5}$ $b = \dfrac{40\sqrt{1,37 - 0,1024 \times H} - 0,96 \times H}{\frac{120}{H} - 9,6}$

fruit $i = \frac{1}{6}$ $b = \dfrac{40\sqrt{1,3338 - 0,1017 \times H} - 0,8 \times H}{\frac{120}{H} - 9,6}$

fruit $i = \frac{1}{8}$ $b = \dfrac{40\sqrt{1,296 - 0,1009 \times H} - 0,6 \times H}{\frac{120}{H} - 9,6}$

fruit $i = \frac{1}{10}$ $b = \dfrac{40\sqrt{1,28 - 0,1006 \times H} - 0,48 \times H}{\frac{120}{H} - 9,6}$

R = 6ᵏ par cent. carré. — p = 2 000ᵏ.

fruit $i = \frac{1}{5}$ $b = \dfrac{60\sqrt{1,62 - 0,068 \times H} - 0,8 \times H}{\frac{180}{H} - 8}$

fruit $i = \frac{1}{6}$ $b = \dfrac{60\sqrt{1,584 - 0,0676 \times H} - 0,666 \times H}{\frac{180}{H} - 8}$

fruit $i = \frac{1}{8}$ $b = \dfrac{60\sqrt{1,5465 - 0,0672 \times H} - 0,5 \times H}{\frac{180}{H} - 8}$

fruit $i = \frac{1}{10}$ $b = \dfrac{60\sqrt{1,53 - 0,067 \times H} - 0,4 \times H}{\frac{180}{H} - 8}$

R = 6ᵏ par cent. carré. — p = 2 200ᵏ.

fruit $i = \frac{1}{5}$ $b = \dfrac{60\sqrt{1,4845 - 0,0681 \times H} - 0,88 \times H}{\frac{180}{H} - 8,8}$

fruit $i = \frac{1}{6}$ $b = \dfrac{60\sqrt{1,4466 - 0,0677 \times H} - 0,734 \times H}{\frac{180}{H} - 8,8}$

fruit $i = \frac{1}{8}$ $b = \frac{60\sqrt{1,41 - 0,0673 \times H} - 0,55 \times H}{\frac{180}{H} - 8,8}$

fruit $i = \frac{1}{10}$ $b = \frac{60\sqrt{1,3935 - 0,067 \times H} - 0,44 \times H}{\frac{180}{H} - 8,8}$

R = 6k par cent. carré. — p = 2 400k.

fruit $i = \frac{1}{5}$ $b = \frac{60\sqrt{1,37 - 0,0683 \times H} - 0,96 \times H}{\frac{180}{H} - 9,6}$

fruit $i = \frac{1}{6}$ $b = \frac{60\sqrt{1,3338 - 0,0678 \times H} - 0,8 \times H}{\frac{180}{H} - 9,6}$

fruit $i = \frac{1}{8}$ $b = \frac{60\sqrt{1,296 - 0,0673 \times H} - 0,6 \times H}{\frac{180}{H} - 9,6}$

fruit $i = \frac{1}{10}$ $b = \frac{60\sqrt{1,28 - 0,0671 \times H} - 0,48 \times H}{\frac{180}{H} - 9,6}$

R = 8k par cent. carré. — p = 2 000k.

fruit $i = \frac{1}{5}$ $b = \frac{80\sqrt{1,62 - 0,051 \times H} - 0,8 \times H}{\frac{240}{H} - 8}$

fruit $i = \frac{1}{6}$ $b = \frac{80\sqrt{1,584 - 0,0507 \times H} - 0,666 \times H}{\frac{240}{H} - 8}$

fruit $i = \frac{1}{8}$ $b = \frac{80\sqrt{1,5465 - 0,0504 \times H} - 0,5 \times H}{\frac{240}{H} - 8}$

fruit $i = \frac{1}{10}$ $b = \frac{80\sqrt{1,53 - 0,0502 \times H} - 0,4 \times H}{\frac{240}{H} - 8}$

R = 8k par cent. carré. — p = 2 200k.

fruit $i = \frac{1}{5}$ $b = \frac{80\sqrt{1,4835 - 0,0511 \times H} - 0,88 \times H}{\frac{240}{H} - 8,8}$

fruit $i = \frac{1}{6}$ $b = \frac{80\sqrt{1,4466 - 0,0507 \times H} - 0,734 \times H}{\frac{240}{H} - 8,8}$

fruit $i = \frac{1}{8}$ $\quad b = \dfrac{80\sqrt{1,41 - 0,0504 \times H} - 0,55 \times H}{\frac{240}{H} - 8,8}$

fruit $i = \frac{1}{10}$ $\quad b = \dfrac{80\sqrt{1,3935 - 0,0503 \times H} - 0,44 \times H}{\frac{240}{H} - 8,8}$

R = 8ᵏ par cent. carré. — p = 2 400ᵏ

fruit $i = \frac{1}{5}$ $\quad b = \dfrac{80\sqrt{1,37 - 0,0512 \times H} - 0,96 \times H}{\frac{240}{H} - 9,6}$

fruit $i = \frac{1}{6}$ $\quad b = \dfrac{80\sqrt{1,3338 - 0.0508 \times H} - 0,8 \times H}{\frac{240}{H} - 9,6}$

fruit $i = \frac{1}{8}$ $\quad b = \dfrac{80\sqrt{1,296 - 0,0505 \times H} - 0,6 \times H}{\frac{240}{H} - 9,6}$

fruit $i = \frac{1}{10}$ $\quad b = \dfrac{80\sqrt{1,28 - 0,0503 \times H} - 0,48 \times H}{\frac{240}{H} - 9,6}$

Exemple. — Le mur doit avoir 5^m00 de hauteur. La maçonnerie pèse 2 400 kilos le mètre cube et peut, en toute sécurité, recevoir une compression maxima de 6^k par centimètre carré. On désire donner au parement extérieur incliné un fruit de $\frac{1}{8}$.

On prendra la formule qui répond aux trois données du problème : $R = 6^k$ par centimètre carré, $p = 2\,400$ et $i = \frac{1}{8}$. Cette formule est

$$b = \frac{60\sqrt{1,296 - 0,0673 \times H} - 0,6 \times H}{\frac{180}{H} - 9,6}$$

En faisant $H = 5^m,00$ dans cette formule, on trouve

$$b = \frac{60\sqrt{1,296 - 0,0673 \times 5,00} - 0,6 \times 5,00}{\frac{180}{H} - 9,6}$$

$$= \frac{55,80}{26,4} = 2^m,11.$$

586. *Remarque.* — La largeur b, du mur à son sommet se déduira facilement de la largeur b à sa base, au moyen de la relation

$$b' = b - Hi$$

Problème.

587. *Déterminer les dimensions d'un mur ayant une section en forme de trapèze rectangle, lorsqu'on s'impose la valeur de la plus grande compression R à la base du mur.*

2° *On donne la largeur b' du mur à son sommet.*

On arrive encore, dans ce cas, à une équation de la forme

$$ax^2 + bx = c$$

dont la racine positive est

$$x = \frac{-b + \sqrt{b^2 + 4ac}}{2a} \qquad (1)$$

et dans laquelle on a :

$$a = 2R - pH$$
$$b = 2b'(R - pH)$$
$$c = \frac{1\,000h^2R}{pH} + b'^2(pH + R)$$

En faisant $h = H$, la valeur de c devient :

$$c = \frac{1\,000R}{p}H^2 + b'^2(pH + R)$$

Et en portant dans l'équation (1) les valeurs de a, b, c, effectuant les opérations et simplifiant, il vient :

$$x \text{ ou } b = \frac{b'pH + R\sqrt{3b'^2 - \frac{b'^2p}{R} \times H + \frac{2\,000}{p} \times H^2 - \frac{1\,000}{R} \times H^3} - b'R}{2R - pH}$$

Si nous faisons successivement, dans cette formule,

$R = 4$, 6 et 8^k par centimètre carré,

$p = 2\,000$, 2 200 et $2\,400^k$,

$b' = 0{,}50$, 0,60, 0,80 et $1^m{,}00$, nous avons les formules simplifiées suivantes :

R = 4^k par cent. carré. — p = 2 000^k

$$b' = 0{,}50 \quad b = \frac{H + 40\sqrt{0{,}75 - 0{,}012 \times H + H^2 - 0{,}025 \times H^3} - 20}{80 - 2 \times H}$$

$$b' = 0{,}60 \quad b = \frac{1{,}2 \times H + 40\sqrt{1{,}08 - 0{,}018 \times H + H^2 - 0{,}025 \times H^3} - 24}{80 - 2 \times H}$$

$$b' = 0{,}80 \quad b = \frac{1{,}6 \times H + 40\sqrt{1{,}92 - 0{,}032 \times H + H^2 - 0{,}025 \times H^3} - 32}{80 - 2 \times H}$$

$$b' = 1{,}00 \quad b = \frac{2 \times H + 40\sqrt{3{,}00 - 0{,}05 \times H + H^2 - 0{,}025 \times H^3} - 40}{80 - 2 \times H}$$

R = 4^k par cent. carré. — p = 2 200^k

$$b' = 0{,}50 \quad b = \frac{1{,}1 \times H + 40\sqrt{0{,}75 - 0{,}014 \times H + 0{,}91 \times H^2 - 0{,}025 \times H^3} - 20}{80 - 2{,}2 \times H}$$

$$b' = 0{,}60 \quad b = \frac{1{,}32 \times H + 40\sqrt{1{,}08 - 0{,}02 \times H + 0{,}91 \times H^2 - 0{,}025 \times H^3} - 24}{80 - 2{,}2 \times H}$$

$$b' = 0{,}80 \quad b = \frac{1{,}76 \times H + 40\sqrt{1{,}92 - 0{,}035 \times H + 0{,}91 \times H^2 - 0{,}025 \times H^3} - 32}{80 - 2{,}2 \times H}$$

$$b' = 1{,}00 \quad b = \frac{2{,}2 \times H + 40\sqrt{3{,}00 - 0{,}055 \times H + 0{,}91 \times H^2 - 0{,}025 \times H^3} - 40}{80 - 2{,}2 \times H}$$

R = 4^k par cent. carré. — p. = 2 400^k

$$b' = 0{,}50 \quad b = \frac{1{,}2 \times H + 40\sqrt{0{,}75 - 0{,}015 \times H + 0{,}83 \times H^2 - 0{,}025 \times H^3} - 20}{80 - 2{,}4 \times H}$$

$$b' = 0{,}60 \quad b = \frac{1{,}44 \times H + 40\sqrt{1{,}08 - 0{,}022 \times H + 0{,}83 \times H^2 - 0{,}025 \times H^3} - 24}{80 - 2{,}4 \times H}$$

$$b' = 0{,}80 \quad b = \frac{1.92 \times H + 40\sqrt{1{,}92 - 0.038 \times H + 0.83 \times H^2 - 0{,}025 \times H^3} - 32}{80 - 2{,}4 \times H}$$

$$b' = 1{,}00 \quad b = \frac{2{,}4 \times H + 40\sqrt{3{,}00 - 0{,}06 \times H + 0\ 83 \times H^2 - 0{,}025 \times H^3} - 40}{80 - 2{,}4 \times H}$$

R = 6ᵏ par cent. carré. — p. = 2 000ᵏ

$$b' = 0{,}50 \quad b = \frac{H + 60\sqrt{0{,}75 - 0{,}008 \times H + H^2 - 0{,}0167 \times H^3} - 30}{120 - 2 \times H}$$

$$b' = 0{,}60 \quad b = \frac{1{,}2 \times H + 60\sqrt{1{,}08 - 0{,}012 \times H + H^2 - 0{,}0167 \times H^3} - 36}{120 - 2 \times H}$$

$$b' = 0{,}80 \quad b = \frac{1{,}6 \times H + 60\sqrt{1{,}92 - 0{,}021 \times H + H^2 - 0{,}0167 \times H^3} - 48}{120 - 2 \times H}$$

$$b' = 1{,}00 \quad b = \frac{2 \times H + 60\sqrt{3{,}00 - 0{,}033 \times H + H^2 - 0{,}0167 \times H^3} - 60}{120 - 2 \times H}$$

R = 6ᵏ par cent. carré. — p = 2 200ᵏ

$$b' = 0{,}50 \quad b = \frac{1{,}1 \times H + 60\sqrt{0{,}75 - 0{,}009 \times H + 0{,}91 \times H^2 - 0.01\ 7 \times H^3} - 30}{120 - 2{,}2 \times H}$$

$$b' = 0{,}60 \quad b = \frac{1{,}32 \times H + 60\sqrt{1{,}08 - 0{,}013 \times H + 0{,}91 \times H^2 - 0{,}0167 \times H^3} - 36}{120 - 2{,}2 \times H}$$

$$b' = 0{,}80 \quad b = \frac{1{,}76 \times H + 60\sqrt{1{,}92 - 0{,}024 \times H + 0{,}91 \times H^2 - 0{,}0167 \times H^3} - 48}{120 - 2{,}2 \times H}$$

$$b' = 1{,}00 \quad c = \frac{2{,}2 \times H + 60\sqrt{3{,}00 - 0{,}037 \times H + 0{,}91 \times H^2 - 0{,}0167 \times H^3} - 60}{120 - 2{,}2 \times H}$$

R = 6ᵏ par cent. carré. — p. = 2 400ᵏ

$$b' = 0{,}50 \quad b = \frac{1{,}2 \times H + 60\sqrt{0{,}75 - 0{,}01 \times H + 0{,}83 \times H^2 - 0{,}0167 \times H^3} - 30}{120 - 2{,}4 \times H}$$

$$b' = 0{,}60 \quad b = \frac{1{,}44 \times H + 60\sqrt{1{,}08 - 0{,}015 \times H + 0{,}83 \times H^2 - 0{,}0167 \times H^3} - 36}{120 - 2{,}4 \times H}$$

$$b' = 0{,}80 \quad b = \frac{1{,}92 \times H + 60\sqrt{1{,}92 - 0{,}026 \times H + 0{,}83 \times H^2 - 0{,}0167 \times H^3} - 48}{120 - 2{,}4 \times H}$$

$$b' = 1{,}00 \quad b = \frac{2{,}4 \times H + 60\sqrt{3{,}00 - 0{,}04 \times H + 0{,}83 \times H^2 - 0.0167 \times H^3} - 60}{120 - 2{,}4 \times H}$$

R = 8ᵏ par cent. — carré. p = 2 000ᵏ.

$$b' = 0{,}50 \quad b = \frac{H + 80\sqrt{0{,}75 - 0{,}006 \times H + H^2 - 0{,}0125 \times H^3} - 40}{160 - 2 \times H}$$

$$b' = 0{,}60 \quad b = \frac{1{,}2 + H + 80\sqrt{1{,}08 - 0{,}009 \times H + H^2 - 0{,}0125 \times H^3} - 48}{160 - 2 \times H}$$

$$b' = 0{,}60 \quad b = \frac{1{,}6 \times H + 80\sqrt{1{,}92 - 0{,}016 \times H + H^2 - 0{,}0125 \times H^3} - 64}{160 - 2 \times H}$$

$$b' = 1{,}00 \quad b = \frac{2 \times H + 80\sqrt{3{,}00 - 0{,}025 \times H + H^2 - 0{,}0125 \times H^3} - 80}{160 - 2 \times H}$$

R = 8ᵏ par cent. carré. — p = 2 200ᵏ

$$b' = 0{,}50 \quad b = \frac{1{,}1 \times H + 80\sqrt{0{,}75 - 0{,}007 \times H + 0{,}91 \times H^2 \quad 0{,}0125 \times H^3} - 40}{160 - 2{,}2 \times H}$$

$$b' = 0{,}60 \quad b = \frac{1{,}32 \times H + 80\sqrt{1{,}08 - 0{,}01 \times H + 0{,}91 \times H^2 - 0{,}0125 \times H^3} - 48}{160 - 2{,}2 \times H}$$

$$b' = 0{,}80 \quad b = \frac{1{,}76 \times H + 80\sqrt{1{,}92 - 0{,}017 \times H + 0{,}91 \times H^2 - 0{,}0125 \times H^3} - 64}{160 - 2{,}2 \times H}$$

$$b' = 1{,}00 \quad b = \frac{2{,}2 \times H + 80\sqrt{3{,}00 - 0{,}027 \times H + 0{,}91 \times H^2 - 0{,}0125 \times H^3} - 80}{160 - 2{,}2 \times H}$$

R = 8ᵏ par cent. carré. — p = 2 400ᵏ

$$b' = 0{,}50 \quad b = \frac{1{,}2 \times H + 80\sqrt{0{,}75 - 0{,}007 \times H + 0{,}83 \times H^2 - 0{,}0125 \times H^3} - 40}{160 - 2{,}4 \times H}$$

$$b' = 0{,}60 \quad b = \frac{1{,}44 \times H + 80\sqrt{1{,}08 - 0{,}011 \times H + 0{,}83 \times H^2 - 0{,}0125 \times H^3} - 48}{160 - 2{,}4 \times H}$$

$$b' = 0{,}80 \quad b = \frac{1{,}92 \times H + 80\sqrt{1{,}92 + 0{,}019 \times H + 0{,}83 \times H^2 - 0{,}0125 \times H^3} - 64}{160 - 2{,}4 \times H}$$

$$b' = 1{,}00 \quad b = \frac{2{,}4 \times H + 80\sqrt{3{,}00 - 0{,}03 \times H + 0{,}83 \times H^2 - 0{,}0125 \times H^3} - 80}{160 - 2{,}4 \times H}$$

Exemple. — La maçonnerie, dont sera constitué le mur de réservoir, pèse 2400ᵏ le mètre cube et peut travailler, en toute sécurité, à 8ᵏ par centimètre carré. On veut en outre donner au mur une largeur en couronne de 0ᵐ60. La hauteur du mur au-dessus du fond du réservoir est de 6ᵐ,00. On demande la largeur que doit avoir ce mur au niveau du fond.

La formule qui correspond aux données $R = 8^k$, $p = 2400$ et $b' = 0{,}60$ est :

$$b = \frac{1{,}44 \times H + 80\sqrt{1{,}08 - 0{,}011 \times H + 0{,}83 \times H^2 - 0{,}0125 H^3} - 48}{160 - 2{,}4 \times H}$$

En remplaçant, dans cette formule, H par sa valeur 6ᵐ,00, il vient :

$$b = \frac{1{,}44 \times 6 + 80\sqrt{1{,}08 - 0{,}011 \times 6 + 0{,}83 \times 36 - 0{,}0125 \times 216} - 48}{160 - 2{,}4 \times 6}$$

$$b = \frac{385{,}44}{145{,}6} = 2^m{,}64.$$

588. *Remarque.* — Connaissant la hauteur $H = 6^m{,}00$, la largeur à la base $b = 2^m{,}64$ et la largeur en couronne $b' = 0^m{,}60$, on aurait facilement la valeur du fruit du parement extérieur incliné, puisque

$$i = \frac{b - b'}{H} = \frac{2{,}64 - 0{,}60}{6{,}00} = \frac{2{,}04}{6} = 0^m{,}34$$

par mètre sur la verticale, ou environ $\frac{1}{3}$.

V — Stabilité d'un mur ayant une section en forme de trapèze symétrique (les deux parements également inclinés).

589. Dans le cas de mur ayant une section en forme de trapèze symétrique, nous établirons, comme nous l'avons déjà fait pour les murs ayant des sections rectangulaires ou en forme de trapèze rectangle, des formules qui permettront de calculer directement les dimensions transversales à donner au mur, lorsqu'on se donne, soit la distance $\frac{b}{n}$ du centre de pression à l'arête extérieure, soit le degré de stabilité s, soit la plus grande compression R par unité de surface que les maçonneries peuvent supporter en toute sécurité.

Premier problème

590. *Déterminer les dimensions transversales à donner à un mur ayant une section en forme de trapèze symétrique, lorsqu'on s'impose la distance $\frac{b}{n}$ du centre de pression à l'arête extérieure.*

Les données du problème sont :

h, hauteur de l'eau dans le réservoir ;

H, hauteur du mur ;

i, fruit des parements inclinés (d'un seul côté) ;

p, poids du mètre cube de la maçonnerie ;

$\frac{b}{n}$, distance du centre de pression à l'arête extérieure.

Il suffira de calculer la base inférieure b, car la base supérieure s'en déduira facilement, puisqu'on connaît le fruit i des parements inclinés

La pression de l'eau n'est plus horizontale. Elle est, en effet, normale à la surface pressée et sa direction vient rencontrer l'axe du trapèze en un point O (*fig* 504) à une hauteur OM au-dessus de la base plus petite que $LM = \frac{h}{3}$.

Cette pression F est transportée au point O où on la décompose en deux autres, l'une horizontale OF' et l'autre verticale of. Cette dernière force vient s'ajouter au poids P et c'est la somme $P + f$ qu'il faudra composer avec F' pour avoir la résultante R. On écrira que les moments de F' et de $P + f$, par rapport au point K où la résultante OR vient rencontrer la base AB, sont égaux.

$$M.\ F' = M(P + f)$$

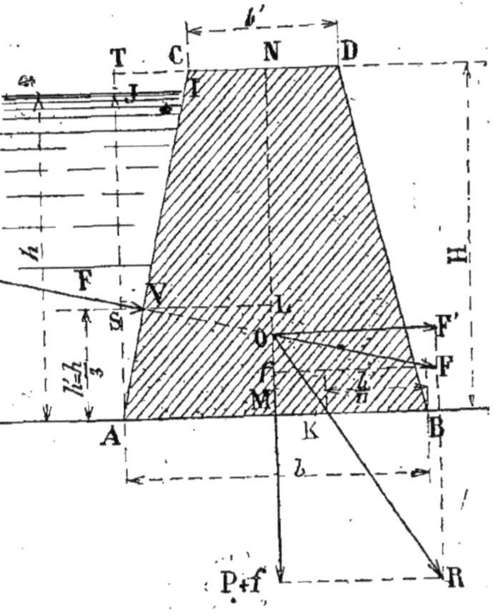

Fig. 504.

Avant d'entrer dans le détail de cette égalité, établissons les valeurs de F, F', f et P qui nous seront utiles :

Pression F.

$$F = 1\,000 \times IA \times \frac{h}{2}.$$

$$IA = \sqrt{\overline{AJ}^2 + \overline{JI}^2} = \sqrt{h^2 + h^2 i^2}$$
$$= h\sqrt{1 + i^2}$$

$$F = 1\,000 h \sqrt{1 + i^2}\,\frac{h}{2}$$

$$F = 500 h^2 \sqrt{1 + i^2}$$

Composante horizontale F'. — Les deux triangles rectangles OF'F et AJI sont semblables et donnent :

$$\frac{\mathrm{OF'}}{\mathrm{OF}} = \frac{\mathrm{AJ}}{\mathrm{AI}}$$

$$\text{ou, } \frac{\mathrm{F'}}{\mathrm{F}} = \frac{h}{\sqrt{h^2 + h^2 i^2}} = \frac{1}{\sqrt{1+i^2}}$$

$$\text{D'où, } \mathrm{F'} = \frac{\mathrm{F}}{\sqrt{1+i^2}} = \frac{500h^2\sqrt{1+i^2}}{\sqrt{1+i^2}}$$

$$\mathrm{F'} = 500h^2$$

Composante verticale f. — La droite OF ayant la même inclinaison sur OF' que AI sur AJ, on a

$$\mathrm{FF'} = \mathrm{OF'} \times i$$

$$\text{ou} \quad f = \mathrm{F'} \times i = 500h^2 i$$

Poids P. — Le poids d'un mètre de longueur de mur est

$$\mathrm{P} = p\mathrm{H}\frac{b + b'}{2}. \text{ Or, } b' = b - 2\mathrm{H}i$$

$$\text{Donc,} \quad \mathrm{P} = p\mathrm{H}\,(b - \mathrm{H}i)$$

Revenons maintenant à l'égalité des moments.

$$M.\mathrm{F'} = \mathrm{F'} \times \mathrm{OM}$$

$$\mathrm{OM} = \mathrm{LM} - \mathrm{LO} = \frac{h}{3} - \mathrm{LO}$$

$$\mathrm{LO} = \mathrm{LV} \times i = (\mathrm{LS} - \mathrm{VS}) \times i = \left(\frac{b}{2} - \mathrm{VS}\right) \times i$$

$$\mathrm{VS} = \mathrm{AS} \times i = \frac{h}{3}\, i$$

$$\mathrm{LO} = \left(\frac{b}{2} - \frac{h}{3}\, i\right) \times i$$

$$\mathrm{OM} = \frac{h}{3} - \frac{b}{2}i + \frac{h}{3}i^2 = \frac{h}{3}(1+i^2) - \frac{b}{2}i$$

$$\text{Donc } M.\,\mathrm{F'} = \mathrm{F'}\left[\frac{h}{3}(1+i^2) - \frac{b}{2}i\right]$$

Quant au moment de P + f, il est

$$M.(\mathrm{P}+f) = (\mathrm{P}+f) \times \mathrm{MK} = (\mathrm{P}+f)\left(\frac{b}{2} - \frac{b}{n}\right)$$

$$M.(\mathrm{P}+f) = (\mathrm{P}+f)\, b\,\frac{n-2}{2n}$$

L'égalité des moments peut donc s'écrire

$$\mathrm{F'}\left[\frac{h}{3}(1+i^2) - \frac{b}{2}i\right] = (\mathrm{P}+f)\, b\,\frac{n-2}{2n}$$

et, en remplaçant F', P et f par leurs valeurs déjà calculées, on a :

$$500h^2\left[\frac{h}{3}(1+i^2) - \frac{b}{2}i\right] = [p\mathrm{H}(b - \mathrm{H}i) + 500\,h^2 i]\, b\,\frac{n-2}{2n}$$

Enfin, en effectuant les opérations et en ordonnant par rapport à b, on trouve :

$$b^2 + \left(\frac{1\,000h^2 i}{p\mathrm{H}} \times \frac{n-1}{n-2} - \mathrm{H}i\right) b = \frac{1\,000h^3}{3\,p\mathrm{H}}(1+i^2)\frac{n}{n-2} \quad (1)$$

équation de la forme

$$x^2 + px = q$$

dont les racines sont

$$x = -\frac{p}{2} \pm \sqrt{\frac{p^2}{4} + q}$$

On pourra donc calculer facilement la valeur de b.

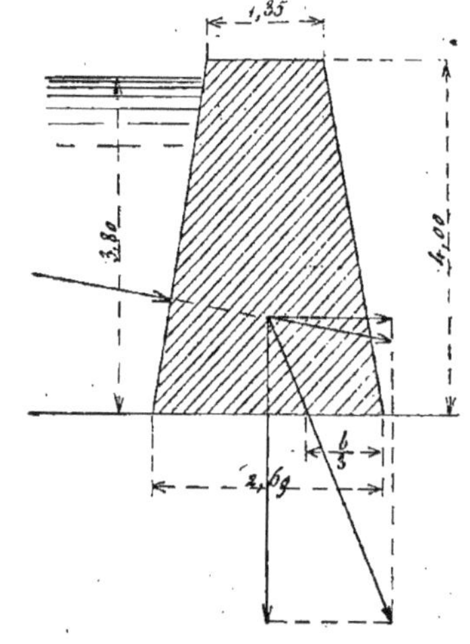

Fig. 505.

591. *Exemples.* — Nous appliquerons la formule (1) à la détermination des dimensions d'un mur en faisant successivement $n = 3$, $n = 4$ et $n = 5$, ce qui signifie que la résultante OR (*fig.* 504) viendra couper la base en un centre de pression K situé au 1/3 ou au 1/4 ou au 1/5 de la base à partir de l'arête extérieure.

Comme dans les autres exemples, nous prendrons

$$h = 3^m,80 ; \mathrm{H} = 4^m,00 ; i = \frac{1}{6} ; p = 2\,000^k$$

1° $h = 3$. *Calcul de p* (*fig.* 505)

$$p = \frac{1000 h^2 i}{p\mathrm{H}} \times \frac{n-1}{n-2} - \mathrm{H}i$$

$$p = \frac{1\,000 \times \overline{3.80}^2}{2\,000 \times 4.00 \times 6} \times \frac{3-1}{3-2} - \frac{4,00}{6} = -0,067$$

Calcul de q

$$q = \frac{1\,000 h^3}{3\,p\mathrm{H}} (1 + i^2) \frac{n}{n-2}$$

$$q = \frac{1\,000 \times \overline{3.80}^3}{3 \times 2\,000 \times 4,00} \left(1 + \frac{1}{36}\right) \frac{3}{3-2} = 7,05$$

Calcul de x ou b

$$b = -\frac{p}{2} \pm \sqrt{\frac{p^2}{4} + q}$$

$$b = + \frac{0,067}{2} \pm \sqrt{\frac{\overline{0,067}^2}{4} + 7,05}$$

$$b = 2^m,688$$

$$b' = 2,688 - 1,334 = 1^m,354$$

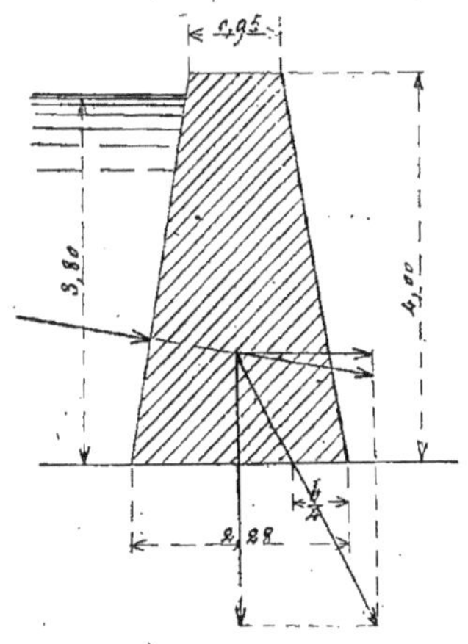

Fig. 506

2° $n = 4$. $p = 0,30 \times \frac{3}{2} - 0,667$ (*fig.* 506)

$$p = -0,217$$

$$q = 2,35 \times \frac{4}{2} = 4,70$$

$$b = \frac{0,217}{2} + \sqrt{4,7118}$$

$$b = 2^m,279$$

$$b' = 2\,279 - 1,334 = 0^m945$$

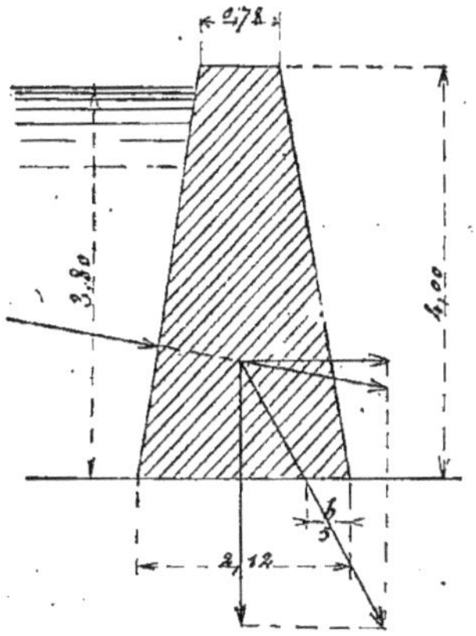

Fig. 507.

3° $n = 5$. $p = 0,30 \times \frac{4}{3} - 0,667$

$= -0,267$ (*fig.* 506)

$$p = -0,267$$

$$q = 2,35 \times \frac{5}{3} = 3,92$$

$$b = \frac{0,267}{2} + \sqrt{3,9378}$$

$$b = 2^m,118$$

$$b' = 2,118 - 1,334 = 0^m,784.$$

Les surfaces de ces sections sont :

pour $n = 3 : 4,00 \times \frac{2,688 + 1,354}{2} = 8^{m2},084$

« $n = 4 : 4,00 \times \frac{2,279 + 0.945}{2} = 6,^{m2}448$

« $n = 5 : 4,00 \times \frac{2,118 + 0,784}{2} = 5^{m2},804$

Si l'on compare ces sections à celles obtenues pour la forme rectangulaire et pour la forme de trapèze rectangle à parement intérieur vertical, on voit que l'avantage, comme économie de maçonnerie, reste à la section en forme de trapèze symétrique.

592. *Même problème lorsqu'on s'impose la largeur du mur à son sommet.*

On se donne la largeur b' du mur à son sommet et on veut, en même temps, que le centre de pression soit à une distance de l'arête extérieure égale à $\frac{b}{n}$. On écrira, comme on l'a déja fait, que

$$M.\,F' = M.\,(P + f)$$

Or, $\quad M.\,F' = F' \times OM$ (*fig.* 504)

$$OM = \frac{h}{3} - OL$$

$$OL = VL \times \frac{b - b'}{2H}$$

$$VL = \frac{b}{2} - SV$$

$$SV = \frac{h(b - b')}{6H} \quad \text{et, enfin,}$$

$$OM = \frac{h}{3} - \frac{b - b'}{2H}\left(\frac{b}{2} - \frac{h(b - b')}{6H}\right). \quad \text{Donc}$$

$$M.F' = 500h^2\left[\frac{h}{3} - \frac{b - b'}{2H}\left(\frac{b}{2} - \frac{h(b - b')}{6H}\right)\right]$$

Quant au moment de $P + f$, il est égal à :

$$(P + f)\left(\frac{b}{2} - \frac{b}{n}\right)$$

et comme $\quad P = \frac{pH}{2}(b + b')$

et $\quad f = F' \times i = 500h^2 \times \frac{b - b'}{2H}$,

on aura :

$$M.\,(P + f) = \left(\frac{pH}{2}(b + b') + 500\,h^2\frac{b - b'}{2\,H}\right) \times b\frac{n - 2}{2\,n}$$

En égalant les deux moments $M.\,F'$ et $M.\,(P + f)$, effectuant et ordonnant par rapport à b, il vient :

$$b^2\left\{\frac{pH}{2}\frac{n - 2}{2n} + \frac{500h^2}{2H}\frac{n - 1}{n} - \frac{500h^3}{12H^2}\right\}$$
$$+ b\,b'\left\{\frac{pH}{2}\frac{n - 2}{2n} - \frac{500h^2}{2H}\frac{n - 1}{n} + \frac{500\,h^3}{6\,H^2}\right\}$$
$$= \frac{500h^3}{3} + \frac{500h^3}{12H^2}b'^2, \qquad (1)$$

équation de la forme $ax^2 + bx = c$, dont la racine positive a pour expression :

$$x = \frac{-b + \sqrt{b^2 + 4ac}}{2a} \qquad (2)$$

On calculera d'abord les facteurs

$$a = \frac{pH}{2}\frac{n - 2}{2n} + \frac{500h^2}{2H}\frac{n - 1}{n} - \frac{500h^3}{12H^2}$$

$$b = b'\left\{\frac{pH}{2}\frac{n - 2}{2n} - \frac{500h^2}{2H}\frac{n - 1}{n} + \frac{500h^3}{6H2}\right\}$$

$$c = \frac{500h^3}{3} + \frac{500h^3}{12H^2}b'^2$$

En portant leurs valeurs dans la formule (2), on aura x ou b, largeur à la base. La vérification de la plus grande compression se fera ensuite au moyen de la formule

$$R = \frac{2(P + f)}{\frac{3b}{n}}$$

et la vérification relative au glissement au moyen de la formule

$$\text{tang}\,\varphi = \frac{F'}{P + f}$$

Remarque.— La formule (1) précédente se déduirait de celle du premier problème, en remplaçant, dans celle-ci, i par

$$\frac{b - b'}{2H}$$

Deuxième problème.

593. — *Déterminer les dimensions à donner à un mur dont la section a la forme d'un trapèze symétrique, lorsqu'on s'impose le degré de stabilité du mur.*

Si nous représentons par s le degré de stabilité qu'on s'impose, cela veut dire que le moment de stabilité devra être s fois plus grand que celui de renversement, c'est-à-dire

$$M.S = s \times M.R. \text{ Or,}$$

$$M.S = (P + f) \times \frac{b}{2} = \left[pH\,(b - Hi) + 500\,h^2 i\right] \times \frac{b}{2}$$

et $s \times M.R = s \times F' \times \left[\frac{h}{3}(1 + i^2) - \frac{b}{2}i\right]$

On pourra donc écrire que :

$$\left[pH\,(b - Hi) + 500\,h^2 i\right]\frac{b}{2} = 500\,h^2 \times \left[\frac{h}{3}(1 + i^2) - \frac{b}{2}i\right] \times s$$

En effectuant les opérations et ordonnant par rapport à b, il vient

$$b^2 + \left[\frac{500\,h^2 i}{pH}(1 + s) - Hi\right] b = \frac{1\,000 h^3}{3\,pH} \times (1 + i^2)\,s$$

équation de la forme

$$x^2 + px = q$$

qu'on sait résoudre.

On pourra donc, sans aucune difficulté, calculer la valeur de la largeur b à la base qui répond au degré voulu de stabilité.

594. *Remarque.* — La comparaison de la formule que nous venons d'établir avec la formule (1) du problème précédent, montre que ces deux formules ne diffèrent qu'en ce que, dans le coëfficient de b, $\frac{n - 1}{n - 2}$ est remplacé par $\left(\frac{1 + s}{2}\right)$ et que, dans le second terme, $\frac{n}{n - 2}$ est remplacé par s.

Posons $s = \frac{n}{n - 2}$ et tirons de là la valeur de n.

$$sn - 2s = n$$

$$n(s - 1) = 2s$$

$$n = \frac{2s}{s - 1}$$

Portons cette valeur de n dans l'équation (1) du précédent problème. Les facteurs en n deviennent :

$$\frac{n - 1}{n - 2} = \frac{s + 1}{2} \text{ et } \frac{n}{n - 2} = s.$$

Le deuxième problème peut donc se ramener au premier, à condition de faire $s = \frac{n}{n - 2}$ dans la formule.

Ainsi, à la valeur $n = 3$, correspondra une stabilité $s = \frac{n}{n - 2} = 3$;

à la valeur $n = 4$ correspondra une stabilité $s = 2$;

à la valeur $n = 5$ correspondra une stabilité $s = 1{,}67$;

à la valeur $n = 6$ correspondra une stabilité $s = 1{,}50$, etc.

Troisième problème.

595. *Calculer la largeur du mur à sa base lorsqu'on s'impose la valeur R de la plus grande compression de la maçonnerie.*

Nous écrivons encore l'égalité des moments autour du centre de pression K (*fig.* 504) en représentant, ici, par d, la distance de ce point à l'arête extérieure. Cette distance d nous sera d'ailleurs donnée par la relation

$$R = \frac{2N}{\omega} = \frac{2N}{3d}$$

d'où

$$d = \frac{2N}{3R}$$

Le moment de F' est

$$M.\,F' = F'\left[\frac{h}{3}(1 + i^2) - \frac{b}{2}i\right] \text{ (premier problème)}$$

Le moment de $P + f$ est

$$M.(P + f) = (P + f) \times MK = (P + f)\left(\frac{b}{2} - d\right)$$

On aura donc

$$F'\left[\frac{h}{3}(1 + i^2) - \frac{b}{2}i\right] = (P + f)\left(\frac{b}{2} - d\right)$$

Remplaçons, dans cette relation, P et d par leurs valeurs

$$P = pH\,(b - Hi)$$

et $d = \frac{2N}{3R}$. (Dans cette valeur de d, $N = (P + f)$ et par conséquent $= pH \times (b - Hi + f)$.

Il vient, après avoir effectué les opérations, posé $p\,H^2 i - f = m$ et ordonné par rapport à b :

$$b^2\left[\frac{pH}{2} - \frac{2p^2H^2}{3R}\right] + b\left[\frac{2pH}{3R}(m + 1) - \frac{m}{2} + \frac{F'i}{2}\right] = \frac{F'h}{3}(1 + i^2) + \frac{2}{3R}m^2,$$

relation de la forme

$$ax^2 + bx = o.$$

On pourra calculer séparément les coefficients a, b, c en observant que $f = 500\,h^2\,i$, et $F' = 500\,h^2$ et porter les quantités trouvées dans l'expression de la racine de l'équation

$$x = \frac{-b \pm \sqrt{b^2 + 4ac}}{2a}$$

Le calcul est très long, mais n'offre aucune difficulté. Si, cependant, on désirait obtenir un résultat sans faire ce calcul, on pourrait calculer la largeur b en se donnant une distance $\frac{b}{n}$ de l'arête extérieure et en modifiant ensuite le profil obtenu jusqu'à ce qu'on soit arrivé à une valeur convenable pour la plus grande compression R de la maçonnerie. Ou bien, on pourrait calculer l'épaisseur d'un mur rectangulaire de même hauteur, répondant bien à la valeur imposée pour R, ce qui est facile (troisième problème, III) et, en donnant du fruit aux parements, on élargirait très légèrement la base. On arriverait ainsi à une section qui donnerait certainement, pour la compression R, une valeur très rapprochée de celle que l'on s'était imposée.

596. *Remarque.* — Après avoir calculé la largeur b de la base inférieure du trapèze et la largeur b de la base au sommet, il ne faut pas oublier de vérifier les conditions de stabilité relatives à la compression des matériaux et au glissement. Nous avons négligé de faire ces vérifications dans les exemples du premier problème, parce que, ayant indiqué plusieurs fois comment on devait opérer, nous avons cru inutile de nous répéter.

Quatrième problème.

597. *Vérifier la stabilité d'un mur dont on connaît les dimensions de sa section trapézoïdale symétrique.*

1° *Vérification par le calcul.* — En écrivant l'égalité des moments de F' et de $P + f$ autour d'un point K, placé à une distance d de l'arête extérieure, on a, comme on l'a vu au problème précédent,

$$F'\left[\frac{h}{3}(1+i^2) - \frac{b}{2}i\right] = (P+f)\left(\frac{b}{2} - d\right)$$

D'où l'on tire la valeur de la distance d :

$$d = \frac{b}{2} - \frac{F'}{P+f}\left[\frac{h}{3}(1+i^2) - \frac{b}{2}i\right] \qquad (1)$$

Si, en remplaçant les lettres par leurs valeurs et en opérant, on trouve pour d une quantité positive, cela veut dire que la résultante de F' et de $P = f$ rencontre la base en dedans de l'arête extérieure et, alors, la condition de stabilité relative à l'impossibilité du renversement est satisfaite. Pour vérifier les deux autres conditions, en emploierait les formules suivantes, comme on le sait déjà, c'est-à-dire : pour la compression de la maçonnerie

$$R = \frac{2(P+f)}{3d}$$

et pour le glissement

$$\operatorname{tang} \varphi = \frac{F'}{P+f}.$$

La formule à employer, pour vérifier la compression de la maçonnerie sur l'arête la plus fatiguée, est bien

$$R = \frac{2(P+f)}{3d},$$

lorsque la distance d est égale ou plus petite que le tiers de la largeur à la base b. Dans le cas ou b serait compris entre $\frac{1}{3}$ et $\frac{1}{2}$ de b, il faudrait employer la formule

$$R = \frac{2(P+f)}{\omega}\left(2 - \frac{3d}{b}\right)$$

(Voir la loi du trapèze.)

2° *Vérification graphique.* — Sur la section du mur, dessinée à une certaine échelle, prendre le point V (*fig.* 504) sur le parement incliné à une hauteur au-dessus de la base égale à $\frac{h}{3}$. Par ce point, faire passer une perpendiculaire à AC qui rencontrera en O l'axe du trapèze. — Porter sur cette direction, en OF, la valeur calculée de la poussée F et la décomposer en deux autres :

OF' horizontale et Of verticale. Ajouter à f la valeur du poids P préalablement calculée, et enfin, tracer la résultante de F' et de P + f. Le point de rencontre K de cette résultante avec la base AB se trouvera placé à une distance de l'arête extérieur B qui permettra de juger du degré de stabilité du mur.

Les vérifications de la plus grande compression et du glissement se feraient ensuite comme nous l'avons déja expliqué.

Formules simplifiées pour les cas usuels de la pratique.

Problème.

598. — *Déterminer les dimensions transversales à donner à un mur ayant une section en forme de trapèze symétrique, pour que le centre de pression à la base soit situé au tiers de cette base à partir de l'arête extérieure.*

1° *On donne le fruit i des parements inclinés.*

On a vu, (page 466) que la solution de ce problème est donnée par la formule

$$b^2 + \left(\frac{1\,000\,h^2 i}{p\,H} \times \frac{n-1}{n-2} - H\,i\right) \times b = \frac{1\,000 h^3}{3\,p\,H}(1+i^2)\frac{n}{n-2}$$

dans laquelle on doit faire $n = 3$. Si l'on fait, en outre, $h = H$ et si l'on écrit la formule $x^2 + rx = s$, dont la racine positive est

$$x = -\frac{r}{2} + \sqrt{\frac{r^2}{4} + s}, \quad (1)$$

on aura, pour les valeurs des facteurs r et s :

$$r = \frac{2\,000 i}{p} \times H - H\,i$$

$$s = \frac{1\,000}{p}(1 + i^2) \times H^2$$

Portant ces valeurs de r et s dans l'équation (1) et mettant H en facteur commun, on arrive à la formule :

$$x \text{ ou } b = \left\{\sqrt{\left(\frac{1\,000}{p} i - \frac{i}{2}\right)^2 + \frac{1\,000}{p}(1+i^2)} + \left(-\frac{1\,000}{p} i + \frac{i}{2}\right)\right\} \times H$$

Enfin, en attribuant au poids p et au fruit i les valeurs qui se présentent le plus fréquemment dans la pratique, on obtient les formules simplifiées suivantes :

(Les fruits i ci-dessous sont ceux d'un seul parement.)

p = 2 000k	$i = \frac{1}{5}$	$b = 0{,}72 \times H$
	$i = \frac{1}{6}$	$b = 0{,}717 \times H$
	$i = \frac{1}{8}$	$b = 0{,}713 \times H$
	$i = \frac{1}{10}$	$b = 0{,}71 \times H$
p = 2 200k	$i = \frac{1}{5}$	$b = 0{,}70 \times H$
	$i = \frac{1}{6}$	$b = 0{,}690 \times H$
	$i = \frac{1}{8}$	$b = 0{,}685 \times H$
	$i = \frac{1}{10}$	$b = 0{,}682 \times H$
p = 2 400k	$i = \frac{1}{5}$	$b = 0{,}676 \times H$
	$i = \frac{1}{6}$	$b = 0{,}669 \times H$
	$i = \frac{1}{8}$	$b = 0{,}66 \times H$
	$i \times \frac{1}{10}$	$= 0{,}657 \times H$

599. *Remarque.* — La largeur du mur en couronne se déduira facilement de la connaissance des valeurs b et i au moyen de la formule

$$b' = b - 2Hi.$$

Problème

600. — *Déterminer les dimensions transversales à donner à un mur ayant une* *section en forme de trapèze symétrique, pour que le centre de pression à la base soit situé au tiers de cette base, à partir de l'arête extérieure.*

2° *On donne la largeur b' du mur en couronne.*

La formule générale qui donne la solution de ce problème (page 468) est de la forme $ax^2 + bx = c$, dans laquelle

$$a = \frac{pH}{2}\,\frac{n-2}{2n} + \frac{500h^2}{2H}\,\frac{n-1}{n} - \frac{500h^3}{12H^2}$$

$$b = b'\left\{\frac{pH}{2}\,\frac{n-2}{2n} - \frac{500h^2}{2H}\,\frac{n-1}{n} + \frac{500h^3}{6H^3}\right\}$$

$$c = \frac{500h^3}{3} + \frac{500\,h^3}{12H^2}\,b'^2$$

Si l'on fait, dans ces valeurs des facteurs a, b, c, les hypothèses qui correspondent aux données, on aura d'abord une première simplification résultant de $h = H$ et de $n = 3$. Ces facteurs deviendront, en effet :

$$a = p + 1\,500$$

$$b = b'(p - 1\,000)$$

$$c = 2\,000H^2 + 500b'^2$$

et, en portant ces valeurs dans l'expression de x,

$$x = \frac{-b + \sqrt{b^2 + 4ac}}{2a}$$

il viendra :

$$x \text{ ou } b = \frac{\sqrt{b'^2[(p-1\,000)^2 + 2\,000\,(p+1\,500)] + 8000(p+1\,500)\,H^2}\;b' - (p-1\,000)}{2\,(p+1\,500)}$$

En attribuant, enfin, certaines valeurs usuelles à p et à b', on aura les formules suivantes :

p = 2 000^k

$b' = 0^m{,}50 \qquad b = \dfrac{\sqrt{2 + 28 \times H^2} - 0{,}50}{7}$

$b' = 0^m{,}60 \qquad b = \dfrac{\sqrt{2{,}88 + 28 \times H^2} - 0{,}60}{7}$

$b' = 0^m{,}80 \qquad b = \dfrac{\sqrt{5{,}12 + 28 \times H^2} - 0{,}80}{7}$

$b' = 1^m{,}00 \qquad b = \dfrac{\sqrt{8 + 28 \times H^2} - 1{,}00}{7}$

p = 2 200^k

$b' = 0^m{,}50 \qquad b = \dfrac{\sqrt{2{,}21 + 29{,}6 \times H^2} - 0{,}60}{7{,}4}$

$b' = 0^m{,}60 \qquad b = \dfrac{\sqrt{3{,}18 + 29{,}6 \times H^2} - 0{,}72}{7{,}4}$

$b' = 0^m{,}80 \qquad b = \dfrac{\sqrt{5{,}66 + 29{,}6 \times H^2} - 0{,}96}{7{,}4}$

$b' = 1^m{,}00 \qquad b = \dfrac{\sqrt{8{,}84 + 29{,}6 \times H^2} - 1{,}20}{7{,}4}$

p = 2 400^k

$b' = 0^m{,}50 \qquad b = \dfrac{\sqrt{2{,}88 + 31{,}2 \times H^2} - 0{,}70}{7{,}8}$

$b' = 0^m,60 \qquad b = \dfrac{\sqrt{3,51 + 31,2 \times H^2} - 0,84}{7,8}$

$b' = 0^m,80 \qquad b = \dfrac{\sqrt{6,25 + 31,2\, H^2} - 1,12}{7,8}$

$b' = 1^m,00 \qquad b = \dfrac{\sqrt{9,76 + 31,2 \times H^2} - 1,40}{7,8}$

Exemple. — On veut calculer la largeur b à la base d'un mur dont la section doit être un trapèze symétrique pour que le centre de pression soit situé au tiers de la base à partir de l'arête extérieure. On sait, par exemple, que la maçonnerie pèsera 2 200^k, que la largeur b' en couronne doit être de $1^m,00$ pour une hauteur H = 4,00. La formule qui correspond à ces données : $p = 2200^k$ et $b' = 1^m,00$ est

$$b = \frac{\sqrt{8,84 + 29,6 \times H^2} - 1,20}{7,4}$$

En remplaçant, dans cette formule, H par sa valeur $4^m,00$ et effectuant les calculs, on obtient, comme largeur à la base :

$$b = \frac{\sqrt{8,84 + 29,6 \times 16} - 1,20}{7,4} = \frac{21,965 - 1,20}{7,4} = 2^m,81$$

Le fruit sur l'un des parements serait donné par

$$i = \frac{b - b'}{2H} = \frac{2,81 - 1,00}{8} = 0^m,226$$

par mètre sur la verticale

601. *Remarque.* — Pour le problème qui consiste à déterminer la base b, lorsqu'on se donne la plus grande compression R, les formules seraient encore très compliquées et donneraient lieu à de longs calculs. Il vaudra mieux, quand on aura une pareille détermination à faire, se servir des formules précédentes et vérifier ensuite, comme on doit toujours le faire, la plus grande compression sur l'arête extérieure.

VI. — Stabilité d'un mur dont la section n'a pas d'axe de symétrie

1° TRAPÈZE QUELCONQUE (PAREMENTS INÉGALEMENT INCLINÉS).

602. Comme nous l'avons fait pour les trois sections : rectangle, trapèze rectangle et trapèze symétrique, nous pourrions établir des formules qui nous permettraient de calculer directement la largeur de la base lorsqu'on se donne, soit la distance $\frac{b}{n}$ du centre de pression à l'arête extérieure ou le degré de stabilité, soit la plus grande valeur de la compression des maçonneries. Ces formules seraient compliquées et d'un usage très peu pratique.

Si nous remarquons que le fruit intérieur, lorsqu'il existe, est beaucoup moins prononcé que le fruit extérieur, nous pourrons en conclure que, pour trouver la section d'un trapèze non symétrique dont le fruit du parement intérieur est faible, il suffira, dans un grand nombre de cas, de calculer les dimensions d'un mur à section en forme de trapèze rectangle dont le parement extérieur aurait même inclinaison que le parement extérieur du trapèze non symétrique et donner, ensuite, au parement intérieur l'inclinaison voulue, soit en faisant partir la ligne inclinée du pied de la verticale qui représente le parement intérieur du trapèze rectangle, soit en relevant cette ligne de façon à couper la verticale un peu au-dessus de son pied.

Ainsi, par exemple, on calculera la largeur AB de la base du trapèze rectangle

ABCD (*fig.* 508). On tracera la section obtenue en donnant au parement BD le fruit qu'il doit avoir. On modifiera en-

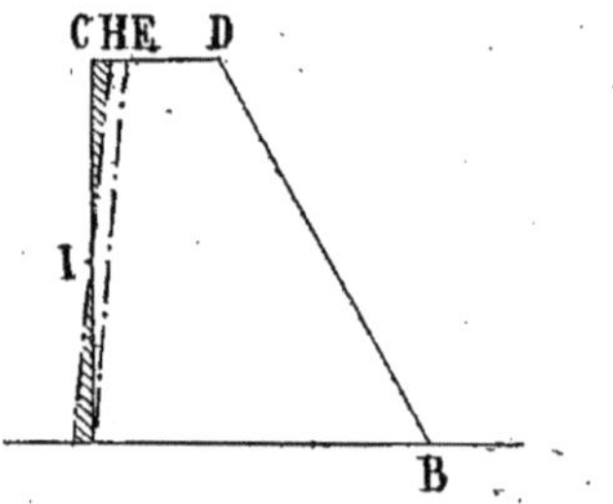

Fig. 508.

suite le parement vertical AC en le remplaçant par un parement incliné AE partant de A ou, mieux, par un parement HJ ayant l'inclinaison voulue et rencontrant la verticale AC en un point I placé un peu au-dessus du point A.

En opérant de cette dernière manière, on retranche d'une part, de la section ABCD, le triangle CIH; d'autre part, on lui ajoute le triangle JIA. On peut dire que la section ainsi obtenue remplit les conditions du problème avec une approximation suffisante. D'ailleurs, une fois la section JHDB tracée, on peut la vérifier graphiquement et s'assurer ainsi qu'elle produit bien le résultat cherché. Voici comment on ferait cette vérification :

603. *Vérification de la stabilité d'un mur ayant une section en forme de trapèze non symétrique.*

Chercher d'abord la position du centre de gravité du trapèze ABCD (*fig.* 509) en prenant l'intersection G des droites IJ et ST (CI = ID, AJ = JB, DS = AB, TA = CD). Tracer la verticale passant par le point G. Prendre, sur le parement AC, le point V à une hauteur au-dessus de la base égale à $\frac{h}{3}$. Élever, en ce point, une perpendiculaire à AC qui vient rencontrer la verticale du centre de gravité au point O. Porter en OF la valeur de la pression de l'eau

$$OF = 500\, h^2 \sqrt{1 + j^2}$$

La décomposer en deux : l'une verticale O*f*, l'autre horizontale OF'. Cette décomposition est plus rapidement faite en calculant de suite la composante horizontale OF' = 500 h^2 et la composante verticale O*f* = 500 $h^2 j$. Ajouter à O*f* le poids P, c'est-à-dire

$$P = pH\, \frac{b + b'}{2}$$

Tracer la résultante OR des deux forces

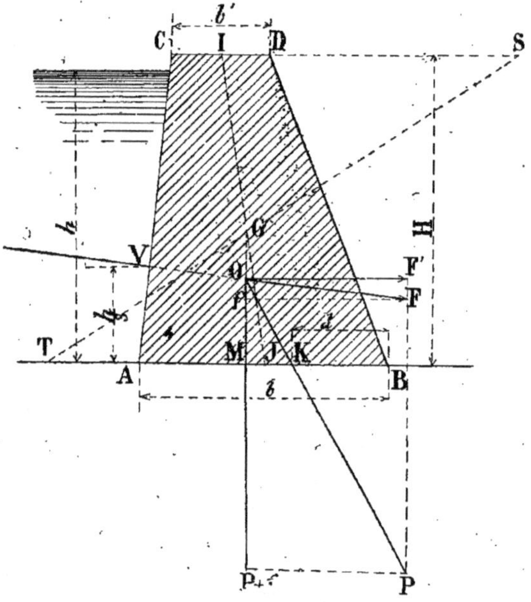

Fig. 509.

F' et P + *f*. Mesurer la distance KB du centre de pression K à l'arête extérieure B et en déduire la valeur de la plus grande compression R sur cette arête :

$$R = \frac{2(P + f)}{3d}, \text{ si } d \leqq b$$

$$\text{et } R = \frac{2(P+f)}{\omega}\left(2 - \frac{3d}{b}\right),$$

$$\text{si } 1/3\, b < d < \frac{1}{2}\, b,$$

ou, enfin, mesurer la valeur de tang φ ou la calculer :

$$\text{tang } \varphi = \frac{F}{P+f}$$

1° Le point de rencontre K de la base et de la résultante OR doit tomber entre les points A et B ;

2° La distance d doit être telle que la plus grande compression R, calculée avec d, ne dépasse pas le chiffre qui offre toute sécurité au point de vue de la résistance des matériaux employés ;

3° La valeur de tang φ doit être inférieure à celle qui produirait le glissement.

2° PAREMENTS EN LIGNES BRISÉES OU COURBES

604. Ici, le calcul direct des dimensions de la section du mur deviendrait très compliqué et on est obligé d'opérer par des tatonnements successifs. Cependant, pour obtenir de suite une section qui ne s'éloigne pas trop du résultat définitif, on peut se servir des formules. Ainsi, par exemple, si l'ensemble du profil à obtenir doit affecter la forme de la figure 510, on pourra, pour une première approximation, calculer une section en forme de trapèze rectangle et la modifier ensuite en vérifiant le résultat obtenu après modification.

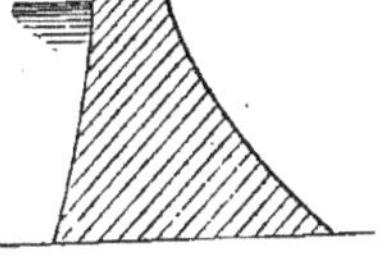

Fig. 510.

Fig. 511.

Si la section devait affecter la forme de la figure 511, c'est une section trapézoïdale symétrique qu'on calculerait d'abord et qu'on modifierait ensuite.

Dans le cas actuel, c'est donc surtout une vérification qu'on a à faire.

Nous allons maintenant étudier les barrages-réservoirs pour lesquels on emploie souvent ces profils à parements courbes.

VII. — Barrages-Réservoirs.

605. Il est souvent avantageux de créer, dans les pays de montagnes, des barrages qui retiennent les eaux des ruisseaux torrentiels et constituent des réservoirs naturels qui forment, en se remplissant pendant les saisons pluvieuses, des réserves pouvant être utilisées pendant la saison sèche.

En général, la quantité d'eau qui tombe dans un pays est largement suffisante pour les besoins de la végétation, mais elle tombe très irrégulièrement et, de plus, par suite du déboisement des montagnes et d'une mise en culture trop étendue, l'écoulement de l'eau à la surface se fait avec une rapidité telle que le sol n'en profite pas et que, au contraire, des inondations se produisent en portant la ruine et l'effroi chez les populations riveraines. Après l'inondation, vient la sécheresse qui fait un mal plus grand, quoique moins apparent.

Il est donc tout naturel qu'on ait eu l'idée de créer des obstacles à l'écoulement de l'eau d'un torrent pendant la saison des pluies, afin d'emmagasiner cette eau pour la faire servir à de bienfaisantes irrigations. En outre, lorsqu'on établit un barrage en un point d'une rivière, on élève le plan d'eau en amont et, par conséquent, on crée une chûte qui est utilisable industriellement comme force motrice peu dispendieuse. Donc, au moyen des barrages-réservoirs que nous allons étudier, on peut diminuer considérablement, sur une grande étendue de terrain, les ravages causés par les inondations d'une rivière torrentielle, annuler presque les effets désastreux des périodes de sécheresse prolongée et créer des forces motrices très économiques. On voit, par là, l'importance considérable qu'ont ces grands ouvrages, surtout dans les pays chauds et montagneux, tels que certaines régions du midi de la France, de l'Espagne, de l'Algérie, etc...

Pour obtenir ces résultats, on peut établir, soit un seul réservoir convenablement placé, soit une série de réservoirs plus petits échelonnés sur le cours d'eau. Dans ce dernier cas, la capacité de chacun des réservoirs est insuffisante à contenir toute l'eau des crues extraordinaires et ce que le premier n'a pu retenir passe au deuxième; puis, celui-ci étant plein, laisse passer au suivant ce qu'il ne peut emmagasiner et ainsi de suite.

Le petit barrage dont nous donnons le croquis (*fig.* 512.) a été établi dans ces conditions. En amont se trouvent placés d'autres barrages analogues à celui-là. La réserve d'eau constituée par ce barrage est d'environ 5500 mètres cubes. Le mur a, à l'endroit le plus profond, une hauteur de 4 mètres. Sa longueur est de 26 mètres. Il est fondé sur le rocher dans lequel ses extrémités sont encastrées.

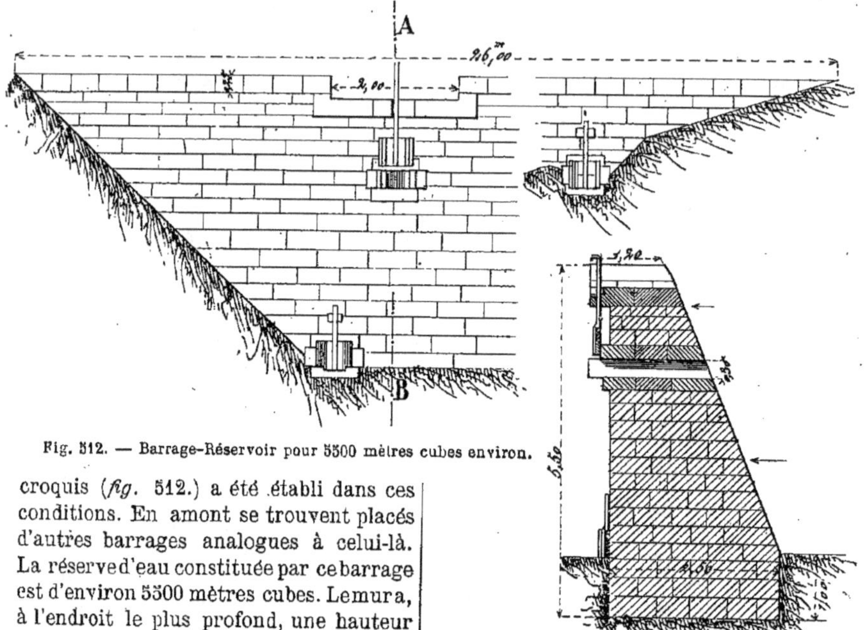

Fig. 512. — Barrage-Réservoir pour 5500 mètres cubes environ.

Un certain nombre d'ouvertures sont percées dans le barrage et fermées par des vannes. Les deux ouvertures situées aux extrémités du mur donnent passage aux eaux d'irrigation. Les autres laissent passer une quantité d'eau qui ne peut nuire aux terrains placés en aval. Enfin, le trop plein s'échappe par un déversoir de $2^m,00$ de largeur placé à la partie supérieure du barrage. Les vannes glissent dans des coulisses en fer et sont manœuvrées au moyen d'une tige terminée par une vis passant dans un écrou fixé au mur. La section du mur a la forme d'un trapèze rectangle à parement extérieur vertical.

Cette section à parement intérieur incliné et à parement extérieur vertical s'emploie rarement; car, au point de vue du cube de maçonnerie nécessaire pour résister aux mêmes efforts, la section à parement intérieur vertical est plus avantageuse. Nous allons vérifier les dimensions données au profil du barrage à l'endroit où il est le plus profond.

Le profil (*fig* 513) peut se diviser en trois parties :

1°, le trapèze EFDJ du couronnement :

2°, le trapèze CDBA de la maçonnerie apparente ;

3°, le rectangle ABHG de la fondation.

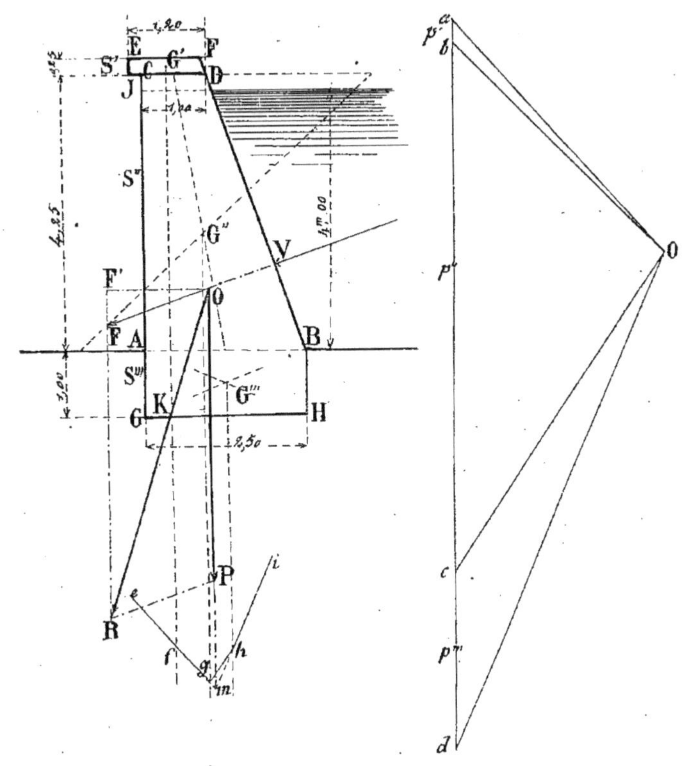

Fig. 513.

Le poids total de la maçonnerie passe par le centre de gravité de l'ensemble de ces trois parties du profil et son point d'application devra être pris, pour la composition des forces, au point d'intersection de la verticale de ce poids avec la direction de la pression de l'eau. Il faut donc, tout d'abord, déterminer ce point d'intersection. Le centre de la pression de l'eau est en un point V du parement intérieur, à une hauteur au-dessus du fond égale à $\frac{4^m,00}{3} = 1^m,33$. La perpendiculaire VO représente cette pression en direction.

Pour avoir le poids de la maçonnerie en position, il faudra déterminer le centre de gravité de l'ensemble des trois parties du profil. On sait trouver les centres de gravité G', G'', G'''. Par ces points, on mènera, en-dessous ou en-dessus de la section, des verticales qui serviront à tracer le polygone funiculaire, comme nous allons l'expliquer.

Tracer d'abord le *polygone des forces*. Pour

cela, évaluer les poids de la maçonnerie pour $1^m,00$ de longueur du mur et pour chaque partie du profil.

Poids de la partie s' :

$$p' = 1,20 \times 0,25 \times 2\,400^k = 720^k$$

Poids de la partie s'' :

$$p'' = \frac{2,50 + 1,00}{2} \times 4,25 \times 2\,200^k = 16\,362^k$$

Poids de la partie s''' :

$$p''' = 2,50 \times 1,00 \times 2\,200^k = 5\,500^k$$

Porter sur une même verticale, p' en ab ; p'' en bc ; p''' en cd et joindre les points a, b, c et d au point quelconque o. Tracer ensuite le *polygone funiculaire* correspondant à ce polygone des forces en menant ef parallèle à ao, fg parallèle à bo, gh parallèle à co et hi parallèle à do. Prolonger les côtés ef et ih, jusqu'à leur rencontre m. Le centre de gravité cherché est situé sur la verticale mo passant par ce point m.

Le point d'application O des forces qu'on veut composer, pour avoir leur résultante, est donc ainsi déterminé.

On portera, à partir de O en OF, à une échelle convenable, la valeur de la pression de l'eau qui a pour expression.

$$OF = 500h^2 \sqrt{1 + i^2}$$

formule dans laquelle h représente la hauteur d'eau :

$h = 4^m,00$ et i le fruit du parement incliné :

$$i = \frac{2,50 - 1,00}{4,25} = 0^m35 \text{ par mètre.}$$

Donc,

$$OF = 500 \times \overline{4,00}^2 \sqrt{1 + \overline{0,35}^2} = 8\,480^k$$

Et, sur la verticale Om, on portera en OP la valeur du poids total de la maçonnerie, à la même échelle que OF :

$$OP = p' + p'' + p''' = 720 + 16\,360 + 5\,500 = 22\,500^k$$

La résultante OR rencontre la base GH au point K. Ce point étant situé entre les extrémités G et H de la base, on en conclut que le mur ne peut tourner autour de l'arête projetée en G.

Compression de la maçonnerie. La plus grande compression se produit sur l'arête G et comme la distance GK mesurée sur l'épure est égale à $0^m,40$ plus petite que $\frac{2,50}{3}$, il en résulte que cette plus grande compression a pour valeur :

$$R = \frac{2P}{3GK} = \frac{2 \times 22\,580}{3 \times 0,40} = 37\,633^k \text{ par}$$

mètre carré.

Soit $3^k,76$ par centimètre carré.

Le travail de la maçonnerie à la compression est donc bien au-dessous de la limite qu'on ne doit pas dépasser.

Résistance au glissement. La valeur de tang φ est ici

$$\text{tang } \varphi = \frac{OF'}{OP}$$

OF' étant la composante horizontale de OF.

$$OF' = 500h^2 = 500 \times \overline{4.00}^2 = 8\,000$$

$$\text{Donc, tang } \varphi = \frac{8\,000}{22\,580} = 0,62.$$

Le glissement ne peut se produire puisque le coefficient de frottement de la maçonnerie sur le rocher est égal 0,76, chiffre supérieur à celui que nous venons de trouver.

GRANDS BARRAGES

606. Nous arrivons enfin aux grands barrages-réservoirs qui sont des ouvrages d'une importance capitale pour l'agriculture et l'industrie. Leur stabilité doit être étudiée avec beaucoup de soin. Il doivent être, en effet, d'une durée indéfinie et, par conséquent, à toute cause de destruction, il faut opposer une résistance absolue. La rupture d'un tel ouvrage entraîne avec elle la mort d'un grand nombre d'hommes et la ruine de toute la région qui utilisait les eaux du barrage. C'est ainsi que, en 1802, l'effondrement d'un mur de 50 mètres de hauteur à Puéntès, en Espagne, a coûté la vie à 608 individus et 800 maisons ont été détruites. En 1861, à la suite de l'écroulement du grand réservoir de Sheffield, 238 hommes ont péri dans l'eau. Enfin, le barrage de l'Habra en Algérie a été emporté en occasionnant la mort de 800 hommes ; il s'est effondré sur une largeur de 110 mètres et sur une hauteur de 10 mètres, inondant la ville de Perrégaux.

M. Krantz, dans son excellent ouvrage sur les murs de réservoirs, dit, à ce sujet :

« En face de pareilles éventualités, « l'ingénieur n'est pas admis à faire « preuve de hardiesse, ni à présenter au « public le gage d'une responsabilité im- « puissante à réparer d'aussi grands dé- « sastres. Si peu qu'elle incline vers la té- « mérité, la hardiesse, en pareil cas, peut « devenir presque immorale. On doit sé- « vèrement la proscrire et s'imposer la « règle d'une rigoureuse prudence. Sui- « vant moi, il vaut mieux s'abstenir de « faire des murs de réservoirs, si l'on n'a « pas les ressources nécessaires pour les « construire solidement, que de les édi- « fier d'une manière besogneuse et au « risque d'épouvantables catastrophes. »

607. *Stabilité des barrages-réservoirs.* — On admet que le mur n'a aucune adhérence avec sa fondation et qu'il se comporte comme s'il était simplement posé sur sa base. Les conditions de l'équilibre sont donc celles que nous connaissons déjà :

1° La résultante des pressions doit passer à l'intérieur de la base d'appui ;

2° La compression de la maçonnerie ne doit pas dépasser la limite de résistance admise dans la pratique ;

3° Le mur ne doit pas pouvoir glisser sur sa base.

La deuxième condition ne peut être remplie si la première ne l'est déjà et, d'autre part, la troisième condition est toujours satisfaite dans les profils usuels, de sorte que la seule condition dont on doive se préoccuper est celle qui est relative à la plus grande compression des matériaux. Elle doit être évidemment satisfaite, quelle que soit la hauteur de l'eau, dans le réservoir. On aura donc à examiner la stabilité du mur dans les deux cas : réservoir vide et réservoir plein.

608. *Limite à adopter pour la compression de la maçonnerie.* — Cette limite est variable avec la nature des matériaux employés. Elle sera plus grande avec une maçonnerie en pierre de taille très résistante qu'avec une maçonnerie en moellons ordinaires. Cependant, la différence n'est pas aussi grande qu'on pourrait le croire à première vue ; car, ce qu'il faut surtout rechercher dans l'établissement d'un mur de grand barrage, c'est de réaliser, autant que possible, un véritable monolithe et ce résultat est plus facilement atteint avec une maçonnerie de moellons bruts à joints irréguliers qu'avec une maçonnerie de pierre de taille. Aussi, pour ce motif, et par raison d'économie, n'emploie-t-on aujourd'hui que le moellon pour la construction de ces murs.

Le chiffre admis par tous les ingénieurs pour la charge à faire supporter à une pareille maçonnerie et de 6 kilogrammes par centimètre carré.

Dans certains réservoirs, la compression des matériaux est cependant supérieure à ce chiffre. M. Graeff donne les charges suivantes :

Barrage de Bosméléac.........	6k,09
Barrage du Furens............	6 50
Barrage de Lorca.............	6 50
Barrage de Nijar.............	7 50
Barrage de Grosbois..........	10 40
Barrage d'Alicante...........	11 30
Barrage d'Elche..............	12 70
Barrage d'Almanza............	14 00

Ce dernier, construit il y a trois siècles, est en bon état malgré cette compression de 14k,00 par centimètre carré. Néanmoins lorsque le barrage est situé en amont d'une grande ville ou dans une position telle que sa rupture entraînerait de grands désastres, la prudence exige qu'on ne dépasse pas 6k par centimètre carré.

1er *cas.* — *Réservoir vide.* — Dans ce cas, le mur n'a à résister qu'à son propre poids. M. Delocre a démontré que le profil d'un mur placé dans ces conditions et dans lequel la pression ne devrait nulle part dépasser la limite de compression R est de la forme indiquée (*fig.* 514).

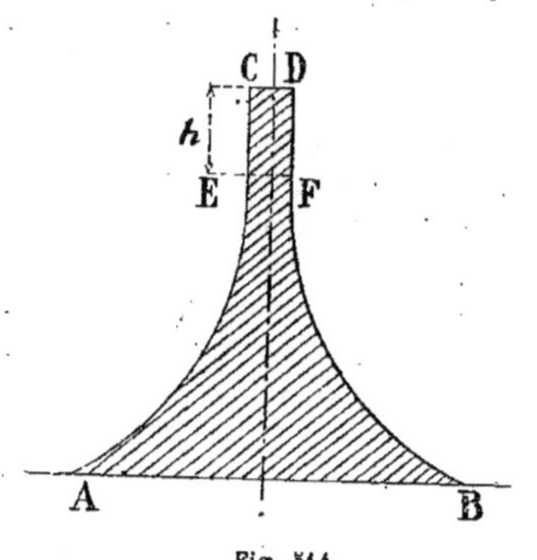

Fig. 514.

La section est évidemment symétrique par rapport à son axe vertical. Elle se compose d'une première partie CDEF à parements verticaux et d'une deuxième partie dont chaque parement est constitué par une courbe logarithmique.

De la section CD à la section EF, la compression passe de la valeur zéro à la valeur R; elle reste égale à R entre la section EF et la base AB. La hauteur h de la partie à parements verticaux devra être égale à

$$h = \frac{R}{p}$$

Ainsi, pour une maçonnerie dont le poids p est de 2300k le mètre cube, la hauteur h, si l'on veut que la compression R dans la section EF et les sections inférieures soit de 6k, devra être égale à

$$\frac{60\,000}{2\,300} = 26^m$$

Lorsque le réservoir est plein, c'est le parement extérieur qui est le plus fatigué, tandis que le parement intérieur n'est comprimé que par le poids de la maçonnerie. Ce parement intérieur devra donc affecter la forme de la figure 514 dans laquelle la hauteur de la partie verticale sera calculée comme nous venons de le dire.

2e *Cas.* — *Réservoir plein.* — Le profil à donner au parement extérieur résulte de l'action de l'eau combinée à celle du poids de la maçonnerie. Théoriquement, l'épaisseur du mur au sommet devrait être nulle, puisque la pression de l'eau est égale à zéro, ainsi que la compression des matériaux. Mais on donne une certaine largeur au mur en couronne pour tenir compte du choc des vagues qui peut acquérir, dans certain cas, une grande force. De plus, le lac artificiellement créé par le barrage est un obstacle aux communications d'un versant à l'autre. Il y a donc lieu de tirer parti de la largeur du mur à son sommet pour établir ces communications.

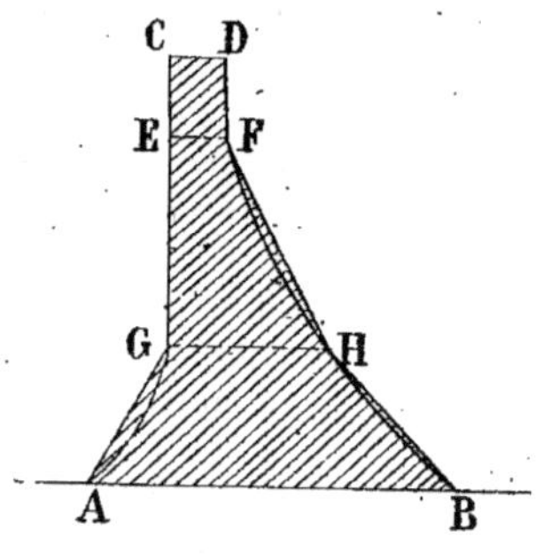

Fig. 515.

Soit CGA (*fig.* 515), le profil du parement intérieur et CD la largeur en couronne. Le profil du parement extérieur descendra d'abord verticalement de D en F jusqu'à la section EF pour laquelle la valeur de la compression est R au point F. Ensuite, le profil est courbe de F en B. La courbe FH est établie de manière à avoir toujours la même compression R en tous ses points, pendant que la compression augmente de E en G sur le parement intérieur pour atteindre la valeur R au point G. Enfin, la courbe HB, ainsi que la courbe intérieure

GA, sont établies pour que, en tous leurs points, la compression reste égale à la limite R. Les courbes GA, FH et HB sont très difficiles à construire théoriquement. On peut les remplacer par des lignes droites et on arrive ainsi à un profil-type qu'il est facile de calculer.

On voit, d'après ce que nous venons de dire, que, pour déterminer un tel profil, trois éléments sont nécessaires :

1° La largeur du mur à son sommet;

2° Le poids du mètre cube de maçonnerie. ;

3° La charge limite pratique de la maçonnerie à la compression.

1° *La largeur du mur en couronne* est très variable dans les murs existants. Ainsi, le barrage de l'Habra avait une largeur au sommet de 4m,30 ; celui du Furens a 5m,70 ; celui du Puentès a 10m,98, etc.

Il n'y a cependant pas intérêt, d'après M. Krantz, à dépasser 5m,00, ni possibilité de réduire au-dessous de 2m,00. Cette largeur dépend de la hauteur de la retenue dans une certaine mesure et il la fait varier, dans ses profils types, comme il suit.

HAUTEUR DE LA RETENUE	LARGEUR EN COURONNE
5 mètres	2m, 00
10 —	2m, 50
15 —	3m, 00
20 —	3m, 50
25 —	4m, 00
30 —	4m, 50
35 —	5m, 00
40 —	5m, 00
45 —	5m, 00
50 —	5m, 00

2° *Le poids du mètre cube de maçonnerie* en moellons est de 2 000 à 2 300k. Pour la commodité des calculs, on prend souvent le chiffre de 2 000k, mais il vaut mieux, connaissant les matériaux dont on disposera pour la construction du mur, calculer exactement ce poids qui est un élément très important du problème.

3° Quant *à la charge limite*, nous avons dit qu'il était prudent de ne pas dépasser 6k par centimètre carré.

Problème

609. *Déterminer le profil d'un mur de barrage-réservoir dont la hauteur de la retenue doit être de* 40m,00

Des sondages ont permis de s'assurer que la base du mur reposerait sur le rocher. Le poids du mètre cube de maçonnerie faite avec les matériaux dont on dispose est de 2200k. Enfin, on veut que la compression de la maçonnerie soit de 6k par centimètre carré.

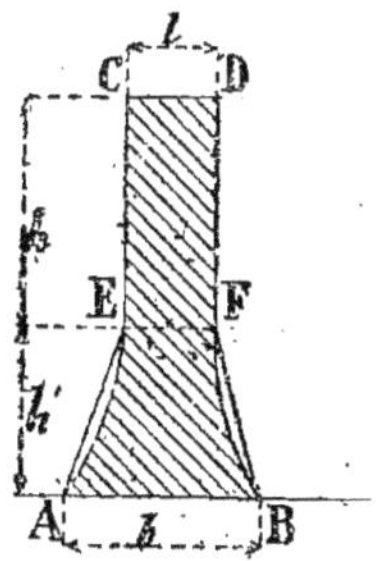

Fig. 516.

1° *Tracé du parement en amont.* — Nous savons que ce parement est celui d'un mur qui n'aurait à résister qu'à son propre poids (*fig.* 516). Soit p le poids du mètre cube de maçonnerie, l la largeur en couronne CD et h la hauteur de la partie verticale CE. Il faut calculer la hauteur h pour laquelle la compression atteindra la valeur $R = 6^k$

La compression totale sur le joint EF, pour un mètre de longueur du mur, est : $p \times l \times h$ et la compression par unité de surface :

$$R = \frac{plh}{l} = ph$$

D'où,

$$h = \frac{R}{p}$$

formule que nous avons donnée précédemment.

En l'appliquant aux données du problème, nous avons :

$$\frac{60\,000}{2\,200} = 27^m,27.$$

Cela veut dire que la compression, qui était d'abord nulle sur la face CD, augmente à mesure qu'on descend et, lorsqu'on arrive à la section EF située à $27^m,27$ au-dessous de la face CD, elle atteint la limite imposée $R = 6^k$ par centimètre carré.

Pour que la compression reste égale à 6,00 au-dessous de la section EF, il faudra que les sections, successivement considérées, s'élargissent de quantités suffisantes. Or, comme nous remplaçons les courbes logarithmiques que donne la théorie, par des lignes droites, il nous suffit de calculer la largeur à la base AB.

Soit b la base du mur et h la hauteur du trapèze ABFE.

La compression totale, sur la base AB, a pour expression :

$$P = phl + p\frac{b+l}{2}h' = phl + ph'\frac{b}{2} + ph'\frac{l}{2}$$

Et la compression R par unité de surface, a pour expression

$$R = \frac{P}{b}\frac{pl\left(h+\frac{h'}{2}\right)}{b} + \frac{ph'}{2}$$

D'où l'on tire

$$\left(R - \frac{ph'}{2}\right)b = pl\left(h + \frac{h'}{2}\right)$$

$$\text{et} \quad b = \frac{pl\left(h+\frac{h'}{2}\right)}{R - \frac{ph'}{2}}$$

Dans cette formule, on peut remplacer les lettres par leurs valeurs :

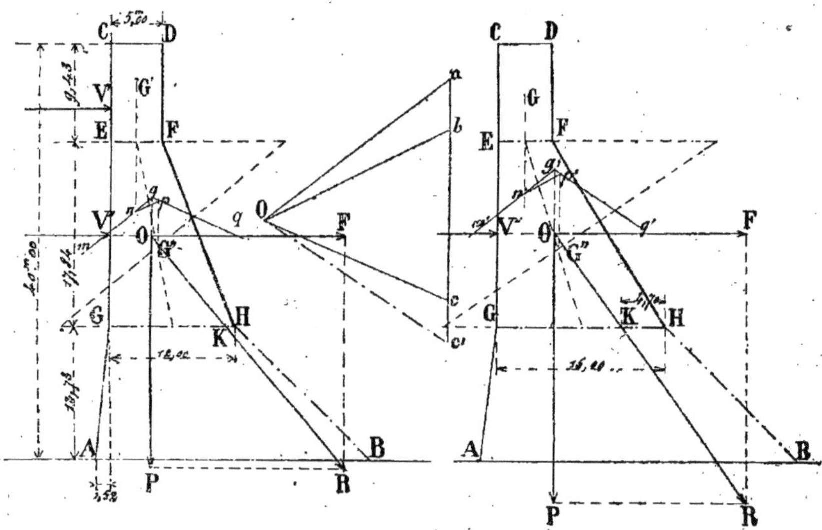

Fig. 517.

$p = 2\,200^k$; $h = 27^m,27$ et $h' = H - h = 40,00 - 27,27 = 12^m73$.

$R = 60\,000^k$.

et l, d'après les chiffres adoptés par M. Krantz, peut être pris égal à $l = 5,00$ qui est la largeur en couronne correspondant à une hauteur de retenue de $40^m,00$. Donc la largeur de la base b serait :

$$b = \frac{2\,200 \times 5.00 \left(27{,}27 + \frac{12{,}73}{2}\right)}{60\,000 - \frac{2\,200 \times 12{,}73}{2}}$$

$$= \frac{369\,930}{45\,997} = 8^{m},04$$

Avec les dimensions que nous venons de calculer, il nous sera facile de tracer le parement amont CEA.

2° *Tracé du parement aval.* — Le parement aval se compose d'une droite verticale DF (*fig.* 517) et de deux droites inclinées FH et HB. Il faut d'abord déterminer la longueur de la verticale DF de manière que la compression, qui est nulle au point D, soit égale à $R = 6^{k}$ au point F. Soit h'' cette hauteur, c'est-à-dire $h'' = $ DF. Le bloc CDEF est soumis à la pression de l'eau et à son poids. Ces deux forces, composées à leur point de rencontre, donnent une résultante qui coupe la base EF en un point situé à une distance d' du point F. Les moments du poids et de la pression de l'eau, pris par rapport à ce point, doivent donc être égaux. Le moment du poids est

$$plh'' \times \left(\frac{l}{2} - d'\right) = \frac{pl^2}{2} h'' - pld'h''$$

Le moment de la pression de l'eau est

$$500 \frac{h''^3}{3}. \quad \text{Donc}$$

$$\frac{500\,h''^3}{3} = \frac{pl^2}{2} h'' - pld'h''$$

ou $$1\,000\,h''^2 = 3pl^2 - 6\,pld' \quad (1)$$

D'autre part, la loi du trapèze donne, si d' est plus petit ou égal à $1/3\ l$:

$$R = \frac{2P}{3d'} = \frac{2plh''}{3d'}$$

D'où, $$d' = \frac{2plh''}{3R} \quad (2)$$

En portant cette valeur de d' dans l'équation (1), on a :

$$1\,000\,h''^2 = 3pl^2 - 6pl \times \frac{2plh''}{3R}$$

ou $$1\,000h''^2 + \frac{4p^2\,l^2}{R}\,h'' = 3\,pl^2$$

équation de la forme $ax^2 + bx = c$ dont les racines sont :

$$h'' = \frac{-\frac{4p^2l^2}{R} \pm \sqrt{\frac{16p''l''}{R^2} = 4\,000 \times 3pl^2}}{2\,000} \quad (3)$$

En remplaçant, dans cette dernière formule, les lettres par leurs valeurs, nous trouvons :

$$h'' = \frac{-\frac{4 \times 2\,\overline{200}^2 \times \overline{5{,}00}^2}{60000}}{2\,000} \frac{\sqrt{\left(\frac{4 \times \overline{2\,200}^2 \times \overline{5{,}00}^2}{60\,000}\right)^2 + 4\,000 \times 3 \times 2\,200 \times \overline{5{,}00}^2}}{2\,000} = 9^{m},43.$$

Le rectangle CDEF étant déterminé, il faut ensuite calculer la largeur du mur dans le plan GH. La hauteur du trapèze EFHG est connue, puisque le plan GH passe par l'extrémité inférieure de la verticale CG. On attribuera à GH une largeur paraissant convenable et on cherchera quelle est la compression sur l'arête H. Si cette compression est plus grande que la limite R, il faudra augmenter la largeur GH. Si, au contraire, elle est plus petite, on pourra diminuer GH. Après deux ou trois essais, on arrivera à trouver la largeur pour laquelle la compression sera sensiblement égale à $R = 6^{k}$ au point H. On opèrera de la même manière pour déterminer la largeur de la base AB. Voici le résumé de l'opération.

Tracer d'abord la partie AGCDF du profil d'après les dimensions qui viennent d'être calculées.

Premier essai. — Largeur attribuée à la base GH $= 12^{m},00$.

Poids du bloc ECDF $= P' = 2\,200 \times 5{,}00 \times 9{,}43 = 103\,730^{k}$, appliqués au centre de gravité G'.

Poids du bloc EFHG $= P'' = 2\,200 \times \frac{12 + 5}{2} \times (27{,}27 - 9{,}43) = 333\,608^{k}$ appliqués au centre de gravité G''.

Oabc, polygone des forces dans lequel **ab** = 103 tonnes et *bc* = 333 tonnes ; *mnpq*, polygone funiculaire correspondant au polygone des forces O*abc* et tracé comme nous l'avons déjà expliqué. Les côtés *mn* et *qp* prolongés se rencontrent en un point *g* qui détermine la position de la verticale représentant le poids total P′ + P″ de l'ensemble GCDFH. Le centre de la pression de l'eau est en V″. Au point O, rencontre des deux directions, porter en OF la valeur de la pression de l'eau

$$OF = 500\,h^2 = 500 \times \overline{27{,}27}^2 = 371\ 826$$

et, en OP, la valeur du poids total P′ + P″ :

$$OP = P' + P'' = 103\ 730 + 333\ 608 = 437\ 338.$$

La résultante OR passe à une distance du point H égale à $0^m{,}50$ seulement. Il est donc nécessaire de faire un autre essai avec une largeur GH, plus grande que $12^m{,}00$. Pour ne pas surcharger la figure, nous traçons, à côté, les résultats de ce second essai ; mais, en réalité, lorsqu'on étudie le profil d'un mur, on fait l'épure à une assez grande échelle pour qu'on puisse, sans inconvénient, superposer les tracés.

Second essai.

Largeur GH = $16^m{,}00$.

Poids du bloc EFHG = P″ = 2200

$$\times \frac{16 + 5}{2} \times 17{,}84 = 412\ 104^k$$

O*abc*′, nouveau polygone des forces ; *m′n′p′q′*, polygone funiculaire correspondant.

Au point O, rencontre des deux directions, porter OF = $371\ 826^k$ et OP = $103\ 730 + 412\ 104 = 515\ 834^k$.

Tracer la résultante OR. Elle coupe la base GH à une distance KH de l'arête H égale à $4^m{,}70$, mesurée sur l'épure. La compression a donc, pour valeur,

$$R = \frac{2 \times 515\ 834}{3 \times 4{,}70} = 73\ 168^k \text{ par mètre}$$

carré, soit $7^k{,}3$ par centimètre carré.

On voit que, pour arriver à un travail de $6^k{,}00$ seulement, il suffirait d'élargir légèrement la base GH et de la porter à 17 ou 18 mètres. On ferait donc un troi-

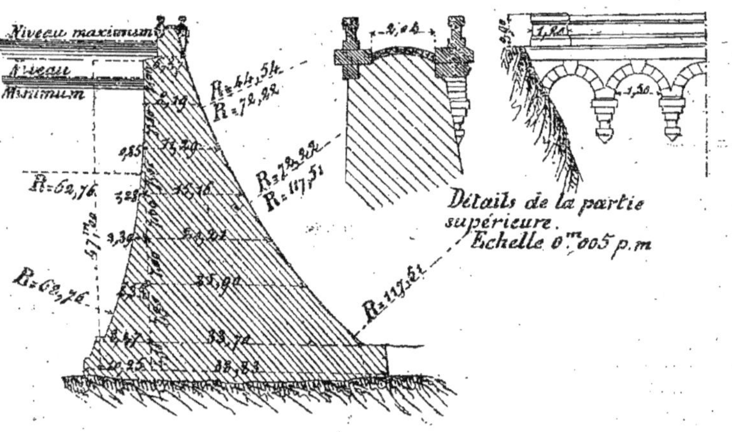

Fig. 518. — Barrage du Gouffre d'Enfer à Saint-Etienne.

sième essai qui donnerait très probablement un résultat assez approché.

Pour avoir la largeur à la base AB, on opérerait comme nous venons de le faire pour la base GH. Il y aurait seulement une force de plus à introduire dans le polygone des forces pour le poids du bloc AGHB et le polygone funiculaire aurait, par conséquent, un côté de plus. Le lecteur pourra donc terminer l'étude du profil sans aucune difficulté.

Nous terminons en donnant les profils qui ont été adoptés dans divers barrages bien connus.

Barrage du gouffre d'Enfer sur le Furens à Saint-Étienne

610. Le réservoir du gouffre d'Enfer a été fait dans le but :

1° De préserver la ville de Saint-Étienne des inondations auxquelles elle est périodiquement exposée ;

2° De compléter, en été, le volume d'eau nécessaire à l'alimentation de la ville ;

3° D'atténuer, pendant la sécheresse, la durée du chômage des usines.

La hauteur maxima de l'eau est de 50m,00 et la capacité totale du réservoir est de 1 600 000 mètres cubes.

Le profil transversal du barrage (*fig.* 518) est formé à l'amont et à l'aval par des arcs de cercles tangents et des lignes droites. Il a été projeté de façon que la pression maxima soit à peu près constante sur tous les points du masif et n'excède nulle part 6k,50 par centimètre carré. M. de Montgolfier, ingénieur des ponts et chaussées, a employé, pour la détermination des pressions, la méthode graphique ordinaire qui consiste, le profil transversal du mur étant donné, à considérer la portion du massif comprise entre deux plans verticaux distants d'un mètre et à rechercher les conditions de stabilité de ce massif, indépendamment de toute liaison latérale.

A cet effet, on divise le massif en un certain nombre de tranches par des sections horizontales et on détermine la résultante des forces qui agissent sur chacune d'elles dans les deux hypothèses où le réservoir est plein et où il est vide. Dans le premier cas, la pression maxima s'exerce sur les arêtes du parement aval et, dans le deuxième, sur les arêtes du parement amont. Leur examen comparatif permet bien vite, après quelques tâtonnements, de modifier le profil amont et le profil aval de façon que les pressions, dans les deux cas, se rapprochent suffisamment du maximum qu'on s'est donné.

En plan, le barrage est courbe et tourne sa convexité du côté de l'eau. L'axe de la chaussée supérieure est un arc de cercle de 252m,50 de rayon ayant 100m de corde et 5m. de flèche.

Le cube total de la maçonnerie est de 40 000 mètres cubes.

Barrage de l'Habra en Algérie (province d'Oran)

611. Ce barrage (*fig.* 519) a été créé pour permettre des irrigations sans lesquelles les cultures d'été, qui sont les plus productives, seraient impossibles. La question de l'eau, en Algérie, est une question vitale pour la colonisation, car l'eau y constitue la vraie valeur du sol La condition à remplir était donc d'emmagasiner le plus grand volume d'eau possible, la superficie des terres propres à l'irrigation, dans la plaine de l'Habra, étant de 40 à 50 000 hectares.

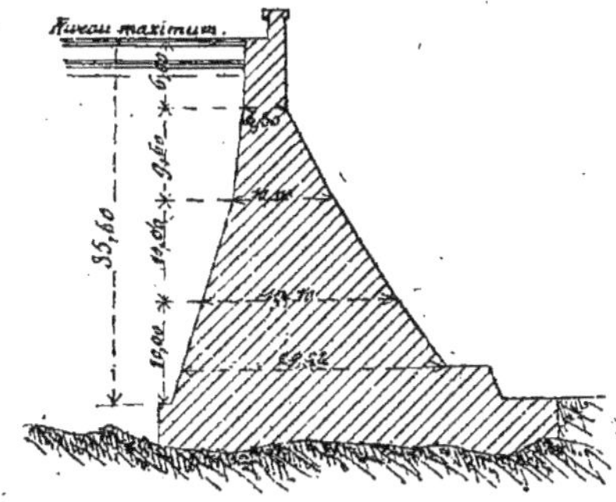

Fig. 519. — Barrage de l'Habra (Algérie).

La hauteur normale de la retenue est de 34m,00 au-dessus du fond de la vallée.

La réserve d'eau est de 30 millions de mètres cubes.

Le mur présente un développement, en crête, de 325 mètres environ qui, ajoutés aux 120 mètres de longueur du déversoir, donnent un total de 450 mètres pour la longueur de l'ouvrage.

Le profil du mur se compose de quatre trapèze superposés, le trapèze supérieur se réduisant à un rectangle. En faisant les épures de stabilité du barrage de l'Habra dans la double hypothèse du réservoir plein et du barrage vide, on obtient les résultats suivants.

Les pressions maxima, calculées d'après la loi du trapèze, sont de $6^k,16$ au pied du parement aval quand le réservoir est plein et de 4^k38 au pied du parement amont quand le réservoir est vide.

Malgré ces conditions de stabilité, évidemment satisfaisantes, le mur s'est effondré en 1882 sur une largeur de 110 mètres et sur une hauteur de 10 mètres. Les grands froids de l'hiver, succédant à la grande sécheresse de l'été, ont disjoint la maçonnerie. Le réservoir s'étant rempli subitement, à la suite d'un grand orage, une brèche s'est produite à la couronne et a entraîné le restant du mur effondré.

M. Krantz, en 1870, avait signalé la faiblesse du mur de l'Habra à sa partie supérieure en le comparant à ses profils types qui ont été étudiés en prévision de chocs violents provenant de l'action des vagues. Dans le profil du mur de l'Habra, on n'a pas assez tenu compte de ces poussées qui peuvent, parfois, prendre une grande importance.

Barrage du Ternay (Ardèche)

612. Ce barrage (*fig.* 520) est établi sur la rivière du Ternay, à peu de distance de la ville d'Annonay. Il répond en même temps à l'intérêt d'ordre général de défense contre les inondations, au service particulier d'Annonay, en alimentant ses fontaines publiques, et aux besoins de l'industrie privée en desservant de nombreux ateliers de mégissérie auxquels la pureté remarquable des eaux du Ternay convient merveilleusement.

La capacité de ce réservoir est de trois millions de mètres cubes. Le profil du mur ressemble beaucoup à celui du Furens. Les parements amont et aval sont seulement obtenus avec plus de simplicité dans les lignes.

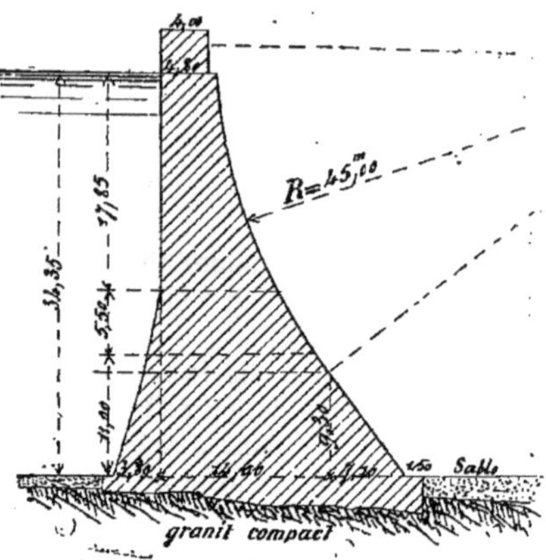

Fig. 520. — Barrage du Ternay (Ardèche).

La compression est de 7^k sur le parement d'amont et s'élève à très près de 10^k sur le parement d'aval.

Cette compression un peu élevée de 10^k a pu être adoptée, car il s'agit ici de constructions faites avec un mortier à chaux éminemment hydraulique : celles du Theil et de Cruas.

PROFIL TYPE D'APRÈS M. KRANTZ

613. Nous empruntons à « l'étude sur les murs de réservoirs » que M. Krantz

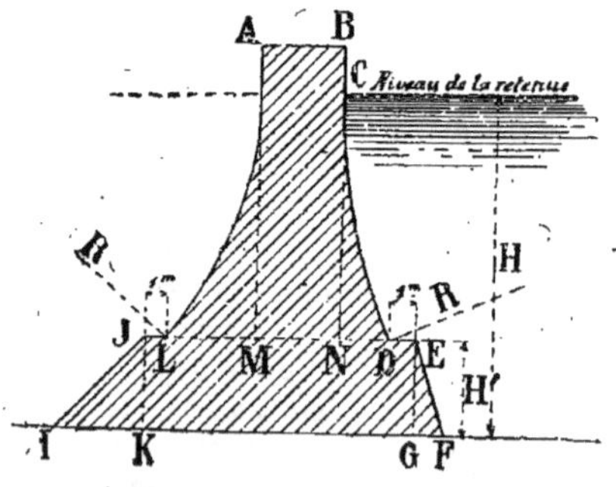

Fig. 521

a publiée en 1870, le croquis de la figure 521

représentant un profil-type et les tableaux suivants qui donnent les principales dimensions : volumes, pressions et rapports des efforts et moments de renversement pour des hauteurs d'eau variant de 5 à 50 mètres.

614. TABLEAU INDIQUANT LES PRINCIPALES DIMENSIONS DES MURS DE RÉSERVOIR

HAUTEUR de L'EAU H	HAUTEUR de la PREMIÈRE retraite H'	LARGEUR en COURONNE AB	HAUTEUR du COURONNEMENT au-dessus de l'eau BC	FLÈCHE		FRUIT DU SOUBASSEMENT		RAYON DE COURBURE		LARGEUR TOTALE à la base LD ou IF
				AMONT DN	AVAL LM	AMONT GF	AVAL IK	AMONT R	AVAL R'	
5^m,00	»	2^m,00	0^m,50	1^m,00	1^m,00	»	»	13^m,00	13^m,00	4^m,00
10 00	»	2 50	1 00	2 00	2 50	»	»	26 00	21 25	7 00
15 00	»	3 00	1 50	3 00	4 50	»	»	39 00	27 25	10 50
20 00	»	3 50	2 00	4 00	7 00	»	»	52 00	32 07	14 50
25 00	»	4 00	2 50	5 00	10 00	»	»	65 00	36 25	19 00
30 00	»	4 50	3 00	6 00	13 50	»	»	78 00	40 08	24 00
35 00	»	5 00	3 50	7 00	17 50	»	»	91 00	43 75	29 50
40 00	5^m,00	5 00	3 50	7 00	17 50	3^m,33	5^m,00	91 00	43 75	39 83
45 00	10 00	5 00	3 50	7 00	17 50	6 67	10 00	91 00	43 75	48 17
50 00	15 00	5 00	3 50	7 00	17 50	10 00	15 00	91 60	43 75	56 50

615. TABLEAU INDIQUANT LES VOLUMES, PRESSIONS ET RAPPORTS DES EFFORTS ET MOMENTS DE RENVERSEMENT

HAUTEUR de L'EAU retenue	VOLUME des MAÇONNERIES au-dessus du sol	PRESSION PAR CENTIMÈTRE CARRÉ à la base du mur				RAPPORT		ÉPAISSEUR MOYENNE des maçonneries au-dessus du sol
		LA RETENUE VIDE		LA RETENUE PLEINE		DU MOMENT de la poussée horizontale à celui des poids	de la POUSSÉE horizontale à la pression verticale	
		maxima	moyenne	maxima	moyenne			
5^m,00	14^{mc}28	0^k,82	0^k,82	1^k,43	0^k,91	0,27	0,34	2^m,86
10 00	42 19	1 56	1 39	3 00	1 58	0,38	0,44	4 22
15 00	85 96	2 37	1 88	4 08	2 17	0,40	0,49	5 73
20 00	147 66	3 19	2 34	4 80	2 71	0,39	0,50	7 38
25 00	229 12	4 05	2 77	5 21	3 22	0,36	0,51	9 16
30 00	33[illegible] 89	4 90	3 18	5 45	3 68	0,34	0,50	11 06
35 00	457 20	5 76	3 57	5 49	4 12	0,31	0,50	13 07
40 00	635 62	5 27	3 65	5 04	4 49	0,24	0,44	15 89
45 00	855 64	5 56	4 09	5 36	5 05	0,21	0,41	19 01
50 00	1,117 29	5 97	4 55	5 71	5 65	0,19	0,39	22 35

616. Dans le deuxième tableau, nous voyons que le rapport de la poussée horizontale à la pression verticale varie de 0,34 à 0,51. Le glissement est donc impossible, soit du mur sur la roche de fondation, soit d'une assise sur l'autre ; car, en ne tenant pas compte de la résistance à la traction des mortiers, il faudrait encore que le rapport précédent atteignit la valeur 0,75, environ, pour que le glissement fut possible.

Le rapport du moment de la poussée

horizontale à celui des poids, varie de 0,19 à 0,40. Il y a donc stabilité parfaite, sans même faire intervenir la force de cohésion, qui a, cependant, une certaine valeur.

Les pressions maxima par centimètre carré à la base du mur ont été calculées avec les formules qui traduisent la loi du trapèze et, nulle part, cette pression ne dépasse 6ᵏ.

VIII. — Batardeaux.

617. Pour établir un batardeau, on constitue une enceinte au moyen de pieux et palplanches ou, si le sol est trop résistant pour recevoir des pieux, avec un caisson mobile qu'on met en place en le guidant convenablement. On drague le fond sur lequel le batardeau doit reposer jusqu'au sol assez résistant pour supporter la maçonnerie sans tassement. On coule une couche de béton à la partie inférieure de l'encoffrement ainsi formé et on construit alors un mur contre les parois, qui permet d'épuiser l'intérieur et de travailler à sec (*fig.* 522). Nous nous proposons de déterminer l'épaisseur du mur qui doit résister à la pression latérale de l'eau et de la couche de béton du fond qui doit résister à la sous-pression de l'eau lorsque l'intérieur est épuisé.

L'épaisseur du mur se calculera, comme nous l'avons fait au commencement de ce paragraphe, au moyen de la formule

$$e = \sqrt{\frac{1\,000 h^3}{pH\left(3 - \frac{4pH}{R}\right)}} \quad (1)$$

dans laquelle :

h est la hauteur de l'eau ;
H, la hauteur du mur ;
p, le poids du mètre cube de maçonnerie
R, la limite de la compression par unité de surface.

Quant à l'épaisseur de la couche de béton du fond, pour la calculer, nous écrirons que son poids fait équilibre à la poussée verticale de l'eau de bas en haut, ou sous-pression :

$$pe' = 1\,000\,h'$$

$$\text{D'où,} \quad e' = \frac{1\,000}{p} \times h'. \quad (2)$$

e' est l'épaisseur cherchée et h', la hauteur de l'eau au-dessus de la face inférieure de la couche.

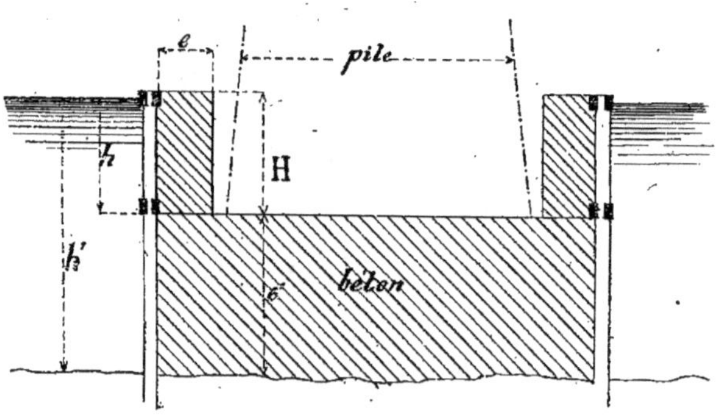

Fig. 522.

Problème

618. *Le sol sur lequel on établit le batardeau est à* 7ᵐ,00 *au-dessus du niveau maximum de l'eau, on demande de calculer les épaisseurs à donner à la couche de béton du fond et au mur.*

Le poids du mètre cube de béton est

par exemple de 1800^k. Dans la formule (2) on aura donc :

$$p = 1800 \text{ et } h' = 7^m,00$$

Il en résulte que

$$e' = \frac{1\,000}{1\,800} \times 7,00 = 4^m,11.$$

Le mur devra, par suite, avoir une hauteur minimum de $7^m,00 - 4^m,11 = 2^m,89$, soit $H = 3^m,00$ et la formule (1) nous permet alors de calculer l'épaisseur e qui est

$$e = \sqrt{\frac{1\,000 \times \overline{2,89}^3}{2\,200 \times 3,00\left(3 - \frac{4 \times 2\,200 \times 3,00}{40\,000}\right)}}$$

Nous supposons que le poids du mètre cube de la maçonnerie de moellons, dont le mur est fait, est de 2200^k et nous nous imposons la condition de ne pas dépasser $R = 40\,000^k$ par mètre carré pour la plus grande compression de la maçonnerie.

En effectuant les calculs, nous trouvons

$$e = 1^m,25.$$

Il est évident qu'on pourrait augmenter l'épaisseur e', ce qui réduirait celle du mur, puisque la hauteur de celui-ci serait diminuée de la quantité dont on aurait augmenté l'épaisseur de la couche de béton.

§ VI. — OUVRAGES AYANT A RÉSISTER A LA POUSSÉE DES TERRES. — MURS DE SOUTÈNEMENT.

A. — Poussée des terres.
B. — Dimensions des murs de soutènement.
C. — Résumé des travaux de M. Leygue.

A. — Poussée des terres.

SOMMAIRE

I. — *Notions générales.* — Cohésion et frottement. — Talus naturel des terres. — Détermination des coefficients de frottement et de cohésion.

II. — *Poussée des terres.* — Prisme de plus grande poussée — Hypothèse de la cohésion nulle. — Hypothèse de l'égalité des coefficients de frottement des terres sur elles-mêmes et sur les maçonneries. — Hypothèse du frottement nul des terres contre le mur.

III. — *Théorie de la poussée des terres :*

1° — En admettant la coexistence de la cohésion et du frottement, d'après Coulomb, et dans le cas le plus général.

2° — En admettant que la cohésion est égale à zéro.

(*a*). — D'après Coulomb et Poncelet.

(*b*). — D'après Rankine et Boussinesq.

3° — En faisant abstraction du frottement des terres contre le mur.

Conclusion.

IV. — *Détermination de la poussée des terres et du centre de poussée.*

1° — Le massif des terres à soutenir est terminé à sa partie supérieure par un plan horizontal.

(*a*). — Le parement intérieur du mur est vertical.

(*b*). — Le parement intérieur du mur est incliné vers l'extérieur.

(*c*). — Le parement intérieur du mur est en surplomb.

I. Notions générales

619. Nous venons d'étudier la stabilité des murs qui ont à résister à la pression de l'eau. C'est sans aucune difficulté qu'on a pu faire l'évaluation exacte du moment de renversement dû à la pression du liquide et du moment de stabilité dû au poids de la maçonnerie. La pression de l'eau est un élément du problème qu'on détermine pour ainsi dire mathématiquement et qui ne laisse, conséquemment, aucune incertitude sur sa direction, son point d'application et son intensité.

620. Lorsque le mur doit résister à la *poussée des terres*, on peut bien encore déterminer exactement le moment de stabilité dû au poids de la maçonnerie, mais la détermination du *moment de renversement dû à la poussée des terres* n'est ni facile, ni certaine.

Malgré les très nombreuses expériences qui ont été faites dans le but de trouver la direction de la poussée, son point d'application et son intensité, les Ingénieurs n'ont pu, jusqu'à présent, se mettre d'accord sur ces éléments importants de la question. Les uns admettent, pour simplifier, que la poussée est constamment horizontale, quelles que soient les inclinaisons de la paroi postérieure du mur et du talus de la surcharge; d'autres prétendent, en négligeant le frottement des terres contre le mur, que la poussée est perpendiculaire à la face intérieure du mur, ou bien encore, qu'elle est parallèle au plan supérieur du talus des terres. D'autres, enfin, tenant compte du frottement des terres contre le mur, veulent que la poussée fasse, avec la normale à la face intérieure du mur et en dessous de cette normale, un angle égal à l'angle de frottement des terres contre le mur.

621. Nous dirons cependant quelles sont les hypothèses le plus souvent admises et nous traiterons la question importante des *murs de soutènement* en nous basant sur celles qui nous paraissent le moins discutables. D'ailleurs, nous aurons toujours soin de nous appuyer sur des résultats d'expériences bien faites par des opérateurs consciencieux.

Il est certain que si, dans l'évaluation de la poussée des terres, on voulait tenir compte de *toutes* les circonstances qui se produisent, on compliquerait outre mesure le calcul sans aucun profit pour les applications qu'on en doit faire dans la pratique. Il faut, avant tout, rechercher une solution relativement simple, s'approchant néanmoins le plus possible de la vérité.

622. Lorsque nous aurons montré comment on peut déterminer le moment de renversement dû à la poussée des terres, la question de la stabilité des murs ayant à résister à une telle poussée sera pour ainsi dire résolue. Nous devons donc étudier d'abord cette poussée afin de déterminer le plus exactement possible ses trois éléments qui sont :

1° Sa direction;

2° Son point d'application;

3° Son intensité.

COHÉSION ET FROTTEMENT. — TALUS NATUREL DES TERRES

623. Soit un massif de terre soutenu par une paroi verticale AB (*fig.* 523). Si nous enlevons cette paroi, une partie ABC du massif tendra à glisser sur la partie CBD suivant une surface BC que nous supposons plane. Admettons, pour un instant, que le prisme ABC soit solidifié et puisse se déplacer tout d'une pièce. Lorsque le mouvement se produira, une résistance prendra naissance sur la face de glissement BC. D'après Coulomb, cette résistance se compose de deux termes :

1° L'un relatif au *frottement*, proportionnel à la pression normale ;

2° L'autre relatif à la *cohésion*, simplement proportionnel à la surface BC de disjonction.

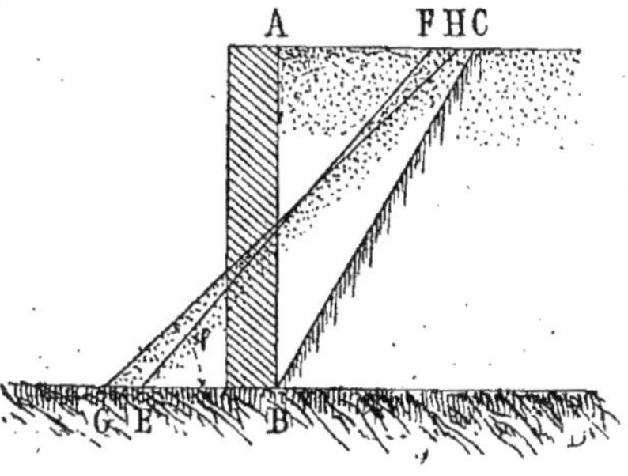

Fig. 523

624. *Cohésion.* — La valeur de la cohésion est très variable suivant la nature des terres et leur état d'humidité ou de sécheresse.

Elle peut être beaucoup augmentée artificiellement par un damage énergique. Une terre nouvellement remuée et un sable parfaitement sec présentent une cohésion si faible qu'on peut, sans erreur sensible, les considérer comme étant sans cohésion.

625. *Talus naturel des terres et coefficient de frottement.* — La paroi AB (*fig.* 523) étant enlevée, la terre s'éboule; ses molécules glissent les unes sur les autres, jusqu'à ce qu'un talus EF se soit formé. En raison de la cohésion que possèdent les terres, ce talus, qu'elles prennent momentanément, peut être assez raide. Mais, comme le fait observer Navier, lorsque la surface du talus demeure exposée à l'air, les alternatives de sécheresse et d'humidité, ou l'effet de la gelée, changent les qualités de ces terres. Les parties voisines de la surface se détachent successivement et, en général, tendent à prendre d'elles-mêmes, avec le temps, le talus qu'elles auraient affecté d'abord si la cohésion n'eût pas existé.

Ce talus GH s'appelle *talus naturel des terres*. Il fait, avec l'horizon, un angle φ, lequel est constant, quelle que soit la hauteur du remblai et ne dépend que de la nature et de l'état de division et de sécheresse de la terre.

La tangente trigonométrique de cet angle φ

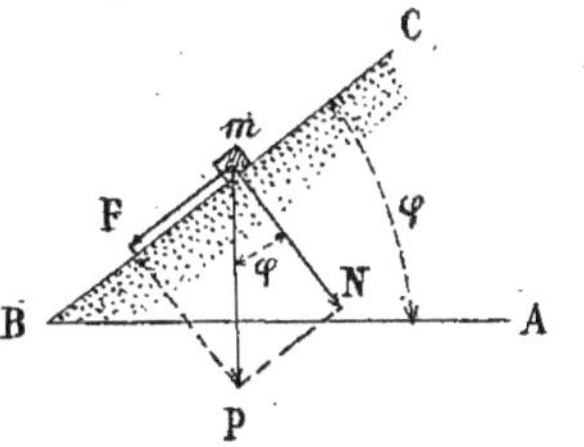

Fig. 524.

mesure le frottement des terres sur elles-mêmes. En effet, considérons une molécule m (*fig.* 524) en équilibre sur le talus naturel BC. Son poids P peut se décomposer en deux forces : l'une N, perpendiculaire au plan BC du talus produisant une pression normale à ce plan; l'autre T, tangentielle qui représente le frottement de la molécule sur le même plan.

Le *coefficient de frottement* ou le frottement par unité de pression est:

$$\frac{T}{N} = \text{tangente de l'angle } (PmN)$$

Si nous représentons par f ce coefficient et si nous remarquons que:

Angle (PmN) = angle (ABC) = φ,

Nous aurons :

$$f = \text{tang. } \varphi.$$

626. Le tableau suivant donne:

1° Les angles que font avec l'horizon les talus naturels de certaines terres suffisamment divisées pour être considérées comme étant sans cohésion;

2° Les tangentes trigonométriques correspondantes, ou coefficients de frottement, et les poids du mètre cube.

DÉSIGNATION de la Matière	ANGLE à l'horizon φ	Coefficient de frottement ou tang φ	POIDS du mètre cube	
Sable fin et sec.....	31°	0.60	1399k	à 1428k
Sable de rivière très-fin	33°	0.65	1780	1850
Terre non cohérente très sèche........	39°	0.81	1200	1300
Sable le plus léger..	39°	0.81	»	
Terre ordinaire bien sèche et pulvérisée	46°50'	1.07	1400	1500
Même terre légèrement humectée...	54°	1.38	1600	
Sol dense et très-compact.........	55°	1.43	1900	

627. On voit, d'après les chiffres de ce tableau, que, pour les quatre premières natures de terres, l'angle du talus naturel oscille autour de l'angle de 33°, qui correspond à une inclinaison de 3/2, ou 3 de base pour 2 de hauteur. L'inclinaison des éboulis naturels de rocher varie de 5/4 à 3/2, c'est-à-dire 5 de base pour 4 de hauteur à 3 de base pour 2 de hauteur.

Dans les applications, l'angle φ du talus naturel devra, autant que possible, être déterminé par une expérience directe et les valeurs précédentes ne devront être employées que si l'on ne peut recueillir, sur place, aucune donnée sur la valeur réelle de cet angle.

628. Voici en outre, d'après Navier, le poids du mètre cube de quelques terres:

Terre végétale	1 400 kil.
Terre franche.	1 500
Terre argileuse	1 600
Glaise.	1 900
Sable terreux	1 700
Sable pur..	1 900

629. D'après le même ingénieur, la terre franche peut se tenir à pic sur une hauteur de 1 à 2 mètres et les terres fortement argileuses, sur une hauteur de 3 à 4 mètres et au delà.

DÉTERMINATION DES COEFFICIENTS DE FROTTEMENT ET DE COHÉSION

630. Des conditions d'équilibre d'un massif en terre dont la surface supérieure est dans un plan horizontal, on déduit des formules qui permettent de déterminer les coefficients de frottement et de cohésion. La marche à suivre, indiquée par Belanger pour arriver à ce résultat, est la suivante.

Un terrain possédant une certaine cohésion étant donné, on le taille à pic et on détermine la plus grande hauteur h' sur laquelle il peut se maintenir en cet état, c'est-à-dire sans éboulement et même sans disjonction, puis on désagrège complètement une partie de ce terrain tirée du déblai et on en forme un remblai faisant, avec l'horizon, l'angle le plus grand que la nature de la terre comporte. On a ainsi le talus naturel de la terre dont on peut mesurer l'angle φ avec l'horizon. La tangente trigonométrique de cet angle est le coefficient de frottement f. Ces valeurs h' et f sont ainsi déterminées expérimentalement.

Considérons maintenant un massif de terre dont la surface supérieure est dans un plan horizontal AE (*fig.* 525) et dont la hauteur $CD = h$. Soit a le plus petit angle que le talus AC peut faire avec la verticale sans qu'il se produise de disjonction dans le massif et soit b l'angle que

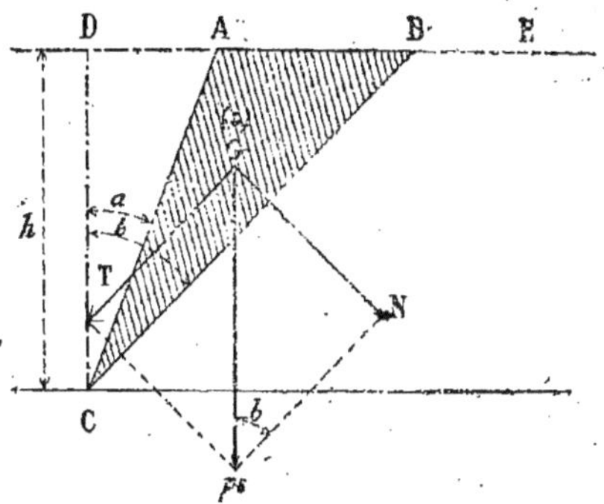

Fig. 525.

fait, avec la verticale, le plan BC de glissement suivant lequel la disjonction est sur le point de se produire.

Il s'agit de déterminer les valeurs de a et de b en fonction du *frottement* et de la *cohésion tangentielle*. Pour cela, on étudie l'équilibre du prisme ABC soumis à l'action de la pesanteur et à la réaction qu'exerce sur lui la partie CBE du massif.

Représentons par p le poids du mètre cube de terre ; par ps, le poids par unité de longueur du prisme considéré ; par c, la cohésion par unité de surface du plan de disjonction BC. Décomposons le poids ps en deux forces : l'une N, normale au plan BC ; l'autre T, tangentielle. Nous pouvons écrire, puisque l'équilibre existe :

$$N = ps \sin. b$$

$$T = ps \cos. b.$$

Or,

$$S = AB \times \frac{h}{2}$$

et $AB = DB - DA = h \text{ tang. } b - h \text{ tang. } a = h (\text{tang. } b - \text{tang. } a)$. Donc

$$N = p \frac{h^2}{2} (\text{tang. } b - \text{tang. } a) \sin. b \qquad (1)$$

$$\text{et } T = p \frac{h^2}{2} (\text{tang. } b - \text{tang. } a) \cos. b \qquad (2)$$

D'autre part, la composante tangentielle T est au plus égale au frottement augmenté de la cohésion et, comme le frottement est égal à fN et la cohésion à $c \times BC$; que, d'ailleurs, $BC = \frac{h}{\cos. b}$, nous pourrons écrire :

$$T \overline{\overline{<}} fN + c \frac{h}{\cos. b}$$

En substituant à T et à N leurs valeurs (1) et (2) et en remplaçant cos. b par

$$\frac{1}{\sqrt{1 + \text{tang.}^2 b}}$$

et sin. b par

$$\frac{\text{tang. } b}{\sqrt{1 + \text{tang.}^2 b}}$$

nous arrivons à l'inégalité suivante :

$$\text{Tang. } a \overline{\overline{>}} \text{tang. } b - \frac{2c(1 + \text{tang.}^2 b)}{ph(1 - f \text{ tang. } b)} \qquad (3)$$

La plus petite valeur de tang. a correspond à la plus grande valeur du deuxième membre de l'inégalité (3). Conséquemment, le problème revient à trouver la valeur de tang. b pour laquelle le deuxième membre est maximum. Il suffit, pour avoir cette valeur, d'égaler à zéro la dérivée prise par rapport à *tang. b*. En effectuant cette opération, nous trouvons :

$$\text{Tang. } a = \frac{1}{f} + \frac{2}{f^2} \left[\frac{2c}{ph} - \sqrt{\frac{2c}{ph} \left(\frac{2c}{ph} + f \right) \left(1 + f^2 \right)} \right] \qquad (4)$$

Telle est l'équation qui donne la valeur du plus petit angle a que le talus AC d'un terrain cohérent peut faire avec la verticale.

Pour déduire de la formule (4) l'angle que ferait le talus naturel du terrain avec la verticale, c'est-à-dire celui qui correspond à une terre sans cohésion, il suffirait de faire $c = 0$ dans l'équation précédente qui se réduirait alors à

$$\text{tang. } a = \frac{1}{f}.$$

L'angle ainsi obtenu est bien le complément de l'angle φ du talus naturel avec l'horizon dont la tangente a pour valeur :

$$\text{tang. } \varphi = f$$

Nous cherchons ensuite sous quelle hauteur h' le massif peut être taillé à pic sans éboulement. Pour cela, nous devons égaler à zéro l'angle a, ou tang. a, puisque le talus AC doit se confondre avec la verticale. En faisant, dans la formule (4), $tang\ a = 0$, elle devient :

$$h' = \frac{4c}{p}\left(f + \sqrt{1 + f^2}\right) \qquad (5)$$

Si la terre est sans cohésion, la valeur de h' correspondante s'obtiendra en faisant $c = 0$ dans l'équation précédente, ce qui nous conduit alors à :

$$h' = 0$$

Nous voyons donc qu'une terre sans cohésion ne peut pas se tenir à pic, même sur une très petite hauteur.

Nous obtenons enfin la valeur du coëfficient de cohesion c en portant, dans la formule (5), les valeurs h' et f déterminées expérimentalement comme nous l'avons expliqué.

Problème.

631. *Déterminer le coefficient de cohésion d'un terrain donné.*

Nous taillons ce terrain à pic et nous voyons que cela est possible sans éboulement jusqu'à une hauteur de $0^m,50$, par exemple. Nous prenons ensuite une partie de ce terrain que nous amenons à un état de division suffisant pour annuler la cohésion. Nous le plaçons en remblai en lui donnant le plus grand talus possible et nous obtenons ainsi le talus naturel de la terre dont nous mesurons l'angle avec l'horizon. Nous trouvons $\varphi = 54°$. La tangente trigonométrique de cet angle nous donne le coefficient de frottement f. Or, cette tangente, prise dans les tables des lignes trigonométriques, est trouvée égale à 1,38. Donc,

$$f = 1,38$$

De plus, la terre sur laquelle on opère pèse, par exemple, 1 600^k le mètre cube.

$$p = 1\,600^k$$

En portant les valeurs précédentes dans la formule (5), elle donne :

$$0,50 = \frac{4c}{1600}\left(1,38 + \sqrt{1 + 1,38^2}\right)$$

ou $$0,50 = c \times 0,0077$$

d'où nous tirons :

$$c = \frac{0,50}{0,0077} = 65.$$

632. *Remarque.* — Cette manière de procéder suppose que le coefficient de frottement f, obtenu en opérant sur une terre sans cohésion, a la même valeur que celui de la même terre à l'état compact et cohérent, ce qui n'est nullement prouvé. Pour avoir un résultat plus exact, il faudrait déterminer, par expérience d'abord, le plus petit angle a' avec la verticale que le talus de la terre peut prendre sous une hauteur h_1, puis le plus petit angle a'' avec la verticale que le talus de la même terre peut prendre sous une hauteur h_2. En portant, dans la formule (4), les deux premières valeurs, puis les deux dernières, on aurait deux équations à deux inconnues f et c. De ces deux équations, on pourrait donc facilement tirer les valeurs des coefficients cherchés f et c.

II. — Poussée des terres.

633. Lorsqu'on veut maintenir les terres sous un angle plus grand que celui du talus naturel, elles exercent, sur le mur qui les retient, une poussée dont il importe de connaître la valeur. Pour cela, on admet que la masse de terre tend à se diviser suivant un plan incliné en glissant sur ce plan et, par suite, à entraîner le mur dans son mouvement, si celui-ci n'offre pas une résistance suffisante pour s'opposer à ce mouvement.

On désigne souvent par *poussée des terres*, la *force horizontale* que les terres exercent sur le mur. Ceci est vrai seulement lorsque la paroi intérieure du mur est verticale et qu'on néglige le frottement des terres contre cette paroi. Il est plus exact d'appeler *poussée des terres, la*

résultante des actions qui s'exercent sur la face du mur, ces actions étant, d'une part, la pression normale à la face du mur et, d'autre part, le frottement tangentiel des terres contre la maçonnerie.

PRISME DE PLUS GRANDE POUSSÉE.

634. Un mur dont AB (*fig.* 526) représente le parement intérieur soutient un terre-plein ABX. Il reçoit une poussée résultant de la tendance qu'a un prisme de terre ABK à glisser sur un plan de disjonction AK. Si la rupture pouvait se produire suivant le plan AK_1, très rapproché du parement intérieur du mur, la poussée serait très petite, puisqu'elle dépend du poids du prisme qui serait alors très petit.

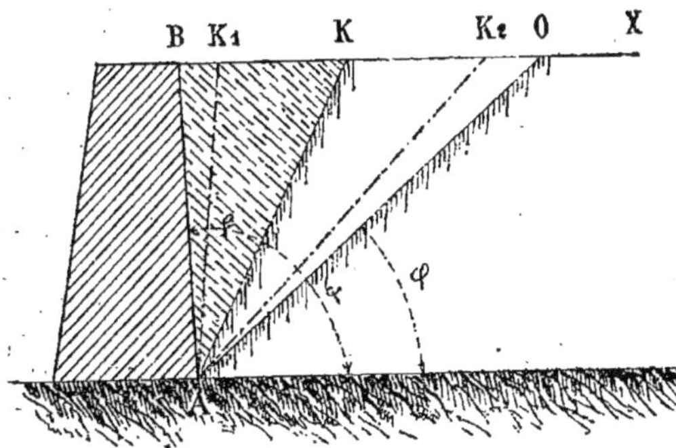

Fig. 526.

De plus, le plan AK_1, étant presque vertical et le poids du prisme étant très faible, on voit que le frottement des terres sur ce plan serait à peu près nul.

Si, au contraire, la rupture pouvait se produire suivant un plan AK_2 très rapproché du plan AO du talus naturel des terres, le poids du prisme ABK_2, qui agirait pour effectuer la poussée, serait beaucoup plus considérable, mais le frottement sur le plan de disjonction AK_2 serait aussi augmenté dans une grande proportion, puisque, en même temps, le plan sur lequel s'opère le frottement est moins incliné sur l'horizon et le poids qui agit est plus grand. A la limite, lorsque le plan de rupture AK_2, continuant à s'abaisser, viendrait se confondre avec le plan AO du talus naturel des terres, le frottement atteindrait une valeur telle que le prisme ABK_2 ou BAO resterait en équilibre sur ce plan. — La poussée serait donc nulle.

De ce que nous venons de dire, il résulte que la poussée étant presque nulle si le plan de rupture est situé en AK_1 et nulle si ce plan est situé en AO, il doit y avoir entre les positions extrêmes AK_1 et AK_2 du plan de rupture, une position intermédiaire de ce plan qui produirait une plus grande poussée. Si AK représente le plan de disjonction pour lequel la poussée arriverait à sa plus grande valeur, le prisme correspondant ABK est ce qu'on appelle le *prisme de plus grande poussée.*

Nous verrons plus loin comment on détermine ce prisme de plus grande poussée et c'est évidemment en vue de ce cas, le plus défavorable, qu'il faudra étudier la stabilité d'un mur de soutènement.

635. *Remarque.* — Les choses ne se passent cependant pas toujours ainsi. Nous citerons, par exemple, le *cas d'un terrain argileux avec petits bancs de sable ou bancs de suintement* que nous empruntons à une note de M. Gobin, ingénieur en chef des ponts et chaussées (*Annales des ponts et chaussées* — 1883).

Dans ces terrains, la glaise se détrempe sous l'action de l'humidité contenue dans

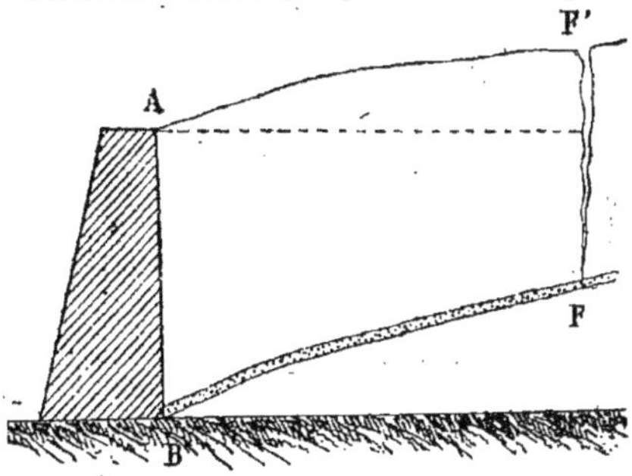

Fig. 527.

les petits bancs de sable, lorsque l'eau peut y pénétrer et s'y accumuler et le terrain glisse avec une très grande facilité sur ces bancs s'ils présentent une inclinaison vers le mur, même lorsque cette inclinaison est relativement douce, telle que BF (*fig.* 527), parce que le frottement y est très faible. La plasticité de l'argile lui permet de céder à l'action de la pesanteur et de glisser sur sa base inclinée BF dont la surface est plus fortement détrempée par suite de son contact immédiat avec l'eau et n'offre plus qu'une très faible résistance de frottement.

Le prisme de plus grande poussée est alors limité par ce plan de glissement et devient ABF, par exemple, avec un volume considérable; une boursouflure se produit à la surface des terres, contre le mur, et détermine une fissure presque verticale FF' qui termine ce prisme à une grande distance du mur. Le calcul, dans ce cas, ne pourrait s'appliquer que si l'on connaissait le volume ABFF' et on serait, dans tous les cas, conduit à donner au mur des dimensions qui dépasseraient le plus souvent celles qu'on admet en pratique.

La seule solution admissible, dans ce cas, consiste à opérer un assainissement énergique du massif au moyen d'un drainage qui s'étendra suffisamment loin et sera assez profond pour empêcher les terres de se détremper dans le voisinage du mur. Cet assèchement du massif diminuera considérablement les chances de glissement et ramènera le volume du prisme de plus grande poussée aux dimensions ordinaires.

Nous pouvons citer, comme exemple de ce genre de poussée, un éboulement qui s'est produit, en octobre 1882, sur le chemin de fer de Lyon à Montbrison près de Charbonnières, dans un talus de déblai de 3 mètres de hauteur soutenu par un mur en pierres sèches a parement extérieur incliné à 45°. Le sol voisin, composé d'une couche d'argile de 3 à 5 mètres d'épaisseur reposant sur un banc de gravier argileux perméable de 0m,40 d'épaisseur, appuyé lui-même sur une molasse tendre imperméable, s'est mis en mouvement d'un seul bloc sur 100 mètres de largeur et jusqu'à 200 mètres de distance du chemin de fer, bien que l'inclinaison moyenne du sol, qui était la même que celle de la base de la couche d'argile, ne fût que de 0m,10 par mètre en moyenne. La plate-forme du chemin de fer fut déplacée transversalement et soulevée. Une des voies fut abandonnée provisoirement et l'autre dut être redressée et ripée. Une fissure verticale limitait le contour de l'éboulement.

Voici l'explication de ce glissement :

La voie était établie dans une masse argileuse provenant d'éboulements très anciens qui obstruaient en partie l'écoulement des eaux amenées par le banc de suintement. A la suite des pluies persistantes des mois de septembre et d'octobre, la couche perméable a reçu plus d'eau qu'elle n'en laissait couler par son extrémité inférieure. Elle a été saturée entièrement et l'eau a non seulement détrempé fortement la couche d'appui du banc d'argile, mais encore pénétré par pression dans tout le banc qui, par suite, a acquis une plasticité suffisante pour se mettre en mouvement tout d'une pièce sous l'action de la gravité et même pour pouvoir prendre une surface ondulée sans déchirement. Quelques fissures apparaissaient, çà et là, sur les points où le plan de glissement avait présenté plus de résistance.

On eût prévenu cette accident par un drainage des talus, prolongé suffisamment au delà des anciens éboulements pour assurer l'écoulement des eaux du banc perméable et empêcher le massif d'être détrempé dans le voisinage du chemin de fer.

Le grand éboulement qui s'est produit au commencement du mois de janvier 1883, sur le chemin de fer de Lyon à Genève, près du fort de l'Écluse, est dû à une cause semblable, bien que la coupe du terrain ne soit pas la même.

HYPOTHÈSE DE LA COHÉSION NULLE.

636. Dans l'étude de la poussée des terres, on suppose que la cohésion est nulle. Nous avons vu que, lorsqu'une partie d'un massif est sur le point de se mettre en mouvement par glissement sur la partie adjacente, Coulomb admet que la résistance qui prend alors naissance se compose de deux termes : *frottement* et *cohésion*. La coexistence de ces deux termes n'est pas toujours admise. Ainsi, d'après Ardant, cette coexistence n'aurait pas lieu. La cohésion serait anéantie au moment de la disjonction du massif et il ne resterait que le frottement pour s'opposer au glissement.

M. Leygue, ingénieur auxiliaire des travaux de l'État, a fait des expériences qui démontrent l'exactitude de la loi de Coulomb, mais qui mettent aussi en évidence la très petite valeur de la cohésion relativement au frottement pour une même surface de disjonction, ce qui permet de négliger celle-là sans erreur sensible.

Pour cela, il a fait construire l'appareil représenté en élévation et en coupe par la figure 528 et comprenant :

1° Une caisse de fond AB, plate, longue et ouverte à la partie supérieure. Cette caisse prend, autour de la charnière A qui assujettit un de ses petits côtés sur un plateau fixe horizontal, toutes les inclinaisons comprises entre zéro et 45°. Il suffit, pour cela, d'enrouler plus ou moins sur la poulie P, la corde C attachée au petit côté opposé et renvoyée par la pou-

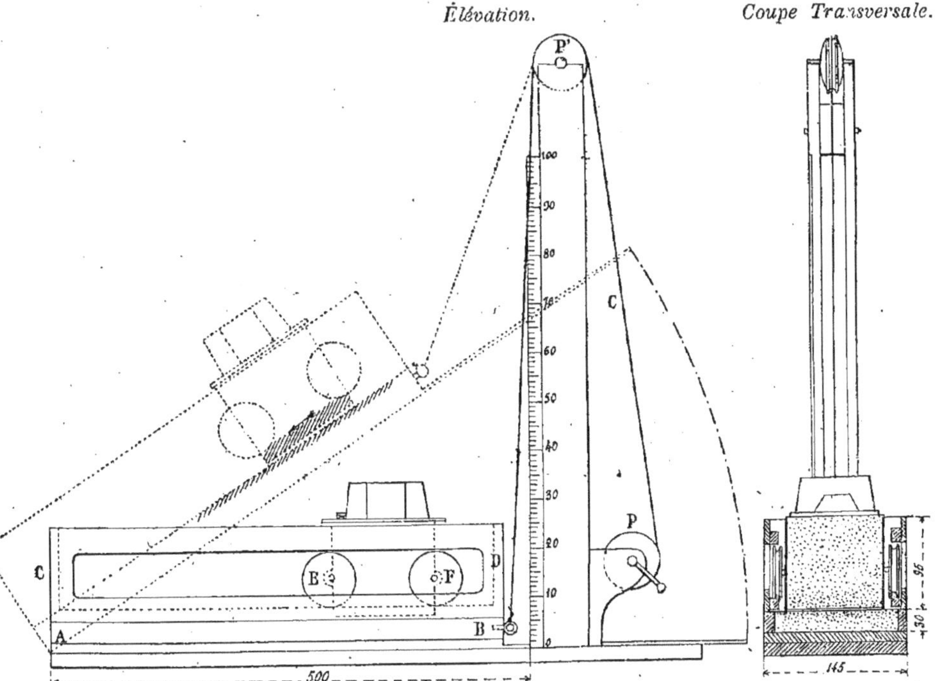

Fig. 528. — Appareil à mesurer la cohésion.

lie P'. Une aiguille indicatrice, vissée à la caisse, marque directement, sur une échelle fixée au montant des poulies d'enroulement et de renvoi, les tangentes des inclinaisons données à l'appareil ;

2° Un châssis indépendant CD, directement superposé à la caisse de fond AB et portant les rails et arrêtoirs d'un chariot mobile EF ;

3° Un chariot sans fond EF, aux dimensions d'un décimètre cube, monté sur quatre roues et roulant librement sur les rails du châssis CD, de manière que son plan inférieur vienne exactement affleurer le plan supérieur de la caisse de fond.

Le massif terreux à essayer est arasé dans la caisse de fond et renfermé dans le chariot avec les précautions nécessaires pour rétablir l'homogénéité et la cohésion dans le plan de contact, qui devient le plan de disjonction. On produit ensuite la rupture en relevant le système sous un angle suffisant pour que la pesanteur entraîne, sans accélération, le chariot et ses terres. On ajoute, en tant que de besoin, sur un plateau posé sur le chariot, les poids nécessaires pour obtenir le mouvement dans les limites angulaires de l'appareil. Les résistances ou frottements du chariot se tarent, avant chaque expérience, en constatant l'inclinaison nécessaire pour entraîner le chariot vide de terre.

Pour les massifs cohérents, tels que la terre franche, le sable humide, etc., qui peuvent tenir à pic sur la hauteur du chariot, il convient de les déboîter à plusieurs reprises avant de produire la disjonction de leur base par l'inclinaison de l'appareil. On évite ainsi d'avoir à tenir compte des frottements contre les quatre faces du chariot, ce qui introduirait inutilement, dans l'expérience, une nouvelle indéterminée.

Pour les massifs non cohérents, tels que le sable sec, il n'est plus possible d'éluder le frottement du massif étudié sur les faces du chariot, et il devient nécessaire de le déterminer par des expériences directes préliminaires.

Les expériences ont été faites successivement sur un sable fin et sec non cohérent, sur un sable fin cohérent par addition d'eau, sur un sable fin cohérent avec excès d'eau et sur une terre franche légèrement humectée et légèrement tassée. Elles montrent que les valeurs coexistantes c et f, calculées dans l'hypothèse de la loi de Coulomb, conduisent à des résultats d'accord avec les expériences directes, lorsqu'on les applique à la formule (5).

$$h' = \frac{4c}{p}\left(f + \sqrt{1 + f^2}\right)$$

qui exprime la hauteur sur laquelle on peut couper la terre verticalement sans causer d'éboulement et qu'au contraire, si l'on admet, avec M. Ardant, que la cohésion c et les frottements f agissent séparément et que la cohésion soit anéantie avant la rupture, la formule précédente donne constamment $h'=0$, ce qui est contraire aux faits observés de terres se maintenant à pic sur des hauteurs variables. De plus, on observe que si les terres d'un massif sont pénétrées d'eau, comme dans la troisième série des expériences citées plus haut, cette circonstance, tout en laissant subsister les frottements, peut diminuer et même annuler la cohésion du massif.

Dans les applications, la cohésion, même maximum, est le plus souvent négligeable par rapport aux frottements, notamment pour un massif vertical de 1 mètre carré de base, sollicité par un effort tranchant horizontal. On aurait, dans les conditions de la deuxième série d'expériences (sable fin rendu cohérent par l'addition d'une certaine quantité d'eau) :

$$\frac{\text{cohésion}}{\text{frottement}} = \frac{c}{f\pi h} = \frac{40^{k},20}{0{,}85 \times 1440 \times h} = \frac{0{,}033}{h},$$

rapport dont la valeur, variable en sens inverse de h, descend déjà à un dixième pour $h = 0^{m},33$.

M. Leygue conclut ainsi :

1° La loi de Coulomb est d'une exactitude suffisante, c'est-à-dire que, dans un massif homogène, la résistance à l'effort tranchant se compose de la cohésion et des frottements qui coexistent et agissent au même instant ;

2° Après la cohésion anéantie, c'est-à-dire après le mouvement initial, on n'a plus à vaincre que les frottements ;

3° Enfin, dans la question de la poussée des terres, il convient de négliger la cohésion, en raison de la faiblesse de sa valeur relative dans les remblais en gravier ou débris de rocher et de sa nature éminemment mobile, selon que les terres sont plus ou moins détrempées. On obtient ainsi un léger excès de stabilité que la simple prudence suffit à justifier. (*Annales des ponts et chaussées*. — Novembre 1885.)

D'autre part, Bélanger explique et justifie cette hypothèse de la cohésion nulle, de la manière suivante :

« Nous croyons en effet, qu'on peut dire :

1° Que lorsque les terres, soutenues par un mur, doivent former, dans toute l'étendue du prisme de la plus grande poussée, un remblai récent, il peut être convenable de ne pas compter, dans les premiers temps, sur leur cohésion, parce que le travail nécessaire pour leur faire acquérir artificiellement cette qualité pourrait coûter au delà de la dépense épargnée sur l'épaisseur du mur ;

2° Que si les terres du remblai peuvent être accidentellement pénétrées d'eau, il est à craindre que cette circonstance, tout en laissant subsister leur frottement, ne vienne à anéantir momentanément leur cohésion ;

3° Enfin, que lorsqu'il s'agit des murs de fortifications des places de guerre exposés à être battus en brèche, l'inconvénient de les faire un peu trop épais est compensé par l'avantage de les rendre plus difficiles à détruire. »

Pour toutes les raisons précédentes et aussi pour simplifier le calcul de la poussée des terres, on admet généralement que la cohésion est nulle. La théorie établie dans cette hypothèse doit donc supposer la terre à l'état pulvérulent et parfaitemen sec et les expériences faites dans le but de contrôler les résultats obtenus théoriquement doivent porter sur une terre dans le même état. Le sable fin très sec remplit parfaitement la condition de la cohésion nulle. Aussi est-ce sur lui qu'on a le plus souvent expérimenté.

HYPOTHÈSE DE L'ÉGALITÉ DES COEFFICIENTS DE FROTTEMENT DES TERRES SUR ELLES-MÊMES ET SUR LES MAÇONNERIES

637. Pour justifier cette hypothèse, on peut admettre que la paroi intérieure du mur étant rugueuse, retient adhérente à sa surface une petite couche de terre sur laquelle glisse le massif et qu'on a là, par conséquent, un frottement de terre sur terre comme dans le plan de disjonction

M. Leygue, afin de préciser l'erreur commise, a déterminé les massifs de plus grande poussée répondant à deux valeurs de l'angle φ' comprenant entre elles l'angle φ naturel des terres, savoir :

Bois strillé : $\varphi' = 39°$ et tang. $\varphi' = 0,810$.
Verre à vitre : $\varphi' = 24°,30$ et tang. $\varphi' = 0,456$,
tandis que le sable fin et sec donne :

$$\varphi = 33°,37 \text{ et tang. } \varphi = 0,665$$

M. Leygue s'est servi d'un appareil sur lequel nous aurons occasion de dire quelques mots plus loin, lorsque nous étudierons les expériences très intéressantes de cet ingénieur sur la déformation des massifs et les formules pratiques auxquelles il a été conduit pour les calculs des murs de soutènement.

638. Les expériences s'étendent à des inclinaisons du mur, variables de $^1/_3$ renversé à $^2/_3$ en surplomb et à des surcharges variables du terre-plein horizontal au talus de $^3/_2$. Elles sont résumées au tableau ci-après :

Ainsi, pour des panneaux de polis aussi différents que le bois strillé et le verre à vitre :

1° Les différences entre les massifs de plus grande poussée sont inférieures à

PAROI POUSSÉE		TALUS de surcharge.	SURFACES DES MASSIFS de plus grande poussée $h = 1^m 00$		RAPPORTS des deux surfaces précédentes	OBSERVATIONS
Inclinaison	Tang. φ		Bois strillé	Verre à vitre		
Renversé	$-\,^1/_3$	0.00	$0^{m2}394$	$0^{m2}366$	1.08	Les expériences directes ont été faites avec $h = 0^m20$.
		$^2/_3$	1 338	1 230		
Vertical	0	0.00	0 290	0 271	1.07	
		$^2/_3$	0 218	0 750		
Surplomb	$^1/_3$	0.00	0 201	0 186	1.06	Interpolation.
		$^2/_3$	0 454	0 418		
id.	$^1/_2$	0.00	0 161	0 151	1.05	
		$^2/_3$	0 319	0 295		
id.	$^2/_3$	0.00	0 127	0 119	1.04	Interpolation.
		$^2/_3$	0 220	0 210		
id.	$^3/_3$	0.00	0 »	0 »	1.00	Interpolation.
		$^2/_3$	0 »	0 »		

$^1/_{10}$, c'est-à-dire qu'elles sont relativement nulles ;

2° Elles sont sensiblement indépendantes du talus de surcharge, pour une même inclinaison de la paroi et, pour des inclinaisons différentes, elles décroissent au fur et à mesure que les parois s'inclinent davantage sur le talus naturel des terres. Donc le massif de plus grande poussée dépend, dans une proportion *négligeable*, de la nature de la paroi poussée et, par suite, l'erreur commise dans les calculs de stabilité, en prenant le coefficient de frottement des terres contre le mur égal à celui des terres sur elles-mêmes, est réellement nulle. Aussi, admet-on l'égalité, même lorsqu'on tient compte de la cohésion.

HYPOTHÈSE DU FROTTEMENT NUL DES TERRES CONTRE LE MUR.

639. Lorsqu'on fait cette hypothèse, on commet volontairement une erreur assez importante dans le but de simplifier le calcul de la poussée. Il est, en effet, parfaitement démontré, par de très nombreuses expériences, que le frottement des terres contre la paroi intérieure existe et qu'il a une valeur qui ne doit pas être négligée, si l'on veut déterminer, avec une approximation suffisante, les dimensions à donner aux murs de soutènement.

On comprend, en effet, que, au moment où le mur est sur le point d'être renversé, le frottement agit, pour empêcher le mouvement, avec un bras de levier d'autant plus grand que l'arête extérieure autour de laquelle la rotation tend à se produire est plus éloignée du parement intérieur du mur.

Si l'on suppose nul ce frottement, la réaction du mur contre les terres qu'il

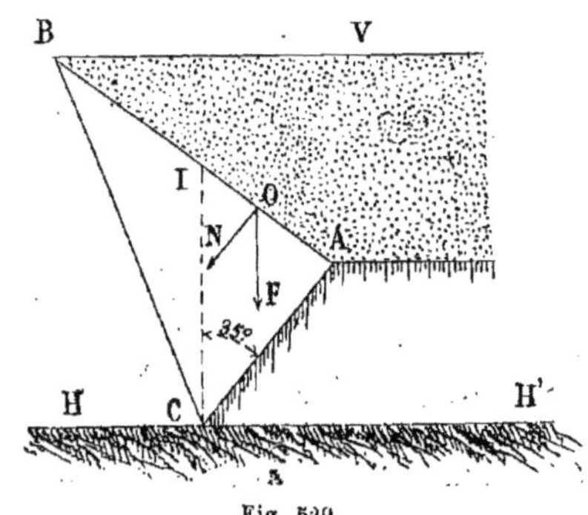

Fig. 529.

soutient est normale à son parement intérieur ; elle est horizontale, par conséquent, si le parement est vertical.

640. Nous citerons l'*expérience de M. Ardant*, qui met parfaitement en évidence l'existence de ce frottement. — Sur une table horizontale HH' (*fig* 529), on pose horizontalement l'arête C d'un prisme triangulaire en bois, profilé en CAB et qui remplacera le mur. L'angle BAC est droit. On place ce prisme de telle manière que la médiane CI soit verticale et on construit le triangle sous la condition que l'angle ICA soit égal à 35°, angle du talus naturel du sable siliceux sec. Le côté AC est appuyé latéralement au massif CAH qui fait corps avec la table. Dans cette position, le prisme ayant son centre de gravité sur CI est dans un équilibre instable et le moindre ébranlement suffit pour qu'il se renverse en tournant de droite à gauche autour de l'arête C.

Le face AB est recouverte d'une petite couche de gomme saupoudrée de sable. Cette précaution a pour but de rendre l'angle φ' du frottement des terres sur le mur, égal à l'angle φ du frottement des terres sur elle-mêmes. — Latéralement, le prisme de bois et le massif de sable sont limités par deux piliers fixes et, pour empêcher les pertes de sable à travers les interstices, sans nuire à la liberté que doit conserver le prisme de tourner autour de l'arête C, on remplit les joints avec du saindoux. — On verse alors du sable derrière la face AB jusqu'au niveau BV et on constate que, lorsque le prisme de bois est ainsi chargé, son équilibre devient stable.

Ce phénomène s'explique en observant que la poussée du sable sur le mur passe en un point compris entre les points A et I. Si elle était normale à la face AB, comme le supposaient les anciens auteurs, elle tendrait à faire tourner le prisme autour du point C et le prisme se renverserait à gauche ; mais elle fait, avec la face AB, un angle égal à 90° — φ, c'est-à-dire qu'elle est parallèle à la médiane CI, ou qu'enfin, elle est verticale. Elle passe donc à droite du point C et empêche le prisme de basculer pour se coucher sur la face CB.

L'hypothèse du frottement nul des terres contre le mur a pour conséquence de conduire à un moment de la poussée, ou moment de renversement, plus grand que celui qui prend réellement naissance, puisque celui-ci doit être diminué du moment contraire produit par le frottement φ'. Il en résulte que les dimensions du mur, calculées dans ces conditions, se trouvent exagérées. On peut donc, sans inconvénient au point de vue de la stabilité de l'ouvrage, supposer nul le frottement des terres contre le mur, si l'on ne tient pas à donner à celui-ci le cube de maçonnerie minimum qui est nécessaire pour maintenir le massif.

641. Nous allons exposer la théorie de la poussée des terres dans les différents cas qui résultent des hypothèses précédentes :

1° On admet la coexistence de la cohésion et du frottement;

2° On suppose la cohésion nulle et on admet, en outre, que les coefficients de frottements des terres sur elles-mêmes et contre la maçonnerie sont égaux, comme dans le premier cas;

3° On fait abstraction du frottement des terres contre le mur, en même temps que les deux premières hypothèses. — Nous donnerons enfin à la fin de ce paragraphe les expériences intéressantes de M. Leygue et les conclusions auxquelles il arrive pour le calcul des murs de soutènement.

III. — Théorie de la poussée des terres (1).

1° EN ADMETTANT LA COEXISTENCE DE LA COHÉSION ET DU FROTTEMENT, D'APRÈS COULOMB, ET DANS LE CAS LE PLUS GÉNÉRAL.

642. La théorie de la poussée des terres a pour but la détermination de cette poussée en grandeur, position et direction.

Celle que nous allons présenter est de Coulomb (1773), complétée par Poncelet (1840), et résumée par Belanger (1848 1866.)

Supposons qu'un mur, dont le profil

(1) Nous avertissons ceux de nos lecteurs qui désirent, avant tout, des solutions pratiques et rapides des différents cas qui peuvent se présenter dans les applications, que la théorie de la poussée des terres sera immédiatement suivie de nombreux exemples traités avec toutes les simplifications possibles dans les épures ou les calculs.

vertical transversal avec fruit sur les deux parements est AA'B'B (*fig.* 530), ait à soutenir un massif de terre ABIMNX et proposons-nous de déterminer la valeu de la poussée du massif à laquelle le mur doit résister

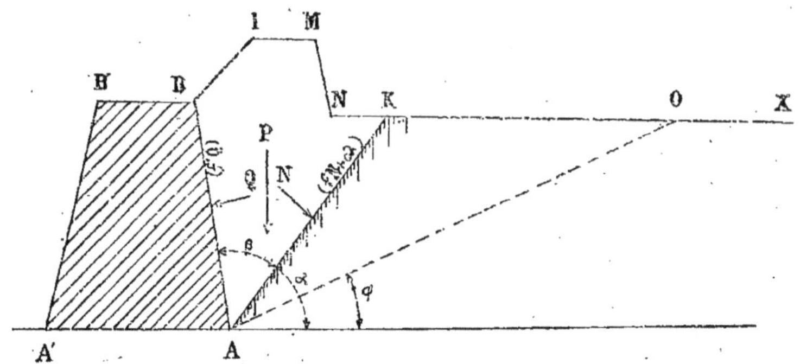

Fig. 530.

Coulomb admet que si le mur venait à céder sous l'action de cette poussée, il glisserait parallèlement à lui-même sur son plan de base AA' et que le massif de terre se séparerait suivant un plan tel que AK, qu'il appelle *plan de rupture*. Dès lors, il regarde le prisme de terre ABIMNK, qui se sépare du massif, comme agissant à la façon d'un coin qu'on enfoncerait entre les deux plans AB et AK.

Dans cette hypothèse, si aucun mouvement ne se produit, mais que l'on considère seulement le moment où il serait sur le point d'avoir lieu, il y aurait équilibre entre le poids du coin ABIMNK et les réactions que les faces AB et AK de ce coin subissent de la part du mur et de la portion immobile AKX du massif.

Cette hypothèse, extrême en ce qui concerne le mode suivant lequel s'accomplissent le mouvement du mur et la disjonction du massif de terre, a été posée par Coulomb dans le but de simplifier les calculs; mais, ainsi que le fait remarquer M. J.-B. Belanger, elle est assez rapprochée de la vérité pour conduire à des résultats utiles dans la pratique.

La réaction de la portion AKX du massif sur le coin ABK peut être décomposée suivant deux directions, l'une parallèle à AK et l'autre perpendiculaire à cette ligne. La composante normale à AK est la pression normale que nous désignerons par N et la composante suivant AK est formée, d'après Coulomb, (comme nous l'avons déjà dit) de deux termes, l'un relatif au frottement du coin ABK sur la face AK du surplus du massif, l'autre relatif à la cohésion tangentielle. Désignons par f le coefficient de frottement de la terre sur elle-même et par c la valeur de sa cohésion rapportée au mètre superficiel du plan hypothétique de séparation. — Posons AK $= \lambda$.

Les deux composantes de la réaction du massif AKX sont donc N et $(f\text{N} + c\lambda)$.

La réaction totale du mur contre le prisme ABK peut aussi être décomposée suivant la direction AB et suivant une perpendiculaire à cette direction.

Désignons par Q la composante normale à AB. La composante parallèle à AB n'est autre que le frottement du prisme de terre ABK contre la face AB du mur. (Nous négligeons à dessein la cohésion que Coulomb et M. J. Belanger supposent exister entre la terre et le mur, attendu qu'il n'est pas dans l'usage des constructeurs d'établir une liaison entre la maçonnerie du mur et les terres à soutenir.

L'introduire dans le calcul nous paraît être une complication inutile, puisqu'on ne peut prévoir ce que serait cette cohésion, si elle existait.) En appelant f' le coefficient de ce frottement, cette seconde composante a donc pour valeur $f'Q$. Enfin désignons par P le poids du prisme ABK.

En résumé, les forces en équilibre sont:

$$P, N, (fN + c\lambda), Q \text{ et } f'Q.$$

La somme des projections de ces forces sur la droite AK est égale à zéro. Or, si nous regardons comme positive la projection de P, les autres seront négatives. Donc on a :

$$P \sin\alpha - fN - c\lambda - Q\sin\beta - f'Q\cos\beta = 0 \quad (6)$$

La somme des projections de ces mêmes forces sur une droite perpendiculaire à AK est aussi égale à zéro. Donc :

$$P\cos.\alpha - N + Q\cos.\beta - f'Q\sin.\beta = 0 \quad (7)$$

En éliminant N entre ces deux équations, on arrive facilemennt à :

$$Q = \frac{P(\sin.\alpha - f\cos\alpha) - c\lambda}{\sin\beta + f\cos\beta + f'(\cos\beta - f\sin\beta)} \quad (8)$$

Or, remarquons que la poussée à laquelle doit résister le mur est précisément la résultante de Q et de $f'Q$ et que f' exprime justement la tangente trigonométrique de l'angle φ' que fait cette réaction totale du mur avec le plan AB.

La réaction cherchée a donc pour valeur $\frac{Q}{\cos\varphi'}$.

(En effet, si l'on compose la normale Q avec $f'Q$, le triangle formé par la résultante et les deux forces Q et $f'Q$ est rectangle. L'un des côtés de l'angle droit Q est égal à l'hypothénuse qui représente la résultante multipliée par le cosinus de l'angle compris entre les côtés, ou bien la résultante est égale au côté de l'angle droit Q divisé par le cosinus de l'ange compris. Or, cet angle est précisément l'angle de frottement φ'. On a donc bien $\frac{Q}{\cos\varphi'}$ pour valeur de la résultante ou réaction totale). Enfin rappelons que f exprime aussi la tangente trigonométrique de l'angle φ que forme la réaction totale de la partie AKX du massif avec la normale au plan AK.

Remplaçons, dans l'équation (8), f par $\tang\varphi = \frac{\sin\varphi}{\cos\varphi}$ et f' par $\tang.\varphi' = \frac{\sin.\varphi'}{\cos\varphi'}$. Nous aurons :

$$Q = \frac{P\left(\sin\alpha - \frac{\sin\varphi\cos\alpha}{\cos\varphi}\right) - c\lambda}{\sin\beta + \frac{\sin\varphi\cos\beta}{\cos\varphi} + \frac{\sin\varphi'}{\cos\varphi'}\left(\cos\beta - \frac{\sin\varphi\sin\beta}{\cos\varphi}\right)},$$

$$\text{ou } Q = \frac{P(\sin\alpha\cos\varphi - \sin\varphi\cos\alpha) - c\lambda\cos\varphi}{\sin\beta\cos\varphi + \sin\varphi\cos\beta + \frac{\sin\varphi'}{\cos\varphi'}(\cos\beta\cos\varphi - \sin\beta\sin\varphi)},$$

$$\text{ou} \quad Q = \frac{P\sin(\alpha - \varphi) - c\lambda\cos\varphi}{\sin(\beta + \varphi) + \frac{\sin\varphi'}{\cos\varphi'}\cos(\beta - \varphi)},$$

$$\text{d'où, enfin,} \quad \mathbf{\frac{Q}{\cos\varphi'} = \frac{P\sin(\alpha - \varphi) - c\lambda\cos\varphi}{\sin(\beta + \varphi + \varphi'}}, \quad (9)$$

Cette dernière expression, qui est très simple, donne la valeur de la réaction $\frac{Q}{\cos\varphi'}$ du mur en fonction de P, λ, β, φ, φ', α. Les trois variables P, λ et β sont elles-mêmes fonctions de α, puisque la position de la droite AK, dans l'angle donné BAY, détermine les valeurs de ces trois variables à la fois.

Dans cette formule, c, φ et φ' sont des constantes. Il en résulte que le maximum de Q et, par conséquent, de $\frac{Q}{\cos\varphi'}$ ne dépend que de α. En d'autres termes, pour calculer les dimensions du mur, sauf la hauteur qui est donnée, il faut déterminer à quelle valeur de l'angle α correspond le maximum de résistance que le mur doit présenter. Cette valeur de α correspond à ce qu'on appelle le *prisme de plus grande poussée*,

643. Mais, avant d'aller plus loin, il y a lieu de remarquer qu'il faut tout d'abord connaître la valeur de φ' c'est-à-dire du frottement de la terre sur le parement du mur pour pouvoir appliquer l'équation (9).

La détermination analytique de la valeur de l'angle α qui correspond au maximum de $\frac{Q}{\cos \varphi'}$ présente des difficultés qu'on peut éviter à l'aide de quelques tâtonnements. Pour cela, il suffit de donner plusieurs valeurs à α et de calculer, pour chacune d'elles, les valeurs qui en résultent pour P, λ et β; cela permettra de conclure les valeurs correspondantes de $\frac{Q}{\cos \varphi'}$. A l'aide du tableau des valeurs de α et de $\frac{Q}{\cos \varphi'}$, on pourra construire une courbe, dont les abscisses seront les valeurs prises pour α et dont les ordonnées seront les valeurs correspondantes de $\frac{Q}{\cos \varphi}$. A l'inspection de cette courbe on reconnaîtra qu'elle a un point maximum dont l'abscisse sera précisément la valeur cherchée de α et dont l'ordonnée sera le maximum de $\frac{Q}{\cos \varphi'}$ c'est-à-dire la plus grande poussée à laquelle le mur devra résister.

Le désir d'éviter aux praticiens les tâtonnements que nécessite la recherche du maximum de $\frac{Q}{\cos \varphi'}$ a conduit plusieurs savants ingénieurs à simplifier la théorie précédente, en négligeant la cohésion des terres, comme l'ont fait MM. Poncelet et Ardant. L'exposé ci-dessus de la théorie de la poussée des terres est emprunté à l'ouvrage de M. Vigreux : « *Théorie et pratique de l'art de l'Ingénieur.* »

Nous étudierons plus loin la théorie de la poussée des terres dans cette hypothèse de cohésion nulle et nous verrons les simplifications qui en résultent. Auparavant, nous donnerons un exemple qui fera bien comprendre la méthode générale précédente.

Problème.

644. *Un terrain donné est à maintenir au moyen d'un mur de soutènement sur une hauteur de* 5^m. *On demande de déterminer la plus grande poussée à laquelle le mur aura à résister, sachant que le terrain au-dessus du mur doit avoir une pente de* $0^m,10$ *par mètre à partir du couronnement et que le parement intérieur du mur doit être vertical.*

On commencera par déterminer les constantes, savoir :

c, cohésion tangentielle ;

φ, angle de frottement des terres sur elles-mêmes;

φ', angle de frottement des terres sur le mur.

L'angle φ de frottement des terres sur elles-mêmes est l'angle que fait le talus naturel des terres avec l'horizon. Souvent, l'observation des terres éboulées à l'endroit où le mur de soutènement doit être établi ou à proximité, permettra d'avoir cet angle. On pourra d'ailleurs le déterminer expérimentalement, comme nous l'avons déjà expliqué, en prenant une partie du terrain à soutenir, l'amenant à un état de division suffisant et le mettant en remblai sous l'angle le plus grand possible. La mesure de cet angle fournira la valeur de φ et, par suite, celle du coefficient de frottement des terres sur elles-mêmes.

$$\text{tang. } \varphi = f$$

On trouve par exemple que l'angle φ du talus naturel avec l'horizon est égal à

$$\varphi = 48^\circ$$

On en déduit, pour le coefficient de frottement :

$$f = \text{tang. } 48^\circ = 1,11$$

L'angle de frottement φ' des terres sur la maçonnerie sera pris égal à l'angle φ, en faisant l'hypothèse de l'égalité des coefficients de frottement des terres sur elles-mêmes et sur le mur. On aura donc:

$$f' = \text{tang. } 48^\circ = 1,11 = f.$$

Quant à la valeur de la cohésion tangentielle c, on la calculera, comme nous l'avons indiqué, au moyen de la formule (5) :

$$h' = \frac{4c}{p}\left(f + \sqrt{1+f^2}\right)$$

de laquelle on tire

$$c = \frac{ph'}{4\left(f + \sqrt{1+f^2}\right)}$$

On connaît déjà $f = 1,11$. Il faut déterminer p et h'. Le poids du mètre cube de terre est facile à se procurer, on trouve par exemple, $p = 1\,500$ K.

On cherchera ensuite sous quelle hauteur h' le terrain peut se tenir à pic, sans éboulement ni disjonction, en expérimentant directement sur le déblai de la terre à soutenir. Soit $h' = 0^m,80$ la hauteur trouvée. En portant ces valeurs :

$$p = 1\,500^k,\ h' = 0^m,80 \text{ et } f = 1,11$$

dans la formule précédente, il vient :

$$c = \frac{1\,500 \times 0,80}{4\left(1,11 + \sqrt{1 + 1,11^2}\right)} = 115^k4,$$

Connaissant les valeurs de φ, φ' et c, on reprendra la formule (9) qui donne la valeur de la réaction totale $\frac{Q}{\cos \varphi'}$:

$$\frac{Q}{\cos \varphi'} = \frac{P \sin(\alpha - \varphi) - c\lambda \cos \varphi}{\sin(\beta + \varphi + \varphi')}$$

En représentant $\frac{Q}{\cos \varphi'}$ par F et en remplaçant φ, φ' et c par leurs valeurs, il vient :

$$F = \frac{P \sin(\alpha - 48^\circ) - 115,4\ \lambda \cos 48^\circ}{\sin(\beta + 96^\circ)}$$

Nous avons dit que P, λ et β sont des fonctions de l'angle α. Pour trouver le maximum de F, on exprimera donc d'abord ces quantités en fonction de α. Et d'abord, pour la valeur de l'angle β en fonction de l'angle α, on remarquera, en se reportant à la figure 528, que, puisque le parement intérieur du mur doit être vertical, la somme des angles α et β est égale à 90°. Donc :

$$\alpha + \beta = 90^\circ. \text{ D'où :}$$

$$\beta = 90^\circ - \alpha.$$

Pour obtenir la valeur de λ en fonction de α, on remarquera que λ est la longueur de la droite inclinée de l'angle α sur l'horizon depuis le pied A du mur (*fig.* 531) jusqu'à sa rencontre K avec la surface supérieure du terrain, laquelle a une pente de $0^m,10$ par mètre d'après les données du problème.

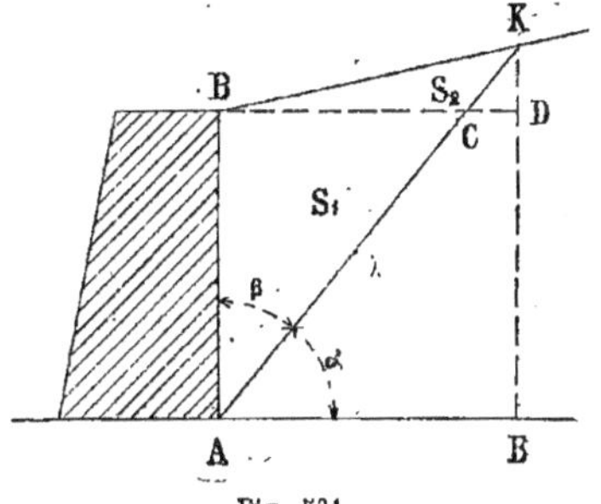

Fig. 531.

Traçons sur la figure 531, l'horizontale BD jusqu'à sa rencontre avec la verticale KE du sommet K. On voit alors que

$$\lambda = AC + CK$$

Or, dans le triangle rectangle ABc, on a :

$$AC = \frac{AB}{\sin(\text{angle BCA})}$$

et comme $AB = h = 5^m,00$ et angle $BCA = \alpha$, il en résulte que

$$AC = \frac{h}{\sin \alpha}$$

D'autre part, dans le triangle rectangle CDK, on a :

$$CK = \frac{KD}{\sin(\text{angle KCD})} = \frac{KD}{\sin \alpha}. \quad \text{Donc,}$$

$$\lambda = \frac{h}{\sin \alpha} + \frac{KD}{\sin \alpha} = \frac{h + KD}{\sin \alpha}.$$

On sait que

$$\frac{1}{\sin \alpha} = \frac{\sqrt{1 + \text{tang}^2 \alpha}}{\text{tang } \alpha}$$

La valeur de λ devient donc :

$$\lambda = \frac{(h + KD)\sqrt{1 + \text{tang}^2\,\alpha}}{\text{tang}\,\alpha}.$$

Voyons maintenant quelle est la valeur de KD (*fig.* 531).

$$KD = KE - DE = KE - h$$
$$KE = AE\ \text{tang.}\,\alpha$$
$$AE = BD = \frac{KD}{0{,}10}.$$

puisque la pente de BK sur l'horizontale BD est de $0^m,10$ par mètre. Donc :

$$KE = \frac{KD}{0{,}10}\,\text{tang}\,\alpha$$

et $$KD = \frac{KD}{0{,}10}\,\text{tang}\,\alpha - h.$$ D'où

$$KD\,(0{,}10 - \text{tang}\,\alpha) = -h \times 0{,}10$$

et, enfin : $$KD = \frac{h \times 0{,}10}{\text{tang}\,\alpha - 0{,}10}$$

Portant cette valeur de KD dans celle de λ, effectuant les calculs et simplifiant, il vient :

$$\lambda = \frac{h\sqrt{1 + \text{tang}^2\,\alpha}}{\text{tang}\,\alpha - 0{,}10}.$$

Il nous reste à exprimer P en fonction de α. P est le poids du prisme de plus grande poussée ABK (*fig.* 531). Il faut donc calculer la surface de la section droite de ce prisme. Cette section se compose des deux triangles ABC et BCK. La surface S_1 du triangle ABC est :

$$S_1 = \frac{BC \times AB}{2} = BC \times \frac{h}{2}$$

Or $$BC = \frac{AB}{\text{tang}\,\alpha} = \frac{h}{\text{tang}\,\alpha}.$$ Donc :

$$S_1 = \frac{h}{\text{tang}\,\alpha} \times \frac{h}{2} = \frac{h^2}{2\,\text{tang}\,\alpha}$$

La surface S_2 du triangle BCK est :

$$S_2 = \frac{BC \times KD}{2}$$

On vient de trouver que

$$BC = \frac{h}{\text{tang}\,\alpha}$$

Et on a précédemment établi que

$$KD = \frac{h \times 0{,}10}{\text{tang}\,\alpha - 0{,}10}.$$ Donc,

$$S_2 = \frac{h}{2\,\text{tang}\,\alpha} \times \frac{h \times 0{,}10}{\text{tang}\,\alpha - 0{,}10}$$

Enfin, la surface totale S du triangle ABK est :

$$S = S_1 + S_2 = \frac{h^2}{2\,\text{tang}\,\alpha} + \frac{h^2 + 0\,10}{2\,\text{tang}\,\alpha(\text{tang}\,\alpha - 0{,}10)}$$

On a, en réduisant au même dénominateur :

$$S = \frac{h^2 \times \text{tang}\,\alpha}{2\,\text{tang}\,\alpha\,(\text{tang}\,\alpha - 0{,}10)} = \frac{h^2}{2\,(\text{tang}\,\alpha - 0{,}10)}$$

Pour avoir le poids P du prisme de plus grande poussée sur un mètre de longueur, il suffira de multiplier la surface S de sa section par le poids du mètre cube de terre, $p = 1\,500^k$. Donc,

$$P = \frac{h^2}{2\,(\text{tang}\,\alpha - 0{,}10)} \times 1500$$

Nous reprendrons maintenant la formule

$$F = \frac{P \sin(\alpha - 48^\circ) - 115{,}4\,\lambda \cos 48^\circ}{\sin(\beta + 96^\circ)}$$

dans laquelle il n'y a plus qu'une inconnue α lorsqu'on y remplace β, λ et P par les valeurs en fonction de α que nous venons de calculer.

Il sera facile, en donnant à l'angle α une série de valeurs, de calculer les valeurs correspondantes de β, λ et P, et enfin celle de F. On verra de la sorte à quelle valeur de α correspond la plus grande valeur de F, c'est-à-dire quelle est la valeur de cet angle pour laquelle on a le *prisme de plus grande poussée*. On aura évidemment, en même temps, la valeur maximum F de cette poussée u'il s'agit de calculer.

Rapprochons de la formule précédente qui donne F, celles qui donnent β, λ et P :

$$\beta = 90^\circ - \alpha$$
$$\lambda = \frac{h\sqrt{1 + \text{tang}^2\,\alpha}}{\text{tang}\,\alpha - 0{,}10}$$
$$P = \frac{h^2}{2\,(\text{tang}\,\alpha - 0{,}10)} \times 1500.$$

et calculons successivement les valeurs de β, λ, et P pour une sére de valeurs attribuées à α.

On sait que la droite AK de disjonction du prisme de plus grande poussée se trouve dans les environs de la bissectrice de l'angle que fait le talus naturel des terres avec le parement vertical du mur. L'angle que cette bissectrice fait avec l'horizon est de

$$48+\frac{90-48}{2}=48+21=69°.$$

L'angle α se trouve dans les environs de 69°. On fera donc les calculs pour des valeurs successives de α égales à 66°, 68°, 70°, 72°.

Valeurs de $\beta = 90° - \alpha$

Pour $\alpha = 66°$, $\beta = 90° - 66° = 24°$
$\alpha = 68°$, $\beta = 90 - 68 = 22°$
$\alpha = 70°$, $\beta = 90 - 70 = 20°$
$\alpha = 72°$, $\beta = 90 - 72 = 18°$

$$\textit{Valeurs de } \lambda = \frac{h\sqrt{1+\text{tang}^2\alpha}}{\text{tang}\,\alpha - 0{,}10}$$

Pour $\alpha = 66°$ (tang $\alpha = 2{,}246$) $\quad \lambda = \dfrac{5{,}00\sqrt{1+\text{tang}^2 66°}}{\text{tang}\,66° - 0{,}10} = \dfrac{12.29}{2{,}146} = 5^m73$

$\alpha = 68°$ (tang $\alpha = 2{,}475$) $\quad \lambda = \dfrac{5{,}00\sqrt{1+\text{tang}^2 68°}}{\text{tang}\,68° - 0{,}10} = \dfrac{13{,}35}{2{,}375} = 5^m63$

$\alpha = 70°$ (tang $\alpha = 2{,}747$) $\quad \lambda = \dfrac{5{,}00\sqrt{1+\text{tang}^2 70°}}{\text{tang}\,70° - 0{,}10} = \dfrac{14{,}62}{2{,}647} = 5^m53$

$\alpha = 72°$ (tang α 3,078) $\quad \lambda = \dfrac{5{,}00\sqrt{1+\text{tang}^2 72°}}{\text{tang}\,72° - 0{,}10} = \dfrac{16{,}18}{2{,}978} = 5^m43$

$$\textit{Valeurs de } P = \frac{h^2}{2(\text{tang}\,\alpha - 0{,}10)} \times 1\,500$$

Pour $\alpha = 66°$ $\quad P = \dfrac{18\,750}{\text{tang}\,66° - 0{,}10} = \dfrac{18\,750}{2{,}146} = 8\,737^k$

$\alpha = 68°$ $\quad P = \dfrac{18\,750}{\text{tang}\,68° - 0{,}10} = \dfrac{18\,750}{2{,}375} = 7\,894^k$

$\alpha = 70°$ $\quad P = \dfrac{18\,750}{\text{tang}\,70° - 0{,}10} = \dfrac{18\,750}{2{,}647} = 7\,083^k$

$\alpha = 72°$ $\quad P = \dfrac{18\,750}{\text{tang}\,72° - 0{,}10} = \dfrac{18\,750}{2{,}978} = 6\,296^k$

Valeurs de F.

En portant enfin les valeurs qu'on vient de calculer dans l'expression de la poussée F, il vient,

$$F = \frac{P\sin(\alpha - 48°) - 115{,}4\,\lambda\cos 48°}{\sin(\beta + 96°)}$$

et on aura successivement :

Pour $\alpha = 66°$ $\quad F = \dfrac{8\,737 \times \sin 18° - 115{,}4 \times 5{,}73 \times \cos 48°}{\sin 120°} = 2\,606^k$

$\alpha = 68°$ $\quad F = \dfrac{7\,894 \times \sin 20° - 115{,}4 \times 5{,}63 \times \cos 48°}{\sin 118°} = 2\,565^k$

$\alpha = 70°$ $\quad F = \dfrac{7\,083 \times \sin 22° - 115{,}4 \times 5{,}53 \times \cos 48°}{\sin 116°} = 2\,479^k$

$\alpha = 72°$ $\quad F = \dfrac{6\,296 \times \sin 24° - 115{,}4 \times 5{,}43 \times \cos 48°}{\sin 114°} = 2\,345^k$

On voit par les résultats ci-dessus que la poussée F croît continuellement de $\alpha = 72°$ à $\alpha = 66°$. Le maximum de F n'est donc pas encore atteint et il est nécessaire de faire les calculs pour un autre angle plus petit que 66°, soit $\alpha = 64°$. On aura alors

$$\beta = 90° - 64° = 26°$$

$$\lambda = \frac{5,00 \sqrt{1 + \text{tang}^2 64^\circ}}{\text{tang } 64^\circ - 0,10} = \frac{11,40}{1,95} = 5^m,84$$

$$P = \frac{18\ 750}{\text{tang } 64^\circ - 0,10} = \frac{18\ 750}{1,95} = 9\ 615^k$$

et, enfin,

$$F = \frac{9\ 615 \times \sin 16^\circ - 115,4 \times 5,84 \times \cos 48^\circ}{\sin 122^\circ} = 2\ 592^k$$

La plus grande poussée est donc de 2 606^k et a lieu pour un angle $\alpha = 66^\circ$. Si l'on voulait une valeur plus approchée, il faudrait serrer de plus près le résultat en calculant F pour des valeurs de α égales par exemple à 65° et à 67°. En continuant ainsi, on arriverait, par approximations successives, à trouver le maximum à peu près exact de la poussée F.

Centre de poussée.

645. Nous venons de trouver la valeur de la *plus grande poussée* à laquelle un mur de soutènement peut avoir à résister dans l'hypothèse de la coexistence de la cohésion et du frottement et lorsque le profil supérieur BIMNX (*fig.* 530) des terres est quelconque, c'est-à-dire dans le cas le plus général. De plus, nous connaissons la *direction* de cette poussée, puisque nous savons qu'elle fait avec la normale au parement intérieur du mur et en dessous un angle φ' égal à l'angle de frottement des terres contre le mur.

Pour que le problème soit complètement résolu, il resterait à déterminer le point d'application de la poussée ou *centre de poussée*. Mais, dans le cas général que nous venons d'étudier, cette détermination exige l'emploi du calcul infinitésimal auquel nos lecteurs sont peut être peu familiarisés. Nous dirons donc simplement qu'on arrive à la formule suivante :

$$Z = \frac{F_n z_n - \int_0^{z_n} F d_z}{F n} \qquad (10)$$

dans laquelle :

- Z est la distance cherchée du centre de poussée à l'arête supérieure B du mur ;
- n indique en combien de parties égales, très petites, on a divisé la hauteur AB du mur pour faire ensuite la somme des poussées élémentaires et de leurs moments. Il se met en indice à droite des lettres F et z et représente alors d'une manière plus générale le rang de l'élément auquel les lettres F et z s'appliquent.
- F_n représente donc la poussée totale sur le mur depuis l'arête supérieure B jusqu'à l'élément de rang n et,
- z_n la distance de l'élément de rang n, au-dessous de B.
- d_z est l'accroissement très petit de la hauteur z quand on passe d'un élément à l'élément suivant; enfin
- $\int^{z_n} F d_z$ s'énonce : somme de $F dz$ depuis $z = o$ jusqu'à $z = z_n$.

On a soin, quand on veut appliquer cette formule à la recherche de la position du centre de pression, de diviser la hauteur totale en un nombre pair de

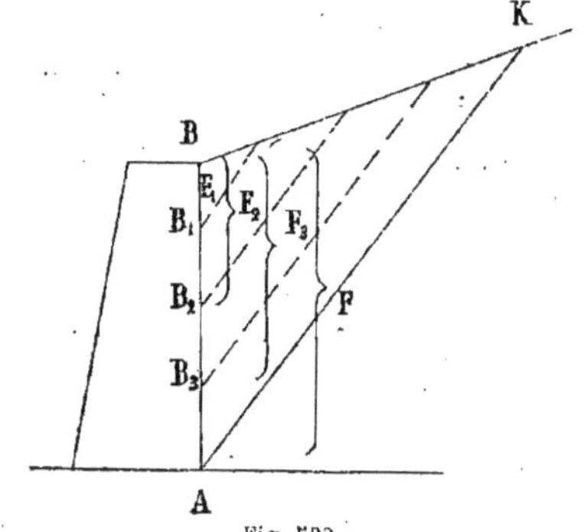

Fig. 532.

parties égales et l'on peut alors calculer $\int_0^{z''} F dz$ au moyen de la méthode de Simpson.

Voici comment on opérerait :

On diviserait la hauteur du mur en un nombre n de parties égales, en 4 par exemple : BB_1, B_1B_2, P_2B_3, B_3A (*fig.* 532) et on déterminerait successivement, pour les hauteurs BB_1, BB_2, BB_3, les prismes de plus grande poussée correspondants, comme nous l'avons fait pour la hauteur BA, par approximations successives .On trouverait, par exemple, pour valeurs des plus grandes poussées :

F_1 pour la hauteur BB_1.
F_2 — BB_2
F_3 — BB_3

On a déjà trouvé F pour la hauteur BA = H. On calculerait d'abord $\int_0^{z_1} F dz$ au moyen de la formule de Simpson et on aurait :

$$\int_0^{z_1} F dz = \frac{H}{3 \times 4} [F + (F_1 + F_3) \times 4 + F_2 \times 2] = M.$$

Enfin la formule donnée plus haut deviendrait :

$$Z = \frac{F \times H - M}{F}$$

et on obtiendrait ainsi la position cherchée du centre de poussée par sa distance Z à l'arête supérieure B.

On voit, à la simple indication de la marche à suivre, combien ce calcul est laborieux à cause des tâtonnements auxquels donne lieu la détermination des valeurs F_1 F_2 F_3... — Cependant, on peut employer cette méthode lorsqu'on veut calculer aussi exactement que possible les dimensions à donner à un mur de soutènement. Remarquons qu'elle suppose qu'on peut se procurer les éléments nécessaires au calcul de la cohésion de la terre à soutenir. Souvent on ne peut avoir ces éléments. D'ailleurs la cohésion d'une terre est une quantité si variable qu'il est bien difficile de dire qu'elle conservera toujours la valeur qu'on aura déterminée dans certaines conditions spéciales.

On calcule, par exemple la cohésion d'une terre donnée au moyen de la formule que nous avons indiquée en déterminant préalablement, par expérience, les valeurs de h', hauteur suivant laquelle la terre peut se tenir à pic sans éboulement et de f, coefficient de frottement de la terre sur elle-même, obtenu en prenant la tangente de l'angle que fait le talus naturel avec l'horizon. On détermine les dimensions du mur en comptant sur cette cohésion et on exécute l'ouvrage. De grandes pluies arrivent qui imbibent le terrain placé derrière le mur. Que devient alors la cohésion sur laquelle on a compté ? quelle est la plus petite valeur qu'elle peut prendre dans ce cas ? Et si, de ce fait, elle se trouve à peu près annulée, pourquoi l'avoir introduite dans les calculs dans le but d'économiser la maçonnerie ? Aussi pensons-nous, comme Belanger, qu'on doit calculer les murs de soutènement dans l'hypothèse d'une cohésion nulle. C'est d'ailleurs ce que font presque tous les ingénieurs qui ont à s'occuper de cette importante question. Les calculs sont ainsi plus simples et, par suite, plus pratiques; ils donnent des des résultats qui ne diffèrent pas sensiblement de ceux qu'on obtiendrait en tenant compte de la cohésion et, en tous cas, il n'y a pas inconvénient à se placer dans des conditions un peu défavorables, puisqu'on ne sait pas exactement ce qui se passe dans un massif de terre cohérent, exerçant sa poussée contre un mur de soutènement.

2° THÉORIE DE LA POUSSÉE DES TERRES EN ADMETTANT QUE LA COHÉSION EST NULLE.

(*a*) *D'après Coulomb et Poncelet.*

646. Nous nous proposons, dans ce qui suit, de calculer l'intensité de la poussée et de déterminer la position de son point d'application en négligeant la cohésion de la terre. Quant à sa direction, nous savons qu'elle fait avec la normale au parement intérieur du mur et en dessous de cette normale, un angle dont la valeur est donnée par tang. $\varphi' = f'$ c'est-à-dire égal à l'angle de frottement des terres contre le mur. De plus, nous admettons que $f' = f$ et, par suite, $\varphi' = \varphi$, c'est-à-dire que nous faisons, en même temps, l'hypothèse de l'égalité des frottements des terres sur elles-mêmes et contre le mur.

Reprenons la formule (9), (n° 642) qui donne la valeur de la poussée dans le cas le plus général :

$$\frac{Q}{\cos \varphi'} = \frac{P \sin (\alpha - \varphi) - c \lambda \cos \varphi}{\sin (\beta + \varphi + \varphi')}$$

et faisons, dans cette formule, $c = o$ et $\varphi' = \varphi$. Elle deviendra :

$$\frac{Q}{\cos \varphi} = \frac{P \sin (\alpha - \varphi)}{\sin (\beta + 2\varphi)} \qquad (11)$$

La poussée $\frac{Q}{\cos \varphi}$ serait déterminée, si nous connaissions la valeur du poids P du prisme de plus grande poussée. *Exprimons donc ce poids P en fonction des données de la question.*

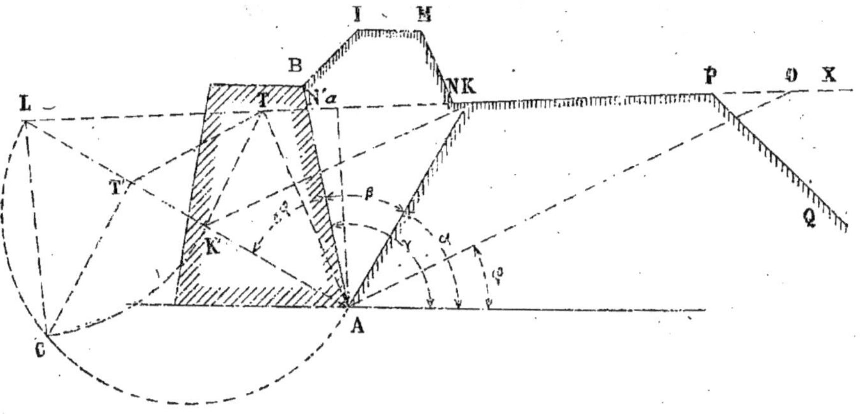

Fig. 533.

Pour cela, reprenons la figure 530 du cas général et prolongeons la droite XN au delà du point N, suivant NL (*fig*. 533). Construisons sur les deux droites AK et KL un triangle AKT dont la surface sera équivalente à celle du prisme de plus grande poussée ABLMNK. Remarquons que nous supposons ici que la droite AK qui limite ce prisme tombe au point K, à droite du sommet rentrant N du profil des terres, ce qui peut ne pas avoir lieu. Nous verrons plus loin comment on doit interpréter les résultats obtenus en faisant cette hypothèse. Il est toujours possible de construire le triangle cherché en prenant sur la droite KL un point T tel qu'on ait :

Surface AKT = surface ABIMNK

et si Aa est la perpendiculaire abaissée du point A sur la droite KT :

$$\frac{KT \times Aa}{2} = \text{surface ABIMNK.}$$

Le poids P du prisme de plus grande poussée ABIMNK sera alors égal au poids du prisme triangulaire AKT et si nous représentons par δ le poids du mètre cube de terre, nous aurons, pour le poids cherché du prisme sur 1 mètre de longueur :

$$P = \delta \times \frac{KT \times Aa}{2}$$

et l'équation (11) deviendra :

$$\frac{Q}{\cos \varphi} = \delta \frac{KT \times Aa}{2} \times \frac{\sin (\alpha - \varphi)}{\sin (\beta + 2\varphi)} \qquad (12)$$

Poncelet à transformé cette formule de manière à permettre la construction graphique de la poussée cherchée. — Menons la droite AL faisant, avec le parement AB, un angle égal à 2φ, soit : angle BAL $= 2\varphi$; puis, des points connus T et K, traçons les lignes TT' et KK' parallèles toutes les deux à la ligne OA du talus naturel des terres. Dans le triangle AKK', l'angle AKK' est égal à l'angle KAO, c'est-à-dire qu'on a :

$$\text{Angle AKK'} = \alpha - \varphi$$

et l'angle K'AK est égal à $\beta + 2\varphi$:

$$\text{Donc, angle K'AK} = \beta + 2\varphi$$

Comme dans un triangle les côtés sont proportionnels aux sinus des angles opposés, on aura :

$$\frac{AK'}{KK'} = \frac{\sin(\alpha - \varphi)}{\sin(\beta + 2\varphi)}$$

On peut donc écrire l'équation (12) de la manière suivante :

$$\frac{Q}{\cos\varphi} = \delta\,\frac{KT \times Aa}{2} \times \frac{AK'}{KK'} \quad (13)$$

Les deux droites LA et LO sont coupées par trois parallèles OA, KK', et TT'. Il en résulte que

$$\frac{KT}{K'T'} = \frac{LO}{LA}, \quad \text{d'où}$$

$$KT = K'T' \times \frac{LO}{LA}$$

De plus, les deux triangles semblables LKK' et LOA donnent :

$$\frac{KK'}{LK'} = \frac{OA}{LA}, \quad \text{d'où}$$

$$KK' = LK' \times \frac{OA}{LA}$$

Portons ces valeurs de KT et KK' dans l'expression (13) et elle deviendra :

$$\frac{Q}{\cos\varphi} = \delta\,\frac{K'T' \times LO \times Aa}{2\,LA} \times \frac{AK' \times LA}{LK' \times OA}, \text{ ou}$$

$$\frac{Q}{\cos\varphi} = \frac{1}{2}\delta\,\frac{Aa \times LO}{OA} \times \frac{K'T' \times AK'}{LK'} \quad (14)$$

Dans le triangle ALO, les côtés LO et OA sont proportionnels aux sinus des angles opposés. On a donc :

$$\frac{LO}{OA} = \frac{\sin(OAL)}{\sin(ALO)}$$

De plus, le triangle rectangle AaL, donne :

$$Aa = AL \times \sin(ALO)$$

Par conséquent,

$$\frac{Aa \times LO}{OA} = AL \times \sin(ALO) \times \frac{\sin(OAL)}{\sin(ALO)}$$

$$= AL \times \sin(OAL)$$

et la relation (14) peut s'écrire :

$$\frac{Q}{\cos\varphi} = \frac{1}{2}\delta \times AL \sin(OAL)\,\frac{K'T' \times AK'}{LK'} \quad (15)$$

Il faut maintenant chercher la position du point K qui correspond au prisme de plus grande poussée. Pour cela, il faut calculer le maximum de la valeur précédente de $\frac{Q}{\cos\varphi}$. Or, dans l'expression (15) les quantités δ, AL, sin (OAL) sont constantes. Il suffira donc de chercher le maximum du terme

$$\frac{K'T' \times AK'}{LK'} \quad (16)$$

dont tous les facteurs dépendent de la position du point K' et par suite aussi de celle du point K. Le maximum de $\frac{Q}{\cos\varphi}$ correspondra à celui du terme (16) ci-dessus. Posons $AL = a'$, $LT' = b$ et $LK' = x$, et nous aurons :

$$K'T' = LK' - LT' = x - b$$

$$AK' = AL - LK' = a - x$$

et la fraction (16) pourra s'écrire :

$$\frac{(x - b)(a - x)}{x}. \quad (17)$$

L'emploi du calcul infinitésimal montre que la valeur de x, qui rend maximum le terme (17), est :

$$x = \sqrt{ab} \quad (18)$$

En portant cette valeur dans la formule (17), il vient :

$$\frac{(x - b)(a - x)}{x} = \frac{(\sqrt{ab} - b)(a - \sqrt{ab})}{\sqrt{ab}}$$

$$= \frac{\sqrt{ab}(a + b) - 2ab}{\sqrt{ab}} = a + b - 2\sqrt{ab} \quad (19)$$

L'expression (15) devient alors :

$$\frac{Q}{\cos\varphi} = \frac{1}{2}\delta \times \sin(OAL) \times a(a + b - 2\sqrt{ab}) \quad (20)$$

Or,

$$a(a+b-2\sqrt{ab})=a^2+ab-2a\sqrt{ab}=(a-\sqrt{ab})^2$$

et $\sqrt{ab}=x$. On a donc :

$$a(a+b-2\sqrt{ab})=(a-x)^2$$

et comme $a-x=\mathrm{AL}-\mathrm{LK'}=\mathrm{K'A}$, on a finalement la formule suivante :

$$\frac{Q}{\cos\varphi}=\frac{1}{2}\delta\times\sin(\mathrm{OAL})\times\overline{\mathrm{K'A}}^2 \quad (21)$$

qui donne la valeur de la plus grande poussée $\frac{Q}{\cos\varphi}$ quand on ne tient pas compte de la cohésion des terres. Dans cette formule, l'angle OAL est égal à :

$$\varphi+\beta+2\varphi-\varphi=\alpha+\beta+\varphi$$

Désignons la somme $\alpha+\beta$ par γ. L'angle γ est connu, puisque c'est l'angle que fait avec l'horizon le parement intérieur AB du mur. Donc,

$$\sin(\mathrm{OAL})=\sin(\gamma+\varphi)$$

est connu. Calculer la valeur de $\frac{Q}{\cos\varphi}$ par la formule (21) revient donc à déterminer K'A.

Nous montrerons d'abord comment on détermine K'A par le calcul, et nous donnerons ensuite le tracé graphique de Poncelet.

647. *Détermination de K'A par le calcul.* — On voit sur la figure 533 que $\mathrm{K'A}=\mathrm{AL}-\mathrm{LK'}$ et d'après la valeur de x, $x=\sqrt{ab}$ (formule 18), on voit que $\mathrm{LK'}=\sqrt{\mathrm{AL}\times\mathrm{LT'}}$. On a donc

$$\mathrm{K'A}=\mathrm{AL}-\sqrt{\mathrm{AL}\times\mathrm{LT'}} \quad (22)$$

Il faut calculer AL et LT'. Pour cela, désignons par N' le point de rencontre de la droite LX avec le parement intérieur AB du mur, et par θ, l'angle LN'A. La longueur AN' et l'angle θ sont des quantités connues. Nous désignerons par m la longueur AN'. Le triangle ALN' donne :

$$\frac{\mathrm{AL}}{\mathrm{AN'}}=\frac{\sin(\mathrm{LN'A})}{\sin(\mathrm{ALN'})}, \quad \text{d'où :}$$

$$\mathrm{AL}=m\times\frac{\sin\theta}{\sin(\theta+2\varphi)} \quad (23)$$

Calculons maintenant LT'.

Les deux triangles semblables LTT' et LOA donnent :

$$\frac{\mathrm{LT'}}{\mathrm{AL}}=\frac{\mathrm{LT}}{\mathrm{LO}}=\frac{\mathrm{LN'}-\mathrm{TN'}}{\mathrm{LN'}+\mathrm{N'O}}, \quad \text{d'où :}$$

$$\mathrm{LT'}=\mathrm{AL}\times\frac{\mathrm{LN'}-\mathrm{TN'}}{\mathrm{LN'}+\mathrm{N'O}} \quad (24)$$

On connaît déjà AL et il reste à calculer LN', N'O et TN'. Dans le triangle LN'A, on a :

$$\frac{\mathrm{LN'}}{\mathrm{AN'}}=\frac{\sin 2\varphi}{\sin(\theta+2\varphi)}, \quad \text{d'où :}$$

$$\mathrm{LN'}=m\times\frac{\sin 2\varphi}{\sin(\theta+2\varphi)} \quad (25)$$

Dans le triangle N'OA, on a :

$$\frac{\mathrm{N'O}}{\mathrm{AN'}}=\frac{\sin(\gamma-\varphi)}{\sin(\mathrm{N'OA})}$$

Or l'angle N'OA est le supplémentaire de la somme (ON'A + N'AO) ou $(180°-\theta)+(\gamma-\varphi)$ et comme $\sin(180°-\theta+\gamma-\varphi)$ est égal à $\sin[\theta-(\gamma-\varphi)]$, on a

$$\mathrm{N'O}=m\times\frac{\sin(\gamma-\varphi)}{\sin[\theta-(\gamma-\varphi)]} \quad (26)$$

Enfin, TN' s'obtiendra en remarquant que l'aire du triangle ATN' est équivalente à celle de la partie N'BIMN du profil, puisque le point T a été déterminé en faisant un triangle ATK équivalent à la surface ABIMNK et que, si l'on retranche de ces deux surfaces équivalentes la partie commune AN'K, il reste :

Surface ATN' = surface N'BIMN.

Cette surface N'BIMN est connue puisque le profil est donné; nous la désignons par S. Nous représentons en outre par n la perpendiculaire Aa abaissée de A sur LX et nous avons,

$$\text{surface ATN'}=\mathrm{TN'}\times\frac{n}{2} \quad \text{et}$$

$$\text{surface N'BIMN}=\mathrm{S}. \quad \text{D'où :}$$

$$\mathrm{TN'}\times\frac{n}{2}=\mathrm{S} \quad \text{et, enfin,}$$

$$\mathrm{TN'}=\frac{2\mathrm{S}}{n} \quad (27)$$

En portant les valeurs de LN' (25), N'O (26), TN' (27) et AL (23) dans la relation (24) il vient :

$$\mathrm{LT'}=m\times\frac{\sin\theta}{\sin(\theta+2\varphi)}\times\frac{\frac{\sin 2\varphi}{\sin(\theta+2\varphi)}-\frac{2\mathrm{S}}{m\times n}}{\frac{\sin 2\varphi}{\sin(\theta+2\varphi)}+\frac{\sin(\gamma-\varphi)}{\sin[\theta-(\gamma-\varphi)]}} \quad (28)$$

On calculera les valeurs de LT' (28) et de AL (23) et on les portera dans la relation (22) qui donnera la valeur de K'A. Enfin, en portant cette dernière valeur dans la formule (21), on aura la plus grande poussée $\frac{Q}{\cos\varphi}$.

Toutes ces formules se simplifient beaucoup dans les cas usuels de la pratique, comme on le verra plus loin.

648. *En résumé*, pour obtenir K'A. on calculerait successivement :

$$AL = m \times \frac{\sin\theta}{\sin(\theta + 2\varphi)}$$

$$LN' = m \times \frac{\sin 2\varphi}{\sin(\theta + 2\varphi)}$$

$$N'O = m \times \frac{\sin(\gamma - \varphi)}{\sin[\theta - (\gamma - \varphi)]}$$

$$TN' = \frac{2S}{n}$$

On porterait ces valeurs dans l'expression

$$LT' = AL \times \frac{LN' - TN'}{LN' + N'O}$$

et enfin, on aurait K'A en portant les valeurs trouvées pour AL et LT' dans la relation

$$K'A = AL - \sqrt{AL \times LT'}$$

Ou bien on calculerait de suite LT' au moyen de la formule (28) au lieu de diviser l'opération comme nous venons de l'indiquer.

649. *Détermination graphique de* AK'. — Nous avons vu (formule 18) que la poussée est maximum pour

$$x = \sqrt{ab} \qquad \text{ou,}$$

$$LK' = \sqrt{AL \times LT'}$$

Il est facile de construire cette longueur LK' et, par conséquent, de déterminer la position du point K' sur la droite AL. Pour cela, traçons une demi-circonférence sur AL comme diamètre et du point T' élevons sur AL la perpendiculaire T'C, puis joignons LC et CA. Nous savons que dans le triangle rectangle ACL, un côté de l'angle droit LC est moyenne proportionnelle entre l'hypoténuse AL et sa projection LT' sur cette hypoténuse. Donc :

$$\overline{LC}^2 = AL + LT' \qquad \text{ou}$$

$$LC = \sqrt{AL + LT'} = LK'$$

LC = LK' représente donc bien la valeur cherchée de x. Il suffira de rabattre LC sur LA en LK' au moyen d'un arc de cercle décrit de L comme centre, avec LC comme rayon, pour avoir la position du point K'. On en déduit AK'. D'ailleurs, en menant du point K' une parallèle K'K à OA et joignant KA, on aura la droite AK qui limite le prisme de plus grande poussée.

Remarquons que, d'une part, la relation $\overline{LK'}^2 = AL \times LT'$ donne :

$$\frac{LK'}{AL} = \frac{LT'}{LK'}$$

et, d'autre part, les triangles semblables LKK', LTT' donnent

$$\frac{LT'}{LK'} = \frac{LT}{LK}, \quad \text{d'où l'on déduit :}$$

$$\frac{LK'}{AL} = \frac{LT}{LK},$$

ce qui montre que si l'on joint les deux points T,K' la droite TK' doit être parallèle à AK. Ce parallélisme peut servir de vérification de la construction qui sert à tracer la ligne de disjonction AK.

650. *En résumé*, voici comment on doit procéder. — Le profil du terrain BIMNPQ est donné. On suppose que la ligne cherchée de disjonction AK tombera en un point K situé entre les points N et P sur le côté NP du profil. On prolonge alors ce côté PN à gauche, jusqu'à sa rencontre L avec la droite AL qui fait, avec le parement intérieur AB, un angle égal à 2φ. On construit ensuite un triangle AN'T équivalent au polygone N'BIMN situé au-dessus de NL. Pour cela, on évalue la surface S de ce polygone, on la divise par $\frac{Aa}{2}$ et on a la base TN' qui détermine la position du point T. Aa est la perpendiculaire abaissée de A sur la droite NL ; on la mesure sur l'épure pour faire la division indiquée. — Ayant le point T, on mène TT′ parallèle à AO. On décrit une demi-circonférence sur AL et on trace la perpendiculaire T′C à AL. On ramène le point C en K′ au moyen d'un arc de cercle décrit de L, comme centre, avec LC comme rayon et, enfin, du point K′ ainsi obtenu, on mène le parallèle K′K à AO. En joignant les points K et A, on a la droite AK qui limite la section du prisme de plus grande poussée. Ce prisme a alors, comme section transversale, la figure polygonale ABIMNK.

Comme vérification, on joindra TK′ et l'on verra si cette droite TK′ est parallèle à la droite AK.

651. *Remarque.* — Nous avons dit, au début de cette théorie, qu'*on supposait* que le point K tomberait entre les deux points N et P du profil, sur le côté NP, sur lequel on opère ensuite. Mais il peut arriver que, en effectuant les tracés que nous venons d'expliquer, le point K tombe sur un autre côté du profil contrairement à l'hypothèse faite au début. Si la différence est peu importante, on conserve le résultat obtenu; si non, on fait une hypothèse plus exacte en se basant sur l'indication fournie par le premier tracé.

Dans tout ce qui précède, nous admettons que les lignes ont des inclinaisons telles qu'elles se rencontrent comme sur la figure 533, mais d'autres cas peuvent se présenter. Nous allons rapidement les examiner.

652. 1° *La droite* AL *est parallèle à* LX (*fig.* 534). Reprenons la relation $\overline{LK'}^2 = AL \times LT'$. Dans la figure 533, on a $LK' = LT' + T'K'$ et $AL = LT' + T'A$. On peut donc écrire :

$\overline{LK'}^2 = (LT' + T'K')^2 = LT'(LT' + T'A)$. D'où $\overline{LT'}^2 + \overline{T'K'}^2 + 2 \times LT' \times T'K'$

$$= \overline{LT'}^2 + LT' \times T'A,$$

ou, en supprimant $\overline{LT'}^2$ dans les deux termes et en divisant par LT′ :

$$2 \times T'K' + \frac{\overline{T'K'}^2}{LT'} = T'A$$

Puisque, dans le cas particulier dont nous nous occupons, les droites XL et AL ne se rencontrent pas, le point L est à l'infini et la longueur LT′ est infinie, de sorte que le terme $\frac{\overline{T'K'}^2}{\overline{L'T}^2}$ est égal à zéro.

Il reste donc $2 \times T'K' = T'A$.

De plus, on voit (*fig.* 534) que si l'on veut faire les constructions analogues à celles de la figure 533, on devra prendre,

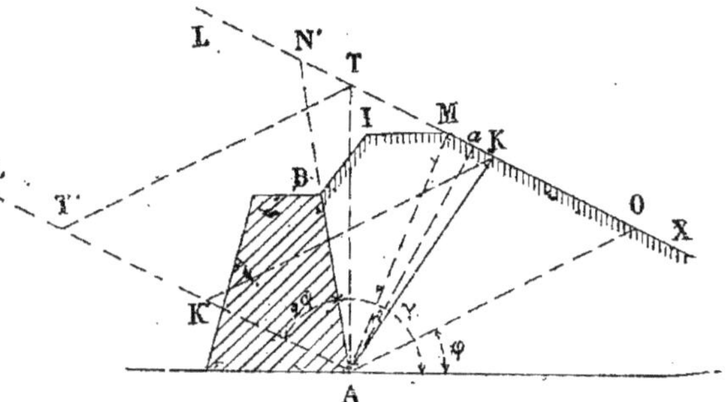

Fig. 534.

sur OL, un point T tel que la surface du triangle ATK soit équivalente à la surface du polygone ABIMK. Pour cela, il suffira de retrancher des deux figures le triangle AMK, puisque le point K n'est pas encore déterminé, et de faire le triangle ATM équivalent à la surface polygonale ABIM. On y arrivera en évaluant la surface ABIM = S et en divisant cette surface S par la moitié de la perpendiculaire A*a*. On obtiendra ainsi la base TM du triangle cherché et, par conséquent, la position du point T. Puis de T on mènera la parallèle TT′ à AO. On voit alors que la figure AT′TO est un parallélogramme dans lequel T′A = TO. On aura donc :

$$2 \times TK' = T'A = TO$$

et, enfin, $T'K' = \frac{TO}{2}$

Comme $T'K' = TK$, pour la même raison, on aura :

$$TK = \frac{TO}{2}$$

c'est-à-dire que, en prenant le point K au milieu de TO, on aura déterminé le prisme de plus grande poussée en joignant KA. Ce prisme de plus grande poussée aura pour section transversale ABIMK.

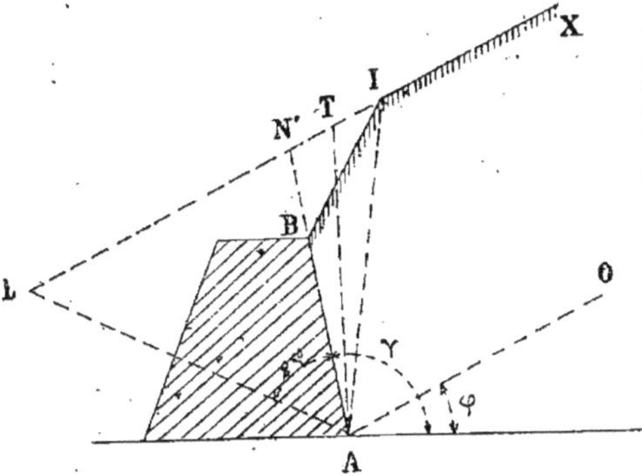

Fig. 535.

653. *Les droites* LX *et* AO *sont parallèles* (*fig.* 535). — Si du point T pris sur LX, on mène une parallèle à AO, elle se confond avec la droite XL et, conséquemment, le point T' se confond avec le point L. Il en est de même du point K'. La longueur AK' est donc égale à AL et la formule qui donne la plus grande poussée devient alors :

$$\frac{Q}{\cos\varphi} = \frac{1}{2}\delta \times \sin(\gamma + \varphi) \times \overline{AL}^2$$

Centre de poussée.

654. — Pour déterminer la position du centre de poussée, on ferait comme pour le cas général. On diviserait la hauteur du mur en un nombre pair de parties égales. On déterminerait graphiquement, pour chaque division partielle, le prisme de plus grande poussée correspondant et on ferait ensuite emploi de la formule de Thomas Simpson.

Les exemples que nous donnerons plus loin en appliquant cette méthode feront bien comprendre la marche à suivre. On verra, en même temps, toutes les simplifications qu'elle comporte dans les cas usuels de la pratique. Dans beaucoup de cas, en effet, le centre de poussée se trouvera placé au tiers de la hauteur à partir de la base et sa recherche sera alors inutile.

THÉORIE DE LA POUSSÉE DES TERRES EN ADMETTANT QUE LA COHÉSION EST NULLE

(*b*) *D'après Rankine et Boussinesq.*

655. — La théorie de Coulomb, dont nous venons de nous occuper, repose sur l'hypothèse fondamentale d'une rupture plane du massif, qui a pour effet de donner naissance à un prisme de plus grande poussée, agissant comme ferait un coin. Rankine et Boussinesq, considérant un massif pulvérulent, admettent, au contraire, une déformation continue de la masse terreuse qui se trouverait dans un état d'équilibre limite. Rankine, négligeant le frottement des terres contre le mur, admet que la poussée exercée par un massif terminé horizontalement est elle-même horizontale. M. Boussinesq, professeur à la Faculté des sciences de Lille, a complété la théorie de Rankine et a donné des formules qui tiennent compte du frottement des terres contre le mur, en admettant toutefois que ce frottement est égal à celui des terres sur elles-mêmes.

La théorie de M. Boussinesq se déduit d'un principe très simple, qu'on peut énoncer ainsi :

« Dans un massif sans cohésion, contenu par un mur qui commence à se renverser, les couches terreuses sont sur le point de glisser à la fois les unes sur les autres et contre le mur, sauf parfois un coin de terre, adjacent au mur et retenu par son frottement, qui est incapable de participer à l'état ébouleux du reste du massif et qui se comporte comme s'il faisait corps avec le mur ».

Malheureusement, cette théorie exige de grands développements analytiques. Elle n'est vraiment simple et pratique que pour le cas d'un mur à parement intérieur vertical soutenant un terre-plein horizontal La poussée totale a pour expression :

$$P = \frac{a^2}{\cos \varphi_1 + a \sin \varphi_1} + \frac{\pi h^2}{2}$$

dans laquelle π est le poids du mètre cube de terre, et h la hauteur du mur

$$a = \text{tang}\left(45^\circ - \frac{\varphi}{2}\right)$$

et si l'on pose

$$K = \frac{a^2}{\cos \varphi_1 + a \sin \varphi_1} \quad \text{on a :}$$

$$P = K\,\frac{\Pi h^2}{2} \quad \text{et}$$

$$K = \text{tang}^2\left(45^\circ - \frac{\varphi}{2}\right)\frac{\cos\left(45^\circ - \frac{\varphi}{2}\right)}{\cos\left[\varphi_1 - \left(45^\circ - \frac{\varphi}{2}\right)\right]}$$

On en déduit, pour le rapport de la hauteur du mur à sa largeur b, la formule suivante :

$$\frac{h}{b} = \frac{3}{2}\left[\text{tang}\,\varphi_1 + \sqrt{\text{tang}^2\varphi_1 + \frac{4\pi'}{3\pi K \cos\varphi_1}}\right]$$

dans laquelle π' est le poids du mètre cube de maçonnerie et K un coefficient dont la valeur est ci-dessus.

Nous ne nous arrêterons pas davantage à cette théorie dont les résultats sont en parfaite concordance avec ceux d'un très grand nombre d'expériences, mais dont les formules n'ont pu, jusqu'à présent, être appliquées simplement qu'au seul cas d'un massif horizontal soutenu par un mur vertical. Ce serait sans doute la plus exacte théorie à appliquer si l'on parvenait à la simplifier.

3° THÉORIE DE LA POUSSÉE DES TERRES EN FAISANT ABSTRACTION DU FROTTEMENT DES TERRES CONTRE LE MUR

656. Lorsqu'on fait l'hypothèse du frottement nul des terres contre le mur, on simplifie beaucoup la théorie de la poussée, mais on n'arrive pas à déterminer avec assez d'exactitude l'épaisseur à donner au mur de soutènement. Reprenons la formule (9) :

$$\frac{Q}{\cos\varphi'} = \frac{P \sin(\alpha - \varphi) - c\,\lambda \cos\varphi}{\sin(\beta + \varphi + \varphi')}$$

qui a été établie pour le cas le plus général. Si nous faisons dans cette formule $c = o$ et $\varphi' = o$, le terme $c\,\lambda \cos\varphi$ disparait et $\cos\varphi' = 1$. Il reste :

$$\varphi = \frac{P \sin(\alpha - \varphi)}{\sin(\beta + \varphi)}$$

La poussée Q est alors normale au parement intérieur du mur, et si ce parement est vertical, la poussée est honrizontale. La simplification porte donc à la fois sur le calcul de la poussée et sur celui de l'épaisseur à donner au mur.

Nous n'exposerons pas la théorie qui résulte de l'hypothèse $\varphi' = o$. Nous nous bornerons à montrer quelles simplifications elle comporte dans les différents cas que nous étudierons.

CONCLUSION

657. Le calcul de la poussée dans le cas le plus général est long et laborieux à cause des tâtonnements qu'il exige pour la détermination du prisme de plus grande poussée et du centre de poussée. La complication des calculs résulte de ce qu'on veut tenir compte de la cohésion des terres, élément essentiellement variable pour une même terre suivant son état de sécheresse ou d'humidité et qui peut même presque s'annuler dans certains cas. Nous ne pensons pas qu'on doive tenir compte de cet élément de la question et nous admettrons l'hypothèse de la cohésion nulle comme le font d'ailleurs presque tous les ingénieurs.

Nous venons de dire, d'autre part, que lorsqu'on admet que le frottement des terres contre le mur est nul, on fait une erreur grossière qui n'est plus permise dans l'état actuel de la science.

Enfin, la théorie de Rankine et de Boussinesq, qui est excellente pour le cas de terres pulvérulentes sans cohésion, est malheureusement peu pratique parce qu'elle exige des calculs très longs et que, d'ailleurs, elle n'a été établie, jusqu'à présent, que pour un cas particulier.

Nous ferons donc usage, dans ce qui va suivre, de la théorie de Coulomb, simplifiée par Poncelet, en admettant que la cohésion est nulle ($c = o$) et que les frottements de la terre sur elle-même et contre le mur sont égaux ($\varphi' = \varphi$).

Nous allons appliquer cette théorie aux cas les plus usuels de la pratique et nous montrerons comment, dans chaque cas, on détermine la poussée et le centre de poussée. Les moyens employés pour arriver à ces résultats paraîtront peut-être un peu compliqués à première vue, mais on verra, dans les exemples que nous traiterons, qu'ils se réduisent en somme à peu de chose et qu'ils sont au contraire d'une très grande simplicité. Nous déterminerons la valeur de la poussée par la construction graphique de Poncelet et par le calcul, mais nous conseillons de n'employer celui ci que lorsque la construction graphique ne serait pas possible, car elle est simple et donne, lorsqu'on a l'habitude du dessin, une approximation suffisante et, de plus, les erreurs sont moins à craindre que lorsqu'on fait emploi du calcul parfois assez long et laborieux.

IV. — Détermination de la poussée des terres et du centre de poussée.

1 LE MASSIF DES TERRES A SOUTENIR EST TERMINÉ A SA PARTIE SUPÉRIEURE PAR UN PLAN HORIZONTAL.

(a) *Le parement intérieur du mur est vertical*

658. *Valeur de la plus grande poussée.* — Nous avons vu (formule 21) que la valeur de la plus grande poussée est donnée par la formule

$$\frac{Q}{\cos \varphi} = \frac{1}{2} \delta \times \sin(\text{OAL}) \times \overline{\text{K'A}}^2$$

L'angle OAL est égal à

$$2\varphi + \beta + \alpha - \varphi = \beta + \alpha + \varphi$$

et, dans le cas particulier dont nous nous occupons,

$$\beta + \alpha = 90°$$

puisque le parement intérieur du mur est vertical. Donc,

$$\sin(\text{OAL}) = \sin(90° + \varphi) = \cos \varphi$$

Si, de plus, nous désignons par F la poussée $\frac{Q}{\cos \varphi}$, pour simplifier les écritures, la formule précédente pourra s'écrire :

$$\mathbf{F = \frac{1}{2} \delta \times \cos \varphi \times \overline{K'A}^2} \quad (29)$$

L'angle φ est connu : c'est l'angle du talus naturel des terres avec l'horizon. Il suffit donc de déterminer la valeur de K'A pour avoir la valeur de F. Cette détermination peut se faire graphiquement ou par le calcul.

659. *Détermination graphique de* K'A. — La construction graphique du prisme de plus grande poussée, appliquée à ce cas particulier qui est le plus simple qui se rencontre dans les applications, nous donnera les résultats suivants :

Soit AB (*fig.* 536) le parement vertical du mur. Le massif des terres est terminé à sa partie supérieure par un plan horizontal BX. Traçons la droite AO faisant avec l'horizon l'angle φ du talus naturel des terres à soutenir et la droite AL faisant avec la verticale AB un angle égal à 2φ. Prolongeons XB jusqu'à sa rencontre L avec AL et remarquons que le point T de la figure 533 se confond ici avec le point B. Donc, du point B, menons une droite BT' parallèle à AO et, sur AL comme diamètre, décrivons une demi-circonférence. Élevons sur AL la perpendiculaire T'C et rabattons la longueur LC sur LA en LK' en décrivant un arc de cercle CK' du point L comme centre avec

LC comme rayon. De K′, nous menons la droite K′K parallèle à AO et, enfin, la droite AK, qui joint le point K obtenu au point A, détermine le plan de disjonction

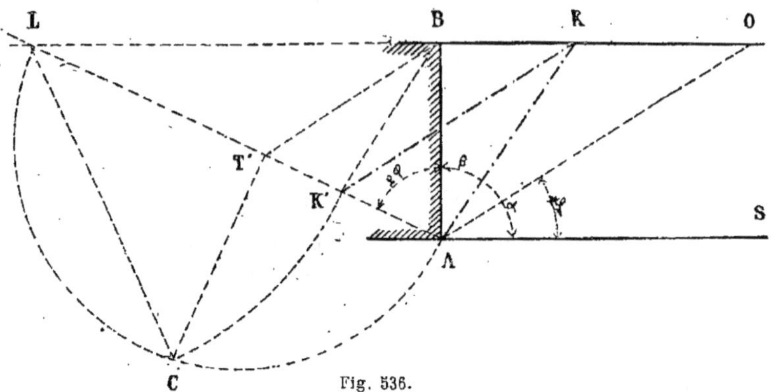

Fig. 536.

du prisme de plus grande poussée dont la section transversale est alors le triangle ABK. Comme vérification, la droite BK′ doit être parallèle à la droite KA.

Remarquons que, dans la pratique, on se dispensera de tracer les droites K′K et KA, car lorsqu'on a la position du point K′ sur la droite AL, le problème est résolu. Il suffit alors, si l'épure a été soigneusement faite à une échelle déterminée, de mesurer K′A et de porter sa valeur dans la formule (29) ci-dessus. Un calcul simple donne immédiatement la valeur de la plus grande poussée F.

660. *Détermination de K′A par le calcul.* — On peut ne pas avoir sous la main les instruments nécessaires pour faire la construction graphique de K′A ; ou, encore, les droites OL et AL, se rencontrant sous un très petit angle, le point L ne se trouve pas défini avec assez de précision. Il faut alors avoir recours au calcul. Voici comment nous opérerons. Cherchons la valeur de K′A en fonction des données du problème. On a d'abord (*fig.* 536).

$$K'A = AL - LK'$$

et on a vu que la valeur de LK′, qui répond au prisme de plus grande poussée, est

$$LK' = \sqrt{AL \times LT'}.$$ Donc,

$$\overline{K'A}^2 = (AL - \sqrt{AL \times LT'})^2 \quad (30)$$

Il nous faut maintenant calculer AL et LT′. Or, dans le triangle rectangle ABL, nous avons

$$AL = \frac{AB}{\cos 2\varphi} = \frac{h}{\cos 2\varphi}$$

en désignant par h la hauteur AB du mur. Connaissant h et 2φ, on pourra donc facilement calculer AL.

D'autre part, les deux triangles semblables LT′B, LAO donnent :

$$\frac{LT'}{AL} = \frac{LB}{LO} = \frac{LB}{LB + BO}$$

D'où, $$LT' = AL \times \frac{LB}{LB + BO}$$

Dans le triangle ABL, on a :

$$\frac{LB}{AB} = \frac{\sin 2\varphi}{\sin (90^\circ + 2\varphi)} = \frac{\sin 2\varphi}{\cos 2\varphi}.$$ D'où,

$$LB = AB \times \frac{\sin 2\varphi}{\cos 2\varphi} = h \times \frac{\sin 2\varphi}{\cos 2\varphi}$$

Connaissant h et 2φ, il sera facile de calculer la valeur de LB. Remarquons que $\frac{\sin 2\varphi}{\cos 2\varphi} = \operatorname{tang} 2\varphi$ et qu'on pourrait par conséquent écrire que

$$LB = h \times \operatorname{tang} 2\varphi.$$

Dans le triangle ABO, on a :

$$\frac{BO}{AB} = \frac{\sin (BAO)}{\sin (AOB)}$$

Or, l'angle $BAO = \beta + \alpha - \varphi = 90^\circ - \varphi$ et l'angle AOB est égal à l'angle $OAS = \varphi$. Donc,

$$\frac{BO}{AB} = \frac{\sin(90^\circ - \varphi)}{\sin \varphi} = \frac{\cos \varphi}{\sin \varphi}$$

D'où, $BO = AB \times \frac{\cos \varphi}{\sin \varphi} = h \times \frac{\cos \varphi}{\sin \varphi}$

Connaissant h et φ, on calculera BO. De plus,

$$\frac{\cos \varphi}{\sin \varphi} = \text{cotang } \varphi = \frac{1}{\text{tang } \varphi}.$$

On pourrait donc écrire que

$$BO = h \times \text{cotang } \varphi = \frac{h}{\text{tang } \varphi}.$$

Il résulte de ce qui précède que, pour obtenir par le calcul la valeur de K'A, on calculera d'abord :

$$BO = h \times \frac{\cos \varphi}{\sin \varphi} = h \times \text{cotang}\varphi = \frac{h}{\text{tang}\varphi} \quad (31)$$

puis $LB = h \times \frac{\sin 2\varphi}{\cos 2\varphi} = h \times \text{tang} 2\varphi$ (32)

et, enfin, $AL = \frac{h}{\cos 2\varphi}$ (33)

On portera ensuite les valeurs trouvées pour BO, LB et AL dans l'expression:

$$LT' = AL \times \frac{LB}{LB + BO} \quad (34)$$

et en remplaçant, dans la formule (30), AL et LT' par leurs valeurs précédemment calculées, on aura celle de $\overline{K'A}^2$ qu'on devra porter dans la formule (29) pour avoir la plus grande poussée F.

661. Au lieu d'opérer successivement sur les quantités BO, LB, AL et LT', on pourrait se procurer une expression simplifiée de K'A qu'on porterait immédiatement dans la formule (29). On a

$$K'A = AL - \sqrt{AL \times LT'}$$

et $LT' = AL \times \frac{LB}{LB + BO}$

et comme : $AL = \frac{h}{\cos 2\varphi}$

$$LB = h \times \text{tang } 2\varphi$$

$$BO = \frac{h}{\text{tang } \varphi},$$

la valeur de LT' devient

$$LT' = \frac{h}{\cos 2\varphi} \times \frac{h \times \text{tang } 2\varphi}{h \times \text{tang } 2\varphi + \frac{h}{\text{tang } \varphi}}$$

ou, $LT' \frac{h}{\cos 2\varphi} \times \frac{\text{tang } 2\varphi}{\text{tang } 2\varphi + \frac{1}{\text{tang}\varphi}}$ (34) *bis* (1)

Or, nous savons que

$$\text{tang } 2\varphi = \frac{2 \text{ tang } \varphi}{1 - \text{tang}^2}$$

Nous aurons donc :

$$LT' = \frac{h}{\cos 2\varphi} \times \frac{\frac{2 \text{ tang } \varphi}{1 - \text{tang}^2 \varphi}}{\frac{2 \text{ tang } \varphi}{1 - \text{tang}^2 \varphi} + \frac{1}{\text{tang } \varphi}}$$

En réduisant les deux termes de la fraction ci-dessus au même dénominateur $(1 - \text{tang}^2 \varphi) \times \text{tang } \varphi$ et en supprimant ce dénominateur commun, il reste :

$$LT' = \frac{h}{\cos 2\varphi} \times \frac{2 \text{ tang}^2 \varphi}{2 \text{ tang}^2 \varphi + 1 - \text{tang}^2 \varphi}$$

$$\text{ou, } LT' = \frac{h}{\cos 2\varphi} \times \frac{2 \text{ tang}^2 \varphi}{1 + \text{tang}^2 \varphi}$$

Le radical $\sqrt{AL \times LT'}$ devient alors :

$$\sqrt{AL \times LT'} = \sqrt{\frac{h^2}{\cos^2 2\varphi} \times \frac{2 \text{ tang}^2 \varphi}{1 + \text{tang}^2 \varphi}}$$

$$= \frac{h}{\cos 2\varphi} \times \sqrt{2}.\text{tang } \varphi \times \sqrt{\frac{1}{1 + \text{tang}^2}}$$

Or, $\sqrt{\frac{1}{1 + \text{tang}^2 \varphi}} = \cos \varphi$. Donc,

$$\sqrt{AL + LT'} = \frac{h}{\cos 2\varphi} \times \sqrt{2} \times \frac{\sin \varphi}{\cos \varphi} \times \cos \varphi$$

$$= \frac{h}{\cos 2\varphi} \times \sqrt{2} \sin \varphi$$

Enfin, la valeur de K'A peut s'écrire :

$$K'A = AL - \sqrt{AL \times LT'}$$

$$= \frac{h}{\cos 2\varphi} - \frac{h}{\cos 2\varphi} \times \sqrt{2} \sin$$

$$= \frac{h}{\cos 2\varphi} (1 - \sqrt{2} \sin \varphi).$$

On aura donc, en élevant au carré

$$\overline{K'A}^2 = h^2 \times \left(\frac{1 - \sqrt{2} \sin \varphi}{\cos 2\varphi}\right)^2$$

Or, $\cos 2\varphi = 1 - 2 \sin^2 \varphi$ et $1 - 2\sin^2 \varphi$, considéré comme la différence

(1) Le lecteur rencontrera, à partir de maintenant. plusieurs formules (bis) et (ter). Nous croyons devoir l'avertir que ces désignations se rapportent aux mêmes formules mises seulement sous des formes différentes.
(Note de l'Éditeur).

de deux carrés, peut se mettre sous la forme :

$$1-2\sin^2\varphi=(1-\sqrt{2}\sin\varphi)(1+\sqrt{2}\sin\varphi),$$

Donc,

$$\overline{K'A}^2=h^2\times\left[\frac{1-\sqrt{2}\sin\varphi}{(1-\sqrt{2}\sin\varphi)(1+\sqrt{2}\sin\varphi)}\right]^2$$

$$\overline{\mathbf{K'A}}^2=\frac{h^2}{(\mathbf{1}+\sqrt{\mathbf{2}}\ \mathbf{sin}\ \varphi)^2} \quad (35)$$

On arrive ainsi à l'expression très simple de $\overline{K'A}^2$ qu'on portera dans la formule (29) pour avoir la valeur de la plus grande poussée F.

L'expression de F est alors :

$$F=\frac{1}{2}\ \delta\times h^2\times\frac{\cos\varphi}{(1+\sqrt{2}\sin\varphi)^2} \quad (36)$$

662. *En résumé*, pour obtenir la valeur de la plus grande poussée F, on fera la construction graphique que nous avons indiquée, afin de trouver la position du point K' sur la droite AL. On mesurera la distance K'A à l'échelle de l'épure et on portera cette valeur dans l'expression (29) qui est

$$F=\frac{1}{2}\delta\times\cos\varphi\times\overline{K'A}^2$$

ou bien, si l'on ne peut faire la construction graphique, on calculera directement F au moyen de la formule (36) que nous venons d'établir. On voit que, dans les deux cas, la détermination de la valeur de la plus grande poussée est extrêmement simple.

Pour étudier la stabilité d'un mur de soutènement, on doit composer cette poussée avec le poids de la maçonnerie. Il faut donc, maintenant que nous avons sa valeur, déterminer la position de son point d'application. Mais, avant, nous donnerons un exemple comme application de ce que nous venons de dire sur la détermination de la plus grande poussée.

Problème.

663. *Un massif de terre, terminé à sa partie supérieure par un plan horizontal, est soutenu par un mur dont le parement intérieur est vertical. On demande de déterminer la valeur de la plus grande poussée que les terres exercent contre le mur, sachant que la hauteur du mur* $h=5^m00$; *que le poids du mètre cube de terre,* $\delta=1\ 600^k$ *et que l'angle* φ *du talus naturel* $=35°$.

Nous nous proposons de déterminer F d'abord en nous servant de la construction graphique de K'A, ensuite en ne faisant usage que du calcul. Les résultats trouvés dans les deux cas devront être identiques.

664. 1° Détermination graphique. —

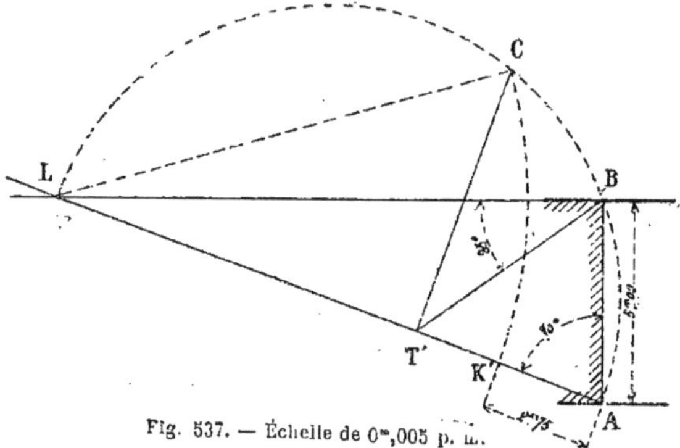

Fig. 537. — Échelle de 0m,005 p. m.

A l'échelle de 0m,005 par mètre, nous traçons le parement vertical AB du mur (*fig.* 537). La longueur AB est égale à 5m,00, d'après les données. Par le sommet B, nous menons l'horizontale BL qui représente le prolongement du plan horizontal supérieur du terre-plein. Par le point A, nous traçons la droite AL faisant avec AB un angle égal à $2\varphi = 70°$ et, par le point B, la droite BT' faisant avec BL l'angle $\varphi = 35°$. Sur AL, nous décrivons une demi-circonférence. Nous élevons la perpendiculaire T'C et nous décrivons de L, comme centre, avec LC comme rayon, l'arc de cercle CK'. Nous mesurons K'A et nous trouvons que

$$K'A = 2^m,75.$$

Nous portons maintenant cette valeur de K'A dans la formule (29) qui donne la plus grande poussée F et nous avons :

$$F = \frac{1}{2}\delta \times \cos\varphi \times \overline{K'A}^2$$

$$F = \frac{1}{2} \times 1\,600 \times 0{,}819 \times \overline{2{,}75}^2$$

$$F = 4\,955^k$$

Remarques

665. 1° *Si l'angle du talus naturel des terres est égal à 40° au lieu de 35°*, on voit (*fig.* 538) que la droite AL, faisant avec AB un angle égal à $2\varphi = 80°$, ira rencontrer l'horizontale BL hors de l'épure. Il semble que la construction graphique si simple et si commode de Poncelet n'est plus applicable dans ce cas. On peut cependant l'employer encore et voici comment.

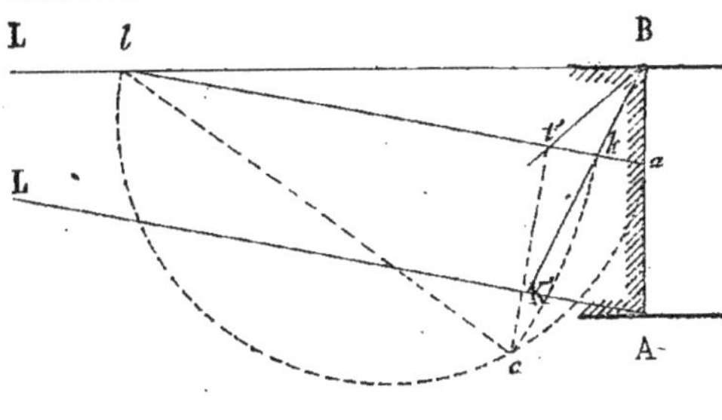

Fig. 538

Au lieu de faire la construction sur la droite AL partant du pied du mur, on prend, sur le parement AB, un point quelconque *a*, assez haut pour que la droite *al* parallèle à AL vienne rencontrer la droite BL en un point *l* situé dans les limites de l'épure et on fait, sur *al*, la même construction que précédemment sur AL. On obtient ainsi un point *k* qu'on joint au sommet B et on prolonge B*k* jusqu'à sa rencontre K' avec la droite AL qui fait avec AB l'angle 2φ. Le point K' est le point cherché. On mesure K'A et on porte sa valeur dans l'expression (29) de la plus grande poussée F.

Pour justifier cette manière de faire, il faut démontrer que, *quelle que soit la position du point* a *sur le parement AB*, si, de ce point, on mène la droite *al* faisant l'angle 2φ avec AB et si, sur *al*, on fait la construction de Poncelet, on obtient un point *k* qui se trouve sur une même droite avec le sommet B et le point K' qu'on aurait obtenu en opérant sur AL. Pour le démontrer, effectuons la construction sur deux droites AL et *al* (*fig.* 539) parallèles et faisant l'angle 2φ avec le parement AB. En opérant sur AL, nous obtenons le point K' et, en opérant sur *al*, nous obtenons le point *k*. Il faut démontrer que les points B, *k* et K' sont en ligne droite. En effet, les deux triangles semblables LBT', et *l*B*t'* donnent :

$$\frac{BL}{Bl} = \frac{LT'}{lt'}$$

De plus, les deux triangles LCT' et *lct'* sont aussi semblables et donnent :

$$\frac{LT'}{lt'} = \frac{LC}{lc}. \quad \text{Donc,}$$

$$\frac{BL}{Bl} = \frac{LC}{lc}$$

et comme, par construction, LK' = LC, et $lk = lc$, la proportion précédente devient

$$\frac{BL}{Bl} = \frac{LK'}{lk}$$

ce qui démontre que si l'on joint BK' et B*k*, on forme deux triangles LBK' et *l*B*k* qui sont semblables. Or, les deux côtés BL et B*l* se confondent, les angles en B ont même sommet, les deux autres côtés BK' et B*k* prendront donc la même direction et se superposeront. Il en résulte que les trois points *B*, *k* et K' sont en ligne droite.

La construction de la figure 538 se trouve ainsi justifiée.

666. 2° *Si l'angle φ du talus naturel des terres avec l'horizon est égal à plus de*

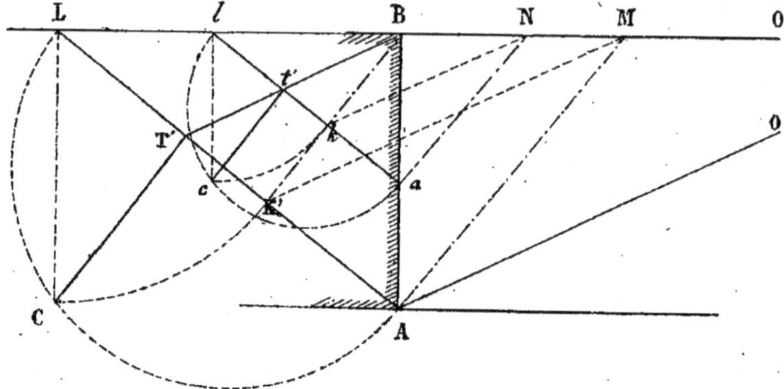

Fig. 539.

45°, à 60° par exemple, la droite AL (*fig.* 540) se dirige à droite, en partant de A et la rencontre L de cette droite avec le plan supérieur du terre-plein se fait à droite du sommet B, au lieu de se faire à gauche, comme précédemment.

On trace toujours, du point B, la droite BT' parallèle à la droite AO du talus naturel et c'est ici sur LT' qu'on décrit la demi-circonférence. On relève le point A en C par la perpendiculaire AC et on rabat la longueur LC sur LT', en LK', au

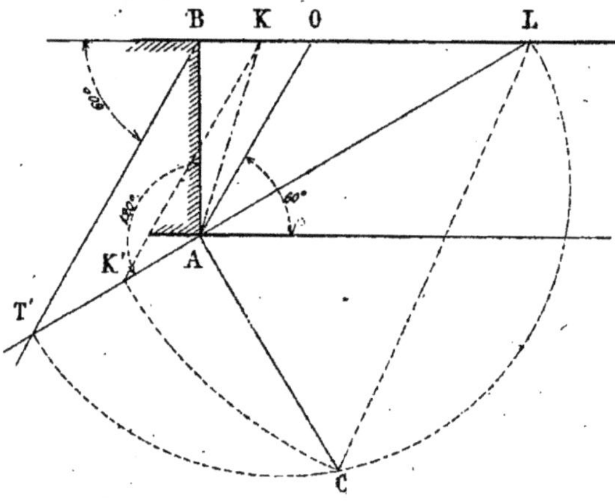

Fig. 540.

moyen d'un arc de cercle CK' décrit de L comme centre avec LC comme rayon. On voit que LC ou LK' est moyenne proportionnelle entre LA et LT' et on aura, comme dans les constructions précédentes,

$$LK' = \sqrt{LT' \times AL}$$

Or, la longueur cherchée K'A est égale à

$$K'A = LK' - AL \quad \text{ou,}$$

$$K'A = \sqrt{AL \times LT'} - AL. \quad (30 \textit{ bis}).$$

On voit que les termes qui composent la valeur de K'A sont alors changés de signe et que la formule qui donne la valeur de la poussée F produit le même résultat, quel que soit le signe de K'A, puisque c'est le carré de cette distance qui entre dans la formule.

Cette remarque est très importante. Elle s'applique d'ailleurs également aux cas où le parement du mur est incliné, soit vers l'extérieur, soit vers l'intérieur. Mais alors il faut, pour que la rencontre L de AL avec BO prolongé se fasse à droite du point B, que l'angle φ ait pour valeur, *dans le cas du parement incliné vers l'extérieur d'un angle* θ :

$$\varphi > \frac{90^\circ - \theta}{2}.$$

et, dans le cas du parement en surplomb d'un angle θ :

$$\varphi > \frac{90^\circ + \theta}{2}.$$

Lorsque le parement intérieur du mur est vertical, les formules (30) à (34) deviennent : (voir *fig.* 540)

$$AL = \frac{h}{-\cos 2\varphi} \qquad (33\ bis)$$

$$LT' = AL \times \frac{LB}{LB - BO} \qquad (34\ bis)$$

$$\left.\begin{array}{l} LB = h \text{ tang } 2\varphi \\ BO = h \text{ cotang } \varphi \end{array}\right\} \quad (31) \text{ et } (32).$$

La formule (33 *bis*) diffère de la formule (33) en ce que cos 2 φ est changé de signe. Mais comme 2 φ est plus grand que 90°, cos 2 φ est négatif, et, par conséquent, -cos 2 φ est positif. La valeur de AL reste donc positive, quoique le facteur cos. 2 φ soit affecté du signe —. La formule (34 *bis*) comporte un changement de signe qu'il est important de remarquer si l'on ne veut pas faire d'erreurs dans les calculs. BO se retranche de LB au lieu de s'ajouter comme dans la formule (34).

667. 3° *Si l'angle du talus naturel des terres avec l'horizon est égal à* 45°, l'angle 2φ est égal à 90° et la droite AL (*fig.* 541) est parallèle à l'horizon BL du terre-plein. Le point de rencontre L n'existe plus.

On a vu (*fig.* 534, n° 652), que, dans ce cas et lorsque le profil du terrain est quelconque, le point K, sommet de la ligne de disjonction du prisme de plus grande poussée, est placé au milieu de la distance qui sépare le point O, sommet de

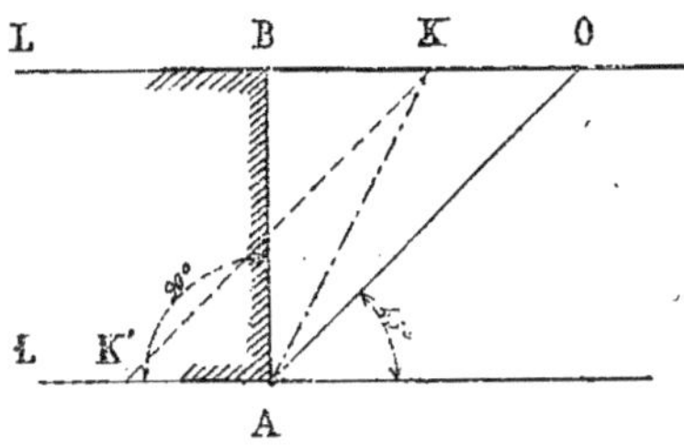

Fig. 541

la ligne du talus naturel, du point T. Dans le cas particulier qui nous occupe, le point T se confond avec le point B. Le point K est donc placé au milieu de OB. Si l'on mène la droite KK' parallèle à la droite OA on aura en K' le point cherché. On a : $AK' = OK = \frac{OB}{2}$. Il suffira donc dans ce cas de faire, dans la formule (29) de la plus grande poussée, K'A égal à la moitié de OB.

Or, $\qquad \frac{OB}{2} = \frac{h}{2}.$

Donc, $\qquad \overline{K'A}^2 = \frac{h^2}{4}$

et la formule (29) devient

$$F = \frac{1}{2}\delta \times \cos 45^\circ \times \frac{h^2}{4}$$

$$F = \frac{1}{2}\delta h^2 \times \frac{0{,}707}{4}$$

$$F = 0{,}089 \times \delta h^2 \qquad (36\ bis)$$

Revenons maintenant au problème dont nous avons donné la solution graphique et proposons-nous de le résoudre par le calcul.

668. 2° Détermination de la plus grande poussée par le calcul. — La formule qui donne cette plus grande poussée est :

$$F = \frac{1}{2}\delta \cos\varphi\, \overline{K'A}^2$$

dans laquelle : δ est le poids du mètre cube de terre, φ l'angle du talus naturel avec l'horizon, et $\overline{K'A}^2$ une quantité qui a pour valeur (formule 35) :

$$\overline{K'A}^2 = \frac{h^2}{(1 + \sqrt{2} \sin \varphi)^2}$$

Si nous calculons K'A, nous trouvons :

$$K'A = \frac{5,00}{1 + \sqrt{2} \times \sin 35^\circ}$$

Or, $\sqrt{2} = 1,414$ et $\sin 35^\circ = 0,5736$. Donc,

$$K'A = \frac{5.00}{1 + 1,414 \times 0,5736} = 2^m76$$

En portant cette valeur dans la formule (29), il vient :

$$F = \frac{1}{2} \delta \times \cos \varphi \times \overline{K'A}^2$$

$$F = \frac{1}{2} \times 1\,600 \times \cos 35^\circ \times \overline{2,76}^2$$

$$F = 4\,991^k$$

La poussée calculée en mesurant K'A $= 2^m75$ sur l'épure ne diffère de la précédente que de 4^k seulement.

669. *Tableau des valeurs de* $\frac{\cos \varphi}{(1+\sqrt{2}\sin\varphi)^2}$ *pour faciliter les calculs.*

Afin de faciliter les calculs de la plus grande poussée F, nous mettons la formule

$$F = \frac{1}{2} \delta \times \cos \varphi \times \frac{h^2}{(1+\sqrt{2} \sin \varphi)^2}$$

sous la forme :

$$F = \frac{1}{2} \delta h^2 \times \frac{\cos \varphi}{(1+ \sqrt{2} \sin \varphi)^2}$$

Nous désignons par m le terme contenant l'angle φ :

$$\frac{\cos \varphi}{(1 + \sqrt{2} \sin \varphi)^2} = m.$$

La formule devient alors

$$\mathbf{F = \frac{1}{2} \delta h^2 m.} \qquad (37)$$

670. Nous avons calculé les valeurs de m pour des valeurs de φ variant de degré en degré, depuis 30° jusqu'à 60°. On trouvera les résultats de nos calculs dans le tableau suivant. Il suffira de prendre dans ce tableau la valeur de m qui correspond à l'angle φ du talus naturel des terres qu'on a à soutenir et de porter cette valeur dans la formule simplifiée ci-dessus (37) et on aura immédiatement la valeur de la plus grande poussée F par un calcul très simple.

Tableau des valeurs de $m = \frac{\cos \varphi}{(1 + \sqrt{2} \sin \varphi)^2}$

Valeurs de φ	$\cos \varphi$	$\sin \varphi$	$1 + \sqrt{2} \sin \varphi$	$(1 + \sqrt{2} \sin \varphi)^2$	m
30°	0.866	0.500	1.707	2.914	0.297
31	0.857	0.515	1.728	2.986	0.287
32	0.848	0.530	1.750	3.062	0.277
33	0.839	0.545	1.761	3.101	0.270
34	0.829	0.559	1.791	3.208	0.258
35	0.819	0.574	1.812	3.283	0.249
36	0.809	0.588	1.832	3.356	0.241
37	0.799	0.602	1.851	3.426	0.233
38	0.788	0.616	1.871	3.501	0.225
39	0.777	0.629	1.890	3.572	0.217
40	0.766	0.643	1.909	3.644	0.210
41	0.755	0.656	1.928	3.717	0.203
42	0.743	0.669	1.946	3.787	0.196
43	0.731	0.682	1.964	3.857	0.189
44	0.719	0.695	1.983	3.932	0.183
45	0.707	0.707	2.000	4.000	0.177
46	0.695	0.719	2.017	4.068	0.171
47	0.682	0.731	2.034	4.137	0.165
48	0.669	0.743	2.051	4.207	0.159
49	0.656	0.755	2.068	4.277	0.153
50	0.643	0.766	2.083	4.339	0.148
51	0.629	0.777	2.099	4.406	0.143
52	0.616	0.788	2.114	4.469	0.138
53	0.602	0.799	2.130	4.537	0.132
54	0.588	0.809	2.144	4.597	0.124
55	0.574	0.819	2.158	4.657	0.123
56	0.559	0.829	2.172	4.718	0.118
57	0.545	0.839	2.187	4.783	0.114
58	0.530	0.848	2.199	4.836	0.110
59	0.515	0.857	2.212	4.893	0.105
60	0.500	0.866	2.225	4.951	0.101

671. *Exemple.* Nous voulons calculer la valeur de la plus grande poussée F pour une hauteur $h = 5^m,00$, un poids du mètre cube de terre $\delta = 1\,600^k$ et un angle $\varphi = 35^\circ$. La formule à employer est $F = \frac{1}{2} \delta h^2 m$ dans laquelle $\delta = 1\,600^k$, $h = 5^m,00$ et m, pris dans le tableau ci-dessus en face de l'angle $\varphi = 35^\circ$, est égal à $m = 0,249$. Donc

$$F = \frac{1}{2} \times 1600 \times 25,00 \times 0,249,$$

$$F = 4980^k,$$

résultat présentant une différence de 11^k seulement avec celui obtenu par le calcul exact. Cette différence vient de l'approximation avec laquelle m est calculé.

Position du centre de poussée

672. On appelle *centre de poussée* dans le cas dont nous nous occupons, le point d'application de la plus grande poussée que les terres exercent contre le parement intérieur du mur.

En employant la méthode générale et en faisant usage du calcul infinitésimal, on démontre facilement que *ce point d'application est situé au tiers de la hauteur du mur à partir de la base*, absolument comme dans le cas d'une pression d'eau, avec cette différence, toutefois, que la pression de l'eau est normale à la paroi, tandis que la poussée des terres fait, avec la normale et en-dessous, un angle égal à l'angle φ de frottement. Ne voulant pas ici employer le calcul infinitésimal pour démontrer que le centre de poussée est ainsi placé, nous allons simplement faire comprendre pourquoi le point d'application de la poussée est situé au tiers de la hauteur à partir de la base.

Reportons-nous à la figure 539. Nous voyons que la construction graphique faite sur AL, pour une hauteur de mur égale à BA, donne le point K' comme résultat. La même construction faite sur *al* parallèle à AL, pour une hauteur de mur égale à B*a*, donne le point *k* comme résultat. Pour avoir maintenant les prismes de plus grandes poussées qui correspondent aux hauteurs de mur BA et B*a*, nous mènerons, par le point K', la droite K'M parallèle à la ligne A*o* du talus naturel des terres; puis *k*N, du point *k*, parallèle à la même ligne A*o*. Les deux droites K'M et *k*N parallèles à A*o* sont parallèles entre elles. Si l'on joint MA et NA, le triangle ABM représente le prisme de plus grande poussée sur la hauteur BA et le triangle *a*BN, le prisme de plus grande poussée sur la hauteur B*a*.

Nous voulons démontrer d'abord que les droites de disjonction MA et N*a* sont parallèles, c'est-à dire que les prismes de plus grandes poussées sont semblables. Pour cela, considérons les deux triangles semblables BK'A et B*ka* lesquels donnent

$$\frac{BK'}{Bk} = \frac{BA}{Ba}$$

De même, les deux triangles semblables BKM et B*k*N donnent

$$\frac{BK'}{Bk} = \frac{BM}{BN}$$

Des deux proportions ci-dessus, nous concluons que

$$\frac{BA}{Ba} = \frac{BM}{BN},$$

ce qui démontre que les deux triangles BAM et B*a*N sont semblables et que, par conséquent, les droites AM et *a*N sont parallèles. Ceci a lieu, quelle que soit la position du point *a* sur le parement AB.

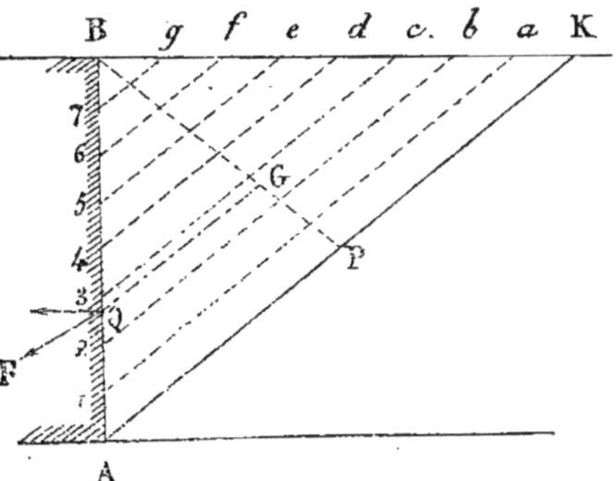

Fig. 542

Soient maintenant AB (*fig.* 542), le parement du mur et KB le plan supérieur du terre-plein. Divisons AB en un certain nombre de parties égales, en huit par exemple, par les points 1, 2, 3, 4... Soit AK la ligne de disjonction du prisme de plus grande poussée sur la hauteur BA. Les lignes de disjonction des prismes de plus grandes poussées sur les hauteurs B1, B2, B3... seront les droites 1*a*, 2*b*, 3*c*, toutes parallèles à AK, d'après la démonstration précédente. Puisque la poussée qui agit sur la hauteur BA est représentée par le triangle BAK et celle qui agit sur la hauteur B1, par le triangle B1*a*, la poussée qui agit sur la différence A1 des hauteurs sera représentée par la différence des triangles

BAK et B1*a* c'est-à-dire par la tranche A1*aK*. De même, la poussée qui s'exerce sur la hauteur 12 est représentée par la tranche 12*ba*. Celle qui s'exerce sur 23, par la tranche 23*cb* et ainsi de suite. La répartition des pressions sur le parement AB varie donc proportionnellement aux surfaces des tranches successives obtenues en menant des points 1, 2, 3, 4... des parallèles à la ligne de disjonction AK

Toutes les pressions partielles qui s'exercent sur A1, 12, 23, étant proportionnelles aux surfaces des tranches correspondantes et parallèles à AK, il suffira, pour avoir le centre de pression, de prendre le centre de gravité de ces surfaces. Or, si l'on pousse à l'infini le nombre des divisions de BA, les tranches deviennent de plus en plus minces et, à la limite, leur somme est égale à la surface du triangle ABK. Par suite, la somme des poussées partielles est représentée par la surface de ce triangle. Le centre de gravité du triangle se trouve au point G, et, comme les poussées sont parallèles à AK, la résultante de ces poussées sera dirigée suivant GQ parallèle à la même droite. On en conclut que puisque le point G se trouve au tiers de BP, à partir de P, le point Q se trouvera au tiers de BA à partir de A. Donc, le centre de poussée se trouve au tiers de la hauteur du mur à partir de la base.

Ce que nous venons de dire est vrai, que le parement AB soit incliné extérieurement ou en surplomb, au lieu d'être vertical et que la surface supérieure du terre-plein soit inclinée sur l'horizon au lieu d'être horizontale. Nous admettrons donc, comme démontré que, dans ces divers cas, *le centre de la plus grande poussée est placé au tiers de la hauteur du mur à partir de la base.*

Simplification lorsqu'on ne tient pas compte du frottement des terres contre le mur.

673. Dans ce cas, *la ligne de disjonction AK (fig. 542) du prisme de plus grande poussée est bissectrice de l'angle BAO que le parement du mur fait avec la ligne AO du talus naturel des terres.*

Lorsque nous faisions la construction de Poncelet en tenant compte du frottement des terres contre le mur, nous traçions la droite AL faisant avec AB un angle égal à $\varphi + \varphi'$ ou à 2φ en supposant que $\varphi = \varphi'$. Si nous supposons $\varphi' = 0$, l'angle de AL avec AB sera φ. Traçons donc la droite AL, inclinée de l'angle φ sur la droite AB (*fig.* 543) et faisons la construction de Poncelet sur cette droite.

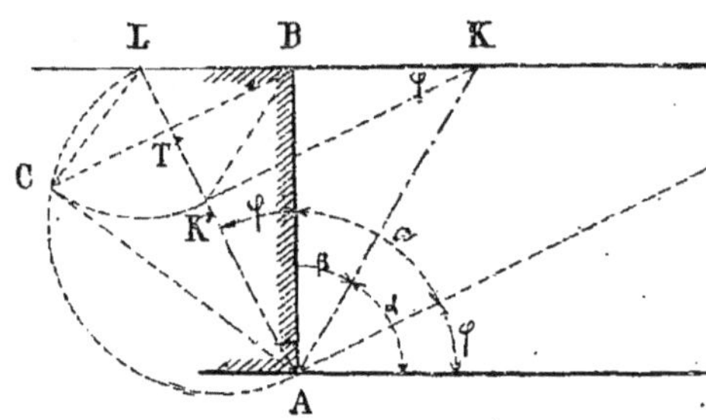

Fig. 543

Nous obtenons le point K'. Nous menons K'K parallèle à AO et la droite KA qui est la ligne de disjonction du prisme de plus grande poussée ABK. Nous voulons démontrer que KA est bissectrice de l'angle BAO. Joignons BK'. Nous savons que cette droite est parallèle à KA. L'angle (CBA) est égal à l'angle (BAO) et BK' étant parallèle à KA, il suffira de démontrer que BK' est bissectrice de l'angle CBA. Remarquons d'abord que lorsque nous menons la droite BT' parallèle à AO, nous formons un angle (LBT') égal à l'angle (OAS) $= \varphi$ et par conséquent égal à l'angle BAL. Or, le côté AB de ce dernier angle est perpendiculaire au côté BL du premier. Donc, le côté AL doit être perpendiculaire au côté BT'. Il en résulte que BT' est perpendiculaire sur le diamètre AL et la perpendiculaire T'C se trouve dans le prolongement de BT'. Donc BT' = T'C et BL = LC. Mais comme LK' est la longueur LC rabattue sur AL, il y a égalité entre BL et LK'. Le triangle K'LB est donc isocèle. Il en est de même du triangle ALK, puisque AK est parallèle à K'B. Par suite, les angles (LKA) et (LAK) sont égaux. Si l'on en retranche d'une part l'angle (LKK'), qui est égal à φ, et d'autre part l'angle (LAB), qui est aussi égal à φ, il reste l'égalité :

angle (K'KA) = angle (BAK).

Or, on a aussi :

angle (CBK') = angle (KK'A) et
angle (K'BA) = angle (BAK).

Donc enfin :

angle CBK') = angle (K'BA).

La droite K'B est conséquemment bissectrice de l'angle (CBA) et, de même, la droite AK est bissectrice de l'angle (BAO), ce qu'il fallait démontrer.

674. *Détermination graphique du prisme de plus grande poussée.* D'après ce que nous venons de dire, on voit que, pour déterminer le prisme de plus grande poussée quand on ne tient pas compte du frottement des terres contre le mur, il suffit de tracer la droite AO faisant avec l'horizon l'angle φ du talus naturel des terres et de tracer la bissectrice AK de l'angle complémentaire BAO. Comme, à cause de la similitude des triangles LAK et LK'B, on a K'A = KB, on mesurera BK et on portera sa valeur dans la formule (21) :

$$F = \frac{1}{2} \varphi \times \sin(OAL) \times \overline{K'A}^2$$

Ici $(OAL)^2 = 90°$ et $\sin(OAL) = 1$ et la formule deviendra :

$$\mathbf{F = \frac{1}{2} \delta \times \overline{BK}^2} \qquad (38)$$

675. *Détermination de la poussée par le calcul.* — Reprenons la formule générale (9) :

$$\frac{Q}{\cos \varphi'} = \frac{P \sin(\alpha - \varphi) - c \lambda \cos \varphi}{\sin(\beta + \varphi + \varphi')}$$

Faisons, dans cette formule :

$c = o$, puisque nous ne tenons pas compte de la cohésion, et

$\varphi' = o$, puisque nous négligeons le frottement des terres contre le mur.

Elle devient,

$$Q = P \frac{\sin(\alpha - \varphi)}{\sin(\beta + \varphi)}$$

Désignons par a l'angle (BAO) que le parement AB du mur fait avec la droite AO du talus naturel et nous aurons :

$$\alpha - \varphi = \frac{a}{2} \text{ et } \beta + \varphi = \frac{a}{2} + \varphi.$$

Par conséquent,

$$Q = P \frac{\sin \frac{a}{2}}{\sin\left(\frac{a}{2} + \varphi\right)}$$

Remarquons que l'angle $\frac{a}{2} + \varphi$ est le complémentaire de l'angle $\frac{a}{2}$. On peut donc écrire que $\sin\left(\frac{a}{2} + \varphi\right) = \cos \frac{a}{2}$ et la valeur de Q devient :

$$Q = P \frac{\sin \frac{a}{2}}{\cos \frac{a}{2}} = P \operatorname{tang} \frac{a}{2}.$$

Le poids P pour un mètre de longueur du prisme est égal à la surface du triangle ABK, multipliée par le poids δ du mètre cube de terre,

$$P = \frac{AB \times BK}{2} \times \delta, \text{ ou}$$

$$P = \frac{1}{2} \delta \times h \times BK$$

$$\text{Or, } BK = AB \operatorname{tang} \frac{a}{2} = h \operatorname{tang} \frac{a}{2}.$$

$$\text{Donc, } P = \frac{1}{2} \delta h^2 \operatorname{tang} \frac{a}{2} \text{ et, enfin,}$$

$$\mathbf{Q = \frac{1}{2} \delta h^2 \operatorname{tang}^2 \frac{a}{2}} \qquad (39)$$

C'est généralement sous cette forme que l'expression de la poussée Q est employée. Si l'on voulait la valeur de la poussée en fonction de l'angle φ du talus naturel, on écrirait que :

$$BK = h \operatorname{tang}\left(\frac{90° - \varphi}{2}\right)$$

et la valeur de P deviendrait :

$$P = \frac{1}{2} \delta \times h \times h \operatorname{tang}\left(\frac{90° - \varphi}{2}\right)$$

et, enfin :

$$Q = P \text{ tang } \frac{a}{2}$$

$$Q = \frac{1}{2} \delta h^2 \text{ tang } \left(\frac{90° - \varphi}{2} \right) \times \text{ tang } \frac{a}{2}$$

Remarquons que $\frac{a}{2}$ est précisément égal à $\frac{90° - \varphi}{2}$. Nous aurons donc :

$$\mathbf{Q = \frac{1}{2} \delta h^2 \text{ tang}^2 \left(\frac{90° - \varphi}{2} \right)} \quad (40)$$

On pourra évidemment employer indifféremment l'une ou l'autre de ces deux formules (39) et (40) pour calculer la poussée Q. Ici, cette poussée est toujours appliquée au tiers de la hauteur du mur à partir de sa base, mais *elle est normale au parement AB*.

Problème.

676. *Déterminer la plus grande poussée qu'un terre-plein horizontal exerce contre un mur à parement intérieur vertical lorsqu'on ne tient pas compte du frottement des terres contre le mur. Les données sont* : $h = 5^m,00$, $\delta = 1\ 600^k$ *et* $\varphi = 35°$.

La poussée est normale au parement; elle est donc horizontale Son point d'application est situé au tiers de la hauteur à partir de la base. Elle sera donc complètement déterminée quand nous aurons déterminé son intensité.

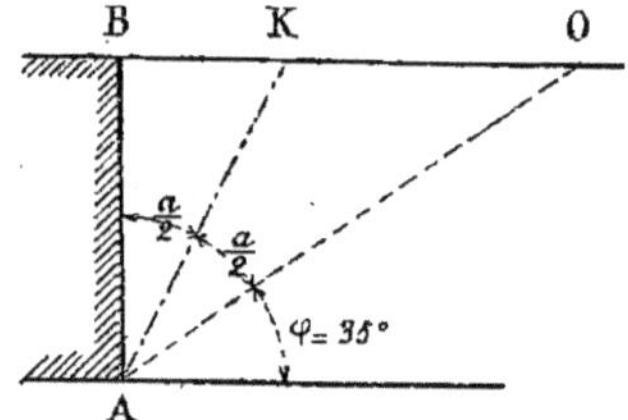

Fig. 544. — Échelle de $0^m.005$ par mètre

1° *Détermination graphique de la poussée.* Cette détermination est d'une extrême simplicité et se fera de la manière suivante. AB (*fig.* 544) représente le parement du mur à l'échelle de $0^m,005$ par mètre. BO représente le plan supérieur horizontal du terrain à soutenir. On tracera la droite AO faisant avec l'horizon l'angle $\varphi = 35°$. On mènera la droite AK, bissectrice de l'angle BAO et on mesurera la longueur BK. On portera le carré de BK dans la formule (38) $F = \frac{1}{2} \delta \times \overline{BK}^2$ et on aura immédiatement la valeur de F. On trouve, en mesurant sur l'épure

$$BK = 2,60. \text{ Donc}$$

$$F = \frac{1}{2} \times 1600 \times \overline{2,60}^2$$

$$F = 5\ 408^k$$

2° *Détermination de la poussée par le calcul.* En remplaçant, dans la formule (40) ci-dessus, les lettres par leurs valeurs, nous avons :

$$Q = \frac{1}{2} \delta h^2 \text{ tang}^2 \left(\frac{90° - \varphi}{2} \right)$$

$$Q = \frac{1}{2} \times 1\ 600 \times \overline{5,00}^2 \times \text{ tang}^2\ 27°30'$$

$$Q = \frac{1}{2} \times 1\ 600 \times 25 \times 0,271$$

$$Q = 5\ 420^k$$

On avait trouvé, dans le problème précédent (n° 668), avec les mêmes données et en tenant compte du frottement, une poussée égale à F = 4991, moins élevée que la précédente de 5420-4991 = 429^k. On voit donc que lorsqu'on néglige le frottement, on obtient une poussée trop forte d'une quantité sensible, ce qui conduit à exagérer les dimensions du mur qui doit résister à cette poussée, d'autant plus que le moment de la poussée est plus grand à cause de sa direction normale au parement du mur.

677. Comme pour le cas précédent, nous avons calculé, pour faciliter les études, les valeurs de $n = \text{tang}^2 \left(\frac{90 - \varphi}{2} \right)$ pour des valeurs de φ variant de degré en degré, depuis 30° jusqu'à 60°. Les résultats de nos calculs sont consignés dans le tableau ci-dessous. La formule (40) se simplifie et prend la forme :

$$\mathbf{Q = \frac{1}{2} \delta h^2 n} \quad (41)$$

L'angle φ étant donné, on cherchera, dans le tableau, la valeur correspondante de n et, en portant cette valeur dans la formule simplifiée (41), on aura immédiatement l'intensité cherchée de la plus grande poussée Q.

Tableau des valeurs de $n = \text{tang}^2\left(\frac{90° - \varphi}{2}\right)$

Valeurs de φ	$\frac{90° - \varphi}{2}$	$\text{tang}\left(\frac{90° - \varphi}{2}\right)$	$n = \text{tang}^2\left(\frac{90° - \varphi}{2}\right)$
30°	30°	0.577	0.333
31	29 30'	0.566	0.320
32	29	0.554	0.307
33	28 30	0.543	0.295
34	28	0.532	0.284
35	27 30	0.521	0.271
36	27	0.510	0.260
37	26 30	0.499	0.249
38	26	0.488	0.238
39	25 30	0.477	0.227
40	25	0.466	0.217
41	24 30	0.456	0.208
42	24	0.445	0.198
43	23 30	0.435	0.189
44	23	0.425	0.181
45	22 30	0.414	0.171
46	22	0.404	0.163
47	21 30	0.394	0.155
48	21	0.384	0.147
49	20 30	0.374	0.140
50	20	0.364	0.132
51	19 30	0.354	0.125
52	19	0.344	0.118
53	18 30	0.335	0.112
54	18	0.325	0.106
55	17 30	0.315	0.009
56	17	0.306	0.094
57	16 30	0.296	0.088
58	16	0.287	0.082
59	15 30	0.277	0.077
60	15	0.268	0.072

678. *Exemple.* — Nous voulons calculer la plus grande poussée qu'un terre-plein horizontal exerce sur un mur dont le parement intérieur vertical a 4m50 de hauteur. La terre à soutenir pèse $\delta = 1\,550^k$ le mètre cube et l'angle φ du talus naturel de cette terre est égal à 33°. Nous employons la formule simplifiée (41) :

$$Q = \frac{1}{2}\,\delta\, h^2\, n$$

dans laquelle $\delta = 1\,550^k$, $h = 4^m50$ et n donné par le tableau ci-dessus sur la même ligne que $\varphi = 33°$ est égal à $n = 0{,}295$.

La valeur de la poussée cherchée est alors

$$Q = \frac{1}{2} \times 1550 \times \overline{4{,}50}^2 \times 0{,}295$$

D'où, $Q = 4\,630^k$.

(*b*) *Le parement intérieur du mur est incliné vers l'extérieur* (1).

679. Comme nous l'avons démontré, le *centre de poussée* est situé au tiers de la hauteur du mur à partir de sa base et la *direction de la poussée* fait, avec la normale au parement et en dessous de cette normale, un angle égal à l'angle de frottement φ. Nous n'avons donc à nous occuper que de la grandeur de cette poussée.

680. *Valeur de la plus grande poussée.* — Traçons le parement intérieur AB du

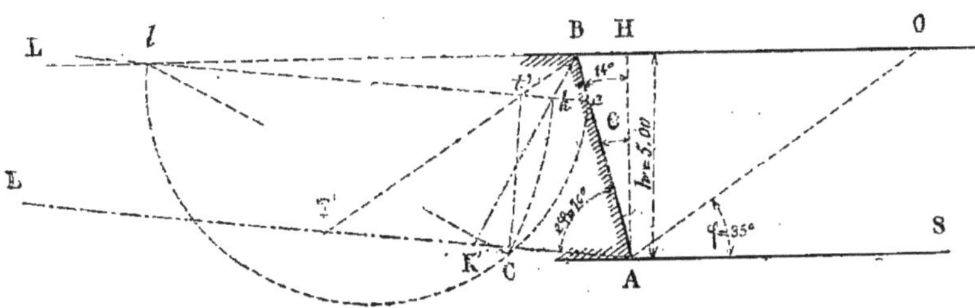

Fig. 545. — Echelle de 0m,05 par mètre.

mur (*fig.* 545) incliné sur la verticale d'un angle θ, la droite AO faisant avec l'horizon l'angle φ du talus naturel et la droite AL faisant avec le parement AB un angle égal à $2\,\varphi$. La formule fondamentale (21),

(1) Subdivision du sous-paragraphe intitulé : *Le massif des terres à soutenir est terminé à sa partie supérieure par un plan horizontal* (page 517).

qui donne la valeur de la plus grande poussée, est

$$F = \frac{1}{2}\delta \times \sin(OAL) \times \overline{K'A}^2$$

Ici, l'angle $(OAL) = 2\varphi + \theta + 90^\circ - \varphi$.
$= 90^\circ + \varphi + \theta$

et, par suite, on a :

$\sin(OAL) = \sin(90^\circ + \varphi + \theta) = \cos.(\varphi + \theta)$

et la formule précédente devient :

$$\mathbf{F} = \frac{1}{2}\delta \times \cos(\varphi + \theta) \times \overline{K'A}^2 \quad (42)$$

Pour avoir la valeur de la poussée F, il suffira d'obtenir la quantité K'A et de la porter dans la formule ci-dessus. On peut opérer graphiquement ou par le calcul. — Nous donnons toujours les deux procédés parce que le tracé graphique est très rapide et peut souvent rendre service, car il est simple et s'applique, presque sans modification, à un très grand nombre de cas pour lesquels il faut faire usage de formules différentes quand on veut employer le calcul.

681. *Détermination graphique de K'A.* — La construction graphique à employer pour obtenir K'A est la même que celle que nous avons déjà plusieurs fois expliquée. Elle est suffisamment indiquée dans la figure 545 pour que nous puissions nous dispenser de la répéter. Ayant obtenu le point K', on mesure K'A sur l'épure et on porte sa valeur dans la relation (42) pour avoir la poussée F.

682. *Détermination de* K'A *par le calcul.* — La valeur de K'A, établie d'une manière générale (formule 22) est :

$$K'A = AL - \sqrt{AL \times LT'}$$

Cette relation est par conséquent vraie pour le cas dont nous nous occupons. Nous devons évaluer AL et LT' en fonction des données. Dans le triangle rectangle ALH (*fig.* 545), on a d'abord :

$$AL = \frac{AH}{\cos(LAH)} = \frac{h}{\cos(2\varphi + \theta)}$$

Il nous reste à déterminer la valeur de LT'. Comme lorsque le parement du mur est vertical, nous trouverions, en considérant les deux triangles semblables LT'B et LAO, que

$$LT' = AL \times \frac{LB}{LB + BO}$$

Comme nous connaissons déjà AL, le problème revient à trouver LB et BO. Dans le triangle ALB, nous avons :

$$\frac{LB}{AB} = \frac{\sin 2\varphi}{\sin(ALB)}$$

Or, $(ALB) = 90^\circ - (2\varphi + \theta)$ et, conséquemment, $\sin(ALB) = \sin[90^\circ - (2\varphi + \theta)] = \cos(2\varphi + \theta)$. Donc,

$$LB = AB \times \frac{\sin 2\varphi}{\cos(2\varphi + \theta)}$$

expression dans laquelle $AB = \frac{h}{\cos\theta}$. Donc

$$LB = h\,\frac{\sin 2\varphi}{\cos\theta \times \cos(2\varphi + \theta)}$$

On peut aussi écrire que

$LB = LH - BH$

$LB = h \tan(2\varphi + \theta) - h \tan\theta$

$LB = h\,[\tan(2\varphi + \theta) - \tan\theta]$

Quant à BO, le triangle ABO donne :

$$\frac{BO}{AB} = \frac{\sin(\theta + 90^\circ - \varphi)}{\sin\varphi}$$

$$BO = AB \times \frac{\cos(\varphi - \theta)}{\sin\varphi}$$

et comme $AB = \frac{h}{\cos\theta}$, on a :

$$BO = h\,\frac{\cos(\varphi - \theta)}{\cos\theta \times \sin\varphi}$$

On peut aussi écrire que

$BO = BH + HO$

$BO = h \tan\theta + h \tan(90^\circ - \varphi)$

$BO = h\,(\tan\theta + \cot\varphi)$

En portant les valeurs de AL, LB et BO dans l'expression de LT', on aurait :

$$LT' = \frac{h}{\cos(2\varphi + \theta)} \times \frac{\tan(2\varphi + \theta) - \tan\theta}{\tan(2\varphi + \theta) + \cot\varphi} \quad (46\ bis)$$

Pour avoir la valeur de K'A, on opèrera de la manière suivante, c'est-à-dire qu'on calculera d'abord

$$AL = \frac{h}{\cos(2\varphi + \theta)}; \quad (43)$$

puis, successivement :

$$\left.\begin{aligned} LB &= h\,\frac{\sin 2\varphi}{\cos\theta \times \cos(2\varphi + \theta)} \\ \text{ou}\quad LB &= h\,[\tan(2\varphi + \theta) - \tan\theta] \end{aligned}\right\} \quad (44)$$

$$\left.\begin{aligned} \text{et,}\quad BO &= h\,\frac{\cos(\varphi - \theta)}{\cos\theta \times \sin\varphi} \\ \text{ou}\quad BO &= h\,(\tan\theta + \cot\varphi) \end{aligned}\right\} \quad (45)$$

On portera ces valeurs (43), (44) et (45), dans l'expression

$$LT' = AL \times \frac{LB}{LB + BO} \qquad (46)$$

et, enfin, en portant les valeurs trouvées pour AL (43) et LT' (46) dans l'expression

$$K'A = AL - \sqrt{AL \times LT'}, \qquad (47)$$

on aura la quantité K'A qui permettra de calculer la valeur de la plus grande poussée F donnée par la formule (42).

Pour le cas où le mur a un parement intérieur vertical, nous avons pu trouver une valeur simplifiée de K'A (formule 35) qui permet de calculer immédiatement la poussée F, mais ici la simplification est impossible et on doit opérer successivement sur les quantités (43) (44) (45) (46) et (47) comme nous venons de l'indiquer.

Au lieu de calculer successivement AL, LB et BO pour porter leurs valeurs dans l'expressisn de LT', on peut de suite calculer LT' au moyen de la formule (46 *bis*) qui n'est autre chose que la formule (46) dans laquelle on a remplacé AL, LB et BO par leurs valeurs. On voit que ce calcul ne présente aucune difficulté, mais il est long et une erreur peut facilement s'y glisser. Toutes les fois qu'on le pourra, la construction graphique de K'A devra être préférée au calcul.

683. *Remarques.*

1° Si l'angle φ est plus grand que $\frac{90° - \theta}{2}$ (voir remarque n° 41 et *fig.* 540), les formules ci-dessus se modifient un peu et deviennent :

$$AL = \frac{h}{-\cos(2\varphi + \theta)} \qquad (43\,bis)$$

$$LB = h\,[\tan(2\varphi + \theta) + \tan\theta] \qquad (44\,bis)$$

$$BO = h\,(\tan\theta + \cot\varphi) \qquad (45)$$

$$LT' = AL \times \frac{LB}{LB - BO} \qquad (46\,ter)$$

$$K'A = \sqrt{AL \times LT'} - AL \qquad (47\,bis)$$

2° Si l'angle φ est égal à $\frac{90° - \theta}{2}$, les droites AL et BO ne se rencontrent plus. Dans ce cas, l'expression de K'A est égale à :

$$K'A = h\,\frac{\sin 3\varphi}{2\cos\theta\sin\varphi} \qquad (47\,ter)$$

Problème.

684. *Un massif de terre, terminé à sa partie supérieure par un plan horizontal, est soutenu par un mur dont le parement intérieur est incliné vers l'extérieur. On demande de déterminer la valeur de la plus grande poussée que les terres exercent contre le mur, sachant que la hauteur du mur h = 5m,00, que le poids du mètre cube de terre, δ = 1 600k, que l'angle φ du talus naturel φ = 35° et, enfin, que le fruit du parement intérieur incliné est de 1/4.*

685. Nous avons besoin de connaître l'angle θ qui correspond au fruit proposé. Avant d'aller plus loin, nous donnerons les deux tableaux ci-dessous qui permettront de transformer les fruits ou les pentes par mètre, en degrés et inversement.

Tableaux pour la transformation en degrés d'inclinaison, des fruits et pentes métriques des parements inclinés et inversement.

Fruits	Pentes par mètre en c/m.	Degrés d'inclinaison
1/2	50 c/m	26° 34'
	45	24 14
2/5	40	21 48
3/8	37, 5	20 33
	35	19 17
1/3	33, 3	18 25
	30	16 42
2/7	28, 6	15 58
1/4	25	14 2
2/9	22, 2	12 31
1/5	20	11 19
	19	10 45
	18	10 12
	17	9 39
1/6	16, 7	9 29
	16	9 5
	15	8 32
1/7	14, 3	8 8
	14	7 58
	13	7 24
1/8	12, 5	7 8
	12	6 51
1/9	11	6 17
1/10	10	5 43
	9	5 9
1/12	8, 3	4 45
	8	4 35
	7	4 0
	5	2 52

Degrés d'inclinaison	Pentes métriques en mètres
6°	0m.105
6 30'	0 .114
7	0 .123
7 30	0 .132
8	0 .141
8 30	0 .149
9	0 .158
9 30	0 .167
10	0 .176
11	0 .194
12	0 .213
13	0 .231
14	0 .249
15	0 .268
16	0 .287
17	0 .306
18	0 .3[illegible]5
19	0 .344
20	0 .364
21	0 .384
22	0 .404
23	0 .424
24	0 .445
25	0 .466
26	0 .488
27	0 .510
28	0 .532
29	0 .554
30	0 .577

Sur le premier de ces tableaux, nous voyons que le fruit donné de 1/4 correspond à une pente métrique de 0m,25 ou à un angle de 14° 2' sur la verticale. Donc $\theta = 14° 2'$. Remarquons que lorsque nous ferons l'épure pour la détermination graphique de K'A, il nous sera difficile de tenir compte des 2' de l'angle θ. Nous tracerons donc l'angle θ égal à 14° simplement et le résultat obtenu pour K'A sera néanmoins suffisamment approché. On ne recherche pas, en effet, la valeur de la poussée à un kilog. près et une approximation de 10, 20, 30 et même 50k sur une poussée de 4 à 5 000k est très satisfaisante dans la pratique. Nous verrons d'ailleurs quelle est la différence entre le résultat graphique et le résultat du calcul.

686. 1° *Détermination graphique.* — Nous traçons le parement incliné AB du mur (*fig.* 545) faisant avec la verticale AH un angle de 14° et nous le limitons en un point B tel que AH = h = 5m,00 à l'échelle de 0m005 par mètre. Nous prolongeons l'horizontale OB et menons la droite AL faisant avec AB un angle $2\varphi = 70°$. Sur *al* nous décrivons une demi-circonférence et, après avoir mené la droite B*t'* parallèle à la ligne AO du talus naturel, nous élevons au point *t'* la perpendiculaire *t'c* qui rencontre la demi-circonférence au point C. Nous ramenons la longueur *lc* sur *la* en *lk* au moyen d'un arc de cercle C*k* décrit de *l*, comme centre, avec *lc* comme rayon.

Nous joignons B*k* que nous prolongeons jusqu'à sa rencontre K' avec AL.

Nous mesurons K'A et nous trouvons que K'A = 3m,85.

Nous portons maintenant cette valeur trouvée de K'A dans la formule (42)

$$F = \frac{1}{2}\delta \times \cos(\varphi + \theta) \times \overline{K'A}^2$$

en remplaçant en même temps δ et $\cos(\varphi + \theta)$ par leurs valeurs. Il vient :

$$F = \frac{1}{2} \times 1\,600 \times \cos(35° + 14°\,2') \times \overline{3,85}^2$$

$$F = \frac{1}{2} \times 1\,600 \times 0,6556 \times 14,8225$$

Donc, $F = 7\,774^k$

Les remarques que nous avons faites (nos 665, 666 et 667) sur les particularités que présente la construction graphique lorsque l'angle φ prend certaines valeurs sont applicables au cas actuel.

687. 2° *Détermination par le calcul.* La formule à employer est encore :

$$F = \frac{1}{2}\delta \times \cos(\varphi + \theta) \times \overline{K'A}^2$$

Il s'agit de calculer la valeur de K'A. Pour cela, nous calculerons successivement AL, LB, BO et LT' comme nous l'avons expliqué :

$$AL = \frac{h}{\cos(2\varphi + \theta)}$$
$$= \frac{5,00}{\cos(70° + 14°\,2')}$$
$$= \frac{5,00}{0,104}$$
$$AL = 48,077$$
$$LB = h\,[\text{tang}\,(2\varphi + \theta) - \text{tang}\,\theta]$$
$$= 5,00\,(\text{tang}\,84°\,2' - \text{tang}\,14°\,2')$$
$$= 5,00\,(9,568 - 0,250)$$
$$LB = 46,590$$
$$BO = h\,(\text{tang}\,\theta + \text{cotang}\,\varphi)$$
$$= 5,00\,(\text{tang}\,14°\,2' + \text{cotang}\,35°)$$
$$= 5,00\,(0,250 + 1,428)$$
$$BO = 8,390$$
$$LT' = AL \times \frac{LB}{LB + BO}$$
$$= 48,077 \times \frac{46,590}{46,590 + 8,390}$$
$$LT' = 40,74$$
$$K'A = AL - \sqrt{AL \times LT'}$$
$$= 48,077 - \sqrt{48,077 \times 40,74}$$
$$= 48,08 - 44,26$$

Donc, K'A = 3m,82.

Or, nous avions mesuré sur l'épure K'A = 3m85.

Nous voyons donc que la différence entre la valeur calculée K'A = 3,82 et la valeur mesurée sur l'épure K'A = 3,85 est insignifiante. Et, cependant, l'épure a eté faite dans des conditions très défavorables puisque les droites dl et Bl se rencontrant sous un très petit angle, la position du point l n'est pas très exactement définie et que, de plus, lorsqu'on prolonge Bk pour avoir le point K′, on augmente l'erreur commise sur le point k. L'épure donne donc encore, même dans ce cas défavorable, une approximation très satisfaisante.

En portant cette valeur de K′A calculée ci-dessus dans la formule qui donne la valeur de F, il vient :

$$F = \frac{1}{2}\,\delta \times \cos (\varphi + \theta) \times \overline{K'A}^2$$

$$= \frac{1}{2} \times 1\,600 \times \cos 49^\circ 2' \times \overline{3{,}82}^2$$

Donc, $F = 7\,652^k$

Cette poussée est inférieure de 122^k à celle obtenue par la construction graphique. La différence est donc très faible relativement à la valeur de la poussée elle-même et l'approximation donnée par l'épure peut être considérée comme parfaitement suffisante.

688. *Remarque.* — Les données du problème que nous venons de résoudre sont les mêmes que celles du problème (n° 663) avec cette seule différence que le parement AB est incliné vers l'extérieur de 14° au lieu d'être vertical. La valeur de la poussée trouvée dans le premier cas, c'est-à-dire lorsque le parement est vertical, est de $4\,991^k$, tandis que celle trouvée ci-dessous est de $7\,652^k$ plus forte que la précédente de $2\,661^k$. Il semble donc que le mur ayant à résister à cette poussée de 7652^k devra être plus fort que celui qui aurait à résister à celle de $4\,991^k$. D'un autre côté, le prisme de terre AHB pèse d'une certaine quantité sur le parement incliné AB et il semble que ce prisme devrait avoir pour effet d'augmenter la résistance au renversement du mur. Ces deux choses paraissent contradictoires, mais il n'en est rien. En effet, dans les deux cas, la poussée est appliquée au tiers de la hauteur et fait, avec la normale au parement et en-dessous de cette normale, un angle égal à $\varphi = 35^\circ$. Or dans le premier cas (parement vertical), la poussée a une certaine direction qui fait un angle de 35° avec l'horizon; mais, dans le deuxième cas (parement incliné), la poussée fait un angle plus grand que précédemment de $\theta = 14^\circ$, de sorte que le bras de levier du moment de la poussée, pris par rapport au centre de poussée sur la base du mur, est plus grand dans le premier cas pour une poussée plus petite et plus petit dans le deuxième pour une poussée plus grande.

On a donc, d'une part, une poussée plus petite ayant un bras de levier plus grand et, d'autre part, une poussée plus grande, ayant un bras de levier plus petit et rien ne prouve que le moment de la poussée, dans le deuxième cas, est plus grand ou plus petit que dans le premier cas. Enfin, puisque c'est le *moment de la poussée* qui influe sur la stabilité du mur et non la poussée elle-même, l'anomalie que nous signalons n'est qu'apparente.

Simplification lorsqu'on ne tient pas compte du frottement des terres contre le mur

689. Nous allons démontrer, comme nous l'avons fait dans le cas d'un parement vertical, que *la ligne de disjonction du prisme de plus grande poussée est bissectrice de l'angle que fait le parement incliné du mur avec la ligne du talus naturel des terres.*

Si nous appliquons la construction de Poncelet, nous mènerons AL (*fig.* 546) faisant, avec le parement AB, un angle φ et, en opérant sur AL, nous obtenons un point K′, puis K et enfin la ligne de disjonction KA. Nous voulons démontrer que KA, est bissectrice de l'angle (BAO). Le problème revient à démontrer que BT′ est bissectrice de l'angle (T′BA). Nous allons d'abord prouver que les triangles semblables K′LB et ALK sont isocèles, c'est-à-dire que LB = LK′ et LK = LA. Or, de la construction même de Poncelet, résulte cette relation :

$$LK' = \sqrt{AL \times LT'}$$

D'un autre côté, nous remarquons que BT' et AB sont deux droites anti-parallèles dans l'angle BLA, puisque AB fait, avec le côté AL, un angle (BAL) $= \varphi$ et que BT' fait, avec le côté BL, un angle (LBT') $= \varphi$. Comme on démontre en géométrie que, « lorsque deux droites anti-parallèles par rapport à un angle se coupent sur l'un des côtés de cet angle, la distance du sommet à ce point est moyenne proportionnelle entre les distances du sommet aux points où le second côté de l'angle coupe les deux droites anti-paralèlles », il en résulte que nous avons ici la distance LB moyenne proportionnelle entre les distances AL et LT', ce qui s'écrit :

$$LB = \sqrt{AL \times LT'}$$

Si nous comparons cette expression à celle de LK', nous voyons qu'elles sont égales. Donc LB $=$ LK' et le triangle LBK' est isocèle. Il en est de même de son semblable LKA. Donc LK $-$ LB $=$ LA $-$ LK' ou BK $=$ K'A.

Les deux triangles BK'K et BK'A sont donc égaux, puisque le côté BK' est commun et que BK $=$ K'A et angle (BKK') $=$ angle (K'AB) $= \varphi$. Donc l'angle (K'BA) est égal à l'angle (BK'K). Mais l'angle (T'BK') est aussi égal au même angle (BK'K). Donc les angles (K'BA) et (T'BK') sont égaux et, par suite, la droite BK' est bissectrice de l'angle (T'BA). Il en résulte que la droite AK est bissectrice de l'angle (BAO), ce qu'il fallait démontrer.

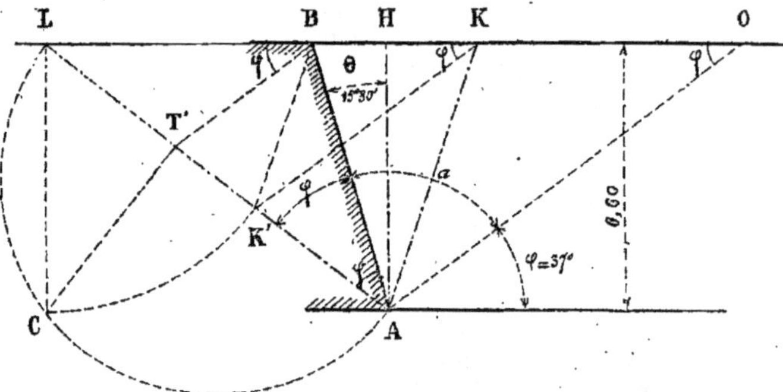

Fig. 546. — Echelle 0m,005 par mètre.

690. — *Détermination graphique du prisme de plus grande poussée.* — Lorsqu'on ne tient pas compte du frottement des terres contre le mur, la construction graphique se réduit donc à tracer AK bissectrice de l'angle (BAO) que le parement du mur fait avec la ligne AO du talus naturel. On porte la distance BK mesurée sur l'épure, dans la formule :

$$F = \frac{1}{2} \delta \times \sin (OAL) \times \overline{K'A}^2$$

qui devient alors :

$$F = \frac{1}{2} \delta \times \sin (\varphi + \theta + 90^\circ - \varphi) \times \overline{BK}^2$$

$$\text{ou : } F = \frac{1}{2} \delta \times \cos \theta \times \overline{BK}^2 \quad (48)$$

691. *Détermination de la poussée par le calcul.* — Exprimons BK en fonction des données. Les deux triangles rectangles AHB et AHK donnent :

$$BH = AH \text{ tang } (BAH)$$

$$BH = h \times \text{tang } \theta$$

$$\text{et : } HK = AH \text{ tang } (HAK)$$

$$HK = h \times \text{tang } \left(\frac{a}{2} - \theta\right)$$

$$\text{Donc, } BK = BH + HK$$

$$= h \left[\text{tan } \theta + \text{tang}\left(\frac{a}{2} - \theta\right) \right]$$

et portant dans la formule (48) il vient :

$$F = \frac{1}{2} \delta h^2 \times \cos \theta \times \left[\text{tang } \theta + \text{tang } \left(\frac{a}{2} - \theta\right)\right]^2 \quad (49)$$

Comme on le voit, [illegible]termination graphique de BK doit être préférée a calcul, surtout lorsqu'on ne tient pas compte du frottement des terres contre le mur, puisque la construction se réduit alors à diviser un angle en deux parties égales.

Problème.

692. *Déterminer la plus grande poussée qu'un terre-plein horizontal exerce contre un mur à parement intérieur incliné vers 'extérieur, lorsqu'on ne tient pas compte du frottement des terres contre le mur, sachant que* : $h = 6^m,60$. $\delta = 1\,400^k$, $\varphi = 37°$, $\theta = 15°,30'$.

La plus grande poussée est appliquée au tiers de la hauteur à partir de la base et, en ce point, *elle est normale au parement.*

Intensité de la poussée.

1° *Détermination graphique* (*fig.* 546). Nous traçons, à l'échelle de $0^m,005$ par mètre, le parement AB faisant avec la verticale et vers l'extérieur un angle $\theta = 15°\ 30$, puis l'horizontale BO représentant le plan supérieur du terre-plein et, enfin, la droite AO faisant avec l'horizon l'angle $\varphi = 37°$ du talus naturel des terres. Ensuite, nous menons la bissectrice AK de l'angle (BAO) et nous mesurons BK. Nous trouvons $BK = 4^m,10$. Nous portons cette valeur de B dans la formule (48) :

$$F = \frac{1}{2} \varphi \times \cos \theta \times BK^2$$

et nous avons :

$$F = \frac{1}{2} \times 1\,400 \times \cos 15°\,30' \times \overline{4,10}^2$$

Donc, $F = 11\,343^{k.}$

2° *Détermination par le calcul.* — Nous appliquons la formule (49) que nous avons établie précédemment :

$$F = \frac{1}{2} \delta h^2 \times \cos \theta \times \left[\text{tang } \theta + \text{tang } \left(\frac{a}{2} - \theta\right)\right]^2$$

dans laquelle nous faisons :

$$\delta = 1\,400^k$$
$$h = 6^m,60$$
$$\theta = 15°,30'$$
$$\frac{a}{2} = \frac{\theta + 90° - \varphi}{2} = \frac{15°30' + 90° - 37°}{2}$$

ou $\frac{a}{2} = 34°\,15'$.

La formule ci-dessus devient donc :

$$F = \frac{1}{2} \times 1\,400 \times \cos 15°\,30' \times \overline{6,60}^2 \times [\text{tang } 15°30' + \text{tang } (34°\,15' - 15°\,30')]^2$$

$$F = \frac{1}{2} \times 1\,400 \times 0,964 \times [6,60 \times (0,277 \times 0,339)]^2$$

$$F = 674,8 \times \overline{4,066}^2$$

$$F = 11\,154^{k.}$$

(c) *Le parement intérieur du mur est incliné vers l'intérieur ou en surplomb* (1)

Dans ce cas encore, le *centre de poussée* est situé au tiers de la hauteur à partir de la base et la *direction de la poussée* fait, avec la normale au parement et en dessous de cette normale, un angle égal à l'angle de frottement φ.

693. *Valeur de la plus grande poussée.* — Traçons le parement incliné AB (*fig.* 547) faisant, avec la verticale et vers l'intérieur, un angle égal à θ, la droite AO du talus naturel et la droite AL faisant, avec le parement AB, un angle égal à 2φ. La valeur de la plus grande poussée est donnée par la formule fondamentale (21) qui est

$$F = \frac{1}{2} \delta \times \sin (OAL) \times \overline{K'A}^2.$$

Ici l'angle $(OAL) = 2\varphi - \theta + 90° - \varphi = 90° + \varphi - \theta$ et par suite, on a :

$$\sin(OAL) = \sin (90° + \varphi - \theta) = \cos (\varphi - \theta)$$

et la formule ci-dessus peut s'écrire :

(1) Subdivision du sous-paragraphe intitulé : *Le massif des terres à soutenir est terminé à sa partie supérieure par un plan horizontal* (page 517).

$$F = \frac{1}{2}\delta \times \cos(\varphi - \theta) \times \overline{K'A}^2 \quad (50)$$

Il nous reste à déterminer K'A.

Détermination graphique de K'A. — La construction graphique, appliquée au cas dont nous nous occupons, donne les

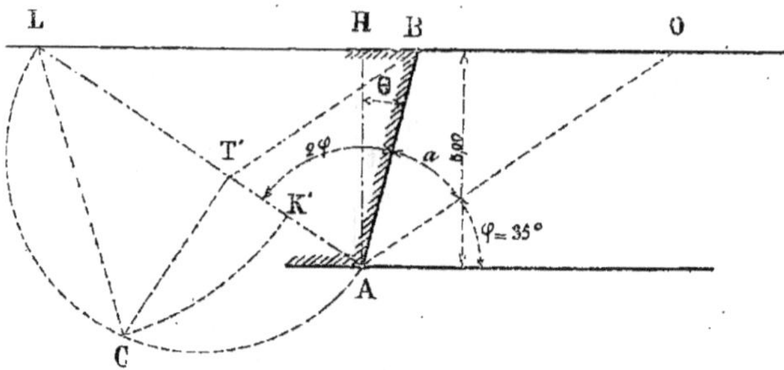

Fig. 547. — Echelle de 0m,005 p. m.

résultats indiqués sur la figure 547. On mesurera K'A et on portera sa valeur dans la formule (50).

694. *Détermination de K'A par le calcul.* — La formule (22) donne :

$$K'A = AL - \sqrt{AL \times LT'}$$

Evaluons AL et LT' en fonction des données du problème. Dans le triangle rectangle ALH, nous avons :

$$AL = \frac{AH}{\cos(\widehat{LAH})} = \frac{h}{\cos(2\varphi - \theta)}$$

Les deux triangles semblables LT'B et LAO, donnent ;

$$LT' = AL \times \frac{LB}{LB + BO}$$

Calculons maintenant LB et BO. Dans le triangle ALB, nous avons :

$$LB = AB \times \frac{\sin 2\varphi}{\sin(\widehat{ALB})}. \text{ Or } AB = \frac{h}{\cos\theta}$$

et $\sin(ALB) = \sin(90° - 2\varphi + \theta = \cos(2\varphi - \theta)$

$$\text{Donc, } LB = h \frac{\sin 2\varphi}{\cos\theta \times \cos(2\varphi - \theta)}$$

Nous pouvons écrire aussi que :

$$LB = LH + HB$$

$$LB = h \times \text{tang}(2\varphi - \theta) + h \times \text{tang}\,\theta$$

$$LB = h\left[\text{tang}(2\varphi - \theta) + \text{tang}\,\theta\right]$$

Pour avoir BO, nous considérons le triangle ABO qui donne :

$$BO = AB \times \frac{\sin(90° - \theta - \varphi)}{\sin\varphi}$$

$$BO = \frac{h}{\cos\theta} \times \frac{\cos(\varphi + \theta)}{\sin\varphi}$$

$$BO = h \times \frac{\cos(\varphi + \theta)}{\cos\theta \times \sin\varphi}$$

Nous avons aussi :

$$BO = OH - BH$$

$$BO = h \times \text{tang}(90° - \varphi) - h\,\text{tang}\,\theta$$

$$BO = h\left[\text{cotang}\,\varphi - \text{tang}\,\theta\right]$$

Pour avoir la valeur de la plus grande poussée, on opèrera donc avec les formules suivantes :

$$AL = \frac{h}{\cos(2\varphi - \theta)} \quad (51)$$

$$\left.\begin{array}{l} LB = h \dfrac{\sin 2\varphi}{\cos\theta \times \cos(2\varphi - \theta)} \\ \text{ou } LB = h\left[\text{tang}(2\varphi - \theta) + \text{tang}\,\theta\right] \end{array}\right\} \quad (52)$$

$$\left.\begin{array}{l} BO = h \dfrac{\cos(\varphi + \theta)}{\cos\theta \times \sin\varphi} \\ \text{ou } BO = h\left[\text{cotang}\,\varphi - \text{tang}\,\theta\right] \end{array}\right\} \quad (53)$$

On portera ces valeurs (51), (52) et (53) dans l'expression :

$$LT' = AL \times \frac{LB}{LB + BO} \quad (54)$$

Au lieu de calculer successivement AL, LB et BO pour avoir LT', on pourrait, de suite, calculer LT' au moyen de la formule :

$$LT' = \frac{h}{\cos(2\varphi - \theta)} \times \frac{\text{tang}(2\varphi - \theta) + \text{tang}\,\theta}{\text{tang}(2\varphi - \theta) + \text{cotang}\,\varphi} \quad (51\ bis)$$

qui n'est autre chose que la formule (54) dans laquelle on a remplacé AL, LB et BO par leurs valeurs. Enfin, en portant les valeurs trouvées pour AL et LT' dans l'expression :

$$K'A = AL - \sqrt{AL \times LT'} \quad (55),$$

on aura le moyen de calculer F par la formule n° 50.

On remarquera que les formules ci-dessus (51), (52) et (53) sont semblables aux formules (43), (44) et (45) dans lesquelles on aurait remplacé θ par $-\theta$. Les formules établies, dans le cas d'un parement incliné vers l'extérieur, pourraient donc être employées dans le cas d'un parement en surplomb, en ayant bien soin de changer le signe de θ.

695. *Remarques.*

1° Lorsque l'angle φ est plus grand que $\frac{90° + \theta}{2}$ (voir remarque n° 41 et fig. 540), les formules ci-dessus se modifient un peu. Elles deviennent :

$$AL = \frac{h}{-\cos(2\varphi - \theta)} \qquad (51\ bis)$$

$$LB = h\,[\text{tang}\,(2\varphi - \theta) - \text{tang}\,\theta] \qquad (52\ bis)$$

$$BO = h\,(\text{cotang}\,\varphi - \text{tang}\,\theta) \qquad (53)$$

$$LT' = AL \times \frac{LB}{LB - BO} \qquad (54\ ter)$$

$$K'A = \sqrt{AL \times LT'} - AL \qquad (55\ bis)$$

2° Lorsque $\varphi = \frac{90 + \theta}{2}$, la valeur de K'A devient :

$$K'A = h\,\frac{\sin 3\varphi}{2 \cos\theta \sin\varphi} \qquad (55\ ter)$$

Problème.

696. — *Un massif de terre, terminé à sa partie supérieure par un plan horizontal, est soutenu par un mur dont le parement intérieur est en surplomb. On demande de déterminer la valeur de la plus grande poussée que les terres exercent contre le mur, sachant que la hauteur du mur h = 5^m00, que le poids du mètre cube de terre = 1 600^k, que l'angle φ du talus naturel $\varphi = 35°$ et que le surplomb est produit par une pente métrique intérieure de 0^m25 sur la verticale.*

Le tableau de transformation (n° 685) nous donne l'angle θ correspondant à la pente de 0,25 par mètre, qui est $\theta = 14°, 2'$.

Le lecteur remarquera que nous prenons toujours les mêmes données pour les problèmes que nous avons à résoudre. Cela nous permet de comparer les résultats obtenus dans les différents cas.

1° *Détermination graphique.* — La construction graphique indiquée (*fig.* 547), appliquée aux données du problème et exécutée à l'échelle de 0^m,005 par mètre, donne la position du point K'. Nous mesurons la distance K'A que nous trouvons égale à K'A = 2^m,05 et nous portons cette valeur K'A dans la formule (50) qui donne la valeur de la plus grande poussée dans le cas d'un parement en surplomb. Nous avons :

$$F = \frac{1}{2}\,\delta \times \cos(\varphi - \theta) \times \overline{K'A}^2$$

$$F = \frac{1}{2} \times 1\,600 \times \cos(35° - 14°) \times \overline{2{,}05}^2$$

$$F = 1\,879^k$$

Les remarques que nous avons faites n°s 665, 666 et 667 sont encore applicables au cas actuel.

2° *Détermination par le calcul.* — Pour calculer la valeur de F, il faut déterminer celle de K'A et la porter dans la formule

$$F = \frac{1}{2}\,\delta \times \cos(\varphi - \theta) \times \overline{K'A}^2$$

Nous avons vu que le calcul de K'A se fait au moyen des relations (51), (52), (53), (54) et (55). La relation (51) donne :

$$AL = \frac{h}{\cos(2\varphi - \theta)} = \frac{5{,}00}{\cos(70° - 14°)} = \frac{5{,}00}{0{,}559}$$

$$AL = 8{,}944$$

En opérant de même sur (52), on a :

$$LB = h\,[\text{tang}\,(2\varphi - \theta) + \text{tang}\,\theta]$$
$$= 5{,}00\,[\text{tang}\,56° + \text{tang}\,14°]$$
$$= 5{,}00\,(1{,}4826 + 0{,}2493)$$
$$LB = 8{,}66$$

Enfin la formule (53) devient :

$$BO = h\,(\text{cotang}\,\varphi - \text{tang}\,\theta)$$
$$= 5{,}00\,(\text{cotang}\,35° - \text{tang}\,14°)$$
$$= 5{,}00\,(1{,}428 - 0{,}249)$$
$$BO = 5{,}895$$

Portant ces valeurs de AL, LB et BO dans l'expression (54), on a :

$$LT' = AL \times \frac{LB}{LB + BO}$$

$$LT' = 8,944 \times \frac{8,66}{8,66 + 5,895}$$

$$LT' = 5,32$$

Et, enfin, la valeur de K'A est :

$$K'A = AL - \sqrt{AL \times LT'}$$

$$K'A = 8,944 - \sqrt{8,944 \times 5,32}$$

$$K'A = 2^{m},046$$

On aura donc, pour la plus grande poussée F :

$$F = \frac{1}{2} \times 1\,600 \times \cos 56^\circ \times \overline{2,046}^2$$

$$F = 1\,872^{k}$$

Simplification lorsqu'on néglige le frottement des terres contre le mur.

697. Dans ce cas encore, la ligne de dis-

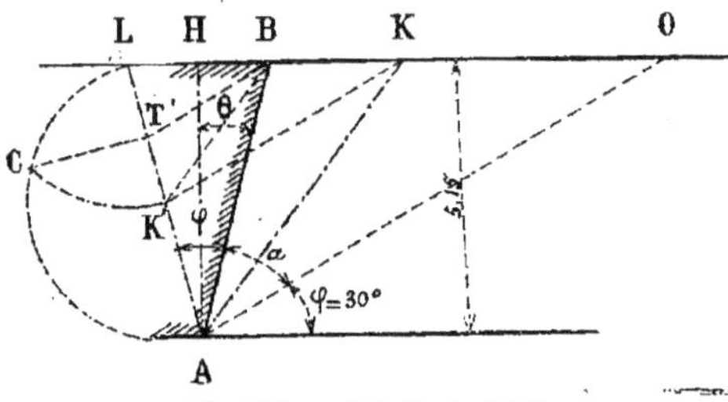

Fig. 548. — Echelle de 0,005 p. m.

jonction du prisme de plus grande poussée est bissectrice de l'angle que le parement en surplomb fait avec la ligne du talus naturel. On voit, en effet, sur l'épure (*fig.* 548) faite dans l'hypothèse de $\varphi' = o$ que la ligne KA est bissectrice de l'angle (BAO). On le démontrerait de la même manière que pour le cas d'un parement incliné vers l'extérieur en remarquant que les droites BT' et BA sont anti-parallèles dans l'angle (BLA) et que, par suite, BL = LK'. Les triangles K'LB et ALK étant isocèles, on a BK = AK' et, enfin, de l'égalité des triangles BK'K et BK'A, on déduit l'égalité des angles qui démontre que BK' est bissectrice de l'angle (T'BA) et que par conséquent AK est bien bissectrice de l'angle (BAO) (Voir n° 689).

Détermination graphique. — Dans ce cas, la construction graphique se réduira à mener la droite AK divisant l'angle (BAO en deux parties égales et à porter la valeur de BK dans la formule générale,

$$F = \frac{1}{2}\,\delta \times \sin(OAL) \times \overline{K'A}^2$$

qui devient alors, en remarquant que $\sin(OAL) = \sin(\varphi - \theta + 90^\circ - \varphi) = \cos\theta$:

$$\mathbf{F = \frac{1}{2}\,\delta \times \cos\theta \times \overline{BK}^2} \qquad (56)$$

formule semblable à celle qui a été établie pour le cas du parement incliné vers l'extérieur,

Détermination par le calcul. — Si, dans la formule (56) ci-dessus, nous remplaçons BK par sa valeur en fonction des données, nous aurons une expression de F qui pourra servir à calculer la plus grande poussée. Or

$$BK = HK - HB$$

$$BK = h \times \operatorname{tang}\left(\theta + \frac{a}{2}\right) - h \times \operatorname{tang}\theta$$

$$BK = h\left[\operatorname{tang}\left(\theta + \frac{a}{2}\right) - \operatorname{tang}\theta\right]$$

et la formule (56) devient :

$$\mathbf{F = \frac{1}{2}\,\delta\,h^2 \times \cos\theta \times \left[\operatorname{tang}\left(\theta + \frac{a}{2}\right) - \operatorname{tang}\theta\right]^2} \qquad (57)$$

Problème.

698. *Déterminer la plus grande poussée qu'un terre-plein horizontal exerce contre un mur dont le parement intérieur est en surplomb, lorsqu'on ne tient pas compte du frottement des terres contre le mur, sachant que $h = 5^{m},15$, que $\delta = 1\,500^{k}$, que $\varphi = 30^\circ$ et que $\theta = 15^\circ$.*

La plus grande poussée est appliquée au tiers de la hauteur à partir de la base et, en ce point, *elle est normale au parement.*

Intensité de la poussée.

1° *Détermination graphique.* — AB (*fig.* 548) représente, à l'échelle de $0^{m},005$ par mètre, le parement en surplomb du mur, faisant avec la verticale AH un angle $\theta = 15°$. AO est la ligne du talus naturel, faisant avec l'horizon un angle $\varphi = 30°$ et BO représente le plan horizontal qui limite le terre-plein à sa partie supérieure. Nous traçons la bissectrice AK de l'angle (BAO) et nous mesurons la distance BK. Nous trouvons BK $= 2^m,55$. En portant cette valeur de BK dans la formule (56), nous avons

$$F = \frac{1}{2}\delta \times \cos\theta \times \overline{BK}^2$$

$$F = \frac{1}{2} \times 1\,500 \times \cos 15° \times \overline{2,55}^2$$

$$F = 4\,710^k$$

2° *Détermination par le calcul.* — Nous appliquons la formule (57) :

$$F = \frac{1}{2}\delta h^2 \times \cos\theta \times \left[\text{tang}\left(\theta + \frac{a}{2}\right) - \text{tang}\,\theta\right]^2$$

dans laquelle :

$\delta = 1\,500$

h :

$\theta = 15°$

$$\frac{a}{2} = \frac{90° - \theta - \varphi}{2} = \frac{90° - 15° - 30°}{2} = \frac{45°}{2},$$

ou : $\frac{a}{2} = 22°\,30'$

En remplaçant les lettres par leurs valeurs, dans la formule ci-dessus, il vient :

$$F = \frac{1}{2} \times 1\,500 \times \cos 15° \times [5,15 \times (\text{tang}\,37°\,30' - \text{tang}\,15°)]^2$$

$$F = \frac{1}{2} \times 1\,500 \times 0,966 \times [5,15 \times (0,767 - 0,268)]^2$$

$$F = 724,5 \times \overline{2,57}^2$$

$$F = 4\,782^k$$

(*d*) *Le parement intérieur du mur est formé de redans* (1).

699. Le mur a, par exemple, le profil ANMBCDIJA indiqué (*fig.* 549). Lorsque le mur est sur le point d'être renversé, il est clair qu'il ne se produit pas de frottement des terres contre les parties BC et DI du parement, car les parties BCDE et EIJH seraient soulevées par les redans CD et IJ. On admet alors que

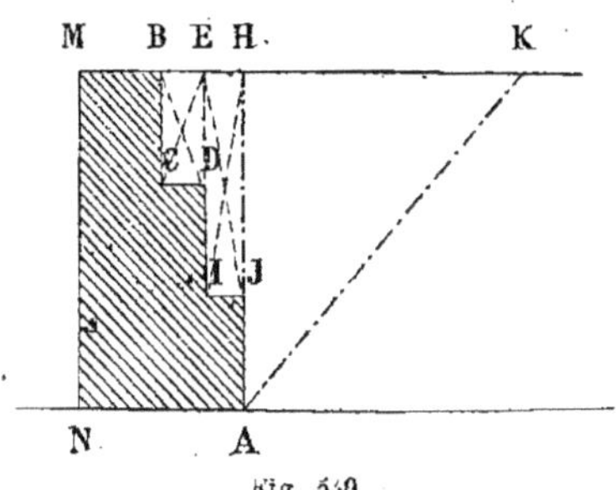

Fig. 549.

le frottement se produit sur la face AH en prolongement de la partie verticale du dernier redan. Le prisme de plus grande poussée exerce son action sur la face AH comme si le parement intérieur du mur était vertical. On le déterminera donc comme nous l'avons expliqué dans ce cas.

Les prismes BCDE et EIJH du terre-plein augmenteront, par leur poids, le moment de stabilité du mur et on devra en tenir compte dans la détermination des dimensions à donner au mur. On verra comment il faut opérer, lorsque nous nous occuperons du calcul des dimensions des murs de soutènement avec redans à l'intérieur.

Formules simplifiées pour les cas usuels de la pratique

700. Il arrive souvent, lorsqu'on fait un avant-projet, qu'on n'a aucune données précise sur la nature des terres à soutenir. La valeur de l'angle φ du talus naturel est donc alors à peu près indéterminée. — Dans ce cas, on peut se donner un angle moyen $\varphi = 45°$ avec lequel les murs de soutènement seront projetés provisoirement. — Quand on arrivera à l'exécution, ou bien encore quand on dressera un projet définitif, on pourra modifier les données, s'il y a lieu, dans le but

(1) Subdivision du sous-paragraphe : *Le massif des terres à soutenir est terminé à sa partie supérieure par un plan horizontal* (page 517).

d'économiser la maçonnerie. Mais, pour établir un premier devis des travaux, on peut parfaitement adopter cet angle de 45° dans le calcul de la poussée des terres. — D'ailleurs, on ne pourrait faire autrement que de prendre une valeur moyenne de l'angle φ, puisqu'on ne connaît pas sa valeur exacte. Pour les mêmes raisons, on admettra que le poids moyen d'un mètre cube de terre est de 1 600^k.

En remplaçant φ et δ qar 45° et 1 600^k, dans les formules précédemment établies, on obtiendra des formules simplifiées qui faciliteront beaucoup le calcul de la poussée des terres.

701. *Formule simplifiée lorsque le parement intérieur du mur est vertical* (*a*). On a vu (n° 661) que c'est la formule (36) qui donne, dans ce cas, la valeur de la plus grande poussée. Cette formule est :

$$F = \frac{1}{2}\,\delta\,h^2 \times \frac{\cos\varphi}{(1+\sqrt{2}\,\sin\varphi)^2}$$

Si l'on fait $\delta = 1\,600^k$ et $\varphi = 45°$ dans cette expression, elle devient :

$$F = 800 \times h^2 \times \frac{\cos 45°}{(1+\sqrt{2}\,\sin 45°)^2}$$

$$= 800 \times \frac{0{,}707}{(1+1{,}414\times 0{,}707)^2} \times h^2$$

$$= 800 \times 0{,}177 \times h^2$$

Donc, $\mathbf{F = 142\,h^2}$ (36 *ter*)

702. *Formules simplifiées lorsque le parement intérieur du mur est incliné vers l'extérieur* (*b*). — La valeur de la plus grande poussée est donnée par les formules (42 *bis*) à (47 *bis*) puisque $\varphi > \frac{90° - \theta}{2}$ (Voir n° 683). Outre les hypothèses faites précédemment, nous devons ici attribuer à l'angle θ des valeurs qui correspondent à un certain nombre d'inclinaisons courantes, telles que $^1/_5$, $^1/_6$, $^1/_8$, et $^1/_{10}$. On a :

Fruits	Angles correspondants
$^1/_5$	$\theta = 11°, 19'$
$^1/_6$	$\theta = 9°, 29'$
$^1/_8$	$\theta = 7°, 8'$
$^1/_{10}$	$\theta = 5°\ 43'$

Les formules donnent alors :

(**43 bis**) : $AL = \dfrac{h}{-\cos(2\varphi+\theta)}$

$\theta = 11°19'$: $AL = \dfrac{h}{-\cos(90°+11°19')} = \dfrac{h}{\sin 11°19'} = \dfrac{h}{0{,}19623}$

$\theta = 9°29'$: $AL = \dfrac{h}{\sin 9°29'} = \dfrac{h}{0{,}16476}$

$\theta = 7°\ 8'$: $AL = \dfrac{h}{\sin 7°8'} = \dfrac{h}{0{,}12418}$

$\theta = 5°43'$: $AL = \dfrac{h}{\sin 5°43'} = \dfrac{h}{0{,}09961}$

(**44 bis**) : $LB = h\,[\text{tg}\,(2\varphi+\theta) + \text{tg}\,\theta]$

$\theta = 11°19'$: $LB = h[\text{tg}(90°+11°19') + \text{tg}\,11°19'] = h\,[\text{cotg}\,11°19' + \text{tg}\,11°19'] = h\,(4{,}99695 + 0{,}20012) = h \times 5{,}19707$

$\theta = 9°29'$: $LB = h\,(\text{cotg}\,9°29' + \text{tg}\,9°29') = h\,(5{,}98646 + 0{,}16704) = h \times 6{,}15350$

$\theta = 7°\ 8'$: $LB = h\,(\text{cotg}\,7°8' + \text{tg}\,7°8') = h\,(7{,}99058 + 0{,}12515) = h \times 8{,}11573$

$\theta = 5°43'$: $LB = h\,(\text{cotg}\,5°43' + \text{tg}\,5°43') = h\,(9{,}98931 + 0{,}10011) = h \times 10{,}08942$

(**45**) : $BO = h\,(\text{tang}\,\theta + \text{cotang}\,\varphi) = h\,(\text{tang}\,\theta + \text{cotang}\,45°) = h\,(\text{tang}\,\theta + 1)$

$\theta = 11°19'$: $BO = h \times 1{,}20012$

$\theta = 9°29'$: $BO = h \times 1{,}16704$

$\theta = 7°\ 8'$: $BO = h \times 1{,}12515$

$\theta = 5°43'$: $BO = h \times 1{,}10011$

(**46 ter**) $LT' = AL \times \dfrac{LB}{LB - BO}$

$\theta = 11°19'$: $LT' = \dfrac{h}{0{,}19623} \times \dfrac{5{,}19707}{5{,}19707 - 1{,}20012} = h \times 6{,}6256$

$\theta = 9°29'$: $LT' = \frac{h}{0,16476} \times \frac{6,15350}{6,15350 - 1,16704}$
$= h \times 7,4896$

$\theta = 7°\ 8'$: $LT' = \frac{h}{0,12418} \times \frac{8,11573}{8,11573 - 1,12515}$
$= h \times 9,3627$

$\theta = 5°43'$: $LT' = \frac{h}{0,09961} \times \frac{10,08942}{10,08942 - 1,10011}$
$= h \times 11,2689$

(47 bis) $K'A = \sqrt{AL \times LT'} - AL$

$\theta = 11°19'$: $K'A = \sqrt{\frac{h}{0,19623} \times h \times 6,6256} - \frac{h}{0,19623}$
$= h \sqrt{\frac{6,6256}{0,19623}} - \frac{h}{0,19623}$
$= h \left(\sqrt{\frac{6,6256}{0,19623}} - \frac{1}{0,19623}\right)$
$= h\,(5,811 - 5,097)$
$= h \times 0,714$

$\theta = 9°29'$: $K'A = h\left(\sqrt{\frac{7,4896}{0,16476}} - \frac{1}{0,16476}\right)$
$= h\,(6,742 - 6,069)$
$= h \times 0,673$

$\theta = 7°\ 8'$: $K'A = h\left(\sqrt{\frac{9,3627}{0,12418}} - \frac{1}{0,12418}\right)$
$= h\,(8,689 - 8,065)$
$= h \times 0,624$

$\theta = 5°43'$: $K'A = h\left(\sqrt{\frac{11,2689}{0,09961}} - \frac{1}{0,09961}\right)$
$= h\,(10,637 - 10,040)$
$= h \times 0,597$

On remarquera que, pour des valeurs de θ variant de 5°43' à 11°19', le coefficient de K'A varie de 0,597 à 0,714. Cette variation est assez faible et, comme il s'agit d'établir des formules approchées, on pourra prendre pour les inclinaisons comprises entre $^1/_{10}$ et $^1/_5$ un coefficient moyen de K'A égal à 0,66.

La formule (42) donnera donc :

$$F = \frac{1}{2}\,\delta \times \cos(\varphi + \theta) \times \overline{K'A}^2$$
$$= 800 \times \cos(45° + \theta) \times h^2 \times \overline{0,66}^2$$

et, en faisant $\theta = \frac{11°19' + 5°43'}{2} = 8°31'$,

on aura :

$$F = 800 \times 0,5946 \times 0,4356 \times h^2$$

Donc, $\mathbf{F = 207\ h^2}$ (42 *bis*)

Cette formule simplifiée pourra servir avec une approximation suffisante pour des inclinaisons du parement intérieur variant de $^1/_{10}$ à $^1/_5$.

703. *Formules simplifiées lorsque le parement intérieur du mur est en surplomb* (c).

La plus grande poussée se calcule, dans ce cas, au moyen des formules (50) à (55) puisque $\varphi < \frac{90° + \theta}{2}$ Les coefficients de K'A seraient encore ici peu différents l'un de l'autre pour des inclinaisons variant de 5°43' à 11°19'. Nous établirons la formule simplifiée pour l'inclinaison moyenne et il est entendu qu'elle pourra servir avec une approximation suffisante pour des fruits variant de $^1/_{10}$ à $^1/_5$. Nous ferons les calculs pour le fruit de $^1/_8$ auquel correspond un angle $\theta = 7°8'$. Nous avons successivement :

(51) $AL = \frac{h}{\cos(2\varphi - \theta)}$
$= \frac{h}{\cos(90° - 7°8')}$
$= \frac{h}{\sin 7°8'}$
$= \frac{h}{0,12418}$

(52) $LB = h\,[\text{tg}(2\varphi - \theta) + \text{tg}\,\theta]$
$= h\,[\text{cotg}\,\theta + \text{tg}\,\theta]$
$= h\,(\text{cotg}\,7°8' + \text{tg}\,7°8')$
$= h\,(7,99058 + 0,12515)$
$= h \times 8,11573$

(53) $BO = h\,(\text{cotang}\,\varphi - \text{tang}\,\theta)$
$= h\,(1 - \text{tang}\,7°8')$
$= h\,(1 - 0,12515)$
$= h \times 0,87485$

(54) $LT' = AL \times \frac{LB}{LB + BO}$
$= \frac{h}{0,12418} \times \frac{8,11573}{8,11573 + 0,87485}$
$= h \times 7,269$

(55) $K'A = AL - \sqrt{AL \times LT'}$
$= \frac{h}{0,12418} - \sqrt{\frac{h}{0,12418} \times h \times 7,269}$
$= h\left(\frac{1}{0,12418} \times \sqrt{\frac{7,269}{0,12418}}\right)$

$= h\,(8{,}0528 - 7{,}651)$
$= h \times 0{,}402$

(50) $F = \frac{1}{2}\,\delta \times \cos(\varphi - \theta) \times \overline{K'A}^2$

$= 800 \times \cos(45° - 7°8') \times h^2 \times \overline{0.402}^2$
$= 800 \times 0{,}78944 \times 0{,}1616 \times h^2$

Donc, $\mathbf{F = 102\,h^2}$ (50 *bis*)

2° Le massif des terres a soutenir est terminé a sa partie supérieure par un plan incliné.

(*a*) *Le parement intérieur du mur est vertical.*

704. *Valeur de la plus grande poussée.* — Traçons le parement vertical AB du mur (*fig.* 550), la droite BO représentant le plan incliné qui limite le massif à sa partie supérieure et faisant l'angle ε avec l'horizon, puis la droite AO du talus naturel et, enfin, la droite AL faisant avec le parement AB un angle égal à 2 φ. La formule générale (21), qui donne la valeur de la plus grande poussée, est:

$$F = \frac{1}{2}\,\delta \times \sin(OAL) \times \overline{K'A}^2$$

Dans le cas particulier d'un parement vertical, on a :

angle $(OAL) = 2\varphi + 90° - \varphi = 90° + \varphi$

et, $\sin(90° + \varphi) = \cos\varphi$.

La formule précédente devient donc :

$$F = \frac{1}{2}\,\delta \times \cos\varphi \times \overline{K'A}^2 \qquad (58)$$

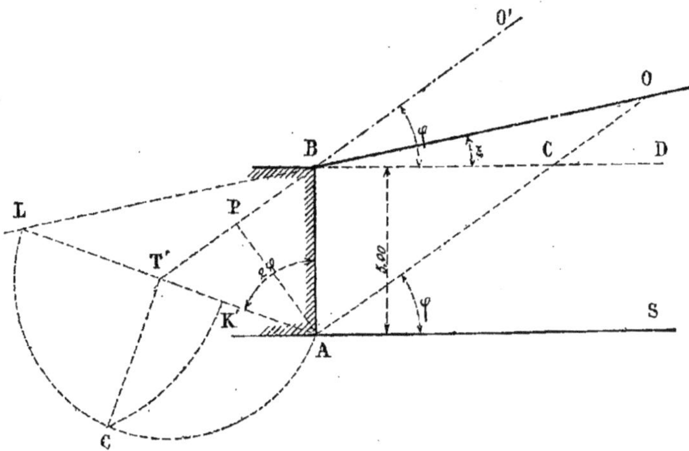

Fig. 550.

Formule semblable à celle qui s'applique au cas d'un terre-plein horizontal.

705. *Détermination graphique de K'A.* — La construction graphique à faire pour obtenir la valeur de K'A est absolument semblable à celle qui a été expliquée pour le cas d'un massif terminé à sa partie supérieure par un plan horizontal. Elle est, d'ailleurs, indiquée sur la figure 550.

706. *Détermination de K'A par le calcul* — Nous avons encore, comme dans le cas général :

$$K'A = AL - \sqrt{AL \times LT'}$$

Il faut calculer AL et LT'. Le triangle ALB nous donne :

$$\frac{AL}{AB} = \frac{\sin(LBA)}{\sin(ALB)}$$

Or, $(LBA) = 90° - \varepsilon$

et $(ALB) = 180° - (90° - \varepsilon) - 2\varphi$
$= 90° + \varepsilon - 2\varphi$

Comme $\sin(90° - \varepsilon) = \cos\varepsilon$ et
$\sin(90° + \varepsilon - 2\varphi) = \cos(\varepsilon - 2\varphi) = \cos(2\varphi - \varepsilon)$,
nous aurons :

$$AL = h\,\frac{\cos\varepsilon}{\cos(2\varphi - \varepsilon)}$$

Pour avoir LT', nous considérons les

deux triangles semblables LT'B et LAO qui donnent la relation :

$$\frac{LT'}{AL} = \frac{LB}{LB + BO}$$

d'où, $$LT' = AL \times \frac{LB}{LB + BO}$$

Évaluons, maintenant LB et BO. Dans le triangle LBA, nous avons :

$$\frac{LB}{AB} = \frac{\sin 2\varphi}{\sin (ALB)}$$

d'où, $$LB = h \frac{\sin 2\varphi}{\cos (2\varphi - \varepsilon)}$$

et, dans le triangle BOA,

$$\frac{BO}{AB} = \frac{\sin (BAO)}{\sin (BOA)}.$$

Or, $(BAO) = 90^\circ - \varphi$

et $(BOA) = (OCD) - (OBC)$

$= \varphi - \varepsilon$

et, comme, $\sin (90^\circ - \varphi) = \cos \varphi$, nous aurons :

$$BO = h \frac{\cos \varphi}{\sin (\varphi - \varepsilon)}.$$

La marche à suivre pour le calcul de la plus grande poussée sera donc la suivante :

On calculera d'abord

$$AL = h \frac{\cos \varepsilon}{\cos (2\varphi - \varepsilon)} \quad (59)$$

$$LB = h \frac{\sin 2\varphi}{\cos (2\varphi - \varepsilon)} \quad (60)$$

$$BO = h \frac{\cos \varphi}{\sin (\varphi - \varepsilon)} \quad (61)$$

et on portera les valeurs trouvées dans

$$LT' = AL \times \frac{LB}{LB + BO} \quad (62)$$

Enfin, en portant la valeur de AL (59) et celle de LT' (62), dans la relation,

$$K'A = AL - \sqrt{AL \times LT'}, \quad (63)$$

il ne restera plus qu'à effectuer les calculs et à remplacer K'A par sa valeur calculée, dans la formule (58) qui donnera la plus grande poussée cherchée.

On pourrait calculer de suite LT' au moyen de la formule suivante, obtenue en remplacant les distances AL, LB et BO par leurs valeurs dans l'expression (62) ci-dessus :

$$LT' = h \frac{\cos \varepsilon}{(\cos 2\varphi - \varepsilon)} \times \frac{\sin 2\varphi}{\cos (2\varphi - \varepsilon)\left[\frac{\sin 2\varphi}{\cos (2\varphi - \varepsilon)} + \frac{\cos \varphi}{\sin (\varphi - \varepsilon)}\right]}$$

$$= h \frac{\cos \varepsilon}{\cos (2\varphi - \varepsilon)} \times \frac{\sin 2\varphi \times \sin (\varphi - \varepsilon)}{\sin 2\varphi \times \sin (\varphi - \varepsilon) + \cos \varphi \times \cos (2\varphi - \varepsilon)} \quad (62 \textit{bis})$$

707. *Centre de poussée.* — Ce qui a été dit pour démontrer que le centre de poussée est situé au tiers de la hauteur à partir de la base, dans le cas d'un terre-plein horizontal, est applicable au cas d'un massif terminé par un plan incliné. Donc, ici encore, *le centre de poussée est situé au tiers de la hauteur du mur à partir de la base.*

Problème.

708. *Un massif de terre, terminé à sa partie supérieure par un plan incliné, est soutenu par un mur dont le parement intérieur est vertical. On demande de déterminer la valeur de la plus grande poussée que les terres exercent contre le mur, sachant que $h = 5^m,00$, que $\delta = 1\,600^k$, que $\varphi = 35^\circ$ et que le plan incliné supérieur à une pente de $0^m,20$ par mètre.*

D'après le tableau de transformation des pentes métriques en degrés (n° 685), la pente de 20 cent. correspond à un angle de 11° 19'. Donc,

$$\varepsilon = 11^\circ \ 19'$$

1° *Détermination graphique.* Nous faisons l'épure à l'échelle de $0^m,005$ pour mètre (*fig.* 550) et, en appliquant la construction de Poncelet, nous trouvons le point K'. Nous mesurons la distance K'A et nous trouvons

$$K'A = 2^m,95.$$

Nous portons cette valeur de K'A dans la formule (58) :

$$F = \frac{1}{2} \delta \times \cos \varphi \times \overline{K'A}^2$$

qui devient :

$$F = \frac{1}{2} \times 1600 \times \cos 35^\circ \times \overline{2,95}^2$$

$$F = 5702^k$$

2° *Détermination par le calcul.* — Reprenons la formule (58) :

$$F = \frac{1}{2} \delta \times \cos \varphi \times \overline{K'A}^2$$

et déterminons K'A en calculant successivement AL, LB, BO et LT' au moyen des relations (59), 60), (61) et (62). Nous avons :

$$AL = h \frac{\cos \varepsilon}{\cos (2\varphi - \varepsilon)}$$

$$AL = 5{,}00 \frac{\cos 11^\circ 19'}{\cos (70^\circ - 11^\circ 19')}$$

$$AL = 5{,}00 \frac{0{,}981}{0{,}520} = 9{,}433;$$

puis, $$LB = h \frac{\sin 2\varphi}{\cos (2\varphi - \varepsilon)}$$

$$LB = 5{,}00 \frac{\sin 70^\circ}{\cos 58^\circ 41'}$$

$$LB = 5{,}00 \frac{0{,}940}{0{,}520} = 9{,}038.$$

enfin, $$BO = h \frac{\cos \varphi}{(\varphi - \varepsilon)}$$

$$BO = 5{,}00 \frac{\cos 35^\circ}{\sin (35^\circ - 11^\circ 19')}$$

$$BO = 5{,}00 \frac{0{,}819}{0{,}402} = 10{,}187$$

La valeur de LT' devient,

$$LT' = AL \times \frac{LB}{LB + BO}$$

$$LT' = 9{,}433 \times \frac{9{,}038}{9{,}038 + 10{,}187}$$

$$LT' = 4{,}435$$

Portant les valeurs de AL et de LT' dans l'expression de K'A, il vient :

$$K'A = AL - \sqrt{AL \times LT'}$$

$$K'A = 9{,}433 - \sqrt{9{,}433 \times 4{,}435}$$

$$K'A = 2^m{,}965.$$

La valeur de la plus grande poussée F est alors,

$$F = \frac{1}{2} \delta \times \cos 35^\circ \times \overline{2{,}965}^2$$

$$F = \frac{1}{2} 1\,600 \times 0{,}819 \times 8{,}79$$

$$F = 5\,759^k$$

709. *Remarques.*

1° *Si l'angle* φ *est égal à* 45°, l'angle BAL $= 2\varphi$ devient égal à 90° et on voit (*fig.* 550) que la droite AL va encore rencontrer la droite OB prolongée, en un point L situé à gauche du point B. Le calcul de K'A se fera donc avec les formules (59) à (63).

2° *Si l'angle* 2φ *devient égal à* $90^\circ + \varepsilon$, la droite AL est parallèle à BL et ces deux droites ne se rencontrant pas, on retombe sur le cas du n° 652 (*fig.* 534).

Donc, lorsque on aura $\varphi = \frac{90^\circ + \varepsilon}{2}$, le point K sera placé au milieu de BO (*fig.* 550) et la distance K'A s'obtiendra aisément. La valeur analytique de K'A est facile à obtenir; elle est :

$$K'A = \frac{h}{2} \times \frac{\cos \varphi}{\sin (\varphi - \varepsilon)} \qquad (63\ bis)$$

3° *Si l'angle* 2φ *est plus grand que* $90 + \varepsilon$, la droite AL va rencontrer la droite BO en un point situé à droite du point B et les formules à employer, dans ce cas, sont les suivantes :

$$AL = h \frac{\cos \varepsilon}{\cos (2\varphi - \varepsilon)} \qquad (59)$$

$$LB = h \frac{\sin 2\varphi}{\cos (2\varphi - \varepsilon)} \qquad (60)$$

$$BO = h \frac{\cos \varphi}{\sin (\varphi - \varepsilon)} \qquad (61)$$

$$LT' = AL \times \frac{LB}{LB - BO} \qquad (62\ ter)$$

$$K'A = \sqrt{AL \times LT'} - AL \qquad (63\ ter)$$

710. CAS PARTICULIER. *Le plan incliné qui limite le massif à sa partie supérieure est parallèle au talus naturel des terres.* — Si la droite OB (*fig.* 550), qui représente le plan supérieur du terre-plein, s'inclinait de plus en plus sur l'horizon jusqu'à devenir parallèle à AO, elle ferait alors, avec l'horizon, un angle égal à l'angle φ du talus naturel des terres. Le prolongement BL de OB viendrait se confondre avec BT', prolongement de O'B, et les deux points L et K' viendraient se réunir au même point T', de sorte que la distance K'A deviendrait égale à T'A.

Dans ces conditions, il est inutile de faire la construction de Poncelet. Il suffit en effet, pour avoir la valeur de K'A, de prolonger O'B jusqu'à sa rencontre T' avec AL, de mesurer la distance T'A et de la porter dans la formule (58) qui devient :

$$F = \frac{1}{2} \delta \times \cos \varphi \times \overline{T'A}^2 \qquad (64)$$

On peut même se dispenser de cela attendu que $T'A = AB = h$, comme on va le voir.

Dans le triangle AT'B, on a :

$$\frac{T'A}{AB} = \frac{\sin(T'BA)}{\sin(AT'B)}$$

Or, $\sin(T'BA) = \sin(90^\circ - \varphi) = \cos\varphi$

et $\sin(AT'B) = \sin(180^\circ - 2\varphi - 90 + \varphi)$

$= \sin(90^\circ - \varphi) = \cos\varphi$

et par conséquent :

$$T'A = h\frac{\cos\varphi}{\cos\varphi} = h$$

et la formule (64) devient :

$$\mathbf{F} = \frac{1}{2}\delta\, h^2 \cos\varphi \qquad (65)$$

Nous venons d'écrire que $T'A = h = AB$ ce qui signifie que le triangle BT'A est isocèle. On pourrait le voir directement sur la figure en abaissant, du point A, la perpendiculaire AB sur BT'. Les deux angles PAO et BAS sont droits et, si on en retranche la partie commune BAO, les angles restants sont égaux, c'est-à-dire que:

$$(PAB) = (OAS) = \varphi$$

et comme $(T'AB) = 2\varphi$, il en résulte que (PAB) est la moitié de (T'AB) et que la perpendiculaire AP sur la base BT' est bissectrice de l'angle (T'AB). Donc, le triangle BT'A est isocèle et on a bien :

$$T'A = AB = h.$$

Donc, *dans le cas où le plan incliné supérieur du massif est réglé suivant le talus naturel des terres à soutenir*, la valeur de la plus grande poussée est donnée par la formule fort simple :

$$F = \frac{1}{2}\delta\, h^2 \cos\varphi$$

Problème.

711. *Un mur à parement intérieur vertical doit soutenir un massif de terre réglé suivant son talus naturel. On demande de calculer la plus grande poussée à laquelle le mur aura à résister, sachant que $h = 5^m,00$, que $\delta = 1\,600^k$ et que $\varphi = 35^\circ$.*

La formule (65) donne immédiatement :

$$F = \frac{1}{2}\delta\, h^2 \cos\varphi$$

$$F = \frac{1}{2} \times 1\,600 \times \overline{5,00}^2 \times \cos 35^\circ$$

$$F = 16\,380^k$$

712. *Simplification lorsqu'on néglige le frottement des terres contre le mur.* — La droite AL doit faire, dans ce cas, avec le parement AB, un angle égal à φ. Mais, ici, *la ligne AK de disjonction du prisme de plus grande poussée*, obtenue par la construction graphique ordinaire, ***n'est** plus bissectrice de l'angle BAO que le parement AB du mur fait avec la ligne AO du talus naturel.* — La simplification qui se produisait, dans le cas du terre-plein horizontal, ne se produit plus lorsque le massif est terminé, à sa partie supérieure, par un plan incliné. — Il y a donc lieu de faire la constuction graphique connue pour obtenir la position du point K' et, par suite, la distance K'A qui entre dans la formule de la poussée maximum. Nous ne nous occuperons donc plus, dans les cas que nous allons examiner, de la simplification qui résulterait de l'hypothèse $\varphi' = o$.

(b) *Le parement intérieur du mur est incliné vers l'extérieur* (1).

Le *centre de poussée* est encore situé au tiers de la hauteur du mur à partir de la base.

713. *Valeur de la plus grande poussée.* — Le parement intérieur du mur étant incliné d'un angle θ vers l'extérieur, nous traçons ce parement AB (*fig.* 551) faisant l'angle θ avec la verticale AH. Du pied A du mur, nous menons la droite AO inclinée sur l'horizon de l'angle φ du talus naturel des terres et, du sommet B, la droite BO qui représente le talus du massif et qui fait l'angle ε avec l'horizontale. Enfin, nous traçons la droite AL faisant l'angle 2φ avec le parement incliné AB, c'est-à-dire, l'angle $2\varphi + \theta$ avec la verticale AH.

(1) Subdivision du sous-paragraphe intitulé : *Le massif des terres à soutenir est terminé à sa partie supérieure par un plan incliné* (Page 542).

La formule générale de la poussée maximum est :

$$F = \frac{1}{2}\delta \times \sin(\mathrm{OAL}) \times \overline{\mathrm{K'A}}^2$$

Ici, on a, angle(OAL) $= 2\varphi + \theta + 90° - \varphi = 90° + \varphi + \theta$. Par conséquent, $\sin(90° + \varphi + \theta) = \cos(\varphi + \theta)$ et la formule générale devient :

$$\mathbf{F} = \frac{1}{2}\delta \times \cos(\varphi + \theta) \times \overline{\mathbf{K'A}}^2 \quad (66)$$

Formule semblable à la formule (42) établie pour le cas d'un terre-plein horizontal soutenu par un mur à parement intérieur incliné vers l'extérieur.

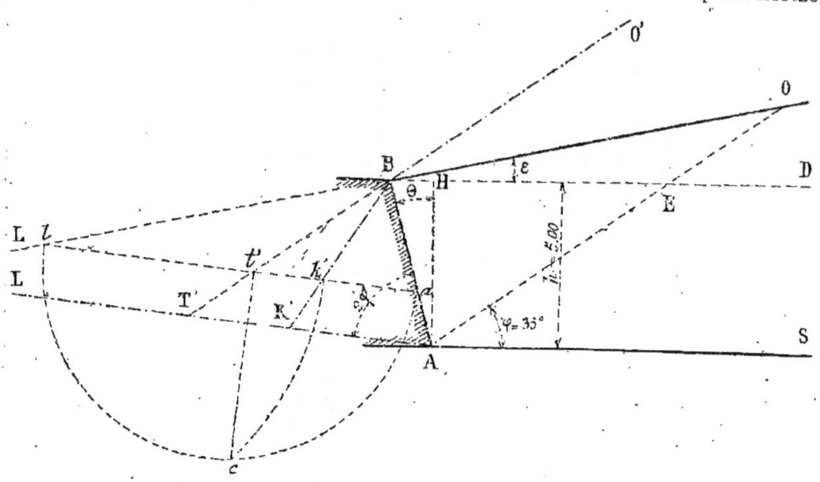

Fig. 551. — Echelle de 0m,005 p. m.

714. *Détermination graphique de K'A.* — La droite AL ne rencontrant pas la droite OB prolongée dans les limites de l'épure, nous opérons sur *al* parallèle à AL. Nous obtenons le point *k*. En joignant B*k* et, en prolongeant jusqu'en K', rencontre de B*k* prolongé avec AL, nous avons la distance cherchée K'A que nous portons dans la formule (66) ci-dessus pour avoir la valeur de la plus grande poussée.

715. *Détermination de K'A par le calcul.* — Nous savons que

$$\mathrm{K'A} = \mathrm{AL} - \sqrt{\mathrm{AL} \times \mathrm{LT'}}.$$

Le triangle ALB donne :

$$\frac{\mathrm{AL}}{\mathrm{AB}} = \frac{\sin(\mathrm{LBA})}{\sin(\mathrm{BLA})}$$

Or, angle(LBA) $= 90° + \theta - \varepsilon$

et, angle (BLA) $= 180° - (2\varphi + 90° - \varepsilon + \theta)$

$$= 180° - (90° - 2\varphi + \varepsilon - \theta)$$

$$= 90° - (2\varphi + \theta - \varepsilon)$$

Par conséquent :

$$\sin(\mathrm{LBA}) = \sin(90° + \theta - \varepsilon) = \cos(\theta - \varepsilon) = \cos(\varepsilon - \theta)$$

et

$$\sin(\mathrm{BLA}) = \sin[90° - (2\varphi + \theta - \varepsilon)] = \cos(2\varphi + \theta - \varepsilon).$$

Donc, $\mathrm{AL} = \mathrm{AB} \times \dfrac{\cos(\varepsilon - \theta)}{\cos(2\varphi + \theta - \varepsilon)}$

et comme $\mathrm{AB} = \dfrac{h}{\cos\theta}$:

$$\mathrm{AL} = h \times \cos\theta \times \frac{\cos(\varepsilon - \theta)}{\cos\theta \times \cos(2\varphi + \theta - \varepsilon)}$$

D'autre part, les deux triangles semblables LT'B et LAO donnent :

$$\frac{\mathrm{LT'}}{\mathrm{AL}} = \frac{\mathrm{LB}}{\mathrm{LB} + \mathrm{BO}}. \quad \text{d'où}$$

$$\mathrm{LT'} = \mathrm{AL} \times \frac{\mathrm{LB}}{\mathrm{LB} + \mathrm{BO}}$$

Cherchons les valeurs de LB et de BO (*fig.* 551) pour les porter dans l'expression de LT'. Dans le triangle LBA nous avons :

$$\frac{\mathrm{LB}}{\mathrm{AB}} = \frac{\sin(\mathrm{LAB})}{\sin(\mathrm{BLA})} = \frac{\sin 2\varphi}{(\cos 2\varphi + \theta - \varepsilon)}$$

d'où, $LB = h \dfrac{\sin 2\varphi}{\cos\theta \cos(2\varphi + \theta - \varepsilon)}$

Enfin, dans le triangle BOA, nous avons :

$$\frac{BO}{AB} = \frac{\sin(BAO)}{\sin(BOA)}$$

Or, angle $(BAO) = \theta + 90° - \varphi = 90° + \theta - \varphi$ et, angle $(BOA) = (OED) - (OBE) = \varphi - \varepsilon$

Par conséquent,

$$\sin(BAO) = \sin(90° + \theta - \varphi) = \cos(\theta - \varphi) = \cos(\varphi - \theta)$$

$$\text{et } \sin(BOA) = \sin(\varphi - \varepsilon)$$

Donc : $BO = h \times \dfrac{\cos(\varphi - \theta)}{\cos\theta \times \sin(\varphi - \varepsilon)}$

La marche des opérations pour le calcul de la poussée maximum F sera la suivante. On calculera d'abord :

$$AL = h \frac{\cos(\varepsilon - \theta)}{\cos\theta \times \cos(2\varphi + \theta - \varepsilon)} \quad (67)$$

$$LB = h \frac{\sin 2\varphi}{\cos\theta \times \cos(2\varphi + \theta - \varepsilon)} \quad (68)$$

$$BO = h \frac{\cos(\varphi - \theta)}{\cos\theta \times \sin(\varphi - \varepsilon)} \quad (69)$$

On portera les valeurs de AL, LB et BO dans la relation suivante :

$$LT' = AL \times \frac{LB}{LB + BO} \quad (70)$$

Enfin, on aura la valeur cherchée de K'A en portant les valeurs de AL (67) et LT' (70) dans

$$K'A = AL - \sqrt{AL \times LT'} \quad (71)$$

Il suffira de remplacer K'A par sa valeur (71) dans la formule (66) pour avoir la plus grande poussée F.

On pourrait calculer de suite la valeur de LT' sans passer par les valeurs intermédiaires AL, LB et BO, en remplaçant ces distances par leurs valeurs dans la formule (70) qui deviendrait :

$$LT' = h \frac{\cos(\varepsilon - \theta)}{\cos\theta \times \cos(2\varphi + \theta - \varepsilon)} \times \frac{\sin 2\varphi \times \sin(\varphi - \varepsilon)}{\sin 2\varphi \times \sin(\varphi - \varepsilon) + \cos(\varphi - \theta) \times \cos(2\varphi + \theta - \varepsilon)} \quad (70\,bis)$$

Problème.

716. *Un massif de terre, terminé à sa partie supérieure par un plan incliné, est soutenu par un mur dont le parement intérieur est incliné vers l'extérieur. On demande de déterminer la valeur de la plus grande poussée que les terres exercent contre le mur, sachant que $h = 5^m\,00$, que $\delta = 1\,600^k$, que $\varphi = 35°$, que $\theta = 14°\,2'$ et que $\varepsilon = 11°\,19'$.*

1° *Détermination graphique.* — Avec les données ci-dessus, nous construisons l'épure à l'échelle de $0^m,005$ pour mètre (*fig.* 551) et, en faisant la construction graphique connue, nous obtenons le point K'. Nous mesurons K'A et nous trouvons :

$$K'A = 4^m,20.$$

La formule (66) devient alors :

$$F = \frac{1}{2}\delta \times \cos(\varphi + \theta) \times \overline{K'A}^2$$

$$F = \frac{1}{2} \times 1\,600 \times \cos(35° \times 14°2') \times \overline{4,20}^2$$

$$F = 9\,252^k$$

2° *Détermination par le calcul.* — Le calcul de la poussée se fera au moyen des formules (67), (68), (69), (70) et (71) :

(67): $AL = h \dfrac{\cos(\theta - \varepsilon)}{\cos\theta \times \cos(2\varphi + \theta - \varepsilon)}$

$$= 5,00 \times \frac{\cos(14°2' - 11°19')}{\cos 14°2' \times \cos(70° + 14°2' - 11°19')}$$

$$= 5,00 \times \frac{\cos 2°43'}{\cos 14°2' \times \cos 72°43}$$

$$= 5,00 \times \frac{0,999}{0,970 \times 0,297}$$

$$= 5,00 \times \frac{0,999}{0,288}$$

$$AL = 17,343$$

(68): $LB = h \dfrac{\sin 2\varphi}{\cos\theta \times \cos(2\varphi + \theta - \varepsilon)}$

$$= 5,00 \times \frac{\sin 70°}{0,288}$$

$$= 5,00 \times \frac{0,9397}{0,288}$$

$$LB = 16,314$$

(69): $BO = h \dfrac{\cos(\varphi - \theta)}{\cos\theta \times \sin(\varphi - \varepsilon)}$

$$= 5,00 \times \frac{\cos(35° - 14°2')}{\cos 14°2' \times \sin(35° - 11°19)}$$

$$= 5,00 \times \frac{\cos 20°58'}{\cos 14°2' \times \sin 23°41'}$$

$$= 5,00 \times \frac{0,9338}{0,970 \times 0,4017}$$
$$BO = 11,984$$

(70): $LT' = AL \times \frac{LB}{LB + BO}$
$$= 17,343 \times \frac{16,314}{16,314 + 11,984}$$
$$LT' = 9,998$$

(71): $K'A = AL - \sqrt{AL \times LT'}$
$$= 17,343 - \sqrt{17,343 \times 9,998}$$
$$= 17,343 - 13,17$$
$$K'A = 4^m17$$

La formule (66) devient alors :

$$F = \frac{1}{2}\delta \times \cos(\varphi + \theta) \times \overline{K'A}^2$$
$$F = \frac{1}{2} \times 1\,600 \times \cos 49°2' \times \overline{4,17}^2$$
$$F = 9\,121^k$$

717. *Remarques.*

1° *Lorsque l'angle* 2 φ *atteint la valeur* $90° + \varepsilon - \theta$, la ligne AL devient parallèle à BO. Ces deux droites ne se rencontrent plus et on a :

$$K'A = \frac{h}{2} \times \frac{\sin 3\varphi}{\cos\theta \sin\varphi} \quad (71\ bis)$$

2° *Lorsque l'angle* 2 φ *est plus grand que* $90° + \varepsilon - \theta$, la droite AL, rencontre BO prolongée, à droite du point B.

Les formules à employer pour le calcul de K'A deviennent :

$$AL = \frac{h}{\cos\theta} \times \frac{\cos(\varepsilon - \theta)}{-\cos(2\varphi + \theta - \varepsilon)} \quad (67\ bis)$$
$$LB = \frac{h}{\cos\theta} \times \frac{\sin 2\varphi}{-\cos(2\varphi + \theta - \varepsilon)} \quad (68\ bis)$$
$$BO = \frac{h}{\cos\theta} \times \frac{\cos(\varphi - \theta)}{\sin(\varphi - \varepsilon)} \quad (69)$$
$$LT' = AL \times \frac{LB}{LB - BO} \quad (70\ ter)$$
$$K'A = \sqrt{AL \times LT'} - AL \quad (71\ ter)$$

718. CAS PARTICULIER. — *Le plan incliné qui limite le massif à sa partie supérieure est réglé suivant le talus naturel des terres à soutenir.* — Cela signifie que la droite OB (*fig.* 551), s'inclinant de plus en plus sur l'horizon, vient prendre la position O'B pour se confondre avec BT' parallèle à OA. Alors, les points L et K' se réunissent au point T'. Pour avoir graphiquement la valeur de la poussée, on ne fera plus la construction ordinaire. Il suffira de prolonger O'B (*fig.* 552) jusqu'à sa rencontre T' avec la droite AL faisant l'angle 2 φ avec AB et de mesurer la distance T'A qu'on devra porter dans la formule (66), laquelle devient alors :

$$F = \frac{1}{2}\delta \times \cos(\varphi + \theta) \times \overline{T'A}^2 \quad (72)$$

Pour déterminer T'A par le calcul, il suffirait de remarquer que le triangle T'AB donne :

$$\frac{T'A}{AB} = \frac{\sin(T'BA)}{\sin(AT'B)}$$

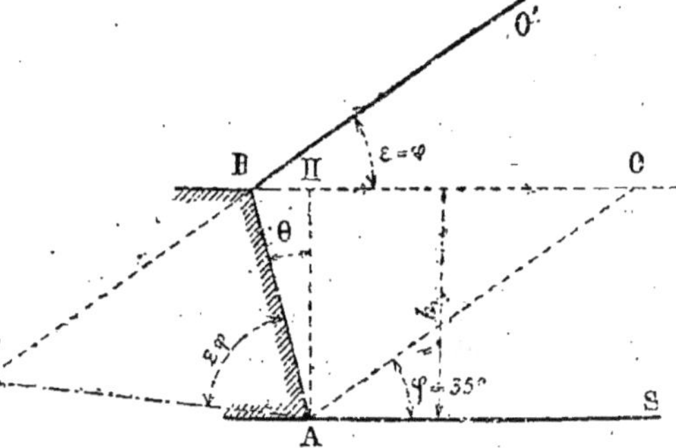

Fig. 552. — Échelle de 0m,005 p. m.

Or, angle$(T'BA) = 90° + \theta - \varphi$
et, angle$(AT'B) = 180° - (2\varphi + 90° + \theta - \varphi)$
$$= 90° - \varphi - \theta = 90° - (\varphi + \theta)$$

Par conséquent :
$\sin(T'BA) = \sin(90° + \theta - \varphi) = \cos(\theta - \varphi) = \cos(\varphi - \theta)$
et, $\sin(AT'B) = \sin[90° - (\varphi + \theta)] = \cos(\varphi + \theta)$

De plus, $AB = \frac{h}{\cos\theta}$.

La relation précédente devient donc :

$$T'A = h\,\frac{\cos(\varphi - \theta)}{\cos\theta \times \cos(\varphi + \theta)} \quad (73)$$

Portons cette valeur dans la formule (72) et nous aurons :

$$F = \frac{1}{2} \times \cos(\varphi + \theta) \times h^2 \times \left(\frac{\cos(\varphi - \theta)}{\cos\theta \times \cos(\varphi + \theta)}\right)^2$$

$$F = \frac{1}{2} h^2 \times \frac{\cos^2(\varphi - \theta)}{\cos^2\theta \times \cos(\varphi + \theta)}$$

et, enfin :

$$F = \frac{\delta h^2}{2\cos(\varphi + \theta)} \times \left(\frac{\cos(\varphi - \theta)}{\cos\theta}\right)^2 \quad (73\ bis)$$

qui servira pour calculer directement la poussée F dans le cas particulier dont nous nous occupons.

Problème.

719. *Calculer la poussée maximum qui s'exerce contre un mur à parement intérieur incliné vers l'extérieur, lorsque le massif soutenu est réglé suivant le talus naturel des terres à sa partie supérieure, sachant que* $h = 5{,}00$, *que* $\delta = 1\,600^k$, *que* $\varphi = 35°$, *que* $\theta = 14°\,2'$ *et que* $\varepsilon = \varphi = 35°$.

Graphiquement, on a l'épure extrêmement simple (*fig.* 552) sur laquelle on mesure T'A. On trouve que $T'A = 7^m{,}35$ et en portant dans la formule (72), on a :

$$F = \frac{1}{2}\delta\cos(\varphi + \theta) \times \overline{T'A}^2$$

$$= \frac{1}{2} \times 1\,600 \times \cos 49°2' \times \overline{7{,}35}^2$$

$$F = 28332^k$$

Par le calcul, on a, en employant de suite la formule (73 *bis*) :

$$F = \frac{\delta h^2}{2\cos(\varphi - \theta)} \times \left(\frac{\cos(\varphi - \theta)}{\cos\theta}\right)^2$$

$$= \frac{1\,600 \times 25{,}00}{2\cos 49°2'} \times \left(\frac{\cos 20°58'}{\cos 14°2'}\right)^2$$

$$= \frac{1\,600 \times 25{,}00}{2 \times 0{,}6556} \times \left(\frac{0{,}9338}{0{,}9702}\right)^2$$

$$= 30\,506 \times 0{,}9254$$

$$F = 28\,230^k$$

720. Autre cas particulier. — *Les angles* ε *du talus supérieur du massif avec l'horizon et* θ *du parement incliné du mur avec la verticale, sont égaux.* Il en résulte que les deux droites OB et AB (*fig.* 551) sont perpendiculaires et les formules (67), (68), (69) se simplifient ainsi qu'il suit :

Dans la formule, (67) on a :

$$\cos(\varepsilon - \theta) = \cos 0° = 1$$

et $$\cos(2\varphi + \theta - \varepsilon) = \cos 2\varphi.$$

Cette relation devient :

$$AL = \frac{h}{\cos\theta \times \cos 2\varphi} \quad (74)$$

Dans la formule (68) on a également :

$$\cos(2\varphi + \theta - \varepsilon) = \cos 2\varphi$$

et, par conséquent

$$LB = h\,\frac{\sin 2\varphi}{\cos\theta \times \cos 2\varphi}$$

$$LB = \frac{h}{\cos\theta} \times \operatorname{tang} 2\varphi \quad (75)$$

Enfin, la formule (69) devient :

$$BO = h\,\frac{\cos(\varphi - \theta)}{\cos\theta \times \sin(\varphi - \theta)}$$

$$\text{et, } BO = \frac{h}{\cos\theta} \times \operatorname{cotang}(\varphi - \theta) \quad (76)$$

Dans ce cas particulier, on pourra donc, pour avoir la valeur de la plus grande poussée, employer les formules ci-dessus, au lieu des formules (67), (68) et (69).

(c). *Le parement intérieur du mur est en surplomb* (1).

Le centre de poussée est toujours situé au tiers de la hauteur du mur à partir de la base.

721. — *Valeur de la plus grande poussée.* — AB (*fig.* 553) représente le parement en surplomb du mur, faisant l'angle θ avec la verticale AB ; BO, le plan supérieur du massif, incliné de l'angle ε sur l'horizon ; et AO, la ligne du talus naturel faisant au point A un angle égal à φ avec l'horizontale AS. Nous prolongeons OB et nous traçons AL faisant avec le parement AB un angle égal à 2φ. — La formule générale de la plus grande poussée est :

$$F = \frac{1}{2}\delta \times \sin(OAL) \times \overline{K'A}^2.$$

Ici, angle $(OAL) = 2\varphi - \theta + 90° - \varphi$
$= 90° + \varphi - \theta$

et on a, par conséquent :

$$\sin(OAL) = \sin(90° + \varphi - \theta) = \cos(\varphi - \theta)$$

La formule générale devient donc :

$$\mathbf{F = \frac{1}{2}\delta \times \cos(\varphi - \theta) \times \overline{K'A}^2} \quad (77)$$

(1) Subdivision du sous-paragraphe intitulé : *Le massif des terres à soutenir est terminé à sa partie supérieure par un plan incliné* (page 542).

Formule qui ne diffère de (66) qu'en ce que $\cos(\varphi+\theta)$ est remplacé par $\cos(\varphi-\theta)$.

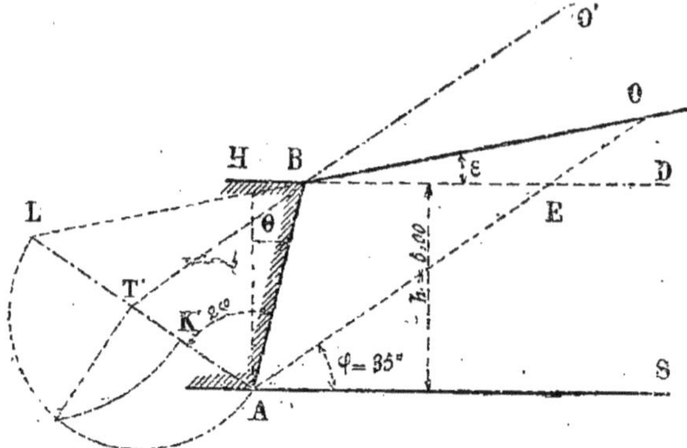

Fig. 553. — Échelle de 0m,005 p. m.

722. — *Détermination graphique de* K'A. — La construction graphique à faire pour l'obtention du point K' ayant été expliquée plusieurs fois, nous renvoyons à l'épure (*fig.* 553) sur laquelle le tracé est indiqué.

723. — *Détermination de* K'A *par le calcul.* — Nous avons toujours :

$$K'A = AL - \sqrt{AL \times LT'}$$

et le triangle ALB nous donne :

$$\frac{AL}{AB} = \frac{\sin(ABL)}{\sin(ALB)}$$

Comme angle $(ABL) = 90° - \varepsilon - \theta$

et angle $(ALB) = 180° - 2\varphi - (90° - \varepsilon - \theta)$

$= 90° - 2\varphi + \varepsilon + \theta = 90° - (2\varphi - \theta - \varepsilon)$

nous aurons :

$$\sin(ABL) = \sin(90° - \varepsilon - \theta) = \cos(\varepsilon + \theta)$$

et $\sin(ALB) = \sin[90° - (2\varphi - \theta - \varepsilon)]$

$\sin(ALB) = \cos(2\varphi - \theta - \varepsilon)$

De plus, $AB = \dfrac{h}{\cos\theta}$

Donc, $AL = \dfrac{h}{\cos\theta} \times \dfrac{\cos(\varepsilon + \theta)}{\cos(2\varphi - \theta - \varepsilon)}$

La valeur de LT' est encore ici :

$$LT' = AL \times \frac{LB}{LB + BO}$$

Pour avoir LB, nous considérons le triangle LBA dans lequel :

$$\frac{LB}{AB} = \frac{\sin 2\varphi}{\cos(2\varphi - \theta - \varepsilon)}$$

Donc, $LB = \dfrac{h}{\cos\theta} \times \dfrac{\sin 2\varphi}{\cos(2\varphi - \theta - \varepsilon)}$

Ensuite, pour avoir BO, nous considérons le triangle BOA dans lequel :

$$\frac{BO}{AB} = \frac{\sin(BAO)}{\sin(BOA)} = \frac{\sin(90° - \theta - \varphi)}{\sin(\varphi - \varepsilon)} = \frac{\cos(\varphi + \theta)}{\sin(\varphi - \varepsilon)}$$

d'où,

$$BO = \frac{h}{\cos\theta} \times \frac{\cos(\varphi + \theta)}{\sin(\varphi - \varepsilon)}$$

Pour calculer la poussée F, *on opérera donc de la manière suivante.* On calculera successivement :

$$AL = \frac{h}{\cos\theta} \times \frac{\cos(\varepsilon + \theta)}{\cos(2\varphi - \theta - \varepsilon)} \quad (78)$$

$$LB = \frac{h}{\cos\theta} \times \frac{\sin 2\varphi}{\cos(2\varphi - \theta - \varepsilon)} \quad (79)$$

$$BO = \frac{h}{\cos\theta} \times \frac{\cos(\varphi + \theta)}{\sin(\varphi - \varepsilon)} \quad (80)$$

On portera ces valeurs dans

$$LT' = AL \times \frac{LB}{LB + BO} \quad (81)$$

et, enfin, en portant les valeurs de LT' et de AL dans

$$K'A = AL - \sqrt{AL \times LT'}, \quad (82)$$

on pourra calculer la poussée F au moyen de la formule (77).

On remarquera que les formules ci-dessus (78), (79) et (80) sont semblables aux formules (67), (68) et (69) dans lesquelles θ serait changé de signe.

Les relations établies pour le cas d'un parement incliné vers l'extérieur sont donc applicables au cas d'un parement en surplomb, en ayant soin de changer θ de signe.

Problème.

724. *Un massif de terre, terminé à sa partie supérieure par un plan incliné, est soutenu par un mur dont le parement intérieur est en surplomb. On demande de déterminer* *la valeur de la plus grande poussée que les terres exercent contre le mur, sachant que* $h = 5{,}^{m}00$, *que* $\delta = 1\,600^{k}$, *que* $\varphi = 35°$, *que* $\theta = 14°\,2'$ *et que* $\varepsilon = 11°\,19'$

1° *Détermination graphique.* — L'épure faite d'après ces données (*fig.* 553), nous montre que la valeur mesurée de K'A est K'A $= 2^{m},15$. Par suite, la formule (77) de la plus grande poussée devient :

$$F = \frac{1}{2} \times \delta \times \cos(\varphi - \theta) \times \overline{K'A}^2$$

$$F = \frac{1}{2} \times 1\,600 \times \cos(35° - 14°2') \times \overline{2{,}15}^2$$

$$F = 3\,453^{k}$$

2° *Détermination par le calcul.* Comme nous venons de le voir, les formules à employer sont celles portant les numéros (78), (79), (80), (81) et (82). Remplaçons, dans ces formules, les lettres par leurs valeurs, nous aurons :

$$\textbf{(78)}: AL = \frac{h}{\cos\theta} \times \frac{\cos(\varepsilon + \theta)}{\cos(2\varphi - \theta - \varepsilon)}$$

$$= \frac{5{,}00}{\cos 14°2'} \times \frac{\cos 25°21'}{\cos 44°39'}$$

$$= \frac{5{,}00}{0{,}97} \times \frac{0{,}9037}{0.7114}$$

$$AL = 6{,}546$$

$$\textbf{(79)}: LB = \frac{h}{\cos\theta} \times \frac{\sin 2\varphi}{\cos(2\varphi - \theta - \varepsilon)}$$

$$= \frac{5{,}00}{\cos 14°\,2'} \times \frac{\sin 70°}{\cos 44°39'}$$

$$= \frac{5{,}00}{0{,}97} \times \frac{0{,}9397}{0{,}7114}$$

$$LB = 6{,}809$$

$$\textbf{(80)}: BO = \frac{h}{\cos\theta} \times \frac{\cos(\varphi + \theta)}{\sin(\varphi - \varepsilon)}$$

$$= \frac{5{,}00}{\cos 14°2'} + \frac{\cos 49°2'}{\sin 23°41'}$$

$$= \frac{5{,}00}{0{,}97} \times \frac{0{,}6556}{0{,}4017}$$

$$BO = 8{,}412$$

$$\textbf{(81)}: LT' = AL \times \frac{LB}{LB + BO}$$

$$= 6{,}546 \times \frac{6{,}809}{6{,}809 + 8{,}412}$$

$$LT' = 2{,}928$$

$$\textbf{(82)}: KA = AL - \sqrt{AL \times LT'}$$

$$= 6{,}546 - \sqrt{6{,}546 \times 2{,}928}$$

$$= 6{,}546 - 4{,}378$$

$$K'A = 2^{m},168$$

La formule (77) donne alors :

$$F = \frac{1}{2}\,\delta \cos(\varphi - \theta) \times \overline{K'A}^2$$

$$= \frac{1}{2} \times 1\,600 \times \cos 20°58' \times \overline{2{,}168}^2$$

$$= 747 \times 4{,}7$$

$$F = 3\,511^{k}$$

725. *Remarques,*

1° *Lorsque l'angle* 2 φ *est égal à* $90° + \varepsilon + \theta$, les droites AL et BO sont parallèles. Dans ce cas la valeur de K'A est :

$$K'A = \frac{h}{2} \times \frac{\sin(3\varphi - \varepsilon)}{\cos\theta \sin(\varphi - \varepsilon)} \quad (82\ bis)$$

2° *Lorsque l'angle* 2 φ *est plus grand que* $90° + \varepsilon + \theta$, la rencontre des deux droites AL et BO se fait à droite du point B. Les formules à employer, pour le calcul de K'A, deviennent alors :

$$AL = \frac{h}{\cos\theta} \times \frac{\cos(\varepsilon + \theta)}{-\cos(2\varphi - \theta - \varepsilon)} \quad (78\ bis)$$

$$LB = \frac{h}{\cos\theta} \times \frac{\sin 2\varphi}{-\cos(2\varphi - \theta - \varepsilon)} \quad (79\ bis)$$

$$BO = \frac{h}{\cos\theta} \times \frac{\cos(\varphi + \theta)}{\sin(\varphi - \varepsilon)} \quad (80)$$

$$LT' = AL \times \frac{LB}{LB - BO} \quad (81\ ter)$$

$$K'A = \sqrt{AL \times LT'} - AL \quad (82\ ter)$$

726. — CAS PARTICULIER. *L'angle du talus supérieur du massif est égal à l'angle du talus naturel des terres.* — Dans ce cas, la droite OB du plan incliné (*fig.* 553) prend la position O'B parallèle à la ligne OA du talus naturel. — La ligne O'B prolongée vient rencontrer la droite AL, qui fait l'angle 2 φ avec le parement AB, en un point A. Les deux points L et K' viennent alors se confondre au point T' et la distance K'A devient égale à T'A. C'est donc la valeur de T'A qu'il faudra porter dans la formule (77), laquelle pourra s'écrire :

$$F = \frac{1}{2}\,\delta \times \cos(\varphi - \theta) \times \overline{T'A}^2 \quad (83)$$

Pour obtenir *graphiquement* la distance

T'A, il suffira donc de tracer le parement en surplomb AB (*fig* 554), la ligne AT' faisant un angle 2φ avec ce parement et de prolonger O'B jusqu'à sa rencontre T' avec AT'. On mesurera T'A sur l'épure.

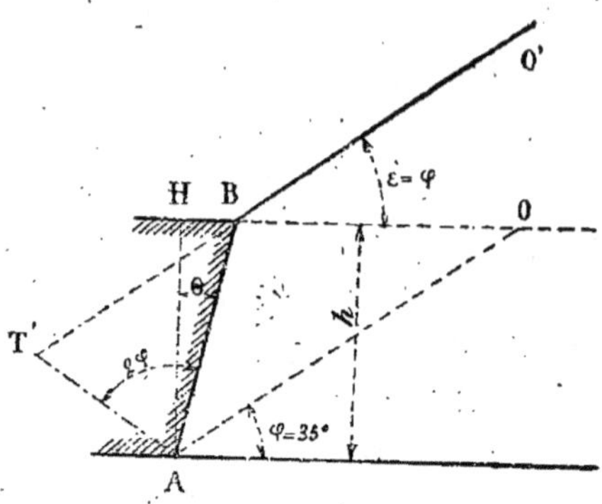

Fig. 554. — Échelle de $0^m,005$ p. m.

Pour obtenir la valeur de T'A *par le calcul,* nous considérons le triangle T'AB (*fig.* 554) qui nous donne :

$$\frac{T'A}{AB} = \frac{\sin(T'BA)}{\sin(BT'A)}$$

Or, angle $(T'BA) = 90^\circ - \varphi - \theta$

et angle$(BT'A) = 180^\circ - 2\varphi - (90^\circ - \varphi - \theta)$

$= 90^\circ - \varphi + \theta.$

Par conséquent,

$$\begin{aligned}\sin(T'BA) &= \sin(90^\circ - \varphi - \theta).\\ &= \sin[90^\circ - (\varphi + \theta)]\\ &= \cos(\varphi + \theta).\end{aligned}$$

et

$$\begin{aligned}\sin(BT'A) &= \sin(90^\circ - \varphi + \theta)\\ &= \sin[90^\circ - (\varphi - \theta)]\\ &= \cos(\varphi - \theta)\end{aligned}$$

Nous aurons donc :

$$\frac{T'A}{AB} = \frac{\cos(\varphi + \theta)}{\cos(\varphi - \theta)}$$

et comme $AB = \frac{h}{\cos\theta}$, il viendra

$$T'A = \frac{h}{\cos\theta} \times \frac{\cos(\varphi + \theta)}{\cos(\varphi - \theta)} \qquad (84)$$

La formule (83) devient alors :

$$F = \frac{1}{2}\,\delta\,h^2 \times \cos(\varphi - \theta) \times \frac{\cos^2(\varphi + \theta)}{\cos^2\theta \times \cos^2(\varphi - \theta)}$$

$$F = \frac{\delta\,h^2}{2\cos(\varphi - \theta)} \times \left(\frac{\cos(\varphi + \theta)}{\cos\theta}\right)^2 \qquad (84\,bis)$$

On remarquera que cette formule est semblable à la formule (73) dans laquelle on aurait changé le signe de θ.

Problème.

727. — *Calculer la poussée maximum qui s'exerce contre un mur à parement intérieur en surplomb, lorsque le massif soutenu est réglé à sa partie supérieure suivant le talus naturel des terres, sachant que* $h = 5^m,00$, *que* $\delta = 1\,600^k$, *que* $\varphi = 35^\circ$, *que* $\theta = 14^\circ 2'$ et *que* $\varepsilon = \varphi = 35^\circ$.

Graphiquement. — La distance T'A mesurée sur l'épure (fig. 554), a pour valeur $T'A = 3^m 62$.

Nous portons cette valeur de T'A dans la formule (83) :

$$F = \frac{1}{2}\,\delta\cos(\varphi - \theta) \times \overline{T'A}^2$$

qui donne

$$F = \frac{1}{2} \times 1\,600 \times \cos 20^\circ 58' \times \overline{3,62}^2$$

$$F = 9\,786^k$$

Par le calcul. — Nous reprenons la formule (84 *bis*) dans laquelle nous remplaçons les lettres par leurs valeurs. Nous avons :

$$\begin{aligned}F &= \frac{\delta\,h^2}{2\cos(\varphi - \theta)} \times \left(\frac{\cos(\varphi + \theta)}{\cos\theta}\right)^2\\ &= \frac{1\,600 \times 25,00}{2\cos 20^\circ 58'} \times \left(\frac{\cos 49^\circ 2'}{\cos 14^\circ 2'}\right)^2\\ &= \frac{1\,600 \times 25,00}{2 \times 0,9338} \times \left(\frac{0,6556}{0,9702}\right)^2\\ F &= 9\,758^k\end{aligned}$$

(d.) *Le parement intérieur du mur est formé de redans* (1).

728. — Ce que nous avons dit de la poussée des terres dans le cas où le mur présente des redans à sa partie intérieure et lorsque le terre-plein est horizontal s'applique au cas actuel sans modification. — La poussée se prend sur le plan vertical qui contient la partie verticale de la

(1). Subdivision du sous-paragraphe, intitulé : *Le massif des terres à soutenir est terminé à sa partie supérieure par un plan incliné* (page 542).

dernière retraite inférieure du mur. — Nous reviendrons d'ailleurs sur ce cas lorsque nous nous occuperons des dimensions à donner aux murs.

Formules simplifiées pour les cas usuels de la pratique.

729. — Nous attribuons à l'angle φ du talus naturel une valeur moyenne de 45° et une valeur moyenne de 1,600^k au poids de la terre. — Quant au plan incliné qui limite le massif à sa partie supérieure, il fait, avec l'horizon, un angle ε qui est très variable. Cependant, le plus souvent, les terres sont maintenues sous une inclinaison égale à celle du talus naturel. — Pour nous placer dans ce cas spécial qui se présente fréquemment dans la pratique, nous ferons $\varepsilon = \varphi$ dans les formules. De plus, l'inclinaison θ du parement intérieur du mur peut prendre différentes valeurs. Nous admettons que le fruit varie de 1/10 à 1/5, ce qui correspond à une variation de l'angle θ, de 5°43' à 11°19'. Nous ferons les calculs pour une valeur moyenne de θ, soit $\theta = 8°30'$ et les formules obtenues seront applicables, avec une approximation suffisante, aux inclinaisons comprises entre 1/10 et 1/5.

Les formules suivantes seront donc établies avec les hypothèses :

$$\varphi = 45°$$
$$\varepsilon = \varphi = 45°$$
$$\delta = 1{,}600^k$$

fruit variable entre $^1/_{10}$ et $^1/_5$. ($\theta = 8°30'$)

730. — *Formule simplifiée, lorsque le parement intérieur du mur est vertical* (*a*). Dans ce cas, et avec les données précédentes, on a : $2\varphi < 90° + \varepsilon$, puisque cette inégalité donne $90° < 90° + 45°$. Les formules à appliquer pour le calcul de la plus grande poussée sont donc celles qui portent les numéros (58) à (63).

On a successivement :

(59) : $$AL = h\frac{\cos \varepsilon}{\cos(2\varphi - \varepsilon)} = h\frac{\cos 45°}{\cos 45°} = h$$

(60) : $$LB = h\frac{\sin 2\varphi}{\cos(2\varphi - \varepsilon)} = h\frac{\sin 90°}{\cos 45°} = h\frac{1}{0{,}707}$$

(61) : $$BO = h\frac{\cos\varphi}{\sin(\varphi - \varepsilon)} = h\frac{0{,}707}{0} = \infty$$

(62) : $$LT' = AL \times \frac{LB}{LB + BO} = h \times \frac{\frac{h}{0{,}707}}{\frac{h}{0{,}707} + \infty} = 0$$

(63) : $$K'A = AL - \sqrt{AL \times LT'} = h - \sqrt{h \times 0} = h.$$

Il était facile de prévoir ce résultat en observant sur une figure que le triangle ABK' est à la fois rectangle et isocèle. La formule (58) donne :

$$F = \frac{1}{2}\delta\cos\varphi \times h^2 = 800 \times 0{,}707 \times h^2$$

$$\mathbf{F = 566\ h^2} \qquad (58\ bis)$$

731. *Formule simplifiée lorsque le parement intérieur du mur est incliné vers l'extérieur.* (b.)

La somme $90° + \varepsilon - \theta$ est égale à $90° + 45° - 8°30' = 126°30'$. Elle est donc plus grande que $2\varphi = 90°$, et on a

$$2\varphi < 90° + \varepsilon - \theta.$$

Il en résulte que les formules à employer pour le calcul de F sont celles qui portent les numéros (66) à (71). Ces formules donnent :

(67) : $$AL = \frac{h}{\cos\theta} \times \frac{\cos(\varepsilon - \theta)}{\cos(2\varphi + \theta - \varepsilon)} = \frac{h}{\cos 8°30'} \times \frac{\cos 36°30'}{\cos 53°30} = \frac{h}{0{,}989} \times \frac{0{,}80386}{0{,}59482} = \frac{h}{0{,}989} \times 1{,}3514$$

$= h \times 1{,}366$

(68) : $LB = \frac{h}{\cos\theta} \times \frac{\sin 2\varphi}{\cos(2\varphi + \theta - \varepsilon)}$
$= \frac{h}{0{,}989} \times \frac{1}{0{,}59482}$
$= h \times 1{,}70$

(69) : $BO = \frac{h}{\cos\theta} \times \frac{\cos(\varphi - \theta)}{\sin(\varphi - \varepsilon)}$
$\sin(\varphi - \varepsilon) = 0$
$BO = \infty$

(70) : $LT' = AL \times \frac{LB}{LB + BO}$
$BO = \infty$
$LT' = 0$

(71) : $K'A = AL - \sqrt{AL \times LT'}$
$= h 1{,}366 - \sqrt{h \times 1{,}366 \times 0}$
$= h \times 1{,}366$

(66) : $F = \frac{1}{2}\delta\cos(\varphi + \theta)\overline{K'A}^2$
$= 800 \cos(53°30') \times h^2 \times \overline{1{,}366}^2$
$= 800 \times 0{,}59482 \times 1{,}866 \times h^2$

$$F = \mathbf{888}\ h^2 \qquad (66\ bis)$$

732. *Formule simplifiée lorsque le parement intérieur du mur est en surplomb* (c). On a, dans ce cas,

$2\varphi = 90°$ et
$90° + \varepsilon + \theta > 90°.$

Donc : $2\varphi < 90° + \varepsilon + \theta,$

et ce sont les formules (77) à 82) qu'il faut appliquer. Elles donnent :

(78) : $AL = \frac{h}{\cos\theta} \times \frac{\cos(\varepsilon + \theta)}{\cos(2\varphi - \theta - \varepsilon)}$
$= \frac{h}{\cos 8°30'} \times \frac{\cos 53°30'}{\cos 36°30'}$
$= \frac{h}{0{,}989} \times \frac{0{,}59482}{0{,}80386}$
$= h$

(80) : $BO = \frac{h}{\cos\theta} \times \frac{\cos(\varphi + \theta)}{\sin(\varphi - \varepsilon)}$
$\sin(\varphi - \varepsilon) = 0$
$BO = \infty$

(81) : $LT' = AL \times \frac{LB}{LB + \infty}$
$= 0$

(82) : $K'A = AL - \sqrt{AL \times 0}$
$= AL$
$= h \times 0{,}748$

(77) : $F = \frac{1}{2}\delta\cos(\varphi - \theta)\overline{K'A}^2$
$= 800 \times \cos 36°30' \times \overline{0{,}748}^2 \times h^2$
$= 800 \times 0{,}80386 \times 0{,}5595 \times h^2$

$$F = \mathbf{358} \times h^2 \qquad (77\ bis)$$

3° TERRE-PLEIN HORIZONTAL RECEVANT UNE SURCHARGE UNIFORMÉMENT RÉPARTIE.

733. Un mur dont le parement intérieur est représenté par la droite AB (*fig.* 554) soutient un massif de terre dont le plan supérieur BO est horizontal. Une surcharge est uniformément répartie sur ce plan. Quelle que soit la nature de la surcharge, on peut toujours la remplacer par une certaine épaisseur de terre de même densité que celle soutenue.

Supposons, par exemple, que la surcharge soit de 4000^k par mètre carré. La hauteur h_1 de la couche de terre qui produirait le même effet que la surcharge de 4 000^k serait évidemment :

$$h_1 = \frac{4\,000}{\delta}$$

δ étant le poids d'un mètre cube de terre. Si $\delta = 1\,600^k$, on aura

$$h_1 = \frac{4\,000}{1\,600} = 2^m{,}50.$$

Donc, une couche de terre ayant une épaisseur uniforme de 2^m,50, placée sur le plan BO, produira le même effet qu'une surcharge uniformément répartie de 4 000^k par mètre carré, si le poids δ du mètre cube de terre est égal à 1 600^k. Cette couche de terre est représentée par le rectangle OBTO'. — Nous avons donc ici à soutenir un massif dont le profil supérieur est BTO'OD.

Nous allons déterminer la valeur de la plus grande poussée que le massif produit sur le mur et la position du centre de poussée sur le parement AB lorsque ce parement prend diverses inclinaisons sur la verticale.

(a). Le parement intérieur du mur est vertical.

734. — I. *Valeur de la plus grande poussée.* — Nous avons vu que la formule (21) est générale, puisqu'elle s'applique à une inclinaison quelconque du parement du mur et à un profil quelconque BIMNP (*fig.* 533) du massif soutenu. Cette formule est :

$$F = \frac{1}{2}\delta \times \sin(OAL) \times \overline{K'A}^2$$

Elle est donc applicable dans le cas actuel. — Quand le terre-plein est limité à sa partie supérieure par un plan horizontal ou par un plan incliné passant par l'arête supérieure B du mur, le point T (*fig.* 533) se confond avec le point B, comme nous l'avons vu dans les divers exemples que nous avons examinés jusqu'à présent. — Mais, ici, le côté KT du profil ne passe plus par le point B et, par suite, les deux points B et T sont distincts. Pour obtenir le point T, dans le cas général, nous avons formé un triangle ATK ayant même surface que le polygone ABIMNK. Or, dans le cas actuel (*fig.* 555) il faut trouver un point T sur le côté ST du profil tel qu'on ait : surface ATK = surface du triangle ATK.

Donc le point T est placé à la rencontre de la verticale AB prolongée, avec le côté ST du profil. De plus, la construction indiquée pour obtenir le point K', dans le cas le plus général (n° 24), s'appliquera *à*

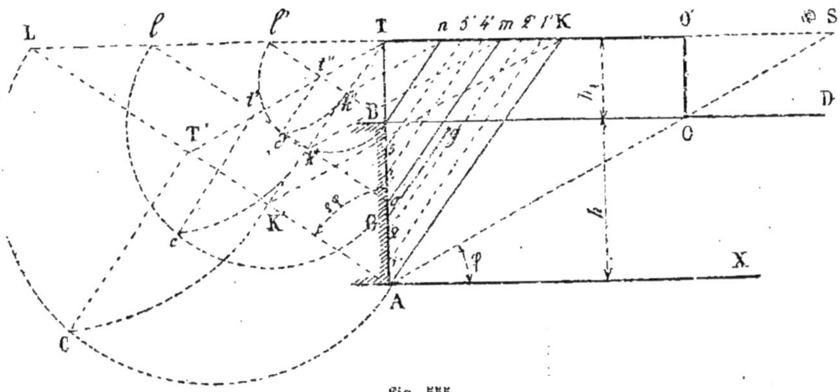

Fig. 555.

fortiori dans le cas spécial dont nous nous occupons. Nous pouvons donc l'employer et déterminer ainsi la distance K'A qui est à porter dans la formule ci-dessus. D'autre part, l'angle (OAL) (*fig.* 555) est égal à $2\varphi + 90° - \varphi = 90° + \varphi$. Par conséquent,

$$\sin(OAL) = \sin(90° + \varphi) = \cos\varphi,$$

et la formule générale devient :

$$\mathbf{F = \frac{1}{2}\delta \times \cos\varphi \times \overline{K'A}^2} \qquad (85)$$

laquelle ne diffère pas de la formule (29) déjà établie pour le cas d'un mur à parement intérieur vertical soutenant un terre-plein horizontal sans surcharge. — On calculera facilement la valeur de la plus grande poussée au moyen de la formule (85), quand on connaîtra K'A.

735. *Détermination graphique de K'A.* — Nous traçons la droite AL faisant un angle 2φ avec le parement vertical AB du mur. Nous prolongeons ST jusqu'à sa rencontre L avec AL et nous décrivons une demi-circonférence sur AL. Puis, du point T, nous menons la droite TT' parallèle à la ligne AO du talus naturel des terres et, de T', nous élevons la perpendiculaire T'C sur AL, jusqu'à sa rencontre C avec la demi-circonférence. Enfin, nous rabattons la distance LC sur LA en LK en décrivant un arc de cercle CK' du point L, comme centre, avec LC comme rayon. K'A est la distance cherchée.

En ramenant le point K' sur la droite ST au moyen d'une parallèle K'K à AO et en joignant KA, on obtient la droite KA qui représente le plan de disjonction du prisme de plus grande poussée. La section transversale de ce prisme est alors le triangle AKT. Comme vérification, la droite TK' doit être parallèle à KA.

736. *Détermination de K'A par le calcul.*—L'expression générale de K'A est :

$$K'A = AL - \sqrt{AL \times LT'}.$$

Le triangle ALT (fig. 555) donne :

$$AL = \frac{AT}{\cos 2\varphi}$$

et comme $AT = AB + BT = h + h_1$ on aura :

$$AL = \frac{h + h_1}{\cos 2\varphi}$$

Pour avoir K'A, il faut encore connaître LT'. Or, les deux triangles semblables LT'T et LAS donnent :

$$\frac{LT'}{AL} = \frac{LT}{LT + TS}$$

$$\text{d'où,} \quad LT' = AL \times \frac{LT}{LT + TS}$$

Nous connaissons AL. Nous avons donc à déterminer LT et TS. Dans le triangle rectangle LTA, nous avons :

$$LT = AT \times \text{tang}\,(LAT)$$
$$= (h + h_1) \times \text{tang}\, 2\varphi$$

et, dans le triangle rectangle TSA ;

$$TS = AT \times \text{tang}\,(SAT)$$
$$= (h + h_1) \times \text{tang}\,(90° - \varphi)$$
$$= (h + h_1) \times \text{cotang}\,\varphi, \text{ ou :}$$
$$= (h + h_1) \times \frac{1}{\text{tang}\,\varphi}$$

Pour calculer K'A, on opèrera donc de la manière suivante. On calculera successiv.

$$AL = \frac{h + h_1}{\cos 2\varphi} \quad (86)$$

$$LT = (h + h_1) \times \text{tang}\, 2\varphi \quad (87)$$

$$TS = (h + h_1) \times \text{cotang}\,\varphi \text{ ou :} = \frac{(h + h_1)}{\text{tang}\,\varphi} \quad (88)$$

On portera les valeurs de AL, LT et TS dans la relation.

$$LT' = AL \times \frac{LT}{LT + TS} \quad (89)$$

et, enfin, on aura K'A en remplaçant dans

$$K'A = AL - \sqrt{AL \times LT'} \quad (90)$$

AL et LT' par leurs valeurs calculées

La formule (85) donnera alors de suite la valeur de la plus grande poussée F.

On remarquera que les formules (86), (87) et (88) sont semblables à celles portant les numéros (33), (32) et (31) dans lesquelles on aurait remplacé h par $h + h_1$.

737. *Remarques.*

1° *Si l'angle φ est égal à* 45°, l'angle 2 φ est égal à 90° et, par conséquent, la droite AI devient horizontale. La rencontre de AL et de TS ne se produit plus. On a vu (nos 27 et 42) que, dans ce cas, la valeur de K'A est mesurée par la demi-hauteur AT. On a donc :

$$K'A = \frac{h + h_1}{2} \quad (90\ bis)$$

La formule de la poussée F devient alors :

$$F = \frac{1}{2}\delta \times \cos 45° \times \frac{(h + h_1)^2}{4}$$

$$= \frac{1}{2}\delta \times 0{,}7071 \times \frac{(h + h_1)^2}{4}$$

$$F = 0{,}089 \times \delta \times (h + h_1)^2 \quad (85\ bis)$$

2° *Si l'angle φ est plus grand que* 45°, la droite AL rencontre TS à droite du point T.

Les formules à employer pour le calcul de K'A sont alors :

$$AL = \frac{h + h_1}{\cos 2\varphi} \quad (86\ bis)$$

$$LT = (h + h_1)\ \text{tang}\ 2\varphi \quad (87)$$

$$TS = (h + h_1)\ \text{cotg}\ \varphi \quad (88)$$

$$LT' = AL \times \frac{LT}{LT - TS} \quad (89\ bis)$$

$$K'A = \sqrt{AL \times LT'} - AL \quad (90\ ter)$$

738. II. *Position du centre de poussée.* La similitude des formules précédentes montre que la plus grande poussée F, dans le cas d'un terre-plein horizontal de hauteur h *surchargé d'une hauteur* h_1 est la même que celle que produirait un terre-plein horizontal *sans surcharge*, mais dont la hauteur serait $h + h_1$. Cependant, de ce qui précède, nous ne pouvons pas conclure que le centre de poussée dans le cas du terre-plein horizontal sans surcharge étant situé au tiers de la hauteur h à partir de la base, il sera aussi situé au tiers de la hauteur $h + h_1$ dans le cas du terre-plein horizontal uniformément chargé. La surcharge a, en effet, pour résultat de relever la position du centre de poussée et on doit alors déterminer directement cette position.

739. *Détermination graphique de la position du centre de poussée.*—Je propose de déterminer graphiquement le point d'application de la poussée sur le parement du mur, de la manière suivante ; non pas comme une méthode absolument exacte, mais comme un moyen d'arriver rapidement et simplement au résultat avec une approximation suffisante dans la pratique. En cherchant le prisme de plus grande poussée correspondant à la hauteur totale AT $= h + h_1$, on a trouvé que le plan de rupture de ce prisme était représenté par la droite AK (fig. 555). Si l'on opérait de la même manière sur la hauteur aT, on trouverait que le prisme de la plus grande poussée, qui correspond à cette hauteur, est limité par un plan de disjonction am, parallèle au plan AK, et, enfin, en opérant sur la hauteur BT de la surcharge, on trouverait Bn parallèle également à AK. Comme la position du point a est quelconque sur le parement AB, on en conclut que si l'on divise AB en un certain nombre de parties égales par les points 1, 2, a, 4 etc., et si l'on mène les droites 11', 22', am, 44' etc., toutes parallèles entre elles, les triangles TAK, T11', T22', Tam, etc, représentent respectivement les prismes de plus grandes poussées qui s'exercent sur les hauteurs TA, T1, T2, Ta, etc., Par conséquent, la poussée sur la hauteur A1, différence des hauteurs TA et T1 est représenté par la figure A11'K, différence des deux triangles correspondants TAK et T11'. De même, la poussée sur la hauteur A2, différence des hauteurs T1 et T2, est représentée par la figure 122'1' différence des deux triangles correspondants T11' et T22'.

La poussée totale sur AB, pour la hauteur TA — TB = AB, s'obtiendra donc en prenant la résultante de toutes ces poussées sur les éléments A1, 12, 2a, etc. et, comme la somme de toutes les petites surfaces qui représentent ces poussées est égale à la surface du trapèze ABnK, le point d'application de la résultante cherchée se trouvera placé au centre de gravité g du trapèze.

Nous n'avons ainsi que la poussée relative à la partie ABnK du prisme ATK. Quant à la partie BTn ayant pour plan de rupture Bn, nous la considérons comme un coin dont l'action se fait sentir sur le mur en son sommet B. Par suite, le point d'application de la surface BTn devra se trouver au point B. Le poids du petit prisme BTn s'applique sur l'arête B avec l'inclinaison du plan de rupture Bn et celui de la partie ABnK du prisme de plus grande poussée au point G obtenu en menant de g une parallèle aux droites de disjonction. Il sera dès lors facile d'obtenir le point d'application du prisme total,

Pour cela, on fera la construction suivante (*fig.* 556). On cherchera d'abord le centre de gravité du trapèze ABnK en traçant la droite 12 qui joint les milieux des bases Bn et AK et en joignant les centres de gravité 3 et 4 des deux triangles BnK et BKA qui composent le trapèze. L'intersection g des droites 12 et 34 est le centre de gravité cherché. Il faut ensuite évaluer les surfaces du trapèze ABnK et du triangle BTn. Posons :

surface ATK $=$ S,
surface ABnK $= s$,
surface BTn $= s'$

et nous aurons :

$$S = TK \times \frac{h + h'}{2}$$

$$s' = Tn \times \frac{h'}{2}$$

$$s = S - s'$$

En mesurant les distances TK et Tn sur l'épure, on obtiendra facilement les surfaces cherchées s et s'. Traçons maintenant, des points B et g d'application des surfaces s et s', les deux droites Bn' et gg' parallèles à la ligne de rupture AK et, par le point A, menons xAy perpendi-

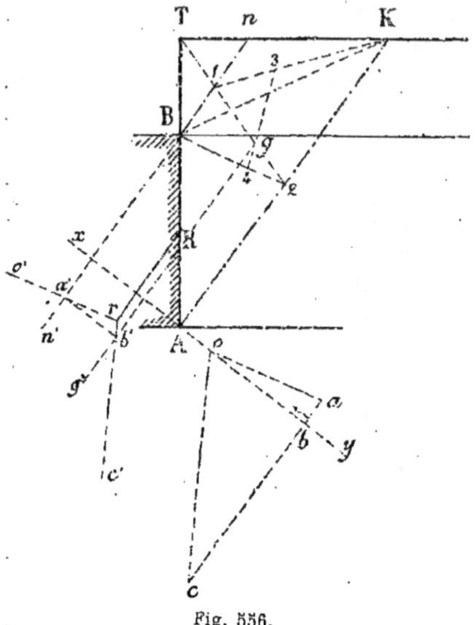

Fig. 556.

culaire à AK. Construisons le *polygone des forces* (ou polygone des surfaces si l'on veut) $oabc$ en portant, sur ac perpendiculaire à xy, de a en b, une longueur ab proportionnelle à la surface s' et, de b en c, une longueur bc proportionnelle à la surface s. Les points abc sont réunis à un pôle o par les droites ao, bo, co. Traçons ensuite le *polygone funiculaire* correspondant au polygone des forces, en menant $o'a'$ parallèle à oa, $a'b'$ parallèle à ob et $b'c'$ parallèle à oc. Prolongeons les cotés $o'a'$ et $c'b'$ de ce polygone funiculaire jusqu'à leur rencontre r. La résultante cherchée passe par ce point r. Par conséquent, en menant rR parallèle à AK, on aura le point d'application cherché au point R. C'est donc au point R que se trouve le centre de poussée et c'est par ce point que devra passer la plus grande poussée F obtenue, soit graphiquement, soit par le calcul.

740. Pour ne pas surcharger l'épure, on peut faire plus simplement cette recherche du centre de pression. — En effet, si au lieu de faire passer au point A la perpendiculaire xy à AK, nous la faisons passer par le point B et si nous prenons le pôle o du polygone des forces également au point B, en ayant soin de faire coïncider ac avec A, nous arrivons au tracé très simplifié de la figure 557, qui se réduit à ceci :

Le centre de gravité g du trapèze ABnK étant préalablement déterminé, mener gg' parallèle à KA, jusqu'à sa rencontre g' avec la perpendiculaire B b à KA. Porter en ba une longueur proportionnelle à la surface s' du triangle BTn et en bc une longueur proportionnelle à la surface s du trapèze ABnK. Joindre Ba et Bc. Mener du point g' une parallèle $g'r$ à cB jusqu'à sa rencontre r avec Ba. Ramener le point r en R, parallèlement à KA. Le point R ainsi obtenu est le centre de pression cherché.

Cette construction peut encore se simplifier en faisant passer la droite xy par

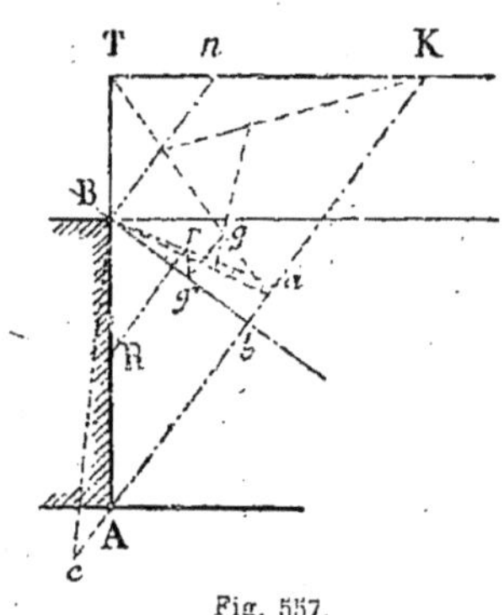

Fig. 557.

le centre de gravité g et on verra comment dans le problème qui va suivre.

741. *Détermination de la position du centre de poussée par le calcul.*

La position du centre de poussée s'obtiendra au moyen de la formule (10) du cas général dont l'application se simplifie d'ailleurs beaucoup dans le cas actuel. — On a vu (n° 20) que cette formule est :

$$Z = \frac{Fn\,Zn - \int_0^{Z_n} Fdz}{Fn}$$

Z est la distance du centre de poussée au-dessous du sommet B du mur ; Fn est la poussée maximum sur la hauteur $Zn = h$ du mur. Représentons par M le terme,

$$\int_0^{Z_n} Fdz = M$$

et la formule précédente deviendra :

$$Z = \frac{F \times h - M}{F} \qquad (91)$$

On connait la hauteur h du mur et on sait calculer la valeur de la plus grande poussée F sur cette hauteur h. Il reste

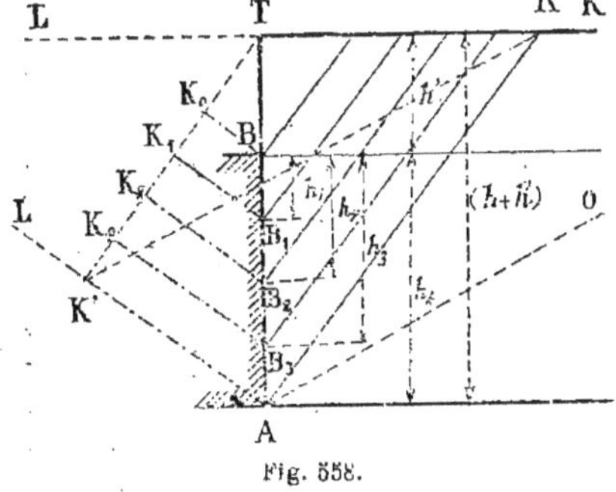

Fig. 558.

donc, pour avoir la distance cherchée Z, à calculer le terme M. Pour cela, on se servira de la formule de Th. Simpson, qui est :

$$M = \frac{h}{3n}\left[F_0 + F_n + 4(F_1 + F_3 + F_5 + \ldots) + 2(F_2 + F_4 + F_6 + \ldots)\right] \quad (92)$$

et qui doit être ainsi interprétée : On divise la hauteur h du mur en un nombre pair n de parties égales. $\frac{h}{n}$ représente donc la hauteur de l'une quelconque des divisions.

Par suite, la valeur de M est égale au tiers $\frac{h}{3n}$ de la distance de deux points consécutifs de division, multiplié par la somme des termes extrêmes F_0 et Fn, plus 4 fois la somme des termes de rangs impairs, plus 2 fois la somme des termes de rangs pairs.

On divisera, par exemple, le parement AB du mur (*fig.* 558) en quatre parties égales par les points B_1, B_2 et B_3. On calculera ensuite, les plus grandes poussées qui s'exercent sur les hauteurs correspondantes aux points B, B_1, B_2, B_3 et A, c'est-à-dire successivement sur les hauteurs $h_0 = o$, h_1, h_2, h_3 et $h_4 = h$. On obtiendra ainsi les poussées :

F_0	pour la hauteur	$h_0 = o$
F_1	id	h_1
F_2	id	h_2
F_3	id	h_3
F_4	id	$h_4 = h$

On portera ces valeurs dans la formule (92) et on aura le terme M qu'il faudra porter dans la formule (91) pour avoir la distance cherchée Z. Comme nous avons divisé le parement AB en quatre parties égales, la formule (92) deviendra pour ce cas particulier :

$$M = \frac{h}{3 \times 4}\left[F_0 + F_4 + 4(F_1 + F_3) + 2(F_2)\right] \quad (93)$$

Les valeurs successives de F sont faciles à calculer. En effet, on a vu que la plus grande poussée, sur le parement AB, a pour expression (85) :

$$F = \frac{1}{2}\delta \times \cos\varphi \times \overline{K'A}^2$$

La distance K'A a été obtenue, soit graphiquement, soit par le calcul. Or, on sait que si l'on déterminait les distances B_3K_3, B_2K_2, B_1K_1 et BK_0 (*fig* 558), les points K_3, K_2, K_1 et K_0 se trouveraient placés en ligne droite sur la ligne TK'. On aura donc :

$$\frac{TA}{K'A} = \frac{TB_3}{K_3B_3} = \frac{TB_2}{K_2B_2} = \frac{TB_1}{K_1B_1} = \frac{TB}{K_0B}$$

$$\text{d'où :}\quad K_3B_3 = \frac{K'A \times TB_3}{TA}$$

$$K_2B_2 = \frac{K'A \times TB_2}{TA}$$

$$K_1B_1 = \frac{K'A \times TB_1}{TA}$$

$$K_0B = \frac{K'A \times TB}{TA}$$

En désignant par e la distance qui sépare deux points consécutifs de division, on aura :

$$K_3B_3 = \frac{K'A\ (h + h_1 - e)}{h + h_1}$$

$$K_2B_2 = \frac{K'A\ (h + h_1 - 2e)}{h + h_1}$$

$$K_1B_1 = \frac{K'A\ (h + h_1 - 3e)}{h + h_1}$$

$$K_0B = \frac{K'B \times h_1}{h + h_1}$$

En portant ces valeurs dans la formule (85), on aura successivement :

$$F_0 = \frac{1}{2}\delta \times \cos\varphi \times \left(\frac{K'A \times h_1}{h + h_1}\right)^2 \qquad (94)$$

$$F_1 = \quad \text{id.} \quad \times \left(\frac{K'A(h + h_1 - 3e)}{h + h_1}\right)^2 \qquad (95)$$

$$F_2 = \quad \text{id.} \quad \times \left(\frac{K'A(h + h_1 - 2e)}{h + h^1}\right)^2 \qquad (96)$$

$$F_3 = \quad \text{id.} \quad \times \left(\frac{K'A(h + h_1 - e)}{h + h_1}\right)^2 \qquad (97)$$

$$F_4 = \quad \text{id.} \quad \times \overline{K'A}^2 \qquad (98)$$

La formule (93) donnera alors la valeur du terme M et la formule (91), celle de la distance cherchée Z.

Dans les formules ci-dessus. h_1 représente la hauteur de la surcharge.

Problème.

742. *Un mur à parement intérieur vertical soutient un terre-plein horizontal uniformément chargé. On demande de déterminer :*

1° *La plus grande poussée que le terre-plein et sa surcharge produisent sur le mur;*

2° *La position du centre de poussée sur le parement intérieur.*

Les données du problème sont :

Hauteur du mur $h = 5^m,00$.

Poids du mètre cube de terre $\delta = 1\ 600^k$

Angle du talus naturel $\varphi = 35°$.

Surcharge par mètre carré $\pi = 3\ 200^k$

Nous transformons de suite la surcharge de $3\ 200^k$ par mètre carré en une surcharge de terre de 1600^k le mètre cube, afin d'opérer sur un massif homogène. — La hauteur h_1 de la couche de terre qui produit une surcharge de $3\ 200^k$ sera :

$$h_1 = \frac{3\ 200}{1\ 600} = 2^m,00$$

743. 1° *Valeur de la plus grande poussée.* — La plus grande poussée est donnée par la formule (85) :

$$F = \frac{1}{2}\delta \times \cos\varphi \times \overline{K'A}^2$$

On pourra donc la calculer quand on connaîtra K'A.

744. *Détermination graphique de* K'A (*fig* 559). Soient :

AB, le parement vertical du mur de hauteur $h = 5^m,00$;

AO, la ligne du talus naturel des terres ($\varphi = 35°$);

BO, le plan horizontal du terre-plein, et BTO'O, le rectangle de hauteur $h_1 = 2^m,00$, représentant la surcharge.

Nous traçons la droite AL faisant l'angle 2φ avec le parement AB et al parallèle à AL. Nous prolongeons O'T jusqu'à sa rencontre l avec al. Sur al, comme diamètre, nous décrivons une demi-circonférence. Du sommet T de la surcharge, nous menons Tt' parallèle à la ligne AO du talus naturel et, de son point de rencontre t' avec al, nous élevons la perpendiculaire $t'c$ à ab jusqu'à sa rencontre c avec la demi-circonférence. Nous ramenons enfin la distance lc en lk au moyen de l'arc de cercle ck décrit de l comme centre avec lc comme rayon. Nous joignons Tk et nous prolongeons jusqu'en K'.

K'A est la distance cherchée. Nous mesurons cette distance sur l'épure et nous trouvons $K'A = 3^m,85$.

En portant cette valeur de K'A dans l'expression de F (85) et en effectuant les calculs, nous obtenons :

$$F = \frac{1}{2}\delta \times \cos\varphi \times \overline{K'A}^2$$

$$= \frac{1}{2} \times 1\,600 \times \cos 35° \times \overline{3,85}^2$$

$$F = 9\,712^k$$

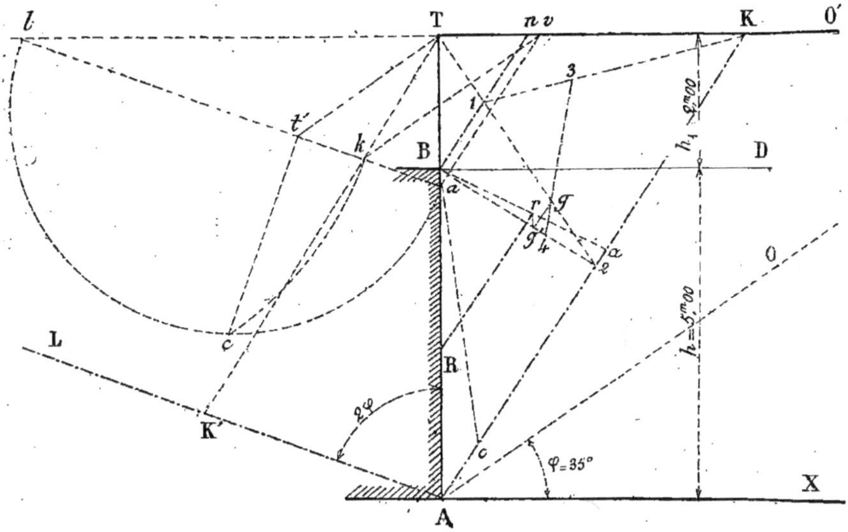

Fig. 559. — Échelle de 0m,01 p. m.

745. *Détermination de K'A par le calcul.* Nous avons expliqué qu'on obtenait la valeur de K'A par le calcul en faisant successivement usage des formules (86), (87), (88), (89) et (90). En appliquant ces formules aux données du problème, nous arrivons aux résultats suivants :

(86) : $AL = \frac{h + h_1}{\cos 2\varphi}$

$$= \frac{5.00 + 2.00}{\cos 70°}$$

$$= \frac{7,00}{0,342}$$

$$AL = 20,468$$

(87) : $LT = (h + h_1) \times \text{tang } 2\varphi$

$$= 7,00 \times \text{tang } 70°$$

$$= 7,00 \times 2,747$$

$$LT = 19,229$$

(88) : $TS = (h + h_1) - \text{cotang } \varphi$

$$= 7,00 \times \text{cotang } 35°$$

$$= 7,00 \times 1,428$$

$$TS = 9,996$$

(89) : $LT' = AL \times \frac{LT}{LT + TS}$

$$= 20,468 \times \frac{19,229}{19,229 + 9,996}$$

$$LT' = 13,467$$

(90) : $K'A = AL - \sqrt{AL \times LT'}$

$$= 20,468 - \sqrt{20,468 \times 13,467}$$

$$= 20,468 - 16,608$$

$$K'A = 3^m,86$$

En portant cette valeur de K'A dans la formule (85), nous avons :

$$F = \frac{1}{2}\delta \times \cos\varphi \times \overline{K'A}^2$$

$$= \frac{1}{2} = 1\,600 \times \cos 35° \times \overline{3,86}^2$$

$$F = 9\,759^k$$

746. 2° *Position du centre de poussée. — Détermination graphique.* — Comme nous l'avons expliqué, pour avoir la position du centre de poussée, nous déterminerons la résultante des actions de la partie

ABnK du prisme de plus grande poussée et du petit prisme BTn. Nous cherchons d'abord la direction des plans de disjonction en menant kv parallèle à AO et en joignant va. En menant, des points A et B, des parallèles AK et Bn à av, nous aurons limité le trapèze ABnK et le triangle BTn. Le centre de gravité g du trapèze A B n K est obtenu en menant la médiane 12, en joignant les centres de gravité 3 et 4 des triangles BnK et BKA et en prenant l'intersection des deux droites 12 et 34. Cela fait, nous calculons les surfaces ABnK = s et BTn = s' et nous avons :

$$S = TK \times \frac{h + h_1}{2}$$

$$s' = Tn \times \frac{h_1}{2}$$

$$s = S - s'$$

Les longueurs TK et Tn, mesurées sur l'épure, sont :

$$TK = 4^m,60 \text{ et } Tn = 1^m,35.$$

Donc : $S = 4,65 \times \frac{7,00}{2} = 16^{m^2},10$

$$s' = 1,35 \times \frac{2,00}{2} = 1^{m^2},35$$

$$s = 16,10 - 1,35 = 14^{m^2},75$$

Nous menons ensuite, du point B, la perpendiculaire B2 sur AK (sur l'épure cette perpendiculaire coïncide avec la droite B2 qui joint B au milieu 2 de AK et qui a servi à la recherche du centre de gravité, mais cette coïncidence ne se produit généralement pas.

Sur AK, à partir du point 2, nous portons, d'une part une longueur 2 a proportionnelle à s' = 1,35 ; soit, par exemple, 2a = 2m/m,7, et, d'autre part, une longueur proportionnelle à s, 2c = 32m/m, 2 (a a; même échelle). Nous joignons aB et cB1 puis, du centre de gravité g, nous menons gg' parallèle à AK et de g' une parallèle à cB. Le point de rencontre r de cette parallèle à g'r avec Ba détermine la parallèle Rr à AK, laquelle donne, au point R, le centre de poussée cherché sur le parement AB du mur.

En mesurant sur l'épure (*fig.* 559) la hauteur AR du centre de pression R au-dessus de la base, nous trouvons :

$$z = AR = 2^m,25.$$

747. On pourrait faire la construction du centre de poussée R encore plus simplement, en plaçant la ligne *xy* de la figure 556 sur la médiane T2 (*fig.* 560) du triangle ATK. — Cette médiane se trouve déjà tracée, puisqu'elle sert à la recherche du centre de gravité *g*. Si, de plus, on prend le pôle du polygone des forces au point 1 et si l'on porte sur AK, à partir

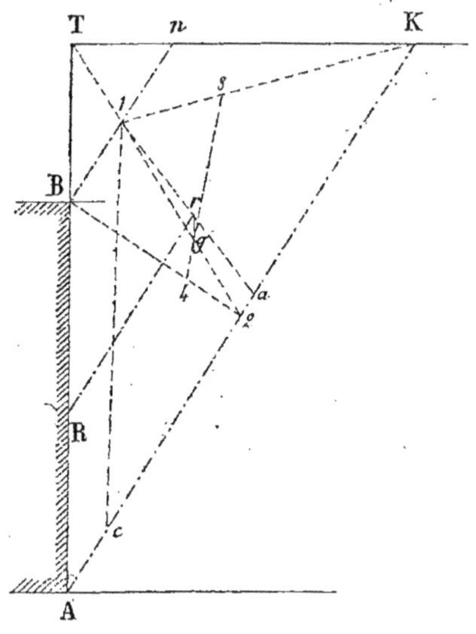

Fig. 560.

de 2, des longueurs 2*a* et 2*c* respectivement proportionnelles aux surfaces *s'* du triangle BTn et *s* du trapèze ABnK, il suffira de joindre 1*a*, 1*c* et de mener, par le point *g*, une parallèle *gr* à *c*1. On ramène *r* en *R* au moyen d'une parallèle *rR* à *AK*.

748. *Détermination de la position du centre de poussée par le calcul.*

Cette détermination se fera, comme nous l'avons expliqué, au moyen des formules (91) et (92). Nous divisons le parement AB en quatre parties égales. La formule (92) se réduit alors à

$$M = \frac{h}{3 \times 4}\left[F_0 + F_4 + 4(F_1 + F_3) + 2F_2\right]$$

Calculons d'abord les valeurs successives de F, au moyen des expressions (94), (95) (96), (97) et (98). Dans ces formules nous avons :

$$\frac{1}{2}\delta \times \cos\varphi = \frac{1}{2} \times 1\,600 \times \cos 35^{\circ} = 655.$$

$$K'A = 3^m,86$$
$$h = 5^m,00$$
$$h_1 = 2^m,00$$
$$e = \frac{h}{4} = \frac{5^m,00}{4} = 1^m,25$$

Nous aurons donc :

$$(94): F_0 = \frac{1}{2}\delta \times \cos\varphi \times \left(\frac{K'A}{h+h_1} \times h_1\right)^2$$
$$= 655\left(\frac{3,86}{7,00} \times 2,00\right)^2$$
$$= 655\,(0,5514 \times 2,00)^2$$
$$= 655 \times \overline{1,103}^2$$
$$F_0 = 797^k$$

$$(95): F_1 = \frac{1}{2}\delta \times \cos\varphi \times \left[\frac{K'A}{h+h_1}(h+h_1-3e)\right]^2$$
$$= 655\,[0,5514\,(7,00 - 3,75)]^2$$
$$= 655 \times 1,792^2$$
$$F_1 = 2\,103^k$$

$$(96): F_2 = \frac{1}{2}\delta \times \cos\varphi \times \left[\frac{K'A}{h+h_1}(h+h_1-2e)\right]^2$$
$$= 655\,[0,5514\,(7,00 - 2,50)]^2$$
$$= 655 \times \overline{2,481}^2$$
$$F_2 = 4\,031^k$$

$$(97): F_3 = \frac{1}{2}\delta \times \cos\varphi \times \left[\frac{K'A}{h+h_1}(h+h_1-e)\right]^2$$
$$= 655\,[0,5514\,(7,00 - 1,25)]^2$$
$$= 655 \times \overline{3,171}^2$$
$$F_3 = 6\,586^k$$

$$(98): F_4 = \frac{1}{2}\delta \times \cos\varphi \times \overline{K'A}^2$$
$$= 655 \times \overline{3,86}^2$$
$$F_4 = 9\,759^k$$

En portant ces valeurs de F dans la formule (93), nous obtenons :

$$M = \frac{h}{3 \times 4}\left[F_0 + F_4 + 4(F_1 + F_3) + 2F_2\right]$$
$$= \frac{5,00}{12}\left[797 + 9759 + 4\,(2103 + 6586) + 2 \times 4031\right]$$
$$= \frac{5,00}{12} \times 53\,374$$
$$M = 22\,239.$$

La valeur de Z, donnée par la formule (91), devient alors :

$$Z = \frac{F \times h - M}{F}$$
$$= \frac{9\,759 \times 5,00 - 22\,239}{9\,759}$$
$$Z = 2^m,72$$

et comme Z représente la distance verticale de l'arête supérieure B du mur au-dessus du point d'application de la poussée, ce point d'application sera placé à une hauteur au-dessus de la base égale à

$$z = h - Z = 5,00 - 2,72$$
$$z = 2^m,28$$

Telle est la hauteur cherchée du centre de poussée au dessus de la base. Le tracé graphique que nous proposons d'employer a donné

$$z = 2^m,25$$

On voit que les résultats obtenus par les deux méthodes (graphique et calcul) diffèrent très peu l'un de l'autre.

(b) *Le parement intérieur du mur est incliné vers l'extérieur* (1)

749. Soient (*fig.* 561) AB le parement du mur incliné de l'angle θ sur la verticale AH, vers l'extérieur ; AO, la ligne du talus naturel incliné de l'angle φ sur l'horizon ; BO, le plan horizontal supérieur du terre-plein, et BNO'O, le rectangle qui représente la surchage uniformément répartie. La méthode générale appliquée à ce cas particulier ne se sim-

(1) Subdivision du sous-paragraphe intitulé : *Terre-plein horizontal recevant une surcharge uniformément répartie* (Page 554).

plifie pas autant que précédemment. En effet, il faut faire un triangle ATK qui soit équivalent en surface au polygone ABNK et, par conséquent, le point N ne se confond plus avec le point T comme lorsque le parement du mur est vertical

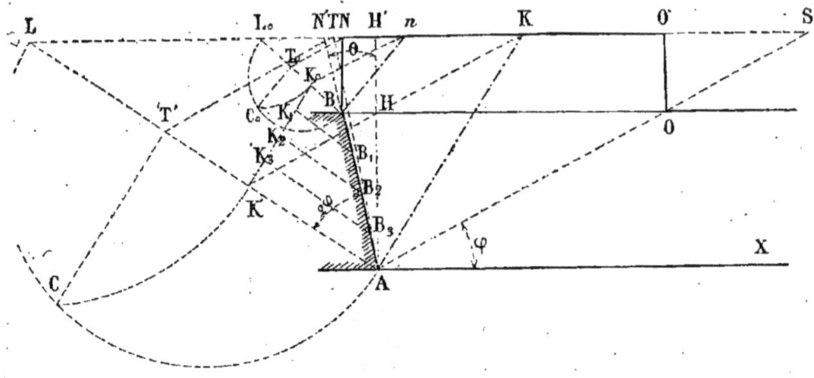

Fig. 561.

750. — I. — *Valeur de la plus grande poussée.* — La formule générale

$$F = \frac{1}{2}\delta \times \sin(\text{OAL}) \times \overline{\text{K'A}}^2$$

devient ici, puisque

$$(\text{OAL}) = 2\varphi + \theta + 90° - \varphi$$
$$= 90° + \varphi + \theta :$$

$$F = \frac{1}{2}\delta \times \sin(90° + \varphi + \theta) \times \overline{\text{K'A}}^2 \text{ ou ;}$$

$$\mathbf{F = \frac{1}{2}\delta \times \cos(\varphi + \theta) \times \overline{K'A}^2} \quad (99)$$

Cette formule est semblable à celle portant le numéro (42) établie pour le cas d'un mur à parement intérieur incliné vers l'extérieur soutenant un terre-plein horizontal *sans surcharge.*

751. *Détermination graphique de K'A.* D'après la méthode générale exposée au commencement de ce paragraphe (nº 24), il faudra, pour avoir la valeur de K'A, opérer de la manière suivante :

On prolongera O'N au-delà de N, suivant NL. On construira sur la verticale AH' un triangle AH'T dont la surface soit égale à la surface du polygone ABNH'. Pour cela, on prendra sur NL un pont T tel qu'on ait :

$$\text{surface ATH'} = \text{surface ABNH'}$$

ce qui est facile, car il suffira d'écrire que

$$\frac{\text{AH'} \times \text{H'T}}{2} = \text{surface ABNH'}.$$

$$\text{d'où : } \quad \text{H'T} = 2\,\frac{\text{surface ABNH'}}{\text{AH'}}$$

Or, $\text{AH'} = h + h_1$

et surface $\text{ABNH'} = \text{ABH} + \text{BNH'H}$

$$= \frac{\text{AH} \times \text{BH}}{2} + \text{HH'} \times \text{BH}$$

et comme

$$\text{AH} = h,\ \text{HH'} = h_1$$
$$\text{BH} = \text{AH tang}\,\theta$$
$$= h \text{ tang}\,\theta,$$

on aura :

$$\text{surface ABNH'} = \frac{h \times h \text{ tang}\,\theta}{2} + h_1 \times h \text{ tang}\,\theta$$

$$= h \text{ tang}\,\theta \left(\frac{h}{2} + h_1\right)$$

et, enfin :

$$\text{H'T} = 2\,\frac{h \text{ tang}\,\theta \left(\frac{h}{2} + h_1\right)}{h + h_1}$$

La position du point T sera donc déterminée.

On mènera ensuite la droite AL faisant, avec le parement incliné AB, un angle égal à 2φ et, du point T, une parallèle TT' à la ligne AO du talus naturel des terres. On terminera la construction connue comme nous l'avons plusieurs fois indiqué. On obtiendra ainsi le point K' et, par suite, la distance cherchée K'A qu'on portera dans la formule (99).

752. *Détermination de K'A par le calcul.* — On a encore ici :

$$K'A = AL - \sqrt{AL \times LT'}$$

Il faut calculer AL et LT'. Pour cela prolongeons AB jusqu'à sa rencontre N' avec O'L et considérons le triangle ALN' qui nous donne :

$$\frac{AL}{AN'} = \frac{\sin (AN'L)}{\sin (ALN')}$$

$$(AN'L) = 180° - (AN'H')$$
$$= 180° - (90° - \theta)$$
$$= 90° + \theta. \quad \text{Et}$$
$$(ALN') = 90° - (2\varphi + \theta)$$

Donc $$\frac{AL}{AN'} = \frac{\sin (90° + \theta)}{\sin [90° - (2\varphi + \theta)]}$$
$$= \frac{\cos \theta}{\cos (2\varphi + \theta)}.$$

D'où $$AL = AN' \times \frac{\cos \theta}{\cos (2\varphi + \theta)}$$

et comme $$AN' = \frac{AH'}{\cos \theta} = \frac{h + h_1}{\cos \theta},$$

nous aurons enfin :

$$AL = \frac{h + h_1}{\cos \theta} \times \frac{\cos \theta}{\cos (2\varphi + \theta)}$$

$$AL = \frac{h + h_1}{\cos (2\varphi + \theta)}$$

Pour obtenir la valeur de LT' nous remarquons que les deux triangles semblables LT'T et LAS donnent :

$$\frac{LT'}{AL} = \frac{LT}{LT + TS} = \frac{LH' - TH'}{LH' + H'S},$$

$$\text{d'où,} \quad LT' = AL \times \frac{LH' - TH'}{LH' + H'S}.$$

Nous remplacerons, dans cette expression, les longueurs LH', TH' et H'S par les valeurs suivantes :

$$LH' = AH' \times \tan (2\varphi + \theta)$$
$$= (h + h_1) \times \tan (2\varphi + \theta)$$

$$TH' = \frac{2h \tan \theta \left(\frac{h}{2} + h_1\right)}{h + h_1}$$

(valeur déterminée par la condition : surface ATH' = surface ABNH')

$$H'S = AH' \times \tan (90° - \varphi).$$
$$= (h + h_1) \times \tan (90° - \varphi)$$
$$= (h + h_1) \times \cot \varphi.$$

et AL par sa valeur déjà trouvée :

$$AL = \frac{h + h_1}{\cos (2\varphi + \theta)}.$$

Nous aurons donc :

$$LT' = \frac{h + h_1}{\cos(2\varphi + \theta)} \times \frac{\tan (2\varphi + \theta) - \frac{TH'}{h + h_1}}{\tan (2\varphi + \theta) + \cot \varphi} \quad \text{(104 bis)}$$

En portant les quantités trouvées pour AL et LT' dans l'expression de K'A, on aura le moyen de calculer F par la formule (99).

La marche des opérations pour obtenir la poussée sera donc la suivante. On calculera successivement

$$AL = \frac{h + h_1}{\cos (2\varphi + \theta)} \quad (100)$$

$$LH' = (h + h_1) \times \tan (2\varphi + \theta) \quad (101)$$

$$TH' = \frac{h (h + 2 h_1)}{h + h_1} \tan \theta. \quad (102)$$

$$H'S = (h + h_1) \times \cot \varphi \quad (103)$$

et on portera ces valeurs dans la formule

$$LT' = AL \times \frac{LH' - TH'}{LH' + H'S} \quad (104)$$

Enfin, on remplacera dans

$$K'A = AL - \sqrt{AL \times LT'} \quad (105)$$

AL et LT' par les valeurs calculées.

On aura alors la plus grande poussée au moyen de la formule (99).

On remarquera que les formules que nous venons d'obtenir donnent le même résultat que celles qui portent les numéros (43), (44), (45) et (46), dans lesquelles on aurait remplacé h par $h + h_1$.

753. *Remarques.*

1°. — *Si l'angle* 2φ *est égal à* $90° - \theta$, la ligne AL devient horizontale et ne rencontre plus la ligne NS. Dans ce cas, le point K tombe au milieu de TS, (n° 652) et on a :

$$K'A = \frac{TS}{2}$$
$$= \frac{TH' + H'S}{2}$$

$$= \frac{\frac{2h \tang\theta \left(\frac{h}{2}+h_1\right)}{h+h_1} + (h+h_1)\cotang\varphi}{2}$$

$$K'A = \frac{h\left(\frac{h}{2}+h_1\right)}{h+h_1}\tang\theta + \frac{h+h_1}{2} \times \cotang\varphi \qquad (105\ bis)$$

2° *Si l'angle 2 φ est plus grand que* $90° - \theta$, la ligne AL va rencontrer l'horizontale NS à droite du point N et les formules précédentes se modifient ainsi qu'il suit :

$$AL = \frac{h+h_1}{-\cos(2\varphi+\theta)} \qquad (100\ bis)$$

$$LH' = (h+h_1)\tang(2\varphi+\theta) \qquad (101)$$

$$TH' = \frac{h(h+2h_1)}{h+h_1}\tang\theta \qquad (102)$$

$$H'S = (h+h_1)\cotang\varphi \qquad (103)$$

$$LT' = AL \times \frac{LH'+TH'}{LH'-H'S} \qquad (104\ ter)$$

$$K'A = \sqrt{AL \times LT'} - AL \qquad (105\ ter)$$

Le lecteur pourra facilement reconstituer les formules modifiées ci-dessus en faisant une figure répondant à la condition

$$\varphi > \frac{90° - \theta}{2}$$

754. — II. *Position du centre de poussée. — Détermination par le calcul.* Cette détermination se fera encore au moyen des formules (91) et (92) :

$$Z = \frac{Fh - M}{F} \qquad \text{et}$$

$$M = \frac{h}{3n}\Big[F_0 + F_n + 4(F_1 + F_3 + \ldots F_{n-1}) + 2(F_2 + F_4 + \ldots F_{n-2})\Big]$$

Si l'on divise le parement du mur en quatre parties égales pour appliquer la formule (92) de Th. Simpson, celle-ci se réduit à (93):

$$M = \frac{h}{3 \times 4}[F_0 + F_4 + 4(F_1 + F_3) + 2F_2]$$

Mais il faut bien remarquer que les formules (94) à (97), établies pour le cas du parement vertical, ne sont plus applicables ici. Il y aura lieu de calculer successivement K_0B, K_1B_1, K_2B_2 et K_3B_3, comme on a calculé K'A. On portera ces valeurs dans la formule (99) :

$$F = \frac{1}{2}\delta \times \cos(\varphi+\theta) \times \overline{K'A}^2$$

qui donnera les valeurs successives de F_0, F_1... F_4 à porter dans la relation (93) ci-dessus pour avoir la valeur de M. On peut cependant se dispenser de calculer toutes ces valeurs en déterminant seulement les deux extrêmes K'A et K_0B et en admettant que les points intermédiaires K_1, K_2 et K_3 sont en ligne droite avec K' et K_0.

Nous avons déjà obtenu K'A qui correspond à la poussée maximum exercée par le massif sur la hauteur totale du parement intérieur AB du mur. Cherchons maintenant K_0B (*fig.* 561). — Pour obtenir le point K_0 graphiquement, que faudrait-il faire? Il faudrait, d'après la méthode générale, prendre d'abord, sur l'horizontale LO', un point T tel que le triangle BT*n* ait la même surface que la section transversale du prisme de plus grande poussée qui correspond au point B. Si ce prisme a B*n* comme plan de disjonction, sa section transversale est le triangle BN*n*. Il faudrait donc former un triangle BT*n* de surface égale à celle du triangle BN*n*. Il en résulterait que les deux triangles BT*n* et BN*n* seraient égaux et et que le point T cherché tomberait au point N. Pour terminer la construction graphique du point K_0, on mènerait, du point N, une parallèle NT_0 à AO jusqu'à sa rencontre T_0 avec la droite BL_0 faisant, avec la verticale BN, un angle égal à 2 φ. On élèverait la perpendiculaire T_0C_0 jusqu'à sa rencontre C_0 avec la demi-circonférence décrite sur BL_0 comme diamètre et on ramènerait la distance L_0C_0 en L_0K_0. Pour avoir le plan de disjonction B*n*, on tracerait K_0n parallèle à AO et on joindrait B*n*.

Remarquons que la construction que nous venons de faire pour la hauteur BN est absolument semblable à celle qui a été faite (*fig.* 536) pour le cas d'un terre-plein horizontal soutenu par un mur à parement intérieur vertical. Le tracé (*fig.* 536) a été fait sur la hauteur h du mur, tandis qu'à la figure 561, il est fait sur la hauteur h_1 de la surcharge. L'expression de K'A, dans le premier cas, sera donc semblable à celle de K_0B, dans le deuxième cas, en ayant soin de remplacer h par h_1. Or, la valeur de K'A, lorsque le terre-plein est horizontal et qu'il est soutenu par un mur à parement intérieur vertical, est donnée par la formul (35)

$$K'A = \frac{h}{1+\sqrt{2}\sin\varphi}$$

laquelle deviendra, dans le cas dont nous nous occupons :

$$K_0 B = \frac{h_1}{1+\sqrt{2}\sin\varphi} \qquad (106)$$

Si on a fait une épure pour obtenir la distance K'A qui correspond à la poussée maximum, sur la hauteur totale du mur, on pourra, sur la même épure, déterminer la distance K_0B comme nous venons de l'expliquer, en remarquant bien que, pour la détermination de K'A, la droite parallèle à AO part du point T, tandis que pour la détermination de K_0B, la droite parallèle à AO part du point N. On mesurera, sur l'épure, la distance K_0B. Les deux valeurs extrêmes K'A et K_0B seront donc connues. Si l'on admet maintenant que les points intermédiaires K_1 K_2 et K_3 (*fig.* 561) sont situés sur la droite K_0K' et si l'on représente par e la différence KA' — K_0B, on aura successivement :

$$K_1 B_1 = K_0 B + \frac{e}{4}$$

$$K_2 B_2 = K_0 B + \frac{2e}{4}$$

$$K_3 B_3 = K_0 B + \frac{3e}{4}$$

quoique ces distances ne soient pas parallèles. (L'erreur commise est infiniment petite). On connaîtra donc tous les éléments nécessaires au calcul qu'on se propose de faire.

En résumé, connaissant d'abord K'A qui a été calculée pour la détermination de la plus grande poussée ou qui a été mesurée sur l'épure, on calcule ensuite K_0B au moyen de la formule (106) :

$$K_0 B = \frac{h_1}{1+\sqrt{2}\sin\varphi}$$

ou bien, on mesure cette distance sur l'épure si on a opéré graphiquement. Ayant les valeurs des deux distances extrêmes K'A et K_0B, on calcule celles des distances intermédiaires au moyen des relations suivantes :

$$K_1 B_1 = K_0 B + \frac{e}{4}$$

$$K_2 B_2 = K_0 B + \frac{2e}{4}$$

$$K_3 B_3 = K_0 B + \frac{3e}{4}$$

et on détermine ensuite les poussées correspondantes :

$$F_0 = \frac{1}{2}\delta \times \cos(\varphi+\theta) \times \overline{K_0 B}^2$$

$$F_1 = \frac{1}{2}\delta \times \cos(\varphi+\theta) \times \overline{K_1 B_1}^2$$

$$F_2 = \frac{1}{2}\delta \times \cos(\varphi+\theta) \times \overline{K_2 B_2}^2$$

$$F_3 = \frac{1}{2}\delta \times \cos(\varphi+\theta) \times \overline{K_3 B_3}^2$$

$$F_4 = \frac{1}{2}\delta \times \cos(\varphi+\theta) \times \overline{K' A}^2$$

qu'on porte dans la formule de Th. Simpson (93) :

$$M = \frac{h}{3 \times 4}\left[F_0 + F_4 + 4(F_1 + F_3) + 2F_2\right]$$

Cette quantité M, mise dans la relation (91), permet de calculer la distance Z du centre de poussée au-dessous de l'arête supérieure du mur :

$$Z = \frac{Fh - M}{F}$$

On aura enfin la hauteur z du centre de poussée au-dessus de la base en retranchant Z de la hauteur h :

$$z = h - Z.$$

755. *Détermination graphique.* — Graphiquement, la position du centre de poussée se déterminera au moyen d'un tracé analogue à celui indiqué pour le cas d'un parement vertical en lui faisant subir, toutefois, une modification provenant de ce que la droite de disjonction Bn (*fig.* 562) du prisme de plus grande poussée correspondant au point B n'est pas parallèle à la droite de disjonction AK du prisme de plus grande poussée correspondant à la hauteur totale du parement AB. La figure ABnK n'est plus un trapèze, mais un quadrilatère quelconque. La différence dans la construction, portera donc sur la recherche du centre de gravité de la figure ABnK. Le prisme total, qui exerce sa poussée sur toute la hauteur du mur, est représenté en section transversale par le polygone ABNK. Nous admettons que la partie BNn de ce prisme exerce sa poussée au point B et que, par suite, cette poussée devra être appliquée au point B dans la direction de la droite Bn de disjonction. Nous admettons, en outre, que la poussée exercée sur AB par la partie ABnK du prisme total est appliquée au centre de gravité du quadrilatère ABnK et que cette poussée à une direction parallèle au plan de disjonction AK.

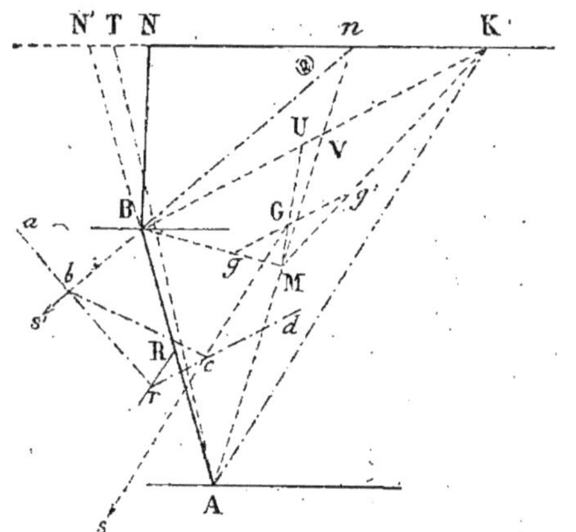

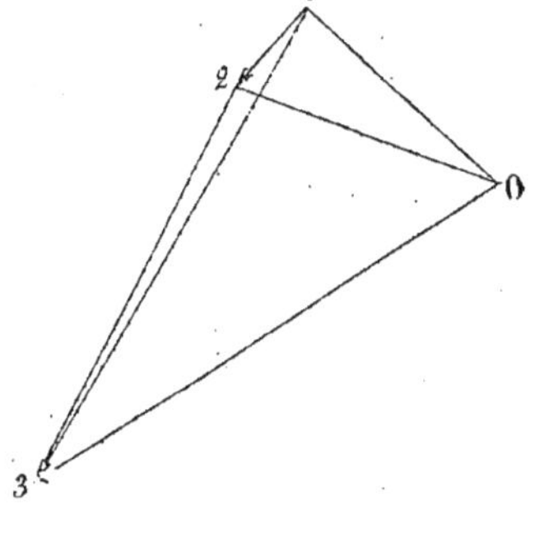

Fig. 562.

Pour avoir le centre de poussée, il restera à prendre la résultante des deux forces Bs' et Gs proportionnelles aux surfaces s' et s, ce qui se fera au moyen d'un polygone des forces 0123 et du polygone funiculaire correspondant *abcd*. Prolongeant les deux côtés extrêmes *ab* et *dc* de ce polygone funiculaire, on aura, en r, un point de la résultante dont on connait d'ailleurs la direction, puisqu'elle est parallèle au côté 13 du polygone des forces. On mènera donc la droite rR parallèle à 13 et son point de rencontre R avec AB sera le centre de poussée cherché. Voici comment on devra procéder :

Les deux droites de disjonction AK et Bn étant déterminées en position, on évaluera d'abord les surfaces :

$$S = \text{ABNK} = \text{ATK}.$$

$$s' = \text{BN}n$$

$$s = \text{AB}n\text{K}$$

dont les valeurs sont données par :

$$S = \text{TK} \times \frac{h + h_1}{2}$$

$$s' = \text{N}n \times \frac{h_1}{2}$$

$$s = S - s'$$

Il suffira de mesurer TK et Nn sur l'épure pour pouvoir calculer S et s'. La surface s s'en déduira. Ensuite, on déterminera la position du centre de gravité G du quadrilatère ABnK. Pour cela, on mènera les deux diagonales An et BK qui se rencontrent au point V. Sur l'une d'elles, An, par exemple, on prendra le milieu M qu'on joindra aux sommets B et K. Sur les droites MB et MK ainsi tracées, on prendra $Mg = \frac{MB}{3}$, $Mg' = \frac{MK}{3}$ et on joindra les points gg'. Ensuite, on portera sur la diagonale BK, à partir du point B, une longueur BU égale à la distance KV. La droite UM, qui joint les points U et M, rencontre gg' en un point G qui est le centre de gravité cherché.

Enfin, on cherchera le centre des forces Bs' et Gs au moyen du tracé suivant emprunté à la *statique graphique*. On formera le *polygone des forces* en menant 12 parallèle à Bs', 23 parallèle à Gs et en donnant à ces lignes des longueurs proportionnelles aux surfaces s' et s. La droite 13 représente la résultante des forces 12 et 23. On joindra ces points 1, 2 et 3 à un pôle quelconque O. Puis on tracera le *polygone funiculaire* correspondant en menant ab parallèle à 10, bc parallèle à 20 et cd parallèle à 30. En prolongeant les deux côtés extrêmes ab et dc, on obtient, en r, un point de la résultante. Par ce point r, on tracera rR parallèle à 13 et on aura, en R, le centre de poussée cherché.

Problème.

756. *Un terre-plein horizontal recevant une surcharge uniformément répartie à sa surface, est soutenu par un mur à parement intérieur incliné vers l'extérieur. On demande de déterminer :*

1° *La plus grande poussée que le mur reçoit du terre-plein surchargé ;*

2° *La position du centre de poussée sur le parement intérieur.*

Les données du problème sont :

Hauteur du mur $h = 5^m,00$.
Poids du mètre cube de terre $\delta = 1\,600^k$.
Angle du talus naturel $\varphi = 35°$.
Inclinaison du parement $\theta = 14°2'$.
Surcharge par mètre carré $\pi = 3\,200^k$

Cette surcharge correspond à une hauteur h_1, ayant pour valeur :

$$h_1 = \frac{3\,200}{1\,600} = 2^m,00.$$

757. I. — *Valeur de la plus grande poussée.*

Cette valeur est donnée par la formule (99) :

$$F = \frac{1}{2}\delta \times \cos(\varphi + \theta) \times \overline{K'A}^2.$$

758.—*Détermination graphique de* K'A.

Nous faisons, à l'échelle de $0^m,01$ par mètre (*fig.* 563), avec les données du problème, la construction graphique ordinaire pour l'obtention de la distance K'A.

Il faut d'abord déterminer la position du point T pour laquelle la surface du triangle ATH' est égale à celle du polygonne ABNH'. Nous avons vu que la position de ce point est donnée par sa distance H'T du sommet de la verticale AH', distance qui a pour expression (n° 751) :

$$H'T = \frac{2\,h \operatorname{tang} \theta \left(\frac{h}{2} + h_1\right)}{h + h_1}$$

et, pour valeur :

$$H'T = \frac{2 \times 5,00 \times \operatorname{tg} 14°2' \left(\frac{5,00}{2} + 2,00\right)}{7,00}$$

$$= \frac{10 \times 0,24995 \times 4,50}{7,00}$$

$$H'T = 1^m,607$$

Du point T ainsi obtenu, nous menons la parallèle TT' à AO et nous terminons la construction du point K'. Nous avons alors la distance cherchée K'A. Nous la mesurons et nous trouvons qu'elle a pour valeur

$$K'A = 5^m,30$$

La formule (99) qui donne la plus grande poussée F, devient :

$$F = \frac{1}{2}\delta \times \cos(\varphi + \theta) \times \overline{K'A}^2$$

$= \frac{1}{2} \times 1\,600 \times \cos(35° + 14° 2') \times \overline{5,30}^2$

$= 800 \times 0,6556 \times 28,09$

$F = 14\,733^k$

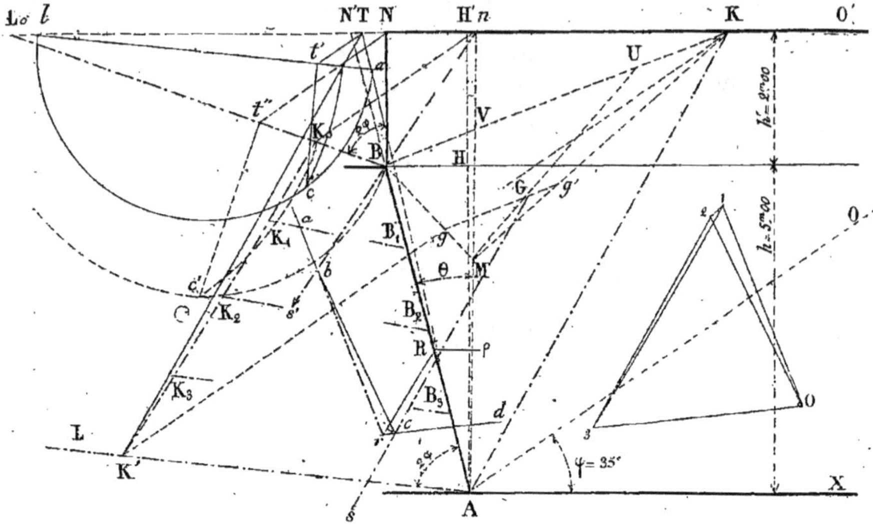

Fig. 563. — Echelle 0m,01 par mètre.

759. — *Détermination de K'A par le calcul.* — On a vu (n° 752) que cette détermination doit se faire par l'emploi des formules (100), (101), (102), (103), (104) et (105) qui donnent successivement :

$$(\mathbf{100}) : AL = \frac{h + h_1}{\cos(2\varphi + \theta)} = \frac{7,00}{\cos(70° + 14° 2')} = \frac{7,00}{0,10395}$$

$$AL = 67,308$$

$$(\mathbf{101}) : LH' = (h + h_1) \text{ tang } (2\varphi + \theta) = 7,00 \times \text{tang } (70° + 14°2') = 7,00 \times 9,5679$$

$$LH' = 66,975$$

$$(\mathbf{102}) : TH' = \frac{h(h + 2h_1)}{h + h_1} \text{ tang } \theta$$

Valeur calculée plus haut :

$$TH' = 1,607$$

$$(\mathbf{103}) : H'S = (h + h_1) \text{ cotang } \varphi = 7,00 \times \text{cotang } 35° = 7,00 \times 1,428$$

$$H'S = 9,996$$

$$(\mathbf{104}) : LT' = AL \times \frac{LH' - TH'}{LH' + H'S} = 67,308 \times \frac{66,975}{66,975}$$

$$LT' = 57,162$$

$$(\mathbf{105}) : K'A = AL - \sqrt{AL \times LT'} = 67,308 - \sqrt{67,308} = 67,308 - 62,028$$

$$K'A = 5^m,28$$

En portant cette valeur de K'A dans la formule (99), il vient :

$$F = \frac{1}{2} \delta \times \cos(\varphi + \theta) \times \overline{K'A}^2$$

$$= \frac{1}{2} \times 1\,600 \times \cos(35° + 14° 2') \times \overline{5,28}^2$$

$$= 800 \times 0,6566 \times 27,88$$

$$F = 14\,622^k$$

760. II. — *Position du centre de poussée.* — *Détermination graphique.*

Sur l'épure (*fig.* 563), nous avons obtenu la position du point K' qui correspond à la plus grande poussée sur AB. Nous menons K'K parallèle à AO et nous, avons en KA la droite de disjonction du prisme qui exerce sa poussée sur la hauteur totale de AB. Cherchons la droite Bn de disjonction du prisme qui exerce son action sur l'arête B. Pour cela, nous traçons Nt'' parallèle à OA et la perpendiculaire $t''c'$ qui rencontre au point c' la demi-circonférence décrite sur BL_0 comme diamètre. Nous ramenons la distance L_0c' en L_0K_0 et, du point K_0, nous menons la parallèle K_0n à Ao. La droite Bn est la ligne de disjonction cherchée. — Pour rendre la construction plus claire, nous avons indiqué, en traits pleins, le tracé relatif à la recherche de K' et, en traits ponctués, celui relatif à la recherche de K_0. Ensuite, nous chercherons la position du centre de gravité G du quadrilatère $ABnK$, comme nous l'avons expliqué et comme cela est d'ailleurs indiqué sur la figure, puis, nous calculerons les surfaces S, s et s' et nous aurons :

$$S = TK \times \frac{h + h_1}{2}$$

$$s' = Nn \times \frac{h_1}{2}$$

$$s = S - s'$$

Les longueurs TK et Nn, mesurées sur l'épure, donnent :

$$S = 5,55 \times \frac{5.00 + 2.00}{2} = 19,42$$

$$s' = 1,40 \times \frac{2,00}{2} = 1,40$$

$$s = S - s' = 19,42 - 1,40 = 18,02$$

Pour tracer le polygone des forces nous mènerons la ligne 12 parallèle à Bs' et la ligne 23 parallèle à Gs en donnant à ces deux droites des longueurs proportionnelles aux surfaces s' et s : $2^m/_m$ par exemple, pour s' et $36^m/_m$ pour s. On joindra les points 1, 2 et 3 à un pôle o. Enfin, on tracera le polygone funiculaire correspondant en menant ab parallèle à 10 jusqu'à sa rencontre b avec Bs' ; puis, de b une parallèle bc à 20 jusqu'à sa rencontre c avec Gs et de c une parallèle cd à 30. On prolongera les côtés extrêmes ab et dc jusqu'à leur rencontre r et, de ce point, on mènera une parallèle à la droite 13 du polygone des forces. Cette parallèle rR rencontre le parement AB au point R qui est le centre de poussée cherché. La hauteur de ce centre de poussée au-dessus de la base, mesurée sur l'épure, est :

$$z = A\rho = 2^m,15$$

761. *Détermination par le calcul.* — Si le point K' a été obtenu graphiquement, on pourra déterminer, sur la même épure, la position du point K_0 et mesurer K_0B. Les autres distances intermédiaire K_1B_1, K_2B_2 et K_3B_3 se déduiraient ensuite facilement des deux extrêmes K'A et K_0B. Nous allons supposer qu'on n'a pas fait d'épure et que tout est à déterminer par le calcul. — On a déjà la valeur de K'A (calcul de la plus grande poussée F) qui est

$$K'A = 5^m28,$$

Nous avons dit que celle de K_0B s'obtient au moyen de la formule (106) :

$$K_0B = \frac{h_1}{1 + \sqrt{2}\sin\varphi} \text{ qui donne :}$$

$$K_0B = \frac{2,00}{1 + 1,414 \times 0,5736}$$

$$= \frac{2.00}{1,812}$$

$$KoB = 1^m,103$$

La différence e des deux distances extrême est :

$$e = K'A - KoB = 5,28 - 1,103 = 4,177$$

et l'on aura :

$$KoB = 1^m,103$$

$$K_1 B_1 = KoB + \frac{e}{4} = 1,103 + 1,044 = 2,147$$

$$K_2 B_2 = KoB + \frac{2e}{4} = 1,103 + 2,088 = 3,191$$

$$K_3B_3 = KoB + \frac{3e}{4} = 1,103 + 3,132 = 4,235$$

$$K'A = 5,28$$

Les plus grandes poussées correspondantes ont pour valeur :

$$F_0 = \frac{1}{2}\delta \times \cos(\varphi + \theta) \times \overline{K_0 B}^2$$
$$= 800 \times 0{,}6556 \times \overline{1{,}103}^2$$
$$= 524{,}5 \times 1{,}2166$$
$$= 638^k$$
$$F_1 = 524{,}5 \times \overline{K_1 B_1}^2$$
$$= 524{,}5 \times \overline{2{,}147}^2$$
$$= 2\,418^k$$
$$F_2 = 524{,}5 \times \overline{K_2 B_2}^2$$
$$= 524{,}5 \times \overline{3{,}191}^2$$
$$= 5\,339^k$$
$$F_3 = 524{,}5 \times \overline{K_3 B_3}^2$$
$$= 524{,}5 \times \overline{4{,}235}^2$$
$$= 9\,407^k$$
$$F_4 = 524{,}5 \times \overline{KA}^2$$
$$= 14\,622^k$$

La formule de Th. Simpson donne alors :

$$M = \frac{h}{3 \times 4}\left[F_0 + F_4 + 4(F_1 + F_3) + 2F_2\right]$$
$$= \frac{5{,}00}{12}[638 + 14\,622 + 4\,(2\,418 + 9\,407) + 2 \times 5\,339]$$
$$= \frac{5{,}00}{12} \times 73\,238$$
$$= 30\,516$$

La distance Z du centre de poussée au-dessous de l'arête supérieure du mur sera donc :

$$Z = \frac{Fh - M}{F}$$
$$= \frac{14\,622 \times 5{,}00 - 30\,516}{14\,622}$$
$$= 2^m{,}913.$$

Enfin, la hauteur de z de ce centre de poussée au-dessus de la base aura pour valeur :

$$z = h - Z$$
$$= 5{,}00 - 2{,}913$$
$$z = 2^m{,}087$$

Graphiquement, on avait trouvé $2^m{,}15$.

(c) *Le parement intérieur du mur est en surplomb* (1)

762. *Valeur de la plus grande poussée.* — Soient AB (*fig.* 564) le parement en surplomb, c'est-à-dire, incliné vers

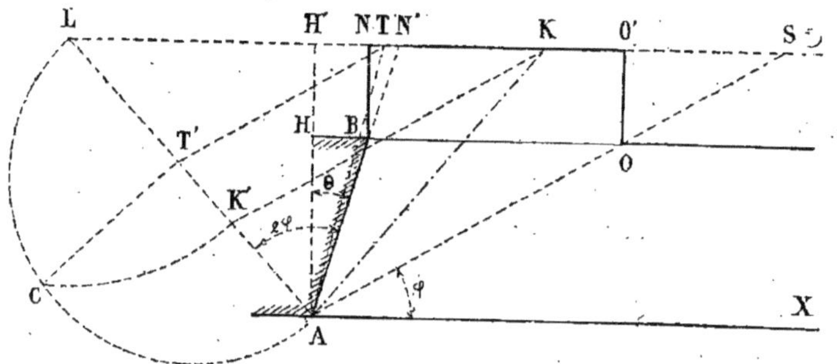

Fig. 564.

l'intérieur d'un angle θ sur la verticale AH ; BNO', le profil correspondant à la surcharge uniformément répartie ; AO, la droite du talus naturel des terres et AL, la droite faisant, avec le parement AB, un angle égal à 2 φ. La formule générale de la poussée maximum :

$$F = \frac{1}{2} \times \sin(OAL) \times \overline{KA}^2$$

devient ici :

$$\mathbf{F = \frac{1}{2}\delta \times \cos(\varphi - \theta) \times \overline{KA}^2} \qquad (107)$$

puisque $(OAL) = 2\varphi - \theta + 90° - \varphi$
$= 90° + \varphi - \theta$

(1) Subdivision du sous-paragraphe intitulé : *Terre-plein horizontal recevant une surcharge uniformément répartie* (page 554).

et $\sin(OAL) = \sin(90^\circ + \varphi - \theta)$
$= \cos(\varphi - \theta)$

La formule ci-desus (107) est semblable à celles portant les numéros (50) et (77) établies pour les cas d'un massif horizontal ou incliné, lorsque le parement intérieur du mur est en surplomb.

Pour avoir la valeur de F, nous déterminerons celle de K'A.

763. *Détermination graphique de* K'A. — Pour appliquer la construction graphique, il faut commencer par tracer une droite AT qui formerait avec la droite AK de disjonction, un triangle ATK dont la surface serait égale à celle du polygone ABNK.

Surface ATK = Surface ABNK

Mais AK n'est pas encore connu et si nous retranchons ces deux surfaces égales du triangle AH'K, nous devons avoir deux surfaces égales. Par conséquent,

Surf. AH'T = surf. ABNH'

ce qui peut s'écrire :

$$\frac{H'T \times AH'}{2} = HB \times BN + \frac{HB \times AH}{2}$$

ou, $$H'T = \times \frac{h + h_1}{2} = HB \times h_1 + HB \times \frac{h}{2}$$

Or, $HB = AH \tang \theta = h \tang \theta$. Donc,

$$H'T \times \frac{h + h_1}{2} = h \tang \theta \left(h_1 + \frac{h}{2}\right)$$

d'où, $$H'T = \frac{h(h + 2h_1)}{h + h_1} \tang \theta$$

La position du point T est ainsi déterminée. Ayant ce point, on fera sur AT et AL la construction graphique ordinaire qui donnera la distance cherchée K'A. On portera cette distance dans la formule (107) et on aura enfin la valeur de la plus grande poussée F.

764. *Détermination de K'A par le calcul.*

Nous avons $K'A = AL - \sqrt{AL \times LT'}$

De plus, le triangle ALN' donne :

$$\frac{AL}{AN'} = \frac{\sin(LN'A)}{\sin(ALN')}$$

d'où, $$AL = AN' \times \frac{\sin(LN'A)}{\sin(ALN')}$$
$$= \frac{AH'}{\cos\theta} \times \frac{\sin(90^\circ - \theta)}{\sin[90^\circ - (2\varphi - \theta)]}$$
$$= \frac{h + h_1}{\cos\theta} \times \frac{\cos\theta}{\cos(2\varphi - \theta)}$$
$$= \frac{h + h_1}{\cos(2\varphi - \theta)}$$

Les deux triangles semblables LT'T, LAS, donnent :

$$LT' = AL \times \frac{LH' + TH'}{LH' + H'S}, \text{ où :}$$

$$LT' = \frac{h + h_1}{\cos(2\varphi - \theta)} \times \frac{(h + h_1)\tang(2\varphi - \theta) + TH'}{(h + h_1)\tang(2\varphi - \theta) + (h + h_1)\cotang \varphi}$$

$$LT' = \frac{h + h_1}{\cos(2\varphi - \theta)} \times \frac{\tang(2\varphi - \theta) + \frac{TH'}{h + h_1}}{\tang(2\varphi - \theta) + \cotang\varphi}, \quad (112 \textit{ bis})$$

car nous avons :

$$LH' = (h + h_1)\tang(2\varphi - \theta)$$
$$H'S = (h + h_1)\cotang\varphi$$

La formule qui donne la valeur de TH' a été établie précédemment. Elle est :

$$TH' = \frac{h(h + 2h_1)}{h + h_1} \tang.\theta.$$

Marche à suivre pour le calcul de K'A. On déterminera successivement :

$$AL = \frac{h + h_1}{\cos(2\varphi - \theta)} \quad (108)$$
$$LH' = (h + h_1)\tang(2\varphi - \theta) \quad (109)$$
$$TH' = \frac{h(h + 2h_1)}{h + h_1}\tang\theta \quad (110)$$
$$H'S = (h + h_1)\cotang\varphi \quad (111)$$
$$LT' = AL \times \frac{LH' + TH'}{LH' + H'S} \quad (112)$$

$$\text{et } K'A = AL - \sqrt{AL \times LT'} \quad (113).$$

On portera enfin la valeur de K'A ainsi obtenue dans la formule (107) et on aura la plus grande poussée cherchée. Ces formules sont semblables à celles portant les numéros (100) à (105) dans lesquelles on aurait changé de signe θ et TH'.

765. — *Remarques.*

1° *Si l'angle 2 φ est égal à 90° + θ*, la droite AL devient horizontale et son point de rencontre avec NS n'existe plus. On sait que dans ce cas (n° 652), le point K est placé au milieu de TS et que

$$K'A = \frac{TS}{2}$$

$$\text{Or, } TS = H'S - TH'$$

$$= (h+h_1)\cot g\,\varphi - \frac{h(h+2h_1)}{h+h_1}\,\text{tg}\,\theta. \text{ Donc}$$

$$K'A = \frac{h+h_1}{2}\cot g\,\varphi - \frac{h(h+2h_1)}{2(h+h_1)}\text{tg}\,\theta \quad (113\ bis)$$

2° — *Si l'angle 2 φ est plus grand que* 90° + θ, la droite AL rencontre l'horizontale NS en un point situé à droite du point N. Le lecteur, en faisant une figure avec l'angle $\varphi > \frac{90° + \theta}{2}$ trouverait facilement les formules suivantes à employer pour le calcul de K'A:

$$AL = \frac{h + h_1}{-\cos(2\varphi - \theta)} \quad (108\ bis)$$

$$LH' = (h + h_1)\,\text{tang}\,(2\varphi - \theta) \quad (109)$$

$$TH' = \frac{h(h + 2h_1)}{h + h_1}\,\text{tang}\,\theta \quad (110)$$

$$H'S = (h + h_1)\,\text{cotang}\,\varphi \quad (111)$$

$$LT' = AL \times \frac{LH' - TH'}{LH' - H'S} \quad (112\ ter)$$

$$K'A = \sqrt{AL \times LT'} - AL \quad (113\ ter)$$

766. *Position du centre de poussée.* — *Détermination graphique.* — On opèrera comme pour le cas d'un mur ayant son parement intérieur incliné vers l'extérieur.

Les surfaces s et s', qui servent à tracer le polygone des forces et le polygone funiculaire correspondant, auraient pour valeur :

$$S = TK\,\frac{h + h_1}{2}$$

$$s' = Nn \times \frac{h_1}{2}$$

$$s = S - s'$$

767. — *Détermination par le calcul.* — Si l'on divise le parement du mur en quatre parties égales, on appliquera les formules suivantes (91) et (93) :

$$Z = \frac{Fh - M}{F}$$

$$M = \frac{h}{3 \times 4}\left[F_0 + F_4 + 4(F_1 + F_3) + 2F_2\right]$$

et la formule (107) :

$$F = \frac{1}{2}\delta \times \cos(\varphi - \theta) \times \overline{K'A}^2$$

qui servira à déterminer les valeurs successives : F_0, F_1 ... à porter dans l'expression de M. On aura enfin :

$$z = h - Z.$$

Problème

768. *Un terre-plein horizontal uniformément surchargé est soutenu par un mur en surplomb. On demande de déterminer :*

1° *La poussée maximum qui se produit contre le parement intérieur du mur ;*

2° *La position du centre de poussée.*

Les données du problème sont :

Hauteur du mur	h =	5m,00
Poids du mètre cube de terre.	δ =	1 600k
Angle du talus naturel. . . .	φ =	35°
Inclinaison du parement. . .	θ =	14°02
Surcharge par mètre carré .	π =	3 200k

La hauteur h_1 qui correspond à la surcharge donnée, est :

$$h_1 = \frac{3\,200}{1\,600} = 2^m,00$$

769. I. *Valeur de la plus grande poussée.* — Elle est donnée par la formule (107) :

$$F = \frac{1}{2}\delta \times \cos(\varphi - \theta) \times \overline{K'A}^2$$

770. *Détermination graphique de K'A.* — Nous fixons d'abord au moyen de la relation (110), la position du point T qui doit nous servir à faire l'épure :

$$TH' = \frac{h(h + 2h_1)}{h + h_1}\,\text{tang}\,\theta$$

Cette relation donne, si l'on y remplace les lettres par leurs valeurs :

$$TH' = \frac{5{,}00\,(5{,}00 + 2 \times 2{,}00)}{5{,}00 + 2{,}00} \times \text{tg}\ 14°2'$$

$$= 6{,}43 \times 0{,}24995$$

$$TH' = 1^m{,}607$$

Nous portons la longueur 1m,607 en H'T (fig. 565) à partir de H' et, après avoir joint TA, nous terminons la construction connue du point K' en opérant sur les droites AT et AL. Nous portons ensuite, dans la formule 107, la valeur de K'A mesurée sur l'épure,

$$K'A = 2^m,90.$$

Nous obtenons ainsi la plus grande poussée F :

$$F = \frac{1}{2}\delta \times \cos(\varphi - \theta) \times \overline{K'A}^2$$

$$= \frac{1}{2} \times 1\,600 \times \cos(35° - 14°2') \times \overline{2,90}^2$$

$$= 800 + 0,9338 \times 8,41$$

$$F = 6\ 282^k$$

771. — *Détermination de K'A par le calcul.* Les formules (108) à (113) donnent successivement :

$$(\mathbf{108}) : AL = \frac{h + h_1}{\cos(2\varphi - \theta)}$$

$$= \frac{7,00}{\cos(70° - 14°2')}$$

$$= \frac{7,00}{0,5597}$$

$$AL = 12,507$$

$$(\mathbf{109}) : LH' = (h + h_1)\ \text{tang}\ (2\varphi - \theta)$$

$$= 7,00 \times \text{tang}\ 55°58'$$

$$= 7,00 \times 1,4807$$

$$LH' = 10,365$$

$$(\mathbf{110}) : TH' = \frac{h(h + 2h_1)}{h + h_1}\ \text{tang}\ \theta$$

$$= 1,607\ \text{(déjà calculée)}$$

$$(\mathbf{111}) : H'S = (h + h_1)\ \text{cotang}\ \varphi$$

$$= 7,00 \times \text{cotang}\ 35°$$

$$= 7,00 \times 1,428$$

$$H'S = 9,996$$

$$(\mathbf{112}) : LT' = AL \times \frac{LH' + TH'}{LH' + H'S}$$

$$= 12,507 \times \frac{10,365 + 1,607}{10,365 + 9,996}$$

$$= 12,507 \times 0,588$$

$$LT' = 7,354$$

$$(\mathbf{113}) : K'A = AL - \sqrt{AL \times LT'}$$

$$= 12,507 - \sqrt{12,507 \times 7,354}$$

$$= 12,507 - 9,591$$

$$K'A = 2^m,916$$

On obtient enfin, en portant les valeurs ci-dessus, dans la formule (107):

$$F = \frac{1}{2}\delta \times \cos(\varphi - \theta) \times \overline{K'A}^2$$

$$= 800 \times 0,9338 \times \overline{2,916}^2$$

$$F = 6352^k$$

772. — II. *Position du centre de poussée. — Détermination graphique de z.* — On a obtenu graphiquement le point K' sur la droite AL (fig. 565). On mène K'K parallèle à AO et la droite KA est celle qui limite la section du prisme de plus grande poussée sur le parement AB. Pour avoir la section du prisme qui agit sur l'arête B, on mène BL_0 faisant avec la verticale BN un angle égal à 2φ et du point N une parallèle NT_0 à AO, puis on termine la contruction de K_0, comme on sait le faire. De K_0, on trace la parallèle K_0n parallèle à AO et la droite Bn est la droite de disjonction cherchée.

On détermine en suite la position du centre de gravité du quadrilatère ABnK comme on l'a déjà fait sur les figures 562 et 563 et on évalue les surfaces S s et s'. On a :

$$S = TK \times \frac{h + h_1}{2}$$

$$s' = Nn \times \frac{h_1}{2}$$

$$s = S - s'$$

Les longueurs TK et Nn, mesurées sur l'épure et portées dans les expressions ci-dessus, donnent:

$$S = 3,75 \times \frac{5,00 + 2,00}{2} = 13,12$$

$$s' = 1,35 \times \frac{2,00}{2} = 1,35$$

$$s = 13,12 - 1,35 = 11,77$$

Au moyen de ces surfaces, on construit un polygone des forces, en portant en 12 et 23 des longueurs proportionnelles aux surfaces s' et s et parallèles aux directions Bs' et Gs. On joint ces points 1, 2, 3 à un pôle o et on construit le polygone funiculaire correspondant $a\ b\ c\ d$ en menant ab parallèle à 10, bc parallèle à 20 et cd parallèle à 30. On prolonge les côtés extrêmes *ab* et *dc* jusqu'à leur point de rencontre *r* qu'on ramène en R sur le parement AB, au moyen d'une parallèle *r*R à la résultante 13 du polygone des forces.

En mesurant la hauteur $z = A\rho$ du centre de poussée R au-dessus de la base, on trouve :

$$z = A\rho = 2^m,50$$

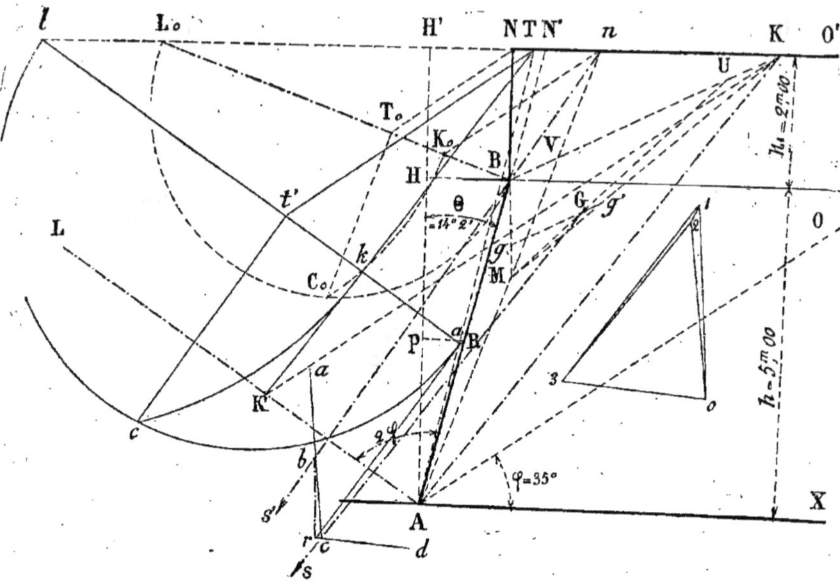

Fig. 565. — Échelle de 0m01 p. m.

773. *Détermination de z par le calcul.*
On a d'abord :

$$K_oB = \frac{h_1}{1 + \sqrt{2}\sin\varphi}$$

$$= \frac{2,00}{1,812}$$

$$= 1^m.103, \text{ puis}$$

$$e = K'A - K_oB = 2,916 - 1,103 = 1^m,813$$

et $$K_1B_1 = K_oB + \frac{e}{4}$$

$$= 1,103 + 0,453$$

$$= 1,^m,556$$

$$K_2B_2 = K_oB + \frac{2e}{4}$$

$$= 1,103 + 0,907$$

$$= 2^m,010$$

$$K_3B_3 = K_oB + \frac{3e}{4}$$

$$= 1,103 + 1,36$$

$$= 2^m,463$$

$$K'A = 2^m,916$$

Les valeurs correspondantes des plus grande poussées sont :

$$F_o = \frac{1}{3}\delta \times \cos(\varphi - \theta) + \overline{K_oB}^2$$

$$= 800 \times 0,9338 \times \overline{1,103}^2$$

$$= 747 \times 1,2166$$

$$= 909^k$$

$$F_1 = 747 \times \overline{K_1B_1}^2$$

$$= 747 \times \overline{1,556}^2$$

$$= 1808^k$$

$$F_2 = 747 \times \overline{K_2B_2}^2$$

$$= 747 \times \overline{2,01}^2$$

$$= 3018^k$$

$$F_3 = 747 \times \overline{K_3B_3}^2$$

$$= 747 \times \overline{2,463}^2$$

$$= 4531^k$$

$$F_4 = 147 \times \overline{KA}^2$$
$$= 6\,352^k$$

On a ensuite, pour la valeur du terme M :

$$M = \frac{h}{3 \times 4}\left[F_0 + F_4 + 4(F_1 + F_3) + 2\,F_2\right]$$
$$= \frac{5,00}{12}\left[909 + 6\,352 + 4\,(1808 + 4531) + 2 \times 3018\right]$$
$$= \frac{5,00}{12} \times 38\,653$$
$$= 16\,105$$

Enfin, la distance Z du centre de poussée au-dessous de l'arête supérieure du mur est :

$$Z = \frac{Fh - M}{F}$$
$$= \frac{6\,352 \times 5,00 - 16\,105}{6\,352}$$
$$= 2^m,465$$

et la hauteur z au-dessus de la base :

$$z = h - Z = 5,00 - 2,465$$
$$z = 2^m,535$$

Graphiquement, on avait obtenu :

$$z = 2^m,50.$$

Formules simplifiées pour les cas usuels de la pratique

774. Pour établir les formules simplifiées qui vont suivre, nous ferons encore les hypothèses ci-dessous :

Angle du talus naturel des terres $\varphi = 45°$
Poids du mètre cube de terre $\delta = 1600^k$
Angle de l'inclinaison moyenne du parement intérieur du mur $\theta = 8°30'$

Nous admettons, en outre, que les formules calculées avec $\theta = 8°30'$ peuvent servir à déterminer, avec une approximation suffisante, la poussée maximum pour des fruits variant de $\frac{1}{10}$ à $\frac{1}{5}$.

775. (a) *Le parement intérieur du mur est vertical.* — On a vu (n°737) que lorsque $\varphi = 45°$, la poussée maximum est donnée par la formule (85 *bis*) :

$$E = 0,089 \times \delta \times (h + h_1)^2$$

En faisant $\delta = 1600^k$, on a :

$$= \mathbf{142\,(h + h_1)^2} \qquad (85\ ter)$$

776. (b) *Le parement intérieur du mur est incliné vers l'extérieur.*

(c) *Le parement intérieur du mur est en surplomb.*

On ne peut arriver à une simplification vraiment pratique des formules dans ces deux cas à cause du terme

$$TH' = \frac{h\,(h + 2\,h_1)}{h + h_1} \operatorname{tang} \theta.$$

Les formules auxquelles on arrive seraient à peu près aussi longues à calculer que celles données précédemment. Il y a donc avantage à faire emploi de ces dernières.

4° — TERRE-PLEIN SURMONTÉ D'UN CAVALIER.

777. En fortification, on appelle *cavalier* une saillie qui domine les autres défenses d'une place. Il reçoit une batterie qui peut plonger dans des parties de terrain qui ne seraient pas suffisamment vues des autres parties de la fortification. On l'établit généralement sur les bastions. Par extension, nous appellerons *cavalier*, une surélévation du remblai à soutenir au-dessus du plan horizontal qui passe par la crête du mur ; surélévation qui sera limitée, dans les exemples dont nous nous occuperons, à sa partie supérieure, par un plan horizontal raccordé avec l'arête supérieure du mur au moyen du talus naturel des terres.

Nous désignerons par h la hauteur *AB* du mur (*fig.* 566), par h' la hauteur du plan horizontal NS du cavalier au-dessus du plan BO qui passe par l'arête supérieure B du mur. Nous supposerons, en outre, que le plan incliné BN du cavalier fait l'angle φ du talus naturel avec l'horizon. Le mur prend souvent, dans ce cas, le nom de *mur de revêtement.* Cette disposition est employée lorsque le remblai à soutenir a une grande hauteur et lorsqu'on n'est pas limité en largeur par *l'emprise* nécessairement augmentée par le talus qui raccorde la plate-forme à la crête du mur. Elle s'emploie aussi en fortification ;

mais le cavalier, dans ce cas, a un profil particulier dont nous dirons quelques mots plus loin. Un remblai en cavalier, dont la plate-forme donne passage à une *route* ou à une *voie ferrée*, est soumis à une surcharge provenant des charges roulantes. Nous nous occuperons spécialement de ce cas, très fréquent dans les travaux publics. Nous commencerons par l'étude du remblai en *cavalier sans surcharge*.

(a) *Le parement intérieur du mur est vertical*

778. I.— *Valeur de la plus grande poussée.* — Nous appliquerons encore ici le tracé de Poncelet qui présente l'avantage d'être simple, rapide, général, et donne des résultats très satisfaisants dans la pratique. La formule à employer pour obtenir la valeur de la plus grande poussée sera donc encore

$$F = \frac{1}{2}\delta \times \sin(OAL) \times \overline{K'A}^2$$

Soient :

AB (*fig.* 566), le parement vertical du mur;

BNS, le profil du remblai ;

AS, la droite du talus naturel faisant l'angle φ avec l'horizontale AX ;

AL, une droite tracée en vue de la construction à effectuer et faisant l'angle 2φ avec le parement AB.

On voit que l'angle (OAL) est égal à :

$$(OAL) = 2\varphi + 90^\circ - \varphi$$
$$= 90^\circ + \varphi$$

Donc, $\sin(OAL) = \sin(90^\circ + \varphi) = \cos\varphi$ et la formule précédente devient :

$$F = \frac{1}{2}\delta \times \cos\varphi \times \overline{K'A}^2 \qquad (114)$$

Pour avoir F, il faut déterminer K'A.

779. *Détermination graphique de K'A.* Cette détermination graphique se fera au moyen du tracé de Poncelet. Pour cela, on fixera d'abord, sur le prolongement de SN (*fig.* 566), la position d'un point T, telle qu'on ait :

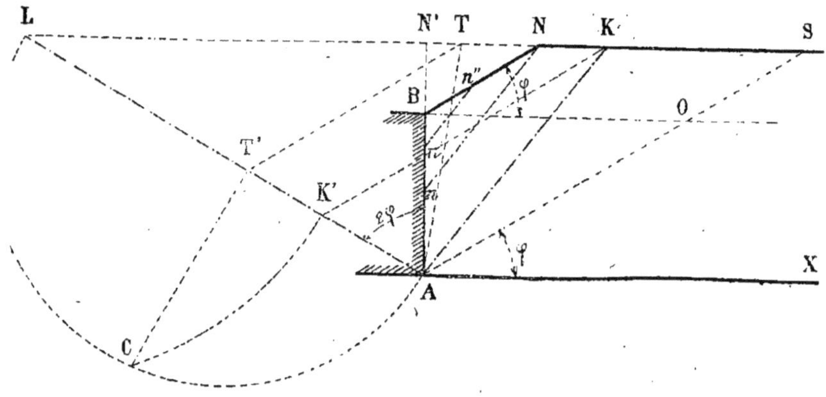

Fig. 566.

Surface du triangle ATK = surface du polygone ABNK.

Comme la ligne de disjonction AK du prisme de plus grande poussée n'est pas encore connue, on pourra retrancher les deux surfaces précédentes, du triangle ANK' et il restera :

Surface AN'T= surface BN'N. Or,

$$\text{Surface } AN'T = N'T \times \frac{AN'}{2} = N'T \times \frac{h+h'}{2} \text{ et}$$

$$\text{Surface } BN'N = N'N \times \frac{BN'}{2} = N'N \times \frac{h'}{2}$$

De plus, dans le triangle rectangle BN'N, on a :

$$N'N = BN' \text{ cotang } \varphi = h' \text{ cotang } \varphi$$

Donc, on doit avoir

$$N'T \times \frac{h + h'}{2} = \frac{h'^2}{2} \text{ cotang } \varphi. \text{ D'où :}$$

$$N'T = \frac{h'^2}{h + h'} \text{ cotang } \varphi \qquad (115)$$

On portera, à partir du point N', la quantité trouvée ci-dessus et on aura la position du point T. On effectuera alors la construction comme sur les droites AT et AL et on obtiendra le point K'. La distance K'A, mesurée sur l'épure et portée dans la formule (114), permettra de déterminer enfin la valeur de la poussée maximum F.

780. *Détermination de K'A par le calcul.* On a toujours :

$$K'A = AL - \sqrt{AL \times LT'}$$

Dans le triangle rectangle ALN' (*fig.* 566).

$$AL = \frac{AN'}{\cos 2\varphi} = \frac{h + h'}{\cos 2\varphi}$$

Les deux triangles semblables LT'T, LAS donnent :

$$LT' = AL \times \frac{LN' + N'T}{LN' + N'S}$$

Puis on a, dans le triangle ALN' :

$$LN' = AN' \text{ tang } 2\varphi$$
$$= (h + h') \text{ tang } 2\varphi$$

et dans le triaugle AN'S :

$$N'S = AN' \text{ tang } (90° - \varphi)$$
$$= (h + h') \text{ cotang } \varphi$$

Enfin, on a précédemment trouvé que

$$N'T = \frac{h'^2}{h + h'} \text{ cotang } \varphi$$

La *marche à suivre pour la détermination de K'A* consistera donc à calculer successivement :

$$AL = \frac{h + h'}{\cos 2\varphi} \qquad (116)$$

$$LN' = (h + h') \text{ tang } 2\varphi \qquad (117)$$

$$N'S = (h + h') \text{ cotang } \varphi \qquad (118)$$

$$N'T = \frac{h'^2}{h + h'} \text{ cotang } \varphi \qquad (119)$$

$$LT' = AL \times \frac{LN' + N'T}{LN' + N'S} \qquad (120)$$

$$K'A = AL - \sqrt{AL \times LT'} \qquad (121)$$

On aura ensuite la valeur de F en portant, dans la formule (114), la distance K'A (121). Au lieu de calculer successivement (116), (117), (118) et (119) et de porter dans (120), on pourrait calculer de suite la valeur de LT' :

$$LT' = \frac{h + h'}{\cos 2\varphi} \times \frac{\text{tang } 2\varphi + \left(\frac{h_1}{h + h_1}\right)^2 \text{cotg } \varphi}{\text{tang } 2\varphi + \text{cotang } \varphi} \qquad (120\,bis)$$

qui est la formule (120) dans laquelle on a remplacé AL, LN', N'T et N'S par leurs valeurs,

781. *Remarques.*

1°. — *Si l'angle* 2φ *est égal à* 90°, la droite AL est horizontale. Le point de rencontre de AL et de NS n'existe plus et on sait (n° 652) que le point K est alors placé au milieu de TS. On a donc :

$$K'A = \frac{TS}{2}. \quad \text{Or,}$$

$$TS = N'S - N'T$$
$$= (h + h') \text{ cotg } \varphi - \frac{h'^2}{h + h'} \text{ cotg } \varphi$$
$$= \frac{h(h + 2h')}{h + h'} \text{ cotg } \varphi$$

Par conséquent

$$K'A = \frac{h(h + 2h')}{2(h + h')} \text{ cotg } \varphi \qquad (121\ bis)$$

2°. — *Si l'angle* 2φ *est plus grand que* 90°, la droite AL va rencontrer l'horizontale NS à droite du point N. Les formules à employer pour le calcul de K'A deviennent alors :

$$AL = \frac{h + h'}{-\cos 2\varphi} \qquad (116\ bis)$$

$$LN' = (h + h') \text{ tang } 2\varphi \qquad (117)$$

$$N'S = (h + h') \text{ cotg } \varphi \qquad (118)$$

$$N'T = \frac{h'^2}{h + h'} \text{ cotg } \varphi \qquad (119)$$

$$LT' = AL \times \frac{LN' - N'T}{LN' - N'S} \qquad (120\ ter)$$

$$K'A = \sqrt{AL \times LT'} - AL \qquad (121\ ter)$$

782. II. — *Position du centre de poussée. — Détermination graphique.* (*fig.* 566) — Du point N, menons la droite N*n* parallèle à la ligne AK de disjonction du prisme de plus grande poussée ABNK. La partie A*n*NK de ce prisme exercera, sur le parement A*n*, une poussée parallèle à AK passant par le centre de gravité du trapèze $AnNK$. La partie nBN du même prisme exercera sur Bn une poussée parallèle à la première et passant par le centre de gravité du triangle nBN, c'est-à-dire au tiers de nB à partir de n. Le point d'application de la poussée totale du prisme ABNK s'obtiendra donc en cherchant le centre des poussées partielles. Cela revient à déterminer le centre de gravité du quadrilatère ABNK. On peut faire graphiquement cette détermination au moyen du tracé qui dispense du calcul des surfaces s et s' dont on a besoin quand on veut employer le tracé de la *statique graphique*. Nous pouvons opérer ainsi dans le cas présent, parceque ce qu'il faut déterminer, c'est le centre des poussées partielles qui sont appliquées aux centres de gravité des surfaces $AnNK$ et nBN composant la surface totale ABNK, tandis que lorsqu'il s'agissait d'une surcharge uniformément répartie, le point d'application de la poussée du triangle BNn n'était pas au centre de gravité de ce triangle, mais à son sommet B.

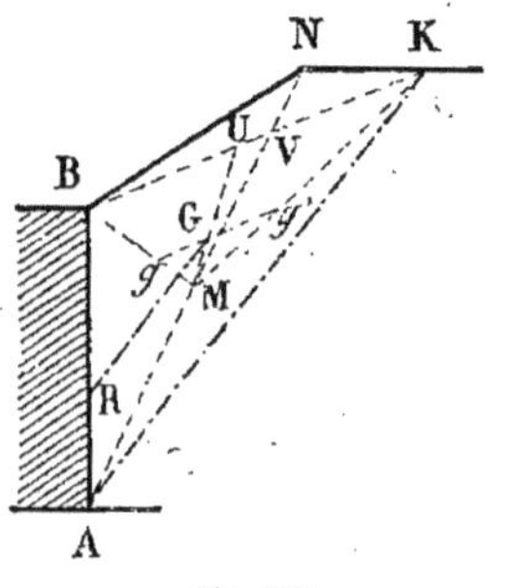

Fig. 567.

Comme nous l'avons déjà dit, le tracé à effectuer pour l'obtention du centre de gravité du quadrilatère ABNK (*fig.* 567), consiste à mener une diagonale NA, par exemple, à joindre son milieu M aux sommets B et K, prendre le point g au tiers de MB (centre de gravité du triangle ABN), g' au tiers de MK (centre de gravité du triangle ANK), joindre gg' et, enfin, mener du milieu M une droite MU telle qu'on ait, sur la diagonale BK, la distance BU égale à la distance KV. Le point de rencontre G de MU avec gg' est le centre cherché.

Il suffira, pour avoir le centre de poussée sur le parement AB du mur, de ramener le point G sur ce parement en R, au moyen d'une parallèle GR à KA.

783. *Détermination par le calcul.* — Nous employons la méthode générale. Pour cela, nous divisons le parement du mur en un nombre *pair* de parties égales et nous calculons les plus grandes poussées qui s'exercent sur les hauteurs successives interceptées par les points de division. La formule de Th. Simpson (92) et la formule (91) permettent ensuite de trouver la distance du centre de poussée au-dessous de l'arête supérieure du mur. En retranchant cette distance de la hauteur h, on a la hauteur du centre cherché au-dessus de la base. On appliquera donc successivement les formules :

$$(\mathbf{114}) : F = \frac{1}{2}\delta \times \cos\varphi \times \overline{K'A}^2$$

$$(\mathbf{92}) : M = \frac{h}{3n}\Big[F_0 + Fn + 4(F_1 + F_3 + \dots Fn\text{-}1) + 2(F_2 + F_4 + \dots Fn\text{-}2)\Big]$$

$$(\mathbf{91}) : Z = \frac{Fh - M}{F}$$

et, enfin : $z = h - Z$

Si un ou plusieurs points de division tombent entre les points B et n, comme par exemple n' (*fig.* 566), la ligne de disjonction $n'n''$ du prisme de plus grande poussée, qui correspond à la hauteur Bn', rencontre la ligne inclinée BN, au lieu de rencontrer l'horizontale NS. Or, pour avoir la plus grande poussée sur Bn', il faut déterminer la valeur correspondante de K'A et on voit qu'alors on retombe sur le cas particulier d'un terre-plein terminé à sa partie supérieure par un plan incliné parallèle au plan du talus naturel. On sait déterminer la valeur de F dans ce cas particulier (n° 710). Il n'y a donc aucune difficulté à résoudre la question. On verra d'ailleurs, dans le problème qui suit, comment on doit procéder.

Problème.

784. *Un mur à parement intérieur vertical soutient un remblai en cavalier. On demande de déterminer :*

1° *La plus grande poussée que le massif exerce sur le mur ;*

2° *La position du centre de poussée sur le parement intérieur.*

Les données du problème sont :

Hauteur du mur	$h = 5^m,00$
Poids du mètre cube de terre.	$\delta = 1\,600^k$
Angle du talus naturel	$\varphi = 35°$
Hauteur du cavalier.	$h' = 2^m,00$

785. *1. Valeur de la plus grande poussée.* — Elle se calculera au moyen de la formule (114) :

$$F = \frac{1}{2}\delta \times \cos\varphi \times \overline{K'A}^2$$

quand on aura déterminé la valeur de K'A.

786. *Détermination graphique de K'A.* — On fixera d'abord la position du point T, au moyen de la relation (115) :

$$N'T = \frac{h'^2}{h + h'} \text{cotang } \varphi$$

qui donne :

$$N'T = \frac{4,00}{7,00} \text{cotang } 35°$$

$$= \frac{4,00}{7.00} \times 1,428$$

$$= 0^m,816$$

Sur l'épure, à l'échelle de $0^m,01$ par mètre (*fig.* 568), nous prenons la distance $N'T = 0^m,816$. Nous joignons le point T ainsi obtenu au point A et nous terminons

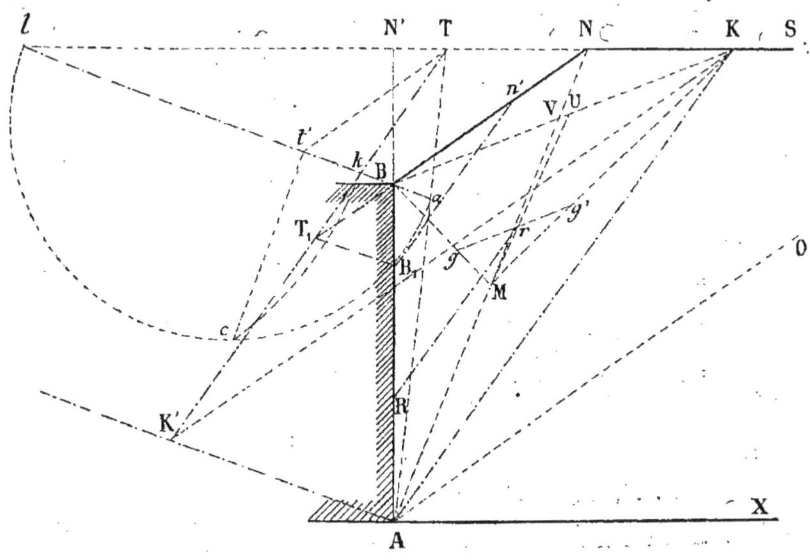

Fig. 568. — Échelle de $0^m,01$ p. m.

la construction du point K'. Nous mesurons K'A dont la valeur est :

$$K'A = 3^m,50.$$

La formule (114) ci-dessus donne alors :

$$F = \frac{1}{2}\delta \times \cos\varphi \times \overline{K'A}^2$$

$$= \frac{1}{2} \times 1\,600 \times \cos 35° \times \overline{3,50}^2$$

$$= 800 \times 0,819 \times 12,25$$

$$= 8\,024^k$$

787. *Détermination de K'A par le calcul.*

Les formules (116) à (121), précédemment établies, vont nous servir à la détermination de K'A par le calcul. Elles donnent successivement les résultats ci-dessous :

$$(\mathbf{116}) : AL = \frac{h+h'}{\cos 2\varphi} = \frac{5{,}00+2{,}00}{\cos 70^\circ} = \frac{7{,}00}{0{,}342} = 20{,}467$$

$$(\mathbf{117}) : LN' = (h+h') \text{ tang } 2\varphi = (5{,}00+2{,}00) \times \text{tang } 70^\circ = 7{,}00 \times 2{,}7475 = 19{,}232$$

$$(\mathbf{118}) : N'S = (h+h') \text{ cotang } \varphi = (5{,}00+2{,}00) \times \text{cotang } 35^\circ = 7{,}00 \times 1{,}428 = 9{,}996$$

$$(\mathbf{119}) : N'T = \frac{h'^2}{h+h'} \text{ cotang } \varphi = 0{,}816 \text{ (déjà calculée)}$$

$$(\mathbf{120}) : LT' = AL \times \frac{LN'+N'T}{LN'+N'S} = 20{,}467 \times \frac{19{,}232+0{,}816}{19{,}232+9{,}996} = 20{,}467 \times 0{,}686 = 14{,}040$$

$$(\mathbf{121}) : K'A = AL - \sqrt{AL \times LT'} = 20{,}467 - \sqrt{20{,}467 \times 14{,}040} = 20{,}467 - 16{,}952$$

$$K'A = 3^m{,}515$$

La plus grande poussée F a alors pour valeur :

$$F = \frac{1}{2}\delta \times \cos\varphi \times \overline{K'A}^2 = 800 \times 0{,}819 \times \overline{3{,}515}^2 = 8\,093^k$$

788. *II. — Position du centre de poussée. — Détermination graphique.* — Il suffit, pour déterminer graphiquement la position du centre de poussée, de chercher, comme on l'a déjà fait, le centre de gravité r (*fig.* 568) du quadrilatère ABNK et de ramener ensuite ce point r en R sur le parement AB au moyen d'une parallèle rR à KA. — La hauteur AR du centre de poussée au-dessus de la base, mesurée sur l'épure, est trouvée égale à $z = 1^m{,}80$.

789. *Détermination de z par le calcul.* — Nous allons faire le calcul complet de z sans nous servir d'aucun tracé. Pour cela, nous calculons d'abord les valeurs successives de AL, au moyen de la relation (116):

$$AL = \frac{h+h'}{\cos 2\varphi}$$

dans laquelle nous donnons à h les valeurs :

$$h_1 = 1^m{,}25 \quad h_2 = 2{,}50 \quad h_3 = 3{,}75 \quad h_4 = 5{,}00$$

Nous avons :

$$B_1L_1 = \frac{1{,}25+2{,}00}{\cos 70^\circ} = \frac{3{,}25}{0{,}342} = 9^m{,}503$$

$$B_2L_2 = \frac{2{,}50+2{,}00}{0{,}342} = 13^m{,}158$$

$$B_3L_3 = \frac{3{,}75+2{,}00}{0{,}342} = 16^m{,}812$$

$$AL = \frac{5{,}00+2{,}00}{0{,}342} = 20^m{,}467$$

Nous calculons ensuite les valeurs de LT' au moyen de la relation (120 *bis*) :

$$LT' = AL \times \frac{\text{tang } 2\varphi + \left(\frac{h'}{h+h'}\right)^2 \text{cotang } \varphi}{\text{tang } 2\varphi + \text{cotang } \varphi}$$

Il vient :

$$L_1T_1 = B_1L_1 \times \frac{2{,}747 + \left(\frac{2{,}00}{1{,}25+2{,}00}\right)^2 \times 1{,}428}{2{,}747+1{,}428} = 9{,}503 \times \frac{3{,}289}{4{,}175} = 7^m{,}485$$

$$L_2T_2 = B_2L_2 \times \frac{2{,}747 + \overline{0{,}444}^2 \times 1{,}428}{4{,}175} = 13{,}158 \times \frac{3{,}028}{4{,}175} = 9^m{,}542$$

$$L_3T_3 = B_3L_3 \times \frac{2,747 + \overline{0,348}^2 \times 1,428}{4,175}$$

$$= 16,812 \times \frac{2,920}{1,428}$$

$$= 11^m,758$$

$L'T' = 14^m,040$ (déjà calculé)

En portant ces valeurs de AL et LT dans l'expression de K'A (121) :

$$K'A = AL - \sqrt{AL \times LT'},$$

nous obtenons :

$$K_1 B_1 = 9,503 - \sqrt{9,503 \times 7,485}$$
$$= 9,503 - 8,434$$
$$= 1^m,069$$

$$K_2 B_2 = 13,158 - \sqrt{13,158 \times 9,542}$$
$$= 13,158 - 11,205$$
$$= 1^m,953$$

$$K_3 B_3 = 16,812 - \sqrt{16,812 \times 11,758}$$
$$= 16,812 - 14,060$$
$$= 2^m,752$$

$K' A = 3^m,515$ (déjà calculé).

Nous aurons donc enfin, pour les valeurs successives, des plus grandes poussées :

$$F_0 = 0$$

$$F_1 = \frac{1}{2} \delta \times \cos \varphi \times \overline{K_1 B_1}^2$$
$$= 800 \times 0,81915 \times \overline{1,069}^2$$
$$= 655 \times 1,1428$$
$$= 749^k$$

$$F_2 = 655 \times \overline{K_2 B_2}^2$$
$$= 655 \times \overline{1,953}^2$$
$$= 2\,498^k$$

$$F_3 = 655 \times \overline{K_3 B_3}^2$$
$$= 655 \times \overline{2,752}^2$$
$$= 4\,961^k$$

$F_4 = 8\,093^k$ (déjà calculé).

En appliquant à ces valeurs de F la formule de Th. Simpson (93) :

$$M = \frac{h}{3 \times 4}\left[F_0 + F_4 + 4(F_1 + F_3) + 2F_2\right],$$

nous avons :

$$M = \frac{5,00}{12}\left[0 + 8\,093 + 4(749 + 4961) + 2 \times 2\,498\right]$$
$$= \frac{5,00}{12} \times 35\,929$$
$$= 14\,970$$

La formule qui donne la distance Z du centre de poussée au-dessous de l'arête supérieure du mur devient :

$$Z = \frac{Fh - M}{F}$$
$$= \frac{8\,093 \times 5,00 - 14\,970}{8\,093}$$
$$= 3^m,15$$

La hauteur de ce centre de poussée au-dessus de la base a donc, pour valeur :

$$z = h - Z$$
$$= 5,00 - 3,15$$
$$z = 1^m85$$

On avait obtenu graphiquement :

$$z = 1^m,80.$$

790. *Remarque.* — Le résultat auquel nous sommes arrivé par le calcul est entaché d'erreur. Nous l'avons fait à dessein, pour bien montrer l'inconvénient qu'il y a à ne se servir que du calcul dans l'étude de la poussée des terres. — Aussi, conseillons-nous vivement à nos lecteurs d'employer, le plus souvent possible, les tracés graphiques qui sont très expéditifs et donnent des résultats suffisamment approchés quand on a un peu l'habitude du dessin.

L'erreur que nous signalons a été commise dans l'évaluation de la valeur de la poussée F_1 qui s'exerce sur la première division BB_1 (*fig.* 568). En effet, nous avons calculé B_1L_1, L_1T_1 et, par suite, K_1B_1 comme si le plan de disjonction correspondant B_1n' allait rencontrer le profil du massif sur l'horizontale N'S, ce qui est inexact, puisque ce plan de disjonction B_1n' rencontrerait, au contraire, le profil sur la ligne BN. — On sait que, dans ce cas particulier (n° 710) B_1K_1 devient égal à B_1T_1, le point T_1 étant déterminé par la rencontre de B_1T_1 menée parallèlement à AK' et le prolongement BT de la ligne NB du talus. On a fait observer qu'on avait, en outre, l'égalité $B_1T_1 = B_1B$. Par conséquent, ici, $B_1T_1 = 1^m,25$, au lieu de $1^m,069$ qu'on a trouvé plus haut. Les calculs seraient donc à rectifier en remplaçant $1^m,069$ par $1^m,25$.

Si le cavalier était plus élevé, l'arête N

du talus s'éloignerait davantage du parement AB et si, d'un autre côté, on augmentait le nombre des divisions égales sur ce parement, il arriverait qu'il y aurait plusieurs plans de disjonction qui couperaient la ligne BN. Alors, pour ne pas commettre l'erreur que nous indiquons, il est bon de faire un tracé qui permet de voir quels sont les prismes de plus grandes poussées qui se limitent sur l'horizontale NS et ceux qui se limitent, au contraire, sur le talus BN.

Quand nous disons que le plan de disjonction qui passe par le point B_1 rencontre la droite BN, il faut remarquer que ce point de rencontre est indéterminé, puisque la parallèle menée de T à AO se confond avec BN; mais la poussée n'est pas indéterminée, puisque B_1T_1 a une valeur finie qu'il suffit de porter dans la formule générale pour avoir la poussée F_1.

(b). *Le parement intérieur du mur est incliné vers l'extérieur* (1).

791. I. — *Valeur de la plus grande poussée.*

Le parement intérieur du mur étant incliné vers l'extérieur, on aura (*fig.* 569).

$$\text{angle (OAL)} = 2\varphi + \theta + 90^\circ - \varphi = 90^\circ + \varphi + \theta$$

$$\text{et } \sin \text{(OAL)} = \sin(90^\circ + \varphi + \theta) = \cos(\varphi + \theta)$$

et la formule générale de la poussée maxima devient :

$$F = \frac{1}{2}\delta \times \cos(\varphi + \theta) \times \overline{K'A}^2 \qquad (122)$$

792. *Détermination graphique de* K'A. — Comme nous l'avons fait dans le cas d'un mur à parement vertical, nous prendrons, sur N'N, un point T tel qu'on ait :

surface ATK = surface ABNK

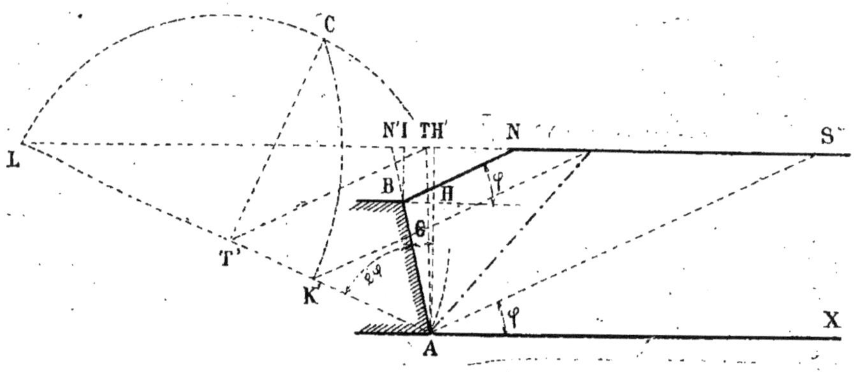

Fig. 569.

ou, en retranchant ces deux surfaces du triangle AN'K,

surface AN'T = surface BN'N

Or, la surface du triangle AN'T est égale à

$$N'T \times \frac{AH'}{2} = N'T \times \frac{h + h'}{2}$$

et celle du triangle BN'N :

$$N'N \times \frac{HH'}{2} = N'N \times \frac{h}{2}$$

De plus :

$$N'N = N'I + IN = IB \operatorname{tang} \theta + IB \operatorname{tang}(90^\circ - \theta) = h'(\operatorname{tang} \theta + \operatorname{cotang} \varphi)$$

Nous avons enfin, en égalant les surfaces des deux triangles :

$$N'T \times \frac{h + h'}{2} = h'(\operatorname{tang}\theta + \operatorname{cotang}\varphi) \times \frac{h'}{2}$$

(1). Subdivision du sous-paragraphe intitulé : *Terre-plein surmonté d'un cavalier* (page 577).

D'où :

$$N'T = \frac{h'^2}{h+h'}(\text{tang}\,\theta + \text{cotang}\,\varphi) \qquad (123)$$

La position du point T se trouvant ainsi déterminée, nous terminons le tracé du point K' comme d'habitude. La distance K'A peut alors être mesurée sur l'épure.

793. *Détermination de* K'A *par le calcul.* — Comme dans le cas d'une surcharge uniformément répartie sur terre-plein horizontal et de mur à parement intérieur incliné vers l'extérieur, nous avons successivement :

$$K'A = AL - \sqrt{AL \times LT'}$$

$$\frac{AL}{AN'} = \frac{\sin(AN'L)}{\sin(ALN')}$$

$$= \frac{\sin(90° + \theta)}{\sin[90° - (2\varphi + \theta)]}$$

$$= \frac{\cos\theta}{\cos(2\varphi + \theta)}$$

$$AN' = \frac{AH'}{\cos\theta} = \frac{h+h'}{\cos\theta}$$

d'où :

$$AL = \frac{h+h'}{\cos\theta} \times \frac{\cos\theta}{\cos(2\varphi+\theta)} = \frac{h+h'}{\cos(2\varphi+\theta)}$$

Ensuite :

$$LT' = AL \times \frac{LN' + N'T}{LH' + H'S}$$

et : $LN' = LH' - N'H'$

$$= (h+h')\,\text{tang}\,(2\varphi+\theta) - (h+h')\,\text{tang}\,\theta$$

$$LN' = (h+h')\,[\text{tang}\,(2\varphi+\theta) - \text{tang}\,\theta]$$

$$LH' = (h+h')\,\text{tang}\,(2\varphi+\theta)$$

$$H'S = (h+h')\,\text{cotang}\,\varphi$$

Pour calculer la poussée on opèrera donc de la manière suivante. On calculera :

$$AL = \frac{h+h'}{\cos(2\varphi+\theta)} \qquad (124)$$

$$LN' = (h+h')[\text{tang}(2\varphi+\theta) - \text{tang}\,\theta] \qquad (125)$$

$$N'T = \frac{h'^2}{h+h'}(\text{tang}\,\theta + \text{cotang}\,\varphi) \qquad (126)$$

$$LH' = (h+h')\,\text{tang}\,(2\varphi+\theta) \qquad (127)$$

$$H'S = (h+h')\,\text{cotang}\,\varphi \qquad (128)$$

$$LT' = AL \times \frac{LN' + N'T}{LH' + H'S} \qquad (129)$$

$$K'A = AL - \sqrt{AL \times LT'} \qquad (130)$$

Au lieu de calculer successivement les valeurs (124) à (129), on pourrait calculer de suite LT' au moyen de la formule :

$$LT' = \frac{h+h'}{\cos(2\varphi+\theta)} \times \frac{\text{tg}\,(2\varphi+\theta) - \text{tg}\,\theta + \left(\frac{h'}{h+h'}\right)^2(\text{tg}\,\theta + \text{cotg}\,\varphi)}{\text{tang}\,(2\varphi+\theta) + \text{cotang}\,\varphi} \qquad (129\ bis)$$

qui n'est autre chose que la formule (129) dans laquelle on a remplacé AL, LN', N'T, LH' et H'S par leurs valeurs.

794. *Remarques.*

1° *Si l'angle* 2φ *est égal à* $90°-\theta$, la droite AL devient parallèle à l'horizontale NS et le point de rencontre de ces deux lignes n'existant plus, on retombe dans le cas du n° 652. On a alors :

$$K'A = \frac{TS}{2}$$

$$= \frac{N'S - N'T}{2}$$

$$= \frac{N'H' + H'S - N'T}{2}$$

$$= \frac{(h+h')\,\text{tg}\,\theta + (h+h')\,\text{cotg}\,\varphi - \frac{h'^2}{h+h'}(\text{tg}\,\theta + \text{cotg}\,\varphi)}{2}$$

$$K'A = \frac{h\,(h+2h')}{2\,(h+h')}(\text{tg}\,\theta + \text{cotg}\,\varphi) \qquad (130\ bis)$$

2° *Si l'angle* 2φ *est plus grand que* $90° - \theta$, la droite AL vient rencontrer l'horizontale NS à droite du point N et les formules (124) à (130) se modifient de la manière suivante :

$$AL = \frac{h+h'}{-\cos(2\varphi+\theta)} \qquad (124\ bis)$$

$$LN' = (h+h')[\text{tg}\,(2\varphi+\theta) + \text{tg}\,\theta] \qquad (125\ bis)$$

$$N'T = \frac{h'^2}{h+h'}(\text{tg}\,\theta + \text{cotg}\,\varphi) \qquad (126)$$

$$LH' = (h+h')\,\text{tg}\,(2\varphi+\theta) \qquad (127)$$

$$H'S = (h+h')\,\text{cotg}\,\varphi \qquad (128)$$

$$LT' = AL \times \frac{LN' - N'T}{LH' - H'S} \qquad (129\ ter)$$

$$K'A = \sqrt{AL \times LT'} - AL \qquad (130\ ter)$$

795. II. *Position du centre de poussée.* — Ce que nous avons dit de la position du centre de poussée dans le cas du parement vertical, s'applique, sans modification, au cas actuel d'un parement incliné vers l'extérieur.

Problème.

796. *Un remblai en cavalier est soutenu par un mur dont le parement intérieur est incliné vers l'extérieur. On demande de déterminer :*

1° *La plus grande poussée qui s'exerce contre le mur ;*

2° *La position du centre de poussée.*

Les données sont :

Hauteur du mur	h =	5m,00
Poids du mètre cube de terre	δ =	1 600k
Angle du talus naturel . . .	φ =	35°
Hauteur du cavalier	h' =	2m,00
Inclinaison du parement sur la verticale	θ =	14°2'

797. 1° *Valeur de la plus grande poussée.*—Elle est donnée par la formule (122):

$$F = \frac{1}{2}\delta \times \cos(\varphi + \theta) \times \overline{K'A}^2$$

dans laquelle il faut remplacer K'A par sa valeur déterminée, soit graphiquement, soit par le calcul.

798. *Détermination graphique de* K'A, — On calculera d'abord, la distance N'T (*fig.* 570) qui fixe la position du point T sur lequel on doit opérer le tracé.

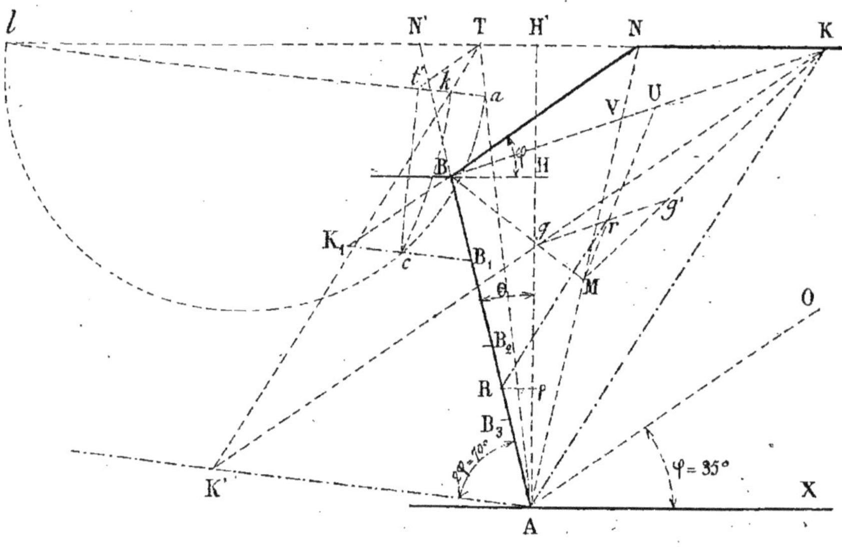

Fig. 570. — Échelle de 0m,01 p. m

La formule (123) nous donne :

$$N'T = \frac{h'^2}{h + h'}(\text{tang } \theta + \text{cotang } \varphi)$$

$$= \frac{\overline{2{,}00}^2}{5{,}00 + 2{,}00}(0.24995 + 1{,}428)$$

$$= \frac{4{,}00}{7{,}00} 1{,}67795$$

$$= 0^m{,}959$$

On portera sur l'épure (*fig.* 570) la distance N'T = 0m,959 et on terminera la construction de la distance K'A. On trouve en mesurant K'A sur l'épure :

$$K'A = 4^m{,}90$$

La valeur de la plus grande poussée sera donc :

$$F = \frac{1}{2}\delta \times \cos(\varphi + \theta) \times \overline{K'A}^2$$

$$= 800 \times 0{,}6556 \times \overline{4{,}90}^2$$

$$= 524{,}5 \times 24{,}01$$

$$= 12\ 588^k$$

799. *Détermination de K'A par le calcul.* — On calculera d'abord les valeurs de AL (124) et de LT' (129 *bis*) qu'on portera ensuite dans l'expression de K'A.

On a :

$$(\mathbf{124}): \quad AL = \frac{h + h'}{\cos(2\varphi + \theta)} = \frac{5{,}00 + 2{,}00}{0{,}104} = 67^m{,}307$$

$$(\mathbf{129}\,bis): LT' = \frac{h + h'}{\cos(2\varphi + \theta)} \times \frac{\operatorname{tg}(2\varphi + \theta) - \operatorname{tg}\theta + \dfrac{N'T}{h + h'}}{\operatorname{tg}(2\varphi + \theta) + \operatorname{cotg}\varphi}$$

$$= 67{,}307 \times \frac{9{,}568 - 0{,}25 + \dfrac{0{,}959}{7{,}00}}{9{,}568 + 1{,}428} = 67{,}307 \times 0{,}86 = 57^m{,}884$$

On aurait pu, au lieu de calculer de suite LT' au moyen de la formule (129 *bis*), calculer successivement LN' (125), N'T (126), LH' (127) et H'S (128).

En portant ces valeurs de AL et LT' dans l'expression de K'A (130), on obtient :

$$(\mathbf{130}): K'A = AL - \sqrt{AL \times LT'} = 67{,}307 - \sqrt{67{,}307 \times 57{,}884} = 67{,}307 - 62{,}420 = 4^m{,}887$$

La formule (122) de la plus grande poussée donne alors :

$$F = \frac{1}{2}\delta \times \cos(\varphi + \theta) \times \overline{K'A}^2 = 800 \times 0{,}6556 \times \overline{4{,}887}^2 = 524{,}5 \times 23{,}883 = 12\,527^k$$

800. 2° *Position du centre de poussée.* — *Détermination graphique.* — Ramener le point K' (*fig.* 570) en K au moyen d'une parallèle K'K à AO. Mener la droite KA de disjonction et déterminer la position du centre de gravité r du quadrilatère ABNK. Tracer la droite rR parallèle à OA jusqu'à sa rencontre avec le parement AB. Le point R de rencontre est le centre de poussée cherché. Sa hauteur, au-dessus de la base, mesurée sur l'épure est :

$$z = A\rho = 1^m,\ 85,$$

801. *Détermination de z par le calcul.*

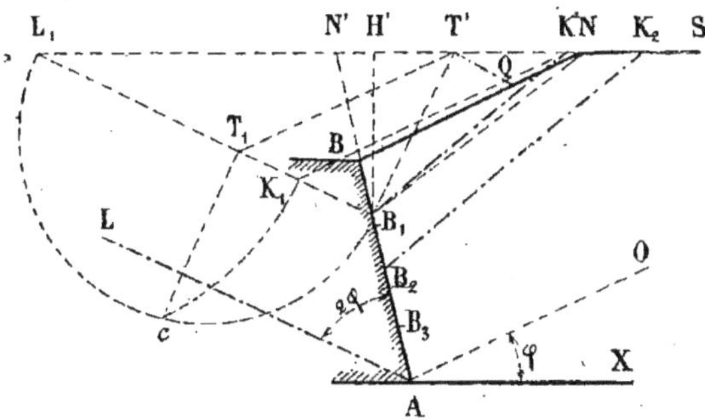

Fig. 571.

— Nous divisons le parement AB (*fig.* 571) en quatre parties égales et nous voyons d'abord si la droite de disjonction, qui passe par le premier point de division B_1, ne rencontre pas l'horizontale N'S. Considérons le point limite N de cette horizontale et supposons, pour un instant, que B_1N représente la droite de disjonction correspondant à la hauteur BB_1. Nous allons calculer la valeur de la distance K_1B_1 ; nous en déduirons celle de T_1K_1 et, par suite celle, de T'K' et nous verrons si T'K' est plus grand ou plus petit que T'N. Si T'K' > T'N, la droite de disjonction $K'B_1$ rencontrera l'horizontale NS. Si, au contraire, $T'K' < T'N$, le point K' tomberait à gauche de N et, comme l'horizontale SN s'arrête au point N, la solution ne serait plus acceptable et nous nous trouverions alors dans le cas particulier que nous avons signalé (n° 710).

Calculons d'abord N'T' au moyen de la formule (123) dans laquelle nous remplaçons h par $\frac{h}{4}$:

$$N'T' = \frac{h'^2}{\frac{h}{4} + h'} (\text{tang } \theta + \text{cotang } \varphi)$$
$$= \frac{\overline{2,00}^2}{1,25 + 2,00}(0,25 + 1,428)$$
$$= \frac{4,00}{3,25} \times 1,678$$
$$= 2^m,06$$

Puis, B_1L_1 et L_1T_1 nous seront données par les formules (124) et (129 *bis*) dans lesquelles nous remplacerons également $h = 5^m,00$ par $\frac{h}{4} = 1^m,25$.

$$(\mathbf{124}) : B_1L_1 = \frac{h + h'}{\cos (2\varphi + \theta)}$$
$$= \frac{1,25 + 2.00}{0,104}$$
$$= 31^m,25$$

$$(\mathbf{129}\ bis) : L_1T_1 = B_1L_1 \times \frac{\text{tg}(2\varphi + \theta) - \text{tg}\,\theta + \frac{N'T'}{h + h'}}{\text{tg}(2\varphi + \theta) + \text{cotg}\,\varphi}$$
$$= 31,25 \times \frac{9,568 - 0,25 + \frac{2,06}{3,25}}{9,568 + 1,428}$$
$$= 31,25 \times 0,9$$
$$= 28^m,125$$

Enfin, nous aurons :

$$K_1B_1 = B_1L_1 - \sqrt{B_1L_1 \times L_1T_1}$$
$$= 31,25 - \sqrt{31,25 \times 28,125}$$
$$= 31,25 - 29,64$$
$$= 1^m,61$$

La distance T_1K_1 aura donc pour valeur :

$$T_1K_1 = B_1L_1 - L_1T_1 - K_1B_1$$
$$= 31,25 - 28,125 - 1,61$$
$$= 1^m,525$$

Menons maintenant T'Q parallèle à T_1K_1. Nous aurons :

$$T'Q = T_1K_1$$

et le triangle T'QK' nous donnera :

$$\frac{T'K'}{T'Q} = \frac{\sin (T'QK')}{\sin (T'K'Q)}$$

Or, $(T'K'Q) = \varphi$

$$(QT'K') = (B_1L_1H) = 90° - (2\varphi + \theta)$$
$$T'QK') = 180° - \varphi - [90° - (2\varphi + \theta)]$$
$$= 180° - \varphi - 90° + 2\varphi + \theta$$
$$= 90° + \varphi + \theta$$

Donc :

$$T'K' = T'Q \times \frac{\cos (\varphi + \theta)}{\sin \varphi}$$
$$= 1,525 \times \frac{0,6556}{0,5736}$$
$$= 1^m,743$$

et comme $T'N = N'N - N'T'$

$$= h' (\text{tang } \theta + \text{cotang } \varphi) - N'T'$$
$$= 2,00 (0,25 + 1,428) - 2,06$$
$$= 3^m,356 - 2,06$$
$$= 1^m,296,$$

nous voyons que T'N est plus petit que T'K'. Il en résulte que le point K' tombe à droite du point N. La droite de disjonction B_1K' rencontre le plan supérieur NS du remblai. Il n'y a, par suite, pas lieu de calculer la poussée sur BB_1, spécialement dans le cas particulier qui aurait pu se produire. Nous déterminerons donc les distances K_1B_1, K_2B_2, K_3B_3 comme nous l'avons fait pour K'A.

Afin de ne pas allonger le calcul, nous admettrons que les points K_1, K_2, K_3 et K' sont situés sur une même ligne droite. Il nous suffira alors de calculer K_1B_1 ; les autres distances s'en déduiront par interpolation.

Or, la valeur déjà calculée de K_1B_1 est bonne, puisque nous ne nous trouvons pas dans le cas particulier. Nous avons donc

$$K_1B_1 = 1^m,61$$
$$e = K'A - K_1B_1 = 4,887 - 1,61$$
$$= 3^m,277$$

Puis, $$K_2B_2 = K_1B_1 + \frac{e}{3}$$
$$= 1,61 + 1,092$$
$$= 2^m,702$$

$$K_3 B_3 = K_2 B_2 + \frac{e}{2}$$
$$= 2,702 + 1,092$$
$$= 3^m,794$$
$$K'A = K_3 B_3 + \frac{e}{3}$$
$$= 3,794 + 1,093$$
$$= 4^m,887$$

Les valeurs des poussées sont :

$$F_0 = 0$$
$$F_1 = \frac{1}{2} \delta \times \cos(\varphi + \theta) \times \overline{K_1 B_1}^2$$
$$= 800 \times 0,0556 \times \overline{1,61}^2$$
$$= 524,5 \times 2,59$$
$$= 1\,358^k$$
$$F_2 = 524,5 \times \overline{K_2 B_2}^2$$
$$= 524,5 \times \overline{2,70}^2$$
$$= 3\,829^k$$
$$F_3 = 524,5 \times \overline{K_3 B_3}^2$$
$$= 524,5 \times \overline{3,794}^2$$
$$= 7\,548^k$$
$$F_4 = F = 12\,527 \text{ (déjà calculée).}$$

La formule de Th. Simpson donne :

$$M = \frac{h}{3 \times 4}\left[F_0 + F_4 + 4\,(F_1 + F_3) + 2\,F_2\right]$$
$$= \frac{5,00}{12}\left[0 + 12\,527 + 4\,(1358 + 7548) + 2 \times 3829\right]$$
$$= \frac{5,00}{12}\,55\,809$$
$$= 23\,254$$

Enfin, on aura, pour la distance Z du centre de poussée à l'arête supérieure du mur :

$$Z = \frac{Fh - M}{F}$$
$$= \frac{12\,527 \times 5, \quad - 23\,254}{12\,527}$$
$$= 3^m,144$$

et, par suite, la hauteur z de ce centre de poussée au-dessus de la base, sera :

$$z = h - Z$$
$$= 5,00 - 3,144$$
$$= 1^m,856$$

Graphiquement, on avait trouvé $z = 1^m,85$.

802. *Remarque.* — Quoique le calcul nous ait indiqué que le point K' tombe à droite de N, on voit que ce point se trouve placé à gauche de N sur la figure 571. Il ne faudrait pas en conclure que le tracé et les calculs sont en désaccord, car la figure 571 n'est pas une épure faite à l'échelle d'après les données du problème, mais simplement une figure de démonstration. — Nous allons d'ailleurs indiquer ce qu'il faudrait faire si ce point K' tombait à gauche de N comme dans la figure.

La droite de disjonction correspondante $K'B_1$ ne rencontrerait plus le plan supérieur NS du remblai et on devrait alors calculer la poussée F_1 comme dans le cas particulier du plan incliné faisant avec l'horizon le même angle que le talus naturel. On aurait, graphiquement, la distance K_1D_1 (*fig* 570) qui entre dans l'expression de F_1, en prolongeant la droite NB du talus jusqu'à sa rencontre K_1 avec la droite B_1K_1 qui fait un angle 2φ avec le parement BB_1. (Voir n° 718 et *fig.* 552.) La valeur de K_1B_1 mesurée sur l'épure et portée dans l'expression de F permettrait d'obtenir la plus grande poussée cherchée F_1 sur la partie B_1B du parement. On pourrait aussi calculer directement F_1 au moyen de la formule (73) du même numéro :

$$F_1 = \frac{h^2}{2\cos(\varphi + \theta)} \times \left(\frac{\cos(\varphi - \theta)}{\cos\theta}\right)^2$$

Les autres poussées F_2, F_3 qui s'exercent sur les parties BB_2 et BB_3 du parement s'obtiendraient, ensuite, comme nous venons de le faire plus haut.

803. Lorsqu'on recherche la position du point K' et que ce point tombe à droite de N, les calculs faits pour cette recherche sont utiles en ce sens qu'ils servent à déterminer la valeur de la poussée F_1. Mais, lorsque le point K' tombe à gauche de N, les calculs faits ne peuvent plus être utilisés à la détermination de la poussée, puisque celle-ci doit alors être calculée autrement. On voit combien la méthode par le calcul est longue et laborieuse et quels avantages les tracés graphiques présentent sur le calcul au point de vue de la rapidité des opérations.

(c) *Le parement intérieur du mur est en surplomb* (1).

804. I.— *Valeur de la plus grande poussée.* — La formule générale de la poussée qui est

$$F = \frac{1}{2}\,\delta \sin(\mathrm{OAL}) \times \overline{\mathrm{KA}}^2$$

devient ici :

$$F = \frac{1}{2}\,\delta \cos(\varphi - \theta) \times \overline{\mathrm{K'A}}^2, \quad (131)$$

puisque, dans le cas d'un mur en surplomb, on a :

$$\sin(\mathrm{OAL}) = \sin\left[90^\circ + (\varphi - \theta)\right] = \cos(\varphi - \theta)$$

805. *Détermination graphique de K'A.*

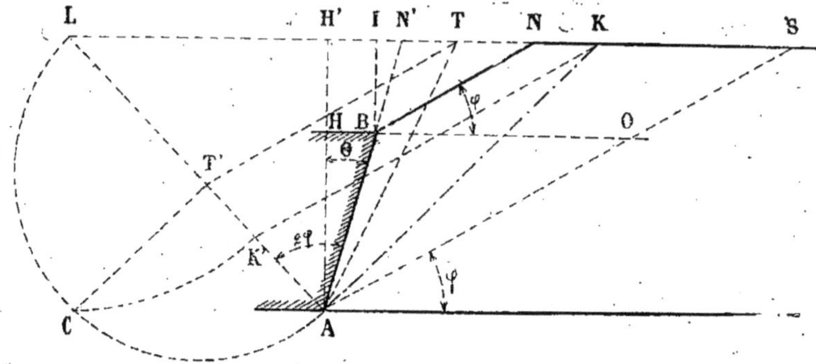

Fig. 572.

On fixe d'abord la position du point T (fig. 572) pour qu'on ait :

Surface triangle AN'T = surface triangle BN'N, c'est-à-dire

$$\mathrm{N'T} \times \frac{h + h'}{2} = \mathrm{N'N} \times \frac{h}{2}$$

Or, $\mathrm{N'N} = \mathrm{IN} - \mathrm{IN'}$

$$= h' \operatorname{cotang}\varphi - h' \operatorname{tang}\theta$$

$= h'(\operatorname{cotang}\varphi - \operatorname{tang}\theta)$. D'où :

$$\mathrm{N'T} = \frac{h'^2}{h + h'}(\operatorname{cotang}\varphi - \operatorname{tang}\theta) \quad (132)$$

On continue ensuite la construction connue pour l'obtention de la distance cherchée K'A.

806. *Détermination de K'A par le calcul.* — On aura successivement (voir pour plus de détails les autres cas déjà traités) :

$$\mathrm{K'A} = \mathrm{AL} - \sqrt{\mathrm{AL} \times \mathrm{LT}}$$

$$\mathrm{AL} = \mathrm{AN'} \times \frac{\sin(\mathrm{LN'A})}{\sin(\mathrm{ALN'})}$$

$$= \frac{h + h'}{\cos\theta} \times \frac{\cos\theta}{\cos(2\varphi - \theta)}$$

$$= \frac{h + h'}{\cos(2\varphi - \theta)}$$

$$\mathrm{LT'} = \mathrm{AL} \times \frac{\mathrm{LH'} + \mathrm{H'T}}{\mathrm{LH'} + \mathrm{H'S}}$$

$$\mathrm{LH'} = (h + h') \operatorname{tang}(2\varphi - \theta)$$

$$\mathrm{H'T} = \mathrm{H'N'} + \mathrm{N'T}$$

$$= (h + h') \operatorname{tang}\theta + \frac{h'^2}{h + h'}(\operatorname{cotg}\varphi - \operatorname{tg}\theta)$$

$$\mathrm{H'S} = (h + h') \operatorname{cotang}\varphi$$

La marche à suivre pour le calcul de la poussée consistera donc à faire successivement emploi des formules ci-dessous :

$$\mathrm{AL} = \frac{h + h}{\cos(2\varphi - \theta)} \quad (133)$$

$$\mathrm{LH'} = (h + h') \operatorname{tang}(2\varphi - \theta) \quad (134)$$

(1) Subdivision du sous-paragraphe intitulé *Terre-plein surmonté d'un cavalier* (page 577).

$$H'T = (h + h')\,\text{tg}\,\theta + \frac{h'^2}{h+h'}(\text{cotang}\,\varphi - \text{tang}\,\theta) \quad (135)$$

$$H'S = (h + h')\,\text{cotang}\,\varphi \quad (136)$$

$$LT' = AL \times \frac{LH' + H'T}{LH' + H'S} \quad (137)$$

$$K'A = AL - \sqrt{AL \times LT'} \quad (138)$$

On portera cette valeur de K' A dans l'expression (131) de la poussée maximum.

Au lieu de calculer séparément les valeurs de AL, LH' H' T et H' S pour arriver à celle de LT', on pourrait avoir de suite celle-ci au moyen de la formule :

$$LT' = \frac{h + h'}{\cos(2\varphi - \theta)} \times \frac{\text{tg}(2\varphi - \theta) + \text{tg}\,\theta + \left(\frac{h'}{h+h'}\right)^2(\text{cotg}\,\varphi - \text{tg}\,\theta)}{\text{tg}(2\varphi - \theta) + \text{cotg}\,\varphi} \quad (137\ bis)$$

qui n'est autre chose que la formule (137) dans laquelle on a remplacé AL, LH', H'T et H'S par leurs valeurs.

807. *Remarques.*

1° — *Lorsque l'angle* 2φ *est égal à* $90° + \theta$, on a (voir n° 652):

$$K'A = \frac{TS}{2}$$

Or, $TS = H'S - H'T$

$$= (h+h')\,\text{ctg}\,\varphi - (h+h')\,\text{tg}\,\theta - \frac{h'^2}{h+h'}(\text{ctg}\,\varphi - \text{tg}\,\theta)$$

$$= (h+h')(\text{cotg}\,\varphi - \text{tg}\,\theta) - \frac{h'^2}{h+h'}(\text{cotg}\,\varphi - \text{tg}\,\theta).$$

$$\text{Donc, } K'A = \frac{h(h+2h')}{2(h+h')}(\text{cotg}\,\varphi - \text{tg}\,\theta) \quad (138\ bis)$$

2° — *Lorsque l'angle* 2φ *est plus grand que* $90° + \theta$, la droite AL rencontre l'horizontale NS à droite du point N et on a:

$$AL = \frac{h + h'}{-\cos(2\varphi - \theta)} \quad (133\ bis)$$

$$LH' = (h + h')\,\text{tg}(2\varphi - \theta) \quad (134)$$

$$HT' = (h+h')\,\text{tg}\,\theta + \frac{h'^2}{h+h'}(\text{cotg}\,\varphi - \text{tg}\,\theta) \quad (135)$$

$$H'S = (h + h')\,\text{cotg}\,\varphi \quad (136)$$

$$LT' = AL \times \frac{LH' - H'T}{LH' - H'S} \quad (137\ ter)$$

$$K'A = \sqrt{AL \times LT'} - AL \quad (138\ ter)$$

808. II. *Position du centre de poussée.* — Cette position se détermine comme nous l'avons expliqué dans les cas d'un parement vertical et d'un parement incliné vers l'extérieur.

Problème.

809. *Un mur à parement intérieur en surplomb soutient un remblai en cavalier. On demande de déterminer :*

1° *La plus grande poussée qui s'exerce contre le mur ;*

2° *La position du centre de poussée.*

Les données du problème sont :

Hauteur du mur. . . . . . $h = 5^m,00$
Poids du mètre cube de terre $\delta = 1\ 600^k$
Angle du talus naturel. . . $\varphi = 35°$
Hauteur du cavalier. . . . $h' = 2^m,00$
Inclinaison du parement en surplomb sur la verticale. $\theta = 14°2'$

810. 1° *Plus grande poussée.* — La plus grande poussée a pour expression, dans le cas dont nous nous occupons:

$$F = \frac{1}{2}\delta \times \cos(\varphi - \theta) \times \overline{K'A}^2$$

811. *Détermination graphique de K'A.* — On fixera d'abord la position du point T (*fig.* 573) au moyen de la relation (132):

$$N'T = \frac{h'^2}{h+h'}(\text{cotang}\,\varphi - \text{tang}\,\theta)$$
$$= \frac{\overline{2,00}^2}{5,00 + 2,00}(1,428 - 0,25)$$
$$= \frac{4,00}{7,00} \times 1,178$$
$$= 0^m,673.$$

On portera cette distance $0^m,673$ sur l'épure, à partir du point N', et on terminera la construction de la distance K'A comme elle est indiquée (*fig.* 573). Du tracé, il résulte que la distance K'A est

$$K'A = 2^m,60.$$

Portant cette valeur dans l'expression (131) de la poussée maxima, il vient :

$$F = \frac{1}{2}\delta \times \cos(\varphi - \theta) \times \overline{K'A}^2$$
$$= 800 \times 0,9338 \times \overline{2,60}^2$$
$$= 747 \times 6,76$$
$$= 5\ 050^k$$

812. *Détermination de K'A par le calcul.* — En appliquant les formules (133), (137 *bis*) et (138), on trouve :

$$(\mathbf{133}): \mathrm{AL} = \frac{h + h'}{\cos(2\varphi - \theta)} = \frac{5{,}00 + 2{,}00}{0{,}5597} = 12^{m},50$$

$$(\mathbf{137}\ bis): \mathrm{LT'} = \mathrm{AL} \times \frac{\mathrm{tg}(2\varphi - \theta) + \mathrm{tg}\,\theta + \frac{\mathrm{N'T}}{h+h'}}{\mathrm{tg}(2\varphi - \theta) + \mathrm{cotg}\,\varphi}$$

$$= 12{,}50 \times \frac{1{,}481 + 0{,}25 + \frac{0{,}673}{7{,}00}}{1{,}481 + 1{,}428}$$

$$= 12{,}50 \times 0{,}628$$

$$= 7^{m}85$$

$$(\mathbf{138}): \mathrm{K'A} = \mathrm{AL} - \sqrt{\mathrm{AL} \times \mathrm{LT'}}$$

$$= 12{,}50 - \sqrt{12{,}50 \times 7{,}85}$$

$$= 12{,}50 - 9{,}90$$

$$= 2^{m},60$$

En portant cette valeur de K'A dans la formule de la plus grande poussée, on obtient :

$$\mathrm{F} = \frac{1}{2}\delta \times \cos(\varphi - \theta) \times \overline{\mathrm{K'A}}^2$$

$$= 800 \times 0{,}9338 \times \overline{2{,}60}^2$$

$$= 747 \times 6{,}76$$

$$= 5\,050^{k}.$$

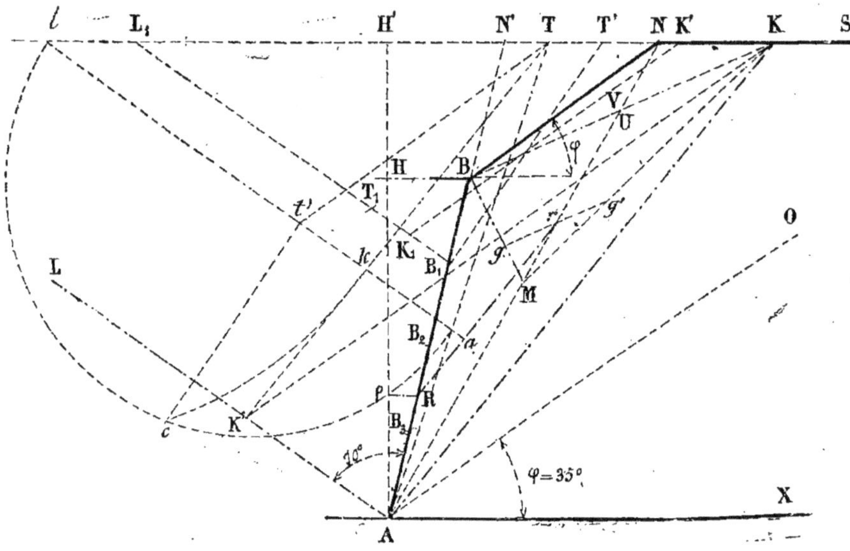

Fig. 573. — Echelle de $0^{m},01$ p. m.

813. II. *Position du centre de poussée. — Détermination graphique.* — Après avoir tracé la parallèle K'K à AO, (*fig.* 573) et la droite de disjonction KA, on détermine la position du centre de gravité du quadrilatère ABNK comme cela a été expliqué et on ramène le centre de gravité r sur le parement AB, au point R, au moyen d'une parallèle rR à la droite de rupture KA. — R est le centre de poussée cherché.

La hauteur z donnée par l'épure, est :

$$z = \mathrm{A}\rho = 1^{m},80$$

814. *Détermination par le calcul.* — Il faut d'abord voir quels sont les plans de rupture qui ne rencontrent pas la partie horizontale supérieure du remblai. Pour cela, on calcule la distance $\mathrm{K_1 B_1}$ (*fig.* 573), qui correspond à la poussée sur la première division $\mathrm{BB_1}$ du parement, comme on a calculé K'A, mais en ayant soin de remplacer dans les formules, $h = 5^{m},00$

par $h = 1^m,25$ si l'on a divisé le parement en quatre parties égales, et on voit si le point K_1, ramené parallèlement à AO sur l'horizontale supérieure du remblai, tombe à droite ou à gauche du point N qui limite le talus.

Les calculs à faire sont semblables à ceux que nous avons effectués précédemment pour le cas d'un parement incliné vers l'extérieur. Nous nous bornerons donc à les appliquer au cas actuel sans explications pour lesquelles, d'ailleurs, le lecteur pourra se reporter au problème du cas précédent.

$$N'T' = \frac{h'^2}{\frac{h}{4} + h'} (\text{cotang } \varphi - \text{tang } \theta)$$
$$= \frac{4,00}{3,25} (1,428 - 0,25)$$
$$= 1^m,45$$

$$B_1L_1 = \frac{\frac{h}{4} + h'}{\cos (2 \varphi - \theta)}$$
$$= \frac{3,25}{0,56}$$
$$= 5^m,80$$

$$L_1T_1 = B_1L_1 \times \frac{\text{tg } (2 \varphi - \theta) + \text{tg } \theta + \frac{N'T'}{3,25}}{\text{tg } (2 \varphi - \theta) + \text{cotg } \varphi}$$
$$= 5,80 \times \frac{1,481 + 0,25 + \frac{1,45}{3,25}}{1,481 + 1,428}$$
$$= 5,80 \times 0,748$$
$$= 4^m,338$$

$$K_1B_1 = B_1L_1 - \sqrt{B_1L_1 \times L_1T_1}$$
$$= 5,80 - \sqrt{5,80 \times 4,338}$$
$$= 5,80 - 5,016$$
$$= 0^m,784$$

$$T_1K_1 = B_1L_1 - LT_1 - K_1B_1$$
$$= 5,80 - 4,338 - 0,784$$
$$= 0^m,678$$

$$T'K' = T_1K_1 \times \frac{\cos (\varphi - \theta)}{\sin \varphi}$$
$$= 0,678 \times \frac{0,9338}{0,5736}$$
$$= 1^m,627$$

$$T'N = N'N - N'T$$
$$= h' (\text{cotang } \varphi - \text{tang } \theta) - N'T'$$
$$= 2,00 \ (1,428 - 0,25) - 1,45$$
$$= 2,356 - 1,45$$
$$= 0^m,906$$

On voit que $T'K' = 1^m,627$ est plus grand que $T'N = 0^m,906$. Donc, le plan de disjonction du prisme de plus grande poussée, qui correspond à la partie BB_1 du parement, coupe la surface horizontale NS du remblai suivant K'. Il n'y a pas lieu de calculer la poussée F_1 dans le cas particulier du plan incliné réglé suivant le talus naturel (n° 726). On pourra donc continuer la détermination du centre de poussée sans rien changer à la méthode suivie dans les problèmes précédents. On aura :

$$K_1B_1 = 0,784$$
$$K'A = 2,600$$
$$e = K'A - K_1B_1$$
$$= 2,600 - 0,784$$
$$= 1,816$$

$$K_2B_2 = K_1B_1 + \frac{e}{3}$$
$$= 0,784 + 0,605$$
$$= 1,389$$

$$K_3B_3 = K_2B_2 + \frac{e}{3}$$
$$= 1,389 + 0,605$$
$$= 1,994$$

$$K'A = K_3B_3 + \frac{e}{3}$$
$$= 1,994 + 0,606$$
$$= 2,600$$

Les poussées auront pour valeurs :

$$F_0 = 0$$
$$F_1 = \frac{1}{2} \delta \times \cos (\varphi - \theta) \times \overline{K_1 B_1}^2$$
$$= 800 \times 0,9338 \times \overline{0,784}^2$$
$$= 747 \times 0,6147$$
$$= 459^k$$

$$F_2 = 747 \times \overline{K_2 B_2}^2$$
$$= 747 \times \overline{1,389}^2$$
$$= 1\,441^k$$

$$F_3 = 747 \times \overline{K_3 B_3}^2$$
$$= 747 \times \overline{1,994}^2$$
$$= 2\,970^k$$

$$F_4 = F = 5\,050^k \text{ (déjà calculée)}$$

La formule de Th. Simpson donnera :

$$M = \frac{h}{3 \times 4}\left[F_0 + F_4 + 4(F_1 + F_3) + 2F_2\right]$$

$$= \frac{5,00}{12}\left[0 + 5\,050 + 4(459 + 2\,970) + 2 \times 1\,441\right]$$

$$= \frac{5,00}{12} \times 21\,648$$

$$= 9\,020$$

On aura enfin, pour la valeur de Z :

$$Z = \frac{Fh - M}{F}$$

$$= \frac{5\,050 \times 5,00 - 9\,020}{5\,050}$$

$$= 3^m,214$$

La hauteur z du centre de poussée au-dessus de la base sera donc :

$$z = h - Z$$

$$= 5,00 - 3,214$$

$$= 1^m$$

on avait trouvé graphiquement $z = 1^m,80$.

5° REMBLAI EN CAVALIER UNIFORMÉMENT SURCHARGÉ.

815. Le plus souvent, un mur de soutènement maintient un massif sur toute sa hauteur. Alors, la crête du mur est au même niveau que le plan supérieur du massif. Celui-ci peut recevoir une surcharge provenant, par exemple, dans le cas de quais, des marchandises qu'on y entasse ; dans le cas de routes, des chariots qui circulent et, dans le cas de chemins du fer, du passage du matériel roulant. En réalité, ces surcharges ne sont pas uniformément réparties, mais on les remplace par des surcharges qu'on suppose réparties uniformément et dont les effets se rapprochent le plus possible de ceux des surcharges réelles.

Nous examinerons d'ailleurs ces surcharges plus loin et nous verrons quelles limites elles peuvent atteindre. On devra toujours se placer dans les conditions les plus défavorables à la stabilité de l'ouvrage qu'on veut établir.

Nous allons maintenant examiner le cas d'un remblai en cavalier recevant une surcharge qui se présente assez souvent dans la pratique, surtout pour l'établissement des routes et des chemins de fer, lorsque le remblai à soutenir est trop élevé et qu'on ne peut ou ne veut monter la crête du mur jusqu'au niveau supérieur de ce remblai.

(a) *Le parement intérieur du mur est vertical.*

816. I. — *Valeur de la plus grande poussée.* — Soient (*fig.* 574) :

AB, le parement vertical du mur,

AS, la ligne du talus naturel des terres,

BNO′, le profil du remblai en cavalier,

NN_1O_1O', le profil de la surcharge uniformément répartie transformée en une hauteur h_1 de terre,

AL, la droite qui fait avec le parement AB un angle égal à 2 φ.

L'angle (OAL) est égal à $90° - \varphi + 2\varphi$ ou $90° + \varphi$, et on a :

$$\sin(OAL) = \sin(90° + \varphi) = \cos.\ \varphi.$$

La formule générale qui donne la valeur de la poussée devient :

$$F = \frac{1}{2}\delta \times \sin(OAL) \times \overline{K'A}^2$$

$$F = \frac{1}{2}\delta \times \cos\varphi \times \overline{K'A}^2 \qquad (139)$$

817. *Détermination graphique de K′A.* — Pour faire cette détermination, on fixera d'abord, sur l'horizontale supérieure SL (*fig.* 574), la position du point T, telle qu'on ait :

Surface ATK = surface $ABNN_1K$.

ou, en retranchant ces deux surfaces, du triangle AN′K :

Surface ATN′ = surface $ABN'N_1N$. Or,

$$\text{Surface ATN'} = N'T \times \frac{AN'}{2}$$

$$= N'T \times \frac{h + h' + h_1}{2} \text{ et}$$

Surface $BN'N_1N = BH'H + H'N'N_1N$

$$= \frac{BH' \times H'N}{2} + H'N' \times H'N$$

$$= \frac{h' \times h' \cot g \varphi}{2} + h_1 \times h' \cot g \varphi$$

On devra donc avoir :

$$N'T \times \frac{h + h' + h_1}{2} = \frac{h'^2}{2} \cot g \varphi + h_1 h' \cot g \varphi$$

$$\text{D'où :} \quad N'T = \frac{h'^2 + 2 h' h_1}{h + h' + h_1} \cot g \varphi \qquad (140)$$

La position cherchée du point T sera déterminée par la distance N'T qu'on portera à partir du point N', rencontre du parement AB prolongé avec l'horizontale supérieure SL. Sur les droites AT et AL, on fera la construction connue pour l'obtention du point K'. La distance K'A pourra alors être mesurée sur l'épure et sa valeur, portée dans la formule (139), donnera la poussée F.

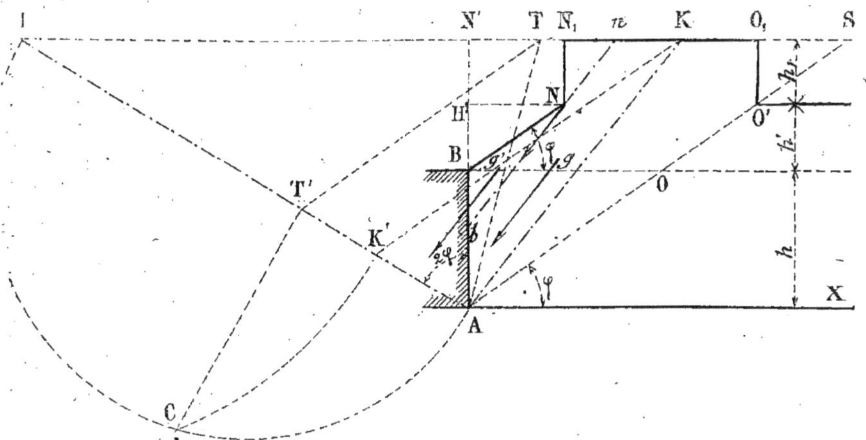

Fig. 574.

818. *Détermination de* K'A *par le calcul.* — On a

$$K'A = AL - \sqrt{AL \times LT'}$$

Puis, le triangle rectangle ALN' donne :

$$AL = \frac{AN'}{\cos 2\varphi} = \frac{h + h' + h_1}{\cos 2\varphi}$$

Les deux triangles semblables LT'T, LAS donnent aussi :

$$LT' = AL \times \frac{LN' + N'T}{LN' + N'S}$$

et on a, en outre, dans le triangle rectangle ALN',

$$LN' = AN' \times \tan g\, 2\varphi$$
$$= (h + h' + h_1) \operatorname{tg} 2\varphi$$

et dans le triangle rectangle AN'S

$$N'S = AN' \times \tan g\, (90^\circ - \varphi)$$
$$= (h + h' + h_1) \cot g \varphi$$

De plus, on a trouvé précédemment la valeur de N'T :

$$N'T = \frac{h'^2 + 2 h' h_1}{h + h' + h_1} \cot g \varphi$$

Pour calculer la valeur de K'A, on opérera donc de la manière suivante. On calculera successivement :

$$AL = \frac{h + h' + h_1}{\cos 2\varphi} \qquad (141)$$

$$LN' = (h + h' + h_1) \tan g\, 2\varphi \qquad (142)$$

$$N'S = (h + h' + h_1) \cot g \varphi \qquad (143)$$

$$N'T = \frac{h'^2 + 2 h' h_1}{h + h' + h_1} \cot g \varphi \qquad (144)$$

$$LT' = AL \times \frac{LN' + N'T}{LN' + N'S} \qquad (145)$$

$$K'A = AL - \sqrt{AL \times LT'} \qquad (146)$$

Au lieu de calculer successivement (141), (142), (143) et (144) pour avoir LT', on pourrait l'obtenir directement au moyen de la formule suivante :

$$LT' = \frac{h + h' + h_1}{\cos 2\varphi} \times \frac{\operatorname{tg} 2\varphi + \frac{h'^2 + 2h'h_1}{(h + h' + h_1)^2}\operatorname{cotg}\varphi}{\operatorname{tg} 2\varphi + \operatorname{cotg}\varphi} \quad (145\ bis)$$

qui n'est autre chose que la formule (145) dans laquelle on a remplacé AL, LN', N'T et N'S par leurs valeurs.

819. *Remarques.* — 1° *Si l'angle φ est égal à* 45°, la droite AL, qui fait un angle égal à 2 φ avec le parement vertical, devient horizontale et on retombe dans le cas du n° 667. On a alors :

$$K'A = \frac{TS}{2}. \qquad \text{Or,}$$

$$TS = N'S - N'T$$

$$= (h+h'+h_1)\operatorname{cotg}\varphi - \frac{h'^2 + 2h'h_1}{h + h' + h_1}\operatorname{cotg}\varphi$$

$$= \left(h+h'+h_1 - \frac{h'^2+2h'h_1}{h+h'+h_1}\right)\operatorname{cotg}\varphi. \text{ D'où,}$$

$$K'A = \frac{(h + h_1)^2 + 2hh'}{2(h + h' + h_1)}\operatorname{cotg}\varphi \quad (146\ bis)$$

2° *Si l'angle φ est plus grand que* 45°, la droite AL rencontre l'horizontale NS en un point situé à droite de N. Les formules (141) à (146) se transforment alors ainsi qu'il suit :

$$AL = \frac{h + h' + h_1}{-\cos 2\varphi} \quad (141\ bis)$$

$$LN' = (h + h' + h_1)\operatorname{tg} 2\varphi \quad (142)$$

$$N'S = (h + h' + h_1)\operatorname{cotg}\varphi \quad (143)$$

$$N'T = \frac{h'^2 + 2h'h_1}{h + h' + h_1}\operatorname{cotg}\varphi \quad (144)$$

$$LT' = AL \times \frac{LN' - N'T}{LN' - N'S} \quad (145\ ter)$$

$$K'A = \sqrt{AL \times LT'} - AL \quad (146\ ter)$$

820. II. *Position du centre de poussée.* — *Détermination graphique.* — Nous emploierons la même méthode que pour les cas précédemment examinés.

Menons la droite nNb (*fig.* 574) passant par N et parallèle à la ligne de disjonction KA. Nous admettons que la poussée totale produite par le prisme de plus grande poussée dont le profil est $ABNN_1K$, se compose de trois parties :

1° La partie du prisme dont la section est le trapèze $AbnK$ produit une poussée dont le point d'application est au centre de gravité g de la figure ;

2° La partie dont la section est le triangle bBN produit une poussée dont le point d'application est au centre de gravité g' de ce triangle et, enfin :

3° La partie dont la section est le triangle NN_1n agit comme un coin qui transmettrait sa poussée par sa pointe N.

Quoique cela ne soit pas rigoureusement exact, nous admettons que toutes ces poussées partielles sont dirigées parallèlement au plan de disjonction KA. Pour avoir le point d'application de la poussée totale, il suffira de composer les poussées partielles dont on connaît les points d'application g, g' et N et la direction commune. On pourra faire cette composition au moyen d'un polygone des forces et du polygone funiculaire correspondant, comme nous l'avons déjà fait dans d'autres exemples. Ces constructions seront d'ailleurs détaillées dans l'epure, à l'échelle de 0m,01 par mètre, que nous donnons (*fig.* 575).

821. *Détermination par le calcul.* — Elle se fera par la méthode générale. On divisera le parement AB en un *nombre pair* de parties égales et on calculera les poussées pour les hauteurs partielles correspondant aux points de division. La formule de Th. Simpson et celle de Z permettront d'obtenir finalement la hauteur z du centre de poussée au-dessus de la base (voir les problèmes précédemment résolus).

Il faudra avoir bien soin de s'assurer que les lignes de disjonction, qui correspondent aux prismes partiels de poussée, coupent la ligne horizontale NO' à droite du point N. Si la rencontre se faisait à gauche de ce point, celà indiquerait qu'on se trouve dans le cas particulier d'un massif à plan incliné de l'angle φ et on devrait évaluer la poussée correspondante comme cela a été indiqué au n° 710.

Problème.

822. *Un remblai en cavalier recevant une surcharge uniformément répartie est soutenu par un mur dont le parement intérieur est vertical. On demande de déterminer :*

1° La plus grande poussée qui s'exerce contre le mur ;

2° La position du centre de poussée.

Les données sont :

Hauteur du mur. . . . . . . $h = 5^m,00$
Poids du mètre cube de terre. $\delta = 1\,600^k$
Angle du talus naturel . . . $\varphi = 35°$
Hauteur du cavalier. . . . . $h' = 2^m,00$
Surcharge uniformément répartie par mètre superficiel . . 3 200^k

La hauteur h_1 de terre qui correspond à cette surcharge est

$$h_1 = \frac{3\,200}{1\,600} = 2^m,00.$$

823. I. — *Valeur de la plus grande poussée.* — Cette valeur est donnée par la formule (139) :

$$F = \frac{1}{2}\delta \times \cos\varphi \times \overline{K'A}^2$$
$$= 800 \times \cos 35° \times \overline{K'A}^2$$
$$= 655,3 \times \overline{K'A}^2$$

824. *Détermination graphique de* K' A. — La première chose à faire est de déterminer la position du point T sur l'épure (*fig.* 575). On a, d'après la formule (140) :

$$N'T = \frac{h'^2 + 2h'h_1}{h + h' + h_1} \operatorname{cotg}\varphi$$
$$= \frac{4,00 + 2 \times 2,00 \times 2,00}{5,00 + 2,00 + 2,00} \operatorname{cotg} 35°$$
$$= \frac{12,00}{9,00} \times 1,428$$
$$= 1^m,904.$$

On porte la distance N' T $= 1^m,904$ à partir du point N' et le point T étant ainsi déterminé, on fait la construction ordinaire pour l'obtention du point K'.

Pour cela, on trace *al* parallèle à AL et T*t'* parallèle à AO. On trace sur *al* une demi-circonférence et on élève au point *t'* la perpendiculaire *t'c*. On ramène la distance *lc* en *lk* au moyen d'un arc de cercle *ck* décrit de *l*, comme centre, avec *lc* comme rayon. On joint T*k* qu'on prolonge jusqu'en K'. La distance K'A, mesurée sur l'épure est :

$$K'A = 4^m,20$$

La valeur de la plus grande poussée est donc :

$$F = 655,3 \times \overline{K'A}^2$$
$$= 655,3 \times \overline{4,20}^2$$
$$= 11\,559^k$$

825. *Détermination de* K'A *par le calcul.* — Pour faire le calcul, on emploie les formules (141) à (146) qui donnent successivement :

(141) : $AL = \frac{h + h' + h_1}{\cos 2\varphi}$
$= \frac{5,00 + 2,00 + 2,00}{\cos 70°}$
$= \frac{9,00}{0,342}$
$= 26,316$

(142) : $LN' = (h + h' + h_1) \operatorname{tang} 2\varphi$
$= 9,00 \times \operatorname{tang} 70°$
$= 9,00 \times 2,74748$
$= 24,727$

(143) : $N'S = (h + h' + h_1) \operatorname{cotang}\varphi$
$= 9,00 \times \operatorname{cotang} 35°$
$= 9,00 \times 1,428$
$= 12,852$

(144) : $N'T = 1,904$

(145) : $LT' = AL \times \frac{LN' + N'T}{LN' + N'S}$
$= 26,316 \times \frac{24,727 + 1,904}{24,727 + 12,852}$
$= 26,316 \times 0,7087$
$= 18,65$

(146) : $K'A = AL - \sqrt{AL \times LT'}$
$= 26,316 - \sqrt{26,316 \times 18,65}$
$= 26,316 - 22,154$
$= 4^m,162$

La plus grande poussée a pour valeur :

$$F = 655,3 \times \overline{K'A}^2$$
$$= 655,3 \times \overline{4,162}^2$$
$$= 11\,351^k.$$

826. — II. *Position du centre de poussée.* — *Détermination par le calcul.* — Divisons

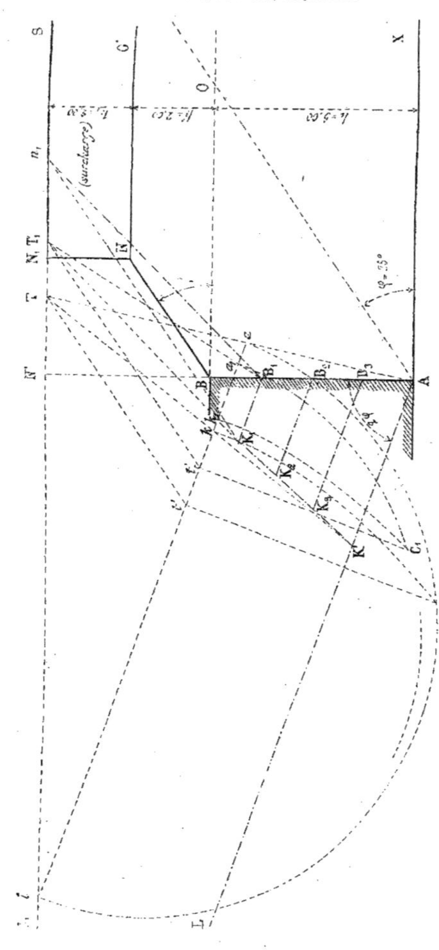
S
G'
X
O
n_1
(surcharge)
N_1 T_1
T
N'
N
B
A
B_1
B_2
B_3
K_1
K_2
K_3
K'
C_1
L
l
$\varphi = 35°$
$h = 5,00$

le parement AB en quatre parties égales par les points B_1, B_2, et B_3 (*fig.* 575). Il faut déterminer les poussée qui s'exercent sur BB_1, BB_2, BB_3 et BA. Ces poussées F_1, F_2, F_3 et F_4 permettent de calculer le terme M au moyen de la formule de Th. Simpson. M étant connu, on en déduira la valeur de Z et, enfin, celle de z, comme nous l'avons déjà fait.

On a vu, dans le cas d'un remblai en cavalier non surchargé, combien la détermination de la position du centre de poussée est longue et laborieuse quand on ne se sert que du calcul, car il est indispensable de s'assurer que la ligne de disjonction, qui part de B_1, coupe bien l'horizontale NO' à droite de N. Si cette rencontre se faisait à gauche de N, on retomberait dans le cas particulier du n° 710. — Nous allons employer ici une méthode mixte qui consiste à déterminer, graphiquement, les distances telles que K'A et à terminer l'opération par le calcul. — Cette méthode nous paraît beaucoup plus expéditive. Nous opérons d'abord sur la hauteur BB_1 afin de trouver la valeur de F_1. Il faut commencer par la recherche du point T_1 dont la position est donnée par la formule (140):

$$N'T_1 = \frac{h'^2 + 2\,h'h_1}{h + h' + h_1} \cot g\ \varphi$$

dans laquelle $h = BB_1 = 1^m,25$. Nous avons:

$$N'T_1 = \frac{4,00 + 2 \times 2,00 \times 2,00}{1,25 + 2,00 + 2,00} \cot g\ 35^\circ$$
$$= \frac{12,00}{5,25} \times 1,428$$
$$= 3^m,264$$

Nous portons, sur l'épure, $N'T_1 = 3^m264$ et nous joignons T_1B_1. Puis, après avoir mené T_1t_1' parallèle à AO et $t_1'c_1$ perpendiculaire à a_1l, nous décrivons sur a_1l une demi-circonférence qui coupe t'_1c_1 au point c_1. Nous ramenons lc_1 en lk_1 et nous joignons T_1k_1 que nous prolongeons jusqu'à sa rencontre K_1 avec la droite B_1K_1 menée parallèlement à AL. Le point cherché est K_1. Nous nous assurons maintenant que la droite de disjonction correspondante coupe l'horizontale NO' à droite de N. Pour cela, nous menons K_1n_1 parallèle à AO et nous joignons n_1B_1. Cette droite de disjonction n_1B_1 est celle du prisme qui exerce sa poussée sur la hauteur BB_1. Elle coupe NO' à droite de N. Donc la solution est acceptable et la distance K_1B_1 est bien celle qui doit entrer dans l'expression de la plus grande poussée F_1 sur BB_1. Nous mesurons K_1B_1 et nous trouvons :

$$K_1B_1 = 1^m,65$$

Pour simplifier, nous admettons que les autres points K_2 et K_3 sont sur une même droite avec K_1 et K', ce qui nous permet d'avoir facilement les distances K_2B_2 et K_3B_3 par interpolations, sans être obligé de recommencer la construction précédente.

Nous avons :

$$K'A - K_1B_1 = 4,162 - 1,65 = 2,512$$

$$\text{et}\quad \frac{K'A - K_1B_1}{3} = \frac{2,512}{3} = 0,837$$

$$\text{Donc:}\quad K_2B_2 = K_1B_1 + 0,837 = 1,65 + 0,837 = 2,487$$

$$K_3B_3 = K_2B_2 + 0,837 = 2,487 + 0,837 = 3,324$$

Les valeurs de F seront :

$$F_0 = 0$$
$$F_1 = 655,3 \times \overline{K_1B_1}^2 = 655,3 \times \overline{1,65}^2 = 1\,784^k$$
$$F_2 = 655,3 \times \overline{K_2B_2}^2 = 655,3 \times \overline{2,487}^2 = 4\,053^k$$
$$F_3 = 655,3 \times \overline{K_3B_3}^2 = 655,3 \times \overline{3,324}^2 = 7\,240^k$$
$$F_4 = F = 11\,351^k$$

La formule de Th. Simpson donne :

$$M = \frac{h}{3 \times 4}\left[F_0 + F_4 + 4(F_1 + F_3) + 2F_2\right]$$
$$= \frac{5,00}{12}\left[0 + 11\,351 + 4(1\,784 + 7\,240) + 2 \times 4\,350\right]$$

$$= \frac{5,00}{12} \times 55\,553$$
$$= 23\,147$$

Nous avons ensuite :

$$Z = \frac{Fh - M}{F}$$
$$= \frac{11\,351 \times 5,00 - 23\,147}{11\,351}$$
$$= 2^m,961$$

et enfin :

$$z = h - Z$$
$$= 5,000 - 2,961$$
$$= 3^m,039.$$

Graphiquement, on trouve, comme on va le voir ci-dessous : $z = 1,90$.

827. *Détermination graphique.* — Le tracé que nous avons indiqué (n° 820) pour cette détermination n'est pas rigoureusement exact. Cependant il donne des résultats assez approchés dans la pratique

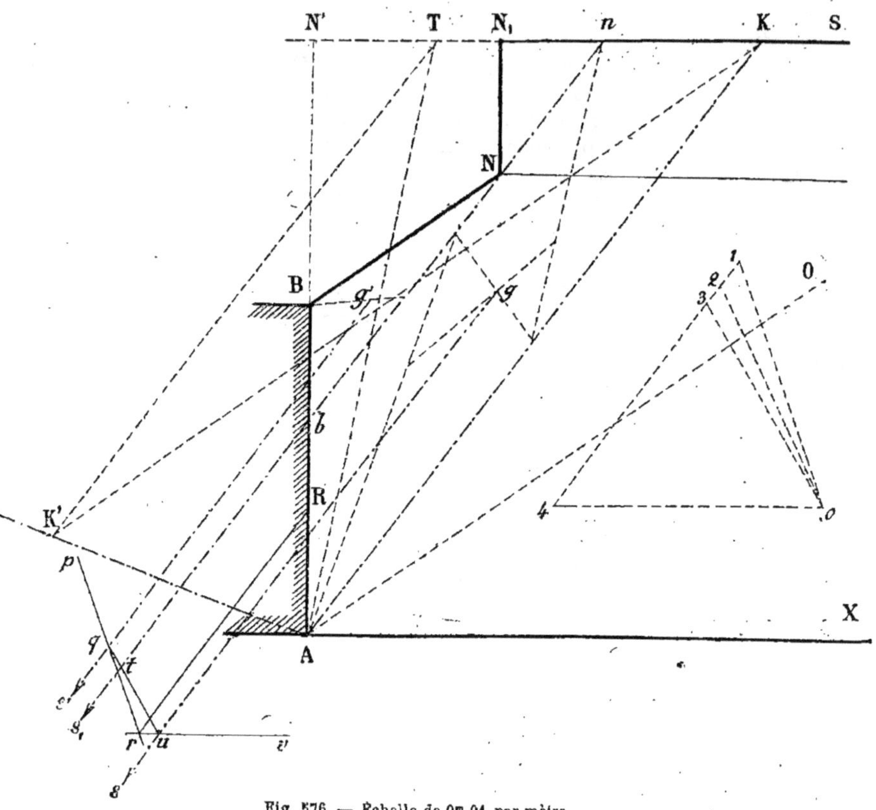

Fig. 576. — Échelle de $0^m,01$ par mètre

et on peut l'employer sans inconvénient. Il a l'avantage d'être expéditif. — Nous menons K'K parallèle à AO (*fig.* 576) et nous joignons KA qui est la droite de disjonction du prisme de plus grande poussée sur la hauteur AB. Nous traçons la droite nNb parallèle à KA ; elle détermine les trois figures $bBnK$, bBN et NN_1n. Nous cherchons les centres de gravité g et g' des deux premières surfaces et, par les points g, g' et N, nous menons des parallèles à KA qui représentent les directions des poussées partielles produites par les trois parties considérées du prisme de plus grande poussée. Aux trois points g, g' et N sont appliquées des poussées proportionnelles aux surfaces s, s' et s_1 que nous évaluons. Nous avons :

$$\text{surface ABNN}_1\text{K} = \text{S} = \text{surface ATK}$$

$$\text{S} = \frac{\text{TK} \times \text{AN}'}{2}$$

$$= \text{TK} \times \frac{h + h' + h_1}{2}$$

$$s_1 = \text{surf. NN}_1 n$$

$$= \text{N}_1 n \times \frac{h_1}{2}$$

$$s' = \text{surf. } b\text{BN}$$

$$= \frac{\text{B}b \times \text{N}'\text{N}_1}{2}$$

$$\text{et} \qquad s = \text{S} - (s_1 + s')$$

En mesurant TK, $\text{N}_1 n$, Bb et $\text{N}'\text{N}_1$ sur l'épure, nous trouvons :

$$\text{S} = \text{TK} \times \frac{h + h' + h_1}{2}$$

$$= 5{,}10 \times \frac{9{,}00}{2}$$

$$= 22{,}95$$

$$s_1 = \text{N}_1 n \times \frac{h_1}{2}$$

$$= 1{,}60 \times \frac{2{,}00}{2}$$

$$= 1{,}60$$

$$s' = \frac{\text{B}b \times \text{N}'\,\text{N}_1}{2}$$

$$= \frac{1{,}70 \times 2{,}85}{2}$$

$$= 2{,}42$$

$$s = \text{S} - (s_1 + s')$$

$$= 22{,}95 - (1{,}60 + 2{,}42)$$

$$= 18{,}93.$$

Nous construisons maintenant un polygone des forces avec les surfaces s, s' et s_1. Pour cela, sur une droite parallèle à KA, nous portons successivement des longueurs 12, 23 et 34 proportionnelles à $s' = 2{,}42$, $s_1 = 1{,}60$ et $s = 18{,}93$. Nous joignons les points 1, 2, 3 et 4 au pôle O. Puis nous traçons le polygone funiculaire correspondant, sur les trois parallèles menées des points g', N et g, c'est-à-dire que nous traçons pq parallèle à 10, qt parallèle à 20, tu parallèle à 30 et uv parallèle à 40. Nous prolongeons les côtés extrêmes pq et vu jusqu'à leur rencontre r. La résultante cherchée passe par ce point. Pour avoir le centre de pression sur le parement AB, nous ramenons le point r sur ce parement, en R, au moyen d'une parallèle rR à AK. La hauteur z du centre de pression au-dessus de la base, mesurée sur l'épure, est :

$$z = \text{AR} = 1^{\text{m}},90.$$

(b). *Le parement intérieur du mur est incliné vers l'extérieur* (1).

828. *Valeur de la plus grande poussée.*

La formule qui donne la valeur de la plus grande poussée dans le cas d'un parement incliné vers l'extérieur de l'angle θ sur la verticale est :

$$\text{F} = \frac{1}{2}\delta \times \cos(\varphi + \theta) \times \overline{\text{K}'\text{A}}^2 \quad (147)$$

829. *Détermination graphique de* K'A. — La position du point T (*fig.* 577) se fixe de la manière suivante. On écrit que

$$\text{surface ATK} = \text{surf. ABNN}_1\text{K}$$

$$\text{ou : surface ATN}' = \text{surf. BN}'\text{N}_1\text{N}.$$

$$\text{Or : surf. ATN}' = \text{N}'\text{T} \times \frac{h + h' + h_1}{2}$$

$$\text{et surf. BN}'\text{N}_1\text{N} = \text{BN}'\text{I}_1 + \text{BI}_1\text{N}_1\text{N}$$

$$\text{BN}'\text{I}_1 = \text{N}'\text{I}_1 \times \frac{h' + h_1}{2}$$

$$= (h' + h_1)\,\text{tang}\,\theta \times \frac{h' + h_1}{2}$$

$$= \frac{(h' + h_1)^2}{2}\,\text{tang}\,\theta$$

$$\text{BI}_1\text{N}_1\text{N} = \text{BI}'\text{N} + \text{I}'\text{I}_1\text{N}_1\text{N}$$

$$\text{BI}'\text{N} = \text{I}'\text{N} \times \frac{h'}{2}$$

$$= h'\,\text{cotg}\,\varphi \times \frac{h'}{2}$$

(1) Subdivision du sous-chapitre intitulé : *Remblai en cavalier recevant une surcharge uniformément répartie* (Page 594).

$$= \frac{h'^2}{2} \operatorname{cotg} \varphi$$

$$I'I_1N_1N = I_1I' \times I'N$$

$$= h_1 \times h' \operatorname{cotg} \varphi$$

$$\text{Donc : } BI_1N_1N = \frac{h'^2}{2} \operatorname{cotg} \varphi + h'h_1 \operatorname{cotg} \varphi$$

$$= \left(\frac{h'^2}{2} + h'h_1\right) \operatorname{cotg} \varphi$$

On aura par conséquent :

$$N'T \times \frac{h + h' + h_1}{2} = \frac{(h' + h_1)^2}{2} \operatorname{tang} \theta + \left(\frac{h'^2}{2} + h'h_1\right) \operatorname{cotg} \varphi$$

$$\text{d'où } N'T = \frac{(h' + h_1)^2}{h + h' + h_1} \operatorname{tang} \theta + \frac{h_1^2 + 2 h'h_1}{h + h' + h_1} \operatorname{cotg} \varphi \quad (148$$

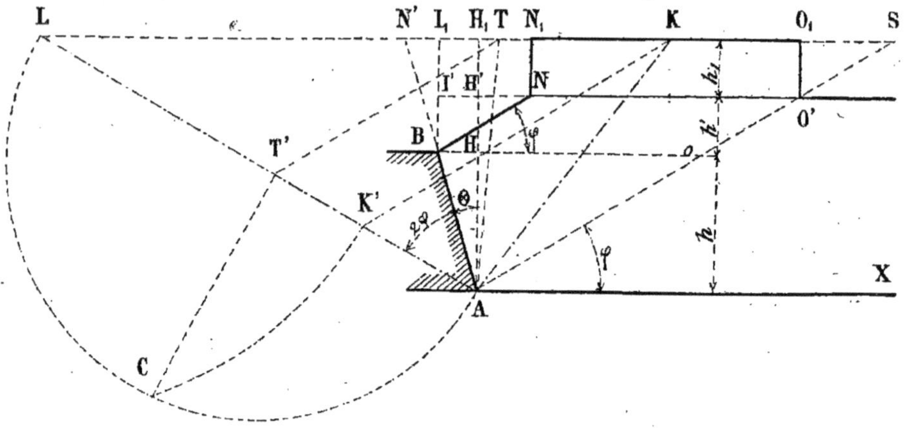

Fig. 577.

On joindra le point T ainsi déterminé au point A et on terminera la construction du point K' en se basant sur les deux droites TA et AL. La distance K'A obtenue, on portera sa valeur dans l'expression de F (formule 147).

830. *Détermination de* K'A *par le calcul.*

De la construction même du point K résulte la relation

$$K'A = AL - \sqrt{AL \times LT'}$$

Dans le triangle ALN', on a :

$$\frac{AL}{AN'} = \frac{\sin (AN'L)}{\sin (ALN')}$$

$$= \frac{\sin (90^\circ + \theta)}{\sin [90^\circ - (2\varphi + \theta)]}$$

$$= \frac{\cos \theta}{\cos (2\varphi + \theta)}$$

et comme,

$$AN' = \frac{AH_1}{\cos \theta} = \frac{h + h' + h_1}{\cos \theta}$$

on en déduit :

$$AL = \frac{h + h' + h_1}{\cos \theta} \times \frac{\cos \theta}{\cos (2\varphi + \theta)}$$

$$= \frac{h + h' + h_1}{\cos (2\varphi + \theta)}$$

Les triangles semblables LT'T et LAS donnent :

$$LT' = AL \times \frac{LT}{LT + TS}$$

$$= AL \times \frac{LN' + N'T}{LN' + N'S}$$

De plus, on a :

$$LN' = LH_1 - N'H_1$$

$$= (h + h' + h_1)\operatorname{tg}(2\varphi + \theta) - (h + h' + h_1)\operatorname{tg}\theta$$

$$= (h + h' + h_1)\left[\operatorname{tg}(2\varphi + \theta) - \operatorname{tg}\theta\right]$$

$$N'S' = N'H_1 + H_1S$$

$$= (h + h' + h_1)\operatorname{tg}\theta + (h + h' + h_1)\operatorname{tg}(90^\circ - \varphi)$$

$$= (h + h' + h_1)\left[\operatorname{tg}\theta + \operatorname{cotg}\varphi\right]$$

La marche à suivre pour le calcul de K'A sera donc la suivante. On calculera successivement :

$$AL = \frac{h + h' + h_1}{\cos(2\varphi + \theta)} \quad (149)$$

$$LN' = (h + h' + h_1)\left[\operatorname{tg}(2\varphi + \theta) - \operatorname{tg}\theta\right] \quad (150)$$

$$N'S = (h + h' + h_1)(\operatorname{tg}\theta + \operatorname{cotg}\varphi) \quad (151)$$

$$N'T = \frac{(h' + h_1)^2 \operatorname{tg}\theta + (h'^2 + 2 + h'h_1)\operatorname{cotg}\varphi}{h + h' + h_1} \quad (152)$$

$$L'T = AL \times \frac{LN' + N'T}{LN' + N'S} \quad (153)$$

$$K'A = AL - \sqrt{AL \times LT'} \quad (154)$$

Au lieu de calculer successivement les formules (149) à (153), on pourrait obtenir directement LT' au moyen de la formule suivante :

$$LT' = \frac{h + h' + h_1}{\cos(2\varphi + \theta)} \times \frac{\operatorname{tg}(2\varphi + \theta) - \operatorname{tg}\theta + \dfrac{(h' + h_1)^2 \operatorname{tg}\theta + (h'^2 + 2h'h_1)\operatorname{cotg}\varphi}{(h + h' + h_1)^2}}{\operatorname{tg}(2\varphi + \theta) + \operatorname{cotg}\varphi} \quad (153 bis)$$

qui n'est autre chose que la formule (153) dans laquelle on a remplacé AL, LN', N'T et N'S par leurs valeurs.

831. *Remarques.*

1° *Si l'angle* 2φ *est égal à* $90° - \theta$, la droite AL ne rencontre plus l'horizontale N_1S et on a vu que, dans ce cas (n°667), on a :

$$K'A = \frac{TS}{2}$$

Or, $TS = N'S - N'T$

$$= (h + h' + h_1)(\operatorname{tg}\theta + \operatorname{cotg}\varphi) - \frac{(h' + h_1)^2 \operatorname{tg}\theta + (h'^2 + 2h'h_1)\operatorname{cotg}\varphi}{h + h' + h_1}.$$ D'où

$$K'A = \frac{(h^2 + 2hh' + 2hh_1)\operatorname{tg}\theta + \left[(h + h_1)^2 + 2hh'\right]\operatorname{cotg}\varphi}{h + h' + h_1} \quad (154 bis)$$

2° *Si l'angle* 2φ *est plus grand que* $90° - \theta$, la droite AL va rencontrer l'horizontale N_1S à droite du point N_1 et on a alors :

$$AL = \frac{h + h' + h_1}{-\cos(2\varphi + \theta)} \quad (149 bis)$$

$$LN' = (h + h' + h_1)\left[\operatorname{tg}(2\varphi + \theta) + \operatorname{tg}\theta\right] \quad (150 bis)$$

$$N'S = (h + h' + h_1)(\operatorname{tg}\theta + \operatorname{cotg}\varphi) \quad (151)$$

$$N'T = \frac{(h' + h_1)^2 \operatorname{tg}\theta + (h'^2 + 2h'h_1)\operatorname{cotg}\varphi}{h + h' + h_1} \quad (152)$$

$$LT' = AL \times \frac{LN' - N'T}{LN' - N'S} \quad (153 ter)$$

$$K'A = \sqrt{AL \times LT'} - AL \quad (154 ter)$$

832. II. — *Position du centre de poussée.* Les déterminations, graphique et par le calcul, de la position du centre de la poussée se feront comme dans le cas précédent.

Problème.

833. *Un remblai en cavalier recevant une surcharge uniformément répartie, est soutenu par un mur dont le parement intérieur est incliné vers l'extérieur. On demande de déterminer :*

1° *La plus grande poussée qui s'exerce contre le mur.*

2° *La position du centre de poussée ;*

Les données sont :

Hauteur du mur........	h	$= 5^m,00$
Hauteur du cavalier.....	h'	$= 2^m,00$
Hauteur de la surcharge..	h_1	$= 2^m,00$
Poids du mètre cube de terre.....................	δ	$= 1600^k$
Angle du talus naturel...	φ	$= 35°$
Angle du parement incliné sur la verticale...........	θ	$= 14° 2'$

834. 1° — *Valeur de la plus grande poussée.* — La formule (147) donne :

$$F = \frac{1}{2}\delta \times \cos(\varphi + \theta) \times \overline{K'A}^2$$

$$= 800 \times \cos(35° + 14° 2') \times \overline{K'A}^2$$

$$= 800 \times 0,6556 \times \overline{K'A}^2$$

$$= 524,5 \times \overline{K'A}^2$$

835. *Détermination graphique de* K'A. — On calculera d'abord la distance N'T (*fig.* 578) qui permet de mettre en place le point T. Cette distance est donnée par la formule (148) :

$$N'T = \frac{(h' + h_1)^2 \operatorname{tg}\theta + (h'^2 + 2h'h_1)\operatorname{cotg}\varphi}{h + h' + h_1}$$

$$= \frac{\overline{4,00}^2 \times \operatorname{tg}14°2' + (4,00 + 8,00)\operatorname{cotg}35°}{5,00 + 2,00 + 2,00}$$

$$= \frac{16,00 \times 0,24995 + 12,00 \times 1,428}{9,00}$$

$$= \frac{3,999 + 17,136}{9,00} = \frac{21,135}{9,00}$$

$$= 2^m,348$$

Le point T déterminé en portant sur l'épure la distance N'T $=2^m,348$, on joint TA et on construit le point K' sur les deux droites TA et AL, cette dernière faisant un angle 2 φ avec le parement AB du mur (voir n° 824). En mesurant la distance K'A sur l'épure, on trouve :

$$K'A = 5^m,80$$

La formule de la plus grande poussée donne alors :

$$F = \frac{1}{2}\delta \times \cos(\varphi + \theta) \times \overline{K'A}^2$$
$$= 524,5 \times \overline{5,80}^2$$
$$= 17,644^k$$

836. — *Détermination de* K'A *par le calcul.*

Les calculs à faire sont les suivants, d'après la marche à suivre indiquée (n° 830) :

(149): $$AL = \frac{h + h' + h_1}{\cos(2\varphi + \theta)} = \frac{5,00 + 2,00 + 2,00}{\cos(70° + 14°2')} = \frac{9,00}{0,10395} = 86,53$$

(150): $$LN' = (h+h'+h_1)[\operatorname{tg}(2\varphi+\theta) - \operatorname{tg}\theta] = 9,00\,(9,568 - 0,25) = 9,00 \times 9,318 = 83,862$$

(151): $$N'S = (h+h'+h_1)(\operatorname{tg}\theta + \operatorname{cotg}\varphi) = 9,00\,(0,25 + 1,428) = 9,00 \times 1,678 = 15,102$$

(152): $$N'T = 2,348$$

(153): $$LT' = AL \times \frac{LN' + N'T}{LN' + N'S} = 86,54 \times \frac{83,862 + 2,348}{83,862 + 15,102} = 86,54 \times 0,871 = 75,376$$

(154): $$K'A = AL - \sqrt{AL \times LT'} = 86,54 - \sqrt{86,54 \times 75,376} = 86,54 - 80,765 = 5^m,775$$

La valeur de F est :

$$F = \frac{1}{2}\delta \times \cos(\varphi + \theta) \times \overline{K'A}^2$$
$$= 524,5 \times \overline{5,775}^2$$
$$= 17\,493^k$$

837. II. — *Position du centre de poussée.* — *Détermination par le calcul.*

Nous adoptons la même méthode que dans le cas précédent, c'est-à-dire que nous déterminons graphiquement les distances telles que K'A et les autres parties du problème sont résolues par le calcul seulement. Nous avons vu, en effet, que cette méthode est très expéditive et qu'elle permet de s'assurer immédiatement qu'on ne se trouve pas dans le cas particulier pour aucune des divisions du parement du mur.

Divisons le parement AB (*fig.* 578) en quatre parties égales par les points B_1, B_2 et B_3 et cherchons d'abord la distance K_1B_1 devant entrer dans l'expression de poussée F_1 qui s'exerce sur la hauteur BB_1. Pour cela, nous commencons par fixer la position du point T_1 au moyen de la formule (148) dans laquelle nous faisons $h = \frac{5,00}{4} = 1^m,25$.

$$N'T_1 = \frac{(h' + h_1)^2 \operatorname{tg}\theta + (h'^2 + 2h'h_1)\operatorname{cotg}\varphi}{h + h' + h_1} = \frac{21,135}{5,25} = 4^m,026$$

Portons la distance $N'T_1 = 4^m,026$ sur l'épure et joignons T_1B_1. En faisant la construction ordinaire sur les droites T_1B_1 et B_1K_1 nous obtenons le point K_1. Menons la parallèle K_1N_1 à AO et joignons N_1B_1. La droite de disjonction N_1B_1 du prisme qui exerce sa poussée sur la hauteur BB_1 coupe l'horizontale NO' à droite du point N. La distance K_1B_1 est donc bien celle qui correspond à la poussée qui s'exerce sur la hauteur BB_1. Si le point de rencontre avait lieu à gauche de N, on se trouverait dans le cas particulier (n° 718) et pour avoir K_1B_1 il faudrait simplement prolonger NB jusqu'à sa rencontre avec B_1K_1 mais ce n'est pas le cas ici comme nous venons de le voir. Nous trouvons, pour la valeur de la distance K_1B_1 mesurée sur l'épure :

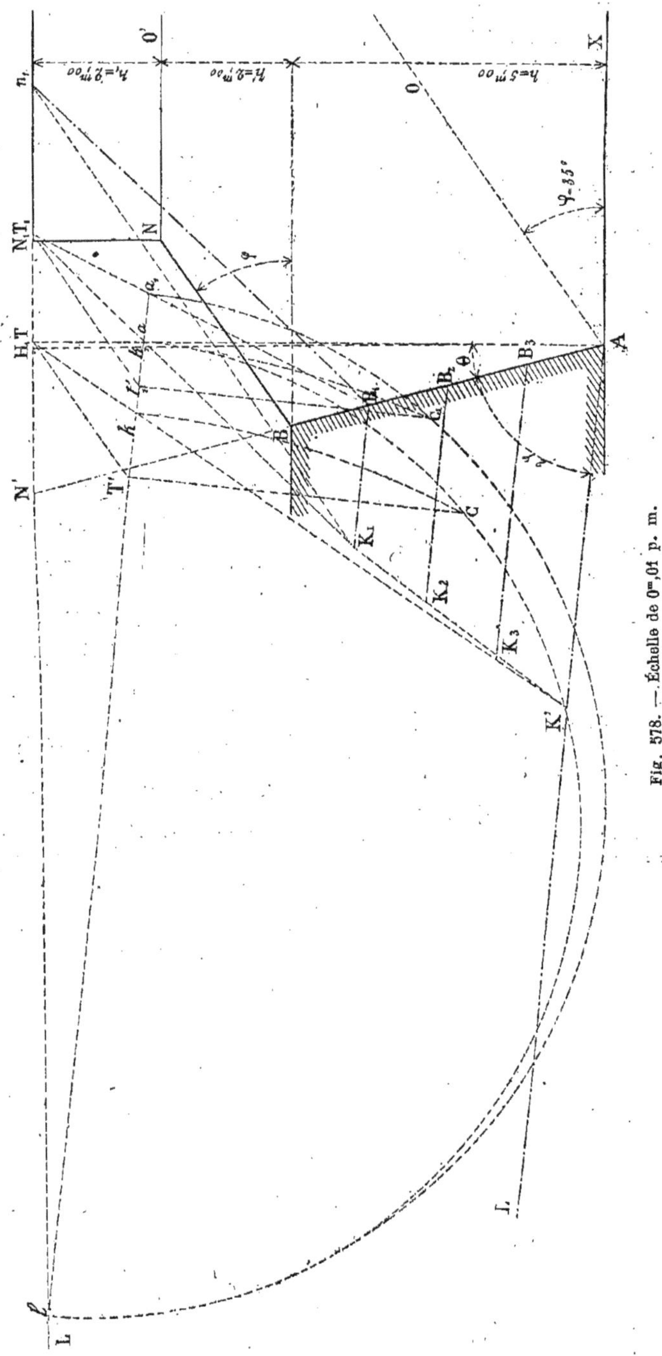

Fig. 578. — Échelle de $0^m,01$ p. m.

$K_1B_1 = 2^m,25.$

Les autres distances s'obtiendront de la manière suivante :

$$K'A - K_1B_1 = 5,775 - 2,250 = 3,525$$

$$\frac{K'A - K_1B_1}{3} = \frac{3,525}{3} = 1,175$$

$$K_2B_2 = K_1B_1 + 1,175$$
$$= 2,250 + 1,175$$
$$= 3,425$$
$$K_3B_3 = K_2B_2 + 1,175$$
$$= 3,425 + 1,175$$
$$= 4,600$$

Nous avons pour les valeurs correspondantes de F :

$$F_0 = 0$$
$$F_1 = 524,5 \times \overline{K_1B_1}^2$$
$$= 524,5 \times \overline{2,25}^2$$
$$= 2\,655^k$$
$$F_2 = 524,5 \times \overline{K_2B_2}^2$$
$$= 524,5 \times \overline{3,425}^2$$
$$= 6\,153^k$$
$$F_3 = 524,5 \times \overline{K_3B_3}^2$$
$$= 524,5 \times \overline{4,60}^2$$
$$= 11\,098^k$$
$$F_4 = F = 17\,493^k$$

Le terme M (formule de Th. Simpson) devient :

$$M = \frac{h}{3 \times 4}\left[F_0 + F_4 + 4\,(F_1 + F_3) + 2\,F_2\right]$$
$$= \frac{5,00}{12}\left[0 + 17\,493 + 4\,(2655 + 11098) + 2 \times 6153\right]$$
$$= \frac{5,00}{12} \times 84\,811$$
$$= 35\,338$$

La distance Z du centre de poussée au-dessous de l'arête supérieure B est :

$$Z = \frac{Fh - M}{F}$$
$$= \frac{17\,493 \times 5,00 - 35\,338}{17\,493}$$
$$= 2^m,98$$

et la hauteur z de ce centre de poussée au-dessus de la base :

$$z = h - Z = 5,00 - 2,98$$
$$z = 2^m,02$$

838. *Détermination graphique.*

Cette détermination se fera de la même manière que dans le cas précédent. Ce que nous avons dit (n° 827) s'applique sans changement au cas actuel (voir figure 576).

(c). — *Le parement intérieur du mur est en surplomb* (1).

839. I. — *Valeur de la plus grande poussée.*

Nous savons que pour un mur en surplomb,

$$\sin(OAL) = \cos(\varphi - \theta)$$

La formule donnant la poussée maxima sera donc :

$$F = \frac{1}{2}\,\delta \cos(\varphi - \theta) \times \overline{K'A}^2 \qquad (155)$$

840. *Détermination graphique du* K'A.

(1) Subdivision du sous-paragraphe intitulé : *Remblai en cavalier recevant une surcharge uniformément répartie* (page 594).

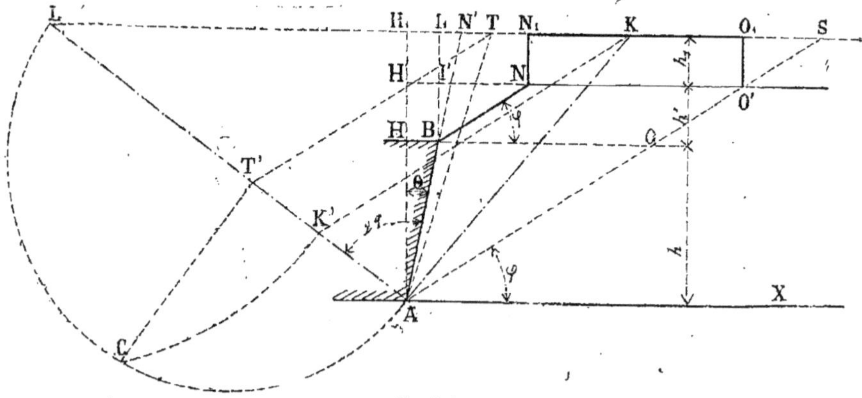

Fig. 579.

On met d'abord en place le point T (*fig.* 579) en écrivant que :

$$\text{surf. ATK} = \text{surf. ABNN}_1\text{K}$$

ou . $\text{surf. ATH}_1 = \text{surf. HH}_1\text{N}_1\text{NB}$

$$\text{Or, surf. ATH}_1 = \text{H}_1\text{T} \times \frac{\text{AH}_1}{2}$$

$$= \text{H}_1\text{T} \times \frac{h + h' + h_1}{2}$$

$$\text{et surf. HH}_1\text{N}_1\text{NB} = \text{HH'NB} + \text{HH}_1\text{N}_1\text{N}$$

$$\text{HH'NB} = \frac{\text{HB} + \text{H'N}}{2} \times \text{HH'}$$

$$= \frac{2\ \text{HB} + \text{I'N}}{2} \times \text{HH'}$$

$$= \frac{2h \operatorname{tg} \theta + h' \operatorname{cotg} \varphi}{2} \times h'$$

$$\text{HH}_1\text{N}_1\text{N} = \text{H'N} \times \text{H'H}_1$$

$$= (\text{HB} + \text{I'N}) \times \text{H'H}_1$$

$$= (h \operatorname{tg} \theta + h' \operatorname{cotg} \varphi) \times h_1$$

Donc :

$$\text{H}_1\text{T} \times \frac{h+h'+h_1}{2} = (2\,h \operatorname{tg} \theta + h' \operatorname{cotg} \varphi)\frac{h'}{2}$$

$$+ (h \operatorname{tg} \theta + h' \operatorname{cotg} \varphi) \times h_1$$

$$= h\,(h + h_1) \operatorname{tg} \theta + \left(\frac{h'^2}{2} + h'h_1\right) \operatorname{cotg} \varphi$$

d'où

$$\text{H}_1\text{T} = \frac{2h(h'+h_1)\operatorname{tg}\theta + (h'^2 + 2h'h_1)\operatorname{cotg}\varphi}{h + h' + h_1} \quad (156)$$

On joint ensuite TA et sur les deux droites TA et AL on construit le point K'. On mesure sur l'épure la distance K'A qui entre dans l'expression de F (155).

841. *Détermination de* K'A *par le calcul.*

On a successivement :

$$\text{K'A} = \text{AL} - \sqrt{\text{AL} \times \text{LT'}}$$

$$\text{AL} = \frac{\text{AH}_1}{\cos(2\varphi - \theta)}$$

$$= \frac{h + h' + h_1}{\cos(2\varphi - \theta)}$$

$$\text{LT} = \text{AL} \times \frac{\text{LH}_1 + \text{H}_1\text{T}}{\text{LH}_1 + \text{H}_1\text{S}}$$

$$\text{LH}_1 = (h + h' + h_1) \operatorname{tg}(2\varphi - \theta)$$

$$\text{H}_1\text{S} = (h + h' + h_1) \operatorname{tg}(90° - \varphi)$$

$$= (h + h' + h_1) \operatorname{cotg} \varphi$$

La marche à suivre pour le calcul de la poussée sera donc la suivante :

On calculera successivement :

$$\text{AL} = \frac{h + h' + h_1}{\cos(2\varphi - \theta)} \quad (157)$$

$$\text{LH}_1 = (h + h' + h_1) \operatorname{tg}(2\varphi - \theta) \quad (158)$$

$$\text{H}_1\text{S} = (h + h' + h_1) \operatorname{cotg} \varphi \quad (159)$$

$$\text{H}_1\text{T} = \frac{2h(h'+h_1)\operatorname{tg}\theta + (h'^2+2h'h_1)\operatorname{cotg}\varphi}{h + h' + h_1} \quad (160)$$

$$\text{LT'} = \text{AL} \times \frac{\text{LH}_1 + \text{H}_1\text{T}}{\text{LH}_1 + \text{H}_1\text{S}} \quad (161)$$

$$\text{K'A} = \text{AL} - \sqrt{\text{AL} \times \text{LT'}} \quad (162)$$

et l'on portera cette dernière valeur dans l'expression de F.

On pourrait calculer LT' directement, en remplaçant, dans l'expression (161), les distances AL, LH_1, H_1T, et H_1S par leurs valeurs. On aurait :

$$\text{LT'} = \frac{h + h' + h_1}{\cos(2\varphi - \theta)} \times \frac{\operatorname{tg}(2\varphi-\theta) + \dfrac{2h(h'+h^1)\operatorname{tg}\theta + (h'^2+2h'h_1)\operatorname{cotg}\varphi}{(h+h'+h_1)^2}}{\operatorname{tg}(2\varphi - \theta) + \operatorname{cotg}\varphi} \quad (161\,bis)$$

842. *Remarques.*

1° *Lorsque l'angle* 2φ *est égal à* $90° + \theta$, la droite AL devient horizontale et par conséquent parallèle à N_1 S. On a alors (n° 667) :

$$\text{K'A} = \frac{\text{TS}}{2}$$

$$\text{Or, TS} = \text{H}_1\text{S} - \text{H}_1\text{T}$$

et, $\text{H}_1\text{S} = (h + h' + h_1) \operatorname{cotg} \varphi$

$$\text{H'T} = \frac{2h(h' + h_1)\operatorname{tg}\theta + (h'^2 + 2h'h_1)\operatorname{cotg}\varphi}{h + h' + h_1}.$$

Il en résulte que

$$\text{K'A} = \frac{\left[(h+h_1)^2 + 2hh'\right]\operatorname{cotg}\varphi - 2h(h'+h_1)\operatorname{tg}\theta}{2\,(h + h' + h_1)} \quad (162\,bis)$$

2° *Lorsque l'angle* 2φ *est plus grand que* $90° + \theta$, la rencontre de AL et de N_1S se fait à droite du point N_1. Les formules (157) à (162) deviennent :

$$\text{AL} = \frac{h + h' + h_1}{-\cos(2\varphi - \theta)} \quad (157\,bis)$$

$$\text{LH}_1 = (h + h' + h_1) \operatorname{tg}(2\varphi - \theta) \quad (158)$$

$$\text{H}_1\text{S} = (h + h' + h_1) \operatorname{cotg} \varphi \quad (159)$$

$$\text{H}_1\text{T} = \frac{2h(h'+h_1)\operatorname{tg}\theta + (h'^2+2h'h_1)\operatorname{cotg}\varphi}{h + h' + h_1} \quad (160)$$

$$\text{LT'} = \text{AL} \times \frac{\text{LH}_1 - \text{H}_1\text{T}}{\text{LH}_1 - \text{H}_1\text{S}} \quad (161\,ter)$$

$$\text{K'A} = \sqrt{\text{AL} \times \text{LT'}} - \text{AL} \quad (162\,ter)$$

843. II. — *Position du centre de poussée.*

— Ce que nous avons dit précédemment, dans le cas où le parement du mur est vertical, s'applique sans modification au cas actuel.

Problème.

844. *Un mur dont le parement intérieur est en surplomb, soutient un remblai en cavalier uniformément surchargé. On demande de déterminer :*

1° *La poussée maxima qui s'exerce contre le parement;*

2° *La position du centre de poussée.*

Les données sont les mêmes que dans le problème précédent, avec cette différence que l'angle θ est à droite de la verticale au lieu d'être à gauche.

$h = 5^m,00$	$\delta = 1\,600$
$h' = 2^m,00$	$\varphi = 35°$
$h_1 = 2^m,00$	$\theta = 14°\,2'$

845. 1° — *Valeur de la plus grande poussée.*

La formule (155) donne :

$$F = \frac{1}{2}\ \cos(\varphi - \theta) \times \overline{K'A}^2$$
$$= 800 \times \cos(35° - 14°\,2') \times \overline{K'A}^2$$
$$= 800 \times 0{,}9338 \times \overline{K'A}^2$$
$$= 747 \times \overline{K'A}^2$$

846. *Détermination graphique de K'A.* Fixer d'abord sur l'épure la position du point T (*fig.* 580), au moyen de la formule (156) :

$$H_1T = \frac{2h(h'+h_1)\,\mathrm{tg}\,\theta + (h'^2 + 2h'h_1)\mathrm{cotg}\,\varphi}{h + h' + h_1}$$

On a :

$$2h(h'+h_1)\,\mathrm{tg}\,\theta = 10{,}00\,(2{,}00 + 2{,}00) \times 0{,}25 = 10{,}00$$

$$(h'^2 + 2h'h_1)\,\mathrm{cotg}\,\varphi = (4{,}00 + 8{,}00) \times 1{,}428 = 17{,}135$$

$$\text{Donc, } H_1T = \frac{10{,}00 + 17{,}135}{9{,}00} = 3^m{,}015$$

Porter la distance $H_1T = 3{,}015$ à partir de H_1, joindre TA et effectuer la construction du point K' en se servant des deux droites TA et AL comme bases. La distance K'A mesurée sur l'épure est :

$$K'A = 3^m{,}40$$

En portant cette valeur de K'A dans l'expression de F, on trouve :

$$F = 747 \times \overline{K'A}^2$$
$$= 747 \times \overline{3{,}4}^2$$
$$= 8\,635^k$$

847. *Détermination de* K'A *par le calcul.*

Les formules (157) à (162) donnent :

$$(\mathbf{157}) : AL = \frac{h + h' + h_1}{\cos(2\varphi - \theta)} = \frac{9{,}00}{0{,}56} = 16{,}071$$

$$(\mathbf{158}) : LH_1 = (h + h' + h_1)\ \mathrm{tg}\,(2\varphi - \theta) = 9{,}00 \times 1{,}481 = 13{,}329$$

$$(\mathbf{159}) : H_1S = (h + h' + h_1)\ \mathrm{cotg}\,\varphi = 9{,}00 \times 1{,}428 = 12{,}852$$

$$(\mathbf{160}) : H_1T = 3{,}015 \text{ (déjà calculé)}$$

$$(\mathbf{161}) : LT' = AL \times \frac{LH_1 + H_1T}{LH_1 + H_1S} = 16{,}071 \times \frac{13{,}329 + 3{,}015}{13{,}329 + 12{,}852} = 16{,}071 \times 0{,}624 = 10{,}028$$

$$(\mathbf{162}) : K'A = AL - \sqrt{AL \times LT'} = 16{,}071 - \sqrt{16{,}071 \times 10{,}028} = 16{,}071 - 12{,}695 = 3^m{,}376$$

La valeur de la poussée maxima devient :

$$F = 747 \times \overline{K'A}^2$$
$$= 747 \times \overline{3{,}376}^2$$
$$= 8\,514^k$$

848. 2°. — *Position du centre de poussée. — Détermination par le calcul.* — Comme dans les deux problèmes précédents, nous emploierons une méthode mixte consistant à obtenir graphiquement les distances telles que K'A et à terminer l'opération par le calcul. Le parement AB (*fig.* 580) étant divisé en quatre parties égales, par les points B_1, B_2 et B_3, on considère le prisme de plus grande poussée sur la hauteur BB_1 et on détermine gra-

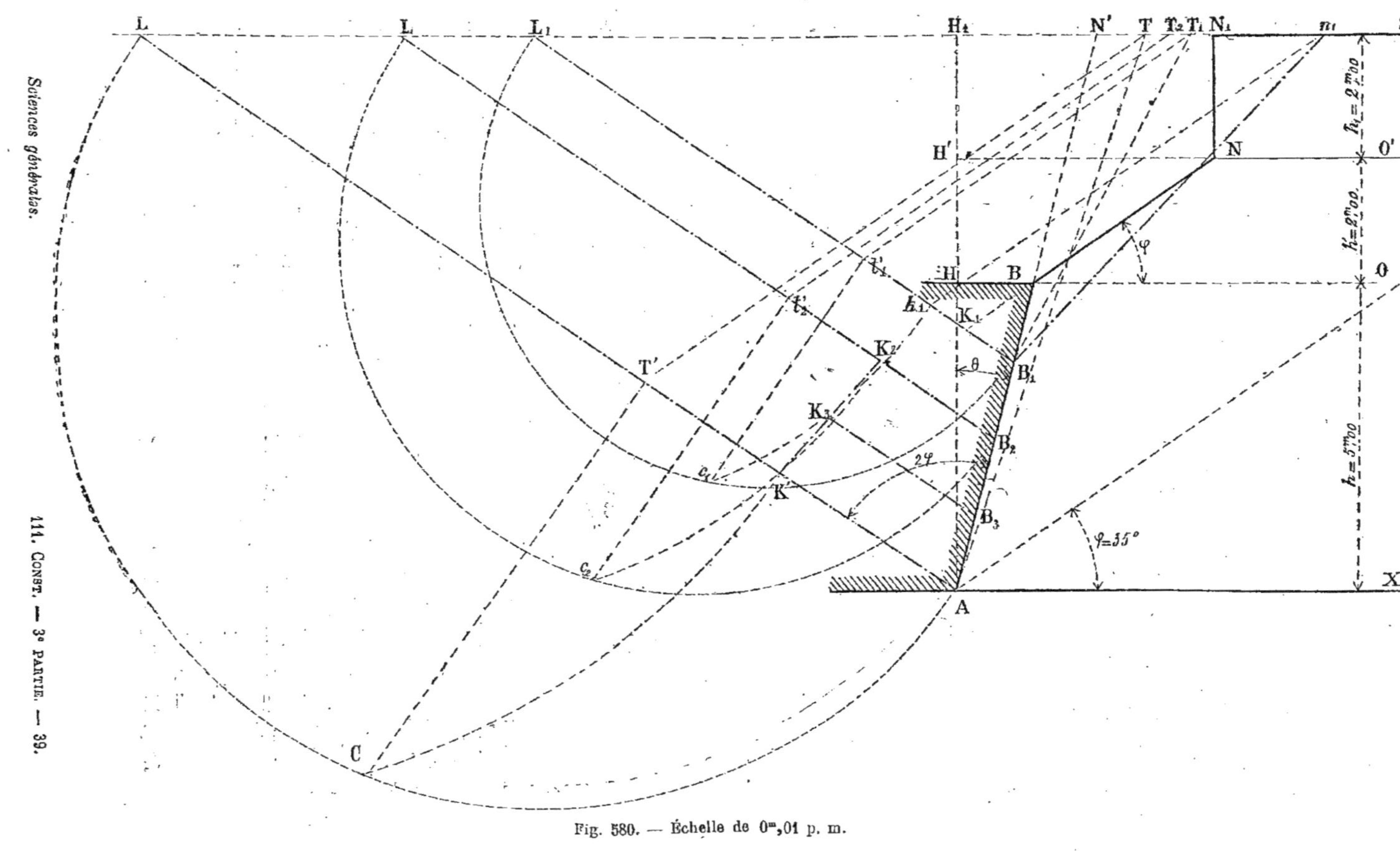

Fig. 580. — Échelle de 0m,01 p. m.

phiquement la distance K_1B_1 qui correspond à cette hauteur. — Pour cela, on calcule d'abord la distance H_1T_1 qui fixe la position du point T_1.

La formule (156) donne, en y faisant $h = 1^m,25$:

$$H_1\,T_1 = \frac{10,00 \times 0,25 + 12,00 \times 1,428}{5,25}$$

$$= \frac{19,635}{5,25}$$

$$= 3^m,74$$

On porte sur l'épure, la distance $H_1T_1 = 3^m,74$. On joint T_1B_1 et en se basant sur les deux droites T_1B_1 et B_1L_1 on fait la construction ordinaire pour l'obtention du point k_1. Ce point étant obtenu, on s'assure que la distance k_1B_1 est bien la solution cherchée. Pour cela, on mène k_1n_1 parallèle à AO et l'on joint n_1B_1 qui est la droite de disjonction du prisme qui exerce sa poussée sur la hauteur BB_1. Cette droite n_1B_1 rencontre l'horizontale NO′ à gauche de N, et par conséquent, elle rencontre la droite BN qui représente le talus du remblai. On se trouve alors dans le cas particulier d'un plan incliné à l'angle φ sur l'horizon (voir n° 726). La solution k_1B_1 ne peut donc être adoptée comme bonne. Il faut dans ce cas prolonger NB jusqu'à sa rencontre K_1 avec B_1L_1, La distance K_1B_1 est celle qui répond au problème. En la mesurant sur l'épure on trouve : $K_1B_1 = 0^m,90$.

On ne peut plus ici admettre que les autres points K_2 et K_3 sont en ligne droite avec K_1 et K′ ; il est nécessaire de déterminer séparément la distance K_2B_2. Pour cela, on calculera d'abord la distance H_1T_2 qui fixe la position du point T_2 en faisant $h = 2^m,50$ dans la formule (156) qui devient alors :

$$H_1\,T_2 = \frac{20 \times 0,25 + 12,00 \times 1.428}{6,50}$$

$$= \frac{22,135}{6,50}$$

$$= 3^m,405$$

La position du point T_2 déterminée par la distance $H_1T_2 = 3^m,405$, on fait sur T_2A et B_2L_2 la construction du point K_2. La distance K_2B_2 mesurée sur l'épure est $K_2B_2 = 2^m,25$.

On peut maintenant admettre que les trois points K_2, K_3 et K′ sont en ligne droite ce qui fait que la distance intermédiaire K_3B_3 est la moyenne des deux extrêmes. C'est-à-dire qu'on a :

$$K_3B_3 = \frac{K_2B_2 + K'A}{2}$$

$$= \frac{2,25 + 3,376}{2}$$

$$= 2^m,813$$

Les valeurs des poussées maxima qui correspondent à ces distances, sont :

$$F_0 = 0$$

$$F_1 = 747 \times \overline{K_1\,B_1}^2 = 747 \times \overline{0,90}^2 = 605^k$$

$$F_2 = 747 \times \overline{K_2B_2}^2 = 747 \times \overline{2,25}^2 = 3\,782^k$$

$$F_3 = 747 \times \overline{K_3B_3}^2 = 747 \times \overline{2,813}^2 = 5\,911^k$$

$$F_4 = F_c = 8\,514^k$$

La formule de Th. Simpson donne ensuite :

$$M = \frac{h}{3 \times 4}\Big[F_0 + F_4 + 4\,(F_1 + F_3) + 2\,F_2\Big]$$

$$= \frac{5,00}{12}\Big[0 + 8\,514 + 4\,(605 + 5\,911) + 2 \times 3782\Big]$$

$$= \frac{5,00}{12} \times 42\,142$$

$$= 17\,559$$

La distance Z du centre de poussée au-dessous de l'arête supérieure B, sera donc :

$$Z = \frac{Fh - M}{F}$$

$$= \frac{8\,514 \times 5,00 - 17\,559}{8\,514}$$

$$= \frac{25\,011}{8\,514}$$

$$= 2,937$$

et là hauteur du centre de poussée cherché au-dessus de la base sera :

$$x = h - Z$$
$$= 5{,}000 - 2{,}937$$
$$= 2^m{,}063$$

849. *Détermination graphique.*

Pour cette détermination, voir n° 827 et (*fig.* 576). Elle se ferait dans le cas actuel de la même manière que dans les deux cas précédents.

850. *Tableau des résultats obtenus dans les problèmes résolus.*

Données communes à tous les problèmes :

Hauteur du mur . . . . $h = 5^m{,}00$
Poids du mètre cube de terre $\delta = 1\,600^k$
Angle φ du talus naturel. $\varphi = 35°$
Inclinaison du parement, intérieur du mur (intérieure ou en surplomb) . . . . $\theta = 14°2'$
Hauteur du cavalier . . . . . $h' = 2^m{,}00$
Hauteur de la surcharge. $h_1 = 2^m{,}00$

POSITION du parement INTÉRIEUR DU MUR.	FORME DU MASSIF soutenu	VALEUR de la POUSSÉE maximum F	HAUTEUR du centre de poussée au-dessus de la base x
Parement vertical	Terre-plein horizontal	4 991 k	$1^m{,}667$
	Plan incliné supérieur	5 759	$1^m{,}667$
	Terre-plein surchargé	9 759	$2^m{,}25$
	Remblai en cavalier	8 [illegible]93	$1^m{,}85$
	Remblai en cavalier surchargé	11 351	$2^m{,}039$
Parement incliné vers l'extérieur	Terre-plein horizontal	7 652	$1^m{,}667$
	Plan incliné supérieur	9 121	$1^m{,}667$
	Terre-plein surchargé	14 622	$2^m{,}09$
	Remblai en cavalier	12 527	$1^m{,}856$
	Remblai en cavalier surchargé	17 493	$2^m{,}02$
Parement en surplomb.	Terre-plein horizontal	1 872	$1^m{,}667$
	Plan incliné supérieur	3 511	$1^m{,}667$
	Terre-plein surchargé	6 352	$2^m{,}535$
	Remblai en cavalier	5 050	$1^m{,}786$
	Remblai en cavalier surchargé.	8 514	$2^m{,}063$

V. — Résumé des formules à employer pour calculer la poussée maximum des terres et la position du centre de poussée.

1° TERRE-PLEIN HORIZONTAL

(a). Parement vertical

$\varphi < 45°$

$$F = \frac{1}{2}\delta \cos\varphi \times \overline{K'A}^2 \qquad (29)$$

ou :

$$F = \frac{1}{2}\delta h^2 \frac{\cos\varphi}{(1\ \sqrt{2}\sin\varphi)^2} \qquad (36)$$

$$AL = \frac{h}{\cos 2\varphi} \qquad (33)$$
$$LB = h \operatorname{tang} 2\varphi \qquad (32)$$
$$BO = h \operatorname{cotg} \varphi. \qquad (31)$$
$$LT' = AL \times \frac{LB}{LB + BO} \qquad (34)$$
$$K'A = AL - \sqrt{AL \times LT'} \qquad (30)$$

ou :

$$K'A = \frac{h}{1 + \sqrt{2}\sin\varphi} \qquad (35)$$

$\varphi = 45°$

$$F = 0{,}089 \times \delta h^2 \qquad (36\ bis) \qquad K'A = \frac{h}{2}$$

$\varphi > 45°$

$$F = \frac{1}{2}\delta \cos\varphi \times \overline{K'A}^2 \qquad (29)$$

$$AL = \frac{h}{-\cos 2\varphi} \qquad (33\ bis)$$
$$LB = h \operatorname{tg} 2\varphi \qquad (32)$$
$$BO = h \operatorname{cotg} \varphi \qquad (31)$$
$$LT' = AL \times \frac{LB}{LB - BO} \qquad (34\ bis)$$
$$K'A = \sqrt{AL \times LT'} - AL \qquad (30\ bis)$$

(b). *Parement incliné vers l'extérieur.*

$$\varphi < \frac{90^\circ - \theta}{2}$$

$$F = \frac{1}{2}\delta \cos(\varphi + \theta) \times \overline{K'A}^2 \qquad (42)$$

$$AL = \frac{h}{\cos(2\varphi + \theta)} \qquad (43)$$

$$LB = h\,[\operatorname{tg}(2\varphi + \theta) - \operatorname{tg}\theta] \qquad (44)$$

$$BO = h\,(\operatorname{tg}\theta + \operatorname{cotg}\varphi) \qquad (45)$$

$$LT' = AL \times \frac{LB}{LB + BO} \qquad (46)$$

$$K'A = AL - \sqrt{AL \times LT'} \qquad (47)$$

$$\varphi = \frac{90^\circ - \theta}{2}$$

$$F = \frac{1}{2}\delta \cos(\varphi + \theta) \times \overline{K'A}^2 \qquad (42) \qquad K'A = \frac{h}{2} \times \frac{\sin 3\varphi}{\cos\theta \sin\varphi} \qquad (47\ ter)$$

$$\varphi > \frac{90^\circ - \theta}{2}$$

Id.

$$AL = \frac{h}{-\cos(2\varphi + \theta)} \qquad (43\ bis)$$

$$LB = h\,[\operatorname{tg}(2\varphi + \theta) + \operatorname{tg}\theta] \qquad (44\ bis)$$

$$BO = h\,(\operatorname{tg}\theta + \operatorname{cotg}\varphi) \qquad (45)$$

$$LT' = AL \times \frac{LB}{LB - BO} \qquad (46\ ter)$$

$$K'A = \sqrt{AL \times LT'} - AL \qquad (47\ bis)$$

(c). *Parement en surplomb.*

$$\varphi < \frac{90^\circ + \theta}{2}$$

$$F = \frac{1}{2}\delta \cos(\varphi - \theta)\, \overline{K'A}^2 \qquad (50)$$

$$AL = \frac{h}{\cos(2\varphi - \theta)} \qquad (51)$$

$$LB = h\,[\operatorname{tg}(2\varphi - \theta) + \operatorname{tg}\theta] \qquad (52)$$

$$BO = h\,(\operatorname{cotg}\varphi - \operatorname{tg}\theta) \qquad (53)$$

$$LT' = AL \times \frac{LB}{LB + BO} \qquad (54)$$

$$K'A = AL - \sqrt{AL \times LT'} \qquad (55)$$

$$\varphi = \frac{90 + \theta}{2}$$

Id.

$$K'A = \frac{h}{2} \times \frac{\sin 3\varphi}{\cos\theta \sin\varphi} \qquad (55\ ter)$$

$$\varphi > \frac{90^\circ + \theta}{2}$$

Id.

$$AL = \frac{h}{-\cos(2\varphi - \theta)} \qquad (51\ bis)$$

$$LB = h\,[\operatorname{tg}(2\varphi - \theta) - \operatorname{tg}\theta] \qquad (52\ bis)$$

$$BO = h\,(\operatorname{cotg}\varphi - \operatorname{tg}\theta) \qquad (53)$$

$$LT' = AL \times \frac{LB}{LB - BO} \qquad (54\ ter)$$

$$K'A = \sqrt{AL \times LT'} - AL \qquad (55\ bis)$$

Formules simplifiées

(a). — Parement vertical.

$F = 142\, h^2$ (36 *ter*)

(b). — Parement incliné vers l'extérieur.

$F = 207\, h^2$ (42 *bis*)

(c). Parement en surplomb.

$F = 102\, h^2$ (50 *bis*)

pour des inclinaisons variant de $\frac{1}{10}$ à $\frac{1}{5}$

2° TERRE-PLEIN INCLINÉ

(a) Parement vertical

$$\varphi < \frac{90° + \varepsilon}{2}$$

$$F = \frac{1}{2}\delta \cos\varphi\, \overline{K'A}^2 \quad (58)$$

$$AL = h \frac{\cos\varepsilon}{\cos(2\varphi - \varepsilon)} \quad (59)$$

$$LB = h \frac{\sin 2\varphi}{\cos(2\varphi - \varepsilon)} \quad (60)$$

$$BO = h \frac{\cos\varphi}{\sin(\varphi - \varepsilon)} \quad (61)$$

$$LT' = AL \times \frac{LB}{LB + BO} \quad (62)$$

$$K'A = AL - \sqrt{AL \times LT'} \quad (63)$$

$$\varphi = \frac{90° + \varepsilon}{2}$$

——— Id. ———

$$KA' = \frac{h}{2} \times \frac{\cos\varphi}{\sin(\varphi - \varepsilon)} \quad (63\ bis)$$

$$\varphi > \frac{90° + \varepsilon}{2}$$

——— Id. ———

AL =	(formule ci-dessus)	(59)
LB =	id.	(60)
BO =	id.	(61)

$$LT' = AL \times \frac{LB}{LB - BO} \quad (62\ ter)$$

$$K'A = \sqrt{AL \times LT'} - AL \quad (63\ ter)$$

CAS PARTICULIER

$$\varepsilon = \varphi$$

$$F = \frac{1}{2}\delta h^2 \cos\varphi \quad (65)$$

(b) Parement incliné vers l'extérieur

$$\varphi < \frac{90° + \varepsilon - \theta}{2}$$

$$F = \frac{1}{2}\delta\cos(\varphi+\theta)\overline{K'A}^2 \quad (66)$$

$$\left\{\begin{array}{ll} AL = \dfrac{h}{\cos\theta}\,\dfrac{\cos(\varepsilon-\theta)}{\cos(2\varphi+\theta-\varepsilon)} & (67)\\ LB = \dfrac{h}{\cos\theta}\,\dfrac{\sin 2\varphi}{\cos(2\varphi+\theta-\varepsilon)} & (68)\\ BO = \dfrac{h}{\cos\theta}\,\dfrac{\cos(\varphi-\theta)}{\sin(\varphi-\varepsilon)} & (69)\\ LT' = AL\times\dfrac{LB}{LB+BO} & (70)\\ K'A = AL - \sqrt{AL\times LT'} & (71)\end{array}\right.$$

$$\boxed{\varphi = \frac{90^\circ+\varepsilon-\theta}{2}}$$

Id

$$K'A = \frac{h}{2}\times\frac{\sin 3\varphi}{\cos\theta\sin\varphi} \quad (71\ bis)$$

$$\boxed{\varphi > \frac{90^\circ+\varepsilon-\theta}{2}}$$

Id

$$\left\{\begin{array}{ll} AL = \dfrac{h}{\cos\theta}\times\dfrac{\cos(\varepsilon-\theta)}{-\cos(2\varphi+\theta-\varepsilon)} & (67\ bis)\\ LB = \dfrac{h}{\cos\theta}\times\dfrac{\sin 2\varphi}{-\cos(2\varphi+\theta-\varepsilon)} & (68\ bis)\\ BO = \dfrac{h}{\cos\theta}\times\dfrac{\cos(\varphi-\theta)}{\sin(\varphi-\varepsilon)} & (69)\\ LT' = AL\times\dfrac{LB}{LB-BO} & (70\ ter)\\ K'A = \sqrt{AL+LT'} - AL & (71\ ter)\end{array}\right.$$

CAS PARTICULIERS

$$\boxed{\varepsilon = \varphi}$$

Id.

$$K'A = \frac{h}{\cos\theta}\times\frac{\cos(\varphi-\theta)}{\cos(\varphi+\theta)} \quad (73)$$

$$\boxed{\varepsilon = \theta}$$

Id.

$$\left\{\begin{array}{ll} AL = \dfrac{h}{\cos\theta\times\cos 2\varphi} & (74)\\ LB = \dfrac{h}{\cos\theta}\times\text{tang}\ 2\varphi & (75)\\ BO = \dfrac{h}{\cos\theta}\times\text{cotang}\ (\varphi-\theta) & (76)\\ LT' = AL\times\dfrac{LB}{LB\pm BO} & (70 \text{ ou } 70\ ter)\\ K'A = \pm AL \mp \sqrt{AL\times LT'} & (71 \text{ ou } 71\ ter)\end{array}\right.$$

(c) *Parement en surplomb*

$$\boxed{\varphi < \frac{90^\circ+\varepsilon+\theta}{2}}$$

$$F = \frac{1}{2} \delta \cos(\varphi - \theta) \overline{K'A}^2 \qquad (77)$$

$$\left\{\begin{array}{ll} AL = \frac{h}{\cos\theta} \times \frac{\cos(\varepsilon + \theta)}{\cos(2\varphi - \theta - \varepsilon)} & (78) \\ LB = \frac{h}{\cos\theta} \times \frac{\sin 2\varphi}{\cos(2\varphi - \theta - \varepsilon)} & (79) \\ BO = \frac{h}{\cos\theta} \times \frac{\cos(\varphi + \theta)}{\sin(\varphi - \varepsilon)} & (80) \\ LT' = AL \times \frac{LB}{LB + BO} & (81) \\ K'A = AL - \sqrt{AL \times LT'} & (82) \end{array}\right.$$

$$\boxed{\varphi = \frac{90^\circ + \varepsilon + \theta}{2}}$$

Id.

$$K'A = \frac{h}{2} \times \frac{\sin(3\varphi - \varepsilon)}{\cos\theta \sin(\varphi - \varepsilon)} \qquad (82\ bis)$$

$$\boxed{\varphi > \frac{90^\circ + \varepsilon + \theta}{2}}$$

Id.

$$\left\{\begin{array}{ll} AL = \frac{h}{\cos\theta} \times \frac{\cos(\varepsilon + \theta)}{-\cos(2\varphi - \theta - \varepsilon)} & (78\ bis) \\ LB = \frac{h}{\cos\theta} \times \frac{\sin 2\varphi}{-\cos(2\varphi - \theta - \varepsilon)} & (79\ bis) \\ BO = \frac{h}{\cos\theta} \times \frac{\cos(\varphi + \theta)}{\sin(\varphi - \varepsilon)} & (80) \\ LT' = AL \times \frac{LB}{LB - BO} & (81\ ter) \\ K'A = \sqrt{AL \times LT'} - AL & (82\ ter) \end{array}\right.$$

CAS PARTICULIER

$$\boxed{\varepsilon = \varphi}$$

Id.

$$K'A = \frac{h}{\cos\theta} \times \frac{\cos(\varphi + \theta)}{\cos(\varphi - \theta)} \qquad (84)$$

3° TERRE-PLEIN HORIZONTAL SURCHARGÉ

(a) Parement vertical

$$\boxed{\varphi < 45^\circ}$$

$$F = \frac{1}{2} \delta \cos\varphi \times \overline{K'A}^2 \qquad (85)$$

$$\left\{\begin{array}{ll} AL = \frac{h + h_1}{\cos 2\varphi} & (86) \\ LT = (h + h_1) \operatorname{tg} 2\varphi & (87) \\ TS = (h + h_1) \operatorname{cotg} \varphi & (88) \\ LT' = AL \times \frac{LT}{LT + TS} & (89) \\ K'A = AL - \sqrt{AL \times LT'} & (90) \end{array}\right.$$

$$\boxed{\varphi = 45^\circ}$$

$$F = 0{,}089 \times \delta (h + h_1)^2 \qquad (85\ bis)$$

$$K'A = \frac{h + h_1}{2} \qquad (90)\ bis$$

$\varphi > 45°$

$$F = \frac{1}{2}\delta \cos\varphi \times \overline{K'A}^2 \quad (85)$$

$$\begin{cases} AL = \dfrac{h + h_1}{-\cos 2\varphi} & (86\ bis) \\ LT = (h + h_1)\ \mathrm{tg}\ 2\varphi & (87) \\ TS = (h + h_1)\ \mathrm{cotg}\ \varphi & (88) \\ LT' = AL \times \dfrac{LT}{LT - TS} & (89\ bis) \\ K'A = \sqrt{AL \times LT'} - AL & (90\ ter) \end{cases}$$

(*b*). *Parement incliné vers l'extérieur*

$\varphi < \dfrac{90° - \theta}{2}$

$$F = \frac{1}{2}\delta \cos(\varphi + \theta)\ \overline{K'A}^2 \quad (99)$$

$$\begin{cases} AL = \dfrac{h + h_1}{\cos(2\varphi + \theta)} & (100) \\ LH' = (h + h_1)\ \mathrm{tang}\ (2\varphi + \theta) & (101) \\ TH' = \dfrac{h(h + 2h_1)}{h + h_1}\ \mathrm{tang}\ \theta & (102) \\ H'S = (h + h_1)\ \mathrm{cotang}\ \varphi & (103) \\ LT' = AL \times \dfrac{LH' - TH'}{LH' + H'S} & (104) \\ K'A = AL - \sqrt{AL \times LT'} & (105) \end{cases}$$

$\varphi = \dfrac{90° - \theta}{2}$

Id.

$$K'A = \frac{h\left(\frac{h}{2} + h_1\right)}{h + h_1}\ \mathrm{tg}\ \theta + \frac{h + h_1}{2}\ \mathrm{cotg}\ \varphi \quad (105\ bis)$$

$\varphi > \dfrac{90° - \theta}{2}$

Id.

$$\begin{cases} AL = \dfrac{h + h_1}{-\cos(2\varphi + \theta)} & (100\ bis) \\ LH' - (101);\ -\ TH'\ (102);\ H'S & (103) \\ LT' = AL \times \dfrac{LH' + TH'}{LH' + H'S} & (104\ ter) \\ K'A = \sqrt{AL \times LT'} - AL & (105\ ter) \end{cases}$$

(*e*) *Parement en surplomb*

$\varphi < \dfrac{90° + \theta}{2}$

$$F = \frac{1}{2}\delta \cos(\varphi - \theta) \times \overline{K'A}^2 \quad (107)$$

$$\begin{cases} AL = \dfrac{h + h_1}{\cos(2\varphi - \varphi)} & (108) \\ LH' = (h + h_1)\ \mathrm{tg}\ (2\varphi - \theta) & (109) \\ TH' = \dfrac{h(h + 2h_1)}{h + h_1}\ \mathrm{tg}\ \theta & (110) \\ H'S = (h + h_1)\ \mathrm{cotg}\ \varphi & (111) \\ LT' = AL \times \dfrac{LH' + TH'}{LH' + H'S} & (112) \\ K'A = AL - \sqrt{AL \times LT'} & (113) \end{cases}$$

$$\varphi = \frac{90^\circ + \theta}{2}$$

$F = \frac{1}{2}\delta \cos(\varphi - \theta) \times \overline{K'A}^2$ (107) | $K'A = \frac{h+h_1}{2}\cot g\,\varphi - \frac{h(h+2h_1)}{2(h+h_1)}\operatorname{tg}\theta$ (113 *bis*)

$$\varphi > \frac{90^\circ + \theta}{3}$$

Id.

$AL = \frac{h + h_1}{-\cos(2\varphi - \theta)}$ (108 *bis*)

LH′, TH′, H′S —— (109) (110) (111)

$LT' = AL \times \frac{LH' - TH'}{LH' - H'S}$ (112 *ter*)

$K'A = \sqrt{AL \times LT'} - AL$ (113 *ter*)

Formules simplifiées

(*a*) *Parement vertical*

$F = 142\,(h + h_1)^2$ (85 *ter*)

4° TERRE-PLEIN SURMONTÉ D'UN CAVALIER

(*a*) *Parement vertical*

$$\varphi < 45^\circ$$

$F = \frac{1}{2}\delta \cos\varphi \times \overline{K'A}^2$ (114)

$AL = \frac{h + h'}{\cos 2\varphi}$ (116)

$LN' = (h + h')\operatorname{tg} 2\varphi$ (117)

$N'S = (h + h')\cot g\,\varphi$ (118)

$N'T = \frac{h'^2}{h + h'}\cot g\,\varphi$ (119)

$LT' = AL \times \frac{LN' + N'T}{LN' + N'S}$ (120)

$K'A = AL - \sqrt{AL \times LT'}$ (121)

$$\varphi = 45^\circ$$

Id. $K'A = \frac{h(h + 2h')}{2(h + h')}\cot g\,\varphi$ (121 *bis*)

$$\varphi > 45^\circ$$

Id.

$AL = \frac{h + h'}{-\cos 2\varphi}$ (116 *bis*)

LN′, NS, N′T —— (117), (118), (119)

$LT' = AL \times \frac{LN' - N'T}{LN' - N'S}$ (120 *ter*)

$K'A = \sqrt{AL \times LT'} - AL$ (121 *ter*)

(*b*) *Parement incliné vers l'extérieur*

$$\varphi < \frac{90^\circ - \theta}{2}$$

$$F = \frac{1}{2}\delta\cos(\varphi+\theta)\times\overline{K'A}^2 \quad (122)$$

$$AL = \frac{h+h'}{\cos(2\varphi+\theta)} \quad (124)$$

$$LN' = (h+h')[\text{tg}(2\varphi+\theta)-\text{tg}\,\theta] \quad (125)$$

$$N'T = \frac{h'^2}{h+h'}(\text{tg}\,\theta+\text{cotg}\,\varphi) \quad (126)$$

$$LH' = (h+h')\,\text{tg}(2\varphi+\theta) \quad (127)$$

$$H'S = (h+h')\,\text{cotg}\,\varphi \quad (128)$$

$$LT' = AL\times\frac{LN'+N'T}{LH'+H'S} \quad (129)$$

$$K'A = AL-\sqrt{AL\times LT'} \quad (130)$$

$$\varphi = \frac{90^\circ-\theta}{2}$$

——— Id. ———

$$K'A = \frac{h(h+2h')}{2(h+h')}(\text{tg}\,\theta+\text{cotg}\,\varphi) \quad (130\ bis)$$

$$\varphi > \frac{90^\circ-\theta}{2}$$

——— Id. ———

$$AL = \frac{h+h'}{-\cos(2\varphi+\theta)} \quad (124\ bis)$$

$$LN' = (h+h')[\text{tg}(2\varphi+\theta)+\text{tg}\,\theta] \quad (125\ bis)$$

N'T, LH', H'S ——— (126), (127), (128)

$$LT' = AL\times\frac{LN'-N'T}{LH'-H'S} \quad (129\ ter)$$

$$K'A = \sqrt{AL\times LT'}-AL \quad (130\ ter)$$

(c) *Parement en surplomb*

$$\varphi < \frac{90^\circ+\theta}{2}$$

$$F = \frac{1}{2}\delta\cos(\varphi-\theta)\times\overline{K'A}^2 \quad (131)$$

$$AL = \frac{h+h'}{\cos(2\varphi-\theta)} \quad (133)$$

$$LH' = (h+h')\,\text{tg}(2\varphi-\theta) \quad (134)$$

$$H'T = (h+h')\text{tg}\,\theta+\frac{h'^2}{h+h'}(\text{ctg}\,\varphi-\text{tg}\,\theta) \quad (135)$$

$$H'S = (h+h')\,\text{cotg}\,\varphi \quad (136)$$

$$LT' = AL\times\frac{LH'+H'T}{LH'+H'S} \quad (137)$$

$$K'A = AL-\sqrt{AL\times LT'} \quad (138)$$

$$\varphi = \frac{90^\circ+\theta}{2}$$

——— Id. ———

$$K'A = \frac{h(h+2h')}{2(h+h')}(\text{cotg}\,\varphi-\text{tg}\,\theta) \quad (138\ bis)$$

$$\varphi > \frac{90^\circ+\theta}{2}$$

$$F = \frac{1}{2}\delta \cos(\varphi - \theta) \times \overline{K'A}^2 \qquad (131)$$

$$\left\{\begin{array}{ll} AL = \dfrac{h + h}{-\cos(2\varphi - \theta)} & (133\ bis) \\ LH',\ H'T,\ H'S \text{———} (134),\ (135).\ (136) & \\ LT' = AL \times \dfrac{LH' - H'T}{LH' - H'S} & (137\ ter) \\ K'A = \sqrt{AL \times LT'} - AL & (138\ ter) \end{array}\right.$$

5° REMBLAI EN CAVALIER UNIFORMÉMENT SURCHARGÉ

(*a*). *Parement vertical*

$\varphi < 45°$

$$F = \frac{1}{2}\delta \cos\varphi \times \overline{K'A}^2 \qquad (139)$$

$$\left\{\begin{array}{ll} AL = \dfrac{h + h' + h_1}{\cos 2\varphi} & (141) \\ LN' = (h + h' + h_1)\ \mathrm{tg}\ 2\varphi & (142) \\ N'S = (h + h' + h_1)\ \mathrm{cotg}\ \varphi & (143) \\ N'T = \dfrac{h'^2 + 2h'h_1}{h + h' + h_1}\ \mathrm{cotg}\ \varphi & (144) \\ LT' = AL \times \dfrac{LN' + N'T}{LN' + N'S} & (145) \\ K'A = AL - \sqrt{AL \times LT'} & (146) \end{array}\right.$$

$\varphi = 45°$

———id.———

$$K'A = \frac{(h + h_1)^2 + 2hh'}{2(h + h' + h_1)}\ \mathrm{cotg}\ \varphi \qquad (146\ bis)$$

$\varphi > 45°$

———id.———

$$\left\{\begin{array}{ll} AL = \dfrac{h + h' + h_1}{-\cos 2\varphi} & (141\ bis) \\ LN',\ N'S,\ N'T \text{———} (142),\ (143),\ (144). & \\ LT' = AL \times \dfrac{LN' - N'T}{LN' - N'S} & (145\ ter) \\ K'A = \sqrt{AL \times LT'} - AL & (146\ ter) \end{array}\right.$$

(*b*). *Parement incliné vers l'extérieur*

$\varphi < \dfrac{90° - \theta}{2}$

$$F = \frac{1}{2}\delta \cos(\varphi + \theta) \times \overline{K'A}^2 \qquad (147)$$

$$\left\{\begin{array}{ll} AL = \dfrac{h + h' + h_1}{\cos(2\varphi + \theta)} & (149) \\ LN' = (h + h' + h_1)[\mathrm{tg}(2\varphi + \theta) - \mathrm{tg}\theta] & (150) \\ N'S = (h + h' + h_1)(\mathrm{tg}\ \theta + \mathrm{cotg}\ \varphi) & (151) \\ N'T = \dfrac{(h' + h_1)^2 \mathrm{tg}\theta + (h'^2 + 2h'h_1)\mathrm{cotg}\varphi}{h + h' + h_1} & (152) \\ LT' = AL \times \dfrac{LN' + N'T}{LN' + N'S} & (153) \\ K'A = AL - \sqrt{AL \times LT'} & (154) \end{array}\right.$$

$\varphi = \dfrac{90° - \theta}{2}$

—— Id. —— $K'A = \frac{(h^2+2hh'+2hh_1)\mathrm{tg}\theta+[(h+h_1)^2+2hh']\mathrm{cotg}\varphi}{h+h'+h_1}$ (154 *bis*)

$> \frac{90° - \theta}{2}$

—— Id. ——

$AL = \frac{h+h'+h_1}{-\cos(2\varphi-\theta)}$ (149 *bis*)

$LN' = (h+h'+h_1)[\mathrm{tg}(2\varphi+\theta)+\mathrm{tg}\theta]$ (150 *bis*)

N'S, N'T —— (151) (152)

$LT' = AL \times \frac{LN' - N'T}{LN' - N'S}$ (153 *ter*)

$K'A = \sqrt{AL \times LT'} - AL$ (154 *ter*)

(c). *Parement en surplomb*

$\varphi < \frac{90° + \theta}{2}$

$F = \frac{1}{2}\delta\cos(\varphi-\theta) \times \overline{K'A}^2$ (155)

$AL = \frac{h+h'+h_1}{\cos(2\varphi-\theta)}$ (157)

$LH_1 = (h+h'+h_1)\,\mathrm{tg}(2\varphi-\theta)$ (158)

$H_1S = (h+h'+h_1)\,\mathrm{cotg}\,\varphi$ (159)

$H_1T = \frac{2h(h'+h_1)\mathrm{tg}\theta+(h'^2+2h'h_1)\mathrm{cotg}\varphi}{h+h'+h_1}$ (160)

$LT' = AL \times \frac{LH_1 + H_1T}{LH_1 + H_1S}$ (161)

$K'A = AL - \sqrt{AL \times LT'}$ (162)

$\varphi = \frac{90° + \theta}{2}$

—— Id. —— $K'A = \frac{[(h+h_1)^2+2hh']\mathrm{cotg}\varphi - 2h(h'+h_1)\mathrm{tg}\theta}{2(h+h'+h_1)}$ (162 *bis*)

$\varphi > \frac{90° + \theta}{2}$

$AL = \frac{h+h'+h_1}{-\cos(2\varphi-\theta)}$ (157 *bis*)

LH', H_1S, H_1T —— (158), (159), (160)

$LT' = AL \times \frac{LH_1 - H_1T}{LH_1 - H_1S}$ (161 *ter*)

$K'A = \sqrt{AL \times LT'} - AL$ (162 *ter*)

Position du centre de poussée. — Dans les deux premiers cas *Terre-plein horizontal* et *terre-plein incliné*, le centre de poussée est placé au tiers de la hauteur du mur à partir de la base:

$$z = \frac{h}{3}$$

Dans les trois autres cas : *Terre-plein surchargé, remblai en cavalier, remblai surchargé*, le centre de poussée est situé plus haut que le tiers de la hauteur.

La position de ce centre de poussée s'obtient au moyen des formules suivantes :

$$z = h - Z$$

$$Z = \frac{Fh - M}{F}$$

$$M = \frac{h}{3n}\left[F_0 + F_n + 4(F_1 + F_3 + \ldots F_{n-1}) + 2(F_2 + F_4 + \ldots F_{n-2})\right]$$

Remarque sur la construction de la distance K'A.

851. On a vu, n° 647 et figure 533, que la distance K'A, dont la valeur entre à la deuxième puissance dans la formule générale de la poussée, a, pour expression :

$$K'A = AL - LK' \quad \text{et que}$$

$$LK' = \sqrt{AL \times LT'} \quad (\textit{formule } 22).$$

Pour obtenir graphiquement cette distance K'A, il faut donc construire LK', moyenne proportionnelle entre AL et LT', et la retrancher ensuite de AL. Sur la figure 533, ainsi que sur les figures suivantes, on a décrit une demi-circonférence sur AL, élevé la perpendiculaire T'C et rabattu la distance LC en LK', au moyen d'un arc de cercle CK', décrit de L comme centre, avec LC pour rayon. On a vu (n° 649), que K'A est bien la distance cherchée, puisque, d'une part, K'A = AL — LK' et que, d'autre part, LK', ou son égale LC, est bien moyenne proportionnelle entre AL et LT'. On sait, en effet, qu'un côté LC de l'angle droit d'un triangle rectangle ACL est moyenne proportionnelle entre l'hypoténuse AL et sa projection LT' sur cette hypoténuse.

La construction indiquée ci-dessus, pour l'obtention de la distance K'A, n'est pas la seule qui puisse être employée. On peut, évidemment, faire usage de tout tracé donnant la moyenne proportionnelle entre AL et LT'.

L'un des deux tracés suivants peut, quelquefois, être employé avec avantage dans certaines dispositions de la figure.

Supposons un mur à parement intérieur vertical AB (*fig.* 581), soutenant un massif terminé à sa partie supérieure par un plan incliné BO.

Nous menons d'abord la droite AL, faisant un angle de 2φ avec le parement AB, jusqu'à sa rencontre L avec le prolongement de OB ; puis la droite BT', parallèle à la ligne OA du talus naturel. — Sur AT', comme diamètre, nous décrivons une demi-circonférence à laquelle nous menons, du point L, la tangente LC. La longueur LC, rabattue en LK', au moyen

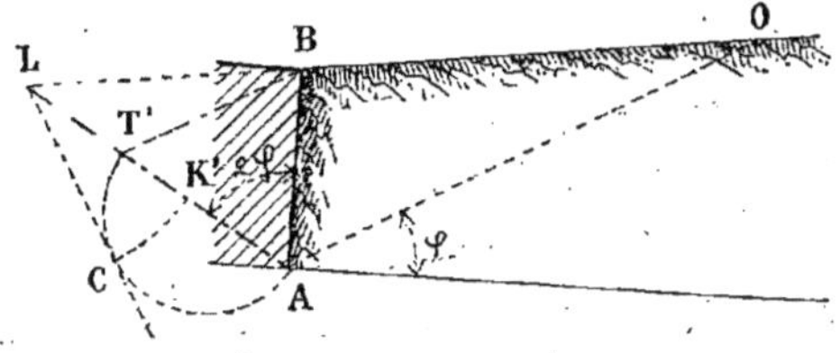

Fig. 581.

d'un arc de cercle CK' décrit de L, comme centre, nous donne le point K' et, par suite, la distance cherchée K'A.

On voit que K'A = AL — LK' et que

$$LK' = \sqrt{AL \times LT'}$$

On sait, en effet, que si, par un point extérieur L à un cercle, on mène à ce cercle une sécante LA et une tangente LG, la tangente LG est moyenne proportionnelle entre la sécante entière AL et sa partie extérieure LT'. Comme, par construction, LK' est égal à LG, on a bien la relation ci-dessus qui démontre que K'A est la distance cherchée.

Un autre tracé consiste à mener la ligne AO du talus naturel et à décrire une demi-circonférence sur BO (*fig.* 582). On mène ensuite, à cette demi-circonférence, une

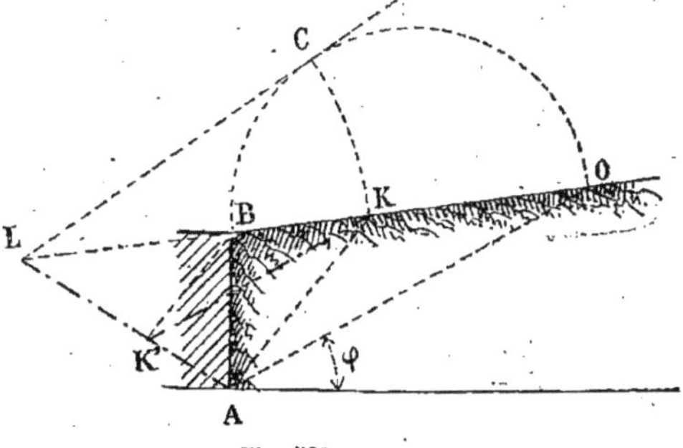

Fig. 582.

tangente LC dont on rabat la longueur en LK puis on trace la droite KK' parallèle à la ligne OA du talus naturel. On obtient ainsi le point K' qui détermine, sur AL, la distance cherchée K'A.

Pour le démontrer, menons les droites KA et BK'. Si le point K' est bien le point cherché, ces deux droites devront être parallèles (voir n° 649). Nous allons donc montrer que ce parallélisme existe.

Comme précédemment, nous avons par construction,

$$LC \text{ ou } LK = \sqrt{LB \times LO}.$$

Cette expression peut s'écrire :

$$\overline{LK}^2 = LB \times LO \quad \text{ou,}$$

$$\frac{LB}{LK} = \frac{LK}{LO}$$

Or, le rapport $\frac{LK}{LO}$ est égal, par construction même, au rapport $\frac{LK'}{LA}$ puisqu'on a mené KK' parallèlement à OA. Cette égalité,

$$\frac{LK}{LO} = \frac{LK'}{LA}$$

rapprochée de la précédente, montre que, puisque $\frac{LK}{LO}$ est égal à la fois à $\frac{LB}{LK}$ et à $\frac{LK'}{LA}$, on doit avoir aussi l'égalité entre ces deux derniers rapports. Donc,

$$\frac{LK'}{LA} = \frac{LB}{LK}.$$

Il résulte de cette proportion, en se reportant à la figure, que les droites BK' et KA sont parallèles et que, par suite, la distance K'A, obtenue au moyen du tracé, est bien la distance cherchée.

B. Dimensions des murs de soutènement. (1)

SOMMAIRE

(1). — Subdivision du paragraphe VI intitulé : *Ouvrages ayant à résister à la poussée des terres — Murs de soutènement.* (page 489).

I. — Considérations générales.

852. Dans ce qui précède, nous avons étudié la poussée des terres et nous avons vu comment la valeur de cette poussée se déterminait dans les cas les plus fréquents de la pratique. — Chaque cas a été traité graphiquement et par le calcul afin que le lecteur puisse, à son choix, se servir de l'un ou l'autre de ces procédés.

La valeur de la plus grande poussée et la position du centre de poussée étant déterminées, il reste peu de chose à faire pour trouver les dimensions à donner aux murs de soutènement. Comme pour les murs ayant à résister à la pression de l'eau, ceux qui doivent résister à la poussée des terres ont à remplir trois conditions pour être stables. Ces trois conditions sont relatives au renversement du mur par rotation autour de l'une de ses arêtes inférieures, au déplacement du mur par glissement sur sa base et à la dislocation de la maçonnerie provenant de l'écrasement des matériaux en certains points beaucoup trop comprimés.

Le problème de la détermination des dimensions d'un mur de soutènement peut donc se poser de plusieurs manières.

Les dimensions devront être calculées :

1° Soit avec la condition que le mur ne puisse se renverser par rotation autour de l'arête inférieure de sa base ;

2° Soit avec la condition que tout glissement horizontal ne puisse se produire sur la base ou la fondation ;

3° Soit enfin, avec la condition qu'en aucun point de la maçonnerie, le travail à la compression, par unité de surface, ne dépasse la limite que comporte la nature des matériaux employés.

Il est évident que, dans chaque cas, on devra vérifier si les deux autres conditions sont satisfaites.

Dans les exemples que nous allons successivement étudier, nous nous imposons la première ou la troisième condition, et, pour cela, nous considérons le mur comme une construction monolithe. Pour que la construction résiste comme un monolithe, il faudra donc faire emploi d'une excellente chaux et avoir soin de bien enchevêtrer les moellons dans le massif du mur, afin d'éviter la formation de plans de glissement.

Quand nous nous imposons la première condition, nous voulons dire que la résultante de la poussée des terres et du poids de la maçonnerie doit couper la base à une distance de l'arête de rotation assez grande pour que la condition relative à la résistance des matériaux soit également satisfaite, tandis que lorsque nous nous imposons la troisième condition, qui a trait à la résistance des matériaux, la première relative au renversement par rotation est toujours satisfaite si la fondation n'est pas susceptible de s'affaisser. Il n'y aura donc pas, dans ce cas, à vérifier la première condition énoncée ci-dessus.

Nous allons, d'ailleurs, étudier les principaux cas qui peuvent se présenter dans la pratique en nous servant des résultats obtenus dans les problèmes de la poussée des terres.

II. — Calcul des dimensions à donner à un mur de soutènement dont la section transversale est rectangulaire.

853. Le problème de la détermination des dimensions d'un mur de soutènement, peut se présenter de bien des manières différentes. Nous ne traiterons, pour chaque genre de section, que les trois cas suivants qui sont les plus usuels :

1° On s'impose le degré de stabilité du mur ;

2° On donne le maximum que la compression des matériaux ne doit pas dépasser en aucun point de la maçonnerie ;

3° On veut vérifier la stabilité et la résistance d'un mur existant.

On fixe le degré de stabilité d'un mur, soit en donnant la distance à laquelle le centre de pression à la base doit se trouver de l'arête extérieure de rotation, soit en donnant le rapport du moment de stabilité au moment de renversement.

Lorsque nous nous sommes occupé des murs ayant à résister à une pression d'eau, nous avons successivement étudié les cas suivants :

1° Le centre de pression à la base doit être situé au tiers de cette base à partir de l'arête extérieure ;

2° Le centre de pression doit être situé à une distance de l'arête extérieure égale à $\frac{e}{n}$, e étant l'épaisseur du mur à la base et n un facteur pouvant prendre des valeurs différentes de 3, telles que 4, 5, etc... ;

3° La stabilité du mur doit être égale à 2,

c'est-à-dire que le rapport du moment de stabilité au moment de renversement est égal à 2 :

$$\frac{M.\,S}{M.\,R} = 2.$$

On a vu comment ce dernier cas se ramène au deuxième, en attribuant à n certaines valeurs. Le deuxième cas n'est que la généralisation du premier. Quand on s'impose le degré de stabilité pour le calcul de l'épaisseur du mur, ce n'est ni dans le deuxième, ni dans le troisième cas, mais généralement dans le premier. C'est-à-dire qu'on veut que le centre de pression, ou point de rencontre de la résultante des efforts avec la base, soit situé sur cette base à un tiers de sa largeur à partir de l'arête extérieure. Aussi, n'examinerons-nous que ce premier cas du premier problème. — Nous examinerons ensuite les deux autres problèmes relatifs à la compression des matériaux et à la vérification d'un mur existant.

1°. — *Le centre de pression à la base doit être situé au tiers de cette base à partir de l'arête extérieure.*

854. Soit ABCD (*fig.* 583) un rectangle représentant la section transversale du mur dont on veut calculer l'épaisseur. Le mur soutient un massif de terre quelconque. Sur la figure, nous avons supposé que ce massif était terminé à sa partie supérieure par un plan incliné BO'.

L'intensité de la poussée F des terres, ainsi que la hauteur z de son point d'application I au-dessus de la base AD, ont été préalablement déterminées. On connaît d'ailleurs l'inclinaison de cette poussée sur le parement intérieur AB du mur, puisqu'on sait qu'elle doit faire, avec la normale à ce parement et en dessous, un angle égal à l'angle φ du talus naturel des terres. Nous pouvons donc représenter cette poussée en grandeur, direction et position, sur la figure. Nous pouvons également représenter le poids P de la maçonnerie. Il est appliqué au centre de gravité du rectangle ABCD. Sa direction est verticale et son intensité est facile à évaluer.

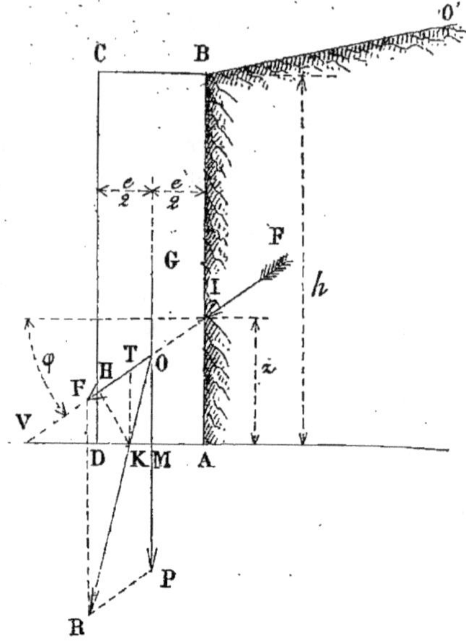

Fig. 583.

Les deux forces F et P se rencontrent au point O et on peut les composer en ce point. Le parallélogramme des forces, construit sur OF et OP, donne une résultante OR qui coupe la base AD du mur en un point K. Nous voulons que ce point K, ou centre de pression, soit situé à une distance KD de l'arête extérieure D, égale au tiers de l'épaisseur cherchée AD.

Nous nous proposons de trouver l'épaisseur à donner au mur, pour laquelle cette condition sera remplie.

Pour cela, nous écrivons que les forces qui agissent sur le mur sont en équilibre, c'est-à-dire que la somme des moments de ces forces est égale à *zéro*. Nous prenons les moments par rapport au point K. Le moment de la force qui serait égale et opposée à la résultante OR est nul, puisque cette force passe par le point K. Il reste donc à écrire que le moment de la poussée F est égal au moment du poids P.

Moment de la poussée F. — Le moment de poussée F, pris par rapport au centre de pression K, a pour expression le produit de la force F par son bras de levier KH (perpendiculaire abaissée de K sur la direction OF) :

$$M.\ F = F \times KH$$

La poussée F est une quantité connue. Nous allons évaluer la grandeur du bras de levier KH. Pour cela, nous menons KT, parallèle à AB, et le triangle rectangle KHT donne :

$$KH = KT \cos (HKT) = KT \cos \varphi$$

De plus, de la similitude des triangles VKT et VAI, on tire :

$$\frac{KT}{AI} = \frac{VK}{VA} = \frac{VA - KA}{VA}$$

Or, $AI = z$; $VA = z \operatorname{cotg} \varphi$; $KA = \frac{2}{3}e$

On a donc : $\frac{KT}{z} = \frac{z \operatorname{cotg} \varphi - \frac{2}{3}e}{z \operatorname{cotg} \varphi}$. D'où

$$KT = \frac{z \operatorname{cotg} \varphi - \frac{2}{3}e}{\operatorname{cotg} \varphi}$$

En portant cette valeur de KT dans l'expression de KH, celle-ci devient :

$$KH = KT \cos \varphi = \left(z \operatorname{cotg} \varphi - \frac{2}{3}e\right) \frac{\cos \varphi}{\operatorname{cotg} \varphi}$$

$$= \left(z \operatorname{cotg} \varphi - \frac{2}{3}e\right) \sin \varphi$$

$$= z \operatorname{cotg} \varphi \sin \varphi - \frac{2}{3} e \sin \varphi$$

$$= z \cos \varphi - \frac{2}{3} e \sin \varphi$$

et, enfin, le moment de la poussée F, peut s'écrire :

$$M.\ F = F \left(z \cos \varphi - \frac{2}{3} e \sin \varphi\right)$$

Remarque. — On voit que cette valeur du moment de la poussée F ne dépend que de la hauteur z, de l'angle et de l'épaisseur e à la base du mur. Elle est donc indépendante de la forme supérieure du profil. On trouverait, en effet, la même valeur en opérant de la même manière, sur un profil qui aurait même base, même parement intérieur vertical, recevant une même poussée, mais dont le parement extérieur aurait une inclinaison quelconque au lieu d'être vertical comme dans la section rectangulaire.

Moment du poids P. — Le moment du poids P, pris par rapport au point K, a pour expression :

$$M\ P = P \times MK$$

Le poids P de la maçonnerie, pour un mètre de longueur du mur, a pour valeur :

$$P = hed$$

dans laquelle h représente la hauteur connue du mur, e son épaisseur inconnue et d le poids du mètre cube de maçonnerie. D'autre part, la dis ance MK a pour valeur :

$$MK = AK - AM$$

$$= \frac{2}{3} e - \frac{1}{2} e$$

$$= \frac{e}{6}$$

Donc, $M.\ P = P \times MK = hed \times \frac{e}{6}$

$$M.\ P = \frac{hd}{6} e^2$$

Ecrivons maintenant l'égalité des moments. Nous avons :

$$F \left(z \cos \varphi - \frac{2}{3} e \sin \varphi\right) = \frac{hd}{6} e^2$$

En effectuant les calculs et ordonnant par rapport à l'inconnue e, nous arrivons à l'équation du second degré

$$\frac{hd}{6} e^2 + \frac{2}{3} F \sin \varphi\ e - Fz \cos \varphi = o \quad (163$$

de la forme

$$ax^2 + bx + c = o$$

dont les racines sont :

$$x = \frac{-b \pm \sqrt{b^2 - 4ac}}{2a}$$

Dans cette expression, on a : $x = e$ et,

$$\left.\begin{aligned} a &= \frac{hd}{6} \\ b &= \frac{2}{3} F \sin \varphi \\ c &= -Fz \cos \varphi \end{aligned}\right\} \quad (164)$$

Donc :

$$e = \frac{-\frac{2}{3}\mathrm{F}\sin\varphi \pm \sqrt{\left(\frac{2}{3}\mathrm{F}\sin\varphi\right)^2 + 4\frac{hd}{6}\mathrm{F}z\cos\varphi}}{2\frac{hd}{6}}$$

La solution négative ne pouvant être acceptée, c'est le signe + qu'il faut conserver devant le radical et on a enfin :

$$e = \frac{-\frac{2}{3}\mathrm{F}\sin\varphi + \sqrt{\left(\frac{2}{3}\mathrm{F}\sin\varphi\right)^3 + \frac{2hd}{3}\mathrm{F}z\cos\varphi}}{\frac{hd}{3}} \quad (165)$$

Problème

855. ***Déterminer l'épaisseur à donner à un mur de section transversale rectangulaire pour que le centre de pression à la base soit situé au tiers de cette base à partir de l'arête extérieure.***

Nous prenons le cas traité au n° 668, d'un mur soutenant un terre-plein horizontal sur une hauteur de $5^m,00$, le poids du mètre cube de terre étant de $1\,600^k$ et l'angle du talus naturel des terres étant égal à 35°.

Nous avons trouvé que la valeur de la poussée maximum est égale à $4\,991^k$ et que la hauteur du point d'application de cette poussée, au-dessus de la base, est égale au tiers de la hauteur totale, c'est-à-dire à $\frac{5,00}{3} = 1^m,667$. Si le mur est constitué par une maçonnerie pesant $2\,200^k$ le mètre cube, par exemple, les données du problème actuel seront :

Hauteur du mur . . . . . . $h = 5^m,00$
Poids du mètre cube de maçonnerie. . . . . $d = 2\,200^k$
Angle de frottement . . . . $\varphi = 35°$
Valeur de la poussée maximum. . . . . $\mathrm{F} = 4\,991^k$
Hauteur du point d'application de la poussée au-dessus de la base. . . . . . . $z = 1^m,667$

En appliquant ces valeurs à la formule (165) ci-dessus, nous avons :

$$\frac{2}{3}\mathrm{F}\sin\varphi = \frac{2}{3} \times 4\,991 \times \sin 35°$$
$$= \frac{2}{3} \times 4\,991 \times 0,57\,358$$
$$= 1\,908$$

$$\frac{2hd}{3}\mathrm{F}z\cos\varphi = \frac{2 \times 5,00 \times 2\,200}{3} 4\,991 \times 1,667 \times \cos 35°$$
$$= 2 \times 3\,667 \times 8\,320 \times 0,819$$
$$= 49\,974\,462$$

$$\frac{hd}{3} = \frac{5,00 \times 2\,200}{3}$$
$$= 3\,667$$

Donc :

$$e = \frac{-1\,908 + \sqrt{1\,908^2 + 49\,974\,462}}{3\,667}$$
$$= \frac{-1\,908 + 7\,322}{3\,667}$$
$$= 1^m,48$$

L'épaisseur cherchée sera donc de 1^m48.

856. *Remarque.* — On vient de voir combien sont grands les nombres placés sous le radical. Pour éviter la manipulation toujours longue de ces grands nombres, on peut mettre la formule sous la forme $x^2 + px + q = o$ en divisant tous les termes de la précédente par le facteur a de x^2. La racine de l'équation est alors de la forme :

$$x = -\frac{p}{2} + \sqrt{\frac{p^2}{4} - q}$$

On peut donc écrire :

$$e^2 + \frac{4\,\mathrm{F}\sin\varphi}{hd}e - \frac{6\,\mathrm{F}z\cos\varphi}{hd} = 0.$$

D'où

$$e = -\frac{2\mathrm{F}\sin\varphi}{hd} + \sqrt{\left(\frac{2\mathrm{F}\sin\varphi}{hd}\right)^2 + \frac{6\,\mathrm{F}z\cos\varphi}{hd}}$$

$$e = -\frac{\mathrm{F}}{hd}2\sin\varphi + \sqrt{\left(\frac{\mathrm{F}}{hd}2\sin\varphi\right)^3 + \frac{\mathrm{F}}{hd}6z\cos\varphi} \quad (166)$$

857. Ayant déterminé l'épaisseur du mur, il nous reste à voir si la compression limite des matériaux n'est pas dépassée et si le glissement à la base ne peut se produire.

En ce qui concerne la compression maximum des matériaux, nous savons que, en vertu de la loi du trapèze (n° 516), lorsque le centre de pression est situé au tiers de la largeur, la compression par unité de surface a, pour expression : $\frac{2N}{\omega}$ sur l'arête la plus rapprochée du centre de pression et *zéro* sur l'arête la plus éloignée. La pression totale N et la surface totale de transmission sont faciles à évaluer. On a, en effet, pour un mètre de longueur du mur :

$$N = P = hed \quad \text{et}$$
$$\omega = e \times 1{,}00$$

Donc : $N = 5{,}00 \times 1{,}48 \times 2\,200 = 16\,280^k$

$$\omega = 1^{m^2},48$$

et $\frac{2N}{\omega} = 22\,000^k$ par mètre carré, soit $2^k,20$ par centimètre carré.

Quant à la condition de stabilité relative au glissement, voici comment on la vérifie. On sait que le coefficient de frottement f est égal à la tangente de l'angle que la résultante OR (fig. 583) fait avec la normale à la base AD. On aura :

$$f = \text{tang (TKO)} = \text{tang (KOM) et},$$
$$\text{tang (KOM)} = \frac{KM}{OM}$$

Il est toujours possible d'exprimer KM et OM en fonction des données du problème. On pourra donc toujours trouver la valeur de tang (KOM) ou f et la comparer à la valeur limite que le coefficient de frottement ne doit pas dépasser suivant les cas.

Nous rappelons ce que nous avons dit au n° 512, à savoir que les coefficients de frottement généralement adoptés, sont les suivants :

Maçonnerie sur elle même	0,76
Maçonnerie sur elle-même quand le mortier a fait prise.	1,00
Maçonnerie sur elle-même, quand le mortier est encore frais. . . .	0,57
Maçonnerie sur sa fondation (béton ou rocher naturel).	0,76
Maçonnerie sur sa fondation (sol naturel, terre ou sable)	0,57
Maçonnerie sur sa fondation (fond argileux sujet à être détrempé par les eaux).	0,30

En comparant la valeur calculée de f à celle ci-dessus qui correspond au cas particulier dans lequel on est placé, on verra si le mur est susceptible de se déplacer horizontalement par glissement sur sa base.

Reprenons le rapport $\frac{KM}{OM}$ et évaluons chacun de ses termes. Nous avons d'abord :

$$KM = \frac{1}{2}e.$$

Puis OM peut se déduire de la similitude des deux triangles OMV et IAV qui donnent :

$$\frac{OM}{IA} = \frac{MV}{AV} = \frac{AV - AM}{AV}$$

$IA = z$; $AV = z \operatorname{cotg} \varphi$; $AM = \frac{e}{2}$. Donc,

$$\frac{OM}{z} = \frac{z \operatorname{cotg} \varphi - \frac{e}{2}}{z \operatorname{cotg} \varphi}. \text{ D'où :}$$

$$OM = \frac{z \operatorname{cotg} \varphi - \frac{e}{2}}{\operatorname{cotg} \varphi}$$

et le rapport $\frac{KM}{OM}$ devient :

$$f = \frac{KM}{OM} = \frac{\frac{e}{6} \operatorname{cotg} \varphi}{z \operatorname{cotg} \varphi - \frac{e}{2}} \qquad (167)$$

Si nous appliquons cette formule (167) aux données et résultats du problème précédent, nous trouvons :

$$f = \frac{\frac{1{,}48}{6} \times \operatorname{cotg} 35^\circ}{1{,}667 \times \operatorname{cotg} 35^\circ - \frac{1{,}48}{2}}$$

$$= \frac{0{,}247 \times 1{,}428}{1{,}667 \times 1{,}428 - 0{,}74}$$

$$= \frac{0{,}353}{2{,}38} = 0{,}14 \text{ environ.}$$

Ce chiffre est bien inférieur à ceux qui peuvent être atteints en toute sécurité. Le mur dont nous avons calculé l'épaisseur se trouvera donc dans d'excellentes conditions de stabilité au point de vue du glissement.

858. Nous venons de voir que la plus grande compression de la maçonnerie à la base du mur est seulement de 2^k, 20 par centimètre carré. Ce faible travail de la maçonnerie résulte de la condition que nous nous sommes imposée pour le calcul de l'épaisseur du mur. Nous avons, en effet, calculé l'épaisseur *e* pour que le centre de pression à la base du mur soit situé au tiers de la largeur de cette base et on voit que nous ne sommes pas arrivé ainsi à utiliser toute la résistance dont sont capables les matériaux employés. Lorsqu'on veut que les matériaux travaillent à la compression, à R kilogr. par centimètre carré, R étant une limite qu'on s'impose d'avance et qu'on veut atteindre, il faut donc poser autrement le problème de la détermination de l'épaisseur à donner au mur. C'est ce que nous allons faire.

2° *La plus grande compression des matériaux doit être égale à R.* (1)

859. Le mur de soutènement dont on veut déterminer l'épaisseur de la section transversale rectangulaire doit être construit avec de la maçonnerie dont on connaît à peu près la résistance à l'écrasement. On sait que cette maçonnerie pourra résister, en toute sécurité, à une compression maximum de R kilogrammes par centimètre carré. On veut calculer l'épaisseur *e* pour que cette limite soit atteinte à l'endroit de la maçonnerie où la plus grande compression se produit.

Nous supposons que le mur doit maintenir un massif horizontal surmonté d'une surcharge uniformément répartie.

Les efforts qui s'exercent sur le mur, c'est-à-dire la poussée des terres et le poids de la maçonnerie, se composent à leur point de rencontre O (*fig.* 584) et leur résultante OR vient couper la base du mur en un point K. Lorsqu'on s'impose, pour déterminer l'épaisseur, la condition

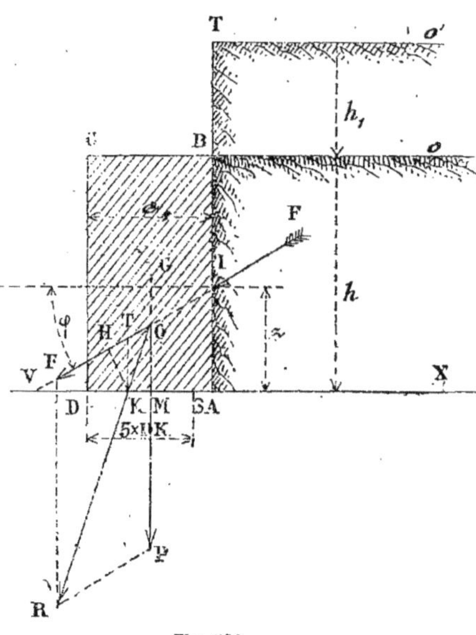

Fig. 584.

que ce centre de pression soit situé au tiers de la base à partir de l'arête extérieure et qu'on se rend compte, ensuite, de la valeur de la compression sur l'arête la plus fatiguée, on trouve, en général, une valeur inférieure à la limite qu'on pourrait atteindre sans inconvénient. Il en résulte que, lorsqu'on s'imposera, au contraire, pour résoudre le problème, la condition d'une compression limite, le centre de pression K sera situé à une distance KD de l'arête extérieure plus petite que le tiers de la base à partir de cette arête. On sait que, dans ce cas, d'après la loi du trapèze (n° 516), la pression totale se répartit suivant une surface dont la longueur DS est égale à $3 \times$ DK, et que la pression a pour valeur maximum $\frac{2N}{\omega}$ au point D et, pour valeur minimum, zéro au point S. Ici ω représente, non plus la surface totale de la base, mais la surface qui correspond à la

(1) Subdivision du sous-paragraphe II intitulé : *Calcul des dimensions à donner à un mur de soutènement dont la section transversale est rectangulaire* (page 623).

longueur DS suivant laquelle la pression se transmet à la fondation.

Pour résoudre le problème, dans ces conditions, nous écrivons que les moments de la poussée F et du poids P sont égaux :

$$M.F = M.P.$$

L'expression du moment de F est : $M.\ F = F \times KH$. Or, $KH = KT \cos\varphi$ et, d'autre part, on a :

$$\frac{KT}{AI} = \frac{VK}{VA} = \frac{VA - KA}{VA} \quad \text{ou,}$$

$$\frac{KT}{z} = \frac{z \text{ cotg. } \varphi - KA}{z \text{ cotg } \varphi}. \text{ D'où,}$$

$$KT = \frac{z \text{ cotg } \varphi - KA}{\text{cotg } \varphi}$$

Cherchons la valeur de KA, tirée de la condition imposée relative à la plus grande compression R. Nous avons, pour un mètre de longueur du mur,

$$R = \frac{2N}{\omega} = \frac{2P}{3 \times DK}. \text{ D'où}$$

$$DK = \frac{2P}{3R} \text{ et, par conséquent,}$$

$$KA = AD - DK = e - \frac{2P}{3R}$$

et comme $P = hed$, nous avons enfin :

$$KA = e - \frac{2hed}{3R}$$

L'expression de KT devient, en y remplaçant KA par cette valeur :

$$KT = \frac{z \text{ cotg } \varphi - e + \frac{2hed}{3R}}{\text{cotg } \varphi}$$

Le bras de levier KH de la poussée F aura donc pour valeur :

$$KH = KT \cos\varphi = \left(z \text{ cotg } \varphi - e + \frac{2hed}{3R}\right)\frac{\cos\varphi}{\text{cotg } \varphi}$$

$$= \left(z \text{ cotg } \varphi - e + \frac{2hed}{3R}\right) \sin\varphi$$

$$= z \cos\varphi + \left(\frac{2hd}{3R} - 1\right) \sin\varphi\, e$$

et, enfin, le moment de la poussée F aura, pour expression :

$$M.\ F = F\left[z \cos\varphi + \left(\frac{2hd}{3R} - 1\right)\sin\varphi\, e\right]$$

Quant au moment du poids P, il a pour expression :

$$M.\ P = P \times KM$$

dans laquelle,

$$P = hed \quad \text{et}$$

$$KM = KA - AM = e - \frac{2hed}{3R} - \frac{e}{2}$$

$$= \frac{e}{2} - \frac{2hed}{3R.}$$

Donc : $M.\ P = hed\left(\frac{e}{2} - \frac{2hed}{3R}\right)$

$$= \frac{hd}{2} e^2 - \frac{2h^2d^2}{3R} e^2$$

$$= \left(\frac{hd}{2} - \frac{2h^2d^2}{3R}\right)e^2$$

En égalant le moment de F au moment de P, il vient :

$$F\left[z \cos\varphi + \left(\frac{2hd}{3R} - 1\right) \sin\varphi\, e\right] = \left(\frac{hd}{2} - \frac{2h^2d^2}{3R}\right) e^2$$

Cette relation, ordonnée par rapport à l'inconnue e, peut s'écrire :

$$\left(\frac{hd}{2} - \frac{2h^2d^2}{3R}\right) e^2 + F\left(1 - \frac{2hd}{3R}\right) \sin\varphi\, e - Fz \cos\varphi = 0 \quad (168)$$

équation de la forme $ax^2 + bx + c = o$ dont la racine positive a pour valeur

$$x = \frac{-b + \sqrt{b^2 - 4ac}}{2a}$$

et dans laquelle on a :

$$\left.\begin{aligned} a &= \frac{hd}{2} - \frac{2h^2d^2}{3R} \\ b &= F\left(1 - \frac{2hd}{3R}\right) \sin\varphi \\ c &= -Fz \cos\varphi \end{aligned}\right\} \quad (169)$$

Problème

860. *Déterminer l'épaisseur à donner à un mur de section transversale rectangulaire, lorsqu'on s'impose la valeur de la plus grande compression à la base du mur.*

Nous allons prendre ici, comme exemple, un *mur soutenant un terre-plein horizontal sur lequel se trouve un chemin de fer à deux voies.* Nous nous trouverons donc, pour la détermination de la poussée, dans le cas d'un terre-plein horizontal surmonté d'une *surcharge.*

Ce problème sera traité complètement, c'est-à-dire que nous verrons d'abord quelle est la nature et la valeur de la surcharge, puis nous déterminerons la poussée et son point d'application, et, enfin, l'épaisseur du mur sera calculée comme nous l'avons indiqué ci-dessus (n° 859).

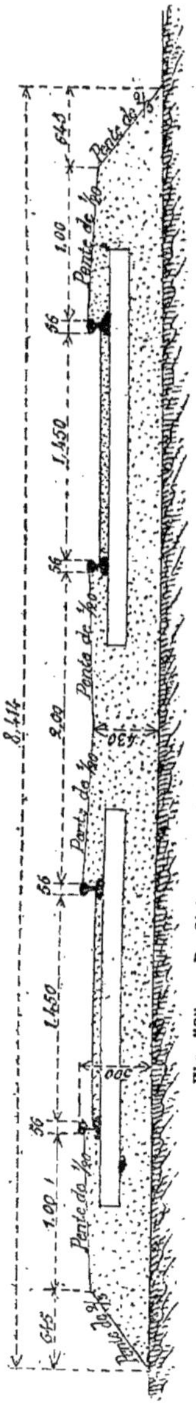

Fig. 585. — Profil transversal d'un chemin de fer à deux voies (type Nord).

861. *Évaluation de la surcharge produite par la circulation du matériel roulant sur une voie ferrée.*

Tous nos lecteurs savent comment une voie de chemin de fer est constituée. Des rails de longueurs déterminées reposent sur une série de traverses parallèlement disposées entre elles et normales à la direction des files de rails. Les traverses reçoivent la pression du matériel roulant par l'intermédiaire des rails et transmettent cette pression à la plate-forme au moyen d'une couche de ballast interposée.

Nous donnons (*fig.* 585), le profil transversal d'un chemin à deux voies (type Nord). Le profil du ballast est réglé ainsi :

A l'intérieur de chaque voie, il est arasé à cinq centimètres environ au-dessus des traverses. A l'extérieur, et dans l'entrevoie, la surface est établie à partir du rail en pente de $0^m,05$ ou 1/20, le point de contact avec le rail étant à deux centimètres au-dessous de la surface de roulement. La largeur de l'accotement est de un mètre depuis le rail jusqu'à la crête du talus lequel est réglé à un et demi de base pour un de hauteur. On voit, en outre, sur la figure, que la largeur normale de la voie est de $1^m,450$, comptée à l'intérieur des rails et que la largeur de l'entrevoie est de $2^m,00$ entre les bords extérieurs des rails Ici, les rails sont en acier fondu à patin inférieur et champignon supérieur (profil Vignole). Ils pèsent 30 k. le mètre courant.

La longueur normale des rails est de $8^m,00$; mais on admet, dans les commandes, pour faciliter la fabrication, des longueurs réduites qui ont été fixées à $7^m,00$ $6^m,00$ et $5^m,00$. On exige, en outre, des fabricants, un certain nombre de barres ayant $7^m,40$ pour les origines des voies à joints chevauchés et d'autres ayant $7^m,96$ pour les poses en courbe. L'écartement des traverses est réglé de la manière suivante :

Les portées des rails près des joints, ainsi que le chevauchement sont fixés à $0^m,60$ (*fig.* 586). Chaque longueur de rails présente ainsi, à l'une de ses extrémités, une portée de $0^m,60$ et à l'autre deux portées successives de $0^m,60$, dont la seconde est obtenue par la traverse de contre-joint du rail opposé. Le reste de la longueur est divisé en 7 portées égales de $0^m,885$

Nous tirerons une conclusion de tout ce que nous venons de dire sur la constitution d'une voie ferrée.

Le poids du matériel roulant se transmet aux rails par les essieux et les roues de ce matériel. Or, les roues les plus chargées, comme celles des locomotives, par exemple, ne sont pas très éloignées les unes des autres. Il en résulte qu'un certain nombre de charges, à espacements déterminés, reposent sur les rails, lesquels sont maintenus par des traverses relativement assez rapprochées. Quoique, mathématiquement, la pression reçue par chaque traverse ne soit pas la même, on peut, sans erreur sensible, admettre que la transmission se fait uniformément à la plate-forme par l'intermédiaire de la couche de ballast. C'est ce que nous voulions mettre en évidence par les considérations dans lesquelles nous venons d'entrer, à savoir

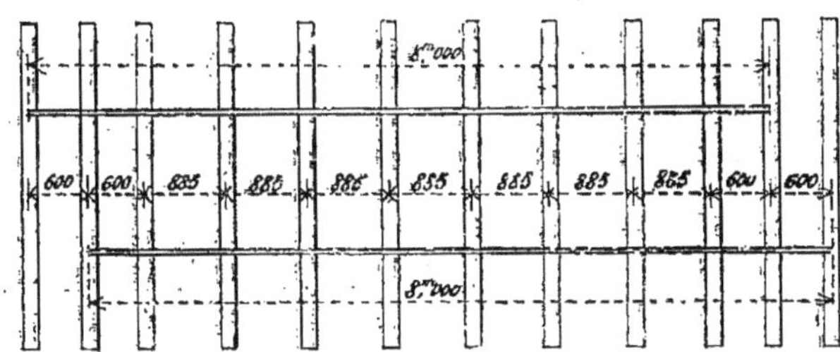

Fig. 586. — Pose des rails de 8 mètres en pleine voie.

que, *grâce à la manière dont la voie est constituée, le poids du matériel roulant produit une surcharge uniformément répartie à la surface de la plate-forme.*

Ceci établi, il nous reste à évaluer quelle valeur maximum cette surcharge peut prendre. Elle dépend évidemment de la nature même du matériel roulant. On choisira donc, dans ce matériel, pour faire cette évaluation, la machine qui pourra produire la plus grande surcharge possible et c'est en vue de cette surcharge maximum que les dimensions du mur de soutènement devront être calculées.

Prenons, par exemple, une *locomotive à grande vitesse, munie d'un tender à trois essieux pouvant contenir 14 mètres cubes d'eau*, représentée schématiquement par la figure 587.

Les deux essieux d'avant sont chargés

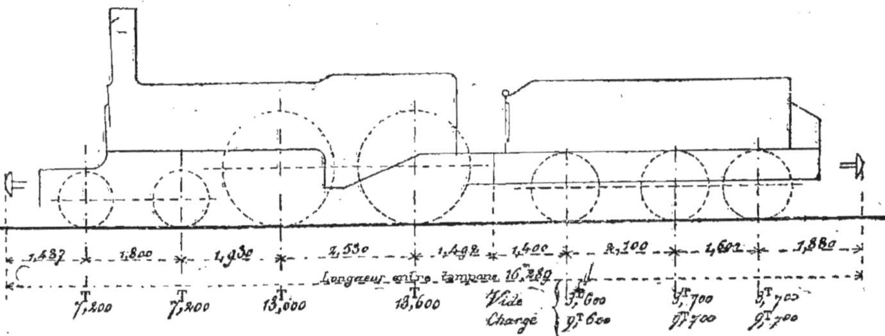

Fig. 587. — Locomotive à grande vitesse, munie d'un tender à trois essieux contenant 14 m. cubes d'eau.

de 7T,200 et les deux d'arrière, sur lesquels sont fixées les roues à grand diamètre, sont chargés de 13T,600. Pour les essieux du tender, il y a à distinguer les charges lorsque le tender est vide et lorsqu'il est, au contraire, complètement chargé d'eau et de charbon. C'est le dernier cas qu'il faut considérer, puisque c'est celui qui donnera la plus forte surcharge.

Le tender étant vide, les essieux sont chargés de 3T,600 et, lorsqu'il est plein, les charges sont de 9T,700 par essieu.

Les espacements des essieux sont indiqués dans la figure, ainsi que les distances des tampons aux essieux d'avant et d'arrière. On voit que la longueur totale de la locomotive, entre tampons, est de 1,497 + 1,800 + 1,930 + 2,590 + 2,892 + 2,100 + 1,600 + 1,880 = 16^m^,289.

Donc, dans le sens de la longueur de la voie, sur une distance d'environ 16^m,30, on aura une charge sensiblement uniformément répartie de

$$2 \times 7{,}200 + 2 \times 13{,}600 + 3 \times 9{,}600 = 70^T,400$$

et, sur les deux voies parallèles, la charge totale sera de

$$2 \times 70^T,400 = 140^T,800$$

Or, cette charge totale se répartit sur une longueur de voies de 16^m,30 et sur une largeur de ballast égale à 8^m,40 (*voir fig.* 585). La surface de transmission de la pression totale est donc de 16, 3 $\times$ 8,4 = 136^{m2}, 92, soit 137 mètres carrés environ.

La charge uniformément répartie par mètre carré à la surface de la plate-forme, aura, pour valeur, en ce qui concerne la locomotive considérée :

$$\frac{140^T,800}{137} = 1^T,027$$

soit, 1027^k par mètre superficiel. C'est la charge produite par le matériel roulant seulement. Il convient de lui ajouter les poids du matériel fixe (rails et traverses) et du ballast.

Le ballast pèse environ 1800^k le mètre cube, ce qui fait, pour une épaisseur moyenne de 0^m,40, une charge, par mètre carré, de 1,800^k $\times$ 0,40 = 720^k.

Quant au matériel fixe, nous avons sur la longueur totale de la locomotive (16^m,30) et sur la largeur des deux voies :

Rails. Quatre files à 30^k le mètre courant, soit sur 16^m,30 de longueur : 4 $\times$ 30 $\times$ 16,30 = 1 956^k.

Traverses. D'après le plan de pose qui a été indiqué figure 586, il y a, sur une voie et pour une longueur de 16^m,30, environ 21 traverses. Ces traverses ont, comme dimensions moyennes, 2^m,50 de longueur, 0^m,25 de largeur et 0^m,17 d'épaisseur, ce qui fait que chaque traverse a, en moyenne, un cube égal à 2,50 $\times$ 0,25 $\times$ 0,17 = 0^{m3},106. Le cube des 42 traverses placées sur les deux voies pour, une longueur de 16^m,30, sera donc de 0,106 $\times$ 42 = 4^{m3},452. Le poids du mètre cube étant à peu près de 850 kilogrammes, on aura, pour poids total des 42 traverses : 4,452 $\times$ 850 = 3784^k.

La charge par mètre carré produite par les rails et les traverses, sera de

$$\frac{1\,956 + 3\,784}{137} = 42^k \text{ par mètre superficiel.}$$

La charge totale uniformément répartie par mètre carré à la surface de la plate-forme aura, finalement, pour valeur :

$$1\,027 + 720 + 42 = 1\,789^k.$$

Afin de tenir compte d'une surcharge imprévue et surtout des vibrations produites par le roulement du matériel, il est bon d'augmenter un peu le chiffre ainsi obtenu que nous portons alors à 2 000^k.

Dans le cas particulier que nous examinons, nous aurons donc à déterminer les dimensions du mur de soutènement en admettant que le terre-plein horizontal soutenu par ce mur reçoit une surcharge uniformément répartie de 2 000^k par mètre carré.

862. Revenons maintenant au problème n° 860 et complétons les données avec lesquelles nous devrons le résoudre.

Le mur devra avoir une hauteur de 8^m,00 par exemple. Il sera construit avec une maçonnerie pesant 2 400^k le mètre cube et devra soutenir un massif de terre dont le poids du mètre cube est de 1 600^k, et dont le talus naturel est incliné, sur l'horizon, à 3 de base pour 2 de hauteur, ce qui correspond à un angle $\varphi = 33° 41'$.

Ces données se traduisent graphiquement par le croquis ci-contre (*fig.* 588). Il nous reste à remplacer la surcharge uniformément répartie de 2 000^k, produite par le passage du matériel roulant simultanément sur les deux voies, par une surcharge équivalente de terre de hauteur h_1.

La terre du terre-plein pèse 1 600^k le mètre cube. La hauteur de terre qui pro-

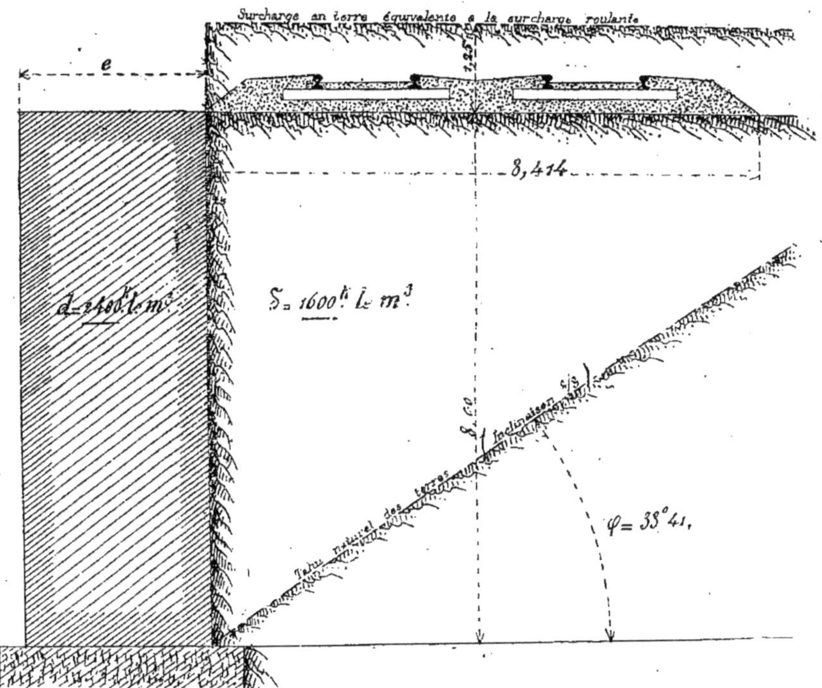

Fig. 588. — Echelle de 0^m,01 p. m.

duira une surcharge de 2 000^k le mètre carré, aura donc, pour valeur :

$$h_1 = \frac{2\,000}{1\,600} = 1^{\mathrm{m}},25$$

Nous avons maintenant tous les éléments nécessaires à la détermination de la valeur de la poussée maximum et de la position du centre de poussée sur le parement intérieur du mur. Nous ajouterons que la compresion maximum R de la maçonnerie à la base du mur devra être de 8^k par centimètre carré.

863. *Poussée des terres et centre de poussée.* — La détermination de la poussée maximum et de la position du centre de poussée, pour le cas dans lequel nous nous trouvons, a été traitée aux numéros 733 et suivants. Nous allons néanmoins rappeler brièvement les opérations à effectuer, sur l'épure, à l'échelle de 0^m,01 par mètre (*fig.* 589). (Voir n° 744.)

Tracer la droite AL faisant un angle $2\varphi = 2 \times (33° 41') = 67° 22'$, avec le parement vertical AB, et *al* parallèle à AL. Prolonger O'T jusqu'à sa rencontre avec *al*. Sur *al*, comme diamètre, décrire une demi-circonférence et, du point T, mener T*t'* parallèle à la ligne du talus naturel AO. Élever la perpendiculaire *t'c* jusqu'à sa rencontre *c* avec la demi-circonférence et ramener la distance *lc* sur *la* en *lk* au moyen d'un arc de cercle décrit de *l* comme centre. Joindre T*k* et prolonger jusqu'en K' qui donne la distance cherchée K'A. — Cette distance mesurée sur l'épure est :

$$K'A = 5^{\mathrm{m}},10$$

Portant cette valeur de K'A dans la formule 85 qui est à appliquer dans ce cas (n° 734), on a, pour la valeur de la poussée maximum :

$$F = \frac{1}{2} \delta \cos \varphi \overline{K'A}^2$$

$$= \frac{1}{2} \times 1600 \times \cos 33^\circ 41' \times \overline{5,10}^2$$

$$= 800 \times 0,832 \times 26$$

$$= 17\,306^k$$

Pour obtenir la position du centre de poussée, on opèrera de la manière suivante.

Mener kv parallèle à AO et joindre av. Tracer alors les lignes ds disjonction Bn et AK, parallèles à av. Déterminer la position du centre de gravité g du trapèze ABnK. Évaluer ensuite les surfaces S du triangle ATK, s du trapèze ABnK, s' du triangle BTn.

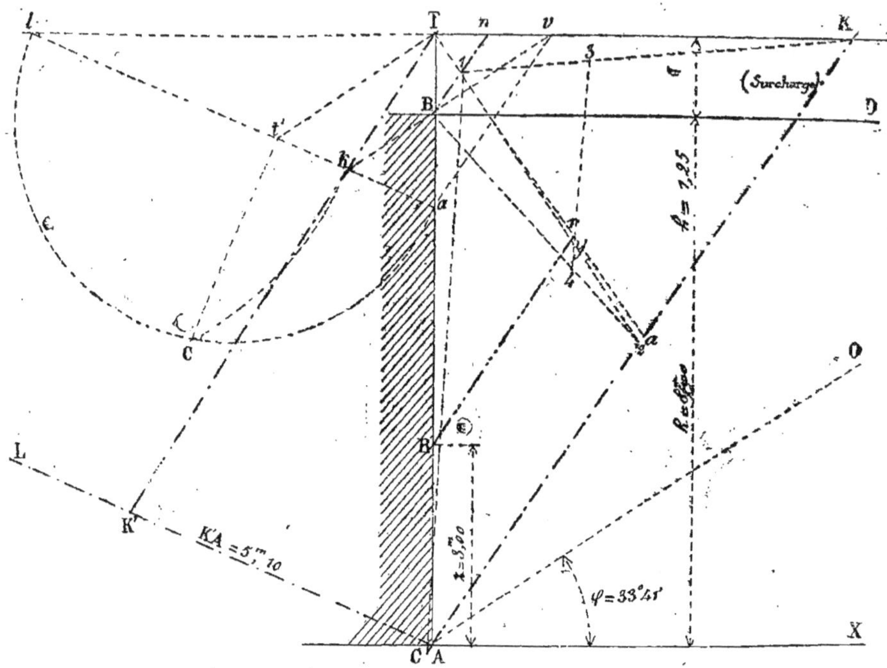

Fig 589. — Échelle de 0m,01 p. m.

$$S = TK \frac{h + h_1}{2}$$

$$= 6^m,30 \times 4^m,62 = 29^{m^2},11$$

$$s' = Tn \times \frac{h_1}{2}$$

$$= 0,85 \times 0,62 = 0^{m^2},53$$

$$s = S - s' = 29,11 - 0,53 = 28^{m^2},58.$$

A partir de 2, extrémité de la médiane T2 qui a servi à la recherche du centre de gravité g, porter en 2a une longueur proportionnelle à la surface s' du triangle BTn et en 2c une longueur proportionnelle à la surface s du trapèze ABnK. Joindre a1 et c1. Du centre de gravité g, mener une parallèle gr à c1 et ramener le point r en R sur le parement vertical, au moyen de la parallèle rR à KA. — La hauteur AR, mesurée sur l'épure, donne :

$$z = AR = 3^m,00$$

864. *Calcul de l'épaisseur du mur.* —

L'épaisseur e du mur se calculera avec les données suivantes :

Hauteur du mur. . . . $h = 8^m,00$

Hauteur de la surcharge. . . . . $h_1 = 1^m,25$

Poids du mètre cube de maçonnerie . . . . . $d = 2\,400^k$

Poids du mètre cube de terre. . . . . $\delta = 1\,600^k$

Angle du talus naturel. $\varphi = 33°41'$

Valeur limite imposée pour la compression R de la maçonnerie. . . $R = 8^k$ par cm².

Nous reprenons la formule (168) (voir n° 859), de la forme

$$ax^2 + bx + c = o$$

dans laquelle nous avons : (formules 169)

$$a = \frac{hd}{2} - \frac{2h^2d^2}{3R}$$

$$= \frac{8{,}00 \times 2\,400}{2} - \frac{2 \times \overline{8.00}^2 \times \overline{2\,400}^2}{3 \times 8 \times 10^4}$$

$$= 9\,600 - 3\,072 = 6\,528$$

$$b = F\left(1 - \frac{2hd}{3R}\right)\sin\varphi$$

$$= 17\,306\left(1 - \frac{2 \times 8{,}00 \times 2400}{3 \times 8 \times 10^4}\right)\sin 35°$$

$$= 17\,306 \times 0{,}84 \times 0{,}55\,46 = 8\,062$$

$$c = -Fz\cos\varphi$$

$$= -17\,306 \times 3{,}00 \times 0{,}832 = -43\,196$$

et comme

$$x = \frac{-b + \sqrt{b^2 - 4ac}}{2a},$$ nous aurons:

$$x \text{ ou } e = \frac{-8\,062 + \sqrt{8\,062^2 + 4 \times 6\,528 \times 43\,196}}{2 \times 6\,528}$$

$$e = \frac{-8\,062 + 34\,540}{13\,056} = 2^m,03.$$

Le mur devra donc avoir une épaisseur de $2^m,03$ pour que la compression maximum à la base soit de 8^k par centimètre carré.

865. *Vérification de l'impossibilité du glissement sur la fondation.* — Nous avons vu n° 857 et *fig.* 583 que la valeur du coefficient de frottement du mur sur sa fondation a, pour expression :

$$f = \text{tang. (TKO)} = \text{(KOM)},$$

$$f = \frac{KM}{OM}.$$

Comme nous nous étions donné, dans le problème précédent, la distance KD égale au tiers de la largeur AD, il en résultait que KM était égale au sixième de la même largeur. D'un autre côté, OM pouvait se déduire de la similitude des triangles OMV et LAV. Ici, nous ne connaissons pas, a priori, la distance KD et le problème serait un peu compliqué à résoudre de la même manière.

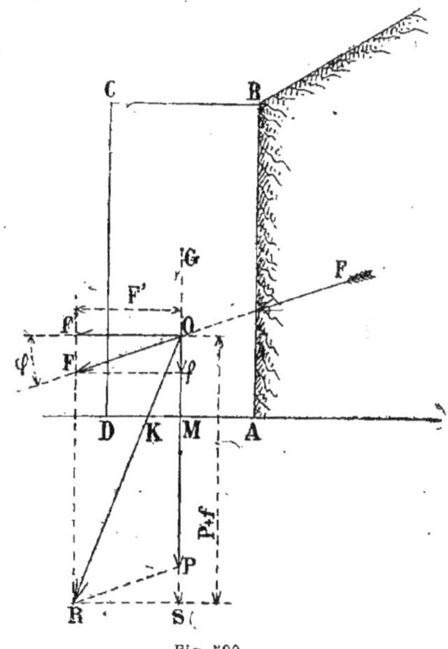

Fig. 590.

Nous allons opérer plus simplement, en trouvant une expression générale du coefficient f, pouvant être appliquée à tous les cas. Les forces OF et OP (*fig.* 590), forment un parallélogramme dont la diagonale OR est la résultante. Cette résultante coupe la base AD en un point K. Dans le triangle rectangle OMK, il faut calculer le rapport :

$$f = \frac{KM}{OM}.$$

Décomposons la force OF en deux autres, dont l'une OF' sera horizontale, et l'autre Of sera verticale et viendra s'ajouter au poids OP. Nous aurons remplacé le parallélogramme FOPR par un rectangle F'OSR dont la même résultante OR sera encore la diagonale. Les deux forces appliquées au point O sont alors F' et P + f et, comme les deux triangles rectangles OMK et OSR sont semblables, ils donnent :

$$\frac{KM}{OM} = \frac{RS}{OS} = \frac{OF'}{OS} = \frac{F'}{P+f}$$

Or, F' = F cos φ et f = F sin φ. Nous aurons donc enfin :

$$f = \frac{F'}{P+f} = \frac{F\cos\varphi}{P+F\sin\varphi} \qquad (170)$$

866. Si nous revenons au problème dont nous voulons vérifier le résultat, nous voyons que le calcul de f est facile.

Nous avons, en effet, dans la formule (170) ci-dessus :

F = 17 306ᵏ ; cos φ = 0,832 ; sin φ = 0,5546 et P = *hed* = 8,00 × 2,03 × 2 400 = 38 976ᵏ

$$\text{Donc :} \quad f = \frac{F\cos\varphi}{P+F\sin\varphi}$$

$$= \frac{17\,306 \times 0{,}832}{38\,976 + 17\,306 \times 0{,}55\,46}$$

$$f = 0{,}29$$

chiffre inférieur à ceux qui peuvent être atteints en toute sécurité.

3° *Vérification des conditions de stabilité d'un mur dont le profil transversal est connu* (1).

867. La vérification des conditions de stabilité d'un mur dont le profil transversal est connu peut se faire, soit par le calcul seulement, soit graphiquement. Ce dernier moyen est très expéditif et présente assez d'exactitude dans la pratique. Aussi est-ce celui que nous emploierons.

On connaît la hauteur et l'épaisseur du mur, ainsi que le poids du mètre cube de la maçonnerie dont il est fait. On connaît également la forme du massif de terre soutenu, la nature et la valeur de la surcharge, s'il y en a ; le poids du mètre cube de terre et, enfin, l'angle du talus naturel. Avec ces données, on trace une épure à une certaine échelle, sur laquelle on représente d'abord la section transversale rectangulaire du mur ABCD (*fig.* 584) et le profil du massif soutenu BTO'. On détermine graphiquement la valeur de la poussée maximum et la position I du centre de poussée. Cette poussée, mise en place comme position et direction en FI, vient rencontrer, en un point O, la verticale qui représente le poids du mur et qui passe par le centre de gravité G de la section. Au point O, on compose les deux forces OF et OP pour obtenir leur résultante OR, diagonale du parallélogramme RFOP. Cette résultante rencontre la base AD en un point K.

Si le point K, ou centre de pression à la base, est situé entre les deux arêtes A et D, le mur ne peut évidemment pas tourner autour de l'une de ces arêtes, et la première condition de stabilité, relative au renversement par rotation, est satisfaite.

Pour s'assurer que la deuxième condition est remplie, c'est-à-dire que la compression de la maçonnerie sur l'arête la plus fatiguée D, ne dépasse pas la limite qui offre toute sécurité, on mesure la distance DK sur l'épure et on la compare à la largeur totale AD.

La loi du trapèze permet alors d'évaluer la compression au point D par unité de surface et on voit si la limite n'est pas dépassée.

Quant à la troisième condition de stabilité relative au glissement du mur sur sa base, il est facile de la vérifier en mesurant sur l'épure la tangente de l'angle que la résultante OR fait avec la normale OP à la base AD. On verra, d'ailleurs, dans l'exemple qui suit, comment on doit opérer.

Problème

868. *Vérifier la stabilité d'un mur dont*

(1) Subdivision du sous-paragraphe II, intitulé : *Calcul des dimensions à donner à un mur de soutènement dont la section tranversale est rectangulaire* (page 623).

la section tranversale rectangulaire est connue, sachant que

la hauteur du mur. . . . . . $h = 5^m,00$
l'épaisseur du mur. . . . . . $e = 1^m,40$
le poids du mètre cube de maçonnerie . . . . $d = 2\,300^k$
le poids du mètre cube de terre $\delta = 1\,600^k$
l'angle du talus d'éboulement $\varphi = 35°$

A ces données, nous ajouterons que le massif soutenu est un terre-plein horizontal et que, en outre, le mur de soutènement est surmonté, à l'aplomb du parement extérieur, d'un mur faisant office de parapet, construit en pierres pesant 2 400^k le mètre cube et ayant 0^m,50 d'épaisseur sur une hauteur de 2^m,00.

Nous traçons une épure à l'échelle de 0^m,01 par mètre; (*fig.* 591). ABCD est le profil transversal du mur à section rectangulaire ; CE représente le mur en pierre qui surmonte le mur de soutènement ; BT est le plan supérieur du terre-plein soutenu.

La première chose à faire est de chercher la valeur de la poussée maximum F et la position de son point d'application.

Cette recherche a été faite, pour les données du problème actuel, au n° 663. Nous nous bornerons à prendre les résultats obtenus sans refaire les constructions précédemment décrites.

On a trouvé :

Poussée maximum exercée contre le mur, $F = 4\,955^k$

Hauteur du centre de poussée au-dessus de la base,

$$z = \frac{h}{3} = \frac{5,00}{3} = 1^m,667 \qquad z = 1^m,667.$$

On sait, en outre, que la poussée F fait, avec la normale au parement du mur et en dessous de cette normale, un angle égal à $\varphi = 35°$.

Nous pouvons donc mettre en place, sur l'épure, la poussée F, en observant que son point d'application I se trouve à 1^m,667 au-dessus de la base AD.

Il faut ensuite chercher le poids total P de la maçonnerie et la position de son point d'application. Pour cela, il faut composer le poids p de la maçonnerie du profil ABCD avec celui p' de la maçonnerie du profil CE. Il est entendu que ces poids sont évalués pour un mètre de longueur de mur, puisque la poussée F a été obtenue pour un mètre de longueur du massif soutenu. Nous avons :

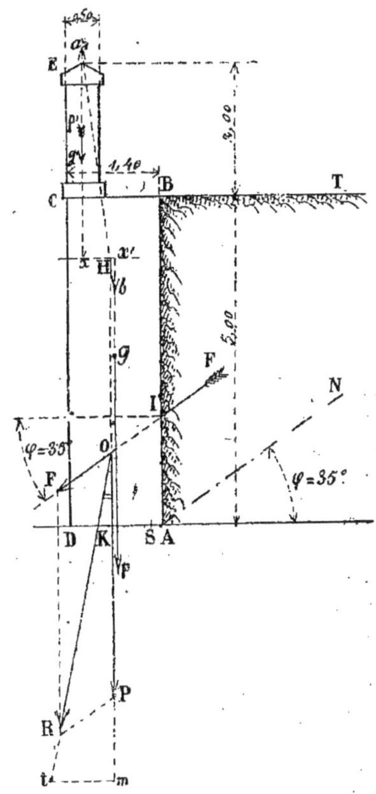

Fig. 591. — Échelle 0^m,01 p. m.

$$p = 5^m,00 \times 1^m,40 \times 2\,300^k = 16\,100^k$$

$$p' = 2^m,00 \times 0^m,50 \times 2\,400^k = 2\,400^k$$

Ce dernier poids p' est approximatif; car, pour l'obtenir, nous supposons rectangulaire la section du mur, ce qui n'est pas. Nous laissons au lecteur le soin de calculer exactement le poids p' d'un mur dont toutes les côtes du profil détaillé seraient connues.

Le poids p a son point d'application au centre de gravité g du rectangle ABCD ; celui du poids p' est au centre de gravité g' de la section du mur CE. Ces deux poids sont mis en place verticalement sur l'épure. Nous connaissons la valeur de la résultante P des deux poids p et p'; elle est

$$P = p + p' = 16\,100 + 2\,400 = 18\,500^k$$

Il nous reste à trouver la position de cette résultante. Nous coupons les deux verticales qui partent de g et g' par une droite quelconque xx'. Nous portons $xa = p$ et $x'b = p'$. Nous joignons a et b par une droite qui rencontre xx' en un point H par lequel passe la résultante P. On voit, en effet, que, en opérant ainsi, nous avons divisé la distance xx' en deux parties inversement proportionnelles aux poids p et p'.

La verticale du point H représente la position du poids total P de la maçonnerie ; elle rencontre la poussée F prolongée, en un point O. Les deux forces F et P, transportées au point O, viennent en OF et O P et se composent suivant la résultante OR, diagonale du parallélogramme construit sur les deux longueurs OF et OP. La résultante OR ainsi obtenue coupe la base AD en un point K. Ce point K, ou centre de pression, étant situé entre les deux arêtes A et D, il en résulte que *la première condition de stabilité est satisfaite*, c'est-à-dire que le mur ne pourra pas être renversé par rotation autour de l'arête extérieure D.

Pour voir si la deuxième condition de stabilité est remplie, c'est-à-dire si la compression de la maçonnerie, au point le plus fatigué, ne dépasse pas la limite que comporte la nature des matériaux, nous mesurons, sur l'épure, la distance KD du centre de pression à l'arête extérieure. Nous trouvons que KD $= 0^m,40$. Cette distance étant plus petite que le tiers de AD $= 1^m,40$, nous en concluons, d'après la loi du trapèze, que la compression maximum sur l'arête extérieure D a, pour expression $\frac{2N}{\omega}$, dans laquelle N représente le poids total P et ω la surface de transmission de la pression. La surface ω est égale ici à $3 \times DK \times 1^m,00 = 3 \times 0,40 = 1^{m2},20$. Nous aurons donc :

$$R = \frac{2P}{\omega} = \frac{2 \times 18500}{1,20} = 30\,833^k$$

par mètre carré, soit, $3^k,1$ par centimètre carré.

Cette valeur de R est faible. Elle n'atteint pas la limite adoptée, laquelle est de 6 à 8^k pour une maçonnerie de moellons. Donc *la condition de stabilité, relative à la compression des matériaux, est satisfaite.*

La vérification demandée sera complète si nous nous assurons enfin que le glissement du mur sur sa base est impossible. Pour cela nous devons évaluer le coefficient f. Nous avons :

$$f. = \text{tang (ROP)}$$

En mesurant sur l'épure, la tangente mt pour un rayon Om égal à $0^m,05$, nous trouvons $0^m,0095$, ce qui fait, pour un rayon de un mètre, $0,0095 \times 20 = 0^m,19$, chiffre bien inférieur à ceux qui sont admis (voir n° 857). Donc, *la troisième condition de stabilité relative au glissement du mur sur sa base, est satisfaite.*

La conclusion de tout ce que nous venons de dire est que le mur se trouve dans de bonnes conditions de stabilité avec les dimensions et poids qui ont été donnés dans l'énoncé du problème.

Nous venons d'expliquer longuement, comment cette vérification de la stabilité d'un mur, dont on connaît la section transversale, doit se faire, afin de traiter rapidement ce problème dans les cas que nous allons successivement examiner.

III. — Dimensions d'un mur dont la section est trapézoïdale. Parement intérieur vertical et fruit sur le parement extérieur (1).

869. La section transversale en forme de trapèze rectangle avec fruit extérieur est plus rationnelle et plus économique que la section rectangulaire, puisque l'épaisseur de la maçonnerie va en augmentant du sommet à la base à mesure que la poussée des terres croît dans le même sens. On comprend que, si au lieu

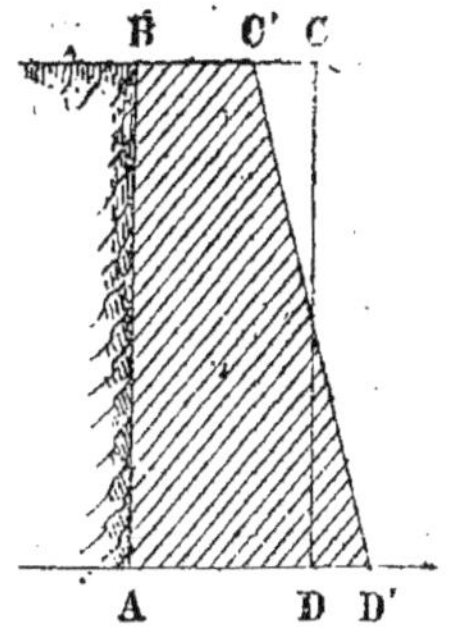

Fig. 592.

du profil rectangulaire ABCD (*fig.* 592), on adopte le profil ABC'D' ayant la même surface que le premier, on aura une plus grande stabilité pour le même poids de maçonnerie. En effet, le moment de la poussée sera un peu plus petit et le moment du poids P sera augmenté; car le bras de levier de ce moment sera plus grand de la différence entre l'élargissement DD' de la base et le déplacement du centre de gravité de la section vers le parement incliné. Cet avantage du profil avec fruit extérieur sur le profil rectangulaire s'accentue à mesure que le fruit augmente. On ne peut cependant augmenter outre mesure la valeur de l'inclinaison du parement extérieur afin de conserver à ce parement un aspect satisfaisant. Pour des murs de faible hauteur, il convient de rester dans les environs de $^1/_{10}$. On peut augmenter ce fruit et le faire varier entre $^1/_{10}$ et $^1/_5$, lorsque les murs sont très élevés. Les murs des quais du Rhône, par exemple, reconstruits à l'occasion de la défense de Lyon contre les inondations, ont un fruit de $^1/_{10}$. Quelquefois, on donne au mur un profil composé de parements verticaux à l'intérieur et d'une ligne brisée à l'extérieur. Cette ligne brisée se compose de fruits inégaux qui vont en augmentant du sommet à la base.

Comme exemple d'un tel profil, voir le croquis (*fig.* 593) qui représente le type des murs de soutènement à pierres

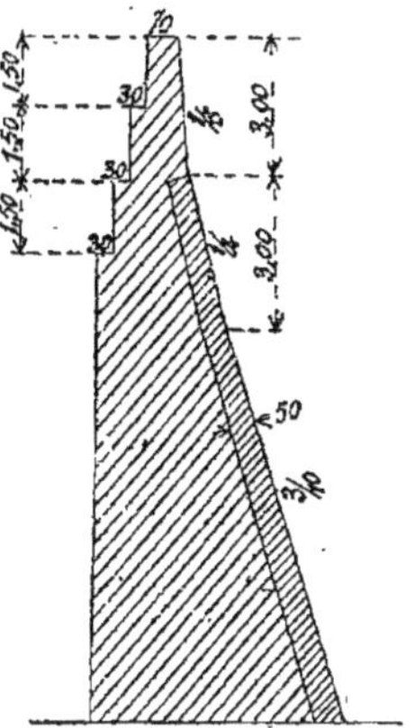

Fig. 593.

sèches avec parement en maçonnerie ordinaire, que les ingénieurs du département de l'Ardèche font construire. La ligne polygonale du parement extérieur se compose, en partant du sommet, d'une ligne inclinée de $0^m,20$ par mètre ou $^1/_5$, sur une hauteur de $3^m,00$, puis d'une ligne inclinée de $0^m,25$ par mètre ou $^1/_4$, sur une hauteur de $3^m,00$ et, enfin, d'une

(1) Subdivision du paragraphe B, intitulé : *Dimensions des murs de soutènement* (page 622).

dernière ligne inclinée de $0^m,30$ par mètre ou $^3/_{10}$ qui va jusqu'à la base du mur, quelle que soit la hauteur. Cette forme, très rationnelle au point de vue de la stabilité, paraît courbe et produit un effet satisfaisant. Nous reviendrons sur ce profil quand nous nous occuperons des murs à section polygonale.

1° *Le centre de pression à la base doit être situé au tiers de cette base à partir de l'arête extérieure.*

870. Le trapèze rectangle ABCD (*fig.* 594) représente la section transversale du mur. Le poids P de la maçonnerie est appliqué au centre de gravité G

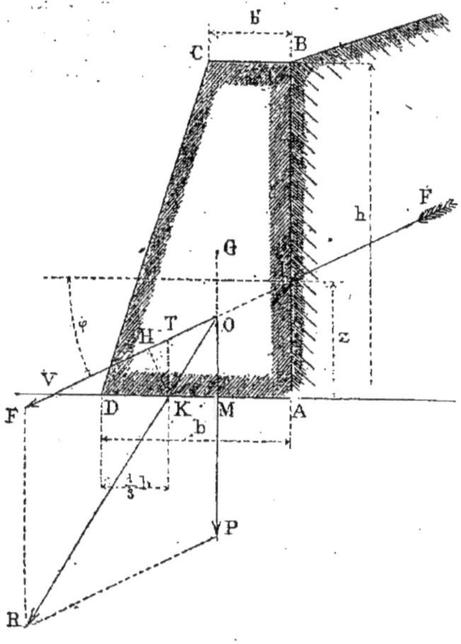

Fig. 594.

du trapèze, et la poussée F a son point d'application I à une hauteur z au-dessus de la base AD. Le prolongement de FI rencontre au point O la verticale GP. Sur les deux forces OF et OP, transportées en ce point, on construit le parallélogramme FOPR dont on trace la diagonale OR qui est la résultante des efforts exercés sur le mur. Cette résultante coupe la base AD en un centre de pression K. Nous voulons donner au mur des dimensions telles que la distance KD, qui sépare le centre de pression K de l'arête extérieure D, soit égale au tiers de la largeur AD de la base inférieure. Pour cela, nous écrivons que les moments de la poussée F et du poids P, pris par rapport au point K, sont égaux.

$$M.\,F = M.\,P.$$

Moment de la poussée F. En opérant exactement de la même manière qu'au n° 854, on arrive à une expression du moment de la poussée F semblable à celle qui a été obtenue pour un profil rectangulaire. L'épaisseur e est ici remplacée par la largeur b de la base inférieure; simple différence dans les notations.

Nous avons donc :

$$\text{M.F} = \text{F}\left(z \cos\varphi - \frac{2}{3} b \sin\varphi\right) \quad (171)$$

Moment du poids P. — Ce moment a pour expression :

$$M.\,\text{P} = \text{P} \times \text{KM}.$$

Cherchons la valeur de KM en fonction des données

$$\text{KM} = \text{AK} - \text{AM}$$

$$= \frac{2}{3} b - \text{AM}.$$

On a vu au n° 567 que la distance AM de la verticale qui passe par le centre de gravité G du trapèze à la face verticale AB, a pour valeur :

$$\text{AM} = \frac{b'}{2} + \frac{(b' + 2\,b)\,(b - b')}{6\,(b + b')}$$

Donc,

$$\text{KM} = \frac{2}{3} b - \frac{b'}{2} - \frac{(b' + 2b)\,(b - b')}{6\,(b + b')}$$

et comme $\text{P} = h\,\dfrac{b + b'}{2}\,d,$

nous avons enfin :

$$\text{M.P} = hd\,\frac{b + b'}{2}\left(\frac{2}{3} b - \frac{b'}{2} - \frac{(b' + 2b)(b - b')}{6\,(b + b)}\right)$$

En effectuant les opérations et en réduisant, cette expression peut se mettre sous la forme

$$\text{M.P} = \frac{hd}{6}\,(b^2 - b'^2 + bb') \quad (172)$$

ou bien, en ordonnant par rapport à b :

$$MP = \frac{hd}{6} b^2 + \frac{hdb'}{6} b - \frac{hdb'^2}{6} \quad (173)$$

Si nous égalons maintenant les deux moments de F et P, nous avons, en ordonnant par rapport à b :

$$\frac{hd}{6} b^2 + \left(\frac{hdb'}{6} + \frac{2}{3} F \sin \varphi\right) b - \left(\frac{hdb'^2}{6} + Fz \cos \varphi\right) = 0 \quad (174)$$

Expression de la forme $mx^2 + nx + p = o$, dans laquelle on a :

$$\left.\begin{aligned} m &= \frac{hd}{6} \\ n &= \frac{hdb'}{6} + \frac{2}{3} F \sin \varphi \\ p &= -\left(\frac{hdb'^2}{6} + Fz \cos \varphi\right) \end{aligned}\right\} \quad (175)$$

et dont la racine a pour valeur :

$$x = \frac{-n + \sqrt{n^2 - 4mp}}{2m}$$

On aurait enfin la valeur du fruit i au moyen de la relation $b' = b - hi$, qui donne :

$$i = \frac{b - b'}{h} \quad (176)$$

Le problème est résolu, si la largeur b' du mur au sommet est une quantité connue. C'est, en effet, ce qui arrive souvent. On se donne la largeur b' du mur au sommet et on se propose de calculer la largeur b à la base. — Mais, souvent aussi, le problème est autrement posé. On connaît le fruit i que le parement incliné extérieur doit avoir et on veut déterminer les deux largeurs b et b' qui répondent à l'inclinaison donnée. — Il faut alors faire disparaître l'inconnue b' des équations précédentes et la remplacer par sa valeur en fonction du fruit i. Or, nous avons :

$$b' = b - hi$$

et, en remplaçant b' par cette valeur dans la formule (172), il vient :

$$M.P = \frac{hd}{6}\left[b^2 - (b - hi)^2 + b(b - hi)\right]$$

$$M.P = \frac{hd}{6}\left(b^2 + hib - h^2i^2\right) \quad (177)$$

Ecrivons que ce moment est égal à celui de F (171) et ordonnons par rapport à b, nous avons :

$$\frac{hd}{6} b^2 + \left(\frac{h^2di}{6} + \frac{2}{3} F \sin \varphi\right) b - \left(\frac{h^2di^3}{6} + Fz \cos \varphi\right) = 0 \quad (178)$$

expression du second degré dans laquelle les coëfficients m, n et p ont pour valeurs :

$$\left.\begin{aligned} m &= \frac{hd}{6} \\ n &= \frac{h^2di}{6} + \frac{2}{3} F \sin \varphi \\ p &= -\left(\frac{h^3di^2}{6} + Fz \cos \varphi\right) \end{aligned}\right\} \quad (179)$$

La largeur b à la base étant calculée, on déterminera ensuite la largeur b' au sommet au moyen de la relation

$$b' = b - hi \quad (180)$$

C'est donc avec ces dernières formules (178), (179) et (180) que la solution du problème sera obtenue, quand on imposera la valeur du fruit i du parement extérieur. Au contraire, quand on donnera la largeur b' du mur à son sommet, ce sont les formules (174), (175) et (176) qu'on devra employer.

Problème

871. *Déterminer la largeur à la base d'un mur de soutènement à section trapézoïdale rectangulaire quand on se donne la largeur au sommet, avec la condition que le centre de pression soit situé au tiers de la base à partir de l'arête extérieure.*

Nous prenons le cas traité au n° 822 d'un mur à parement intérieur vertical soutenant un remblai en cavalier surmonté d'une surcharge uniformément répartie, problème dont les données étaient les suivantes :

Hauteur du mur	$h = 5^m,00$
Poids du mètre cube de terre	$\delta = 1\,600^k$
Angle du talus naturel . . .	$\varphi = 35°$
Hauteur du cavalier	$h' = 2^m,00$
Hauteur de terre correspondant à une surcharge de 3 200^k par mètre carré.	$h_1 = 2^m,00$

La valeur de la poussée maximum a été trouvée égale à 11 559^k et la hauteur du centre de poussée au-dessus de la base, $z = 1^m90$. Si, de plus, nous voulons avoir au sommet du mur une largeur de 0^m80, par exemple, et si la maçonnerie employée pèse 2400[k] le mètre cube, il faudra ajouter aux données précédentes, celles qui suivent :

Poussée maximum des terres. . . . . F = 11 559[k]
Hauteur du centre de poussée . . . . z = 1[m]90
Poids du mètre cube de maçonnerie . . . . d = 2 400
Largeur du mur au sommet . . . . b' = 0[m]80

Appliquant ces données aux formules (174), (175) et (176), nous avons d'abord, dans l'expression $mx^2 + nx + p = o$, les valeurs suivantes pour les coefficients m, n et p :

$$m = \frac{hd}{6} = \frac{5{,}00 \times 2\,400}{6} = 2\,000$$

$$n = \frac{hdb'}{6} + \frac{2}{3} \text{F} \sin \varphi$$

$$= \frac{5{,}00 \times 2\,400 \times 0{,}80}{6} + \frac{2}{3} 11\,559 \times \sin 35^\circ$$

$$= 1\,600 + 4\,420$$

$$= 6\,020$$

$$p = -\left(\frac{hdb'^2}{6} + \text{F}z \cos \varphi\right)$$

$$= -\left(\frac{5{,}00 \times 2400 \times \overline{0{,}80}^2}{6} + 11\,559 \times 1{,}90 \times \cos 35^\circ\right)$$

$$= -(1\,280 + 17\,988)$$

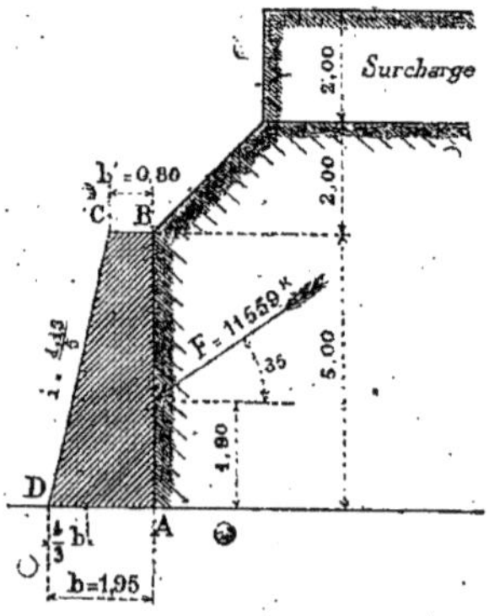

Fig. 595.

L'expression de l'inconnue

$$x = \frac{-n + \sqrt{n^2 - 4\,mp}}{2m}$$

donne alors :

$$x \text{ ou } b = \frac{-6\,020 + \sqrt{6\,020^2 + 4 \times 2000 \times 19\,268}}{2 \times 2\,000}$$

$$= \frac{-6\,020 + 13\,800}{4\,000}$$

$$b = 1^{m},945$$

La largeur b du mur à la base sera donc de 1[m],95. Le fruit i du parement extérieur aura pour valeur :

$$i = \frac{b - b'}{h} = \frac{1{,}95 - 0{,}80}{5{,}00}$$

$$i = \frac{1{,}15}{5}$$

La section qui répond aux conditions du problème est donc celle représentée par la figure ci-contre (*fig.* 595).

Problème.

872. *Déterminer la largeur à la base d'un mur de soutènement à section trapézoïdale rectangulaire quand on se donne le fruit du parement extérieur incliné, avec la condition que le centre de pression soit situé au tiers de la base à partir de l'arête extérieure.*

Nous prenons le même cas que dans le problème précédent. Les données sont donc les mêmes avec cette différence que la donnée b' de la largeur au sommet est remplacée par la valeur du fruit i du parement extérieur incliné. Soit $i = 1/10$ ou 0,1. Mais ici, ce sont les formules (178), (179) et (180) que nous avons à employer.

Les coefficients m, n et p de l'équation du second degré ont pour valeur :

$$m = \frac{hd}{6} = \frac{5{,}00 \times 2\,400}{6} = 2\,000$$

$$n = \frac{h^2di}{6} + \frac{2}{3} \text{F} \sin \varphi$$

$$= \frac{\overline{5{,}00}^2 \times 2\,400 \times 0{,}1}{6} + \frac{2}{3} 11\,559 \times \sin 35^\circ$$

$$= 1\,000 + 4\,420$$

$$= 5\,420$$

$$p = -\left(\frac{h^3di^2}{6} + \text{F}z \cos \varphi\right)$$

$$= -\left(\frac{\overline{5{,}00}^3 \times 2.400 \times \overline{0{,}1}^2}{6} + 11\,559 \times 1{,}90 \times \cos 35^\circ\right)$$

$$= -(500 + 17\,988)$$

$$= -18\,488$$

Ces valeurs, portées dans l'expression de l'inconnue,

$$x = \frac{-n + \sqrt{n^2 - 4\,mp}}{2\,m}$$

donnent :

$$x \text{ ou } b = \frac{-5420 + \sqrt{5420^2 + 4 \times 2000 \times 18\,488}}{2 \times 2000}$$

$$= \frac{-5420 + 13320}{4000}$$

$$= 1^{m},975$$

La largeur b du mur à la base sera donc de $1^{m},98$. La largeur b' au sommet aura pour valeur :

$$b' = b - hi = 1,98 - 5,00 \times 0,1$$

$$b' = 1^{m}48.$$

La figure 596 représente la section qui répond aux conditions du problème. — On peut voir, en comparant cette dernière section à celle de la figure 595, que, pour résister à la même poussée, le profil qui présente le plus grand fruit est le plus économique. C'est d'ailleurs ce que nous avons dit au commencement de la subdivision III (n° 869).

Pour compléter la résolution des problèmes ci-dessus, il resterait à vérifier les deux autres conditions de stabilité relatives à la compression maximum des maçonneries et au déplacement du mur par glissement horizontal. — Ces vérifications se feraient comme nous l'avons indiqué précédemment.

2° *La plus grande compression des matériaux doit être égale à* R (1).

873. Comme au n° 859, nous avons successivement, pour le moment de F :

$$M.F = F \times KH$$

$$KH = KT \cos \varphi$$

$$KT = \frac{z \operatorname{cotg} \varphi - KA}{\operatorname{cotg} \varphi}$$

$$KA = AD - DK$$

$$DK = \frac{2\,P}{3\,R}.$$

Ici, $AD = b$; $P = h\dfrac{b + b'}{2}d$. Donc,

$$KA = b - \frac{hd\,(b + b')}{3\,R} \text{ et}$$

(1) Subdivision du sous-paragraphe III intitulé : *Dimensions d'un mur dont la section est trapézoïdale. Parement intérieur vertical et fruit sur le parement extérieur* (page 639).

$$KT = \frac{z \operatorname{cotg} \varphi - b + \dfrac{hd\,(b + b')}{3\,R}}{\operatorname{cotg} \varphi}$$

et, enfin :

$$M.F = F\left[z \operatorname{cotg} \varphi - b + \frac{hd\,(b + b')}{3\,R}\right] \sin \varphi, \text{ ou}$$

$$M.F = F\left(z \cos \varphi + \frac{hdb'}{3\,R} \sin \varphi\right) - F\left(1 - \frac{hd}{3R}\right) \sin \varphi\, b$$

Pour le moment de P, nous avons :

$$M.\,P = P \times KM$$

$$= P\,(KA - AM) \qquad \text{Or,}$$

$$P = h\,\frac{b + b'}{2}\,d$$

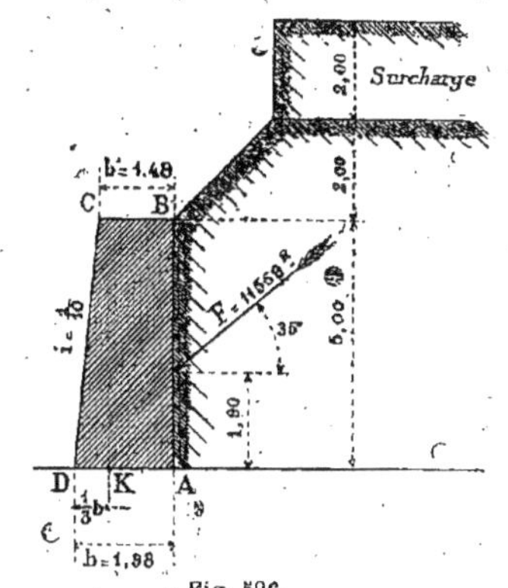

Fig. 596.

$$KA = b - \frac{hd\,(b + b')}{3\,R}$$

$$AM = \frac{b'}{2} + \frac{(b' + 2\,b)(b - b')}{6\,(b + b')}, \text{ donc :}$$

$$M.P = h\frac{b + b'}{2}\,d\left[b - \frac{hd\,(b + b')}{3\,R} - \frac{b'}{2} - \frac{(b' + 2\,b)\,(b - b')}{6\,(b + b')}\right]$$

En effectuant les calculs et ordonnant par rapport à l'inconnue b, il vient :

$$M.P = \frac{1}{6}\left(2hd - \frac{h^2d^2}{R}\right)b^2 + \left(hd - \frac{h^2d^2}{R}\right)\frac{b'}{3} \times b - \left(hd - \frac{h^2d^2}{R}\right)\frac{b'^2}{6}$$

Nous écrivons ensuite que ce moment est égal à celui de F et nous ordonnons par rapport à b. Nous avons :

$$\frac{1}{6}\left(2hd - \frac{h^2d^2}{R}\right)b^2 + \left[\left(h - \frac{h^2d^2}{R}\right)\frac{b'}{3} + F\left(1 - \frac{hd}{3R}\right)\sin \varphi\right]b - \left[\left(hd - \frac{h^2d^2}{R}\right)\frac{b'^2}{6} + F\left(z \cos \varphi + \frac{hdb'}{3\,R} \sin \varphi\right)\right] = 0 \quad (181)$$

expression de la forme $mx^2 + nx + p = 0$

dans laquelle on a :

$$\left.\begin{aligned}
m &= \frac{1}{6}\left(2hd - \frac{h^2d^2}{R}\right)\\
n &= \left(hd - \frac{h^2d^2}{R}\right)\frac{b'}{3} + F\left(1 - \frac{hd}{3R}\right)\sin\varphi\\
p &= -\left[\left(hd - \frac{h^2d^2}{R}\right)\frac{b'^2}{6} + F\left(z\cos\varphi \right.\right.\\
&\qquad \left.\left. + \frac{hdb'}{3R}\sin\varphi\right)\right]
\end{aligned}\right\} \quad (182)$$

Ces formules supposent qu'on se donne la largeur b' du mur à son sommet. Le fruit i du parement extérieur incliné, aura dès lors pour valeur :

$$i = \frac{b - b'}{h} \quad (183)$$

874. Si au lieu de se donner la largeur b', on s'impose, au contraire, le fruit i du parement incliné, les formules précédentes sont à modifier, en y remplaçant b' par sa valeur :

$$b' = b - hi$$

Reprenons l'expression du moment de la poussée F et remplaçons-y b' par sa valeur ci-dessus. Nous aurons :

$$M.F = Fz\cos\varphi + F\frac{hd}{3R}\sin\varphi\,(b - hi)$$

$$- F\left(1 - \frac{hd}{3R}\right)\sin\varphi\, b$$

En ordonnant par rapport à b, on peut écrire :

$$M.F = F\sin\varphi\left(\frac{2hd}{3R} - 1\right)b + F\left(z\cos\varphi - \frac{dh^2i}{3R}\sin\varphi\right)$$

Dans l'expression du moment du poids P nous avons :

$$M.P = P\,(KA - AM) \quad \text{et}$$

$$P = h\frac{b + b'}{2}d = h\frac{b + b - hi}{2}d$$

$$P = \frac{hd}{2}(2b - hi)$$

$$KA = b - \frac{hd\,(b + b')}{3R}$$

$$= b - \frac{hd\,(b + b - hi)}{3R}$$

$$KA = b - \frac{hd}{3R}(2b - hi)$$

$$AM = \frac{b'}{2} + \frac{(b' + 2b)(b - b')}{6(b + b')}$$

$$= \frac{b - hi}{2} + \frac{(b - hi + 2b)(b - b + hi)}{6\,(b + b - hi)}$$

$$AM = \frac{b - hi}{2} + \frac{(3b - hi)\,hi}{6(2b - hi)}$$

Le moment du poids P devient :

$$M.P = P(KA - AM)$$

$$= \frac{hd}{2}(2b - hi)\left[b - \frac{hd}{3R}(2b - hi) - \frac{b - hi}{2} - \frac{(3b - hi)hi}{6(2b - hi)}\right]$$

$$= \frac{hd}{2}(2b - hi)\left[\frac{(2b - hi)\,b - \frac{hd}{3R}(2b - hi)^2 - \frac{(b - hi)(2b - hi)}{2} - \frac{(3b - hi)hi}{6}}{(2b - hi)}\right]$$

En supprimant le facteur commun $(2b-hi)$ au numérateur et au dénominateur, effectuant les calculs indiqués dans les crochets et ordonnant par rapport à b, il vient :

$$M.P = \frac{hd}{2}\left[\left(1 - 4\frac{hd}{3R}\right)b^2 + 4hi\frac{hd}{3R}\,b - h^2i^2\left(\frac{1}{3} + \frac{hd}{3R}\right)\right]$$

Egalons maintenant les moments de F et de P et divisons les deux termes de l'égalité par hd. Nous avons :

$$F\sin\varphi\left(\frac{2}{3R} - \frac{1}{hd}\right)b + F\left(\frac{z\cos\varphi}{hd} - hi\frac{\sin\varphi}{3R}\right) = \left(\frac{1}{2} - 2\frac{hd}{3R}\right)b^2 + 2hi\frac{hd}{3R}b - \frac{h^2i^2}{2}\left(\frac{1}{3} + \frac{hd}{3R}\right)$$

d'où, en ordonnant par rapport à b :

$$\left(\frac{1}{2} - 2\frac{hd}{3R}\right)b^2 + \left[2hi\frac{hd}{3R} + F\sin\varphi\left(\frac{1}{hd} - \frac{2}{3R}\right)\right]b - \left[\frac{h^2i^2}{2}\left(\frac{1}{3} + \frac{hd}{3R}\right) + F\left(\frac{z\cos\varphi}{hd} - hi\frac{\sin\varphi}{3R}\right)\right] = 0 \quad (184)$$

équation de la forme $mx^2 + nx + p = o$, dans laquelle nous avons :

$$\left.\begin{aligned}
m &= \frac{1}{2} - 2\frac{hd}{3R}\\
n &= 2\,hi\frac{hd}{3R} + F\sin\varphi\left(\frac{1}{hd} - \frac{2}{3R}\right)\\
p &= -\left[\frac{h^2i^2}{2}\left(\frac{1}{3} + \frac{hd}{3R}\right)\right.\\
&\qquad \left. + F\left(\frac{z\cos\varphi}{hd} - hi\frac{\sin\varphi}{3R}\right)\right]
\end{aligned}\right\} \quad (185)$$

Lorsqu'on donnera le fruit i du parement extérieur incliné, on devra donc employer les formules (184) et (185), auxquelles on ajoutera la formule (186) ci-dessous, pour le calcul de la largeur b' au sommmet :

$$b' = b - hi \quad (186)$$

Problème.

875. *Déterminer la largeur à la base d'un mur de soutènement à section trapé-*

zoïdale rectangulaire quand on se donne la largeur au sommet, avec la condition que la plus grande compression des maçonneries soit de R^k *par centimètre carré.*

Nous prenons le cas étudié au n° 784, d'un mur à parement intérieur vertical soutenant un remblai en cavalier. Le mur a une hauteur de $5^m,00$ et le cavalier une hauteur de $2^m,00$. On a trouvé que la poussée maximum des terres était égale à $8\,024^k$ et que la hauteur de son point d'application au-dessus de la base était de $1^m,80$. Nous supposons que le mur est construit avec une maçonnerie pesant $2\,400^k$ le mètre cube, pouvant résister, en toute sécurité, à une compression de 8^k par centimètre carré. Les données du problème seront alors :

Hauteur du mur..........	$h = 5^m,00$
Poids du mètre cube de terre	$\delta = 1\,600^k$
Angle du talus naturel.....	$\varphi = 35°$
Poussée maximum.........	$F = 8\,024^k$
Hauteur du centre de poussée	$z = 1^m,80$
Poids du mètre cube de maçonnerie................	$d = 2\,400^k$
Valeur limite de la compression R................	$R = 8^k$
Largeur du mur au sommet	$b' = 1^m,00$

Les formules (181), (182) et (183), appliquées à ces données, permettent d'obtenir les résultats suivants :

$$m = \frac{1}{6}\left(2\,hd - \frac{h^2d^2}{R}\right)$$

$$m = \frac{1}{6}\left(2 \times 5,00 \times 2400 - \frac{5,00^2 \times 2\,400^2}{8 \times 10^4}\right)$$

$$= \frac{1}{6}\left(24\,000 - 1800\right)$$

$$= 3700$$

$$n = \left(hd - \frac{h^2d^2}{R}\right)\frac{b'}{3} + F\left(1 - \frac{hd}{3R}\right)\sin\varphi$$

$$= \left(12\,000 - 1800\right)\frac{1,00}{3}$$

$$+ 8\,024\left(1 - \frac{5,00 \times 2,400}{3 \times 8 \times 10^4}\right)0,5736$$

$$= \frac{10\,200}{3} + 4602\,(1 - 0,05)$$

$$= 7\,772$$

$$p = -\left[\left(hd - \frac{h^2d^2}{R}\right)\frac{b'^2}{6} + F\left(z\cos\varphi + \frac{hdb'}{3R}\sin\varphi\right)\right]$$

$$= -\left[10\,200 \times \frac{1,00}{6} + 8024\,(1,80 \times 0,819 + 0,05 \times 1,00 \times 0,5736)\right]$$

$$= -(1700 + 12\,036) = -13\,736$$

Ensuite, nous avons, pour la valeur de la racine de l'équation (181) :

$$x \text{ ou } b = \frac{-n + \sqrt{n^2 - 4\,mp}}{2\,m}$$

$$= \frac{-7\,772 + \sqrt{7\,772^2 + 4 \times 3\,700 \times 13\,736}}{2 \times 3\,700}$$

$$= \frac{-7\,772 + 16\,240}{7\,400} = 1^m,14$$

La largeur b du mur à la base devra donc être de $1^m,14$. Le fruit du parement extérieur incliné aura pour valeur :

$$i = \frac{b - b'}{h} = \frac{1,14 - 1,00}{5,00} = \frac{0,14}{5,00}$$

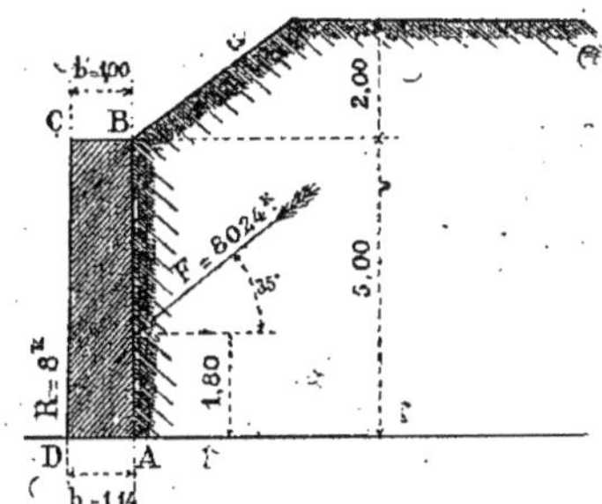

Fig. 597.

C'est un fruit très petit et le parement sera presque vertical. Ayant déterminé les dimensions du mur, on vérifierait enfin la condition de stabilité relative au déplacement par glissement comme d'habitude. La section qui répond aux données du problème est représentée (*fig.* 597).

Problème.

876. *Déterminer la largeur à la base d'un mur de soutènement à section trapézoïdale rectangulaire, quand on se donne le fruit i du parement intérieur incliné, avec la condition que la plus grande compression des maçonneries soit de* R^k *par centimètre carré.*

Nous nous donnons un fruit i de $^1/_{10}$ et une compression limite de 8^k par centimètre carré. Quant aux autres données du problème, nous les prenons semblables à celles du problème précédent. Les formules à employer, dans le cas présent, sont celles qui portent les nos (184), (185) et (186). Elles donnent successivement :

$$m = \frac{1}{2} - 2\frac{hd}{3R}$$
$$= 0,50 - 2\frac{5,00 \times 2\,400}{3 \times 8 \times 10^4}$$
$$= 0,50 - 2 \times 0,05$$
$$= 0,40$$

$$n = 2\,hi\frac{hd}{3R} + F \sin\varphi\left(\frac{1}{hd} - \frac{2}{3R}\right)$$
$$= 2 \times \frac{5,00}{10} \times 0,05 + 8\,024$$
$$\times\, 0,5736\left(\frac{1}{12\,000} - \frac{2}{24 \times 10^4}\right)$$
$$= 0,05 + 0,35 = 0,40$$

$$p = -\left[\frac{h^2 i^2}{2}\left(\frac{1}{3} + \frac{hd}{3R}\right) + F\left(\frac{z\cos\varphi}{hd} - hi\frac{\sin\varphi}{3R}\right)\right]$$
$$= -\left[0,125\left(0,333 + 0,05\right) + 8\,024\left(\frac{1,80 \times 0,819}{12\,000} - 0,50\,\frac{0,5736}{3 \times 8 \times 10^4}\right)\right]$$
$$= -(0,048 + 0,979) = -1,027$$

La racine de l'équation du second degré a pour expression :

$$x \text{ ou } b = \frac{-n + \sqrt{n^2 - 4\,mp}}{2m}$$

et pour valeur :

$$b = \frac{-0,40 + \sqrt{\overline{0,40}^2 + 4 \times 0,40 \times 1,027}}{2 \times 0,40}$$
$$= \frac{-0,40 + 1,34}{0,80}$$
$$= 1^m,18$$

La largeur à la base du mur est donc le $1^m,18$. La formule (186) permet d'en déduire la largeur au sommet. On a, en effet :

$$b' = b - hi$$
$$= 1,18 - 5,00 \times \frac{1}{10}$$
$$= 1,18 - 0,50$$
$$b' = 0^m,68$$

La section transversale obtenue par les calculs que nous venons de faire est représentée dans le croquis (*fig.* 598). On voit que ces deux sections sont à peu près semblables. Cependant il y a avantage, au point de vue de l'économie du cube de maçonnerie, en faveur de celle qui a le fruit le plus grand, c'est-à-dire de la dernière calculée.

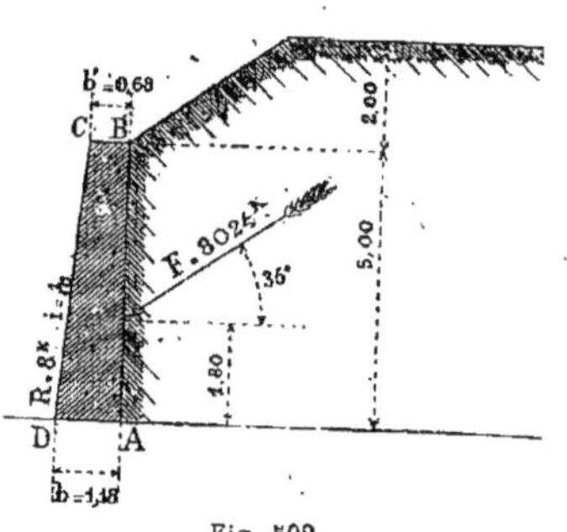

Fig. 598.

3° *Vérification des conditions de stabilité d'un mur dont le profil transversal est connu* (1).

877. Cette question a été traitée aux nos 867 et 858 avec assez de détails pour que nous n'ayons pas à y revenir. Nous montrerons seulement ici comment, avec les tracés graphiques de cette vérification, on peut résoudre directement les deux premiers problèmes, en se livrant à quelques tâtonnements.

Prenons, par exemple, le cas d'un mur à parement intérieur vertical soutenant un terre-plein horizontal surmonté d'une surcharge uniformément répartie, traité au n° 742. La hauteur du mur est de $5^m,00$. La surcharge uniformément répartie de 3 200k par mètre carré peut être remplacée par une hauteur de terre de $2^m,00$, le poids du mètre cube de terre étant de 1 600k. L'angle du talus naturel est de 35°. La valeur de la poussée maximum des terres contre le parement intérieur vertical du mur a été trouvée égale à 9 712k et la hauteur du centre de poussée, au-dessus du plan de base, égale à $2^m,25$. Avec ces données et ces résultats, nous traçons une épure à l'échelle de $0^m,01$ par mètre (*fig.* 599) sur laquelle nous mettons en place la poussée F. en FI.

(1) Subdivision du sous-paragraphe III, intitulé : *Dimensions d'un mur dont la section est trapézoïdale. Parement intérieur vertical et fruit sur le parement extérieur* (*page* 639).

Le problème à résoudre peut être posé de quatre manières différentes :

1° Le centre de pression à la base doit être situé au tiers de cette base à partir de l'arête extérieure et on se donne la largeur du mur à son sommet ;

2° Le centre de pression à la base doit être situé au tiers de cette base à partir de l'arête extérieure et on se donne le fruit du parement extérieur incliné ;

3° La compression maximum de la maçonnerie doit être de R kilogrammes par centimètre carré et on se donne la largeur du mur à son sommet ;

4° La compression maximum de la maçonnerie doit être de R kilogrammes par centimètre carré et on se donne le fruit du parement extérieur incliné.

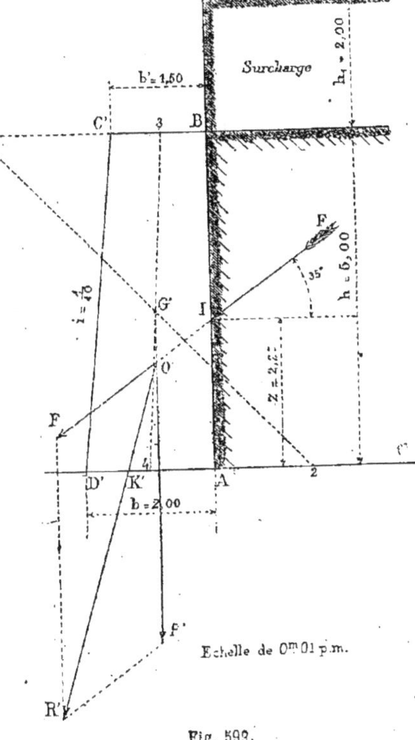

Fig. 599.

Il faut remarquer que, lorsque le problème est posé des deux premières manières et qu'on a obtenu le résultat cherché, il est nécessaire de faire une vérfication relative à la compression maximum des matériaux de sorte que le problème, tel qu'il est posé dans les deux dernières manières, doit être traité dans tous les cas. Aussi est-ce l'un de ces problèmes que nous allons examiner de préférence. Nous nous imposerons, par exemple, comme condition déterminant la forme du profil transversal, un paremenf extérieur incliné ayant un fruit de $^1/_{10}$, et, comme condition de résistance à remplir, une compression limite de 6^k par centimètre carré à la base du mur.

Nous traçons d'abord un premier parement C'D' ayant le fruit demandé de $^1/_{10}$ et nous paraissant être à peu près dans les conditions requises de stabilité. Nous cherchons le centre de gravité G' de la section transversale ABC'D' ainsi déterminée en portant C'1 = AD' et A2 = BC' et en joignant 1 et 2 ainsi que les milieux 3 et 4 des deux bases BC' et AD'. La rencontre G' des droites 12 et 34 est le centre de gravité du trapèze. Nous traçons la verticale G'P' qui rencontre le prolongement de la poussée F, au point O'. Nous calculons le poids P' du mur avec cette section transversale et pour un mètre de longueur. Nous avons :

$$P' = dh\frac{b + b'}{2}.$$

Or, $d = 2\,400^k$ le mètre cube ; $h = 5^m,00$; les largeurs b et b', mesurées sur l'épure, ont les valeurs $b = 2^m,00$ et $b' = 1^m50$. Le poids P' a donc pour valeur :

$$P' = 2\,400 \times 5,00 \times \frac{2,00 + 1,50}{2}$$
$$= 21\,000^k$$

Nous portons alors, à partir du point O' en O'F, une longueur proportionnelle à la poussée $F = 9\,712^k$ et en O'P', une longueur proportionnelle au poids P' et à la même échelle. Composant alors ces deux forces et traçant la diagonale O'R' du parallélogramme FO'P'R', nous avons la résultante des efforts, laquelle vient couper la base AD' au point K'. Nous mesurons la distance K'D' et nous trouvons que cette distance est égale à $0^m,65$. Il en résulte que le poids total $P' = 21\,000^k$ se répartit à la base du mur sur une surface égale à $3 \times 0,65$ et que, d'après la loi du trapèze, la compression maximum qui se produit sur l'arête D' a pour expression :

$$R = \frac{2P}{\omega} \text{ et pour valeur :}$$

$$R = \frac{2 \times 21\,000}{3 \times 0,65} = 21\,540^k$$

par mètre carré. Soit

R = 2k15 par centimètre carré.

La section ABC'D' que nous venons d'essayer est donc trop forte, puisqu'elle ne travaille qu'à 2k15 par centimètre carré à la compression et que nous nous sommes imposé un travail maximum de 6k.

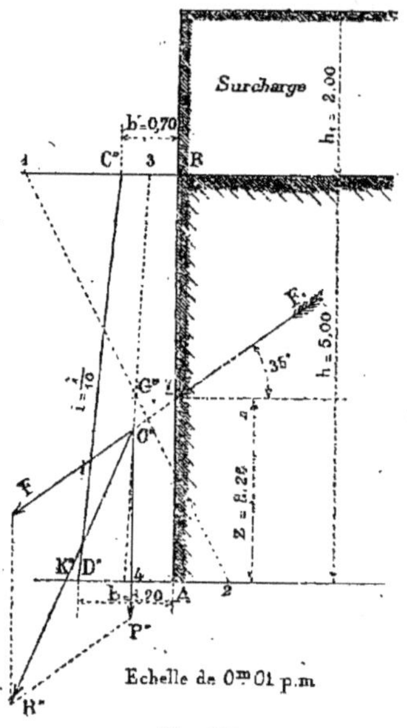

Fig. 600.

Nous essayons un autre profil moins épais, mais dont le parement extérieur C"D" (*fig.* 600) est toujours incliné de 1/10 puisque ce fruit de 1/10 est une donnée du problème. (Ce deuxième essai est représenté (*fig* 600) afin de ne pas surcharger la figure 599 ; mais, dans la pratique, il est évident qu'on devrait superposer ces essais sur la même epure.)

Les nouvelles bases AD" et BC" ont respectivement, comme largeurs, 1m,20 à la partie inférieure et 0m,70 à la partie supérieure. On répète la construction connue pour la recherche du centre de gravité G". On prolonge FI et la verticale du point G" et on porte, à partir de leur point de rencontre O", en O"F et O"P", des longueurs proportionnelles à la poussée F et au poids P". La poussée F a pour valeur : F = 9712 k. Quand au poids P, il a pour valeur, quand on considère 1m,00 de longueur du mur :

$$P = dh\frac{b+b'}{2} = 2\,400 \times 5,00 \times \frac{1,20+0,70}{2}$$

$$P = 11\,400^k$$

On trace la résultante O"R", diagonale du parallélogramme R"FO"P", et on voit que le point de rencontre K" de cette résultante avec la base tombe en dehors de AD". On en conclut que le mur serait renversé par rotation autour de l'arête D" si on lui donnait ces dimensions de 1m,20 à la partie inférieure et 0m,70 à la partie supérieure. La section qui répond aux données sera donc comprise entre cette dernière et la précédente. On ferait un troisième essai avec un profil ayant par exemple 1m,60 à la base et 1m,10 au sommet. On obtiendrait ainsi une approximation en plus ou en moins, plus rapprochée que les précédentes et en continuant de la même manière sur une série de profils, on arriverait, avec un peu d'habitude, à trouver très rapidement les dimensions avec lesquelles la compression maximum à la base aurait une valeur égale à celle qui est imposée.

C'est ainsi qu'on opère très souvent pour déterminer les dimensions des murs de soutènement quand on ne veut pas faire emploi des calculs. Les calculs ne sont pas longs à effectuer, quand on a sous la main une table de carrés, cubes et lignes trigonométriques comme celle de Claudel, par exemple, mais on doit préférer l'épure aux calculs lorsqu'on n'a pas une table à sa disposition.

Transformation du profil rectangulaire en profil trapézoïdal rectangulaire à fruit extérieur de même stabilité.

878. Les dimensions d'un mur de soutènement étant plus simples à déterminer pour une section transversale rectangulaire que pour une section trapézoïdale rectangulaire, on ramène quelquefois la cas de la section trapézoïdale à celui de la section rectangulaire.

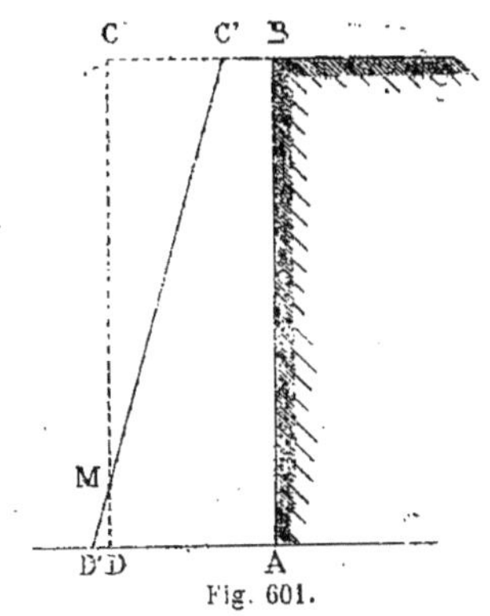

Fig. 601.

Pour cela, Poncelet, auquel on doit le travail le plus considérable qui ait été fait sur la stabilité des murs de revêtement, a donné, pour la transformation d'un mur vertical ABCD (*fig.* 601) en un mur à fruit extérieur *de même stabilité*, un procédé qui consiste à prendre MD = $^1/_9$ CD et à mener, par le point M, une droite C'D' ayant l'inclinaison que l'on veut donner au parement extérieur du mur. — Le profil ABC'D' ainsi obtenu est, avec l'économie de maçonnerie qui résulte de l'emploi de ce profil, et que la figure indique bien, l'équivalent approximatif de ABCD, toutes les fois que le fruit donné en parement extérieur C'D' n'excède pas 1/5.

IV. — Dimensions d'un mur dont la section, en forme de trapèze rectangle, a un parement extérieur vertical et un parement intérieur incliné (1).

79. Avant de commencer l'étude détaillée de ce *profil à fruit intérieur*, nous désirons bien établir sa supériorité sur le profil rectangulaire, au point de vue de

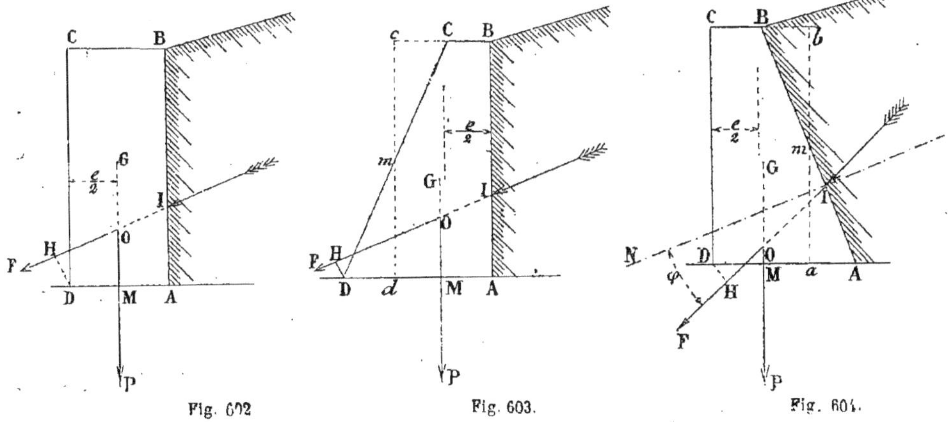

Fig. 602 Fig. 603. Fig. 604.

l'économie réalisée en cube de maçonnerie pour le même degré de stabilité.

En nous aidant des figures (602), (603) et (604), ci-dessus, nous arriverons à faire simplement et clairement la démonstration. La figure (602), s'appliquant au profil rectangulaire, montre que le moment qui tend au renversement du mur autour de l'arête D a pour valeur *M*.F = F × DH et et celui qui s'oppose au renversement *M* P = P × DM.

Considérons maintenant le profil de la figure (603). C'est un profil trapèzoïdal rectangulaire *à fruit extérieur*. Sa section transversale est équivalente à celle du profil rectangulaire, puisque le parement incliné CD a été mené par le milieu *m* de la hauteur *cd*. Il faut montrer que, de ces deux profils qui ont même surface, celui qui a un fruit extérieur est plus stable que le premier.

(1) Subdivision du paragraphe B intitulé : *Dimensions des murs de soutènement* (page 622).

Les forces qui agissent sur le mur conservent les mêmes valeurs dans les deux cas, car la poussée F et le poids P ne se modifient pas quand on passe de la section (602) à la section (603). Or le bras de levier DH du moment *M*.F, qui tend à produire le renversement dans le deuxième cas, est plus petit que le bras de levier correspondant du premier cas. Donc le moment de renversement est plus petit pour la section (603) que pour la section (602). —

D'autre part, le poids P étant le même dans les deux cas, le bras de levier DK de ce poids est plus grand dans la section (603) que dans la section (602). Par conséquent, le moment de P qui s'oppose au renversement est plus grand pour le second profil que pour le premier. Donc, dans le profil à fruit extérieur, le moment de renversement est plus petit et le moment de stabilité plus grand que dans le profil rectangulaire. Il en résulte que ce profil est plus économique que l'autre.

Examinons maintenant la figure (604) qui représente la section transversale d'un mur à fruit intérieur et comparons cette section à la première (602). — La surface du trapèze ABCD est équivalente à la surface rectangulaire *ab*CD ou ABCD de la première section. Les deux murs (602) et (604) ont donc le même cube de maçonnerie et le même poids au mètre courant. Le centre de gravité G du trapèze est situé un peu à droite de la demi-épaisseur du rectangle *ab*CD et, par suite, le moment du poids P est plus grand dans le profil (604) que dans le profil (602). — Mais ce qui contribue surtout à donner au profil trapézoïdal à fruit intérieur une stabilité bien plus grande, c'est la direction de la poussée F qui est alors très inclinée sur l'horizon.

En effet, on sait que cette poussée fait avec la normale au parement, et en-dessous de cette normale, un angle égal à l'angle φ du talus naturel des terres ou de frottement de terre sur terre.—Or, la normale IN au parement AB sera d'autant plus inclinée que le fruit du parement sera plus grand. Il en résulte que la poussée IF située au-dessous de la normale IN ira aussi en s'inclinant de plus en plus à mesure que le fruit intérieur augmentera. Mais alors, la distance DH de l'arête extérieure D à la poussée LF, diminue sans cesse et il peut même arriver, comme dans la figure 604, que cette poussée IF, passant au-dessous de D, ait un bras de levier négatif. Cela signifie que la poussée F ne produit plus un moment de renversement et il est clair que, dans ces conditions, la stabilité du mur est complètement assurée au point de vue de l'impossibilité au renversement. On voit donc que ce profil trapèzoïdal rectangulaire à fruit intérieur est bien supérieur au profil rectangulaire comme stabilité et, par conséquent aussi, comme économie de maçonnerie à égale stabilité. Nous allons maintenant résoudre les trois problèmes relatifs au calcul ou à la vérification des dimensions du mur.

1° *Le centre de pression à la base doit être situé au tiers de cette base à partir de l'arête extérieure.*

880. Nous nous proposons de déterminer la largeur *b* à la base du mur en fonction des données du problème. — Parmi ces données, se trouve, soit la largeur *b'* au sommet, soit le fruit *i* du parement intérieur incliné. Nous supposons d'abord que c'est la largeur *b'* au sommet qui est connue. Nous verrons ensuite ce que deviennent les formules lorsque, au contraire, on connait le fruit intérieur.

Exprimons d'abord les moments de la poussée F et du poids P. Nous écrirons ensuite que ces moments sont égaux.

Moment de la poussée F. — Ce moment a pour expression :

$$M.F = F \times KH \ (fig.\ 605).$$

La valeur de la poussée maximum F étant préalablement déterminée, il reste à chercher celle du bras de levier KH. — Or, nous avons, dans le triangle rectangle KHT :

$$KH = KT \cos (HKT)$$

L'angle (HKT) est égal à l'angle (IVA) lequel est égal à (LIV). Ce dernier se compose de l'angle (LIN) et de l'angle (NIV) qui n'est autre chose que l'angle φ. Quant à l'angle (LIN), il est égal à l'angle (BAS) que le parement intérieur incliné AB fait avec la verticale AS. — Donc :

$$\cos (HKT = \cos [\ (BAS) + \varphi]$$

Désignons l'angle (BAS) par la lettre β et nous aurons :

$$M.F = F \times KT \cos(\beta + \varphi)$$

Mais l'angle β est une inconnue qui vient entrer dans les formules et que nous devons éliminer.

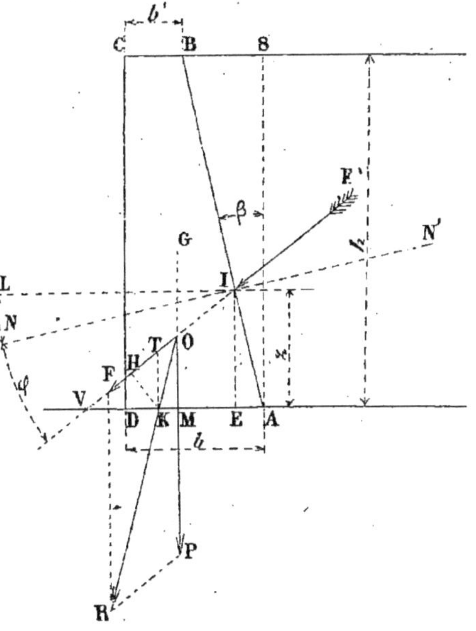

Fig. 605.

La valeur de KT se déduit de la si militude des deux triangles VKT et VEI qui donnent :

$$\frac{KT}{EI} = \frac{VK}{VE} = \frac{VA - KA}{VE} = \frac{VE + EA - KA}{VE}$$

et comme $EI = z$; $VE = z \operatorname{cotg}(\beta + \varphi)$;

$EA = z \operatorname{tg}\beta$ et $KA = \frac{2}{3} b$, nous avons :

$$\frac{KT}{z} = \frac{z \operatorname{cotg}(\beta + \varphi) + z \operatorname{tg}\beta - \frac{2}{2} b.}{z \operatorname{cotg}(\beta + \varphi)}$$

$$KT = \frac{z \operatorname{cotg}(\beta + \varphi) + z \operatorname{tg}\beta - \frac{2}{3} b.}{\operatorname{cotg}(\beta + \varphi)}$$

Donc :

$$M.F = F \times \frac{z \operatorname{cotg}(\beta+\varphi) + z \operatorname{tg}\beta - \frac{2}{3} b}{\operatorname{cotg}(\beta + \varphi)} \times \cos(\beta + \varphi)$$

$$= F\left[z \operatorname{cotg}(\beta+\varphi) + z \operatorname{tg}\beta - \frac{2b}{3}\right] \sin(\beta + \varphi)$$

$$= F\left[z \cos(\beta + \varphi) + z \operatorname{tg} \beta \sin(\beta + \varphi) - \frac{2}{3} b \sin(\beta + \varphi)\right]$$

Développons les valeurs de $\cos(\beta + \varphi)$ et $\sin(\beta + \varphi)$:

$\cos(\beta + \varphi) = \cos\beta \cos\varphi - \sin\beta \sin\varphi$ et,

$\sin(\beta + \varphi) = \sin\beta \cos\varphi + \cos\beta \sin\varphi$

et portons ces valeurs dans l'expression précédente. Nous avons :

$$M.F = \left[z \cos\beta \cos\varphi - z \sin\beta \sin\varphi + z \frac{\sin\beta}{\cos\beta} \sin\beta \cos\varphi + z \frac{\sin\beta}{\cos\beta} \cos\beta \sin\varphi - \frac{2}{3} b \sin\beta \cos\varphi - \frac{2}{3} b \cos\beta \sin\varphi\right]$$

$$= F\left[\left(z \cos\varphi - \frac{2}{3} b \sin\varphi\right) \cos\beta - \frac{2}{3} b \cos\varphi \sin\beta + z \operatorname{tg}\beta \sin\beta \cos\varphi\right]$$

Nous voulons éliminer l'angle β et, pour cela, nous allons évaluer $\cos\beta$, $\sin\beta$ et $\operatorname{tg}\beta$ en fonction des données et de la base cherchée b,

Le triangle rectangle ASB donne :

$$\cos\beta = \frac{AS}{AB} = \frac{AS}{\sqrt{\overline{AS}^2 + \overline{BS}^2}} = \frac{h}{\sqrt{h^2 + (b - b')^2}},$$

puis,

$$\sin\beta = \frac{BS}{AS} = \frac{BS}{\sqrt{\overline{AS}^2 + \overline{BS}^2}} = \frac{b - b'}{\sqrt{h^2 + (b - b')^2}}$$

et, enfin, $\operatorname{tang}\beta = \frac{BS}{AS} = \frac{b - b'}{h}$.

En remplaçant, dans l'expression précédente, $\cos\beta$, $\sin\beta$ et $\operatorname{tg}\beta$ par les valeurs ci-dessus, il vient :

$$M.F = F\left[\frac{\left(z \cos\varphi - \frac{2}{3} b \sin\varphi\right) h - \frac{2}{3} b \cos\varphi (b - b') + \frac{z \cos\varphi}{h} (b - b')^2}{\sqrt{h^2 + (b - b')^2}}\right]$$

Moment du poids P. — Ce moment a pour expression :

$$M.P = P \times KM.$$

Cherchons la valeur de KM en fonction des données et de la base cherchée b.

Nous avons :

$$KM = AK - AM = AK - (AD - DM)$$

$$= \frac{2}{3} b - b + DM$$

$$= \mathrm{DM} - \frac{b}{3}$$

Or, la distance DM de la verticale qui passe par le centre de gravité G du trapèze à la face verticale CD, a pour valeur: (Voir n° 567)

$$\mathrm{DM} = \frac{b'}{2} + \frac{(b' + 2\,b)\,(b - b')}{6\,(b + b')};$$

On aura donc pour KM :

$$\mathrm{KM} = \frac{b'}{2} + \frac{(b' + 2\,b)(b - b')}{6\,(b + b')} - \frac{b}{3}$$

et comme le poids P, pour un mètre de longueur du mur, est égal à $dh\dfrac{b + b'}{2}$, on aura enfin :

$$M.\mathrm{P} = dh\frac{b+b'}{2}\left[\frac{b'}{2} + \frac{(b' + 2\,b)\,(b - b')}{6\,(b + b')} - \frac{b}{3}\right]$$

$$= dh\frac{b+b}{2}\left[\frac{3\,b'\,(b+b') + (b'+2\,b)(b-b') - 2\,b\,(b+b')}{6\,(b + b')}\right]$$

$$= \frac{dh}{12}\left[3\,b'(b+b') + (b'+2\,b)(b-b') - 2\,b\,(b+b')\right]$$

En effectuant les calculs et ordonnant par rapport à b, il vient :

$$M.\mathrm{P} = \frac{dhb'^2}{6}$$

Nous appelons l'attention de nos lecteurs sur ce fait très remarquable que le moment du poids P, pris par rapport à un centre de pression K situé au tiers de la base à partir de l'arête extérieure D, ne dépend pas de la largeur de la base b ; de de sorte que, quelle que soit cette largeur b à la base du mur, le moment de P aura toujours la même valeur pour une même hauteur h et une même largeur b' au sommet.

Nous devons maintenant écrire que ce moment de P est égal à celui de F ; mais, avant, nous allons simplifier ce dernier moment. Nous remarquons, en effet, que le radical en dénominateur compliquerait beaucoup le résultat final si nous ne parvenions à le réduire. Or, dans les applications, le fruit du parement incliné varie, comme nous l'avons dit, entre les limites $^1/_5$ et $^1/_{10}$ et se maintient le plus souvent dans les environs de $^1/_{10}$. Pour un mur de $10^{\mathrm{m}},00$ de hauteur, la différence des largeurs à la base et au sommet serait donc de $10 \times {}^1/_{10} = 1$ et le carré $(b - b')^2$ serait égal à 1 environ. Cette valeur de $(b-b')^2$ est donc négligeable devant le carré de la hauteur h^2. Nous pourrons, par conséquent, sans erreur sensible, supprimer $(b-b')^2$ devant h^2 de sorte que ce dernier terme restant sous le radical, on aura simplement h en dénominateur de l'expression du moment de F. Effectuant les opérations indiquées au numérateur de cette expression et ordonnant par rapport à b, nous avons :

$$M.\mathrm{F} = \frac{\mathrm{F}}{h}\left[\left(\frac{z\cos\varphi}{h} - \frac{2}{3}\cos\varphi\right)b^2 - \left(\frac{2}{3}h\sin\varphi + \frac{2b'z\cos\varphi}{h} - \frac{2}{3}b'\cos\varphi\right)b + zh\cos\varphi + \frac{zh\cos\varphi\, b'^2}{h}\right] \quad (187)$$

Le moment de P est $M.\mathrm{P} = \dfrac{dhb'^2}{6}$ (188)

En égalant au précédent et ordonnant par rapport b il vient :

$$\frac{\mathrm{F}}{h}\cos\varphi\left(\frac{z}{h} - \frac{2}{3}\right)b^2 - \frac{\mathrm{F}}{h}\left[\frac{h}{3}2\sin\varphi + 2\,b'\cos\varphi \times\left(\frac{z}{h} - \frac{1}{3}\right)\right]b + z\cos\varphi\left(h + \frac{b'^2}{h}\right) - \frac{dhb'^2}{6} = 0 \quad (189)$$

équation de la forme $mx^2 + nx + p = o$, dont la racine positive a pour expression $x = \dfrac{-n + \sqrt{n^2 - 4\,mp}}{2\,m}$ et dans laquelle on a :

$$\left.\begin{aligned} m &= \frac{\mathrm{F}}{h}\cos\varphi\left(\frac{z}{h} - \frac{2}{3}\right) \\ n &= -\frac{\mathrm{F}}{h}\left[\frac{h}{3}2\sin\varphi + 2\,b'\cos\varphi\left(\frac{z}{h} - \frac{1}{3}\right)\right] \\ p &= z\cos\varphi\left(h + \frac{b'^2}{h}\right) - \frac{dhb'^2}{6} \end{aligned}\right\} \quad (190)$$

Ayant calculé la base b, on aura facilement la valeur du fruit intérieur incliné au moyen de la relation :

$$i = \frac{b - b'}{h}$$

881. Les formules précédentes donnent la solution du problème lorsqu'on connaît la largeur b' du mur à son sommet. Nous devons résoudre le même problème lorsque, cette largeur étant inconnue, on se donne au contraire la valeur du fruit i du parement intérieur incliné.

Moment de la poussée F. — Reprenons l'expression de ce moment, avant l'élimination de l'angle β.

$$M.\mathrm{F} = \mathrm{F}\left[\left(z\cos\varphi - \frac{2}{3}\,b\sin\varphi\right)\cos\beta - \frac{2}{3}\,b\sin\beta\cos\varphi + z\,tg\,\beta\sin\beta\cos\varphi\right]$$

et exprimons $\cos\beta$, $\sin\beta$ et $tg\beta$ en fonction des données. Nous avons :

$$\cos \beta = \frac{AS}{AB} = \frac{AS}{\sqrt{\overline{AS}^2 + \overline{BS}^2}} = \frac{h}{\sqrt{h^2 + h^2 i_2}}$$

$$\sin \beta = \frac{BS}{AB} = \frac{BS}{\sqrt{\overline{AS}^2 + \overline{BS}^2}} = \frac{hi}{\sqrt{h^2 + h^2 i^2}}$$

$$tg\, \beta = \frac{BS}{AS} = \frac{hi}{h} = i$$

Comme, dans le calcul précédent, nous remarquons que $h^2 i^2$ est une quantité assez petite devant h^2 pour qu'on puisse la supprimer sans grande erreur dans le résultat final, de sorte que les valeurs ci-dessus deviennent :

$$\cos \beta = 1$$
$$\sin \beta = i$$

et, en remplaçant dans l'expression de F, il vient :

$$M.F = F\left[\left(z \cos \varphi - \frac{2}{3} b \sin \varphi\right) - \frac{2}{3} b \cos \varphi\, i + z i^2 \cos \varphi\right] \quad \text{ou :}$$

$$M.F = -\frac{2}{3} F (\sin \varphi + i \cos \varphi) b + Fz \cos \varphi (1 + i^2) \qquad (191)$$

Quant au moment du poids P, il se transforme de la manière suivante, en y remplaçant b' par sa valeur $b - hi$:

$$M.P = \frac{dhb'^2}{6} = \frac{dh}{6} (b - hi)^2$$

En effectuant les calculs et ordonnant par rapport à b, il vient :

$$M.P = \frac{dh}{2} b^2 - \frac{dh^2 i}{3} b + \frac{dh^3 i^2}{6} \qquad (192)$$

Nous arrivons enfin à l'équation finale du second degré en égalant les deux moments que nous venons de trouver et en ordonnant par rapport à b. Nous avons :

$$\frac{dh}{2} b^2 + \frac{2}{3}\left[F(\sin \varphi + i \cos \varphi) - \frac{dh^2 i}{2}\right] b + \frac{dh^3 i^2}{6} - Fz \cos \varphi (1 + i^2) = o \qquad (193)$$

équation dans laquelle on a :

$$\left.\begin{aligned} m &= \frac{dh}{2} \\ n &= \frac{2}{3}\left[F(\sin \varphi + i \cos \varphi) \quad \frac{dh^2 i}{2}\right] \\ p &= \frac{dh^3 i^2}{6} - Fz \cos \varphi (1 + i^2) \end{aligned}\right\} (194)$$

Une fois la largeur b de la base du mur calculée, on aura facilement la largeur b' au sommet au moyen de la relation.

$$b' = b - hi.$$

Problème.

882. *Déterminer la largeur à la base d'un mur de soutènement à fruit intérieur quand on se donne le fruit du parement incliné, avec la condition que le centre de pression soit situé au tiers de la base à partir de l'arête extérieure.*

Prenons, par exemple, le cas traité au n° 716 (pages 547) d'un mur à fruit intérieur soutenant un massif de terre dont la surface supérieure est inclinée d'un certain angle sur l'horizon et dont les données sont :

Hauteur du mur. . . . . . . $h = 5^m,00$
Poids du mètre cube de terre $\delta = 1\,600^k$
Angle du talus naturel des terres . . . . $\varphi = 35°$
Angle du parement intérieur avec la verticale . . . . . $\theta = 14°2'$
Angle de la surface supérieure avec l'horizon. . . $\varepsilon = 11°19'$

A l'angle θ correspond un fruit $i = {}^1/_4$.

On a trouvé une poussée maximum des terres égale à $9\,121^k$ et un centre de poussée situé à $1^m,67$ au-dessus de la base du mur. Nous ajouterons donc aux données précédentes les chiffres suivants :

Poussée maximum des terres $F = 9\,121^k$
Hauteur du centre de poussée. . . . . $z = 1^m,67$
Fruit du parement . . . . . $i = {}^1/_4$
Poids du mètre cube de maçonnerie. . . . . $d = 2\,200^k$

Les formules (193) et (194), qui sont à appliquer dans ce cas, donnent :

$$m = \frac{dh}{2} = \frac{2200 \times 5,00}{2} = 5500$$

$$n = \frac{2}{3}\left[F(\sin \varphi + i \cos \varphi) - \frac{dh^2 i}{2}\right]$$

$$= \frac{2}{3}\left[9121 \left(0,57 + \frac{1}{4}\, 0,819\right) - 2200 \times \overline{5,00}^2 \times \frac{1}{4}\right]$$

$$= \frac{2}{3} (7068 - 6725)$$

$$= 229$$

$$p = \frac{dh^3 i^2}{6} - Fz \cos \varphi (1 + i^2)$$

$$= \frac{2200 \times \overline{5,00}^3}{6 \times 16} - 9121 \times 1,67 \times 0,819 \left(1 + \frac{1}{16}\right)$$

$= 2864 - 13225 = - 10360$

La racine de l'équation (193), qui a pour expression :

$$x \text{ ou } b = \frac{-n + \sqrt{n^2 - 4mp}}{2m}$$

aura pour valeur :

$$b = \frac{-229 + \sqrt{229^2 + 4 \times 5500 \times 10360}}{2 \times 5500}$$

$$= \frac{-229 + 15100}{11000}$$

$$= 1^m,35$$

La largeur du mur au sommet aura pour valeur :

$$b' = b - hi$$

$$= 1,35 - 5,00 \times \frac{1}{4}$$

$$= 0^m,10$$

Le mur répondant aux conditions du problème a donc une épaisseur égale à $0^m,10$ à son sommet. Sa section a la forme

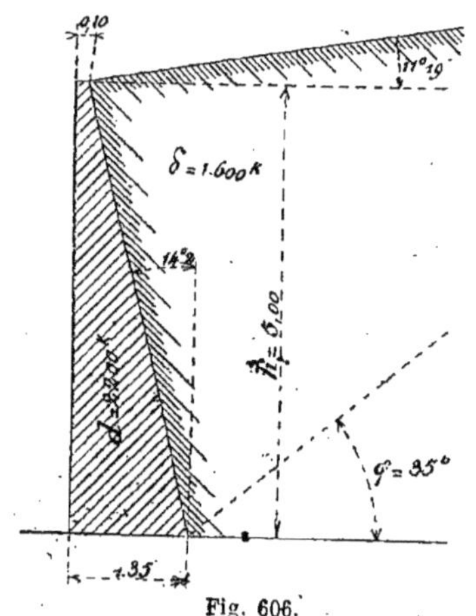

Fig. 606.

ci-contre (*fig.* 606). On voit que cette section est presque triangulaire au lieu d'être trapézoïdale rectangulaire. Cela tient à ce que le fruit du parement intérieur a été pris égale à $^1/_4$, ce qui est une inclinaison considérable.

883. *Remarque.* — Comme application numérique du cas dont nous nous occupons, nous ne donnons que le problème dans lequel le fruit i est connu. Lorsque c'est, au contraire, la largeur au sommet qui est connue, le problème est indéterminé, car le calcul de la poussée maximum F suppose que l'angle θ du parement avec la verticale est donné. Cet angle fixe le fruit et, pour résoudre le problème, il faudrait que ce fruit restât indéterminé jusqu'à la fin, puisqu'on l'obtiendrait alors au moyen de la relation $i = \frac{b - b'}{h}$.

Cette remarque nous amène à envisager autrement la solution du problème afin de la simplifier et de la généraliser en même temps.

Nous n'insisterons donc pas davantage sur les calculs précédents qui se compliqueraient encore lorsque nous aurions à traiter le cas ou l'on s'impose la plus grande compression R de la maçonnerie à la base du mur et nous allons ramener le problème à celui déjà traité d'un parement intérieur vertical avec une légère modification.

884. ***Autre manière plus simple d'envisager le problème de la détermination de la largeur à la base d'un mur à fruit intérieur.***

Soit ABCD (*fig.* 607) le profil de la sec-

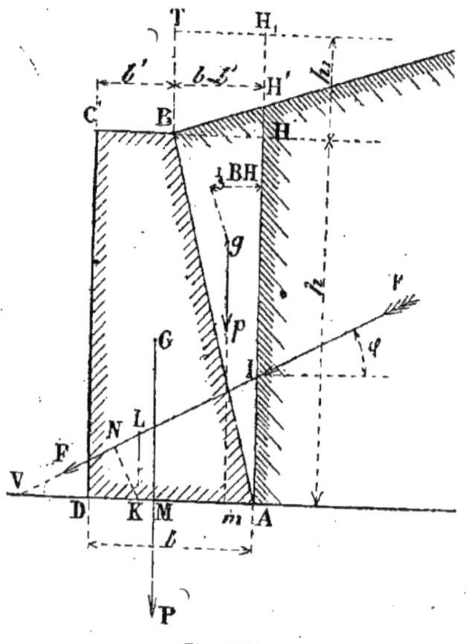

Fig. 607.

tion transversale du mur à fruit intérieur. Imaginons un plan vertical AH passant par l'arête inférieure A. Au lieu de prendre la poussée des terres sur le parement incliné AB, nous pouvons la prendre sur le parement AH', en considérant que c'est l'ensemble du profil AH'BCD qui devra résister à la poussée. Ce profil se compose de parties non homogènes puisque nous avons, d'une part, la partie ABCD qui pèse d kilogrammes le mètre cube et, d'autre part, la partie AH'B qui pèse δ kilogrammes le mètre cube, δ étant différent de d. Mais il nous sera facile cependant d'évaluer le moment total des deux poids P et p appliqués, l'un au centre de gravité G du trapèze ABCD et l'autre au centre de gravité g du triangle AH'B.

Si K représente le centre de pression à la base du mur, l'égalité des moments pourra s'écrire :

$$M.\,F = M.\,P + M.\,p \text{ ou bien:}$$

$$F \times KN = P \times KM + p \times Km$$

Or, $M.\,F = F \times KN$ est l'expression du moment de F telle que nous l'avons établie pour le cas d'un mur à section rectangulaire (voir n° 854), dans laquelle l'épaisseur e sera ici remplacée par la largeur b de la base. Nous aurons donc :

$$M.F = F\left(z \cos \varphi - \frac{2}{3} b \sin \varphi\right) \qquad (195)$$

Cherchons maintenant quelle est la valeur de la somme des moments de P et p. Nous avons vu (n° 880) que le moment de P a pour valeur :

$$M.P = \frac{dh}{6} b'^2 \qquad (196)$$

Quant au moment du poids p du prisme de terre dont AHB est la section triangulaire, elle a pour expression :

$$M.p = p \times Km.$$

Si s représente la surface du triangle AH'B, nous aurons :

$$p = s \times \delta$$

De plus, $Km = KA - mA$. Or, $KA = \frac{2}{3} b$ et m A est égal au tiers de la hauteur BH du triangle AH'B, c'est-à-dire, $mA = \frac{1}{3}(b - b')$. Donc :

$$M.p = s\,\delta\left[\frac{2}{3} b - \frac{1}{3}(b - b')\right]$$

$$M.p = s\,\delta\,\frac{1}{3}(b + b') \qquad (197)$$

L'évaluation de s sera facile dans tous les cas. Lorsque le mur aura à soutenir un terre-plein horizontal, on aura un triangle rectangle AHB dont la surface sera :

$$s = \frac{h}{2}(b - \ ')$$

Lorsque le massif de terre soutenu sera terminé par un plan incliné BH', c'est la surface de triangle AH'B qu'il faut évaluer. Cette surface a pour expression :

$$s = \frac{AH' \times BH}{2}$$

$$= \frac{(h + HH')(b - b')}{2}$$

Connaissant l'inclinaison de la surface BH' sur l'horizon, il sera facile de calculer la distance HH' et, par conséquent, de trouver la valeur de s dans ce cas. Remarquons que le parement AB a, le plus souvent, une faible inclinaison, et que, par suite, la distance HH' n'est jamais très grande. On pourra donc, dans la généralité des cas, négliger ce terme et écrire, sans erreur sensible, que

$$s = \frac{h}{2}(b - b')$$

comme dans le cas d'un terre-plein horizontal.

Lorsque le massif de terre soutenu sera surmonté d'une surcharge uniformément répartie, on aura un profil de terre BTH_1, qui produira le même effet que la surcharge. Dans ce cas il faudra ajouter la surface du rectangle BTH_1H à celle du triangle ABH. En représentant par h_1 la hauteur HH_1 de la surcharge, on aura :

$$s = \frac{AH \times BH}{2} + HH_1 \times BH$$

$$= BH\left(\frac{AH}{2} + HH_1\right)$$

$$= \left(b - b'\right)\left(\frac{h}{2} + h_1\right)$$

L'expression du moment de p sera donc : dans le cas d'un terre-plein horizontal ou incliné.

$$M.p = \frac{h}{2}(b - b') \ \frac{1}{3}(b + b')$$

$$M.p = \frac{h\delta}{6}(b^2 - b'^2) \qquad (198)$$

et dans le cas d'un terre-plein surchargé d'une hauteur h_1

$$M.p = (b - b')\left(\frac{h}{2} + h_1\right)\delta\frac{1}{3}(b + b')$$

$$M.p = \frac{(h + 2h_1)\delta}{6}(b^2 - b'^2) \qquad (199)$$

Afin de ne pas compliquer outre mesure les formules, nous commettons ici une très petite erreur, puisque nous admettons que le centre de gravité g est situé au tiers de HB dans le cas du trapèze $ABTH_1$ comme dans celui du triangle ABH. La différence est si minime que nous pouvons ne pas en tenir compte sans modifier le résultat final.

Pour simplifier et ramener les deux cas aux mêmes formules, nous écrirons que

$$MP = a(b^2 - b'^2) \qquad (200)$$

en posant

$$a = \frac{h\delta}{6} \qquad (201)$$

pour le cas d'un *terre-plein horizontal ou incliné*, et

$$a = \frac{(h + 2h_1)\delta}{6} \qquad (202)$$

pour le cas d'un *massif surchargé*.

La somme des moments de P et de p sera donc :

$$M.P + M.p = \frac{dh}{6}b'^2 + a(b^2 - b'^2) \quad (203)$$

En égalant le moment de F au précédent, nous avons :

$$F\left(z\cos\varphi - \frac{2}{3}b\sin\varphi\right) = \frac{dh}{6}b'^2 + a(b^2 - b'^2)$$

et en effectuant les calculs et ordonnant par rapport à b, il vient :

$$ab^2 + \frac{2}{3}F\sin\varphi\, b + \left(\frac{dh}{6} - a\right)b'^2 - Fz\cos\varphi = o \qquad (204)$$

équation de la forme $mx^2 + nx + p = o$ dans laquelle on a :

$$m = a$$

$$n = \frac{2}{3}F\sin\varphi$$

$$p = \left(\frac{dh}{6} - a\right)b'^2 - Fz\cos\varphi$$

On aura donc, pour le cas d'un *terre-plein horizontal* ou incliné, en remplaçant, dans les formules ci-dessus, a par sa valeur (201) :

$$\left.\begin{aligned} m &= \frac{h\delta}{6} \\ n &= \frac{2}{3}F\sin\varphi \\ p &= \frac{h}{6}(d - \delta)b'^2 - Fz\cos\varphi \end{aligned}\right\} \qquad (205)$$

et, pour le cas d'un *massif surchargé*, en remplaçant a par sa valeur (202) :

$$\left.\begin{aligned} m &= \frac{h + 2h_1}{6}\delta \\ n &= \frac{2}{3}F\sin\varphi \\ p &= \left(\frac{dh}{6} - \frac{h+2h_1}{6}\delta\right)b'^2 - Fz\cos\varphi \end{aligned}\right\} \qquad (205\,bis)$$

Les formules précédentes seront applicables quand on donnera la largeur b' du mur à son sommet. Pour calculer ensuite le fruit correspondant du parement incliné, on aura la relation

$$i = \frac{b - b'}{h}$$

885. Pour avoir les formules à appliquer quand la largeur b' au sommet étant inconnue, on s'imposera le fruit i du parement intérieur, il faut remplacer b' par $b - hi$ dans les formules précédentes.

Le moment de F (195) ne contenant pas le facteur b' ne sera pas modifié. Quant au moment de P (196), il deviendra :

$$M.P = \frac{dh}{6}(b'^2) = \frac{dh}{6}(b - hi)^2$$

et le moment de p (200)

$$M.p = a(b^2 - b'^2) = a[b^2 - (b - hi)^2]$$

La somme de ces moments pourra s'écrire :

$$M.P + Mp = \frac{dh}{6}(b - hi)^2 + a[b^2 - (b - hi)^2]$$

$$= ab^2 + \left(\frac{dh}{6} - a\right)(b - hi)^2$$

$$= ab^2 + \left(\frac{dh}{6} - a\right)(b^2 - 2hib + h^2i^2)$$

$$= \frac{dh}{6}b^2 - 2hi\left(\frac{dh}{6} - a\right)b + h^2i^2\left(\frac{dh}{6} - a\right)$$

En égalant cette somme de moments au moment de F et en ordonnant par rapport à b, il vient :

$$\frac{dh}{6}b^2 - \left[2hi\left(\frac{dh}{6} - a\right) - \frac{2}{3}F\sin\varphi\right]b + h^2i^2\left(\frac{dh}{6} - a\right) - Fz\cos\varphi = o \qquad (206)$$

équation de la forme $mx^2 + nx + p = o$ dans laquelle on a :

$$m = \frac{dh}{6}$$

$$n = -\left[2hi\left(\frac{dh}{6} - a\right) - \frac{2}{3}F\sin\varphi\right]$$

$$p = h^2i^2\left(\frac{dh}{6} - a\right) - Fz\cos\varphi$$

Dans le cas d'un *terre-plein horizontal* ou incliné, on aura, en remplaçant a par sa valeur (201) :

$$\left.\begin{aligned} m &= \frac{dh}{6} \\ n &= \frac{2}{3}\mathrm{F}\sin\varphi - \frac{h^2 i}{3}(d-\delta) \\ p &= \frac{h^3 i^2}{6}(d-\delta) - \mathrm{F}z\cos\varphi \end{aligned}\right\} \quad (207)$$

et, dans le cas d'un *massif surchargé*, on aura, en remplaçant a par sa valeur (202) :

$$\left.\begin{aligned} m &= \frac{dh}{6} \\ n &= \frac{2}{3}\mathrm{F}\sin\varphi - \frac{hi}{3}[dh-(h+2h_1)\delta] \\ p &= \frac{h^2 i^2}{6}[dh-(h+2h_1)\delta] - \mathrm{F}z\cos\varphi \end{aligned}\right\} \quad (207\ bis)$$

La largeur b au sommet s'obtiendra au moyen de la relation :

$$b' = b - hi$$

Problème.

886. *Déterminer la largeur à la base d'un mur de soutènement à fruit intérieur quand on se donne le fruit du parement incliné, avec la condition que le centre de pression soit situé au tiers de la base à partir de l'arête extérieure.*

Nous nous imposons, par exemple, un fruit égal à $1/8$. Le mur doit avoir $5^m,00$

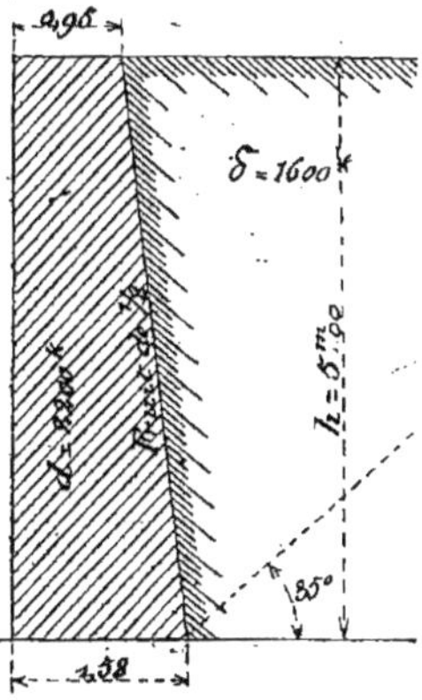

Fig. 608.

(h) de hauteur. La maçonnerie dont il est fait pèse $2\,200^k$ (d) le mètre cube. La terre à soutenir pèse $1\,600^k$ (δ). L'angle φ du talus naturel est de 35°.

On a trouvé (n° 663) que la poussée maximum qui s'exerce sur une paroi verticale de $5^m,00$ de hauteur est $\mathrm{F} = 4\,955^k$ et que le centre de poussée est situé à $5,00/3 = 1^m67$ (z) au-dessus de la base.

Ce sont les formules (206 et 207) que que nous avons à appliquer ici, puisqu'on donne le fruit i et que le massif à soutenir est un terre-plein horizontal. Nous aurons donc, en remplaçant dans ces formules, les lettres par les valeurs qui résultent des données du problème :

$$m = \frac{dh}{6} = \frac{2\,200 \times 5,00}{6} = 1833$$

$$n = \frac{2}{3}\mathrm{F}\sin\varphi - \frac{h^2 i}{3}(d-\delta)$$

$$= \frac{2}{3}4955 \times 0,57 - \frac{\overline{5,00}^2}{3\times 8}(2200-1600)$$

$$= 1883 - 625 = 1\,258$$

$$p = \frac{h^3 i^2}{6}(d-\delta) - \mathrm{F}\,z\cos\varphi$$

$$= \frac{\overline{5,00}^3}{6\times 64}600 - 4955 \times 1,67 \times 0,82$$

$$= 195 - 6785 = -6590$$

La racine de l'équation (206) a pour expression :

$$x \text{ ou } b = \frac{-n + \sqrt{n^2 - 4\,mp}}{2\,m}$$

et pour valeur :

$$b = \frac{-1258 + \sqrt{\overline{1258}^2 + 4 \times 1833 \times 6590}}{2 \times 1833}$$

$$= \frac{-1258 + 7063}{2 \times 1833} = 1^m,58$$

La largeur au sommet aura pour valeur :

$$b' = b - hi = 1,58 - 5,00 \times \frac{1}{8}$$

$$b' = 0^m,95$$

La section obtenue est celle représentée dans le croquis (*fig.* 608).

Problème.

887. *Déterminer la largeur à la base d'un mur de soutènement à fruit intérieur quand on se donne la largeur au sommet, avec la condition que le centre de pression soit situé au tiers de la base à partir de l'arête extérieure.*

Nous prendrons, comme exemple, le

calcul des dimensions d'une culée de pont à tablier métallique et, vu l'importance de ce problème, nous le traiterons complètement avec tous les détails qu'il comporte. Nous supposons qu'il s'agit d'un passage inférieur et que, par conséquent, ce sont des charges de matériel roulant de chemin de fer qui circulent sur le tablier métallique et sur le massif de terre soutenu par la culée. Le poids du tablier métallique et de la surcharge roulante se reporte sur le bord extérieur de la culée et produit un moment autour du centre de pression inférieur. Il faut donc, pour pouvoir résoudre la question, calculer ce poids et la distance de la verticale qui passe par son point d'application au centre de pression.

Nous allons d'abord préciser les conditions du problème en indiquant la disposition du passage (maçonnerie et tablier métallique) et la nature du matériel roulant le plus défavorable qui aura à circuler sur l'ouvrage.

888. *Pont.* — Le pont est biais. Son axe fait avec celui du chemin situé au-dessous, un angle de 41°. L'ouverture droite entre culée est de $5^m,00$. L'ouverture biaise qui en résulte est de $7^m,621$. Le pont donne passage à deux voies de chemin de fer en alignement droit et en rampe de $0^m,005$ par mètre. Sa largeur libre entre garde-corps est de $8^m,00$. La partie métallique du tablier se compose de deux poutres de rive et de quatre systèmes de poutres jumelles formant caissons. Chaque système de poutres jumelles supporte une file de rails posés sur longrines. Les poutres sont reliées par des entretoises espacées de $1^m,549$ d'axe en axe, recevant les retombées des voûtes en briques qui supportent le ballast. Les poutres simples, constituant un système de poutres jumelles sont reliées entre elles par une série d'entretoises sous rails, espacées de $0^m,516$ d'axe en axe.

Les poutres de rive et les poutres intermédiaires reposent sur des sabots en fonte, lesquels sont légèrement encastrés dans des sommiers en pierre de taille qui reportent la pression sur la maçonnerie.

La figure (609) représente le plan d'ensemble du pont à l'échelle de $0^m,01$ par mètre, sur lequel on voit comment les poutres reposent sur les sabots en fonte et comment ceux-ci sont répartis sur la maçonnerie de la culée, placés deux à deux sur des sommiers en pierre de taille.

Une demi-coupe transversale du tablier et une demi-coupe horizontale sont représentées par la figure (610) pour la partie métallique seulement et par la figure (611) pour le tablier complet à l'échelle de $0^m,05$ par mètre. La figure (612) est une coupe longitudinale faite suivant *i j*, *k l* du plan (*fig.* 609). Enfin, les figures (613) et (614) représentent les échantillons des fers employés et les sabots en fonte qui reçoivent les abouts des poutres de rive et intermédiaires.

Nous prenons, pour calculer les dimensions du mur, la partie de ce mur qui se trouve dans les conditions les plus défavorables de résistance, c'est-à-dire la partie située en-dessous des sabots d'un système de poutres jumelles du côté de l'entre-voie.

La pression, qui est transmise au mur pendant le passage du matériel roulant, se compose de deux parties : 1° la *charge permanente produite par le tablier*; 2° la *surcharge d'exploitation.* — Nous allons évaluer successivement ces deux parties de la pression totale.

889. *Charge permanente transmise au mur par le tablier métallique.* — Cette charge permanente ou poids du tablier qui se transmet sur le sommier considéré correspond à la partie couverte de hachures sur le plan (*fig.* 609). Les autres parties du poids se reportent, en effet, sur le sommier opposé situé sur l'autre culée et sur les poutres jumelles voisines.

Evaluons le poids correspondant à la surface hachurée puisque c'est sur ce poids que nous aurons à opérer ensuite.

Nous allons successivement calculer les poids des fers, des bois, des maçonneries et du ballast d'après les dimensions indiquées dans les figures.

Poids des fers : 1° Pour l'une des demi-poutres jumelles ($5^m,60$ de longueur).

Ame. — Tôle de 450×12 pesant $41^k,6$ le mètre courant; $5^m,600$ à 41^k6. 233^k

4 cornières courantes. — $\frac{80 \times 80}{12}$ pesant $13^k,5$ le mètre

courant; $4 \times 5.60 = 29^m,40$ à $13^k,5$ le mètre 302k

2 platebandes de 200×12 et de $5^m,6$ de longueur ; $2 \times 5^m,6 = 11^m,20$ à $18^k,5$ le mètre courant . 207k

2 platebandes de 200×12 et de $3^m,25$ de longueur ; $2 \times 3.25 = 6^m,50$ à $18^k,5$ le mètre courant. 120k

2 platebandes de 200×12 et de $2^m,25$ de longueur ; $2 \times 2.25 = 4^m,50$ à 18^k5 le mètre courant. 83k

2 cornières d'about de $\frac{80 \times 80}{12}$ et de 0,45 de longueur; $2 \times 0,45 = 0^m90$ à 13^k5 le mètre courant. 12k

1 platebande d'about de 200 × 12 et de 0,45 de longueur ; $0^m,45$ à $18^k,5$ le mètre courant . 8k

Total pour une demi-poutre. . 965k

Poids des fers pour les deux demi-poutres :

$2 \times 965 = 1\,930$ kilogrammes.

2° — Pour une entretoise sous rail :

Une âme de 200×10 et de 0,404 de longueur ; $0^m,404$ à $15^k,5$ le mètre courant. 6k

4 cornières de $\frac{70 \times 70}{9}$ et de $0^m,386$ de longueur ; $4 \times 0,386 = 1^m,544$ à 9^k le mètre courant. 14k

4 cornières d'assemblages de $\frac{70 \times 70}{9}$ et de $0^m,426$ de longueur ; $4 \times 0,426 = 1^m,704$ à 9^k le mètre courant. 15k

2 fourrures de 150×12 et de $0^m,29$ de longueur ; $2 \times 0,29 = 0^m,58$ à 14^k le mètre courant . . 8k

Total pour une entretoise sous-rail. 43k

Poids des fers pour 11 entretoises semblables :

$43 \times 11 = 473$ kilogrammes.

3° Pour une demi entretoise d'entrevoie :

Une âme de 200×10 et de $0^m,61$ de longueur; $0^m,61$ à $15^k,5$ le mètre courant. 9k

2 cornières de $\frac{70 \times 70}{9}$ et de 0^m80 de longueur ; $1^m,60$ à 9^k le mètre courant. 14k

Plan.
(Echelle de $0^m,01$ par m.)

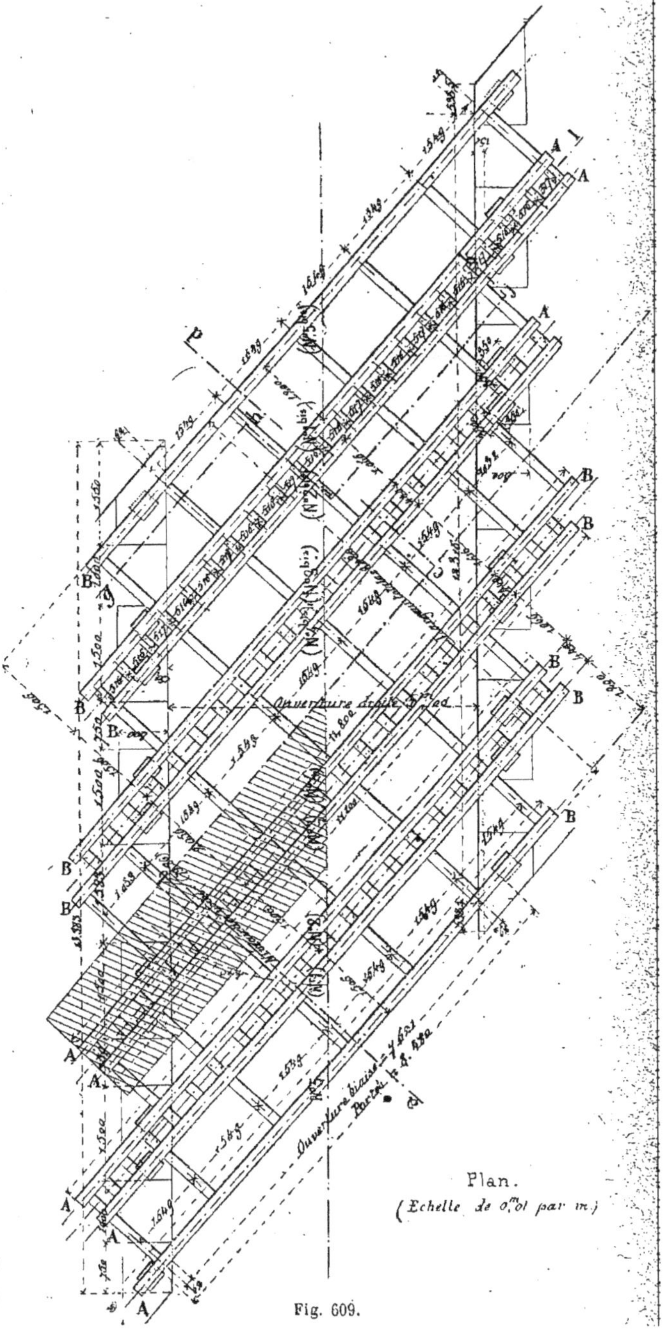

Fig. 609.

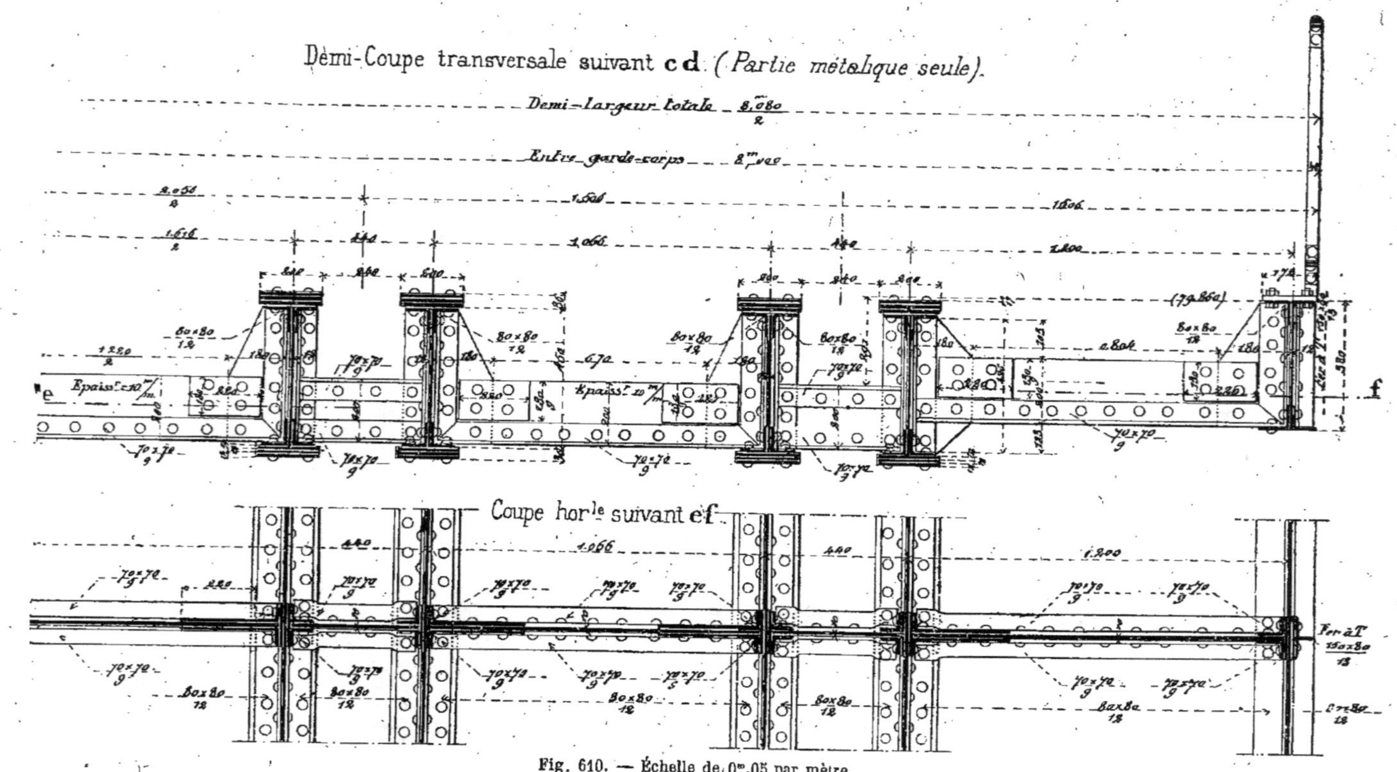

Fig. 610. — Échelle de 0m,05 par mètre.

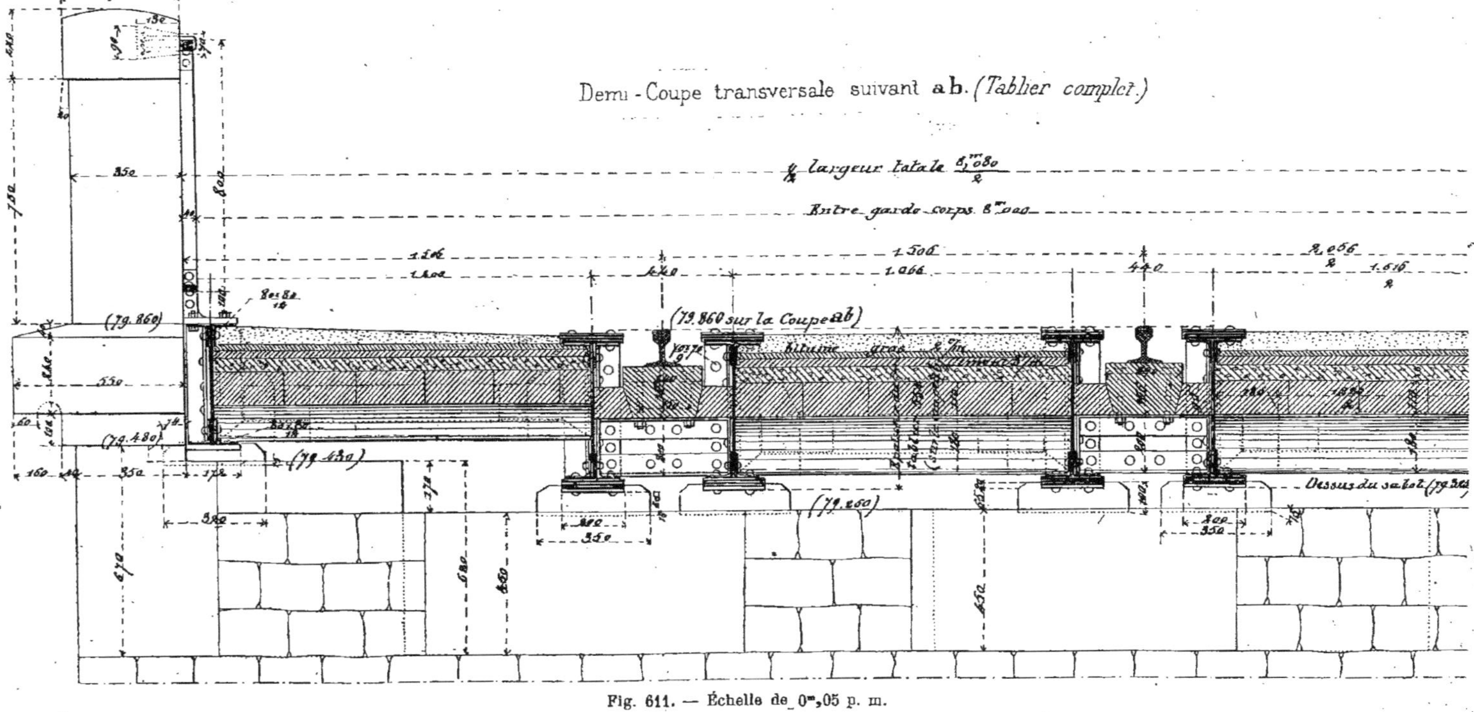

Fig. 611. — Échelle de 0m,05 p. m.

2 cornières d'assemblage de $\frac{70 \times 70}{9}$ et de 0m,426 de longueur ; $2 \times 0{,}426 = 0{,}85$ à 9k le mètre courant 8

1 fourrure de 150×12 et de 0m,29 de longueur ; 0m,29 à 14k le mètre courant. 4

1 gousset d'assemblage à 5k. . 5

2 couvre-joints à 2k l'un. . . . 4

Total pour une demi-entretoise d'entrevoie. 44

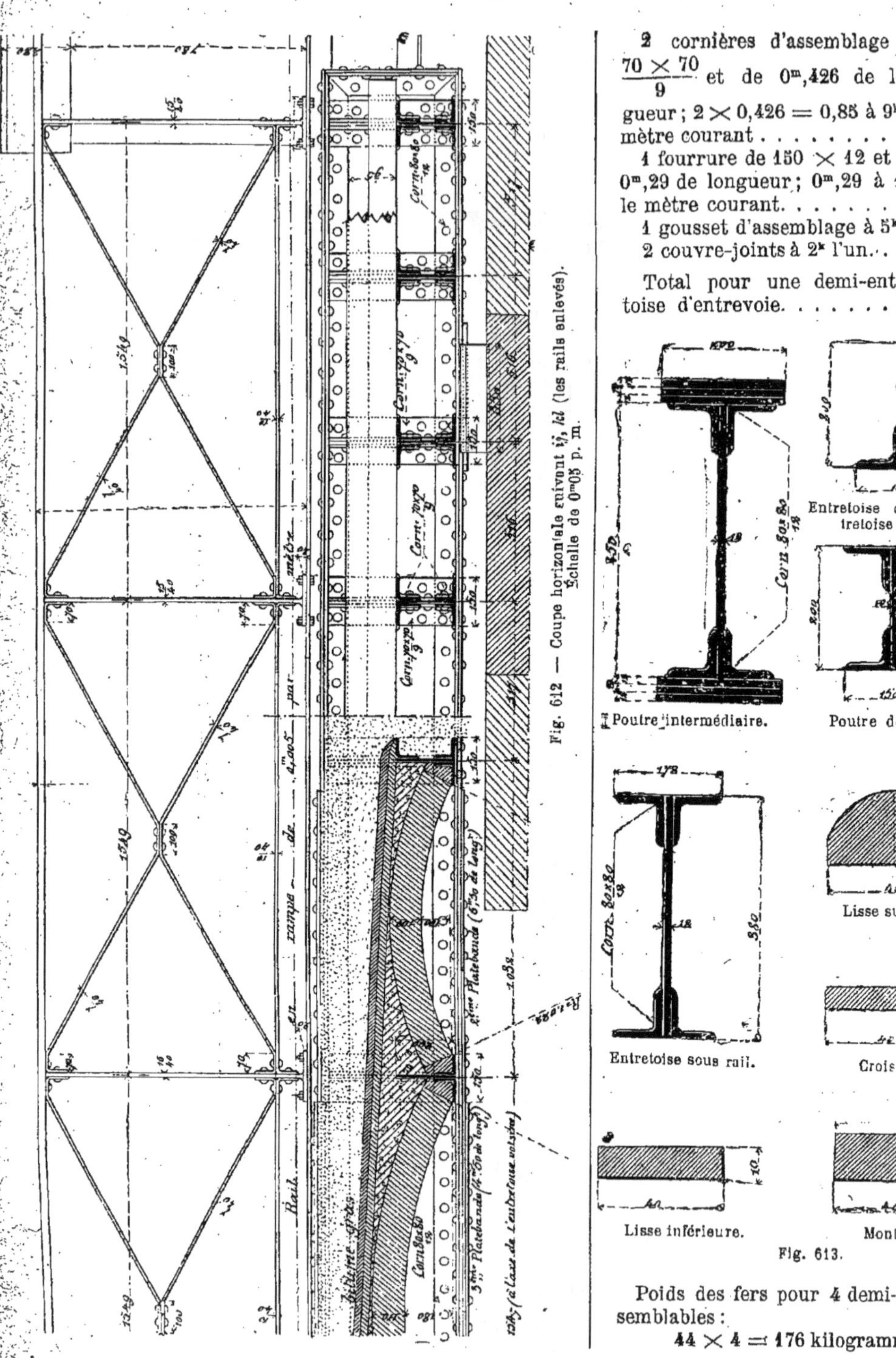

Fig. 612 — Coupe horizontale suivant ij, kl (les rails enlevés). Échelle de 0m,05 p. m.

Fig. 613.

Poids des fers pour 4 demi-entretoises semblables :

$44 \times 4 = 176$ kilogrammes.

4° Pour une demi entretoise de voie.

Une âme de 200 × 10 et de $0^m,34$ de longueur ; $0^m,34$ à $15^k,5$ le mètre courant : . . . . 5^k

2 cornières de $\frac{70 \times 70}{9}$ et de $0^m,51$ de longueur ; 2 × 0,51 = $1^m,02$ à 9^k le mètre courant. . . 9^k

Cornières d'assemblage, fourrure, gousset et couvre-joints, comme ci-dessus : 8 + 4 + 5 + 4 = 21^k. . . . . 21^k

Total pour une demi-entretoise de voie. . . . . 35^k

Poids des fers pour 4 demi-entretoises de voie :

4 × 35 = 140 kilogrammes.

Nous avons donc, pour le poids de la partie métallique :

Poutres	1930^k
Entretoises sous-rails.	473^k
Entretoises d'entrevoie	176^k
Entretoises de voie	140^k
Total.	2719^k
Pour la rivure, $\frac{1}{20}$ en plus. . .	136^k
Rail en acier à 30^k le mètre courant, $5^m,60 \times 30^k = 168^k$. .	168^k
Deux sabots en fonte à 65^k l'un	130^k
Poids total de la partie métallique porté par le sommier considéré.	3153^k

Poids des bois.

Section transversale de la longrine sous rail :

$0,24 \times 0,166 = 0^{m2},03\ 98$

Section transversale des deux fourrures longitudinales :

$2 \times 0,095 \times 0,092 = 0^{m2},0175.$

Cube des bois pour $5^m,60$ de longueur : $(0,0398 + 0,0175) \times 5^m,60 = 0^{m3},321$

Poids total des bois : $0^{m3},321$ à 900^k le mètre cube. $0,321 \times 900 =$ 289^k

Poids des maçonneries et du ballast.

Épaisseur moyenne $0^m,35$.

Poids moyen du mètre cube $2\,000^k$.

1/2 largeur de l'entrevoie entre les poutres 4 et 4 *bis*. . . . . $0^m,81$.

1/2 largeur de la voie entre les poutres 2 et 3. . . . . $0^m,53$.

Longueur considérée. . . . $5^m,60$.

Poids total des maçonneries et du ballast :

$5,60\,(0,81 + 0,53)\ 0,35 \times 2\,000^k = 5\,253^k$

Charge permanente transmise à une partie du mur par le tablier complet en ce qui concerne le caisson formé par les deux poutres jumelles n° 3 et n° 4 :

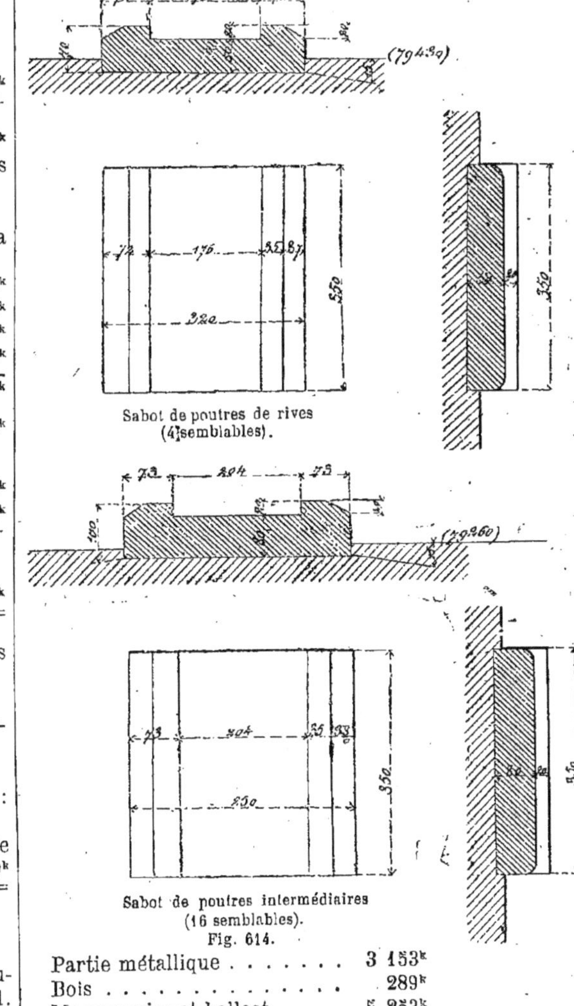

Sabot de poutres de rives (4 semblables).

Sabot de poutres intermédiaires (16 semblables).

Fig. 614.

Partie métallique	$3\,153^k$
Bois	289^k
Maçonneries et ballast	$5\,253^k$
Charge permanente totale . .	$8\,695^k$

890. *Surcharge d'exploitation.* — D'après la circulaire du ministre des travaux publics du 9 juillet 1877, les auteurs des projets de ponts métalliques pour chemins de fer peuvent établir leurs calculs de résistance des matériaux d'après des surcharges uniformément réparties qui correspondent aux surcharges d'exploitation. Ces surcharges, par mètre courant de simple voie, sont réglées conformément au tableau suivant :

PORTÉES des travées.	SURCHARGE uniforme.	PORTÉES des travées.	SURCHARGE uniforme.
2 mètres	12 000k	20 mètres	4 000k
3 »	10 500	25 »	4 500
4 »	10 200	30 »	4 300
5 »	9 800	35 »	4 200
6 »	9 500	40 »	4 100
7 »	8 900	45 »	4 000
8 »	8 300	50 »	3 900
9 »	7 800	55 »	3 800
10 »	7 300	60 »	3 700
11 »	6 900	70 »	3 500
12 »	6 500	80 »	3 40[illegible]
13 »	6 200	90 »	3 [illegible]00
14 »	5 900	100 »	3 200
15 »	5 700	125 »	3 100
16 »	5 500	150 »	
17 »	5 400	et au-delà	3 000
18 »	5 200		
19 »	5 000		

Les surcharges correspondant à des portées intermédiaires à celles qui sont indiquées ci-dessus sont déterminées par voie d'interpolation. Dans le pont que nous avons pris comme exemple, la portée est de $8^m,48$. La surcharge correspondante, *par mètre courant de simple voie*, est donc de $8\,060^k$, ce qui fait, pour une seule file de rails, $4\,030^k$.

La surcharge d'exploitation à ajouter à la charge permanente calculée ci-dessus sera donc de $4\,030 \times 5^m,60 = \mathbf{22\,568^k}$

891. *Charge totale pour un mètre de longueur du mur.* — Nous admettons que les charges précédemment déterminées, se transmettant au mur par l'intermédiaire des deux sabots en fonte placés sur un sommier ayant $1^m,50$ de longueur, se répartissent uniformément sur toute la longueur de ce sommier, c'est-à-dire sur $1^m,50$ de longueur de la culée.

La charge totale reçue par le sommier se compose des deux éléments suivants :

Charge permanente . . . . $8\,695^k$
Surcharge d'exploitation . . . . $22\,568^k$
Donnant une charge totale de. . $31\,263^k$

La charge par mètre de longueur du mur, à faire entrer dans les calculs des dimensions de la culée, sera donc :

$$\frac{31\,263}{1,50} = 20\,842^k, \text{ soit } 21\,000^k$$

892. *Position du point d'application de la charge.* — Les poutres transmettent la charge aux sabots en fonte suivant toute leur surface d'appui ; mais, en raison de la légère flexion que ces poutres prennent sous l'action des charges permanente et d'exploitation, on admet que la résultante des réactions exercées par un sabot sur la poutre qu'il supporte passe par le tiers environ de la longueur du sabot à partir de son arête placée du côté du passage. Ce qui fait que le point d'application de la charge totale se trouve, d'après les figures, à peu près à $0^m,35$ du parement de la culée.

Connaissant maintenant la charge totale supportée par la culée pour un mètre de longueur et la distance du point d'application de cette charge au parement vertical du mur, il nous sera facile de faire entrer ces éléments dans les calculs des dimensions à donner à cette culée.

893. Précisons les autres données du problème à résoudre. — La hauteur de la culée, depuis sa fondation que nous supposons au niveau du sol et le parement supérieur du sommier, doit être de 8 mètres.

La surcharge uniformément répartie sur le terre-plein horizontal devrait être calculée comme nous l'avons fait au n° 861 en considérant le passage sur la voie ferrée du matériel produisant la plus grande surcharge (*fig.* 615). Mais, pour ne pas avoir à refaire ces calculs, nous supposons qu'il s'agit ici du même matériel qu'au n° 861 et que, par conséquent, la surcharge uniformément répartie produite par le matériel d'exploitation correspond à une hauteur de terre égale à $h_1 = \frac{2000}{1600} = 1^m,25$ en admettant que le poids du mètre cube de terre est de $\delta = 1\,600^k$, comme dans l'exemple cité. Nous prenons à dessein les mêmes données afin de ne pas avoir à déterminer de nouveau la valeur de la poussée maximum F et la hauteur z de son point d'application au-dessus de la base du mur.

Ici, il est vrai, la poussée s'exerce sur un parement fictif déterminé par le plan vertical AH (*fig.* 616) passant par l'arête inférieure A, mais la poussée prend, sur

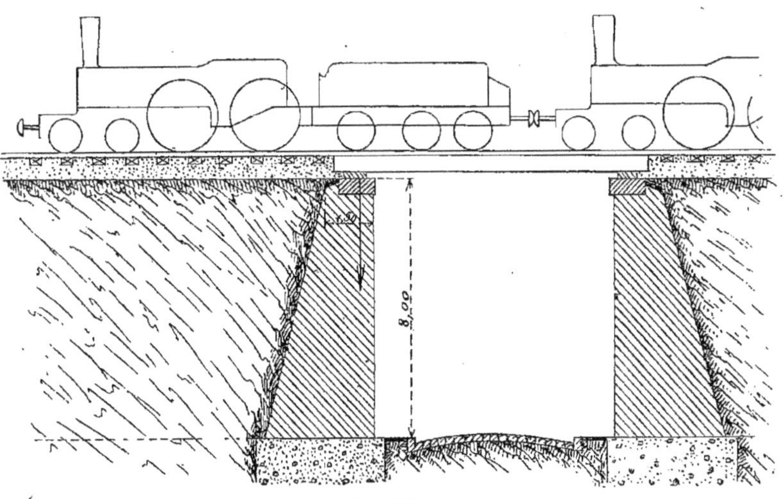

Fig. 615.

ce parement, la même valeur que s'il était réellement en maçonnerie au lieu d'être en terre. — Nous pouvons donc dire que

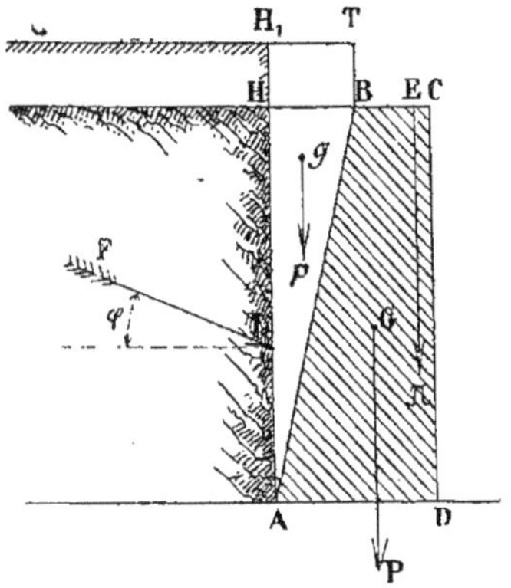

Fig. 616.

la poussée maximum F, qui s'exerce sur le parement vertical AH du massif rectangulaire AHCD, a pour valeur : $F = 17\,306^k$ et que la hauteur z de son point d'application est $z = 3$ mètres (voir n° 863).

Nous nous imposons une largeur b' au sommet égale à $1^m,50$. La maçonnerie constituant la culée pèse $2\,300^k$ le mètre cube. — Les données du problème sont donc les suivantes :

Hauteur du mur	h	$= 8^m,00$
Hauteur de la surcharge	h_1	$= 1^m,25$
Poids du mètre cube de maçonnerie	d	$= 2\,300^k$
Poids du mètre cube de terre	δ	$= 1\,600^k$
Angle du talus naturel.	φ	$= 35^0$
Largeur b' au sommet du mur	b'	$= 1^m,50$
Poussée maximum . . .	F	$= 17\,306^k$
Hauteur de son point d'application	z	$= 3^m,00$
Charge π, appliquée à $0^m,35$ du parement vertical extérieur . .	π	$= 21\,000^k$

894. Les formules à employer ici, pour le calcul de la largeur b du mur à sa base, sont celles qui portent les n°s 204 et 205 *bis* (voir n° 884), puisqu'on connaît la largeur b' au sommet et qu'il s'agit de soutenir un massif surchargé. Cependant, avant d'appliquer ces formules aux données du problème, nous devons préalablement leur faire subir une petite modification provenant de l'existence d'une charge π qui n'a pas été prévue. C'est d'ailleurs ce qu'on devra toujours faire quand, aux poids P et p de la maçonnerie et du prisme de terre, viendra s'ajouter un autre poids tel que π. Si, au lieu d'une seule charge supplémentaire π, il y en avait plusieurs autres π' π'' etc..., on opérerait de la même manière.

Le moment de la poussée F n'est point influencé par la charge π.

Quant au moment des poids, il devient:

$$M.P + M.p + M\pi = \frac{dh}{6} b'^2 + a(b^2 - b'^2) + M.\pi \text{ (voyez formule 203).}$$

Le moment de π a pour expression :

$$M.\pi = -\pi \times Km$$

Nous lui donnons le signe moins, car nous voyons, à priori, que le point m sera à droite de K et que, par conséquent, ce moment sera de signe contraire aux autres dont les bras de leviers sont à gauche du point K. Or,

$$Km = AD - KA - mD = b - \frac{2}{3}b - 0{,}35$$

$$Km = \frac{b}{3} - 0{,}35. \text{ Donc :}$$

$$M.\pi = -\pi\left(\frac{b}{3} - 0{,}35\right)$$

et le moment total devient :

$$M.P + M.p + M.\pi = \frac{dh}{6} b'^2 + a(b^2 - b'^2) - \pi\left(\frac{b}{3} - 0{,}35\right)$$

Il en résulte que, dans la formule (204), le terme en b s'augmente du facteur $-\frac{\pi}{3}$ et que le terme constant s'augmente du facteur $+ 0{,}35\pi$. Cette formule modifiée est donc

$$ab^2 + \left(\frac{2}{3} F \sin\varphi - \frac{\pi}{3}\right) b + \left(\frac{dh}{6} - a\right) b'^2 - Fz \cos\varphi + 0{,}35\pi = o,$$

toujours de la forme $mx^2 + nx + p = o$, dans laquelle on a :

$$m = \frac{h + 2h_1}{6}\delta \qquad \text{(voir formule 202)}$$

$$n = \frac{2}{3} F \sin\varphi - \frac{\pi}{3}$$

$$p = \left(\frac{dh}{6} - \frac{h + 2h_1}{6}\delta\right) b'^2 - Fz\cos\varphi + 0{,}35\pi$$

Ces dernières formules ne sont autre chose que celles qui portent le n° (205 *bis*) qu'on a très légèrement modifiées pour tenir compte de la charge verticale supplémentaire π. En les appliquant aux données du problème, on a :

$$m = \frac{h + 2h_1}{6}\delta = \frac{8{,}00 + 2 \times 1{,}25}{6} 1\,600$$
$$= 2800$$
$$n = \frac{2}{3} F \sin\varphi - \frac{\pi}{3}$$
$$= \frac{2}{3} 17\,306 \times 0{,}57 - \frac{20\,842}{3}$$
$$= 6\,576 - 6\,947$$
$$= -371$$
$$p = \left(\frac{dh}{6} - \frac{h + 2h_1}{6}\delta\right) b'^2 - Fz\cos\varphi + 0{,}35\pi$$
$$= \left(\frac{2\,300 \times 8{,}00}{6} - 2\,800\right) \overline{1{,}50}^2$$
$$-17\,306 \times 3{,}00 \times 0{,}82 + 0{,}35 \times 20\,842$$
$$= 601 - 42\,573 + 7\,295$$
$$= -34\,677$$

La racine positive de l'équation a pour expression :

$$x \text{ ou } b = \frac{-n + \sqrt{n^2 - 4mp}}{2m} \text{ et pour valeur:}$$

$$b = \frac{371 + \sqrt{\overline{371}^2 + 4 \times 2\,800 \times 34\,677}}{2 \times 2\,800}$$
$$= \frac{371 + 19\,710}{5\,600}$$
$$= 3^m{,}59$$

La largeur de la culée à sa base devra donc être de $3^m{,}59$, pour que le centre de pression K soit situé à une distance de l'arête extérieure D égale au tiers de cette base. — Le centre de pression étant ainsi placé, le mur remplit la condition exigée de stabilité, relative au renversement. Nous avons à vérifier la valeur de la plus grande compression des maçonneries à la base du profil pour nous assurer que le mur est également dans de bonnes conditions de résistance. Cette vérification est très importante à faire dans le cas particulier qui nous occupe, à cause des charges considérables que la culée a à supporter.

895. *Vérification de la plus grande compression des maçonneries.* — De la loi du trapèze, il résulte que, lorsque le centre de pression à la base est situé au tiers de la largeur, la plus grande compression se produit sur l'arête D où elle prend pour valeur :

$$R = \frac{2N}{\omega} = \frac{2(P + p + \pi)}{\omega}$$

Pour un mètre de longueur de culée, on a successivement :

$$P = h \frac{b + b'}{2} d$$
$$= 8{,}00 \frac{3{,}59 + 1{,}50}{2} 2\,300$$
$$= 46\,920^k$$
$$p = \left[h \frac{b - b'}{2} + h_1 (b - b') \right] \delta$$
$$= \delta \frac{b - b'}{2} (h + 2 h_1)$$
$$= 1\,600 \frac{3{,}59 - 1{,}50}{2} (8{,}00 + 2 \times 1{,}25)$$
$$= 17\,640^k$$
$$\pi = 20\,842^k \text{ (déjà calculé)}$$
$$\omega = 3 \times DK$$
$$= b = 3^m{,}59.$$

La valeur de R sera donc :

$$R = \frac{2\,(46\,920 + 17\,640 + 20\,842)}{3{,}59}$$
$$= 47\,445^k \text{ par mètre carré}$$

soit $R = 4^k{,}74$ par centimètre carré.

Cette compression est admissible, étant donnée la nature des matériaux employés.

La vérification de la condition de stabilité relative au glissement sur la base ou la fondation, se ferait comme d'habitude. Mais on peut voir, à priori, que, dans le cas actuel, il n'y a pas lieu de faire cette vérification, car la somme des charges verticales ($85\,402^k$) est grande vis-à-vis de la poussée oblique ($17\,306^k$).

2° *La plus grande compression des matériaux doit être égale à R^k par centimètre carré* [1].

896. Reportons-nous à la figure 607 et cherchons l'expression du moment de la pousée F. Nous voyons sur cette figure que nous avons successivement :

$$M.F = F \times KN$$
$$KN = KL \cos \varphi$$
$$\frac{KL}{AI} = \frac{KV}{VA} = \frac{VA - KA}{VA}, \text{ ou}$$
$$\frac{KL}{z} = \frac{z \operatorname{cotg} \varphi - KA}{z \operatorname{cotg} \varphi}$$
$$KA = DA - DK = b - DK$$

La condition relative à la compression des matériaux nous donne, d'après la loi du trapèze :

$$P = \frac{2\,(P + p)}{3 \times DK}. \text{ D'où :}$$
$$DK = \frac{2\,(P + p)}{3\,R}$$

Or, le poids P de la maçonnerie (trapèze ABCD) a pour valeur :

$$P = dh \frac{b + b'}{2}$$

Le poids p du prisme de terre, dans le cas d'un terre-plein horizontal ou incliné (triangle AHB), a pour valeur :

$$p = \delta h \frac{b - b'}{2}$$

et, dans le cas d'un terre-plein surchargé (figure AH_1TB) :

$$p = \delta h \frac{b - b'}{2} + \delta h_1 (b - b')$$
$$= \delta \frac{b - b'}{2} (h + 2 h_1)$$

Nous aurons donc :

$$KA = b - \frac{2\,(P + p)}{3R}, \text{ et}$$

$$KL = \frac{z \operatorname{cotg} \varphi - b + \dfrac{2(P + p)}{3R}}{\operatorname{cotg} \varphi} \text{ et enfin,}$$

$$M.F = F \times \left[z \operatorname{cotg} \varphi - b + \frac{2\,(P + p)}{3\,R} \right] \sin \varphi$$
$$= Fz \cos \varphi - F \sin \varphi\, b + F \sin \varphi \frac{2\,(P + p)}{3\,R}$$

Pour le cas d'un *terre-plein horizontal* ou incliné, cette valeur du moment de F devient :

$$M.F = Fz \cos \varphi - F \sin \varphi\, b$$
$$+ F \sin \varphi \frac{dh\,(b + b') + \delta h\,(b - b')}{3\,R}$$

ou, en effectuant les calculs et ordonnant par rapport à b :

$$M.F = F \sin \varphi \left[\frac{h\,(d + \delta)}{3\,R} - 1 \right] b$$
$$+ F \left[z \cos \varphi + \frac{h\,(d - \delta)}{3\,R} b' \sin \varphi \right] \quad (208)$$

Pour le cas d'un *terre-plein surchargé*, la valeur du moment de F est :

$$M.F = Fz \cos \varphi - F \sin \varphi\, b$$
$$+ F \sin \varphi \frac{dh(b + b') + \delta(b - b')(h + 2h_1)}{3\,R} \text{ ou,}$$

$$M.F = F \sin \varphi \left[\frac{h(d + \delta) + 2h_1\delta}{3\,R} - 1 \right] b$$
$$+ F \left[z \cos \varphi + \frac{h(d - \delta) - 2h_1\delta}{3\,R} b' \sin \varphi \right] \quad (208 \text{ bis})$$

[1] Subdivision du sous-paragraphe IV, intitulé : *Dimensions d'un mur dont la section en forme de trapèze rectangle, à un parement extérieur vertical et un parement intérieur incliné.* (*page* 649.)

La somme des moments de P et de p a pour valeur (formule 203) :

$$M.P + M.p = \frac{dh}{6} b'^2 + a(b^2 - b'^2)$$

Dans le cas d'un *terre-plein horizontal* ou incliné, nous avons (form. 201) :

$$a = \frac{h\delta}{6} \text{ et, par conséquent}$$

$$M.P + M.p = \frac{dh}{6} b'^2 + \frac{h\delta}{6}(b^2 - b'^2) \qquad (209)$$

et, dans le cas d'un *massif surchargé*, (form. 202) :

$$a = \frac{h + 2h_1}{6}\delta \text{ et,}$$

$$M.P + M.p = \frac{dh}{6} b'^2 + \frac{h + 2h_1}{6}\delta(b^2 - b'^2) \qquad (209 \text{ bis})$$

Nous aurons une équation de laquelle nous pourrons tirer la valeur de la largeur b à la base, en égalant les deux moments (208) et (209) pour le cas d'un terre-plein horizontal ou incliné, et les deux moments (208 *bis*) et (209 *bis*) pour le cas d'un massif surchargé. L'égalité des deux formules (208) et (209) donne, en ordonnant par rapport à b :

$$\frac{h\delta}{6} b^2 + F \sin\varphi \left[1 - \frac{h(d+\delta)}{3R}\right] b + \frac{h}{6}(d - \delta) \; b'^2 - F\left[z \cos\varphi + \frac{h(d-\delta)}{3R} b' \sin\varphi\right] = o \qquad (210)$$

et l'égalité des deux formules (208 *bis*) et (209 *bis*), après avoir ordonné par rapport à b, peut s'écrire :

$$\frac{h + 2h_1}{6}\delta b^2 + F \sin\varphi \left[1 - \frac{h(d+\delta) + 2h_1\delta}{3R}\right] b + \frac{h(d-\delta) - 2h_1\delta}{6} b'^2 - F\left[z \cos\varphi + \frac{h(d-\delta) - 2h_1\delta}{3R} b' \sin\varphi\right] = o \qquad (210 \; bis)$$

Ces équations sont de la forme $mx^2 + nx + p = o$ dont la racine positive a pour valeur

$$x = \frac{-n + \sqrt{n^2 - 4mp}}{2m}$$

Nous aurons donc pour le *cas d'un terre-plein horizontal ou incliné :*

$$\left.\begin{aligned} m &= \frac{h\delta}{6} \\ n &= F \sin\varphi \left[1 - \frac{h(d-\delta)}{3R}\right] \\ p &= \frac{h}{6}\left(d - \quad\right) b'^2 - F\left[z \cos\varphi + \frac{h(d - \delta)}{3R} b' \sin\varphi\right] \end{aligned}\right\} \qquad (211)$$

et, pour le *cas d'un massif surchargé :*

$$\left.\begin{aligned} m &= \frac{h + 2h_1}{6}\delta \\ n &= F \sin\varphi \left[1 - \frac{h(d+\delta) + 2h_1\delta}{3R}\right] \\ p &= \frac{h(d-\delta) - 2h_1\delta}{6} b'^2 - F\left[z \cos\varphi + \frac{h(d-\delta) - 2h_1\delta}{3R} b' \sin\varphi\right] \end{aligned}\right\} \qquad (211 \text{ bis})$$

Ces formules seront applicables quand on connaîtra la largeur b' du mur à sa partie supérieure. Ayant calculé la base b, nous pouvons en déduire la valeur du fruit intérieur, au moyen de la relation :

$$i = \frac{b - b'}{h}$$

mais nous devons remarquer que cette valeur importe fort peu, généralement. Dans le cas de fruit extérieur, on doit rester dans certaines limites à cause de la nécessité de laisser au parement vu un aspect satisfaisant ; mais, dans le cas du fruit intérieur, cette raison n'existe plus. C'est ce qui fait que, presque toujours, on s'impose la largeur b' au sommet sans s'occuper du fruit que le parement intérieur prendra lorsqu'on aura déterminé la largeur b à la base. — Il en résulte que les formules qui permettraient de résoudre le problème, lorsque le fruit i est donné, sont de peu d'importance et nous ne les établirons pas. Le lecteur pourrait d'ailleurs facilement les obtenir en remplaçant, dans les formules ci-dessus b', par sa valeur $b - hi$.

Problème.

897. *Déterminer la largeur à la base d'un mur de soutènement ayant une section en forme de trapèze rectangle à fruit intérieur, quand on se donne la largeur au sommet, avec la condition que la plus grande compression des maçonneries soit de* R^k *par centimètre carré.*

Nous prenons, pour résoudre ce problème, l'exemple traité au n° 676, pour lequel les données étaient :

Hauteur du mur . . . . . . $h = 5^m,00$
Poids du mètre cube de terre $\delta = 1600^k$
Angle du talus naturel. . . $\varphi = 35°$
et les résultats :
Pousséemaximum des terres $F = 5408^k$
Hauteur du centre de poussée $\frac{5,00}{3}$ . . . . $z = 1^m,67$

A ces données, nous ajoutons les suivantes :

Poids du mètre cube de maçonnerie. . . . . $d = 2\,200^k$

Largeur du mur à son sommet . . . . $b' = 1^m,00$

Compression limite des maçonneries . . . . $R = 5^k$

Puisque nous nous trouvons dans le cas d'un terre-plein horizontal, nous emploierons les formules (211) pour le calcul de la largeur b à la base du mur. Ces formules donnent successivement :

$$m = \frac{h\delta}{6} = \frac{5{,}00 \times 1\,600}{6} = 1\,333$$

$$n = F \sin\varphi \left[1 - \frac{h(d+\delta)}{3R}\right]$$

$$= 5\,408 \times 0{,}57\left[1 - \frac{5{,}00\,(2\,200 + 1\,600)}{3 \times 5 \times 10^6}\right]$$

$$= 3\,083 \times (1 - 1{,}17)$$

$$= -\,524$$

$$p = \frac{h}{6}(d-\delta)b'^2 - F\left[z\cos\varphi + \frac{h(d-\delta)}{3R}b'\sin\varphi\right]$$

$$= \frac{5{,}00}{6}(2\,200 - 1\,600)\,1{,}00^2 - 5408\left[1{,}67 \times 0{,}82 + \frac{5{,}00(2200-1600)}{3 \times 5 \times 10^6} \times 1{,}00 \times 0{,}57\right]$$

$$= 500 - 5\,408\,(1{,}369 + 0{,}0001)$$

$$= -\,6\,910$$

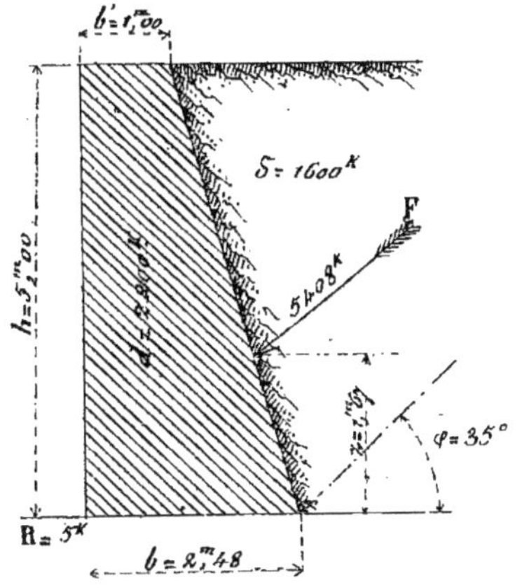

Fig. 617.

En portant ces valeurs dans l'expression de la racine de l'équation, nous avons :

$$b = \frac{-n + \sqrt{n^2 - 4mp}}{2m}$$

$$= \frac{524 + \sqrt{524^2 + 4 \times 1\,333 \times 6\,910}}{2 \times 1\,333}$$

$$= \frac{524 + 6\,092}{2\,666}$$

$$= 2^m{,}48$$

La largeur à la base qui répond aux données du problème a donc pour valeur :

$$b = 2^m{,}48$$

La section du mur ainsi déterminée, est représentée par le croquis ci-contre (*fig.* 617).

3°. — *Vérification des conditions de stabilité d'un mur dont le profil transversal est connu* (1).

898. La vérification des conditions de stabilité d'un mur dont le profil transversal est connu, ne présente rien de particulier dans le cas d'un fruit intérieur. Elle se fera donc, comme nous l'avons indiqué aux nos 867, 868 et 877, en considérant la poussée qui s'exerce sur le parement incliné. Le profil à fruit intérieur est souvent employé (le parement incliné est fréquemment remplacé par des redans, mais le problème se traite de la même manière, comme on le verra plus loin) Aussi ferons-nous encore la vérification en la présentant un peu autrement et en ajoutant une charge supplémentaire π aux poids P et p.

Nous prendrons, par exemple, le cas d'un mur de culée se trouvant dans les mêmes conditions que celui dont nous avons déterminé les dimensions au n° 894. Nous supposons que la section est donnée et nous voulons voir si elle remplit bien toutes les conditions de stabilité. Nous admettons que les calculs de la surcharge d'exploitation, du poids du tablier et de la poussée maximum des terres ont été préalablement faits et que les résultats obtenus sont les suivants :

Hauteur de terre qui correspond à la

(1) Subdivision du sous-paragraphe IV intitulé : *Dimensions d'un mur dont la section, en forme de trapèze rectangle, a un parement extérieur vertical et un parement intérieur incliné* (page 649).

surcharge d'exploitation sur le remblai. . . . . $h_1 = 1^m,25$
Poussée maximum des terres . . . . F = 17 306^k
Hauteur de son point d'application. . . . . $z = 3^m,00$
Charge supplémentaire π située à $0^m,35$ du nu de la culée . . . . $\pi = 20\,842^k$

Les poids de la maçonnerie et de la terre sont $d = 2\,300^k$ et $\delta = 1\,600^k$

Les dimensions du profil du mur sont :
Hauteur . . . . $h = 8^m,00$
Largeur à la base. . . . . $b = 3^m,60$
Largeur au sommet. . . . $b' = 1^m,50$

Nous traçons une épure à l'échelle de $0^m,01$ par mètre, (*fig.* 618), sur laquelle nous portons, en position et direction, la pous-

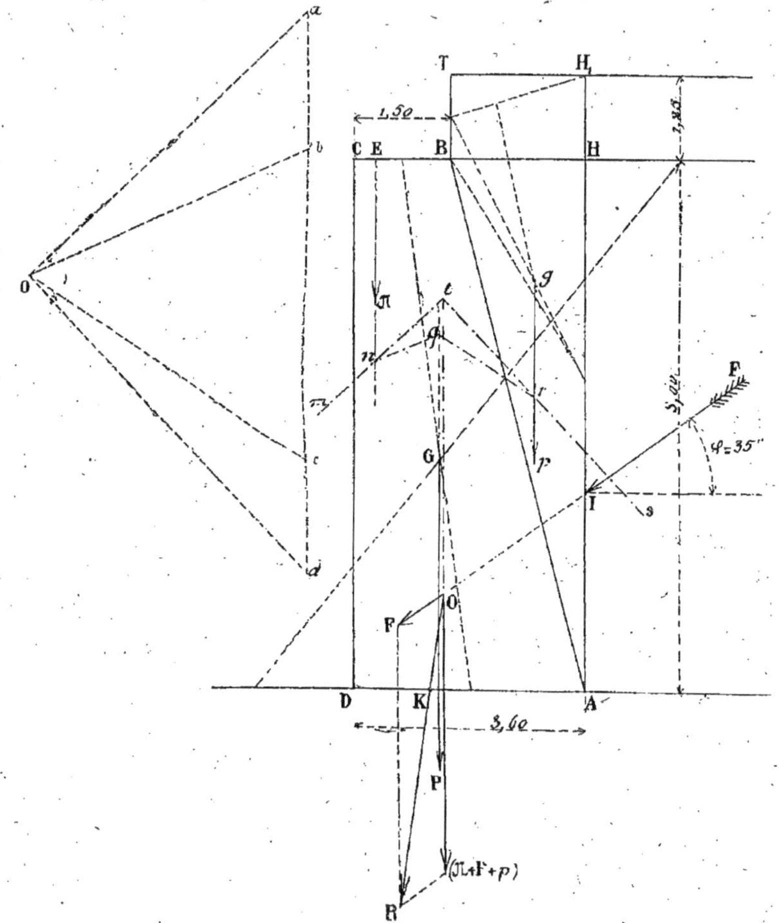

Fig. 618. — (*Echelle de 0,01 par mètre*)

sée F faisant au point I, avec la normale au plan AH, un angle $\varphi = 35°$. Nous déterminons la position du centre de gravité G du trapèze ABCD, celle du centre de gravité g du trapèze ABTH et, mettant en position la charge π, nous avons trois verticales passant par les points g, G et E suivant lesquelles agissent les charges p (poids du prisme de terre surchargé), P (poids de la maçonnerie) et

π (charge supplémentaire produite par le tablier et sa surcharge d'exploitation). Nous cherchons la position de la résultante de ces trois forces verticales en faisant usage d'un *polygone des forces* et du *polygone funiculaire* correspondant. Evaluons d'abord les charges. Nous savons que $\pi = 20\ 842^k$.

Le poids P de la maçonnerie a pour expression,

$$P = h\frac{b + b'}{2} d \text{ et pour valeur,}$$

$$P = 8{,}00\,\frac{3{,}60 + 1{,}50}{2}\,2\ 300$$

$$= 46\ 920^k$$

Le poids p du prisme de terre a pour expression :

$$p = (b - b')\,\frac{h + 2\,h_1}{2}\,\delta \text{ et pour valeur,}$$

$$p = (3{,}60 - 1{,}50)\,\frac{8{,}00 + 2{,}50}{2}\,1\ 600$$

$$= 17\ 640^k.$$

Nous traçons le polygone des forces en portant successivement, sur une verticale et à l'échelle de $0^m{,}001$ pour 1000 kilogrammes, les valeurs de π, P et p : $\pi = 20\ 842^k$ en ab ; $P = 46\ 920^k$ en bc et $p = 17\ 640^k$ en cd. Nous joignons les points $abcd$ à un pôle o. Pour avoir le polygone funiculaire correspondant, nous traçons mn parallèle à oa jusqu'à sa rencontre n avec la verticale du point E (π) ; nq parallèle à ob jusqu'à sa rencontre q avec la verticale du point G (P), qr parallèle à oc jusqu'à sa rencontre r avec la verticale du point g (p), et enfin, rs parallèle à od. Puis nous prolongeons les deux côtés extrêmes mn et sr jusqu'à leur point de rencontre t qui est le point par lequel doit passer la verticale représentant la résultante des trois forces verticales π, P et p.

Nous traçons la verticale du point t ainsi obtenu. Cette ligne coupe, en un point O, le prolongement de la direction de la poussée F. C'est en ce point que nous devons composer la poussée F avec la résultante verticale $\pi + P + p$. Les valeurs de F et de $\pi + P + p$ sont respectivement de $17\ 306^k$ et $20\ 842 + 46\ 920 + 17\ 640 = 85\ 402^k$. Nous portons ces valeurs à partir de O à l'échelle de $0^m{,}001$ pour 2 000 kilogrammes et nous construisons le parallélogramme des forces. Nous obtenons ainsi une résultante OR qui vient couper la base AD au centre de pression K. Nous mesurons la distance DK du centre de pression à l'arête extérieure et nous trouvons que cette distance est égale à $1^m{,}20$, c'est-à-dire exactement le tiers de la largeur totale de la base AD.

Nous en concluons que le mur est stable quant à la première condition relative à l'impossibilité du renversement par rotation autour de l'arête extérieure D si, toutefois, la deuxième condition relative à la compression limite de la maçonnerie est aussi satisfaite. C'est ce que nous allons voir. D'après la loi du trapèze, la plus grande compression se produit sur l'arête D, où elle a pour expression :

$$R = \frac{2\,(\pi + P + p)}{3 \times DK} \text{ et pour valeur}$$

$$R = \frac{2 \times 85\ 402}{3{,}60} = 47\ 446^k$$ par mètre carré, soit $4^k{,}75$ par centimètre carré.

V. Dimensions d'un mur dont la section trapézoïdale présente des inclinaisons égales sur ses deux parements (trapèze symétrique).

1° *Le centre de pression à la base doit être situé au tiers de cette base à partir de l'arête extérieure.*

899. Le centre de pression K (*fig.* 619) doit être situé au tiers de la base AD à partir de l'arête extérieure D. Nous écrivons que les moments de F et (P + p), pris par rapport à ce centre de pression K, sont égaux :

$$M.\,F = M.\,P + M.\,p.$$

Moment de la poussée F. Ce moment a pour expression

$$M.\,F = F \times KN.$$

La valeur du bras de levier KN s'établirait absolument de la même manière qu'au n° 854. Nous avons donc encore ici :

$$M.F = F\left(z \cos\varphi - \frac{2}{3} b \sin\varphi\right)$$

Moments des poids P et p. La section du mur étant un trapèze symétrique, il en résulte que le poids P a une direction qui se confond avec l'axe de symétrie de la section. Le point M de rencontre du poids P avec la base AD est donc situé au milieu de cette base. Nous pouvons par conséquent écrire que

$$M.\mathrm{P} = \mathrm{P} \times \mathrm{KM}$$
$$= \mathrm{P}\,(\mathrm{DM} - \mathrm{DK})$$
$$= \mathrm{P}\left(\frac{b}{2} - \frac{b}{3}\right) = \mathrm{P}\frac{b}{6}$$
$$= h\,\frac{b + b'}{2}\,d \times \frac{b}{6}$$
$$= \frac{hd}{12}(b^2 + b'b)$$

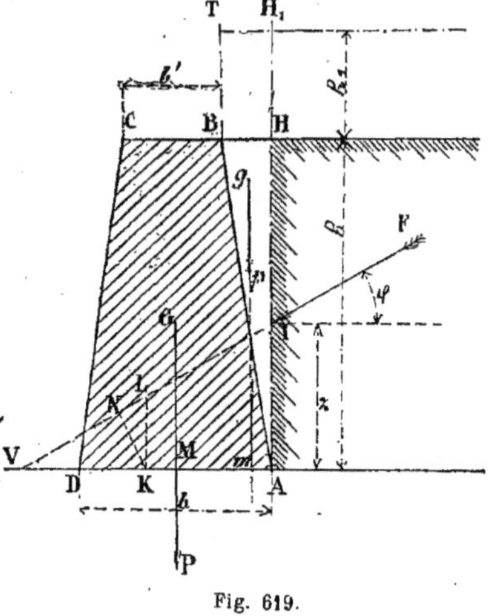

Fig. 619.

Le moment de p a pour expression :

$$M.p = p \times \frac{\mathrm{BH}}{3}$$
$$= p\,\frac{b - b'}{6}$$

Dans le cas d'un terre-plein horizontal, la valeur de p est

$$p = h\,\frac{b - b'}{4}\,\delta$$

et, dans le cas d'un massif surchargé d'une hauteur h_1 elle est

$$p = (h + 2\,h_1)\,\frac{b - b'}{4}\,\delta$$

Nous aurons donc, dans le cas d'un terre-plein horizontal,

$$M.\mathrm{P} + M.p = \frac{hd}{12}(b^2 + b'b) + \frac{h\delta}{4}(b - b') \quad (212)$$

et, dans le cas d'un massif surchargé,

$$M.\mathrm{P} + M.p = \frac{hd}{12}(b^2 + b'b) + \frac{(h + 2\,h_1)\,\delta}{4}(b - b') \quad (212\ bis)$$

En égalant les moments de P et p au moment de F et ordonnant par rapport à b, nous obtenons les relations suivantes :

1° Pour le cas d'un *terre-plein horizontal* :

$$\frac{hd}{12}\,b^2 + \left[\frac{2}{3}\,\mathrm{F}\sin\varphi + \frac{h}{4}\left(\frac{db'}{3} + \delta\right)\right] b - \left(\mathrm{F}\,z\cos\varphi + \frac{h\delta b'}{4}\right) = o \quad (213)$$

2° Pour le cas d'un *massif surchargé* :

$$\frac{hd}{12}\,b^2 + \left[\frac{2}{3}\,\mathrm{F}\sin\varphi + \frac{hdb'}{12} + \frac{h + 2\,h_1}{4}\,\delta\right] b - \left(\mathrm{F}\,z\cos\varphi + \frac{h + 2h_1}{4}\,\delta b'\right) = o \quad (213\ bis)$$

équations de la forme $mx^2 + nx + p = o$ dans lesquelles nous avons : pour le pre- cas (terre-plein horizontal) :

$$\left.\begin{aligned} m &= \frac{hd}{12} \\ n &= \frac{2}{3}\,\mathrm{F}\sin\varphi + \frac{h}{4}\left(\frac{db'}{3} + \delta\right) \\ p &= -\left(\mathrm{F}\,z\cos\varphi + \frac{h}{4}\,\delta b'\right) \end{aligned}\right\} \quad (214)$$

et, pour le deuxième, cas (massif surchargé) :

$$\left.\begin{aligned} m &= \frac{hd}{12} \\ n &= \frac{2}{3}\,\mathrm{F}\sin\varphi + \frac{hdb'}{12} + \frac{h + 2\,h_1}{4}\,\delta \\ p &= -\left(\mathrm{F}\,z\cos\varphi + \frac{h + 2\,h_1}{4}\,\delta b'\right) \end{aligned}\right\} \quad (214\ bis)$$

Les formules ci-dessus sont applicables lorsqu'on donne la largeur b' au sommet du mur. Ayant calculé la largeur b de la base, on peut en déduire le fruit i de chaque parement incliné au moyen de la relation.

$$i = \frac{b - b'}{2\,h}$$

900. Quand on donne le fruit i de chaque parement au lieu de donner la largeur b' au sommet, les formules précédentes sont à modifier en y remplaçant b' par sa valeur en fonction de i :

$$b' = b - 2\,hi$$

Le moment de la poussée F ne contenant pas le terme b' ne se trouve pas modifié et sa valeur reste égale à

$$M.F = F\left(z \cos\varphi - \frac{2}{3} b \sin\varphi\right)$$

Quant au moment du poids P, il devient :

$$M.P = P \times \frac{b}{6}$$

$$= h(b - hi)d\frac{b}{6}$$

$$= \frac{hd}{6}b^2 - \frac{h^2id}{6}b$$

et celui du poids p se transforme de la manière suivante :

$$M.p = p \times \frac{BH}{3} = p\frac{hi}{3}$$

Ce dernier moment devient, pour le cas d'un terre-plein horizontal,

$$M.\,p = h \times \frac{hi}{2}\delta\frac{hi}{3}$$

$$= \frac{h^3i^2\,\delta}{6}$$

et, pour le cas d'un massif surchargé,

$$M.p = \frac{h+2h_1}{2}hi\,\delta\,\frac{hi}{3}$$

$$= \frac{h+2\,h_1}{6}h^2i^2\delta$$

Les formules (212) et (212 *bis*) deviennent alors:

$$M.P + M.p = \frac{hd}{6}b^2 - \frac{h^2id}{6}b + \frac{h^3i^2\,\delta}{6} \quad (215)$$

$$M.P + M.p = \frac{hd}{6}b^2 - \frac{h^2id}{6}b + \frac{h+2\,h_1}{6}h^2i^2\,\delta \quad (215\ bis)$$

Egalant les moments ci-dessus au moment de la poussée F et ordonnant par rapport à b, nous obtenons enfin les relations suivantes :

1° Pour le cas d'un *terre-plein horizontal* :

$$\frac{hd}{6}b^2 + \left(\frac{2}{3}F\sin\varphi - \frac{h^2i\,d}{6}\right)b + \frac{h^3i^2\delta}{6} - Fz\cos\varphi \quad (216)$$

2° Pour le cas d'un *massif surchargé* :

$$\frac{hd}{6}b^2 + \left(\frac{2}{3}F\sin\varphi - \frac{h^2id}{6}\right)b + \frac{h+2\,h_1}{6}h^2i^2\,\delta - Fz\cos\varphi \quad (216\ bis)$$

équations de la forme $mx^2 + nx + p = o$ dans laquelle nous avons, pour le premier cas (terre-plein horizontal) :

$$\left.\begin{aligned} m &= \frac{hd}{6} \\ n &= \frac{2}{3}F\sin\varphi - \frac{h^2id}{6} \\ p &= \frac{h^3i^2\delta}{6} - Fz\cos\varphi \end{aligned}\right\} (217).$$

et, pour le deuxième cas, (massif surchargé) :

$$\left.\begin{aligned} m &= \frac{hd}{6} \\ n &= \frac{2}{3}F\sin\varphi - \frac{h^2id}{6} \\ p &= \frac{h+2\,h_1}{6}h^2i^2\delta - Fz\cos\varphi \end{aligned}\right\} (217\ bis).$$

Ayant calculé la base b avec le fruit donné i, on peut en déduire la largeur b' au sommet au moyen de la relation :

$$b' = b - 2\,hi.$$

Problème.

901. *Déterminer la largeur à la base d'un mur de soutènement dont la section transversale a la forme d'un trapèze symétrique, quand on se donne le fruit des parements inclinés, avec la condition que le centre de pression soit situé au tiers de la base à partir de l'arête extérieure.*

Nous prenons comme exemple le cas traité au n° 742 d'un mur à parement intérieur vertical soutenant un massif surchargé, puisque nous admettons que la poussée s'exerce sur un plan vertical passant par l'arête intérieure et inférieure du parement intérieur. Le mur a une hauteur de $h = 5^m,00$. La hauteur h_1 de la surcharge de terre qui correspond à la surcharge donnée est de $2^m,00$. L'angle du talus naturel est $\varphi = 35°$. Enfin, la terre pèse $\delta = 1\,600^k$ le mètre cube. On a trouvé que la plus grande poussée des terres était de $F = 9\,712^k$ et que le centre de poussée était situé à une hauteur $z = 2^m,25$. A ces données, nous ajoutons les suivantes : poids de la maçonnerie, $d = 2\,200^k$ le mètre cube; fruit i des parements, $i = {}^1/_{10}$.

Les formules dont nous devons faire emploi ici sont celles qui portent le n° (217 *bis*). En appliquant à ces formules les données ci-dessus, nous avons:

$$m = \frac{hd}{6} = \frac{5{,}00 \times 2\,200}{6} = 1833$$

$$n = \frac{2}{3} \mathrm{F} \sin \varphi - \frac{h^2 i d}{6}$$

$$= \frac{2}{3} 9\,712 \times 0{,}57 - \frac{\overline{5{,}00}^2 \times 2\,200}{60}$$

$$= 2\,773$$

$$p = \frac{h + 2 h_1}{6} h^2 i^2 \delta - \mathrm{F}\, z \cos \varphi$$

$$= \frac{5{,}00 + 4{,}00}{6} \overline{5{,}00}^2 \frac{1\,600}{100} - 9\,712 \times 2{,}25 \times 0{,}82$$

$$= 600 - 17\,919$$

$$= -17\,319$$

La racine de l'équation (216 *bis*) a pour expression :

$$x \text{ ou } b = \frac{-n + \sqrt{n^2 - 4\,mp}}{2\,m}$$

et pour valeur :

$$b = \frac{-2773 + \sqrt{2773^2 + 4 \times 1833 \times 17\,319}}{2 \times 1833}$$

$$= \frac{-2\,773 + 11\,605}{3666}$$

$$= 2^{m},40.$$

Connaissant la largeur $b = 2^{m},40$ à la base du mur, nous calculons la largeur b' au sommet au moyen de la relation,

$b' = b - 2\,hi$ qui donne.

$$b' = 2{,}40 - 2\,\frac{5{,}00}{10}$$

$$= 2{,}40 - 1{,}00$$

$$= 1^{m},40.$$

La vérification de la compression maximum de la maçonnerie se ferait ensuite comme d'habitude.

Quand on donne la base b' du mur au sommet, au lieu de donner le fruit i des parements, le problème peut être résolu de la même manière, mais alors ce sont les formules n^{os} (214) ou (214 *bis*) qu'il faut employer, selon qu'on a à soutenir un terre-plein horizontal ou un massif surchargé.

2°. *La plus grande compression des matériaux doit être égale à* R^k *par centimètre carré* (1).

902. *Moment de la poussée* F. — Nous nous reportons à la figure 619 et nous voyons que

$$M.\mathrm{F} = \mathrm{F} \times \mathrm{NK}$$

$$\mathrm{NK} = \mathrm{KL} \cos \varphi$$

$$\frac{\mathrm{KL}}{\mathrm{AI}} = \frac{\mathrm{KV}}{\mathrm{VA}} = \frac{\mathrm{VA} - \mathrm{KA}}{\mathrm{VA}} \quad \text{ou,}$$

$$\frac{\mathrm{KL}}{z} = \frac{z \operatorname{cotg} \varphi - \mathrm{KA}}{z \operatorname{cotg} \varphi}$$

$\mathrm{KA} = \mathrm{DA} - \mathrm{DK} = b - \mathrm{DK}$. La condition relative à la compression limite, donne : $\mathrm{DK} = \dfrac{2(\mathrm{P}+p)}{3\mathrm{R}}$

Nous avons donc :

$$M.\ \mathrm{F} = \mathrm{F}\left[\frac{z \operatorname{cotg} \varphi - b + \dfrac{2(\mathrm{P}+p)}{3\mathrm{R}}}{\operatorname{cotg} \varphi}\right] \cos \varphi$$

$$= \mathrm{F}\left[z \operatorname{cotg} \varphi - b + \frac{2(\mathrm{P}+p)}{3\mathrm{R}}\right] \sin \varphi$$

Evaluons les poids P et p en fonction des données du problème. Le poids P de la maçonnerie est :

$$\mathrm{P} = dh\,\frac{b + b'}{2}$$

Quant au poids p, il a pour valeur, dans le cas d'un terre-plein horizontal

$$p = \delta h \times \frac{\mathrm{BH}}{2}$$

$$= \delta h\,\frac{b - b'}{4}$$

et, dans le cas d'un terre-plein surchargé :

$$p = \delta(h + 2h_1) \times \frac{\mathrm{BH}}{2}$$

$$= \delta(h + 2h_1)\,\frac{b - b'}{4}$$

En portant ces valeurs de P et p dans l'expression du moment de F, nous avons :

$$M.\ \mathrm{F} = \mathrm{F} z \cos \varphi - \mathrm{F} \sin \varphi$$

$$\times \left[b - \frac{2\left(dh\dfrac{b + b'}{2} + \delta h \dfrac{b - b'}{4}\right)}{3\,\mathrm{R}}\right] \quad (218)$$

pour le cas du terre-plein horizontal, et

$$M.\ \mathrm{F} = \mathrm{F} z \cos \varphi - \mathrm{F} \sin \varphi$$

$$\times \left[b - \frac{2\left[dh\dfrac{b+b'}{2} + \delta\,(h+2h_1)\dfrac{b-b'}{4}\right]}{3\mathrm{R}}\right] \quad (218\ bis)$$

Moments des poids P et p. — Le moment du poids de la maçonnerie, pris par rapport au point K, est :

$$M.\ \mathrm{P} = \mathrm{P} \times \mathrm{KM}$$

$$= \mathrm{P}\,(\mathrm{DM} - \mathrm{DK})$$

$$= \mathrm{P}\left(\frac{b}{2} - \frac{2(\mathrm{P}+p)}{3\mathrm{R}}\right) \quad (219)$$

(1) Subdivision du sous-paragraphe V, intitulé : *Dimensions d'un mur dont la section trapézoïdale présente des inclinaisons égales sur ses deux parements. — (Trapèze symétrique)* (page 671).

Le moment du poids p a pour expression

$$M.\,p = p \times Km = p(AD - Am - DK) = p\left(b - \frac{BH}{3} - \frac{2(P+p)}{3R}\right) = p\left(b - \frac{b-b'}{6} - \frac{2(P+p)}{3R}\right) \quad (220)$$

Nous allons reprendre ces deux formules (219) et (220), remplacer P et p par leurs valeurs, effectuer les calculs et ordonner par rapport à b. Nous obtenons ainsi, pour la formule (219) dans le cas d'un terre-plein horizontal :

$$M.\,P = P\frac{b}{2} - \frac{2(P^2 + Pp)}{3R} = dh\frac{b+b'}{2} \times \frac{b}{2} - \frac{2\left[d^2h^2\frac{(b+b')^2}{4} + dh\frac{b+b'}{2} \times \delta h\frac{b-b'}{4}\right]}{3R}$$

$$= \left(\frac{1}{4} - \frac{dh}{6R} - \frac{\delta h}{12R}\right)b^2 + \left(\frac{b'}{4} - \frac{dhb'}{3R}\right)b - \frac{hb'^2}{6R}\left(d - \frac{\delta}{2}\right) \quad (221)$$

et, dans le cas d'un massif surchargé :

$$M.\,P = dh\frac{b+b'}{2} \times \frac{b}{2} - \frac{2\left[d^2h^2\frac{(b+b')^2}{4} + dh\frac{b+b'}{2} \times \delta(h+2h_1)\frac{b-b'}{2}\right]}{3R}$$

$$= \left(\frac{1}{4} - \frac{dh}{6R} - \frac{\delta(h+2h_1)}{12R}\right)b^2 + \left(\frac{b'}{4} - \frac{dhb'}{3R}\right)b - \frac{b'^2}{6R}\left(dh - \frac{\delta(h+2h_1)}{2}\right) \quad (221\ bis)$$

En égalant ces moments de P et p aux moments de F (218) et (218 *bis*), effectuant les calculs et ordonnant par rapport à b, il vient, pour le cas d'un terre-plein horizontal :

$$\left[\frac{h}{12R}(2d+\delta) - \frac{1}{4}\right]b^2 - \left[F\sin\varphi\left(1 - \frac{h(2d+\delta)}{6R}\right) + \frac{b'}{4} - \frac{dhb'}{3R}\right]b + \frac{hb'^2}{6R}\left(d - \frac{\delta}{2}\right) + F\sin\varphi\frac{hb'}{3R}\left(d + \frac{\delta}{2}\right) + Fz\cos\varphi = o \quad (222)$$

et, pour le cas d'un *massif surchargé :*

$$\left[\frac{h}{12R}(2d+\delta) - \frac{1}{4}\right]b^2 - \left[F\sin\varphi\left(1 - \frac{2dh + \delta(h+2h_1)}{6R}\right) + \frac{b'}{4} - \frac{dhb'}{3R}\right]b + \frac{b'^2}{6R}\left(dh - \frac{\delta(h+2h_1)}{2}\right) + F\sin\varphi\frac{b'}{6R}\left[2dh + \delta(h+2h_1)\right] + Fz\cos\varphi = o \quad (222\ bis)$$

équations du second degré qu'on résoudrait, comme d'habitude, au moyen de l'expression de la racine positive

$$b = \frac{-n + \sqrt{n^2 - 4mp}}{2m}$$

dans laquelle on aurait pour m, n et p les valeurs suivantes :

Pour un *terre-plein horizontal* ou incliné,

$$\left.\begin{aligned} m &= \frac{h}{12R}(2d+\delta) - 0{,}25 \\ n &= -\left[F\sin\varphi\left(1 - \frac{h(2d+\delta)}{6R}\right) + \frac{b'}{4} - \frac{dhb'}{3R}\right] \\ p &= \frac{hb'^2}{6R}\left(d - \frac{\delta}{2}\right) + F\sin\varphi\frac{hb'}{3R}\left(d + \frac{\delta}{2}\right) + Fz\cos\varphi \end{aligned}\right\} (223)$$

et pour un *massif surchargé,*

$$\left.\begin{aligned} m &= \frac{h}{12R}(2d+\delta) - 0{,}25 \\ n &= -\left[F\sin\varphi\left(1 - \frac{2dh + \delta(h+2h_1)}{6R}\right) + \frac{b'}{4} - \frac{dhb'}{3R}\right] \\ p &= \frac{b'^2}{6R}\left(dh - \frac{\delta(h+2h_1)}{2}\right) + F\sin\varphi\frac{b'}{6R}\left[2dh + \delta(h+2h_1)\right] + Fz\cos\varphi \end{aligned}\right\} (223\ bis)$$

On voit que, pour le cas d'un mur ayant une section transversale en forme de trapèze symétrique, le calcul de la largeur b à la base devient très long quand on se donne la compression limite R. Aussi n'a-t-on plus avantage alors à déterminer directement, par le calcul, cette largeur à la base et il est préférable d'avoir recours à la méthode graphique qui a été indiquée au n° 877.

3°. — *Vérification des conditions de stabilité d'un mur dont le profil transversal est connu* (1).

903. La vérification graphique des con-

(1) Subdivision du sous-paragraphe V intitulé : *Dimensions d'un mur dont la section trapézoïdale présente des inclinaisons égales sur deux parements. (Trapèze symétrique)* (page 671).

ditions de stabilité d'un mur dont la section transversale a la forme d'un trapèze symétrique, ne présente rien de particulier et se ferait comme il a été expliqué aux nos 867 et 868. Nous nous bornerons donc ici à renvoyer le lecteur à ces deux numéros.

VI. Dimensions d'un mur dont la section trapézoïdale présente des inclinaisons inégales sur ses deux parements.

904. Il est évident que les formules auxquelles nous arriverions pour la détermination de la largeur à la base d'un tel mur seraient encore plus compliquées que celles que nous avons obtenues pour le cas d'un mur à section en forme de trapèze symétrique Les calculs à faire, dans ces conditions, ne présenteraient assurément aucune difficulté ; ils seraient seulement trop longs Aussi, aura-t-on avantage à employer, pour la détermination de

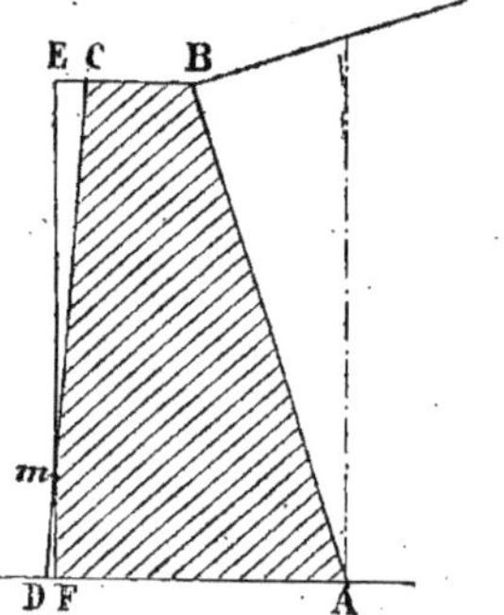

Fig. 620.

la largeur à la base du mur, la méthode graphique, par tâtonnements successifs, qui a été exposée au n° 877.

On pourrait encore, pour traiter le problème par le calcul, déterminer les dimensions d'un mur à section trapézoïdale rectangulaire à fruit intérieur. On obtiendrait ainsi un profil ABEF (*fig.* 620) qu'on transformerait ensuite en profil à fruit extérieur ABCD, en menant la ligne CD ayant l'inclinaison donnée et passant par le point *m* situé à $^1/_3$ de la hauteur CD.

Pour cela, on appliquerait les formules établies aux nos 884 et 896, ainsi que le tracé de transformation des profils rectangulaires en profils à fruit extérieur, indiqué au n° 878.

VII. Murs à redans du côté des terres

905. Les murs avec retraites intérieures sont fréquemment employés. Les retraites ont l'avantage de couper horizontalement le massif des terres et d'augmenter la stabilité du mur, non seulement parce que, à cube égal de maçonnerie, la base du mur est plus large que dans le cas d'un parement vertical, mais encore parce que les prismes de terre placés verticalement sur les retraites agissent par leur poids pour s'opposer au renversement de l'ouvrage.

Pour calculer les dimensions de ces murs, on peut les assimiler à des murs ayant un fruit intérieur représenté par une ligne passant par le milieu de chaque retraite. Les formules à employer pour le calcul seront donc celles que nous avons établies à propos des murs à fruit intérieur. On peut encore supposer la section comme décomposée en un certain nombre de rectangles ou de trapèzes, selon que les parements partiels sont verticaux ou inclinés et calculer successivement les largeurs des bases de ces figures en commençant par celle du sommet.

VIII. Murs en surplomb à parements plans

906. L'économie de maçonnerie réalisée par l'emploi d'un profil en surplomb est bien facile à comprendre. Soit, en effet, un massif de terre à soutenir dont le talus naturel est représenté par la ligne AO. Lorsque le mur aura un parement vertical AE, par exemple (*fig.* 621), il lui faudra une section AEFJ pour se trouver dans des conditions bien déterminées de stabilité. Si le mur s'inclinant de plus en plus, venait se placer suivant la ligne AO du talus naturel, il est évident que le massif pouvant se soutenir seul suivant ce talus, l'épaisseur du mur serait réduite à rien. On voit donc que, en passant du parement intérieur vertical au parement intérieur incliné suivant le talus naturel, les dimensions du mur passent de celles du profil AEFJ à zéro. Il en résulte que, à mesure que le parement intérieur s'incline, les dimensions du mur diminuent de plus en plus jusqu'à se réduire à rien à la limite d'inclinaison qui serait celle du talus naturel. Le surplomb donné au mur ne doit pas cependant dépasser certaine limite, car il faut, autant que possible, que le mur puisse se tenir debout de lui-même et ne tende pas à être renversé vers l'intérieur si, pour une cause quelconque, la poussée des terres venait à ne plus s'exercer. Il suffit, pour cela, que la verticale du centre de gravité G de la section coupe la base à l'intérieur de AD. Le mur ne risque plus alors de se briser à la base surtout si les remblais sont exécutés en même temps que la construction s'élève.

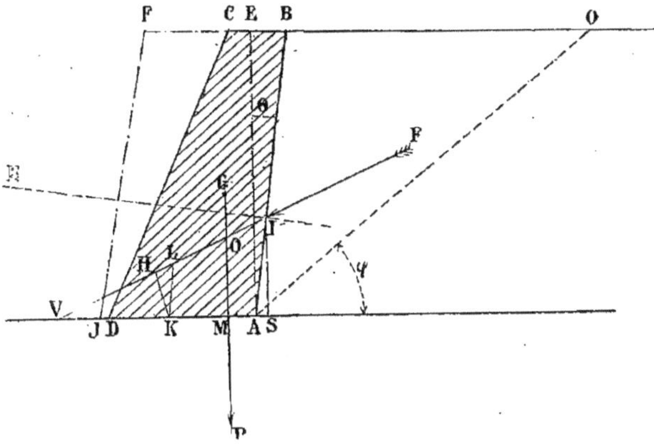

Fig. 621

On a vu, dans l'étude de la poussée des terres, que la valeur de la poussée diminuait de plus en plus à mesure que le fruit du parement en surplomb augmentait. Il est vrai que, en même temps que la poussée diminue, le bras de levier KH de cette poussé augmente; mais, néanmoins, le moment résultant resterait-il le même, au lieu de diminuer, que l'avantage serait encore de beaucoup pour le profil en surplomb, car le centre de gravité de cette section étant porté vers la droite, le moment du poids P par rapport au point K, est beaucoup augmenté.

Il serait facile d'établir des formules permettant de calculer directement l'épaisseur du mur en surplomb, quelle que soit la forme de sa section transversale, comme nous l'avons fait pour les cas déjà examinés; mais les calculs à faire, pour arriver au résultat, seraient longs et nous n'étudierons que les formules qui s'appliquent au cas d'un mur en surplomb à parements plans *parallèles*, c'est-à-dire, ayant une section en forme de parallélogramme. Dans tous les cas, ces formules serviront à trouver immédiatement l'épaisseur qui répond aux données du problème, lorsque les parements sont parallèles. On pourra ensuite se baser sur la section obtenue et la modifier pour lui donner exactement la forme qu'on désire tout en restant dans les conditions voulues de stabilité.

1° *Le centre de pression à la base doit être situé au tiers de cette base à partir de l'arête extérieure.*

907. *Moment de la poussée* F. — Le moment de la poussée maximum, pris par rapport à un point K (*fig* 622) situé au tiers de la base à partir de l'arête extérieure, a pour expression :

$$M.F = F \times KH.$$

Dans le triangle rectangle KHL, nous avons :

$$KH = KL \cos (HKL).$$ Or, l'angle (HKL) est égal à l'angle (FIT) ou (FIX) — (TIX). Comme (FIX) $= \varphi$ et (TIX) $=$ (YAB) $= \theta$, nous aurons :

$$KH = KL \cos (\varphi - \theta)$$

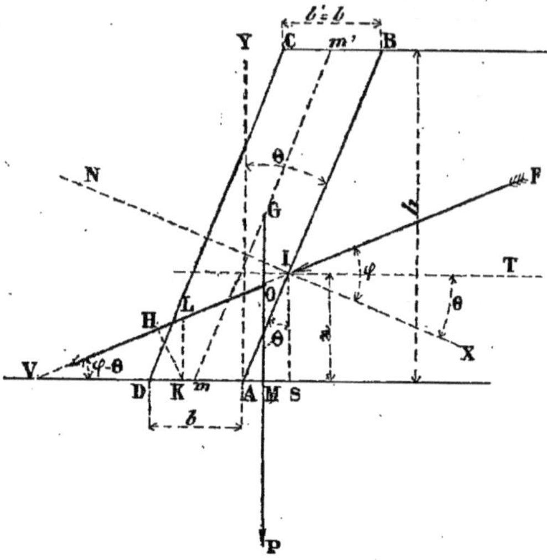

Fig. 622.

Les deux triangles semblables KLV et SIV donnent ensuite :

$$\frac{KL}{SI} = \frac{VK}{VS} = \frac{VS - KS}{VS}$$

Dans cette proportion, nous avons :

$$SI = z$$

$$VS = IS \operatorname{cotg} (IVS) = z \operatorname{cotg} (\varphi - \theta)$$

$$KS = KA + AS = \frac{2}{3} b + z \operatorname{tang} \theta$$

Elle peut donc s'écrire :

$$\frac{KL}{2} = \frac{z \operatorname{cotg} (\varphi - \theta) - \frac{2}{3} b - z \operatorname{tang} \theta}{z \operatorname{cotg} (\varphi - \theta)}. \text{ D'où,}$$

$$KL = \frac{z \operatorname{cotg} (\varphi - \theta) - \frac{2}{3} b - z \operatorname{tang} \theta}{\operatorname{cotg} (\varphi - \theta)}$$

La valeur du bras de levier KH devient :

$$KH = KL \cos (\varphi - \theta)$$

$$= \frac{z \operatorname{cotg} (\varphi - \theta) - \frac{2}{3} b - z \operatorname{tang} \theta}{\operatorname{cotg} (\varphi - \theta)} \cos (\varphi - \theta)$$

$$= [z \operatorname{cotg} (\varphi - \theta) - \frac{2}{3} b - z \operatorname{tang} \theta] \sin (\varphi - \theta)$$

$$= z \cos (\varphi - \theta) - \frac{2}{3} \sin (\varphi - \theta)\, b - z \operatorname{tang} \theta \sin (\varphi - \theta)$$

Nous obtenons enfin, pour la valeur du moment de la poussée F :

$$M.F = F \times KH$$

$$= Fz \cos (\varphi - \theta) - \frac{2}{3} F \sin (\varphi - \theta)\, b - Fz \operatorname{tang} \theta \sin (\varphi - \theta)$$

Moment du poids P. — Ce moment a pour expression :

$$M.P = P \times KM$$

Le bras de levier KM a pour valeur :

$$KM = Km + mM$$

$$= Dm - DK + Mm$$

$$= \frac{1}{2} b - \frac{1}{3} b + MG \operatorname{tang} (MGm)$$

$$= \frac{1}{6} b + \frac{h}{2} \operatorname{tang} \theta,$$

car, la figure ABCD étant un parallélogramme, son centre de gravité G est situé sur le milieu de sa médiane mm', c'est-à-dire à une hauteur au-dessus de la base égale à la moitié de la hauteur h.

D'autre part, le poids P de la maçonnerie a pour expression :

$$P = dhb$$

Donc, le moment du poids P peut s'écrire :

$$M.P = dhb\left(\frac{1}{6} b + \frac{h}{2} \operatorname{tang} \theta\right)$$

$$= \frac{dh}{6} b^2 + \frac{dh^2}{2} \operatorname{tang} \theta\, b$$

En écrivant que les moments de F et de P sont égaux et en ordonnant par rapport à b, nous obtenons la relation suivante :

$$\frac{dh}{6} b^2 + \left(\frac{dh^2}{2} \operatorname{tang} \theta + \frac{2}{3} F \sin (\varphi - \theta)\right) b + Fz\left(\operatorname{tang} \theta \sin (\varphi - \theta) - \cos (\varphi - \theta)\right) = o \quad (224)$$

équation de la forme $mx^2 + nx + p = o$ dont la racine positive a pour expression

$$x = \frac{-n + \sqrt{n^2 - 4mp}}{2m}$$

et dans laquelle nous avons :

$$\left.\begin{aligned} m &= \frac{dh}{6} \\ n &= \frac{dh^2}{2} \operatorname{tang} \theta + \frac{2}{3} F \sin (\varphi - \theta) \\ p &= Fz [\operatorname{tang} \theta \sin (\varphi - \theta) - \cos (\varphi - \theta)] \end{aligned}\right\} \quad (225)$$

Problème.

908. *Déterminer la largeur d'un mur de soutènement en surplomb à parements plans parallèles, avec la condition que le centre de pression soit situé au tiers de la base à partir de l'arête extérieure.*

Nous allons appliquer les formules ci-dessus au cas traité (n° 696) d'un mur en surplomb ayant à soutenir un terre-plein horizontal, sachant que la hauteur du mur est $h = 5^m,00$, le poids du mètre cube de terre $\delta = 1\,600^k$, l'angle du talus naturel, $\varphi = 35°$. Le surplomb est produit par une pente métrique intérieure de $0^m,25$ sur la verticale. D'après le tableau de transformation (n° 685), l'angle θ, qui correspond à cette pente métrique, a pour valeur $\theta = 14°2'$.

La poussée maximum F et la hauteur z du point d'application de cette poussée sur le parement intérieur au dessus de la base, ont été trouvées égales à :

$$F = 1\,880^k$$
$$z = 1^m,67$$

Nous n'avons rien à ajouter à ces données et résultats, si ce n'est que le poids du mètre cube de maçonnerie est $d = 2\,300^k$ et que nous nous imposons la condition d'avoir le centre de pression situé au tiers de la base à partir de l'arête extérieure. Les formules (225) donnent successivement :

$$m = \frac{dh}{6} = \frac{2\,300 \times 5,00}{6}$$
$$= 11\,500$$
$$n = \frac{dh^2}{2} \text{tang}\,\theta + \frac{2}{3} F \sin(\varphi - \theta)$$
$$= \frac{2300 \times \overline{5,00}^2}{2} \text{tang}\,14°2' + \frac{2}{3} 1880 \sin 20°58$$
$$= 48\,750 \times 0,25 + 1253 \times 0,358$$
$$= 12\,187 + 449 = 12\,636$$
$$p = Fz\,[\text{tang}\,\theta \sin(\varphi - \theta) - \cos(\varphi - \theta)]$$
$$= 1880 \times 1,67\,[0,25 \times 0,358 - 0,934]$$
$$= 3\,140\,(-0,8445)$$
$$= -2\,652$$

La racine positive de l'équation (224) a donc pour valeur :

$$x \text{ ou } b = \frac{-12\,636 + \sqrt{\overline{12\,636}^2 + 4 \times 11\,500 \times 2652}}{2 \times 11\,500}$$
$$= \frac{-12\,636 + 16\,780}{23\,000}$$
$$= 0,182 \text{ soit } 0^m20.$$

909. *Vérification de la compression maximum.* Ayant déterminé la largeur $b = 0^m,20$ avec la condition que le centre de pression doit être placé au tiers de la base à partir de l'arête extérieure, il faut voir si la compression sur l'arête la plus fatiguée ne dépasse pas la limite que comporte la nature des matériaux employés. Nous savons que cette plus grande compression se produit sur l'arête extérieure où elle a pour expression :

$$R = \frac{2\,P}{\omega}. \text{ Ici,}$$

$2\,P = 2 \times dhb = 2 \times 2{,}300 \times 5{,}00 \times 0{,}20 = 4600^k$ et $\omega = 0,30$ pour un mètre de longueur de mur. Donc :

$$R = \frac{4\,600}{0,30} = 15\,333^k \text{ par mètre carré, soit}$$

$1^k,5$ seulement par centimètre carré.

On voit combien l'épaisseur d'un mur en surplomb peut être faible lorsque le surplomb est un peu grand, comme dans le problème que nous venons de résoudre. Un mur de $0^m,20$ d'épaisseur seulement satisfait aux conditions du problème, mais il faut tenir compte aussi de la possibilité d'exécution. Ainsi, dans le cas actuel, le poids P du mur appliqué au centre de gravité de sa section transversale tomberait à droite de l'arête intérieure et il serait nécessaire d'effectuer le remblai en même temps que la maçonnerie pour que celle-ci ne puisse se renverser et se disloquer. On pourrait, comme nous le verrons plus loin, maintenir le mur en construction au moyen de contre-forts intérieurs placés de distance en distance. Nous dirons seulement, quant à présent, que c'est par cette dernière disposition qu'on peut arriver à soutenir un massif le plus économiquement possible. D'un autre côté, un mur de $0^m,20$ d'épaisseur ne pourrait être construit en moellons non appareillés. La brique seule permettrait de le construire avec une épaisseur de $0^m,22$. En tous cas, ceci nous montre que le surplomb employé dans l'établissement des murs de soutènement permet de réduire l'épaisseur de ces murs au minimum compatible avec la possibilité de l'exécution.

2° *La plus grande compression des matériaux doit être égale à* R^k *par centimètre carré* (1).

910. *Moment de la poussée* F. En nous reportant à la figure 622, nous voyons que nous avons, comme au n° 907, les relations suivantes :

$$M.F = F \times KH$$
$$KH = KL \cos(\varphi - \theta)$$
$$KL = \frac{VS - KS}{VS} \times SI$$

Dans cette dernière valeur nous avons :

$$SI = z$$
$$VS = z \operatorname{cotg}(\varphi - \theta)$$
$$KS = KA + AS = DA - DK + AS$$
$$= b - DK + z \text{ tang. } \theta.$$

Quant à la valeur de DK que nous avons encore à trouver, nous la tirons de la condition imposée relative à la compression limite de la maçonnerie, condition que nous exprimons :

$$R = \frac{2P}{\omega}$$

Ici, $2P = 2dhb$ et $\omega = 3 \times DK$ (pour un mètre de longueur du mur).

Donc : $R = \frac{2dhb}{3DK}$. D'où

$$DK = \frac{2}{3}\frac{dhb}{R}$$

Par suite, la valeur de KS devient :

$$KS = b - \frac{2\,dhb}{3R} + z \text{ tang}\,\theta$$

et nous avons enfin :

$$KL = \frac{z\operatorname{cotg}(\varphi-\theta) - b + \frac{2dhb}{3R} - z\text{tang}\theta}{\operatorname{cotg}(\varphi - \theta)} \quad \text{et :}$$

$$KH = \left[z \operatorname{cotg}(\varphi - \theta) - b + \frac{2dh}{3R}b - z \text{ tang } \theta\right] \sin(\varphi - \theta)$$
$$= z \cos(\varphi - \theta) + \left(\frac{2\,dh}{3R} - 1\right) \times \sin(\varphi - \theta)\, b - z \text{ tang } \theta \sin(\varphi - \theta)$$

L'expression du moment de F est donc :

$$M.\ F = F\left(\frac{2dh}{3R} - 1\right)\sin(\varphi - \theta)\, b + Fz\left(\cos(\varphi-\theta) - \text{tang}\,\theta \sin(\varphi-\theta)\right)$$

Moment du poids P. — Le moment du poids P, pris par rapport au point K, a pour expression :

$$M.\ P = P \times KM$$
$$= P\,(Km + mM)$$
$$= P\,(Dm - DK + Mm)$$

Dans cette relation, nous avons successivement :

$$P = dhb$$
$$Dm = \frac{b}{2}$$
$$DK = \frac{2dhb}{3R}$$
$$mM = \frac{h}{2} \text{tang}\,\theta, \quad \text{donc :}$$

$$M.P = dhb\left(\frac{b}{2} - \frac{2dhb}{3R} + \frac{h}{2}\text{tang}\,\theta\right)$$
$$= dh\left(\frac{1}{2} - \frac{2dh}{3R}\right)b^2 + \frac{dh^2}{2}\text{tang}\,\theta\, b.$$

Écrivons maintenant l'égalité des moments en ordonnant par rapport à l'inconnue b, nous aurons :

$$dh\left(\frac{1}{2} - \frac{2dh}{3R}\right)b^2 + \left[\frac{dh^2}{2}\text{tg}\,\theta - F\left(\frac{2dh}{3R} - 1\right)\sin(\varphi - \theta)\right]b - Fz\left[\cos(\varphi-\theta) - \text{tg}\,\theta \sin(\varphi-\theta)\right] = 0$$

équation de la forme

$$mx^2 + nx + p = 0$$

dont la racine positive a pour valeur,

$$x = \frac{-n + \sqrt{n^2 - 4mp}}{2m}$$

dans laquelle nous avons :

$$\left.\begin{aligned} m &= dh\left(\frac{1}{2} - \frac{2dh}{3R}\right) \\ n &= \frac{dh^2}{2}\text{tg}\,\theta - F\left(\frac{2dh}{3R} - 1\right)\sin(\varphi-\theta) \\ p &= -Fz\left[\cos(\varphi-\theta) - \text{tg}\theta\sin(\varphi-\theta)\right] \end{aligned}\right\} (226)$$

Problème.

911. *Déterminer la largeur d'un mur de soutènement en surplomb à parements plans parallèles, avec la condition que la compression limite de la maçonnerie à la base du mur soit égale à* R^k *par centimètre carré.*

Déterminer, par exemple, la largeur du mur de soutènement en surplomb soutenant un massif en remblai surmonté d'une surcharge uniformément répartie pour lequel nous avons calculé la poussée sur le parement intérieur au numéro 844.

Les données et résultats du problème traité sont :

(1) Subdivision du sous-paragraphe VIII intitulé : *Murs en surplomb à parements plans* (page 676).

Hauteur du mur. . . . . . . $= 5^m,00$
Hauteur du remblai au-dessus de la crête du mur. . . . . $h' = 2^m,00$
Hauteur de terre qui correspond à la surcharge uniformément répartie . . . . $h_1 = 2^m,00$
Poids du mètre cube de terre $\delta = 1{,}600^k$
Angle du talus naturel des terres . . . . $\varphi = 35°$
Angle du surplomb avec la verticale. . . . . $\theta = 14°,2'$
Poussée maximum F. . . . $F = 8\,635^k$
Hauteur du centre de poussée $z = 2^m,00$

Nous ajoutons que le poids de la maçonnerie employée dans la construction du mur est $d = 2\,400^k$ et que la plus grande compression à la base doit être $R = 6^k$ par centimètre carré.

En appliquant ces chiffres aux formules (226) ci-dessus, nous avons :

$$m = dh\left(\frac{1}{2} - \frac{2dh}{3R}\right)$$
$$= 2\,400 \times 5{,}00\left(0{,}50 - \frac{2 \times 2\,400 \times 5{,}00}{3 \times 6 \times 10^4}\right)$$
$$= 12\,000 \times 0{,}367 = 4\,404$$
$$n = \frac{dh^2}{2}\operatorname{tg}\theta - F\left(\frac{2dh}{3R} - 1\right)\sin(\varphi - \theta)$$
$$= \frac{2\,400 \times \overline{5{,}00}^2}{2}\,0{,}25$$
$$-8\,635\left(\frac{2 \times 2\,400 \times 5{,}00}{3 \times 6 \times 10^4} - 1\right) \times 0{,}358$$
$$= 7\,500 + 2\,680 = 10\,180$$
$$p = -Fz\left[\cos(\varphi - \theta) - \operatorname{tg}\theta \sin(\varphi - \theta)\right]$$
$$= -8\,635 \times 2{,}00\left[0{,}934 - 0{,}25 \times 0{,}358\right]$$
$$-17\,270 \times 0{,}845 = -14\,593$$

Ces valeurs de m, n et p, portées dans l'expression de la racine de l'équation, donnent ;

$$x \text{ ou } b = \frac{-n + \sqrt{n^2 - 4mp}}{2m}$$
$$= \frac{-10\,180 + \sqrt{\overline{10\,180}^2 + 4 \times 4\,404 \times 14\,593}}{2 \times 4\,404}$$
$$= \frac{-10\,180 + 18\,990}{8\,808}$$
$$= 1^m,00$$

La largeur du mur en surplomb répondant aux données du problème, devra donc être : $b = 1^m,00$.

Le calcul d'un mur en surplomb à parements plans *parallèles* ne présente donc aucune difficulté. Dans le cas où on aurait à calculer la largeur à la base d'un mur en surplomb dont la largeur b' en couronne serait donnée, on pourrait commencer par déterminer, au moyen des formules ci-dessus, la largeur d'un mur à parements parallèles et modifier ensuite le fruit du parement extérieur de manière à obtenir la largeur demandée en couronne tout en laissant le mur dans les mêmes conditions de stabilité. Cette modification du fruit au moyen d'une ligne qui couperait la ligne extérieure à une certaine hauteur de son pied, se ferait approximativement et on s'assurerait ensuite si le nouveau profil remplit bien toutes les conditions du problème en faisant une vérification graphique de ce profil.

3° *Vérification graphique de la stabilité d'un mur dont la section est connue* (1).

912. Cette vérification graphique de la stabilité d'un mur dont la section est connue, ne présente rien de particulier. Elle se ferait comme d'habitude. Nous montrerons seulement, dans le problème qui suit, comment on peut se servir des tracés graphiques de cette vérification pour obtenir directement la largeur du mur.

Problème.

913. *Déterminer graphiquement les dimensions d'un mur en surplomb, connaissant le fruit du parement intérieur et la largeur en couronne, avec la condition que la compression limite des matériaux à la base soit de* R^k *par centimètre carré.*

Nous prenons le cas traité au n° 768 d'un mur en surplomb soutenant un massif surchargé, avec les données suivantes :

Hauteur du mur . . . . . . $h = 5^m,00$
Poids du mètre cube de terre $\delta = 1\,600^k$
Angle du talus naturel . . . $\varphi = 35°$
Inclinaison du parement intérieur sur la verticale($^1/_4$) $\theta = 14°2'$
Surcharge par mètre carré $\pi = 3\,200^k$
Hauteur de terre qui correspond à cette surcharge. . $h_1 = 2^m,00$

On a trouvé, pour la valeur de la plus

(1) Subdivision du sous-paragraphe VIII intitulé : *Murs en surplomb à parements plans* (page 676).

grande poussée et pour la hauteur du centre de poussée au-dessus de la base :

$F = 6\,282^k$ et
$z = 2^m,50$

A ces données et résultats, nous ajoutons :

Poids de la maçonnerie (le mètre cube) . . . . $d = 2\,000^k$
Largeur b' du mur en couronne . . . . $b' = 0^m,80$
Compression limite à obtenir par centimètre carré . . . $R = 5^k.00$

Nous mettons en place, sur une épure à l'échelle de $0^m,01$ par mètre (*fig.* 623), le parement intérieur AB, en lui donnant le surplomb imposé (inclinaison sur la verticale d'un angle de 14°2'). Du point I, centre de poussée situé à une hauteur z au-dessus de la base, égale à $2^m,50$, nous menons la normale IN au parement et nous faisons, en dessous de cette normale, un angle NIV égal à l'angle φ du talus naturel (35°). La ligne IV représente en position et direction la poussée maximum F. Nous prenons ensuite une largeur BC égale à la largeur $b' = 0^m,80$, imposée comme largeur en couronne et il ne nous reste plus qu'à déterminer la position du parement extérieur CD donnant une section qui réponde aux conditions du problème. Faisons un premier essai avec une largeur de $1^m,00$ à la base du mur. Nous prenons, à partir de A, une distance $AD = 1^m,00$ et nous traçons la droite CD pour terminer le profil. Voyons ce qui se produirait avec un tel profil. Evaluons le poids de la maçonnerie pour un mètre de longueur de mur. Ce poids a pour expression :

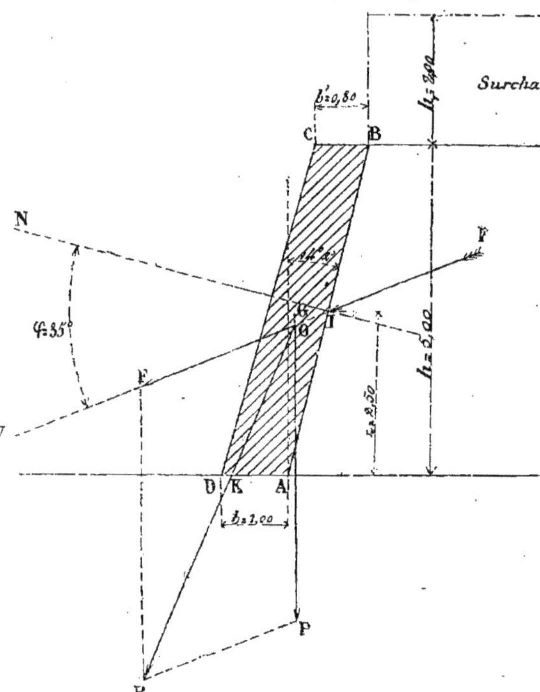

Fig. 623. — Échelle $0^m,01$ p. m.

$$P = dh\,\frac{b + b'}{2}$$

et pour valeur :

$$P = 2000 \times 5,00 \times \frac{1,00 + 0,80}{2} = 9\,000^k$$

Nous cherchons ensuite la position du centre de gravité G de la section ABCD et nous traçons la verticale passant par ce point. La direction IV de la poussée F est rencontrée par cette verticale du centre de gravité G, en un point O à partir duquel nous portons les forces F et P pour les composer et obtenir leur résultante. Nous portons donc, à partir de O sur la direction IV de la poussée, une longueur OF proportionnelle à la valeur $F = 6\,282^k$, à l'échelle de $0^m,001$ pour 200^k et, sur la verticale GO prolongée, une longueur sur OP proportionnelle à la valeur $P = 9\,000^k$, à la même échelle. Construisant alors le parallélogramme des forces sur OF et OP, nous obtenons une résultante OR qui vient rencontrer la base AD en un point K. La distance KD de ce centre de pression à l'arête extérieure, mesurée sur l'épure, est $0^m,12$.

D'après la loi du trapèze, la pression se transmet à la base suivant une largeur trois fois plus grande, c'est-à-dire sur une surface de $0^{m2},36$ (pour un mètre de longueur de mur). La plus grande compression, sur l'arête D, aura donc pour valeur :

$$R = \frac{2N}{\omega} = \frac{2P}{3 \times DK}$$
$$= \frac{2 \times 9{,}000}{0{,}36}$$
$$= 50\,000^k \text{ par mètre carré}$$

ou 5^k par centimètre carré.

Nous arrivons donc dès le premier essai, exactement à la compression limite que nous nous sommes imposée. Si, au lieu d'obtenir 5^k de compression, nous avions obtenu plus ou moins, nous aurions fait un deuxième essai en élargissant ou rétrécissant le mur à sa base.

IX. Murs à section polygonale et à sections d'égale résistance au renversement et à la compression.

914. Nous supposons d'abord qu'on veut vérifier la stabilité d'un mur dont le profil polygonal est connu. Les tracés employés pour cette vérification pourront aussi servir à la détermination d'un profil inconnu. Pour cela, il suffira de tracer, à une échelle déterminée, un profil paraissant répondre aux conditions du problème, de le vérifier ensuite et, enfin, de le modifier d'après les indications fournies par la vérification. On fait un deuxième essai avec le profil modifié et, s'il ne répond pas encore aux conditions du problème, on le modifie une deuxième fois. On continue ainsi jusqu'à ce qu'on soit arrivé à une section satisfaisante.

Nous verrons ensuite comment on peut, par le calcul, déterminer les dimensions de sections polygonales répondant à des conditions particulières, telles que l'égalité de résistance au renversement ou l'égalité de résistance à la compression.

Problème

915. *Vérifier graphiquement la stabilité d'un mur à section polygonale quelconque.*

Soit, par exemple, à vérifier la stabilité d'un mur dont la section polygonale est représentée par la figure (624). Le parement extérieur de ce mur présente trois plans inégalement inclinés. Le premier, C*e*, est vertical sur une hauteur de $2^m,50$; le deuxième *ef* est incliné de $^1/_{10}$ sur une hauteur de $2^m,50$ et le troisième *f*D est incliné de $^1/_3$ sur une hauteur de $3^m,00$. La largeur CB du mur en couronne est de $0^m,50$. Le parement intérieur est composé de trois plans verticaux séparés par deux retraites horizontales *dc* et *ba* de $0^m,30$. Ces plans ont, les deux premiers, B*d* et *cb*, $2^m,50$ de hauteur et le troisième *a*A, $3^m,00$ de hauteur. Il résulte de ces dimensions et inclinaisons que les largeurs du mur sont les suivantes :

CB $= 0^m,50$; *ed* $= 0^m,50$; *ec* $= 0^m,80$; *fb* $= 1^m,05$; *fa* $= 1^m,35$; DA $= 1^m,95$.

Nous supposons que la terre à soutenir pèse $\delta = 1\,600^k$ le mètre cube, que le talus naturel de ces terres est $\varphi = 35°$ et que la maçonnerie pèse $d = 2\,200^k$ le mètre cube. Nous voulons voir si, en aucun point de la section, la compression de la maçonnerie ne dépasse la limite que comporte la nature des matériaux employés.

Nous admettons que le mur est coupé par les plans horizontaux *ec* et *fa* et nous vérifions successivement la stabilité des blocs séparés par ces plans et considérés comme monolithes. Pour cela, nous calculons d'abord les poids et poussées qui nous seront nécessaires pour tracer l'épure à l'échelle de $0^m,01$ par mètre. (*fig.* 624).

Poids du bloc CB*de* . . . . .

$$P_1 = 2{,}50 \times 0{,}50 \times 2\,200 = 2\,750^k$$

Poids du bloc *ecbf* . . . . . .

$$P_2 = 2{,}50 \times \frac{1{,}05 + 0{,}80}{2} \times 2\,200 = 5\,087^k$$

Poids du bloc *fa*AD. . . . . .

$$P_3 = 3{,}00 \times \frac{1{.}95 + 1{.}35}{2} \times 2\,200 = 10\,890^k$$

Poids du prisme de terre B*hcd*.

$$p_1 = 2{.}50 \times 0{,}30 \times 1\,600 = 1\,200^k$$

Poids du prisme de terre *hiab*

$$p_2 = 5{,}00 \times 0{,}30 \times 1\,600 = 2\,400^k$$

Pour calculer les poussées F sur les parements verticaux, nous emploierons la formule (37) (voir n° 669, page 524) :

$$F = \frac{1}{2}\ \delta h^2 m$$

dans laquelle le facteur m est égal à $\frac{\cos \varphi}{(1+\sqrt{2}\sin \varphi)^2}$

On trouvera dans le tableau du n° 670 la valeur calculée de m pour un angle $\varphi = 35°$. ($m = 0{,}249$).

Les poussées auront pour valeurs :

Sur le parement Bd,

$$F_1 = \frac{1}{2} \times 1\,600 \times 0{,}249 \times \overline{2{,}50}^2 = 1\,245^k$$

Sur le parement hb,

$$F_2 = \frac{1}{2} \times 1\,600 \times 0{,}249 \times \overline{5{,}00}^2 = 4\,980^k$$

Sur le parement iA,

$$F_3 = \frac{1}{2} \times 1\,600 \times 0{,}249 \times \overline{8{,}00}^2 = 12\,749^k$$

Bloc CB*de*. — Les forces qui agissent sur ce bloc sont le poids $P_1 = 2\,750^k$ appliqué au centre de gravité G_1 et la poussée $F_1 = 1\,245^k$ dont le point d'application est placé au tiers de Bd au-dessus de la base de et dont l'inclinaison au-dessous de l'horizontale est de $\varphi = 35°$, d'après les données. Nous portons ces deux forces à partir de leur point de rencontre O_1 (à l'échelle de $0^m{,}005$ pour 1000 kilogrammes) et nous traçons leur résultante $O_1\ R_1$ qui rencontre la base de en un point K_1.

Blocs CB *de* et *ecbf*. — L'ensemble de ces deux blocs est soumis, d'une part, à la poussée F_2 qui s'exerce sur le parement vertical hb et, d'autre part, aux poids P_1 du bloc CB*de* appliqué au centre de gravité G_1, P_2 du bloc *ecbf* appliqué au centre de gravité G_2 et p_1 du prisme de terre B*hcd* appliqué au centre de gravité g_1. Nous avons donc à composer F_2 avec la résultante des trois forces verticales P_1, P_2 et p_1. Traçons le *polygone des forces* de ces trois poids. Pour cela, portons sur une même verticale les longueurs 12, 23 et 34 proportionnelles aux poids $P_1 = 2\,750^k$, $P_2 = 5\,087^k$ et $p_1 = 1\,200^k$ à l'échelle de $0^m{,}004$ pour 1000 kilogrammes et joignons ces points à un pôle O. Puis, construisons le *polygone funiculaire* correspondant en menant lm parallèle à 10 mn parallèle à 20, np parallèle à 30 et r parallèle à 40. Les deux extrêmes lm et qp prolongés donnent, par leur intersection r, la position de la résultante cherchée rO_2. Nous portons, à partir de O_2, une longueur O_2F_2 proportionnelle à $F_2 = 4\,980^k$ et une longueur verticale proportionnelle à $P_1 + P_2 + p_1 = 2\,750^k + 5\,087^k + 1\,200^k = 9\,037^k$ à l'échelle de $0^m{,}003$ pour 1 000 kilogrammes. La résultante O_2R_2 de ces deux forces, coupe la base bf en un point K_2.

Section totale. Le mur tout entier est soumis à la poussée oblique F_3 et aux poids P_1, P_2, P_3, p_1 et p_2 des blocs de maçonnerie et des prismes de terre, respectivement appliqués aux centres de gravité G_1, G_2, G_3, g_1 et g_2. Nous cherchons d'abord la résultante de tous ces poids au moyen d'un polygone des forces et du polygone funiculaire correspondant. Pour cela, nous portons, sur la verticale déjà tracée, des longueurs 12' 2'3', 3'4' et 4'5' proportionnelles aux poids $P_1 + P_3 = 2\,750^k + 10\,890^k = 13\,640^k$ (parce que les deux poids P_1 et P_3 sont sur une même verticale d'après les positions des centres de gravité G_1 et G_3 obtenus sur l'épure), $P_2 = 5\,087^k$, $p_1 = 1\,200^k$ et $p_2 = 2\,400^k$ (à l'échelle de $0^m{,}004$ pour 1000 kilogrammes) et nous joignons ces points au pôle O. Nous traçons le polygone funiculaire correspondant, en menant les droites st parallèle à 10, tu parallèle à 2'O, uv parallèle à 3'O, vx parallèle à 4'O et xy parallèle à 5'O. Les deux côtés extrêmes st et yx prolongés donnent, par leur rencontre r_1, la position de la résultante $r_1\ O_3$ cherchée. Nous composons alors les forces $F_3 = 12\,749^k$ et $P_1 + P_2 + P_3 + p_1 + p_2 = 2\,750 + 5\,087 + 10\,890 + 1\,200 + 2\,400 = 22\,327^k$ en les portant à partir de O_3, à l'échelle de $0^m{,}001$ pour 1000 kilogrammes. Nous obtenons ainsi une résultante $O_3\ R_3$ qui coupe la base AD en un point K_3.

Examinons maintenant les résultats obtenus. Le centre de pression K_1 sur la base de est situé à une distance de l'arête extérieure e égale à $0^m{,}10 < \frac{0{,}50}{3}$. Le centre de pression K_2 sur la base bf est situé à une distance de l'arête f égale à $0^m{,}12 < \frac{1{,}05}{3}$ et le centre de pression K_3 sur la base AD est situé à une une distance de l'arête extérieure D égale à $0^m{,}50 < \frac{1{,}95}{3}$.

Nous voyons donc que, dans les trois sections horizontales *de*, *bf*, et AD, les centres de pression sont situés à des distances du parement extérieur plus petites que le tiers des bases correspondantes. Les largeurs données au mur, a priori, seraient donc trop petites si l'on voulait s'imposer que ces centres de pression fussent situés aux tiers des bases. Voyons quelles sont les compressions correspondantes en appliquant la relation suivante qui résulte de la loi du trapèze,

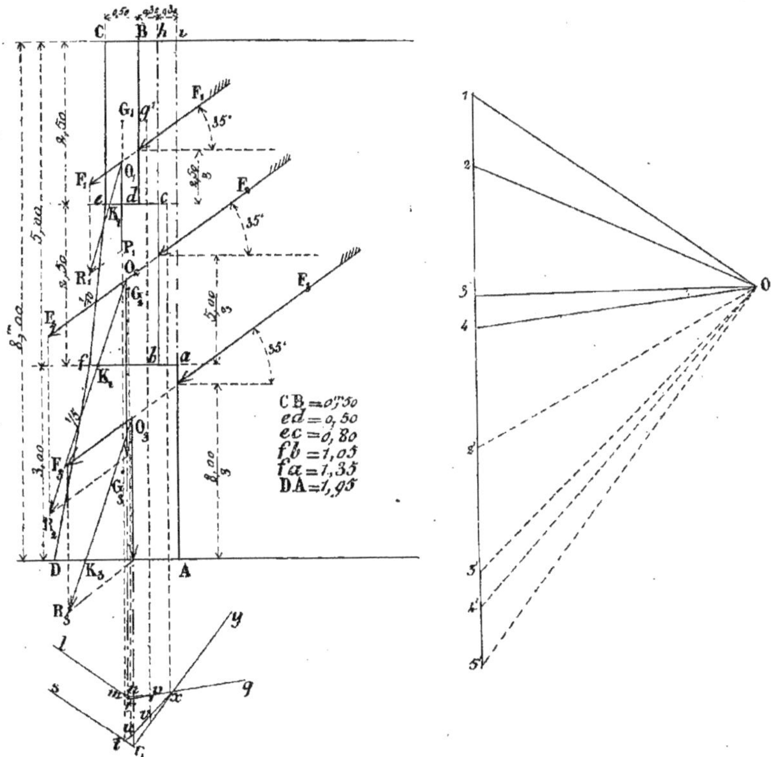

Fig. 624. — Échelle de $0^m,01$ p. m.

$$R = \frac{2N}{\omega}$$

Nous avons, comme compression maximum sur l'arête extérieure *e* de la première base *de* :

$$R_1 = \frac{2P_1}{3 \times eK_1} = \frac{2 \times 2\,750}{0,30} = 18\,333^k$$ par mètre carré et, sur l'arête extérieure *f* de la deuxième base *bf* :

$$R_2 = \frac{2(P_1 + P_2 + p_1)}{3 \times fK_2}$$

$$= \frac{2(2\,750 + 5\,087 + 1\,200)}{3 \times 0,12}$$

$$= \frac{18\,074}{0,36} = 50\,206^k$$ par mètre carré, et enfin, sur l'arête extérieure D de la base du mur :

$$R_3 = \frac{2(P_1 + P_2 + P_3 + p_1 + p_2)}{3 \times DK_3}$$

$$= \frac{2(2\,750 + 5\,087 + 10\,890 + 1\,200 + 2\,400)}{3 \times 0,50}$$

$$= \frac{44\,654}{1,50} = 30\,000^k$$ par mètre carré.

Les plus grandes compressions R_1, R_2

et R^3 sur les arêtes e, f et D du parement extérieur sont donc respectivement de 1^k83, $5^k,02$ et 3^k par centimètre carré. Il en résulte que le mur est parfaitement stable au point de vue de la compression des matériaux, si ces matériaux peuvent supporter en toute sécurité une compression limite de 5^k par centimètre carré.

SECTIONS D'ÉGALE RÉSISTANCE

916. L'épure que nous venons de faire nous a permis de voir entre quelles limites variait la compression des matériaux sur le parement extérieur d'un mur à forme polygonale et nous avons constaté, sur le profil que nous avons pris comme exemple, que cette compression variait de 0^k en C et $1^k,83$ en e à $5^k,02$ en f. On voit que, sur le parement extérieur $CefD$, la maçonnerie n'est pas également comprimée quoique étant de même nature et qu'elle n'est pas également utilisée à la résistance en toutes les sections du profil. On peut donc se proposer de déterminer le profil à donner à un mur pour qu'en tous les points du parement extérieur, la compression des matériaux soit uniforme.

La solution de ce problème est ce qu'on appelle un *profil d'égale résistance à la compression.*

De même, on a constaté que les résultantes O_1R_1, O_2R_2, O_3R_3 recoupaient les bases en des centres de pression K_1, K_2 et K_3 dont les distances aux arêtes extérieures correspondantes ne sont pas dans le même rapport avec les largeurs des sections horizontales considérées. On peut donc encore se proposer de déterminer le profil à donner a un mur pour que, dans toutes les sections horizontales, la courbe de pression $K_1K_2K_3$... coupe les sections horizontales considérées à des distances des arêtes extérieures dans le même rapport avec les largeurs correspondantes. Ainsi, par exemple, les centres de pression devront être situés à des distances du parement extérieur toujours égales au tiers des largeurs correspondantes du profil.

La solution de ce problème est ce qu'on appelle un *profil d'égale résistance au renversement.*

D'une manière générale, le problème consiste, connaissant la hauteur du mur, la nature et la forme du massif de terre à soutenir, à se donner la forme polygonale du parement intérieur ou du parement extérieur et à déterminer la forme de l'autre parement avec la condition imposée d'égale résistance.

Problème.

917. *Déterminer la forme à donner au parement extérieur d'un mur dont le parement intérieur est vertical, pour que le profil soit d'égale résistance.*

Nous prendrons, par exemple, le cas d'un mur à parement intérieur vertical soutenant un terre-plein horizontal sur une hauteur de $8^m,00$. Nous voulons déterminer la forme du parement extérieur pour que le profil soit *d'égale résistance au renversement,* avec courbe des pressions à 1/3 de ce parement,

Soit AB (*fig.* 625) le parement intérieur vertical du mur, à l'échelle de $0^m,01$ par mètre. Nous divisons ce parement en quatre parties égales de $2^m,00$ de hauteur chacune. Nous admettons que le profil du parement extérieur doit être composé de quatre parties verticales de 2^m00 reliées par des retraites horizontales dont nous calculerons les largeurs. — La section du mur se composera donc de quatre rectangles superposés ayant des largeurs différentes, mais ayant tous un côté vertical sur le parement intérieur AB. Si, au lieu de diviser la hauteur AB en quatre parties égales, on la divisait en huit, le profil du parement extérieur serait formé de huit parties verticales reliées par des retraites horizontales moins larges que précédemment. Les calculs que nous allons faire pour le cas de quatre divisions s'appliqueront évidemment au cas d'un nombre quelconque de divisions égales.

Les hauteurs h seront donc successivement $h_1 = 2^m,00$; $h_2 = 4^m,00$; $h_3 = 6^m,00$, et $h_4 = 8^m00$.

Le poids du mètre cube de maçonnerie est $d = 2\,000^k$, l'angle du talus naturel des terres $\varphi = 35°$, le poids du mètre cube de terre $\delta = 1\,600^k$ et $z = h/3$.

Nous allons déterminer les largeurs à

donner aux rectangles superposés pour que chaque base soit coupée par la résultante correspondante au tiers de sa largeur à partir de l'arête extérieure.

Premier rectangle CBcd. — Le problème à résoudre pour ce rectangle est de calculer son épaisseur telle que la résultante de la poussée F_1 et de son poids P_1 passe par le tiers de sa base. Les formules portant les numéros (163) et (164) nous permettent de calculer directement cette épaisseur. Nous avons :

$$a = \frac{h_1 d}{6}$$

$$b = \frac{2}{3} F_1 \sin \varphi$$

$$c = - F_1 z_1 \cos \varphi \qquad \text{et,}$$

$$\text{épaisseur} = \frac{-b + \sqrt{b^2 - 4ac}}{2a}$$

Les poussées F_1, F_2, F_3 et F_4 ont pour expression, la formule (37) (n° 669) :

$$F = \frac{1}{2} \delta m h_1^2$$

et la poussée F_1 a pour valeur :

$$F_1 = \frac{1}{2} \times 1\,600 \times 0{,}249 \times \overline{2{,}00}^2$$
$$= 797^k$$

Nous aurons donc :

$$a = \frac{h_1 d}{6} = \frac{2{,}00 \times 2\,000}{6} = 667$$

$$b = \frac{2}{3} F_1 \sin \varphi = \frac{2}{3} 797 \times 0{,}57$$
$$= 303$$

$$c = -F_1 z_1 \cos \varphi = -797 \times \frac{2{,}00}{3} \times 0{,}82$$
$$= -436$$

$$\text{et } x \text{ ou } e_1 = \frac{-b + \sqrt{b^2 - 4ac}}{2a}$$

$$= \frac{-303 + \sqrt{\overline{303}^2 + 4 \times 667 \times 436}}{2 \times 667}$$

$$= \frac{-303 + 1093}{1334} = \frac{790}{1334}$$

$$= 0^m{,}60$$

Le premier rectangle doit donc avoir une largeur égale à $0^m{,}60$.

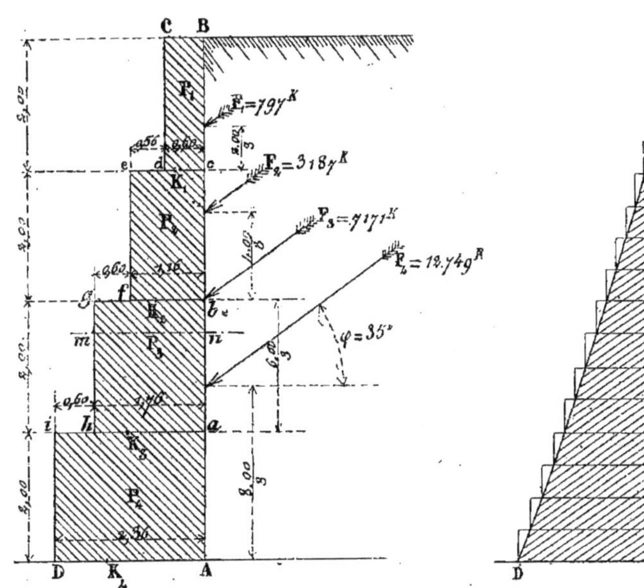

Fig. 625. — Échelle de $0^m{,}01$ p. m.

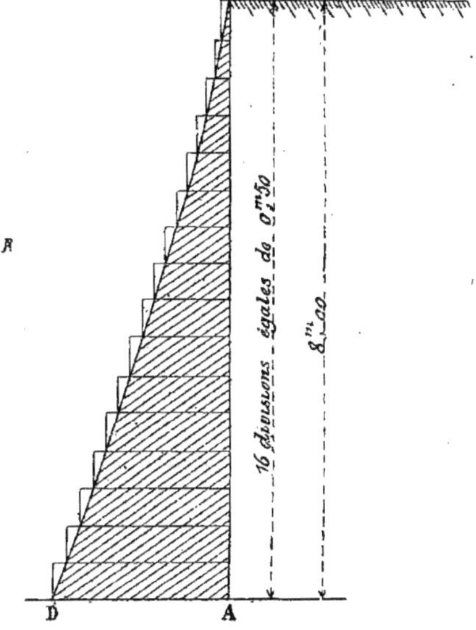

Fig. 626. — Échelle de $0^m{,}01$ p. m.

2me *rectangle ecbf*. — L'ensemble des deux premiers rectangles est soumis à l'action de la poussée F_2 qui s'exerce sur le parement Bb et aux poids P_1 et P_2 correspondant à chacun de ces rectangles. Le point d'application de la poussée F_2

est au tiers de Bb à partir de b et son moment, par rapport au centre de pression situé au tiers de la base bf, a pour expression :

$$M.\,F_2 = F_2\left(z_2 \cos\varphi - \frac{2}{3}e_2 \sin\varphi\right)$$

Or, F_2 a pour valeur :

$$F_2 = \frac{1}{2}\delta m h_2^2$$
$$= \frac{1}{2}1600 \times 0{,}249 \times \overline{4{,}00}^2$$
$$= 3\,187^k$$

Nous aurons donc :

$$M.F_2 = 3\,187\left(\frac{4{,}00}{3}\,0{,}82 - \frac{2}{3}e_2 \times 0{,}57\right)$$
$$= -\,1\,211\,e_2 + 3\,474$$

Quant au moment des poids, il a pour expression :

$$M.P_1+M.P_2=P_1\left(\frac{2}{3}e_2-0{,}30\right)+P_2\left(\frac{2}{3}e_2-\frac{e_2}{2}\right)$$
$$= 2{,}00 \times 0{,}60 \times 2000\left(\frac{2}{3}e_2 - 0.30\right)$$
$$+ 2{,}00 \times e_2 \times 2000 \times \frac{e_2}{6}$$
$$= 667\,e_2^2 + 1600\,e_2 - 720.$$

En égalant les moments de la poussée et des poids et en ordonnant par rapport à e_2, nous avons :

$$667\,e_2^2+(1600+1211)\,e_2-720-3474=o \text{ ou,}$$
$$667\,e_2^2 + 2811\,e_2 - 4194 = o$$

équation du second degré dont la racine positive a pour valeur :

$$e_2 = \frac{-2\,811+\sqrt{\overline{2811}^2+4\times667\times4\,194}}{2\times667}$$
$$= \frac{-\,2811 + 4371}{1334} = 1^m,16$$

La largeur à la base du deuxième rectangle doit donc être de $1^m,16$, de sorte que la première retraite horizontale de aura $1,16 - 0,60 = 0^m,56$ de largeur.

3me *rectangle* $g\,b\,a\,h$. — En opérant comme pour le deuxième, nous avons :

$$F_3 = \frac{1}{2}\delta\, m\, h_3$$
$$= \frac{1}{2}1600 \times 0{,}249 \times \overline{6{,}00}^2$$
$$= 7171^k$$

$$M.F_3 = F_3\left(z_3 \cos\varphi - \frac{2}{3}e_3 \sin\varphi\right)$$
$$= 7171\left(\frac{6{,}00}{3}\times0{,}82-\frac{2}{3}e_3\times0{,}57\right)$$
$$= -\,2725\,e_3 + 11\,760$$

$$M.P_1 + M.P_2 + M.P_3 = P_1\left(\frac{2}{3}e_3 - 0{,}30\right)$$
$$+ P_2\left(\frac{2}{3}e_3 - 0{,}58\right) + P_3\frac{e_3}{6}$$
$$= 2400\left(\frac{2}{3}e_3-0{,}30\right)+4\,640\left(\frac{2}{3}e_3-0{,}58\right)$$
$$+ 2000 \times 2{,}00 \times e_3\frac{e_3}{6}$$
$$= 667\,e_3^2 + 4\,693\,e_3 + 3411$$

L'égalité des moments donne :

$$667\,e_3^2 + 7418\,e_3 - 15\,171 = o$$

équation de laquelle nous tirons :

$$e_3 = \frac{-7418+\sqrt{\overline{7418}^2+4\times667\times15171}}{2\times667}$$
$$= \frac{-\,7418 + 9772}{1334} = 1^m76.$$

La largeur e_3 à la base du troisième rectangle étant de $1^m,76$, il en résulte que la deuxième retraite horizontale gf a pour largeur $1,76 - 1.16 = 0^m60$.

4me *rectangle* $i\,a$AD. — Pour l'ensemble des quatre rectangles composant la section, nous aurons :

$$F_4 = \frac{1}{2}\delta\, m\, h_4^2$$
$$= \frac{1}{2}1600 \times 0{,}249 \times \overline{8{,}00}^2$$
$$= 12{,}749^k$$

$$M.F_4 = F_4\left(z_4 \cos\varphi - \frac{2}{3}e_4 \sin\varphi\right)$$
$$= 12\,749\left(\frac{8{,}00}{3}\times0{,}82-\frac{2}{3}e_4\times0{,}57\right)$$
$$= -\,4\,844\,e_4 + 27\,878$$

$$M.P_1+M.P_2+M.P_3+M.P_4=P_1\left(\frac{2}{3}e_4-0{,}30\right)$$
$$+P_2\left(\frac{2}{3}e_4-0{,}58\right)+P_3\left(\frac{2}{3}e_4-0{,}88\right)+P_4\frac{e_4}{6}$$
$$= 2400\left(\frac{2}{3}e_4-0{,}30\right)+4\,640\left(\frac{2}{3}e_4-0{,}58\right)$$
$$+ 7040\left(\frac{2}{3}e_4-0{,}88\right)+2000\times2{,}00\times e_4\times\frac{e_4}{6}$$
$$= 667\,e_4^2 + 9\,386\,e_4 - 9\,606$$

L'égalité des moments donne :

$$667\,e_4^2 + 14\,230\,e_4 - 37\,484 = o$$

équation dont la racine positive a pour valeur :

$$e_4 = \frac{-14\,230+\sqrt{\overline{14\,230}^2+4\times667\times37\,484}}{2\times667}$$
$$= \frac{-\,14\,230 + 17\,390}{1334} = 2^m36$$

La base AD du mur devra donc avoir 2m36 de largeur, ce qui donne pour la largeur de la 3e retraite horizontale : 2,36 — 1,76 = 0m60.

918. La section ainsi obtenue est telle que, pour chacun des rectangles, la résultante des forces passe par le tiers de la base.

Si nous prenions une section intermédiaire *m n* dans l'un des rectangles et si nous cherchions la distance du centre de pression, sur cette section, à l'arête extérieure *m*, nous trouverions que ce centre de pression n'est plus situé au tiers de la largeur *mn*, mais à une distance plus grande de *m*. La condition d'égale résistance au renversement (1/3) n'est donc réalisée que pour les bases des rectangles composant la section, c'est-à-dire dans le cas de la figure (625), seulement aux quatre points *d*, *f*, *h* et D du parement extérieur.

Si, au lieu de diviser le parement AB en hauteurs de 2m,00, on le divisait en hauteurs de 0m,50, par exemple, sur lesquelles on opérerait comme ci-dessus, on aurait 16 rectangles (*fig.* 626), et, par suite, la condition d'égale résistance serait réalisée pour 16 points du parement extérieur. En augmentant de plus en plus le nombre des divisions, on augmenterait le nombre des points pour lesquels la condition d'égale résistance serait satisfaite et à la limite, c'est-à-dire pour un nombre infini de points, on aurait, comme parement extérieur du mur, une ligne courbe dont tous les points répondraient aux conditions du problème. Mais, sans pousser si loin le nombre des divisions, on peut faire passer une courbe PP' par les bases des rectangles et admettre que cette courbe remplit à peu près les conditions voulues.

919. Au lieu de chercher la forme du profil d'égale résistance au renversement, on peut avoir à déterminer les dimensions de celui *d'égale résistance à la compression*. On s'impose, par exemple, la limite de la compression R = 6k,00 par centimètre carré et on veut que en tous les points du parement extérieur, la compression soit exactement égale à cette limite R.

Pour arriver au résultat, on diviserait comme précédemment, le parement en un certain nombre de parties égales par des lignes horizontales, on calculerait ensuite les épaisseurs à donner aux rectangles superposés composant la section, au moyen des formules (168) et (169) qui se rapportent au cas où la compression limite est une donnée du problème et enfin, on ferait passer par les arêtes extérieures des bases des rectangles une ligne qui représenterait le parement cherché.

Problème.

920. *Déterminer la forme à donner au parement extérieur d'un mur, dont le parement intérieur est incliné, pour que le profil soit d'égale résistance.*

Soit AB (*fig.* 627) le parement intérieur

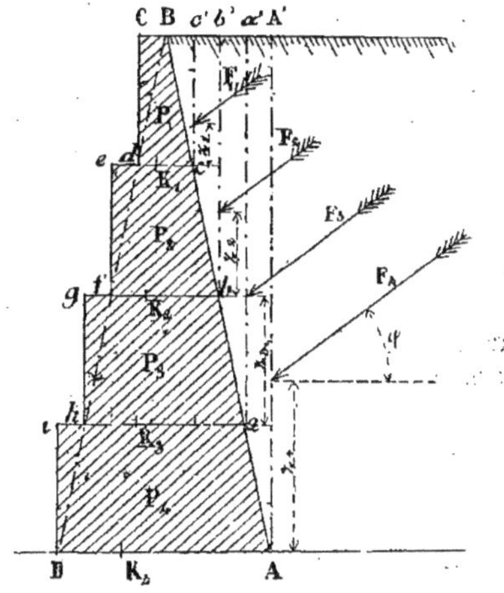

Fig. 627.

incliné. On veut donner au parement extérieur une forme telle que la section soit *d'égale résistance au renversement*, par exemple, (centre de pression au tiers). On divisera la hauteur du mur en un certain nombre de parties égales et on calculera les poussées F_1, F_2, F_3, F_4,... qui s'exercent sur les parements verticaux *cc'*, *bb'*, *aa'*, AA'. On calculera ensuite la largeur à donner à la base *cd* du premier trapèze rectangle *c*BC*d* pour que la résultante de la poussée F_1 et des poids

P_1 du prisme de maçonnerie et p du prisme $cc'B$ de terre passe par le point K_1 situé au tiers de la base cd. Puis, on calculera la largeur que doit avoir la base bf du deuxième trapèze pour que la résultante de la poussée F_2 sur le parement bb', des poids P_1 correspondant au premier trapèze, P_2 correspondant au trapèze dont on cherche la largeur de base et p_1 du prisme de terre $bb'B$, passe par le point K_2 situé au tiers de la largeur bf. On continuera de la même manière pour les autres trapèzes qui constituent la section totale. Ayant obtenu ainsi une série de *points* d, f, h *et* D qui seront d'autant plus rapprochés que le nombre des divisions opérées sur la hauteur sera plus grand, il suffira de les réunir par une ligne qui représentera le parement cherché donnant à la section un profil d'égale résistance au renversement.

La détermination de chacun de ces points comporte le calcul d'une section trapézoïdale rectangulaire à parement intérieur vertical pour un massif soutenu sans surcharge quand on connaît le fruit i du parement incliné. Les formules à employer ici sont donc les suivantes (voir n° 885).

Pour calculer la première section, on aurait, d'une part, pour la somme des moments de P_1 et p_1 :

$$M.P_1 + M.p_1 = \frac{dh_1}{6}b_1^2 - 2h_1 i\left(\frac{dh_1}{6} - a\right)b_1 + h_1^2 i^2\left(\frac{dh_1}{6} - a\right),$$

équation dans laquelle on a :

$$a = \frac{h\delta}{6}$$

et d'autre part, pour le moment de la poussée F_1 :

$$M.F_1 = F_1\left(z_1 \cos\varphi - \frac{2}{3}b_1 \sin\varphi\right)$$

Comme dans le problème précédent, on calculerait les coefficients de b_1 dans ces deux formules, on égalerait ensuite les moments et on obtiendrait une équation de la forme $mx^2 + nx + p = 0$ de laquelle on tirerait facilement la valeur de l'inconnue x ou b_1.

Pour calculer la largeur b_2 du deuxième trapèze rectangle, on opérerait de la même manière, mais en ayant soin d'ajouter aux moments de P_2 et p_2 celui de P_1 de la partie déjà calculée. Pour le calcul de la largeur b_3 du troisième rectangle, on aurait soin d'ajouter aux moments des poids P_3 et p_3 correspondants, ceux des poids P_1 et P_2 des parties déja calculées et ainsi de suite.

Si le massif soutenu était uniformément surchargé d'une hauteur h_1, les formules à employer seraient les mêmes. On devrait seulement, dans l'équation des moments, remplacer a par sa nouvelle valeur :

$$a = \frac{h + 2h_1}{6}\delta$$

Si, au lieu d'un profil d'égale résistance au renversement, on désirait obtenir un *profil d'égale résistance à la compression*, on opérerait de la même manière, mais avec des formules un peu différentes (voir n° 896).

921. Dans ce que nous avons dit jusqu'à présent sur le calcul des profils d'égale résistance, nous avons supposé que le parement intérieur, vertical ou incliné, était donné et nous avons déterminé la forme que devait avoir le parement extérieur. Le problème peut être posé autrement. On peut, par exemple, s'imposer le parement extérieur, vertical ou incliné, et déterminer la forme à donner au parement intérieur pour que la section qui en résulte soit d'égale résistance. Nous avons aussi supposé que le parement donné était rectiligne. Nous aurions pu aussi bien opérer sur un parement à ligne brisée ou courbe.

On voit sous combien d'aspects différents peuvent se présenter les questions de section d'égale résistance. Il y a là un grand nombre de problèmes très intéressants à résoudre. Nous ne pourrions les traiter ici avec tous les détails qu'ils comportent sans dépasser les limites qui nous sont imposées pour ce chapitre consacré à la stabilité des murs. Nous engageons nos lecteurs à les étudier avec soin. Ils tireront certainement grand profit de cette intéressante étude.

X. — Murs en surplomb à parements courbes

922. Les considérations qui viennent d'être exposées sur les sections d'égale résistance, nous conduisent naturellement à la conception des murs en surplomb à parements courbes. Supposons, en effet, que nous nous proposions de déterminer la forme à donner au parement intérieur d'un mur dont le parement extérieur en ligne brisée est connu. — Il est certain que si l'on a en vue la parfaite utilisation de la maçonnerie constituant le mur, en ce qui concerne la résistance des matériaux, la ligne brisée du parement extérieur devra se composer de droites qui iront en s'inclinant de plus en plus à mesure qu'on descendra vers la base ; car, plus ces droites s'inclinent, plus les bras de levier des poids augmentent, d'où accroissement des moments de stabilité.

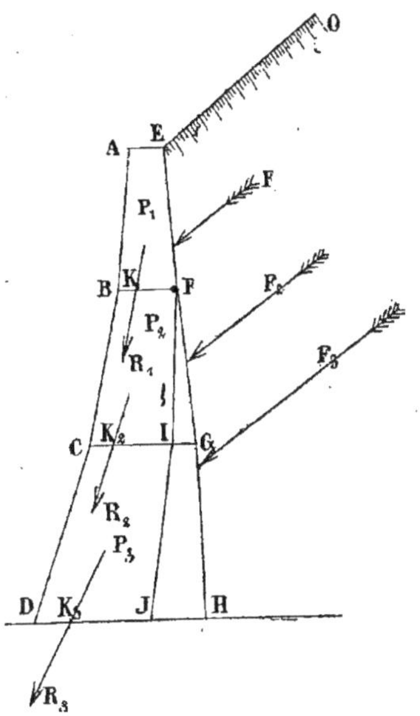

Fig. 628.

Le parement extérieur donné est formé d'une ligne brisée ABCD (*fig.* 628), composée de trois droites qui s'inclinent de plus en plus sur l'horizon, du sommet à la base. Nous menons les horizontales BF, CG et DH et nous déterminons les largeurs des bases des trapèzes qui composent la section totale du mur pour que la compression des matériaux aux points B, C et D soit de R^k par centimètre carré.

Les largeurs obtenues sont BF, CG et DH. Traçons maintenant la résultante R_1 de la poussée F_1 qui s'exerce sur le parement EF avec le poids P_1 du premier bloc ABFE et supposons que cette résultante coupe la base BF en un point K_1 situé au tiers de la base. D'après la loi du trapèze, toute la largeur BF sera intéressée à la transmission de la pression, puisque la compression y variera de $\frac{2N}{\omega}$ au point B à zéro au point F. La largeur trouvée BF sera donc conservée.

Puis, calculons de la même manière la base CG du deuxième trapèze et traçons la résultante R_2 de la poussée F_2 sur le parement EFG avec les poids P_1 et P_2 des deux premiers blocs et supposons que cette résultante coupe CG en un point K_2 situé à une distance CK_2 de l'arête extérieure plus petite que le tiers de la largeur. D'après la loi du trapèze, la partie de la base qui sera intéressée à la transmission de la pression sera seulement CI égale à trois fois la distance CK_2, puisque, à partir du point I, la pression devient négative. Nous pouvons donc supprimer la partie inutile IFG du deuxième bloc, si, comme nous l'avons admis, nous ne tenons pas compte de la cohésion du mortier dans la partie retranchée IG de la base. De même, pour le troisième bloc, nous pourrions supprimer la partie JIGH, si la longueur DJ était égale à trois fois la distance DK_3, du centre de pression K_3 à l'arête extérieure D. Nous sommes donc ainsi conduit à donner au parement intérieur la forme de la ligne brisée EFIJ. Si les sections horizontales étaient très rapprochées, cette ligne brisée se transformerait en ligne courbe.

Il est facile de voir, par la manière dont nous venons d'opérer, que, dans la section en surplomb à parements courbes, l'utilisation de la maçonnerie sera parfaite au point de vue de la résistance des matériaux et que, par conséquent, cette section sera très économique. C'est, en effet, ce qui a lieu, et l'économie est d'autant plus grande que le surplomb est plus prononcé. On ne peut cependant dépasser une certaine limite sans prendre des dispositions spéciales telles que l'emploi de contreforts comme nous le verrons plus loin.

Voici ce que M. Gobin, ingénieur en chef des ponts et chaussées, dit, au sujet des murs courbes en surplomb, dans une note insérée dans les annales des ponts et chaussées. « Le profil en surplomb présente des avantages considérables et son emploi permet de faire de grandes économies de maçonneries. Pour pouvoir adopter pratiquement un surplomb plus considérable que celui qui a été indiqué comme limite pour le cas d'un parement intérieur

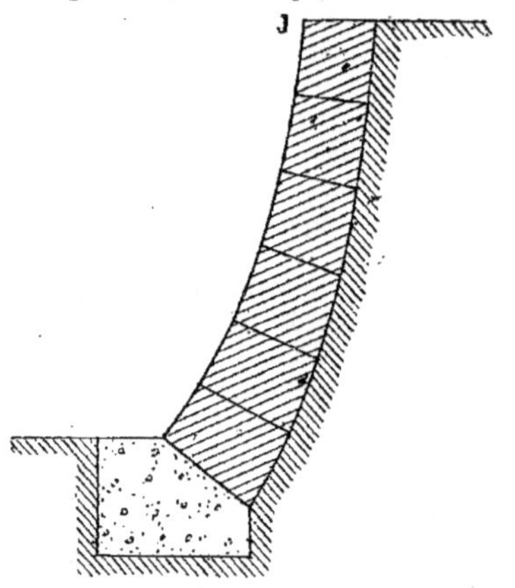

Fig. 629.

plan, nous pensons qu'on pourrait adopter un profil extérieur courbe (*fig.* 629), dont la tangente à l'origine J serait inclinée à 1/5, par exemple, et dont le rayon de courbure irait en diminuant du sommet au pied. Le parement intérieur serait formé dans la hauteur de chaque assise, par un plan en surplomb dont l'inclinaison irait en augmentant à mesure qu'on descendrait vers la base du mur et dont la position serait facile à déterminer par la condition d'avoir sur chaque joint une pression qui ne dépasserait pas un maximum donné. Ces joints seraient faits à peu près normaux à la résultante du poids de la maçonnerie supérieure et de la poussée des terres. Nous n'hésitons pas à déclarer que si nous avions de grands murs de soutènement à construire, nous les projetterions d'après ces principes, à la condition toutefois que le remblai derrière le mur soit fait avec des matériaux non susceptibles de tasser et, par suite, d'entraîner la rupture du mur par affaissement avant que le massif se soit assis et ait développé contre le mur toute sa poussée ; le gravier piloné satisferait bien à cette condition. »

Parmi les profils de murs en surplomb à paremments courbes ayant donné de bons résultats, nous citerons celui qui a

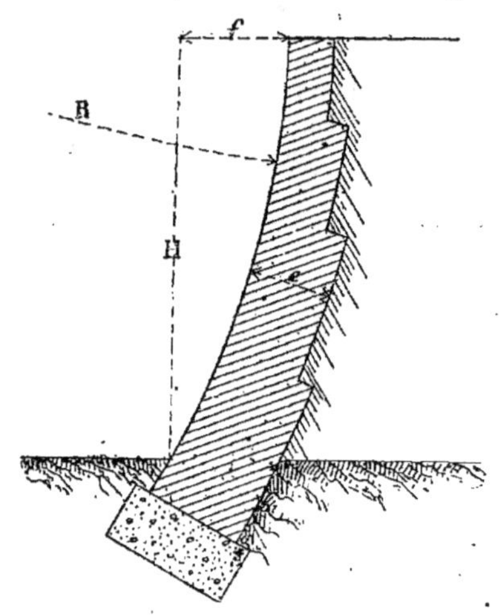

Fig. 630

été employé dans la construction du chemin de fer des Charentes et dont les proportions sont les suivantes (*fig.* 630) :

Fruit $f = \frac{1}{4}\text{H}$

Rayon $\text{R} = 2\text{H} + \frac{1}{2}f$

Épaisseur moyenne $e = \frac{1}{5}$ ou $\frac{1}{6}$ H.

XI. Murs avec contreforts extérieurs

923. L'emploi des contreforts dans la construction des murs de soutènement a pour effet d'augmenter beaucoup leur stabilité et de permettre, par conséquent, de réduire très sensiblement le cube de maçonnerie nécessaire pour résister à une même poussée. — Les contreforts extérieurs sont des parties saillantes sur le parement extérieur, contre lesquelles s'appuie le mur réduit d'épaisseur qui prend le nom de *masque*. Le parement

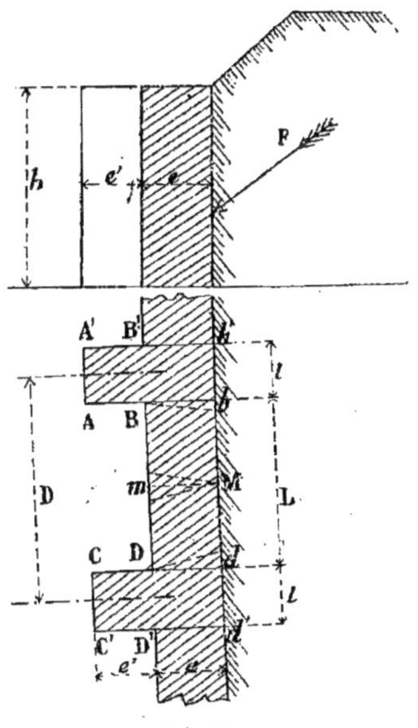

Fig. 631.

extérieur du contrefort est généralement parallèle à celui du masque, ou bien il est incliné en partant de la crête du mur (*fig.* 631 et 632). Cette disposition des contreforts extérieurs est très avantageuse, car l'arête extérieure autour de laquelle le renversement par rotation tend à se produire se trouve très éloignée de la verticale qui passe par le point d'application du poids total de la maçonnerie.

Le masque, ou partie du mur comprise entre deux contreforts, peut être considéré comme un solide reposant sur deux points fixes (les contreforts) et soumis à une poussée uniforme sur toute sa longueur. C'est donc un solide qui tend à fléchir et à prendre une courbure d'autant plus facilement que son épaisseur sera plus faible. Il y a donc lieu de ne pas trop éloigner les contreforts les uns des autres. Les dimensions moyennes ordinairement adoptées sont : un intervalle libre entre contreforts de 3 à 4 mètres, et une longueur de contreforts égale à 1 mètre.

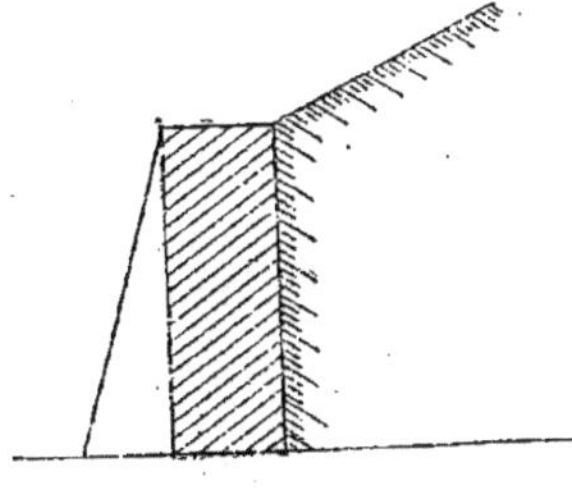

Fig. 632.

M. Leygue donne, pour déterminer ces dimensions, dans le cas de contreforts inclinés (*fig.* 632), les formules empiriques suivantes :

Largeur des contreforts :

$$l = 0{,}50 + 0{,}05\,h = 0{,}5\,(1 + 0{,}1\,h).$$

Distance entre axes :

$$D = 5l = 2{,}5\,(1 + 0{,}1\,h).$$

Le tableau ci-dessous reproduit les valeurs calculées avec ces formules pour des hauteurs h de 1^m00 à 35^m00.

HAUTEUR h DU MUR	CONTREFORT		HAUTEUR h DU MUR	CONTREFORT		HAUTEUR h DU MUR	CONTREFORT	
	Largeur l	Entr'axe D		Largeur l	Entr'axe D		Largeur l	Entr'axe D
$1^m,00$	0,55	2.75	$6^m,00$	0,80	4.00	$15^m,00$	1,25	6,25
2 ,00	0,60	3.00	7 ,00	0,85	4,25	20 ,00	1 50	7,50
3 ,00	0,65	3,25	8 ,00	0,90	4,50	25 ,00	1,75	8,75
4 ,00	0,70	3,50	9 ,00	0,95	4,75	30 ,00	2,00	10,00
5 ,00	0.75	3,75	10 ,00	1,00	5,00	35 ,00	2.25	11,25

924. *Epaisseur du masque.* — Les praticiens prennent, en général, cette épaisseur égale au quart, au cinquième ou au sixième de la hauteur du mur. — On conçoit qu'une telle règle empirique, d'ailleurs très élastique, ne peut satisfaire les constructeurs désireux de faire œuvre intelligente. Aussi, la solution du problème a-t-elle été cherchée par beaucoup d'ingénieurs distingués et présentée de plusieurs manières plus ou moins compliquées. — Nous donnerons simplement la formule à laquelle M. Vigreux arrive en admettant que, si le masque du mur cède à l'action de la poussée, il se partagera en deux prismes MmBb et MmDd (*fig.* 631) égaux, en s'ouvrant à l'extérieur de la section moyenne Mm et à l'intérieur dans les sections de jonction du masque et des contreforts, de telle façon que, pendant la rupture, les deux prismes en question tendent à prendre les positions indiquées sur la figure.

Cette formule est :

$$e = \frac{FL}{R}\sqrt{\frac{1}{2}\left(1+\sqrt{1+\frac{9R^2}{F^2}}\right)} \qquad (227)$$

dans laquelle e est l'épaisseur cherchée;

F, la poussée pour un mètre de longueur du mur;

L, la longueur du masque comprise entre deux contreforts;

R, la pression par unité de surface que la maçonnerie peut supporter en toute sécurité.

Quant à la largeur l et à la saillie e' des contreforts, elles se calculeront en remarquant que chaque contrefort $Abb'A'$ doit résister à une poussée totale $F(L+l)$ qui, rapportée au mètre courant de largeur l du contrefort, a pour intensité $\frac{F(L+l)}{l}$. Chaque contrefort doit donc être considéré comme un mur de soutènement de longueur l. Cette seconde partie du problème renferme deux inconnues l et e'. Souvent e' sera donné par la largeur totale dont on dispose au maximum pour l'empâtement $(e+e')$ du mur. Si l'on n'est pas limité de ce côté, on pourra se donner l. Enfin, on peut se donner le rapport $\frac{l}{e'}$.

On calculera donc le contrefort comme un mur de soutènement de longueur l, d'épaisseur inconnue $e+e'$ et soumis à une poussée de $\frac{F(L+l)}{l}$ par mètre de longueur.

Problème.

925. *Déterminer les dimensions d'un mur consolidé par des contreforts extérieurs (masque et contreforts), sachant que la hauteur du mur est $h = 6^m,00$, le massif soutenu est un terre-plein horizontal, pesant $\delta = 1\,500^k$ le mètre cube dont l'angle du talus naturel est $\varphi = 40°$, le poids de la maçonnerie est $d = 2\,300^k$.* Les sections verticales du masque et du contrefort doivent être rectangulaires et la plus grande compression des matériaux doit être de $R = 5^k$ par centimètre carré sur l'arête extérieur du contrefort

Nous déterminerons d'abord la distance entre axes des contreforts et leur largeur au moyen des formules empiriques de M. Leygue, qui donnent, pour une hauteur de mur $h = 6^m,00$:

distance entre axes... $D = 4^m,00$
largeur l.............. $l = 0^m,80$

Il nous reste à calculer l'épaisseur e du masque et la saillie e' du contrefort.

Epaisseur du masque. Pour obtenir l'épaisseur e, nous appliquerons la formule (227) ci-dessus aux données du problème. Dans cette formule, nous avons déjà :

$$L = D - l = 4^m,00 - 0,80 = 3^m,20 \text{ et}$$
$$R = 5^k \times 10^4$$

Quant à la poussée F par mètre de longueur, elle nous sera donnée par la formule (37) :

$$F = \frac{1}{2}\delta h^2 m$$

puisqu'il s'agit ici d'un parement intérieur vertical soutenant un terre-plein horizontal. Le tableau du n° 670 nous donne, pour un angle $\varphi = 40°$, une valeur de m, égale à 0,21. La poussée maximum sera donc :

$$F = \frac{1}{2}\,1\,500 \times \overline{6,00}^2 \times 0,21$$
$$= 5\,670^k$$

La formule (227) donnera donc :

$$e = \frac{FL}{R}\sqrt{\frac{1}{2}\left(1+\sqrt{1+\frac{9R^2}{F^2}}\right)}$$
$$= \frac{5\,670 \times 3,20}{5 \times 10^4}\sqrt{\frac{1}{2}\left(1+\sqrt{1+\frac{9\times\overline{5}^2\times\overline{10}^8}{\overline{5\,670}^2}}\right)}$$
$$= 0,369 \times 1,35$$
$$= 0,498 \text{ ; soit } e = 0^m,50.$$

Saillie du contrefort. — Cette saillie e' se calculera en considérant le contrefort comme un mur de soutènement de largeur 1, d'épaisseur $(e+e')$, soumis à l'action d'une poussée $F_1 = \frac{F(L+l)}{l}$ par mètre de longueur. — La section verticale du contrefort étant rectangulaire, son épaisseur $(e+e')$ nous sera donnée par les formules (168) et (169).

L'égalité des moments (168) est de la forme

$ax^2+bx+c=0$, dans laquelle on a : (169) :

$$a = \frac{hd}{2} - \frac{2h^2d^2}{3R}$$

$$b = F_1\left(1 - \frac{2hd}{3R}\right)\sin\varphi$$

$$c = -Fz\cos\varphi$$

Nous aurons donc :

$$a = \frac{6,00 \times 2\,300}{2} - \frac{2 \times \overline{6,00}^2 \times \overline{2\,300}^2}{3 \times 5 \times 10^4}$$

$$= 6\,900 - 1\,272 = 5\,628$$

$$b = \frac{5\,670\ (3,20+0,80)}{0,80}$$

$$\times\left(1 - \frac{2 \times 6,00 \times 2\,300}{3 \times 5 \times 10^4}\right) 0,643$$

$$= 28\,350 \times 0,816 \times 0,643 = 14\,875$$

$$c = -\frac{5\,670\,(3,20+0,80)}{0,80} \times \frac{6,00}{3} \times 0,766$$

$$= -28\,350 \times 2,00 \times 0,766 = -43\,432$$

La racine positive de l'équation du second degré a pour expression :

$$x \text{ ou } (e+e') = \frac{-b+\sqrt{b^2-4ac}}{2a}$$

$$= \frac{-14875+\sqrt{14875^2+4 \times 5628 \times 43\,432}}{2 \times 5\,628}$$

$$= \frac{-14\,875+34\,630}{11\,256}$$

$$= 1^m,75$$

L'épaisseur totale du contrefort étant $(e+e') = 1^m,75$, il en résulte que sa saillie sur le masque sera $1,75 - 0,50 = 1^m,25$.

En résumé, les dimensions trouvées sont:

Distance d'axe en axe des contreforts.	D	$= 4^m,00$
Largeur d'un contrefort. . .	l	$= 0^m,80$
Épaisseur du masque. . .	e	$= 0^m,50$
Épaisseur totale du contrefort	$e+e'$	$= 1^m,75$
Saillie du contrefort sur le masque.	e'	$= 1^m,25$

XII. Murs avec contreforts intérieurs.

926 Les contreforts intérieurs, placés du côté des terres, n'agissent pas de la même manière que les contreforts extérieurs. Ils coupent le prisme de plus grande poussée et font naître, sur leurs faces latérales, des frottements qui diminuent l'intensité de la poussée sur le masque. Mais ici, la poussée exercée sur le masque tend à séparer celui-ci des contreforts intérieurs et il est alors nécessaire que les maçonneries du masque et des contreforts soient fortement liaisonnées. Quelquefois, pour établir cette liaison, on emploie des tirants en fer avec clefs qui ont pour effets de faire travailler les contreforts intérieurs comme des contreforts extérieurs, en ce sens que toute leur masse est utilisée pour la résistance au renversement. On voit donc que les contreforts intérieurs sont beaucoup moins avantageux sous tous les rapports que les contreforts extérieurs. Cependant, on les emploie souvent à la place de ces derniers, qui ont l'inconvénient d'augmenter l'empâtement du mur justement en dehors du massif à soutenir, et qui ne sont pas toujours possibles à établir à cause de cette augmentation de largeur au pied et aussi à cause de l'aspect irrégulier que prend le parement extérieur.

Si l'on admet que le masque tend à se rompre de la même manière que dans les contreforts extérieurs, on calculera son épaisseur au moyen de la formule (227), dont les lettres conservent les mêmes significations. Quant aux dimensions du contrefort : largeur l, saillie e', elles peuvent se déterminer en assimilant ce contrefort à un mur de soutènement de longueur l et d'épaisseur totale $(e+e')$. Les formules à employer pour ce calcul sont donc celles qui permettent d'obtenir les dimensions d'un mur de soutènement se trouvant dans les mêmes conditions de profil et de stabilité que le contrefort.

Cependant, cette assimilation du contrefort à un mur de soutènement isolé de largeur l et d'épaisseur $(e+e')$ s'éloigne beaucoup de la réalité, car la poussée qui s'exerce sur le masque tend à le séparer du contrefort en disloquant les maçonneries. Si on réalise une liaison énergique entre le masque et le contrefort, la poussée qui s'exerce sur le masque intéresse le contrefort, grâce à la liaison qui existe entre eux.

On admet alors que la partie du mur comprise entre deux plans verticaux AC et BH (*fig.* 633) passant par les milieux de

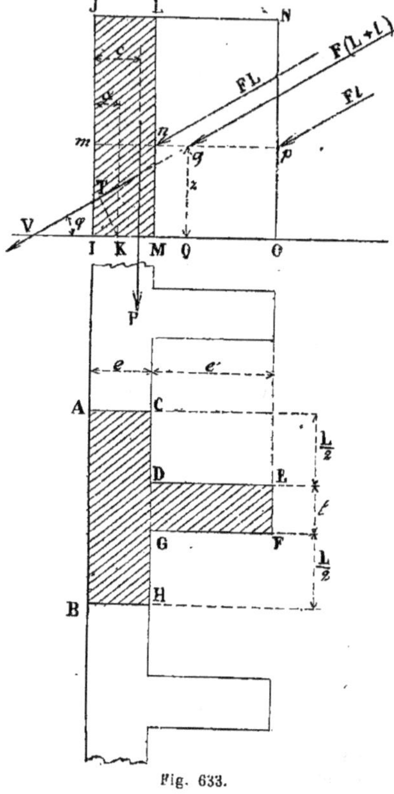

Fig. 633.

deux intervalles voisins, forme un massif parfaitement homogène pouvant être considéré comme monolithe. L'ensemble ABHGFEDC sera donc sollicité par une poussée F (L + l) s'exerçant sur les parements CD, EF et GH, c'est-à-dire sur une largeur égale à l'écartement des deux plans verticaux AC et BH, égal à (L+l). Il tend à être renversé en tournant autour de l'arête extérieure AB.

Pour résoudre le problème, nous aurons donc, comme dans tous les exemples traités, à établir le moment de la poussée, d'une part, et le moment du poids, d'autre part, pris par rapport à un centre de pression dont la position sur la base est celle qui résulte des données du problème, et à égaler ces moments, pour en tirer ensuite la valeur de l'inconnue e' Supposons, par exemple, qu'on veuille que le centre de pression ait la position K sur la base du mur et cherchons les moments de la poussée et du poids.

Moment de la poussée. — La poussée s'exerce sur les parements CD et GH avec un centre de poussée situé en n et, sur le parement EF, avec un centre de poussée situé en p à la même hauteur. La poussée qui passe en n a F pour intensité et celle qui passe en p, Fl. Leur résultante F (L + l) coupe l'horizontale $n\,p$ en un point q qu'il est facile de déterminer en position. En effet, les deux forces FL et Fl étant parallèles, le point q divise la distance np en deux parties inversement proportionnelles aux forces, de sorte que l'on a :

$$\frac{nq}{np} = \frac{Fl}{F\,(L+l)}. \text{ D'où}$$

$$nq = e'\frac{l}{(L+l)}$$

Connaissant la longueur nq ou MQ, la hauteur qQ $= z$ et l'angle (qVQ) égal à l'angle φ du talus naturel, il est dès lors facile de calculer le bras de levier KT du moment de la poussée F (L+l) par rapport au centre de pression K. Nous n'avons pas à faire ce calcul, car il nous suffit de remarquer que nous obtiendrions, de cette manière, la même formule que celle qui a été établie dans chaque exemple, dans laquelle l'épaisseur, b ou e, serait remplacée par la largeur

$$e + nq = e + \frac{e'l}{L+l} = \frac{(L+l)\,e + le'}{L+l}$$

Nous reprendrons donc simplement l'expression du moment du n° 854, ou du n° 859, selon que le centre de pression devra être situé au $^1/_3$ de la largeur $e + nq$ ou que la compression limite devra être de R^k sur l'arête extérieure, en ayant soin d'y remplacer l'épaisseur e par l'épaisseur ci-dessus $e + nq$.

Moment du poids. — Pour avoir le moment du poids P, il suffit de déterminer la position du centre de gravité de la partie de mur considérée ou de prendre séparément les moments du masque et du contrefort. — Les sections verticales étant rectanguiaires, nous déterminons le centre de gravité de la section horizontale en prenant les moments par rapport à l'arête AB.

Moment de la surface ABHC :

$$(L+l)\,e \times \frac{e}{2}$$

Moment de la surface DEFG :

$$le' \times \left(e + \frac{e'}{2}\right)$$

Somme des moments :

$$L+l)\,e \times \frac{e}{2} + le'\left(e + \frac{e'}{2}\right)$$

Somme des surfaces : $(L+l)\,e + le'$.

Quotient des deux sommes ou distance c du centre de gravité cherché à l'arête AB :

$$=\frac{(L+l)e\frac{e}{2}+le'\left(e+\frac{e'}{2}\right)}{(L+l)e+le'}=\frac{Le^2+l(e+e')^2}{2[(L+l)e+le']}$$

Si nous désignons par a la distance du centre de pression K à l'arête extérieure AB, le bras de levier du poids P sera $(c-a)$ et le moment de P pourra s'écrire :

$$M.\,P = P\,(c-a) = [(L+l)\,e + le']\,hd \times \left[\frac{Le^2+(e+e')^2}{2[(L+l)e+le']} - a\right] = hd\left[\frac{Le^2+l(e+e')^2}{2} - a\,[(L+l)\,e + le']\right]$$

La distance (a) est une donnée du problème. Ou bien elle sera égale au tiers de la largeur $e+nq$, ou bien elle sera déterminée par la condition d'avoir une compression R sur l'arête extérieure. Dans le premier cas, on aura

$$a = \frac{e}{3} + \frac{e'l}{3\,(L+l)} = \frac{(L+l)\,e+le'}{3\,(L+l)}$$

et, dans le deuxième cas :

$$a = \frac{2P}{3R} = \frac{2[(L+l)\,e+le']\,hd}{3R}$$

Nous allons voir ce que deviennent les moments de F et de P dans chacun de ces deux cas, lorsque les sections verticales sont rectangulaires.

927. — 1° *Le centre de pression doit être situé au tiers de la largeur $e+nq$.*

Le moment de F a pour expression (voir n° 834) :

$$M.F = F\left(z\cos\varphi - \frac{2}{3}\,e\sin\varphi\right)$$

Nous y remplaçons e par $e+np = \frac{(L+l)\,e+le'}{L+l}$ et nous avons :

$$M\cdot F = F\;\cos\varphi - \frac{2}{3}F\sin\varphi\,\frac{(L+l)\,e+le'}{L+l}$$

Dans cette équation, c'est la saillie e' du contrefort sur le masque qui est l'inconnue.

Nous pouvons écrire :

$$M.F = F\left[z\cos\varphi - \frac{2}{3}\sin\varphi\,e\right] - \frac{2}{3}F\sin\varphi\,\frac{l}{L+l}e'$$

Le moment du poids P s'obtiendra en remplaçant a par sa valeur relative à la condition imposée dans l'équation établie ci-dessus. Nous aurons :

$$M.P = hd\left[\frac{Le^2+l(e+e')^2}{2} - \frac{[(L+l)e+le']^2}{3\,(L+l)}\right]$$

En effectuant les calculs et ordonnant par rapport à e', il vient :

$$M.P = hd\left(\frac{l}{2} - \frac{l^2}{3(L+l)}\right)e'^2 + \frac{hdle}{3}\,e' + \frac{hd(L+l)}{6}\,e^2$$

L'égalité des moments de F et de P donne enfin :

$$\frac{hdl\,(3\,L+l)}{6\,(L+l)}\,e'^2 + \frac{l}{3}\left(hde + \frac{2\,F\sin\varphi}{L+l}\right)e' + \frac{hd(L+l)}{6}\,e^2 - F\left[z\cos\varphi - \frac{2}{3}\sin\varphi\,e\right] = o \quad (228)$$

équation de la forme $mx^2 + nx + p = o$ dans laquelle les coefficients m, n et p ont les valeurs suivantes :

$$\left.\begin{aligned} m &= \frac{hdl\,(3\,L+l)}{6\,(L+l)} \\ n &= \frac{l}{3}\left(hde + \frac{2\,F\sin\varphi}{L+l}\right) \\ p &= \frac{hd(L+l)}{6}\,e^2 - F\left[z\cos\varphi - \frac{2}{3}\sin\varphi\,e\right] \end{aligned}\right\} \quad (229)$$

928. — 2° *La compression limite doit être de R[k] par centimètre carré.*

On a trouvé (voir n° 859) que le moment de la poussée F a alors pour expression :

$$M.F = F\left[z\cos\varphi + \left(\frac{2\,hd}{3\,R} - 1\right)\sin\varphi\,e\right]$$

Remplaçons e par sa nouvelle valeur $e+nq$ et nous aurons :

$$MF = \left[z\cos\varphi + \left(\frac{2\,hd}{3\,R} - 1\right)\sin\varphi\left(e + \frac{le'}{L+l}\right)\right]$$

$$= F\left[z \cos \varphi + \left(\frac{2hd}{3R} - 1\right)\sin \varphi\, e\right]$$
$$+ F\left(\frac{2hd}{3R} - 1\right)\sin \varphi \frac{l}{L+l} e'$$

Pour le moment du poids P, nous reprenons l'expression établie ci-dessus et nous y remplaçons a par sa valeur relative à la condition imposée d'avoir une compression limite R^k. Nous avons :

$$M.P = hd\left\{\frac{Le^2+l(e+e')^2}{2} - \frac{2[(L+l)e+le']hd}{3R} \times [(L+l)e+le']\right\}$$
$$= hd\left\{\frac{Le^2+l(e+e')^2}{2} - \frac{2hd}{3R}[(L+l)e+le']^2\right\}$$

En effectuant les calculs et ordonnant par rapport à e', il vient :

$$M.P = \left[l\left(\frac{1}{2} - \frac{2hdl}{3R}\right)e'^2 + le\left(1 - \frac{4hd(L+l)}{3R}\right)e' + (L+l)e^2\left(\frac{1}{2} - \frac{2}{3}\frac{hd(L+l)}{R}\right)\right]hd$$

et, enfin, en égalant ce moment à celui de la poussée F, nous arrivons à l'expression suivante :

$$l\left(\frac{1}{2} - \frac{2hdl}{3R}\right)e'^2 + \left[le\left(1 - \frac{4hd(L+l)}{3R}\right) - F\left(\frac{2hd}{3R} - 1\right)\sin \varphi \frac{l}{hd(L+l)}\right]e'$$
$$+ (L+l)e^2\left(\frac{1}{2} - \frac{2hd(L+l)}{3R}\right) - \frac{F}{hd}\left[z\cos\varphi + \left(\frac{2hd}{3R} - 1\right)\sin\varphi\, e\right] = o \qquad (230)$$

équation de la forme $mx^2 + nx + p = o$ dans laquelle nous avons :

$$\left.\begin{aligned} m &= l\left(\frac{1}{2} - \frac{2hdl}{3R}\right) \\ n &= le\left(1 - \frac{4hd(L+l)}{3R}\right) - \frac{F\sin\varphi l}{hd(L+l)} \times \left(\frac{2hd}{3R} - 1\right) \\ p &= (L+l)e^2\left(\frac{1}{2} - \frac{2hd(L+l)}{3R}\right) - \frac{F}{hd}\left[z\cos\varphi\left(\frac{2hd}{3R} - 1\right)\sin\varphi\, e\right] \end{aligned}\right\} \qquad (231)$$

Problème.

929. *Déterminer les dimensions d'un mur consolidé par des contreforts intérieurs (masque et contrefort).*

Nous prenons les mêmes données qu'au problème du n° 925. Le calcul de l'épaisseur e du masque ne présente rien de particulier, puisqu'il se fera, comme précédemment, au moyen de la formule (227). Les données étant les mêmes, on trouverait donc encore pour l'épaisseur du masque,

$$e = 0^m,50.$$

Nous allons calculer la saillie e' du contrefort sur le parement intérieur du masque, en admettant que le masque et le contrefort ont des sections verticales rectangulaires. Nous nous donnons d'abord la distance entre axes des contreforts, $D = 4^m,00$, la largeur d'un contrefort, $l = 0^m,80$, d'où nous déduisons, pour la longueur du masque comprise entre deux faces latérales de contreforts, $L = D - l = 4,00 - 0,80 = 3^m,20$.

Nous supposons ensuite que, grâce à la liaison réalisée entre le contrefort et le masque, l'ensemble de ce contrefort et des deux demi-masques adjacents peut être considéré comme monolithe et que nous pouvons, dès lors, lui appliquer les formules qui viennent d'être établies.

L'épaisseur e du masque ayant été déterminée avec la condition que la compression limite sur l'arête la plus fatiguée soit de 5^k par centimètre carré, nous calculerons la saillie e' du contrefort sur le masque de manière que la compression limite, sur l'ensemble considéré, soit encore de 5^k par centimètre carré. Nous devrons donc faire emploi, pour ce calcul, des formules portant le n° 231 qui ont été établies dans l'hypothèse que la compresssion limite R est imposée.

Le facteur $\frac{2hd}{3R}$ revenant fréquemment dans les valeurs de m, n et p, nous allons d'abord le déterminer séparément pour faciliter les calculs.

$$\frac{2hd}{3R} = \frac{2 \times 6,00 \times 2\,300}{3 \times 5 \times 10^4} = 0,18$$

Les formules (231) donnent :

$$m = l\left(\frac{1}{2} - \frac{2hd}{3R}l\right)$$
$$= 0,80\,(0,50 - 0,184 \times 0,80)$$
$$= 0,282$$
$$n = le\left(1 - \frac{4hd}{3R}(L+l)\right)$$
$$- \frac{F\sin\varphi\, l}{hd(L+l)}\left(\frac{2hd}{3R} - 1\right)$$

$$= 0{,}80 \times 0{,}50\,(1 - 0{,}368 \times 4{,}00) - \frac{5\,670 \times 0{,}643 \times 0{,}80}{6{,}00 \times 2\,300 \times 4{,}00}(0{,}184 - 1)$$
$$= 0{,}4\,(-0{,}472) - 0{,}053\,(-0{,}816)$$
$$= -0{,}189 + 0{,}043$$
$$= -0{,}146$$

$$p = (\mathrm{L}+l)\,e^2\left(\frac{1}{2} - \frac{2\,hd}{3\,\mathrm{R}}(\mathrm{L}+l)\right) - \frac{\mathrm{F}}{hd}\left[z\cos\varphi + \left(\frac{2\,hd}{3\,\mathrm{R}} - 1\right)\sin\varphi\, e\right]$$
$$= 4{,}00 \times 0{,}25\left(0{,}50 - 0{,}184 \times 4{,}00\right) - \frac{5\,670}{6{,}00 \times 2\,300}\left[2{,}00 \times 0{,}766 + (0{,}184 - 1) \times 0{,}643 \times 0{,}50\right]$$
$$= -0{,}236 - 0{,}41\,(+1{,}27)$$
$$= -0{,}757$$

La racine positive de l'équation en x^2, dont m, n et p sont les coefficients, a pour expression :

$$x \text{ ou } e' = \frac{-n + \sqrt{n^2 - 4\,m\,p}}{2\,m}$$ et pour valeur :

$$e' = \frac{0{,}146 + \sqrt{0{,}146^2 + 4 \times 0{,}282 \times 0{,}757}}{2 \times 0{,}282}$$
$$= \frac{0{,}146 + 0{,}935}{0{,}564}$$
$$= 1^{m}92.$$

La saillie e' du contrefort sur le parement intérieur du masque sera donc de $1^{m},92$, ce qui fait que l'épaisseur totale du contrefort $(e + e')$ sera de

$$0{,}50 + 1{,}92 = 2^{m},42.$$

Si, au lieu de s'imposer la compression limite R, on s'était imposé la position du centre de pression au tiers de la largeur $e + np$, on aurait employé, pour le calcul de la saillie e', les formules (229), en opérant comme nous venons de le faire avec celles portant le (n° 231).

Remarque. — On emploie quelquefois des contreforts intérieurs en pierres sèches. Ils n'ont alors aucune liaison avec le masque; ils n'ont pour but que de rompre le prisme de poussée. L'épaisseur du mur se calcule sans tenir compte des contreforts comme masse résistante; seulement, on fait entrer dans le poids du mur toute la longueur de ce mur, tandis qu'on ne calcule la poussée que pour les intervalles entre les contreforts.

XIII. Murs avec contreforts et voûtes de décharge.

930. La disposition représentée par la figure (634) consiste en plusieurs étages de voûtes de décharge reliant les contreforts intérieurs. Cette excellente disposition consolide les murs de soutènement à contreforts intérieurs, tout en permettant de réduire beaucoup le cube de maçonnerie. C'est ainsi que sont disposés les murs de quais sur plusieurs points de Paris. Pendant la construction du mur, on a soin de damer énergiquement de la terre dans les compartiments, de sorte que l'ensemble peut être considéré comme un mur plein de largeur $(e + e')$ ayant une densité égale au poids moyen de tous les matériaux qui entrent dans sa constitution.

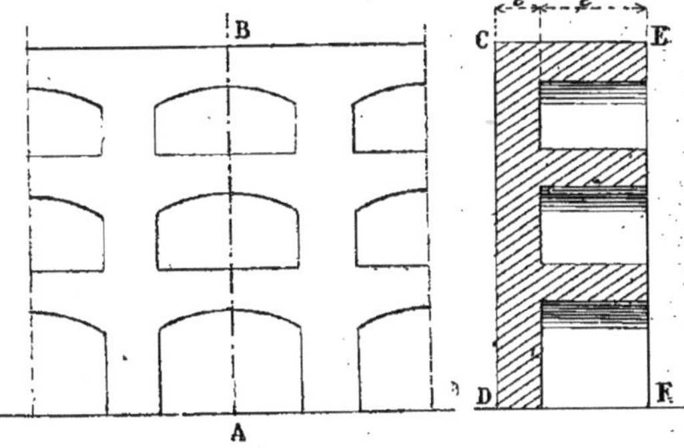

Fig. 634.

Pour obtenir les dimensions de ce mur, on commencera par déterminer sa largeur totale CE $= e + e'$. Pour cela, on s'imposera à l'avance un certain rapport entre le volume de la maçonnerie et celui de la terre pilonnée, on en déduira la densité moyenne du mur et la question du calcul de sa largeur à la base se traitera comme dans le cas d'un mur plein sans contrefort. On aura ainsi la largeur totale $(e + e')$. — On calculera ensuite l'épaisseur e du masque au moyen de la formule (227) en ayant soin de multiplier l'épaisseur obtenue par le rapport entre la densité *moyenne* du mur et celle de la maçonnerie. Puis, s'étant donné l'écartement d'axe en axe des contreforts, on calculera les épaisseurs des arceaux qui relient les contreforts et qui doivent résister aux pressions du poids de terre pilonnée que chacun d'eux aura à soutenir. Ce calcul se fera facilement en appliquant les considérations qui seront développées quand nous traiterons de la stabilité des voûtes.

Enfin, connaissant l'épaisseur e du masque et celle des arceaux, ainsi que l'écartement des contreforts, on déterminera l'épaisseur à donner à ces contreforts en se basant sur le rapport qu'on s'est imposé entre le volume de la maçonnerie et celui de la terre pilonnée.

XIV. Tableau résumé des formules

931. Toutes les formules qui ont été établies dans ce chapitre, pour servir à la détermination des dimensions des murs de soutènement, sont des équations du second degré de la forme

$$mx^2 + nx + p = 0$$

dont la racine positive a pour expression :

$$x \text{ ou } b = \frac{-n + \sqrt{n^2 - 4mp}}{2m}$$

Nous donnons ci-dessous le résumé des valeurs de m, n et p obtenues dans chaque cas étudié. Pour calculer la largeur b à la base du mur, il suffira de porter, dans l'expression de la racine x ou b, les valeurs calculées de m, n et p. Le lecteur pourra d'ailleurs facilement se reporter aux problèmes traités pour plus de détails sur les calculs à faire.

Section rectangulaire

1° *Centre de pression situé au tiers de la base.*

$$\left.\begin{aligned} m &= \frac{hd}{6} \\ n &= \frac{2}{3}\,\text{F}\sin\varphi \\ p &= -\text{F}z\cos\varphi \end{aligned}\right\}\quad (164)$$

2° *Compression maximum égale à R^{K}.*

$$\left.\begin{aligned} m &= \frac{hd}{2} - \frac{2h^2d^2}{3\text{R}} \\ n &= \text{F}\left(1 - \frac{2hd}{3\text{R}}\right)\sin\varphi \\ p &= -\text{F}z\cos\varphi \end{aligned}\right\}\quad (169)$$

Section trapèzoïdale rectangulaire à fruit extérieur

1° *Centre de pression situé au tiers de la base.*

(A) On connaît la largeur b' au sommet

$$\left.\begin{aligned} m &= \frac{hd}{6} \\ n &= \frac{hdb'}{6} + \frac{2}{3}\,\text{F}\sin\varphi \\ p &= -\left(\frac{hdb'^2}{6} + \text{F}z\cos\varphi\right) \end{aligned}\right\}\quad (175)$$

$$i = \frac{b - b'}{h} \quad (176)$$

(B) On connaît le fruit extérieur i.

$$\left.\begin{aligned} m &= \frac{hd}{6} \\ n &= \frac{h^2di}{6} + \frac{2}{3}\,\text{F}\sin\varphi \\ p &= -\left(\frac{h^3di^2}{6} + \text{F}z\cos\varphi\right) \end{aligned}\right\}\quad (179)$$

$$b' = b - hi \quad (180)$$

2° *Compression maximum égale à R^{k}.*

(A) On connaît la largeur b' en couronne.

$$\left.\begin{aligned} m &= \frac{1}{6}\left(2hd - \frac{h^2d^2}{\text{R}}\right) \\ n &= \left(hd - \frac{h^2d^2}{\text{R}}\right)\frac{b'}{3} \\ &\quad + \text{F}\left(1 - \frac{hd}{3\text{R}}\right)\sin\varphi \\ p &= -\left[\left(hd - \frac{h^2d^2}{\text{R}}\right)\frac{b'}{6}\right. \\ &\quad \left. + \text{F}\left(z\cos\varphi + \frac{hdb'}{3\text{R}}\sin\varphi\right)\right] \\ i &= \frac{b - b'}{h} \end{aligned}\right\}\quad (182)$$

(B) On connaît le fruit extérieur i

$$\left.\begin{aligned} m &= \frac{1}{2} - 2\frac{hd}{3\text{R}} \\ n &= 2hi\frac{hd}{h\text{R}} + \text{F}\sin\varphi\left(\frac{1}{hd} - \frac{2}{3\text{R}}\right) \\ p &= -\left[\frac{h^2i^2}{2}\left(\frac{1}{3} + \frac{hd}{3\text{R}}\right)\right. \\ &\quad \left. + \text{F}\left(\frac{z\cos\varphi}{hd} - hi\frac{\sin\varphi}{3\text{R}}\right)\right] \\ b' &= b - hi \end{aligned}\right\}\quad (185)$$

Section trapèzoïdale rectangulaire à fruit intérieur

1° *Centre de pression situé au tiers de la base.*

(A) *On connaît la largeur b' au sommet.*

(a) Terre-plein horizontal ou incliné.

$$\left.\begin{aligned} m &= \frac{h\delta}{6} \\ n &= \frac{2}{3}\text{F}\sin\varphi \\ p &= \frac{h}{6}\left(d-\delta\right)b'^2 - \text{F}z\cos\varphi \end{aligned}\right\} \quad (205)$$

(b) Massif uniformément surchargé.

$$\left.\begin{aligned} m &= \frac{h+2h_1}{6}\delta \\ n &= \frac{2}{3}\text{F}\sin\varphi \\ p &= \left(\frac{dh}{6}-\frac{h+2h_1}{6}\delta\right)b'^2 - \text{F}z\cos\varphi \end{aligned}\right\} \quad (205\ bis)$$

(B) *On connaît le fruit intérieur i.*

(a) Terre plein horizontal ou incliné.

$$\left.\begin{aligned} m &= \frac{dh}{6} \\ n &= \frac{2}{3}\text{F}\sin\varphi - \frac{h^2 i}{3}(d-\delta) \\ p &= \frac{h^3 i^2}{6}(d-\delta) - \text{F}z\cos\varphi \end{aligned}\right\} \quad (207)$$

(b) Massif uniformément surchargé.

$$\left.\begin{aligned} m &= \frac{dh}{6} \\ n &= \frac{2}{3}\text{F}\sin\varphi - \frac{hi}{3}\left[dh-(h+2h_1)\delta\right] \\ p &= \frac{h^2 i^2}{6}\left[dh-(h+2h_1)\delta\right] - \text{F}z\cos\varphi \end{aligned}\right\} \quad (207\ bis)$$

2° — *Compression maximum égale à R^k.*

A. *On connaît la largeur b' en couronne.*

(a) Terre-plein horizontal ou incliné.

$$\left.\begin{aligned} m &= \frac{3}{6} \\ n &= \text{F}\sin\varphi\left[1-\frac{h(d+\delta)}{3\text{R}}\right] \\ p &= \frac{h}{6}(d-\delta)\,b'^2 - \text{F}\left[z\cos\varphi + \frac{h(d+\delta)}{3\text{R}}\,b'\sin\varphi\right] \end{aligned}\right\} \quad (211)$$

(b) Massif uniformément surchargé.

$$\left.\begin{aligned} m &= \frac{h+2h_1}{6} \\ n &= \text{F}\sin\varphi\left[1-\frac{h(d+\delta)+2h_1\delta}{6}\right] \\ p &= \frac{h(d-\delta)-2h_1\delta}{6}\,b'^2 - \text{F}\left[z\cos\varphi + \frac{h(d-\delta)-2h_1\delta}{3\text{R}}\,b'\sin\varphi\right] \end{aligned}\right\} \quad (211\ bis)$$

Section trapèzoïdale symétrique à fruits intérieur et extérieur égaux.

1° *Centre de pression situé au tiers de la base.*

A. *On connaît la largeur b' en couronne.*

(a) Terre-plein horizontal ou incliné.

$$\left.\begin{aligned} m &= \frac{hd}{12} \\ n &= \frac{2}{3}\text{F}\sin\varphi + \frac{h}{4}\left(\frac{db'}{3}+\delta\right) \\ p &= -\left(\text{F}z\cos\varphi + \frac{h}{4}\delta b'\right) \end{aligned}\right\} \quad (214)$$

(b) Massif uniformément surchargé.

$$\left.\begin{aligned} m &= \frac{hd}{12} \\ n &= \frac{2}{3}\text{F}\sin\varphi + \frac{hdb'}{12} + \frac{h+2h_1}{4} \\ p &= -\left(\text{F}z\cos\varphi + \frac{h+2h_1}{4}\delta b'\right) \end{aligned}\right\} \quad (214\ bis)$$

B. *On connaît le fruit i commun aux deux parements.*

(a) Terre-plein horizontal ou incliné.

$$\left.\begin{aligned} m &= \frac{hd}{6} \\ n &= \frac{2}{3}\text{F}\sin\varphi - \frac{h^2 id}{6} \\ p &= \frac{h^3 i^2}{6} - \text{F}z\cos\varphi \end{aligned}\right\} \quad (217)$$

(b) Massif uniformément surchargé

$$\left.\begin{aligned} m &= \frac{dh}{6} \\ n &= \frac{2}{2}\text{F}\sin\varphi - \frac{h^2 id}{6} \\ p &= \frac{h+2h_1}{6}h^2 i^2\delta - \text{F}z\cos\varphi \end{aligned}\right\} \quad (217\ bis)$$

2° *Compression maximum égale à* R^k. (Voir n° 902.)

Murs en surplomb à parements plans parallèles.

1° *Centre de pression situé au tiers de la base.*

$$\left.\begin{aligned} m &= \frac{dh}{6} \\ n &= \frac{dh^2}{2}\operatorname{tang}\theta + \frac{2}{3}F\sin(\varphi-\theta) \\ p &= Fz\Big[\operatorname{tang}\theta\sin(\varphi-\theta) \\ &\qquad -\cos(\varphi-\theta)\Big] \end{aligned}\right\} (225)$$

2° *Compression maximum égale à* R^k.

$$\left.\begin{aligned} m &= dh\left(\frac{1}{2}-\frac{2\,dh}{3\,R}\right) \\ n &= \frac{dh^2}{2}\operatorname{tg}\theta - F\left(\frac{2\,dh}{3\,R}-1\right) \\ &\qquad \sin(\varphi-\theta) \\ p &= -Fz\Big[\cos(\varphi-\theta) \\ &\qquad -\operatorname{tg}\theta\sin(\varphi-\theta)\Big] \end{aligned}\right\} (226)$$

Murs avec contreforts extérieurs

Epaisseur du masque

$$e = \frac{FL}{R}\sqrt{\frac{1}{2}\left(1+\sqrt{1+\frac{9R^2}{F^2}}\right)} \quad (227)$$

(pour les autres dimensions, D, l, et e', voir n° 924).

Murs avec contreforts intérieurs

Epaisseur du masque. — (Formule 227 ci-dessus).

Saillie e' du contrefort sur le parement intérieur du masque.

1° *Centre de pression au tiers de la largeur* e + n q.

$$\left.\begin{aligned} m &= \frac{hdl\,(3\,L+l)}{6\,(L+l)} \\ n &= \frac{l}{3}\left(hde + \frac{2\,F\sin\varphi}{L+l}\right) \\ p &= \frac{hd\,(L+l)}{6}e^2 - F\Big[z\cos\varphi \\ &\qquad -\frac{2}{3}\sin\varphi\, e\Big] \end{aligned}\right\} (229)$$

2° *Compression maximum* R^k.

$$\left.\begin{aligned} m &= l\left(\frac{1}{2}-\frac{2\,hdl}{3\,R}\right) \\ n &= le\left(1-\frac{4\,hd\,(L+l)}{3\,R}\right) \\ &\quad -\frac{F\sin\varphi\, l}{hd\,(L+l)}\left(\frac{2\,hd}{3\,R}-1\right) \\ p &= (L+l)\,e^2\left(\frac{1}{2}-\frac{2hd\,(L+l)}{3\,R}\right) \\ &\quad -\frac{F}{hd}\left[z\cos\varphi+\left(\frac{2hd}{3\,R}-1\right)\sin\varphi e\right] \end{aligned}\right\} (231)$$

Nous rappelons que, dans toutes ces formules, les lettres ont les significations suivantes :

h — hauteur du mur.
h_1 — hauteur de la surcharge dans le cas d'un massif uniformément surchargé.
d — poids du mètre cube de maçonnerie.
δ — poids du mètre cube de terre.
φ — angle du talus naturel des terres avec l'horizon (et α avec la verticale).
F — valeur de la poussée maximum s'exerçant contre le parement intérieur.
z — hauteur du centre de poussée au-dessus de la base.
R — compression limite des matériaux sur l'arête extérieure à la base du mur.
b' — largeur du mur en couronne.
i — fruit des parements inclinés.
θ — angle que fait le parement intérieur d'un mur en surplomb avec la verticale.
L — Longueur du masque entre deux contreforts.
l — Largeur du contrefort.
e — Epaisseur du masque.
e' — Saillie du contrefort sur le masque.
D — Distance d'axe en axe des contreforts (D = L + l).

XV. Formules empiriques et autres.

932. — *Murs de soutènement à fruit extérieur :* (M. Krantz).

1° Sans surcharge :

Epaisseur au sommet : $b' = 0{,}09\,h + 0^m{,}50$

Epaisseur à la base : $b = b' + \frac{1}{5}h$.

2° Avec surcharge :
Epaisseur au sommet : $b' = 0{,}09h + 0{,}50 + 0{,}75\ h'$.

Epaisseur à la base : $b = b' + \frac{1}{5} h$.

Murs de revêtement pleins à parements verticaux.

Quelquefois, $e = \frac{1}{3} h$

Cette règle conduit à des épaisseurs exagérées dans le cas de terres légères et de maçonneries très denses. — On se rapproche davantage des dimensions exactes avec la formule suivante due à Poncelet :

$$e = 0{,}845\,(h + h_1)\ \text{tang}\,\frac{1}{2}\alpha\sqrt{\frac{\delta}{d}}$$

devenant pour le cas de maçonneries moyennes ; ($\alpha = 45°$; $\delta = \frac{2}{3} d$;

$$e = 0{,}286\ (h + h_1)$$

Ces formules sont applicables dans les limites de $h_1 = o$ à $h_1 = h$.

Une autre formule qui donne des résultats conformes aux dimensions adoptées par Vauban est la suivante :

$$e = 0{,}2357\ (h + h_1) + 1^m{,}296.$$

Murs de revêtement avec contreforts extérieurs. — (Formule de M. Léveillé.)

Largeur du masque entre deux contreforts.

$$L = \frac{h}{8} \times \frac{R \times 10^4 - \delta\,\text{tg}^2\frac{1}{2}\alpha\,(h + h_1)}{\delta\ \text{tg}^2\frac{1}{2}\alpha\ (h + h_1)}$$

Epaisseur du masque :

$$e = L\sqrt{\frac{2}{3}\,\frac{\delta\ \text{tg}^2\frac{1}{2}\alpha\ (h + h_1)}{R \times 10^4}}$$

Largeur des contreforts :

$$l = L\,\frac{\delta\ \text{tg}^2\frac{1}{2}\alpha\ (h + h_1)}{R \times 10^4 - \delta\ \text{tg}^2\frac{1}{2}\alpha\,(h + h_1)}$$

Saillie des contreforts :

$$e' = -\frac{L + l}{l} e + \sqrt{\frac{L(L+l)}{l^2} e^2 + \frac{\delta\,\text{tg}^2\frac{1}{2}\alpha(h+h_1)^3}{3\ dh} \times \frac{L+l}{l}}$$

Cube de maçonnerie pour une longueur λ du mur :

$$V = \frac{\lambda h}{L + l}\left[e\ (L + l) + le'\right]$$

Murs de revêtement avec contreforts intérieurs. (Vauban.)

Dimensions des contreforts à section trapézoïdale :

Saillie des contreforts $0^m{,}65 + 0{,}2\ h$

Largeur à la racine du contrefort $0^m{,}65 + 0{,}1\ h$.

Largeur à la queue du contrefort $2/3\ (0^m{,}65 + 0{,}1\ h)$.

Formule de M. Leveillé pour des contreforts à section rectangulaire :

Largeur des contreforts :

$$l = 0^m{,}55 + \frac{1}{12} h$$

Epaisseur du masque :

$$e = \sqrt{L(L + 2\ l)\,\frac{2}{3}\,\frac{\delta\ \text{tg}^2\frac{1}{2}\alpha\,(h + h_1)}{K \times 10^4}}$$

Saillie des contreforts :

$$e' = -e + \sqrt{\frac{\delta\text{tg}^2\frac{1}{2}\alpha(h+h_1)^3}{3\ dh} \times \frac{L+l}{l} - \frac{L}{l} e^2}$$

Profondeur à laquelle il faut descendre la fondation d'un mur pour résister avec sécurité au glissement.

$$1{,}4\ \text{tang}\,\frac{1}{2}\alpha\sqrt{\frac{2\,F}{\delta}}$$

F, Excès de la poussée sur le frottement au niveau du sol inférieur.

933. — Formules simplifiées donnant les dimensions des murs quand on ne tient pas compte du frottement des terres contre le mur et avec les données générales suivantes : (Oppermann).

$$\alpha = 46°50' \ ;\ \delta = 1\,600^k \ ;\ d = 2\,200^k$$

h, hauteur du mur supposée égale à la hauteur des terres à soutenir, arasées à un plan horizontal supérieur.

Murs avec fruit extérieur.

Epaisseur au sommet :

$$b' = \frac{h}{a}\left(-1 \pm \sqrt{\frac{0{,}27\ a^2 + 1}{3}}\right)$$

$\frac{1}{a}$, fruit par mètre de hauteur.

Murs avec fruit intérieur.

$$b' = \frac{h}{a}\left\{-0,50 + \sqrt{0,25 + \frac{0,27\ a^2 - 1}{3}}\right\}$$

Murs avec redans intérieurs.

$$b = \frac{h}{a}\left(-0,864 \pm \sqrt{0,09\ a^2 - 0,073}\right)$$

$\frac{1}{a}$ fruit intérieur équivalent aux retraites.

Murs avec contreforts extérieurs.

Intervalle entre les contreforts $L = 3^m,00$.

Largeur des contreforts $l = 1^m,00$.

Epaisseur du masque supposé vertical $= \frac{h}{c}$, valeur déduite de l'expérience dans laquelle on fait généralement c égal à 5 ou 6.

Saillie des contreforts :

$$e' = \frac{h}{c}(-4 \pm \sqrt{12 + 0,36\ c^2}) \quad \text{ou}$$

$e' = \frac{h}{6}$ quand on fait $c = 6$. Alors, le cube moyen du mur par mètre courant est :

$$V = 0,20833\ h^2$$

Murs avec contreforts intérieurs.

Distance des contreforts d'axe en axe . . . . $D = 4^m,00$.

Largeur des contreforts. $l = 1^m,00$.

Intervalle libre entre les contreforts. . . . . $L = 3^m,00$.

Epaisseur du masque $\frac{h}{c}$. M. Talabot a fait $c = 4$. Avec de bons matériaux, on pourrait aller jusqu'à $c = 5$ et même $c = 6$.

Saillie des contreforts :

$$e' = \frac{h}{c}(-1 \pm \sqrt{0,36\ c^2 - 3})$$

En faisant $c = 4$, on a :

$$e' = 0,165\ h$$

et le cube moyen est : $V = 0,291\ h^2$.

Murs avec contreforts et voûtes de décharge.

Avec les données générales suivantes :

Espacement d'axe en axe des contreforts . . . . 5^m50.

Largeur des contreforts . . . 1^m50.

Voûtes de $0^m,60$ d'épaisseur uniforme, décrites avec un rayon d'intrados de $2^m,90$ et un rayon d'estrados de $3^m,50$.

Poids moyen des terres, des voûtes et des contreforts : 1 900[k] le mètre cube.

Espacement vertical des voûtes — $2^m,20$.

1° *Murs avec fruit de* $\frac{1}{10}$, *l'épaisseur du masque au sommet étant* $\frac{h}{10}$.

Saillie des contreforts :

$$e' = h\left[-0,20 + \sqrt{0,04 + \frac{0,0617\ h}{h - 2,20}}\right]$$

Pour un fruit plus grand que $\frac{1}{10}$, on peut lier l'épaisseur du masque au sommet à la valeur du fruit $\frac{1}{a}$ en adoptant $\frac{ah}{100}$ pour cette épaisseur

2° *Murs avec fruit de* $\frac{1}{10}$, *la saillie des contreforts étant de* 1^m.

L'épaisseur y du masque au sommet se déduira de l'équation suivante :

$$110\ hy^2 + (22\ h^2 + 190\ h - 418)\ y - 9,17\ h^3 + 19h^2 + 53,20\ h - 209 = o$$

3° *Murs sans fruit, l'épaisseur au sommet étant* $\frac{h}{5}$.

Saillie des contreforts :

$$e' = h\left[-0,20 \pm \sqrt{0,04 + \frac{55\ h}{950\ (h - 2,20)}}\right]$$

4° *Murs sans fruit, la saillie des contreforts étant de 1 mètre.*

Epaisseur du masque :

$$y = -0,864\left(\frac{h - 2,20}{h}\right)$$

$$\pm\sqrt{0,864\left(\frac{h-2,20}{h}\right)\left[0,864\left(\frac{h-2,20}{h}\right) - 1\right] + 0,09h^2}$$

Avec ces diverses formules (Oppermann), on a calculé les chiffres des tableaux suivants.

Dimensions et cubes des murs avec fruits ou retraites.

Fruit extérieur ou intérieur ou équivalant aux retraites.	MURS AVEC FRUIT EXTÉRIEUR		MURS AVEC FRUIT INTÉRIEUR		MURS AVEC RETRAITES INTÉRIEURES	
	Epaisseur du mur au sommet.	Cube du mur par mètre courant	Epaisseur du mur au sommet	Cube du mur par mètre courant	Epaisseur du mur au sommet	Cube du mur par mètre courant
1/4	$b' = 0,0830\ h$	$s = 0,2080\ h^2$	$b' = 0,1663\ h$	$s = 0,2913\ h^2$	$b' = 0,0763\ h$	$s = 0,2013\ h^2$
1/5	$0,1214\ h$	$0,2214\ h^2$	$0,1944\ h$	$0,2944\ h^2$	$0,1222\ h$	$0,2222\ h^2$
1/6	$0,1483\ h$	$0,2316\ h^2$	$0,2127\ h$	$0,2960\ h^2$	$0,1527\ h$	$0,2360\ h^2$
1/7	$0,1683\ h$	$0,2397\ h^2$	$0,2257\ h$	$0,2971\ h^2$	$0,1740\ h$	$0,2454\ h^2$
1/8	$0,1835\ h$	$0,2460\ h^2$	$0,2352\ h$	$0,2977\ h^2$	$0,1901\ h$	$0,2526\ h^2$
1/9	$0,1957\ h$	$0,2511\ h^2$	$0,2427\ h$	$0,2982\ h^2$	$0,2024\ h$	$0,2579\ h^2$
1/10	$0,2055\ h$	$0,2555\ h^2$	$0,2486\ h$	$0,2986\ h^2$	$0,2148\ h$	$0,2648\ h^2$
1/12	$0,2205\ h$	$0,2622\ h^2$				
1/15	$0,2358\ h$	$0,2691\ h^2$				
1/20	$0,2513\ h$	$0,2764\ h^2$				
Mur vertical.	$0,3000\ h$	$0,3000\ h^2$	$0,3000\ h$	$0,3000\ h^2$	$0,3000\ h$	$0,3000\ h^2$

Epaisseur au sommet et cube par mètre courant de murs avec fruits ou retraites de $\frac{1}{10}$ pour des hauteurs de 5, 6, 9, 12 et 15 mètres.

HAUTEUR du MUR	MURS AVEC FRUIT EXTÉRIEUR		MURS AVEC FRUIT INTÉRIEUR		MURS AVEC RETRAITES INTÉRIEURES	
	Epaisseur au sommet	Cube par mètre courant	Epaisseur au sommet	Cube par mètre courant	Épaisseur au sommet	Cube par mètre courant
5m,00	1m,027	6mc,387	1m,243	7mc,456	1m,074	6mc,620
6 ,00	1 ,233	9 ,198	1 ,492	10 ,750	1 ,289	9 ,533
9 ,00	1 ,849	20 ,695	2 ,237	24 ,187	1 ,933	21 ,449
12 ,00	2 ,466	36 ,792	2 ,983	42 ,908	2 ,578	38 ,131
15 ,00	3 ,082	57 ,487	3 ,739	67 ,185	3 ,222	59 ,580

Murs avec contreforts extérieurs ou intérieurs.

HAUTEUR du MUR	CONTREFORTS EXTÉRIEURS Epaisseur du masque $= \frac{h}{6}$			CONTREFORTS INTÉRIEURS Epaisseur du masque $= \frac{h}{4}$			CONTREFORTS INTÉRIEURS Epaisseur du masque $= \frac{h}{6}$		
	Epaisseur du masque	Saillie des contreforts	Cube moyen du mur par mètre courant	Epaisseur du masque	Saillie des contreforts	Cube moyen du mur par mètre courant	Epaisseur du masque	Saillie des contreforts	Cube moyen du mur par mètre courant
5m,00	0m,833	0m,833	5mc,206	1m,25	0m,825	7mc,275	0m,833	1m,795	6mc,425
6 ,00	1 ,000	1 ,000	7 ,500	1 ,50	0 ,990	10 ,476	1 ,000	2 ,154	9 ,252
9 ,00	1 ,500	1 ,500	16 ,875	2 ,25	1 ,485	23 ,571	1 ,500	3 ,231	20 ,817
12 ,00	2 ,000	2 ,000	30 ,000	3 ,00	1 ,980	41 ,904	2 ,000	4 ,308	37 ,008
15 ,00	2 ,500	2 ,500	46 ,875	3 ,75	2 ,475	65 ,475	2 ,500	5 ,385	57 ,825

Murs avec contreforts intérieurs et voûtes de décharge

HAUTEUR du MUR	MURS AVEC FRUIT EXTÉRIEUR DE $\frac{1}{10}$ — Epaisseur au sommet $\frac{h}{10}$			MURS AVEC FRUIT EXTÉRIEUR DE $\frac{1}{10}$ — Saillie des contreforts = 1m,00			MURS SANS FRUIT — Epaisseur du masque $\frac{h}{5}$			MURS SANS FRUIT — Saillie des contreforts = 1m,00		
	Epaisseur du masque au sommet	Saillie des contreforts	Cube moyen du mur par mètre courant	Epaisseur du masque au sommet	Saillie des contreforts	Cube moyen du mur par mètre courant	Epaisseur du masque	Saillie des contreforts	Cube moyen du mur par mètre courant	Epaisseur du masque	Saillie des contreforts	Cube moyen du mur par mètre courant
5m,00	0m,50	0m,93	5mc,89	0m,47	1m,00	5mc,90	1m,00	0m,90	7mc,07	0m,93	1m,00	6mc,95
6 ,00	0 ,60	1 ,02	8 ,03	0 ,61	1 ,00	8 ,04	1 ,20	0 ,96	9 ,68	1 ,18	1 ,00	9 ,66
9 ,00	0 ,90	1 ,34	17 ,33	1 ,15	1 ,00	18 ,26	1 ,80	1 ,27	21 ,11	2 ,01	1 ,00	21 ,96
12 ,00	1 ,20	1 ,68	31 ,07	1 ,75	1 ,00	33 ,84	2 ,40	1 ,60	37 ,83	2 ,87	1 ,00	40 ,07
15 ,00	1 ,50	2 ,02	47 ,74	2 ,32	1 ,00	52 ,98	3 ,00	1 ,93	58 ,37	3 ,74	1 ,00	63 ,03

C. Résumé des travaux de M. Legyue

934. Le numéro de novembre 1885 des annales des Ponts et Chaussées contient un mémoire dans lequel M. Leygue, ingénieur auxiliaire des travaux de l'État, a réuni les résultats de ses intéressantes recherches sur la poussée des terres et sur les dimensions à donner aux murs de soutènement. Les formules semi-empiriques auxquelles cet ingénieur arrive sont assez simples et peuvent être utiles.

C'est par un rapide résumé de la méthode de M. Leygue que nous terminerons l'étude de la stabilité des murs.

Déformation des massifs soutenus.

935. Voici comment M. Leygue a étudié, d'une façon intelligente et nouvelle, la déformation des massifs soutenus.

Dans la recherche du prisme de plus grande poussée, on a supposé, jusqu'à présent, que ce prisme avait pour surface de disjonction une face plane. Les expériences dont nous allons parler montrent que ceci n'est qu'une approximation et que *cette face de glissement du prisme de plus grande poussée n'est pas plane, mais courbe.*

Pour observer les déformations intérieures des massifs, au moment où les parois qui les soutiennent cèdent à l'action de la poussée, soit en pivotant autour de leur arête inférieure, soit en reculant parallèlement à eux-mêmes, M. Leygue a fait usage d'une caisse en bois, sans couvercle, ouverte sur le devant et garnie latéralement de verres à vitre. Des panneaux mobiles, sans frottement ferment le devant sous les différentes inclinaisons voulues ; ils représentent les murs. Du sable fin, humide ou sec et des graines de millet sont successivement accumulés derrière les panneaux et talutés à différentes inclinaisons de surchages; ils représentent les terres. Enfin, pour obtenir la trace saisissante des mouvements relatifs des massifs essayés, des couches horizontales en plâtre de $0^m,005$ d'épaisseur sont interposées dans la masse à différentes hauteurs.

Dans toutes les expériences de déformation, on a procédé de la manière suivante. Le panneau représentant le mur étant calé à l'intérieur de la caisse à l'inclinaison à étudier, on appliquait intérieurement, à ses deux extrémités, deux petites bandes de papier plié à angle droit de manière à former couvre-joint et à empêcher les grains de sable de pénétrer dans les vides laissés entre les panneaux et les vitres. Ces couvre-joints permettaient le libre renversement en évitant les frottements. On remblayait ensuite derrière le panneau en donnant à la masse toute l'homogénéité possible et en interposant, à intervalles de $0^m,07$ environ, des couches de platras pilé dont la couleur blanche tranchait nettement sur la teinte jaunâtre du massif. Cela fait, on inclinait le panneau, en le faisant pivoter autour de son arête inférieure, taillée en biseau à cet effet.

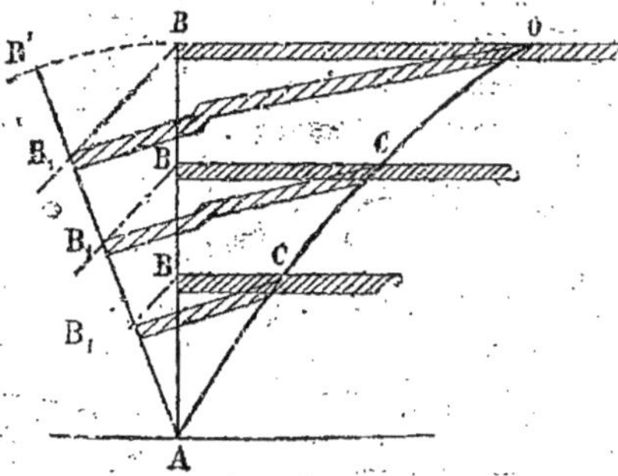

Fig. 635.

Voici les faits observés dans le cas d'un mur vertical avec terre-plein horizontal.

Avant l'expérience, les couches blanches de plâtre pilé occupent les positions OB, CB, CB (*fig.* 635). Dès qu'on incline le panneau AB, en le faisant tourner autour de son arête inférieure A, pour l'amener dans la position AB', par exemple, les couches OB et CB se brisent aux points O et C suivant une ligne *courbe* ACCO laquelle reste invariable, quel que soit l'angle de rotation jusqu'à 30° environ. — Les extrémités B des couches horizontales viennent se placer en B_1 et, au moyen de mesures directes, on remarque que tous les points B_1 relevés se trouvent situés sur des lignes BB_1 parallèles à AO, de sorte que les surfaces ABO et AB_1O sont semblables. — L'expérience, répétée un grand nombre de fois, a nettement montré que la *surface de disjonction du massif de plus grande poussée n'est pas plane, mais courbe.*

936. *Influence du talus de la surcharge sur le massif de plus grande poussée.* — Les résultats obtenus dans les expériences faites sur des talus de 2 de base pour 1 de hauteur et de 3 de base pour 2 de hauteur donnent lieu aux conclusions suivantes :

1° Les surfaces de disjonction sont courbes, quelle que soit l'inclinaison du talus de la surcharge ;

2° La déformation s'opère à la manière de feuillets qui glisseraient les uns contre les autres, parallèlement à la courbe de disjonction ;

3° Lorsqu'on complète l'éboulement par l'abaissement total du panneau, on observe, pendant que les terres tendent à prendre leur talus naturel, que la partie haute de la courbe de disjonction s'incline vers l'intérieur du massif pour devenir tangente au talus d'éboulement et qu'une partie superficielle du talus de surcharge approvisionne, par simple coulage, le massif d'éboulement ;

4° Les surfaces de disjonction se renversent d'autant plus à l'intérieur du massif que le talus de surcharge se relève davantage sur l'horizon ; cependant l'écart relatif au niveau supérieur du panneau, ne dépasse pas le dixième de l'écart total ;

5° Le lieu des intersections des courbes de disjonction, avec les talus de surcharge correspondants, est représenté, avec une exactitude suffisante, par une droite inclinée de 45° sur la terre-plein horizontal.

937. *Influence de l'inclinaison de la paroi poussée sur le massif de plus grande poussée.* — Les expériences qui précisent cette influence ont été faites sur des panneaux ayant des inclinaisons de 1/3 en dehors de la verticale et 1/3, 1/2 et 2/3 en dedans, vers le talus naturel des terres soutenues, avec terre-plein horizontal, puis talus de surcharge de 1/2 et 3/2. Il résulte de ces expériences que le mode de déformation et de rupture est semblable à celui indiqué dans le cas d'un panneau vertical et que l'inclinaison de la paroi poussée a une influence directe et très étendue sur la position de la courbe de rupture.

938. *Influence du mouvement initial de la paroi poussée sur le massif de plus grande poussée.* — Les expériences précédentes ont été faites dans l'hypothèse d'un mouvement initial de rotation. — Les expériences faites pour des murs à avancement parallèle ont montré que, au départ, la *poussée est indépendante de la nature du mouvement initial du mur*, que ce mouvement soit une rotation autour de l'arête inférieure ou bien un glissement sur la base de fondation. Dans les deux cas, le massif de plus grande poussée a une base courbe qui passe à l'intérieur des terres par le pied du mur.

939. *Influence de la nature de la paroi poussée sur le massif de plus grande poussée.* — Nous avons déjà dit que la paroi du mur étant toujours plus ou moins rugueuse, retenait à sa surface une mince couche de terre contre laquelle le massif de terre glisse en réalité. Il en résulte que le coefficient de frottement, tang φ' des terres contre le mur peut être considéré comme égal au coefficient tang φ des terres sur elles-mêmes et, alors, l'angle φ est l'angle du talus naturel. Les expériences que M. Leygue a faites pour préciser l'erreur commise montrent que cette erreur est réellement nulle.

940. *Influence de la surcharge sur le massif de plus grande poussée.* — La surcharge a été réalisée au moyen d'un panneau fixe placé au-dessus du panneau mobile. Les expériences conduisent aux conclusions suivantes :

1° La courbe de rupture d'un terre-plein surchargé n'occupe pas la même position que celle d'un terre-plein non surchargé. La partie inférieure de la première courbe est légèrement renflée par rapport à la seconde, tandis que sa partie haute est, au contraire, d'autant plus rentrée que la surcharge est relativement plus importante ;

2° Comme conséquence de ces parties saillantes et rentrantes, la courbe de disjonction présente une inflexion au niveau inférieur de la surcharge ;

3° Cette influence s'adoucit lorsqu'on incline de plus en plus le panneau mobile. C'est que, en effet, la courbe de rupture tend vers l'une des courbes convexes déjà étudiées, dès que le talus supérieur du sable affaissé échappe l'arête inférieure du panneau fixe et que la surcharge, uniformément répartie, se transforme ainsi en surcharge du talus naturel des terres;

4° Les pressions à l'intérieur d'un massif ébouleux ne se transmettent pas dans tous les sens, comme dans les liquides.

941. *Influence de la hauteur des murs.* — On admet que les sections des prismes de poussée pour deux hauteurs h et h' sont semblables. C'est d'ailleurs aussi ce qui résulte des expériences faites sur des hauteurs variant de $0^m,20$ à 2 mètres.

Intensité de la poussée et position de son point d'application.

942. Dans ce qui précède, on a étudié la déformation des massifs en interposant des couches de couleur tranchante et en relevant les déplacements de ces couches, mais les poussées elles-mêmes ne sont déterminées ni en grandeur, ni en direction et leur point d'application reste également indéterminé. C'est ce qui a fait l'objet des expériences suivantes qui ont permis d'étudier l'intensité de la poussée et la position de son point d'application au moyen de deux appareils dynamométriques enregistrants, les indications de l'un devant vérifier celles de l'autre.

943. *Appareil à ressorts.* — Cet appareil se compose essentiellement d'un cadre fermé en avant par un panneau fixe. Un panneau mobile, placé en arrière du premier, est relié à lui au moyen de ressorts qui maintiennent le parallélisme des deux. — Lorsque la poussée agit sur le panneau mobile, les ressorts sont comprimés et des index en bois traversant le panneau fixe traduisent par leurs saillies, le déplacement du panneau mobile.

944. *Appareils à volets.* — Cet appareil se compose simplement d'une planche taillée en biseau du côté du massif et convenablement équilibrée. Pour les inclinaisons intérieures, l'appareil est composé d'un prisme triangulaire en bois très sensiblement en équilibre sur son arête inférieure, lorsqu'il est à vide.

Pour plus de détails sur la construction de ces appareils, les précautions à prendre pour assurer leur bon fonctionnement et les expériences qu'ils permettent d'effectuer, nous renvoyons le lecteur à l'ouvrage que nous avons indiqué.

Toutes les expériences faites ont pour but de déterminer des coefficients qui doivent servir à simplifier les calculs en entrant dans des formules semi-empiriques simples.

945. *Réaction normale du mur.* — En désignant par

R_1, cette réaction;
π, le poids du mètre cube de terre,
h, la hauteur du mur,
γ, l'angle du parement intérieur du mur avec l'horizon;
ω, l'angle de la ligne de rupture du prisme de plus grande poussée avec l'horizon;
β, l'angle de la ligne supérieure du massif soutenu avec l'horizon;
φ, l'angle du talus naturel des terres,
on a pour valeur de la réaction normale du mur :

$$R_1 = \frac{\pi h^2 \sin(\gamma - \omega)\left[\cos\beta - \frac{\sin\beta}{\operatorname{tg}\gamma}(\sin\omega - \cos\omega \operatorname{tg}\varphi)\right]}{2\sin\gamma\sin(\omega-\beta)[2\operatorname{tg}\varphi\cos(\gamma-\omega)+(1+\operatorname{tg}^2\varphi)\sin(\gamma-\omega)]}$$

Ou par abréviation, en désignant par K_1 tout le terme contenant des relations trigonométriques :

$$R_1 = K_1 \pi h^2$$

946. *Poussée totale.* — La poussée totale faisant avec la normale au mur, un angle φ, il en résulte que cette poussée R a pour valeur :

$$R = \frac{R_1}{\cos\varphi} = K\pi h^2 \qquad \text{(a)}$$

947. *Position du centre de poussée.* — Pour un terre-plein horizontal ou un massif terminé à sa partie supérieure par un plan incliné, la hauteur du centre de poussée au-dessus de la base est :

$$z = \frac{h}{3} = mh \qquad \text{(b)}$$

m étant un coefficient qui représente ici la fraction $1/3$.

Lorsque le massif soutenu est surmonté d'une surcharge uniformément répartie de hauteur h, on a :

$$z = \left(1 + \frac{h'}{h + 2h'}\right) mh \qquad \text{(b bis)}$$

948. *Moment de renversement.* — Ce moment a pour expression, dans le cas d'un terre-plein horizontal ou incliné :

$$M.R = R_1 \frac{h}{3\cos\alpha} = R \frac{h}{3}\frac{\cos\varphi}{\cos\alpha}$$

$$= K \pi h^3 \frac{\cos\varphi}{3\cos\varphi} = \mu \pi h^3 \text{ (c)}$$

Inclinaison $\operatorname{tg} \alpha$ de la paroi sur la verticale.	Angle ω de rupture sur l'horizon, $\operatorname{tg} \beta = 0$, Théorie ω	$\operatorname{tg} \beta = 0$, Expérience (1)	$\operatorname{tg} \beta = 1/2$, Théorie ω	$\operatorname{tg} \beta = 1/2$, Expérience (1)	$\operatorname{tg} \beta = 2/3$, Théorie ω	$\operatorname{tg} \beta = 2/3$, Expérience (1)
− 1/3	60°.21	61°.10	49°.58	58°.10	33°.40	57°.00
0	56.36	58.30	47.30	54.50	33.40	54.10
+ 1/3	50.12	51.50	44.48	51.10	33.40	50.50

Inclinaison $\operatorname{tg} \alpha$ de la paroi sur la verticale.	Centre m de pression, $\operatorname{tg} \beta = 0$, Théorie m	$\operatorname{tg} \beta = 0$, Expérience m	$\operatorname{tg} \beta = 1/2$, Théorie m	$\operatorname{tg} \beta = 1/2$, Expérience m	$\operatorname{tg} \beta = 2/3$, Théorie m	$\operatorname{tg} \beta = 2/3$, Expérience m
− 1/3	0.333	0.437	0.333	0.462	0.333	0.480
0	0.333	0.425	0.333	0.448	0.333	0.474
+ 1/3	0.333	0.401	0.333	0.420	0.333	0.455

Inclinaison $\operatorname{tg} \alpha$ de la paroi sur la verticale.	Coefficient K de la poussée $R = K\pi h^2$, $\operatorname{tg} \beta = 0$, Théorie K	$\operatorname{tg} \beta = 0$, Expérience (2)	$\operatorname{tg} \beta = 1/2$, Théorie K	$\operatorname{tg} \beta = 1/2$, Expérience (2)	$\operatorname{tg} \beta = 2/3$, Théorie K	$\operatorname{tg} \beta = 2/3$, Expérience (2)
− 1/3	0.222	0.163	0.411	0.254	0.843	0.325
0	0.133	0.085	0.214	0.125	0.410	0.165
+ 1/3	0.072	0.040	0.109	0.065	0.218	0.082

Inclinaison $\operatorname{tg} \alpha$ de la paroi sur la verticale.	Moment μ de renversement, $\operatorname{tg} \beta = 0$, Théorie μ	$\operatorname{tg} \beta = 0$, Expérience μ	$\operatorname{tg} \beta = 1/2$, Théorie μ	$\operatorname{tg} \beta = 1/2$, Expérience μ	$\operatorname{tg} \beta = 2/3$, Théorie μ	$\operatorname{tg} \beta = 2/3$, Expérience μ
− 1/3	0.065	0.063	0.120	0.103	0.216	0.136
0	0.037	0.030	0.060	0.047	0.115	0.065
+ 1/3	0.021	0.015	0.032	0.024	0.064	0.032

OBSERVATIONS.

(1) Valeur moyenne de la partie basse.

(2) Les chiffres de la colonne 2 sont obtenus en multipliant les valeurs K_1 relatives à R_1 par le coefficient $\frac{1}{\cos \varphi}$ qui permet de passer de R_1 à R.

μ, étant un coefficient égal à $K \dfrac{\cos \varphi}{3 \cos \rho}$ et, dans le cas d'un massif uniformément surchargé :

$$M.R_1 = \mu \pi h^3 \left(1 + \frac{2h'}{h}\right)\left(1 + \frac{h'}{h + 2h'}\right)$$

et $$M.R = \mu \pi h^3 \left(1 + \frac{3h'}{h}\right) \quad (c\ bis)$$

Les coefficients K, m et μ ont été déterminés au moyen des expériences dont nous avons parlé.

Le tableau ci-contre permet de comparer les résultats obtenus, d'une part, en employant les valeurs des coefficients K, m et μ déterminées par les expériences et, d'autre part, en employant celles qui résultent des formules théoriques.

949. Cette comparaison conduit aux conclusions suivantes :

1° Dans le cas d'un terre-plein horizontal, les prismes de poussée théoriques et réels sont sensiblement les mêmes, avec cette différence que la surface de disjonction est plane en théorie et convexe en fait. Cet accord entre la théorie et la réalité n'existe plus si le massif soutenu comprend un talus de surcharge ou une surcharge uniforme ;

2° Le bras de levier théorique de la poussée a une valeur constante égale au tiers de la hauteur du mur à partir de la base. Au contraire, d'après les expériences, le bras de levier variable avec la nature du massif soutenu, le talus de la surcharge et l'inclinaison de la paroi de soutènement, oscille entre le 1/3 et la moitié de la hauteur du mur à partir de la base ;

3° Les poussées théoriques sont supérieures aux poussées réelles. Les différences s'accentuent avec le relèvement du talus de la surcharge. Toutes choses égales d'ailleurs, elles diminuent d'importance avec le coefficient de frottement des massifs soutenus ;

4° Pour le cas d'un terre-plein horizontal, les moments de renversement théorique et pratique sont suffisamment d'accord ; c'est qu'on gagne en bras de levier ce que l'on a perdu en poussée et réciproquement. Cet accord n'existe plus, si le massif soutenu comprend un talus de surcharge ;

5° Les surcharges uniformément réparties ont, sur les poussées, une action très atténuée relativement aux indications de la théorie.

950. — En désignant par :

G La surface du massif en maçonnerie et Δ sa densité ;

π Le poids des terres et $f = \operatorname{tg} \varphi$ leur coefficient de frottement contre les maçonneries ;

g La distance de son centre de gravité à l'arête A de rotation (*fig.* 636) ;

ω L'angle compris entre la verticale DE et la diagonale DA ;

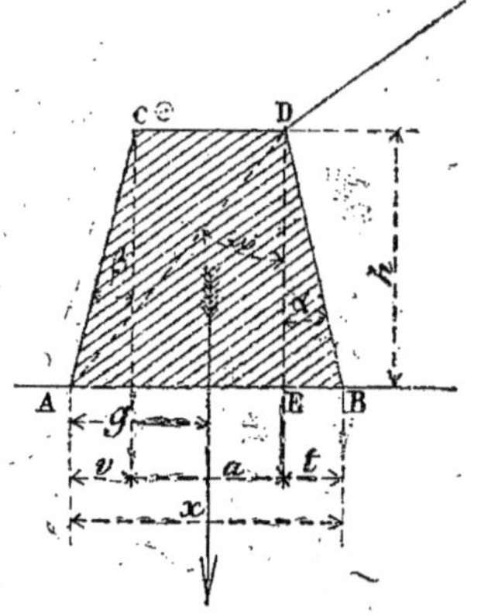

Fig. 636.

Et σ le coefficient de stabilité voulu, on arrive, en écrivant l'équation des moments autour du point A, à la relation suivante :

$$\operatorname{tg}^2 \omega + \operatorname{tg} \omega \left[2\frac{\pi}{\Delta} K_1 (f \cos \alpha + \sigma \sin \alpha) + \operatorname{tg} \alpha \right] - 2\frac{\pi}{\Delta}\left[\sigma \mu - K_1 \alpha (f \cos \alpha + \sigma \sin \alpha\right] + \frac{\operatorname{tg}^2 \alpha - \operatorname{tg}^2 \beta}{3} = 0 \quad (1)$$

Dans les calculs qui suivent, on admet que $\frac{\pi}{\Delta} = 0{,}80$ et $f = \frac{2}{3}$.

Si l'on s'impose la condition que le centre de pression doit être situé au tiers de la base, la relation qui exprime alors la stabilité devient :

$$\operatorname{tg}^2 \omega + \left[\frac{4\pi K_1}{\Delta} (\sin \alpha + f \cos \alpha) + \operatorname{tg} \beta \right] \operatorname{tg} \omega - \frac{2\pi}{\Delta}\left[3 \mu - 2 K_1 (\sin \alpha + f \cos \alpha) \operatorname{tg} \alpha\right] + \operatorname{tg} \beta (\operatorname{tg} \alpha - \operatorname{tg} \beta) = 0 \quad (2)$$

Le *coefficient de sécurité*, c'est-à-dire le rapport des moments résistants au moment de renversement, a pour expression :

$$\sigma = \frac{f K_1 \cos \alpha + \frac{\Delta}{6\pi}\left[3 \operatorname{tg} \omega + \frac{\operatorname{tg}^2 \alpha - \operatorname{tg}^2 \beta}{\operatorname{tg} \alpha + \operatorname{tg} \omega}\right]}{\frac{\mu}{(\operatorname{tg} \omega + \operatorname{tg} \alpha)} - K_1 \sin \alpha} \quad (3)$$

La *pression sur l'arête de rotation* est, d'après la loi du trapèze :

$$R = \Delta h \left[2 - \frac{\operatorname{tg} \alpha + \operatorname{tg} \beta}{\operatorname{tg} \alpha + \operatorname{tg} \omega} + 2 K_1 \frac{\pi}{\Delta}\left(\frac{\sin \alpha + f \cos \alpha}{\operatorname{tg} \alpha + \operatorname{tg} \omega}\right)\right] = r \Delta h. \quad (4)$$

Enfin, *la résistance au glissement longitudinal* par unité de surface peut s'écrire :

$$R' = \left(\frac{\operatorname{tg} \omega - \operatorname{tg} \omega'}{\operatorname{tg} \omega \pm \operatorname{tg} \alpha}\right) f' \Delta h \quad (5)$$

On a, pour la valeur de la variable $\operatorname{tg} \omega$ qui annulerait la résistance :

$$\operatorname{tg} \omega' = \frac{K_1 \pi}{\Delta}\left[\cos \alpha \left(\frac{1}{f'} - f\right) - \sin \alpha\right] + \frac{\operatorname{tg} \beta - \operatorname{tg} \alpha}{2}$$

951. — Les formules (2) à (5) appliquées à *huit profils types* (*fig.* 637 à 644) se simplifient et deviennent :

1er Type. — *Section triangulaire* avec fruit intérieur (*fig.* 637).

$$\operatorname{tg}^2 \omega + \left[\frac{4\pi K_1}{\Delta}(\sin \alpha + f \cos \alpha) + \operatorname{tg} \alpha\right] \operatorname{tg} \omega - \frac{2\pi}{\Delta}\left[3 \mu - 2 K_1 \operatorname{tg} \alpha (\sin \alpha + f \cos \alpha\right] = 0,$$

$$\sigma = \frac{K_1 f \cos \alpha + \frac{\Delta}{6\pi}(2 \operatorname{tg} \omega + \operatorname{tg} \alpha)}{\frac{\mu}{(\operatorname{tg} \omega + \operatorname{tg} \alpha)} - K_1 \sin \alpha},$$

$$R = \Delta h \left[1 + 2 K_1 \frac{\pi}{\Delta} \frac{\sin \alpha + f \cos \alpha}{\operatorname{tg} \alpha + \operatorname{tg} \omega}\right],$$

$$\operatorname{tg} \omega' = \frac{2\pi K_1}{\Delta}\left[\cos \alpha \left(\frac{1}{f'} - f\right) - \sin \alpha\right] - \operatorname{tg} \alpha.$$

2e Type. — *Section triangulaire* avec parement intérieur vertical (*fig.* 638).

$$\operatorname{tg}^3 \omega + 4 \frac{\pi}{\Delta} K_1 f \operatorname{tg} \omega - 6 \frac{\pi}{\Delta} \mu = o$$

$$\sigma = 2 - \frac{f \operatorname{tg} \omega}{3 m},$$

$$R = \Delta h \left(1 + 2 K_1 \frac{\pi}{\Delta} \frac{f}{\operatorname{tg} \omega}\right),$$

$$\operatorname{tg} \omega' = 2 \frac{\pi}{\Delta} K_1 \left(\frac{1}{f'} - f\right)$$

3e Type. — *Section triangulaire* avec parement intérieur en surplomb (*fig.* 639).

$$\operatorname{tg}^2\omega+\left[\frac{4\pi K_1}{\Delta}(f\cos\alpha-\sin\alpha)-\operatorname{tg}\alpha\right]\operatorname{tg}\omega-\frac{2\pi}{\Delta}\left[3\mu+2K_1\operatorname{tg}\alpha(f\cos\alpha-\sin\alpha)\right]=o,$$

$$\sigma=\frac{K_1 f\cos\alpha+\frac{\Delta}{\pi}\cdot\frac{1}{6}(2\operatorname{tg}\omega-\operatorname{tg}\alpha)}{\frac{\mu}{(\operatorname{tg}\omega-\operatorname{tg}\alpha)}+K_1\sin\alpha},$$

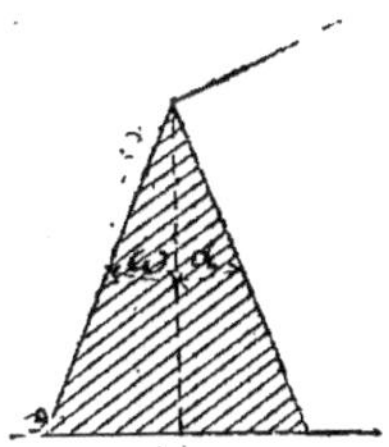

Fig. 637.

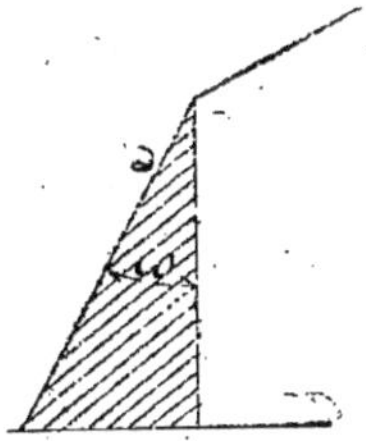

Fig. 638.

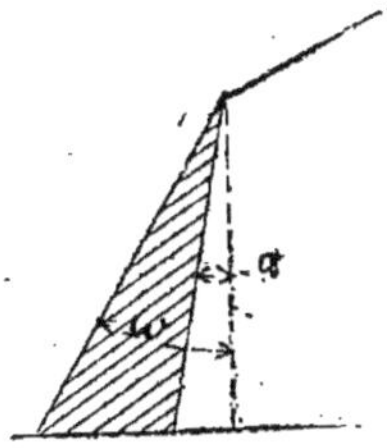

Fig. 639.

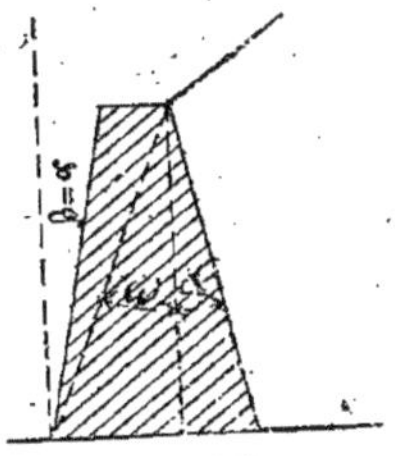

Fig. 640.

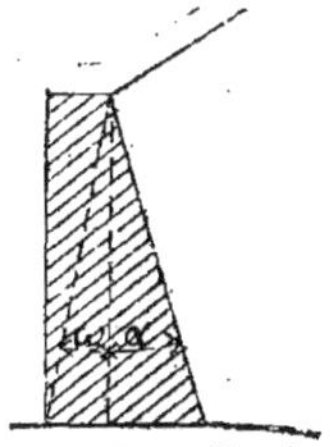

Fig. 641.

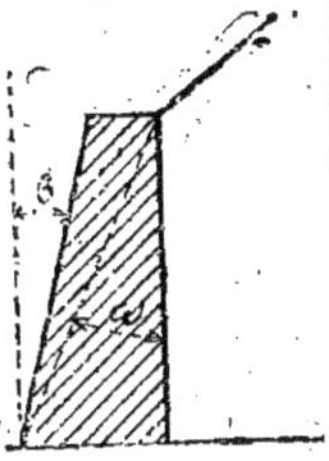

Fig. 642.

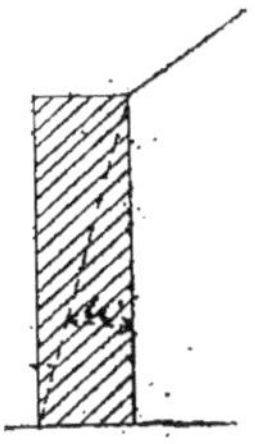

Fig. 643.

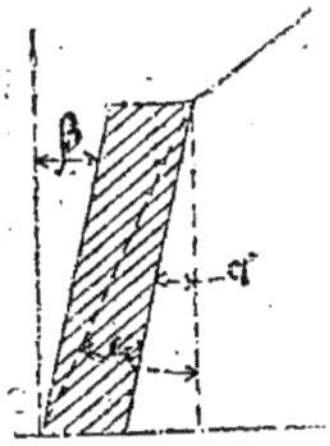

Fig. 644.

$$R=\Delta h\left(1+2K_1\frac{\pi}{\Delta}\frac{f\cos\alpha-\sin\alpha}{\operatorname{tg}\omega-\operatorname{tg}\alpha}\right),$$

$$\operatorname{tg}\omega'=\frac{2\pi K_1}{\Delta}\left[\cos\alpha\left(\frac{1}{f'}-f\right)+\sin\alpha\right]+\operatorname{tg}\alpha.$$

4ᵉ Type. — *Section à parements non parallèles* avec fruit intérieur (*fig.* 640).

$$\operatorname{tg}^2\omega+\left[\frac{4\pi K_1}{\Delta}(\sin\alpha+f\cos\alpha)+\operatorname{tg}\alpha\right]\operatorname{tg}\omega-\frac{2\pi}{\Delta}\left[3\mu-2K_1\operatorname{tg}\alpha(\sin\alpha+f\cos\alpha)\right]=o,$$

$$\sigma=\frac{fK_1\cos\alpha+\frac{\Delta\operatorname{tg}\omega}{2\pi}}{\frac{\mu}{\operatorname{tg}\omega+\operatorname{tg}\alpha}-K_1\sin\alpha}$$

$$R=2\Delta h\left[1+\frac{\frac{\Delta}{\pi}(\sin\alpha+f\cos\alpha)K_1-\operatorname{tg}\alpha}{\operatorname{tg}\omega+\operatorname{tg}\alpha}\right],$$

$$\operatorname{tg}\omega'=\frac{K_1\pi}{\Delta}\left[\cos\alpha\left(\frac{1}{f'}-f\right)-\sin\alpha\right].$$

5ᵉ Type. — *Section à parements non parallèles* avec fruit intérieur et parement extérieur vertical (*fig.* 641).

$$\operatorname{tg}^2\omega+\frac{4\pi K_1}{\Delta}(\sin\alpha+f\cos\alpha)\operatorname{tg}\omega-\frac{2\pi}{\Delta}\left[3\mu-2K_1(\sin\alpha+f\cos\alpha)\operatorname{tg}\omega\right]=o,$$

$$\sigma=\frac{fK_1\cos\alpha+\frac{\Delta}{6\pi}\left(3\operatorname{tg}\omega+\frac{\operatorname{tg}^2\alpha}{\operatorname{tg}\alpha+\operatorname{tg}\omega}\right)}{\frac{\mu}{\operatorname{tg}\omega+\operatorname{tg}\alpha}-K_1\sin\alpha},$$

$$R=\Delta h\left[2\frac{\operatorname{tg}\alpha}{\operatorname{tg}\alpha+\operatorname{tg}\omega}+\frac{2K_1\pi}{\Delta}\left(\frac{\sin\alpha+f\cos\alpha}{\operatorname{tg}\omega+\operatorname{tg}\alpha}\right)\right],$$

$$\operatorname{tg}\omega'=\frac{K_1\pi}{\Delta}\left[\cos\alpha\left(\frac{1}{f'}-f\right)-\sin\alpha\right]-\frac{\operatorname{tg}\alpha}{2}.$$

6ᵉ Type. — *Section à parements non parallèles* avec parement intérieur vertical et fruit extérieur (*fig.* 642).

$$\operatorname{tg}^2\omega+\left(\frac{4K_1\pi}{\Delta}f+\operatorname{tg}\beta\right)\operatorname{tg}\omega-\frac{6\pi}{\Delta}\mu-\operatorname{tg}^2\beta=o,$$

$$\sigma=\frac{fK_1\operatorname{tg}\omega\times\frac{\Delta}{6\pi}(3\operatorname{tg}^2\omega-\operatorname{tg}^2\beta)}{\mu},$$

$$R=\Delta h\left[2+\frac{2\frac{\pi}{\Delta}K_1 f-\operatorname{tg}\beta}{\operatorname{tg}\omega}\right],$$

$$\operatorname{tg}\omega'=\frac{K_1\pi}{\Delta}\left(\frac{1}{f'}-f\right)+\frac{\operatorname{tg}\beta}{2}$$

7ᵉ Type. — *Section à parements parallèles* sans fruit (*fig.* 643).

$$\operatorname{tg}^2\omega+4\frac{\pi K_1}{\Delta}f\operatorname{tg}\omega-\frac{6\pi}{\Delta}\mu=o,$$

$$= 3 - \frac{f \operatorname{tg} \omega}{m},$$

$$R = 2 \Delta h\left(1 + K_1 \frac{\pi}{\Delta} \frac{f}{\operatorname{tg} \omega}\right)$$

$$\operatorname{tg} \omega' = \frac{K_1 \pi}{\Delta}\left(\frac{1}{f'} - f\right).$$

8ᵉ Type. — *Section à parements parallèles* en surplomb (*fig.* 644):

$$\operatorname{tg}^2 \omega + \operatorname{tg} \omega \left[\frac{4\pi K_1}{\Delta}(f \cos \alpha - \sin \alpha) + \operatorname{tg} \alpha\right]$$
$$-\frac{2\pi}{\Delta}\left[3\mu + 2K_1 (f \cos \alpha - \sin \alpha) \operatorname{tg} \alpha\right]$$
$$-2 \operatorname{tg}^2 \alpha = o,$$

$$\sigma = \frac{f K_1 \cos \alpha + \frac{\Delta}{2\pi} \operatorname{tg} \omega}{\frac{\mu}{\operatorname{tg} \omega - \operatorname{tg} \alpha} + K_1 \sin \alpha},$$

$$R = 2 \Delta h\left[1 + \frac{\pi}{\Delta} K_1 \frac{f \cos \alpha - \sin \alpha}{\operatorname{tg} \omega - \operatorname{tg} \alpha}\right],$$

$$\operatorname{tg} \omega' = \frac{K_1 \pi}{\Delta}\left[\cos \alpha\left(\frac{1}{f'} - f\right) + \sin \alpha\right] + \operatorname{tg} \alpha.$$

952. Ces formules ont été appliquées aux valeurs : $\sigma = 1$; $\sigma = 3$ et σ variable tel que le centre de pression passe au tiers de la base ;

tg α variable de $+ 1/5$ à $- 1/3$:

tg β variable de 0 à $1/3$;

tg φ variable du terre-plein horizontal au talus naturel des terres ;

$$\operatorname{tg} \varphi' = \frac{2}{3} - f' = \frac{3}{4} \cdot - \frac{\Delta}{\pi} = 1{,}25.$$

Des résultats numériques obtenus, on tire les conclusions suivantes :

Dans les *profils triangulaires* (types 1 à 3), la résistance au renversement est constante à toutes les hauteurs du mur. La courbe des pressions est une ligne droite. Les pressions intérieures R sont proportionnelles aux hauteurs considérées. Au point de vue économique, le profil le plus avantageux est le profil en surplomb (type n° 3). Les pressions intérieures sur l'arête de rotation s'abaissent rapidement, lorsque le coefficient de stabilité s'élève au-dessus de l'unité. La résistance du mur au glissement diminue progressivement, lorsque la face poussée passe du fruit intérieur au surplomb.

Dans les *profils à largeur initiale* (types 4 à 8), la résistance au renversement est minimum dans le pied du mur. La courbe des pressions est une hyperbole. Les pressions intérieures R, en tous points du parement vu, sont inférieures à celles qui répondraient à la simple proportionnalité des hauteurs des points considérés. La seule expression simple, qui mesure exactement le degré de garantie des murs, est leur resistance σ au renversement. Le coefficient de stabilité nécessaire et suffisant paraît devoir être compris entre 1,80 et 2,30. Au point de vue économique, les cinq types (4 à 8) se placent dans l'ordre suivant : 8. — 6. — 4. — 7 et 5. La disposition la plus avantageuse est celle des murs en surplomb avec faces parallèles ou à peu près parallèles et les sections sont d'autant plus économiques que le surplomb est plus prononcé. — Le type en surplomb se trouve ainsi forcément complété par des contreforts intérieurs, très légers et aussi écartés que possible.

Le fruit intérieur est une mauvaise disposition. Le surplomb est seul rationnel. Le surplomb doit augmenter avec la hauteur des terres à soutenir et, dès lors, l'emploi de contreforts devient nécessaire. L'avantage des contreforts échappe à toute sanction théorique, si leur action n'est pas continuée par un remplissage soit en terre pilonnée, soit en pierre sèche, c'est-à-dire en matériaux ayant zéro pour talus naturel.

L'emploi des murs à masque en surplomb avec contreforts et remplissage permet de réaliser la plus grande économie de la matière.

953. Nous aurions encore, pour terminer l'étude de la stabilité des murs, à examiner les murs soumis simultanément à plusieurs efforts de directions différentes, tels que les murs latéraux des grands réservoirs recevant la poussée des voûtes, les piles et culées des ponts et viaducs recevant les poussées des arches, etc... Cette étude trouvera tout naturellement sa place après la stabilité des voûtes dont on s'occupera dans une autre partie du cours de construction.

J. CHAIX.

TABLE DES MATIÈRES

I. — FONDATIONS

CHAPITRE Ier

Différents sols. — Nature et qualités

CHAPITRE II

Opérations préliminaires à l'établissement des fondations

CHAPITRE III

Diverses espèces de fondations

I. — FONDATIONS ORDINAIRES

II. — FONDATIONS HYDRAULIQUES

CHAPITRE IV

Fondations sur pilotis

II. — MORTIERS

III. — MAÇONNERIES

CHAPITRE Ier

CHAPITRE II

Détails d'exécution des gros ouvrages de maçonnerie

CHAPITRE III

Des murs

CHAPITRE IV

Stabilité et résistance des constructions en maçonnerie

Tours. Imprimerie ROUILLÉ-LADEVÈZE, DESLIS FRÈRES, Successeurs.